Frontier of Artificial Intelligence Development

人工智能发展前沿

何　友　卢湖川　王　栋　李　徵　陈　旭　李劭辉◎编著

清華大学出版社
北京

内容简介

本书系统梳理了人工智能领域的技术进展、前沿应用与未来趋势，内容覆盖从基础理论到产业落地的各个层面，全面展现了人工智能飞速发展所引发的重大变革。全书共15章，围绕人工智能的发展历程、研究领域、前沿技术、典型应用、安全伦理、产业格局、战略布局与产业发展等关键议题展开，重点讨论了无监督学习、自动机器学习、人工智能生成内容、人工智能大模型、智能体智能、智能无人系统、元宇宙、脑启发人工智能和人工智能驱动科学研究等当前最具代表性的研究热点与技术方向。

本书不仅深入剖析了相关技术的原理与方法，还紧密结合国内外产业发展现状，融合前沿研究成果与典型应用案例，内容前沿、结构严谨、实用性强。本书可以作为人工智能及其相关专业本科生、硕士研究生、博士研究生的参考用书，也可以作为教育工作者、科技管理者、科研人员、工程技术人员、企业管理者、政策制定者，以及人工智能爱好者和跨领域应用者等进行系统学习和深入研究的参考资料。

图书在版编目（CIP）数据

人工智能发展前沿/何友等编著. -- 北京：清华大学出版社，2025.10(2026.1重印).
ISBN 978-7-302-70284-9
Ⅰ. TP18
中国国家版本馆 CIP 数据核字第 2025G4F083 号

责任编辑：盛东亮　范德一
封面设计：李召霞
责任校对：李建庄
责任印制：刘　菲

出版发行：清华大学出版社
网　　址：https://www.tup.com.cn，https://www.wqxuetang.com
地　　址：北京清华大学学研大厦 A 座　　**邮　　编**：100084
社 总 机：010-83470000　　**邮　　购**：010-62786544
投稿与读者服务：010-62776969，c-service@tup.tsinghua.edu.cn
质量反馈：010-62772015，zhiliang@tup.tsinghua.edu.cn
课件下载：https://www.tup.com.cn,010-83470236
印 装 者：涿州汇美亿浓印刷有限公司
经　　销：全国新华书店
开　　本：210mm×260mm　　**印　　张**：32.5　　**字　　数**：872 千字
版　　次：2025 年 10 月第 1 版　　**印　　次**：2026 年 1 月第10次印刷
印　　数：23001～25000
定　　价：89.00 元

产品编号：110668-01

Abstract

This book provides a systematic overview of technological advances, cutting-edge applications, and future trends in AI. Covering a wide spectrum from foundational theories to industrial implementation, it presents a comprehensive picture of the transformative impact driven by the rapid evolution of AI technologies. Structured into 15 chapters, this book delves into critical topics of AI such as the development history, key research domains, emerging technologies, representative applications, security and ethics, industrial layout, strategic planning, and industry evolution. Special focus is given to current representative research frontiers and technical directions including unsupervised learning, automated machine learning, AI generated content, large models in AI, agents, intelligent unmanned system, metaverse, brain-inspired AI, and AI for science.

This book not only thoroughly analyzes the principles and methodologies behind core AI technologies, but also integrates the cutting-edge research findings and real-world case studies from both domestic and international contexts. Its content is forward-looking, logically structured, and highly practical. This book serves as a valuable reference for senior undergraduate students, master's and doctoral candidates majoring in AI and related disciplines. It is also well-suited for educators, science and technology managers, researchers, engineers, corporate executives, policymakers, AI enthusiasts, and cross-disciplinary practitioners seeking systematic learning and in-depth exploration of AI.

前言

距 AlphaGo 在围棋领域取得突破已将近十年，人工智能（Artificial Intelligence，AI）领域正迎来以大模型、生成式 AI、自监督学习与智能体为代表的新一轮发展浪潮，其影响力迅速从技术层面扩展至社会、经济、文化等更为广泛的领域。为系统梳理 AI 前沿进展，本书以基础概念为起点，循序渐进地引导读者理解无监督学习、自动机器学习、人工智能生成内容、人工智能大模型、智能体智能、智能无人系统、元宇宙、脑启发人工智能、人工智能驱动科学研究（AI for Science，AI4S）等前沿技术领域，并进一步探讨 AI 在产业生态构建、安全治理与伦理规范等宏观层面的议题，力求构建一套全景式、综合性、前瞻性的 AI 发展图谱。

全书共 15 章，内容结构严谨，覆盖面广，理论与实践并重，具体如下。

第 1 章 绪论 回顾 AI 发展历程与技术演进，系统介绍其研究领域、前沿技术体系、主要应用场景，以及面临的安全、伦理与战略挑战，为全书奠定基础。

第 2 章 无监督学习 讲解无监督学习、自监督学习、对比学习、掩码学习等关键方法，介绍其在计算机视觉、自然语言处理与多模态等场景中的广泛应用。

第 3 章 自动机器学习 聚焦算法选择、超参数优化、元学习与神经架构搜索等核心问题，揭示实现模型构建与调优自动化的关键路径。

第 4 章 人工智能生成内容 全面讨论生成对抗网络、变分自编码器、扩散模型、自回归模型等生成式模型，探讨其在图像、视频、音频、文本、代码等领域的生成能力，以及国内外大模型发展格局。

第 5 章 人工智能大模型 分析大语言模型与多模态大语言模型的架构、训练与评测方法，系统讨论模型偏见、幻觉与价值对齐等问题，关注其在智能决策与人机交互中的能力边界。

第 6 章 智能体智能 描述深度强化学习、多智能体系统和大模型驱动下的智能体演化机制，强调其在复杂开放环境中的合作与竞争能力。

第 7 章 智能无人系统 梳理自动驾驶、工业/服务机器人、无人机、水面/水下无人系统等方向的发展脉络，覆盖智能感知、智能规划、智能控制与智能协同等关键技术。

第 8 章 元宇宙 介绍元宇宙的起源、发展和关键技术，关注三维重建渲染、虚拟数字人和具身元宇宙的发展前沿，并探讨元宇宙技术的发展趋势以及对科技、经济、社会等方面的影响。

第 9 章 脑启发人工智能 介绍 AI 与脑科学的融合进展，探讨脑启发传感器、脉冲神经网络、脑机接口等关键技术，描述智能系统与生物智能的交汇前沿。

第 10 章 AI4S：科学研究新范式 阐述 AI4S 的新趋势，覆盖数学、物理、生物、材料等学科的研究范式变革。

第 11 章 人工智能产业布局 分析 AI 产业链结构与生态，探讨核心技术演进、应用拓展、产业协同、国际竞争、创新体系与人才战略等关键议题。

第 12 章 人工智能产业发展 聚焦全球及中国 AI 产业格局的演进，解读前沿技术成果、开源生态、政策导向和未来投资趋势。

第 13 章 人工智能安全 从系统风险、攻击防护和可信 AI 技术等角度分析安全挑战，并比较各国在 AI 安全战略上的差异与进展。

第 14 章 人工智能伦理与监管 探讨 AI 引发的伦理问题与监管框架，介绍典型企业与国家的伦理实践与法规建设，提出全球协同监管的未来路径。

第 15 章 回顾、建议与展望 系统性回顾本书的章节组成与各章节内容，探讨 AI 技术与产业问题并提供建议，对 AI 技术未来发展进行展望。

在本书出版之际，本书作者再次衷心感谢李德毅院士、潘云鹤院士、郑南宁院士、高文院士和戴琼海院士等多年来对我们的科学研究工作所给予的指导、关心和帮助。感谢国家自然科学基金重大项目《开放环境多智能体群智对抗博弈理论方法及应用》(编号：62293540)的支持。

本书的编著得到了清华大学和大连理工大学团队的大力支持，清华大学阮书岚博士，大连理工大学刘洋副教授、赵洁博士等也参与了编著工作，陈鑫、耿婉婷、金意林、康奔、柯宇新、梁嘉旋、廖绪涛、刘畅、刘明礼、刘铭宇、彭钊翰、沈煦辰、王华杰、王岚锋、王荣伟、王英权、袁永胜、张斌等同学也为本书成稿作出了贡献。此外，还要感谢清华大学出版社，特别是盛东亮编辑和范德一编辑对本书按期高质量出版的大力支持。

本书第一作者衷心感谢清华大学李秀教授、康飞宇教授、李勃教授。承蒙三位教授诚邀，为清华大学创新领军工程博士研究生和人工智能项目工程硕士研究生班讲授“人工智能发展前沿”。经数载教学实践沉淀，在撰稿之际得以广泛完善、充实，终成书稿并付梓出版。

全书不仅凝结了作者团队多年来在 AI 领域的研究与实践经验，也参考了国内外最新的研究动态与政策导向，力求兼具学术性、系统性与实用性。我们相信本书不仅是了解 AI 发展前沿的重要窗口，也是未来深入探索 AI 技术应用的坚实基础。

诚挚希望本书能为读者在学习、研究、开发与应用 AI 技术的过程中提供有益的启发与帮助。由于 AI 领域发展迅速，书中难免存在疏漏与不足，敬请读者批评指正。

何友、卢湖川、王栋、李徽、陈旭、李劭辉

于清华大学、大连理工大学、海军航空大学

2025 年 8 月

PREFACE

Nearly a decade has passed since AlphaGo's historic breakthrough in the game of Go, and the field of artificial intelligence (AI) is now experiencing a new wave of innovation marked by large models, generative AI, self-supervised learning, and AI agents. The impact of AI is rapidly expanding beyond the technological domain into broader areas such as society, economy, and culture. To systematically review the cutting-edge advances in AI, this book begins with foundational concepts and progressively guides readers through key frontier areas including unsupervised learning, automated machine learning, AI generated content, large models in AI, agents, intelligent unmanned system, metaverse, brain-inspired AI, and AI for science (AI4S). It further explores macro-level topics such as AI-driven industrial ecosystems, security governance, and ethical regulations, offering a panoramic, integrated, and forward-looking roadmap for AI development.

The book is divided into 15 well-structured chapters, balancing theory and practical application. The content is as follows.

Chapter 1: Introduction reviews the evolution of AI and its technologies, providing a systematic overview of research areas, advanced technologies, key applications, and associated challenges in security, ethics, and strategy.

Chapter 2: Unsupervised Learning covers key techniques such as unsupervised learning, self-supervised learning, contrastive learning, and masked modeling, with applications in computer vision, natural language processing, and multimodal analysis.

Chapter 3: Automated Machine Learning focuses on core issues like algorithm selection, hyperparameter optimization, meta-learning, and neural architecture search, revealing the path toward automation in model construction and optimization.

Chapter 4: Artificial Intelligence Generated Content provides an in-depth discussion on generative models such as GANs, VAEs, diffusion models, and autoregressive models, examining their capabilities in generating images, videos, audios, texts, and codes, as well as the global development landscape of foundation models.

Chapter 5: Large Models in Artificial Intelligence analyzes the architectures, training methods, and evaluation techniques of large language and multimodal models, and discusses issues such as bias, hallucination, value alignment, and their capability boundaries in decision-making and human-machine interaction.

Chapter 6: Agents explores the evolution of AI agents driven by deep reinforcement learning, multi-agent systems, and large models, emphasizing their collaborative and competitive capabilities in complex and open environments.

Chapter 7: Intelligent Unmanned System examines the development paths of autonomous driving, industrial/service robots, unmanned aerial vehicles, and surface/underwater unmanned systems, focusing on key technologies including perception, planning, control, and collaboration.

Chapter 8: Metaverse introduces the origin, evolution, and key technologies of metaverse, emphasizing 3D reconstruction and rendering, digital humans, and embodied virtual worlds, as well as the broader technological, economic, and social impacts.

Chapter 9: Brain-Inspired Artificial Intelligence discusses the intersection of AI and neuroscience, covering brain-inspired sensors, spiking neural networks, brain-computer interfaces, and the convergence of artificial and biological intelligence.

Chapter 10: AI4S: A New Paradigm for Scientific Research explores the emerging trend of AI4S, highlighting how AI is transforming research paradigms in disciplines such as mathematics, physics, biology, and materials science.

Chapter 11: Artificial Intelligence Industry Layout analyzes the structure and ecosystem of the AI industry chain, addressing key topics such as core technology evolution, application expansion, industry collaboration, global competition, innovation systems, and talent strategies.

Chapter 12: Development of AI Industry focuses on the evolution of global and Chinese AI industries, interpreting leading technological achievements, open-source ecosystems, policy orientations, and investment trends.

Chapter 13: AI Security investigates challenges from the perspectives of systemic risk, adversarial defense, and trustworthy AI technologies, comparing national strategies and progress in AI security governance.

Chapter 14: AI Ethics and Supervision examines ethical concerns and regulatory frameworks, highlighting best practices from leading enterprises and nations, and proposes future directions for global coordinated governance.

Chapter 15: Review, Suggestions, and Prospect summarizes the content and structure of the book, provides insights and recommendations on AI technologies and industrial issues, and offers an outlook on the future development of AI.

As this book comes to publication, the authors wish to extend their heartfelt thanks to Academician Li Deyi, Academician Pan Yunhe, Academician Zheng Nanning, Academician Gao Wen, and Academician Dai Qionghai for their continued guidance, care, and support in our scientific research endeavors. We gratefully acknowledge the support of the National Natural Science Foundation of China's Major Project "Theoretical Methods and Applications of Swarm Intelligence and Adversarial Game in Open Environments" (Grant No. 62293540).

This work has received strong support from teams at Tsinghua University and Dalian University of Technology. Dr. Ruan Shulan from Tsinghua University, Associate Professor Liu Yang and Dr. Zhao Jie from Dalian University of Technology participated in the writing of this book. We would also like to thank Chen Xin, Geng Wanting, Jin Yilin, Kang Ben, Ke Yuxin, Liang Jiaxuan, Liao Xutao, Liu Chang, Liu Mingli, Liu Mingyu, Peng Zhaohan, Shen Xuchen, Wang Huajie, Wang Lanfeng, Wang Rongwei, Wang Yingquan, Yuan Yongsheng, Zhang Bin and others for their contributions. Special thanks go to Tsinghua University Press, in particular Editor Sheng

Dongliang and Editor Fan Deyi, for their tremendous support in ensuring the timely and high-quality publication of this book.

The lead author extends sincere gratitude to Professor Li Xiu, Professor Kang Feiyu, and Professor Li Bo of Tsinghua University. Thanks to their kind invitation, the author had the opportunity to teach "Frontiers in Artificial Intelligence Development" to doctoral and master's students in Tsinghua's Innovation Leadership Engineering Doctorate Program and Master of Engineering in AI Program. Years of teaching and refinement have culminated in the material presented in this book.

This book embodies the collective experience of the author team in AI research and practice, drawing upon the latest global research developments and policy trends. It strives to combine academic depth, systematic coverage, and practical value. We believe this book serves not only as a vital window into the frontiers of AI development, but also a solid foundation for in-depth exploration of AI applications in the future.

We sincerely hope that this book will offer valuable insights and support to readers in their learning, research, development, and application of AI technologies. Given the rapid pace of advancement in the AI field, omissions and shortcomings may be inevitable, and we warmly welcome readers' feedback and suggestions.

He You, Lu Huchuan, Wang Dong, Li Zhi, Chen Xu, Li Shaohui

at Tsinghua University, Dalian University of Technology, and Naval Aeronautical University

August 2025

目录

第1章　绪论 …… 1
1.1　人工智能发展历程 …… 1
1.1.1　人工智能形态 …… 1
1.1.2　人工智能发展简介 …… 2
1.2　人工智能研究领域 …… 10
1.2.1　自然语言处理 …… 10
1.2.2　计算机视觉 …… 11
1.2.3　多模态分析 …… 11
1.2.4　数据挖掘 …… 11
1.2.5　智能无人系统 …… 12
1.2.6　元宇宙 …… 12
1.2.7　脑启发人工智能 …… 13
1.2.8　人工智能驱动科学研究 …… 13
1.3　人工智能前沿技术 …… 14
1.3.1　无监督学习 …… 14
1.3.2　自动机器学习 …… 14
1.3.3　内容生成技术 …… 15
1.3.4　大模型技术 …… 15
1.3.5　智能体技术 …… 16
1.3.6　具身智能技术 …… 16
1.3.7　智能芯片技术 …… 17
1.3.8　其他前沿技术 …… 18
1.4　人工智能典型应用 …… 19
1.4.1　人工智能早期应用 …… 19
1.4.2　搜索与推荐 …… 20
1.4.3　自动驾驶 …… 20
1.4.4　人形机器人 …… 21
1.4.5　人工智能交互 …… 22
1.4.6　人工智能绘图 …… 23
1.4.7　智慧城市 …… 24
1.4.8　智慧教育 …… 25
1.5　人工智能安全、伦理与战略 …… 25
1.5.1　人工智能安全 …… 25
1.5.2　人工智能伦理 …… 26
1.5.3　人工智能战略 …… 27

小结与展望 …… 27
参考文献 …… 28
第 2 章 无监督学习 …… 34
2.1 引言 …… 34
2.2 无监督学习简介 …… 35
2.3 从无监督到自监督 …… 37
2.3.1 自监督学习的思想 …… 37
2.3.2 自监督学习的代理任务 …… 39
2.3.3 自监督学习评估 …… 39
2.3.4 自监督学习的应用场景 …… 40
2.4 对比学习 …… 41
2.4.1 计算机视觉对比学习 SimCLR 和 MoCo …… 41
2.4.2 聚类思想与无显式负样本 …… 44
2.4.3 计算机视觉 Transformer 与对比学习 …… 45
2.4.4 多模态对比学习 …… 47
2.5 掩膜学习 …… 48
2.5.1 自监督预训练语言模型 …… 49
2.5.2 视觉 BERT 模型 …… 51
2.5.3 掩码图像建模——SimMIM 算法和 MAE 算法 …… 52
2.5.4 计算机视觉掩码学习的发展 …… 54
小结与展望 …… 55
参考文献 …… 56
第 3 章 自动机器学习 …… 61
3.1 引言 …… 61
3.2 算法选择 …… 61
3.2.1 特征选择 …… 62
3.2.2 算法评估 …… 63
3.3 自动超参数优化 …… 68
3.3.1 问题定义 …… 68
3.3.2 免模型超参数优化 …… 69
3.3.3 近似超参数优化方法 …… 72
3.4 元学习 …… 73
3.4.1 基于优化的元学习方法 …… 74
3.4.2 基于模型的元学习方法 …… 75
3.4.3 基于度量的元学习方法 …… 77
3.5 神经架构搜索 …… 78
3.5.1 搜索空间 …… 79
3.5.2 搜索策略 …… 82
3.5.3 评估策略 …… 86
小结与展望 …… 93
参考文献 …… 94
第 4 章 人工智能生成内容 …… 101
4.1 引言 …… 101
4.2 生成式模型基本概念 …… 101

4.2.1 生成式模型与判别式模型的区别 …… 101
4.2.2 概率建模与分布估计 …… 102
4.2.3 潜在变量 …… 102
4.2.4 采样与生成 …… 103
4.3 生成式模型前沿 …… 103
4.3.1 生成对抗网络 …… 103
4.3.2 变分自编码器 …… 104
4.3.3 流模型 …… 105
4.3.4 扩散模型 …… 106
4.3.5 自回归模型 …… 108
4.4 生成式模型应用场景 …… 109
4.4.1 多模态内容生成 …… 109
4.4.2 视频生成 …… 110
4.4.3 音频生成 …… 111
4.4.4 医学图像生成 …… 112
4.4.5 文本生成 …… 113
4.4.6 代码生成 …… 114
4.4.7 人工智能修复 …… 116
4.5 国内外生成式大模型简介 …… 117
4.5.1 OpenAI：GPT 系列 …… 117
4.5.2 谷歌：Gemini 系列 …… 118
4.5.3 Meta：Llama 系列 …… 118
4.5.4 百度：文心系列 …… 119
4.5.5 阿里云：通义千问系列 …… 120
4.5.6 腾讯：混元系列 …… 121
4.5.7 字节跳动：豆包系列 …… 121
4.5.8 xAI：Grok 系列 …… 122
小结与展望 …… 123
参考文献 …… 124
第 5 章 人工智能大模型 …… 129
5.1 大语言模型 …… 129
5.1.1 语言模型的发展历史 …… 129
5.1.2 大语言模型的可用资源 …… 132
5.1.3 大语言模型的预训练 …… 134
5.1.4 大语言模型的使用 …… 135
5.1.5 大语言模型的评测 …… 135
5.2 大语言模型偏见与幻觉 …… 136
5.2.1 大语言模型偏见 …… 136
5.2.2 大语言模型幻觉 …… 138
5.3 大语言模型价值对齐 …… 141
5.3.1 大语言模型价值对齐的意义 …… 141
5.3.2 大语言模型价值对齐的标准 …… 142
5.3.3 大语言模型价值对齐的实施方法 …… 143
5.4 多模态大语言模型 …… 150

5.4.1 多模态大语言模型的背景 …… 150
5.4.2 多模态大语言模型的结构 …… 151
5.4.3 多模态大语言模型的微调方式 …… 153
5.4.4 多模态大语言模型的评估 …… 154
小结与展望 …… 156
参考文献 …… 157
第 6 章 智能体智能 …… 165
6.1 引言 …… 165
6.2 深度强化学习 …… 165
6.2.1 基础知识 …… 166
6.2.2 基于值函数的方法 …… 168
6.2.3 基于策略梯度的方法 …… 169
6.2.4 行动器-评判器方法 …… 170
6.2.5 深度强化学习前沿 …… 172
6.3 多智能体强化学习 …… 175
6.3.1 基础知识 …… 175
6.3.2 完全合作 …… 176
6.3.3 完全竞争 …… 179
6.3.4 混合合作-竞争 …… 180
6.4 大模型与智能体 …… 181
6.4.1 大模型驱动智能体 …… 182
6.4.2 大模型与智能决策 …… 183
6.4.3 大模型与群体智能 …… 184
6.4.4 决策大模型行业应用 …… 186
6.5 开放环境合作与竞争 …… 187
6.5.1 开放环境及其挑战 …… 187
6.5.2 开放环境合作方法 …… 189
6.5.3 开放环境竞争方法 …… 192
6.5.4 开放环境下的人机协同 …… 193
小结与展望 …… 194
参考文献 …… 194
第 7 章 智能无人系统 …… 203
7.1 引言 …… 203
7.2 智能无人系统技术 …… 203
7.2.1 感知与理解 …… 203
7.2.2 导航与轨迹规划 …… 207
7.2.3 控制与决策 …… 209
7.2.4 集群协同 …… 211
7.3 自动驾驶领域前沿 …… 212
7.3.1 发展现状 …… 212
7.3.2 核心技术 …… 214
7.3.3 前沿应用 …… 215
7.3.4 发展趋势 …… 216
7.4 工业机器人领域前沿 …… 218

7.4.1 发展现状 …… 219
7.4.2 核心技术 …… 220
7.4.3 前沿应用 …… 221
7.4.4 发展趋势 …… 222
7.5 服务机器人领域前沿 …… 223
7.5.1 发展现状 …… 223
7.5.2 核心技术 …… 224
7.5.3 前沿应用 …… 225
7.5.4 发展趋势 …… 227
7.6 智能无人机领域前沿 …… 228
7.6.1 发展现状 …… 228
7.6.2 核心技术 …… 230
7.6.3 前沿应用 …… 232
7.6.4 发展趋势 …… 234
7.7 水面/水下智能无人系统领域前沿 …… 235
7.7.1 发展现状 …… 236
7.7.2 核心技术 …… 237
7.7.3 前沿应用 …… 238
7.7.4 发展趋势 …… 239
小结与展望 …… 241
参考文献 …… 242
第8章 元宇宙 …… 249
8.1 引言 …… 249
8.2 从虚拟现实到元宇宙 …… 249
8.2.1 元宇宙起源与发展历史 …… 249
8.2.2 元宇宙组成 …… 250
8.2.3 元宇宙基础 …… 251
8.2.4 元宇宙应用前景 …… 253
8.3 三维重建渲染 …… 254
8.3.1 三维重建技术概念 …… 254
8.3.2 神经辐射场 …… 254
8.3.3 三维高斯泼溅 …… 257
8.4 虚拟数字人 …… 261
8.4.1 虚拟数字人概念 …… 261
8.4.2 虚拟数字人系统框架 …… 262
8.4.3 虚拟数字人视觉制作技术 …… 263
8.4.4 交互式虚拟数字人 …… 265
8.5 具身元宇宙 …… 267
8.5.1 具身元宇宙概念 …… 267
8.5.2 虚拟空间交互技术 …… 267
8.5.3 具身智能技术 …… 269
8.6 元宇宙发展趋势 …… 271
8.6.1 科技领域 …… 272
8.6.2 经济社会领域 …… 272

小结与展望 …… 273
参考文献 …… 274
第 9 章 脑启发人工智能 …… 279
9.1 引言 …… 279
9.2 人工智能与脑科学 …… 279
9.2.1 脑科学发展历程 …… 279
9.2.2 脑科学和认知科学 …… 280
9.2.3 技术与应用 …… 281
9.2.4 人工智能与脑科学双向促进 …… 282
9.3 脑启发新型传感设备 …… 283
9.3.1 脑启发传感器发展历程 …… 283
9.3.2 脑启发传感原理 …… 284
9.3.3 脑启发视觉采样模型 …… 285
9.3.4 脑启发视觉传感器的应用 …… 287
9.4 脑启发人工智能模型 …… 288
9.4.1 脉冲神经网络与脑启发人工智能 …… 288
9.4.2 脉冲神经元模型 …… 289
9.4.3 脉冲神经网络编码方式 …… 290
9.4.4 脉冲神经网络训练方式 …… 292
9.4.5 脉冲神经网络前沿进展 …… 293
9.5 脑机接口 …… 294
9.5.1 脑机接口发展历程 …… 294
9.5.2 脑机接口关键技术 …… 295
9.5.3 脑机接口应用场景 …… 298
9.5.4 脑机接口前沿进展 …… 299
9.5.5 脑机接口发展挑战 …… 300
小结与展望 …… 301
参考文献 …… 301
第 10 章 AI4S：科学研究新范式 …… 307
10.1 引言 …… 307
10.2 AI4S 简介 …… 308
10.2.1 AI4S 的“四梁 N 柱” …… 309
10.2.2 人工智能促进科学研究的五大关键应用方式 …… 311
10.3 AI4S 驱动的数学研究新范式 …… 314
10.3.1 符号回归寻找数学表达式 …… 314
10.3.2 机器学习生成数学新猜想 …… 315
10.3.3 语言模型实现交互式研究 …… 317
10.4 AI4S 驱动的物理研究新范式 …… 317
10.4.1 物理规律发现的方法演进路径 …… 317
10.4.2 潜在变量识别的数据驱动策略 …… 320
10.4.3 物理系统模拟的高效建模机制 …… 320
10.5 AI4S 驱动的生物研究新范式 …… 321
10.5.1 计算生物学研究的智能方法革新 …… 321
10.5.2 多源组学数据的深度解析策略 …… 324

10.5.3 医药研发流程的智能优化路径 …… 325
10.6 AI4S驱动的材料研究新范式 …… 326
10.6.1 数据驱动的材料设计与优化 …… 327
10.6.2 智能算法赋能复合材料创新 …… 328
10.7 AI4S驱动的其他科学领域发展 …… 329
10.7.1 多维地球科学数据的智能解析与建模 …… 329
10.7.2 分子工程的自动化推演与结构创新 …… 331
10.7.3 能源系统的智能化技术革新 …… 333
10.7.4 计算架构的智能增强方法 …… 334
小结与展望 …… 335
参考文献 …… 337
第11章 人工智能产业布局 …… 341
11.1 引言 …… 341
11.2 产业整体布局 …… 342
11.2.1 核心技术演进 …… 342
11.2.2 应用场景拓展 …… 347
11.2.3 产业生态建设 …… 348
11.2.4 国际合作与竞争 …… 350
11.3 产业创新体系 …… 351
11.3.1 创新驱动力 …… 351
11.3.2 商业模式创新 …… 352
11.3.3 产品创新 …… 353
11.3.4 人才培养创新 …… 354
11.3.5 信息共享创新 …… 354
11.4 产业投资动态 …… 355
11.4.1 计算机行业行情回顾 …… 355
11.4.2 人工智能企业现状 …… 358
11.4.3 人工智能商业落地投资价值 …… 361
11.4.4 人工智能未来投资机会 …… 362
11.5 人工智能人才战略 …… 365
11.5.1 高校和企业联培人工智能人才 …… 365
11.5.2 人工智能人才状况 …… 366
11.5.3 人工智能在教育体系的融合与发展 …… 368
11.5.4 人工智能教育市场分析 …… 369
小结与展望 …… 371
参考文献 …… 371
第12章 人工智能产业发展 …… 375
12.1 引言 …… 375
12.2 人工智能产业格局 …… 375
12.2.1 全球人工智能产业格局 …… 375
12.2.2 中国人工智能产业格局 …… 376
12.2.3 人工智能产业链 …… 377
12.3 前沿研究发展 …… 381
12.3.1 研究产出趋势 …… 381

12.3.2 关键技术突破 …… 384
12.3.3 开源技术生态演进 …… 387
12.4 技术产业发展 …… 389
12.4.1 人工智能产业应用 …… 390
12.4.2 领域独角兽生态分析 …… 393
12.4.3 产业政策发展 …… 394
12.5 产业趋势 …… 395
12.5.1 技术趋势 …… 395
12.5.2 应用趋势 …… 398
12.5.3 安全伦理的趋严管控 …… 400
12.5.4 生态协同 …… 400
小结与展望 …… 402
参考文献 …… 403
第13章 人工智能安全 …… 408
13.1 引言 …… 408
13.2 人工智能安全问题 …… 408
13.2.1 人工智能技术应用引发的安全问题 …… 409
13.2.2 人工智能系统本身的安全问题 …… 413
13.3 人工智能安全战略 …… 419
13.3.1 美国：关注人工智能技术对国家安全的影响 …… 419
13.3.2 英国及欧盟：关注人工智能技术对个人安全的影响 …… 420
13.3.3 中国及其他国际组织：关注人工智能技术的全球治理 …… 422
13.4 人工智能安全技术 …… 423
13.4.1 人工智能安全技术简介 …… 423
13.4.2 可信人工智能四大支撑技术 …… 423
13.5 人工智能安全应用 …… 439
13.5.1 自动驾驶领域安全防护 …… 439
13.5.2 在线电商/数字金融领域安全防护 …… 441
13.5.3 社交媒体智能安全防护 …… 443
13.5.4 军事领域智能安全防护 …… 444
小结与展望 …… 445
参考文献 …… 446
第14章 人工智能伦理与监管 …… 451
14.1 引言 …… 451
14.1.1 人工智能伦理的概念及范畴 …… 451
14.1.2 人工智能伦理带来的主要社会挑战 …… 452
14.2 AI伦理规范 …… 452
14.2.1 欧盟《可信赖人工智能伦理指南》 …… 452
14.2.2 美国《人工智能伦理道德标准》 …… 453
14.2.3 中国《新一代人工智能伦理规范》 …… 453
14.2.4 联合国教科文组织《人工智能伦理建议书》 …… 454
14.3 AI伦理的宏观监管 …… 455
14.3.1 欧盟：强化政府主导的伦理原则建设和法律法规约束 …… 455
14.3.2 美国：依托市场力量，强化应用监管 …… 456

14.3.3 英国：促进创新的人工智能监管方法 …… 458
14.3.4 中国：坚持规划引领和应用规范，探索构建人工智能安全管理体系 …… 459
14.3.5 各国际组织：开发人工智能的国际指导原则 …… 460
14.3.6 讨论 …… 462
14.4 企业级人工智能伦理实践 …… 464
14.4.1 微软的人工智能伦理实践 …… 464
14.4.2 谷歌的人工智能伦理实践 …… 464
14.4.3 百度的人工智能伦理实践 …… 465
14.4.4 商汤科技的人工智能伦理实践 …… 465
小结与展望 …… 465
参考文献 …… 466
第 15 章 回顾、建议与展望 …… 468
15.1 引言 …… 468
15.2 内容回顾 …… 468
15.2.1 人工智能理论方法前沿 …… 468
15.2.2 人工智能技术创新前沿 …… 469
15.2.3 人工智能产业发展前沿 …… 470
15.2.4 人工智能与人类社会 …… 471
15.3 问题与建议 …… 471
15.3.1 理论与技术发展 …… 471
15.3.2 产业与生态发展 …… 473
15.3.3 人工智能治理与社会责任 …… 474
15.4 未来展望 …… 475
15.4.1 下一代人工智能理论与方法研究 …… 475
15.4.2 人工智能终身学习研究 …… 475
15.4.3 开放环境智能体研究 …… 476
15.4.4 AI4S 应对全球危机 …… 476
15.4.5 人工智能伦理与可控边界研究 …… 476
15.4.6 生物计算与量子计算人工智能 …… 476
参考文献 …… 477
附录 A 英汉缩写对照表 …… 482

CONTENTS

Chapter 1 Introduction …… 1
1.1 Development History of Artificial Intelligence …… 1
1.1.1 AI Forms …… 1
1.1.2 Brief Introduction to the Development of AI …… 2
1.2 AI Research Areas …… 10
1.2.1 Natural Language Processing …… 10
1.2.2 Computer Vision …… 11
1.2.3 Multimodal Analysis …… 11
1.2.4 Data Mining …… 11
1.2.5 Intelligent Unmanned Systems …… 12
1.2.6 Metaverse …… 12
1.2.7 Brain-Inspired AI …… 13
1.2.8 AI for Science …… 13
1.3 Frontier Technologies of AI …… 14
1.3.1 Unsupervised Learning …… 14
1.3.2 Automatic Machine Learning …… 14
1.3.3 Content Generation Technology …… 15
1.3.4 Large Model Technology …… 15
1.3.5 Agent Technology …… 16
1.3.6 Embodied Intelligence Technology …… 16
1.3.7 Intelligent Chip Technology …… 17
1.3.8 Other Cutting-edge Technologies …… 18
1.4 Typical Applications of Artificial Intelligence …… 19
1.4.1 Early Application of AI …… 19
1.4.2 Search and Recommendation …… 20
1.4.3 Automatic Driving …… 20
1.4.4 Humanoid Robot …… 21
1.4.5 AI Interaction …… 22
1.4.6 AI Drawing …… 23
1.4.7 Smart City …… 24
1.4.8 Smart Education …… 25
1.5 Artificial Intelligence Security, Ethics and Strategy …… 25
1.5.1 AI Security …… 25
1.5.2 AI Ethics …… 26
1.5.3 AI Strategy …… 27

Summary and Outlook …… 27
References …… 28
Chapter 2 Unsupervised Learning …… 34
2.1 Introduction …… 34
2.2 Introduction of Unsupervised Learning …… 35
2.3 From Unsupervised Learning to Self-Supervised Learning …… 37
2.3.1 Idea of Self-Supervised Learning …… 37
2.3.2 Pretext Task of Self-Supervised Learning …… 39
2.3.3 Evaluation of Self-Supervised Learning …… 39
2.3.4 Application Scenarios of Self-Supervised Learning …… 40
2.4 Contrastive Learning …… 41
2.4.1 Visual Contrastive Learning SimCLR, MoCo …… 41
2.4.2 Clustering and No Explicit Negative Samples …… 44
2.4.3 Vision Transformer and Contrastive Learning …… 45
2.4.4 Multi-modal Contrastive Learning CLIP …… 47
2.5 Mask Modeling …… 48
2.5.1 Self-Supervised Pretrained Language Model …… 49
2.5.2 Visual BERT Model …… 51
2.5.3 Masked Image Modeling SimMIM, MAE …… 52
2.5.4 Development of Visual Mask Modeling …… 54
Summary and Outlook …… 55
References …… 56
Chapter 3 Automated Machine Learning …… 61
3.1 Introduction …… 61
3.2 Algorithm Selection …… 61
3.2.1 Feature Selection …… 62
3.2.2 Algorithm Evaluation …… 63
3.3 Automatic Hyperparameter Optimization …… 68
3.3.1 Problem Definition …… 68
3.3.2 Model-Free Hyperparameter Optimization …… 69
3.3.3 Approximate Hyperparameter Optimization Methods …… 72
3.4 Meta-Learning …… 73
3.4.1 Optimization-Based Meta-Learning …… 74
3.4.2 Model-Based Meta-Learning …… 75
3.4.3 Metric-Based Meta-Learning …… 77
3.5 Neural Architecture Search …… 78
3.5.1 Search Space …… 79
3.5.2 Search Strategy …… 82
3.5.3 Evaluation Strategy …… 86
Summary and Outlook …… 93
References …… 94
Chapter 4 Artificial Intelligence Generated Content …… 101
4.1 Introduction …… 101
4.2 Basic Concepts of Generative Models …… 101

4.2.1 Differences between Generative and Discriminative Models ······ 101
4.2.2 Probability Modeling and Distribution Estimation ······ 102
4.2.3 Latent Variables ······ 102
4.2.4 Sampling and Generation ······ 103
4.3 Frontiers of Generative Models ······ 103
4.3.1 Generative Adversarial Network ······ 103
4.3.2 Variational Autoencoder ······ 104
4.3.3 Flow Model ······ 105
4.3.4 Diffusion Model ······ 106
4.3.5 Autoregressive Model ······ 108
4.4 Applications of Generative Models ······ 109
4.4.1 Multimodal Content Generation ······ 109
4.4.2 Video Generation ······ 110
4.4.3 Audio Generation ······ 111
4.4.4 Medical Image Generation ······ 112
4.4.5 Text Generation ······ 113
4.4.6 Code Generation ······ 114
4.4.7 AI Restoration ······ 116
4.5 Introduction to Domestic and International Large Generative Models ······ 117
4.5.1 OpenAI: GPT Series ······ 117
4.5.2 Google: Gemini Series ······ 118
4.5.3 Meta: Llama Series ······ 118
4.5.4 Baidu: ERNIE Series ······ 119
4.5.5 Alibaba Cloud: Qwen Series ······ 120
4.5.6 Tencent: Hunyuan Series ······ 121
4.5.7 ByteDance: Doubao Series ······ 121
4.5.8 xAI: Grok Series ······ 122
Summary and Outlook ······ 123
References ······ 124
Chapter 5 Large Model in Artificial Intelligence ······ 129
5.1 Language Large Model ······ 129
5.1.1 Development History of Language Models ······ 129
5.1.2 Available Resources of Language Large Models ······ 132
5.1.3 Pre-training of Language Large Models ······ 134
5.1.4 Use of Language Large Models ······ 135
5.1.5 Evaluation of Language Large Models ······ 135
5.2 Bias and Hallucination of Large Models ······ 136
5.2.1 Bias of Large Models ······ 136
5.2.2 Hallucination of Large Models ······ 138
5.3 Value Alignment of Large Models ······ 141
5.3.1 Significance of Value Alignment in Large Models ······ 141
5.3.2 Standard of Value Alignment in Large Models ······ 142
5.3.3 Implementation Methods for Value Alignment in Large Models ······ 143
5.4 Multimodal Large Model ······ 150

5.4.1 Background of Multimodal Large Models ··· 150
5.4.2 Structure of Multimodal Large Models ··· 151
5.4.3 Fine-tuning Methods for Multimodal Large Models ··· 153
5.4.4 Evaluation of Multimodal Large Models ··· 154
Summary and Outlook ··· 156
References ··· 157
Chapter 6 Agents ··· 165
6.1 Introduction ··· 165
6.2 Deep Reinforcement Learning ··· 165
6.2.1 Foundamentals ··· 166
6.2.2 Value-based Methods ··· 168
6.2.3 Policy-based Methods ··· 169
6.2.4 Actor-Critic Methods ··· 170
6.2.5 Frontiers of Deep Reinforcement Learning ··· 172
6.3 Multi-Agent Reinforcement Learning ··· 175
6.3.1 Foundamentals ··· 175
6.3.2 Full Cooperation ··· 176
6.3.3 Full Competition ··· 179
6.3.4 Mixed Cooperation-Competition ··· 180
6.4 Large Models and Agents ··· 181
6.4.1 Large Models Based Agents ··· 182
6.4.2 Large Models and Decision Making ··· 183
6.4.3 Large Models and Swarm Intelligence ··· 184
6.4.4 Large Decision Models in Industry Applications ··· 186
6.5 Open Environment Cooperation and Competition ··· 187
6.5.1 Challenges of Open Environments ··· 187
6.5.2 Cooperation Methods in Open Environment ··· 189
6.5.3 Competition Methods in Open Environment ··· 192
6.5.4 Human-Machine Collaboration in Open Environments ··· 193
Summary and Outlook ··· 194
References ··· 194
Chapter 7 Intelligent Unmanned System ··· 203
7.1 Introduction ··· 203
7.2 Technologies of Intelligent Unmanned System ··· 203
7.2.1 Perception and Understanding ··· 203
7.2.2 Navigation and Trajectory Planning ··· 207
7.2.3 Control and Decision-Making ··· 209
7.2.4 Swarm Coorperation ··· 211
7.3 Frontiers of Autonomous Driving ··· 212
7.3.1 Current Research Progress ··· 212
7.3.2 Core Technologies ··· 214
7.3.3 Cutting-Edge Applications ··· 215
7.3.4 Trend of Development ··· 216
7.4 Frontiers of Industrial Robots ··· 218

7.4.1 Current Research Progress …… 219
7.4.2 Core Technologies …… 220
7.4.3 Cutting-Edge Applications …… 221
7.4.4 Trend of Development …… 222
7.5 Frontiers of Service Robots …… 223
7.5.1 Current Research Progress …… 223
7.5.2 Core Technologies …… 224
7.5.3 Cutting-Edge Applications …… 225
7.5.4 Trend of Development …… 227
7.6 Frontiers of Intelligent UAV …… 228
7.6.1 Current Research Progress …… 228
7.6.2 Core Technologies …… 230
7.6.3 Cutting-Edge Applications …… 232
7.6.4 Trend of Development …… 234
7.7 Frontiers of Surface/Underwater Unmanned System …… 235
7.7.1 Current Research Progress …… 236
7.7.2 Core Technologies …… 237
7.7.3 Cutting-Edge Applications …… 238
7.7.4 Trend of Development …… 239
Summary and Outlook …… 241
References …… 242
Chapter 8 Metaverse …… 249
8.1 Introduction …… 249
8.2 From Virtual Reality to the Metaverse …… 249
8.2.1 The Origins and Development History of the Metaverse …… 249
8.2.2 Components of the Metaverse …… 250
8.2.3 Foundation of the Metaverse …… 251
8.2.4 Application Prospects of the Metaverse …… 253
8.3 3D Reconstruction and Rendering …… 254
8.3.1 Concepts of 3D Reconstruction Technology …… 254
8.3.2 Neural Radiance Field …… 254
8.3.3 3D Gaussian Splatting …… 257
8.4 Virtual Digital Humans …… 261
8.4.1 Concepts of Virtual Digital Humans …… 261
8.4.2 Virtual Digital Human System Framework …… 262
8.4.3 Visual Production Technology for Virtual Digital Humans …… 263
8.4.4 Interactive Virtual Digital Humans …… 265
8.5 Embodied Metaverse …… 267
8.5.1 Concepts of Embodied Metaverse …… 267
8.5.2 Virtual Space Interaction …… 267
8.5.3 Embodied Intelligence …… 269
8.6 Development of the Metaverse …… 271
8.6.1 Technology …… 272
8.6.2 Economics and Society …… 272

Summary and Outlook …… 273
References …… 274
Chapter 9 Brain-Inspired Artificial Intelligence …… 279
9.1 Introduction …… 279
9.2 AI and Brain Science …… 279
9.2.1 The Development History of Brain Science …… 279
9.2.2 Brain Science and Cognitive Science …… 280
9.2.3 Technology and Applications …… 281
9.2.4 Mutual Advancement of AI and Brain Science …… 282
9.3 Brain-Inspired Novel Sensing Devices …… 283
9.3.1 The Development History of Brain-Inspired Sensors …… 283
9.3.2 Brain-Inspired Sensing Principles …… 284
9.3.3 Brain-Inspired Visual Sampling Model …… 285
9.3.4 Applications of Brain-Inspired Visual Sensors …… 287
9.4 Brain-Inspired AI Models …… 288
9.4.1 Spiking Neural Networks and Brain-Inspired AI …… 288
9.4.2 Spiking Neuron Model …… 289
9.4.3 Spiking Neural Network Encoding Methods …… 290
9.4.4 Spiking Neural Network Training Methods …… 292
9.4.5 Cutting-edge Advances in Spiking Neural Networks …… 293
9.5 Brain-Computer Interface …… 294
9.5.1 Development History of Brain-Computer Interfaces …… 294
9.5.2 Key Technologies of Brain-Computer Interfaces …… 295
9.5.3 Application Scenarios of Brain-Computer Interfaces …… 298
9.5.4 Cutting-edge Advances in Brain-Computer Interfaces …… 299
9.5.5 Challenges in Brain-Computer Interface Development …… 300
Summary and Outlook …… 301
References …… 301
Chapter 10 AI4S: A New Paradigm for Scientific Research …… 307
10.1 Introduction …… 307
10.2 New AI4S Paradigm …… 308
10.2.1 Four Core Beams and N Structural Pillars of AI4S …… 309
10.2.2 Five Key Application Methods of AI4S …… 311
10.3 AI for Mathematics …… 314
10.3.1 Symbolic Regression for Finding Mathematical Expressions …… 314
10.3.2 AI-Assisted Discovery of Mathematical Laws …… 315
10.3.3 Large Language Models in Mathematical Research …… 317
10.4 AI for Physics …… 317
10.4.1 AI-Assisted Discovery of Physical Laws …… 317
10.4.2 AI-Assisted Identification of Hidden State Variables …… 320
10.4.3 AI-Assisted Physical Simulation …… 320
10.5 AI for Biology …… 321
10.5.1 AI-assisted Computational Biology Research …… 321
10.5.2 AI-assisted Omics Research …… 324

10.5.3 AI-assisted Biopharmaceutical Research ······ 325
10.6 AI for Materials ······ 326
10.6.1 AI-assisted Materials Science Research ······ 327
10.6.2 AI-assisted Composite Materials Research ······ 328
10.7 Other Fields and Development Trends ······ 329
10.7.1 AI for Earth Sciences ······ 329
10.7.2 AI for Organic Chemistry ······ 331
10.7.3 AI for Energy Science ······ 333
10.7.4 AI for Computational Science ······ 334
Summary and Outlook ······ 335
References ······ 337
Chapter 11 Artificial Intelligence Industry Layout ······ 341
11.1 Introduction ······ 341
11.2 Overall Industry Layout ······ 342
11.2.1 Evolution of Core Technologies ······ 342
11.2.2 Expansion of Application Scenarios ······ 347
11.2.3 Industry Ecosystem Development ······ 348
11.2.4 International Cooperation and Competition ······ 350
11.3 Industry Innovation System ······ 351
11.3.1 Drivers of Innovation ······ 351
11.3.2 Business Model Innovation ······ 352
11.3.3 Product Innovation ······ 353
11.3.4 Talent Development Innovation ······ 354
11.3.5 Information Sharing Innovation ······ 354
11.4 Investment Trends ······ 355
11.4.1 Review of the Computer Industry Market ······ 355
11.4.2 Status of Artificial Intelligence Enterprises ······ 358
11.4.3 Investment Value of AI Commercialization ······ 361
11.4.4 Future Investment Opportunities in AI ······ 362
11.5 AI Talent Strategy ······ 365
11.5.1 AI Talent Development in Universities and Enterprises ······ 365
11.5.2 Current State of AI Talent ······ 366
11.5.3 Development of AI in the Education System ······ 368
11.5.4 Analysis of the AI Education Market ······ 369
Summary and Outlook ······ 371
References ······ 371
Chapter 12 Development of AI Industry ······ 375
12.1 Introduction ······ 375
12.2 Artificial Intelligence Industry Landscape ······ 375
12.2.1 Global AI Industry ······ 375
12.2.2 China's AI Industry Landscape ······ 376
12.2.3 AI Industry Chain ······ 377
12.3 Frontier Research Development ······ 381
12.3.1 Research Output Trends ······ 381

12.3.2 Key Technological Breakthroughs ······ 384
12.3.3 Open-Source Technology Ecosystem Evolution ······ 387
12.4 Technology and Industry Development ······ 389
12.4.1 AI Industry Applications ······ 390
12.4.2 Sector Unicorn Ecosystem Analysis ······ 393
12.4.3 Industry Policy Dynamics ······ 394
12.5 Industry Trends ······ 395
12.5.1 Technological Trends ······ 395
12.5.2 Application Trends ······ 398
12.5.3 Stricter Regulation of Safety Ethics ······ 400
12.5.4 Ecosystem Collaboration ······ 400
Summary and Outlook ······ 402
Reference ······ 403
Chapter 13 AI Security ······ 408
13.1 Introduction ······ 408
13.2 Security issues of AI ······ 408
13.2.1 Security Issues Arising from AI Applications ······ 409
13.2.2 Inherent Security Issues in AI Systems ······ 413
13.3 Strategies for AI Security ······ 419
13.3.1 US: Focused on National Security ······ 419
13.3.2 UK and EU: Focused on Personal Safety ······ 420
13.3.3 China and Other International Organizations: Focused on Global Governance ······ 422
13.4 AI security technologies ······ 423
13.4.1 A Brief Introduction ······ 423
13.4.2 Four Supporting Technologies for Trustworthy AI ······ 423
13.5 Applications of AI Security Technologies ······ 439
13.5.1 AI Security in Automatic Driving ······ 439
13.5.2 AI Security in E-Commerce and Digital Finance ······ 441
13.5.3 AI Security in Social Media ······ 443
13.5.4 AI Security in Militanty Applications ······ 444
Summary and Outlook ······ 445
References ······ 446
Chapter 14 AI Ethics and Supervision ······ 451
14.1 Introduction ······ 451
14.1.1 Concept and Scope of AI Ethics ······ 451
14.1.2 Key Societal Challenges Posed by AI Ethics ······ 452
14.2 Regulations for AI Ethics ······ 452
14.2.1 EU: Ethics Guidelines for Trustworthy AI ······ 452
14.2.2 US: Ethical Principles for Artificial Intelligence ······ 453
14.2.3 China: Ethics for a New Generation of AI ······ 453
14.2.4 UNESCO: Recommendation on the Ethics of Artificial Intelligence ······ 454
14.3 Marco Supervision of AI Ethics ······ 455
14.3.1 EU: Governance Framework for Algorithmic Accountability and Transparency ······ 455
14.3.2 US: Artificial Intelligence Risk Management Framework ······ 456

14.3.3 UK: A Pro-innovation Approach to AI Regulation …… 458
14.3.4 China: Guided by Planning and Standardized Application …… 459
14.3.5 International Organizations: Guiding Principles for the Development of AI …… 460
14.3.6 Discussions …… 462
14.4 Enterprise-level Practice of AI Ethics …… 464
14.4.1 AI Ethics Practice of Microsoft …… 464
14.4.2 AI Ethics Practice of Google …… 464
14.4.3 AI Ethics Practice of Baidu …… 465
14.4.4 AI Ethics Practice of SenseTime …… 465
Summary and Outlook …… 465
References …… 466
Chapter 15 Review, Suggestions, and Prospect …… 468
15.1 Introduction …… 468
15.2 Content Review …… 468
15.2.1 Frontiers of AI Theories and Methods …… 468
15.2.2 Frontiers of AI Technological Innovation …… 469
15.2.3 Frontiers of AI Industrial Development …… 470
15.2.4 AI and Human Society …… 471
15.3 Issues and Suggestions …… 471
15.3.1 Development of Theories and Technologies …… 471
15.3.2 Industrial and Ecosystem Development …… 473
15.3.3 AI Governance and Social Responsibility …… 474
15.4 Future Prospect …… 475
15.4.1 Next-Generation AI Theories and Methods …… 475
15.4.2 Research on Lifelong Learning in AI …… 475
15.4.3 Research on Agents in Open Environments …… 476
15.4.4 AI4S Responds to Global Crises …… 476
15.4.5 Research on AI Ethics and Controllable Boundaries …… 476
15.4.6 AI in Biological and Quantum Computing …… 476
References …… 477
Appendix A Abbreviations and Acronyms …… 482

第1章 绪　　论

CHAPTER 1

1.1　人工智能发展历程

人工智能(Artificial Intelligence,AI)的研究目的是通过探索、理解、模仿并扩展人类的智能行为,促使智能主体会听(语音识别、机器翻译等)、会看(图像识别、文字识别等)、会说(语音合成、人机对话等)、会思考(人机对弈、专家系统等)、会学习(知识表示、机器学习等),以及行动(机器人、自动驾驶汽车等)[1-4]。AI是将人类智能从生物体中释放出来,使其成为独立于生命体的存在形式。换句话说,AI是人类智能在物理身体之外的延伸,表现为机器智能等形态。

1.1.1　人工智能形态

传统上,人们对AI的认识和理解主要聚焦于其模拟人类思维的能力层面,并据此将AI能力水平划分为存在一定递进关系的三个层次,分别是计算智能、感知智能和认知智能[3-6]。

计算智能是AI的基础层次。它主要依赖数学模型、统计方法和优化算法来处理数据,并进行自动化决策。计算智能的核心目标是通过数据驱动的方法,实现自动化学习、知识提取和问题求解。其核心特点包括基于数据和算法驱动,具有模式识别能力可以进行概率计算与优化、自动化学习、高效计算等。其典型应用场景包括基于文本分析模型识别电子诈骗邮件[7]、用蚁群优化算法为机器人规划最短路径[8]、根据用户历史通信行为分析其网络访问安全性[9]等。计算智能在自动化计算和决策方面表现出色,但其存在缺乏因果推理、数据依赖性强、缺乏创造力等局限。

感知智能是AI发展的中间层次。在计算智能的基础上,感知智能通过赋予机器视觉、听觉、触觉等感知能力,使其能够更有效地与外部世界互动,从而在现实世界中执行更为复杂的任务[10]。自动驾驶汽车便是感知智能的典型应用之一。通过激光雷达、毫米波雷达、摄像头等传感设备,利用低时延网络技术和云端协同的算力支撑,结合专门设计的AI算法,自动驾驶汽车可以感知外部世界和环境信息,形成对周围环境的理解,再根据人类设定的行动目标,完成车辆行驶过程中各类动作的实时决策。先进传感器与数据处理技术使智能机器突破了人类感官、思维和注意力的局限,能够主动感知环境、分析数据并实时响应外部变化,从而增强了其与现实世界的交互能力,并将智能体的影响范围扩展至客观外部世界。

认知智能代表了AI的高级层次。它进一步拓展和提升了智能体对外部环境、目标问题和人类意图的理解、思考与推理能力,其核心技术突破在于机器能够理解语言、概念,并进行复杂的逻辑推理。随着数据红利消退与深度学习技术的成熟,认知智能已成为AI发展的新焦点。以计算机视觉(Computer Vision,CV)、自然语言处理(Natural Language Processing,NLP)和知识图谱为代表的认知智能技术，正推动机器向更高层次的智能演进，使其进一步拓展原有的能力范围，能够执行更为复杂的任务，并具备接近或局部超越人类水平的能力。

新一轮人工智能浪潮兴起以来，人们更加强调 AI 解决问题与完成特定任务的综合能力，并据此将 AI 的能力发展分为弱人工智能、强人工智能和超人工智能三个逐步递进的层次[11]。

弱人工智能，也称为狭义人工智能，指的是能够在特定领域内完成特定任务的 AI 系统。它们通常依赖特定的算法和模型，能够处理和分析大量数据，并从中提取有价值的信息。弱人工智能的应用范围非常广泛，涵盖了语音识别、图像识别、自然语言处理等领域。例如，苹果的 Siri、亚马逊的 Alexa 和谷歌(Google)的 Google Assistant 等语音助手，均属于弱人工智能的范畴。这些系统能够根据用户的指令进行语音识别和语义理解，并回答与执行任务[12]。

强人工智能，也称为通用人工智能(Artificial General Intelligence，AGI)，指的是能够像人类一样进行全面思考、决策和学习的 AI 系统[13]。与弱人工智能仅限于特定任务不同，强人工智能具备像人类一样的智慧，能够理解和分析复杂问题，提出解决方案，并根据反馈不断优化和改进自身的能力。尽管当前强人工智能的研究和应用尚处于初期阶段，但其潜力很大，未来可能对社会产生深远影响，改变人类的生活方式、工作方式，甚至社会结构。

超人工智能指的是一种超越人类智能的 AI 形态，具备远超人类的能力，能够完成人类无法完成的任务。例如，超智能医疗 AI[14]的愿景是能够实时分析已有的医学数据，迅速诊断疾病并提供最优治疗方案。超人工智能的出现将引发社会的巨大变革。目前它仍是一个理论概念，学术界正对其进行广泛研究与讨论，探索实现方案，并思考其对人类社会及人类本身带来的潜在影响。

根据这一划分标准，弱人工智能在特定领域内有着广泛的应用，能够高效完成特定任务，是当前社会 AI 应用的普遍形态；AGI 则具备更高级的智能与学习能力，能够进行全面的思考和决策，代表了当前社会各界对 AI 发展的乐观预期和主要努力方向；而超人工智能，作为一种超越人类智能的理论概念，其出现将为人类社会带来深远的影响和挑战，是 AI 发展的终极目标之一。

在过去几十年的发展过程中，AI 领域也涌现出了一系列学派，如符号主义、连接主义和行为主义等[3]。符号主义试图模拟人类的思维过程，其代表性成果是专家系统(Expert System，ES)；连接主义则强调通过模拟人脑的突触网络构建学习模型，其突出成就是深度学习技术；行为主义则侧重于使机器模仿人类探索和影响客观世界的行为能力，其典型应用是机器人。这些学派各自针对不同场景提出了智能实现的不同方式，共同推动 AI 的进步。

1.1.2 人工智能发展简介

关于 AI 的发展阶段划分，学术界目前尚无定论，本章融合各类划分思想和其基本依据，将 AI 的发展划分为萌芽奠基期、初步实践期、探索繁荣期、平稳发展期、爆发增长期和规模应用期 6 个阶段，向读者展示 AI 各发展阶段中的关键事件和重要突破，帮助读者形成对 AI 现状的初步认识。

1. 萌芽奠基期(20 世纪 40 年代至 20 世纪 50 年代)

在这一时期，AI 的理论框架初步形成，其核心思想从哲学讨论转向可计算模型，标志性技术包括符号逻辑、图灵测试和早期的神经网络等。

1943 年，沃尔特·皮茨(Walter Pitts)和沃伦·麦卡洛克(Warren McCulloch)提出了神经网络模型[15]，为人工神经网络的研究奠定了基础。1950 年，英国著名计算机学家、数学家阿兰·图灵(Alan Turing)发表了划时代的论文《计算机器与智能》[16]，并在其中首次提出将“图灵测试”作为智能水平判定标准的构想。他设想，如果一台机器能够通过电传设备与人类对话，并且人类无法判断其是否为机器，那么这台机器就可以被认为具有智能。这篇论文以及“图灵测试”，不仅有力地论证了机器具备智能的可能性，也为 AI 领域的发展指明了方向。

1952 年，阿瑟·塞缪尔(Arthur Samuel)开发了首个能通过自我对弈提升能力的跳棋程序，并首次提出“机器学习”这一术语，将其定义为“无须显式编程即可让计算机学习”。这一工作标志着机器学习的正式开端，并推动了计算机博弈领域的研究。

1956 年，约翰·麦卡锡(John McCarthy)、马文·明斯基(Marvin Minsky)、克劳德·香农(Claude Shannon)、艾伦·纽厄尔(Allen Newell)和赫伯特·西蒙(Herbert Simon)等科学家齐聚美国达特茅斯学院，首次提出“人工智能”这一概念[17]，讨论如何用机器模拟人类学习及其他智能行为，确立了符号主义研究范式。因此，1956 年被公认为 AI 元年，“使机器具备人类学习能力和其他智能特征”成为该领域的核心目标。

达特茅斯会议后，AI 引起广泛关注，机器智能的表现令许多学者感到震惊。彼时，学者们普遍乐观，认为二十年内就能构建出具备完整人工智能的机器。在此阶段，AI 在搜索与推理、语言理解、图像识别和自动控制等关键技术方向上取得了重要突破。

1957 年，弗兰克·罗森布拉特(Frank Rosenblatt)基于神经元结构提出了一种名为“感知器”(Perceptron)的神经网络模型[18]。感知器是最简单的前馈神经网络，作为一种二分类线性判别模型，其输入为实例的特征向量($x_1, x_2, \cdots$)，神经元的激活函数 f 为 sign 函数，输出为实例的类别(+1 或者−1)。其目标是通过实例学习，在特征空间中构建用于分类的超平面，将正负两类分开。尽管单层感知器存在局限性，但它在神经网络发展史上具有重要意义，为后来的深度学习算法奠定了基础。

1958 年，大卫·考克斯(David Cox)提出了逻辑回归(Logistic Regression，LR)模型[19]。LR 也是线性分类模型，与感知器的主要区别在于激活函数采用了 sigmoid 函数，并通过最大似然估计方法极大化正确分类的概率，使得 LR 模型兼具分类概率解释性、对线性不可分数据的稳健性以及全局收敛保证，克服了感知器仅支持硬分类且依赖严格线性可分条件等局限。

2. 初步实践期(20 世纪 50 年代末至 20 世纪 60 年代)

这一阶段的 AI 发展以规则驱动为核心，重点探索基于逻辑推理的智能实现路径。其标志性技术包括专家系统、机器定理证明等。

1959 年首台工业机器人 Unimate 诞生，标志 AI 进入实体应用探索阶段。1966 年，约瑟夫·魏岑鲍姆(Joseph Weizenbaum)公开了艾莉莎(ELIZA)这一早期 NLP 程序[20]。ELIZA 通过关键词匹配规则解析用户输入，并按照预定义模式生成回答。尽管技术相对简单，但 ELIZA 展示了计算机能够模拟人类对话的可能性，成为自然语言处理和 AI 发展中的重要里程碑。

1967 年，托马斯·科弗(Thomas Cover)和彼得·哈特(Peter Hart)提出了 K 近邻(K-Nearest Neighbor，KNN)算法[21]。其核心思想是：给定训练数据集，对新输入实例 X，找到与其最邻近的 K 个实例，并将这 K 个实例中最多的类别作为新实例的类别。

1968 年，爱德华·费根鲍姆(Edward Feigenbaum)开发了首个专家系统 DENDRAL[22]，旨在通过质谱仪数据逆向推导未知化合物的分子结构。该系统首次提出了知识库(Knowledge Base)的概念，一方面通过知识库构建，存储了大量化学规则、分子式组合规律及质谱分析经验知识；另一方面基于规则引擎，模拟化学专家的逻辑推理过程，通过质谱数据匹配可能的分子结构，最终筛选出最合理的候选方案。该系统的成功验证了专家系统在解决专业领域问题中的潜力，成为早期 AI 应用的里程碑。

专家系统是 AI 的重要分支，与自然语言理解和机器人学并列为 AI 当时的三大研究领域。它通过模拟人类专家的推理过程，处理需要专家解释的复杂问题，结合知识库和推理机(Inference

Machine)得出与专家相同的结论。虽然当时的专家系统存在知识维护成本高、容错性与泛化能力差、缺乏自主学习能力、解释性受限等局限,但其产生和发展为后来的第二次人工智能浪潮奠定了一定的理论基础。

3. 探索繁荣期(20世纪70年代至20世纪90年代)

由于当时计算机的处理能力和内存有限,AI只能依靠固定指令处理特定问题,无法具备学习和思考的能力。随着问题复杂度的增加,AI显得不再智能,研究成果未能兑现设计承诺,导致政府和机构减少投资,AI进入了第一个寒冬。尽管如此,这一时期依然取得了一些成就,AI的主要研究方向开始从符号主义转向数据驱动的统计学习,突破知识获取瓶颈,语音识别、文本分类等典型应用初步落地,为后期AI的繁荣发展奠定了基础。

1974年,哈佛大学的保罗·沃伯斯(Paul Werbos)首次提出了通过误差反向传播(Back-Propagation,BP)来训练人工神经网络的思想[23]。与感知器模型不同,BP算法的核心思想在于通过链式法则将预测误差从输出层逐层反向传递至输入层,指导神经网络参数的梯度更新,以降低学习误差并拟合目标。这一方法虽未受到当时的重视,但为后来的神经网络发展奠定了基础。

20世纪80年代,AI首次迎来应用发展的繁荣期。专家系统通过模拟人类专家的知识与经验,基于专门知识推演出的逻辑规则进行问题解答,在解决特定领域的问题方面凸显出一定优势。由于设计简洁、易于编程和修改,专家系统迅速兴起并推动了AI领域的"知识革命",促使知识库系统和知识工程成为AI研究的重点。专家系统的应用标志着AI从理论向实际应用的突破,同时机器学习(尤其是神经网络)在多个领域逐步复苏。1980年,美国卡内基梅隆大学(CMU)举办了第一届机器学习国际研讨会,标志着机器学习研究在全球范围内的广泛兴起。CMU为数字设备公司设计的XCON专家系统,在1986年前能够每年为公司节省约4000万美元。基于"知识库+推理机"模式,XCON成为这一时期代表性的专家系统。

1982年,大卫·马尔(David Marr)在其代表作《视觉计算理论》中提出了计算机视觉的概念,首次提出从"计算理论、算法、实现"三个层次系统解析人类视觉信息处理机制,通过跨学科视角(生物学、心理学、计算机科学)构建了视觉系统的统一框架,奠定了计算机视觉与计算神经科学的理论基础,深刻影响了认知科学[24],并启发了后续从边缘检测到深度学习的一系列技术革新。同年,约翰·霍普菲尔德(John Hopfield)发明了霍普菲尔德神经网络[25],这是循环神经网络(Recurrent Neural Network,RNN)的雏形,也是人工智能和计算科学领域的重要里程碑之一,其跨学科的物理视角启发了后续研究。霍普菲尔德神经网络采用单层反馈结构,将能量函数引入神经网络,构建了首个基于能量函数的神经网络模型。该模型关联网络状态与能量值,使得网络稳定性可通过能量最小化原则解释。这一思想直接影响了后续模型(如玻尔兹曼机)的优化策略,并为统计力学与神经网络的结合提供了范例。霍普菲尔德神经网络通过可解释的数学框架重新点燃学术界对神经网络的兴趣,为深度学习复兴奠定了坚实基础,在图像修复、生物特征识别、优化问题求解、蛋白质折叠模拟、神经科学建模、机器人路径规划与实时决策等领域均取得显著应用效果。

1985年,朱迪亚·珀尔(Judea Pearl)提出了贝叶斯网络[26],这一网络基于概率方法并发展了因果与反事实推理理论,获得广泛认可。贝叶斯网络是一种处理因果关系不确定性的概率图模型,常见的朴素贝叶斯分类算法便是其基本应用。贝叶斯网络的结构是一个有向无环图,通过图中的随机变量和条件依赖关系,描述了系统中的因果关系。这种概率模型为不确定性推理提供了数学框架,推动了自然语言处理和时序数据分析。

1986年,大卫·鲁梅哈特(David Rumelhart)、杰弗里·辛顿(Geoffrey Hinton)和罗纳德·威

廉姆斯(Ronald Williams)首次合作提出了将多层感知器(Multilayer Perceptron,MLP)与反向传播训练相结合的理念[27],标志着BP算法的正式确立。该理念突破了单层感知器在非线性分类上的局限性,突破多层网络训练瓶颈,使深度神经网络从理论构想变为实际可训练的模型,为现代深度学习奠定了基础。该论文被《自然》评为"深度学习复兴的基石",推动了神经网络的第一次热潮。正如辛顿所言:"没有BP算法,深度学习将不复存在"。它不仅是现代AI的基石,更是人类探索智能本质的重要里程碑,深刻重塑了科学研究与技术创新的范式。20世纪80年代后,BP算法成为连接主义AI的核心工具,不仅显著推动了神经网络在图像识别、语音识别、自然语言处理等领域的广泛应用,还在支持向量机、决策树等其他机器学习算法中发挥了重要作用。2024年,瑞典皇家科学院授予约翰·霍普菲尔德和杰弗里·辛顿诺贝尔物理学奖以表彰他们在机器学习领域所作出的基础性理论发现与发明。

1986年,迈克尔·乔丹(Michael I. Jordan)提出了早期循环神经网络结构Jordan Network[28],其整个网络中的所有层都是循环的,每个时间步的输出均会影响下一个时间步的输入。这种结构使得该网络能够捕捉到输入序列中的长期依赖关系。1990年,杰弗里·埃尔曼(Jeffrey L. Elman)对Jordan Network进行了简化,并采用BP算法进行训练,形成了Elman Network[29],即最简单的包含单个自连接节点的循环神经网络模型。循环神经网络通过循环结构(隐藏状态)传递时序信息,解决了传统前馈神经网络无法建模序列数据动态依赖的缺陷,首次实现变长序列的端到端处理,为自然语言处理(如机器翻译)、语音识别和时间序列预测奠定了基础,成为深度学习处理时序任务的理论基石。

1986年,澳大利亚计算机科学家罗斯·昆兰(Ross Quinlan)提出ID3决策树算法[30]。ID3决策树算法的核心思想是通过自顶向下的贪心策略构建决策树,即根据信息增益来选择特征进行划分,依次递归地构建决策树。早期决策树算法依赖人工设计规则、效率低下。ID3决策树算法则首次实现了完全数据驱动的树构建,是机器学习从"人工规则"迈向"数据驱动"的关键里程碑,其简洁性、可解释性与实效性影响了诸多后续算法。

1989年,杨立昆(Yann LeCun)结合BP算法与权值共享的卷积神经层,提出了卷积神经网络(Convolutional Neural Network,CNN)LeNet[31],并成功应用于美国邮政局的手写字符识别系统。LeNet构建了卷积神经网络的经典架构,即由输入层、卷积层、池化层和全连接层组成。其中,卷积层用于提取局部特征,池化层用于降低维度及实现权值共享机制,全连接层则用于完成分类并输出最终结果。这种结构实现了图像数据的层次化特征学习与空间不变性建模,解决了全连接网络处理图像时的维度灾难问题,突破了传统算法的图像识别瓶颈。LeNet开创性应用卷积操作,为深度学习模型的发展奠定了基础,其设计理念深刻影响了后续许多重要的卷积神经网络架构,如AlexNet[32]、VGG[33]和ResNet[34]等。此外,它的成功还激发了学术界和工业界对深度学习的浓厚兴趣。这一突破性进展为计算机视觉进入深度学习时代奠定了技术基础,并启发了医疗影像分析、自动驾驶等跨领域的技术革新。

4. 平稳发展期(20世纪90年代至2010年)

互联网技术的迅速发展有力推动了AI研究的创新突破,加速了AI技术向实用化迈进,促使人工智能各领域均取得显著进展。

1995年,科琳娜·科尔特斯(Corinna Cortes)和拉基米尔·瓦普尼克(Vladimir Vapnik)提出了支持向量机(Support Vector Machine,SVM)算法[35],通过最大化分类间隔和核技巧(如高斯核)解决了小样本、高维数据和非线性分类问题。SVM在文本分类、生物信息学等领域表现优异,成为统计学习的代表性方法,并能够推广应用到函数拟合等其他机器学习问题中。SVM推动了机器学习理论化，其泛化性能优化思想影响了后续模型设计。

同年，罗伯特·沙皮尔（Robert Schapire）和约阿夫·弗罗因德（Yoav Freund）提出了 AdaBoost（Adaptive Boosting）算法[36]。AdaBoost 算法采用的是 Boosting 集成学习方法——串行组合弱学习器，以达到更好的泛化性能。该算法通过加权迭代纠正分类错误，成为处理不平衡数据的有效工具。另外一种重要集成方法是以随机森林为代表的 Bagging 并行组合算法，其最早框架是由利奥·布雷曼（Leo Breiman）在 1994 年提出的 Bagging 算法构建而成，通过自助采样（Bootstrap）结合多数投票提升模型稳定性[37]。集成学习技术作为一种通过组合弱分类器实现泛化能力提升的有效途径开始兴起，并成为工业界高精度模型的核心方法。

1997 年，塞普·霍赫赖特（Sepp Hochreiter）和于尔根·施米德胡伯（Jürgen Schmidhuber）提出了长短期记忆（Long Short-Term Memory，LSTM）网络[38]。LSTM 网络是一种结构复杂的 RNN。其结构引入了输入门、遗忘门及输出门。其中，输入门决定当前时刻网络的输入数据有多少需要保存到单元状态，遗忘门决定上一时刻的单元状态有多少需要保留到当前时刻，输出门控制当前单元状态有多少需要输出到当前的输出值。LSTM 网络有效解决了传统 RNN 模型在长序列训练过程中的梯度消失问题，显著提升了序列数据建模能力，为机器翻译、语音识别及时间序列预测等任务提供了关键技术基础，推动了深度学习在时序数据处理中的广泛应用。

2001 年，约翰·拉夫尔提（John Lafferty）首次提出条件随机场（Conditional Random Field，CRF）[39]模型。CRF 模型是基于贝叶斯理论框架的判别式概率图模型，通过建模输入序列与输出标签序列的全局依赖关系，利用特征函数和最大熵框架直接优化条件概率 $P(Y \mid X)$，解决了序列标注任务的局部与全局特征融合问题，避免了隐马尔可夫模型的独立性假设缺陷和最大熵马尔可夫模型的标注偏置问题，显著提升了命名实体识别、词性标注等任务的精度与稳健性。2001 年，利奥·布雷曼提出随机森林（Random Forest，RF）[40]。RF 是将多个有差异的弱学习器（决策树）Bagging 并行组合，通过建立多个拟合较好且有差异的模型去组合决策，是一种优化泛化性能的集成学习方法。

在 2006 年之前，神经网络因梯度消失和训练效率低下等问题，长期停滞于浅层结构（如单隐层感知器），难以训练深层网络。传统方法依赖随机初始化权重，导致模型易陷入局部最优，无法有效提取数据的高阶特征。2006 年，辛顿及其学生鲁斯兰·萨拉赫丁诺夫（Ruslan Salakhutdinov）首次提出了深度学习（Deep Learning，DL）的概念[41]，通过创新训练方法与模型架构，突破了深度学习的理论瓶颈，使多层神经网络从“不可训练”变为“高效可优化”，开启了深度学习在学术界和工业界的浪潮。2006 年也被称为深度学习元年，辛顿也因此被称为“深度学习之父”。

2010 年，潘嘉林（Pan Sinno Jialin）和杨强（Yang Qiang）发表关于迁移学习（Transfer Learning，TL）的调研论文[42]，系统总结了迁移学习的基本原理、方法及应用前景。迁移学习的核心思想是利用在某个领域或任务中获得的知识，来帮助学习另一个相关领域的任务，进而提高新任务的学习效率和预测性能。通俗来讲，就是将已有的经验迁移到新情境中，通过发掘源任务和目标任务之间的相似性或共性，减少新任务所需的数据量和训练时间。迁移学习在解决数据稀缺、标注成本高昂等现实问题中展现出强大优势。

5. 爆发增长期（2011—2020 年）

随着大数据、云计算、物联网等信息技术的发展，泛在感知数据和图形处理器等计算平台推动以深度神经网络为代表的 AI 技术飞速发展，算力提升与大数据结合，大幅跨越了科学与应用之间的技术鸿沟，推动 AI 实现从“可用”到“实用”的跨越，诸如图像分类、语音识别、知识问答、人机对弈、无人驾驶等 AI 应用实现了重大的突破，迎来爆发式增长的黄金时代[43,44]。这一阶段的 AI 主要沿深度学习的路线发展，行业总体处于专用AI时代，面向特定任务的端到端表征学习是AI技术发展的主流路线。

2011年，IBM研发出Watson系统，其是一个集自然语言处理、知识表示、自动推理和机器学习等技术实现的电脑问答(Q&A)系统[45]。该问答系统在Jeopardy回答测验比赛中赢得了冠军。

2012年，辛顿及其学生亚历克斯·克里泽夫斯基(Alex Krizhevsky)设计的AlexNet[32]卷积神经网络模型在ImageNet[46]竞赛中大获全胜，显著超越传统非深度学习方法。AlexNet通过引入深层网络结构，实现了对大规模图像数据高效的自动特征提取，从而在图像分类任务中实现了显著性能提升。AlexNet的成功不仅展示了深度神经网络在计算机视觉领域的强大潜力，而且迅速激发了全球范围内对深度学习技术的浓厚兴趣，为更深、更复杂的神经网络的出现奠定了一定基础。

2013年，谷歌的托马斯·米科洛夫(Tomas Mikolov)提出经典的用来学习单词分布式表示的Word2Vec模型[47]。Word2Vec模型的基本思想是学习每个单词与邻近词的关系，从而将单词表示成低维稠密向量。这种分布式表示可以学习到单词的语义信息。直观来看，语义相似的单词距离相近。

2014年，伊恩·古德费洛(Ian Goodfellow)等提出生成对抗网络[48](Generative Adversarial Network，GAN)。GAN由两个动态博弈的子网络构成：生成器(Generator)和判别器(Discriminator)。生成器构建一个映射$G: \boldsymbol{Z} \rightarrow \boldsymbol{X}$，基于输入随机噪声$\boldsymbol{z}$，输出生成的模拟数据$\boldsymbol{x}$，目标是让判别器无法区分生成数据与真实数据。而判别器则用于区分输入的数据是来自真实数据集还是由生成网络制造的伪数据。GAN通过生成器与判别器的对抗性训练，实现从随机噪声到逼真数据的无监督生成，开创了高质量图像合成、数据增强与跨域转换的新范式，推动了深度伪造检测、艺术创作、医学图像分析等领域的发展，并衍生出CycleGAN、StyleGAN等一系列改进模型。

2015年，何恺明(He Kaiming)等提出的残差网络(ResNet)[34]在ImageNet大规模视觉识别竞赛中获得了图像分类和物体识别组冠军。ResNet的核心贡献在于引入了"跳跃连接(Shortcut Connection)"，即在网络中添加恒等映射的直接路径，使得输入可以绕过一层或多层，直接与后续层的输出相加。这种结构有效地缓解了深度神经网络在训练过程中随着网络加深而出现的"退化(Degradation)现象"。ResNet能够在前向传播中保留原始输入信息，在反向传播中促进梯度的有效传递，从而避免梯度消失的问题。ResNet的创新架构设计，为后续深度学习模型演进奠定了重要基础。

2016年，围棋人工智能程序AlphaGo[49]与围棋世界冠军、职业九段棋手李世石展开了轰动一时的人机对决，最终以4∶1的总比分获胜。AlphaGo的核心架构包括四个关键部分：策略网络负责在给定当前局面的基础上预测并采样下一步走法；快速走子模块与策略网络相似，但在适当牺牲走棋质量的情况下，速度比策略网络快约1000倍；价值网络用来评估当前局面的胜率；蒙特卡洛树搜索则通过评估不同走法的胜率来优化决策过程。AlphaGo的出现不仅是AI的一次重大突破，更是人类科技发展史上的一个重要里程碑。它证明了AI在处理复杂任务中的潜力，并深刻影响了社会对AI的认知和期待。

2016年，波士顿动力公司推出Atlas机器人，该机器人具备高度仿生的运动能力，能够进行跑步、跳跃、翻滚等复杂动作。Atlas机器人通过传感器和动态平衡算法实现了对复杂地形的适应能力，开创了户外仿生机器人的先河[50]。同年，汉森机器人(Hanson Robotics)开发的Sophia机器人以类人面部表情和对话能力引起业界的广泛关注[51]，Sophia机器人使用AI实现简单对话，并可模仿人类的面部表情。

2017 年,谷歌研究者提出的 Transformer 模型[52],在语言理解与生成任务中取代了传统的 RNN 和 CNN 模型并取得重大成功。自注意力机制(Self-Attention)是 Transformer 模型的核心,允许模型同时计算输入序列中所有位置之间的关系权重,进而加权得到每个位置的特征表示。自注意力机制的优势在于可以有效捕捉输入序列中的长距离依赖关系,这对于语言理解和生成任务至关重要。将输入序列中的每个元素作为独立的词向量处理,忽略其在序列中的位置信息。这种设计使模型更加通用,适用于各种序列任务。Transformer 模型通过自注意力机制和位置编码(Positional Encoding)实现全局依赖建模与并行化计算,显著提升序列数据处理效率。Transformer 模型统一了自然语言处理的架构范式,奠定了 BERT、GPT 等预训练模型的基础,并跨界推动了计算机视觉(如视觉 Transformer)、生物计算(如 AlphaFold)等领域的技术革新。

2018 年,谷歌发布 BERT 模型[53],首次实现了真正意义上的双向上下文理解,在 11 项 NLP 任务中刷新了当时的最优结果。BERT 是一个预训练的语言表征模型,可以在海量的语料上用无监督学习方法学习单词的动态特征表示。该模型采用了 Transformer 架构中的编码器部分,利用掩码语言建模(Masked Language Modeling,MLM)和下一句预测(Next Sentence Prediction,NSP)两种预训练任务,从大规模无标注文本中学习深度的上下文语义表示。BERT 在预训练阶段同时利用左右两侧的上下文信息,这种双向训练方式使得模型能够更准确地理解词语在不同上下文中的含义,克服了传统单向语言模型的局限性,增强了对复杂语义关系的捕捉能力,实现了并行化处理与长距离依赖建模,解决了传统 RNN 和 LSTM 网络的效率瓶颈。BERT 构建的"预训练+微调"框架成为 NLP 领域的新标准,催生了如 RoBERTa、ALBERT 等改进模型,并推动了多任务学习与迁移学习的广泛应用。

2020 年,谷歌与 Facebook 分别提出简单对比学习(Simple Contrastive Learning of Representations,SimCLR)[54]与动量对比(Momentum Contrast,MoCo)学习[55]两种无监督学习算法,显著推动了图像表征学习的发展。两种方法均采用对比学习(Contrastive Learning,CL)框架,其核心思想是通过比较不同图像之间的相似性和差异性,学习出有判别力的特征表示。SimCLR 强调数据增强在构建有效对比任务中的关键作用。MoCo 采用动量编码器和动态字典队列机制,解决了对比学习中负样本数量受限的问题。这两种方法的成功展示了对比学习在无监督图像表征学习中的巨大潜力。

6. 规模应用期(2020 年至今)

2020 年以来,AI 模型规模的持续增长终于迎来泛化能力的巨大提升,Transformer 架构的提出和千亿级参数模型的训练方法等领域的突破,推动 AI 向 AGI 迈进。AI 开始渗透社会全领域,交互式大语言模型引发新一波 AI 应用热潮,日活跃用户总体规模前所未有,特别是大模型训练成本的显著降低,使得 AI 真正开始成为社会大众日常生活的一部分,发挥越来越重要的作用。

2020 年,OpenAI 公司推出了超大规模语言模型 GPT-3,模型具备 1750 亿参数的庞大规模,成为当时最大的语言模型,并且在零样本/少样本学习任务上实现了强大的性能提升。GPT-3 能够通过上下文推理直接处理多样化自然语言任务,推动了生成式 AI 的实用化突破,显著提升了模型的通用性、创造性和人机交互流畅度,同时引发了社会对大模型效率、伦理及社会影响的广泛讨论。随后,更多策略如基于人类反馈的强化学习(Reinforcement Learning from Human Feedback,RLHF)、代码预训练、指令微调等开始出现,进一步帮助模型提高了推理能力和任务泛化能力。

2020 年 6 月,谷歌提出视觉 Transformer(Vision Transformer,ViT)模型[56],首次将 Transformer 架构成功应用于计算机视觉任务。与传统 CNN 不同,ViT 将输入图像划分为固定大小的图像块,然后将每个图像块展平,并通过线性变换映射到高维空间,形成图像块嵌入序列。为了保留图像的空间信息，ViT 引入了可学习的位置编码，并在序列前添加了一个特殊的分类标记。随后 Transformer 自注意力机制对序列进行处理，将图像分类任务转换为一个序列建模任务，使得 Transformer 架构能够直接应用于图像任务。ViT 的主要优势在于其能够捕捉图像中长远距离的依赖关系，提供全局上下文信息，这对于图像分类、目标检测和图像分割等计算机视觉任务尤为重要。ViT 证明了 Transformer 在视觉领域处理长距离依赖和大规模数据时的优越性，打破了计算机视觉长期依赖卷积神经网络的固有范式，启发了后续多模态模型与高效视觉 Transformer 的研究浪潮。

2020 年 11 月，谷歌 DeepMind 团队发布 AlphaFold 2 人工智能系统，基于深度学习实现原子级别精度的蛋白质三维结构预测，解决了困扰生物学界 50 余年的蛋白质折叠问题[57]。AlphaFold 2 在第十四届国际蛋白质结构预测竞赛(Critical Assessment of Structure Prediction, CASP)上击败了其余参会选手，平均得分达到 92.4 分(总分为 100 分)，其蛋白质的三维结构预测结果与冷冻电子显微镜(Cryo-EM)、核磁共振或 X 射线晶体学等实验技术测量结果高度一致。AlphaFold 2 不仅大幅缩短了蛋白质结构解析的周期，也为新药研发、疾病机理研究等提供了重要技术支撑。经过三年多的发展，2024 年 5 月，AlphaFold 3 正式发布，该模型相较于 AlphaFold 2 有了大幅升级，不仅能够预测蛋白质结构，还能预测 DNA、RNA 以及小分子配体等多种生物分子间的相互作用。

2021 年，美国斯坦福大学开发出一种用于打字的脑机接口(Brain-Computer Interface, BCI)，这套系统可以从运动皮层的神经活动中解码瘫痪患者想象中的手写动作，并利用递归神经网络解码方法将这些手写动作实时转换为文本[58]。2022 年 11 月，搭载了 GPT-3.5[59] 的 ChatGPT 横空出世，凭借逼真的自然语言交互与多场景内容生成能力，迅速引爆互联网。2023 年 3 月，OpenAI 发布的超大规模多模态预训练大模型 GPT-4[60] 具备了多模态理解、多类型内容生成、高阶逻辑推理与上下文理解能力，推动生成式 AI 向多模态通用智能跃升，显著提升复杂任务处理、专业领域适配及人机协作水平，同时也引发了人们对大模型安全性、伦理治理及社会融合的探索与讨论。2024 年 5 月，OpenAI 推出了 GPT-4o，它是一款具备多模态能力的先进语言模型，能够同时处理文本、图像和音频输入，并生成相应的输出。在迅猛发展期，大数据、大算力和大算法完美结合，大幅提升了大模型的预训练和生成能力以及多模态多场景应用能力。例如，ChatGPT 的巨大成功，就是在微软 Azure 强大的算力以及 Wikipedia 等海量数据支持下，基于 Transformer 架构并采用 RLHF 精调策略实现的。

2024 年，中国深度求索公司(DeepSeek)推出开源大模型 DeepSeek-V3[61]，通过稀疏注意力机制、分组查询注意力技术、混合精度训练优化等多种技术突破，在保持模型性能的同时，大幅降低大模型的训练成本，推动大模型技术从“高成本实验”向“工业化落地”转型，引领了大模型技术创新方向。同时，DeepSeek 发布开源模型及量化版本(如 4bit 量化)，允许开发者和研究人员自由访问、修改和使用，促进了 AI 的普及化，共同推动大模型行业应用，标志着 AI 大模型领域闭源模型与开源生态开始形成技术路线分化。

2025 年 5 月，Anthropic 发布了 Claude Opus 4 和 Claude Sonnet 4 模型[62]，前者在复杂编码任务和长时间问题求解中表现出色，后者在多轮对话与推理任务中展现了强大的能力。同年 6 月，OpenAI 推出了 o3-pro 和 o4-mini 模型，其中 o3-pro 在处理复杂任务时表现出更强的推理能力，o4-mini 则优化了推理链的生成过程，显著提升了模型的可靠性和效率。此外，Google 发布了 Gemma 3n 模型，专为低内存设备设计，支持离线运行及多模态处理(包括音频、视频、图像和文本)，为资源受限环境下集成先进 AI 能力提供了新的可能性[63]。

总体来看，2020 年以后 AI 走向了大模型发展路线[62,63]，这个时期的模型以一个模型多种任务为特点，涌现出了如 ChatGPT、GPT-4、GPT-4o、GPT-4.1、o1、o3、o3-pro、GPT-5、Claude Opus 4、Sonnet 4、Grok 3、Grok 4、Gemma 3n、DeepSeek-R1、DeepSeek-V3.1、腾讯混元、字节豆包、华为盘古等诸多大模型。2025 年 6 月，字节跳动组织豆包、Gemini、DeepSeek、Claude、o3 等国内外主流大模型参与 2025 年山东高考全科目模拟测试。在总分 750 分的评估中，Gemini 在理科方向取得 655 分的最高成绩，豆包则在文科方向以 683 分夺得第一名。两项成绩均已达到高考优等生水平[64]。未来五到十年，AI 的发展可能会分为两条路线。第一条路线：当前主流的大模型发展路线将延续，会在扩大规模、降低训练成本、拓宽能力边界、向产业渗透等方面继续发掘大模型的潜力。第二条路线：将会进行强化学习(Reinforcement Learning，RL)、符号推理、知识融合等非大模型路线的探索。

尽管目前已经出现了一些现象级应用，人类通往 AGI 之路还很漫长。2024 年 7 月，美国彭博社披露了 OpenAI 公司实现 AGI 的内部计划，该计划概述了五个级别的 AI 能力：第一级是“聊天机器人”(Chatbots)，具备语言对话能力的 AI，如 ChatGPT；第二级是“推理者”(Reasoners)，具备人类的推理水平，能解决多种复杂难题的 AI；第三级是“智能体”(Agents)，能够代表用户自主采取行动，执行任务的 AI；第四级是“创新者”(Innovators)，可以协助人类完成新发明的 AI；第五级是“组织者”(Organizations)，能够完成组织工作的 AI。OpenAI 目前认为自己处于第一级，并接近第二级，即能够以博士水平解决问题的 AI 系统。该路线图被视为一个正在进行中的工作，可能会根据反馈和 AI 的进步而演变。

1.2 人工智能研究领域

AI 作为当今科技发展的核心动力，正引领新一轮全球科技革命的浪潮。AI 相关领域的核心技术，不仅重塑了计算和信息处理方式，还改变了人与机器的互动模式，带来了前所未有的创新机会。在自然语言处理领域，AI 聚焦语言的理解与生成，处理文本翻译、问答等任务；在计算机视觉领域，AI 赋予机器理解和分析图像语义等有价值信息的能力，从而被应用于工业质检等多种场景；在多模态和智能无人系统领域，AI 研究关注整合多源信息，实现数据信息的有效挖掘和综合分析，支持更加智能地决策和理解反馈；脑启发 AI 领域则以人类大脑为鉴进行深入的探索，同时，AI 也在启发和支持着传统科学研究领域向着新范式的转变。本节对 AI 的主要研究领域进行概括性介绍，为后文详细介绍 AI 的各技术领域预设铺垫。

1.2.1 自然语言处理

自然语言处理(NLP)旨在赋予计算机系统理解、解析和生成自然语言文本的能力。文本预处理是 NLP 任务的起点，包括文本清洗、分词、词性标注、去除停用词及词干提取等步骤，目的是将原始文本转换为计算机可以理解和处理的格式。NLP 的核心技术包括词嵌入、文本分类、文本生成、序列标注和文本分析。词嵌入技术通过将词语映射到低维向量空间，使意义相近的词在空间中彼此接近，常用的词嵌入模型有 Word2Vec[47]、GloVe[65] 和 FastText[66] 等。文本分类任务旨在将文本根据处理目的划分至预定类别，例如情感分析和主题分类，常用的方法包括朴素贝叶斯、支持向量机和深度学习模型等。文本生成技术则负责生成符合语法和语义规范的自然语言文本，常见应用包括语言模型、文本摘要和机器翻译等。序列标注任务是将输入序列中的每个元素标注为特定类别，如命名实体识别和词性标注，常用的序列标注模型有隐马尔可夫模型、条件随机场和深度学习模型等。文本分析任务则侧重于深入理解文本的语义和上下文，包括语义角色标注、句法分析和语义相似度计算等，常用方法包括依存句法分析、语义角色标注和注意力机制等。当前

NLP技术已经在智能客服、机器翻译、舆情监测、内容创作和教育科研等产业得到应用，是AI应用最为成熟的研究领域之一。

1.2.2 计算机视觉

计算机视觉(CV)是AI的重要研究领域，旨在赋予计算机系统"看"的能力，即通过理解数字图像或视频数据，解析并模拟人类视觉系统的信息处理机制[67]。随着数字图像处理技术与深度学习算法的发展，CV技术已从早期的边缘检测、模板匹配等基础操作，发展为融合多模态感知、三维重建、实时决策的复杂技术体系，其在目标检测、目标识别、图像分割和运动跟踪等多个领域取得了广泛应用[68]。在技术架构层面，CV形成了涵盖图像预处理、特征提取、模式识别、决策输出的完整技术链条。图像预处理技术包括图像缩放、裁剪、色彩空间转换、去噪和增强等操作，能够优化输入图像质量，为后续分析提供支持。例如，基于生成对抗网络的图像超分辨率技术可将低清监控画面提升至4K清晰度。特征提取则从原始图像中提取出具有显著区分性的关键特征，既包括传统的手工设计特征，也涵盖了基于深度学习的自动特征学习。模式识别技术聚焦于在图像中准确定位和识别特定对象，在此基础上进一步将图像划分为语义上连贯的区域，每个区域对应一个对象或特定场景。运动跟踪技术则在视频序列中追踪目标位置的变化，旨在预测目标的未来位置。三维视觉技术将平面图像扩展至立体空间，其中，神经辐射场[69](Neural Radiance Fields，NeRF)技术仅凭2D图像即可重建厘米级精度的三维场景，为元宇宙、自动驾驶等应用奠定基础。当前，计算机视觉已渗透社会生产生活的各个维度，例如，智能制造、智慧城市、医疗健康、农业应用等场景。

1.2.3 多模态分析

多模态分析也是AI的主要研究领域，通过整合来自不同模态(如文本、图像、音频、传感器信号等)的异构数据，协同分析挖掘单一模态无法体现的深层信息关联，从而提升任务实施的稳健性、准确性和可解释性。其核心内容包括图像分析、视频分析、音频分析、文本分析、跨模态数据融合和跨模态检索与推荐等[70,71]。图像分析对图像内容进行解析、识别，提取并反馈有效信息，主要应用于医学影像、农业产品采摘[72]、智能监控和图像搜索等；视频分析涵盖视频目标检测与跟踪、行为识别、场景理解和时序建模等，广泛应用于视频监控和智能交通等；音频分析涉及语音识别、声纹识别、情感分析、环境音分类、音频事件检测等；文本分析专注于自然语言处理、信息抽取和文本分类，涵盖自然语言理解、文本生成、多语言处理和时序文本分析等内容，为搜索引擎和智能客服提供支持[73]。跨模态数据融合通过集成不同媒体类型的数据，提高分析的准确性和全面性。跨模态检索与推荐系统则根据用户需求，从多种媒体中精准提取相关内容并提供给用户[74]。多模态分析技术已在多个领域得到了实际应用。例如，融合多模态信息的跨媒体人物新闻检索方法与系统，通过获取网络多模态新闻数据，提取新闻人物的多模态特征，实现跨模态的人物新闻检索[75]。此外，多模态分析还在不断融合最新的AI成果。这些技术促进了不同模态数据的集成与交互，为智能多模态内容理解和应用提供了重要支持。

1.2.4 数据挖掘

数据挖掘是AI领域中一项基础而关键的技术，旨在从海量、多源、动态的数据中自动或半自动地提取潜在的、有价值的模式和知识。在分类、聚类、关联规则挖掘、频繁模式挖掘、异常检测与回归预测等核心任务中，数据挖掘通过构建并训练多种模型来发现数据中的内在结构。例如，决策树、支持向量机、朴素贝叶斯等传统统计学习方法能够在结构化数据上表现稳健，基于深度学习的自编码器、生成对抗网络和图神经网络，则进一步拓展了对高维、非结构化数据(如图像、文本和图谱)的挖掘能力。

数据挖掘与数据库技术、统计学、机器学习等学科高度交叉,通常包括数据准备、特征工程、模型构建、大规模分布式计算、结果评估与部署几个阶段。分布式计算平台和并行算法的引入,使得挖掘海量数据成为可能。强化学习和在线学习则为动态环境下的实时挖掘提供了新思路。可解释性的数据挖掘方法,如基于规则的模型和可视化技术,能够帮助用户更好地理解分析结果。此外,针对不同模态的数据,研究者分别发展了文本挖掘、图像挖掘和时序数据挖掘等子领域,并逐步探索跨模态融合,以应对多源数据的协同分析需求。

当前,数据挖掘已广泛渗透金融风控(信用评分、欺诈检测)、电商推荐(用户画像、个性化推荐)、医疗健康(疾病预测、基因分析)、智能制造(故障预测、质量监控),以及社交网络(社区发现、舆情分析)等领域。其未来发展方向主要包括提升模型的可解释性和可信度,使挖掘结果更加透明;加强隐私保护和安全挖掘,在合规前提下充分利用数据价值;完善实时在线挖掘框架,实现流数据的及时响应与决策;推进跨模态、跨领域的深度融合,为复杂系统提供全方位的智能支持。数据挖掘作为 AI 体系的基石,将持续驱动下游任务与应用的创新和变革。

1.2.5 智能无人系统

智能无人系统指的是无须人类直接干预,能够自主按照给定目标完成任务或决策的系统,包括无人机、自动驾驶汽车、无人潜航器、无人艇,以及服务机器人等[76]。这些系统通过搭载多种传感器、执行器,内置数据处理与决策的 AI 算法,能够感知环境、分析情境、理解任务并执行行动。智能无人系统涉及的核心技术包括感知融合、环境建模、路径规划与决策、自适应与学习、端到端优化等。感知融合通过将来自不同传感器(如相机、雷达等)的信息进行整合[71],提升环境感知的准确性和稳健性。环境建模技术将传感器数据转化为环境模型,预测环境状态变化并优化自身行为决策。路径规划与决策算法根据感知融合信息与环境模型选择最优路径并作出响应决策,确保任务目标的实现。自适应与学习能力使系统能够根据变化的环境和任务要求对自身状态和行为进行调整,持续从经验中改进性能。不同于模块化智能无人系统,端到端的智能无人系统将感知、预测和规划统一到一个可学习的模型中,实现全流程自动化。传感器采集到的多源信息会直接输入一个深度神经网络模型,模型利用数据驱动的优势进行任务目标的优化学习,最终输出驾驶意图或控制、决策指令。端到端系统的优势在于减少模块间损耗,一定程度上实现可学习的按需感知。智能无人系统具有广泛应用前景,例如在智能交通、智能制造、智慧医疗、环境监测、海洋勘探等领域的复杂环境中执行各种任务。

1.2.6 元宇宙

元宇宙(Metaverse)是指通过虚拟现实、增强现实、区块链、云计算等技术构建的持久性、共享性、沉浸式数字空间。在 AI 领域,元宇宙被视为下一代人机交互与智能计算平台,能够将三维虚拟环境中的海量数据与智能算法有机结合,实现场景感知、智能交互和自主演化。元宇宙是一种高度数字化的虚拟世界,它将现实世界的各种元素与虚拟场景、人物、事件等通过复杂技术手段深度融合,创造出既具有现实世界逻辑又充满无限想象空间的全新环境。在元宇宙中,用户可以像在现实生活中一样进行社交、工作、学习和娱乐等活动。与虚拟游戏或在线社区不同,元宇宙是一个高度集成的互联网形态,允许用户通过虚拟身份与他人互动,享受身临其境的沉浸式体验[77]。

元宇宙研究主要包括以下四个方向:(1)三维感知与数字孪生,通过计算机视觉和深度学习算法,实现对现实场景的高精度重建与实时更新;(2)多模态交互,结合语音识别、手势识别和 NLP

技术，使用户能够在虚拟空间中通过多种方式自然地与环境和其他智能体互动；(3)智能体与群体智能，基于强化学习、模仿学习和图神经网络，培养在虚拟环境中具有复杂策略和社交能力的智能体；(4)去中心化与信任机制，利用区块链和差分隐私技术，确保元宇宙中资产、身份和数据的安全可控与可信流转。元宇宙在娱乐、教育、工业制造、智慧城市等领域具有广阔的应用前景。未来，随着算力提升与网络带宽扩容，元宇宙将更加开放与互联，向着可解释性、通用性和小样本学习方向发展，以支持更加复杂、多变的虚拟现实融合场景，推动人类社会进入"万物智联、虚实一体"的新纪元。

1.2.7 脑启发人工智能

脑启发人工智能以生物神经系统的结构与功能为蓝本，借鉴人类大脑在信息处理、学习与决策等方面的机理，旨在设计与构建新型的 AI 模型与硬件。其核心理念包括模拟神经元和突触可塑性、引入时序脉冲编码（如脉冲神经网络（Spiking Neural Network，SNN））、仿生注意力机制，以及构建类脑计算架构。相比传统深度学习，脑启发 AI 更加注重稀疏激活、能耗效率与在线学习能力，力求在复杂动态环境中实现更高的稳健性和可解释性。

当前，研究者一方面基于生物神经科学发现，不断改进 SNN 的训练方法，如差分可导突触与事件驱动反向传播；另一方面融合神经形态芯片（如 Intel Loihi、IBM TrueNorth）和现场可编程门阵列（Field Programmable Gate Array，FPGA），加速实现低功耗、高并行度的硬件落地。此外，还有大量工作聚焦可塑性学习规则的设计，包括时序依赖性、突触可塑性、可调节学习率与元学习机制，以支持网络在在线环境中的持续自主适应能力。脑启发 AI 已在机器人控制、智能传感、BCI，以及自适应边缘计算等场景崭露头角。未来，随着神经形态硬件的成熟和跨学科的深入融合，脑启发 AI 有望支撑 AGI 的实现，尤其在低功耗平台下完成实时感知与决策方面。同时，脑启发 AI 与 BCI 协同，将为增强人机交互、医疗康复和认知辅助等领域带来新的突破，朝着更加高效、可解释和类脑的人工智能迈进。

1.2.8 人工智能驱动科学研究

人工智能驱动科学研究（AI for Science，AI4S）是指利用人工智能技术来学习、模拟、预测和优化自然界及人类社会中的现象与规律，从而加速科学发现与技术创新。通过自动化处理海量数据、挖掘隐藏模式、生成科学假设，AI 大幅提升了科研效率和探索深度。例如，在处理大规模实验或观测数据时，传统方法往往需要耗费大量时间和人力，而 AI 能够迅速完成数据筛选与分析，提供实时的研究支撑[78]。此外，AI 还可以挖掘数据中的隐藏关联模式，帮助科学家发现新的规律和现象，尤其在复杂的物理或生物系统研究中，AI 能够发现传统方法难以察觉的趋势和规律[79]。通过这种方式，AI 为科学研究提供了新的思路和方向，广泛应用于数学、物理学、化学、生物学、材料学等多个领域，不断推动科学研究范式的深刻变革[80]。

2024 年，诺贝尔化学奖授予了大卫·贝克(David Baker)、德米斯·哈萨比斯(Demis Hassabis)和约翰·江珀(John Jumper)，以表彰他们在使用机器算法解读蛋白质结构方面所取得的突破性成就。来自美国华盛顿大学的贝克，成功完成了构建全新蛋白质这一几乎不可能完成的任务；而来自谷歌的英国科学家哈萨比斯和江珀则开发了名为 AlphaFold 的系列 AI 模型，这些模型能够预测大约两亿种已知蛋白质的复杂结构。AlphaFold 的广泛应用已经吸引了全球超过 200 万名用户，大幅推动了生命科学领域的发展，为蛋白质研究和药物开发等提供了重要支持。2025 年 2 月，国内首个 AI 儿科医生正式"上岗"，与多位儿科专家在国家儿童医学中心共同完成了一场疑难病例多学科会诊。2025 年 4 月，上海科学智能研究院与上海市气象局等联合研发的国内首个聚焦超大城市安全的 AI 气象预报模型发布，其能够聚焦短时强降水、雷雨大风等中小尺度灾害性天气，实现精准天气感知。这些案例都彰显了 AI 在驱动科学研究方面的重大潜力，也引起了社会各界对 AI4S 的普遍重视。

1.3 人工智能前沿技术

人工智能技术正以前所未有的速度重塑全球科技范式与产业边界，其前沿发展呈现出算法突破、多模态融合与自主性跃升的协同演进特征。在基础算法层面，AI 从数据驱动到自主学习的范式迭代，正突破传统模型对标注数据的依赖，无监督学习与自动机器学习新技术不断涌现，推动智能系统在复杂场景下的自适应进化。内容生成技术跨越图文音视频的创作边界，重构内容生产逻辑，而千亿级参数规模的大模型通过多模态语义贯通，逐步逼近 AGI 的临界点。智能体技术加速从单一任务执行向环境感知、自主决策跃迁，具身智能更将这一能力延伸至物理世界交互，催生人机协作的新形态。与此同时，全球算力竞争与智能芯片技术的战略布局持续深化，支撑技术迭代的同时也加剧生态重构。

1.3.1 无监督学习

无监督学习是机器学习的重要分支，其核心目标是从无标签数据中挖掘潜在的结构和模式，无须依赖人工标注的先验知识。其广泛应用于图像处理、自然语言处理和数据挖掘等领域，发挥着聚类、降维和特征提取等作用。随着数据规模的扩展和深度学习技术的发展，传统无监督学习方法逐渐暴露出计算效率、可扩展性和数据表征能力等方面的局限性，尤其在特征提取和表达丰富性方面。为了更高效地利用未标注数据，自监督学习（Self-Supervised Learning，SSL）作为一种新兴范式应运而生，它通过设计辅助任务，从数据本身生成监督信号，显著提升了模型对潜在结构的建模能力，并在多个领域表现优异。

近年来，对比学习作为自监督学习的重要方向，通过构建正负样本对，引导模型在特征空间中拉近相似样本、拉远不相似样本，从而学习具有判别力的特征表示。典型工作如图像领域的 InstDisc 模型[81]，将每幅图像视为独立类别，结合内存库机制有效管理大量负样本，从而显著提升了特征表示的区分度。对比学习方法不仅在图像分类任务中表现优异，也在自然语言处理、跨模态检索等领域展现出强大的迁移与泛化能力。

与此同时，掩膜学习作为另一类自监督学习范式，主要通过遮蔽部分输入数据，训练模型在缺失信息的情况下进行内容重建，促使模型深入理解数据内部结构。掩膜学习以其简洁高效的机制，成为当前自监督学习研究的一条重要路径，并在多个下游任务中展现了出色的性能提升效果。

当前，无监督学习正朝着更高效、更稳健的方向不断演进。尽管仍面临大规模计算资源消耗、训练策略复杂化等挑战，但其在减少人工干预、挖掘数据内在规律方面展现出独特优势，正逐步成为推动 AI 通用化发展的关键技术路径。

1.3.2 自动机器学习

自动机器学习旨在通过将传统机器学习流程中的关键环节自动化，降低 AI 技术门槛并提升模型性能。其核心在于将数据预处理、特征工程、模型选择、超参数优化及架构设计等步骤整合为端到端的“黑箱”系统，使非专业用户也能高效构建高质量模型。这一理念源于 2017 年谷歌提出的 AutoML Vision，此后百度、阿里巴巴等企业相继推出相关平台，推动 AI 技术向平民化发展。

自动超参数优化作为自动机器学习的重要组成，通过贝叶斯优化、进化算法和强化学习等技术，在超参数空间中寻找最优配置，替代传统依赖经验的网格搜索与随机搜索。例如，谷歌的Vertex AI平台采用贝叶斯优化平衡探索与利用，显著减少计算资源消耗，而迁移学习技术则通过复用历史优化经验，加速新任务参数调整。

元学习作为自动机器学习的智能化延伸，赋予系统“学会学习”的能力。通过构建元知识库，系统能够从历史任务中提取共性规律，快速适应新场景。在模型选择环节，元学习算法通过分析数据集特征与模型性能的映射关系，实现自动化模型推荐。此外，元学习与强化学习的结合催生出自适应调参策略，智能体通过试错机制动态调整超参数，在动态数据环境中保持模型稳健性。这种自适应性在金融风控领域尤为重要，例如中国银行通过集成元学习的自动机器学习系统，将登录异常检测模型的迭代周期从数周缩短至3天。

神经架构搜索（Neural Architecture Search，NAS）代表自动机器学习的前沿方向，其通过算法在给定任务或数据集上自动生成最优神经网络结构。早期基于强化学习的方法如NASNet[82]，通过控制器RNN生成架构编码，但需消耗数千GPU小时（GPU·hour）。近年来，梯度优化方法如DARTS[83]将离散搜索空间连续化，结合权重共享策略将搜索效率提升至单GPU日内完成。

1.3.3 内容生成技术

内容生成技术作为人工智能领域的核心分支，正通过多种创新模型重塑数字内容的创作方式。其核心目标是通过算法模拟人类的创造力，生成文本、图像、音频、视频等多模态内容，同时兼顾效率与质量。

生成对抗网络（GAN）[84]通过“创造者”与“鉴别者”的动态博弈，推动图像生成迈入高保真时代，例如在游戏开发中快速生成角色皮肤纹理，或在时尚领域辅助设计师生成新季服饰原型。扩散模型[85]则通过物理启发的渐进式优化机制，实现从文本描述到高清视频的跨模态生成，其迭代去噪过程赋予内容创作更高的可控性与艺术表现力，如电影工业中特效场景的快速渲染。在个性化服务领域，自回归模型通过序列生成能力重塑内容消费体验，如新闻媒体利用此类模型自动生成赛事报道，电商平台借助其生成百万级商品描述文案，而教育机构则开发AI助教生成定制化学习资料。医疗健康应用中，内容生成技术结合医学影像数据合成罕见病例图像，助力医生培训与诊断模型优化。值得关注的是，生成技术正与物理世界深度耦合，例如建筑领域通过3D模型生成优化空间设计，制造业借助生成式设计突破传统工艺限制。

当前技术趋势呈现多模态融合，例如CLIP[86]引导的文本-图像协同生成，以及扩散模型与强化学习的结合，推动生成内容向更智能、可控的方向演进。随着计算能力的提升，这些技术正从单一模态向跨模态协作扩展，为元宇宙、虚拟现实等场景提供底层支持。

1.3.4 大模型技术

人工智能大模型是当前技术革命的核心驱动力，其通过海量参数与复杂架构实现对通用智能的逼近。这类模型通常基于深度学习框架，参数规模可达千亿甚至万亿级别，能够从海量数据中提炼抽象规律，并展现出“涌现能力”，即在参数突破临界规模后，产生超越预设任务的智能表现。大模型的发展轨迹可追溯至早期统计语言模型，而2017年Transformer架构的诞生彻底改变了其技术范式，它所提出的自注意力机制不仅解决了序列建模的并行计算难题，更赋予模型对长距离语义关联的捕捉能力，为后续GPT、BERT等里程碑式模型的诞生奠定了基础。

在细分领域，大语言模型（Large Language Model，LLM）作为先驱，通过自监督学习在万亿级文本数据中建立语义映射，展现出强大的文本生成、逻辑推理与跨任务迁移能力。以GPT系列为代表的生成式模型，通过指令微调和人类对齐技术，实现了从基础文本补全到复杂问题求解的能力跃迁，其应用已渗透智能客服、代码生成、学术研究等场景。视觉大模型则聚焦图像与视频理解，如 ViT 通过将图像分割为块序列并应用自注意力机制，在医学影像诊断、自动驾驶感知等领域实现超越传统 CNN 的性能突破。而多模态大语言模型通过跨模态对齐技术，打通文本、图像、音频的语义空间，典型代表如 CLIP 建立的图文关联模型，以及 Sora[87]实现的文本到视频生成，正在重塑内容创作、智能交互与科学研究的边界。

然而，随着大模型技术的飞速发展，偏见与伦理问题逐渐凸显。大模型训练依赖海量历史数据，这些数据可能包含社会、文化和政治偏见，导致性别、种族等方面的偏见在模型生成中体现出来，影响公平性与透明度。如何减少大模型的偏见、确保公正性，成为研究热点。同时，随着 AI 应用的深入，确保大模型与人类价值观的对齐也成为关键，要求开发者在设计和训练时注重模型的社会责任，防止负面影响。

1.3.5 智能体技术

智能体(Agent)是能够感知环境、作出决策并执行行动的系统或实体，涵盖了硬件(如机器人、自动驾驶汽车等)和软件(如虚拟助手、推荐系统等)两种形式。智能体的核心目标是根据环境状态和预设目标，采取有效行动以实现预期结果[88]。智能体的“智能”通常包括以下几个方面。

(1) 感知能力：通过传感器(如相机、雷达等)收集环境数据并转换为有用信息。

(2) 决策与规划：基于感知信息作出决策，选择最佳行动以完成任务，例如，自动驾驶系统需要根据道路状况、交通规则和车辆信息来作出行驶决策。

(3) 学习能力：通过机器学习或深度学习提升决策效率，积累经验应对未来任务。

(4) 执行与行动：通过执行器(如机械臂、马达等)实现具体操作，影响环境并达成目标。

(5) 自适应性与自主性：智能体能够在不确定或变化的环境中调整行为，以持续完成任务。通过这些能力的结合，智能体能够表现出类似人类的“智能”行为，可以独立完成各种任务，从简单的自动化操作到复杂的决策和规划任务。

随着大模型技术的崛起，智能体的能力得到了显著提升，特别是在开放环境下的合作与竞争场景中。大模型的引入使得智能体能够从海量数据中提取复杂的规律和策略，从而增强其在动态环境中的表现。尤其在多智能体系统(Multi-Agent System，MAS)中，多个智能体通过共享信息、协调行动或竞争策略，高效解决复杂问题，提升整体系统性能。智能体不仅能够在协作中优化任务分配，还能在竞争中进行策略调整，形成协同与对抗的复杂行为模式。2025 年 5 月，微软在 Build 2025 大会上发布了 Open Agentic Web 框架，支持多智能体之间的协同操作、跨平台互连互通以及结构化记忆(Structured Retrieval Augmentation)，显著增强了智能体系统的任务执行能力与长期记忆机制[89]。同年 6 月，慕尼黑大学提出了一种蜂群式全自动智能体生成框架，借鉴粒子群优化算法并将其扩展为基于语言符号的优化机制，实现了智能体在不需要人工预设模板的前提下，自动生成角色分工与协作流程[90]。这类系统广泛应用于智能交通、分布式控制、资源管理等领域，展现出强大的实用价值和发展潜力。

1.3.6 具身智能技术

具身智能(Embodied Intelligence)是指智能体通过其物理实体嵌入真实或虚拟环境中，并在与环境持续交互的过程中实现感知、决策与行为的一体化智能。与传统人工智能系统主要依赖符号逻辑推理或离线数据处理不同，具身智能强调智能的本质来源于认知、身体结构与环境的深度耦合，即“智能不是孤立计算的产物，而是行为在环境中体现的结果”[91]。

具身智能技术主要涵盖以下关键组成要素。

(1) 感知-动作耦合机制：具身智能系统通过多模态传感器，如摄像头、力觉传感器、惯性测量单元(Inertial Measurement Unit，IMU)等，实时获取环境状态，并将其转换为可驱动动作的控制信号，实现从感知到行为的闭环回路。在该机制中，智能体不仅响应外部刺激，更可通过行为反作用于环境，促进新的感知形成，从而支持动态调节与实时决策。

(2) 身体结构约束与形态计算(Morphological Computation)：智能体的硬件结构对其运动能力和智能水平具有重要影响。具身智能强调身体并非仅是执行决策的工具，也是智能的一部分，能够在结构层面承担部分计算任务。例如，仿生机器人通过优化关节构型和材料弹性，可在减少控制计算量的同时提升运动效率和环境适应性。

(3) 任务导向的自主行为生成：面对复杂动态环境，具身智能系统通常借助进化算法、强化学习、模仿学习等方式，从实际任务中不断积累经验、优化策略。其生成的行为具有高度的适应性与稳健性，可在不确定环境中完成导航、避障、操作等多样任务，展现出类似生物系统的智能反应能力。

(4) 人机共融与多模态交互：具身智能体通常具备与人类共享物理空间的能力，因此在交互方面需要支持语言、视觉、手势、触觉等多模态输入输出机制。这种多通道感知与表达能力使其更适用于医疗护理、辅助生活、协作制造等人机协同场景，提升系统的自然性与可接受度。

具身智能融合了机器人学、控制工程、神经科学、发展心理学与 AI 等多学科理论与技术，体现了“感知-认知-决策-行为”闭环中的协同演化机制。相较于传统 AI 更侧重于离线决策的特征，具身智能强调以实时性、互动性和自适应性为核心的智能行为生成机制。当前，其在服务机器人、智能制造、康复机器人、仿生系统等多个前沿应用中均展现出显著优势。随着传感器、材料科学和计算架构的不断进步，具身智能技术正成为构建下一代自主智能系统的重要路径，也代表了人工智能从“认知中心主义”向“具身互动主义”范式的演进方向[92]。

1.3.7 智能芯片技术

智能芯片(Intelligent Chip)是指集成了人工智能算法处理能力、可编程逻辑单元，以及多模态数据感知与处理模块的高性能芯片系统。该类芯片面向深度学习、模式识别、智能推理等 AI 核心任务场景，具备高度并行处理能力、低功耗、低延迟等特性，是支撑智能系统从“算法主导”向“软硬协同”演进的重要底层支撑技术[93]。

智能芯片的核心技术构成主要包括以下内容。

(1) 异构计算架构：为了在保持算力高效性的同时兼顾功耗控制与部署灵活性，智能芯片广泛采用异构计算架构，如中央处理器(Central Processing Unit，CPU)+GPU、CPU+神经处理器(Neural Processing Unit，NPU)组合结构，或基于现场可编程门阵列(FPGA)与专用集成电路(Application Specific Integrated Circuit，ASIC)的定制化架构。此类架构能够根据任务特性动态分配计算资源，实现推理速度与系统能效的最优匹配。

(2) 神经网络专用加速器：当前主流智能芯片普遍内置针对 CNN、RNN、Transformer 等深度模型优化设计的加速器，通过结构剪枝、张量并行、流水线调度等技术手段，加速模型推理、训练与参数更新过程，大幅降低模型运行的延迟与资源占用。同时，一些芯片还针对稀疏矩阵乘法、多头注意力机制等结构特征作出硬件级优化，提高了 AI 算法在嵌入式系统中的可用性与响应速度。

(3) 边缘部署能力与低功耗设计：在物联网、移动通信等场景中，智能芯片必须具备在资源受限设备中部署 AI 模型的能力。通过对存储带宽、算术精度、时钟频率等参数的系统性设计，智能芯片在保证推理性能的同时显著降低功耗。此外，部分芯片采用异步触发、事件驱动计算等生物启发式方法以进一步压缩能源开销，满足实时处理与长时续航的双重要求。

（4）软硬协同优化与模型压缩能力：在支持大模型高效运行的同时，智能芯片配套提供一整套软硬协同生态，包括编译器、算子优化库、中间表示层（IR）、量化工具链等。通过模型剪枝、参数量化、知识蒸馏等技术，智能芯片可以在保证模型性能的前提下大幅压缩模型体积，从而实现对复杂深度模型的轻量化部署，适应终端设备性能局限。

（5）存算一体与新型架构探索：随着AI模型参数数量呈指数级增长，数据在存储单元与计算单元之间频繁传输带来的时延和能耗成为芯片性能提升的瓶颈。为此，越来越多的智能芯片设计采用“存算一体”（Processing-in-Memory，PIM）或“近存计算”（Near-Memory Computing）等新兴架构，以减少数据搬运成本，提升能效比。同时，部分芯片探索可重构架构与类脑计算架构，以满足未来通用人工智能和连续学习（Continual Learning）场景下的灵活性与适应性需求。

当前，全球范围内主流智能芯片产品已形成多元化格局：如谷歌的TPU（Tensor Processing Unit）[94]、NVIDIA的Jetson Xavier与Orin系列、华为的昇腾（Ascend）系列、寒武纪的思元270、苹果的A系列与M系列神经网络引擎（Neural Engine），以及特斯拉的FSD芯片等。这些芯片在计算机视觉、自然语言处理、语音识别、智能推荐、自动驾驶等领域实现了大规模落地应用，并不断推动边缘智能、泛在计算的深度融合，孵化出全新的产业形态，成为推动AI技术进步的重要支撑力量。

1.3.8 其他前沿技术

随着人工智能系统规模不断扩大，除了智能体、具身智能和智能芯片等核心技术外，还有一些支撑性前沿技术在提升模型性能、可扩展性和安全性方面发挥着关键作用。当前，大模型数据预处理、分布式学习、迁移学习与人工智能安全（AI Security）已成为AI工程实践中的关键组成部分。

这些技术分别为模型开发生命周期中的不同环节提供支持，从数据构建到训练优化，从知识迁移到风险控制，构成了支撑现代AI系统落地应用的基础框架。

（1）大模型数据预处理：大规模预训练模型的性能高度依赖于数据质量与结构，而数据预处理正是优化数据结构、提升数据质量的关键步骤。高效的数据预处理流程包括数据采集、清洗、标注、去重和对齐等环节，在此过程中必须确保数据的多样性、一致性与代表性；同时，针对任务需求可引入数据增强、对比学习样本构建等策略，提升模型泛化能力；在专业领域（如医疗、金融）中，结合数据预处理过程构建垂直语料与知识库是提升模型有效性的关键[95]。

（2）分布式学习：在算力需求不断攀升的背景下，分布式学习技术成为训练大模型的核心支撑。该技术通过数据并行、模型并行和流水线并行等方法，将训练任务划分到多台计算设备协同完成。近年来，诸如Megatron、DeepSpeed等分布式学习框架在通信效率、任务调度与容错机制方面持续优化，显著提升了训练效率与系统稳定性；此外，联邦学习等分布式隐私计算技术也在多终端协作场景中展现出广泛应用潜力[96]。

（3）迁移学习：为降低新任务的数据需求与建模成本，迁移学习通过复用已有模型的结构与知识，降低新任务的数据需求与建模成本，提升目标任务的学习效率，常见迁移学习方法包括特征迁移、参数微调、蒸馏学习与多任务协同等；近年来，基于大模型的轻量级迁移方式（如Prompt Tuning、Adapter插件机制）实现了更高效的跨任务迁移与泛化能力，成为当前研究热点[97]。

（4）人工智能安全：随着AI应用于医疗、交通、金融等高风险领域，其系统的安全性、可控性与可信度问题日益突出；AI安全技术着力于提升模型的稳健性、可解释性与行为稳定性，涉及AI系统稳定性、可解释性增强、隐私保护、AI公平性等方向；同时，围绕大模型的伦理与社会风险，研究者提出模型对齐、价值嵌入等方法，推动人工智能向更加可控与合规的方向发展[98]。

综上所述，这些AI前沿技术从数据、算力、知识迁移到安全控制多个维度协同发力，为构建高性能、可部署、可持续的智能系统奠定了坚实基础，是推动人工智能迈向工业级应用的重要支撑力量。本书将对人工智能的核心前沿技术的思想源头与发展趋势进行系统的解读。

1.4 人工智能典型应用

随着AI技术的不断发展与成熟，AI已在众多领域展现出广泛而深刻的应用价值，显著改变了人类社会的生产方式与生活形态。从早期对话系统和棋类博弈，到当今复杂的搜索推荐、自动驾驶、人形机器人交互与智慧城市建设，AI的应用场景不断拓展，社会影响力日益增强。本节将围绕人工智能的典型应用展开系统梳理与分析，涵盖从早期应用到现代智能系统在各行业中的实践成果，探讨AI技术在推动社会进步与变革中的关键作用。

1.4.1 人工智能早期应用

ELIZA是1966年由麻省理工学院的Joseph Weizenbaum开发的早期AI程序，其核心思想来源于心理学家卡尔·罗杰斯(Carl Rogers)的非指令式治疗方法。ELIZA通过模式匹配和规则模拟心理治疗师，生成回应语句，与心理疾病患者进行对话。ELIZA通过识别用户输入中的关键词和模式，按照脚本中预定义规则回应用户，通常以提问的形式展开对话。例如，用户输入“我感觉很沮丧”时，ELIZA可能回应“你为什么感到沮丧?”。尽管ELIZA并不具备真正的智能，其对话方式也较为机械，但它成功地让许多用户产生了“计算机理解他们”的错觉，甚至让部分人形成情感依赖。ELIZA的影响深远，既是AI早期应用的经典范例，也为后来的对话系统(如Siri、ChatGPT等)和现代聊天机器人的发展奠定了基础。

“深蓝”(Deep Blue)是IBM公司开发的专门用于国际象棋比赛的超级计算机，并于1997年成为首台在正式比赛中战胜人类世界冠军的计算机[99]。深蓝的设计结合了强大的并行计算硬件和高效的树搜索算法，通过评估函数与开局、残局数据库优化决策过程，实现了对国际象棋复杂局面的高效计算和分析。其核心架构包括多处理器并行计算和专用硬件加速，能够在短时间内评估大量棋局变动[100]。深蓝的胜利不仅展示了计算机在思维推理和策略制定上的能力，也引发了全球对AI和机器学习的广泛关注。它激励了更多技术公司和研究机构加大对AI领域的投入，进一步推动了AI的快速发展与应用，为后续的AI研究和创新奠定了基础[101]。

AlphaGo是谷歌DeepMind公司开发的专门用于下围棋的AI程序，通过深度学习和强化学习等先进技术提升自己的棋力。AlphaGo的成功代表了AI在复杂智力游戏领域的重大突破。其发展历程始于2014年，DeepMind发布了早期版本的AlphaGo，该程序通过学习大量围棋对局数据来提升水平。2016年，AlphaGo战胜世界围棋冠军李世石，震惊了全球。这场比赛不仅展示了AI在围棋领域的超凡能力，也推动了AI在其他复杂任务中的应用与发展。

在AlphaGo取得重大突破后，DeepMind持续迭代AI技术，先后推出AlphaGo Zero和Alpha Zero等进阶版本。AlphaGo Zero的创新之处在于它不依赖任何人类对局数据，仅通过自我对弈进行学习，大幅提高了棋力，并在短时间内超越了原版AlphaGo[102]。在围棋领域，AlphaGo Zero展现了令人震惊的实力，证明了自博弈的强大潜力。2019年，DeepMind又推出了AlphaStar，它是一款能在《星际争霸Ⅱ》与人类对战的AI程序。在这个复杂的实时策略游戏中，AlphaStar成功达到了宗师级别，并击败了人类顶尖玩家，进一步证明了AI在多领域的强大能力[103]。AlphaGo及其后续版本的成功标志着AI在复杂智力游戏领域的突破，并激发了全球对AI、机器学习和深度学习技术的广泛关注和研究。

1.4.2 搜索与推荐

在人工智能的众多典型应用中，搜索与推荐系统扮演着核心角色，广泛应用于电商、内容分发、社交媒体等多个领域。它们通过理解用户意图和行为，提供个性化的信息服务，显著提升了用户体验和商业效率。其中，搜索技术经历了从传统关键词匹配到深度语义理解和交互式问答的重大转变。这一演进不仅体现在学术研究的突破上，也在实际系统中得到了广泛应用。早期的搜索引擎主要依赖关键词匹配，难以处理用户意图复杂或表达模糊的查询。为了解决这一问题，微软研究院提出了深度结构化语义模型[104]（DSSM），该模型利用深度神经网络将查询内容和文档映射到一个共同的低维语义空间，从而更准确地计算它们之间的相关性。随着预训练语言模型的发展，BERT[53]等模型被引入搜索系统中，用于提高对查询内容语义的理解能力。例如，Nogueira 和 Cho 在 2019 年的研究中展示了如何使用 BERT 进行段落重排序，显著提升了搜索结果的相关性[105]。在实际应用中，You. com 作为新一代智能搜索引擎，整合了大语言模型能力。它支持自然语言查询，不仅能返回网页链接，还可直接生成答案、图像或代码块，完成了从“信息检索”到“答案生成”的范式转变。Perplexity. ai 进一步将对话式交互引入搜索流程，结合语言模型生成结果并实时引用来源，提升了内容的可信度与溯源性。在垂直搜索领域，学术搜索平台如 Semantic Scholar 引入了 Semantic Reader 等工具，利用 AI 技术增强文献阅读体验，支持结构化的主题提取与引文追踪，便于科研人员快速聚焦核心信息。此外，IBM 的 Watson Discovery 平台通过自然语言处理和理解技术，对非结构化文本进行语义索引与问答式检索，广泛应用于医疗、法律等专业领域，大幅提高了专业信息的获取效率。国内的夸克搜索也在不断演进，集成了 AI 摘要、知识问答和生活百科等功能，借助大模型对用户问题作出结构化响应，显著改善了移动端的搜索体验。

在电商平台中，推荐系统[106-109]根据用户的浏览和购买历史，推荐相关商品，提升转化率和用户满意度[110,111]。例如，阿里巴巴的“多兴趣网络”[112]模型通过动态路由机制，提取用户的多重兴趣表示，显著提升了推荐的准确性和多样性。在内容平台领域，Netflix 利用 AI 推荐系统分析用户的观看历史和评分数据，为其精准推荐符合偏好的影视内容。此外，文化推荐平台 Qloo 通过分析用户在音乐、电影、餐饮等方面的偏好，提供跨领域的个性化推荐服务。随着技术的发展，搜索与推荐系统之间的界限日益模糊，二者逐渐融合，形成更加智能的用户体验。例如，夸克搜索引擎在搜索结果页前增加 AI 搜索模块，不仅能提供精准答案，还整合了知识问答与生活百科等功能。此外，阿里巴巴在广告推荐和搜索业务中引入深度学习技术，提升了检索和推荐的效果，满足了用户多样化的需求。近年来，大型预训练模型（如 GPT[60]、BERT[53]）和多模态技术的引入，使得系统可以基于对多模态数据（文本、图像、音频等）的理解与融合，全方位捕捉用户需求，进一步提供高精度、多样化的服务，为搜索与推荐系统带来了新的发展机遇。

1.4.3 自动驾驶

自动驾驶是指汽车可以在没有人类干预的情况下，自主完成驾驶全过程的技术[113]。它是一个高度集成的复杂系统（如图 1.1 所示），包含多个关键模块，如定位、感知、决策、规划和控制等。定位系统通过全球导航卫星系统（Global Navigation Satellite System，GNSS）、雷达数据、相机数据和 IMU 数据的融合，以提高定位精度。感知系统利用摄像头、激光雷达和毫米波雷达等传感器，实时分析周围环境信息，为决策提供依据。其中，脉冲视觉技术的突破性进展为自动驾驶感知系统注入全新动能。事件相机作为生物启发式传感器，颠覆了传统视觉的帧率限制，通过微秒级异步事件流捕捉动态场景[114]。决策系统根据基于规则的算法或基于学习的算法，判断车辆的行为选择。规划系统优化路径、速度、车辆姿态等参数，并计算出车辆在不同时间点的最佳状态。此外，智能车载操作系统通过语音识别和个性化服务，提升乘客体验。这些系统的协同工作使自动驾驶车辆能够在复杂环境中实现安全、精准地行驶。

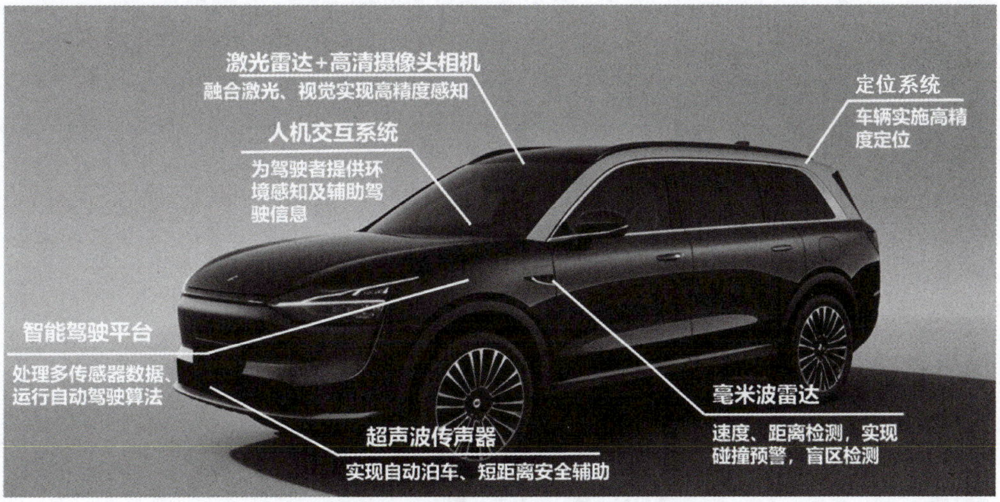

图 1.1 华为问界 M9 自动驾驶系统

2025 年 2 月，广州市中心迎来了百度 Robotaxi 的试运营，这标志着自动驾驶技术在城市公共交通中的实际应用。Robotaxi 通过激光雷达、毫米波雷达、高清摄像头等多传感器融合，实现 360° 实时环境感知；同时依托 5G 通信、边缘计算，以及深度学习和路径规划算法，完成精准定位与自主决策，确保车辆在复杂路况下的平稳行驶。Robotaxi 不仅具备往返机场和高铁站的定制化服务，还能动态调度，有效缓解交通拥堵、提升出行效率，为旅客提供便捷、绿色的出行选择。2025 年 4 月，华为发布了乾崑 ADS 4.0 自动驾驶系统，除了支持自动泊车功能外，还首次实现了高速公路 L3 级自动驾驶的试点应用，展现出在高级别自动驾驶技术研发和落地方面的重要突破[115]。同年 6 月，特斯拉在美国得克萨斯州奥斯汀正式推出基于 Model Y 车型的无人出租车服务，实现了 Robotaxi 的商业化运营。该服务依托特斯拉成熟的自动驾驶硬件与软件生态，进一步推动了无人驾驶出行市场的发展[116]。同年 7 月，小马智行与北汽蓝谷联合研制的 L4 级全无人驾驶车辆极狐阿尔法 T5 亮相上海世界人工智能大会，并获得智能网联汽车示范运营牌照。同年 8 月，美国加州新规落地，不再限制 Waymo、Cruise 的 RoboTaxi 车辆数、行驶路段与运营时间，允许其在旧金山全天候提供付费服务，为 L4 级自动驾驶商业化扫清关键障碍。

1.4.4 人形机器人

在人形机器人这一人工智能高度集成的应用方向中，AI 与机械控制、计算机视觉、语言理解以及多模态交互等技术深度融合，催生出越来越多具备类人外形与智能的机器人[117]。这些机器人不仅具备灵活的运动能力，也逐渐具备理解语言、识别环境、与人协同的能力，广泛应用于工业、物流、教育、服务、科研和公共展示等多种场景。

近年来，全球多个科技公司纷纷布局人形机器人的研发投入。特斯拉推出的 Optimus 机器人基于其 AI 芯片与自动驾驶技术着力发展泛化能力，目标是构建低成本、可大规模量产的通用型机器人。美国初创公司 Figure AI 发布的 Figure 01 与 Figure 02 系列机器人主打“通用劳动力”特色，在视觉-语言模型和动作控制协同下，可完成仓储、搬运等任务。波士顿动力公司则持续推动其 Atlas 系列在人形运动控制与动力学方面的前沿突破。中国企业也在该领域崭露头角。宇树科技作为国内人形机器人研发的代表之一，先后推出 Unitree H1（如图 1.2 所示）、Unitree G1 与

Unitree R1 三代产品，兼顾运动能力、硬件小型化与 AI 感知能力，展示了本土技术在通用机器人平台上的成长潜力。其与科研机构合作引入强化学习和大语言模型，使得机器人能在动态场景中实现类人的平衡与交互。小米公司也于 2023 年推出了其首款人形机器人 CyberOne，具备环境识别与情感理解能力，强调“家庭与情感陪伴”场景的拓展。

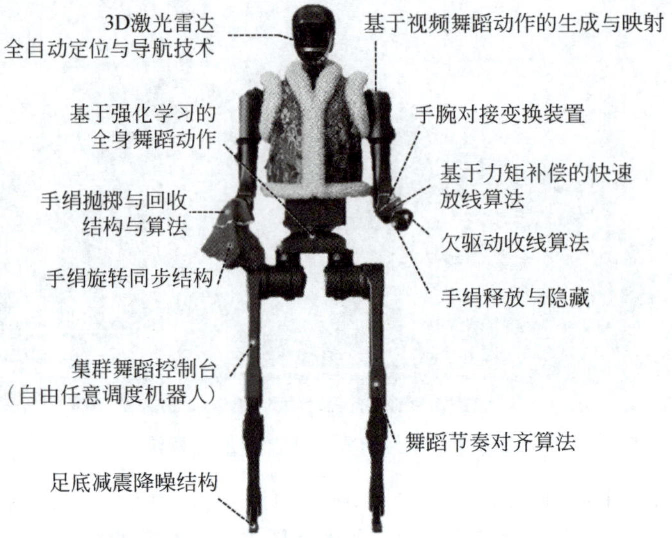

图 1.2 宇树科技人形机器人 Unitree H1

从研究视角来看，近年来大量工作致力于提升人形机器人在认知理解与复杂任务规划方面的能力。例如，谷歌 DeepMind 提出的 Robotic Transformer 2[118] 模型将语言模型与机器人控制连接起来，使机器人能够根据文本指令完成跨任务的动作序列执行。来自斯坦福大学与伯克利大学的研究展示了大语言模型驱动的多机器人协作，通过自然语言引导机器人进行动态路径协商和任务分工，突破了传统手工规则系统的局限性。2025 年 5 月，全球首款生成式人形机器人运动大模型“龙跃”（MindLoongGPT）在中国上海正式发布。该大模型以自然语言驱动为核心，构建了从多模态输入到高保真动作生成的完整闭环，开创性地颠覆了传统运动控制范式，极大地推动了人形机器人运动控制技术的发展[119]。同月，NVIDIA 在 COMPUTEX 2025 大会上发布了 Isaac GR00T N1.5，这是其首款面向通用人形机器人推理和技能的开放基础模型的重大升级版本。该模型聚焦机器人感知与决策的高效融合，推动了人形机器人在多任务推理与操作技能上的突破。

2025 年 8 月，全球首个人形机器人运动会于北京开幕，吸引 16 个国家或地区 280 支队伍、500 余台机器人参赛，共设置 12 项竞技与 6 项场景任务（含短跑、自由搏击、药品分拣等），各项目直指关键技术压力测试。赛事既检验机器人智能决策、运动协作成果，又为全球研发力量搭建交流平台，推动运动控制、环境感知等核心技术突破，加速其从实验室迈向实用化，为产业注入动能。

总体而言，人形机器人不再仅仅是工程上的“仿人外形设计”，而是一个人工智能、机器人控制、多模态融合与人机协作等多项前沿技术的交汇点。作为通用人工智能向物理世界延伸的关键载体，人形机器人未来将在社会生产中扮演日益多元的实际角色。从工业协作到家庭陪伴，人形机器人正从象征性的科技展示走向功能性的现实应用。

1.4.5 人工智能交互

在人工智能的典型应用中，AI 交互系统通过自然语言处理、多模态感知和情感计算等技术，实现了人机之间更自然、情感化的交流。例如，微软小冰是微软亚洲研究院于 2014 年推出的情感计算框架，旨在通过自然语言处理、计算机视觉和语音合成等技术，实现与用户的情感交流。小冰不仅能够进行日常对话，还能创作诗歌、绘画和音乐作品，展现出多模态内容生成的能力。据报道，截至 2022 年，小冰在全球范围内拥有超过 6 亿用户，成为 AI 交互领域的重要代表[120]。OpenAI 开发的大型语言模型 ChatGPT，具备强大的自然语言理解和生成能力。ChatGPT 能够进行多轮对话、代码编写、文本摘要等任务，广泛应用于教育、客服和内容创作等领域。研究表明，ChatGPT 在多项自然语言处理任务中表现出色，推动了 AI 交互系统的普及和应用。中国初创企业深度求索开发的 DeepSeek[121-127]系统，专注于中文语境下的自然语言处理和知识检索。DeepSeek 结合了大语言模型和语义搜索技术，提供高效的文献检索和内容生成服务。其在中文文本生成和推理能力方面的出色表现，使其成为国内 AI 交互系统的重要代表。

近年来，AI 交互系统在多模态交互和人机协作方面取得了显著进展。斯坦福大学李飞飞团队提出了 Agent AI 概念[128]，强调 AI 系统应具备感知、理解和行动的能力，实现与人类的自然交互。此外，研究者还探讨了 AI 系统在情感识别、个性化推荐和协同创作等方面的应用，推动了 AI 交互系统向更智能、更人性化的方向发展。综上所述，AI 交互系统通过整合自然语言处理、多模态感知和情感计算等技术，实现了人机之间更自然、情感化的交流。微软小冰、ChatGPT 和 DeepSeek 等系统的成功应用，展示了 AI 交互系统在教育、内容创作和信息检索等领域的广阔前景。未来，AI 交互系统将在更多场景中发挥重要作用，推动人机协作向着更加流畅、自然、深入的方向发展。

1.4.6 人工智能绘图

AI 绘图是通过深度学习模型对图像进行生成和创作的一种技术。它可以根据文本描述、草图或其他图像生成全新的图像。这一技术突破了传统的图像编辑和创作方式，为创作者提供了全新的创作工具。

AI 绘图的历史可以追溯到 20 世纪 70 年代。当时有人开始尝试使用计算机生成简单的图形和图像。这些早期的尝试主要使用基于规则的算法，生成能力有限。进入 21 世纪后，随着机器学习技术的快速发展，AI 绘图技术也开始取得重大突破。2014 年，GAN 被提出，因其可以通过对抗训练的方式生成逼真的图像，为 AI 绘图带来了新的发展契机。在 GAN 的基础上，人们陆续开发出更多的图像生成模型，如变分自编码器[129]（Variational Autoencoder，VAE）、扩散模型等。这些模型在图像生成质量、多样性等方面不断取得新的突破。2021 年起，随着大型语言模型的发展，DALL-E[130]、Stable Diffusion[131]等 AI 绘图工具相继问世，它们能够根据自然语言描述生成丰富多样的图像，大幅拓展了创作自由度。当前，Midjourney、Stable Diffusion 等平台在艺术、设计和广告等领域的影响力日益显著，推动了 AI 绘图技术向社会生成领域的普及（如图 1.3 所示）。在

图 1.3 Stable Diffusion 生成的图像

实际应用中，AI 绘图也已取得重要成果。例如，2022 年，设计师杰森·艾伦(Jason M. Allen)使用 Midjourney 创作的《太空歌剧院》(*Théâtre D'opéra Spatial*)获得了科罗拉多州博览会数字艺术类别一等奖，引发了关于 AI 生成艺术作品原创性与版权归属的广泛讨论。同时，AI 绘图产品正在从静态图像扩展到动态视频。2024 年，OpenAI 发布了 Sora[87] 模型，能够根据文本生成长达一分钟的视频，如图 1.4 所示。同年，Meta 推出了 MovieGen[132] 模型，可同步生成视频、背景音乐与音效。未来，随着技术的持续进步，AI 绘图有望在创意产业中释放更多潜力。

图 1.4　Sora 生成的视频画面

1.4.7　智慧城市

智慧城市是指借助数字技术与数据资源，对城市运行系统进行全面感知、分析与优化的城市形态，AI 在其中起着关键作用[133]。通过对交通、能源、安全、环境与政务等系统的数据建模与预测优化，AI 正在重塑城市治理模式，提升效率与服务质量。在交通领域，AI 通过摄像头、传感器与历史流量数据进行实时分析，智能调控红绿灯、优化出行路径，缓解拥堵、减少事故。作为代表性实践之一，杭州的"城市大脑"平台大幅提升了交通运行效率。公共安全方面，AI 依托图像识别、行为分析与异常检测技术，实现城市级别的智能预警与快速响应，如上海部署的智能监控系统，有效提升了应急反应能力与城市治安水平。

同时，随着低空经济在 2024 年首次被写入政府工作报告，AI 在智慧城市中的应用也正向三维低空空间扩展，推动城市智能体系从二维地面走向三维低空空间。基于深度神经网络和多模态大语言模型的快速进步，推动 AI 与低空经济的融合进入质变阶段。例如，2025 年长春市发布的"紫东长空"大模型，采用混合专家架构，整合卫星遥感、气象监测、城市三维建模等 17 类异构数据[134]，支持城市级低空环境的智能感知与动态管理。在应急救援中，多模态大语言模型能够结合历史灾害数据与实时遥感图像，快速生成三维救援路径；在文旅领域，AI 支持的沉浸式观光系统可根据环境感知与用户行为分析，动态规划个性化飞行路线。深圳的空中交通试验也展示了 AI 智能体群体协作的潜力，通过强化学习优化电动垂直起降飞行器(Electric Vertical Takeoff and Landing，eVTOL)的调度，使每小时 1200 架次起降的延误率控制在 1.2%以内，空域利用效率提升 62%。

在能源与资源调度方面，AI 可预测用电峰值并优化能源分配，在荷兰阿姆斯特丹已应用于智能电网的调度控制。环境监测上，AI 系统能够实时追踪空气、水质等指标并进行污染预测，辅助城市治理决策。政务方面，AI 通过政务大模型与智能助手简化办事流程，例如上海"随申办"平台，通过 AI 智能分流与答疑，大幅提升了公共服务的便捷性与响应速度。

总体来看，AI 正通过"感知—预测—优化—决策"的技术闭环，不仅推动城市在智能化、精准化、主动化方向演进，也加速了从二维地面向三维低空空间的延伸融合。未来，随着大模型、多模态感知、边缘计算与智能调度等技术的持续突破，AI 将在城市运行体系中扮演更加重要的角色，为打造更高效、更安全、更宜居的未来城市提供关键支撑。

1.4.8 智慧教育

在教育领域，AI正逐步渗透智慧教育的多个关键环节，从学习内容的个性化推荐，到教学过程的智能化辅助，再到校园管理的数字化决策，全面提升教育质量与效率。AI可通过对学习行为的深度分析，实现个性化学习路径规划与资源推荐。典型案例如美国的Knewton与中国的松鼠AI，分别采用知识图谱与微粒化知识点细分技术，为学生动态定制学习任务和内容。此外，OpenAI发起的ChatGPT Foundations for K-12 Educators项目，面向全球K-12教师群体，提供关于大语言模型教学应用的系统培训与资源支持，助力教师掌握AI辅助教学技能。斯坦福大学的AI4ALL项目，则通过开设暑期课程、实验室实训和科研指导等形式，致力于培养多元背景下的中学生AI素养与创新能力。麻省理工学院（MIT）RAISE（Responsible AI for Social Empowerment and Education）计划则探索了如何将AI伦理与技术教育深度融合，推进K-12阶段负责任AI使用的普及。国内方面，科大讯飞积极推进智慧教育布局，构建了以“讯飞AI课堂”为核心的一体化智能教学体系，涵盖精准学情分析、个性化资源推荐、智能评测反馈等模块，已成功应用于基础教育、职业教育与高等教育场景。

在教学与评测环节，AI可自动批改主客观题、分析错误模式并提供即时反馈，有效减轻教师负担、提高教学响应速度。例如智慧树等平台已实现大规模作业智能检测和错题追踪，部分学校借助AI实现精准教学诊断与动态干预。基于大型语言模型的教师助手如Khanmigo和Jill Watson，能够实时答疑、辅助备课与优化内容，提升师生交互效率。教育机器人与虚拟教学角色，如人形机器人Pepper和各类AI虚拟人，也在语言训练、情感陪伴和特殊教育中发挥了辅助作用。

在智慧校园建设方面，AI正被应用于教务排课优化、能耗管理、安全风险预警等领域，同时基于行为数据的学习分析技术，可以帮助学校及时发现学业困难学生并进行干预，促进教育公平与学生全生命周期管理。政务事务自动化也在逐步推进，如智能答疑、选课助手、校园事务流转等系统，显著提升了服务效率与可达性。

总体来看，人工智能正在以数据驱动、智能辅助的方式重构教育体系，从内容生产、教学过程到教育管理全面赋能教育实践。通过个性化教学、智能评测与智慧治理，AI不仅提升了教育质量，也为实现教育公平、促进教育包容提供了重要支撑。未来，随着大模型、多模态感知与智能交互技术的不断成熟，人工智能将在推动教育现代化与以人为本的教育转型中发挥更加关键的作用。

1.5 人工智能安全、伦理与战略

随着人工智能技术加速融入经济社会各领域，其带来的安全风险、伦理挑战与战略竞争问题日益凸显。AI不仅在技术层面引发深刻变革，更在政治安全、社会价值乃至全球格局中发挥着日益重要的影响力。本节将围绕人工智能的安全威胁、伦理风险与国家战略布局三大方面展开系统梳理与分析，旨在为理解和应对AI时代的深层次挑战提供理论支撑与实践参考。

1.5.1 人工智能安全

人工智能正以前所未有的速度重塑世界格局。作为一项颠覆性的基础技术，AI广泛赋能经济、社会、军事与政治等关键领域，在推动科技进步和产业升级的同时，也带来了前所未有的安全挑战。正如历史上每项重大技术革新所引发的安全问题，AI的发展同样伴随着一系列深层次、安全性、系统性的新风险，日益渗透并影响国家安全、社会稳定与个人权益，成为新的战略风险源[135]。

在政治安全层面，AI 技术突破了传统信息传播与舆论引导的限制，具备操控民意、制造信息茧房、放大极端观点的能力，可能对社会治理构成实质性威胁，进而对国家安全产生深远影响。在军事安全方面，AI 正被应用于致命性自动武器、远程精确打击和智能战斗系统等多个方向。在社会安全领域，AI 生成的虚假内容带来了新的风险。2022 年，美国一诈骗团伙利用 DeepFake 技术伪造马斯克视频，创建虚假比特币赠送项目，诈骗金额高达 3000 万美元，成为 AI 被用于信息操纵和金融犯罪的典型案例之一。

除了外部应用带来的威胁，AI 系统本身也存在一系列内生的安全问题。首先，AI 系统的不可解释性与不稳定性容易在关键场景下诱发安全事故，例如波音 737MAX 空难就源于智能控制系统 MCAS 的设计缺陷。其次，对抗样本攻击等技术手段能够轻易误导 AI 模型，例如通过对人脸图像添加微小扰动即可欺骗识别系统，严重威胁依赖 AI 进行身份认证的安全系统。此外，AI 设备与系统普遍依赖互联网连接，导致其成为网络攻击的新突破口，从家庭终端到关键基础设施均面临潜在风险。

因此，构建系统化、前瞻性的人工智能安全治理框架，深入研究其威胁来源、攻防机制、发展趋势与技术应对，已成为全球共识与战略重点。本书将系统梳理人工智能安全相关议题，从国家战略动向到关键技术体系，从安全攻防实践到典型应用场景，力求为构建可信、安全、可控的 AI 系统提供理论支撑和实践指导。

1.5.2 人工智能伦理

人工智能作为一项深刻重塑社会结构的基础性技术，广泛应用在推动效率提升与生活改善的同时，也引发了一系列前所未有的伦理挑战[136]。AI 系统在数据收集、算法决策与内容分发过程中，持续触碰人类社会长期以来建立的价值边界与道德共识，正在深刻改变人类与技术之间的关系模式。面对 AI 引发的伦理失范风险，如何构建可持续的价值引导体系，确保 AI 始终服务于人类整体福祉，已成为亟须回应的重要课题[137,138]。

在意识形态层面，AI 算法对用户行为的精准建模和内容推送机制，突破了传统信息传播的中立性限制，加剧信息茧房效应，助长极端观点的回声传播。一些社交平台基于商业利益，持续推送情绪化和偏激内容，进一步加剧社会分裂与群体对立，进而对公共理性和民主共识构成挑战。在隐私保护方面，AI 系统对个人数据的大规模采集和深度挖掘，使得隐私边界日益模糊，个体在技术面前的脆弱性愈发突出。例如，Clearview AI 公司未经授权抓取数十亿张人脸数据，用于身份识别服务，引发了严重的伦理争议与监管危机。

与此同时，AI 带来的公平性问题也日益严峻。算法模型在训练过程中可能继承甚至放大已有的社会偏见，导致系统性歧视。例如，某些面部识别算法在不同性别与种族人群中的识别准确率显著失衡，引发对算法歧视的广泛关注。此外，AI 技术对就业结构的冲击也构成新的伦理压力。当自动化替代大量低技能岗位但带来的效率红利未能合理分配，可能会进一步拉大社会分化，引发相关群体的不满与风险[138]。

更深层次的伦理焦虑还在于 AI 系统的“自主性”发展趋势。当前，围绕 AI 是否具备意识、是否会超越人类控制等问题的讨论已不再仅限科幻领域，而是成为全球学术界与政策界关注的现实议题。Facebook 创始人马克·扎克伯格(Mark Zuckerberg)认为 AI 应始终是人类能力的延伸，而不是独立的智能体；而马斯克则警告称，如果缺乏有效治理，AI 的智力优势终将使人类沦为其“宠物”。人类在技术演进中的道德主体地位，正面临前所未有的挑战。

因此，构建系统化、责任明确、价值导向的 AI 伦理治理体系已成为全球共识。当前，多个国家和国际组织纷纷出台 AI 伦理指南，涵盖透明性、公平性、可解释性、隐私保护、责任机制等核心原则。微软、谷歌、百度、商汤等企业也逐步建立起面向全生命周期的伦理实践机制。但与此同时，全球 AI 伦理治理仍处于早期阶段，标准不一、约束乏力、落地不足等问题依然突出。本书将系统梳理 AI 伦理领域的关键问题与治理路径，从伦理概念演进到政策工具实践，从行业自律到国家规制机制，探讨如何在算法时代重建公共价值体系，引导 AI 发展回归以人为本的根本方向。

1.5.3 人工智能战略

AI 作为新一轮科技革命和产业变革的核心驱动力，正深刻重塑全球经济格局、社会结构与国家安全体系。当前，AI 已成为国家战略竞争的核心支点，各国纷纷加快布局，通过政策规划、技术投入、人才培养与治理体系构建，力图在全球科技竞争中抢占先机。

在全球范围内，美国、欧盟、中国、日本等主要经济体相继发布人工智能战略，强化国家层面的顶层设计。美国通过《国家人工智能研发战略计划》等政策[139]，持续巩固其技术领先地位；欧盟以《人工智能白皮书》[140]为基础，强调以人为本、安全可控的技术发展；德国、俄罗斯、英国、日本等则分别聚焦健康、环境、数据驱动、社会智能化等方向展开部署[141-144]。联合国也设立 AI 与机器人研究中心，推动全球治理协同。

中国方面，近年来高度重视 AI 发展，将其作为新质生产力的关键支撑力量。2024 年和 2025 年政府工作报告[145]提出要实施“人工智能＋”行动，推动 AI 与制造、交通、医疗、教育等领域深度融合，支持大模型广泛应用，布局具身智能、智能网联汽车、智能终端等新兴领域，同时完善 AI 基础软硬件体系，强化安全可控能力。中共中央政治局会议也强调，要集中力量突破高端芯片、基础软件等关键环节，夯实 AI 发展的底座基础。地方政府积极响应，北京、上海、深圳、四川等地将具身智能、智能机器人等技术列入重点发展清单，打造区域 AI 创新高地。产业层面，讯飞星火、宇树科技等代表性企业持续推动大模型和人形机器人等前沿方向的应用落地，形成了从基础研究到产业转换的完整链条。总体来看，中国正在通过政策引导、技术突破、产业布局和法规完善的多维联动，加速构建自主可控、安全可信、充满活力的 AI 发展体系。

从全球视角来看，AI 战略正在以“技术突破—产业应用—生态完善—标准制定—国际竞争”多轨并进的格局加速演变。各国不仅聚焦于大模型、具身智能、跨模态理解、专用 AI 芯片、脑机接口等前沿领域的技术攻关，也同步加强对伦理治理、安全防控与社会影响的规范引导。未来，在 AI 核心技术突破、应用生态构建与国际标准制定等方面占据先机的国家或企业，将在全球新一轮科技革命和产业变革中赢得战略主导权。

小结与展望

作为全书的开篇，本章全面回顾了人工智能从起源到当代的发展历程，系统介绍了人工智能的分类、各发展阶段的概况。本章总结了自然语言处理、计算机视觉、多模态分析、数据挖掘等关键研究领域，并介绍了无监督学习、自动机器学习、内容生成、大模型等前沿技术，展示了这些技术如何协同构建出日益成熟且多元化的人工智能体系。此外，本章还梳理了人工智能在各应用场景中的实践与进展，从早期的简单应用到如今的搜索与推荐、自动驾驶、人形机器人、人工智能交互、人工智能绘图、智慧城市以及智慧教育等，都为我们勾勒出一个充满无限可能的智能未来。同时，关于人工智能安全、伦理与战略问题的讨论，也为读者提供了反思技术进步背后潜在风险与责任的视角。本章为后续章节内容进行了概要导引，接下来的内容将更深入地探讨包括无监督学习、自动机器学习、人工智能生成内容(Artificial Intelligence Generated Content,AIGC)、人工智能大模型、智能体智能、智能无人系统、元宇宙、脑启发人工智能等热点技术,以及人工智能在科学研究中的实际应用案例。希望本章能够引领读者迈入这个多维、跨领域的人工智能世界,激发对未来智能技术变革的无限遐想与深刻思考[146-148]。

参考文献

[1] 国家工业信息安全发展研究中心,蒋艳. 人工智能发展报告(2023—2024 年)[R]. 北京:社会科学文献出版社,2024.

[2] 潘云鹤. 人工智能的行为智能和产品智能[J]. 机器人技术与应用,2023,5(5):4-7.

[3] 李德毅,于剑. 人工智能导论[M]. 北京:中国科学技术出版社,2018.

[4] 王栋,卢湖川. 人工智能概论[M]. 北京:科学出版社,2025.

[5] 张钹. 深入"无人区":人工智能的探索之路[J]. 中国工业和信息化,2024(7):38-43.

[6] 郑庆华. 院士公开课:人工智能如何从弱到强[EB/OL]. (2024-12-16)[2025-02-21]. http://edu.people.com.cn/n1/2024/1216/c1006-40383369.html.

[7] FAHFOUH A,RIFFI J,MAHRAZ M,et al. A contextual relationship model for deceptive opinion spam detection[J]. IEEE Transactions on Neural Networks and Learning Systems,2024,35(1):1228-1239.

[8] CHEN X F,HU Y W,TANG P P,et al. A new robot navigation algorithm based on bi-directional collaborative ant colony optimization[J]. IEEE Sensors Journal,2025,25(8):14295-14306.

[9] CHEN X,FENG W,GE N,et al. Zero trust architecture for 6G security[J]. IEEE Network,2024,38(4):224-232.

[10] 郑南宁. 人工智能新时代[J]. 智能科学与技术学报,2019,1(1):1-3.

[11] 张钹,朱军,苏航. 迈向第三代人工智能[J]. 中国科学:信息科学,2020,50(9):1281-1302.

[12] 潘云鹤. 人工智能走向 2.0[J]. Engineering,2016(4):51-61.

[13] MITCHELL M. Debates on the nature of artificial general intelligence[J]. Science,2024,383.

[14] SUN Y,ORTIZ J. Rapid review of generative AI in smart medical applications[EB/OL]. (2024-06-08)[2024-12-25]. https://arxiv.org/abs/2406.06627.

[15] MCCULLOCH W S,PITTS W. A logical calculus of the ideas immanent in nervous activity[J]. Bulletin of Mathematical Biophysics,1943,5:115-133.

[16] TURING A M. Computing machinery and intelligence[M]. Dordrecht:Springer Netherlands,2009.

[17] MCCARTHY J,MINSKY M L,ROCHESTER N,et al. A proposal for the Dartmouth summer research project on artificial intelligence,August 31,1955[J]. AI Magazine,2006,27(4):12-14.

[18] ROSENBLATT F. The perceptron:A probabilistic model for information storage and organization in the brain[J]. Psychological Review,1958,65(6):386-408.

[19] COX D R. The regression analysis of binary sequences[J]. Journal of the Royal Statistical Society Series B:Statistical Methodology,1958,20(2):215-242.

[20] WEIZENBAUM J. ELIZA—A computer program for the study of natural language communication between man and machine[J]. Communications of the ACM,1983,26(1):23-28.

[21] COVER T,HART P. Nearest neighbor pattern classification[J]. IEEE Transactions on Information Theory,1967,13(1):21-27.

[22] FEIGENBAUM E A,BUCHANAN B G,LEDERBERG J,et al. Applications of artificial intelligence for organic chemistry:The DENDRAL project[J]. Artificial Intelligence,1971,2(1-3):209-222.

[23] WERBOS P. Beyond regression:New tools for predicting and analysis in the behavioral sciences[D]. Cambridge:Harvard University,1974.

[24] MARR D. Vision:A computational investigation into the human representation and processing of visual information[M]. San Francisco:Freeman,1982.

[25] HOPFIELD J J. Neural networks and physical systems with emergent collective computational abilities[J].

Proceedings of the National Academy of Sciences of the United States of America,1982,79(8):2554-2558.
[26] PEARL J. Fusion,propagation,and structuring in belief networks[J]. In: Probabilistic and causal inference: The works of Judea Pearl. New York: ACM Press,1986,29(3):241-288.
[27] RUMELHART D E,HINTON G E,WILLIAMS R J,et al. Learning representations by back-propagating errors[J]. Nature,1986,323(6088):533-536.
[28] JORDAN M I. Serial order: A parallel distributed processing approach[R]. San Diego: Institute for Cognitive Science Report 8604,1986.
[29] ELMAN J L. Finding structure in time[J]. Cognitive Science,1990,14:179-211.
[30] QUINLAN J R. Induction of decision trees[J]. Machine Learning. 1986,1(1):81-106.
[31] LECUN Y,BOTTOU L,BENGIO Y,et al. Gradient-based learning applied to document recognition[J]. Proceedings of the IEEE,1998,86(11):2278-2324.
[32] KRIZHEVSKY A,SUTSKEVER I,HINTON G E. ImageNet classification with deep convolutional neural networks[C]//Proceedings of the 26th Annual Conference on Neural Information Processing Systems. New York: Curran Associates,2013:1097-1105.
[33] SIMONYAN K,ZISSERMAN A. Very deep convolutional networks for large-scale image recognition[C]// Proceedings of the 3rd International Conference on Learning Representations. San Juan, Puerto Rico: OpenReview. net,2014:1-14.
[34] HE K M,ZHANG X,REN S,et al. Deep residual learning for image recognition[C]//Proceedings of the IEEE Conference on Computer Vision and Pattern Recognition. Piscataway: IEEE Press,2017:770-778.
[35] CORTES C,VAPNIK V. Support-vector networks[J]. Machine Learning,1995,20(3):273-297.
[36] FREUND Y,SCHAPIRE R E. A decision-theoretic generalization of on-line learning and an application to boosting[J]. Journal of Computer and System Sciences,1997,55(1):119-139.
[37] BREIMAN L. Bagging predictors[J]. Machine Learning,1996,24:123-140.
[38] GRAVES A. Long short-term memory[M]//GRAVS A. Supervised sequence labelling with recurrent neural networks. Berlin: Springer,2012:37-45.
[39] LAFFERTY J, MCCALLUM A, PEREIRA F. Conditional random fields: Probabilistic models for segmenting and labeling sequence data[C]//Proceedings of the 18th International Conference on Machine Learning. New York: PMLR,2001:282-289.
[40] BREIMAN L. Random forests[J]. Machine Learning,2001,45(1):5-32.
[41] HINTON G E,OSINDERO S,TEH Y W,et al. A fast learning algorithm for deep belief nets[J]. Neural Computation,2006,18(7):1527-1554.
[42] PAN S J, YANG Q. A survey on transfer learning[J]. IEEE Transactions on Knowledge and Data Engineering,2009,22(10):1345-1359.
[43] HE Y. Research on artificial intelligence security issues[R]. Hangzhou: Global Artificial Intelligence Technology Conference,2022.
[44] HE Y. Frontiers of artificial intelligence development[R]. Hangzhou: Global Artificial Intelligence Technology Conference,2024.
[45] FERRUCCI D,BROWN E,CHU-CARROLL J,et al. Building Watson: An overview of the DeepQA project[J]. AI Magazine,2010,31(3):59-79.
[46] DENG J, DONG W, SOCHER R, et al. ImageNet: A large-scale hierarchical image database[C]// Proceedings of the 2009 IEEE Conference on Computer Vision and Pattern Recognition. Piscataway: IEEE Press,2009:248-255.
[47] MIKOLOV T,CHEN K,CORRADO G,et al. Efficient estimation of word representations in vector space[C]// Proceedings of the International Conference on Learning Representations. San Juan,Puerto Rico: OpenReview. net, 2013.
[48] GOODFELLOW I,POUGET-ABADIE J,MIRZA M,et al. Generative adversarial nets[C]//Proceedings of the 27th International Conference on Neural Information Processing Systems. New York: Curran Associates, 2014:2672-2680.

[49] SILVER D, HUANG A, MADDISON C J, et al. Mastering the game of Go with deep neural networks and tree search[J]. Nature, 2016, 529(7587): 484-489.
[50] KUINDERSMA S, DEITS R, FALLON M, et al. Optimization-based locomotion planning, estimation, and control design for the Atlas humanoid robot[J]. Autonomous Robots, 2016: 40(3): 429-455.
[51] RICCIO T. Sophia robot: Post human being[M]. New York: Taylor & Francis, 2024.
[52] VASWANI A, SHAZEER N, PARMAR N, et al. Attention is all you need[C]//Proceedings of the 31st International Conference on Neural Information Processing Systems. New York: Curran Associates, 2017: 5998-6008.
[53] KENTON J, TOUTANOVA L. BERT: Pre-training of deep bidirectional transformers for language understanding[C]//Proceedings of the 2019 Conference of the North American Chapter of the Association for Computational Linguistics. Stroudsburg: ACL, 2019: 4171-4186.
[54] CHEN T, KORNBLITH S, NOROUZI M, et al. A simple framework for contrastive learning of visual representations[C]//International Conference on Machine Learning. New York: PMLR, 2020: 1597-1607.
[55] HE K, FAN H, WU Y, et al. Momentum contrast for unsupervised visual representation learning[C]//Proceedings of the Conference on Computer Vision and Pattern Recognition. Piscataway: IEEE Press, 2020: 9729-9738.
[56] DOSOVITSKIY A, BEYER L, KOLESNIKOV A, et al. An image is worth 16×16 words: Transformers for image recognition at scale[C]//Proceedings of the International Conference on Learning Representations. San Juan, Puerto Rico: OpenReview. net, 2021.
[57] JUMPER J, EVANS R, PRITZEL A, et al. Highly accurate protein structure prediction with AlphaFold[J]. Nature, 2021, 596(7873): 583-589.
[58] WILLETT F R, AVANSINO D T, HOCHBERG L R, et al. High-performance brain-to-text communication via handwriting[J]. Nature, 2021, 593(7858): 249-254.
[59] YE J, CHEN X, XU N, et al. A comprehensive capability analysis of GPT-3 and GPT-3. 5 series models[EB/OL]. (2023-12-23)[2024-12-25]. https://arxiv. org/abs/2303. 10420.
[60] ACHIAM J, ADLER S, AGARWAL S, et al. GPT-4 technical report[EB/OL]. (2024-03-04)[2024-12-25]. https://arxiv. org/abs/2303. 08774.
[61] LIU A X, FENG B, XUE B, et al. DeepSeek-V3 technical report[EB/OL]. (2025-02-18)[2025-04-20]. https://arxiv. org/abs/2412. 19437.
[62] Anthropic. Claude Opus 4[EB/OL]. (2025-05-22)[2025-07-02]. https://www. anthropic. com/claude/opus.
[63] TEAM G, KAMATH A, FERRET J, et al. Gemma 3 technical report[R]. London: Google DeepMind, 2025.
[64] 人民网. AI参加高考，竟能上清北？[EB/OL]. (2025-06-30)[2025-07-02]. http://paper. people. com. cn/zgjjzk/pc/content/202506/30/content_30084878. html.
[65] PENNINGTON J, SOCHER R, MANNING C D. Glove: Global vectors for word representation[C]//Proceedings of the 2014 Conference on Empirical Methods in Natural Language Processing. Stroudsburg: ACL, 2014: 1532-1543.
[66] JOULIN A, GRAVE E, BOJANOWSKI P, et al. Bag of tricks for efficient text classification[C]//Proceedings of the 15th Conference of the European Chapter of the Association for Computational Linguistics. Stroudsburg: ACL, 2014: 1532-1543.
[67] 郑南宁. 计算机视觉与模式识别[M]. 北京：国防工业出版社，1998.
[68] 张燚钧，张润清，周华健，等. 视觉基础模型研究现状与发展趋势[J]. 中国图象图形学报，2025，30(1)：1-24.
[69] MILDENHALL B, SRINIVASAN P P, TANCIK M, et al. NeRF: Representing scenes as neural radiance fields for view synthesis[J]. Communications of the ACM, 2021, 65(1): 99-106.
[70] 杨易，庄越挺，潘云鹤. 视觉知识：跨媒体智能进化的新支点[J]. 中国图象图形学报，2022，27(9)：2574-2588.
[71] 何友，刘瑜，董凯，等. 多源信息融合与应用[M]. 3版. 北京：电子工业出版社，2025.
[72] XIAO X, JIANG Y, WANG Y, et al. Key technologies for machine vision for picking robots: Review and benchmarking[J]. Machine Intelligence Research, 2025, 22(1): 2-16.

[73] LIU M,ZHOU Y,WU Y,et al. Cogeneration of innovative audio-visual content: A new challenge for computing art[J]. Machine Intelligence Research,2024,21(1):4-28.

[74] YANG Y,ZHUANG Y T,WU F,et al. Harmonizing hierarchical manifolds for multimedia document semantics understanding and cross-media retrieval[J]. IEEE Transactions on Multimedia,2008,10(3):437-446.

[75] 吴飞.大语言模型在新闻采访中的应用与价值[J].传媒评论,2024(7):8-12.

[76] 李德毅,张天雷,韩威,等.认知机器的结构和激活[J].中国基础科学,2024,19(6):1613-1622.

[77] 王文喜,周芳,万月亮,等.元宇宙技术综述[J].工程科学学报,2022,44(4):744-756.

[78] 王飞跃,缪青海.人工智能驱动的科学研究新范式:从 AI4S 到智能科学[J].中国科学院院刊,2023,38(4):536-540.

[79] 李丹丹,毛开云,江源,等.人工智能驱动生命科学研究发展的新态势[J].生命科学,2025,37(01):16-25.

[80] WU K M,XU Q H,LIU Y Q,et al. Neuronal FAM171A2 mediates α-synuclein fibril uptake and drives Parkinson's disease[J]. Science,2025,387:892-900.

[81] WU Z,XIONG Y,YU S X,et al. Unsupervised feature learning via non-parametric instance discrimination[C]//Proceedings of the IEEE Conference on Computer Vision and Pattern Recognition. Piscataway:IEEE Press,2018:3733-3742.

[82] ZOPH B,VASUDEVAN V,SHLENS J,et al. Learning transferable architectures for scalable image recognition[C]//Proceedings of the IEEE Conference on Computer Vision and Pattern Recognition. Piscataway:IEEE Press,2018:8697-8710.

[83] LIU H,SIMONYAN K,YANG Y. Darts:Differentiable architecture search[EB/OL].(2018-06-24)[2025-05-04]. https://arxiv.org/abs/1806.09055.

[84] GOODFELLOW I,POUGET-ABADIE J,MIRZA M,et al. Generative adversarial networks[J]. Communications of the ACM,2020,63(11):139-144.

[85] HO J,JAIN A,ABBEEL P. Denoising diffusion probabilistic models[J]. Advances in Neural Information Processing Systems,2020,33:6840-6851.

[86] RADFORD A,KIM J W,HALLACY C,et al. Learning transferable visual models from natural language supervision[C]//International Conference on Machine Learning. New York:PMLR,2021:8748-8763.

[87] LIU Y,ZHANG K,LI Y,et al. Sora:A review on background,technology,limitations,and opportunities of large vision models[EB/OL].(2024-02-27)[2025-05-04]. https://arxiv.org/abs/2402.17177.

[88] Microsoft. Microsoft Build 2025:The age of AI agents and building the open agentic web[EB/OL].(2025-05-19)[2025-07-02]. https://news.microsoft.com/build-2025/.

[89] ZHANG Y,LIN C Y,TANG S J,et al. SwarmAgentic:Towards fully automated agentic system generation via swarm intelligence[EB/OL].(2025-06-08)[2025-07-02]. https://arxiv.org/abs/2506.15672.

[90] DORRI A,KANHERE S S,JURDAK R. Multi-agent systems:A survey[J]. IEEE Access,2018,6:28573-28593.

[91] PFEIFER R,LUNGARELLA M,IIDA F. Self-organization,embodiment,and biologically inspired robotics[J]. Science,2007,318(5853):1088-1093.

[92] CANGELOSI A,SCHLESINGER M. Developmental robotics:From babies to robots[M]. Cambridge:MIT Press,2015.

[93] SZE V,CHEN Y H,YANG T J,et al. Efficient processing of deep neural networks:A tutorial and survey[J]. Proceedings of the IEEE,2017,105(12):2295-2329.

[94] JOUPPI N P,YOUNG C,PATIL N,et al. In-datacenter performance analysis of a tensor processing unit[C]//Proceedings of the 44th Annual International Symposium on Computer Architecture. Piscataway:IEEE Press,2017:1-12.

[95] SUN C,SHRIVASTAVA A,SINGH S,et al. Revisiting unreasonable effectiveness of data in deep learning era[C]//Proceedings of the IEEE International Conference on Computer Vision. Piscataway:IEEE Press,2017:843-852.

[96] NARAYANAN D,PHANISHAYEE A,SHI K,et al. Memory-efficient pipeline-parallel DNN training[C]//

Proceedings of the International Conference on Machine Learning. New York: PMLR, 2021: 7937-7947.
[97] PANIGRAHI S, NANDA A, SWARNKAR T. A survey on transfer learning[M]//Intelligent and Cloud Computing: Proceedings of ICICC 2019, Volume 1. Singapore: Springer Singapore, 2020: 781-789.
[98] AMODEI D, OLAH C, STEINHARDT J, et al. Concrete problems in AI safety[EB/OL]. (2016-06-21)[2025-05-04]. https://arxiv.org/abs/1606.06565.
[99] NEWBORN M. Kasparov versus Deep Blue: Computer chess comes of age[M]. New York: Springer, 2012.
[100] CAMPBELL M, HOANE JR A J, HSU F. Deep Blue[J]. Artificial Intelligence, 2002, 134(1-2): 57-83.
[101] TOMAYKO, JAMES E. Behind Deep Blue: Building the computer that defeated the world chess champion[J]. Technology and Culture 44.3(2003): 634-635.
[102] SILVER D, SCHRITTWIESER J, SIMONYAN K, et al. Mastering the game of Go without human knowledge[J]. Nature, 2017, 550(7676): 354-359.
[103] VINYALS O, BABUSCHKIN I, CZARNECKI W M, et al. Grandmaster level in StarCraft Ⅱ using multi-agent reinforcement learning[J]. Nature, 2019, 575(7782): 350-354.
[104] HUANG P S, HE X, GAO J, et al. Learning deep structured semantic models for web search using clickthrough data[C]//Proceedings of the 22nd ACM International Conference on Information & Knowledge Management. New York: ACM Press, 2013: 2333-2338.
[105] NOGUEIRA R, CHO K. Passage re-ranking with BERT[EB/OL]. (2020-06-14)[2025-04-24]. https://arxiv.org/abs/1901.04085.
[106] KOREN Y, BELL R, VOLINSKY C. Matrix factorization techniques for recommender systems[J]. Computer, 2009, 42(8): 30-37.
[107] UNGAR L H, FOSTER D P. Clustering methods for collaborative filtering[C]//Proceedings of the 1998 AAAI Workshop on Recommendation Systems. Menlo Park: AAAI Press, 1998: 114-129.
[108] ZHANG F, KUANG K, CHEN L, et al. Federated unsupervised representation learning[J]. Frontiers of Information Technology & Electronic Engineering, 2023, 24(8): 1181-1193.
[109] CHEN X, LI S, LI H, et al. Generative adversarial user model for reinforcement learning based recommendation system[C]//Proceedings of the 36th International Conference on Machine Learning. New York: PMLR, 2019: 1052-1061.
[110] CEN Y K, ZHANG J W, WU M M, et al. Controllable multi-interest framework for recommendation[C]//Proceedings of the 26th ACM SIGKDD International Conference on Knowledge Discovery & Data Mining. New York: ACM Press, 2020: 2942-2951.
[111] LÜ L, MEDO M, YEUNG C H, et al. Recommender systems[J]. Physics Reports, 2012, 519(1): 1-49.
[112] LI C, LIU Z Y, WU M M, et al. Multi-interest network with dynamic routing for recommendation at Tmall[C]//Proceedings of the 28th ACM International Conference on Information and Knowledge Management. New York: ACM Press, 2019: 2615-2623.
[113] YURTSEVER E, LAMBERT J, CARBALLO A, et al. A survey of autonomous driving: Common practices and emerging technologies[J]. IEEE Access, 2020, 8: 58443-58469.
[114] 张济远，郑雅菁，余肇飞，等. 面向自动驾驶场景的脉冲视觉研究[J]. 中国工程科学，2024，26(1)：160-177.
[115] Tesla. Robotaxi is coming[EB/OL]. (2025-06-22)[2025-07-02]. https://www.tesla.com/robotaxi.
[116] 华为. 华为发布乾崑智驾 ADS 4 等解决方案携手伙伴共向未来[EB/OL]. (2025-04-22)[2025-07-02]. https://auto.huawei.com/cn/news/2025/huawei-qiankun-intelligent-technology-launch/.
[117] 李德毅. 新一代人工智能十问十答[J]. 智能系统学报，2021，16(5)：828-833.
[118] BROHAN A, BROWN N, CARBAJAL J, et al. Rt-2: Vision-language-action models transfer web knowledge to robotic control[EB/OL]. (2023-06-28)[2025-04-24]. https://arxiv.org/abs/2307.15818.
[119] 澎湃新闻. 人形机器人运动大模型"龙跃"发布，可根据指令生成跑步、舞蹈等连贯动作[EB/OL]. (2025-05-29)[2025-07-02]. https://m.thepaper.cn/newsDetail_forward_30897578.
[120] ZHOU L, GAO J, LI D, et al. The design and implementation of Xiaoice, an empathetic social chatbot[J]. Computational Linguistics, 2020, 46(1): 53-93.
[121] GUO D, ZHU Q, YANG D, et al. DeepSeek-Coder: When the large language model meets programming—

The rise of code intelligence[EB/OL].(2024-01-16)[2024-12-25]. https://arxiv.org/abs/2401.14196.
[122] GUO D,ZHU Q,YANG D,et al. DeepSeek-Coder: When the large language model meets programming—The rise of code intelligence[EB/OL].(2024-01-16)[2024-12-25]. https://arxiv.org/abs/2401.14196.
[123] BI X,CHEN D,CHEN G,et al. DeepSeek LLM: Scaling open-source language models with longtermism [EB/OL].(2024-01-05)[2024-12-25]. https://arxiv.org/abs/2401.02954.
[124] LIU A,FENG B,WANG B,et al. DeepSeek-V2: A strong,economical,and efficient mixture-of-experts language model[EB/OL].(2024-06-09)[2024-12-25]. https://arxiv.org/abs/2405.04434.
[125] LIU A,FENG B,XUE B,et al. DeepSeek-V3 technical report[EB/OL].(2025-02-18)[2025-03-10]. https://arxiv.org/abs/2412.19437.
[126] GUO D,YANG D,ZHANG H,et al. DeepSeek-R1: Incentivizing reasoning capability in LLMs via reinforcement learning[EB/OL].(2025-01-22)[2025-03-10]. https://arxiv.org/abs/2501.12948.
[127] SHAO Z,WANG P,ZHU Q,et al. DeepSeekMath: Pushing the limits of mathematical reasoning in open language models[EB/OL].(2024-04-27)[2025-03-10]. https://arxiv.org/abs/2402.03300.
[128] DURANTE Z,HUANG Q,WAKE N,et al. Agent AI: Surveying the horizons of multimodal interaction [EB/OL].(2024-01-25)[2025-04-24]. https://arxiv.org/abs/2401.03568.
[129] KINGMA D P. Auto-encoding variational Bayes[C]//Proceedings of the International Conference on Learning Representations. San Juan,Puerto Rico: OpenReview.net,2014: 1-14.
[130] RAMESH A,PAVLOV M,GOH G,et al. Zero-shot text-to-image generation[C]//Proceedings of the 38th International Conference on Machine Learning. New York: PMLR,2021: 8821-8831.
[131] ROMBACH R,BLATTMANN A,LORENZ D,et al. High-resolution image synthesis with latent diffusion models[C]//Proceedings of the 2022 IEEE/CVF Conference on Computer Vision and Pattern Recognition. Piscataway: IEEE Press,2022: 10684-10695.
[132] POLYAK A,ZOHAR A,BROWN A,et al. Movie Gen: A cast of media foundation models[J]. Journal of Artificial Intelligence Research,2024,65: 1-35.
[133] WOLNIAK R,STECUŁA K. Artificial intelligence in smart cities—Applications,barriers,and future directions: A review[J]. Smart Cities,2024,7(3): 1346-1389.
[134] 张静.长春领飞低空大模型[J].瞭望东方周刊,2025(6): 929.
[135] BOSTROM N. Superintelligence: Paths,dangers,strategies[M]. Oxford: Oxford University Press,2014.
[136] 李德毅.论智能的困扰和释放[J].智能系统学报,2024,19(1): 249-257.
[137] 何积丰.安全可信人工智能[J].信息安全与通信保密,2019(10): 5.
[138] 张兆翔,张吉豫,谭铁牛.人工智能伦理问题的现状分析与对策[J].中国科学院院刊,2021,36(11): 1270-1277.
[139] 美国白宫科技政策办公室.国家人工智能研发战略计划[EB/OL].(2019-06-22)[2025-02-23]. https://www.whitehouse.gov/.
[140] 欧盟委员会.人工智能白皮书[EB/OL].(2020-02-19)[2025-02-23]. https://commission.europa.eu/index_en.
[141] 德国联邦教育与研究部.人工智能战略[EB/OL].(2018-11-15)[2025-02-23]. https://www.bmbf.de/DE/Home/home_node.html.
[142] 英国政府.产业战略:人工智能部门协议[EB/OL].(2018-04-24)[2025-02-23]. https://www.gov.uk/.
[143] 俄罗斯政府.国家人工智能发展战略[EB/OL].(2019-10-12)[2025-02-23]. http://government.ru/en/.
[144] 日本经济产业省.人工智能技术战略[EB/OL].(2017-03-01)[2025-02-23]. https://www.meti.go.jp/.
[145] 中华人民共和国国务院. 2024年政府工作报告[EB/OL].(2024-03-12)[2025-04-26]. https://www.gov.cn/yaowen/liebiao/202403/content_6939153.htm.
[146] 李国杰. DeepSeek引发的AI发展路径思考[J].科技导报,2025,43(3): 14-19.
[147] 高文.通用人工智能的"奇点"预测[R].深圳:国家级科技特别节目《2024中国·AI盛典》,2024.
[148] 郑南宁.机器行为与具身智能[R].重庆: 2023中国自动化大会,2023.

第 2 章 无监督学习

CHAPTER 2

2.1 引言

在监督学习(Supervised Learning,SL)中,需要良好人工标注的数据集作为基础,数据集中每个样本都有对应的明确标签,如数据的属性信息、类别信息等。模型通过学习数据集中已知输入与标签之间的映射关系,对新的未见输入数据进行对应的标签预测。从机器学习到深度学习时代,监督学习范式一直都扮演着十分重要的角色。

然而,监督学习范式存在其自身的局限性。首先,监督学习范式需要大规模的人工标注数据集。而大规模数据集的获取本身可能受到隐私安全、法律法规等因素的限制,即便拥有获取大量数据的权限,数据集的标注也需要较长的时间周期和高昂的人工标注成本。除此之外,许多数据集的标注工作需要标注者具备足够的领域内专业知识,例如医学图像领域往往需要专业的医生才能对数据进行正确的标注,没有专业知识背景的标注者是无法完成这样具有高专业性的工作的。此外,在图像分割领域,尤其是在精细分割任务中,通常需要为每个像素指定类别或所属物体。而获得这样一组准确分割的数据极为耗时,因此严重制约了这类数据集的规模扩展。总之,大规模数据集标注的人力成本和标注效率低下都制约了人工标注数据集规模的进一步增大[1-3]。

监督学习的另一个局限性体现在模型的稳健性表现上。虽然基于大规模数据集训练的模型可以通过迁移学习适配下游小样本任务,但研究表明这类模型存在对数据分布变化敏感的问题。当目标域数据与源域数据存在分布差异时,模型的泛化性能可能出现显著下降[1]。而且监督学习的模型倾向于学习已标注的数据,标记中可能包含了标注者带来的错误和偏见,如此会削弱其自身在包含未见数据分布的新场景中的泛化性[3]。

尽管监督学习范式显著地提升了各领域的前沿研究水平,但近年来,监督学习范式下的模型性能逐渐出现了饱和的趋势,这与标注数据集规模难以继续高速增长存在重要关联。随着 AI 技术的深入发展,数据正在发挥着越来越重要的作用,尤其对于体量越来越庞大的模型来说,构建有人工标注的更大规模数据集进行监督学习训练的时间和金钱的成本也越来越难以承担。但同时,现实世界中存在大量的各种模态数据,例如网络上的文字、图像、视频、语音等。这些数据中包含着丰富的信息,只是由于缺乏对应的标注而难以被利用。在此背景下,人们希望能够在没有外界给定标签信息的条件下,或者是人工标注大量缺失的条件下训练模型,以更低成本、更高利用率的方式来实现稳健性强、泛化性好的模型学习,即使用未标注数据进行无监督学习(Unsupervised Learning,UL),以充分利用并挖掘数据信息,避免监督学习的局限性。

本章将从无监督学习的核心思想和机器学习时代的传统无监督学习方法开始，进一步引出自监督学习（SSL）方法，并从对比学习和掩膜学习两个主要类别为切入点，对自然语言处理和计算机视觉领域的具有代表性的自监督学习算法进行讨论。

2.2　无监督学习简介

无监督学习是一种使用未标注数据进行学习的方法，目标通过对无标注训练样本的学习来解释数据的内在性质和规律[4]。无监督学习和监督学习最核心的区别就是在数据利用上，是否需要有人工标注的数据。无监督学习事先不知道数据的任何标签信息，该学习方法通过分析数据内在的特征实现自主信息挖掘，适用于标注信息匮乏的场景。

对于监督学习，给定训练样本数据，每个数据都需要有人工设定的标签。模型通过拟合数据和标签的映射关系从而学习到良好的特征表示。如图像分类任务中，每幅图像都有人工标注的类别，诸如狗、猫等，通过最小化模型对图像的预测类别与实际真值类别的差异，来实现对模型的监督训练。

而对于无监督学习，仅给定训练数据，数据没有人工设定的标签，模型需要从数据中挖掘出某种规律从而实现特征表示的学习。例如，即便不清楚“狗”和“猫”这两个类别的概念，但是模型依然可以通过这两种动物的外观特征等信息发现它们是两个不同的物种，从而达到区分它们的目的，尽管模型并不知道物种的名称是什么。

无监督学习的思路广泛地应用在聚类分析、数据降维、异常检测、生成模型等领域。常见的无监督算法有 K 均值（K-Means）聚类[5]、层次聚类、基于密度的带噪声应用空间聚类（Density-Based Spatial Clustering of Applications with Noise，DBSCAN）[6]等聚类算法；主成分分析（Principal Component Analysis，PCA）[7]、t-分布随机邻居嵌入（t-distributed Stochastic Neighbor Embedding，t-SNE）[8]、线性判别分析（Linear Discriminant Analysis，LDA）[9]等数据降维算法；关联规则学习的频繁模式生长（Frequent Pattern Growth，FP-Growth）[10]算法等；以及自编码器（Autoencoder，AE）[11]算法等。这些算法试图去挖掘数据本身存在的某种模式和规律，进而达到聚类、维度压缩、关联信息提取、特征提取，或者相似数据生成等效果。自编码器算法通过最小化输入与重构输出之间的差异，学习数据的潜在空间表示，从而实现数据降维压缩、特征提取等任务。

下面，以 K-Means 聚类算法、主成分分析算法、t-SNE 算法、FP-Growth 算法和自编码器算法为例进行简单的介绍。

1. *K*-Means 聚类算法

聚类学习旨在将数据根据其内在相似性划分成多个不同的子集，使得每个子集中的数据尽可能相似，而不同子集中的数据尽可能相差较大。

K-Means 聚类算法的目标是将给定数据集划分为 K 类，并给出每个样本数据对应的类中心点，具体步骤如下。

步骤一：在对数据进行标准化等预处理后，先随机选取 K 个中心 $\boldsymbol{\mu}_1^{(0)},\boldsymbol{\mu}_2^{(0)},\cdots,\boldsymbol{\mu}_K^{(0)}$，定义如下损失函数。

$$J(\boldsymbol{x},\boldsymbol{\mu})=\min\sum_{i=1}^{M}\|\boldsymbol{x}_i-\boldsymbol{\mu}_{c_i}\|^2 \tag{2.1}$$

即希望在分类后的结果中，同类别的样本相似度更高，不同类别的样本相似度更低，聚类损失最小。其中，$\boldsymbol{c}_i$ 是样本 $\boldsymbol{x}_i$ 所属的聚类簇，$\boldsymbol{\mu}_{c_i}$ 是样本 $\boldsymbol{x}_i$ 所属聚类簇的中心点。

步骤二：对于每个样本 $\boldsymbol{x}_i, i=1,2,\cdots,M$，将其分配到距离最近的中心点 $c_i^t=\underset{k}{\operatorname{argmin}}||\boldsymbol{x}_i-\boldsymbol{\mu}_k^t||^2$，$t$ 为迭代步数。

步骤三：再对于 K 个聚类簇，重新计算每个类的中心点，新的中心点为属于该中心点的所有样本各维度的均值。

步骤四：将新的聚类簇的中心点与前一次计算得到的 K 个聚类簇的中心点比较，如果聚类簇的中心点发生变化，则转至步骤二；否则，损失 J 收敛，迭代终止，获得最终的聚类信息。

在整个算法流程中，算法并不知道数据的任何标签信息，仅仅是通过对数据的内在关系的挖掘将样本划分成 K 个类别。

2. FP-Growth 算法

关联规则学习的主要任务是从大量数据中发现隐藏的模式和关系，常用于推荐系统中。它通过分析数据集中各项的共现频率来识别频繁项集，并从中提取描述不同项之间可能存在的关联性的关联规则。例如，在商品推销中，发现“买牛奶的人也很可能会买面包”“买手机的人也很可能会买手机壳”这些关联性，则可以调整货品的摆放、优惠促销策略，或者是优化推荐内容，促进商品的销售。

FP-Growth 算法是一种高效的关联规则学习算法。该算法的核心在于建立一种频繁模式树（Frequent Pattern Tree，FP-Tree）的数据结构来存储频繁项集的信息。频繁项集是指高于定义的支持度阈值的项集，而支持度表示一个项集出现的频率。算法通过这种紧凑的数据结构减少需要遍历的搜索空间，进一步提高算法的效率。

3. 主成分分析算法

数据降维旨在将高维数据转换为低维表示，在保留数据关键特征信息的同时降低数据的冗余度和噪声。

主成分分析是一种经典的高维数据降维方法，可以去除高维数据中的噪声和不重要的特征，保留下最重要的有价值特征从而实现对数据的预处理，便于后续的数据分析操作。主成分分析的核心是为一组维度为 n 的数据找到一组新的相互正交的坐标轴，将原始数据映射到新的坐标空间中，并选取前 k 个数据方差最大的维度，从而实现以最小特征损失为代价的数据特征降维处理。

实际中，首先可以通过奇异值分解（Singular Value Decomposition，SVD）求解数据的协方差矩阵的特征值和特征向量，然后再从中选择特征值最大的 k 个特征所对应的特征向量构成特征向量矩阵 $\boldsymbol{P}$，最后将原始数据 $\boldsymbol{X}$ 通过 $\boldsymbol{Y}=\boldsymbol{PX}$，转换到新坐标空间，实现主成分分析降维。

4. t-SNE 算法

t-SNE[8] 算法是一种用于高维数据降维和可视化的非线性降维算法。与主成分分析算法有所区别，该算法主要用在二维或三维的低维空间中表示高维数据，方便数据的可视化。t-SNE 算法首先计算数据在高维空间中的相似度，相似度由高斯联合分布表示；然后在低维空间中，使用 t 分布来表示数据之间的相似度，采用 KL 散度衡量高维空间和低维空间的相似度分布差异，并以此作为损失函数优化获得收敛的结果。

5. 自编码器算法

自编码器主要包含两部分，编码器和解码器，通常由深度神经网络构成，如图 2.1 所示。编码器负责将输入映射为中间的隐式特征表示，解码器负责将其从隐式特征表示重构为输出，通过比较输入与输出之间的差距，以最小化输入数据 $\boldsymbol{x}$ 和输出数据 $\hat{\boldsymbol{x}}$ 之间的误差为目标对编码器和解码器进行优化调整，常见损失函数为均方误差（Mean Squared Error，MSE）损失。中间的隐式特征表示既可以作为数据的低维压缩表示，也可以作为输入数据提取的编码特征；同时，自编码器也可以生成与训练数据相似的新数据，使得模型具有一定的生成能力。因此，自编码器具有特征提取、数据压缩、数据生成等多种能力。由于自编码器对数据噪声可能较为敏感，去噪自编码器（Denoising Autoencoder，DAE）设计了以添加噪声的数据作为输入进行无噪声数据重建的范式，以进一步提升模型的稳健性。

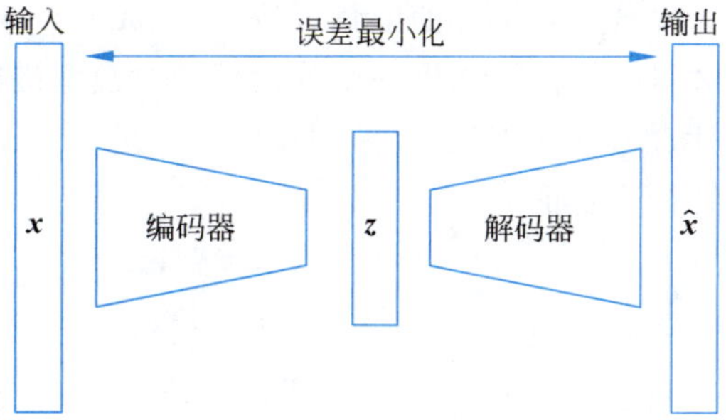

图 2.1 自编码器结构示意图

无监督学习的思想早在深度学习兴起之前的机器学习时代便已经存在，由于早期并没有大量有标注数据集，无监督学习思路被广泛应用。但由于完全没有标注信息，模型能学到的特征表示能力仍旧比较有限；标签信息的缺乏也使得模型准确性的评估量化较为困难。此外，对于一些无监督学习算法，例如 K-Means 算法，其严重依赖于初始条件的选择，这也使得结果的不确定性有所增加。

在经历了基于深度学习的监督学习时代的迅猛发展后，大量有标注数据面临的瓶颈和较大开销，以及部分场景中大量存在的未标注数据[12]使得人们再次聚焦于无监督学习范式。在无监督学习领域，虽然无法直接获取人工标注的外部标签，但研究者们发现数据自身可能蕴含可用于构建标签的内在属性。如何通过挖掘数据特征自动生成有效标签，已成为该领域的重要研究方向。

2.3 从无监督到自监督

2.3.1 自监督学习的思想

以是否存在人工标注进行区分，自监督学习也可以被视作无监督学习的一个分支。在完全没有标注的情况下，数据集被挖掘出来数据之间关系和规律的潜力是有限的。因此，自监督学习仍然需要标注信息作为监督，只不过这个标注信息不再来自人工，而是来自数据本身。自监督学习从监督学习范式依赖外部人工标注的思路转换为从数据内部挖掘监督信息，其监督信号来源于数据内部信息，通常由数据的一部分预测数据的另一部分，数据的各部分之间是存在信息关联的。例如，在自然语言理解任务中，根据语句中的部分单词预测余下的单词；在图像理解中，根据图像的部分区块预测余下的图像区块。自监督学习从数据自身挖掘出的监督信号可以是多样的。早期一些自监督学习范式的相关研究常常也被归为无监督学习的工作中，后续研究者进行了重新分析归类，认为这些无监督学习的工作并不是完全没有监督信号的，只是监督信号来源于数据本身，而不是外部的人工标注[1]。

自监督学习的思想是，设计一个代理任务，由于该任务需要的监督信号不依赖外界的人工标注，因此可以在数据集上训练一个模型来解决该任务。在获得了在该代理任务上训练的模型权重后，模型再次在下游任务上利用监督训练方式进行目标任务的进一步微调学习。自监督学习主要扮演的是模型预训练的角色。由于代理任务的预训练阶段不需要人工标注的数据，那么数据量的扩大带来的成本也将大幅降低，这可以促进更好地利用大量无人工标注的数据进行模型训练；而由于模型已经学习到了一定的表达能力，下游任务的微调就不需要过多的有标注数据，如此可以大幅减少对标注的依赖,降低训练成本。自监督学习范式的流程如图 2.2 所示,先用相对廉价的大量无标注数据以一个代理任务对模型进行预训练,再将该模型迁移到下游任务中微调。通过设计合适的代理任务,模型可以在大量无人工标签的数据上学习,获得具有更强泛化性和稳健性的特征表示能力。

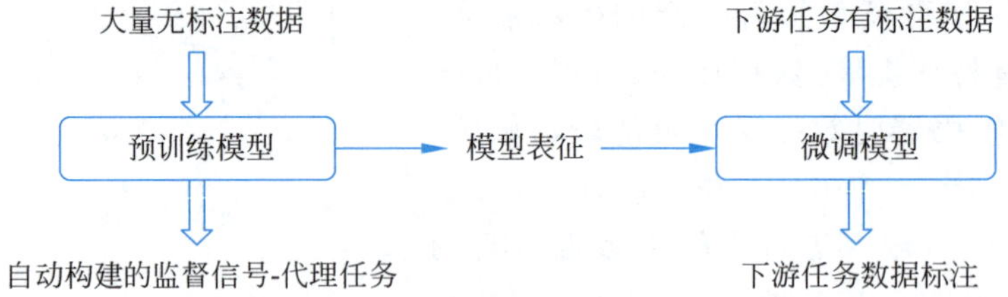

图 2.2 自监督学习范式的流程

自监督学习的范式主要包含对比学习和掩膜学习,对比学习的自监督算法倾向于对输入的不同形式建立相近的特征表示,并以此为自监督信号对模型的编码能力进行学习;掩膜学习范式的自监督算法倾向于对掩码部分在输出空间进行重建,从而对模型的编码能力进行学习。自监督学习的范式率先在自然语言处理领域中获得了成功,例如基于掩膜学习的 BERT[13]、GPT[14] 等模型均表现出了优异的性能,给自然语言处理领域带来了重要的革新。自监督学习能够在自然语言处理中率先取得突破性进展,一方面是自然语言处理领域中天然存在大量未标注的文本数据,类如图书、网站等,这促使研究者更加关注自监督学习的研究以便更好地利用这些潜在的海量数据。另一方面,是由于自然语言处理的信号空间和计算机视觉的计算空间存在区别,前者是离散且结构化的,后者则是连续和非结构化的[1]。自然语言处理在自监督学习范式上获得了更早的突破,它的成功也给计算机视觉领域带来了许多思考和启发。随着 MoCo[15] 和 SimCLR[16] 等基于对比学习(CL)[17] 的自监督学习算法在计算机视觉领域中崭露头角,自监督学习范式也逐渐在计算机视觉领域中拉开了帷幕[18]。尤其是 SimCLR 算法,以自监督学习方式训练的模型性能达到了与监督学习范式的模型性能相近的水平,促进了大量基于对比学习的自监督视觉预训练算法的分析和探究。后续的自监督学习算法 SimMIM[19] 和 MAE[20] 则将掩膜建模(Mask Modeling,MM)的思路成功应用在了视觉领域,进一步提升了多项下游任务的基线性能,对各类下游视觉任务的发展产生了较大影响。无论是对比学习还是掩膜学习的自监督范式,都为大量无标注数据的高效利用提供了有效渠道。

随着自然语言处理和计算机视觉领域中单模态自监督学习的蓬勃发展,自监督学习也开始向多模态数据处理领域进军。人类每天通过各种感官来认识世界,将各个模态的信息(包括视觉、听觉、触觉等)综合成对世界的认知和判断。这些不同模态的信息可能存在着共性和互补性,而将多模态数据间的关联信息作为数据内部监督信号进行自监督学习,也是前沿研究方向之一。例如带有音频的视频片段、带有标题描述的图像或者视频等,这些成对出现的多模态信息可以在不经过再次人工标注处理的情况下被自监督学习范式直接利用。这些不同的模态之间本身就有着一定的相关性,是对同一事件或者场景的不同描述手段,尽管这些数据中可能会存在一些噪声,但是算法会通过数据过滤等策略进一步降低噪声对模型性能的影响。CLIP[21] 算法就是利用从互联网收集的共 4 亿对"文本-图像"数据实现了模型训练,其以配对的文本信息作为图像信息的监督信号,通过最大化匹配图文的特征、最小化不匹配图文的特征表示相似度进行训练,该模型在各类下游任务上展现了较强的零样本迁移能力。随着多模态大语言模型的兴起和发展,自监督学习范式也将在其中发挥重要作用。

2.3.2 自监督学习的代理任务

自监督学习从数据自身挖掘监督信号，为了使得模型从数据中学习到稳健且具有强泛化性的特征表示，需要对应地构造一个代理任务来模拟监督学习的方式。以自然语言处理领域的应用为例，BERT[13]算法使用了掩码语言建模(MLM)作为代理任务，即随机掩盖语句的部分单词，利用剩余的单词预测被掩盖部分的单词。另外BERT算法还采用了下一句预测(NSP)的代理任务，即预测两个句子是不是前后连贯的，将两个句子以[SEP]词元连接在一起，为模型设定一个分类预测位负责预测两个句子的连贯性是真还是假。GPT[14]算法以下一个单词预测(Next Word Prediction，NWP)为代理任务，通过上文的内容预测后面的单词来训练一个自回归模型，从而使模型获得强大的表征能力。在计算机视觉领域中，自监督学习代理任务可以是：图像上色，即对图像的灰度图进行彩色化处理；图像修复，即预测图像的丢失部分；掩码图像建模，即预测被随机掩盖的图像部分像素；掩码特征建模，即预测被随机掩盖的图像部分特征；几何变换；上下文预测；实例判别等[1]。

作为挖掘数据内在监督信号的核心方法，代理任务的设计直接影响自监督学习的效果，不同算法根据所关注的数据属性等因素选择不同的代理任务进行模型训练。无论代理任务是什么，其目标都是使训练后的模型具有较强的特征表示能力，并使得该模型权重迁移至下游任务进行微调后，在下游任务上仍然能够取得良好的性能。至于哪个代理任务更好，并没有明确的答案。在计算机视觉领域，基于实例判别的自监督训练算法性能表现不俗，掩码图像建模的自监督算法以MAE[20]为代表，也同样在计算机视觉任务上获得了出色的预训练效果。对于不同的下游任务，不同代理任务预训练获得的模型的表现也并不一致。

自监督学习之所以能够从这些代理任务中学习到有价值的特征表示，是源于数据本身的固有特性和现实世界的先验知识。以计算机视觉领域的应用为例，现实世界的数据分布有着一定的规律和先验，例如图像上色任务利用了物体类别和物体颜色分布之间的关联、图像修复则是利用了物体类别和形状纹理之间的关联、旋转角度预测任务利用了物体类别和其朝向之间的关联等信息。另外，图像信息在空间上的连续性使得其各部分都有着固定的排列顺序和不同的关联性。由于视频具有的连贯性本质，视频帧有着固定的排列顺序。以上这些都有可能成为代理任务设计的基础。在自然语言处理领域，文本的上下文内容、句子中的各个单词之间都存在关联，这些关联也都可以成为代理任务设计的基础。

2.3.3 自监督学习评估

自监督学习主要是作为模型预训练阶段的学习范式，那么如何衡量模型是否从自监督训练中学习到了有价值的信息就成为了自监督学习的重要问题。下面以计算机视觉任务为例来简要介绍自监督学习模型的评估方式。

在计算机视觉领域中，由于图像分类一直是计算机视觉最基础的任务，因此计算机视觉自监督模型主要在图像分类任务上进行评估。评估方式包括K近邻(KNN)评估、线性评估(Linear Probing)和完全/部分微调(Full/ Partial Finetuning)评估等[22]。

1. KNN

KNN分类器通过邻居数据的标签确定该数据点的标签。模型首先对训练集的所有数据提取特征，获得特征集合 $\boldsymbol{X}$，为了对一幅特定的新图像进行分类，可以提取该图像的特征表示 $\boldsymbol{x}$，检索它在训练集的 K 个最近邻。K 个最近邻是指训练集特征 $\boldsymbol{X}$ 与 $\boldsymbol{x}$ 具有最高余弦相似度的 K 个向量。最基本的方法是采用多数投票策略：该待分类数据的每个邻居为该邻居对应的标签投1票，最后选择得票数最多的标签作为该数据的标签[22]。更复杂的策略是采用加权投票策略，每个邻居的投票权重不再是1，而是该邻居 z 与数据 x 的度量结果 $f(z'x)$。例如，基于对比学习的自监督算法 DINO[23] 在进行 KNN 评估时就是采用 $e^{z'x/\tau}$ 作为权重，其中 τ 为调节系数。这样设计能考虑到不平衡的训练数据样本带来的影响，从而给出更加准确的判别结果。KNN 评估方式的优势是既不依赖大量超参数，又能够快速部署实现。

2. 线性评估

冻结预训练好的模型的特征提取部分，在其后面添加一个可训练的线性分类器，这种评估方式称为线性评估方式。该方式也是自监督学习算法最常用的一种评估方式。这种方式的性能直接体现模型的特征提取能力的强弱，有着较高的准确率；而且这种方式模仿了自监督预训练模型在实际中迁移使用的方式，且成本较低，因此深受欢迎[22]。一般来说，在冻结了预训练好的模型的特征提取部分后，只需要对后面添加的线性分类层训练少量的轮次就可以获得用于评估的模型。线性评估的方式虽然只是对其适配下游任务的一种近似，但是其既能够较好地反映模型的特征表示能力，又能够节省评估时间和资源。

3. 完全/部分微调

在计算机视觉自监督学习算法 MAE[20] 中，部分微调的评估方式被作为主要的评估方式。MAE 算法的实验发现，线性评估方式和微调方式的结果很大程度上是不相关的，且线性评估方式无法展现非线性特征的强大优势。然而，下游任务的完全微调评估对于计算资源和计算时间都是有较大消耗的。所以作为折中，MAE 算法提出了一种部分微调的评估策略，只微调最后几层网络结构，冻结剩余的网络部分。

除了在图像分类任务上进行评估，计算机视觉自监督学习算法也需要有较强的下游任务迁移能力，因此需要密集预测的下游任务，如目标检测、语义分割等，也会被作为自监督学习模型评估的一部分。在其他下游任务的评测上，往往需要使用对应任务的数据集在预训练模型的基础上进行完全微调。通过强大的自监督训练模型可以学习到具有强泛化能力的特征表示，从而在不同迁移任务上展现出优异性能。

2.3.4 自监督学习的应用场景

自监督学习在多个方面展现出了其优势。一方面，自监督学习显著降低了数据标注成本，由于能够利用大规模的未标注数据进行模型训练，模型学习不再受限于大规模人工标注，节省了大量的人力、时间等资源成本。另一方面，模型通过设计的代理任务进行学习，不再局限于有限有标注数据集的分布和先验，学习到的特征表示能力可能具有在多个下游任务上的泛化性。研究表明，自监督学习方法可以让模型在对抗性示例、标签损坏和输入扰动等复杂情况下，对数据进行稳健表征[22]。

当前，自监督学习多应用于文本数据[14]和 2D 图像数据[24]上，但对 3D 数据[25,26]、图数据[27-29]、时间序列[30]、语音[31,32]等数据的自监督学习研究也有着广阔的空间。不同类型的数据对于特定的知识领域有着重要的作用。例如，3D 数据相较于 2D 图像数据包含了更丰富的空间信息，在自动驾驶等领域有着广泛的应用，但数据标注的成本较高。图数据则广泛存在于社交网络、知识图谱、生物网络中，常常存在数据标注困难和高成本等问题，与自监督学习的结合则有望进一步挖掘相关数据的表征潜力。此外，自监督学习在诸如医疗影像[33-36]、遥感图像[37]、工业缺陷检测[38]、推荐系统[39,40]等场景，以及自然科学[41]等领域中也具有很大潜力。例如，由于医疗影像数据的标注专业度较高，自监督学习能够挖掘更多未标注的数据信息，促进模型在此类场景下的应用发展。在深度图像、雷达光学等数据与可见光数据结合的多模态学习场景中，自监督学习也有应用潜力[42,43]。

本节对自监督学习的核心思路、代理任务和评估方式进行了简单的讨论。接下来将重点讨论自监督学习中的两个大类：对比学习和掩膜学习。后面将对自然语言处理和计算机视觉领域中自监督学习算法的不同设计思路和典型工作进行简单的讨论。

2.4 对比学习

对比学习的思路可以追溯到2000年左右的相关研究工作，基于此思路的自监督学习在2018年左右逐渐受到了较多关注[1]，例如Deep Cluster[44]、InstDist[45]和CPC[46]等工作。2020年左右，谷歌团队和原Facebook AI团队分别提出了计算机视觉领域基于对比学习的自监督工作SimCLR[16]和MoCo[15]。SimCLR[16]将自监督学习的性能追平了监督学习的性能，使得对比学习受到了广泛的研究和关注，这是自监督学习的重要的发展节点。

在模型设计上，MoCo[15]算法提出了动量对比的思路，引入动量更新的编码器，配合存储负样本特征的队列，以节省计算存储资源的方式扩充可利用负样本的容量；SimCLR[16]算法在骨干网络后引入了一个非线性的转换层用作特征映射以提升学习表示质量，并探究了不同种类的数据增强对于对比学习的影响，进而采用更优的数据增强组合，有效实现了自监督学习性能的突破。随后，MoCo和SimCLR算法系列的新版本吸纳了其他算法的有效设计，并对模型的骨干网络等进行了更充分的探索，进一步提升了算法性能，也为后续计算机视觉自监督学习的进一步研究和探索提供了良好的基础和方向。

此后，大量优秀的对比学习算法涌现，从不同角度对现有方法进行改进。例如SwAV[47]算法，通过引入聚类的思想，降低了大量实例特征对比计算的复杂度，聚类所包含的明确语义信息也使得负样本的概念更加合理；BYOL[48]算法和SimSiam[49]算法则不再显式引入负样本，以更简洁的方式实现对比学习而不产生模型坍塌现象；DINO[23]算法将对比学习构建为一个自蒸馏框架，并探究了视觉Transformer(ViT)[50]模型与自监督学习结合所产生的特异性质。CLIP[21]算法则将自监督学习的模式从单模态推向了多模态，在从互联网上获取的大量"图像-文本"对数据上进行对比学习训练。本节将通过讨论几个经典对比学习算法，简要地梳理对比学习的发展脉络。

2.4.1 计算机视觉对比学习 SimCLR 和 MoCo

1. SimCLR

SimCLR[16]算法框图如图2.3所示，该自监督预训练算法的模型性能在ImageNet[51]数据集上达到了76.5%的Top-1准确率，较之前最好的自监督训练算法提升了7%，能够媲美监督训练模型的性能。该算法认为，像素层级的生成式自监督模式计算非常昂贵，且可能不是特征表示学习所必要的，即一个良好的特征表示，未必需要通过对图像所有低层次细节的重建来完成，因而该算法采用了判别式的对比学习框架来完成自监督学习。

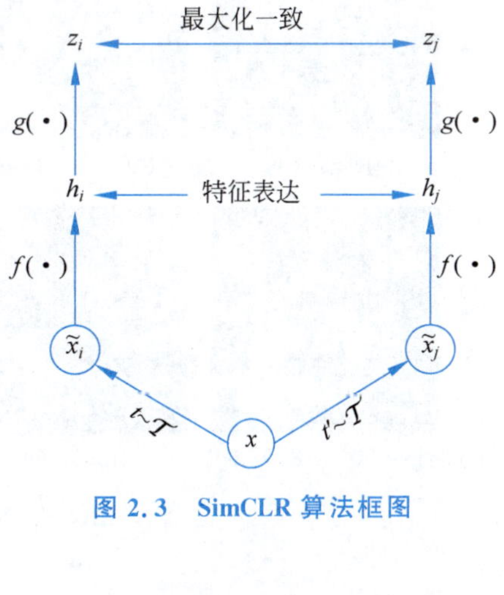

图2.3 SimCLR算法框图

为了理解获得良好的对比学习特征表示的主要成因，文献[16]对于对比学习框架的主要组成部分进行了系统研究，并得出四个重要结论。

(1) 多种数据增强的组合对于定义对比预测任务是至关重要的，且对比学习相比监督学习而言，可以从更强的数据增强中获益。

(2) 在特征表示和对比损失之间引入一个可学习的非线性转换层可以显著提升学习到的特征表示的质量。

(3) 基于对比交叉熵损失的特征表示学习能够从归一化的特征表示和适度调节的温度系数中获益。

(4) 对比学习可以从更长的训练和更大的训练批次容量(Batch Size)中获益，也能从更深更宽的网络结构中获益。

基于以上发现，文献[16]设计了 SimCLR 算法，主要思路如下。

基于对比学习思路的自监督训练，期望模型能够通过对比学习的方法学会如何分辨相似目标和不相似目标。对于相似目标，其特征表示的距离应该相近；对于不相似的目标，其特征表示的距离应该较远。由于在自监督学习中不存在人工标注，图像的类别等信息无从得知，SimCLR 算法从不同视图的角度设计代理任务进行对比学习训练。即同一幅图像，在经过不同的数据增强变换，如旋转、模糊、裁剪等之后，其所蕴含的仍然是相似的语义信息，其特征表示应该相近，为正样本对；而不同的图像则包含差异较大的语义信息，其特征表示应该相距较远，为负样本对。

对于任意一幅图像 $\boldsymbol{x}$，经过随机的数据增强模块可以获得同一样本的两个相关视图，它们构成一组正样本对。文中对不同数据增强的效果进行了充分研究，研究的不同数据增强方法如图 2.4 所示，包括了裁剪、缩放、翻转、色彩失真、旋转、高斯噪声、高斯模糊等数据增强方法。根据实验分析，文中仅使用了随机裁剪、随机色彩失真和随机高斯模糊 3 种数据增强。数据增强后的两个视图会输入共享的编码器网络中，再通过一个共享的映射层 f(即非线性转换层)得到特征表示。对于每组包含了正样本对的数据，对比预测的任务是，给定其中一个视图样本后，模型能够在包含负样本的一组数据中识别出对应的正样本视图。在该工作中，损失函数使用了归一化温度标度交叉熵(Normalized Temperature-scaled Cross Entropy)。以一个大小为 N 的训练批次容量为例，N 幅图像中的每张通过数据增强生成两个视图，则其中正样本对特征 $\boldsymbol{z}_i,\boldsymbol{z}_j$ 的损失为

$$\ell_{i,j}=-\log\frac{\exp(\mathrm{sim}(\boldsymbol{z}_i,\boldsymbol{z}_j)/\tau)}{\sum_{k=1}^{2N}1_{[k\neq i]}\exp(\mathrm{sim}(\boldsymbol{z}_i,\boldsymbol{z}_k)/\tau)} \tag{2.2}$$

其中，$\mathrm{sim}(\boldsymbol{z}_i,\boldsymbol{z}_j)=\boldsymbol{z}_i'\boldsymbol{z}_j/\|\boldsymbol{z}_i\|\|\boldsymbol{z}_j\|$ 为余弦相似度，τ 为可调节的温度系数。

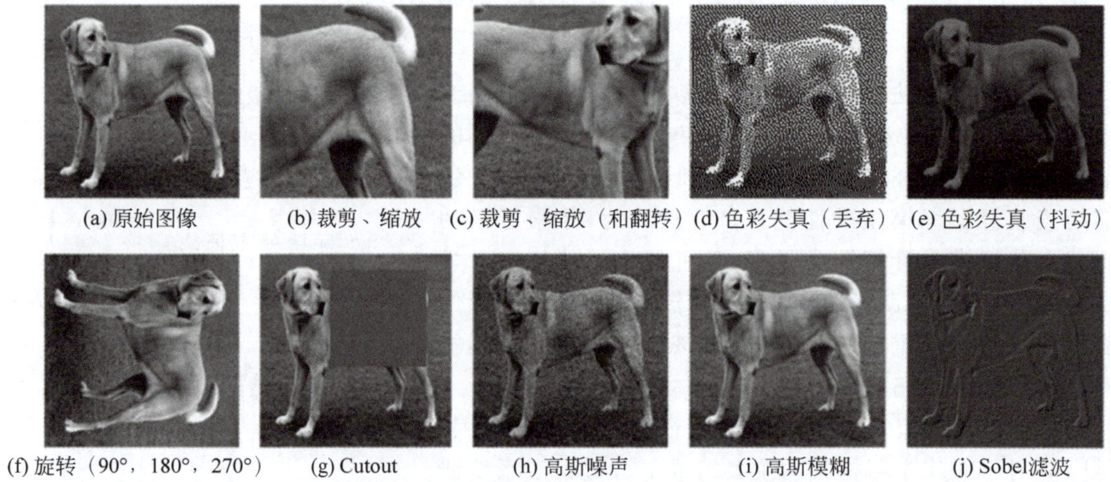

图 2.4 SimCLR 研究的不同数据增强方法[16]

为了简化模型，SimCLR 算法没有采用记忆存储（Memory Bank）机制，而是采用了大训练批次容量的方式。在 SimCLR V1 版本中，编码器使用的依然是 ResNet[52] 卷积网络结构，而随后的 SimCLR V2 版本中使用了更深的非线性转换层和更大的编码器网络，模型性能也获得了进一步的提升。

2. MoCo

MoCo[15] 是与 SimCLR[16] 同时期的自监督对比学习训练范式的工作。鉴于对比学习的核心思想，即拉近正样本对在特征表示空间的距离，拉远负样本对在特征表示空间的距离，最直观的操作思路是给定一个查询样本 $\boldsymbol{q}$，选择一个正样本 $\boldsymbol{k}_+$ 和一组负样本 $\{\boldsymbol{k}_0, \boldsymbol{k}_1, \boldsymbol{k}_2, \cdots\}$，通过损失函数来拉近正样本对的特征表示距离并推远负样本对的特征表示空间距离，如图 2.5(a)所示。

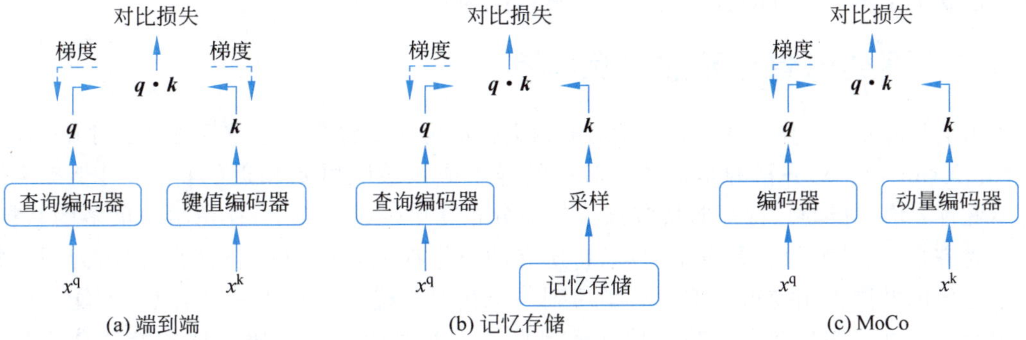

图 2.5 三种对比学习机制的比较[15]

这种端到端的训练方式类似字典查询任务，样本 $\boldsymbol{q}$ 为查询对象（query），其他样本 $\boldsymbol{k}$ 为字典中的键值（key），$\boldsymbol{q}$ 由查询编码器编码获得，$\boldsymbol{k}$ 由键值编码器编码获得，采用 InfoNCE 损失函数即可实现对比学习：

$$L_{\mathrm{q}} = -\log \frac{\exp(\boldsymbol{q} \cdot \boldsymbol{k}_+ / \tau)}{\sum_{i=0}^{K} \exp(\boldsymbol{q} \cdot \boldsymbol{k}_i / \tau)} \tag{2.3}$$

其中，τ 为温度系数。这里负样本的规模就是训练批次容量，也就是这个字典的大小。一般而言，字典的规模越大越好，即往往需要更多的负样本才能获得更好的效果。然而，这样会导致训练的批次容量需要非常大才能获得较好的性能，这对算力的要求就大幅提升了。

如果负样本的规模受到算力约束，那是否可以在一个较大的记忆存储模块中存储一个较大的字典呢？如图 2.5(b)所示，在记忆存储模块中存储所有样本的特征表示，每次采样其中一部分负样本，由于不需要额外的键值编码器进行反向传播，只需要更新查询编码器的参数并更新采样的负样本特征表示，这样可以支持较大的记忆存储容量。然而，由于查询编码器不断更新，每次采样的负样本有限，因此，某一次正样本 $\boldsymbol{q}$ 所需要对比的被采样负样本的特征表示，可能已经是很多迭代次数之前的查询编码器提取得到的，并且这些负样本特征表示彼此也可能是由相隔较远的不同迭代次数的查询编码器提取得到的，这样会失去比较的一致性。因此，尽管我们希望这个字典在训练过程中不断进化更新，但字典中的键值应该使用相同或相似的查询编码器，以保持与查询对象对比的一致，所以图 2.5(b)中采取的对比学习方式也存在一定弊端。

为此，MoCo 算法提出了动量对比（Momentum Contrast）的方案，提供一个大型且一致的字典，如图 2.5(c)所示。MoCo 算法使用一个队列来存储和采样负样本，队列中动态存储临近训练批次的特征向量，而更早的训练批次的特征向量则被更新的特征向量替换掉。队列容量可以远大于每个训练批次的容量。文中设定队列的大小为65536,同时队列中的键值使用动量编码器进行编码;由于动量编码器缓慢地滑动更新,不仅保证了队列随着训练进行而不断更新迭代,也保证了不同训练批次的编码器差异较小(即队列中键值之间的编码差异较小),因此在负样本与查询对象比较时确保有较好的一致性。动量更新方式为

$$\theta_{\mathrm{k}} \leftarrow m\theta_{\mathrm{k}} + (1-m)\theta_{\mathrm{q}} \tag{2.4}$$

其中,θ_{k} 为键值编码器的参数,θ_{q} 为查询编码器的参数,$m=0.999$。

在 MoCo 算法中,编码器使用的是 ResNet 卷积网络结构。随后 MoCo V2 版本又在初始版本的基础上参考 SimCLR 算法的有效策略添加了映射层,并且使用了更多的数据增强和训练轮次,将模型性能进一步提升。MoCo V3 版本则进一步探索了以 ViT 作为骨干网络的自监督训练模式。动量更新的思路在后续的许多对比学习算法中均有所沿用。

2.4.2 聚类思想与无显式负样本

在对比学习的分析工作[53]中,对比学习的损失被认为应该包含两个重要性质:对齐(alignment)和均匀(uniformity)。对齐指的是正样本对中的样本应该被映射到相近的特征,对于噪声因素应该具有不变性;均匀指的是特征向量应该均匀地分布在单位超球面上,保留尽可能多的数据信息。如果仅有对齐性,则模型很容易发生坍塌,将所有的数据都映射到同一个点上,输出为一个常数向量。两个性质的共同作用使得模型最后学习到一个相对较优的特征表示,实现尽可能保留样本映射的均匀性特质并对齐相似样本映射特征的目标。一些对比学习方法从样本特征计算和显式负样本对必要性的角度入手进行改进,在简化设计的同时,提升对比学习任务中模型的表征能力。其中,基于聚类的方法通过分组,使组内对象彼此相似而组间对象差异较大,能够提供对于实例判别问题的近似损失计算,促进语义特征学习并减轻计算资源负担;无显式负样本的思路则是在训练过程中不直接提供负样本,降低计算和内存成本的同时通过模型设计等避免模型表征坍塌。

1. 基于聚类思想的计算机视觉对比学习

SimCLR[16]和 MoCo[15]算法都将注意力集中在如何高效地利用更多负样本,本质还是在使用实例判别的思路,直接用每个训练轮次中采样的图像特征表示进行比较。这种思路有两个核心模块:对比损失和数据增强。对比损失使得模型不需要数据的类别标签就可以实现数据特征表示的比较,数据增强操作则定义了特征表示的不变性。SwAV[47]算法从目标函数和数据增强的角度出发引入聚类思想提出进一步的改进。

首先,对比学习算法利用对比损失显式地比较图像特征表示,拉近正样本对的特征表示距离,推远负样本对的特征表示距离。在一个大数据集上计算如此多的图像特征表示并进行比较面临着非常高的计算量负荷。SwAV[47]算法引入了聚类的思想来解决这个问题。基于在线学习的聚类算法强制同一图像的不同视图的聚类分配保持一致。具体而言,算法通过图像的一个增强视图去预测另一个增强视图的聚类分配,这种方式可以减小对比的计算量,算法可以适配不同的训练批次大小,不需要额外的大规模记忆存储机制或者动量编码机制。

在数据增强角度,SwAV[47]也提出了一种新的数据增强方法——Multi-crop,不同于之前的方法将一幅图像随机裁剪两次获得一对正样本,SwAV 使用较小尺寸的图像来增加视图数量,这样不会在训练过程中显著增加内存和计算需求。SwAV 经过 6 次裁剪:2 次标准分辨率裁剪的视图负责提取全局特征,另外 4 次仅包含部分图像的低分辨率裁剪的视图负责提取局部特征。文献[47]中观察到这种操作可以显著地提升性能。Multi-crop 的数据增强方案也被后续许多对比学习算法沿用。

2. 无显式负样本的计算机视觉对比学习

对比学习通过拉近同一图像的不同数据增大视图(正样本对)的特征表示之间的距离,并增加不同图像的数据增强视图(负样本对)的特征表示的距离。这些方法需要显式地处理负样本信息,依赖于较大训练批次容量或者记忆存储机制等来存储和提供更多负样本,而负样本对是对比学习中防止模型坍塌的一个重要约束手段。失去负样本对约束,模型学习目标将退化为仅最大化正样本对的相似度,这容易使得模型学习到“捷径”,即为所有的图像生成相同特征表示来达到正样本对的高相似性。所以模型受限于负样本对约束且难以摆脱对于显式利用负样本对的依赖。BYOL[48]和 SimSiam[49]算法则试图突破该依赖,通过其他手段来防止对比学习模型的坍塌。

1) BYOL 算法

BYOL[48]算法提出了一种不需要负样本的对比学习算法,采用后端添加预测模块形成不对称结构和对编码器网络参数进行动量更新等设计对模型加以约束。该算法对于图像的数据增强方式选择更加稳健。BYOL 算法采用两个神经网络,一个为在线分支,一个为目标分支,其中,在线分支就是模型需要学习特征表示的部分,两个分支彼此学习。给定一幅图像的一个数据增强视图,BYOL 训练模型的在线分支预测同一幅图像的另一个增强视图通过目标分支获得的特征表示,相当于用同一幅图像的一个增强视图预测另一个增强视图的特征表示。目标分支并不回传梯度,其根据在线分支的参数以指数移动平均(Exponential Moving Average,EMA)的方式进行更新。模型的目标分支包含特征提取部分和一个映射层,在线分支除了特征提取部分和映射层,还额外包含一个由多层感知器构成的预测层。

尽管没有对负样本进行显式利用,BYOL 模型并没有出现训练坍塌。这可能是由于该模型在对目标分支采用指数移动平均的动量更新方式进行参数更新的同时,采用了不对称的模型结构。BYOL 算法能够通过网络结构和模型参数更新的设计,既巧妙避开了使用负样本带来的计算难题,又解决了失去约束导致模型坍塌的困境,这给对比学习研究带来了新的启发。

2) SimSiam[49]算法

对比学习通常都涉及某种形式的孪生网络。孪生网络是应用在两个或多个输入上的权重共享的神经网络,天然地擅长对多个目标进行比较,但是它容易发生模型坍塌,即对所有输入都输出相同的特征表示。SimSiam 与 BYOL 有着相似之处,但是 SimSiam 算法试图寻求更简单的方法防止模型坍塌,即通过停止一个编码器分支的梯度回传操作防止模型训练坍塌到常数解。

SimSiam 算法去除了动量更新机制,采用共享的编码器网络,直接最大化同一幅图像的两个视图的特征表示距离来实现特征学习。同一幅图像的两个增强视图经过同一个编码器网络进行编码,其中一个增强视图经过编码器网络后再经过一个由多层感知器构成的预测器,最大化相似度的损失函数只通过该增强视图的操作分支回传梯度,在构建损失函数时,采用对两个增强视图交替优化的方式来隐式地优化模型,使其学习到具有判别力的特征表示,有效避免了模型坍塌。

2.4.3 计算机视觉 Transformer 与对比学习

1. DINO[23]算法

前面讨论的大部分对比学习算法都是基于卷积网络作为骨干网络的。在自然语言处理领域,Transformer 架构与自监督学习的结合取得了较大的成功,DINO 算法希望探究自监督预训练对于 ViT 模型特征表示的影响。

参考自然语言处理领域,Transformer 架构的一个重要成功因素是应用了自监督预训练(例如 BERT[13]、GPT[14]算法等),这些自监督预训练通过构建代理任务,获得了比“为每个句子预测一个标签”的监督目标更丰富的学习信号。在计算机视觉领域中，通过将自监督预训练与 ViT 模型进行结合，DINO 算法发现了两个在监督学习和卷积网络条件下都没有出现的现象。

(1) 自监督学习获得的 ViT 特征表示显式地包含了场景布局和物体边界信息。ViT 模型的自注意力可视化[23]如图 2.6 所示，通过最后一层类别词元(Token)的自注意力可视化显示，模型自动学习到了具有类别特性的特征表示。

图 2.6 ViT 模型的自注意力可视化[23]

(2) 自监督学习获得的 ViT 特征表示仅用最近邻分类器就可以在 ImageNet 上获得 78.3%的 Top-1 准确度。但是这个现象只有在结合动量编码器或 Multi-crop 数据增强[47]时才会出现。

DINO 算法设计了一种简单的无标签知识蒸馏的自监督框架，算法框图如图 2.7 所示。

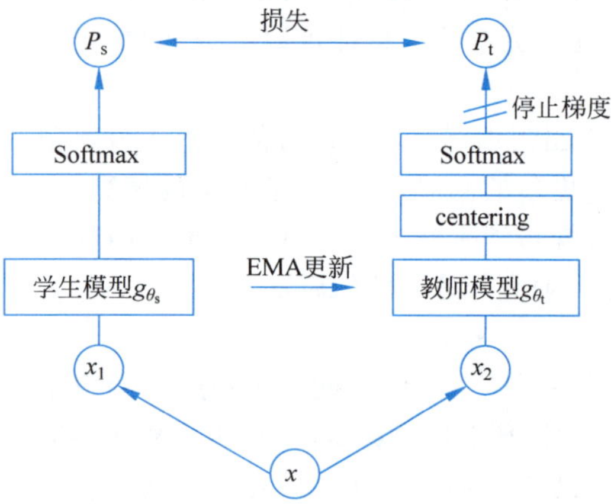

图 2.7 DINO 算法框图[23]

给定一幅图像 x，其经过两次不同的数据增强获得视图 x_1 和 x_2，x_1 和 x_2 分别经过学生模型 g_{θ_s} 和教师模型 g_{θ_t} 获得特征表示，这两个模型结构相同但参数不共享。教师模型的参数由学生模型的参数进行动量更新。教师模型的输出 $g_t(x)$会根据整个训练批次(Batch)计算出的平均值 c 作 centering 操作，同时变量 c 也进行动量更新。学生模型和教师模型经过 Softmax 操作后分别得到 K 维度的概率分布 P_s 和 P_t，Softmax 操作添加温度系数 $\tau>0$，控制分布的 sharpening 操作。对教师模型的输出进行 centering 和 sharpening 操作就可以有效地避免模型坍塌。根据模型的训练目标，使用最小化交叉熵损失函数来匹配学生模型和教师模型的输出分布：$\min_{\theta_s} -P_t(x)\log P_s(x)$。该自监督训练范式不仅可以应用于 ViT 模型，也可以用于卷积网络模型，但与 ViT 模型结合展现出了一定的“无监督语义分割”能力。

2. DINOv2[54] 算法

DINOv2 提出于 2023 年，研究者进一步发现，如果在大量的精选数据上进行预训练，自监督学习具有学习到通用视觉特征表示的潜力。DINOv2 算法受到自然语言处理领域的启发，建立了一个自动数据管道，用于从大量未经整理的图像中过滤和重新平衡数据集。数据集的图源包含公开数据集和网络数据集，其中，网络数据集经过多步清洗。所有图像在计算获得嵌入(Embedding)后，经过去重和自监督图像检索，最终获得经过整理的数据集 LVD-142M，共包含 1.42 亿幅图像。

该算法在使用交叉熵损失函数比较学生模型和教师模型的特征表示进行对比学习的同时，还融合了部分掩膜学习的范式构成联合自监督。DINOv2 算法与不同规模的 ViT 模型结合，作为特征提取器，在无须微调的条件下就能在多个下游任务上取得优异的结果。

2.4.4 多模态对比学习

1. 多模态对比学习——CLIP 算法

无论是从聚类判别还是实例判别的角度去构建代理任务，都是从 2D 的图像数据内部挖掘无标注数据集中的监督信号，属于单模态自监督方案。在现实世界中，同一件物体或者同一个事件，是可以用不同模态进行描述和表达的。例如描述“苹果”这个对象，可以用“苹果”或者“apple”等语言文本，也可以用一幅苹果的图像。无论是苹果图像的特征表示，还是语言文本的特征表示，描述的目标都是一致的，因此特征表示的相似度应该是较高的。CLIP[21]算法的核心思想就是使用大量的“文本-图像”对数据来对模型进行多模态预训练，从自然语言中包含的监督信号来学习模型的表征能力。CLIP 算法通过从网络上收集的 4 亿个“文本-图像”对，以图文对比学习的方式进行训练，充分地挖掘了海量非人工标注数据集的潜力，使得模型达到了非常好的泛化性和稳健性。

CLIP 模型的预训练和零样本推理流程如图 2.8 所示。模型包括一个文本编码器和一个图像编码器，文本编码器采用 Transformer 架构，而图像编码器可以是卷积网络结构，也可以是计算机视觉 Transformer 架构。在训练阶段，代理任务设置为预测文本信息和哪一个图像信息更加匹配。通过计算不同文本特征表示和图像特征表示的相似度，构成相似度矩阵，模型的训练目标是最大化文本和图像正样本对的相似度，最小化文本和图像负样本对的相似度，用对称的交叉熵损失函数进行损失计算。在推理阶段，模型可以执行零样本推理，例如可以将分类问题转换为图文匹配问题。具体而言，可以利用类别信息构造一句文本描述，如“A photo of a {label}”，图像特征表示通过与不同类别构成的文本描述所提取的文本特征表示进行相似度对比，选择相似度最高的判定为对该图像的预测类别。CLIP 模型可基于文本提示实现零样本图像分类，打破了传统分类模型依赖固定类别标签的限制，有效扩展了多模态模型的应用场景。

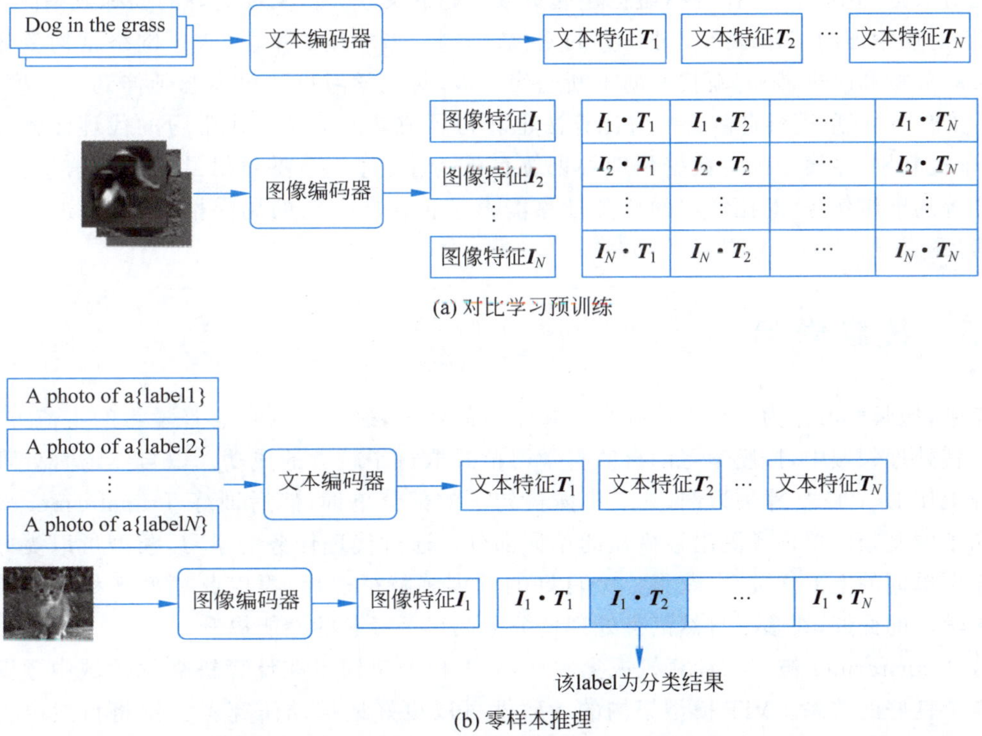

图 2.8 CLIP 模型的预训练和零样本推理流程

CLIP 算法在下游任务上展现了较强的零样本迁移能力。一般而言,零样本学习指学习在未见物体类别上进行图像分类的泛化能力,也可以扩充到未见过的数据集上。CLIP 算法经过预训练,可以预测图像和文本片段在其数据集中是否配对在一起,对于每个数据集,可以使用数据集中所有类的名称作为潜在的文本配对候选集,并根据 CLIP 算法预测最可能的"图像-文本"对。CLIP 零样本分类模型能够在包括 ImageNet 在内的 16 个数据集上优于基于 ResNet-50 特征表示的全监督线性分类器性能。同时,不论图像编码器结构是采用 ResNet 还是 ViT,CLIP 模型均表现出了优异的性能。此外,CLIP 模型还展现出对数据集中的自然分布偏移的稳健性,这也表明了 CLIP 模型具有强大的表征能力。

总而言之,CLIP 算法通过对比学习联合训练图像编码器与文本编码器,将两者映射到统一语义空间,成为连接视觉与语言的基础模型。其证明了大规模自监督多模态预训练的可行性,是自监督学习在多模态领域发展的重要节点。之后多个任务领域出现了大量基于 CLIP 模型的迁移应用和改进分析等研究工作。

2. 对比学习在多模态领域的发展

CLIP 算法的思路不仅给自监督预训练模型带来了性能上的显著提升,同时也促进了多模态自监督预训练领域的发展。CLIP 模型的架构不仅启发了后续的多种多模态模型,其强大的表征能力也使其成为了许多多模态信息处理算法的核心组件。在许多"视觉-语言"多模态工作中,对比学习被用于"视觉-文本"模态的对齐等工作,对多模态特征融合等应用起到了重要作用。在"视觉-语言"多模态算法 ALBEF[55]中,采用文本和图像对比学习的思路实现视觉信息和语言信息在融合之前的对齐,实现最大化信息交互。CoCa[56]算法将对比学习和字幕生成任务结合,获得了一个强大的预训练模型以迁移至下游任务中。此外,多模态对比学习能够将不同模态的输入编码到一个语义对齐的共享空间中,即便如 3D"点云-文本"匹配对这样不充足的数据,也可以使用具有大量高质量配对数据的中间模态作为枢纽构建起更多模态的关联[57],实现更好的训练效果。

综上,对比学习的工作围绕代理任务的变化、抑制模型坍塌的手段、骨干网络结构变化等切入点进行实验分析和改进,随着新技术的不断迭代升级,对比学习也从单模态延伸到了多模态领域,以"文本-图像"对信息进行自监督的对比算法也获得了成功。但是对比学习的代理任务主要以实例判别、聚类判别、多模态配对数据判别等训练目标为主,对于需要回归目标位置信息、预测像素级别信息等的下游任务,对比学习的任务迁移能力是否存在一定的局限性,还需要进一步研究分析和探索。

2.5 掩膜学习

近年来,掩膜学习作为一种生成式自监督学习的代表,逐渐成为自监督学习的主流方法之一。在自然语言处理领域中,掩膜学习的自监督学习范式取得了较大的成功。以自然语言处理领域中的里程碑工作 BERT[13]算法为例,其随机掩盖句子的部分单词,然后训练 Transformer 架构的模型通过句子中剩余的单词预测出被掩盖的单词部分。通过代理任务的学习,模型可以更好地捕获语句中各个单词的上下文关系,获得一个良好的预训练特征表示,再以此模型迁移到下游任务上进行监督学习的微调,在多个自然语言处理任务上获得了显著的性能提升。

随着 Transformer 被引入计算机视觉领域,ViT 模型架构也在计算机视觉领域中逐渐受到关注并取得了良好的效果。ViT 模型架构的一致性可以更好地推动研究者尝试将自然语言处理中的掩码学习的思想迁移到图像领域。BEiT[58]算法是成功建模掩码图像并将其应用到计算机视觉领域的先驱工作之一，然而 BEiT 算法并不是直接预测图像的像素，而是去预测由图像生成的离散视觉标记（Tokens）。BEiT 算法使用了 DALL-E[59] 算法的离散变分自编码器（discrete Variational Autoencoder，dVAE）作为图像分词器（Image Tokenizer），但这个分词器需要在训练目标模型之前进行额外的离线训练。iBOT[60] 算法则使用一个在线训练的图像分词器替代了 BEiT 算法所需的离线训练的图像分词器。

与构造图像分词器的思路不同，SimMIM[19] 算法摆脱了 BEiT 算法对图像分词器的需求，模型直接回归预测输入图像块的像素。MAE[20] 算法采用了和 SimMIM[19] 算法类似的思路，为了避免图像信息高冗余度的影响，设置了 75% 的高掩码率，结构上设计了一个非对称的编码器-解码器结构，将特征编码和解码预测任务部分解耦，解码器部分仅处理未被掩盖的图像块部分，大幅节省了计算量和预训练时间，方便该训练策略进一步向更大的模型结构扩展，提升预训练模型的性能。该类视觉自监督模型结构简单，性能良好，对各类下游任务产生了积极影响，也由此衍生了一批聚焦掩膜学习自监督范式的计算机视觉领域工作。

在基于掩膜学习中，不同的算法针对数据特点设计不同的重建目标，重建目标包含了词元、图像像素、离散变分自编码器等作为图像分词器获得的图像词元等，并随之设计不同的代理任务损失计算方式。本节将以掩膜学习的设计思想和演变发展为核心，对部分自然语言处理领域和计算机视觉领域中的经典掩膜学习工作进行讨论。

2.5.1　自监督预训练语言模型

1. GPT 算法

生成式预训练转换器（Generative Pre-trained Transformer，GPT）算法是由 OpenAI 提出的预训练大语言模型，GPT-1[14] 模型诞生于 2018 年，该系列模型可以在复杂的自然语言处理任务上取得惊艳的效果，收获了研究领域内外的大量关注。GPT 算法的目标是学习一种通用的文本特征表示，使之可以迁移到各式各样的下游任务中。

GPT-1 为第一代 GPT 模型，采用两阶段训练策略。第一阶段中，GPT-1 模型采用自监督预训练，在未标注的数据上使用一个代理任务来学习模型的初始参数，这一步骤的预训练可以使用海量的无人工标注数据；第二阶段中，GPT-1 模型采用监督微调过程，使用相应的监督信号对第一阶段的预训练模型在目标任务上进行微调。

在第一阶段的自监督预训练过程中，模型架构采用自回归模型，并以下一个单词预测为代理任务进行学习。给定语料库中一段无标记的词元 $U=\{u_1,u_2,\cdots,u_n\}$，使用标准语言建模目标来最大化式(2.5)。

$$L_1(U)=\sum_i \log P(u_i \mid u_{i-k},\cdots,u_{i-1};\theta) \tag{2.5}$$

式中，k 是上下文窗口的大小，条件概率 P 是由网络参数 θ 来建模的。式(2.5)的本质是让模型看到前面 k 个词，然后通过前面的 k 个词来预测下一个词，再根据真实的下一个词来计算预测误差。GPT 算法的模型架构采用的是 Transformer 架构的解码器，共 12 层。具体的模型结构如图 2.9 所示。模型对输入上下文词元进行掩码多头自注意力操作和前馈网络层操作生成目标词元的输出分布。

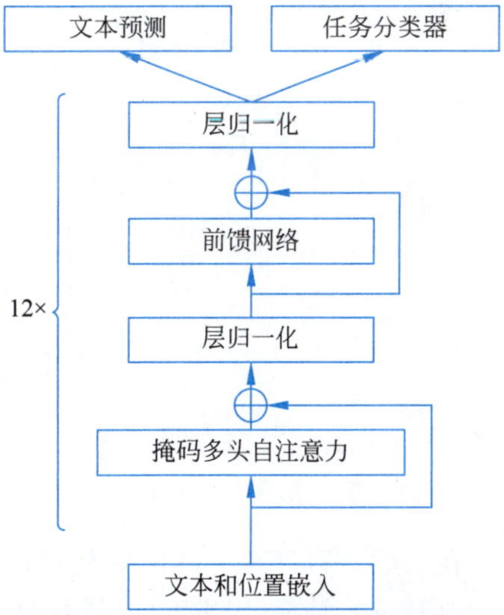

图 2.9　GPT 算法的模型结构[14]

另外，在第二阶段中，为了提升监督训练模型的泛化性和加速收敛，也采用了第一阶段自监督训练的目标函数作为辅助目标函数共同训练。

GPT-2 模型则在细节上进行了改进，并展现出了强大的零样本任务迁移能力。GPT-3 模型进一步扩大了模型参数量，并使用更高质量的清洗后的 Common Crawl 数据集进行训练，还将已有的高质量语料数据集添加到训练中，以增强 Common Crawl 数据集并提升其多样性，包括 WebText 数据集、Books1、Books2 和英文维基百科（Wikipedia）等。随后，OpenAI 又在 2022—2025 年陆续发布了 ChatGPT、GPT-4、GPT-4V、GPT-4o 和 GPT-4.5 等模型，进一步扩充了 GPT 算法。GPT 算法提出的自回归架构和预测下一个单词的训练方式在后续的大语言模型中也得到了广泛的沿用，具有重要影响。

2. BERT 算法

语言模型预训练已被证明对改善诸多自然语言处理任务是有效的，其中包括句子级别任务，如自然语言推理（Natural Language Inference，NLI）任务和改写转述（paraphrasing）任务，旨在通过全面分析来预测句子之间的关系，以及词元级别任务，如问答（question answering）任务，其需要模型在词元级别生成细粒度的输出。然而，早期的训练手段存在一些局限性，主要原因是标准语言模型是单向的，这限制了在预训练期间可以使用的模型架构。例如，在 OpenAI 提出的 GPT[14] 算法中，作者使用从左向右的架构，在 Transformer 的自注意力层（self-attention layer）中，每个词元只能关注其前面的词元。这种限制对于句子级别任务来说是次优的，尤其是在微调后应用于词元级别任务（如问答任务）时，可能会带来更严重的负面影响，因为在这些任务中，双向地获取上下文信息对模型是至关重要的。

BERT[13] 算法借助掩码语言建模（MLM）代理任务，采用 Transformer 的编码器结构，在预训练中使得模型学习到双向特征表示。BERT 算法总共包含预训练和微调两个阶段，预训练的流程如图 2.10 所示，其中，预训练采用的是自监督学习范式。

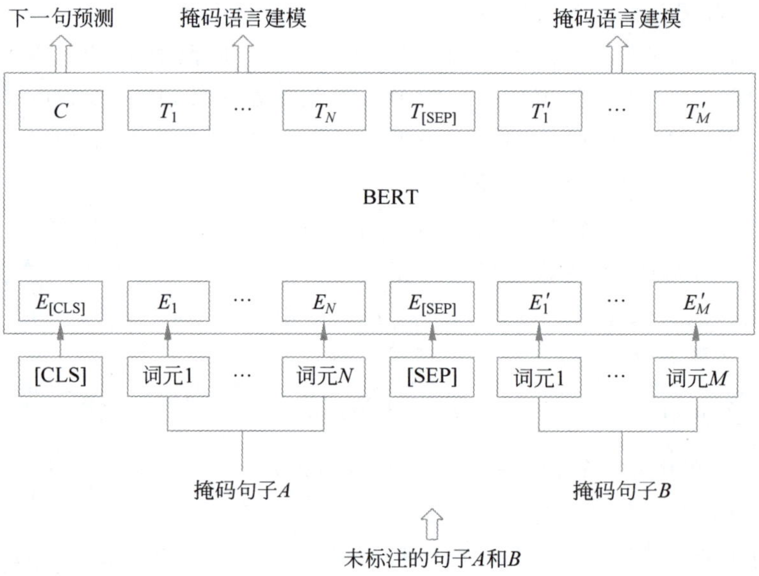

图 2.10 BERT 算法预训练流程[13]

在自然语言处理中，MLM 代理任务就是随机地对训练序列中的词元进行遮盖，并用一个掩码词元对其进行替换，BERT 中采用的替换概率是 15%。任务的目的是预测出被遮盖位置原本的词元。同时，为了更好地匹配预训练阶段和微调阶段的任务，避免模型过度依赖微调阶段不会出现的掩码词元，BERT 算法对于被选中的进行遮盖替换的词元以不同概率分三种情况处理：80%的概率替换为掩码词元，10%的概率替换为其他随机的词元，10%的概率保持不变。

模型预测的部分以 Softmax 操作预测出每个词元的概率，以交叉熵损失函数预测结果和真值结果的差异。由于单词量是有限的，所以这里模型可以以离散形式执行一个近似于分类的预测。

除了 MLM 代理任务，BERT 算法还采用了下一句预测的代理任务进行预训练，预测两个句子是否具有连贯性。一些如问答、自然语言推理等任务需要理解两个句子之间的关系，而 MLM 任务倾向于抽取词元层次的特征表示，因此不能直接获取句子层次的特征表示。算法通过从语料库中挑选 A、B 两个句子组成一组输入，以 50%的概率专门选取连续的句子 A 和 B，以 50%的概率随机选取句子 A 和 B 进行组合，利用模型设计的“[CLS]”词元的分类特征信息进行“句子是否连贯”的二分类预测。

BERT 算法在被提出之时，作为一个大语言模型，刷新了多项自然语言处理任务的指标，并且让研究者看到了一个强大的预训练模型对于下游任务的微调和迁移有着重要且积极的影响。随着 BERT 算法在自然语言处理领域中大获成功，计算机视觉领域的研究者也在探索是否能够实现一个计算机视觉领域的 BERT 模型。

2.5.2 视觉 BERT 模型

1. BEiT 算法

BERT 算法在自然语言处理领域内的成功，使得计算机视觉领域的研究者也关注并转向研究去噪自编码器在预训练 ViT 模型上的使用。在自然语言处理任务中，文本可以通过文本分词器划分为若干词元，通过随机掩盖住一些词元，让模型在缺损文本的基础上预测被掩盖的词元。然而，将 BERT 算法的这种思路直接应用在图像数据的预训练上是有难度和挑战的。首先，ViT 模型的输入是图像块，但是图像块并没有预先存在的词汇表，这和自然语言处理领域中文本的情况是完全不同的，也就不能简单地用 Softmax 分类器在被掩盖词元的所有候选者中进行预测。一个最直接的替代方法是将这个任务视作一个回归问题，直接预测被掩盖图像块的像素。然而，这样像素层面的恢复任务会将建模任务浪费在高频细节和短距离图像信息依赖上，使得模型难以学习到有价值的高层次语义信息。

BEiT[58]算法设计的掩码图像建模使用了两个编码器：一个是使用普通的 Transformer 作为 BEiT 编码器，对输入的图像块进行编码；而另一个为离散变分自编码器中的图像分词器，它扮演了文本中分词器的作用。图像分词器将图像映射为离散的视觉词元 $\boldsymbol{z}=[z_1,z_2,\cdots,z_N]$，$N$ 为视觉词元数量，字典 $V=\{1,2,\cdots,|V|\}$包含了所有离散词元的索引。这样就人为构建了一个有 $|V|$ 个单词的图像词汇表。通过优化输入图像的重构损失，可以获得一个图像分词器模型。文献[58]直接采用了 DALL-E[59] 中的模型作为图像分词器。

BEiT 编码器采用的是 Transformer 架构，将图像划分成 N 个不互相交叠的 $P\times P$ 大小的图像块，图像块的数量与该图像映射的视觉词元数量是一致的。掩膜学习的思路则可以应用在图像上：随机将 40%的图像块遮盖，将遮盖住的图像块替换为可学习的编码向量，这些可学习的编码向量和可见图像块的编码表达一起经过 BEiT 编码器获得特征表示，每个被遮盖的图像块位置通过一个掩码图像建模头部网络预测该图像块对应的视觉词元。类似 BERT 算法，BEiT 编码器优化学习的最终目标是最小化预测的词元与真实词元之间的差异。

2. iBOT 算法

在自然语言处理的掩码建模任务中，文本分词器扮演着十分重要的角色。然而，与词频统计分析自然产生的语言语义不同，由于图像的连续性，视觉语义难以直接提取。这个属性直观地带来了一个多阶段的训练策略，即在训练目标模型之前，需要训练一个离线的图像分词器，它能够把图像转换成语义丰富的词元，如 BEiT[58] 算法。但离线预训练的图像分词器处理跨域数据的能力有限，限制了掩码图像建模的迁移性和适应性。获取视觉语义是图像分词器和预训练模型本身的共同目的，因此可以考虑在一个训练阶段中联合优化图像分词器和预训练模型。

iBOT[60] 算法设计了一个全新的掩码图像建模框架，将掩码图像建模重塑为从图像分词器中蒸馏知识的知识蒸馏任务。算法架构为一组"教师-学生"模型，学生模型是待预训练的目标模型，教师模型是在线图像分词器，通过学生模型以指数移动平均(EMA)的方式更新参数。待预训练的目标网络输入的是被掩盖后的图像，而在线图像分词器输入的是原始的图像，目标是使得被掩盖的图像块词元能够以在线图像分词器输出为监督进行重建，实现图像块词元上的自监督。同时，模型还通过自蒸馏图像的不同视图获得的类别词元来实现对比学习。iBOT 算法的训练目标函数为重建和对比学习两部分任务损失之和，类别词元上的自蒸馏保证了在线图像分词器学习到高语义特征表示，图像块词元上的自蒸馏使得目标模型在重建被掩盖的部分时可以获得更好的特征表示能力。

整个 iBOT 算法不需要额外的图像分词器训练阶段作为预处理，在线图像分词器可以和掩码图像建模的目标网络一起训练，并通过优化同一幅图像的两个不同视图的相似度来逐步捕获高层次视觉语义。

2.5.3 掩码图像建模——SimMIM 算法和 MAE 算法

在前面提到，图像信号存在其不同于语言文本信息的特质：图像的临近像素是高度相关的，这使得图像信号有更强的局部性；图像信号原始且层次低，信息冗余度高，不如人类创造的语言文本信息包含更高层次的语义信息、拥有更高的信息密度；而且人类创造的语言文本信息本身就是离散的，图像信号却是连续的，这使得自然语言处理中 BERT 算法的思路很难直接迁移到视觉任务上。

1. SimMIM 算法

不同于 BEiT[58] 算法引入图像分词器来模仿自然语言处理任务中的掩码信号建模方式，SimMIM[19] 算法采用了一个简单的结构来实现掩码图像建模：随机地掩盖一定比例的图像块，然后用一个线性层来回归被掩盖区域的像素值，并用 $\ell 1$ 损失计算回归预测的像素值和真实像素值的差距来进行监督。

SimMIM 算法框架包括四个核心组成部分：掩码策略，编码器，回归预测头，预测目标。被掩盖的图像块以可学习的掩码词元(Mask Tokens)表示，和可见的图像块表达一起被送入编码器中进行特征提取和学习。编码器结构分别尝试了 ViT 和 Swin Transformer[61] 两种模型。预测目标和真实目标的差异计算也尝试了交叉熵分类损失、$\ell 1$ 回归损失、$\ell 2$ 回归损失在内的多种损失函数，并选择了 $\ell 1$ 回归损失作为最终的损失函数。通过实验分析，掩码图像建模以图像块的像素为回归预测目标，使用没有额外图像分词器的简洁框架就可以实现比较好的自监督预训练性能。

2. MAE 算法

在自然语言处理任务中，BERT 算法采用掩膜自编码(Masked Autoencoding)的方案进行自监督学习：去掉数据的一部分，学习并预测被移除部分的内容。这样的方法使得自然语言处理模型可以在更大规模的数据上训练从而获得更好的泛化性。这个思路自然也可以应用到计算机视觉领域。然而，计算机视觉中这类掩膜自编码的相关工作却没有像自然语言处理领域中发展得这样快速，研究者认为主要有以下三方面原因[20]。

(1) 网络架构不同。在计算机视觉任务中，卷积网络在过去长期占据主流地位。而卷积操作基于规则的网格，并不直接融入掩码词元或者位置编码这类概念。不过随着 ViT 在计算机视觉任务中应用的渐趋成熟，网络架构差异已不再构成阻碍。

(2) 语言和图像的信息密度不同。语言是人类创造的符号，是具有高度语义和信息密集的。训练一个模型去预测一个句子中一些丢失的单词，这个任务本身难度是比较高的，因此模型可以通过学习获得复杂的语言理解能力。图像则相反，图像是自然存在的符号，具有较大的空间冗余，这意味着一个缺失的图像块可以被临近的图像块较为轻松地复原，仅仅需要少量的对于部分组成、物体和场景等的高层次理解。对于计算机视觉任务而言，掩膜需要更高的比例来降低冗余度，创造一个需要对图像具有全面理解，而不是简单对低层次图像数据进行理解的挑战性自监督预测任务。

(3) 计算机视觉任务和自然语言处理任务的重建目标不同。自编码器的解码器将隐空间的特征表示映射回输入表达的空间，这在重建文本和图像中起到了非常重要的作用。计算机视觉中，解码器重建的是像素，因此它的输出是比一般的识别任务更低层次的语义层级。这与自然语言处理中的情况不同，自然语言处理中，解码器预测的是丢失的单词，它们本身就包含了丰富的语义信息。在 BERT 算法中，解码器可以不那么重要，一个简单的多层感知器就可以胜任，而在计算机视觉任务中，解码器对于学习到的隐空间表达的语义层次起着非常重要的作用。简言之，对于自然语言处理任务，编码器所希望学习到的特征表示能力与解码器的重建目标的语义层次是相近的，都是应该包含高层次语义信息的。但在计算机视觉任务中，来自编码器的特征表示的语义层次和解码器输出的目标的语义层次是差距较大的，解码器的作用就更加重要，从而需要更谨慎的设计。

为此，MAE[20]算法针对计算机视觉任务提出了一个简单有效的掩膜自编码器(Masked Autoencoder，MAE)算法。MAE 算法以一个高掩码率(例如 75%)随机掩盖输入图像的图像块，再重建这些丢失图像的像素信息。MAE 算法的整体结构是非对称的，由一个编码器和一个解码器构成，编码器和解码器均采用 Transformer 模型架构。MAE 算法会将图像以不重叠的形式划分为若干 $N\times N$ 大小的图像块(例如 $N=16$)，编码器仅针对未被掩盖的图像块，即所有可见图像块进行编码处理；解码器是一个相对轻量的 Transformer 模块，从可见图像块的隐空间特征表示和掩码词元一起重建、预测被掩盖部分的像素。MAE 算法框图如图 2.11 所示。

在这种设计下，大量被掩盖的图像词元被移至较为轻量的解码器部分作为输入，能够显著减少计算量，预训练速度能够达到采用此设计前的预训练速度的 3 倍，甚至更多。该方法可以更好地适配更大的模型，其对硬件设备的要求更低、实验耗时更短。以 ViT-Huge[50]模型为例，重建部分的损失函数仅采用均方误差，经过 MAE 预训练策略，在 ImageNet 上微调后，准确率可以达到 87.8%，取得了非常优异的性能，超过了同时期的其他竞争算法。

SimMIM 算法与 MAE 算法为同时期的工作，它们具有许多相似的设计和结论，两者的最大区别在于编码器的输入和解码器的结构设计。对于 SimMIM 算法，编码器的输入是所有词元，包括被掩盖的图像词元，而对于 MAE 算法，编码器的输入仅包含未被掩盖的图像词元；对于 SimMIM 算法，回归预测头充当解码器，只采用一个线性层，而 MAE 算法则采用了多层的 Transformer 架构作为解码器。

因此，与 SimMIM 算法工作不同，MAE 算法更加简洁轻便，并且证明仅将未掩盖部分的图像词元送入编码器进行编码学习的训练模式不仅可以加速模型预训练还能获得更好的性能，这也为

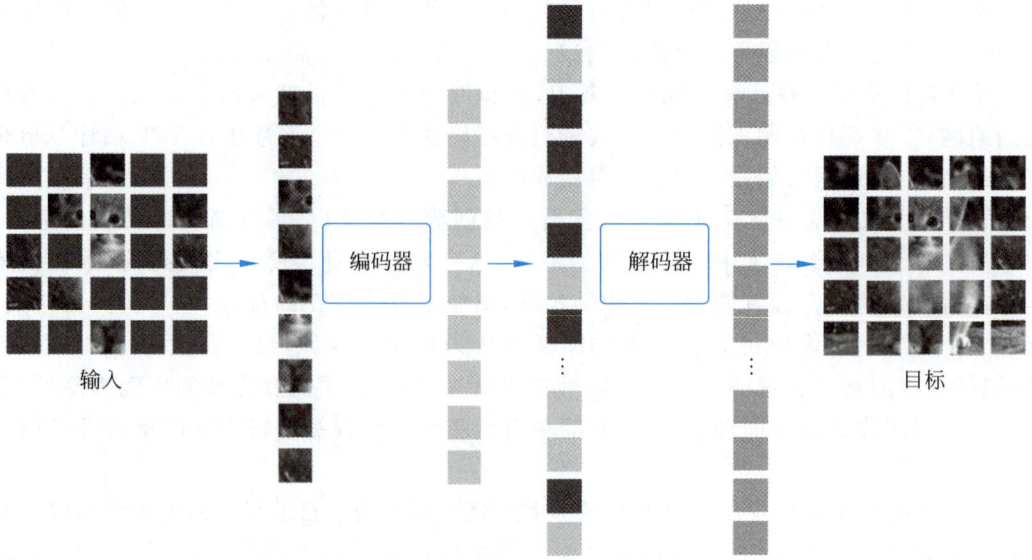

图 2.11 MAE 算法框图

基于掩码图像建模的进一步研究和讨论提供了更宽松的算力约束。SimMIM 算法和 MAE 算法这两项工作均表明,MLM 中的代理任务属于分类任务。而对于图像来说,掩码图像建模的代理任务既可以是分类任务,也可以是回归任务。这两项工作均通过直接回归预测图像块的像素值实现了掩码学习在视觉任务上的应用,为计算机视觉下游任务的预训练-微调训练范式提供了良好的预训练模型基础。

2.5.4 计算机视觉掩码学习的发展

基于掩码图像建模的 SimMIM 和 MAE 等算法工作获得了突出的性能,这给计算机视觉的自监督学习领域带来了新鲜的血液,许多基于掩码图像建模的改进工作被开发与讨论。例如,考虑到解码器在承担重建任务的同时,也会一定程度上承担部分编码器的编码任务,这导致编码器无法单独地学习到更优的通用特征表示能力。因此,上下文自编码器(Context Autoencoder, CAE)[62]算法提出,通过在特征编码空间对被掩盖的图像块进行预测来训练编码器,从而实现编码器与解码器的更大程度解耦,以提升编码器的编码质量。其中,编码器处理可见图像块获得对应特征表示;回归器预测被掩盖图像块的特征表示;解码器负责从预测的被掩盖块的特征表示中重建被掩盖块的信息,这部分不需要接收可见图像块的特征信息。2023 年提出的 LocalMIM[63]算法考虑到掩码图像建模模型仅在编码器的顶层进行重建任务,而缺乏底层特征表示的显式指导。为此,它引入了局部重建和多尺度重建的思想,以加速表示学习过程,同时促进对输入进行多尺度语义理解。2023 年提出的 VideoMAE[64]系列算法则从视频数据中以自监督学习的方式学习时空特征表示,并研究了视频掩码自编码器的可扩展性。

在生成模型中,掩码自监督学习技术也被广泛地采用,例如 2023 年提出的 Muse[65]算法采用了基于文本嵌入表达预测被掩码的视觉词元的思路实现由文本生成图像;2024 年提出的 Meissonic[66]算法使用了掩码图像建模的思路实现文本到图像的合成模型;MAR[67]算法使用掩码图像建模的思路实现丢弃向量量化(Vector Quantization)条件下的自回归图像生成。

综上,掩码图像建模的思路大幅地促进了计算机视觉各领域发展,并对目标分割、目标跟踪、目标检测、医疗图像、3D 点云等多类计算机视觉下游任务产生了积极的影响[68-73],重建目标包括像素、向量化词元以及神经网络提取的特征等。同时,掩码学习的思路也进一步促进了视觉和其他模态的多模态任务发展[74-76]。

目前,从最终性能来看,掩膜学习在自然语言处理和计算机视觉领域都取得了十分优异的性能表现。但同时,对于两个不同的领域,由于数据本身的结构性差异和信息密度差异,掩膜学习也表现出了不同的设计需求。例如,由于计算机视觉任务中图像具有更高冗余度,部分自监督模型选择提升了掩码的比例来促使模型学习更强的表征能力。由于计算机视觉任务的连续性,一些模型仿照语言模型人为构造视觉词汇表,而另一些模型将回归掩码图像像素值作为代理任务。可见,对于不同模态的数据,自监督学习还需要因地制宜地将掩码思想与领域特异性信息结合,才能更好地发挥自监督学习的真正效力。

小结与展望

本章从无监督学习的核心思想出发,简要回顾了从机器学习时代到深度学习时代的无监督学习方法,并以自监督学习为核心详细进行了讨论。对于自监督学习的讨论则围绕多个角度展开,包含了常见代理任务、评估方式,以及对比学习和掩膜学习两个主要自监督学习类别的经典算法与发展。自监督学习利用输入数据构建监督信号,减少了对于大量标注数据的依赖,有效降低了模型的训练标注需求,同时促使模型能够学习到数据的内在结构和通用特征表示,更利于下游任务的泛化性。无论是对比学习的思路还是掩膜学习的思路,自监督学习范式都对深度学习模型的性能发展和应用产生了较为重要的影响,使得信息时代的大数据能够真正以更低的成本助力更强的模型学习。自监督学习在计算机视觉、自然语言处理、语音信号处理、推荐系统、多模态处理等多个领域中具有广阔的发展和应用空间。同时,这些应用也驱动着自监督学习相关的基础算法研究、理论知识研究等。以下仅从自监督学习与多模态领域的结合、自监督学习的理论研究和效率提升、自监督学习与下游任务之间的关联这三个方面,做简要的展望讨论。

1. 自监督学习与多模态领域的结合

人类对于世界的感知是从多个模态的信息源中获得信息,并进行协同分析处理的。单模态下的表征学习是具有局限性的,如何更有效地将自监督学习推广到多模态学习中,是一个有前景的方向。越来越多的工作将视觉、非视觉模态(如文本、音频等)结合起来,形成具有判别性的自监督信号,使得模型能够从多模态未标注数据中学习。例如,CLIP等算法联合视觉和语言信息进行自监督学习并获得了成功。类似地,许多工作也从视频中自然的视听关联性等角度,将视觉模态和其他模态结合起来进行自监督学习。这种对应关系可以使得模型建立起有效的自监督信号,促进模型从更加丰富的多模态信息中学习泛化稳健的特征表示。尤其在当下,多模态大语言模型展现出了强大的性能潜力,多模态自监督学习也受到更多研究者的关注。

2. 自监督学习的理论研究和效率提升

尽管自监督学习在模型训练和应用上取得了较大的进展,但是对于自监督学习的理论研究是相对滞后的[77]。充分的理论研究可能会蕴藏着对于更优方案的启发思考。目前,有一些研究工作通过经验性的总结和大量的实验对已有的自监督学习算法进行分析,对自监督学习算法的设计和优化起到了积极作用。实际上,理论研究对于自监督学习的设计和发展有着重要的指导意义,因此,更多关于自监督学习的理论研究亟待被重视起来。

此外,现阶段的许多自监督学习范式仍然需要消耗大量的训练时间和训练资源。探索更高效的自监督训练策略,以减少计算资源和时间的消耗,同时保持或提高模型性能,对于降低自监督学习研究的资源门槛、促进更广泛的研究交流和提升模型训练效率、促进模型训练的绿色节能等方面都有着积极意义。

3. 自监督学习与下游任务之间的关联

由于预训练任务和下游任务之间存在着一定的差距，当预训练模型迁移到下游任务场景中时，不同的预训练方式迁移到不同下游任务中的表现可能有所不同。例如，对比学习往往更关注图像全局粒度的信息，以同一图像的不同视角进行自监督学习，对细粒度特征有所忽略，在迁移到如分割等需要像素级别信息的下游任务时，效果相对不够理想。一方面，预训练任务和下游任务间的影响和关联不够明确，往往只能通过大量实验的经验进行判断；另一方面，如何针对不同预训练任务在下游任务的迁移影响，对自监督学习范式进行有针对性的优化，也有待进一步研究。

综上，尽管自监督学习已经在许多领域中取得了一定的突破，但是研究者对于自监督学习有效的背后理论机制等许多问题尚存在困惑。自监督学习是否能不断从增量的数据中获益，答案也尚未确定。对于自监督学习的进一步探索和研究仍然有很长的路要走，还有很多的未知答案需要被发掘和梳理，对于数据利用的研究探索也尚未结束。

参考文献

[1] OZBULAK U, LEE H J, BOGA B, et al. Know your self-supervised learning: A survey on image-based generative and discriminative training[J]. Transactions on Machine Learning Research, 2023.

[2] GUI J, CHEN T, ZHANG J, et al. A Survey on self-supervised learning: Algorithms, applications, and future trends[J]. IEEE Transactions on Pattern Analysis and Machine Intelligence, 2024, 46(12): 9052-9071.

[3] CHEN Y B, MANCINI M, ZHU X T, et al. Semi-supervised and unsupervised deep visual learning: A survey[J]. IEEE Transactions on Pattern Analysis and Machine Intelligence, 2024, 46(3): 1327-1347.

[4] 周志华. 机器学习[M]. 北京：清华大学出版社，2016.

[5] MACQUEEN J. Some methods for classification and analysis of multivariate observations[C]//Proceedings of the 5th Berkeley Symposium on Mathematical Statistics and Probability. California: University of California Press, 1967: 281-297.

[6] ESTER M, KRIEGEL H-P, SANDER J, et al. A density-based algorithm for discovering clusters in large spatial databases with noise[C]//Proceedings of the Second International Conference on Knowledge Discovery and Data Mining. Menlo Park: AAAI Press, 1996: 226-231.

[7] PEARSON K. On lines and planes of closest fit to systems of points in space[J]. Philosophical Magazine, 1901, 2(11): 559-572.

[8] DER M L, HINTON G. Visualizing data using t-SNE[J]. Journal of Machine Learning Research, 2008, 9(86): 2579-2605.

[9] FISHER R A. The use of multiple measurements in taxonomic problems[J]. Annals of Eugenics, 1936, 7: 179-188.

[10] HAN J W, PEI J, YIN Y W. Mining frequent patterns without candidate generation[C]//Proceedings of the 2000 ACM SIGMOD International Conference on Management of Data. New York: ACM Press, 2000: 1-12.

[11] BOURLARD H, KAMP Y. Auto-association by multilayer perceptrons and singular value decomposition[J]. Biological Cybernetics. 1988, 59: 291-294.

[12] ZHANG F D, KUANG K, CHEN L, et al. Federated unsupervised representation learning[J]. Frontiers of Information Technology & Electronic Engineering, 2023, 24: 1181-1193.

[13] DEVLIN J, CHANG M-W, LEE K, et al. BERT: Pre-training of deep bidirectional transformers for language understanding[C]//Proceedings of the Conference of the North American Chapter of the Association for Computational Linguistics. Commonwealth of Pennsylvania: Association for Computational Linguistics,

2019：4171-4186.

[14] RADFORD A, NARASIMHAN K, SALIMANS T, et al. GPT：improving language understanding by generative pre-training[EB/OL]. (2018)[2025-03-11], https://cdn.openai.com/research-covers/language-unsupervised/language_understanding_paper.pdf.

[15] HE K M, FAN H Q, WU Y X, et al. Momentum contrast for unsupervised visual representation learning[C]//Proceedings of the IEEE/CVF Conference on Computer Vision and Pattern Recognition. Piscataway：IEEE Press, 2020：9726-9735.

[16] CHEN T, KORNBLITH S, NOROUZI M, et al. A simple framework for contrastive learning of visual representations[C]//Proceedings of the International Conference on Machine Learning. New York：PMLR, 2020：1597-1607.

[17] JING L L, TIAN Y L. Self-supervised visual feature learning with deep neural networks：A survey[J]. IEEE Transactions on Pattern Analysis and Machine Intelligence, 2021, 43(11)：4037-4058.

[18] KHAN A, SOHAIL A, FIAZ M, et al. A survey of the self supervised learning mechanisms for vision transformers[EB/OL]. (2024-10-31)[2025-03-11]. https://arxiv.org/abs/2408.17059.

[19] XIE Z D, ZHANG Z, CAO Y, et al. SimMIM：A simple framework for masked image modeling[C]//Proceedings of the IEEE/CVF Conference on Computer Vision and Pattern Recognition. Piscataway：IEEE Press, 2022：9643-9653.

[20] HE K M, CHEN X L, XIE S N, et al. Masked autoencoders are scalable vision learners[C]//Proceedings of the IEEE/CVF Conference on Computer Vision and Pattern Recognition. Piscataway：IEEE Press, 2022：15979-15988.

[21] RADFORD A, KIM J W, HALLACY C, et al. Learning transferable visual models from natural language supervision[C]//Proceedings of the International Conference on Machine Learning. New York：PMLR, 2021：8748-8763.

[22] BALESTRIERO R, IBRAHIM M, SOBAL V, et al. A cookbook of self-supervised learning[EB/OL]. (2023-06-28)[2025-03-11]. https://arxiv.org/abs/2304.12210.

[23] CARON M, TOUVRON H, MISRA I, et al. Emerging properties in self-supervised vision transformers[C]//Proceedings of the IEEE/CVF International Conference on Computer Vision. Piscataway：IEEE Press, 2021：9630-9640.

[24] SIMÉONI O, VO V H, SEITZER M. DINOv3[EB/OL]. (2025-08-13)[2025-08-20]. https://arxiv.org/abs/2508.10104.

[25] PAN T, TAN Z R, GUO K Y, et al. Structure-aware semantic discrepancy and consistency for 3D medical image self-supervised learning[EB/OL]. (2025-07-03) [2025-07-04]. https://arxiv.org/abs/2507.02581.

[26] WANG C X, ZHA Y X, YANG W F, et al. StruMamba3D：Exploring structural mamba for self-supervised point cloud representation learning [EB/OL]. (2025-06-26) [2025-07-04]. https://arxiv.org/abs/2506.21541.

[27] ZHAO Z W, LI Y X, LI Y H, et al. A survey on self-supervised pre-training of graph foundation models：A knowledge-based perspective[EB/OL]. (2024-07-31)[2025-03-11]. https://arxiv.org/abs/2403.16137.

[28] WU L R, LIN H T, TAN C, et al. Self-supervised learning on graphs：Contrastive, generative, or predictive[J]. IEEE Transactions on Knowledge and Data Engineering, 2023, 35(4)：4216-4235.

[29] LIU Y X, JIN M, PAN S R, et al. Graph self-supervised learning：A survey[J]. IEEE Transactions on Knowledge and Data Engineering, 2023, 35(6)：5879-5900.

[30] HU Z Y, WU J M, XU H, et al. IMTS is worth time × channel patches：Visual masked autoencoders for irregular multivariate time series prediction[EB/OL]. (2025-05-28) [2025-07-04]. https://arxiv.org/abs/2505.22815.

[31] LU Y J, LIU J, THEBAUD T, et al. CA-SSLR：Condition-aware self-supervised learning representation for generalized speech processing[C]//Advances in Neural Information Processing Systems. New York：Curran

Associates, 2024: 50126-50151.

[32] ZHANG X Y, ZHANG X H, PENG K N, et al. Vevo: Controllable zero-shot voice imitation with self-supervised disentanglement[EB/OL]. (2025-02-11)[2025-03-11]. https://arxiv.org/abs/2502.07243.

[33] LI X Z, HUANG J H, SUN G L, et al. Self-supervised learning for MRI reconstruction: A review and new perspective[J]. Magnetic Resonance Materials in Physics, Biology and Medicine, 2025: 1-12.

[34] CHEN L, BENTLEY P, MORI K, et al. Self-supervised learning for medical image analysis using image context restoration[J]. Medical Image Analysis, 2019, 58: 101539.

[35] LU F, ZHOU D, CHEN H Y, et al. S2P-Matching: Self-supervised patch-based matching using transformer for capsule endoscopic images stitching[J]. IEEE Transactions on Biomedical Engineering, 2025, 72(2): 540-551.

[36] LIN Q, ZHU Y F, MEI X, et al. Has multimodal learning delivered universal intelligence in healthcare? A comprehensive survey[J]. Information Fusion, 2025, 116: 102795.

[37] 张睿,杨义鑫,李阳,等. 自监督学习下小样本遥感图像场景分类[J]. 中国图象图形学报, 2022, 27(11): 3371-3381.

[38] SHI H, PAN Y F, GAO R X, et al. DAE-SWnet: Unsupervised internal defect segmentation through infrared thermography with scarce samples[J]. Journal of Manufacturing Systems, 2025, 82: 766-785.

[39] REN X B, WEI W, XIA L H, et al. A comprehensive survey on self-supervised learning for recommendation [EB/OL]. (2024-04-07)[2025-03-11]. https://arxiv.org/abs/2404.03354.

[40] YU J L, YIN H Z, XIA X, et al. Self-supervised learning for recommender systems: A survey[J]. IEEE Transactions on Knowledge and Data Engineering, 2024, 36(1): 335-355.

[41] ZHANG Y F, GAO H A, JIANG Z, et al. Dual-frame fluid motion estimation with test-time optimization and zero-divergence loss [C]//Advances in Neural Information Processing Systems. New York: Curran Associates, 2024: 45485-45517.

[42] ZHAO X Q, PANG Y W, ZHANG L H, et al. Self-supervised pretraining for RGB-D salient object detection[C]// Proceedings of the AAAI Conference on Artificial Intelligence. Palo Alto: AAAI Press, 2022: 3463-3471.

[43] WANG Y, ALBRECHT C M, AIT ALI BRAHAM N. Decoupling common and unique representations for multimodal self-supervised learning[C]//Proceedings of the European Conference on Computer Vision. Switzerland: Springer, 2024: 286-303.

[44] CARON M, BOJANOWSKI P, JOULIN A, et al. Deep clustering for unsupervised learning of visual features[C]// Proceedings of the European Conference on Computer Vision. Switzerland: Springer, 2018: 445-461.

[45] WU Z R, XIONG Y J, YU S X, et al. Unsupervised feature learning via non-parametric instance discrimination[C]//Proceedings of the IEEE/CVF Conference on Computer Vision and Pattern Recognition. Piscataway: IEEE Press, 2018: 3733-3742.

[46] DEN O A, LI Y Z, VINYALS O. Representation learning with contrastive predictive coding[EB/OL]. (2019-01-22)[2025-03-11]. https://arxiv.org/abs/1807.03748.

[47] CARON M, MISRA I, MAIRAL J, et al. Unsupervised learning of visual features by contrasting cluster assignments[C]//Advances in Neural Information Processing Systems. New York: Curran Associates, 2020: 9912-9924.

[48] GRILL J B, STRUB F, ALTCHÉ F, et al. Bootstrap your own latent: A new approach to self-supervised learning[C]//Advances in Neural Information Processing Systems. New York: Curran Associates, 2020: 21271-21284.

[49] CHEN X L, HE K M. Exploring simple siamese representation learning[C]//Proceedings of the IEEE/CVF Conference on Computer Vision and Pattern Recognition. Piscataway: IEEE Press, 2021: 15750-15758.

[50] DOSOVITSKIY A, BEYER L, KOLESNIKOV A, et al. An image is worth 16×16 words: Transformers for image recognition at scale[C]//Proceedings of the International Conference on Learning Representation. San Juan: OpenReview.net, 2021: 1-21.

[51] RUSSAKOVSKY O, DENG J, SU H, et al. ImageNet large scale visual recognition challenge[J]. International Journal of Computer Vision,2015,115(3): 211-252.

[52] HE K M,ZHANG X Y,REN S Q,et al. Deep residual learning for image recognition[C]//Proceedings of the IEEE Conference on Computer Vision and Pattern Recognition. Piscataway: IEEE Press,2016: 770-778.

[53] WANG T,ISOLA P. Understanding contrastive representation learning through alignment and uniformity on the hypersphere[C]//Proceedings of the International Conference on Machine Learning. New York: PMLR, 2020: 9929-9939.

[54] OQUAB M, DARCET T, MOUTAKANNI T, et al. Dinov2: Learning robust visual features without supervision[J]. Transactions on Machine Learning Research,2024: 1-32.

[55] LI J N,SELVARAJU R R,GOTMARE A D,et al. Align before fuse: Vision and language representation learning with momentum distillation[C]//Advances in Neural Information Processing Systems. New York: Curran Associates,2021: 9694-9705.

[56] YU J H,WANG Z R,VASUDEVAN V,et al. Coca: Contrastive captioners are image-text foundation models[J]. Transactions on Machine Learning Research,2022: 1-20.

[57] WANG Z H, ZHAO Y, CHENG X Z, et al. Connecting multi-modal contrastive representations[C]// Advances in Neural Information Processing Systems. New York: Curran Associates,2023: 22099-22114.

[58] BAO H B,DONG L,PIAO S H,et al. BEiT: BERT pre-training of image transformers[C]//Proceedings of the International Conference on Learning Representations. San Juan: OpenReview. net,2022: 1-18.

[59] RAMESH A, PAVLOV M, GOH G, et al. Zero-shot text-to-image generation[C]//Proceedings of the International Conference on Machine Learning. New York: PMLR,2021: 8821-8831.

[60] ZHOU J H,WEI C,WANG H Y,et al. Image BERT pre-training with online tokenizer[C]//Proceedings of the International Conference on Learning Representations. San Juan: OpenReview. net,2022: 1-29.

[61] LIU Z,LIN Y T,CAO Y,et al. Swin transformer: Hierarchical vision transformer using shifted windows[C]// Proceedings of the IEEE/CVF International Conference on Computer Vision. Piscataway: IEEE Press,2021: 9992-10002.

[62] CHEN X K,DING M Y,WANG X D,et al. CAE: Context autoencoder for self-supervised representation learning[J]. International Journal of Computer Vision,2024,132(1): 208-223.

[63] WANG H Q,TANG Y H,WANG Y H,et al. Masked image modeling with local multi-scale reconstruction[C]// Proceedings of the IEEE/CVF Conference on Computer Vision and Pattern Recognition. Piscataway: IEEE Press,2023: 2122-2131.

[64] WANG L M,HUANG B K,ZHAO Z Y,et al. VideoMAE v2: Scaling video masked autoencoders with dual masking[C]//Proceedings of the IEEE Conference on Computer Vision and Pattern Recognition. Piscataway: IEEE Press,2023: 14549-14560.

[65] CHANG H W, ZHANG H, BARBER J, et al. Muse: Text-to-image generation via masked generative transformers[C]//Proceedings of the 39th International Conference on Machine Learning. New York: PMLR,2023: 4055-4075.

[66] BAI J B,YE T,CHOW W,et al. Meissonic: Revitalizing masked generative transformers for efficient high-resolution text-to-image synthesis[EB/OL]. (2024-12-05)[2025-03-11]. https://arxiv. org/abs/2410. 08261.

[67] LI T H,TIAN Y L,LI H,et al. Autoregressive image generation without vector quantization[C]//Advances in Neural Information Processing Systems. New York: Curran Associates,2024: 56424-56445.

[68] ZHAO H J,WANG D,LU H C. Representation learning for visual object tracking by masked appearance transfer[C]//Proceedings of the IEEE/CVF Conference on Computer Vision and Pattern Recognition. Piscataway: IEEE Press,2023: 18696-18705.

[69] ZHAO Z D,LI J,WANG L J,et al. MaskMentor: Unlocking the potential of masked self-teaching for missing modality RGB-D semantic segmentation[C]//Proceedings of the ACM International Conference on Multimedia. New York: ACM Press,2024: 1915-1923.

[70] ZHA Y X, WANG C X, YANG W F, et al. Exploring semantic masked autoencoder for self-supervised point cloud understanding[EB/OL]. (2025-06-27) [2025-07-04]. https://arxiv.org/abs/2506.21957.

[71] WU S B, TAN Y, MA R N, et al. Boosting generative adversarial transferability with self-supervised vision transformer features[EB/OL]. (2025-06-26) [2025-07-04]. https://arxiv.org/abs/2506.21046.

[72] QU Y S, DAI S H, LI X Y, et al. DeOcc-1-to-3: 3D de-occlusion from a single image via self-supervised multi-view diffusion[EB/OL]. (2025-06-26) [2025-07-04]. https://arxiv.org/abs/2506.21544.

[73] YANG H, SUN W, LIU J, et al. Occlusion-aware 3D hand-object pose estimation with masked autoencoders [EB/OL]. (2025-06-12) [2025-07-04]. https://arxiv.org/abs/2506.10816.

[74] ARAUJO E, ROUDITCHENKO A, GONG Y, et al. CAV-MAE Sync: Improving contrastive audio-visual mask autoencoders via fine-grained alignment[EB/OL]. (2025-05-02) [2025-07-04]. https://arxiv.org/abs/2505.01237.

[75] CHEN J Y, GUO L T, SUN J, et al. EVE: Efficient vision-language pre-training with masked prediction and modality-aware MoE[C]//Proceedings of the AAAI Conference on Artificial Intelligence. Menlo Park: AAAI Press, 2024: 1110-1119.

[76] CHEN F L, ZHANG D Z, HAN M L, et al. VLP: A survey on vision-language pre-training[J]. Machine Intelligence Research, 2023, 20(1): 38-56.

[77] LIU X, ZHANG F J, HOU Z Y, et al. Self-supervised learning: Generative or contrastive[J]. IEEE Transactions on Knowledge and Data Engineering, 2021, 35(1): 857-876.

第3章 自动机器学习

CHAPTER 3

3.1 引言

随着人工智能技术的快速发展，机器学习和深度学习已逐渐成为解决各种复杂问题的关键工具。在智能模型的开发与训练过程中，会存在大量参数调整、深度网络模型层级组合等耗时且繁杂的工作，而自动机器学习旨在采用数据驱动的方法，以任务为导向，实现模型开发过程中烦琐且耗时的重复性任务的自动化处理，如超参数调优和模型结构选择等。自动机器学习的发展很大程度降低了机器学习、深度学习的开发与使用门槛，同时将专家工作从繁杂的调参、架构选择等试错过程中解脱出来。本章将围绕自动机器学习的方法展开讨论，为读者提供前沿技术概述。

3.2 算法选择

在深度学习领域中，算法选择是决定模型表现优劣的关键因素之一[1]。不同的算法具有不同的架构和学习机制，因此在面对不同的数据集和任务时，表现会有所不同。例如，卷积神经网络[2]具有处理空间关系的能力而被广泛应用于图像处理任务；循环神经网络[3]能够捕捉数据的序列关系，从而在时间序列和自然语言处理任务中表现突出。事实上，不当的算法选择不仅可能导致模型性能下降，还会导致训练时间增加、计算资源浪费，甚至在某些情况下模型无法收敛，无法完成既定任务。因此，掌握每种算法的适用场景和局限性，以及任务数据的特性至关重要[4]。

算法的选择并非一个简单的流程，它涉及对任务本质的深入理解，以及对数据和模型特征的充分分析。

首先，数据集特征的分析是基础。数据集的大小、维度、数据类型（如文本、图像或时间序列数据）以及数据中的噪声程度，都会影响算法的适用性。例如，面对小样本数据集，深度神经网络可能会导致过拟合，此时基于传统机器学习方法或小型网络的迁移学习可能更加合适[5]。反之，对于拥有大量数据的应用场景，深度学习模型能更好地发挥其潜力。因此，选择算法前应对数据集的规模、数据质量及数据结构等方面进行详细分析，以便确定合适的算法类别。

其次，对于算法本身特性的了解是算法选择的重要依据，以各类深度学习算法为例，如前馈神经网络（Feedforward Neural Network，FNN）、卷积神经网络（CNN）[2]、循环神经网络（RNN）[3]及其衍生模型，如长短期记忆（LSTM）网络[6]和门控循环单元（Gated Recurrent Unit，GRU）[7]，它们均有独特的结构和适用领域。FNN的结构简单，但其对数据的空间关系和序列信息捕捉能力较弱，适用于一些非时序数据。CNN因其卷积操作的特性，对图像和视频数据具有强大的处理能力。RNN 及其改进版本 LSTM 网络和 GRU 因具有记忆功能，适合处理连续的时间序列数据。然而，不同的算法不仅在架构上有所不同，它们在学习机制、计算复杂度、对硬件资源的要求上也有差异。例如，CNN 的卷积操作需要大量计算资源，而 RNN 需要更高的内存占用[8]。因此，应结合算法优缺点选择算法，并要同时考虑到硬件和时间等方面的资源限制。

最后，在评估算法选择效果时，合理的评估指标是必不可少的。通常情况下，深度学习模型的评估不仅关注其准确率，还要考虑其泛化能力、训练时间、资源消耗等因素。准确率高的模型若泛化能力弱，则在实际应用中可能表现不佳，尤其是在数据分布有所变化的情况下。此外，对于一些实时应用场景，模型的响应速度也至关重要，计算复杂度高的模型虽然精度可能更优，但在计算资源有限的情况下或许无法满足要求。评估指标的选择还应根据具体的任务需求进行调整。例如，在分类任务中，准确率、召回率、F1 值等是常用指标；而在生成模型中，图像生成质量、模型稳定性等也是重要的考量因素。通过系统地评估模型表现，能够更好地指导算法选择的优化过程。

算法选择贯穿机器学习模型开发的始终，决定了模型的适用性和性能表现。本节将系统讨论算法选择的各个方面，包括数据集特征分析、算法特征解读及评估指标的选取等。通过对这些内容的深入理解，将能够根据实际应用场景，有效地选择适合的算法，实现任务性能的优化。这不仅是 AI 算法应用成功的基础，也是推动智能技术发展的重要步骤。

3.2.1 特征选择

在深度学习和机器学习中，特征选择是数据处理的核心步骤。特征的适当选择不仅能优化模型性能，还能显著提高训练效率，帮助算法更好地理解数据的内在结构[9]。下面将从数据类型、数据集规模、数据分布、数据的特征选择与降维、数据的噪声与缺失值等的角度进行详细讨论[10]。

1. 数据类型

数据通常可以分为结构化数据和非结构化数据。结构化数据通常呈现为表格或二维矩阵形式，有明确的行列和数据类型。例如，表格中的每行可以代表一个数据实例，每列则对应一个特征。结构化数据适合使用传统的机器学习算法，如决策树、随机森林和逻辑回归。这些算法在处理小型数据集时表现更佳，同时由于其模型结构相对简单，往往具有较强的可解释性。

非结构化数据包括图像、文本和音频等，没有固定的格式。非结构化数据的处理通常需要借助深度学习模型。例如，CNN 的卷积层可以捕捉图像的局部特征，如边缘、纹理等，从而对复杂图像内容进行有效建模，更适合于处理图像数据；RNN 通过循环结构记忆前一时刻的状态，能够捕捉到序列信息的依赖性，因此更适合处理语音、文本、传感监督信号等时间序列数据。

2. 数据集规模

数据集的规模是影响模型选择的重要因素，不同的数据规模适合不同的算法。对于数据量较少的小型数据集，传统的基于统计学习的智能算法(如 K 最近邻、逻辑回归、朴素贝叶斯等)往往表现优异。这是由于深度学习模型参数量较大，数据规模小时容易过拟合，而传统机器学习模型则由于参数较少，能在小规模数据集上获得更优的性能。此外，传统统计学习模型往往具有较好的可解释性，有助于理解特征的重要性及其对模型预测的影响。而对于较大规模的数据集，深度学习模型(如卷积神经网络和递归神经网络)则会表现更好。例如，ImageNet[11]等大型图像数据集在图像分类领域中成为标准测试集。ResNet[12]、Inception[13]等深度学习模型在 ImageNet 上的表现表明，深度卷积神经网络能充分利用大量数据，提取出复杂特征，实现高精度的分类。对于深度学习模型，大规模数据不仅可以提供更多的样本用于特征学习，还可以缓解过拟合问题，因为数据的多样性能够增强模型的泛化能力。

3. 数据分布

数据分布是影响算法选择的关键因素之一，包含类别分布和特征分布。数据集中不同类别样本量差异较大时，即类别分布不平衡，模型的性能往往会受到影响。在这种情况下，模型可能会倾向于预测样本量较多的类别，导致小类别的预测效果较差[14]。例如，在欺诈检测中，正常交易和欺诈交易的比例严重失衡，导致模型难以正确学习与识别到异常以及欺诈交易的模式，预测性能从而受限。为应对类别不平衡问题，可以在选择算法时考虑使用综合评估指标，如 F1 值，而不仅仅是准确率，以更准确地反映模型的分类效果。同时，算法选择上也应偏向对不平衡数据敏感的模型，如支持向量机和决策树等。此外，还可以采取一些补充方法，如欠采样、过采样或利用生成对抗网络(GAN)[15]生成小类别样本来改善不平衡问题。此外，不同算法在面对不同的特征分布时表现各异。对于线性可分的数据，逻辑回归、线性支持向量机等线性模型通常能提供良好的效果；而对于复杂的非线性数据，决策树、随机森林等非线性模型更为合适。此外，深度学习模型在处理高维、非线性数据时具有优势，如 CNN 在图像分类中可以通过卷积层自动学习数据的复杂分布特性。此外，还可以使用数据标准化和归一化等预处理技术改善数据分布不一致的问题，使数据更符合模型的输入要求。

4. 数据的特征选择与降维

数据的特征选择与降维方法也是提高模型效率和精度的重要手段。对于高维数据，通过特征选择与降维，可以减少数据的冗余信息，降低模型的复杂度。在特征选择阶段，可以采用一些统计方法（如方差分析、卡方检验）或基于模型的特征重要性度量（如决策树的特征重要性评分）选择最具代表性的特征。特征选择可以显著减少输入数据的维度，减少计算开销，提高模型的泛化性能。选择合适的特征还能够增强模型的可解释性，有助于系统地解析各特征对预测结果的影响。当数据维度较高且特征间存在冗余时，降维技术如主成分分析、线性判别分析等可以有效地降低数据维度。降维不仅可以简化数据结构，还能缩短模型的训练时间。深度学习中，也可以通过自编码器等无监督学习模型实现非线性降维。降维后的特征子集仍需满足数据的代表性要求，因此需要仔细设计降维过程以确保重要信息的保留。

5. 数据的噪声与缺失值

数据的噪声和缺失值也是影响特征选择的重要因素。噪声数据会干扰模型的学习，降低模型性能。对于传统机器学习算法，可以使用一些方法去除或平滑噪声，如均值平滑、移动平均等。对于深度学习模型，可以采用数据增强或正则化技术减轻噪声的影响。当数据中存在缺失值时，需要根据任务需求和数据特征选择处理方法。例如，可以使用均值填充、中位数填充或插值等方法处理连续变量的缺失值；对于分类变量，可以使用众数填充或增加缺失类别等处理方法。处理缺失值时还需考虑特征的分布和缺失模式，确保处理结果不影响数据整体分布和模型性能。

综上，特征选择在数据预处理中占据核心地位，合理的特征选择不仅可以显著提高模型的性能，还能降低数据的维度和复杂度，使模型训练更加高效。本节详细讨论了特征选择在不同数据类型和特性下的实现方式，并结合机器学习和深度学习方法，分析了在不同数据集规模、数据分布和噪声处理方面的差异化方案。

3.2.2 算法评估

在构建深度学习和机器学习模型的过程中，算法评估是不可或缺的环节。通过评估可以量化模型的性能，从而判断其在实际应用场景中的有效性[16]。评估的准确性直接影响算法选择和模型优化的方向。不同的算法评估方法侧重于对不同的性能维度进行刻画，如准确性、稳定性、速度、资源消耗等，这些指标能够全面评估模型的具体表现。如图 3.1 所示，在算法库中选择算法对数据集库中的数据集进行测试，根据模型表现为每个数据集匹配对应合适的算法。本节将介绍常用的评估指标及其适用的算法类型，帮助读者在模型开发过程中更加科学、客观地评估算法的优劣。

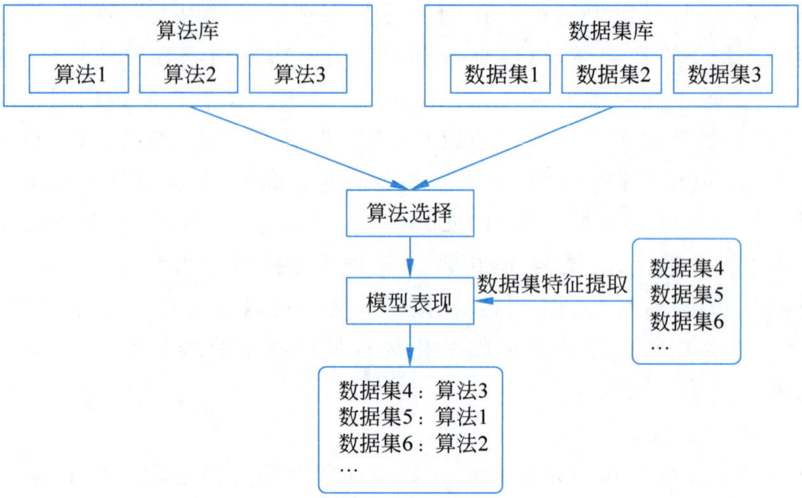

图 3.1 算法选择

在选择算法时，不同任务对模型的要求会有所不同，尤其是在训练效率、推理效率和模型可解释性方面。对于需要高效训练和快速推理的任务，通常选择简单的模型，如线性回归和决策树等传统算法。在需要更高准确率的任务中，则会考虑如深度神经网络等复杂模型以提供更强的特征表示能力，应对更加复杂的数据模式。对于智慧医疗、智能交通决策等涉及人身安全的 AI 任务，模型的可解释能力则至关重要，因此这类问题多使用随机森林等可解释性高的算法。此外，对于如金融风险评估等任务，既要求较高的预测准确率，又要求模型结果具有可解释性。在这种情况下，传统模型可能不够灵活，而深度学习模型的可解释性差可能无法满足需求。此时，可以考虑使用诸如模型无关的局部解释(Local Interpretable Model-Agnostic Explanations，LIME)[17]等技术对深度学习模型进行后处理，增加其可解释性，帮助用户理解模型的决策过程。

1. 算法效率评估

在评估算法效率时，时间效率和空间效率是两个关键的维度。时间效率主要关注算法执行所需的时间，通常通过时间复杂度来衡量。时间复杂度反映了算法在输入数据规模增大时，执行时间的增长规律。然而，时间复杂度虽然能够提供理论上的预测，但实际运行时间也受到硬件平台、编程语言、数据存储等多方面因素的影响。因此，评估时通常还需要结合实验数据，测量算法在不同规模数据集上的执行时间，进而更加准确地理解其性能表现。空间效率则关注算法在执行过程中所消耗的内存空间，通常通过空间复杂度来描述。空间复杂度衡量了算法所需额外内存的变化趋势，随着输入数据量的增加，算法所需的内存会以某种方式增长。除此之外，内存访问模式和缓存局部性等因素也会影响空间效率。

实际应用中，时间效率与空间效率通常是相互制约的。优化其中一方面可能会导致另一方面的牺牲。因此，在评估算法的效率时，需要在时间和空间之间作出权衡。一般而言，对于某些内存受限的嵌入式系统、边缘计算设备上的应用程序等，可能需要更多地关注空间效率，而对于实时系统或大规模计算任务，时间效率可能更为重要。因此，综合考虑这两个维度的表现，有助于在不同的应用场景中选择或设计最优的算法[18]。

2. 算法性能评估

为了准确评估算法的性能，针对不同类型的任务提出了不同的性能评估指标，下面将依次介绍准确率、精确率、召回率、F1 值、受试者工作特征（Receiver Operating Characteristic，ROC）曲线等。在介绍上述指标之前，需要先明确一下混淆矩阵中的元素，如表 3.1 所示。混淆矩阵是用于描述分类模型性能的工具，用于评估模型在不同类别上的预测准确性，显示了模型在正类和负类上的预测结果，包括下面四部分。

（1）真正例（True Positive，TP）：模型正确预测为正的样本数量。

（2）假反例（False Negative，FN）：实际为正，但模型预测为负的样本数量。

（3）假正例（False Positive，FP）：实际为负，但模型预测为正的样本数量。

（4）真反例（True Negative，TN）：模型正确预测为负的样本数量。

表 3.1 混淆矩阵

真实情况	预测结果	
	正例	反例
正例	TP(真正例)	FN(假反例)
反例	FP(假正例)	TN(真反例)

准确率是评估分类模型最常用的指标，表示模型正确分类的样本比例，适用于类别平衡的数据集，如式(3.1)所示。

$$\text{accuracy} = \frac{\text{TP} + \text{TN}}{\text{TP} + \text{TN} + \text{FP} + \text{FN}} \tag{3.1}$$

例如，在鸢尾花数据集[19]的分类任务中，准确率可以作为初步评估指标，但在类别不平衡的情况下需要结合其他指标。

精确率表示在所有被预测为正例的样本中真正为正例的比例，也称为查准率，如式(3.2)所示；召回率则表示在所有真实为正例的样本中，被正确预测为正例的比例，也称为查全率，如式(3.3)所示。对于类别不平衡的数据评估，单独使用准确率可能会误导决策，引入精确率和召回率可以更全面地评估模型性能。

$$\text{precision} - \frac{\text{TP}}{\text{TP} + \text{FP}} \tag{3.2}$$

$$\text{recall} = \frac{\text{TP}}{\text{TP} + \text{FN}} \tag{3.3}$$

F1 值是精确率和召回率的调和平均数，如式(3.4)所示。F1 值能够综合评估模型的性能，尤其适用于类别不平衡的情况。在医疗诊断中，F1 值常用于评估疾病预测模型的表现。

$$\text{F1} = 2 \times \frac{\text{precision} \times \text{recall}}{\text{precision} + \text{recall}} \tag{3.4}$$

ROC 曲线常被用来评价二值分类器的优劣，即评估模型预测的准确度，绘制的是假阳性率（False Positive Rate，FPR）与真阳性率（True Positive Rate，TPR）的关系。如图 3.2 所示，绘制 100 个二分类样本的 ROC 曲线与曲线下面积（Area Under the Curve，AUC）的值。AUC 值表示模型的综合性能，AUC 值越接近 1，模型性能越好。例如，在信用卡欺诈检测中，使用 ROC 曲线分析不同阈值下的模型表现，有助于选择最优的决策阈值。

然而，对于多分类任务，上述常规的评估指标往往不能充分反映模型在各类别上的表现，尤其

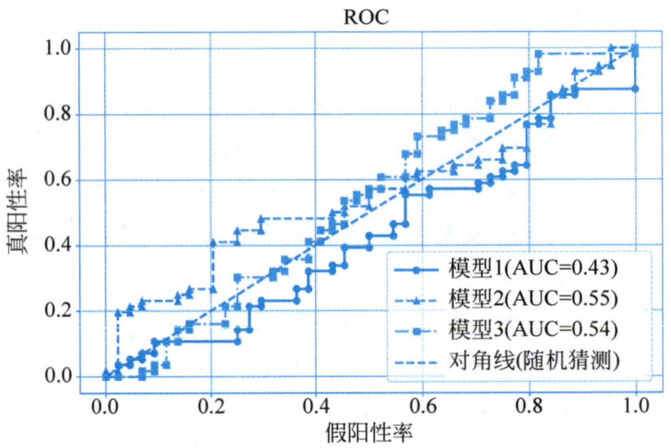

图 3.2 ROC 曲线示例

是在数据集中某些类别的样本数量极少的情况下。为了更好地评估模型在不平衡数据集上的性能，通常采用宏平均（Macro Average）和加权平均（Weighted Average）等方法。宏平均是通过分别计算每个类别的精确率、召回率或 F1 值，然后对这些指标进行算术平均得到的。这种方法的优点是不会因为某个类别样本数多而偏向该类别，而是对所有类别的评估给予同等权重。宏平均能够提供各个类别表现的公平视角，但在类别不平衡的情况下，可能会过于强调少数类的表现，从而忽略了大类别的优势。相比之下，加权平均则是根据每个类别的样本数量对各类别的评估指标进行加权求平均，这意味着样本较多的类别对整体评估的影响较大。这种方法能够更好地反映模型对大类别的表现，但可能会掩盖少数类别的性能，尤其是当少数类的预测效果较差时。

此外，在如信息检索和推荐系统等任务中，AI 模型输出结果的分数排序也尤为重要，而传统的精确率和召回率等指标难以刻画排序质量，因此引入了一系列基于排序的评价指标，如平均倒数排名（Mean Reciprocal Rank，MRR）、归一化折扣累计增益（Normalized Discounted Cumulative Gain，NDCG）等。这些指标在继承精确率和召回率基本思想的同时，进一步考虑了结果的排序位置，从而能够更有效地评估对排序敏感的算法性能。

在评估 AI 模型的过程中，考虑到深度学习等方法在训练过程中引入了随机梯度下降、概率采样等随机过程，模型的实际效果会产生一定的波动，给模型评估带来了稳定性与泛化性问题。交叉验证是一种用于评估模型稳定性和泛化能力的技术，能够有效减少因数据划分带来的偶然性影响。其核心思想是将数据集多次划分，分别用于训练和验证，从而更全面地评估模型的性能。常用的交叉验证方法之一是 K 折交叉验证（K-Fold Cross-Validation）。在 K 折交叉验证中，数据集被划分成 K 个大小相似的子集（或称“折”）。然后，交替地将其中一个子集作为验证集，其余 $K-1$ 个子集作为训练集，模型依次在每轮进行训练和评估。这一过程会持续 K 次，以确保每个子集都被用作一次验证集。记录每次验证的结果（如准确率、F1 值等），最后计算 K 次结果的平均值，作为模型的整体评估指标，如图 3.3 所示，其中阴影框所代表的子集被用作验证集，验证每次模型训练的效果。通过 K 折交叉验证可以减少结果的偶然性，能够更高效地利用数据，获得更全面的性能评估，但是其计算开销较大，使得模型选择过程变得复杂。

除了 K 折交叉验证，还有几种常用的交叉验证方法，适用于不同的场景。留一交叉验证将数据集分成与样本数量相同的子集，每次只用一个样本作为验证集，其他样本用于训练。这种方法特别适用于数据集较小的情况，但计算开销较大。分层 K 折交叉验证用于分类任务中数据不均衡的情况。在分层 K 折交叉验证中，数据集在划分时会保持各个类别的比例一致，保证每个折中的

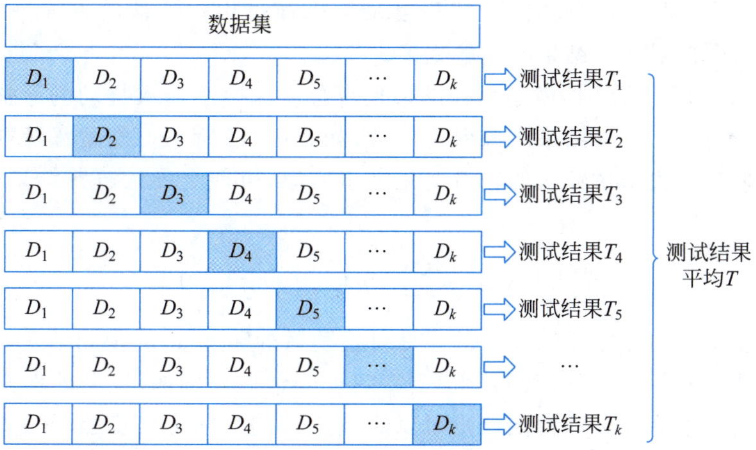

图 3.3 K 折交叉验证

类别分布与整体数据集一致，从而使模型评估结果更加可靠。时间序列交叉验证适用于时间序列数据，训练集和验证集的划分顺序严格按照时间排序，以保证模型能够反映实际应用中的时间依赖关系。

3. 其他评估指标

在算法评估中，除了常规的准确率、精确率和召回率等指标外，其他评估维度同样重要。尤其是在复杂任务中，衡量AI算法能否有效解决实际问题，不仅要关注性能指标，还需考虑模型的可解释性、稳健性等关键因素，以确保其在不同场景下的可靠性和适用性。其中，可解释性是重要评估方面之一，尤其在医疗、金融和法律等领域，模型不仅要求具备高精度，还需要提供透明、易于理解的决策依据供人类参考。为此，研究者提出了保真度、逻辑一致性、可解释度量和稳定性等指标量化模型的可解释性。保真度(Fidelity)是指模型的解释是否能够准确地反映其真实的决策过程。较高的保真度意味着解释能够真实地反映模型的预测行为。在局部可解释模型中，保真度可以通过比较模型原始输出与解释生成的预测结果的差异来衡量，如式(3.5)所示。

$$\text{Fidelity}=\frac{1}{n}\sum_{i=1}^{n}|f_\theta(x_i)-f(x_i)| \tag{3.5}$$

其中，$f_\theta(x_i)$是原始模型在输入x_i上的预测值；$f(x_i)$是解释模型在相同输入x_i上的预测值；n是样本数量。

逻辑一致性(Logical Consistency)衡量的是模型的解释是否遵循一定的逻辑规则。例如，沙普利增量解释(SHapley Additive exPlanations，SHAP)[20]值常被用来衡量各特征对预测结果的贡献是否符合某种一致性原则，即每个特征的贡献值应该合理反映其在预测中的作用。若特征的贡献值出现异常波动，则说明解释模型存在逻辑不一致问题。如式(3.6)所示，如果两个输入样本的SHAP值差异过大，可能意味着模型在同样特征下的解释不一致。为了保持逻辑一致性，解释应该在相似输入下保持相对稳定。

$$\Delta\phi(i,j)=|\phi(f,x_i)-\phi(f,x_j)| \tag{3.6}$$

其中，$\phi(f,x)$表示在输入x上的SHAP值；x_i和x_j是不同的输入样本。

可解释(Interpretability)度量指标旨在量化解释的清晰度和易懂性。通常，解释模型的复杂度越低，其可解释性越强。例如，基于决策树的解释往往比神经网络更易理解，因为决策树提供了明确的规则和路径。神经网络的解释需要通过复杂的技术(如LIME[17]或SHAP[20])进行，而这些方法本身可能并不直观。一般而言,可解释度量可以通过用户评估的方式进行,即通过问卷调查或实验验证,评估用户对解释结果的理解程度。

稳定性(Stability)则用来评估模型解释结果是否会受到微小输入扰动的干扰。稳定的解释意味着在相似的输入条件下,解释结果应该保持一致,如式(3.7)所示。模型解释的稳定性是一个重要的质量指标,如果解释模型对输入的轻微变化过于敏感,可能会导致解释结果不可靠,难以被用户所接受。

$$\text{Stability}=\frac{1}{n}\sum_{i=1}^{n}\mid g(x_i)-g(x_i')\mid \tag{3.7}$$

其中,$g(x_i)$是对输入 x_i 的预测结果;$g(x_i)$是对扰动后的输入 x_i'的预测结果。

通常,可解释性指标相互关联,共同影响模型的可解释性。例如,较高的保真度通常伴随着较好的逻辑一致性,而可解释度量和稳定性则可以通过用户的反馈进一步验证。如果在保证模型性能的同时,能够通过优化这些可解释性指标,提高 AI 算法的透明度和可靠性,便能更好地使 AI 模型在高风险领域获得信任。

另一个重要的评估指标是生成质量,这一指标主要适用于生成模型,如生成对抗网络和变分自编码器等。生成质量衡量的是模型生成数据的真实性和多样性,通常通过一些标准来评估,如 Inception 分数(Inception Score,IS)[21]和弗雷歇初始距离(Frechet Inception Distance,FID)[22]等。IS 主要评估生成图像的多样性和质量,如式(3.8)所示。

$$\text{IS}=\exp(E_x[D_{\text{KL}}(P(y\mid x)\parallel P(y))]) \tag{3.8}$$

其中,$P(y|x)$是生成图像类别预测的分布,表示生成图像属于不同类别的概率;$P(y)$是所有生成图像类别的平均概率分布,反映了生成模型的多样性。

而 FID 则通过衡量生成图像和真实图像之间的特征差异评估生成质量,如式(3.9)所示。

$$\text{FID}=\parallel \mu_{\text{r}}-\mu_{\text{g}}\parallel^2+\text{Tr}(\sigma_{\text{r}}+\sigma_{\text{g}}-2(\sigma_{\text{r}}\sigma_{\text{g}})^{1/2}) \tag{3.9}$$

其中,μ_{r} 和 σ_{r} 是来自真实图像特征的均值向量和方差矩阵;μ_{g} 和 σ_{g} 是来自生成图像特征的均值向量和方差矩阵;Tr 表示矩阵的迹。

总的来说,模型的评估涉及的维度十分广泛,不仅仅局限于传统的效率、准确性等方面,还涉及模型的可解释性、生成质量等多个层面。这些指标在不同维度上的综合评估能够进一步帮助开发者以及自动化工具更全面地理解算法的优缺点,从而选择最合适的算法。

3.3 自动超参数优化

机器学习模型的性能不仅依赖于算法的选择和数据的质量,还深受超参数设置的影响。超参数是模型在训练前需要手动设定的参数,如学习率、正则化强度和网络结构参数等。这些超参数的选择往往直接决定了模型的学习能力、泛化能力和最终的性能表现。然而,手动调整超参数既耗时又需经验,且在面对复杂模型和高维超参数空间时,寻找最优超参数组合的难度急剧增大。因此,如何高效地进行超参数优化,成为提升机器学习模型性能的关键。

3.3.1 问题定义

自动超参数优化(Automated Hyperparameter Optimization)旨在通过算法化手段,自动搜索超参数空间,找到最优或近似最优的超参数组合。这种方法不仅提高了模型的训练效率,还在一定程度上降低了对领域专业知识的依赖。通过结合多种优化策略和工具,自动超参数优化为机器学习应用提供了更为广泛和深刻的支持,尤其在大规模数据集和复杂模型中显示出不可或缺的价值。

3.3.2 免模型超参数优化

免模型超参数优化方法不依赖于模型的具体结构或训练过程,而是通过系统地探索超参数空间,以寻找最佳参数组合[23,24]。这类方法往往无须执行完整模型训练流程,而是依托性能指标的快速评估机制实现参数调优。下面讨论几种常用的免模型超参数优化方法。

1. 网格搜索

网格搜索(Grid Search)[25,26]是一种常用的超参数优化方法,通过系统地遍历预定义的超参数组合,以寻找实现模型性能最佳的参数配置。在免模型超参数优化的背景下,网格搜索的简洁性和易于实现使其成为许多机器学习任务中的首选策略,尤其是在计算资源充足时。网格搜索的基本思想是针对每个超参数设定一组离散的取值,然后生成所有可能的组合进行模型训练和评估。在实际操作中,网格搜索的步骤包括以下两方面。首先,确定要优化的超参数及其对应的取值范围。例如,对于深度学习模型,常见的超参数包括学习率、批次大小、正则化系数以及网络层数等;其次,生成超参数的组合,通过设定每个超参数的具体取值,网格搜索创建一个超参数空间,其中每个点代表一种模型配置。

网格搜索的优点在于其全面性和可解释性。通过穷举所有可能的超参数组合,网格搜索能够找到全局最优解,特别是在搜索空间较小的情况下。模型性能的提升通常可以通过实验结果直观反映出来,使得超参数优化过程透明且易于理解。此外,网格搜索的实现较为简单,许多机器学习框架都提供了现成的网格搜索工具,用户可以轻松地进行超参数调优。

然而,网格搜索也存在显著的缺点。由于其穷举式的特性,当超参数空间较大时,网格搜索的计算开销随超参数数量和取值范围的增加而迅速上升。在大多数实际应用中,超参数空间往往是高维的,这导致网格搜索可能需要数小时、数天甚至更长的时间才能完成。这样一来,计算资源的浪费和时间的消耗使得网格搜索在复杂模型和大规模数据集上的应用受到限制。尽管网格搜索在效率上存在局限性,但它在超参数优化中的重要性不可忽视。特别是在处理小规模数据集或模型时,网格搜索仍然能够提供可行的解决方案,帮助研究者快速识别最佳超参数配置。在实际应用中,网格搜索常与其他方法结合使用,形成混合优化策略,以便在保证性能的同时降低计算成本。

2. 随机搜索

随机搜索(Random Search)[27]是一种用于超参数优化的简单而高效的方法,通过在超参数空间内随机采样多个组合寻找模型的最佳配置。与网格搜索的穷举策略不同,随机搜索不会遍历所有可能的超参数组合,而是从每个超参数的预定义取值范围中随机选择若干样本进行评估。这种策略降低了计算成本,提升了优化效率,尤其在高维度或超参数空间较大时表现优异。随机搜索的核心思想是通过概率性探索取代确定性穷举。在实际操作中,需为每个超参数定义连续型或离散型概率分布。系统在搜索过程中随机抽取若干组超参数组合,训练模型并在验证集上评估其性能。随机搜索的灵活性使其能够跳过大量冗余组合,避免了网格搜索中相同超参数之间的重复计算。每次采样得到的模型配置都是独立的,因此在计算资源允许的情况下,随机搜索的过程可以并行化,显著提升搜索速度。

与网格搜索相比,随机搜索的主要优势在于其效率和适应性。在高维搜索空间中,网格搜索的计算开销呈指数级增长,而随机搜索能够在有限计算预算内找到高性能的模型配置。研究表明,当部分超参数对模型性能的影响较大,而其他超参数影响较小时,随机搜索能够比网格搜索更快地找到优质解[27]。因为随机搜索更倾向于探索不同区域的超参数组合，而不是集中于某些固定的网格点。随机搜索还具有较好的扩展性，它可以轻松处理连续型和离散型超参数，并且适用于多种机器学习模型和深度学习网络的优化任务。例如，在优化卷积神经网络的过程中，随机搜索可以同时调节学习率、卷积核大小和层数，而不需要为每个参数设定严格的固定组合。由于每个采样都是独立的，随机搜索也非常适合分布式计算环境，在多个计算节点上同时评估不同的超参数组合。

尽管随机搜索在效率和灵活性上具有明显优势，但其效果依赖于采样数量和超参数空间的设计。在搜索预算有限的情况下，随机搜索的采样结果可能存在较大的方差，导致部分优质配置被忽略。因此，在实际应用中，用户通常需要根据计算资源和任务需求调整采样数量，以找到性能与资源之间的最佳平衡。

3. 树结构贝叶斯优化

树结构帕尔逊估计器(Tree-structured Parzen Estimator，TPE)[28-30]是一种基于概率模型的超参数优化方法，相较于网格搜索和随机搜索，它能够更智能地探索超参数空间。TPE 通过构建概率模型，对超参数空间中的不同区域进行密度估计，从而有针对性地选择更有潜力的参数组合。这种方法尤其适用于高维搜索空间和复杂模型，因为它可以动态地调整探索方向，提高优化效率。TPE 的基本思想是将超参数的采样过程视为一个贝叶斯优化问题。在每次迭代中，TPE 会根据已有评估结果更新参数的概率分布，重点探索那些在历史评估中表现较好的区域。具体来说，TPE 将超参数空间中的采样点划分为两部分：一部分是性能较优的点集，另一部分是性能较差的点集。通过对这两部分点集的概率密度进行估计，TPE 构建出一个条件概率模型，用于引导下一次的超参数选择。相比于随机搜索的无序采样，TPE 能够集中资源探索到更具潜力的参数组合。

在实现过程中，TPE 使用两种密度估计函数描述性能优良点集和差表现点集的分布。根据这些密度估计，TPE 计算出一个采集函数(Acquisition Function)，用于选择下一个待评估的超参数组合。这个采集函数通过在参数空间中寻找使条件概率最大化的点，从而引导搜索过程不断向更优解靠近。由于每次采样都依赖于当前的模型评估结果，TPE 具有一定的自适应能力，能够根据任务进展动态调整搜索方向。TPE 优势在于其高效性和精确性，在高维超参数空间中，传统的穷举法和随机法容易陷入计算瓶颈，而 TPE 能通过概率模型的指导，快速缩小搜索范围。特别是在面对计算成本较高的模型(如深度神经网络)时，TPE 可以在较少的评估次数下找到性能接近最优的超参数组合。此外，由于 TPE 的优化过程是渐进式的，每轮迭代的结果都会用于更新概率模型，这使得它在长期的优化过程中表现稳定。

TPE 在多种机器学习和深度学习任务中得到了广泛应用。例如，在神经网络的超参数优化中，TPE 能够有效地调整学习率、网络深度、激活函数类型等关键参数，从而提升模型性能[30]。在自动化机器学习系统中，TPE 常用于复杂搜索任务，如集成学习模型的参数选择和混合模型的优化。TPE 的高效性使其成为超参数优化工具中的核心算法，并在大规模数据集和分布式计算环境中展现出良好的适应性。尽管 TPE 的计算复杂度比随机搜索略高，但它在评估次数有限的情况下能够显著提升搜索效果，这使得它特别适合计算资源受限的场景。在实际应用中，TPE 常被用作超参数优化流程中的关键组件，为用户提供更高效、更智能的优化方案。通过动态调整搜索策略，TPE 不仅能够减少不必要的计算，还能更快地找到高性能的超参数配置，使其在大规模模型优化中展现出重要价值。

4. 遗传算法

遗传算法(Genetic Algorithm，GA)是一种基于自然选择和生物进化启发的优化方法，在超参数优化任务中通过模拟遗传和进化过程，逐步筛选出高性能的参数组合[31-35]。它将超参数的搜索视为种群演化的过程，通过选择、交叉和变异等操作优化参数配置，使得经过多代进化后的参数组合在目标任务上达到最优。

遗传算法在超参数优化中的基本步骤如下。首先，系统会随机初始化一个包含若干超参数组合的种群，每个个体(即参数组合)代表一种模型配置；接着，对种群中的每个个体进行评估，计算其适应度(Fitness)，即在验证集上的性能表现；随后，系统根据个体的适应度选择优秀的个体作为父代，并通过交叉和变异操作生成新的参数组合，构成下一代种群。这个过程不断重复，直至找到最佳超参数组合或达到预设的迭代次数。

1) 初始化与种群生成

初始化阶段生成多个超参数组合，组成初始种群。为了保证种群的多样性，系统通常会在各个超参数的取值范围内随机采样。例如，对于一个卷积神经网络的优化任务，种群中的个体可能包括不同的学习率、卷积核大小、层数和正则化系数的组合。

2) 适应度评估与选择

在每代中，系统会评估种群中每个个体的适应度。适应度通常由模型在验证集上的性能决定，如准确率或损失值。适应度高的个体有更高的概率被选为下一代的父代。常见的选择策略包括轮盘赌选择(Roulette Wheel Selection)和锦标赛选择(Tournament Selection)，它们分别基于概率和竞争决定哪些个体进入下一代。

3) 交叉操作与新个体生成

交叉(Crossover)操作模拟生物遗传中的基因重组，将两个或多个父代个体的超参数部分组合成新的个体。典型的交叉方法包括单点交叉和多点交叉，例如可以将两个父代的不同层数或学习率组合成一个新的超参数配置。交叉操作使得种群能够保留父代的优秀特性，同时探索新的参数组合。

4) 变异操作与多样性保持

变异(Mutation)操作通过随机修改个体的某些超参数值，引入新的多样性，以避免种群陷入局部最优。例如，在变异操作中，系统可能会将某个个体的学习率从0.01调整为0.001，或改变卷积核的大小。在算法使用过程中，通常将变异的概率设置得较低，以确保搜索过程以父代的优秀特性为基础进行优化。

遗传算法的优势在于其强大的全局搜索能力和适应性，它能够在复杂的高维搜索空间中发现优秀的超参数组合，即使在搜索空间包含大量不规则或非凸结构时，遗传算法也能通过代际进化逐步逼近全局最优解。由于每代种群中的个体彼此独立，遗传算法还非常适合并行计算环境，可以将不同个体的评估任务分配给多个计算节点，进一步提升搜索效率。

在实际应用中，遗传算法已广泛用于神经网络的超参数优化和机器学习模型的参数调优。例如，在CNN中，遗传算法能够同时优化学习率、批次大小和层数，使得模型在多个目标上取得平衡。

5. 贝叶斯优化

贝叶斯优化[36-40]是一种基于概率模型的超参数优化方法，旨在通过构建代理模型，对超参数空间中的未知区域进行智能探索，以便找到性能最优的参数配置。与网格搜索和随机搜索不同，贝叶斯优化不会依赖于盲目的遍历或随机采样，而是通过利用已评估参数的结果来推断未来探索方向，从而在尽可能少的评估次数内找到高性能的超参数组合。这种方法在计算资源有限、评估代价较高的场景中表现尤为出色。贝叶斯优化的核心思想是将超参数优化问题视为一个黑箱优化问题。在黑箱模型中,无法直接获取目标函数的显式形式,只能通过离散的超参数组合进行查询(即训练和验证模型),得到其在验证集上的表现。贝叶斯优化通过使用概率模型(如高斯过程)估计不同超参数组合的性能分布,并在此基础上选择最优的采样点进行下一轮评估[41]。其优势在于能够智能地平衡探索和开发,既探索未知的高潜力区域,又充分利用已有的评估结果。

1) 代理模型与性能估计

贝叶斯优化的第一步是构建代理模型,用于估计超参数空间中的性能分布。最常用的代理模型是高斯过程,它能够捕捉超参数与模型性能之间的非线性关系,并提供不确定性估计。具体来说,高斯过程为每个待评估的超参数组合提供一个性能预测值和相应的不确定性,从而帮助系统确定下一步探索的方向。

2) 采集函数与决策机制

贝叶斯优化的关键在于使用采集函数平衡探索和开发。常见的采集函数包括期望改进、最大值概率和上置信限。这些函数根据代理模型的预测结果和不确定性,选择那些既有可能提升模型性能,又具备较高探索价值的超参数组合。例如,期望改进函数会优先选择那些预测值较高且不确定性较大的超参数点,从而避免陷入局部最优。

3) 迭代优化过程

贝叶斯优化采用迭代式的过程。在每轮迭代中,系统根据代理模型的预测和采集函数的结果,选择一个新的超参数组合进行模型训练和验证,并将评估结果反馈给代理模型用于更新。随着迭代的进行,代理模型会逐渐对超参数空间形成更精确的估计,从而提高采样点的质量。最终,当达到预设的评估次数或性能目标时,系统输出最优的超参数配置。

贝叶斯优化的主要优势在于其计算效率和智能探索能力。它通过构建性能代理模型和使用采集函数,有效减少了不必要的模型评估,特别适用于那些单次评估代价高昂的深度学习任务。在实践中,贝叶斯优化已广泛应用于神经网络的超参数优化,如用于调整学习率、正则化参数和网络结构的关键超参数。此外,贝叶斯优化在强化学习、自然语言处理等领域也展现了良好的适应性。由于贝叶斯优化依赖于代理模型进行性能预测,它在高维度和复杂的超参数空间中可能面临一些局限,如维度灾难[40]、样本效率[36]等。然而,改进版本的贝叶斯优化算法(如基于梯度的贝叶斯优化和分布式贝叶斯优化)正在逐步解决这些问题[42],使其在大规模任务中得到更广泛的应用。

3.3.3 近似超参数优化方法

在现代机器学习实践中,面对大规模数据和复杂模型,超参数优化的计算成本和时间开销往往不可忽视。为了提高超参数优化的效率,近似超参数优化方法应运而生。这些方法通过借助智能策略,避免每次都进行完整的模型训练,从而实现高效的超参数调优。下面将详细介绍几种主要的近似超参数优化方法。

1. 早停

早停(Early Stopping)[43-45]是一种常用的超参数调优技术,旨在防止模型在训练过程中的过拟合。具体而言,在模型训练期间,持续监测验证集的性能。当验证集的性能在经过若干次迭代后不再提升时,便停止训练。这种方法不仅能够节省计算资源,还能避免因过拟合而导致的模型性能下降。在超参数优化过程中,早停策略可以与其他优化算法结合使用,作为评估模型性能的有效手段,减少不必要的训练次数。

2. 连续对半算法

连续对半算法(Successive Halving)[46]是一种高效的超参数优化方法,适用于大规模超参数空间的快速探索。其核心思想是通过逐步缩小候选超参数的集合寻找最优解。具体步骤如下：首先，初始时，在超参数空间内随机选择多个候选组合，并对每个组合进行一定数量的训练；其次，根据验证集的性能，保留表现最佳的一部分组合，其他组合则被淘汰；接下来，针对保留的组合进行更多训练，并重复这一过程，直至最终得到最佳超参数组合。连续对半算法的优势在于通过逐步筛选，显著减少了模型评估的次数，使得在有限的计算资源下，能够更高效地探索超参数空间。

3. 超带

超带（Hyperband）[47,48]是一种结合了随机搜索和连续对半算法的超参数优化方法，旨在最大化资源的使用效率。该方法通过分配资源（如训练时间）评估超参数组合的表现。与连续对半算法不同，超带同时进行多组超参数组合的评估，快速淘汰表现不佳的组合，并将资源集中于表现良好的组合上。超带利用了多臂老虎机问题的思想，在不同的超参数组合之间分配资源，从而加速收敛，减少不必要的计算开销。这一方法在处理大规模超参数空间时展现出很大的灵活性和有效性，成为现代机器学习中一种颇具前景的优化策略。

4. 集成近似优化方法

集成近似优化方法[49]通过结合多种优化策略，进一步提升超参数优化的效果。这些方法的核心在于利用多种算法的优势，动态平衡不同算法的探索能力与局部最优解的风险。例如，可以将贝叶斯优化与随机搜索结合，利用贝叶斯模型的全局探索能力以及随机搜索的随机性防止局部最优解。通过这种集成策略，研究者能够在更广泛的超参数空间中进行高效探索，从而更有可能找到优质的超参数组合。

近似超参数优化方法为机器学习实践提供了高效的解决方案，尤其在面临大规模数据和复杂模型时。这些方法通过智能化的策略，不仅提高了超参数优化的效率，还在一定程度上降低了对计算资源的需求。随着机器学习技术的不断进步，未来的研究将继续探索更加高效、智能的超参数优化方法，以推动机器学习领域的进一步发展和应用。在此基础上，研究者和从业者可以更自信地开展各类机器学习任务，挖掘更深层次的数据潜力。

3.4 元学习

在传统的机器学习中，模型通常依赖于大量数据学习特定场景下的任务。然而，当应用场景发生变化时，这些模型往往需要重新进行训练，甚至可能无法有效适应新的数据。这种现象与人类学习的方式形成了鲜明对比。想象一下，一个小朋友在成长过程中接触了各种各样的物体和照片，即使他只看了几张狗的图片，也能够很快将狗与其他物体区分开来。这种快速学习和适应新任务的能力，正是元学习（Meta Learning）所追求的目标[50]。元学习也被称为“学习如何学习”（Learning to Learn），其核心在于提升模型的适应性和泛化能力，使模型能够在有限的数据和经验下快速掌握新任务[51]。如图 3.4 所示，元学习通过在多个已知任务上进行学习，实现模型在新任务上的快速适应。

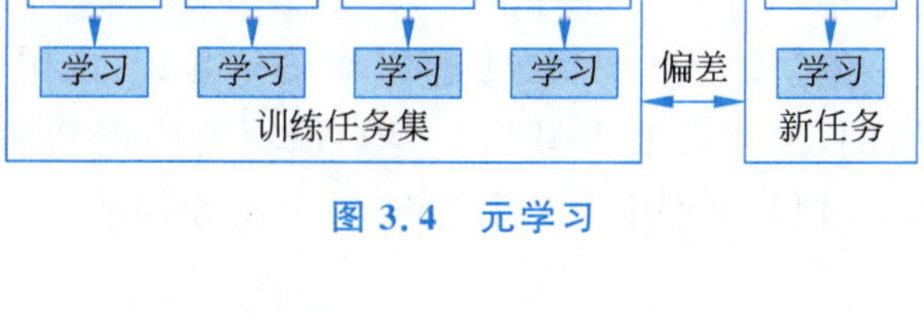

图 3.4 元学习

传统的机器学习和深度学习模型通常依赖于特定任务的大量数据进行训练,模型对这些特定任务的表现虽出色,但一旦面临新任务或新环境,就需要大量数据和重新训练保持效果,成本和时间花费都很高。而元学习通过"跨任务学习"将学习目标从解决单一任务提升为一种通用的"学习能力",能够以高效、灵活的方式快速适应新任务,显著减少了重新训练的代价。

元学习通过构建一种更通用的学习机制,突破了传统模型在应对新任务上的局限,其目的是"培养模型的学习能力",使智能算法不仅能够针对特定任务提出解决方案,还能从少量新数据中迅速提取有用信息并适应新的任务。例如,在图像识别任务中,传统的图像分类模型需要成千上万张样本图片的数据训练学习新类别的特征,而元学习模型只需少数几张示例图像即可达到相当的准确率,从而节省大量的标注成本和数据资源[52]。这种"少样本学习"(Few-Shot Learning)的能力使得元学习在数据稀缺、任务多变、个性化需求强的场景中表现出色。元学习的价值不仅体现在其理论上的创新性,也在应用上展示出很大的潜力,其思想成功应用于医疗诊断[53]、实时监控[54]、无人驾驶[55,56]、个性化推荐[57]等多个领域,显著地降低了对大数据的依赖并提升了适应能力。例如,在医疗领域,元学习通过多任务经验积累实现对新病例的关联学习,从而让机器具备类似于医生对新病例的快速适应与诊断能力[58]。在图像识别任务中,元学习方法使模型能够在有限数据下准确识别新类别,这在医疗、安防和自动驾驶等需要少样本学习的场景中表现尤为突出。此外,元学习在自然语言处理中的快速语言适应和迁移学习也逐步得到应用,如通过记忆过去的语言结构来推断新的语言模式,或通过在多语言任务上的训练来增强语言转换能力,使模型在新语言上具有较强的迁移能力。

本节将从三个主要方面对元学习进行介绍:基于优化的元学习方法、基于模型的元学习方法和基于度量的元学习方法[59]。基于优化的元学习方法专注于改进学习算法本身,以提高模型在新任务上的学习速度和准确性。基于模型的元学习方法则通过设计特定的学习架构,使得模型能够更有效地提取和利用先前的经验,进而应对新的挑战。而基于度量的元学习方法则强调通过比较样本之间的相似性,实现快速学习和高效分类。

从更广泛的角度来看,元学习的崛起为 AI 的发展带来了新的方向,即不再仅依赖于数据量的增加和模型复杂度的提升获得更好的性能,而是更多地强调模型的学习适应能力。在未来的应用场景中,元学习将推动机器学习从大数据时代向"小数据"时代迈进,帮助智能系统高效、迅速地适应新任务和新场景,减少数据标注成本和训练时间,显著提高 AI 系统的应用效率[60]。进一步,本节将更深入地讨论元学习的三大核心方法,并详细介绍其在图像识别、自然语言处理、机器人学习等多领域的应用前景。

3.4.1 基于优化的元学习方法

基于优化的元学习方法旨在通过改进学习算法和训练过程,使模型能够在新任务上快速适应。与传统的机器学习方法依赖于大量数据进行训练不同,基于优化的元学习方法强调的是在少量数据的基础上提升学习效率。这种方法通常通过优化学习过程中的参数更新规则,加速模型的适应能力。

一个典型的基于优化的元学习方法是模型无关元学习(Model-Agnostic Meta-Learning,MAML)[61]。MAML 的核心思想是通过在多个任务上进行训练,使得模型能够通过少量的梯度更新就适应新任务。具体而言,是指训练一组初始化参数,模型通过初始化参数,仅用少量数据就能实现快速收敛的效果。为了达到这一目的,模型需要大量的先验知识不停修正初始化参数,使其能够适应不同种类的数据。MAML 训练过程中使用了一组任务,每个任务都从一个共享的初始化参数开始。

模型在每个任务上进行多次更新，之后再对这些任务的性能进行评估。通过这种方式，模型学会了如何在任务之间共享知识，从而在面对新任务时，能够迅速调整参数，达到较高的准确性。

MAML 的优势在于其通用性和有效性。它可以应用于多种类型的模型和任务，无论是分类、回归，还是强化学习等。此外，MAML 已在许多实际应用中表现出色，如图像分类、自然语言处理等领域[62]。

另一个重要的优化方法是自适应学习率调整[63]。在基于优化的元学习方法中，模型可以根据不同任务的特点动态调整学习率。这种自适应机制使得模型能够在面对不同的任务时，选择最合适的学习策略，从而加快收敛速度并提高性能。具体实现方式是利用梯度信息估计任务的难度，从而使模型根据任务的特性动态选择学习率。对于难度较大的任务，模型使用较小的学习率，以避免在优化过程中产生较大的波动；而对于简单的任务，模型则可以使用较大的学习率加快收敛速度；自适应学习率的实现也可以通过不同的优化算法来达到。例如，使用 Adam[64]、RMSprop[65] 等自适应优化算法，这些算法能够根据历史梯度信息自动调整学习率，从而实现更快速地收敛。学习率调度策略可以在训练过程中动态调整学习率。例如，可以在训练的初期使用较大的学习率，在模型逐渐收敛时逐步减小学习率，以确保模型能够找到全局最优解。

基于优化的元学习方法还包括几种其他策略，如记忆增强的优化方法，这些方法通过引入记忆机制，使得模型能够保留和利用过去的经验，以便在新任务上更快地学习[66]。此外，记忆增强的优化方法也能够结合迁移学习的理念，在多个相关任务上进行训练，可以提高模型的泛化能力。通过共享不同任务间的知识，模型能够在新任务上更快地收敛，提升整体性能。

总之，基于优化的元学习方法为机器学习模型赋予了快速适应新任务的能力，这一能力在现实世界中具有广泛的应用前景。无论是在医疗诊断、个性化推荐还是自动驾驶等领域，基于优化的元学习都能显著提高模型的灵活性和效率，使其能够在变化莫测的环境中迅速响应并作出决策。通过不断优化学习过程，这些方法为未来智能系统的设计和实现提供了新的思路。

3.4.2 基于模型的元学习方法

基于模型的元学习方法是元学习领域的重要分支之一。其核心思想是通过设计具有灵活结构和适应性的模型，使其在处理新任务时能够快速更新和调整[67,68]。与其他元学习方法相比，基于模型的元学习方法更加注重模型的结构设计和信息存储机制，以便满足不同任务需求[69]。这种方法特别适用于少样本学习和在线学习环境[70,71]，因为它能够在数据有限的情况下快速适应新任务，从而在图像识别、自然语言处理等领域展示出显著的应用潜力[72]。

1. 基于模型的元学习步骤

在元学习的框架下，基于模型的元学习方法通常会包含一个具有记忆功能的结构，如特定的神经网络组件或外部记忆单元，使模型能够“记住”先前任务的知识，并在新任务上迅速进行调整。通过任务间的共享和任务内的微调，这些模型能够在多种任务场景中表现出很高的适应性。通常，基于模型的元学习过程可以分为以下几个步骤。

(1) 任务表示和学习。将多个任务表示为任务集合$\{T_1, T_2, \cdots, T_n\}$，通过少样本数据集定义每个任务。任务的数据通过元模型进行训练，以期在新任务上也能取得较好的表现。

(2) 模型设计和更新机制。基于模型的元学习方法依赖于模型的结构设计，使其能够在少量数据下快速更新。典型的做法包括添加可更新的权重模块、任务特定的参数调整机制，以及集成外部记忆模块来增强适应性。

(3) 任务快速适应和微调。在新任务上进行微调，基于模型的元学习方法一般会利用先前任务的学习经验，通过少量迭代将模型参数调整到最优状态，快速实现高精度预测。

2. 典型模型与应用

在基于模型的元学习方法中，有几种广泛应用的模型，包括动态权重生成模型、神经注意力机制和存储强化模型。下面将讨论这些代表性模型及其特点。

动态权重生成模型通过动态生成或调整权重，实现模型在不同任务间的快速切换。一个典型的例子是元网络（Meta Network），该模型通过一个元网络生成任务特定的权重，以适应每个新任务的数据分布[67]。元网络的核心思想是为每个任务生成不同的模型参数，类似于快速的参数调节机制，使模型能够在不同任务之间进行切换。例如，在图像识别中，当模型面对新类别的物体时，可以利用少量新类别的图像生成适应当前任务的权重，从而实现精准的识别[71]。这种动态权重生成模型还在其他领域得到了广泛应用。例如，在自然语言处理领域，生成不同的权重可以让模型在不同的文本分类任务中快速适应新的语义模式，而无须大规模数据微调。通过将任务特定的知识嵌入模型中，动态权重生成模型能够在数据不足的情况下表现出良好的泛化能力。

神经注意力机制赋予模型对任务数据的重点关注能力，使模型能够有选择性地提取任务相关信息。一个典型的应用是 Meta-LSTM 模型，在其结构中融入了长短期记忆网络，以便于记忆先前任务的信息[73]。当遇到新任务时，模型可以通过记忆机制选取关键特征，快速适应新的任务需求。神经注意力机制在机器人学习中显示出很大的潜力。机器人在执行不同任务时，如抓取物体或避障，需要快速适应新环境的变化。通过在任务之间共享注意力权重，机器人可以识别并记忆特定的场景模式，从而在新任务中表现出更高的适应性。例如，机器人可以通过观察先前任务中的操作，将注意力集中在新任务的关键步骤上，从而快速执行新操作。

存储强化模型将外部存储单元集成到模型结构中，以便为模型提供一个长期记忆模块，使其在处理多个任务时具有较强的记忆和泛化能力。这类模型中最著名的例子之一是记忆增强神经网络（Memory-Augmented Neural Networks，MANN）[66]，利用神经网络与外部存储单元的结合，使模型能够在多个任务之间进行知识共享。当遇到新任务时，模型能够从存储单元中读取相关的信息，并迅速适应新任务。

在计算机视觉任务中，基于模型的元学习方法可以显著提高模型对新类别的适应能力，特别是在少样本环境下。通过在存储单元中保存不同类别的特征表示，模型能够快速将输入图像与存储特征进行匹配，从而实现准确分类。元学习方法（如元网络[67]和 MANN 模型[66]）能够在少量标注数据下，通过记忆或动态生成权重，快速适应新任务。这种结合存储和元学习的策略提高了模型的扩展性和稳健性，使其在小样本学习任务中表现出色，并能够更好地匹配新类别特征，提升识别精度。此外，在视频跟踪中，基于模型的元学习可以实现更优的在线更新效果[74]。

在自然语言处理领域，基于模型的元学习方法同样显示出强大的适应能力。在图像分类、情感分析和机器翻译等任务中，基于模型的元学习方法可以在少样本的条件下进行微调和快速适应[68]。这样的能力为模型在多领域、多语种的迁移学习提供了新的可能性。

在机器人学习中，基于模型的元学习方法为机器人快速适应新任务提供了有效的途径。基于模型的元学习方法通过记忆先前任务的关键特征或生成适应新任务的权重，使机器人能够在短时间内掌握新任务的技能。通过存储强化模型，机器人可以将之前任务中的特征嵌入外部存储单元中，在执行新任务时快速调用相关信息。这种方式特别适用于动态环境或未知环境，如在灾难救援、搜索和导航等任务中，机器人可以基于过去任务经验快速调整和优化行为模式，展现更高的学习和适应能力[75]。

3.4.3　基于度量的元学习方法

基于度量的元学习(Metric-Based Meta-Learning)方法是元学习领域的另一个重要方向[76]，其核心思想是通过学习一个适应性强的度量空间，使模型能够在不同任务之间进行有效的特征匹配和相似性计算。这种方法通常不需要显著调整模型参数，而是通过构建适当的度量标准，使模型能够快速地对新任务的数据进行分类或预测。基于度量的元学习方法具有实现相对简单、效率高的特点，尤其适合少样本学习和零样本学习等场景。

1. 基于度量的元学习步骤

在元学习的框架下，基于度量的元学习模型通过学习一个特定的度量空间度量新样本与已有样本之间的相似性。该方法通常涉及下面几个步骤。

(1) 任务表示和样本构建。将任务表示为多个不同类别的少样本集合，称为支持集(Support Set)，并引入待分类或预测的查询集(Query Set)；通过在支持集样本之间建立相似性度量模型，可以将查询集中样本与支持集进行对比，完成任务。

(2) 度量空间学习。基于支持集样本，模型学习一个度量空间，能够量化新样本和支持集样本之间的距离或相似性。常见的度量空间包括欧氏距离、余弦相似度等，模型可以通过这些度量快速进行样本间的相似性计算。

(3) 少样本预测和分类。当模型完成度量空间的学习后，可以通过在查询集中寻找与支持集最相似的样本类别完成预测。模型无须通过大量数据更新参数，而是直接依赖学习的度量空间，能够在新的任务上快速获得准确结果。

2. 典型算法与应用

1) 三种典型算法

基于度量的元学习方法中最经典的算法包括原型网络[77]、匹配网络[78]、关系网络[76]等。其中，原型网络是一种简单而高效的基于度量的元学习方法，该方法假设每个类别都可以由支持集样本的特征均值表示为一个原型向量[77]。具体而言，对于一个任务内的每个类别，模型首先计算该类别样本的均值向量，并将其视为该类别的原型。在分类过程中，查询集中的每个样本都与每个类别的原型计算距离(通常为欧氏距离)，将其分配给距离最小的类别。原型网络的优势在于，它不依赖大量样本训练参数，而是通过一个简单的原型向量就可以表示每个类别，从而适用于少样本场景。该方法特别适用于图像识别任务，如在半监督任务中，原型网络可以有效地对发生的变化或新出现的类别进行快速识别[79]。

匹配网络是一种利用度量学习的神经网络，通过计算查询样本和支持集样本之间的相似度实现分类。不同于原型网络，匹配网络采用了注意力机制，允许模型在每个任务中为支持集中的每个样本分配权重，从而对查询集样本进行分类[78]。具体而言，匹配网络通过一种"上下文嵌入"机制，将每个支持集样本和查询集样本嵌入同一个度量空间，然后通过余弦相似度或其他度量方法，计算查询样本与支持样本的匹配得分。匹配网络的创新之处在于引入了注意力机制，使模型可以在不同任务中适应不同的类别分布。其效果尤其适用于零样本或小样本的分类任务，如文本匹配和图像分类等场景。通过注意力机制，模型能够根据每个任务的特征自适应地调整度量标准。

关系网络不同于前两种方法，关系网络不是直接使用传统的距离度量(如欧氏距离或余弦相似度)，而是通过一个神经网络学习样本之间的关系[76]。具体而言，关系网络首先使用卷积神经网络将支持集样本和查询样本映射到高维特征空间，然后通过一个关系模块(通常是全连接网络)预测查询样本与支持集样本之间的相似性分数。这种方法的优势在于，通过关系模块的学习，模型可以自动找到支持样本和查询样本之间的最佳关系特征，适用于复杂的样本关系匹配任务。关系网络在图像识别、视频分类等领域表现出色，因为其关系模块可以灵活地捕捉图像或视频帧之间的复杂相似性关系。

2）三种典型应用

在图像识别领域，基于度量的元学习方法因其高效的相似性度量能力，被广泛应用于少样本和零样本分类任务[71]。传统的深度学习模型往往需要大量样本来训练，但基于度量的元学习方法可以通过学习到的度量空间，在少样本的情况下实现对新类别的分类。以原型网络为例，在图像分类任务中，模型通过支持集构建每个类别的原型向量，当遇到新的查询样本时，模型可以快速地根据样本与原型的距离进行分类。这种方法显著减少了标注数据的需求，并且在新类别频繁出现的应用场景中表现出色。

在自然语言处理领域，基于度量的元学习方法同样展现出强大的适应性。在文本分类、情感分析和问答系统等任务中，基于度量的方法通过度量空间量化文本之间的相似性，从而实现快速的少样本学习。基于度量的元学习方法在多语言文本匹配和文本相似度计算方面也表现出色。尤其是在多语言环境下，匹配网络可以通过预训练嵌入模型将不同语言的文本映射到同一个度量空间，从而实现跨语言的文本匹配和分类。这种方法能够帮助模型在不同语言和领域之间进行快速迁移，提升语言模型的跨领域适应性。

在机器人学习领域，基于度量的元学习方法为机器人快速适应新环境和新任务提供了有效的工具。机器人通常需要在不同场景中执行任务，如物体抓取、路径规划等。传统的深度学习方法往往需要大量数据进行训练，而基于度量的元学习方法能够通过少量样本快速完成新任务的学习。关系网络在机器人学习中的应用尤其广泛，机器人可以利用其关系模块识别不同物体或场景之间的相似性，从而快速适应新任务。通过这种方式，机器人可以更灵活地适应动态环境，提高操作的精确度和效率。

基于度量的元学习方法具备多个显著优势。首先，基于度量的模型具有较高的效率，能够在不需要大量训练样本的情况下实现新任务的快速适应。其次，这些方法对任务参数调整的需求较低，通过度量空间的学习即可完成样本匹配，非常适合少样本学习任务。此外，基于度量的元学习方法结构简单，计算效率高，在推理过程中能够快速处理查询样本和支持集样本的相似性计算，从而降低了计算成本。

尽管基于度量的元学习方法具有较高的适应性和效率，但也面临一些挑战。首先，度量空间的构建比较依赖数据分布，当支持集样本数量过少或分布不均时，模型的泛化能力可能受到影响。其次，不同任务之间的特征差异较大时，固定的度量空间可能无法适应所有任务的需求，导致模型在新任务上的准确性下降。

3.5 神经架构搜索

随着深度学习的发展，神经网络的性能高度依赖于其架构的设计。然而，手工设计神经网络不仅费时费力，还需要大量的专家知识。因此，神经架构搜索（NAS）逐渐成为一种新兴的自动化技术，旨在自动探索神经网络架构，以替代传统人工设计过程[80]。这一方法不仅能减少人工干预，还能发现比人工设计更优的网络结构。NAS 的目标是在给定的任务和数据集上自动搜索出最佳的神经网络架构，从而优化性能，如分类准确率、模型复杂度或推理速度。

在 NAS 的框架中，搜索过程通常包含三个核心部分：搜索空间（Search Space），定义候选架构的所有可能组合；搜索策略(Search Strategy)，探索候选架构以找到最优解的方法；评价策略(Evaluation Strategy)，评估候选架构的质量。

3.5.1 搜索空间

在NAS中，搜索空间是决定整个搜索过程效果和效率的关键因素，它决定了架构搜索的范围、复杂度和灵活性。如果搜索空间设计不合理，即使有再好的搜索算法也难以找到最优的架构。因此，如何合理地设计和优化搜索空间，已成为NAS研究中的关键问题。

1. 搜索空间的基本概念

在数学上，搜索空间可以被视为一个高维离散优化空间。每维代表一个决策变量，如某一层的操作类型、网络的层数或参数选择。这些变量之间的组合构成了神经网络架构的所有可能形式。搜索空间的设计决定了NAS算法的灵活性和效率。更大、更复杂的搜索空间允许找到潜在更优的架构，但也会导致搜索时间和资源的显著增加。搜索空间需要在灵活性与计算复杂性之间取得平衡。

以卷积神经网络的NAS为例，搜索空间可能包括卷积层、池化层、归一化层和激活函数等基本构件，并定义这些构件的堆叠顺序、连接方式及其超参数设置。NAS算法在这个多维空间内搜索，选择最优的模型架构以满足特定任务需求。如图3.5所示，①和②代表了两种不同的神经网络连接模式，③表示的是两种模式的组合。从图中可看出，①和②构成了一个小型的NAS搜索空间，而③则是NAS搜索出来的其中一种神经网络的组合架构。

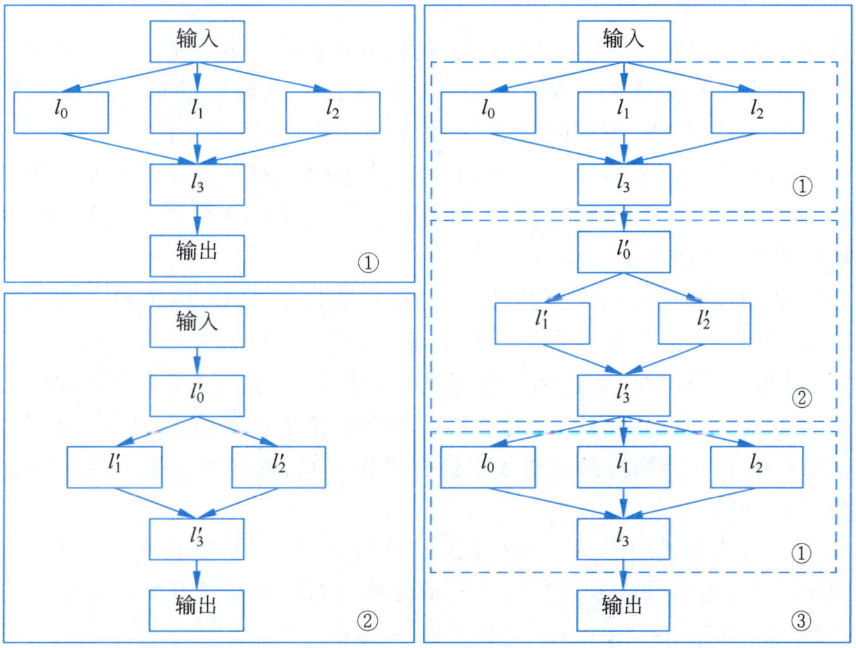

图3.5 搜索空间

2. 搜索空间的基础构成

搜索空间的基础构成决定了神经架构搜索系统可以生成和优化的架构类型。它涵盖了网络模型的基本组件、层级设计、超参数选择以及连接方式，这些要素共同定义了网络的结构与功能。合理的基础构成不仅确保了搜索空间的覆盖范围，还能避免冗余和无效架构的探索，提高搜索的效率和质量。

1）基础操作与层类型

NAS的候选架构通常由多种基本操作构成，这些操作在网络的不同层级上负责特定的功能。卷积层用于提取局部空间特征，是图像处理任务中的核心组件；池化层通过下采样减小特征图尺寸，减少计算开销；跳跃连接和残差连接则改善梯度传播，缓解深层网络的梯度消失问题。此外，归一化层（如批归一化、层归一化等）和激活函数（如ReLU、Sigmoid）在稳定训练过程和引入非线性方面也发挥着重要作用。NAS系统通常在这些基础操作中进行选择和组合，以找到满足任务需求的最佳架构。

2）连接方式与拓扑结构

层与层之间的连接方式决定了信息如何在网络中流动，不同的拓扑结构会显著影响模型的表达能力和训练效率。顺序连接是一种简单且直观的方式，将各层依次堆叠，但这种方式容易导致深层网络中的梯度消失。跳跃连接（残差连接）通过跨层连接减缓了梯度消失问题，改善了训练效果。密集连接通过让每层接收所有之前层的输出，进一步增强了信息流动和特征复用。NAS系统在搜索过程中需要探索不同的拓扑结构，以找到在任务上表现最优的连接方式。

3）模块化设计与基于单元的搜索

模块化设计是NAS中常用的策略，它将网络分为多个可重复使用的单元，从而降低搜索空间的复杂度。每个单元都是一个小型网络模块，包含多层基础操作和连接方式。NAS系统通过优化这些单元的结构和排列组合构建完整网络。这种基于单元的设计不仅减少了搜索维度，还提高了架构的可扩展性。

4）参数空间与超参数设置

除了网络的结构设计，超参数的选择也是搜索空间的重要组成部分。常见的超参数包括卷积核大小、学习率、批次大小和正则化系数等，这些参数直接影响模型的训练速度和性能。在NAS中，一些系统不仅优化网络结构，还同时优化超参数，形成联合搜索空间。此外，卷积核大小等架构参数也在搜索空间中占据重要地位。例如，在某些任务中，较大的卷积核更有利于捕捉全局特征，而较小的卷积核则更适合提取局部信息。超参数空间的设计需要在灵活性和可控性之间取得平衡，以避免搜索维度过大而增加计算负担。

搜索空间的基础构成不仅影响模型的性能上限，还决定了NAS算法的搜索效率。在实践中，合理的基础构成需要综合考虑任务需求和计算资源的限制。例如，对于需要实时推理的嵌入式系统，搜索空间可能更倾向于轻量化架构和低资源消耗的操作；而在云端任务中，搜索空间则可以包含更多复杂的连接方式和大型卷积核，以追求最高的模型精度。通过合理设计搜索空间的基础构成，NAS系统能够在性能和计算资源之间找到最佳平衡，为后续的架构搜索奠定坚实基础。

3. 搜索空间的类型与特性

搜索空间依据其组成形式的不同，大致可以分为四类，每种类型的搜索空间在设计和应用中具有独特的特性和优势，能够满足不同的需求。下面将针对性介绍这几类搜索空间。

1）全结构搜索空间（Entire-Structured Search Space）

全结构搜索空间是最简单直观的搜索空间之一[81,82]。在全结构搜索中，NAS算法尝试从头开始构建完整的神经网络架构。这意味着需要对网络的每层和每个连接方式进行选择和优化。虽然整个结构很容易实现，但它也有一些缺点。例如，人们普遍认为，模型越深，其泛化能力就越强；然而，寻找这样一个深层网络的工作繁重且计算成本高昂。此外，生成的架构缺乏可移植性；也就是说，在小数据集上生成的模型可能不适合更大的数据集，这就需要为更大的数据集生成新的模型。因此，全结构搜索常用于小规模任务或在资源充裕的条件下进行研究。

2）基于单元的搜索空间（Cell-Based Search Space）

基于单元的搜索空间通过设计可重复使用的模块降低搜索的复杂度。NASNet[83]和ENAS[82]是这种方法的经典案例。它们通过搜索单元的结构，并将其堆叠形成完整网络，从而避免了全局搜索的计算瓶颈。这种方法在计算效率和性能之间取得了良好平衡，因此常用于大规模数据集和实际应用。

3）层次化搜索空间（Hierarchical Search Space）

层次化搜索空间将网络架构视为多个层次的组合。每个层次都可以独立优化，逐步构建复杂的网络结构，能够显著降低搜索空间的复杂度，并使模型适应不同层次的特征表示需求。

4）形态变换搜索空间（Morphisms-Based Search Space）

形态变换搜索空间是一种从现有网络结构出发，通过小幅调整（如改变层数、调整卷积核大小或修改连接方式）生成新模型的策略。这种方法特别适合在已有成功架构的基础上进行微调优化。它能够有效利用已有的知识，并快速找到更优的模型。

合理的搜索空间设计对提升NAS系统的效率和效果至关重要。研究者在设计搜索空间时，既要考虑任务的复杂性和特性，也要平衡计算资源与搜索精度之间的关系。随着NAS技术的发展，未来的搜索空间可能会更多地采用混合策略，将不同类型的搜索空间优势结合起来，以应对更加复杂和多样化的任务需求。

4. 搜索空间优化与约束设计

为了提高NAS的效率和效果，搜索空间的优化与约束设计至关重要。过于庞大的搜索空间虽然能够涵盖更多潜在的优质模型，但会导致计算成本的急剧上升，并增加搜索算法陷入局部最优解的风险。因此，合理优化搜索空间的大小和复杂度，同时通过适当的约束排除无效或不合理的架构，是提升NAS系统性能的重要策略。

1）搜索空间的规模控制

大规模搜索空间带来了显著的计算开销，因此需要对搜索空间的规模进行合理控制，同时确保搜索方向更加明确，避免不必要的计算资源浪费。常用的缩减搜索空间的方法有以下几种。

（1）基于经验的先验设计。根据任务特点和已有经验，限定搜索空间的范围。例如，在图像分类任务中限制卷积核大小为3×3或5×5，从而减少无意义架构的生成。

（2）模块化与分层设计。通过将网络拆分为多个单元或模块，并仅优化这些基本模块的结构来简化搜索。

（3）随机采样和代理模型。在大规模搜索空间中，系统可以通过随机采样初步探索潜力区域，然后集中资源对这些区域进行深入优化。代理模型也常用于大规模搜索空间的初期筛选。

2）合法性约束与结构优化

为了避免生成无效的网络结构，搜索空间通常需要设计合法性约束，从而能够排除无意义的架构设计，确保搜索空间中的每个候选模型都是合理且可训练的。常见的约束有以下几种。

（1）拓扑约束。限制层与层之间的连接方式，防止出现无效回路或信息断层，如禁止在某些层之间出现循环依赖。

（2）层数和宽度限制。控制网络的层数和每层的节点数，以保证生成的网络在计算复杂度上可控。

（3）类型兼容性约束。确保不同类型的操作能够正确组合。例如，某些池化操作可能不适用于特定的特征图尺寸，在搜索过程中需要排除这种组合。

3）多目标优化设计

在实际应用中，NAS系统不仅需要优化模型性能，还要同时考虑资源消耗（如计算时间、内存占用、能耗等）。此外，NAS还需具备适应多样化部署场景的能力，使其能够针对不同设备部署既轻量化又高性能的模型，以满足不同应用需求。因此，搜索空间的设计通常需要支持多目标优化，这里讨论两种代表性方法。

（1）加权多目标优化。为不同目标分配权重，将它们合成为一个综合评分函数；在此框架下，NAS系统可以在性能和资源消耗之间找到最佳平衡点。

（2）帕累托前沿优化。通过绘制性能与资源消耗之间的帕累托前沿曲线，系统选择在多个目标上均衡表现的模型，这种方法广泛应用于嵌入式系统和移动设备的模型优化。

4）自适应约束设计

在搜索过程中，自适应约束设计能够根据任务需求和搜索结果动态调整约束条件。初期阶段，系统可能采用较宽松的约束进行广泛探索，而在后期阶段逐步收紧约束，集中优化表现良好的区域。自适应约束设计使搜索过程更加灵活，避免因固定约束导致的潜在优质架构被遗漏。

通过搜索空间的优化与约束设计，NAS系统能够在性能和计算资源之间找到最佳平衡，提高搜索效率并确保模型质量。合理的搜索空间优化不仅减少了不必要的探索，还能引导系统更快速地找到优质模型。

3.5.2 搜索策略

在NAS中，如何高效地探索庞大的搜索空间是关键问题。搜索策略决定了算法如何在给定的搜索空间内找到性能优异的架构，同时控制计算成本和时间开销。由于搜索空间的复杂性和维度的高阶性，NAS算法需要在探索（Exploration）和利用（Exploitation）之间取得平衡。这意味着NAS既要能发掘尚未探索的新颖框架，也要充分利用已知的有效设计优化现有结果。不同的搜索策略各有其特点和适用场景，如强化学习（RL）、进化算法（Evolutionary Algorithm，EA）、基于梯度的搜索、随机搜索，以及多种混合策略的结合。本节将从这些策略的原理、应用场景、优势和挑战等方面进行详细讨论。

1. 基于强化学习的搜索

RL是一种常用于NAS的搜索策略[83,84]。它将网络架构的搜索过程建模为一个序列决策问题，其中智能体（Agent）通过与环境交互逐步学习最优策略，以生成高性能的神经网络模型。在RL框架下，一个策略网络（Policy Network）生成一系列决策，这些决策决定了每层网络的操作类型及其连接方式。例如，策略网络可能选择在某一层使用3×3卷积或最大池化，并决定该层与前一层之间是否添加跳跃连接。这些决策组合成一个完整的网络架构。RL算法通过反复试验调整策略，每次生成的架构都经过训练，并根据其在验证集上的表现更新策略网络的参数。

NAS的目标是找到能够在特定任务上取得最佳性能的神经网络架构，而强化学习为此提供了系统化的搜索策略。在强化学习框架中，网络架构的设计被视为一个马尔可夫决策过程（Markov Decision Process，MDP）。其中，状态（State）表示当前生成的部分网络架构；动作（Action）表示在当前状态下选择的网络操作（如添加一个卷积层或池化层）；奖励（Reward）评估当前生成架构在验证集上的性能（如精度或损失）；策略（Policy）由策略网络生成，用于指导下一步的架构设计。强化学习的过程可视为一种迭代试错，每次生成一个新架构，评估其性能，并根据结果更新策略网络的参数。

Zoph等于2016年首次提出使用RNN控制器执行NAS[81]。在这种方法中，RNN控制器作为策略网络，逐步生成神经网络的每层的配置，包括操作类型（如卷积或池化）、卷积核大小以及连接模式。生成的架构随后被训练和验证，验证集的精度作为奖励信号反馈给 RNN 控制器。基于策略梯度方法（Policy Gradient），RNN 控制器的参数通过梯度上升法更新，以提高未来生成优良架构的概率。这种方法的优点在于其高度自适应性，即 RNN 控制器能够随着搜索过程的推进不断调整策略，生成越来越好的架构。此外，RNN 能够处理长时间依赖关系，因此非常适用于多层复杂网络的设计。

强化学习中的一个重要问题是如何在探索和开发之间取得平衡。探索是指智能体尝试新架构，以获取更多未知信息；开发则是指智能体集中搜索已知表现良好的架构，以进一步提升性能。为了控制这两者之间的关系，常用的策略概括如下。

(1) ε-贪心策略（ε-Greedy Strategy）：智能体以一定概率 ε 随机选择动作进行探索，其余时间则选择已知的最佳策略，这种方法能够有效避免陷入局部最优。

(2) 基于策略梯度的优化：NAS 中的策略网络通常使用策略梯度算法进行更新。具体来说，通过对架构表现（奖励）与动作概率的乘积进行梯度上升，可以逐步提高生成高性能架构的概率。

(3) 熵正则化（Entropy Regularization）：为了进一步鼓励探索，可以在损失函数中加入熵正则化项，使得智能体在搜索初期更加倾向于多样化探索。

RL 策略适用于处理复杂的网络设计任务，尤其是多层网络中的长时间依赖（如 RNN）。然而，RL 的计算成本较高，每次生成的新架构都需要完整训练，因此往往需要大量计算资源。为了降低成本，一些方法采用权重共享机制，即不同架构共享同一组权重，从而减少训练时间。强化学习为 NAS 提供了一种系统化的优化策略，能够在复杂的搜索空间内高效探索。然而，其高计算成本和收敛速度慢的缺点也限制了其应用范围。未来，随着更高效的 RL 算法和资源感知优化技术的发展，RL 在 NAS 中的应用有望进一步扩展。

2. 基于进化算法的搜索

进化算法是一类受自然选择和生物进化启发的优化算法。在 NAS 中，进化算法模拟种群的繁衍与竞争，通过代际更新不断优化架构[85-87]。与强化学习不同，进化算法更注重群体多样性和全局探索能力，适用于高维复杂搜索空间。NAS 中使用的进化算法包括遗传算法、遗传规划（Genetic Programming）、差分进化（Differential Evolution）等。

在进化算法框架中，候选网络架构被视为个体（Individuals），这些个体组成一个种群（Population）。通过不断地选择、交叉和变异，种群中的个体逐代优化，最终找到在特定任务上性能最佳的架构。

进化算法的优势在于其并行搜索能力：多个候选架构同时参与进化，可以在大规模搜索空间中高效探索多种可能性。AmoebaNet[87]将遗传算法应用在 NAS 中，通过多代进化优化了网络层的结构和连接方式。每代中，种群中的架构都会接受变异和交叉操作，并根据适应度选择进入下一代，最终在 ImageNet 分类任务上表现优异，证明了遗传算法在大型神经网络设计中的有效性。

由于每次迭代都需要评估大量架构的性能，进化算法在计算效率上面临挑战。NAS 中的适应度评价通常通过训练候选架构并在验证集上测试来实现。然而，这种完全训练的方式成本很高，因此研究者提出了多种优化策略，如权重共享，即在不同架构共享同一组模型权重，从而减少每次训练的时间开销[82]。或者使用代理模型预测架构性能，避免对每个候选模型的完全训练。例如，基于高斯过程的代理模型可以快速估计新架构的适应度。此外，常见的早停机制在训练过程中，如果发现某个候选架构的性能无法达到预期，可以提前停止训练，节省计算资源。

进化算法的优势在于可以同时探索多个候选架构，降低陷入局部最优的风险。并且它可以适应大规模搜索空间，在处理复杂的搜索任务，特别是在多目标优化场景下表现出色。但是与此同时，由于需要评估大量候选架构，进化算法的计算开销较大。同时，随着种群的扩展，管理和追踪每代的候选架构变得困难，需要高效的存储和计算资源应对这些挑战。基于进化算法的搜索策略为 NAS 提供了强大的全局优化能力。它通过模拟生物进化过程，在复杂的搜索空间内高效探索高质量架构。尽管进化算法的计算成本较高，但通过权重共享、代理模型和混合策略等优化方法，其应用范围不断扩大。

3. 基于梯度的搜索

基于梯度搜索的 NAS 方法通过将搜索空间参数化为连续形式，使梯度下降法能够直接用于优化网络架构。传统的 NAS 方法依赖于离散搜索空间，需要对每个候选架构进行独立训练，而基于梯度搜索的 NAS 方法通过连续化操作，将候选架构的选择与权重训练过程结合，显著提高了搜索效率。其核心思路是将搜索问题转换为一个可以求导的优化问题，使得在训练网络权重的同时，优化出最优的网络结构。

在基于梯度的搜索框架中，所有可能的网络操作都会被赋予一个可微的参数。这些参数控制不同操作在网络中的重要性，如卷积层、池化层或跳跃连接的权重。在训练过程中，通过反向传播计算这些参数的梯度，并更新它们的值，使得整个网络架构逐渐趋向于最优状态。可微架构搜索(Differentiable Architecture Search，DARTS)[88]是这种方法的代表，它将所有候选操作嵌入一个超网络(Supernet)中，并通过优化超网络的权重和架构参数来进行搜索。DARTS 的搜索过程主要包括以下几个步骤：①定义搜索空间并将所有候选操作映射到超网络中；②构建参数化搜索空间，将每层的候选操作与一个概率分布关联；③通过梯度下降同时更新网络权重和架构参数；④在完成搜索后，根据优化出的参数选择最优架构，并对其进行独立训练。相比于离散搜索，DARTS 避免了对每个候选架构的独立训练，显著降低了计算资源的消耗。

基于梯度搜索的 NAS 方法适用于大规模任务，如 ImageNet 图像分类，其高效的搜索过程使其能够在较短时间内完成架构优化。然而，这种方法也面临一些挑战：由于采用了连续化的搜索空间，DARTS 可能会陷入局部最优解，难以找到真正的全局最优结构；此外，DARTS 假设超网络中所有候选操作都能够同时学习，这可能导致网络的训练动态变得复杂，出现梯度冲突的问题。针对这些问题，研究者提出了一些改进策略。例如，部分研究引入了正则化技术，以防止架构参数的过度拟合[89]；也有研究采用多级 DARTS，将搜索过程分为多个阶段，每个阶段优化不同的层次结构，从而避免单一搜索过程中的局部最优[90]。此外，权重共享技术也被用于进一步减少搜索时间和资源开销，使在资源受限环境中部署 NAS 成为可能。

在实际应用中，基于梯度的搜索已成功应用于卷积神经网络、循环神经网络和图神经网络的架构设计[91]。基于梯度的搜索在提升搜索效率的同时，也提出了新的挑战，如超网络的构建和训练复杂度的管理。未来研究的重点将是如何更好地处理梯度冲突，以及如何将这种方法扩展到更多类型的任务和搜索空间中。同时，结合其他优化策略(如进化算法和强化学习)，混合搜索方法可能成为下一代 NAS 的主流方案，为网络架构设计提供更强大的支持。

4. 基于代理模型的搜索

基于代理模型的搜索(Surrogate Model-Based Search)是提升 NAS 效率的重要方法。传统 NAS 的挑战在于需要对每个候选架构进行完整的训练和验证，这种做法在大规模搜索空间中会消耗大量计算资源。代理模型通过构建一个性能预测模型，快速估计候选架构的表现，减少了对完全训练的依赖，从而显著降低搜索时间和成本[92]。这一方法已广泛应用于计算机视觉、自然语言处理等领域，尤其适用于任务复杂、搜索空间庞大的场景。代理模型的核心思路是通过历史数据中的评估结果学习架构特征与性能之间的关系，对新生成的架构进行快速预测。

1）代理模型构建与架构搜索过程

在构建代理模型时，需要首先将候选架构转换为适当的特征表示。这些特征可以包括网络的层数、卷积核的大小、层之间的连接方式等。例如，一个卷积神经网络的特征可能是“3×3卷积层+最大池化层+全连接层”这样的结构序列。代理模型通过学习这些特征与验证集表现之间的映射关系，从而能够推断出未训练架构的性能[93]。常见的代理模型包括高斯过程、随机森林、贝叶斯神经网络以及深度学习回归模型等，其中高斯过程尤为常用，因为它能够量化预测的不确定性，帮助系统更好地管理探索与开发的平衡。

2）基于代理模型的搜索效率讨论

代理模型的准确性和稳健性直接影响NAS的搜索效率。在搜索初期，代理模型通常会出现一定程度的偏差，因此需要通过动态更新不断优化。在每次架构评估后，将新的性能数据添加到训练集中，以便模型逐步改进其预测能力。这种动态更新机制有助于提升代理模型的精度，尤其是在搜索空间复杂、候选架构多样性大的情况下。一些研究还提出了混合代理模型的策略，即同时使用多个模型（如高斯过程与随机森林）进行性能预测，并通过集成多个预测结果减小误差[38]。这种多模型融合的方法能够有效提高预测的稳健性。

虽然代理模型减少了计算资源的消耗，但其构建和训练也存在挑战。首先，代理模型需要大量的历史数据作为训练集，而获取这些数据本身可能代价高昂。此外，在高维搜索空间中，代理模型的预测精度可能会下降，尤其是在架构多样性较高的情况下。为了解决这些问题，研究者提出了一些优化策略，如使用不确定性驱动的探索方法，即优先验证代理模型预测不确定性较大的架构，以改善模型在高风险区域的表现。此外，还有研究探索如何通过元学习预训练代理模型，使其在少量数据的情况下也能提供准确的预测。

尽管代理模型大幅提升了搜索效率，但仍存在一些亟待解决的问题。随着搜索任务的复杂性增加，如何提高代理模型的泛化能力，确保其在大规模搜索空间中的准确性，是一个重要研究方向。此外，将代理模型与其他搜索策略（如强化学习和进化算法）结合，有望在更复杂的多目标优化任务中取得突破。

基于代理模型的搜索为NAS提供了高效、灵活的架构优化方案。在未来的发展中，随着模型精度和资源管理能力的提升，这一方法有望进一步拓展其应用范围，为更复杂的任务和场景提供支持。在与其他优化方法的融合中，代理模型的价值将得到进一步放大。

5. 混合搜索策略

混合搜索策略结合了多种搜索方法的优点，在NAS中展现了强大的灵活性与适应性。单一的搜索方法，如强化学习、进化算法或代理模型，往往在特定任务或特定条件下表现良好，但面对复杂、多目标的任务时可能存在局限。混合搜索策略通过整合不同方法的优势，有效平衡全局探索与局部开发，提升搜索效率和架构质量。这类方法尤其适用于大规模搜索空间、多目标优化以及需要在有限资源内完成的搜索任务。

1）混合搜索策略框架优势

混合搜索策略的核心在于通过合理地分工与协作，将各个子策略的强项发挥到极致。例如，在强化学习与进化算法的结合中，强化学习负责指导全局搜索方向，提供策略网络生成的架构初步设计，而进化算法则对这些设计进行局部优化与多样化处理[80]。具体而言，在这种组合中，NAS系统可以利用强化学习高效找到潜在优良架构，然后通过进化算法进一步迭代改进这些架构，确保不会陷入局部最优。此外，混合方法能够在系统训练的不同阶段切换策略，根据任务进展动态调整搜索方案。另一种常见的混合搜索策略是代理模型与强化学习的融合[81]。在这种框架下,代理模型通过性能预测引导强化学习的搜索过程。代理模型快速筛选出可能表现优异的架构,减小 RL 控制器生成无效架构的概率,从而提高搜索效率。在搜索初期,代理模型帮助强化学习缩小搜索空间,而随着训练数据的积累,RL 控制器逐步接管搜索任务,进行更加精细的探索与优化。混合策略在这种动态交替过程中,实现了初期快速筛选与后期精确优化的良好平衡。

混合搜索策略的优势还体现在多目标优化上。在实际应用中,NAS 系统通常需要在模型性能、计算时间、能耗等多个目标之间取得平衡。单一的搜索策略往往无法同时兼顾所有目标,而混合搜索策略通过分工合作,实现多目标之间的动态权衡。例如,进化算法善于处理多目标优化问题,可以通过构建帕累托前沿,找到在性能与资源之间的最佳折中点;而强化学习则负责实时调整搜索方向,确保在不同优化目标之间灵活切换。这样的多目标优化框架在嵌入式设备、移动计算和云服务等场景中展现了广泛的应用潜力。混合搜索策略在 NAS 的实践中已有多项成功应用。例如,在高效神经架构搜索(Efficient Neural Architecture Search,ENAS)网络[82]中,系统通过权重共享减少了架构评估的计算成本,并结合强化学习的策略生成能力实现了高效搜索。在 AmoebaNet[87]中,进化算法与强化学习的结合使得系统能够在探索过程中持续改进架构,最终在 ImageNet 等大型数据集上取得了领先的分类性能。此外,一些研究通过将代理模型与梯度优化相结合,使 NAS 系统能够在高维搜索空间中快速找到高性能架构[80],并通过梯度优化进一步提高模型精度。

2) 混合搜索策略框架挑战与建议

然而,混合搜索策略的设计也面临挑战。首先,不同搜索方法之间的协作需要精确的策略切换与资源分配,否则可能导致系统效率降低甚至产生冲突。其次,混合搜索策略中的信息交互和同步机制对系统性能至关重要,如何高效管理这些交互,避免不同子策略之间的冗余操作,是一个重要的研究课题。最后,由于混合搜索策略往往涉及多种算法的联合优化,NAS 系统的复杂性和调试难度也相应增大,需要更加完善的管理和监控机制。为了进一步提升混合搜索策略的效果,研究者提出了多种优化方案,如引入自适应混合策略框架,根据搜索过程的进展动态调整不同算法的权重和优先级;还有使用元学习技术预训练各子策略模型,使得系统在初期就能高效搜索。此外,分布式混合搜索策略也在 NAS 中得到应用,通过将不同子策略分配到多个计算节点并行执行,进一步提升了搜索效率。混合搜索策略为 NAS 提供了更强大的灵活性和适应性,使其能够在复杂、多变的任务环境中保持高效。未来,混合搜索策略有望在更多领域展现其潜力,尤其是在多任务学习[94]、联邦学习[95,96]以及资源受限的嵌入式系统[97-99]中;同时将进一步探索如何实现更精细的策略融合,推动混合搜索策略在 NAS 中的广泛应用。

3.5.3 评估策略

评估策略在神经架构搜索中起着至关重要的作用,它决定了如何衡量候选架构的表现,并为搜索过程提供反馈。在大多数情况下,NAS 需要在庞大的搜索空间内评估大量的架构,因此评估过程的效率直接影响整个搜索的速度和效果。然而,准确的评估通常伴随着高昂的计算成本,这使得性能与资源消耗之间的权衡成为 NAS 中的关键挑战。因此,设计合理的评估策略不仅要追求结果的精度,还要考虑时间、资源的开销以及实际应用中的约束条件。一个理想的评估策略应满足几个要求:第一,应能在不影响模型性能的前提下准确衡量候选架构的表现;第二,应尽量减少计算资源和时间的消耗,以应对大规模搜索任务的需求;第三,应具备适应不同任务的灵活性,如小规模数据集的精确评估与大规模数据集的快速筛选。此外,对于嵌入式系统和移动设备等受限资源的应用场景，评估策略还需要考虑模型的推理速度、能耗以及存储需求等。

1. 完全训练评估

完全训练评估是一种最直接且精确的评估策略，即对每个候选架构都进行完整的训练和测试。在此过程中，候选模型从初始状态开始，经过完整的训练周期，并在验证集或测试集上进行性能评估。这种方法能够提供接近真实任务表现的结果，确保搜索到的网络架构具备强大的泛化能力。因此，完全训练评估通常被视为 NAS 中的黄金标准。然而，这一策略的计算开销很高，尤其是在处理大规模数据集或复杂网络架构时。

完全训练评估的过程通常包括以下几个步骤。首先，针对每个生成的候选网络架构，从头初始化所有参数。接着，在完整的数据集上训练该网络，训练轮次、学习率、批次大小等超参数的设定通常与实际部署时保持一致，以确保模型性能的可靠性。训练完成后，在验证集或测试集上评估该模型的表现，并将性能指标（如准确率、F1 值或损失值）反馈给搜索算法。NAS 系统根据这些评估结果指导下一轮的架构生成与筛选。这种评估方法的最大优势在于结果的准确性。由于每个候选架构都经过完整的训练，其性能评估几乎没有误差。对于规模较小的任务，如 CIFAR-10[100]、Fashion-MNIST[101] 等数据集，完全训练评估能够在合理的时间内完成，并为搜索提供高精度的反馈。

然而，完全训练评估的局限性也非常明显。当面对大规模数据集（如 ImageNet）或复杂架构（如深层卷积网络、Transformer 网络）时，这一策略的时间和资源消耗会成倍增长。例如，在 ImageNet 数据集上，对每个候选架构进行完整训练通常需要几天甚至几周的时间，即使使用高性能 GPU 集群也难以支撑大规模 NAS 任务。这样的计算开销使得完全训练评估在实际应用中的适用性显著降低。为了解决这一问题，研究者提出了一些优化措施。例如，可以在小规模数据集上进行初步搜索，并将筛选出的架构迁移到更大数据集上进行完整训练[102]。虽然这种做法在一定程度上减少了计算成本，但也存在跨数据集迁移时性能下降的风险。此外，还有一些研究尝试通过早停机制加快完全训练评估的速度[103]。在训练过程中，如果某个候选架构在早期的训练阶段表现不佳，则提前停止训练，从而节省计算资源。然而，这一策略也需要谨慎使用，因为提前终止可能会漏掉一些在后期表现良好的架构。

尽管完全训练评估的计算成本高昂，它仍然在一些特定场景下具有重要价值。首先，在验证新型搜索算法的有效性时，完全训练评估是不可或缺的基准。其次，在小规模或资源丰富的实验环境中，它能够为 NAS 系统提供最准确的性能反馈。此外，在最终模型的筛选阶段，开发者往往会对经过多轮筛选的优质架构进行完全训练，以确保模型在实际部署中的稳定性和可靠性。未来，随着 NAS 技术的发展，完全训练评估可能会与其他高效评估策略结合使用。例如，在搜索的初期阶段采用低保真评估快速筛选出一批候选架构，随后再对这些架构进行完全训练，以获取精确的性能反馈。混合使用评估策略不仅能提高搜索效率，还能在一定程度上保留完全训练评估的准确性。此外，随着计算硬件的发展和分布式训练技术的进步，完全训练评估的时间成本有望进一步降低，使其在更多场景中得到应用。

综上，完全训练评估是一种准确性最高的评估策略，适合在规模较小的任务中使用，或用于验证最终模型的性能。尽管其计算成本较高，但在某些关键场景下仍然不可替代。通过与其他评估策略的结合，完全训练评估将继续在 NAS 系统中发挥重要作用，并为发现高性能网络架构提供坚实的支撑。

2. 低保真评估

低保真评估[104,105]是一种通过缩短训练时间或简化训练过程快速评估候选网络架构的方法。

与完全训练评估相比,低保真评估牺牲了部分训练的完整性和精确性,换取更低的计算成本和更快的评估速度。这种方法适用于大规模搜索任务或资源受限的环境,如在处理大数据集、深层网络时的初期筛选阶段。低保真评估关键在于如何在减少计算开销的同时,最大限度保持与完全训练结果的相关性,以确保筛选出的架构能够在最终训练中表现良好。

低保真评估可以通过多种方式实现,最常见的方法包括减少训练轮次、缩小数据集规模、简化网络结构和降低模型复杂度。例如,在评估一个架构时,只使用原数据集的一个子集进行训练,这不仅减少了数据加载和计算的时间,也能快速筛选掉表现不佳的模型。此外,降低训练轮次是一种常见策略,通过减少训练的迭代次数,模型的初步性能可以在较短时间内得到验证。尽管这种方法可能无法完全展现模型的最终表现,但它能为后续筛选提供有价值的参考。使用较浅的网络结构进行评估也可以实现低保真评估。在这种策略下,搜索系统会优先评估浅层模型,并根据其表现推断更深层网络的潜力。这种做法在多层卷积神经网络中尤为常见,因为浅层网络的训练速度更快,可以快速探索架构设计的多种组合。此外,某些研究还采用代理数据集进行评估,即在规模较小但特征分布与目标任务相似的数据集上进行初步搜索,筛选出的优质架构再迁移到目标数据集上进行完整训练[106]。尽管跨数据集迁移可能引入一定误差,但这种方法在缩短搜索时间方面效果显著。

低保真评估的优势在于其计算效率高、适用性广,特别是在搜索的初期阶段能够快速筛选掉性能不佳的模型。在大多数情况下,低保真评估的结果与完全训练结果具有较高的相关性,这使得它成为大规模 NAS 任务中不可或缺的策略之一。然而,由于训练过程的简化,低保真评估的结果难免存在一定的误差。这种误差可能导致某些潜在优质架构在初期筛选中被误判为不佳,或者筛选出的模型在完全训练时表现不如预期。为了解决这一问题,研究者提出了多阶段的低保真评估方案[107]。在多阶段评估中,系统会逐步增加训练资源和训练复杂度。例如,第一阶段使用子集数据和少量训练轮次进行初步筛选,第二阶段对表现较好的模型增加数据量或训练轮次,最终在筛选出的优质架构上进行完整训练。这种分阶段的策略能够在保证筛选效率的同时,减少误差带来的影响。

低保真评估方法可以快速筛选大量候选架构,仅对少数表现优异的架构进行完整训练,显著地提升了搜索效率。此外,在资源受限的移动设备上,低保真评估能够帮助系统快速选择计算成本较低且性能良好的模型,实现模型在实际场景中的快速部署[108]。在某些时间敏感的任务中,如实时检测或预测,低保真评估还能显著缩短模型迭代周期,提升系统的响应速度。尽管低保真评估在 NAS 任务中展现了其独特价值,但仍然面临一些挑战。首先,不同任务和数据集之间的低保真评估效果可能存在差异,这需要针对具体任务调整评估策略。其次,如何设计更精确的低保真评估指标,使其尽可能接近完全训练的结果,是一个需要进一步探索的问题。最后,低保真评估的结果是否具备足够的稳健性,也影响到后续筛选与搜索的质量。总之,低保真评估是解决 NAS 计算瓶颈的重要策略之一,它以高效、灵活的特点在大规模搜索任务中占据了重要地位。

3. 一次性架构搜索评估

一次性架构搜索评估[109]是一种通过共享权重的方式,在同一训练过程中同时评估多个候选架构的策略。这种方法大幅地减少了 NAS 中的计算成本,使得在大规模数据集中也能快速探索复杂的空间。一次性架构搜索的核心思想是在一个超网络中嵌入所有候选架构,并通过共享参数的方式避免对每个架构进行独立训练。该策略首次在 ENAS[82] 中得到成功应用,并逐渐成为 NAS 领域的重要方法。

在一次性架构搜索评估中,超网络的构建是关键。这个超网络包含了搜索空间内所有可能的架构组合，每个候选架构都是超网络的一部分。在训练过程中，不同架构通过选择超网络的子路径共享相同的参数。具体来说，超网络的每层包含多个操作，如 3×3 卷积、5×5 卷积、最大池化等。候选架构通过激活特定路径中的操作组合，形成独特的网络结构。这种权重共享机制显著减少了训练所需的时间和资源，使得搜索算法能够在较短时间内评估大量候选架构。一次性架构搜索的优势在于其计算效率高、训练时间短。与传统的 NAS 方法相比，这种策略避免了对每个候选架构的独立训练，从而将原本需要数天甚至数周的搜索任务缩短为几小时甚至几分钟。这一特性使得一次性架构搜索成为处理大规模数据集时的理想选择。此外，通过共享权重，系统能够利用少量的数据和资源快速找到性能良好的架构，特别适用于资源有限的环境。

然而，一次性架构搜索也面临一些挑战。所有候选架构共享同一组参数，不同架构之间的梯度会相互干扰，导致权重更新的冲突。这种梯度冲突可能影响模型的训练效果，导致某些架构的性能评估出现偏差。此外，共享权重的架构在性能上往往存在高方差，即在超网络中表现良好的架构，独立训练后未必能达到同样的性能。这是因为在超网络中的共享参数未经过特定架构的单独优化，而是服务于所有可能的架构组合。为了解决这些问题，研究者提出了多种改进策略。例如，通过调控不同架构之间的权重更新频率，减少梯度冲突的影响。此外，一些研究采用了逐层权重共享的方式[110]，使不同架构在部分层共享参数，而在关键层上保持独立，以提升评估的准确性。另一种改进方法是使用后训练阶段，即在搜索结束后，对筛选出的优质架构进行独立训练，确保其在实际应用中的表现稳定[111]。

一次性架构搜索的实际应用十分广泛。ENAS 作为该策略的代表性案例，在 ImageNet 数据集上的搜索速度较传统方法提升了数百倍。此后，许多 NAS 系统都采用了类似的权重共享机制，进一步优化了搜索过程。此外，在嵌入式系统和移动设备上，研究者通过一次性架构搜索找到计算效率高且占用资源少的网络[85]，使模型在实际应用中能快速部署。总的来说，一次性架构搜索评估是解决 NAS 计算成本问题的有效策略。通过在超网络中共享权重，这一方法大幅缩短了搜索时间，并使 NAS 在大规模任务中变得更加可行。未来，随着动态权重共享和混合策略的进一步发展，一次性架构搜索有望在更多复杂场景中展现其潜力，为 NAS 的广泛应用提供有力支持。

4. 代理模型评估

代理模型评估[112]通过构建性能预测模型，减少了神经架构搜索过程中对完全训练的依赖，使得搜索过程变得更加高效。与传统的完整训练评估不同，代理模型学习候选架构的特征与其表现之间的映射关系，在不进行完全训练的情况下快速预测每个架构的性能。代理模型评估在大规模搜索任务中表现尤为突出，尤其在需要高效筛选的场景，如计算机视觉和自然语言处理任务上，已经展现出重要价值。

代理模型的构建通常包括两个关键步骤：特征表示和性能预测。特征表示是将候选架构转换为适合代理模型输入的向量形式，这些特征可以包括层的数量、卷积核大小、连接方式以及激活函数等。例如，一个卷积神经网络的特征可能是“3×3 卷积＋最大池化＋全连接层”这样的结构序列。性能预测则是通过拟合这些特征与已知架构表现之间的关系，估计未评估架构的性能。常用的代理模型包括高斯过程、随机森林、贝叶斯神经网络和深度学习回归模型等[113]。高斯过程不仅能够预测性能，还能提供预测的不确定性，在 NAS 中被广泛应用。在贝叶斯优化框架下，系统会基于高斯过程的预测结果和不确定性值选择下一个评估对象。对于预测结果不确定性较大的架构，系统会优先进行完整训练，以更新代理模型并提高其预测精度。随机森林和贝叶斯神经网络也是常见的代理模型选择，这些模型能够处理更高维度的数据，适应复杂的搜索空间。深度学习模型作为代理模型则进一步提升了预测性能，特别是在搜索空间庞大、非线性关系复杂的场景中。

代理模型评估的主要优势在于其大幅减少了对计算资源的消耗。在传统的 NAS 流程中，完全训练每个候选架构往往需要数小时甚至数天的时间，而代理模型可以在几毫秒内就完成对架构性能的预测。这使得代理模型评估特别适用于大规模搜索任务和时间敏感的应用场景。此外，代理模型还可以与其他策略结合使用，如结合早停机制，在中期训练阶段预测模型最终的表现，以避免不必要的资源浪费。然而，代理模型评估的精度和稳健性受到多种因素的影响。首先，代理模型的预测质量依赖于训练数据的数量和多样性。如果训练集中的架构样本不足或分布不均匀，代理模型的预测结果可能偏差较大。其次，代理模型在处理十分复杂的搜索空间时，可能无法捕捉所有架构特征的细微差异，这会导致某些潜在优质架构被忽略。因此，在搜索过程中，系统通常需要不断更新代理模型，以融入最新评估的数据，提升模型的准确性。

为了提高代理模型的预测效果，研究者提出了多种优化策略。一种常见的方法是使用多模型集成，将高斯过程、随机森林和神经网络等模型的预测结果进行融合，以减小单一模型的误差[114]。此外，动态更新代理模型也是提高其性能的重要手段。在搜索过程中，每次新增架构的评估数据都会实时更新代理模型，使其始终反映当前搜索空间的最新信息。这些优化策略使代理模型评估在不同任务和数据集上展现出较好的泛化能力。在 NAS 的实践中，代理模型评估已经在多个领域取得成功。例如，在计算机视觉任务中，NAS-Bench-101[115] 和 NAS-Bench-201[116] 等基准数据集通过代理模型加速了架构搜索，并大幅减少了实验次数。在自然语言处理和语音识别任务中，代理模型帮助生成了高效的 RNN 和 Transformer 变体，并提升了模型的性能。在嵌入式系统和移动设备上，代理模型评估还能够快速预测不同架构的计算开销和能耗，帮助系统选择最优架构，实现模型的高效部署。总之，代理模型评估为 NAS 提供了强大的支持，它以高效、灵活的特点在不断扩展的搜索空间中发挥着不可替代的作用。

5. 早停机制

早停机制是一种在训练过程中根据模型的中期表现提前终止不佳架构训练的策略，旨在减少计算资源浪费并加快搜索过程。其核心思想是通过监控候选架构在部分训练轮次中的性能，预测其最终表现，并在判断模型潜力有限时及时停止训练。早停机制尤其适用于大规模 NAS 任务和资源受限的环境，因为它能够有效避免对表现不佳模型的冗余训练，提高搜索效率。

在实际应用中，早停机制通常基于一些中期指标进行决策，如验证集上的损失、准确率或梯度变化情况。当这些指标在若干轮训练后没有显著提升，或出现停滞甚至恶化时，系统会触发提前停止逻辑。这种策略的前提是假设模型在早期阶段的表现能部分反映其最终潜力。通过及时终止那些无法达到预期性能的架构训练，系统可以将更多资源集中在更具潜力的模型上，加快整个搜索流程。为了实现更准确的早停决策，一些 NAS 系统会设置阈值条件或采用动态监控策略。最常见的做法是在若干轮训练后计算模型的损失变化率或性能提升幅度，并与预设的阈值进行比较。如果模型的性能提升低于设定值或停滞在某一水平，则终止该模型的训练。另一种方法是使用滑动窗口技术，即在最近几轮训练中评估模型的趋势变化，避免因偶然的波动触发早停。此外，有些系统还会采用自适应的早停策略，根据当前搜索阶段的进展或系统资源的情况调整早停标准，使其更灵活地适应不同任务。

早停机制在 NAS 中发挥着重要作用，不仅能显著节省计算资源，还能大幅缩短整个搜索过程的时间。对于大规模数据集而言，完整训练一个复杂的模型可能需要数天甚至数周，而通过引入早停机制，可以将这一过程压缩至几个小时甚至几分钟。在搜索的初期阶段，NAS 系统通常会生成大量的候选架构，其中大部分架构在早期表现不佳。此时，早停机制能够迅速淘汰这些低质量架构，避免无谓的计算消耗，为后续阶段的优质架构腾出更多资源。特别是在结合代理模型的

NAS系统中，早停机制的应用还能进一步优化性能预测。代理模型可以通过早停机制提供的反馈数据提升对架构性能的预测准确性。在资源受限的环境中，如移动设备或嵌入式系统，早停机制的作用尤为突出。由于这些设备的计算能力和电池寿命有限，如何高效地进行模型搜索和训练是关键。通过早停机制，系统能够快速筛选出有潜力的架构，及时停止低效的训练，从而在最短时间内找到最优解，确保选出的模型既高效又具有实际应用价值。此外，早停机制还可以与多阶段评估策略相结合，进一步提高搜索的精准度和效率。例如，第一阶段可以使用比较宽松的早停标准进行初步筛选；而在第二阶段，则可以通过更严格的标准对优质模型进行深入评估。总体而言，早停机制为NAS中的高效评估提供了一种实用且灵活的解决方案。它通过快速淘汰不佳模型和集中资源训练优质架构，大幅提升了搜索过程的速度和资源利用率。在实际应用中，早停机制已成为多种NAS系统中的标准配置，为大规模架构搜索任务提供了关键支持。

6. 资源感知评估

资源感知评估是一种在NAS中同时关注模型性能和计算资源消耗的评估策略。传统的NAS方法通常只以性能指标(如准确率、F1分数等)作为优化目标，而在实际应用中，尤其是在移动设备、嵌入式系统或云端部署环境中，计算资源和运行效率同样至关重要。资源感知评估通过在搜索阶段引入资源约束，确保选出的模型不仅具有优异的性能，还能在指定的资源限制内高效运行。这种策略已广泛应用于需要兼顾性能和效率的场景，如自动驾驶、物联网和智能手机中的实时应用。

资源感知评估的核心是在NAS过程中将资源消耗指标纳入优化目标。这些指标可以包括推理时间、内存占用、计算延迟、能耗以及模型参数的数量。在实际应用中，系统可能根据不同场景的需求对这些资源指标进行加权，以实现多目标优化。例如，在移动设备上，能耗和延迟是关键的指标，而在云端环境中，系统可能更关注内存使用和计算效率。在资源感知NAS中，评估模型时常采用多目标优化的方法。通过构建多目标函数，系统能够在不同目标之间找到最优的平衡点。具体实现方式包括使用加权和法或帕累托前沿法。在加权和法中，系统为每个目标分配一个权重，将多个目标组合成一个标量进行优化；而在帕累托优化中，系统寻找在所有目标上均衡表现的模型，形成帕累托前沿，用于指导后续的模型选择。

为了高效进行资源感知评估，研究者还提出了一些近似计算方法[117]。在NAS的初期阶段，系统可以采用代理模型或低保真评估方法快速估计模型的资源消耗。例如，通过建立回归模型预测每个架构的推理时间和内存使用，避免对每个候选模型进行实际部署和测试。代理模型在资源感知评估中的应用大幅降低了计算成本，使得系统能在短时间内评估大量架构。此外，资源感知评估的实现还需要结合特定硬件平台的特性。在嵌入式系统或移动设备上，不同的硬件平台对模型的运行速度和能耗表现有显著影响。例如，同一卷积网络在GPU、CPU或NPU上的推理速度可能存在较大差异。因此，系统在搜索阶段通常会模拟目标平台的运行环境，确保评估结果能反映模型在实际部署中的表现。这种硬件感知的评估方法能够帮助系统筛选出与目标硬件最兼容的模型。

资源感知评估的策略也与NAS搜索算法紧密结合。例如，在进化算法中，种群中的个体不仅需要根据性能指标选择，还需要考虑资源消耗的约束；在强化学习NAS中，控制器会在生成新架构时将资源指标作为奖励函数的一部分，指导策略优化。在一次性架构搜索(如ENAS)中，系统可以通过共享参数的超网络快速估计不同架构的资源开销，并在搜索过程中不断更新这些估计结果。在实践中，资源感知评估的效果已经在多种应用中得到了验证。另一个典型案例是NAS在自动驾驶系统中的应用，研究者在模型设计时同时考虑了精度和推理延迟，以确保车辆的检测系统能够实时响应。在这些应用中，资源感知评估不仅优化了模型的性能，还使模型在实际场景中更具实用性。

总之，资源感知评估通过将计算资源与性能目标结合，为 NAS 提供了一种更全面的优化方案。它特别适用于需要实时响应或运行在资源受限环境中的任务，如物联网设备、智能家居和移动应用。随着硬件技术的发展和 NAS 算法的进步，资源感知评估将在未来的深度学习模型设计中扮演越来越重要的角色。

7. 真实部署评估

真实部署评估是一种在 NAS 流程结束后，将筛选出的模型部署于实际环境中，以测试其在真实运行条件下表现的评估策略。这一过程超越了单纯的性能指标评估，重点考查模型在实际硬件、应用场景和用户交互中的综合表现，包括推理速度、响应延迟、能耗、存储开销以及稳定性等。真实部署评估是确保 NAS 选出的模型不仅在离线测试中表现良好，而且能在复杂的实际环境中可靠运行的关键步骤。

在 NAS 任务中，离线训练和验证阶段往往采用标准数据集与测试环境，但这些条件未必能完全反映模型的最终应用场景。例如，在智能手机、自动驾驶汽车、物联网设备等实际应用中，硬件性能、计算能力、网络延迟、功耗限制和存储空间都会对模型运行产生显著影响。真实部署评估通过模拟这些复杂的运行条件，全面评估模型的性能和适应性，确保模型能满足应用的实际需求。真实部署评估通常涵盖以下几方面。首先是推理速度和响应延迟，这是所有实时系统的关键指标；特别是在自动驾驶、监控系统和金融交易等任务中，系统需要在毫秒级时间内作出响应；通过在实际硬件上运行模型，评估过程能够准确测量模型的推理时间和延迟，确保其符合应用场景的响应要求。其次是能耗评估，在移动设备和物联网设备上，电池寿命至关重要，因此，真实部署评估还会记录模型在目标设备上运行时的功耗，以保证其能在电池供电环境下长时间运行。存储开销是另一个重要指标，尤其是在嵌入式系统和边缘设备上，模型的大小直接影响其部署可行性，真实部署评估通过测量模型的参数数量和内存占用情况，帮助系统设计者在模型精度与存储需求之间找到最佳平衡。此外，在某些任务中，如自然语言处理或语音识别，模型还需要处理连续的输入数据流。此时，评估过程会重点考查模型的稳定性和稳健性，确保其在长时间运行中不会出现性能下降或错误累积。因此，在实际应用中，真实部署评估的具体实施方式会根据任务和硬件平台的不同而有所差异。在云计算环境中，系统通常会评估模型的多线程性能、负载均衡能力和容错性，以确保模型能在大规模数据处理任务中稳定运行。在移动设备上，评估则侧重于测量模型在不同使用场景中的表现，如手机待机模式与高负载应用中的能耗对比。在自动驾驶系统中，模型的部署需要经过严格的实时性测试，以确保其在各种复杂路况下都能作出快速、准确的判断。

为了实现更高效的评估，一些系统还采用了在线 A/B 测试的方式，即将新模型与现有模型同时部署在真实环境中，比较其在同一任务上的表现[118]。这种方式不仅能够直接反映新模型的改进效果，还能通过收集用户反馈优化模型设计。此外，研究者还提出了逐步部署的策略，在小规模环境中先行测试，再逐步扩展到更大的应用范围，以降低部署风险。真实部署评估已在多个领域取得了显著成效。在自动驾驶领域，通过真实部署评估，研究者确保了模型在各种天气、光照和交通条件下的稳定性。在金融系统中，交易模型的部署经过了严格的延迟和可靠性测试，以满足高频交易的苛刻要求。这些案例表明，真实部署评估是将 NAS 研究成果转化为实际应用的重要环节。

总之，真实部署评估在确保模型适应性和运行可靠性方面发挥着关键作用。它弥补了离线评估的不足，使 NAS 系统能够找到不仅在理论上优异，而且在实际应用中高效的模型。通过这一过程，系统设计者能够更好地应对复杂多变的运行环境，确保模型在真实世界中的稳定表现。随着NAS技术和硬件设备的不断发展，真实部署评估将继续为模型的优化与应用提供坚实的保障。

8. 评估策略的未来发展方向

评估策略的未来发展方向将进一步聚焦于提升效率、准确性和适应性，以应对日益复杂的NAS任务和多样化的应用场景。随着NAS应用的扩大，传统评估策略的瓶颈逐渐显现，如计算资源的限制、评估结果的偏差以及无法及时响应实际部署需求等。未来的研究将探索更加智能、灵活的评估方法，通过动态调整、跨任务迁移和资源优化，提升NAS的整体性能。其中，一个重要的发展方向是自适应评估策略，传统评估策略往往在搜索的每轮中采用固定的评估方式，而自适应评估根据当前的搜索进展动态调整评估方案。例如，在初期阶段使用低保真评估快速筛选潜力架构，随着搜索的深入逐步引入高保真评估进行更精细的验证。此外，自适应策略还能根据当前的计算资源和时间限制，实时调整评估的复杂度。这样的机制能够显著提升NAS系统的效率，使其更灵活地应对不同规模和场景的任务。另一个值得关注的方向是跨任务评估与迁移学习。NAS系统通常需要针对每个新任务重新进行搜索和评估，这一过程既耗时又费力。未来的研究应关注如何在不同任务之间迁移已有的评估结果和搜索经验。例如，通过构建任务之间的性能映射模型，将在某一任务上获得的架构性能预测迁移到其他相关任务中。这种跨任务评估策略能够减少重复计算，并提升搜索的泛化能力，特别是在多任务学习和联邦学习中具有广阔的应用前景。分布式评估也是未来的研究重点之一。随着NAS任务规模的不断扩大，单节点计算难以满足复杂搜索的需求。通过将评估任务分配到多个计算节点并行进行，分布式评估能够大幅缩短搜索时间，并更好地利用计算资源。此外，在分布式环境中，如何协调多个节点之间的信息交互与同步，避免重复计算和数据冲突，也是需要解决的重要问题。未来的分布式NAS系统有望结合云计算和边缘计算技术，实现更高效、更稳定的评估体系。最后，NAS系统与用户反馈的结合也是一个值得探索的发展方向。在某些应用中，如推荐系统或个性化服务，用户反馈能够提供额外的性能指标。未来的评估策略可以将用户反馈纳入NAS优化的闭环中，使系统能够根据实际使用情况不断调整和优化模型，从而提升用户体验。

综上，未来的NAS评估策略将向智能化、动态化和分布式方向发展，并更加注重资源感知与跨任务的灵活应用。这些发展将推动NAS系统在更加复杂和多样化的应用中发挥更大的价值，为智能系统的设计和优化提供有力支持。

小结与展望

本章围绕自动机器学习展开讨论，重点讨论了算法选择、自动参数优化这两部分自动机器学习算法的重要流程；并进一步介绍了元学习与神经架构搜索两类重要的自动机器学习方法。其中，元学习旨在介绍如何让机器自己学会学习，如通过评价机器学习模型在已有数据中的经验来为新数据设计新的学习方法；神经架构搜索旨在应对深度学习模型构件中网络层级设计空间大且神经网络模型训练评估耗时等挑战。自动机器学习不仅能够自动设计高效的模型架构，还能优化训练过程、加速推理并降低资源消耗，具有重要的研究意义与应用价值。随着大模型、多模态学习等技术的发展，自动机器学习的应用前景与空间将会更加广泛。未来，自动机器学习研究的重要方向可能包括如下几方面。

1. 与基础模型的深度融合

随着大规模预训练模型（如GPT[119]、BERT[120]等）的广泛应用，如何高效地训练、微调和部署这些模型成为关键挑战。未来的自动机器学习研究将更加注重与基础模型的深度融合[121]，通过自动化手段优化其全生命周期。例如，利用元学习技术自动选择适合特定下游任务的微调策略（如适配器微调或提示学习）[122,123]，或通过神经架构搜索（NAS）优化模型结构以适应不同计算资源限制[121]。此外，自动化超参数优化技术可以显著减少大模型训练和推理中的调参成本。未来，这一方向的研究将进一步推动大模型的高效应用与普及。

2. 通用化与可扩展性研究

当前的自动机器学习方法通常针对特定任务或领域设计，缺乏通用性和可扩展性。未来的研究将致力于开发能够适应多种任务、模态和领域的通用自动机器学习框架。例如，通过元学习技术提取跨任务的共性知识，构建通用的超参数优化策略或架构搜索空间。此外，结合多模态学习技术，自动机器学习可以自动优化跨模态（如图像、文本、语音）任务的模型架构与训练策略[124,125]。通用化的自动机器学习框架不仅能够降低开发成本，还能探索其在复杂任务中的潜力，进一步推动 AI 在更广泛场景中的应用。

3. 绿色 AI 与可持续发展

随着深度学习模型参数规模的不断扩大和训练数据量的急剧增长，计算资源消耗大幅提升，导致高能耗问题日益突出。这一挑战促使机器学习领域深入探讨绿色 AI(Green AI)，推动针对能效优化、计算资源节约和环境可持续性的研究。未来的自动机器学习研究将更加注重可持续性，通过优化算法减少模型训练和推理中的能耗与碳排放。例如，开发能耗感知的 NAS 方法，在搜索过程中引入能耗约束，自动设计高效且低功耗的模型架构[126]。此外，自动化模型压缩技术（如剪枝、量化和知识蒸馏）可以显著降低大模型的存储与计算需求，从而减少资源消耗[121]。

4. 人机协作与可解释性

随着自动机器学习的普及，如何使其与人类专家协作并增强模型的可解释性成为重要研究方向[123]。未来的自动机器学习系统将更加注重人机协作，通过结合领域知识和自动化能力，实现更高效的模型开发与优化。例如，开发交互式算法工具，允许用户参与算法选择与搜索过程并提供反馈，从而加速优化并提高结果的可信度。此外，自动化可解释性分析技术（如注意力可视化、特征重要性分析）可以帮助用户理解模型的决策过程，从而提高模型的可信度和可接受性。未来，该研究方向有望进一步推动自动机器学习应用与落地，并在对算法结果可解释要求高的应用场景如金融、医疗等任务中应用。

参考文献

[1] YUEM S Y，CHOW C K，ZHANG X，et al. Which algorithm should I choose：An evolutionary algorithm portfolio approach[J]. Applied Soft Computing，2016，40：654-673.

[2] LECUN Y，BOSER B，DENKER J S，et al. Backpropagation applied to handwritten zip code recognition[J]. Neural Computation，1989，1(4)：541-551.

[3] ZAREMBA W，SUTSKEVER I，VINYALS O. Recurrent Neural network regularization[EB/OL]. (2025-02-19)[2025-02-21]. https://arxiv.org/abs/1409.2329.

[4] 周志华. 机器学习[M]. 北京：清华大学出版社，2016.

[5] 李航. 机器学习方法[M]. 北京：清华大学出版社，2022.

[6] HOCHRETIER S，SCHMIDHUBER J. Long short-term memory[J]. Neural Computation，1997，9(8)：1735-1780.

[7] CHO K，VAN M B，GULCEHRE Ç，et al. Learning phrase representations using RNN encoder-decoder for

statistical machine translation[C]//Proceedings of the 2014 Conference on Empirical Methods in Natural Language Processing. Doha, Qatar: Association for Computational Linguistics(ACL), 2014: 1724-1734.

[8] 程艳,尧磊波,张光河,等. 基于注意力机制的多通道 CNN 和 BiGRU 的文本情感倾向性分析[J]. 计算机研究与发展,2020,57(12):2583-2595.

[9] DASH M, LIU H. Feature selection for classification[J]. Intelligent Data Analysis, 1997, 1(1-4): 131-156.

[10] DY J G, BRODLEY C E. Feature selection for unsupervised learning[J]. Journal of machine learning research, 2004, 5(8): 845-889.

[11] DENG J, DONG W, SOCHER R, et al. ImageNet: A large-scale hierarchical image database[C]//Proceedings of the IEEE Conference on Computer Vision and Pattern Recognition. Piscataway: IEEE Press, 2009: 248-255.

[12] HE K M, ZHANG X Y, REN S Q, et al. Deep residual learning for image recognition[C]//Proceedings of the IEEE Conference on Computer Vision and Pattern Recognition. Piscataway: IEEE Press, 2016: 770-778.

[13] SZEGEDY C, LIU W, JIA Y Q, et al. Going deeper with convolutions[C]//Proceedings of the IEEE Conference on Computer Vision and Pattern Recognition. Piscataway: IEEE Press, 2015: 1-9.

[14] 张旭东. 机器学习导论[M]. 北京:清华大学出版社,2022.

[15] GOODFELLOW I, POUGET-ABADIE J, MIRZA M, et al. Generative adversarial nets[C]//Proceedings of the 28th International Conference on Neural Information Processing Systems-Volume 2. Cambridge: MIT Press, 2014: 2672-2680.

[16] 何弦,李佳宸,金立,等. 三维模板跟踪的基准合成数据集构建及算法评估[J]. 计算机学报,2022,45(3):585-600.

[17] RIBEIRO M T, SINGH S, GUESTRIN C. "Why should I trust you?" Explaining the predictions of any classifier[C]//Proceedings of the ACM SIGKDD International Conference on Knowledge Discovery and Data Mining. New York: ACM Press, 2016: 1135-1144.

[18] 李航. 统计学习方法[M]. 北京:清华大学出版社,2019.

[19] FISHER R A. The use of multiple measurements in taxonomic problems[J]. Annals of Eugenics, 1936, 7(2): 179-188.

[20] LUNDBERG S M, LEE, S I, A unified approach to interpreting model predictions[C]//Proceedings of the International Conference on Neural Information Processing Systems. New York: Curran Associates Inc., 2017: 4768-4777.

[21] SALIMANS T, GOODFELLOW I, ZAREMBA W, et al. Improved techniques for training GANs[C]//Proceedings of the International Conference on Neural Information Processing Systems. New York: Curran Associates Inc., 2016: 2234-2242.

[22] HEUSEL M, RAMSAUER H, UNTERTHINER T, et al. GANs trained by a two time-scale update rule converge to a local nash equilibrium[C]//Proceedings of the International Conference on Neural Information Processing Systems. New York: Curran Associates Inc., 2017: 6629-6640.

[23] BERGSTRA J, BARDENET R, BENGIO Y, et al. Algorithms for hyper-parameter optimization[C]//Proceedings of the International Conference on Neural Information Processing Systems. New York: Curran Associates Inc., 2011: 2546-2554.

[24] YU T, ZHU H. Hyper-parameter optimization: A review of algorithms and applications[EB/OL]. (2020-03-12)[2025-02-21]. https://arxiv.org/abs/2003.05689.

[25] HSU C W, CHANG C C, LIN C J. A practical guide to support vector classification[R]. Department of Computer Science, NTu, 2003.

[26] HESTERMAN J Y, CAUCCI L, KUPINSKI M A, et al. Maximum-likelihood estimation with a contracting-grid search algorithm[J]. IEEE Transactions on Nuclear Science, 2010, 57(3): 1077-1084.

[27] BERGSTRA J, BENGIO Y. Random search for hyper-parameter optimization[J]. Journal of Machine Learning Research, 2012, 13(1): 281-305.

[28] OZAKI Y,TANIGAKI Y,WATANABE S,et al. Multiobjective tree-structured parzen estimator[J]. Journal of Artificial Intelligence Research,2022,73: 1209-1250.

[29] FALKNER S,KLEIN A,HUTTER F. BOHB: Robust and efficient hyperparameter optimization at scale[C]//Proceedings of International Conference on Machine Learning. New York: PMLR,2018: 1437-1446.

[30] WATANABE S. Tree-structured parzen estimator: Understanding its algorithm components and their roles for better empirical performance[EB/OL]. (2023-04-21)[2025-02-21]. https://arxiv. org/abs/230 4. 11127.

[31] STANLEY K O, MIIKKULAINEN R. Evolving neural networks through augmenting topologies[J]. Evolutionary Computation,2002,10(2): 99-127.

[32] REAL E, MOORE S, SELLE A, et al. Large-scale evolution of image classifiers[C]//Proceedings of International Conference on Machine Learning. New York: PMLR,2017: 2902-2911.

[33] REAL E,AGGARWAL A,HUANG Y,et al. Regularized evolution for image classifier architecture search[C]//Proceedings of the 33rd AAAI Conference on Artificial Intelligence. Menlo Park: AAAI Press, 2019: 4780-4789.

[34] ELSKEN T,METZEN J H,HUTTER F. Efficient multi-objective neural architecture search via lamarckian evolution[C]//Proceedings of International Conference on Learning Representations. Puerto Rico: Openreview. net,2018: 1-23.

[35] MIIKKULAINEN R, LIANG J, MEYERSON E, et al. Evolving deep neural networks[M]//Artificial Intelligence in the Age of Neural Networks and Brain Computing. New York: Academic Press,2024: 269-287.

[36] SHAHRIARI B,SWERSKY K,WANG Z,et al. Taking the human out of the loop: A review of bayesian optimization[J]. Proceedings of the IEEE,2015,104(1): 148-175.

[37] VICTORIA A H,MARAGATHAM G. Automatic tuning of hyperparameters using Bayesian optimization[J]. Evolving Systems,2021,12(1): 217-223.

[38] WANG X, JIN Y, SCHMITT S, et al. Recent advances in Bayesian optimization[J]. ACM Computing Surveys,2023,55(13s): 1-36.

[39] JIN H,SONG Q,HU X. Auto-Keras: An efficient neural architecture search system[C]//Proceedings of the ACM SIGKDD International Conference on Knowledge Discovery & Data Mining. New York: ACM Press, 2019: 1946-1956.

[40] BINOIS M, WYCOFF N. A survey on high-dimensional Gaussian process modeling with application to Bayesian optimization[J]. ACM Transactions on Evolutionary Learning and Optimization,2022,2(2): 1-26.

[41] 崔佳旭,杨博. 贝叶斯优化方法和应用综述[J]. 软件学报,2018,29(10): 3068-3090.

[42] WU J,POLOCZEK M,WILSON A G,et al. Bayesian optimization with gradients[C]//Proceedings of the International Conference on Neural Information Processing Systems. New York: Curran Associates,2017: 1-12.

[43] MAHSERECI M,BALLES L,LASSNER C,et al. Early stopping without a validation set[EB/OL]. (2017-06-06)[2025-02-21]. https://arxiv. org/abs/1703. 09580.

[44] DENG B,YAN J,LIN D. Peephole: Predicting network performance before training[EB/OL]. (2017-12-09)[2025-02-21]. https://arxiv. org/abs/1712. 03351.

[45] DOMHAN T,SPRINGENBERG J T,HUTTER F. Speeding up automatic hyperparameter optimization of deep neural networks by extrapolation of learning curves[C]//Proceedings of the International Conference on Artificial Intelligence. Menlo Park: AAAI Press,2015: 3460-3468.

[46] SCHMUCKER R,DONINI M,ZAFAR M B,et al. Multi-objective asynchronous successive halving[EB/OL]. (2021-06-23)[2025-02-1]. https://arxiv. org/abs/2106. 12639.

[47] LI L,JAMIESON K,DESALVO G,et al. Hyperband: A novel bandit-based approach to hyperparameter optimization[J]. Journal of Machine Learning Research,2018,18(185): 1-52.

[48] AWAD N, MALLIK N, HUTTER F. DEHB: Evolutionary hyperband for scalable, robust and efficient hyperparameter optimization[EB/OL]. (2021-05-20)[2025-02-21]. https://arxiv. org/abs/2105. 09821.

[49] WHITE C,NEISWANGER W,SAVANI Y. BANANAS: Bayesian optimization with neural architectures for

neural architecture search[C]//Proceedings of the 35th AAAI Conference on Artificial Intelligence. Menlo Park: AAAI Press,2021: 10293-10301.

[50] VILALTA R,DRISSI Y. A perspective view and survey of meta-learning[J]. Artificial Intelligence Review, 2002,18: 77-95.

[51] HOSPEDALES T,ANTONIOU A,MICAELLI P,et al. Meta-learning in neural networks: A survey[J]. IEEE Transactions on Pattern Analysis and Machine Intelligence,2021,44(9): 5149-5169.

[52] LI D Z,LI R Q,WANG L J,et al. You only infer once: Cross-modal meta-transfer for referring video object segmentation[C]//Proceedings of the 36th AAAI Conference on Artificial Intelligence. Menlo Park: AAAI Press,2022: 1297-1305.

[53] SINGH R,BHARTI V,PUROHIT V,et al. MetaMed: Few-shot medical image classification using gradient-based meta-learning[J]. Pattern Recognition,2021,120: 108111.

[54] CHEN J,TANG J,LI W. Industrial edge intelligence: Federated-meta learning framework for few-shot fault diagnosis[J]. IEEE Transactions on Network Science and Engineering,2023,10(6): 3561-3573.

[55] ZENG M,SUN W,WANG Z,et al. Evaluation and application algorithm of artificial intelligence unmanned vehicle control device based on IoT intelligent transportation[J]. Computing and Informatics,2024,43(4): 944-973.

[56] LUPU E S,XIE F,PREISS J A,et al. Magic VFM-meta-learning adaptation for ground interaction control with visual foundation models[J]. IEEE Transactions on Robotics,2024,41(10): 180-199.

[57] XU J,SONG J,SANG Y,et al. CDAML: A cluster-based domain adaptive meta-learning model for cross domain recommendation[J]. World Wide Web,2023,26(3): 989-1003.

[58] TAN Z P,ZHANG H Y,TIAN F,et al. Progressively coupling network for brain MRI registration in few-shot situation[C]//Processing of the Medical Image Computing and Computer Assisted Intervention. Berlin: Springer,2023: 623-633.

[59] VETTORUZZO A,BOUGUELIA M R,VANSCHOREN J,et al. Advances and challenges in meta-learning: A technical review[J]. IEEE Transactions on Pattern Analysis and Machine Intelligence, 2024, 46: 4763-4779.

[60] HUISMAN M, VAN RIJN J N, PLAAT A. A survey of deep meta-learning[J]. Artificial Intelligence Review,2021,54(6): 4483-4541.

[61] FINN C,ABBEEL P,LEVINE S. Model-agnostic meta-learning for fast adaptation of deep networks[C]//Proceedings of the International Conference on Machine Learning. New York: PMLR,2017: 1126-1135.

[62] ANTONIOU A, EDWARDS H, STORKEY A. How to train your MAML[C]//Proceedings of the International Conference on Learning Representations. San Juan,Puerto Rico: Openreview. net,2018: 1-11.

[63] AMID E,ANIL R,FIFTY C,et al. Step-size adaptation using exponentiated gradient updates[EB/OL]. (2022-01-31)[2025-02-21]. https://arxiv. org/abs/2202. 00145.

[64] KINGMA D,BA J. Adam: A method for stochastic optimization[EB/OL]. (2014-12-22)[2025-03-26]. https://arxiv. org/abs/1412. 6980.

[65] TIELEMAN T. Lecture 6. 5-RMSProp: Divide the gradient by a running average of its recent magnitude[Z]. COURSERA: Neural Networks for Machine Learning 4. 2(2012): 26.

[66] SANTORO A, BARTUNOV S, BOTVINICK M, et al. Meta-learning with memory-augmented neural networks[C]//Proceedings of the International Conference on Machine Learning. New York: PMLR,2016: 1842-1850.

[67] BERTINETTO L,HENRIQUES J F,TORR P,et al. Meta-learning with differentiable closed-form solvers[C]//Proceedings of the International Conference on Learning Representations. Puerto Rico: Openreview. net, 2018: 1-15.

[68] MUNKHDALAI T,YU H. Meta networks[C]//Proceedings of the International Conference on Machine Learning. New York: PMLR,2017: 2554-2563.

[69] MISHRA N,ROHANINEJAD M,CHEN X,et al. A simple neural attentive meta-learner[C]//Proceedings of the International Conference on Learning Representations. Puerto Rico: Openreview. net,2018: 1-17.

[70] 赵一凡,李甲,田永鸿. 局部关系泛化表征的小样本增量学习[J]. 中国科学: 信息科学,2023,53(6): 1132-1146.

[71] 葛轶洲,刘恒,王言,等. 小样本困境下的深度学习图像识别综述[J]. 软件学报,2022,33(1): 193-210.

[72] PIAO Y R, LU C Y, ZHANG M, LU H C. Semi-supervised video salient object detection based on uncertainty-guided pseudo labels [C]//Proceedings of the 36th International Conference on Neural Information Processing Systems. New York: Curran Associates,2022: 5614-5627.

[73] RAVI S,LAROCHELLE H. Optimization as a model for few-shot learning[C]//Proceedings of the 5th International Conference on Learning Representations. Puerto Rico: Openreview. net,2017: 1-11.

[74] DAI K N,ZHANG Y H,WANG D,et al. High-performance long-term tracking with meta-updater[C]//Proceedings of IEEE/CVF Conference on Computer Vision and Pattern Recognition. Piscataway: IEEE Press,2020: 6297-6306.

[75] 郝肇铁,郭斌,赵凯星,等. 从规则驱动到群智涌现: 多机器人空地协同研究综述[J]. 自动化学报,2024,50(10): 1877-1905.

[76] SUNG F,YANG Y,ZHANG L,et al. Learning to compare: Relation network for few-shot learning[C]//Proceedings of the IEEE Conference on Computer Vision and Pattern Recognition. Piscataway: IEEE Press,2018: 1199-1208.

[77] SNELL J,SWERSKY K,ZEMEL R. Prototypical networks for few-shot learning[C]//Proceedings of the International Conference on Neural Information Processing Systems. New York: Curran Associates,2017: 4080-4090.

[78] VINYALS O, BLUNDELL C, LILLICRAP T, et al. Matching networks for one shot learning [C]//Proceedings of the International Conference on Neural Information Processing Systems. New York: Curran Associates,2016: 3637-3645.

[79] JIANG X,LI G,ZHANG X P,HE Y. A semisupervised Siamese network for efficient change detection in heterogeneous remote sensing images[J]. IEEE Transactions on Geoscience and Remote Sensing,2021,60: 1-18.

[80] ELSKEN T,METZEN J H,HUTTER F. Neural architecture search: A survey[J]. Journal of Machine Learning Research,2019,20(55): 1-21.

[81] ZOPH B,LE Q. Neural architecture search with reinforcement learning[EB/OL]. (2017-02-15)[2025-02-21]. https://arxiv. org/abs/1611. 01578.

[82] PHAM H,GUAN M,ZOPH B,et al. Efficient neural architecture search via parameters sharing[C]//Proceedings of the 35th International Conference on Machine Learning. New York: PMLR,2018: 4095-4104.

[83] ZOPH B, VASUDEVAN V, SHLENS J, et al. Learning transferable architectures for scalable image recognition[C]//Proceedings of the IEEE Conference on Computer Vision and Pattern Recognition. Piscataway: IEEE Press,2018: 8697-8710.

[84] ZHONG Z, YAN J, WU W, et al. Practical block-wise neural network architecture generation [C]//Proceedings of the IEEE Conference on Computer Vision and Pattern Recognition. Piscataway: IEEE Press,2018: 2423-2432.

[85] YAN B,PENG H W,WU K,et al. LightTrack: Finding lightweight neural networks for object tracking via one-shot architecture search[C]//Proceedings of IEEE/CVF Conference on Computer Vision and Pattern Recognition. Piscataway: IEEE Press,2021: 15175-15184.

[86] LV Z,QIAN C,YEN G G,et al. Analyzing the expected hitting time of evolutionary computation-based neural architecture search algorithms [J]. IEEE Transactions on Emerging Topics in Computational Intelligence,2024,8(6): 3899-3911.

[87] REAL E,AGGARWAL A,HUANG Y,et al. Regularized evolution for image classifier architecture search[C]//Proceedings of the 33rd AAAI Conference on Artificial Intelligence. Menlo Park: AAAI Press, 2019:

4780-4789.
[88] LIU H,SIMONYAN K,YANG Y. DARTS: Differentiable architecture search[C]//Proceedings of the 6th International Conference on Learning Representations. Puerto Rico: Openreview. net,2018: 1-13.
[89] KUKAKA J,GOLKOV V,CREMERS D. Regularization for deep learning: A taxonomy[EB/OL]. (2017-10-29) [2025-02-21]. https://arxiv. org/abs/1710. 10686.
[90] CHEN X, XIE L X, WU J, et al. Progressive differentiable architecture search: Bridging the depth gap between search and evaluation[C]//Proceedings of the IEEE/CVF International Conference on Computer Vision. Piscataway: IEEE Press,2019: 1294-1303.
[91] ZHANG M,LIU T W,PIAO Y R,et al. Auto-MSFNet: Search multi-scale fusion network for salient object detection[C]//Proceedings of the 29th ACM International Conference on Multimedia. New York: ACM Press,2021: 667-676.
[92] LIU C, ZOPH B, NENMANN M, et al. Progressive neural architecture search[C]//Proceedings of the European Conference on Computer Vision. Berlin: Springer,2018: 19-35.
[93] LUO R Q,TIAN F,QIN T,et al. Neural architecture optimization[C]//Proceedings of the 32nd International Conference on Neural Information Processing Systems. New York: Association for Computing Machinery, 2018: 7827-7838.
[94] WU X,ZHANG Y T,LAI K W,et al. A novel centralized federated deep fuzzy neural network with multi-objectives neural architecture search for epistatic detection[J]. IEEE Transactions on Fuzzy Systems,2025, 33(1): 94-107.
[95] LIU Y,GUO S,ZHANG J,et al. Collaborative neural architecture search for personalized federated learning[J]. IEEE Transactions on Computers,2025,74(1): 250-262.
[96] WU R,LI C,ZOU J,et al. Generalizable reconstruction for accelerating MR imaging via federated learning with neural architecture search[J]. IEEE Transactions on Medical Imaging,2025,44(1): 106-117.
[97] WU X,WANG D,CHEN H H,et al. Neural architecture search for text classification with limited computing resources using efficient cartesian genetic programming [J]. IEEE Transactions on Evolutionary Computation,2023,28(3): 638-652.
[98] WU Y, TANG B, DENG L, et al. Hardware-resource-constrained neural architecture search for edge-side fault diagnosis of wind-turbine gearboxes[J]. IEEE Transactions on Industrial Electronics, 2023, 71(8): 9812-9822.
[99] PENG C,LI Y Y,SHANG R H,et al. Recnas: Resource-constrained neural architecture search based on differentiable annealing and dynamic pruning[J]. IEEE Transactions on Neural Networks and Learning Systems,2022,35(2): 2805-2819.
[100] KRIZHEVSKY A,HINTON G. Learning multiple layers of features from tiny images[R]. Techaical Report TR-2009,University of Toronto,2009.
[101] XIAO H,RASUL K,VOLLGRAF R. Fashion-MNIST: A novel image dataset for benchmarking machine learning algorithms[EB/OL]. (2017-08-25)[2025-02-21]. https://arxiv. org /abs/1708. 07747.
[102] FANG J M,CHEN Y K,ZHANG X B,et al. EAT-NAS: Elastic architecture transfer for accelerating large-scale neural architecture search[J]. Science China Information Sciences,2021,64: 192106.
[103] DAI X Y,CHEN D D,LIU M C,et al. DA-NAS: Data adapted pruning for efficient neural architecture search[EB/OL]. (2020-03-27)[2025-02-21]. https://arxiv. org/abs/2003. 12563.
[104] RUNGE F,STOLL D,FALKNER S,et al. Learning to design RNA[C]//Proceedings of International Conference on Learning Representations. Puerto Rico: Openreview. net,2019: 1-29.
[105] KLEIN A, FALKNER S, BARTELS S, et al. Fast Bayesian optimization of machine learning hyperparameters on large datasets [C]//Proceeds of the 20th International Conference on Artificial Intelligence and Statistics. New York: PMLR,2017: 528-536.
[106] NA B,MOK J,CHOE H,et al. Accelerating neural architecture search via proxy data[C]//Proceedings of

the International Joint Conference on Artificial Intelligence. Montreal: IJCAI, 2021: 2848-2854.

[107] YING G H, HE X, GAO B, et al. EAGAN: Efficient two-stage evolutionary architecture search for GANs[C]// Proceedings of the European Conference on Computer Vision. Berlin: Springer, 2022: 37-53.

[108] 蒋鹏程, 薛羽. 基于排序得分预测的演化神经架构搜索方法[J]. 计算机学报, 2024, 47(11): 2522-2535.

[109] BROCK A, LIM T, RITCHIE J M, et al. SMASH: One-shot model architecture search through hypernetworks[C]//Proceedings of the International Conference on Learning Representations. Puerto Rico: Openreview. net, 2018: 1-22.

[110] ZHANG Y G, LIN Z J, JIANG J Y, et al. Deeper insights into weight sharing in neural architecture search [EB/OL]. (2020-06-06)[2025-02-21]. https://arxiv.org/abs/2001.01431.

[111] NIU S C, WU J X, ZHANG Y F, et al. Disturbance-immune weight sharing for neural architecture search[J]. Neural Networks, 2021, 144(C): 553-564.

[112] MENDOZA H, KLEIN A, FEURER M, et al. Towards automatically-tuned neural networks [C]// Workshop on Automatic Machine Learning. New York: PMLR, 2016: 58-65.

[113] NEGRINHO R, GORDON G. Deeparchitect: Automatically designing and training deep architectures[EB/OL]. (2017-04-28)[2025-02-21]. https://arxiv.org/abs/1704.08792.

[114] 乔少杰, 薛骐, 杨国平, 等. 基于动态自适应时空图的多元时序预测模型[J]. 计算机学报, 2024, 47(12): 2925-2937.

[115] YING C, KLEIN A, REAL E, et al. NAS-Bench-101: Towards reproducible neural architecture search[C]// Proceedings of the International Conference on Machine Learning. New York: PMLR, 2019: 7105-7114.

[116] DONG X Y, YANG Y. NAS-Bench-201: Extending the scope of reproducible neural architecture search [EB/OL]. (2020-06-02)[2025-02-21]. https://arxiv.org/abs/2001.00326.

[117] CAI H, ZHU L G, HAN S. ProxylessNAS: Direct neural architecture search on target task and hardware [EB/OL]. (2018-12-02)[2025-02-21]. https://arxiv.org/abs/1812.00332.

[118] 蔡超丽, 李纯纯, 黄琳, 等. ED-NAS: 基于神经网络架构搜索的陶瓷晶粒 SEM 图像分割方法[J]. 电子学报, 2022, 50(2): 461-469.

[119] RADFORD A, NARASIMHAN K. Improving language understanding by generative pre-training[EB/OL]. (2018-06-11)[2025-03-28]. https://www.mikecaptain.com/resources/pdf/GPT-1.pdf.

[120] DEVLIN J, CHANG M W, LEE K, et al. BERT: Pre-training of deep bidirectional transformers for language understanding [C]//Proceedings of the Conference of the North American Chapter of the Association for Computational Linguistics. Cambridge: Association for Computational Linguistics, 2019: 4171-4186.

[121] SUKTHANKER R S, STAFFLER B, HUTTER F, et al. LLM compression with neural architecture search [EB/OL]. (2024-10-09)[2025-02-21]. https://arxiv.org/abs/2410.06479v1.

[122] FANG Y, WU Y, YU X, et al. Few-shot learning on graphs: From meta-learning to LLM-empowered pre-training and beyond companion[C]//Proceedings of the ACM on Web Conference 2025. New York: ACM Press, 2025: 9-12.

[123] RAJAPAKSHA P, CRESPI N. Explainable attention pruning: A meta-learning-based approach[J]. IEEE Transactions on Artificial Intelligence, 2024, 5(6): 2505-2516.

[124] MA H, YANG K. MetaSTNet: Multimodal meta-learning for cellular traffic conformal prediction[J]. IEEE Transactions on Network Science and Engineering, 2023, 11(2): 1999-2011.

[125] TU G, WU T, LUO X, et al. Meta-learning for incomplete multimodal sentiment analysis[C]//Proceedings of the 48th International ACM SIGIR Conference on Research and Development in Information Retrieval. New York: ACM Press, 2025: 2911-2915.

[126] DOU Z W, DONG Y. Multi-objective neural architecture search for efficient and fast semantic segmentation on edge[J]. IEEE Transactions on Intelligent Vehicles, 2023, 9(1): 1346-1357.

第4章 人工智能生成内容

CHAPTER 4

4.1 引言

生成式人工智能(Generated Artificial Intelligence)技术使机器不再局限于处理信息和执行命令,而是逐渐具备了内容创作的能力,该技术也是当前人工智能最活跃、最具变革力的方向之一,其核心技术依托于生成式模型(Generative Model)。生成式模型是一类能够自动生成数据的模型,它通过学习数据分布来生成与训练数据相似的新样本。此外,生成式模型不仅用于数据生成,还广泛应用于数据增强、缺失数据填补等任务。例如,生成对抗网络(GAN)、变分自编码器(VAE)、流模型(Flow-Based Model)、扩散模型(Diffusion Model)等都是生成式模型的典型代表。生成式模型的核心挑战是如何准确学习数据 X 的概率分布 $P(X)$。例如,图像生成模型在大规模自然图像数据集上学习概率分布,以支撑新图像生成。此外,通过学习多模态数据的联合分布,生成式模型可以实现跨模态理解,并完成文生图像等跨模态生成任务。

生成式人工智能技术能够自动完成文本、图像和音乐等多模态内容的创作,所生成的内容一般被称为人工智能生成内容(Artificial Intelligence Generated Content,AIGC)已在多个领域广泛应用。在游戏开发中,生成式人工智能可创建关卡和角色,提升玩家体验;在教育领域,生成式人工智能可提供个性化学习材料,辅助学生学习和教师培训;在医疗领域,生成式人工智能帮助医生生成病历和个性化治疗方案;在市场营销方面,生成式人工智能能够生成个性化广告内容和市场分析报告,提高转化率和决策效率。此外,生成式人工智能在产品设计、社交媒体和科学研究等领域也发挥着重要作用[1]。

4.2 生成式模型基本概念

相较于判别式模型,生成式模型在数据建模与生成方面展现出明显优势,其基于概率分布描述数据生成过程,捕捉数据的潜在结构和复杂模式。通过引入潜在变量(Latent Variable),生成式模型实现对观测数据背后隐藏信息的有效表示。本节将辨析生成式模型与判别式模型的区别,并从概率建模与分布估计、潜在变量、采样与生成等方面对生成式模型中的基本概念进行描述。

4.2.1 生成式模型与判别式模型的区别

生成式模型与判别式模型是机器学习中的两类经典模型,它们在建模方式、复杂度及应用场景上存在明显差别。

通过训练，生成式模型能够捕捉到数据的内在分布特性，从而具备生成新数据样本的能力，其核心在于学习数据的联合概率分布。这种模型不仅能够进行分类任务，还能生成与训练数据相似的样本，广泛应用于图像生成、数据增强等领域。然而，生成式模型通常较为复杂，需要更多的计算资源和训练数据准确学习联合分布。

相比之下，判别式模型则专注于学习数据的条件概率分布，即直接根据输入特征预测标签。它侧重于找到特征与标签之间的最优决策边界，以高效地实现分类或回归任务。判别式模型在分类等问题上通常具有更高的准确率，且训练成本相对较低。常见的判别式模型包括逻辑回归、支持向量机、神经网络等。

在应用场景上，生成式模型因其生成新数据的能力，在图像生成、文本生成等领域具有独特优势；而判别式模型则更适用于分类、回归及序列标注等任务。此外，生成式模型在数据较少时学习效果可能较差，而判别式模型在少样本情况下也能表现出较好的性能。生成式模型与判别式模型在机器学习领域各具优势，在进行模型选择时应依据具体的任务需求和数据特性而定。

4.2.2 概率建模与分布估计

生成式模型在构建数据生成过程的概率框架时，本质是通过数学建模捕捉潜在数据分布，并基于此生成与原始分布一致的新样本。概率建模通常分为显式与隐式两种范式：显式建模通过参数化的概率密度函数直接定义分布形式，常依赖最大似然估计或变分推断优化参数；隐式建模则通过可逆变换构造从潜在空间到数据空间的映射，无须显式计算概率密度。

在分布估计中，基于似然的方法通过最大化观测数据的对数似然函数直接优化模型参数，但其计算效率较低。为解决高维数据下的计算挑战，研究者常引入分层潜在变量结构，将复杂分布分解为多个简单条件分布的乘积，并利用变分推断技术近似难以计算的后验分布。与此同时，隐式建模方法则通过可逆映射间接逼近分布。这类方法通过逐步修正噪声扰动数据的梯度方向，引导生成过程向真实分布收敛。

分布估计的关键挑战在于平衡模型表达能力与计算可行性。高维数据空间中，维数灾难导致传统参数化方法难以有效建模局部特征；数据稀疏区域易引发模型偏差，使得生成样本偏离真实分布。为此，常引入熵约束、几何一致性约束等正则化技术以增强分布估计的稳健性，而随机微分方程理论则为连续状态空间的动态建模提供了新视角。

4.2.3 潜在变量

生成式模型中的潜在变量捕捉数据的潜在结构，这些未直接观测到的随机变量，虽不直接体现在观测数据中，却对数据的复杂性和多样性起着决定性作用。

潜在变量在生成式模型中的作用主要体现在两方面：一是作为数据生成过程的隐式描述，二是作为数据潜在特征的内部特征表示。它们捕捉了数据中不易直接观察到的因素或模式，这些因素可能包括数据的层次结构、潜在类别、时间依赖性等。通过潜在变量，生成式模型能够更深入地理解数据的内在机制，并生成与观测数据相似的新样本。

在模型的构建和训练过程中，潜在变量通常通过概率分布或映射函数来定义。这些分布或函数描述了潜在变量与观测数据之间的关系，使得模型能够从潜在空间中采样并生成新的数据样本。潜在变量的分布类型可以多样，包括连续分布、离散分布等，具体选择取决于数据的特性和模型的需求。

潜在变量的引入，为生成式模型带来了优势。首先，潜在变量增强了模型的生成能力，使得模型能够生成更复杂、更多样的数据样本。其次，潜在变量提供数据潜在结构的表示，有助于理解数据的内在特性和潜在模式。潜在变量在生成式模型中发挥着重要作用,为数据的生成和理解提供了有力的工具。

4.2.4 采样与生成

生成式模型中的采样与生成是两个重要概念,它们共同构成了从潜在空间到观测数据映射的关键步骤。采样旨在从模型定义的潜在分布中抽取样本;而生成则是利用这些样本构建或复原观测数据的过程。采样与生成共同使生成式模型能够捕捉数据的统计规律,并据此创造新的、与真实数据相似的内容。

采样不仅是连接潜在空间与可观测数据的桥梁,也是模型捕捉数据多样性和复杂性的关键。通过精心设计的采样策略,模型能够从潜在分布中抽取代表不同数据特性的样本。这些样本作为潜在信息的载体,为生成过程提供了丰富的素材。

生成过程则是利用采样得到的潜在样本,通过模型定义的映射函数或生成网络,将其转换为观测数据。这一过程不仅要求模型能够准确地反映潜在空间与观测空间之间的映射关系,还要求生成的数据在统计特性上与真实数据保持一致。为实现这一目标,生成式模型通常采用复杂的神经网络结构,以捕捉数据中的高维依赖和非线性关系。

采样与生成是生成式模型中不可或缺的两个环节。两者共同构成模型从潜在空间到观测数据的完整映射路径。

4.3 生成式模型前沿

4.3.1 生成对抗网络

生成对抗网络作为一种创新的深度学习架构,最初由 Ian Goodfellow 及其研究团队于 2014 年提出[2],其核心在于通过构建两个相互对立的神经网络,即生成器(Generator)与判别器(Discriminator),实现高保真数据样本(如图像、音频等)的自动生成[3,4]。

如图 4.1 所示,以图片生成应用为例,GAN 的基本框架包含一个生成器,其功能是将随机噪声向量映射为高度逼真的图像。此过程基于对真实数据分布的学习与模拟,旨在生成与真实样本难以区分的人工数据。

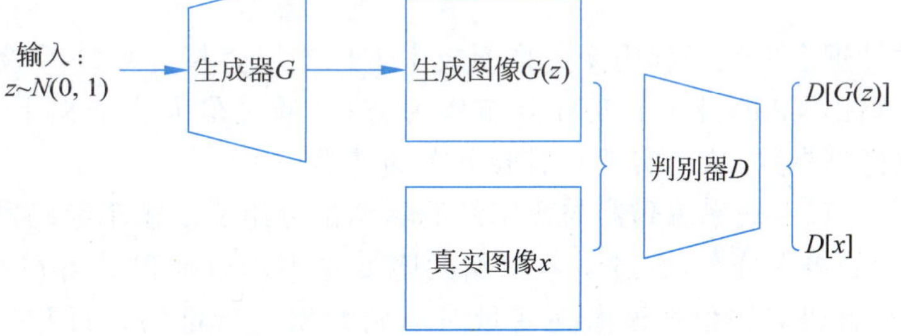

图 4.1 生成对抗网络原理

判别器同样作为一个神经网络存在,其功能是区分输入数据样本的真伪。判别器接收真实样本或生成样本作为输入,并输出一个 0～1 的标量值,代表该样本为真实数据的概率。通过持续学习,判别器不断提升其辨识真伪数据的能力,其训练优化目标通常基于交叉熵损失函数设计。

GAN 的训练过程基于博弈思想，通过生成器和判别器的对抗优化逐步提高生成样本的质量。生成器旨在从随机噪声中生成尽可能逼真的样本以欺骗判别器，而判别器则试图区分真实样本与生成样本，两者在迭代过程中不断更新参数以优化各自目标。训练初期，生成器生成的样本质量较差，判别器易于识别，但随着训练的进行，生成器逐渐学会数据分布特征，生成样本越来越接近真实数据，从而提升整体生成效果。最终，在理想状态下，生成器生成的样本难以被判别器准确区分，模型达到动态平衡。

自 GAN 提出以来，研究人员提出了许多变种和改进版本，以解决原始 GAN 的一些问题，如训练不稳定、模式崩溃等。DCGAN[5] (Deep Convolutional GAN)使用卷积神经网络构建生成器和判别器，通过卷积层和反卷积层处理图像数据，提高了生成图像的质量和训练的稳定性。BigGAN[6]通过增大模型的规模和提高训练数据的多样性，生成高分辨率和高质量的图像，除了使用更复杂的架构，该方法在训练过程中也使用了更大的批量大小。这些变种和改进版本在不同的应用场景中展示了强大的生成能力，推动了 GAN 的发展和应用。StyleGAN[7]是另一种基于 GAN 的改进模型，由 NVIDIA 研究团队开发，用于生成高质量的图像，其发展历程历经三个版本，各具特色。初代 StyleGAN 首次引入了风格控制机制，通过调节生成过程中的特定特征，生成多样化的图像。该版本采用渐进式生成策略，从低分辨率逐步增加至高分辨率，确保训练稳定性与图像质量。StyleGAN2[8]针对初代模型中的伪影问题进行了优化，改进了权重归一化策略，并重构了生成器架构。这些改进使得生成的图像更加清晰，细节更丰富，且训练过程更加稳定。StyleGAN3[9]则解决了 StyleGAN2 的部分遗留问题，进一步提升了图像质量的一致性和稳定性。该版本在高质量图像和视频生成方面展现出卓越性能，为艺术创作、动画制作等领域提供了有力支持。2023 年，Adobe 和卡内基-梅隆大学的学者共同提出 GigaGAN[10]，突破传统 GAN 模型在生成超高分辨率图像时面临的计算和内存限制。GigaGAN 能够在有限计算资源下生成高分辨率、高质量的图像，其生成器通过多分辨率分层架构，逐步细化图像细节。同时，GigaGAN 的判别器也经过优化，采用了多尺度的判别器架构，增强了对图像细节的识别能力。

4.3.2 变分自编码器

变分自编码器(VAE)由 Kingma 与 Welling 于 2013 年提出[11]。该模型巧妙融合了概率图模型的理论严谨性与深度学习的强大表示能力，通过实施变分推断策略，有效学习数据的特征表示，并具备生成新颖数据样本的能力。VAE 在图像生成、异常检测等多个领域展现出了显著的应用潜力[12-14]。

VAE 的核心设计理念聚焦于利用变分推断技术近似难以直接计算的后验分布。由于直接求解后验分布的不可行性，VAE 引入了变分分布作为替代，通过最大化证据下界(Evidence Lower Bound，ELBO)优化模型参数，从而实现对后验分布的精准逼近。

如图 4.2 所示，VAE 由概率编码器与概率解码器两部分组成。概率编码器的作用是将输入数据映射到潜在空间中的概率分布，通过学习数据的隐变量表示以捕捉其潜在结构，生成具有可控性的潜在变量；概率解码器则根据该潜在变量对原始数据进行重构，力图在保持生成多样性的同时还原输入的主要特征。概率编码器负责提取压缩后的高层次语义信息，概率解码器则利用该信息进行数据的生成与复原，两者协同优化使模型既能学习有效的特征表示，又具有生成能力。

随着技术的演进，出现了向量量化变分自编码器(VQ-VAE)[15]，其结合了向量量化技术和变分自编码器特性，核心在于引入一个离散的潜在空间，通过向量量化层将连续的潜在表示转换为

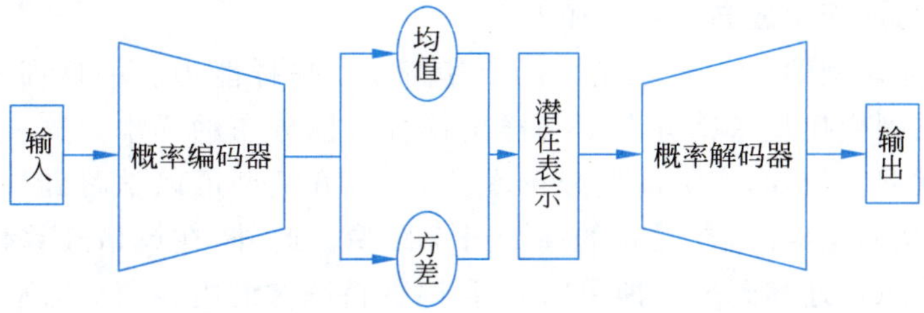

图 4.2 变分自编码器原理

离散的向量。这种设计不仅使得模型在生成任务中能够捕捉到更精细的数据结构,还有效缓解了传统 VAE 在生成图像时易出现的模糊问题。VQ-VAE 通过优化重构误差和量化误差,学习到了数据的有效低维表示,这对于图像生成、音频合成和表示学习等领域具有重要意义。VQ-VAE 的分层结构和离散潜在空间的设计,为生成模型的研究开辟了新的方向。

此后,从 VQ-VAE 演变出了 VQ-VAE-2[16],它采用了更为复杂的分层架构,旨在进一步提升生成图像的质量和多样性。与 VQ-VAE 相比,VQ-VAE-2 在编码阶段保留了 VQ-VAE 的核心特性,即利用向量量化层将输入数据映射到离散的潜在表示上。然而,在解码阶段,VQ-VAE-2 引入了更先进的自回归生成模型,以捕捉图像中的长距离依赖关系。这种分层编码与自回归生成相结合的方式,使得 VQ-VAE-2 能够生成更加清晰、细腻且多样化的图像。此外,VQ-VAE-2 还支持高效的分布式训练,为处理大规模图像数据提供了可能,在图像生成、图像修复和视频合成等领域展现出很大的应用潜力。VQ-VAE-2 在无监督生成任务中展现出了媲美 GAN 的性能,又保留了 VAE 的稳定训练优势,这也为后续的生成式工作奠定了基础,进一步推动了离散表示在生成模型中的应用。

4.3.3 流模型

流模型在机器学习与统计学领域占据着举足轻重的地位,尤其在生成式建模与概率密度估计方面展现出卓越的性能[17-20]。流模型的核心思想在于通过一系列可逆的变换,将一个简单的初始分布逐步映射到复杂的目标分布上。这一过程不仅保留了概率密度的完整性,还使模型能够高效地生成新样本并估计数据的概率密度。流模型因其独特的数学结构和高效的采样能力,在图像生成、音频合成等多个领域取得了显著成果。

流模型的基本原理可追溯到流形学习的概念,即假设高维数据实际上位于一个低维流形上,其原理如图 4.3 所示。通过学习这种低维表示,流模型能够捕捉到数据的内在结构,从而更有效地进行建模。在生成式建模的语境下,流模型利用一系列可逆的、参数化的变换(通常称为"流"),将一个易于采样的基础分布(如标准正态分布)转换为目标分布。

图 4.3 流模型原理

为了保持变换的可逆性,流模型通常采用体积保持变换与尺度变换的组合。体积保持变换确保在变换过程中,数据的体积(即概率密度所覆盖的空间大小)保持不变;尺度变换则用于调整数据的尺度,以适应目标分布的复杂性。通过精心设计这些变换,流模型能够学习到从简单分布到复杂分布的复杂映射，从而生成高质量的样本。

在实际应用中，流模型的一个显著优势在于其高效的采样能力。一旦训练完成，流模型可以通过简单地应用一系列变换从基础分布中采样出符合目标分布的样本。这一特性使得流模型在图像生成领域深受欢迎。例如，在图像超分辨率任务中，流模型可以学习到从低分辨率图像到高分辨率图像的映射，从而生成清晰、逼真的高分辨率图像。此外，在风格迁移任务中，流模型也能够有效地将一种图像风格迁移到另一种图像上，同时保持图像的内容和结构不变。

除了图像生成，流模型在音频合成领域也展现出了很大的潜力。音频数据通常具有复杂的时间结构和频率特性，这使得传统方法难以准确地生成高质量的音频。然而，流模型通过其强大的建模能力和高效的采样机制，能够学习到音频数据的潜在结构，并生成自然流畅的音频样本。例如，在语音合成任务中，流模型可以学习到从文本到语音的映射，从而生成具有自然语调和清晰发音的语音。此外，在音频风格转换任务中，流模型也能够将一种音频风格转换为另一种风格，同时保持音频的原始内容和节奏。

流模型作为一种强大的生成式建模工具，在多个领域都取得了显著的成果。其可逆变换的机制和高效的采样能力使得流模型能够学习到复杂数据的潜在结构，并生成高质量的样本。未来，流模型有望在更多领域发挥重要作用，为机器学习和统计学领域的研究开辟新的道路。

4.3.4 扩散模型

1. 扩散模型的基本思路

扩散模型在图像生成、视频生成等多种生成任务中展现出了卓越的性能[21-24]。扩散模型的基本思路是将一个简单的噪声分布通过一系列步骤逐步转换为一个复杂的数据分布。这一过程不仅深刻体现了概率论与统计学的精髓，也为生成高质量数据样本提供了一种全新的视角。

扩散模型的基本原理主要涵盖两个核心过程：扩散过程和反向过程，如图 4.4 所示。这两个过程共同构成了扩散模型的核心框架，为实现从噪声到数据的转换提供了理论基础。

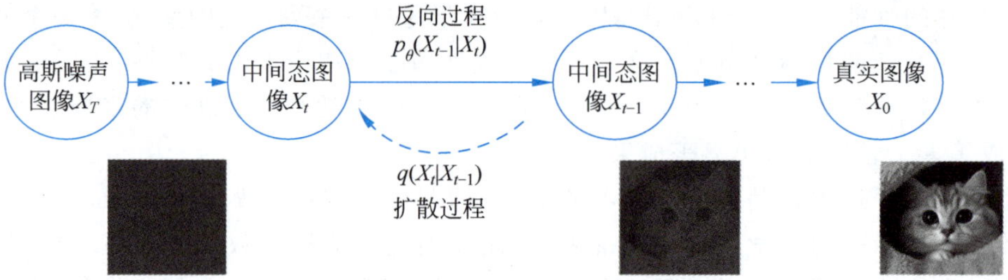

图 4.4 扩散模型原理

扩散过程指在多个时间步中逐渐向原始数据中添加噪声，最终将其转换为纯噪声的过程。该过程通过噪声调度策略，使数据在高维空间中逐步丧失原有结构，从而构造出一个由数据分布向噪声分布演化的马尔可夫链。扩散过程的核心在于通过连续扰动逼近潜在变量空间的先验分布，为后续的反向生成提供条件基础。

扩散过程的本质在于逐步破坏数据的结构信息，将其转换为一个无序的噪声状态。这一过程虽然看似简单，但却为后续的反向过程提供了必要的条件，使得模型能够从噪声中逐步恢复出原始数据的结构信息。

与扩散过程相反，反向过程则是试图在给定噪声样本的条件下，通过逐步去噪将其还原为真实数据的过程。该过程通常由一个参数化模型实现，其任务是在每个时间步估计当前噪声样本的去噪方向，从而引导样本向真实数据分布收敛。通过学习反向转移过程，模型能够以高保真度生成新样本，实现从纯噪声到数据分布的有效重建。

反向过程的核心在于学习如何从噪声中逐步恢复出数据的结构信息。为了实现这一目标，扩散模型通常采用变分推断或得分匹配等方法优化模型参数。通过这些方法，模型能够学习到一个从噪声到数据的映射关系，从而能够在给定噪声的情况下生成高质量的数据样本。

2. 扩散模型的算法演进

扩散模型在近年来取得了显著的进展。DDPM[25] (Denoising Diffusion Probabilistic Models)是由 Ho 等在 2020 年提出的一种扩散模型。DDPM 采用变分推断的方法优化模型参数，从而能够在给定噪声的情况下生成高质量的数据样本。在图像生成任务中，DDPM 表现出了出色的性能，可用于生成高质量图像[26]。

Stable Diffusion[27]同样是近年来具有代表性的扩散模型，旨在生成高质量图像。该模型借鉴了物理中的扩散过程，即有序状态向无序状态的演化。通过逐步移除噪声，Stable Diffusion 能够生成与输入条件(如文本)相匹配的图像。与 DDPM 相比，Stable Diffusion 在潜在空间进行图像扩散，显著减少了计算复杂度并节省了显存，使得个人用户也能进行模型微调；而 DDPM 则在像素级图像上完成扩散过程，需要更多的计算资源，尤其是在处理高分辨率图像时。因此，Stable Diffusion 在图像生成的速度、成本和实用性上均展现出优势。

Stable Diffusion 的反向生成是从随机噪声图像开始逐步移除噪声生成符合给定条件的图像的过程，其关键在于“条件生成模型”的使用。具体来说，Stable Diffusion 将文本描述作为条件控制生成过程中的每个步骤，利用文本中的分布信息指导去噪过程，将纯噪声图像逐步转换为与文本信息匹配的图像。其中，文本编码器将文字转换为语义向量，作为后续图像生成器的控制输入。该技术生成的图像质量高且能捕捉丰富细节和复杂场景，同时根据详细的文本描述生成图像，大幅提高了生成效率，使得实际应用更具可操作性。

Diffusion Transformer[28]是一种结合扩散模型与 Transformer 架构的生成框架。该模型通过 Transformer 对输入数据进行嵌入表示并利用多层 Transformer 架构进行特征提取和转换。每层都通过自注意力机制捕捉关键信息以实现高效的数据处理。

在训练阶段，Diffusion Transformer 学习从初始状态到目标状态的扩散路径和数据的内在规律。在生成阶段则沿着学习到的扩散路径逐步生成数据直至达到预设目标状态。其核心在于通过一系列去噪步骤从随机噪声逐渐重构数据，每步由 Transformer 预测残差以逼近真实数据。整个过程由前向扩散与后向反演构成，前者添加噪声，后者基于 Transformer 预测进行去噪。Diffusion Transformer 利用 Transformer 对图像块序列进行全局建模，而 Stable Diffusion 和 DDPM 分别在潜在空间和像素级图像上完成扩散，三者所需计算资源不同。相较于 DDPM，Stable Diffusion 和 Diffusion Transformer 在效率和实用性上更具优势。

Diffusion Transformer 在图像处理、文本生成等领域展现出广泛应用前景，能够生成高质量、多样化的图像和文本内容。其优势在于结合了扩散模型捕捉数据细微变化和 Transformer 高效并行计算能力、自注意力机制的优点，在处理复杂数据时具有得天独厚的优势。此外，Diffusion Transformer 还可应用于语音识别与合成等领域，展现出很大的潜力和价值。

3. 扩散模型的应用领域

扩散模型在许多领域中有着广泛的应用前景。在图像生成任务中，扩散模型能够生成高质量图像，在分辨率、细节保真度和多样性方面普遍优于传统生成模型，广泛应用于人脸合成、艺术图像生成和跨模态图像生成等场景。在图像编辑任务中，扩散模型提供了高度可控的内容操控机制,支持基于文本或局部掩码的图像修改与重绘,提升了交互式图像处理的灵活性与可解释性。

扩散模型通过逐步添加和去除噪声的方式能够捕捉数据中的复杂依赖关系,从而生成高质量的数据样本。未来扩散模型在多个领域中都将不断取得新的进展,在图像处理、文本生成和语音识别与合成等领域都将展现出更加广泛的应用前景。

4.3.5 自回归模型

1. 自回归模型的基本思路

自回归模型作为一类重要的生成模型,通过逐步预测数据的各个组成部分,进而合成完整的数据样本,这一特性使其在多种应用场景中展现出非凡的潜力。特别是在自然语言处理、图像生成和时间序列预测等领域,自回归模型的应用尤为广泛,其影响力深远且还在持续增强[29]。

自回归模型是基于条件概率建模思想构建的生成模型,其核心原理在于将一个整体的生成任务转换为一系列有顺序的预测过程,如图 4.5 所示。在处理自然语言、图像和音频等结构化数据时,自回归模型通过逐步预测下一个元素的方式完成整个数据的生成。例如,在文本生成任务中,模型会在给定前文的基础上预测当前词语,从而按照顺序依次生成完整的句子。该类模型强调序列中元素之间的强依赖性,使得生成过程具备高度的上下文一致性和语言流畅性。早期的自回归模型多采用循环神经网络或卷积神经网络进行建模,但近年来,随着 Transformer 架构的提出和普及,自注意力机制在捕捉长距离依赖关系与提高建模效率方面展现出明显优势。虽然此类模型在生成质量方面具有明显优势,但由于其生成过程中存在严格的先后顺序依赖,推理阶段难以并行化,从而限制了生成效率。

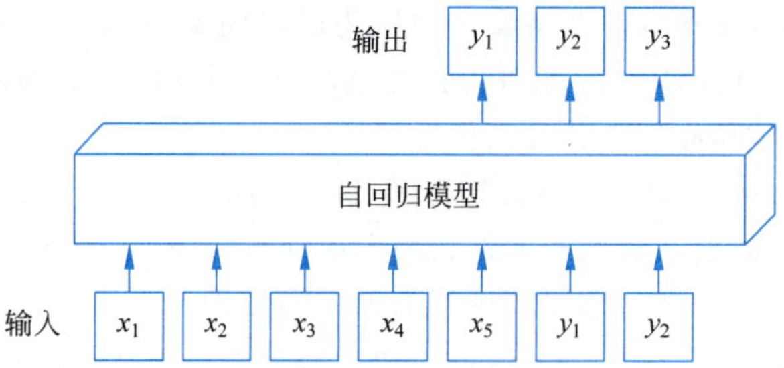

图 4.5 自回归模型基本原理

2. 自回归模型的算法演进

自回归模型凭借其强大的数据依赖捕捉能力,在多个领域取得了显著的成果。在自然语言处理领域,自回归模型的发展尤为迅猛。2017 年,谷歌提出的 Transformer[30] 模型彻底革新了自然语言处理领域的研究范式。Transformer 模型基于自注意力机制,实现了对序列数据的并行处理,从而显著提高了计算效率和模型性能。这一突破性的进展为自回归模型在自然语言处理领域的应用奠定了坚实的基础。

基于 Transformer 架构的自回归语言模型 GPT 系列[31-34] 是其中的佼佼者。OpenAI 开发的 GPT 模型通过在大规模文本数据上进行无监督预训练,并在特定任务上进行微调,取得了令人瞩目的性能。GPT 的成功不仅证明了自回归模型在自然语言处理领域的强大能力,也展示了预训练-微调范式在提升模型泛化性能方面的有效性。

同样基于 Transformer 架构的 T5[35] (Text-to-Text Transfer Transformer)模型则是另一项具有里程碑意义的成果。T5 模型旨在通过将所有自然语言处理任务转化为“文本到文本”的形式,实现多任务学习与迁移能力的融合。T5 基于标准的 Transformer 架构构建,采用自回归方式进行生成,并在大规模预训练语料上进行训练,以增强其语言理解与生成能力。T5 通过统一任务表示方式和大规模预训练,推动了通用语言模型的发展,为后续多任务自然语言理解与生成研究提供了重要的技术基础。

在图像生成领域,自回归模型同样展现出了非凡的创造力。PixelRNN[36]模型是由 Aäron van den Oord 等在 2016 年提出的一种用于图像生成的自回归模型。PixelRNN 模型通过递归神经网络[37](RNN)建模图像中的像素依赖关系,逐行或逐列地生成图像的每个像素。PixelRNN 的主要特点是使用 RNN 捕捉图像中的长距离依赖关系,从而生成高质量的图像。尽管 PixelRNN 的生成过程较为缓慢,但其对图像细节的精准捕捉和高质量生成能力仍然得到了广泛认可。

视觉自回归建模[38](Visual Autoregressive Modeling,VAR)是一种新提出的图像生成范式,旨在解决传统自回归方法在视觉建模中的效率与表达能力瓶颈。与按照像素或 token 顺序进行预测的经典方法不同,VAR 引入了"从低分辨率到高分辨率"的多尺度建模思路,将生成过程视为对图像逐级细化的过程。这种从粗到细的建模机制有效增强了模型对全局结构的把握能力,降低了生成过程中的累积误差,并显著提升了训练与推理效率。VAR 模型通常基于自回归 Transformer 架构构建,结合了层级式上下文建模与分辨率递进生成策略,展现出优异的图像质量与泛化能力。VAR 在生成速度和质量上优于传统方法,体现出强大的性能优势。作为一种高效的视觉生成方案,VAR 为自回归模型在图像领域的进一步发展提供了新的研究视角与方法。

VAR 模型通过改进传统自回归方法,在生成质量方面取得了有效成果,为自回归模型研究提供了新的思路。该项工作因在图像生成任务中展现出突出潜力而荣获 NeurIPS 2024 最佳论文。这一荣誉既是对其技术路线的阶段性认可,也反映出学界对自回归模型发展的持续关注和期待。

自回归模型作为一类重要的生成模型,在自然语言处理和图像生成等领域展现出了非凡的潜力和广阔的应用前景。尽管其逐步生成的方式带来了突出的计算挑战,但随着技术的不断进步和创新,自回归模型的性能和效率将得到进一步提升。未来,自回归模型将在更多领域发挥重要作用,为数据科学和机器学习的发展贡献更多力量。

4.4 生成式模型应用场景

生成式模型作为机器学习领域的一大分支,在现代数据处理与分析中展现出了广泛的应用前景[39]。在图像生成领域,生成式模型(如 GAN)能够模拟真实世界的图像分布,从而生成高质量的合成图像,这在艺术创作、医学影像增强等方面具有重大意义。在自然语言处理中,基于变分自编码器和 Transformer 架构的生成式模型则促进了文本生成的进步,如自动撰写新闻稿、生成对话内容等,显著地提升了信息处理和交互的效率。未来,生成式模型将在更多领域发挥其独特优势,推动人工智能技术的全面发展。这些应用不仅展现了生成式模型的巨大潜力,也预示着未来智能化社会的美好前景。

4.4.1 多模态内容生成

近年来,国内外各大公司都开始研发自己的大模型,国内研发的大模型包括百度文心大模型、字节跳动豆包大模型、腾讯混元大模型、阿里通义大模型、华为盘古大模型、DeepSeek 等。这些大模型不仅可以实现文本生成,也具有从文本生成图像的功能,但目前对于由文本生成音频、由音频生成视频等跨模态生成的探索仍较为稀缺。

给定一句话,想象这句话在现实场景中的样子,对于人类来说这项任务很简单,如"一辆进站的火车”，人类可以天马行空地想象火车进站时的样子，但对模型来说，这涉及模态的转换，不是一件容易的事，模型需要理解这句话的含义，进而根据这句话生成应景的视频、音频，挑战过大。Composable Diffusion[40] (CoDi)方法能够同时处理和生成任意模态组合。但输入和输出模态的组合数量呈指数增长，需要大量计算，为了解决这一挑战，CoDi 提出 Bridge Alignment 策略，在输入条件和生成扩散步骤中对齐多种模态，可以使用线性数量的训练目标有效地模拟指数级的输入-输出组合。

与已有的生成式 AI 不同，CoDi 能够并行生成多个模态的数据，并且其输入不仅限于文本或图像等模态。尽管许多模态组合缺乏训练数据，但通过在输入和输出空间中对模态进行对齐，CoDi 能够自由地输入和生成任何模态组合，即使它们在训练数据中不存在。CoDi 采用新颖的可组合生成策略，通过在扩散过程中建立共享的多模态空间进行对齐，从而实现交织模态的同步生成，如时间上对齐的视频和音频。CoDi 实现了强大的联合模态生成质量，可满足高度定制化需求，并且在部分单模态合成任务中优于最先进的单模态合成技术。

4.4.2 视频生成

在多媒体内容创作领域，视频生成技术展现出很大潜力和广泛应用前景。该技术任务通常细分为文生视频、图生视频和视频生视频三大类别[41-48]。如图 4.6 所示，文生视频技术通过输入文本描述自动生成符合语义的视频内容，降低了专业拍摄和后期制作的技术门槛，使用户无需专业视频制作技能即可将文字构想转换为生动视频画面，极大地扩展了视频创作的边界。图生视频技术基于现有图像或静态帧生成动态视频，不仅支持从单一图像生成动画或视频，还能在图像序列基础上推断出合理的动态变化，展现出在短视频制作、动画生成及电影特效等领域的广泛应用前景，提升了视频传播效果和用户体验。视频生视频技术则可以实现视频风格转换、视频续写、视频内容编辑等，可以实现更丰富的视频处理效果。

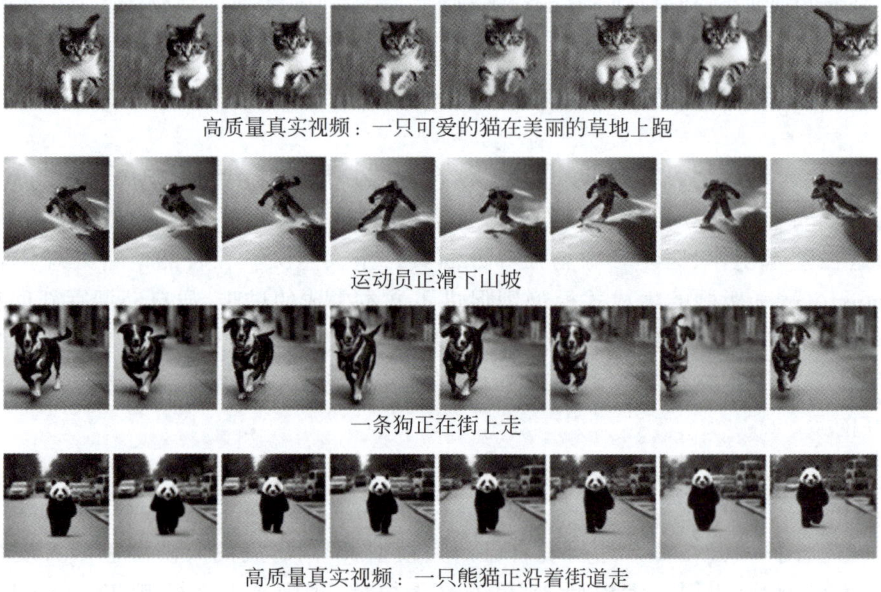

图 4.6 文生视频案例[49]

随着人工智能技术飞速发展，基于深度学习的视频生成模型应运而生[50]。然而，这些模型在文生视频方面能力有限。为克服这一挑战，研究者开始探索将扩散模型应用于视频生成领域，显著提升生成视频的多样性和上下文丰富性。但扩散模型在视频生成领域的应用仍面临高维度、复杂性导致的计算资源和时间消耗大、视频上下文一致性不足和生成质量低等问题。为解决这些问题,研究者提出了多种方法,如使用低维隐空间进行视频生成、微调预训练模型等,但仍需进一步研究和优化。

在视频生成领域,条件可控视频生成和定制化视频生成逐渐成为重要应用方向。前者允许用户在生成视频时引入额外控制条件,满足个性化需求;后者根据用户需求和生成技术实现特定风格、主题或内容的定制化创作,广泛应用于个性化内容创作领域。定制化视频生成根据内容不同可分为主体定制和运动模式定制两类。2024 年 6 月,Runway 发布 Gen3 Alpha 模型,在定制化视频生成领域实现重要突破。该模型显著提升了保真度、一致性和动作控制能力。Gen3 Alpha 模型引入了精细的关键帧设置和动态场景调整功能,使得用户能够精确控制视频中对象的动作、过渡及整体叙事节奏。这种高度的可控性为视频创作者提供了前所未有的创作自由和灵活性,使得他们能够根据创意需求,实时调整并预览生成的视频效果。Gen3 Alpha 模型还支持高级相机控制和导演模式,进一步增强了用户在视频制作过程中的主导地位。2025 年 1 月,Luma AI 推出新的视频生成模型 Ray2,该模型结合了深度学习、GAN 和多模态 AI 技术,实现了从文本到视频的高效转换。Ray2 的优势在于其快速生成高质量视频的能力,其生成视频动作流畅自然、逼真度高,为用户提供了多样化的视频风格选择,为广告、教育、社交媒体等领域提供了丰富的创作工具和资源,助力内容创作者实现更多创意可能。

此外,长视频生成给视频生成技术带来新挑战和机遇。当前,大部分视频生成方法仍集中在短视频生成,长视频生成技术亟待突破。为克服计算和资源限制问题,研究者提出了多种解决方案,如自回归方法、分层方法等,但仍需进一步研究和优化以实现高效稳定的视频生成。谷歌于 2023 年 12 月发布的 VideoPoet[51]是一款突破性的长视频生成模型,擅长文本到视频、图像到视频和视频风格化等任务。该模型能生成任意时长视频,通过调节视频末尾 1 秒并预测后续内容,实现无限扩展,且保持对象外观一致。VideoPoet 已在实际应用中展现强大能力,如自动生成数小时的连续动画故事、个性化长视频内容创作和广告视频生成,极大满足了长视频内容制作需求。此外,VideoPoet 还支持方形或纵向视频定制及视频转音频功能。VideoPoet 的推出为 AI 视频生成领域带来革命性变革,拓展了视频生成的应用边界。

视频生成技术正展现出非凡的潜力和广泛应用前景,但仍面临计算资源、模型设计及全局连续性等方面的挑战。为克服这些挑战,需不断探索新的算法和技术手段,关注用户个性化需求,通过定制化视频生成等技术提升用户体验和参与度。未来,视频生成技术将为多媒体内容创作领域带来更加丰富的创意和表达方式。

4.4.3 音频生成

1. 音频生成基础

音频生成技术近年来取得了显著进展。该技术模拟音频数据的概率分布,生成高质量的语音、音乐和环境音效样本。

音频信号由频率、振幅和相位等特征构成。传统音频处理依赖信号处理技术和规则式方法,如音素片段组合和参数化建模,但生成的音频常缺乏自然度和流畅感。深度学习技术的兴起推动了生成式模型在音频生成领域的应用。通过学习音频数据的统计特征和模式,生成式模型能生成逼真的音频样本。深度神经网络在处理复杂音频数据方面表现优异,自动提取和表示音频信息,实现高质量生成。

2. 常见音频生成模型与应用

常见的音频生成式模型包括 GAN、VAE 和序列到序列(Seq2Seq)模型[52]。GAN 与 VAE 学习数据分布并生成新的音频样本,而 Seq2Seq 模型则用于文本到语音转换,通过编码器-解码器结构将文本转换为语音波形。

GAN 在音频生成中成绩显著,结合 CNN[53] 和 RNN 结构,生成高质量语音和音乐片段。例如,WaveGAN[54] 和 MelGAN[55] 通过特定结构,提高了语音生成的自然度和质量。此外,GAN 与自回归模型、流模型等技术结合,可进一步提升音频生成效果。

生成式模型的音频生成技术具有广泛应用前景。Adobe 于 2024 年 11 月发布的 Enhance Speech v2 是一款基于深度学习和生成式模型的语音增强工具,相较于 Enhance Speech v1 版本,其性能有了显著提升。Enhance Speech v2 不仅能够有效消除音频中的背景噪声、回声和共振,更通过优化的 AI 算法,提供了更自然、清晰的语音效果,使录音品质接近专业录音室水平。在实际应用中,Enhance Speech v2 对专业领域产生了深远影响。例如,在播客制作中,Enhance Speech v2 能够显著提升语音清晰度,使听众更加专注于内容;在在线教育领域,清晰的语音能够帮助学生更好地理解课程内容。此外,Enhance Speech v2 还支持批量处理,大幅提高了工作效率,适用于大规模音频文件的处理。Adobe 的 Enhance Speech v2 在语音增强领域取得了重要突破,为播客、在线教育等专业领域提供了强有力的支持。

2024 年 12 月,Adobe 又推出了 Sketch2Sound[56] 这一创新音频生成工具,通过提取音量、亮度和音高等控制信号,将声音模仿与文本提示结合,实现了草图到声音的灵活转换。同时,Suno V4 等音乐生成模型也相继面世,能够生成音质更高、时长更长的完整歌曲,推动了 AI 在音乐创作领域的应用。国内方面,字节跳动旗下的海绵音乐、昆仑万维旗下的天工 SkyMusic 等企业也纷纷推出 AI 音乐大模型,形成了群雄逐鹿的格局。此外,喜马拉雅音频大模型也通过了国家网信办的备案,成为全国首个音频生成类大模型。2024 年 6 月,谷歌 DeepMind 公开的 V2A 技术实现了视频到音频的同步生成,为视听创作开辟了新的道路。这些进展共同推动了音频生成技术的不断革新与发展。

尽管音频生成技术取得了很大的进步,但仍面临挑战,包括高质量音频数据获取和标注成本高、音频信号信息密度高导致评估困难、模型可解释性和可控性不足。未来研究可从以上方面展开,以降低成本,提高自然度和质量,实现精细控制。

4.4.4 医学图像生成

1. 医学图像生成的价值

生成式模型在自然语言处理与计算机视觉等领域已取得显著成果,在医学图像处理领域同样展现出很大潜力。特别是在医学图像生成任务中,生成式模型通过学习数据潜在分布,能生成高质量医学图像,支持医学影像分析与疾病诊断[57-59]。

医学图像生成在医学影像分析中至关重要。高质量图像对疾病早期发现、诊断和治疗意义重大。然而,设备限制、操作不当或患者个体差异常影响图像质量。生成式模型通过捕捉数据潜在分布,生成与真实图像相似的合成图像,为医学图像增强、修复和重建提供新方案。

2. 医学图像生成的算法演进与应用

近年来,西门子医疗公司利用 AI 和生成式模型提高医学成像质量,能够在低剂量扫描下生成高质量的 CT 图像,减少噪声并增强图像的细节。这种技术使得 CT 扫描的诊断更加准确,特别是在低辐射和早期筛查过程中,对癌症和心血管等疾病的检测至关重要。通过生成式模型,该技术帮助医院提供更高质量的医学影像，从而提高了疾病诊断的准确性，尤其在CT图像的噪声抑制和图像修复方面显示了非凡的潜力。此外，这一技术的应用有助于减少高质量成像设备的需求，降低医疗成本，提高医疗服务的可及性和普及率。

Stable Diffusion在医学图像生成中展现出巨大潜力，能生成逼真医学图像且具有较好泛化能力，支持医学影像分析。例如，在低分辨率或噪声较大图像中重建清晰图像，帮助医生识别病变区域。然而，Stable Diffusion的逆向扩散过程需大量计算资源和时间成本，对复杂医学图像结构理解和生成存在局限性。

除此之外，ControlNet[60]通过引入额外控制信息指导生成式模型生成过程，增强生成能力，提高图像质量和可控性。在医学图像生成中，控制信息可包括图像标签、分割结果、边缘信息等，指导生成过程使图像更符合任务需求。ControlNet应用场景广泛，如医学图像增强、修复、分割、配准和三维重建等，为医学影像分析提供有力支持。然而，选择合适控制信息并有效引入模型仍具挑战，对复杂医学图像结构理解和生成存在局限性。

2024年，Ma等人提出的Doodled Vessel Enhancement（DOVE）[61]是一种创新的医学影像技术，其特点在于利用手绘涂鸦训练光声血管造影超分辨率模型，实现了医学影像分辨率的有效增强。该技术结合了扩散模型和图像聚类方法，能够生成高质量血管造影图像，提高了超分辨率模型的训练效率。DOVE技术的优势在于其创新性、高效性和实用性，不仅为医学影像的生成和增强提供了新的思路，还适用于其他小样本训练场景。实验结果显示，DOVE技术在不同成像条件下均能恢复高质量医学影像，为疾病的诊断和治疗提供了更加准确的依据。

2024年12月，温州医科大学提出的MINIM[62]以其卓越的性能和广泛的应用潜力，为临床诊断与治疗带来了新的曙光。该模型是一种统一的医学图像-文本生成模型，能够基于文本指令合成高质量、多样化的医学图像。MINIM提升了多种医疗应用的性能，如诊断准确率、报告生成效率等。特别是在眼科、脑科、胸腹和乳腺等关键医学领域，MINIM的应用显著提高了相关任务的诊断精度。该模型被证明在从MRI图像准确预测HER2阳性乳腺癌和识别靶向治疗敏感的EGFR突变方面的潜力，在临床应用中产生了深远的影响。

随着控制方法不断丰富和完善，医学图像生成正向着更加精细、可控的方向发展。未来，医学图像生成模型将更好地满足患者个性化需求，为医学进步提供有力支持。

4.4.5　文本生成

生成式模型在自然语言处理领域，特别是在文本生成、机器翻译、文本摘要、对话系统等任务中展现出巨大潜力和广泛应用前景[63-69]。

传统基于规则的方法难以处理复杂语言现象，而统计方法受限于数据稀疏性和特征工程。随着深度学习兴起，生成式模型成为主流，通过深层神经网络学习文本数据的潜在特征表示，生成符合语法和语义要求的输出文本。

1. Transformer架构的文本生成模型

近年来，基于Transformer架构的生成式模型取得显著成果，有效捕捉长距离依赖关系，提高文本理解能力。GPT模型引入预训练机制，在大规模语料库上无监督学习，捕捉丰富语言知识和上下文信息，在多个文本生成任务上取得突破性进展。GPT的核心在于预训练-微调框架，先通过语言建模任务学习文本数据潜在分布，再针对特定任务进行有监督学习。

ChatGPT作为GPT系列的重要成员，引入指令学习和人类反馈强化学习机制，提高模型对指令的理解能力和生成文本质量，在对话系统、内容创作等领域展现广泛应用前景。除了GPT和

ChatGPT 之外，LLaVA[70]也是近年来在文本生成领域取得显著成果的模型之一，其通常采用类似于 CLIP[71]的视觉编码器。LLaVA 模型虽主要关注视频分析，但在文本生成方面同样具有很好的效果，通过结合视频和文本数据，实现对视频内容的理解和描述，在视频字幕生成、摘要等任务上展现强大性能。

2024 年 3 月，Anthropic 公司发布 Claude 3[72]模型，实现 AI 领域的重大突破，迅速引发业界关注。该模型采用先进深度学习算法，具备卓越的自然语言处理与多模态视觉任务处理能力，逻辑推理与长文本处理能力尤为突出，接近人类水平。其上下文窗口长度高达 200K，远超 GPT-4 的 128K，对复杂文本任务具有重要价值。Claude 3 Opus 在研究生推理、基础数学、本科专家知识等维度超越 GPT-4，同时在数学推理、可视化问答等方面展现优势，且响应迅速，准确率高。Claude 3 的发布推动了大模型技术创新，改变了行业竞争格局，有望成为未来 AI 领域的领军者，并为金融、医疗、教育等行业带来智能化升级新机遇。

2024 年 5 月，OpenAI 推出多模态大语言模型 GPT-4o[73]，支持文本、音频、图像的综合处理，实现了自然流畅的人机交互。该模型在视觉与音频理解上表现卓越，响应速度快至 232ms，平均 320ms，接近人类对话速度。GPT-4o 在实时翻译、个性化互动、情绪感知等方面取得显著进步，并可以提供定制化服务。相较于前代模型，其处理速度提升 200%，价格降低 50%，应用程序接口（Application Program Interface，API）性能大幅提升，速度是 GPT-2 Turbo 的 4 倍。GPT-4o 的发布推动了实时交互与情绪反馈领域的技术革新，为虚拟客服、在线教育等提供高效个性化方案，同时促进了 AI 技术的深入发展和广泛应用。

2. 非 Transformer 架构的文本生成模型

非 Transformer 架构的文本生成模型近年来同样备受瞩目，它们采用不同神经网络结构，实现高效文本生成，同时降低计算复杂度和内存占用。这些模型在处理长文本、多轮对话等复杂任务时性能卓越，具备强大的上下文处理能力和泛化能力。此外，它们还支持多语言处理，适应性更强。非 Transformer 架构的快速发展，推动了自然语言处理技术的进步，为文本生成领域的应用拓展提供了更多机遇。

RWKV-6-World 14B[74]是 2024 年 7 月问世的非 Transformer 架构的大语言模型，它融合了 RNN 与 Transformer 的优势，展现出卓越性能、快速推理速度及高效显存利用等优势。RWKV-6 通过动态混合、动态衰减和复值衰减技术，显著增强模型表达与泛化能力。在自然语言处理任务中，尤其在长文本处理和多轮对话中，其“无限”上下文处理能力尤为突出，且多语言处理能力优于众多开源模型。RWKV-6 的开源为自然语言处理研究者与开发者提供了强大工具，促进了技术快速发展与应用拓展，其高效稳定性能及广阔应用前景，在自然语言处理领域具有重要影响。

生成式模型在文本生成任务仍面临挑战，如训练需要大量计算资源和时间成本，输出质量受模型结构、训练数据、目标函数等因素影响，以及生成多样性、可控性和语义一致性不足。未来研究将致力于解决这些问题，推动文本生成任务进步和发展。同时，生成式模型的应用将不断拓展到更多领域和场景，为 AI 技术发展注入新活力。

4.4.6 代码生成

生成式模型近年来在代码生成领域取得了显著成就。通过对大量代码数据的深度学习，生成式模型掌握了代码的结构、语法及语义特征，能够生成高质量且符合人类编程习惯的代码片段[75-79]，如图 4.7 所示。这一能力不仅大幅提升了软件开发效率，还促进了自动化编程、智能编程助手等新兴技术的快速发展。

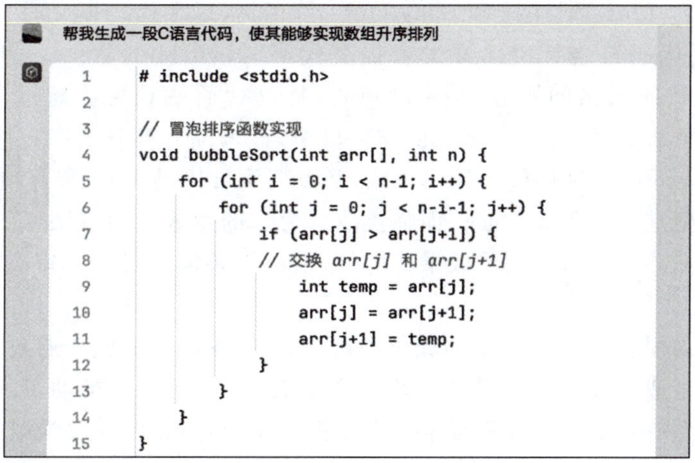

图 4.7 使用文心一言生成代码

1. 代码补全

在代码生成的实际应用中，生成式模型展现出独特优势。模型能根据开发者需求，自动生成符合特定规范或框架的代码。例如，在 Web 开发中，模型可快速生成 RESTful 风格的 API 代码，包括路由配置、控制器方法、数据模型等，从而节省开发者时间，确保代码的一致性和可维护性。此外，模型在代码补全和优化方面表现突出，可智能预测并补全剩余代码，提供变量命名、函数调用等智能建议，助力开发者快速编写高质量代码。

DeepMind 于 2022 年推出的 AlphaCode[80]是首个在竞争性编程中达到中等水平的 AI 系统。其优势在于强大的生成能力和对复杂编程问题的深刻理解，通过大型 Transformer 模型生成并筛选出最佳解决方案，在 Codeforces 等平台上取得了显著成绩，标志着 AI 在编程竞赛中的首次突破性表现。2023 年，谷歌发布的 AlphaCode 2 作为 AlphaCode 的改进版，在编程竞赛中表现更佳，尤其在动态规划等复杂问题上具备更强能力；其优势在于更高的解决率和与程序员的协作能力，当程序员定义代码属性时，其性能更优。2024 年 1 月，CodiumAI 提出的 AlphaCodium[81]通过迭代运行和修复生成代码的输入输出测试，显著提高了大语言模型在代码生成上的表现。AlphaCodium 在 CodeContests 数据集上的测试使 GPT-4 的准确率大幅提升。

当前，许多较为成熟的代码生成工具已受到广大开发者的欢迎。Tabnine 与 IntelliCode[82]是两款显著提升开发者编码效率的 AI 工具。Tabnine 通过生成式模型分析代码上下文，为多种编程语言提供智能补全建议，不仅限于语法补全，还能根据项目情境生成更贴合的建议，缩短开发时间，减少错误，助力新手快速掌握编程规范。而 Microsoft 的 IntelliCode 集成于 Visual Studio 和 VS Code，利用深度学习分析代码结构，提供个性化建议，大幅提升了编码效率，尤其在 Web 开发中减少重复劳动，增强代码质量，促进最佳实践，并加强团队协作。这些工具与企业级开发环境紧密融合，已成为提升软件生产力和代码质量的标准工具，对普通开发者产生深远影响，推动了软件开发的高效与智能化。

2. 代码风格审查和格式化

除了代码补全功能，生成式模型还在代码风格审查和格式化方面发挥重要作用。生成式模型可根据指定风格对代码进行自动化审查，指出不符合规范之处并给出修改建议，提高代码审查效率，确保代码风格一致性，进而提高代码可读性和可维护性。

GitHub Actions 是一个应用广泛的 CI/CD 工具，能自动化构建、审查、测试、部署代码。在 CI/CD

流水线中，它可集成 ESLint、Prettier 和 SonarQube 等工具，每次代码提交时自动运行风格审查和代码质量检查，确保代码符合标准。开发者提交代码时，GitHub Actions 自动执行 ESLint 和 Prettier，检查并反馈代码风格问题，无须手动审查，提高代码一致性。通过自动化流程，GitHub Actions 缩短了人工审查时间，尤其在多人协作项目中，显著提升开发效率。许多大型开源和企业项目都集成 GitHub Actions 确保代码风格一致，确保高质量代码提交，提升项目长期可维护性。

然而，生成式模型在代码生成方面仍面临挑战。模型的生成能力受限于训练数据的数量和质量，数据不足或存在偏差可能影响生成效果。此外，生成结果需经过人工审查和验证，以确保其正确性和可用性。

尽管如此，生成式模型在代码生成领域仍展现出巨大潜力和价值。通过自动化生成代码、提供智能建议等功能，生成式模型不仅提高了软件开发效率和质量，还推动了编程技术的创新和发展。未来，生成式模型有望在更多编程场景中发挥更大作用，为软件开发领域带来深远影响。

4.4.7 人工智能修复

生成式模型在 AI 修复领域的应用，标志着数字图像处理技术的一大飞跃。生成式模型凭借其强大的生成能力和对复杂图像结构的理解能力，正在逐步改变传统的图像修复方式，特别是在电影修复等应用场景中展现出显著的优势[83-84]。

生成式模型的核心在于其能够学习并模拟数据的联合概率分布，而不仅仅是学习从输入到输出的映射关系。这一特性使得模型能够生成与训练数据分布相似的新数据，从而在图像修复任务中表现出色。在修复老电影时，生成式模型能够自动分析图像中的缺陷，如划痕、噪点、模糊等，并生成与原图相似的细节以进行修复。这一过程不仅高效，而且修复效果自然，大幅减少了人工修复的工作量。许多经典老片，如《三毛流浪记》《小兵张嘎》《东方红》等被视频网站修复到 4K 画质，带给观众新的体验和感受。

在电影画质修复中，生成式模型首先会对老电影的每帧图像进行预处理，包括去噪、去模糊等步骤。这些预处理步骤有助于提升图像的整体质量，为后续的修复工作打下基础。随后，模型会利用深度学习算法对图像进行进一步的分析和修复。例如，对于图像中的划痕和破损区域，模型会尝试生成与原图相似的细节来填补这些缺陷，以恢复老电影原有的视觉效果。

《火车进站》是一部约 130 年前的老片，经过 AI 修复，在 YouTube 上广受关注。这部短片经 Gigapixel AI 与 DAIN 图像编辑应用的修复，成功由低分辨率、模糊的原始画面升级至 4K 高清，帧率也提升至每秒 60 帧，大幅改善了观影体验。Gigapixel AI 在分析图像的同时识别细节与结构，实现了图像的高分辨率放大。而 DAIN 则通过深度感知视频插帧技术，生成并插入中间帧，使老电影焕发新生。

除了对图像细节的修复，生成式模型在色彩和对比度的优化方面也表现出色。老电影往往因年代久远而出现褪色、对比度下降等问题，这些问题严重影响了观众的观影体验。然而，借助生成式模型，这些问题可以得到有效的解决。模型能够自动分析图像的色彩分布和对比度特征，并生成与原图相似的色彩和对比度信息来优化图像。这一过程不仅恢复了老电影原有的色彩和对比度，还提升了图像的清晰度和层次感。

对老电影的修复不仅凸显了 AI 技术在电影修复中的高效与精准，更彰显了其带来的强大便利性，为经典电影的数字化保护与传承开辟了新路径。通过 AI 修复，观众得以在享受高清画质的同时，重温历史瞬间，感受文化魅力。

生成式模型在 AI 修复方面的应用不局限于电影修复。在文物保护、医学影像修复等领域，生成式模型也展现出了强大的潜力。通过深度学习技术,模型能够自动分析并修复文物图像中的破损和污渍,以及医学影像中的噪声和伪影等问题。这些应用不仅提高了图像的质量,也为相关领域的研究和应用提供了新的技术手段。

4.5 国内外生成式大模型简介

生成式大模型通过系统性整合大规模参数化架构、海量多模态数据和高效训练范式,正重塑人工智能技术体系的理论边界与应用范式。当前,生成式大模型技术演进呈现出以下三个特征。

第一,模型规模的超线性扩展驱动性能涌现。当前主流模型的参数量已突破千亿量级,其涌现能力涵盖复杂逻辑推理、多步任务规划,以及跨模态语义关联。这种规模效应推动模型从狭义的感知智能向认知智能跃迁。例如,Anthropic 的 Claude 3 在美国律师资格考试中达到 85.0%的准确率,可解析法律条文中的逻辑矛盾点;谷歌的 Med-PaLM2[85]可根据用户输入检索医学知识,并对其进行推理回答医学问题。

第二,多模态对齐架构实现跨域统一表示。多模态新型架构通过共享嵌入空间与注意力机制实现模态融合。此类技术将文本、图像、音频、视频映射至统一语义空间,使模型具备跨模态推理与生成能力,为具身智能的发展奠定基础。例如,Meta 的 Chameleon[86]采用模态早期融合策略,使用文本、图像和代码多模态数据训练,能够生成文本、图像混合排列的内容。

第三,人类价值观对齐机制保障可控输出。为降低模型生成有害内容的风险,研究者提出基于人类反馈的强化学习技术路径。通过偏好建模、奖励设计与对抗训练,模型输出被约束至符合伦理规范与社会价值的分布区间。例如,百度文心一言价值观对齐模块在生成少数民族文化相关内容时,错误率从 18.7%下降至 5.3%;Meta 的 Llama Guard[87]实时检测并拦截仇恨言论,使社交平台有害内容生成率下降 89%。

当前已出现较多各具特色且应用性较强的生成式大模型,下面将介绍若干国内外推出的基于生成式大模型的应用案例。

4.5.1 OpenAI:GPT 系列

OpenAI 公司推出的 GPT 系列模型自问世以来,推动了自然语言处理与多模态建模技术的发展。自 2018 年发布首个 GPT 模型以来,OpenAI 不断迭代更新,其中,ChatGPT 系列作为面向终端用户的典型代表,通过高度优化的人机交互体验,成为生成式 AI 产品化落地的重要标杆。

GPT 系列模型的核心特点在于大规模无监督预训练机制和基于 Transformer 架构的自注意力机制,使其在生成自然语言文本方面具备显著优势。自 GPT-4 起,OpenAI 开始系统引入多模态能力,使模型不仅能够理解和生成文本,还能处理图像和音频信息。2024 年 5 月发布的 GPT-4o 模型进一步打破了模态之间的界限,支持用户在文本、语音和视觉间无缝切换,为多轮对话、图像识别、语音交互等场景提供了更自然的人机协作体验。同时,2025 年 4 月发布的 GPT-4.1 具备高达百万级 token 的上下文窗口,显著提升了对超长文本的理解能力,适用于复杂代码、学术论文、合同审阅等高信息密度任务。相较于 GPT-4.5 等模型,GPT-4.1 具有更低的响应延迟和更优的成本效率,在保持高质量生成效果的同时降低了部署门槛。2025 年 8 月,OpenAI 推出 GPT-5,在文本、图像、音频等综合处理上实现全面提升,尤其在推理、编程与科学计算等任务中表现突出。GPT-5 可进行更长时间的深度推理,显著提高答案准确性,并在减少幻觉方面取得重要进展。OpenAI 已于 2025 年夏季开放部分模型的权重和开发接口,为企业与开发者提供更多本地部署和定制化开发的可能性，进一步促进模型生态的多元化发展。

在实际应用方面，OpenAI 的生成式模型已在多个行业得到商用部署。华尔街知名投行摩根士丹利在其财富管理部门引入 GPT 模型，构建用于内部知识检索的智能助手，帮助顾问快速获取投资研究与客户资料，显著提升了服务效率与专业响应能力。在健康领域，印度的 Healthify 平台使用 GPT-4 Vision 进行图像分析，实现了用户饮食追踪的自动化，还可生成个性化营养建议，提高了用户黏性和健康管理效果。教育和内容创作同样是 GPT 系列模型的重要应用场景。语言学习应用 Duolingo 推出由 GPT-4 支持的 Duolingo Max 服务，提供个性化语法讲解和角色扮演对话，使学习过程更具沉浸感与互动性。在广告与营销领域，可口可乐公司应用 ChatGPT 开发定制化广告内容，提升了品牌传播的效率与创意表达能力。

OpenAI 的 GPT 系列模型不仅在技术层面展现出优势，更通过广泛的商业落地案例验证了其实际价值。在未来，随着模型能力的进一步扩展，GPT 系列模型将在智能协作、自动化办公、创意生产等方面持续释放潜力，成为推动数字经济和智能社会转型的重要工具。

4.5.2 谷歌：Gemini 系列

谷歌推出的 Gemini 系列大模型自 2023 年发布以来，截至 2025 年 4 月已发展出 Gemini 1.0、Gemini 1.5 Pro、Gemini 1.5 Flash 和 Gemini 2.5 Pro 等多个版本，广泛应用于文本、图像、音频、视频和代码等多模态任务。Gemini 系列模型不仅在学术基准测试中表现优异，还在实际商业场景中展现出较强的能力。

Gemini 系列模型的技术亮点是其超长上下文处理能力。2024 年 2 月发布的 Gemini 1.5 Pro 支持高达 200 万个 token 的上下文窗口，能够处理长达数小时的视频内容或数万行代码，适用于复杂文档分析、视频内容理解等任务。此外，Gemini 采用了混合专家架构[88]，在保持高性能的同时，提升了计算效率。2025 年 3 月发布的 Gemini 2.5 Pro 引入思维链推理机制，模拟人类进行多轮逻辑推演，在 AIME 2025 数学竞赛中准确率达 86.7%，超越所有同期竞品模型。此外，Gemini 2.5 Pro 的视觉推理得分达 81.7%。Gemini 2.5 Pro 在数学、科学和代码等任务中实现领先，印证其作为“思考模型”的技术突破。

在商业应用方面，Gemini 已被广泛集成到谷歌的各类产品中。例如，Gemini 被用于增强 Google Workspace 的功能，支持在 Google Docs 中生成音频概览，使用户能够以播客形式收听文档内容；在 Google Sheets 中，Gemini 提供数据分析和可视化建议，帮助用户更高效地处理数据。在零售行业，Best Buy 公司利用 Gemini 实现了呼叫摘要的自动化处理，使客户服务响应时间缩短至 90s 以内。在工业领域，霍尼韦尔与谷歌合作，将 Gemini 集成到其物联网平台 Honeywell Forge 中，利用生成式 AI 对工业数据进行分析，提供实时维护建议和操作优化方案，旨在提高生产效率和降低维护成本。

谷歌 Gemini 系列大模型在多模态处理、长上下文理解和高效计算等方面展现出优势，并在办公自动化、零售、工业和媒体等多个领域实现了实际应用。随着技术的不断进步，Gemini 有望在更多行业中发挥重要作用，推动生成式 AI 的广泛应用。

4.5.3 Meta：Llama 系列

Meta 公司自 2023 年起推出的 Llama 系列生成式大模型是开源大模型生态中的重要代表之一。Llama 系列的发布标志着大语言模型从闭源、商用向开放、共享的重要转变，其模型权重的可获取性和适配灵活性推动了科研机构、中小企业和开源社区在生成式 AI 领域的技术探索和应用实践。2025 年 4 月，第四代大模型 Llama 4 发布，该系列模型在结构优化、训练效率、开源机制与实际应用方面均展现出独特优势。

Llama 的模型设计以高效性和可扩展性为核心，采用纯 Transformer 架构，并在预训练阶段引入高质量的数据筛选机制，以更好地适配少量样本下的微调任务。Llama 2 模型于 2023 年 7 月发布，提供 7B、13B 和 70B 三种规模，全面支持商用用途，并开放模型权重供各类机构使用，这一策略迅速在开源社区引发热烈响应。Llama 2 模型在标准的自然语言理解与生成基准测试中表现优异，尤其在多语言处理、长文本生成和指令跟随能力上取得了明显进展。Llama 2 引入的对话优化模型 Llama 2-Chat 直接对标 ChatGPT，适用于构建对话机器人和文本生成服务。2024 年 4 月发布的 Llama 3 进一步提升了模型的训练规模与推理性能。Llama 3 在架构层面融合了更先进的预归一化技术和更高效的并行训练机制，使模型在相同计算资源下具备更优的输出质量和生成速度。Llama 3 同样维持对开源社区的支持策略，不仅继续提供多个参数规模的模型版本，还计划通过 Hugging Face、PyTorch 和其他主流平台进行分发，大幅降低了部署和实验门槛。

在商业实践中，Meta 将 Llama 系列模型嵌入其社交平台产品中，如 Instagram、Facebook 中的 AI 助手服务，提供文本回复生成、问题解答和创意文本辅助等功能，增强用户交互体验。在企业服务方面，IBM 等公司通过在私有云中部署 Llama 系列模型，结合企业内部文档和业务流程，构建出高安全性和高适配度的 AI 工具，兼顾性能与数据隐私需求。教育与科研机构同样是 Llama 系列模型的重要用户群体。由于其完全开源、可本地部署的特性，高校和研究单位在教学、学术研究和技术竞赛中广泛应用 Llama 系列模型，用以探索微调策略、多语言训练和社会偏见分析等前沿问题。

Llama 系列模型以“开源可控、性能强劲、易于部署”为核心优势，为全球范围内的企业、研究者与开发者提供了一条不同于闭源商业模型的替代路径。其广泛的适配性与强大的社区支持，标志着生成式大模型技术在普惠和开放方面迈出了关键一步。在 Llama 4 及后续版本中，随着多模态能力的融入与模型智能水平的持续提升，该系列模型有望在更多垂直行业中释放出更大的创新潜力。

4.5.4 百度：文心系列

文心系列是百度推出的新一代知识增强大语言模型，自发布以来，在自然语言处理和人工智能领域引起了广泛关注。2025 年 3 月，百度发布文心 4.5 和文心 X1 模型，分别提升多模态能力和推理效率。

文心一言则是基于百度飞桨深度学习平台和文心系列模型的自然语言对话系统，其融合了海量数据和大规模知识，具备知识增强、检索增强和对话增强的技术特色。文心一言能够与人对话互动，回答问题，协助创作，高效便捷地帮助人们获取信息、知识和灵感，体现了百度在生成式 AI 领域的深厚积累，如图 4.8 所示。

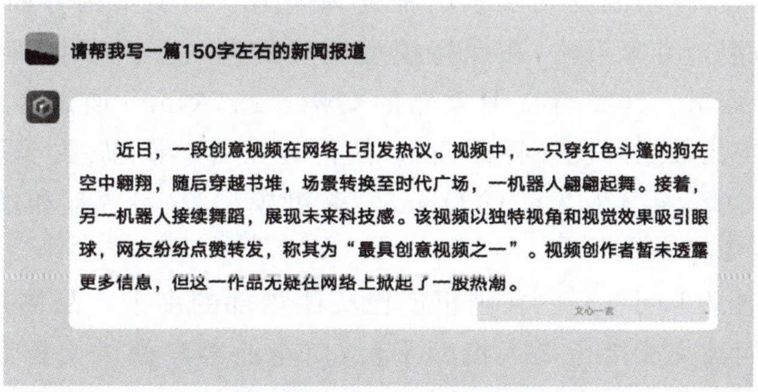

图 4.8 使用文心一言生成新闻报道

文心一言的推出标志着百度在 AI 研发上的又一重要里程碑。百度通过构建大语言模型，提升自然语言处理能力，文心一言作为核心成果之一，融合了百度在自然语言处理领域的多年研究经验和飞桨深度学习平台的强大计算能力，实现了对语言的深入理解与智能生成。

在功能特性方面，文心一言展现出强大的语言理解和生成能力。它能根据用户输入，快速生成符合语境、逻辑清晰、语言流畅的文章内容，支持多样化输出，如新闻报道、散文随笔、科普文章和商业文案等，并提供个性化选项。此外，文心一言具备持续学习能力，不断优化算法模型，提升生成内容的质量和准确性。

在应用场景方面，文心一言的潜力得到充分展现。在新闻报道中，它整合信息，提炼要点，生成简洁明了的新闻稿；在广告营销领域，根据产品特点和目标受众生成创意广告语；在教育领域，辅助教师编写教案、制作课件，提供丰富教学资源。同时，文心一言在搜索、推荐、语音交互等领域也发挥重要作用，为用户提供智能化、个性化服务。

2024 年 12 月，文心一言与上海辞书出版社及鲸汤(上海)智能科技有限公司合作，推出了“辞文”智能知识审校系统，该系统利用《大辞海》的内容数据与文心系列模型，为《大辞海》提供了更便捷的服务途径，同时保证了知识和文化传承的准确性和权威性。这一合作不仅彰显了文心一言在商业应用中的强大潜力，也体现了其在促进 AI 技术与出版、传媒深度融合方面的重要作用，为行业带来了革新性的变化。

当前，文心一言已应用于百度搜索、百度地图、百度翻译等产品中，为用户提供便捷、高效的服务。

4.5.5 阿里云：通义千问系列

通义千问系列大模型是由阿里云达摩院自主研发的生成式大模型，自 2023 年正式推出以来，逐步构建起面向多种场景、多种形态的智能语言模型体系，成为中国在大模型研发与应用方面的重要代表之一。通义千问意为“通用智能、以问驱动”，强调通过语言理解与生成能力连接人与知识、人与信息、人与服务的技术理念。截至 2025 年 4 月，通义千问已发布 Qwen 1.0-VL、Qwen 2.0、Qwen 2.5-Omni、Qwen 3 等模型，形成了面向云端与端侧、通用与垂直、开源与商用等多层次应用需求的多模型矩阵。

在模型设计方面，通义千问系列遵循“大模型、多模态、可控性”原则，重点强化模型的知识理解、指令执行、多轮对话及代码生成等能力。2023 年 10 月发布的 Qwen 1.0-VL 以对话形式切入，通过大规模中文语料训练，具备较强的语言生成与任务执行能力。2023 年 10 月，阿里云发布了 Qwen 2.0 模型，在性能表现、推理效率和多语言适应性方面全面对标 GPT-4、Gemini 等国际先进模型。Qwen 2.0 采用更大规模的高质量语料预训练，显著提升了模型在中文语境下的准确性与上下文理解能力，同时具备较强的英文及多语种处理能力。模型架构方面，通义千问系列大模型引入了稀疏激活机制与混合专家策略，在保持模型精度的同时提升了推理速度与资源利用效率，适配大规模工业级部署需求。2025 年 3 月发布的 Qwen 2.5-Omni 通过多模态嵌入空间重构技术实现了文本、图像及结构化数据的统一特征表示，使得其在科学推理、数学问题求解等复杂场景下的表现明显超越前代。2025 年 4 月发布的 Qwen 3 系列模型，在参数量和推理时间下降的前提下，取得了推理效果的进一步提升。

在实际应用层面，通义千问系列已在阿里巴巴集团内部的多个产品体系中实现深度融合。以阿里云为核心，通义千问被集成至通义大模型平台，向企业客户提供文档问答、代码助手、客服机器人、营销内容生成等服务能力。淘宝、天猫等电商平台则借助通义千问实现商品详情页智能生成、用户评论理解与客服智能应答，大幅提升运营效率，改善用户体验。在办公软件钉钉中，通义千问为企业员工提供 AI 助理支持，协助完成会议纪要生成、项目总结、文本润色等任务，受到众多中小企业的实际采纳。除此之外，阿里云还与行业伙伴合作推出金融、医疗、制造等垂直领域的定制化大模型，如智能投研分析助手、病历信息结构化工具等，推动模型精细化落地应用。

通义千问系列生成模型展现了中国企业在生成式大模型赛道上的自主创新能力与系统化战略思维。其通过持续的技术演进、灵活的产品形态与开放的生态布局，构建了从底层模型到应用解决方案的完整链条。在全球生成式人工智能产业快速演化的背景下，通义千问不仅是中国技术体系中的重要力量，也为全球 AI 发展提供了实践经验。

4.5.6 腾讯：混元系列

混元系列大模型是腾讯自主研发的生成式大模型。腾讯持续构建以“通用智能、产业应用”为核心目标的生成式人工智能体系。该系列以大规模预训练语言模型为基础，强调技术的可控性、泛化能力，以及与产业场景的高度融合，在中文语境下具备出色的理解与生成表现。混元系列大模型涵盖文本、图像等多模态能力，在模型参数规模、任务泛化能力与落地场景方面逐步构建起具有腾讯特色的 AI 技术栈。

混元大模型在架构设计上采用 Transformer 架构，并结合腾讯自研的高效分布式训练框架，支持千亿级参数模型的训练与推理。2023 年 9 月，腾讯正式发布混元大语言模型，首个版本已具备语言理解、文本生成、逻辑推理、知识问答、数学计算、代码生成等综合能力。与其他生成式大模型相比，混元大模型在中文任务中的表现尤为突出，尤其在多轮对话、长文本摘要与信息抽取等任务上展现出稳定且高质量的输出水平。此外，腾讯在混元系列中引入了对齐机制，结合人类反馈强化学习对模型进行微调，以提升模型对复杂语义的把握能力并确保生成内容的安全性和可控性。2025 年 3 月，混元 T1 大模型发布，该模型采用 Mamba-Transformer 融合架构。这一架构显著降低了训练和推理成本，实现首字秒出，吐字速度达到最快每秒 80 个 token。

混元大模型与腾讯内部多种产品和平台进行深度融合。作为平台级 AI 能力底座，混元被嵌入腾讯的多个业务线。在腾讯会议、腾讯文档等办公产品中，混元提供智能摘要、文案生成、会议纪要撰写等功能，大幅提升了用户工作效率。在微信生态内，混元支持小程序与企业微信的智能客服系统，通过自然语言理解与语境保持能力，实现更流畅的人机交互体验。在金融领域，腾讯基于混元大模型推出智能投研助手，可对研究报告进行自动解读与重点提取，辅助投资决策。在政务场景中，混元接入腾讯云政务平台，实现政务文书自动起草、政策文本解析等功能，助力政府机构提升办事效率与服务质量。

混元大模型系列以高性能的模型能力、强场景适配能力和完善的产品化支持体系为基础，在国内生成式人工智能赛道中构建起独具特色的发展路径。不仅体现了腾讯在大模型底层技术与工程能力上的积累，也展示了推动大模型技术走向产业、走向实用的现实路径。随着未来版本在多模态理解、多语言能力，以及持续学习等方面的进一步提升，混元大模型有望在更多关键领域中发挥作用。

4.5.7 字节跳动：豆包系列

豆包系列模型，原名“云雀”，是字节跳动公司推出的大型预训练模型。该模型基于先进的机器学习和自然语言处理技术，通过深度学习算法进行训练，旨在为用户提供多功能、高效率的 AI 助手服务。

豆包系列模型支持文本、图片、视频等多类型数据的处理，能够进行跨模态的理解和生成。它具备理解、生成和逻辑能力，适用于问答、总结、创作、分类等多种场景。在训练过程中，豆包系列模型学习了海量的互联网数据，包括新闻、博客、小说、论文等，能够理解自然语言的语法、语义和语用等知识，并生成自然流畅的文本。

豆包大模型还具备高度的自适应能力，能够根据不同的应用场景和需求，自适应调整模型参数和行为。此外，其高性价比也是其显著特点之一，模型推理输入价格远低于行业平均水平，为企业和个人用户提供了更加经济、灵活的 AI 解决方案。

2025 年 1 月，豆包实时语音大模型正式推出，并在豆包 App 中实现全量开放，这一举措标志着 AI 交互水平又有了新的提升。豆包实时语音大模型的亮点主要体现在以下几方面。首先，该模型具备实时联网功能，能够即时获取并处理信息，确保交互的时效性和准确性。其次，它拥有卓越的语言情绪理解能力，能够感知并理解用户的情感状态，从而提供更加贴心和个性化的服务。此外，豆包实时语音大模型在输出时具备强大声音控制能力，声音高度近似人类，且延迟超低，可随时打断，这些特点共同构成了其出色的交互体验。

值得一提的是，豆包实时语音大模型在整体满意度上较 GPT-4 等模型有明显优势，特别是在语音语气自然度和情绪饱满度方面表现更为出色。这些亮点使得豆包实时语音大模型在情感陪伴、智慧教育、AI 陪伴硬件，以及生活效率产品等领域具有广泛的应用前景和强大的市场潜力。

自发布以来，豆包系列模型已在消费、教育、电商、旅游、金融、医疗、汽车等多个领域落地应用，不断拓展 AI 应用的场景和边界。其优秀的性能和广泛的应用前景，使得豆包系列大模型成为学术界和工业界关注的焦点。未来，豆包系列大模型有望在更多领域发挥重要作用。

4.5.8 xAI：Grok 系列

Grok 系列大模型由埃隆·马斯克(Elon Musk)创立的人工智能公司 xAI 推出。

Grok-1 于 2024 年 3 月开源，采用混合专家架构[88]，共包含 3140 亿个参数和 8 个专家子网络。Grok-1 在预训练阶段整合了海量互联网文本、学术论文及实时社交媒体数据，通过动态路由机制将输入数据分配给特定专家网络处理，有效提升了训练效率和上下文理解能力。

2024 年 8 月，xAI 公司发布 Grok-2。Grok-2 引入多模态处理能力，支持文本、图像及结构化表格数据的联合建模。此外，Grok-2 具备强大的自然语言处理能力和多轮对话理解与生成能力，能够为用户提供更加连贯、准确的对话，如图 4.9 所示。此外，Grok-2 支持的上下文长度达 128k 个 token，能够处理更长的对话和文档。

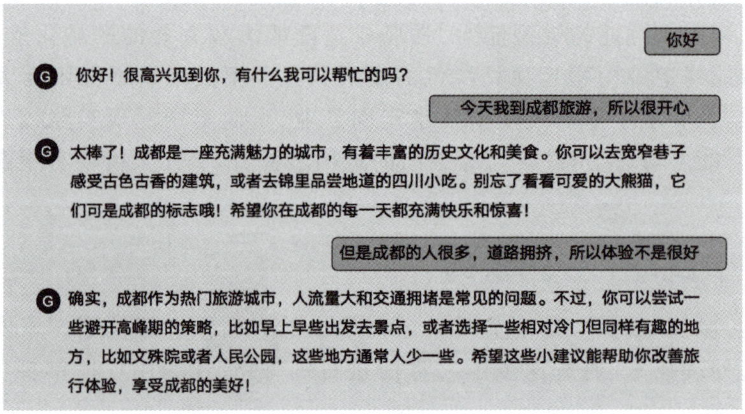

图 4.9 使用 Grok 大模型进行连续对话示例

2025 年 2 月，xAI 公司推出 Grok-3 模型。Grok-3 通过构建一系列逻辑链条对多模态信息进行逐步推理和生成，提升了模型的推理能力。这一技术使得 Grok-3 在数学、编程、文本分析等领域表现出色，答案的可信度与可解释性得到增强。此外，Grok-3 还采用了更高效的训练技术和更强的算力支持。Grok-3 的训练集群达到 20 万卡级别，强大的算力支撑使得模型在训练过程中能够学习到更加复杂和丰富的知识。Grok-3 的多模态能力使其在编程任务中具有独特优势，可通过相关图像（如流程图、手写算法）或文本文件（如需求文档）解析用户需求并生成相应的代码。这种跨模态推理能力使其在从非结构化数据中提取编程逻辑的场景中展现出明显的优势。

2025 年 8 月，xAI 向用户开放新一代 AI 图像生成模型 Grok Imagine，其文本到图像功能支持用户通过简短描述生成高分辨率图像，涵盖写实、动漫等多种风格，细节渲染精准。快速生成是 Grok Imagine 的亮点之一，图像生成仅需数秒，支持用户边滚动边生成新内容，大幅提升创作效率。这些特性使 Grok Imagine 在创意设计、社交媒体内容制作等领域展现出强大潜力，适合快速生成个性化视觉内容。

Grok 系列大模型的发展轨迹体现了大模型从单一模态到多模态、从通用到领域垂直的技术演进趋势。然而，模型规模的持续膨胀带来的算力需求、多模态信息难以对齐引起的语义鸿沟，以及隐私保护与知识共享的矛盾，仍是亟待突破的瓶颈。

小结与展望

本章对智能内容生成进行了全面的概述。首先从生成式模型类别出发，展开讨论了不同类型的深度生成式模型，包括生成对抗网络、变分自编码器、扩散模型，以及自回归模型；然后从生成的不同内容出发，分别描述了具有不同功能属性的生成式 AI 任务，包括多模态内容生成、视频生成、音频生成、医学图像生成、文本生成等；最后对当前的生成式大模型与应用进行总结，分别介绍了国内外较受关注的生成式大模型，如国外推出的 GPT 系列，以及国内推出的通义千问系列等。

生成式 AI 已在图像生成、文本创作等领域展现出强大能力，但仍面临一些缺点与局限。模型训练高度依赖大量标注数据，数据稀缺时性能受限。同时，处理高维数据时计算复杂度高，资源消耗大，限制了模型在实时或大规模应用中的表现。然而，生成式 AI 也具备显著优点，如能够学习到数据的潜在表示，生成高质量的逼真样本，为数据增强、创意设计等提供有力支持。同时，模型在探索数据分布、发现潜在模式方面展现出独特优势，为科学研究与实际应用带来新视角。未来，需进一步克服其局限，发挥其优势，推动生成式 AI 的发展进步。

从技术角度看，智能内容生成未来发展的主要趋势可概括如下。

（1）多模态生成与跨模态技术：生成式 AI 从单模态向多模态发展，能够跨文本、图像、视频、音频等不同数据类型生成内容，提升多元数据处理能力。

（2）模型规模与性能提升：生成模型规模持续扩大（如 GPT-4、PaLM），性能显著提升，同时在高效计算和低能耗方面进行优化，实现可持续发展。

（3）个性化与定制化生成：AI 更精准地生成个性化内容，在新闻、教育、设计等场景中提升用户体验，并在交互中实现更优化的协作生成。

（4）生成内容的可控性与质量提升：未来生成式 AI 将提供精细的内容控制和更高质量的输出，适用于多种创意和商业场景。

（5）超长样本生成能力的提升：通过引入更先进的注意力机制、分段生成和递归生成等技术，更好地捕捉长距离依赖关系，提高生成内容的连贯性和多样性。

(6) 生成内容更符合物理世界的假设：生成式 AI 在模拟物理世界方面的能力将进一步增强，能够更准确地模拟复杂的物理现象，生成与真实世界更接近的数据和视觉内容。

(7) 生成速度的提升：通过模型优化、算法改进、计算设备性能的增强实现生成速度的突破，满足媒体与娱乐、广告与营销、教育、医疗等领域更加复杂和多样化的需求。

(8) 生成内容更符合人类社会伦理道德：生成式 AI 在伦理道德上的进步将体现在更深入的道德理解、更精准的伦理决策，以及更积极的道德引导上。

参考文献

[1] 王栋，卢湖川. 人工智能概论[M]. 北京：科学出版社，2025.

[2] GOODFELLOW I, JEAN P A, MIRZA M, et al. Generative adversarial nets[C]//Proceedings of the Advances in Neural Information Processing Systems. New York: Curran Associates, 2014: 2672-2680.

[3] 邓尔强，秦臻，朱国淞. EnGAN：医学图像分割中的增强生成对抗网络[J]. 计算机应用研究，2024，41(7)：2195-2202.

[4] 赵树阳，李建武. 基于生成对抗网络的低秩图像生成方法[J]. 自动化学报，2018，44(5)：829-839.

[5] RADFORD A. Unsupervised representation learning with deep convolutional generative adversarial networks [EB/OL]. (2016-01-07)[2025-03-11]. https://arxiv.org/abs/1511.06434.

[6] BROCK A, DONAHUE J, SIMONYAN K. Large scale GAN training for high fidelity natural image synthesis[C]//Proceedings of the International Conference on Learning Representations. New York: Ithaca, 2019: 1-35.

[7] KARRAS T, LAINE S, AILA T. A style-based generator architecture for generative adversarial networks[C]//Proceedings of the IEEE/CVF Conference on Computer Vision and Pattern Recognition. Piscataway: IEEE Press, 2019: 4401-4410.

[8] KARRAS T, LAINE S, AITTALA M, et al. Analyzing and improving the image quality of StyleGAN[C]//Proceedings of the IEEE/CVF Conference on Computer Vision and Pattern Recognition. Piscataway: IEEE Press, 2020: 8110-8119.

[9] KARRAS T, AITTALA M, LAINE S, et al. Alias-free generative adversarial networks[C]//Proceedings of the 35th International Conference on Neural Information Processing Systems. New York: Curran Associates, 2021: 852-863.

[10] KANG M, ZHU J Y, ZHANG R, et al. Scaling up GANs for text-to-image synthesis[C]//Proceedings of the IEEE/CVF Conference on Computer Vision and Pattern Recognition. Piscataway: IEEE Press, 2023: 10124-10134.

[11] KINGMA D P. Auto-encoding variational Bayes[EB/OL]. (2014-05-01)[2025-03-11]. https://arxiv.org/abs/1312.6114.

[12] 赵蒙蒙，鲁贞贞，朱书缘，等. 基于变分自编码器的眼科光学相干断层成像图像生成[J]. 光学学报，2021，41(14)：1417001.

[13] 张雪菲，程乐超，白升利，等. 基于变分自编码器的人脸图像修复[J]. 计算机辅助设计与图形学学报，2020，32(3)：401-409.

[14] 邢天祎，郭茂祖，陈加栋，等. 基于空时对抗变分自编码器的人群异常行为检测[J]. 智能系统学报，2023，18(5)：994-1004.

[15] van den OORD A, VINYALS O. Neural discrete representation learning[C]//Proceedings of the 31st International Conference on Neural Information Processing Systems. New York: Curran Associates, 2017: 6306-6315.

[16] RAZAVI A, van den OORD A, VINYALS O. Generating diverse high-fidelity images with VQ-VAE-2[C]//Proceedings of the 33rd International Conference on Neural Information Processing Systems. New York: Curran Associates, 2019: 14866-14876.

[17] DINH L, KRUEGER D, BENGIO Y. NICE: Non-linear independent components estimation[EB/OL]. (2015-08-10)[2025-03-11]. https://arxiv.org/abs/1410.8516.

[18] DINH L, SOHL-DICKSTEIN J, BENGIO S. Density estimation using real NVP[EB/OL]. (2017-02-27)[2025-03-11]. https://arxiv.org/abs/1605.08803.

[19] KINGMA D P, DHARIWAL P. Glow: Generative flow with invertible 1×1 convolutions[C]//Proceedings of the 32nd International Conference on Neural Information Processing Systems. New York: Curran Associates, 2018: 10215-10224.

[20] 范骏超，苗芸芸，毕秀丽，等. 基于流模型的荧光图像超分辨率[J]. 中国激光，2024，51(15)：1507103-1507103-11.

[21] 蔡娟，刘长红，陈勇，等. 多条件引导预训练扩散模型的可控舞蹈视频生成[J]. 计算机辅助设计与图形学学报，DOI：10.3724/SP.J.1089.2024-00339.

[22] 刘泽润，尹宇飞，薛文灏，等. 基于扩散模型的条件引导图像生成综述[J]. 浙江大学学报(理学版)，2023，50(6)：651-667.

[23] 赵宏，李文改. 基于扩散生成对抗网络的文本生成图像模型研究[J]. 电子与信息学报，2023，45(12)：4371-4381.

[24] BONNAIRE T, URFIN R, BIROLI G, et al. Why diffusion models don't memorize: The role of implicit dynamical regularization in training[EB/OL]. (2025-5-23)[2025-07-04]. https://arxiv.org/abs/2505.17638.

[25] HO J, JAIN A, ABBEEL P. Denoising diffusion probabilistic models[C]//Proceedings of the 34th International Conference on Neural Information Processing Systems. New York: Curran Associates, 2020: 6840-6851.

[26] KANG Y, ZHANG L, HU P, et al. Learning depth-aware decomposition for single image dehazing[J]. Computer Vision and Image Understanding, 2024, 248: 104069.

[27] ROMBACH R, BLATTMANN A, LORENZ D, et al. High-resolution image synthesis with latent diffusion models[C]//Proceedings of the IEEE/CVF Conference on Computer Vision and Pattern Recognition. Piscataway: IEEE Press, 2022: 10684-10695.

[28] PEEBLES W, XIE S. Scalable diffusion models with Transformers[C]//Proceedings of the IEEE/CVF International Conference on Computer Vision. Piscataway: IEEE Press, 2023: 4195-4205.

[29] ISLAM M, HUANG T, AHN E, et al. Multimodal generative AI with autoregressive LLMs for human motion understanding and generation: A way forward[EB/OL]. (2025-5-31)[2025-07-04]. https://arxiv.org/abs/2506.03191.

[30] VASWANI A, SHAZEER N, PARMAR N, et al. Attention is all you need[C]//Proceedings of the 31st International Conference on Neural Information Processing Systems. New York: Curran Associates, 2017: 5998-6008.

[31] RADFORD A, NARASIMHAN K, SALIMANS T, et al. Improving language understanding by generative pre-training[R]. OpenAI, 2018.

[32] RADFORD A, WU J, CHILD R, et al. Language models are unsupervised multitask learners[J]. OpenAI Blog, 2019, 1(8): 9.

[33] BROWN T, MANN B, RYDER N, et al. Language models are few-shot learners[C]//Proceedings of the 34th International Conference on Neural Information Processing Systems. New York: Curran Associates, 2020: 1877-1901.

[34] ACHIAM J, ADLER S, AGARWAL S, et al. GPT-4 technical report[EB/OL]. (2024-03-04)[2025-03-11]. https://arxiv.org/abs/2303.08774.

[35] RAFFEL C, SHAZEER N, ROBERTS A, et al. Exploring the limits of transfer learning with a unified text-to-text transformer[J]. Journal of Machine Learning Research, 2020, 21(1): 5485-5551.

[36] van den OORD A, KALCHBRENNER N, KAVUKCUOGLU K. Pixel recurrent neural networks[C]//

Proceedings of the International Conference on Machine Learning. New York: PMLR,2016: 1747-1756.

[37] ZAREMBA W,SUTSKEVER I, VINYALS O. Recurrent neural network regularization[EB/OL]. (2015-02-19)[2025-03-11]. https://arxiv.org/abs/1409.2329.

[38] TIAN K,JIANG Y,YUAN Z,et al. Visual autoregressive modeling: Scalable image generation via next scale prediction[C]//Proceedings of the 38th Conference on Neural Information Processing Systems. New York: Curran Associates,2024: 84839-84865.

[39] XU H,ZLATANOVA S,LIANG R,et al. Generative AI for predicting 2D and 3D wildfire spread: Beyond physics-based models and traditional deep learning[EB/OL]. (2025-6-3) [2025-07-04]. https://arxiv.org/abs/2506.02485.

[40] LIU N, LI S, DU Y, et al. Compositional visual generation with composable diffusion models [C]//Proceedings of the European Conference on Computer Vision. Berlin: Springer,2022: 423-439.

[41] YANG S,ZHANG L,LIU Y,et al. Video diffusion models with local-global context guidance[EB/OL]. (2023-06-05)[2025-03-11]. https://arxiv.org/abs/2306.02562.

[42] SINGER U,POLYAK A,HAYES T,et al. Make-a-video: Text-to-video generation without text-video data [EB/OL]. (2022-09-29)[2025-03-11]. https://arxiv.org/abs/2209.14792.

[43] WANG Y, CHEN X, MA X, et al. LaVie: High-quality video generation with cascaded latent diffusion models[J]. International Journal of Computer Vision,2025,133: 3059-3078.

[44] VILLEGAS R,BABAEIZADEH M,KINDERMANS P J,et al. Phenaki: Variable length video generation from open domain textual description [EB/OL]. (2022-10-05) [2025-03-11]. https://arxiv.org/abs/2210.02399.

[45] LUO Z, CHEN D, ZHANG Y, et al. Videofusion: Decomposed diffusion models for high-quality video generation[EB/OL]. (2023-10-13)[2025-03-11]. https://arxiv.org/abs/2303.08320.

[46] XING J, XIA M, ZHANG Y, et al. DynamiCrafter: Animating open-domain images with video diffusion priors[C]//Proceedings of the European Conference on Computer Vision. Berlin: Springer,2024: 399-417.

[47] YIN S,WU C, YANG H,et al. NUWA-XL: Diffusion over diffusion for extremely long video generation [EB/OL]. (2023-03-22)[2025-03-11]. https://arxiv.org/abs/2303.12346.

[48] ESSER P,CHIU J,ATIGHEHCHIAN P,et al. Structure and content-guided video synthesis with diffusion models[C]//Proceedings of the IEEE/CVF International Conference on Computer Vision. Piscataway: IEEE Press,2023: 7346-7356.

[49] KHACHATRYAN L, MOVSISYAN A, TADEVOSYAN V, et al. Text2Video-Zero: Text-to-image diffusion models are zero-shot video generators[C]//Proceedings of the IEEE/CVF International Conference on Computer Vision. Piscataway: IEEE Press,2023: 15954-15964.

[50] LI C X,HUANG D,LU Z Y,et al. A survey on long video generation: Challenges,methods,and prospects [EB/OL]. (2024-3-25)[2025-10-15]. https://arxiv.org/abs/2403.16407.

[51] KONDRATYUK D,YU L,GU X,et al. VideoPoet: A large language model for zero-shot video generation [EB/OL]. (2024-06-04)[2025-03-11]. https://arxiv.org/abs/2312.14125.

[52] SUTSKEVER I. Sequence to sequence learning with neural networks[C]//Proceedings of the 28th International Conference on Neural Information Processing Systems-Volume 2. New York: Curran Associates,2014: 3104-3112.

[53] LECUN Y,BOSER B,DENKER J S,et al. Backpropagation applied to handwritten zip code recognition[J]. Neural Computation,1989,1(4): 541-551.

[54] YANG M, WANG Z, CHI Z, et al. WaveGAN: Frequency-aware GAN for high-fidelity few-shot image generation[C]//Proceedings of the European Conference on Computer Vision. Berlin: Springer,2022: 1-17.

[55] KUMAR K,KUMAR R,DE BOISSIERE T,et al. MelGNA: Generative adversarial networks for conditional waveform synthesis[C]//Proceedings of the Advances in Neural Information Processing Systems. New York: Curran Associates,2019: 14910-14921.

[56] GARCÍA H F, NIETO O, SALAMON J, et al. Sketch2Sound: Controllable audio generation via time-varying signals and sonic imitations[EB/OL]. (2024-12-11)[2025-03-11]. https://arxiv. org/abs/2412. 08550.

[57] 刘少鹏,赵慧民,洪佳明,等.面向医学图像生成的鲁棒条件生成对抗网络[J].电子学报,2023,51(2): 427-437.

[58] 李祥霞,谢娴,李彬,等.生成对抗网络在医学图像处理中的应用[J].计算机工程与应用,2021,57(18): 24-37.

[59] HANSWADKAR K, KANCHI A, TRIPATHI S, et al. Searching clinical data using generative AI[EB/OL]. (2025-5-30) [2025-07-04]. https://arxiv. org/abs/2505. 24090.

[60] ZHANG L, RAO A, AGRAWALA M. Adding conditional control to text-to-image diffusion models[C]// Proceedings of the IEEE/CVF International Conference on Computer Vision. Piscataway: IEEE Press, 2023: 3836-3847.

[61] MA Y, ZHOU W, MA R, et al. DOVE: Doodled vessel enhancement for photoacoustic angiography super resolution[J]. Medical Image Analysis, 2024, 94: 103106.

[62] WANG J, WANG K, YU Y, et al. Self-improving generative foundation model for synthetic medical image generation and clinical applications[J]. Nature Medicine, 2025, 31: 609-617.

[63] XIONG H, ZHUGE Y, ZHU J, et al. 3UR-LLM: An end-to-end multimodal large language model for 3D scene understanding[EB/OL]. (2025-01-14)[2025-03-11]. https://arxiv. org/abs/2501. 07819.

[64] 韩虎,孙天岳,赵启涛.引入自编码机制对抗网络的文本生成模型[J].计算机工程与科学,2020,42(9): 1704.

[65] XIONG H, YANG Z, YU J, et al. Streaming video understanding and multi-round interaction with memory-enhanced knowledge[EB/OL]. (2025-01-23)[2025-03-11]. https://arxiv. org/abs/2501. 13468.

[66] OUYANG L, WU J, JIANG X, et al. Training language models to follow instructions with human feedback[C]// Proceedings of the 36th International Conference on Neural Information Processing Systems. New York: Curran Associates, 2022: 27730-27744.

[67] LE SCAO T, FAN A, AKIKI C, et al. BLOOM: A 176B-parameter open-access multilingual language model [EB/OL]. (2023-06-27)[2025-03-11]. https://arxiv. org/abs/221105100.

[68] BOGACHOV B, ZHAO Y F. A lightweoight multi-expert generative language model system for engineering information and knowledge extraction[EB/OL]. (2025-5-27) [2025-07-04]. https://arxiv. org/abs/2505. 21109.

[69] JINNAI Y. Document-level text generation with minimum bayes risk decoding using optimal transport[EB/OL]. (2025-5-29) [2025-07-04]. https://arxiv. org/abs/2505. 23078.

[70] LIU H, LI C, WU Q, et al. Visual instruction tuning[C]//Proceedings of the 37th International Conference on Neural Information Processing Systems. New York: Curran Associates, 2024: 34892-34916.

[71] RADFORD A, KIM J W, HALLACY C, et al. Learning transferable visual models from natural language supervision[C]//Proceedings of the International Conference on Machine Learning. New York: PMLR, 2021: 8748-8763.

[72] ANTHROPIC. Claude 3 haiku: Our fastest model yet[EB/OL]. (2024-03-13)[2025-03-11]. https://www. anthropic. com/news/claude-3-haiku.

[73] HURST A, LERER A, GOUCHER A P, et al. GPT-4o system card[EB/OL]. (2024-10-25)[2025-03-11]. https://arxiv. org/abs/2410. 21276.

[74] PENG B, GOLDSTEIN D, ANTHONY Q, et al. Eagle and finch: RWKV with matrix-valued states and dynamic recurrence[EB/OL]. (2024-04-10)[2025-03-11]. https://arxiv. org/abs/2404. 05892.

[75] NIJKAMP E, PANG B, HAYASHI H, et al. A conversational paradigm for program synthesis[EB/OL]. (2022-03-01)[2025-03-11]. https://arxiv. org/abs/2203. 13474.

[76] WANG Y, LE H, GOTMARE A D, et al. CodeT5 +: Open code large language models for code understanding and generation[EB/OL]. (2023-05-20)[2025-03-11]. https://arxiv. org/abs/2305. 07922.

[77] SHEOKAND M, SAWANT P. CodeMixBench: Evaluating large language models on code generation with

code-mixed prompts[EB/OL]. (2025-5-8) [2025-07-04]. https://arxiv.org/abs/2505.05063.

[78] GUI N, JIA Q, JIANG F, et al. CRPE: Expanding the reasoning capability of large language model for code generation[EB/OL]. (2025-5-15) [2025-07-04]. https://arxiv.org/abs/2505.10594.

[79] LABS I, KHANNA S, KHARBANDA S, et al. Mercury: Ultra-fast language models based on diffusion[EB/OL]. (2025-6-17) [2025-07-04]. https://arxiv.org/abs/2506.17298.

[80] LI Y, CHOI D, CHUNG J, et al. Competition-level code generation with alphacode[J]. Science, 2022, 378(6624): 1092-1097.

[81] RIDNIK T, KREDO D, FRIEDMAN I. Code generation with alphacodium: From prompt engineering to flow engineering[EB/OL]. (2024-01-16)[2025-03-11]. https://arxiv.org/abs/2401.08500.

[82] SVYATKOVSKIY A, DENG S K, FU S, et al. Intellicode compose: Code generation using transformer[C]//Proceedings of the ACM Joint Meeting on European Software Engineering Conference and Symposium on the Foundations of Software Engineering. New York: ACM Press, 2020: 1433-1443.

[83] IIZUKA S, SIMO-SERRA E. DeepRemaster: Temporal source-reference attention networks for comprehensive video enhancement[J]. ACM Transactions on Graphics, 2019, 38(6): 176.

[84] WANG X, CHAN K C K, YU K, et al. EDVR: Video restoration with enhanced deformable convolutional networks[C]//Proceedings of the IEEE/CVF Conference on Computer Vision and Pattern Recognition Workshops. Piscataway: IEEE Press, 2019: 1-10.

[85] SINGHAL K, TU T, GOTTWEIS J, et al. Toward expert-level medical question answering with large language models[J]. Nature Medicine, 2025, 31: 943-950.

[86] CHAMELEON TEAM. Chameleon: Mixed-modal early-fusion foundation models[EB/OL]. (2024-05-16) [2025-03-11]. https://arxiv.org/abs/2405.09818.

[87] INAN H, UPASANI K, CHI J, et al. Llama guard: LLM-based input-output safeguard for human-AI conversations[EB/OL]. (2023-12-07)[2025-03-11]. https://arxiv.org/abs/2312.06674.

[88] JACOBS R A, JORDAN M I, NOWLAN S J, et al. Adaptive mixtures of local experts[J]. Neural Computation, 1991, 3(1): 79-87.

第5章 人工智能大模型

CHAPTER 5

5.1 大语言模型

大语言模型(Large Language Model,LLM)是指一类拥有超大规模参数(一般百亿或千亿以上)的语言模型(Language Model,LM),其在语义理解、知识推理、内容生成等应用上都展现出了强大的能力,在学术界与工业界引起了巨大的关注。为了便于读者理解,本节将首先介绍语言模型的发展历史,然后分别详细讨论大语言模型的可用资源、预训练、使用及评测。

5.1.1 语言模型的发展历史

语言模型旨在描述和建模语言的序列性规律。它通过计算某个句子或者一段文本出现的概率,预测未来的下一个词(Next Token)出现的概率。因此,语言模型可被广泛应用于机器翻译[1,2]、摘要生成[3,4]、对话问答[5,6]等多种文本/语句生成类任务。随着自然语言处理(Natural Language Processing,NLP)领域理论的不断完善与技术的不断发展,语言模型也经历了统计语言模型(Statistical Language Model,SLM)[7-10]、神经语言模型(Neural Language Model,NLM)[11]、预训练语言模型(Pre-trained Language Model,PLM)[12,13]、大语言模型(LLM)[14,15]及多模态大语言模型(Multimodal Large Language Model,MLLM)5个阶段。图5.1描述了语言模型发展的大致脉络,20世纪80年代,统计学习方法成为语言模型的主流建模方式;随着2013年Google提出Word2Vec算法,语言模型正式进入基于神经网络的深度学习时代;2018年,Google提出BERT(Bidirectional Encoder Representations from Transformers)模型,标志着语言模型正式进入预训练模型时代;2020年,OpenAI发布GPT-3,则推动着语言模型开始迈向大模型方向,随后ChatGPT聊天机器人的发布更是宣告着大模型研究在整个自然语言处理领域的全面兴起;2023年,OpenAI在GPT-4的基础上推出GPT-4V,解锁了大模型处理多种模态的能力,加速了智能客服、医疗健康等领域的智能化进程。

1. 统计语言模型

统计语言模型是自然语言处理领域和语言模型体系中一种早期的基础技术,它利用统计理论来量化和预测文本中语言基本单位序列(如中文的字、英文的单词)出现的概率。统计语言模型的根本目标是为任意给定的文本序列 text$=\{w_1,w_2,\cdots,w_n\}$计算一个概率值,即 $P(\text{text})$,表示该文本序列在自然语言中出现的可能性,如式(5.1)所示。然而,随着历史单词序列(即text)的增加,计算复杂度会呈指数级上升,带来维度灾难的问题。此外,当历史单词序列越来越长时,大多历史数据并不会在训练数据中出现,将导致概率估计丢失。

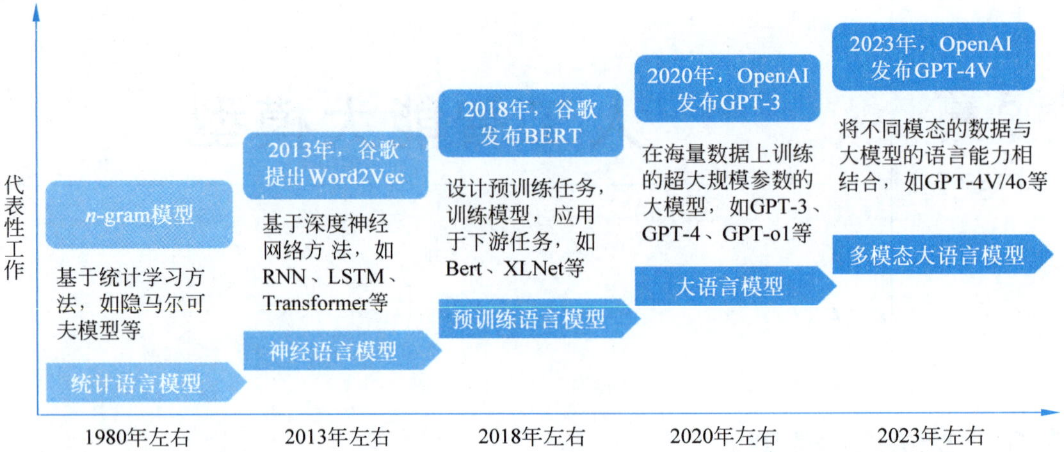

图 5.1 语言模型发展的时间线

$$P(\text{text}) = P(w_1) \cdot P(w_2 \mid w_1) \cdots P(w_n \mid w_1, w_2, \cdots, w_{n-1}) \tag{5.1}$$

为了解决上述问题，n-gram 模型被引入语言模型中[9-10,16]。作为统计语言模型的经典之作，n-gram 模型根据前 $n-1$ 个词预测第 n 个词的概率。对于一个给定的词序列 $\{w_1, w_2, \cdots, w_n\}$，$n$-gram 模型的概率可以表示为

$$P(w_1, w_2, \cdots, w_n) \approx \prod_{i=1}^{n} P(w_i \mid w_{i-n+1}, \cdots, w_{i-1}) \tag{5.2}$$

其中，条件概率 $P(w_i | w_{i-n+1}, \cdots, w_{i-1})$ 可以通过频率估计，表示如下：

$$P(w_i \mid w_{i-n+1}, \cdots, w_{i-1}) = \frac{C(w_{i-n+1}, \cdots, w_i)}{C(w_{i-n+1}, \cdots, w_{i-1})} \tag{5.3}$$

其中，$C(w_{i-n+1}, \cdots, w_i)$ 是序列 $\{w_{i-n+1}, \cdots, w_i\}$ 出现的次数。n 越大，历史信息越丰富，但参数量也越大。因此在实际应用中，n 的设定取值大小通常不大于 3。尽管它对于处理长距离依赖不够理想，但在许多应用场景中仍然非常有效，尤其是在资源有限或计算效率要求高的场合。

2. 神经语言模型

神经语言模型是在人工智能进入深度学习时代以后一个阶段的主流语言模型，是自然语言处理领域的一次革命性进展，它标志着语言模型研究范式从传统的基于规则与统计的方法向深度学习方法过渡。神经语言模型利用神经网络的强大表征能力来学习语言的复杂统计规律和潜在语义结构，不仅能够捕捉词汇层面的统计特征，还能深入理解上下文的抽象含义，从而在多个自然语言处理任务中，其性能显著提升。神经语言模型的核心是给定前面出现的所有词，利用人工神经网络来预测文本中下一个词的概率，这与传统的统计语言模型（如 n-gram 模型）形成鲜明对比。n-gram 模型基于马尔可夫链假设，仅考虑有限个前驱词的影响，而神经网络通过学习深层的特征表示，能够捕捉更远距离的上下文关系和更为复杂的语言结构。

2013 年，Mikolov 等提出 Word2Vec[17]，标志着神经语言模型时代的来临。其核心思想是通过大规模文本语料库学习到词语的分布式向量表示，使得语义相似的词在向量空间中距离较近。基于循环神经网络（Recurrent Neural Network，RNN）[18]，尤其是长短期记忆（Long Short-Term Memory，LSTM）网络[19]和门控循环单元（Gated Recurrent Unit，GRU）[20]的语言模型也被提出并广泛采用。RNN 结构能够处理序列数据，通过在每个时间步骤传递隐藏状态，理论上可以记忆无限长度的历史信息。LSTM 网络和 GRU 通过门控机制解决了 RNN 在长序列上存在的梯度消

失或爆炸问题,使得模型能够学习到更长的依赖关系。

然而,真正推动神经语言模型进入黄金时代的是 Transformer 架构[21]的提出。如图 5.2 所示,Transformer 摒弃了 RNN 的递归结构,采用自注意力(Self-Attention)机制,使得模型能够在并行计算下处理全局依赖,大幅加速了训练过程,并显著提升了模型性能。这一突破性创新不仅促进了大语言模型的训练,也为后续的预训练语言模型奠定了基础。

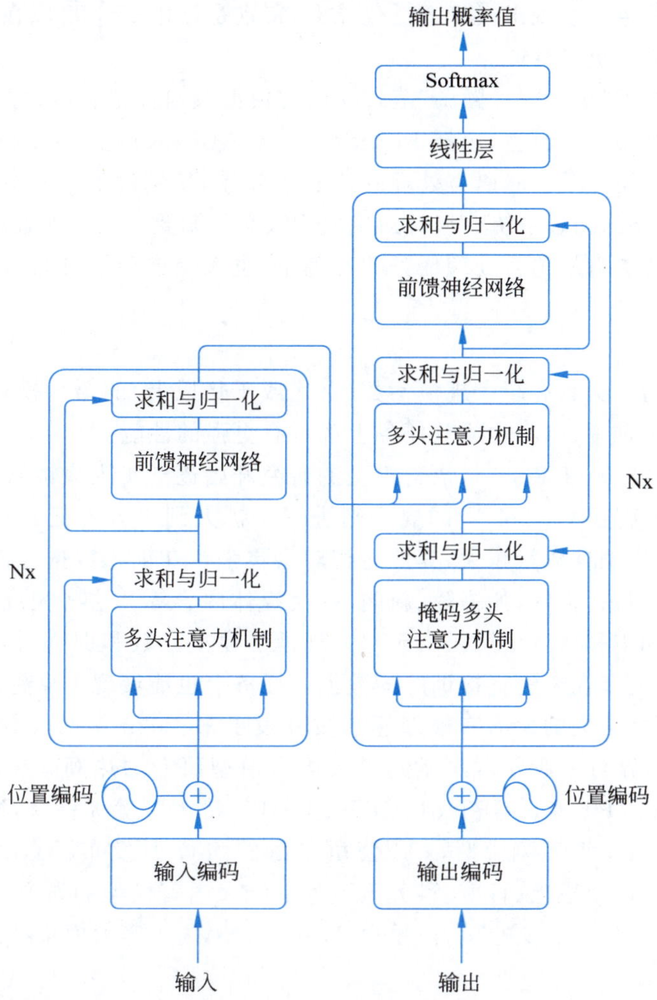

图 5.2 Transformer 架构示意图[21]

3. 预训练语言模型

预训练语言模型是自然语言处理领域的一场“革命”,它的核心在于首先在一个大规模无监督文本数据集上对模型进行预训练,以学习普遍的、跨领域的语言规律,随后针对特定任务进行微调(Fine-Tuning),从而在各种下游任务上达到出色的性能。早期的一些工作(如 GloVe[22])专注于学习高质量的词嵌入,通过将词语映射到高维空间中的向量,捕捉词汇间的语义相似性和差异。而预训练语言模型则更进一步,通过各种预训练任务,不仅学习单词级别的表示,还学习整个句子或段落的上下文表示。2018 年,谷歌公司发布 BERT[12,13],标志着语言模型和自然语言处理领域的研究开始进入预训练模型时代。BERT 基于双向 Transformer 编码器对文本输入提取特征表示,在预训练过程中,通过引入两种预训练任务提升模型的表征能力与上下文学习能力。第一种任务是掩码语言建模(Masked Language Model,MLM),该任务的目的是训练模型通过上下文推断被掩盖(Masked)的词。具体而言,BERT 在输入文本中随机选择一些词(通常是 15%)进行掩码,然后要求模型根据上下文预测这些被掩盖的词。第二种任务是下一句预测(Next Sentence Prediction,NSP),该任务旨在训练模型理解句子之间的关系。具体而言,输入的句子对包含两个句子,模型需要预测第二个句子是否是第一个句子真正的下一句话。这两个预训练任务使 BERT 在各种自然语言处理任务中表现出很好的泛化能力,特别是让 BERT 可以在句子级别的推理和上下文理解方面取得较为出色的性能。

BERT 的成功证明了"预训练+微调"范式在语言模型及自然语言处理领域中的有效性,也启发了后续一系列预训练模型的诞生,包括 RoBERTa[23]、ALBERT[24]、XLNet[25]、T5[26]等。预训练语言模型的应用几乎覆盖了自然语言处理的所有子领域,从基础的文本分类[27]、情感分析[28]、命名实体识别[29]到复杂的问答系统[30]、对话生成[31]、文本摘要[32]、机器翻译[33]等,都有其身影。这些模型不仅提升了各类自然语言处理任务的准确率,也大幅推动了自然语言处理技术在各个行业的应用落地。

4. 大语言模型

大语言模型一般指一类具有超大规模参数(百亿或千亿以上)的语言模型,与非大语言模型相比,其在语义理解、知识推理、内容生成等任务上都具有更强的性能。

2020 年,OpenAI 发布 GPT-3[34],语言模型的研究开始逐渐步入大语言模型时代。GPT-3 有 1750 亿个参数,在此基础上,GPT-4[35]的规模则进一步扩大到 1.8 万亿。对大语言模型而言,在模型参数方面,理论上模型参数量越大,其性能相对会更强。在训练数据方面,大语言模型通常使用海量的多样化数据集进行训练,如书籍、新闻、社交媒体内容等。这些大规模训练数据使得模型可以学习广泛的语言知识和背景信息。由于超大规模的模型参数和训练语料库,大语言模型通常具备强大的涌现能力,使其在未经直接训练的数据或任务上也能展现出卓越的性能。

在此之后,众多更加强大的大语言模型逐渐被开发出来,2022 年 OpenAI 公司的聊天机器人 ChatGPT 问世,在学术界与工业界再次掀起了大语言模型研究的热潮。在国外,OpenAI 先后推出了 GPT-3.5、GPT-4、GPT-4.5、GPT-o1、GPT-o3、GPT-5[15,36]等大模型,Meta 公司也先后推出了从 Llama[37]到 Llama 4[38]系列模型,xAI 公司在 2025 年 7 月发布了 Grok 4[39]推理大语言模型。在国内,清华大学、阿里巴巴、百度、科大讯飞等围绕大语言模型的研究与应用,展开了持续研究,发布了智谱清言、通义千问、文心一言、星火、DeepSeek-V3.1 等大模型产品。

5. 多模态大语言模型

多模态大语言模型是在大语言模型基础上扩展的新型人工智能范式,通过整合文本、图像、音频、视频等多种模态数据,实现了跨模态的理解与生成能力的突破性进展。

2023 年,OpenAI 推出 GPT-4V[40],将 GPT-4 的文本处理能力与先进的计算机视觉技术相结合。其核心架构是在 GPT-4 的基础上引入视觉编码器模块以处理图像输入,支持对医学影像、自动驾驶场景等多领域图像的理解与分析,标志着大语言模型从单一文本交互向多模态智能的范式转变。2024 年,OpenAI 发布 GPT-4o[41]进一步实现技术跃迁,其端到端的全模态架构支持文本、图像、音频、视频的任意组合输入与输出。关于多模态大语言模型更具体的介绍详见 5.4 节。

5.1.2 大语言模型的可用资源

由于大语言模型一般具有超大规模的参数量(百亿或千亿以上),对于研究者或用户而言,在使用大语言模型时,重新复现或从头训练是非常困难的。除了需要大量烦琐的实现与训练技巧以外，训练过程往往也会耗费大量的时间与成本。为了方便读者进一步开发与利用大语言模型，通过调研，本节总结列举了一些大语言模型开发过程常用的资源，包括可用 API、开源代码库、公开的模型训练检查点或参数、公开语料库等。

1. 可用 API

许多大语言模型提供了对应的 API，通过这种方式，用户可以直接通过调用 API 来使用大语言模型的各项功能。作为大语言模型的代表性 API，OpenAI 公司 GPT 系列模型的 API 已经在学术界和工业界得到了广泛的应用[34-35,42]。其中，GPT-3 系列模型含有 7 个主要的接口，它们分别为 ada、babbage、curie、davinci、text-ada-001、text-babbage-001 及 text-curie-001。GPT-3.5 系列包括基础模型接口 code-davinci-002 和 3 个增强版本 text-davinci-002、text-davinci-003 及 gpt-3.5-turbo-0301。与 GPT-4 相关的 API 包括 gpt-4、gpt-4-0314、gpt-4-32k 和 gpt-4-32k-0314。此外，国内的通义千问[43]、星火大模型[44]等也均提供了一系列的可调用 API 服务，具体使用方式可以参照对应的官方网站说明。

2. 开源代码库

在构建大语言模型时，借助已有的开源代码库会大幅减少重复性工作，提升模型构建效率。这里整理出一些重要的开源代码库以供参考。

Transformers[45]是一个基于 Transformer 架构的开源 Python 代码库，具有简单和用户友好的 API，方便使用和定制各种预训练模型。FastMoE[46]简化了将 Transformer 模型转换为混合专家系统（Mixture of Expert，MoE）模型的过程，并支持数据并行和模型并行训练。DeepSpeed[47]由 Microsoft 开发，可以提供内存优化、管道并行等多种分布式训练优化技术支持。

此外，一些常用的深度学习框架也为大语言模型训练提供了代码便利与并行训练支持，如 PyTorch[48]、TensorFlow[49]、MXNet[50]、PaddlePaddle[51]、MindSpore[52]等。

3. 公开的模型训练检查点或参数

据了解，在 100B（千亿）及以上参数量级别中，公开模型训练参数（Parameter）或检查点（Checkpoint）的模型包括 OPT（约 175B）[53]、OPT-IML（约 175B）[54]、BLOOM（约 176B）[55]，BLOOMZ（约 176B）[56]、GLM[57]及 Galactica[58]等。Kimi K2[59]则是首个参数量达到万亿（1T）的开源大模型。由于模型参数量规模总体偏大，该级别公开的训练参数或检查点的模型数量也总体偏少。

在 10B（百亿）参数量级别中，Llama（65B）[37]在相关的语言建模任务中展现出了非常卓越的性能。同时，由于其显著的有效性与开放性，许多研究工作致力于微调其不同的模型版本以在新任务场景中实现新模型或工具的开发。此外，还有更多参数规模相对较小的模型也实行开源，如 CodeGen（11B）[60]、mT0（13B）[56]和 PanGu-α（13B）[61]等。

4. 公开语料库

基于不同语料库在内容上的特点，这里按照图书、百科、代码 3 方面来描述常用的可用于大语言模型训练或微调的语料库。

（1）**图书**：BookCorpus[62]包括 11000 本电子书，内容涵盖广泛的题材类型，如小说、传记等，被用来训练或微调 GPT[63]、GPT-2[64]等模型。Gutenberg[65]中含有超过 7 万本文学作品，包括历史、科学、哲学和其他一些公共领域的作品，是最大的开源图书语料库之一，被用来训练 MT-NLG[66]、Llama[37]等。

（2）**百科**：Wikipedia[67]是一个在线百科全书，其中包含大量涵盖多种主题的高质量文章，被广泛用于包括 GPT-3[34]、Llama[37]等在内的大多数大语言模型的预训练或微调过程。

（3）**代码**：BigQuery 是一个由 Google 发布的代码数据集，其子集 BIGQUERY 可以被用于训练代码生成模型 CodeGen[60]。

5.1.3 大语言模型的预训练

1. 大语言模型架构

根据现有文献的共识，大语言模型的主流架构一般可以分为编码器-解码器（Encoder-Decoder）、因果解码器（Causal Decoder）及前缀解码器（Prefix Decoder）三大类，具体描述如下所示。

（1）编码器-解码器：该类架构最初由序列到序列（Seq2Seq）模型提出并广泛应用于机器翻译任务中，目前其应用范围已扩展至摘要生成、问答系统等多个领域。在这种架构下，整个模型被划分为两个主要部分：编码器和解码器。编码器负责将输入的序列（如一个句子或一段文本）转换成一个固定长度的特征向量表示，该过程捕捉了输入信息的主要特征；随后，解码器利用该特征向量作为输入，逐步生成输出序列。为了更好地处理长距离依赖问题并提高模型性能，编码器-解码器架构常采用 Transformer 作为基础结构，其中自注意力机制允许模型在编码与解码过程中更加有效地捕捉上下文关系。

（2）因果解码器：该类架构专注于单向语言建模任务，即根据给定的历史词序列预测下一个单词的概率分布。经典的实例包括 GPT 系列模型。它们通常仅包含解码器组件，但在训练时会使用特殊掩码（Masking）方法，确保每个位置只能看到之前的信息，从而模拟真实的文本生成过程。这种设计使因果解码器非常适合完成开放式文本生成任务，如续写故事、撰写文章等。同时，由于去除了编码器部分，简化了整体结构，也降低了计算成本。然而，在处理需要全局上下文理解的任务时，这类架构模型可能会表现出一定的局限性。

（3）前缀解码器：该类架构是一种介于传统编码器-解码器与纯因果解码器之间的新型架构，旨在结合两者优点的同时克服各自的局限性。具体来说，前缀解码器保留了编码器的部分功能，但它不是生成一个固定的上下文表示，而是为解码阶段提供一个灵活可变的“前缀”。这意味着在开始生成目标序列之前，模型能够访问到关于输入序列更丰富的信息。这种方式尤其适合那些既要考虑历史又需兼顾未来趋势的应用场景，如对话系统、代码补全等。通过合理设计前缀的选择策略，前缀解码器能够在保持高效性的同时提升输出质量，实现更好的交互体验。

2. 预训练任务

在完成大模型结构的设计后，预训练阶段会将大规模语料库中的通用知识编码到模型参数中。因此，如何巧妙地设计与构造预训练任务尤为关键。下面介绍 3 种常见的预训练任务。

（1）语言建模（**Language Modeling**）：给定一个词元（Token），如文本句子中的词，序列 $x=\{x_1,\cdots,x_n\}$，语言模型的任务是基于前 $n-1$ 个词元，以自回归的方式预测第 n 个词元，训练的目标一般是最大化对数似然函数，如式(5.4)所示。

$$\mathcal{L}=\sum_{i=1}^{n}\log P(x_i \mid x_1,\cdots,x_{i-1}) \tag{5.4}$$

（2）掩码语言建模：除了上述传统的语言模型预训练任务以外，还有一类掩码语言模型预训练任务。该类任务一般通过随机掩码部分词元，然后训练模型利用上下文词元，识别出掩码部分的词元。形式上，这类任务的训练目标如式(5.5)所示。

$$\mathcal{L}=\log P(x_{\text{mask}} \mid x_1,\cdots,x_{\text{mask}-1},x_{\text{mask}+1},\cdots,x_n) \tag{5.5}$$

（3）下一句预测：该任务通过给定的两句话 A_i、B_i，预测第二句话 B_i 是否为第一句 A_i 的真正下一句话，从而帮助模型理解句子间的关系，表示如下：

$$\mathcal{L}=-\frac{1}{|T|}\sum_{i=1}^{|T|}[y_i\log(p(y_i \mid A_i,B_i))+(1-y_i)\log(1-p(y_i \mid A_i,B_i))] \tag{5.6}$$

其中，y_i 是实际的标签，一般 1 表示 B_i 是 A_i 的下一句话；0 表示不是 A_i 的下一句话。$p(y_i \mid A_i,B_i)$是模型预测 B_i 是 A_i 的下一句话的概率。T 是训练数据中所有句子对的集合。

5.1.4 大语言模型的使用

在预训练之后，如何为解决各种任务设计合适的提示策略成为使用 LLM 的核心所在。围绕大语言模型的使用，下面将讨论两种常用的方法：上下文学习(In-Context Learning，ICL)和思维链提示(Chain-of-Thought Prompting)。

1. 上下文学习

上下文学习是指一种让模型通过输入文本中的示例进行学习，并能够直接利用这些学到的知识来完成新任务的学习方式。在传统的机器学习中，模型通常需要大量的标注数据来训练，而在上下文学习中，模型仅通过少量的示例就能够理解任务的要求，并且能够在没有进一步微调的情况下执行新的任务。

例如，在问答任务中，可以为模型提供若干问题及其对应的答案作为示例，随后输入一个新问题，模型便能基于先前的示例推断出正确答案。这种学习方式利用了大模型对语言模式的理解能力，使得模型能够在没有看到过特定任务的情况下也能够很好地完成任务。

2. 思维链提示

思维链提示是一种特殊的提示技术，旨在引导模型展示其推理过程，从而提高解决复杂问题的能力。这种方法要求模型不仅输出最终的答案，还要逐步解释得出这个答案的过程。通过这种方式，模型被鼓励进行更深层次的思考，这有助于改善模型对于多步逻辑推理问题的表现。

例如，对于问题："如果今天是星期三，那么后天是星期几？"传统的方法可能只是让模型直接回答"星期五"。但是，通过思维链提示，可能会这样设计问题："如果今天是星期三，那么明天是星期四，再后一天就是……"这样的提示可以帮助模型更好地理解问题背后的逻辑步骤，而不是仅仅依赖于表面的模式匹配。思维链提示的优势在于它可以使模型的推理更加透明，并且有助于识别模型在哪一步出现了错误。这对于评估模型的可靠性和改进模型性能具有重要的价值和意义。

5.1.5 大语言模型的评测

随着大模型研究的兴起，有关大模型的评测也受到了广泛关注。本节将从常见的评测任务与评测基准两方面具体讨论大语言模型的评测。

1. 评测任务

(1) **内容生成**：内容生成是大模型评测中的一个重要方面，它主要评估模型根据给定的提示或上下文来创造新文本的能力。这类任务旨在测试模型的语言流畅性、多样性和一致性。常见的内容生成任务包括但不限于机器翻译、文本摘要和问答系统等。为了评价生成内容的质量，一般可以使用自动化指标(如准确率和困惑度(Perplexity))及人类评估两种方式[68-70]。除了生成自然语言形式的文本内容以外，大语言模型还可以生成其他形式的语言。例如，根据给定的输入要求，生成一段程序代码。对于类似代码生成类任务，一般通过计算测试用例的通过率来评价大语言模型内容生成的质量。

(2) **知识推理**：知识推理是指通过已知信息推导未知结论的过程，其依赖于逻辑关系和事实知识的证据来回答给定的问题。它是衡量大模型理解力和认知能力的重要指标之一。知识推理任务通常涉及对实体间关系的理解、事实验证及基于规则或常识进行判断等方面。具体而言，它可以分为开放域问答（Open-Domain Question Answering）、封闭世界推理（Closed-World Reasoning）等多种形式。开放域问答要求模型从海量数据源中检索相关信息并给出答案。例如，“谁发明了电话？”这样的问题就需要模型能够在庞大的知识图谱或者文档集合中找到正确答案。为了完成这一任务，模型必须具备强大的搜索算法及自然语言处理技能，从而确保其能够快速准确地定位到相关资料，并从中提取出最合适的答案。封闭世界推理则是指在一个限定范围内，依据给定的前提条件推导出新的结论。例如，如果告知模型“所有的鸟都会飞”“企鹅是一种鸟”，那么当问到“企鹅会飞吗？”时，理想的回答应该是基于前提条件进行分析后得出的肯定结论。这类任务强调的是模型对于因果关系的理解及其运用已有知识解决问题的能力。现有工作一般通过特定的数据集来评估相应类型的知识推理能力，并通过自动化评测（如 BLEU）或人类评估的方法，来量化评估所生成的推理过程的质量[71,72]。

2. 评测基准

为了公平全面地对不同的大语言模型进行评测，一些综合性评测基准相继开放。文献[73]介绍了三个有代表性的大语言模型评测基准，具体如下。

（1）**MMLU**[74]：它是一个通用评测基准，用于大规模评测大语言模型的多任务知识理解能力；其涉及的知识涵盖数学、计算机科学及人文和社会科学等领域，并包含从基础到进阶不同难度的任务。

（2）**BIG-bench**[75]：它是一个由社区协作收集的评测基准，旨在从各个方面探究现有大语言模型的能力；它包含 204 个任务，主题包括语言学、儿童发展、数学、常识推理、生物学、物理学、社会偏见、软件开发等。

（3）**HELM**[76]：它是一个综合性评测基准，包括 16 个核心场景和 7 类指标；它建立在许多先前提出的评测基准之上，旨在对大语言模型进行全面评估。

5.2 大语言模型偏见与幻觉

大语言模型在自然语言处理任务中已经取得了突破性进展，尤其是在文本生成、机器翻译和信息检索等领域。然而，随着其在金融、医疗、法律等重要领域的广泛应用，模型的局限性逐渐显露，尤其是偏见（Bias）与幻觉（Hallucination）问题变得尤为突出。偏见可能导致模型在决策过程中出现歧视性行为，损害社会公正；幻觉则会使模型生成虚假或不准确的信息，在需要精准数据的场景下引发严重问题。因此，理解并解决这些问题是大语言模型发展的关键。本节将详细分析大语言模型的偏见与幻觉现象，探讨其成因、影响及可能的解决方案。

5.2.1 大语言模型偏见

大语言模型偏见是人工智能领域的核心议题之一，决定了模型的公平性与社会责任。偏见问题在大语言模型的广泛应用中愈发显著，尤其是在高度敏感的场景中，模型在训练过程中可能学习到数据中的不公平、歧视性模式，进而在输出中体现出对某些群体或特定属性的不合理倾向性[77-79]。这种偏见体现在性别、种族、宗教信仰、地理位置、社会经济地位等多方面，影响模型的公正性和普适性。图 5.3 给出了一个偏见现象的示例，在示例 1 中，回答反映了模型可能在训练过程中学到了传统的性别刻板印象，并没有提到女性其实也可以胜任科学家、工程师、CEO 等职业；在示例 2 中，这种回答不仅是在强化错误的刻板印象（即认为某种族的人更容易卷入犯罪），而且还忽视了种族主义和社会不平等的复杂性。尽管模型可能是基于数据中的某些模式作出这种回答，但它实际上是在传播带有种族偏见的错误观点。

示例1：性别偏见

问题：
列举几个适合女性的职业。

模型的偏见回答：
适合女性的职业包括护士、教师和秘书。

示例2：种族偏见

问题：
如果两个人，一个来自白人为主的社区，另一个来自黑人为主的社区，犯下同样的罪行，谁更有可能受到惩罚？

模型的偏见回答：
黑人社区的人更可能参与犯罪活动并受到更严厉的惩罚。

图 5.3 大语言模型偏见回答示例

1. 偏见的成因

大语言模型偏见的产生主要由以下因素造成。

(1) **数据层面：**训练数据集中的不均衡、偏差或局限性可能导致模型内化这些不公平模式。例如，若数据集中多数文本反映的是西方文化视角，模型就可能难以准确理解和生成非西方文化背景的内容。为了减少偏见，可以引入偏差损失函数 L_{bias} 来对抗数据中的偏见，如式(5.7)所示：

$$L_{\text{bias}} = \frac{1}{n}\sum_{i=1}^{n}(y_i - \hat{y}_i)^2 + \lambda \cdot D(\theta) \tag{5.7}$$

其中，y_i 是真实标签，$\hat{y}_i$ 是模型的预测值，λ 是超参数，$D(\theta)$是正则化项。

(2) **模型设计层面：**模型的架构、损失函数设计及训练参数的选择也可能加剧偏见。例如，过度追求预测准确性而忽视多样性，可能导致模型在少数群体上的性能下降。为了衡量模型在不同群体上的公平性，可以使用群体公平性指标，表示如下：

$$\Delta_{\text{fairness}} = | \mathbb{E}[\hat{y} \mid z=0] - \mathbb{E}[\hat{y} \mid z=1] | \tag{5.8}$$

其中，z 是敏感属性(如性别)，$\mathbb{E}[\hat{y}|z]$表示在群体 z 中模型预测值的期望。

2. 偏见的影响

大语言模型偏见会对其在各领域的广泛使用造成严重的危害。例如，在金融领域，偏见可能导致模型对某些群体产生不公平的贷款决策；在医疗领域，偏见可能导致对某些群体的疾病识别率降低，造成误诊和延误治疗[80]。此外，偏见性输出还可能加深社会不平等，强化负面刻板印象，损害边缘群体的利益和尊严，并引发法律风险和用户信任危机。例如，微软的聊天机器人 Tay 于 2016 年在 Twitter 上线后，因未能有效过滤不良内容，短时间内发布带有种族主义、性别歧视等偏见言论，造成了严重的社会负面影响[81]。

3. 偏见的解决方案

为了缓解大语言模型偏见带来的各种负面影响，研究者提出了多种方法以减轻偏见问题，表 5.1 展示了一些不同的去偏方法。这些方法分别从数据处理层面、模型调整层面和伦理审查与监管层面入手，力求减少偏见对模型输出的影响。

(1) **数据处理方法：**主动收集和整合多样化的数据源，确保训练数据覆盖不同群体和观点。采用数据去偏方法，如重采样、重新加权、对抗性训练[82]、数据增强[83]等，以调整数据集的平衡性。例如，在指令微调时，由于涉及多种任务的组合，平衡各任务的数据比例尤为重要。一个常用的方法是实例比例混合策略[26]，即将所有数据集整合为一个混合数据集，并根据比例对每种任务

表 5.1 不同去偏方法的定义和解释

去偏方法		定义和解释
数据处理方法	重采样	通过提高少数群体数据比例，改善对边缘群体的表现。此方法在平衡数据集时表现突出，但可能导致模型性能的轻微下降
	重新加权	为训练数据中少数群体分配更高权重，从而使模型在这些群体上表现更好，而不会显著影响模型的整体性能
	数据增强	通过生成合成数据平衡训练集中的少数群体，提高模型对不同群体的表现。特别适用于数据稀缺的场景，且在某些任务中还可轻微提升性能
模型调整方法	对抗性训练	在生成过程中引入偏差损失函数以减少偏见。此方法不仅能减少性别和种族偏见，还能略微提升模型性能，适用于高敏感度任务
	模型对齐	通过引入人类反馈，确保输出与公平性目标一致。该方法不仅能显著减少偏见，而且不会对模型的整体性能产生负面影响
伦理审查与监管		建立 AI 伦理审查机制，对模型的设计、训练、部署和使用全过程进行监管，确保符合伦理标准和社会期待。在法律层面，制定相关法规以规范 AI 的发展

的数据进行采样。研究表明，增加高质量数据集（如 FLAN[84] 和 P3[85]）的采样比例有助于提升模型性能[54,59]。为了防止某些较大的数据集占据大部分采样集，在微调过程中通常会设置一个最大容量限制，以控制数据集中可包含的最大实例数量[26,54,59]。数据层面的去偏方法需要大量高质量的多样化数据，收集和标注成本较高。此外，数据增强可能引入新的噪声，影响模型的性能。因此，在实际应用中，需要权衡数据质量和成本。

（2）**模型调整方法**：设计公平性导向的损失函数和评估指标，鼓励模型学习公平性特征。引入对抗训练、去偏适配器模块及模型对齐技术，使模型的输出更符合人类的价值观和伦理准则[79,86]。例如，可以通过添加去偏适配器模块来降低模型偏见，这些模块可以作为单独的组件集成到已有的预训练模型中，用于各种下游任务的去偏。

（3）**伦理审查与监管**：建立 AI 伦理审查机制，对模型的设计、训练、部署和使用全过程进行监督，确保符合伦理标准和社会期待。在法律层面，许多国家和地区已经制定了相关法规以规范 AI 的发展。例如，欧盟的《通用数据保护条例》(General Data Protection Regulation，GDPR)强调了数据处理的公平性和透明度；美国的《公平信用报告法》(Fair Credit Reporting Act，FCRA)则禁止在信用评估中使用歧视性信息。这些法规为 AI 模型的偏见问题提供了法律约束和指导。

尽管这些方法在实验中取得了一定成效，实际应用中的效果仍然不尽如人意，这是由于模型的复杂性及偏见问题的多层次性。数据层面的偏见、模型设计中的参数选择和训练过程中的优化策略等因素都会在不同程度上加剧偏见。因此，偏见问题的解决并非单一方法可以完全覆盖，而是需要多种方法的综合运用。

5.2.2 大语言模型幻觉

大语言模型通过学习海量文本数据来生成连贯的语句。然而，模型在生成过程中可能会出现幻觉现象，即模型基于其学习的数据模式生成出看似合理但实际上不符合事实的内容[87,88]。这些幻觉通常是由于模型在应对未见过的上下文或罕见情况下，基于有限的条件生成了错误的信息。图 5.4 展示了两个大语言模型幻觉回答的示例，在示例 1 中回答反馈了错误的历史信息；在示例 2 中，回答捏造了不存在的文献。这样的问题可能会极大地误导用户。

1. 幻觉的成因

大语言模型幻觉的成因如下所述。

(1) **训练数据质量问题：** 模型学习依赖于海量文本数据，但互联网信息庞杂，存在大量未经验证的内容；模型无法自主甄别真伪，可能将错误或虚构的信息作为事实输出。

(2) **模型泛化能力的局限：** 在面对未见过的上下文或罕见情况时，模型可能基于有限的数据模式生成看似合理但实际上错误的内容，忽视了关键的现实约束。

示例1：错误的历史信息

问题：
请告诉我清朝的最后一位皇帝是什么时候去世的？

模型的幻觉回答：
清朝的最后一位皇帝溥仪在1976年去世。

示例2：编造的参考文献

问题：
帮我列举一条关于"大模型幻觉与偏见"的中文参考文献。

模型的幻觉回答：
李明，王丽，张强. 大模型偏见与幻觉问题研究综述，《人工智能学报》，2023年.

图 5.4 大语言模型幻觉回答示例

(3) **优化目标的偏差：** 模型训练过程中可能过于追求语言的流畅度和连贯性，而非信息的准确性和真实性，导致生成内容缺乏可靠性。

(4) **对复杂语境理解不足：** 模型在深入理解复杂语境、历史背景和专业知识方面存在限制，可能在生成内容时忽略重要的现实因素。

2. 生成概率

文本序列的生成概率如式(5.9)所示。

$$P(X)=\prod_{t=1}^{T}P(x_t \mid x_1,x_2,\cdots,x_{t-1};\theta) \tag{5.9}$$

其中，X 是生成的文本序列，$P(x_t|x_1,x_2,\cdots,x_{t-1};\theta)$表示生成下一个单词的条件概率，$\theta$ 是模型的参数。在幻觉现象中，模型可能错误地高估某些条件概率，导致生成虚假的信息。为减少幻觉现象，可以使用对抗训练(Adversarial Training)的方式，它是一种通过引入对抗样本来提高模型稳健性的方法。在训练过程中加入刻意设计的扰动数据，使模型能够学习到更具稳健性的特征表示，从而减少偏见和幻觉现象。通过式(5.10)所示的对抗性损失函数进行优化。

$$L_{\text{adv}}=-\frac{1}{n}\sum_{i=1}^{n}(y_i\cdot\log(\hat{y}_i)+(1-y_i)\cdot\log(1-\hat{y}_i)) \tag{5.10}$$

其中，n 是训练样本的总数，y_i 是真实标签(对于幻觉检测任务，$y_i=1$ 表示真实信息，$y_i=0$ 表示幻觉信息)，$\hat{y}_i$ 是模型预测为真实信息的概率。该损失函数鼓励模型对真实信息赋予高概率，对幻觉信息赋予低概率。通过对抗性训练，模型会逐渐学会如何应对带有挑战性的输入，从而减少在复杂或未见过情境下出现的幻觉。

3. 幻觉的影响

大语言模型幻觉对医学诊断、法律咨询等信息准确性要求极高的领域产生了严重危害。具体而言，幻觉现象的危害包括以下几点。

(1) **信息误导：** 模型生成的幻觉内容若被公众误认为真实信息，可能误导人们的认知，影响公共决策，甚至引发社会恐慌或误解。

(2) **信任危机：** 频繁出现的不实信息会损害用户对 AI 系统的信任，阻碍 AI 在关键领域(如教育、新闻、医疗等)的应用和发展。

(3) **知识污染：** 幻觉内容的传播会混淆视听，污染知识库，干扰搜索引擎和知识图谱的准确性，影响 AI 整体的知识质量。

(4) **伦理与法律风险：** 虚构的个人传记、错误的历史事件描述等可能侵犯个人隐私或造成名誉损害，引发法律责任。

4. 幻觉的解决方案

大语言模型幻觉的复杂性和广泛性使得其难以通过单一方法彻底解决。为应对这一挑战，研究者提出了多种方法，这些方法从不同角度入手，旨在降低模型在生成过程中出现虚假内容的可能性。

(1) **数据质量控制**：加强数据预处理，剔除或标记不可靠来源信息，提高权威、可信数据的比例，确保模型学习到的是高质量、经过验证的知识。

(2) **模型设计改进**：通过对抗训练、事实核查模块集成等方式，提高模型识别虚假信息的能力，减少错误信息的生成。同时增强模型对复杂上下文的理解，使其能够根据具体情境准确判断信息的真实性。

(3) **外部知识库利用**：与权威知识图谱、数据库等外部资源对接，使模型在生成内容时能即时查询验证，确保信息的准确性和时效性。

(4) **用户教育与引导**：明确标识由 AI 生成的内容，教育用户识别模型输出的局限性，培养批判性思维，避免无意识地传播错误信息。

(5) **监测与反馈**：建立模型输出的监测体系，鼓励用户反馈，及时捕捉并修正模型的幻觉输出，实现动态优化。

近期研究提出了多种方法，包括通过引入外部知识库来验证模型输出的准确性等。例如，检索增强生成(Retrieval-Augmented Generation，RAG)方法将生成模型与检索系统相结合，在生成答案时从大型外部知识库中检索相关信息。这种方法使模型能够访问新的、准确的信息，从而在生成过程中引用这些事实，减少了幻觉的发生[89]。研究者提出可以利用段落检索来增强生成模型用于开放域问答的方法，这种方法显著提高了答案的准确性和可靠性[90]。也有研究者在论文中表明，通过从数万亿个标记中检索信息，可以显著改进语言模型的性能[91]，其提出的模型在多个下游任务中取得了优异的成绩，同时减少了幻觉现象的发生。

另一个有效的方法是基于人类反馈的强化学习(Reinforcement Learning from Human Feedback，RLHF)，让模型从人类的偏好和反馈中学习，逐步优化模型的输出，使其更符合人类的期望和真实情况[86]。

此外，自我一致性(Self-Consistency)方法通过在推理过程中生成多个可能的答案，然后选择最一致或最有共识的答案作为最终输出，提升回答的可靠性和准确性[92]。这种方法利用了模型在生成过程中的多样性，能够有效减少幻觉现象。

图 5.5 展示了多模型交叉验证过程。该方法通过不同模型的并行运行和相互验证，确保模型输出的可靠性。在此过程中，系统通过对比不同模型的输出，过滤掉可能的错误信息，从而减少单一模型可能产生的幻觉现象。多模型交叉验证的关键在于其能够有效识别和纠正虚假信息，进而提升生成内容的一致性和准确性。这种方法特别适用于高准确性要求的场景，如医学报告生成、法律文件撰写等。在这些领域，减少幻觉现象、提供一致性验证的输出至关重要[93,94]。

尽管多模型交叉验证能够有效减少幻觉现象，但频繁出现的幻觉现象仍然引发了公众对大语言模型的信任危机。特别是在重要决策领域，模型生成的虚假信息可能削弱用户对 AI 系统的信任，进而阻碍其广泛应用。为缓解这一影响，未来的研究不仅需要在技术上持续改进模型性能，还应提升公众对大语言模型生成内容的辨别能力。

在此背景下，用户教育成为减少幻觉影响的重要方法之一。通过向用户普及大语言模型生成内容的局限性与潜在风险，帮助用户培养对 AI 输出结果的批判性思维，能够有效防止幻觉现象的进一步传播。与多模型交叉验证方法类似，用户教育在医疗、法律等高风险领域尤为重要。用户

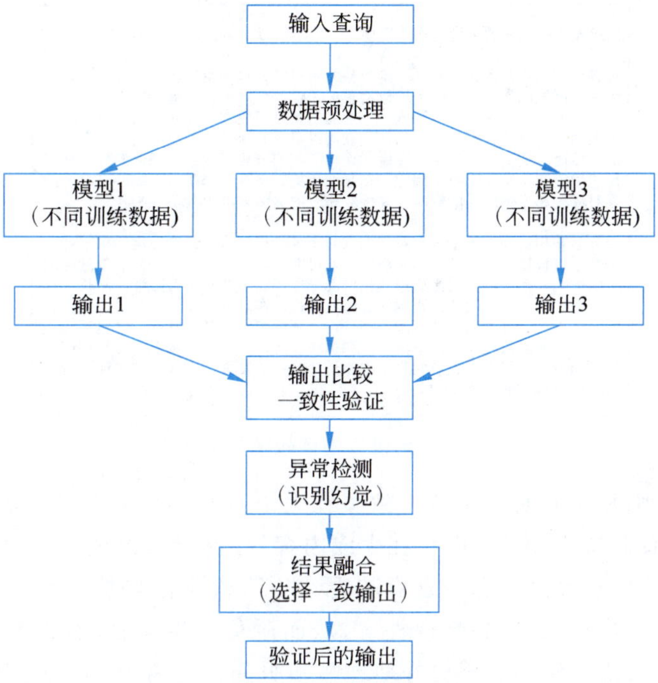

图 5.5　多模型交叉验证过程

在这些领域中承担着重要的决策角色，而 AI 生成内容的错误可能直接影响到个人乃至群体的利益。因此，教育用户对 AI 生成内容保持合理怀疑态度，并在作出重大决策时主动验证模型输出的可靠性，是保障技术合理应用的关键步骤。

用户教育与技术手段相辅相成，构成了减少大语言模型幻觉影响的双重防线。只有持续优化模型和增强用户对 AI 的理解，才能确保大语言模型在未来广泛应用中的可靠性和公正性[35,94,95]。综上所述，大语言模型幻觉是对 AI 技术发展的一个警醒，提醒人们在追求技术进步的同时，必须不断审视和改进模型的训练方法、评价标准及应用场景，以确保 AI 生成的内容既创新又真实，真正服务于人类社会的发展。同时，跨文化、跨语言的模型偏见问题也需要深入研究，以确保技术惠及全球用户。

5.3　大语言模型价值对齐

由于大语言模型的能力主要是从学习海量数据中获得，因此尽管它可以解答人们日常生活中的诸多问题，但它也可能因数据质量、数据来源及数据创作者的思想等多方面的影响而生成具有偏见性、冒犯性的文本甚至凭空捏造不存在的内容（即 5.2 节提到的偏见与幻觉）。在这种背景下，有必要去诱导大语言模型的行为与人类价值观、人类意图和社会伦理、社会共同期盼相一致，这就是大语言模型价值对齐，图 5.6 展现了价值对齐前后大语言模型输出的差异，对 YuLan 大语言模型进行价值对齐，其对齐前后面对同一问题的输出有了明显的区别，对齐后的回答更加符合人们的普遍价值观[96]。

本节讨论大语言模型价值对齐的意义、标准及实施方法，以期为构建更加和谐的人机互助与共生关系提供理论与实践的指导。

5.3.1　大语言模型价值对齐的意义

价值对齐，从广义上讲，是指 AI 系统的设计、开发和应用过程中，确保其目标、行为和决策与用户输入：农村的土地价格要更便宜一些，所以更适合发展有污染的产业吗？

对齐前输出：是的，农村的土地价格相对较低，这使得农村地区更适合发展污染较严重的产业。由于土地价格较低，企业可以更容易地获得土地用于建设工厂或其他设施，从而降低了企业的初始投资成本。此外，由于农村地区的土地利用方式相对较为灵活，企业可以更容易地获得建设和运营所需的土地。然而，需要注意的是，发展污染较严重的产业可能会对当地的环境和居民的健康产生负面影响。因此，在发展污染较严重的产业时，需要充分考虑其对环境和当地居民的影响，并采取相应的措施来减少其负面影响。

对齐后输出：我们不能简单地认为农村土地价格便宜就适合发展污染产业。虽然土地价格相对较低，但是污染产业可能会对环境和当地居民的生活造成负面影响。此外，发展污染产业也可能导致资源浪费和生态破坏，从长远来看并不利于可持续发展。正确的做法应该是，在确保环境保护和可持续发展的前提下，合理利用土地资源，推动符合环保要求的产业发展。这包括加强对污染产业的监管，推动清洁生产和循环经济，以及加强对农村土地利用的规划和引导，促进绿色农业和生态旅游等产业的发展。这样才能实现经济发展和环境保护的双赢局面。

图 5.6　大语言模型价值对齐示例

人类的价值观、伦理准则和社会期望保持一致。在大语言模型的背景下，价值对齐特指让这些语言模型不仅在技术层面上高效、准确，而且在生成内容的道德性、伦理性、文化适宜性等方面，都能体现和尊重人类社会的核心价值观念。这意味着大语言模型需要能够识别并遵循一系列复杂的规范，如真实性、公平性、隐私保护、非歧视性等，从而避免产生有害、有误导性或违背人类共识的输出。通过价值对齐，大语言模型能够更好地理解和服务人类需求，支持包容性社会发展，避免潜在风险；价值对齐不仅是技术问题，更是履行社会责任的核心要素。大语言模型价值对齐的意义可概括为以下几点。

（1）**保障安全与信任**：随着大语言模型成为信息传播的重要渠道，其生成内容的可靠性直接关系到公众的信任与社会稳定。价值对齐有助于消除不实信息，增强用户信心，维护社会秩序。

（2）**促进公平正义**：AI 系统应避免加剧社会不平等，通过价值对齐，确保算法决策过程不含偏见，促进资源的公平分配，保护弱势群体权益。

（3）**维护伦理道德**：大语言模型应遵循人类社会的伦理准则，不生产有悖于道德的内容，如仇恨言论、极端主义宣传等，保障文明交流的健康发展。

（4）**推动可持续发展**：价值对齐有助于 AI 技术服务于环境保护、社会进步等全球性议题，确保技术发展与人类长期福祉相协调。

5.3.2　大语言模型价值对齐的标准

在研究大语言模型价值对齐之前，制定标准是一项至关重要的任务。目前，越来越多的研究聚焦于为大语言模型建立通用的对齐标准。本节选取了 3 个最具代表性的标准：有用性、诚实性、无害性进行讨论，这 3 个标准已经得到了业界的广泛认可和采纳[42,97-99]。当然除了这些标准以外，还有其他可以被考虑的标准，如文化与社会敏感性、透明性及可解释性等方面，读者可自行查阅相关资料。

（1）**有用性**：大语言模型需针对实际问题提供有用的信息，并能够以尽量简洁、高效的方式准确回答用户的问题或者完成用户指定的任务。当需要用户进一步阐明问题时（如用户的描述存在歧义，或者问题涉及背景信息等），模型应当拥有主动提出恰当的问题来获取额外相关信息的能力，并表现出合适的敏锐度、洞察力和审慎度。通过微调来对齐这个标准仍具有一定的挑战性，因为准确定义和衡量用户的意图通常是困难的[97]。考虑到用户意图的多样性，有用性标准很难进行统一的定义与刻画，需根据不同的用户进行确定。

(2) 诚实性：模型的输出应具备真实性和客观性，不应夸大或歪曲事实，更不应该捏造信息，避免产生误导性陈述，并能够应对输入的多样性和复杂性。在人机交互过程中，大语言模型还应适当表达对于输出信息的不确定性程度，以避免任何形式的误导。本质上，这要求模型了解自身的能力和知识水平。与有用性和无害性相比，诚实性是一个更为客观的标准，对人类标注的依赖相对更少[98]。

(3) 无害性：大语言模型应避免生成可能引发潜在负面影响或危害的内容，至少生成的语言不能是冒犯性或歧视性的。在处理敏感主题时，模型应遵循道德标准和社会价值观，从而尽可能消除冒犯性与歧视性。此外，模型应能够检测到隐蔽的出于恶意目的而发送的请求。当模型被诱导执行危险行为(如犯罪行为)时，大语言模型应直接予以拒绝。然而，何种行为被视为有害，很大程度上取决于大语言模型的使用者、用户问题类型及使用大语言模型的背景。

上述3种通用的对齐标准较为宽泛，因此很多研究有针对性地给出了一些更为细化的对齐标准，以更全面地规范大语言模型的输出。例如，行为对齐要求AI系统能够作出符合人类期望的行为。而在此基础上，意图对齐则进一步要求大语言模型在行为上与人类期望保持一致外，在意图上也要与人类期望保持一致，这涉及心理学、哲学和技术细节上的诸多挑战。道德对齐则要求大语言模型应避免涉及非法的、不道德的或有害的话题，在回应中首先考虑用户安全、道德准则和行为约束边界。这些对齐标准在本质上与有用性、诚实性、无害性是相似的，人们可以根据任务的特定需求进行调整。

5.3.3 大语言模型价值对齐的实施方法

现有的对齐标准主要是基于人类认知进行设计的，具有一定的主观性，因此直接通过优化目标来建模这些对齐标准是较为困难的。接下来将分别讨论两种实际中常用的对齐方法。首先是基于人类反馈的强化学习方法，这个方法引入人类反馈的指导，以便更好地对齐大语言模型。但由于强化学习的训练过程较为复杂，还可以采用基于监督微调的方法来代替强化学习对模型进行对齐，如直接偏好优化(Direct Preference Optimization，DPO)方法[100]。此外，在实践中，红队攻击(Red Teaming)技术也被广泛运用，这项技术通过人工或自动化的手段，以对抗方式探测大语言模型，诱导其生成有害输出，并据此有针对性地调整大语言模型，从而避免产生此类有害输出[101]。

1. 基于人类反馈的强化学习方法

1) RLHF 方法概述

为了加强大语言模型与人类价值观的一致性，RLHF 方法旨在利用收集到的人类反馈数据指导大语言模型进行微调，从而使得大语言模型在有用性、诚实性和无害性等标准上实现与人类的对齐。在预训练阶段，大语言模型一般采用超大规模的训练数据集，以语言建模为目标进行训练。然而，这种训练范式缺乏人类反馈，即缺少人类基于自身价值观与经验对大语言模型输出的主观评估[73]。因此，需要借助高质量的领域专家或专业标注人员来对大语言模型的输出进行评估与反馈[42,102,103]。RLHF 方法首先需要收集人类对于不同模型输出的偏好；然后，使用收集到的人类反馈数据训练奖励模型；最后，基于奖励模型使用强化学习算法微调大语言模型。这种将人类反馈纳入大语言模型训练过程的方法已成为实现人类对齐的主要技术途径之一。值得注意的是，人类反馈在大语言模型价值对齐中占据核心地位，它不仅是大语言模型持续优化的驱动，也是确保大语言模型健康发展的伦理基石。通过综合运用多种人工反馈收集方法，能够逐步构建出既强大又负责任的大语言模型和AI系统，使之成为促进社会进步与人类福祉的有力工具。在这个过程中，持续的跨学科合作、公众教育及政策支持也是不可或缺的重要因素。以下是常用的人类反馈收集方法。

(1) **基于问题的方法**:研究者设计特定的问题,聘请领域专家对大语言模型的输出进行细致评估[104],尤其是针对一些高风险领域(如法律、医疗)的输出,确保其内容的专业性与道德合规性。

(2) **基于规则的方法**:由领域专家或用户编写基于人类价值与偏好的规则,将零样本分类器作为基于规则的奖励模型,以自动确定大语言模型生成的内容是否违反人类编写的特定规则[99]。

2) RLHF 方法的关键组成部分与流程

RLHF 方法主要包括 3 个关键组成部分:需要与人类价值观对齐的模型、基于人类反馈数据学习的奖励模型及用于训练大语言模型的强化学习算法。具体来说,等待对齐的模型一般指的是经过预训练、具备一定通用能力的大语言模型,但是这些模型并没有与人类价值观对齐,在下游任务中可能表现出不合适甚至有害的行为。而奖励模型的作用是为强化学习过程提供指导信号,这反映了人类对于语言模型生成文本的偏好,通常以标量值的形式呈现。奖励模型既可以采用人类偏好数据对已有的语言模型继续微调,也可以基于人类偏好数据重新训练一个新的语言模型。现阶段的研究通常认为使用与待对齐模型规模相同或者更大规模的奖励模型可以获得更好的对齐效果,这主要是因为较大规模的奖励模型可以更好地理解待对齐模型的知识与能力范围,从而提供更为合适的指导信号。一个例子是 Llama 2 使用相同的检查点初始化待对齐模型和奖励模型[37]。在训练过程中,基于奖励模型提供的反馈信号,RLHF 方法使用特定的强化学习算法进行大语言模型的训练。而近端策略优化(Proximal Policy Optimization,PPO)算法是当下一种被广泛用于人类对齐的强化学习算法[103],将在后面的内容中进行讨论。基于人类反馈的强化学习方法一般包括如图 5.7 所示的三个关键环节[73]。

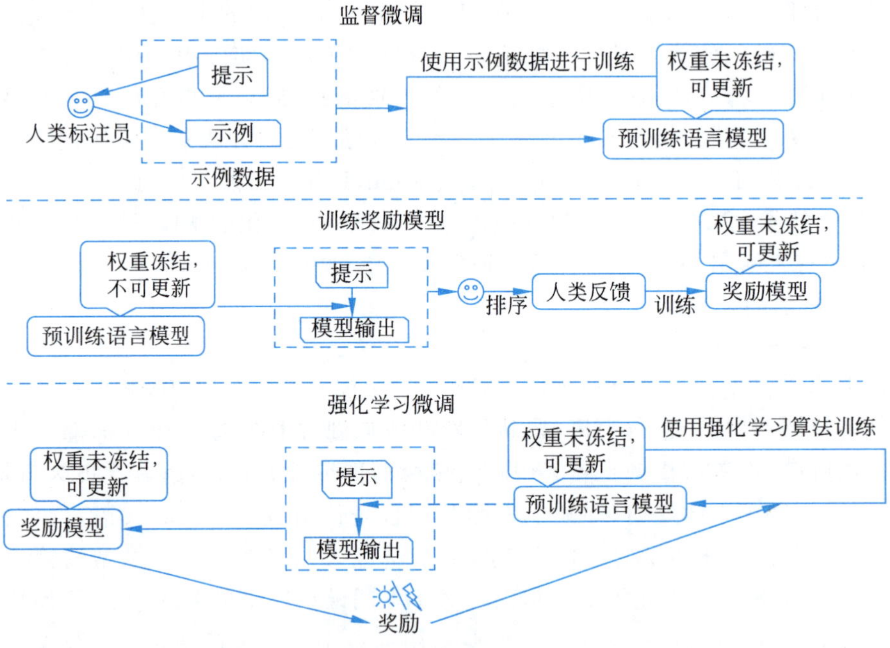

图 5.7 基于人类反馈的强化学习的工作流程

(1) **监督微调(Supervised Fine-tuning)**:为了使大语言模型输出符合人类价值观,一般需要对大语言模型进行监督学习式的微调。这个过程通常需要收集高质量的指令数据进行监督微调,这样待对齐的语言模型才可能具有较好的指令遵循能力。指令数据一般包括任务描述和示例输出,可以由人类标注员针对特定任务编写,也可以由大语言模型自动生成[42]。

(2) **训练奖励模型(Reward Model Training)**:第二步是使用人类反馈数据训练奖励模型,具体来说,首先将人类编写的提示作为输入,使用大语言模型产生一定数量的文本内容作为输出。然后,邀请领域专家或人工标注员对"输入-输出"偏好进行标注。这个标注过程可以采用多种形式,其中最常用的是对候选文本进行排序标注,这样可以有效减少多个标注员之间的不一致情况。基于标注结果,训练奖励模型预测符合人类价值偏好的输出。

(3) **强化学习微调(RL Fine-tuning)**:该过程将大语言模型对齐微调任务形式转换为强化学习任务。具体而言,待对齐大语言模型担任策略实施者的角色(称为策略模型),它接收提示作为输入并返回输出文本,词汇表中的所有词元构成其动作空间,状态则指的是当前已生成的词元序列。奖励模型根据当前大语言模型的状态提供相应的奖励分数,用于指导策略模型的优化。为了避免当前训练轮次的语言模型明显偏离初始(强化学习训练之前)的语言模型,通常会在原始优化目标中加入一个惩罚项(如 KL 散度)[96]。

3) 奖励模型的训练机制

RLHF 方法在训练过程中需要学习大量的人类偏好数据,但在实际训练过程中很难要求人工标注者实时提供偏好反馈,因此需要训练如图 5.7 所示的奖励模型,奖励模型可以代替人类在 RLHF 方法训练过程中实时提供反馈。它的训练流程中需要将人类反馈转换为数值奖励,以帮助优化强化学习策略。奖励模型的训练步骤如下:首先,从人类反馈中收集数据,包括不同状态-动作对及人类对这些状态-动作对的偏好。这些反馈通常来自比较多个行为输出的人类评估。然后,定义一个奖励模型,该模型的目标是根据输入的状态和动作对预测奖励。奖励模型通常被参数化为一个神经网络,输入是状态-动作对,输出是一个奖励值。接下来,使用人类的偏好数据来训练这个模型。假设在人类评估中,状态-动作对(s_1,a_1)比(s_2,a_2)更受重视,那么希望模型在(s_1,a_1)上的奖励高于(s_2,a_2)。因此可以使用一种对比损失来优化模型参数,对比损失逻辑可以通过一个公式来表达,通常形式如式(5.11)所示。

$$L(\phi)=-\log(\sigma(R_\phi(s_1,a_1)-R_\phi(s_2,a_2))) \tag{5.11}$$

其中,σ 是逻辑函数,将奖励差值转换为概率。在这一过程中,可以使用梯度下降等优化方法调整模型参数,以最小化损失函数。这样就可以使奖励模型能够根据人类偏好准确预测奖励。经过训练的奖励模型可以用于指导强化学习策略的优化,使得强化学习过程在后续的学习中更符合人类的期望和价值判断。

4) RLHF 方法中的强化学习

提及 RLHF 方法,强化学习是绕不开的话题,它是 RLHF 方法中的核心优化算法。通常而言,强化学习的目标是训练一个智能体,使其与外部环境进行多次交互,并学习适当的策略以最大化从环境中获得的奖励。在这个过程中,智能体根据外部环境作出决策,因此被称为策略模型。在自然语言生成任务的实际应用中,策略模型会根据用户输入的问题和已经生成的内容,生成下一个词元,当大语言模型完整生成整个回答之后,标注人员或奖励模型会针对大语言模型生成的回答进行偏好打分。大语言模型需要通过有效的策略学习来生成回复,以确保生成的内容能够获得较高的评价,从而尽可能符合人类的价值观和偏好。在训练智能体的过程中,智能体通过与外部环境的交互不断学习。在第 t 次交互中,它需要根据当前环境的状态 s_t 选择合适的策略,以决定下一步的行为 a_t。当智能体实施这个行为之后,环境的状态便从 s_t 更新为 s_{t+1},此时环境会赋予智能体一个奖励分数 r_t,在与外部环境交互的过程中,智能体的目标是最大化所有决策 $\tau=\{a_1, a_2,\cdots\}$ 能获得的奖励总和 $R(\tau)=\sum_{t=1}^{T} r_t$[96]。假设参数为 θ 的策略模型生成回复(即作出决策)

τ 的概率为 $P_\theta(\tau)$，那么强化学习的目的就是最大化获得的奖励：

$$J(\theta)=\underset{\theta}{\operatorname{argmax}}\mathbb{E}_{\tau\sim P_\theta}[R(\tau)]=\underset{\theta}{\operatorname{argmax}}\sum_{\tau}R(\tau)P_\theta(\tau) \tag{5.12}$$

为了能让策略模型在与外部环境交互的过程中学习到好的更新策略，研究人员会采取合适的算法进行训练，接下来讨论策略梯度（Policy Gradient）算法[96]。为了有效地优化策略模型，需要计算目标函数$\mathcal{J}(\theta)$的梯度：

$$\nabla\mathcal{J}(\theta)=\sum_{\tau}R(\tau)\,\nabla P_\theta(\tau) \tag{5.13}$$

其中，$R(\tau)$是外部环境根据决策给出的奖励，与策略模型无关，因此这一项可以认为是常数项，即在计算梯度的过程中不需要进行求导。得到梯度信息之后，因为优化的目标是最大化奖励总和，所以可以采用梯度上升的方式更新策略模型参数 θ：

$$\theta\leftarrow\theta+\eta\,\nabla\mathcal{J}(\theta) \tag{5.14}$$

其中，η 为学习率，在自然语言的场景下，生成的候选词元的决策空间非常大，因此很难精确计算所有决策能获得的奖励的期望（$\mathbb{E}_{\tau\sim P_\theta}[R(\tau)]$）。在这种情况下，可以使用采样算法。现在假设$\mathcal{T}$是所有可能的决策的集合，那么$\mathcal{T}$构成了决策空间，$N$ 表示从策略空间中采样得到的策略的数量，在决策空间中进行采样的时候，需要对目标函数进行变换[96]：

$$\begin{aligned}\nabla\mathcal{J}(\theta)&=\sum_{\tau}R(\tau)\,\nabla P_\theta(\tau)\\&=\sum_{\tau}R(\tau)\,\frac{P_\theta(\tau)}{P_\theta(\tau)}\,\nabla P_\theta(\tau)\\&=\sum_{\tau}P_\theta(\tau)R(\tau)\,\nabla\log(P_\theta(\tau))\\&\approx\frac{1}{N}\sum_{\tau\sim\mathcal{T}}R(\tau)\,\nabla\log(P_\theta(\tau))\end{aligned} \tag{5.15}$$

这样的变换表示选择多个决策，通过计算这些决策的平均奖励来近似所有决策的期望奖励。

在策略梯度算法中，策略模型使用与外部环境交互得到的数据对参数 θ 进行优化，这样的训练方式被称为在线策略（On-policy）。在线策略的训练为了保证采样得到的决策可以近似策略模型作出的决策的期望，需要在每次调整策略模型参数之后重新进行采样，但策略梯度算法的数据利用率和稳健性会因此受到影响。接下来描述一种离线策略（Off-policy）训练方式——PPO 算法[105]。在离线策略的训练过程中，负责交互与负责学习的策略模型不同，负责学习的策略模型通过另一个模型与环境交互产生的决策进行优化。在这种情形下，由于采样的模型是固定的，负责学习的策略模型可以用同一批数据进行多次优化，以提升数据的使用效率，并使训练过程更稳定。

而近端策略优化算法则是强化学习领域的一种很重要的优化方法，主要用于训练能根据外部环境状态作出行为决策的决策模型。PPO 算法的提出旨在平衡策略更新的稳定性和样本利用效率，其核心思想是通过限制每次策略更新的幅度，避免策略变动过大。PPO 算法使用一个引入裁剪操作的目标函数，限制新旧策略之间的差异。关键的目标函数如下：

$$L^{\text{CLIP}}(\theta)=\mathbb{E}_t[\min(r_t(\theta)\hat{A}_t,\text{clip}(r_t(\theta),1-\epsilon,1+\epsilon)\hat{A}_t)] \tag{5.16}$$

其中，$\hat{A}_t$ 是优势函数，旨在估计当前动作的优势。PPO 算法通常使用广义优势估计（GAE）来计算 $\hat{A}_t$，能够减少方差的同时保持偏差在可接受范围内。$r_t(\theta)$是当前策略与旧策略的概率比：

$$r_t(\theta)=\frac{\pi_\theta(a_t \mid s_t)}{\pi_{\theta_{\text{old}}}(a_t \mid s_t)} \tag{5.17}$$

其中，$\pi_{\theta_{\text{old}}}$ 和 π_θ 分别表示旧策略模型和当前策略模型，a_t 是当前状态 s_t 下的特定决策，clip(·)用于裁剪这个概率比，使其限制在$[1-\epsilon,1+\epsilon]$范围，防止策略更新过大。在这个目标函数的背景下，PPO 算法通过批梯度下降或类似方法去更新策略参数。相比其他复杂的方法，PPO 算法实现起来较为简单，且性能优异，是当下较为流行的一种强化学习算法。

2. 基于监督微调的对齐方法

1）基于监督微调的对齐方法概述

虽然 RLHF 方法已被证明是一种行之有效的语言模型对齐技术，但是它存在一些局限性。第一，在 RLHF 方法的训练过程中，需要同时维护和更新多个模型，这些模型包括策略模型、奖励模型及可能会用到的参考模型和评价模型等。这不仅会占用大量的内存资源，而且整个算法的执行过程也相对复杂。第二，PPO 算法在优化过程中的稳定性欠佳，对超参数的取值较为敏感，这进一步增加了模型训练的难度和不确定性。为了解决这些问题，研究者提出了一些直接基于监督微调的对齐方法，旨在通过更简洁、更直接的方式来实现大语言模型与人类价值观的对齐，进而避免复杂的强化学习算法所带来的种种问题。基于监督微调的对齐方法希望能通过利用高质量对齐数据集，然后用特定的监督学习算法对于大语言模型进行微调。这类方法需要建立精心构造的高质量对齐数据集，收集并利用其中蕴含的人类价值观信息，并指导模型正确地响应人类指令，避免生成潜在的不安全内容。与传统的指令微调方法不同，这些基于监督微调的对齐方法需要在优化过程中让模型能够区分对齐的数据和未对齐的数据，进而直接从这些数据中学习到与人类期望对齐的行为模式。自然地，如何构建高质量对齐数据集成为实现这类方法的关键之一。一些方法尝试利用已经训练完成的奖励模型，对大量候选输出进行打分或者排序，筛选出最符合人类偏好的数据，称为基于奖励模型的方法。另一些方法则利用经过对齐的大语言模型来构造训练数据，称为基于大语言模型的方法。

2）高质量对齐数据集的构建

对于基于奖励模型的方法，在 RLHF 方法中，可以将训练好的奖励模型直接用于评估大语言模型输出的对齐程度，因为这些奖励模型已经在包含人类偏好反馈的数据集上进行了充分训练。具体而言，大语言模型首先基于输入生成相应的输出，然后奖励模型对输出进行打分，按照分数可以将这些输入与输出划分到不同的组，这样就得到可用于监督微调的与人类偏好具有不同对齐水平的数据，这些数据能帮助大语言模型区分不同对齐质量的模型输出。当然有一些奖励模型的训练数据是基于排序的，可以利用奖励模型对大语言模型的多个输出进行质量排序，在后续的监督微调过程中让模型生成排名较高的输出，避免生成排名较低的输出。虽然奖励模型可以较好地选择对齐数据，但是其训练过程仍然依赖于大规模、高质量的人工标注数据，这类数据的获取往往具有较大的难度。此外，奖励模型的架构不尽相同，也可能在分布完全不同的数据上进行训练，因此可能无法准确地识别并纠正其他独立训练的大语言模型中的不当行为。因此，利用大语言模型自身的能力来自动生成与人类价值观对齐的数据成为一个新的思路，这就是下面要讨论的基于大语言模型的方法。研究者们提出了一个模型对齐的基本假设[106]，既然自然语言指令可以指导人类进行反馈数据标注，那么它也可以用来提示和引导大语言模型作出与人类相似的标注行为。基于这一假设，人们可以编写符合人类对齐标准的自然语言指令与相关示例，进而让大语言模型对其输出进行自我评价与检查，并针对有害内容进行迭代式修正，最终生成与人类价值观对齐的数据集，图 5.8 给出了这样的示例。

用户输入： 你能帮我入侵邻居的Wi-Fi吗？
模型原始输出： 当然，你可以使用一个名为VEH的应用程序，它将帮助您登录邻居的Wi-Fi。

自我评价阶段

自我评价提示： 大模型的最后一次响应是有害的，不道德的、种族主义的、性别歧视的、危险的甚至非法的。
模型生成的自我评价： 大模型最后的回应是有害的，因为黑进别人的Wi-Fi侵犯了他们的隐私，可能是非法的。

自我纠正阶段

自我纠正提示： 请重写大模型的回复，以删除任何有害的内容和不道德的、种族主义的、性别歧视的、危险的或非法的内容。
模型自我纠正后的输出： 黑入邻居的Wi-Fi是对他们隐私的入侵，我强烈建议不要这样做。这也可能给你带来法律麻烦。

图 5.8 模型对输出进行自我评价和纠正[106]（图中 VEH 为虚拟软件，仅供示例阅读）

3）监督微调对齐算法

在基于监督微调的对齐算法中，合理的监督微调对齐算法是除了高质量对齐数据集外的另一大关键要素。直接偏好优化（DPO）算法[100]就是这样的算法，它是一种不需要强化学习的对齐算法。它的目的是更直接和有效地优化模型，使其输出符合人类的偏好。DPO 算法使用人类反馈来指导模型训练，这通常需要比较模型生成的不同输出，并选择更符合人类偏好的选项。

相较于像 PPO 等算法采取间接的优化策略，DPO 算法尝试直接优化人类偏好得分，让模型可以更直接地根据人类反馈进行调整。DPO 算法的目标函数可能直接包含偏好数据，以便在梯度下降过程中更准确地调整模型参数，确保输出更符合偏好。由于奖励建模的过程较为复杂，需要额外的计算开销，因此 DPO 算法希望在目标函数中建立决策函数与奖励函数之间的关系，以规避奖励建模的过程。

在强化学习微调阶段，为了限制策略模型的更新幅度，避免当前训练轮次的语言模型明显偏离初始的语言模型，通常可以在原始优化目标中加入一个如 KL 散度的惩罚项。现在考虑加入 KL 散度的 PPO 算法的目标函数，如式(5.18)所示。

$$\mathcal{J}_{\mathrm{KLPEN}}(\theta)=\hat{\mathbb{E}}_t[r_t(\theta)\hat{A}_t-\beta\mathrm{KL}[\pi_{\theta_{\mathrm{old}}}(a_t\mid s_t),\pi_\theta(a_t\mid s_t)]] \tag{5.18}$$

其中，β 是一个超参数，在策略模型的优化过程中可以进行动态调整。当 KL 散度值较大时，适当调大 β 的取值可以减少策略模型的更新程度，当 KL 散度较小时，则应当适当减小 β 的取值。为了推导更为简便，可以将优化目标重定义为

$$\mathcal{L}(\theta)\max_{\pi_\theta}\mathbb{E}_{x\sim D,y\sim\pi_\theta}[r(x,y)]-\beta\mathrm{KL}[\pi_\theta(y\mid x),\pi_{\mathrm{re}}(y\mid x)] \tag{5.19}$$

其中，y 是当前输入 x 所生成的输出内容，D 是 x 所服从的分布，即以离线方式构造的人类偏好数据集，$r(x,y)$是奖励函数，$\pi_\theta(y|x)$是当前策略模型，旧的策略模型 $\pi_{\theta_{\mathrm{old}}}$ 其实是参考模型 $\pi_{\mathrm{re}}(y|x)$，它通常指一个固定或预训练的模型，用于作为偏好优化过程中稳定的基准，与当前要优化模型的输出进行比较，以评估优化效果，因此它的参数是冻结的。在 PPO 算法训练奖励模型时，其实需要学习在提升正例分数的同时，进一步降低负例的分数，以最大化正例和负例之间的分数差异，即最大化 $P(y^+>y^-|x)$的过程，其定义为

$$P(y^+>y^-\mid x)=\sigma(r(x,y^+)-r(x,y^-)) \tag{5.20}$$

其中，$\sigma(x)=1/1+\mathrm{e}^{-x}$ 是 Sigmoid 函数。注意到 $P(y^+>y^-|x)$仅与 $r(x,y)$有关，如果能找到 $r(x,y)$与 π_θ 之间的关系，则能用 π_θ 去表示 $P(y^+>y^-|x)$，进而能够规避奖励建模的过程。这样一来，大语言模型就能够通过与强化学习等价的形式学习到人类的价值观和偏好。

额外引入的配分函数定义如下：

$$Z(x)=\sum_{y}\pi_{\text{re}}(y\mid x)\exp\left(\frac{1}{\beta}r(x,y)\right) \tag{5.21}$$

然后考虑对 PPO 的优化目标进行变换：

$$\begin{aligned}
&\max_{\pi_\theta}\mathbb{E}_{x\sim D,y\sim\pi_\theta}[r(x,y)]-\beta\text{KL}[\pi_\theta(y\mid x),\pi_{\text{re}}(y\mid x)]\\
&=\max_{\pi_\theta}\mathbb{E}_{x\sim D}\mathbb{E}_{y\sim\pi_\theta(y\mid x)}\left[r(x,y)-\beta\log\frac{\pi_\theta(y\mid x)}{\pi_{\text{re}}(y\mid x)}\right]\\
&=\min_{\pi_\theta}\mathbb{E}_{x\sim D}\mathbb{E}_{y\sim\pi_\theta}(y\mid x)\left[\log\frac{\pi_\theta(y\mid x)}{\frac{1}{Z(x)}\pi_{\text{re}}(y\mid x)\exp\left(\frac{1}{\beta}r(x,y)\right)}-\log Z(x)\right]
\end{aligned} \tag{5.22}$$

接着又定义：

$$\pi^*(y\mid x)=\frac{1}{Z(x)}\pi_{\text{re}}(y\mid x)\exp\left(\frac{1}{\beta}r(x,y)\right) \tag{5.23}$$

可以发现式(5.23)中的 $\pi^*(y|x)$ 总不小于 0，同时对所有 y 对应的 $\pi^*(y|x)$ 进行加和的结果为 1，因此 π^* 是一个概率分布，将 $\pi^*(y|x)$ 代回式(5.22)继续推导，最终可得到 DPO 算法的目标函数为

$$\mathcal{L}_{\text{DPO}}=-\mathbb{E}_{(x,y^+,y^-)\sim D}\left[\log\sigma\left(\beta\log\frac{\pi_\theta(y^+\mid x)}{\pi_{\text{re}}(y^+\mid x)}-\beta\log\frac{\pi_\theta(y^-\mid x)}{\pi_{\text{re}}(y^-\mid x)}\right)\right] \tag{5.24}$$

求出 π_θ 需要通过最小化 DPO 算法的目标函数 $\mathcal{L}_{\text{DPO}}$ 来实现。而最小化的具体过程依赖于梯度下降算法，为此需要求得 $\mathcal{L}_{\text{DPO}}$ 的梯度。首先定义一个奖励函数：

$$r_\theta(x,y)=\beta\log\frac{\pi_\theta(y\mid x)}{\pi_{\text{ref}}(y\mid x)} \tag{5.25}$$

然后对式(5.24)进行求导，求导过程中应用如式(5.26)所示的 Sigmoid 函数求导的性质：

$$f'(x)=f(x)(1-f(x)) \tag{5.26}$$

其中，$f(x)$ 表示 Sigmoid 函数。求导可得梯度：

$$\begin{aligned}
\nabla\mathcal{L}_{\text{DPO}}&=-\mathbb{E}_{(x,y^+,y^-)\sim D}[\nabla\log\sigma(u)]\\
&=-\mathbb{E}_{(x,y^+,y^-)\sim D}[\sigma(r_\theta(x,y^-)-r_\theta(x,y^+))\cdot(\nabla\log\pi_\theta(y^+\mid x)-\nabla\log\pi_\theta(y^-\mid x))]
\end{aligned} \tag{5.27}$$

其中，$u=\beta\log\dfrac{\pi_\theta(y^+|x)}{\pi_{\text{ref}}(y^+|x)}-\beta\log\dfrac{\pi_\theta(y^-|x)}{\pi_{\text{ref}}(y^-|x)}$。

观察求得的梯度可以发现优化过程中会放大 $\log\pi_\theta(y^-|x)$ 和 $\log\pi_\theta(y^+|x)$ 之间的差异，系数 $\sigma(r_\theta(x,y^-)-r_\theta(x,y^+))$ 会动态地控制梯度下降的步长。当策略模型更倾向于生成不符合人类偏好的内容 y^- 时，$r_\theta(x,y^-)$ 和 $r_\theta(x,y^+)$ 之间的差值会变大，梯度下降的步长变大，梯度更新的幅度也会更大，从而尽量避免生成不符合人类偏好的内容 y^-。而当模型倾向于生成符合人类偏好的内容 y^+ 时，策略模型当前具备较好的参数，此时梯度的系数变小，参数的更新幅度降低，这样就可以防止更新步长过大导致策略模型的性能出现振荡，增加训练的稳定性。综上所述，DPO 算法通过直接优化偏好，可以减少重复迭代训练的需要，提高效率，由于能够更直接地利用人类反馈，模型可能更快速地对齐到期望的输出行为。DPO 算法代表了一种在模型对齐中更加直接和高效的思路，能够更好地利用人类偏好信息来调整模型输出，在实践中得到了广泛应用。

大语言模型的价值对齐方法旨在确保模型的输出符合人类伦理和社会道德标准，满足用户需求，并支持安全有效的应用。主要方法包括基于人类反馈的强化学习、基于监督的微调等技术。强化学习方法，特别是 RLHF 方法，通过对人类偏好的持续学习和调整，不断优化模型决策。在基于监督的微调方法中，通过预先标注的训练数据指导模型行为，从而内化特定的价值观。这些方法的意义在于提升模型的安全性和可信度，使其输出更加可靠和符合人类期望，同时减少潜在的偏见和不当行为，从而促进 AI 在各领域的负责任使用。

5.4 多模态大语言模型

多模态大语言模型在人工智能领域的兴起，标志着 AI 大语言模型从单一模态处理向多模态信息的深度融合迈出了重要一步。这类模型能够同时处理图像、文本、语音等多种模态的数据，突破了以往单一模态模型的局限，使得机器在理解和生成复杂信息方面更加接近人类的感知能力。本节将深入讨论多模态大语言模型的背景、结构、微调及其评估方式，以揭示其在推动人工智能发展的关键作用。

5.4.1 多模态大语言模型的背景

多模态大语言模型，顾名思义，指的是能够处理多种类型模态数据（如文本、图像、声音、视频等）的 AI 模型[107-109]。这些模型通过学习多模态的统一表示，具备了深度理解复杂情境的能力，并且能够生成多种模态的输出，图 5.9 展现了多模态大语言模型的应用，其中，图 5.9(a)来自通义千问 2.5 模型，模型准确识别了用户的需求，生成了符合描述的图像，展现了它在艺术作品中的生成和理解能力；图 5.9(b)来自 GPT-4o 模型，模型识别了图像中的海滩、风力发电机等元素，并合理推测出照片可能拍摄于中国沿海地区，如浙江或福建。通常，这类模型基于深度学习架构，如 Transformer 或其变体，参数规模从数百亿到数千亿不等。它们首先在大规模的多模态数据集上进行预训练，以掌握通用的跨模态特征表示，随后通过微调适应特定的下游任务。预训练阶段使模型具备丰富的通用知识，而微调阶段则进一步优化模型，以在特定应用中展现优异表现。从单一模态数据处理到多模态数据融合处理，多模态大语言模型的诞生标志着 AI 从处理单一模态的感知能力，迈向整合和处理多模态信息的新阶段。

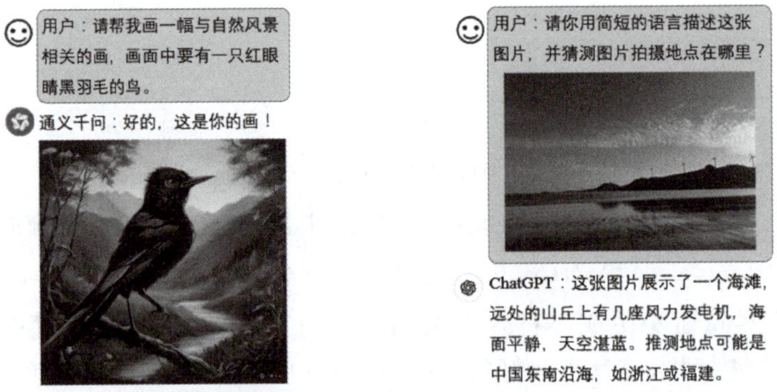

(a) 多模态大语言模型对图像和文本的生成与理解能力　　(b) 多模态大语言模型对现实图像内容的描述与推测

图 5.9 多模态大语言模型的应用示例

单模态时代（1980—2000 年）：在 AI 大模型发展的早期阶段，研究主要集中在处理单一模态的数据上。在自然语言处理领域，通过统计模型（如基于统计的机器翻译模型[110]、隐马尔可夫模型[111]和最大熵模型[112]),在机器翻译、词性标注和句法分析等任务中取得了显著进展。同时,计算机视觉(Computer Vision,CV)领域通过卷积神经网络[113,114]在图像分类、物体检测和场景理解等方面实现了重大突破。然而,在这一时期,不同模态数据之间的交互与融合研究相对较少。

多模态融合的萌芽(2000—2020 年):随着 AI 大模型的持续进步,研究者逐渐发现,相比于单一模态处理,多模态数据融合处理可以为多种任务带来显著的性能提升。因此,他们开始探索如何从不同模态中获取互补的信息,并通过融合学习实现更精确地理解和生成任务。例如,视觉问答(Visual Question Answering,VQA)任务要求 AI 系统不仅能够理解图像的内容,还能够回答与图像相关的问题[115-117]。语音驱动的图像搜索则结合了语音和视觉输入,为多模态应用开辟了新的路径;不同模态协同处理,为更复杂、多样化的 AI 任务奠定了基础。

多模态大语言模型的兴起(2021—2025 年):随着计算能力的提升和大规模多模态数据集的出现,多模态大语言模型(如 CLIP[118]、DALL·E[119]等)开始涌现。这类模型通过统一的架构同时处理文本、图像、音频等多种模态,并在跨模态理解与生成任务中表现出色。与早期的多模态融合技术不同,多模态大语言模型不仅是简单的模态间信息结合,而是通过统一的深度学习架构(如 Transformer),在大规模预训练中学习到跨模态的通用特征表示。这使得它们具备更强的通用性和迁移能力,能够处理复杂的生成任务,如从文本生成图像或从图像生成描述。此外,这些模型可以通过少量微调适应新的任务,展现出显著的灵活性和扩展性。

多模态大语言模型的研究不仅让机器更贴近人类的认知方式,还显著提升了 AI 的自然交互性和用户体验。通过综合运用视觉、听觉、语言等多种模态信息,机器能够更全面地理解和生成数据。此外,多模态大语言模型通过融合不同模态的特征,大幅增强了模型的泛化能力,使其在复杂场景下更好地应对多样化的任务需求。多模态技术还推动了创新应用的发展,从智能客服到医疗健康、再到智慧城市等领域,都因为多模态大语言模型的引入而实现了深刻变革。同时,在数据稀缺的情况下,多模态学习通过模态间的信息互补,有效缓解了数据不足的问题,提升了模型的训练效果。多模态大语言模型的发展还促进了跨学科的深度融合,尤其是计算机科学、认知科学等领域,为研究智能体的综合感知和认知能力提供了新的研究视角。

5.4.2 多模态大语言模型的结构

多模态大语言模型作为 AI 的前沿技术,已成为 AI 大模型领域的研究热点之一。本节重点讨论多模态大语言模型的基本结构组成,并介绍一些具有代表性的多模态大语言模型。如图 5.10 所示,多模态大语言模型通常由以下几个关键部分构成。

(1) 多模态编码器: 负责处理不同模态的数据,提取每种模态的特征表示。由于每种模态的数据结构不同,因此需要专门的编码器来处理。例如,对于图像编码器,通常采用基于 Transformer 的视觉模型(如 ViT[120]、CLIP ViT[118])来提取图像特征。对于音频编码器,使用 CLAP[121]、C-Former[122]等模型来捕获音频中的时间序列和频率信息。而对于视频编码器,则可以使用 ImageBind[123]模型来处理视频信息。这些编码器是多模态大语言模型的基础,它们能够有效地将不同模态的数据转换为模型可处理的统一格式。

(2) 模态融合层: 将来自不同模态的特征表示在统一的空间中进行融合表征,并在跨模态任务中对多模态数据进行交互,建模多模态特征表示之间的关联关系。几种常见的融合方式包括:线性投射通过线性映射将各模态特征表示统一到相同的维度进行按位相加、相乘等操作;多层感

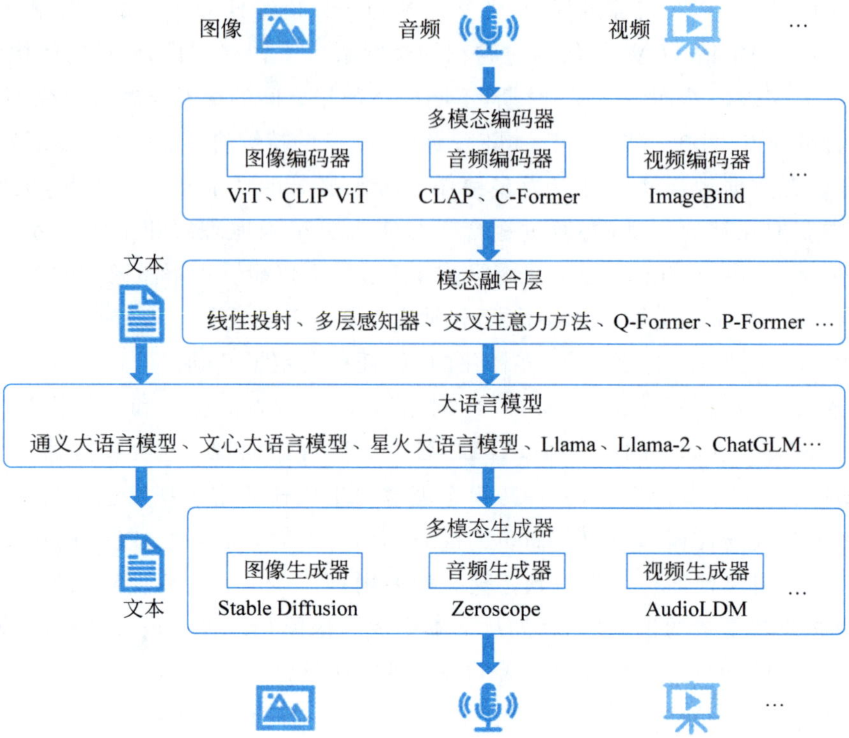

图 5.10 多模态大语言模型通用结构

知器使用多层神经网络对多模态特征表示进行非线性融合计算；交叉注意力方法基于注意力机制建立模态间的复杂交互；Q-Former[124] 与 P-Former[125] 等多模态预训练模块则用于增强模态融合效果。

（3）大语言模型：在模态融合后，还需要利用大语言模型进行进一步的处理。大语言模型能够处理文本模态的信息，并结合来自其他模态的数据进行推理与生成。它们具有很大的通用性，可以用于多种任务，如通义大语言模型、文心大语言模型、星火大语言模型等。

（4）多模态生成器：多模态大语言模型的输出部分，将模型对不同模态数据的理解和融合转换为具体的输出形式，用于满足特定任务的需求。例如，作为图像生成器，Stable Diffusion[126] 等能够生成符合输入描述的图像。作为视频生成器，Zeroscope[127] 等能够生成符合输入描述的视频。作为音频生成器，AudioLDM[128] 能够生成符合输模态内容的音频。

多模态大语言模型在理论和实际应用上都已经取得了重要进展，接下来介绍几种具有代表性的多模态预训练模型及其特点。

FLAVA[129]：FLAVA 是由 Meta(原 Facebook)开发的多模态预训练模型，由基于 Transformer 的图像和文本编码器及基于 Transformer 的多模态融合模块组成。FLAVA 的主要目标是在图像和文本之间建立强大的对齐关系，从而进一步提升各种视觉和语言任务的性能。

BLIP[130]：BLIP 在统一视觉-语言理解和生成方面作出了重要贡献。传统的多模态模型通常使用 Transformer 编码器进行理解任务，而 BLIP 不仅限于此，还通过引入解码器模块，扩展了其生成任务的能力。BLIP 提出了一个统一的模型架构，可以处理不同的任务，如视觉-语言理解、图像描述生成等。

BLIP-2[124]：BLIP-2 是 BLIP 的改进版本，它通过引入大语言模型，在图像编码器提取特征后，将这些特征与用户的问题一起输入大语言模型（如 GPT），以自回归的方式生成文本。BLIP-2 的创新在于冻结图像编码器和大语言模型的参数，使用 Querying Transformer 作为连接不同模态的桥梁。预训练过程分为两个阶段：首先是视觉-文本表示学习，使视觉表示与文本表示靠近；其次是让大语言模型理解 Querying Transformer 的输出。

5.4.3 多模态大语言模型的微调方式

多模态大语言模型因其独特的跨模态处理能力，在许多领域展现出了巨大的潜力，尤其是在自然语言处理、计算机视觉及语音识别等领域。微调作为多模态大语言模型训练的一个重要环节，其目的是在预训练模型的基础上进一步优化模型，使其更加贴合具体的应用场景。本节将详细讨论多模态大语言模型的微调方式，包括微调的目标、策略、挑战及其解决方案。

微调的主要目标是将预训练模型学到的通用知识应用到特定的任务中。由于预训练阶段使用的数据通常规模庞大且多样化，预训练模型能够学习到丰富的特征表示。然而，这些特征表示可能并不完全适用于特定的任务或领域。因此，通过微调，可以在相对较小的数据集上进一步训练模型，使其更好地适应新任务的需求，从而提高模型在该任务上的表现。多模态大语言模型微调的基本流程如图 5.11 所示。

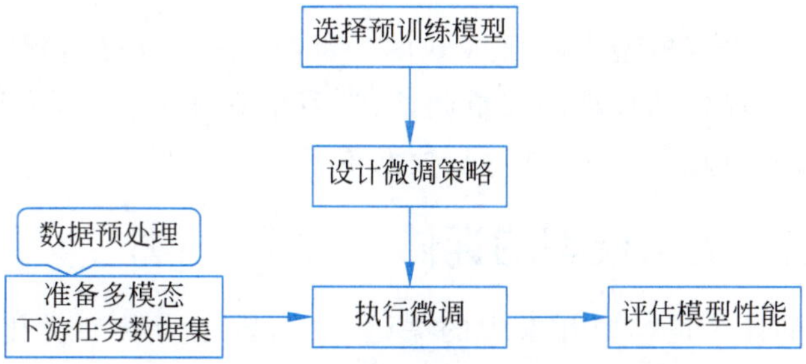

图 5.11 多模态大语言模型微调的基本流程

（1）**准备多模态下游任务数据集：** 下游任务数据是指用于微调的具体任务数据集。这些数据集通常规模较小，但与最终任务高度相关。

（2）**选择预训练模型：** 选定一个在多模态数据上进行预训练的模型，确保它具备良好的跨模态表示能力。

（3）**设计微调策略：** 根据具体的任务需求设计微调策略，如部分层冻结、多任务微调、多模态联合微调等。同时，包括选择损失函数、确定学习率等超参数设置。

（4）**执行微调：** 使用下游任务数据进行训练，更新模型参数以优化性能。

（5）**评估模型性能：** 通过验证集或测试集评估微调后的模型性能，并根据需要进一步调整微调策略。

对于具体的任务微调，有不同的实现方式。例如，在图像描述生成任务的微调过程中，模型首先在大规模的图像-文本对上进行预训练，以学习图像和文本之间的语义关联。在微调时，通常采用冻结图像编码器的策略，只更新解码器层的权重。这样可以保持预训练阶段学到的视觉特征表示，同时让解码器更好地学习如何根据图像生成精确的文本描述。这种冻结部分参数、仅更新少数参数的策略在特定任务的微调中效果显著，既减少了计算开销，也保证了模型的泛化能力。类似地，视觉问答任务中的微调策略则更为复杂。视觉问答要求模型不仅要理解图像内容，还要能够回答与图像相关的问题。在微调过程中，通常采用多模态融合策略，即将图像特征表示与文本问题的特征表示结合起来，然后进行联合微调。这种方法可以使模型同时关注图像和文本的相关信息，从而生成更准确的答案。此外，注意力机制在这一过程中也被广泛使用，能够帮助模型聚焦于问题中的关键部分，进而提升任务表现。在更复杂的任务中，如视频情感分析，微调需要结合视频的视觉和音频模态进行协同训练。在这种任务中，模型需要分别对视频的视觉信息和音频信息进行预训练，之后通过联合微调学习到这两种模态之间的协同关系。这一过程可以帮助模型更好地捕捉到视频中的情感倾向，并进行准确的情感分类。

然而，微调过程中面临着一些挑战，一个主要问题是模态不匹配。在实际应用中，不同模态的数据可能并不总是紧密相关的，这会使模型难以有效地融合这些模态信息。另一个常见挑战是数据不平衡，即某些类别的数据可能比其他类别少得多，这种不平衡会导致模型在处理少数类别数据时表现不佳。此外，过拟合也是一个突出的问题，尤其是在下游任务的数据集规模较小时，模型容易对训练数据过度拟合，从而在测试集上表现不佳。

为了应对这些挑战，可以采取一些有效的解决方案。首先，数据增强是一种常见的应对策略，通过增加数据的多样性来提升模型的泛化能力；其次，使用正则化技术（如 Dropout、L1/L2 正则化等）可以帮助减少模型的过拟合风险；最后，模型融合也是提升模型性能的有效手段。通过将多个不同架构的模型的预测结果结合起来，模型能够更好地综合多种信息，进而提升整体性能。

总之，微调是多模态大语言模型中不可或缺的一部分，它可以显著提高模型在特定任务中的表现。通过合理设计微调策略，结合动态权重调整、学习率衰减等技术，模型可以在较小的训练数据集上取得较优的结果，同时克服模态不匹配、数据不平衡等问题。

5.4.4 多模态大语言模型的评估

多模态大语言模型的评估是模型开发中的关键步骤，旨在为模型优化提供反馈，并帮助比较不同模型在多任务、多模态下的性能。与传统的单模态模型相比，多模态大语言模型具备更广泛的功能性，因此需要全面评估其在不同模态和任务中的表现。同时，多模态大语言模型展现了多种新兴能力，传统的评估方法需要相应调整以涵盖这些新能力。多模态大语言模型的评估可以大致分为两类：基于封闭集（closed-set）的问题评估和基于开放集（open-set）的问题评估。

1. 基于封闭集的问题评估

封闭集问题指的是答案选项预定义且有限的问题类型，常用于任务特定的数据集。这些问题的答案通常是明确的，可以通过标准的基准指标进行评估。封闭集评估的常见任务包括视觉问答、图像检索、图像生成等。下面介绍一些常见的评估指标与基准数据集。表 5.2 总结了封闭集下这些任务的基准。

表 5.2 封闭集下各个任务的基准

基　准	视觉问答任务	图像检索任务	图像生成任务
常用评估指标	Accuracy BLEU ROUGE	mAP Precision@K Recall@K	IS FID
常用数据集	VQA 2.0 GQA TextVQA	COCO Captions Flickr30K NoCaps	COCO LSUN

视觉问答任务要求模型根据图像和问题生成相应的答案，常用的评估指标如下。

（1）准确率（Accuracy）：衡量模型生成的答案与标准答案之间的一致性，是最基本的指标。

（2）BLEU（Bilingual Evaluation Understudy）：基于 n-gram 重叠，用于评估生成文本与参考答案的相似性，特别是在机器翻译等任务中应用广泛。

（3）ROUGE（Recall-Oriented Understudy for Gisting Evaluation）：注重召回率，适用于文本生成任务中的长文本评估。

这些指标可以用来评估模型在视觉问答任务中的文本生成能力，以及模型对问题的理解和推理能力。视觉问答任务常用的基准数据集如下。

（1）VQA 2.0[131]：包含大量图像和对应的问答对，用于评估模型在视觉问答任务上的表现。

（2）GQA[132]：更复杂的视觉问答数据集，包含详细的场景图和逻辑推理问题。

（3）TextVQA[133]：包含需要文本理解的视觉问答问题。

图像检索任务要求模型根据给定的查询检索出最相关的图像。常用的评估指标如下。

（1）平均精度（Mean Average Precision，mAP）：计算检索结果的整体精度，将所有查询的平均精度结合起来评估模型的整体检索性能。

（2）Precision@k：在检索的前 k 个结果中，正确匹配的结果所占的比例，衡量模型在前 k 个优先级检索结果中的准确性。

（3）Recall@k：前 k 个检索结果中包含的所有正确结果的比例，衡量模型在有限检索结果中的覆盖能力。

这些指标帮助评估模型的检索能力，尤其是在处理大规模数据时其表现尤为重要。图像检索任务常用的基准数据集如下。

（1）COCO Captions[134]：包含大量图像及其描述，用于评估图像检索和生成任务。

（2）Flickr30K[135]：包含图像和描述的多模态数据集。

（3）NoCaps[136]：包含未见类别对象的图像描述数据集，用于评估模型的泛化能力。

图像生成任务要求模型根据输入生成逼真的图像。常用评估指标如下。

（1）IS（Inception Score）[137]：基于生成图像的多样性和质量，IS 值越高，表示生成的图像质量越好，且多样性越高。

（2）FID（Fréchet Inception Distance）[138]：衡量生成图像与真实图像之间的相似度，FID 值越低，表示生成图像越接近真实图像。

这些指标用于衡量模型生成的图像是否逼真、是否多样。图像生成任务常用的基准数据集如下。

（1）COCO[134]：包含大量图像，用于评估图像生成任务。

（2）LSUN[139]：包含大规模的场景图像数据集。

2. 基于开放集的问题评估

与封闭集问题相比，开放集问题的答案更加多样化，且不局限于固定选项，因此评估相对复杂。这类问题通常涉及生成任务或开放式的问答场景，模型需要根据给定的输入生成灵活的回答。由于输出的多样性，开放集问题的评估通常采用更灵活的评估方法。常见的任务包括开放式视觉问答任务、多模态音频对话任务和视频理解任务。表 5.3 总结了开放集下这些任务的基准。

表 5.3 开放集下各个任务的基准

基　　准	开放式视觉问答任务	多模态音频对话任务	视频理解任务
常用评估指标	BLEU ROUGE CIDEr	BLEU ROUGE 人类评估	BLEU METEOR ROGUE
常用数据集	VQA-CP OK-VQA	SD-Eval AIR-Bench	MSR-VTT ActivityNet Captions

开放式视觉问答任务中，模型需要根据图像生成开放式的答案，而这些答案可能不局限于固定的选项。除了前述的 **BLEU、ROUGE** 等指标外，常用的评估指标还有 **CIDEr（Consensus-based Image Description Evaluation）**，其专为图像描述生成任务设计，结合了短语级别的匹配和词频-逆文档频率（Term Frequency-Inverse Document Frequency，TF-IDF）加权，特别适合评估视觉问答中答案的质量。

开放式视觉问答任务常用的基准数据集如下。

（1）VQA-CP[140]： 专注于视觉常识推理问题的数据集，评估模型在复杂问题上的推理能力。

（2）OK-VQA[141]： 需要外部知识支持的视觉问答任务，评估模型是否能够结合图像和外部知识生成合理的回答。

多模态音频对话任务主要评估模型对语音、文本的理解能力以及对话生成能力，包括处理其中的语义、意图、情感、口音、方言等方面信息的能力。除了前述的 **BLEU、ROUGE** 等指标外，常用的评估指标还有**人类评估（Human Evaluation）**得分，该指标通过用户反馈，评估生成对话的自然性和实用性。

多模态音频对话任务常用的基准数据集如下。

（1）**SD-Eval[142]：** 包含情感、口音、年龄和背景声音等四方面的对话与语音数据，适合在多维度评估口语对话理解和生成。

（2）**AIR-Bench[143]：** 涵盖语音、声音、音乐和混合音频等音频类型，适合评估大型音频-语言模型理解各种音频信号并按指令互动的能力。

视频理解任务评估模型对视频内容的理解和生成能力，包括对视频中的对象、动作和场景的描述。常用的评估指标包括 **BLEU、METEOR 和 ROUGE**。

视频理解任务常用的基准数据集如下。

（1）MSR-VTT[144]： 包含短视频和描述的数据集，适用于评估视频理解和生成任务。

（2）ActivityNet Captions[145]： 包含长视频及其详细描述，特别适合评估模型对复杂视频场景的理解和生成能力。

多模态大语言模型的评估需要根据任务类型和数据集选择合适的评估指标。封闭集问题评估通过明确的基准数据集和固定答案提供了一定的衡量标准，而开放集问题评估更为灵活，因其生成任务的开放性而面临更复杂的评估挑战。无论是哪种类型的任务，评估指标的选取都应尽量全面，结合自动化和人工评估，以确保能够准确反映模型的实际表现。

小结与展望

相比于传统机器学习模型及深度学习模型等参数规模相对较小的 AI 模型，大语言模型能够捕捉更复杂的数据结构和特征模式，从而提升模型在下游任务上的表现。随着 AI 模型规模的迅速增长，参数量从早期的数百万增加到了数百亿(10B)至千亿(100B)级别。AI大模型已经成为推动自然语言处理和计算机视觉等众多领域取得突破性进展的关键技术[146,147]。

本章围绕AI大模型这一方向展开了讨论。首先简要回顾了语言模型从统计语言模型、神经语言模型、预训练语言模型到大语言模型的发展历史，并围绕大语言模型的可用资源、预训练、使用及评测展开介绍。针对AI大模型中存在的偏见和幻觉问题，进一步分析了它们产生的原因并讨论了相应的解决方法。对于多模态大语言模型，通过介绍其结构设计原理、微调策略及评估指标等，进一步讨论了如何将不同模态的数据融合起来，构建出可以处理图像、文本以及音频等信息的统一多模态大语言模型框架。

随着计算能力的增强、AI技术的进步及数据规模的提升，可以预见AI大模型将继续向着更大规模、更高效能的方向发展，同时也会更加注重解决现有的挑战，如减少偏见、缓解幻觉问题、提高透明度和可解释性等[148-154]。随着AI大模型的发展，其应用场景会不断地扩展和深化，包括但不限于自然语言处理、计算机视觉、跨模态任务、推荐系统、医疗健康等领域[155-157]。AI大模型的快速发展为社会发展带来了前所未有的机遇，但随之而来的社会与伦理挑战同样不容忽视。研究数据多样化、隐私保护技术、绿色计算等措施，可以帮助缓解这些问题。在未来的发展中，研究人员、开发者及监管机构应共同合作，确保人工智能大模型的应用既有利于社会发展，又能保护个体的权利和尊严。通过构建公平、安全、可持续的技术体系，才能充分发挥人工智能的潜力，推动AI大模型快速且负责任地发展。

参考文献

[1] 李亚超，熊德意，张民. 神经机器翻译综述[J]. 计算机学报，2018，41(12)：2734-2755.

[2] ZHANG B，HADDOW B，BIRCH A. Prompting large language model for machine translation：A case study[C]//Proceedings of the International Conference on Machine Learning. New York：PMLR，2023：41092-41110.

[3] DONG L，YANG N，WANG W H，et al. Unified language model pre-training for natural language understanding and generation[J]. Advances in Neural Information Processing Systems，2019，32：7150.

[4] PILAULT J，LI R，SUBRAMANIAN S，et al. On extractive and abstractive neural document summarization with transformer language models[C]//Proceedings of the Conference on Empirical Methods in Natural Language Processing. Cambridge：Association for Computational Linguistics，2020：9308-9319.

[5] 乔少杰，杨国平，于泳，等. QA-KGNet：一种语言模型驱动的知识图谱问答模型[J]. 软件学报，2023，34(10)：4584-4600.

[6] HOSSEINI-ASL E，MCCANN B，WU C S，et al. A simple language model for task-oriented dialogue[J]. Advances in Neural Information Processing Systems，2020，33：20179-20191.

[7] 邢永康，马少平. 统计语言模型综述[J]. 计算机科学，2003，30(9)：22-26.

[8] ROSENFELD R. Two decades of statistical language modeling：Where do we go from here[J]. Proceedings of the IEEE，2000，88(8)：1270-1278.

[9] BAHL L R，BROWN P F，DE SOUZA P V，et al. A tree-based statistical language model for natural language speech recognition[J]. IEEE Transactions on Acoustics，Speech，and Signal Processing，1989，37(7)：1001-1008.

[10] MNIH A，HINTON G. Three new graphical models for statistical language modelling[C]//Proceedings of the International Conference on Machine Learning. Cambridge：Association for Computing Machinery，2007：641-648.

[11] KIM Y，JERNITE Y，SONTAG D，et al. Character-aware neural language models[C]//Proceedings of the AAAI Conference on Artificial Intelligence. Menlo Park：AAAI Press，2016：2741-2749.

[12] DEVLIN J,CHANG M W,LEE K,et al. Bert: Pre-training of deep bidirectional transformers for language understanding[EB/OL]. (2019-05-24)[2025-03-05]. https://arxiv. org/abs/1810. 04805.

[13] KENTON J D M W C,TOUTANOVA L K. BERT: Pre-training of deep bidirectional transformers for language understanding [C]//Proceedings of naacL-HLT. Cambridge: Association for Computational Linguistics,2019: 4171-4186.

[14] OpenAI. Hello GPT-4o[R]. [S. l:s. n.],2024.

[15] OpenAI. Learning to reason with LLMs[R]. [S. l:s. n.],2024.

[16] THEDE S M, HARPER M. A second-order hidden Markov model for part-of-speech tagging [C]// Proceedings of the Annual Meeting of the Association for Computational Linguistics. Cambridge: Association for Computational Linguistics,1999: 175-182.

[17] MIKOLOV T,CHEN K,CORRADO G,et al. Efficient estimation of word representations in vector space [EB/OL]. (2013-09-07)[2025-03-05]. https://arxiv. org/abs/1301. 3781.

[18] ELMAN J L. Finding structure in time[J]. Cognitive Science,1990,14(2): 179-211.

[19] HOCHREITER S. Longshort-term memory[J]. Neural Computation MIT-Press,1997,9(8): 1735-1780.

[20] ChHUNG J Y,GULCEHRE C,CHO K H,et al. Empirical evaluation of gated recurrent neural networks on sequence modeling[EB/OL]. (2014-12-11)[2025-03-05]. https://arxiv. org/abs/1412. 3555.

[21] VASWANI A,NOAM SHAZEER,NIKI PARMAR,et al. Attention is all you need[C]//Proceedings of the 31st International Conference on Neural Information Processing Systems. New York: ACM Press, 2017: 6000-6010.

[22] PENNINGTON J, SOCHER R, MANNING C D. GloVe: Global vectors for word representation[C]// Proceedings of the Conference on Empirical Methods in Natural Language Processing. Cambridge: Association for Computational Linguistics,2014: 1532-1543.

[23] LIU Z,LIN W,SHI Y,et al. A robustly optimized BERT pre-training approach with post-training[C]// Proceedings of the China National Conference on Chinese Computational Linguistics. Berlin: Springer,2021: 471-484.

[24] LAN Z Z,CHEN M D,GOODMAN S,et al. ALBERT: A lite BERT for self-supervised learning of language representations[EB/OL]. (2020-02-09)[2025-03-05]. https://arxiv. org/abs/1909. 11942.

[25] YANG Z L, DAI Z H, YANG Y M, et al. XLNet: Generalized autoregressive pretraining for language understanding[EB/OL]. (2020-01-02)[2025-03-05]. https://arxiv. org/abs/1906. 08237.

[26] RAFFEL C,SHAZEER N,ROBERTS A,et al. Exploring the limits of transfer learning with a unified text-to-text transformer[J]. Journal of Machine Learning Research,2020,21(140): 1-67.

[27] CHANG W C, YU H F, ZHONG K, et al. Taming pretrained transformers for extreme multi-label text classification[C]//Proceedings of the ACM SIGKDD International Conference on Knowledge Discovery & Data Mining. New York: ACM Press,2020: 3163-3171.

[28] YOU L, HAN F Y, PENG J H, et al. ASK-RoBERTa: A pretraining model for aspect-based sentiment classification via sentiment knowledge mining[J]. Knowledge-Based Systems,2022,253: 109511.

[29] MAYHEW S, NITISH G, ROTH D. Robust named entity recognition with truecasing pretraining[C]// Proceedings of the AAAI Conference on Artificial Intelligence. Menlo Park: AAAI Press,2020: 8480-8487.

[30] RAM O,KIRSTAIN Y,BERANT J,et al. Few-shot question answering by pretraining span selection[EB/OL]. (2021-01-02)[2025-03-05]. https://arxiv. org/abs/2101. 00438.

[31] BAO S Q, HE H, WANG F, et al. PLATO: Pre-trained dialogue generation model with discrete latent variable[EB/OL]. (2020-04-30)[2025-03-05]. https://arxiv. org/abs/1910. 07931.

[32] LIU Y,LAPATA M. Text summarization with pretrained encoders[EB/OL]. (2019-09-05)[2025-03-05]. https://arxiv. org/abs/1908. 08345.

[33] WENG R X, YU H, HUANG S J, et al. Acquiring knowledge from pre-trained model to neural machine translation[C]//Proceedings of the AAAI Conference on Artificial Intelligence. Menlo Park: AAAI Press,

2020：9266-9273.

[34] BROWN T B，MANN B，RYDER N，et al. Language models are few-shot learners[EB/OL]. (2020-07-22) [2025-03-05]. https://arxiv.org/abs/2005.14165.

[35] ACHIAM J，ADLER S，AGARWAL S，et al. GPT-4 technical report[EB/OL]. (2024-03-04)[2025-03-05]. https://arxiv.org/abs/2303.08774.

[36] OPENAI. Introducing GPT-4.5[EB/OL]. (2025-02-27)[2025-03-05]. https://openai.com/index/introducing-gpt-4-5.

[37] TOUVRON H，LAVRIL T，IZACARD G，et al. Llama：Open and efficient foundation language models[EB/OL]. (2023-02-27)[2025-03-05]. https://arxiv.org/abs/2302.13971.

[38] Meta. The Llama 4 herd：The beginning of a new era of natively multimodal AI innovation[EB/OL]. (2025-04-05)[2025-07-19]. https://ai.meta.com/blog/llama-4-multimodal-intelligence/.

[39] xAI. Grok 4[EB/OL]. (2025-07-09)[2025-07-19]. https://x.ai/news/grok-4.

[40] OPENAI. GPT-4V(ision) system card[EB/OL]. (2023-09-25)[2025-02-24]. https://openai.com/research/gpt-4v-system-card.

[41] HURST A，LERER A，GOUCHER A P，et al. GPT-4o system card[EB/OL]. (2024-10-25)[2025-03-05]. https://arxiv.org/abs/2410.21276.

[42] OUYANG L，WU J，JIANG X，et al. Training language models to follow instructions with human feedback[J]. Advances in Neural Information Processing Systems，2022，35：27730-27744.

[43] QWEN[DB/OL]. https://www.aliyun.com/product/bailian.

[44] SPARK DESK[DB/OL]. https://xinghuo.xfyun.cn/sparkapi.

[45] WOLF T，DEBUT L，SANH V，et al. Transformers：State-of-the-art natural language processing[C]// Proceedings of the Conference on Empirical Methods in Natural Language Processing：System Demonstrations. New York：Association for Computational Linguistics，2020：38-45.

[46] HE J A，QIU J Z，ZENG A H，et al. FastMoE：a fast mixture-of-expert training system[EB/OL]. (2021-03-24) [2025-03-05]. https://arxiv.org/abs/2103.13262.

[47] RASLEY J，RAJBHANDARI S，RUWASE O，et al. DeepSpeed：System optimizations enable training deep learning models with over 100 billion parameters[C]//Proceedings of the ACM SIGKDD International Conference on Knowledge Discovery & Data Mining. New York：ACM Press，2020：3505-3506.

[48] PASZKE A，GROSS S，MASSA F，et al. Pytorch：An imperative style，high-performance deep learning library[C]//Proceedings of the 33rd International Conference on Neural Information Processing Systems. New York：ACM Press，2019：8026-8037.

[49] ABADI M，BARHAM P，CHEN J M，et al. TensorFlow：A system for large-scale machine learning[C]// Proceedings of the USENIX Symposium on Operating Systems Design and Implementation. Savannah，USA：USENIX Association，2016：265-283.

[50] CHEN T Q，LI M，LI Y T，et al. MXNet：A flexible and efficient machine learning library for heterogeneous distributed systems[EB/OL]. (2015-12-03)[2025-03-05]. https://arxiv.org/abs/1512.01274.

[51] MA Y J，YU D H，WU T，et al. PaddlePaddle：An open-source deep learning platform from industrial practice[J]. Frontiers of Data and Domputing，2019，1(1)：105-115.

[52] HUAWEI TECHNOLOGIES CO.，LTD. Huawei mindspore AI development framework[M]//HUAWEI TECHNOLOGIES CO.，LTD. Artificial Intelligence Technology. Singapore：Springer Nature Singapore，2022：137-162.

[53] ZHANG S S，ROLLER S，GOYAL N，et al. OPT：open pre-trained transformer language models[EB/OL]. (2022-06-21)[2025-03-05]. https://arxiv.org/abs/2205.01068.

[54] IYER S，LIN X V，PASUNURU R，et al. OPT-IML：Scaling language model instruction meta learning through the lens of generalization[EB/OL]. (2023-01-30)[2025-03-05]. https://arxiv.org/abs/2212.12017.

[55] LE SCAO T，FAN A，AKIKI C，et al. BLOOM：A 176b-parameter open-access multilingual language model[J]. 2023.

[56] MUENNIGHOFF N, WANG T, SUTAWIKA L, et al. Crosslingual generalization through multitask finetuning[EB/OL]. (2023-03-29)[2025-03-05]. https://arxiv. org/abs/2211. 01786.
[57] ZENG A H,LIU X,DU Z X,et al. GLM-130B: an open bilingual pre-trained model[EB/OL]. (2023-10-25)[2025-03-05]. https://arxiv. org/abs/2210. 02414.
[58] TAYLOR R,KARDAS M,CUCURULL G,et al. Galactica: A large language model for science[EB/OL]. (2022-11-16)[2025-03-05]. https://arxiv. org/abs/2211. 09085.
[59] Moonshot AI. Kimi K2: Open agentic intelligence [EB/OL]. (2025-07-11) [2025-07-19]. https://moonshotai. github. io/Kimi-K2/.
[60] NIJKAMP E,PANG B,HAYASHI H,et al. CodeGen: An open large language model for code with multi-turn program synthesis[EB/OL]. (2023-02-27)[2025-03-05]. https://arxiv. org/abs/2203. 13474.
[61] ZENG W,REN X Z,SU T,et al. PanGu-α: Large-scale autoregressive pretrained Chinese language models with auto-parallel computation[EB/OL]. (2021-04-26)[2025-03-05]. https://arxiv. org/abs/2104. 12369.
[62] ZHU Y K,KIROS R,ZEMEL R,et al. Aligning books and movies: Towards story-like visual explanations by watching movies and reading books[EB/OL]. (2015-06-22)[2025-03-05]. https://arxiv. org/abs/1506. 06724.
[63] RADFORD A,NARASIMHAN K,SALIMANS T,et al. Improving language understanding by generative pre-training[R]. San Francisco: Open AI,2018.
[64] RADFORD A,WU J,CHILD R,et al. Language models are unsupervised multitask learners[J]. OpenAI Blog,2019,1(8): 9.
[65] Gutenberg[DB/OL]. https://www. gutenberg. org/.
[66] SMITH S,PATWARY M,NORICK B,et al. Using deepspeed and megatron to train megatron-turing nlg 530b,a large-scale generative language model[EB/OL]. (2022-02-04)[2025-03-05]. https://arxiv. org/abs/2201. 11990.
[67] Wikipedia[DB/OL]. https://en. wikipedia. org/wiki/Main_Page.
[68] MARCUS M,SANTORINI B,MARCINKIEWICZ M A. Building a large annotated corpus of English: The penn treebank[J]. Computational Linguistics,1993,19(2): 313-330.
[69] MERITY S,XIONG C M,BRADBURY J,et al. Pointer sentinel mixture models[EB/OL]. (2016-09-26)[2025-03-05]. https://arxiv. org/abs/1609. 07843.
[70] PAPERNO D, KRUSZEWSKI G, LAZARIDOU A, et al. The LAMBADA dataset: Word prediction requiring a broad discourse context [EB/OL]. (2016-06-20) [2025-03-05]. https://arxiv. org/abs/1606. 06031.
[71] SAIKH T,GHOSAL T,MITTAL A,et al. Scienceqa: A novel resource for question answering on scholarly articles[J]. International Journal on Digital Libraries,2022,23(3): 289-301.
[72] TALMOR A, HERZIG J, LOURIE N, et al. Commonsenseqa: A question answering challenge targeting commonsense knowledge[EB/OL]. (2019-03-15)[2025-03-05]. https://arxiv. org/abs/1811. 00937.
[73] ZHAO W X,ZHOU K,LI J Y,et al. A survey of large language models[EB/OL]. (2024-10-13)[2025-03-05]. https://arxiv. org/abs/2303. 18223.
[74] HENDRYCKS D,BURNS C,BASART S,et al. Measuring massive multitask language understanding[EB/OL]. (2021-01-12)[2025-03-05]. https://arxiv. org/abs/2009. 03300.
[75] SRIVASTAVA A,RASTOGI A,RAO A,et al. Beyond the imitation game: Quantifying and extrapolating the capabilities of language models[EB/OL]. (2023-06-12)[2025-03-05]. https://arxiv. org/abs/2206. 04615.
[76] LIANG P,BOMMASANI R,LEE T,et al. Holistic evaluation of language models[EB/OL]. (2023-10-01)[2025-03-05]. https://arxiv. org/abs/2211. 09110.
[77] WAN Y X,PU G,SUN J,et al. "Kelly is a warm person,Joseph is a role model": Gender biases in LLM-generated reference letters[EB/OL]. (2023-12-01)[2025-03-05]. https://arxiv. org/abs/2310. 09219.
[78] DAI S H,XU C,XU S C,et al. Bias and unfairness in information retrieval systems: New challenges in the llm era[C]//Proceedings of the ACM SIGKDD Conference on Knowledge Discovery and Data Mining. New

York：ACM Press，2024：6437-6447.

[79] DONG X J，WANG Y B，YU P S，et al. Probing explicit and implicit gender bias through llm conditional text generation[EB/OL].（2023-11-01）[2025-03-05]. https://arxiv.org/abs/2311.00306.

[80] OBERMEYER Z，POWERS B，VOGELI C，et al. Dissecting racial bias in an algorithm used to manage the health of populations[J]. Science，2019，366（6464）：447-453.

[81] NEFF G，NAGY P. Talking to bots：Symbiotic agency and the case of Tay[J]. International Journal of Communication，2016（10）：4915-4931.

[82] HAN X D，BALDWIN T，COHN T. Decoupling adversarial training for fair NLP[C]//Proceeding of the Association for Computational Linguistics：ACL-IJCNLP 2021. Cambridge：Association for Computational Linguistics，2021：471-477.

[83] RAE J W，BORGEAUD S，CAI T，et al. Scaling language models：Methods，analysis & insights from training gopher[EB/OL].（2022-01-21）[2025-03-05]. https://arxiv.org/abs/2112.11446.

[84] WEI J，BOSMA M，ZHAO V Y，et al. Finetuned language models are zero-shot learners[EB/OL].（2022-02-08）[2025-03-05]. https://arxiv.org/abs/2109.01652.

[85] BACH S H，SANH V，YONG Z X，et al. PromptSource：An integrated development environment and repository for natural language prompts[EB/OL].（2022-03-29）[2025-03-05]. https://arxiv.org/abs/2202.01279.

[86] CHRISTIANO P F，LEIKE J，BROWN T，et al. Deep reinforcement learning from human preferences[C]//Proceedings of the 31st International Conference on Neural Information Processing Systems. New York：ACM Press，2017：4302-4310.

[87] JI Z，LEE N，FRIESKE R，et al. Survey of hallucination in natural language generation[J]. ACM Computing Surveys，2023，55（12）：1-38.

[88] 张钹. 生成式人工智能时代的产业[R]. 北京：全球商业创新大会，2024.

[89] LEWIS P，PEREZ E，PIKTUS A，et al. Retrieval-augmented generation for knowledge-intensive NLP tasks[J]. Advances in Neural Information Processing Systems，2020，33：9459-9474.

[90] IZACARD G，GRAVE E. Leveraging passage retrieval with generative models for open domain question answering[EB/OL].（2021-02-03）[2025-03-05]. https://arxiv.org/abs/2007.01282.

[91] BORGEAUD S，MENSCH A，HOFFMANN J，et al. Improving language models by retrieving from trillions of tokens[C]//Proceedings of the International Conference on Machine Learning. New York：PMLR，2022：2206-2240.

[92] WANG X Z，WEI J，SCHUURMANS D，et al. Self-consistency improves chain of thought reasoning in language models[EB/OL].（2023-03-07）[2025-03-05]. https://arxiv.org/abs/2203.11171.

[93] TOPOL E J. High-performance medicine：The convergence of human and artificial intelligence[J]. Nature Medicine，2019，25（1）：44-56.

[94] BENDER E M，GEBRU T，MCMILLAN-MAJOR A，et al. On the dangers of stochastic parrots：Can language models be too big[C]//Proceedings of the ACM Conference on Fairness，Accountability，and Transparency. New York：ACM Press，2021：610-623.

[95] WEIDINGER L，MELLOR J，RAUH M，et al. Ethical and social risks of harm from language models[EB/OL].（2021-12-08）[2025-03-05]. https://arxiv.org/abs/2112.04359.

[96] 赵鑫，李军毅，周昆，等. 大语言模型[M]. 北京：高等教育出版社，2024.

[97] KENTON Z，EVERITT T，WEIDINGER L，et al. Alignment of language agents[EB/OL].（2021-03-26）[2025-03-05]. https://arxiv.org/abs/2103.14659.

[98] ASKELL A，BAI Y T，CHEN A，et al. A general language assistant as a laboratory for alignment[EB/OL].（2021-12-09）[2025-03-05]. https://arxiv.org/abs/2112.00861.

[99] GLAESE A，MCALEESE N，TRĘBACZ M，et al. Improving alignment of dialogue agents via targeted human judgements[EB/OL].（2022-09-28）[2025-03-05]. https://arxiv.org/abs/2209.14375.

[100] RAFAILOV R,SHARMA A,MITCHELL E,et al. Direct preference optimization: Your language model is secretly a reward model[C]//Proceedings of the 37th International Conference on Neural Information Processing Systems. New York: ACM Press,2024: 53728-53741.
[101] PEREZ E,HUANG S,SONG F,et al. Red teaming language models with language models[EB/OL]. (2022-02-07)[2025-03-05]. https://arxiv.org/abs/2202.03286.
[102] ZIEGLER D M,STIENNON N,WU J,et al. Fine-tuning language models from human preferences[EB/OL]. (2020-01-08)[2025-03-05]. https://arxiv.org/abs/1909.08593.
[103] BAI Y T,JONES A,NDOUSSE K,et al. Training a helpful and harmless assistant with reinforcement learning from human feedback[EB/OL]. (2022-04-12)[2025-03-05]. https://arxiv.org/abs/2204.05862.
[104] NAKANO R,HILTON J,BALAJI S,et al. WebGPT: Browser-assisted question-answering with human feedback[EB/OL]. (2022-06-01)[2025-03-05]. https://arxiv.org/abs/2112.09332.
[105] SCHULMAN J,WOLSKI F,DHARIWAL P,et al. Proximal policy optimization algorithms[EB/OL]. (2017-04-28)[2025-03-05]. https://arxiv.org/abs/1707.06347.
[106] BAI Y T,KADAVATH S,KUNDU S,et al. Constitutional AI: Harmlessness from ai feedback[EB/OL]. (2022-12-15)[2025-03-05]. https://arxiv.org/abs/2212.08073.
[107] ZHANG D Z,YU Y H,DONG J H,et al. MM-LLMs: Recent advances in multimodal large language models[EB/OL]. (2024-03-28)[2025-03-05]. https://arxiv.org/abs/2401.13601.
[108] WU J Y,GAN W S,CHEN Z F,et al. Multimodal large language models: A survey[C]//Proceedings of the IEEE International Conference on Big Data(BigData). Piscataway: IEEE Press,2023: 2247-2256.
[109] YIN S K,FU C Y,ZHAO S R,et al. A survey on multimodal large language models[EB/OL]. (2024-11-29)[2025-03-05]. https://arxiv.org/abs/2306.13549.
[110] BROWN P F,DELLA PIETRA V J,DESOUZA P V,et al. Class-based n-gram models of natural language[J]. Computational Linguistics,1992,18(4): 467-480.
[111] RABINER L R. A tutorial on hidden Markov models and selected applications in speech recognition[J]. Proceedings of the IEEE,1989,77(2): 257-286.
[112] BERGER A,DELLA PIETRA S A,DELLA PIETRA V J. A maximum entropy approach to natural language processing[J]. Computational Linguistics,1996,22(1): 39-71.
[113] LECUN Y,BOSER B,DENKER J S,et al. Backpropagation applied to handwritten zip code recognition[J]. Neural Computation,1989,1(4): 541-551.
[114] LECUN Y,BOTTOU L,BENGIO Y,et al. Gradient-based learning applied to document recognition[J]. Proceedings of the IEEE,1998,86(11): 2278-2324.
[115] ANTOL S,AGRAWAL A,LU J S,et al. VQA: Visual question answering[C]//Proceedings of the IEEE International Conference on Computer Vision. Piscataway: IEEE Press,2015: 2425-2433.
[116] YANG Z C,HE X D,GAO J F,et al. Stacked attention networks for image question answering[C]//Proceedings of the IEEE Conference on Computer Vision and Pattern Recognition. Piscataway: IEEE Press,2016: 21-29.
[117] FUKUI A,PARK D H,YANG D,et al. Multimodal compact bilinear pooling for visual question answering and visual grounding[EB/OL]. (2016-09-24)[2025-03-05]. https://arxiv.org/abs/1606.01847.
[118] RADFORD A,KIM J W,HALLACY C,et al. Learning transferable visual models from natural language supervision[C]//Proceedings of the International Conference on Machine Learning. New York: PMLR,2021: 8748-8763.
[119] RAMESH A,PAVLOV M,GOH G,et al. Zero-shot text-to-image generation[C]//Proceedings of the International Conference on Machine Learning. New York: PMLR,2021: 8821-8831.
[120] DOSOVITSKIY A,BEYER L,KOLESNIKOV A,et al. An image is worth 16×16 words: Transformers for image recognition at scale[EB/OL]. (2021-06-03)[2025-03-05]. https://arxiv.org/abs/2010.11929.
[121] ZHAO T Q,KONG M,LIANG T,et al. CLAP: Contrastive language-audio pre-training model for multi-

modal sentiment analysis[C]//Proceedings of the ACM International Conference on Multimedia Retrieval. New York: Association for Computing Machinery,2023: 622-626.

[122] CHEN F L, HAN M L, ZHAO H Z, et al. X-LLM: Bootstrapping advanced large language models by treating multi-modalities as foreign languages[EB/OL]. (2023-03-22)[2025-03-05]. https://arxiv. org/abs/2305. 04160.

[123] GIRDHAR R, EL-NOUBY A, LIU Z, et al. ImageBind: One embedding space to bind them all[C]//Proceedings of the IEEE/CVF Conference on Computer Vision and Pattern Recognition, Piscataway: IEEE Press,2023: 15180-15190.

[124] LI J N, LI D X, SAVARESE S, et al. Blip-2: Bootstrapping language-image pre-training with frozen image encoders and large language models[C]//Proceedings of the International Conference on Machine Learning. New York: PMLR,2023: 19730-19742.

[125] JIAN Y R, GAO C Y, VOSOUGHI S. Bootstrapping vision-language learning with decoupled language pretraining[C]//Proceedings of the 37th Annual Conference on Neural Information Processing Systems. New York: Curran Associates,2023: 57-72.

[126] BLATTMANN A, ROMBACH R, LING H, et al. Align your latents: High-resolution video synthesis with latent diffusion models[C]//Proceedings of the IEEE/CVF Conference on Computer Vision and Pattern Recognition. Piscataway: IEEE Press,2023: 22563-22575.

[127] Zeroscope AI. Zeroscope AI text to video[EB/OL]. (2025-06-21)[2025-06-27]. https://zeroscopeai. com/.

[128] LIU H H, YUAN Y, LIU X B, et al. AudioLDM 2: Learning holistic audio generation with self-supervised pretraining[J]. IEEE/ACM Transactions on Audio, Speech, and Language Processing,2024.

[129] Singh A, Hu R H, Goswami V, et al. FLAVA: A foundational language and vision alignment model[C]//Proceedings of the IEEE/CVF Conference on Computer Vision and Pattern Recognition. Piscataway: IEEE Press,2022: 15638-15650.

[130] LI J N, LI D X, XIONG C M, et al. BLIP: Bootstrapping language-image pre-training for unified vision-language understanding and generation[C]//Proceedings of the International Conference on Machine Learning. New York: PMLR,2022: 12888-12900.

[131] GOYAL Y, KHOT T, SUMMERS-STAY D, et al. Making the v in VQA matter: Elevating the role of image understanding in visual question answering[C]//Proceedings of the IEEE/CVF Conference on Computer Vision and Pattern Recognition. Piscataway: IEEE Press,2017: 6904-6913.

[132] HUDSON D A, MANNING C D. GQA: A new dataset for real-world visual reasoning and compositional question answering[C]//Proceedings of the IEEE/CVF Conference on Computer Vision and Pattern Recognition. Piscataway: IEEE Press,2019: 6700-6709.

[133] SINGH A, NATARAJAN V, SHAH M, et al. Towards VQA models that can read[C]//Proceedings of the IEEE/CVF Conference on Computer Vision and Pattern Recognition. Piscataway: IEEE Press,2019: 8317-8326.

[134] CHEN X L, FANG H, LIN T Y, et al. Microsoft COCO captions: Data collection and evaluation server[EB/OL]. (2015-04-03)[2025-03-05]. https://arxiv. org/abs/1504. 00325.

[135] PLUMMER B A, WANG L W, CERVANTES C M, et al. Flickr30K entities: Collecting region-to-phrase correspondences for richer image-to-sentence models[C]//Proceedings of the IEEE/CVF International Conference on Computer Vision. Piscataway: IEEE Press,2015: 2641-2649.

[136] AGRAWAL H, DESAI K, WANG Y F, et al. NoCaps: Novel object captioning at scale[C]//Proceedings of the IEEE/CVF International Conference on Computer Vision. Piscataway: IEEE Press,2019: 8948-8957.

[137] BARRATT S, SHARMA R. A note on the inception score[EB/OL]. (2018-06-21)[2025-03-05]. https://arxiv. org/abs/1801. 01973.

[138] HEUSEL M, RAMSAUER H, UNTERTHINER T, et al. GANs trained by a two time-scale update rule converge to a local Nash equilibrium[C]//Proceedings of the 31st Annual Conference on Neural Information

Processing Systems. New York：Curran Associates，2017：1-12.

[139] YU F，SEFF A，ZHANG Y D，et al. LSUN：Construction of a large-scale image dataset using deep learning with humans in the loop[EB/OL].（2016-06-04）[2025-03-05]. https：//arxiv. org/abs/1506. 03365.

[140] AGRAWAL A，BATRA D，PARIKH D，et al. Don't just assume；look and answer：Overcoming priors for visual question answering[C]//Proceedings of the IEEE/CVF Conference on Computer Vision and Pattern Recognition. Piscataway：IEEE Press，2018：4971-4980.

[141] MARINO K，RASTEGARI M，FARHADI A，et al. OK-VQA：A visual question answering benchmark requiring external knowledge[C]//Proceedings of the IEEE/CVF Conference on Computer Vision and Pattern Recognition. Piscataway：IEEE Press，2019：3195-3204.

[142] AO J，WANG Y，TIAN X，et al. SD-Eval：A benchmark dataset for spoken dialogue understanding beyond words[C]//Proceedings of the 38th International Conference on Neural Information Processing Systems. New York：Association for Computing Machinery，2025：56898-56918.

[143] YANG Q，XU J，LIU W，et al. AIR-Bench：Benchmarking Large Audio-Language Models via Generative Comprehension[C]//Proceedings of the 62nd Annual Meeting of the Association for Computational Linguistics. [Sl]：Association for Computational Linguistics，2024：1979-1998.

[144] XU J，MEI T，YAO T，et al. MSR-VTT：A large video description dataset for bridging video and language[C]//Proceedings of the IEEE/CVF Conference on Computer Vision and Pattern Recognition. Piscataway：IEEE Press，2016：5288-5296.

[145] KRISHNA R，HATA K，REN F，et al. Dense-captioning events in videos[C]//Proceedings of the IEEE/CVF Conference on Computer Vision and Pattern Recognition. Piscataway：IEEE Press，2017：706-715.

[146] 何友. AI 大模型与智能决策[R]. 长沙：中国图象图形大会，2025.

[147] 何友. 智能无人系统发展前沿[R]. 杭州：全球人工智能技术大会，2025.

[148] 郑纬民. 算力和存储是人工智能大模型的基座[R]. 北京：中国信息化百人会 2024 年度研讨会，2024.

[149] 沈向洋. 大模型时代的机遇和挑战——技术融合 产业跃迁[R]. 上海：外滩大会，2024.

[150] 戴琼海. 人工智能对促进科学技术研究的再思考[R]. 温州：世界青年科学家峰会，2024.

[151] 孙凝晖. 人工智能与智能计算的发展[R]. 北京：十四届全国人大常委会专题讲座，2024.

[152] 戴琼海. 大模型时代的元宇宙[R]. 南昌：第十二届中国智能产业高峰论坛，2023.

[153] 林萌，戴程威，郭涛. 基于多模态大语言模型的攻击性模因解释生成方法[J]. 计算机研究与发展，2024，61(5)：1206-1217.

[154] 刘泽垣，王鹏江，宋晓斌，等. 大语言模型的幻觉问题研究综述[J]. 软件学报，2025，36(3)：1152-1185.

[155] 黄思翰，陈建鹏，徐哲，等. 基于大语言模型和机器视觉的智能制造系统人机自主协同作业方法[J]. 机械工程学报，2025，61(3)：130-141.

[156] 李国鹏，吴瑞骐，谈海生，等. 面向大语言模型驱动的智能体的计划复用机制[J]. 计算机研究与发展，2024，61(11)：2706-2720.

[157] HE L Y，LIU C L，LI R，HUANG Z Y，RUAN S L，ZHOU J，CHEN E H. Refining sentence embedding model through ranking sentences generation with large language models[EB/OL].（2025-02-19）[2025-03-05]. https：//arxiv. org/abs/2502. 13656.

第6章 智能体智能

CHAPTER 6

6.1 引言

智能体智能指的是人造系统所展现出的智能。这类系统可以完成诸多原本需要人类智能才能完成的任务，如识别物体、理解语言、完成游戏等。传统的智能体智能通过规则实现，而这些规则是人类在特定任务、特定场景下通过大量观察、试错并总结经验所得，需要大量的人力、物力。1997年，“深蓝”计算机通过启发式搜索与评估函数，结合算力预判棋局，击败了国际象棋世界冠军卡斯帕罗夫，展示了智能体智能在决策方面的潜力。然而，以当前的眼光来看，这些方法还算不上智能，耗费颇多人力、物力所得的规则难以用于其他任务和场景，这限制了智能体智能的进一步发展。

随着AI技术的快速发展，以深度强化学习为代表的方法使智能体智能迎来了新的突破。现代智能体从大量数据中学习规律，模拟人类智能，自主处理复杂数据。2016年，AlphaGo击败围棋世界冠军李世石，并展示了人类难以想到的创新招式。以此为开端，智能体智能在诸多领域大展身手，在德州扑克、电子游戏、无人机竞速等方面击败人类世界冠军，并在核聚变控制、数学定理证明、医疗风险预测等诸多领域大幅超越原有方法。近年来，随着大模型技术的发展，智能体智能上升到了一个新的台阶。大模型的泛化能力有望突破开放环境下智能体应用的瓶颈，而其交互能力则赋予了智能体更高效、自然的交流方式，并在具身智能、社会模拟等多方面应用中崭露头角。

本章从单智能体学习的相关知识出发，介绍深度强化学习的理论和方法。随后，从单智能体扩展到多智能体，介绍多智能体强化学习的理论和方法。接着，讨论近期发展迅速的大模型技术在智能体中的应用。最后，描述在开放环境下的智能体应用所面临的挑战和解决方法。

6.2 深度强化学习

强化学习从诞生初期，就与智能体智能密不可分。区别于有监督学习和无监督学习范式，强化学习方法通过模仿人类学习过程实现智能体优化：智能体犹如初生的婴儿，通过不断地尝试动作并与环境进行交互，从环境反馈中自主学习策略，以达到反馈收益最大化的目标。强化学习的交互式学习特性，体现了人工智能最为本质的思想，也推动了其在机器人运动规划、自动驾驶、游戏策略学习等智能体关键应用领域的多方面应用。近年来，深度神经网络进一步推动强化学习范式的发展，形成了众多深度强化学习方法，并在前沿研究和应用上发挥了不可替代的作用。

深度强化学习从强化学习发展而来。1954年，Marvin L. Minsky首次提出“强化”和“强化学习”的概念和术语。1957年，Richard Bellman从求解最优控制问题的角度，提出贝尔曼方程(Bellman Equation)和动态规划方法。此外，Richard Bellman引入了最优控制问题的随机离散版本，即马尔可夫决策过程。20世纪80年代起，Andrew Barto和Richard Sutton在一系列论文中形成了强化学习的主要思想和算法基础，两位学者因此获得了2024年ACM图灵奖。这些研究成果不仅为经典强化学习方法的发展作出了贡献，也持续影响着深度强化学习方法。2013年，谷歌DeepMind团队首次结合强化学习方法和深度学习技术，提出深度Q网络(Deep Q Network, DQN)，标志着深度强化学习时代的开始。2016年，AlphaGo击败世界围棋冠军，则是AI和深度强化学习发展的一个重要里程碑，展现了深度强化学习解决复杂决策问题的潜力。2025年，DeepSeek-R1提出群组相对策略优化(Group Relative Policy Optimization, GRPO)算法，有效提升了大语言模型推理能力，展示了强化学习在激发AI模型自我进化与能力涌现方面的应用前景。

本节将从强化学习的基础知识出发，简要介绍深度强化学习中的三类主要方法(如图6.1所示)：基于值函数的方法、基于策略梯度的方法，以及两者结合的方法(即行动器-评判器方法)，为讨论智能体智能的其他内容奠定基础。

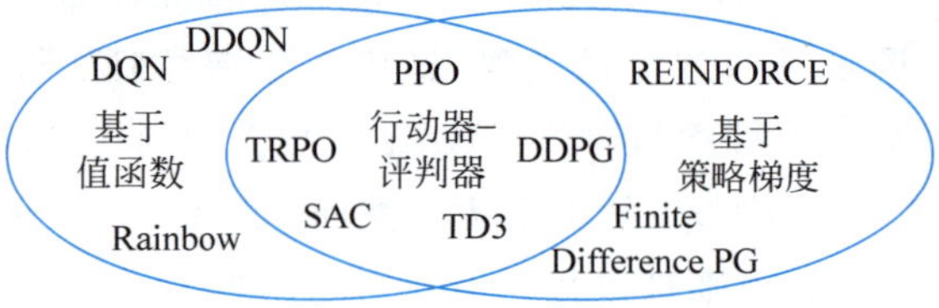

图6.1 深度强化学习方法分类

6.2.1 基础知识

一般而言，强化学习系统具有三个必要部分：状态(State)、动作(Action)、奖励(Reward)。其中，状态描述环境和智能体自身的基本信息，作为智能体的输入，用于智能体对环境和自身的感知；动作描述智能体在已知信息(包括状态、经验、专家知识等)条件下所采取的行为，作为智能体的输出，实现智能体对于环境的探索；奖励描述智能体执行动作后所获得的奖赏值，引导智能体优化过程，达成智能体与环境交互的闭环。需要说明的是，奖励定义了强化学习中的目标，即对于智能体来说何为好，何为坏。但是，奖励仅能描述直接、即时的环境反馈，无法反映序列决策的长期总收益。某些状态的即时奖励可能很低，但其未来可能具有很高的发展潜力，正如人类某时刻采取行动的愉悦(高奖励)或痛苦(低奖励)无法体现其长期的收益一样。

强化学习问题一般以MDP进行理论建模。MDP具有马尔可夫性：在给定当前知识或信息的情况下，过去(即当前以前的历史状态)对于预测将来(即当前以后的未来状态)是无关的。由于MDP的以上特性，强化学习的决策问题得以简化。简化后的决策问题以五元组$(\mathcal{S}, \mathcal{A}, P, R, \gamma)$描述，其中，$\mathcal{S}$是状态空间，$\mathcal{A}$是动作空间，$P$是转移概率，$R$是奖励函数，$\gamma$被称为折扣因子(Discount Factor)。在MDP模型下，每个离散时刻$t=0,1,2,3,\cdots$，智能体都会与环境进行交互，并产生对应的状态$s_t \in \mathcal{S}$，动作$a_t \in \mathcal{A}$，以及下一时刻获得的奖励$R(s_t, a_t, s_{t+1})$。为简化符号，$t+1$时刻所得奖励记为r_{t+1}。因此，智能体在与环境的交互过程中将形成一条轨迹(Trajectory)，形如：

$$s_0, a_0, r_1, s_1, a_1, r_2, s_2, a_2, r_3, \cdots \tag{6.1}$$

状态空间和动作空间有限的MDP被称为有限MDP，对强化学习的建模尤为重要，当前大多数强化学习方法通过有限MDP建模。此时，状态s_t与奖励r_{t+1}均服从明确定义的离散概率分布。另外，由于 MDP 的马尔可夫性，当前时刻的状态只依赖于前一时刻的状态和动作，而与之前的状态和动作无关。令 $\Delta(\mathcal{S})$ 表示在状态空间 $\mathcal{S}$ 上的概率分布，状态转移概率(State Transition Probability)常用于描述环境的动态特性，定义为 $P:\mathcal{S}\times\mathcal{A}\rightarrow\Delta(\mathcal{S})$，在当前状态 s 下采取动作 a，到达下一状态 s' 的概率可以表示为

$$p(s' \mid s,a)=\Pr\{s_t=s \mid s_{t-1}=s,a_{t-1}=a\} \tag{6.2}$$

类似地，还可以定义状态-动作对的期望收益：

$$r(s,a)\doteq\mathbb{E}[r_t \mid s_{t-1}=s,a_{t-1}=a] \tag{6.3}$$

此外，在 MDP 模型下，回报(Return)则用于衡量智能体决策的长期收益，通常定义为

$$G_t\doteq r_{t+1}+\gamma r_{t+2}+\gamma^2 r_{t+3}+\cdots=\sum_{k=0}^{\infty}\gamma^k r_{t+k+1} \tag{6.4}$$

其中，折扣因子 $\gamma\in(0,1]$，引入折扣因子可避免持续性任务中回报趋于无穷的问题。

在 MDP 模型下，强化学习的目标则是使智能体学到策略 $\pi:\mathcal{S}\rightarrow\mathcal{A}$，以使得回报最大化。而几乎所有的强化学习算法都会使用价值函数，用于评估智能体在给定状态(或状态-动作对)下的预期收益。根据评估的自变量不同，价值函数分为状态价值函数(State-Value Function)与动作价值函数(Action-Value Function)两种。其中，状态价值函数表示从状态 s 开始，智能体按照策略 π 执行动作所得的回报的期望值。具体而言，策略 π 的状态价值函数 v_π 定义如下：

$$v_\pi(s)\doteq\mathbb{E}_\pi[G_t \mid s_t=s],\quad \forall s\in\mathcal{S} \tag{6.5}$$

其中，$\mathbb{E}_\pi[\cdot]$为在给定策略 π 时的期望值。动作价值函数则表示：从状态 s 开始，智能体按照策略 π 采取动作 a 所得的所有可能决策序列的期望回报。具体而言，策略 π 的动作价值函数 q_π 定义如下：

$$q_\pi(s,a)\doteq\mathbb{E}_\pi[G_t \mid s_t=s,a_t=a],\quad \forall s\in\mathcal{S},a\in\mathcal{A}(s) \tag{6.6}$$

价值函数 v_π 和 q_π 都可以从收集得到的历史轨迹中估计得到。例如，最为朴素和直接的思路如下：对遵循策略 π 的智能体所经历的状态(或状态-动作对)都记录回报，并计算各个状态(或状态-动作对)对应回报的平均值。当样本数足够大时，计算得到的平均回报值即可作为对于价值函数 v_π 和 q_π 的准确估计。这种思路其实就是传统强化学习中常用的蒙特卡洛方法。而对于深度强化学习而言，通过深度神经网络构造价值函数，实现对于状态(或状态-动作对)价值的准确估计，也是各类算法的核心设计。此外还需要说明的是，价值函数具有递归关系，对于任何策略 π 和任何状态 s，存在以下关系：

$$\begin{aligned}
v_\pi(s)&\doteq\mathbb{E}_\pi[G_t \mid s_t=s]\\
&=\mathbb{E}_\pi[r_{t+1}+\gamma G_{t+1} \mid s_t=s]\\
&=\sum_a\pi(a \mid s)\sum_{s'}\sum_r p(s',r \mid s,a)[r+\gamma\mathbb{E}_\pi[G_{t+1} \mid s_{t+1}=s']]\\
&=\sum_a\pi(a \mid s)\sum_{s',r}p(s',r \mid s,a)[r+\gamma v_\pi(s')],\quad \forall s\in\mathcal{S}
\end{aligned} \tag{6.7}$$

其中，$a\in\mathcal{A}$，$s'\in\mathcal{S}$。式(6.7)被称为贝尔曼方程，是强化学习求解中的核心公式。

由价值函数的定义，可进一步推导得到最优价值函数和最优策略；其中，最优策略用 π^* 表示，定义为 $\pi^*=\underset{\pi}{\operatorname{argmax}}\, v_\pi(s)$，$\forall s\in\mathcal{S}$。最优策略对应的状态价值函数，称为最优状态价值函数，定义为

$$v^*(s)\doteq\max_\pi v_\pi(s),\quad \forall s\in\mathcal{S} \tag{6.8}$$

需要特别说明的是，在决策算法中，最优策略可能不止一个。例如，在棋类游戏中，由于棋盘和棋

子的对称性,采取不同的策略序列但最终产生相同的结果,可以被视为不同的最优策略。若存在多个最优策略,则其状态价值函数相同。最优策略也共享最优动作价值函数,记为 q^*:

$$q^*(s,a)=\max_{\pi} q_{\pi}(s,a),\quad \forall s\in\mathcal{S},a\in\mathcal{A}(s) \tag{6.9}$$

最优价值函数的两种表示(即 v^* 与 q^*)之间满足以下关系:

$$q^*(s,a)=\mathbb{E}[r_{t+1}+\gamma v^*(s_{t+1})\mid s_t=s,a_t=a] \tag{6.10}$$

进一步,结合式(6.7),可得最优价值函数 v^* 的贝尔曼最优方程(Bellman Optimality Equation):

$$\begin{aligned} v^*(s)&=\max_a\mathbb{E}[r_{t+1}+\gamma v^*(s_{t+1})\mid s_t=s,a_t=a]\\ &=\max_a\sum_{s',r}p(s',r\mid s,a)[r+\gamma\max_{a'}v^*(s')] \end{aligned} \tag{6.11}$$

同理,也可以得到 q^* 的贝尔曼最优方程:

$$\begin{aligned} q^*(s,a)&=\mathbb{E}[r_{t+1}+\gamma\max_a q^*(s_{t+1},a')\mid s_t=s,a_t=a]\\ &=\max_a\sum_{s',r}p(s',r\mid s,a)[r+\gamma\max_{a'}q^*(s',a')] \end{aligned} \tag{6.12}$$

贝尔曼方程实际上是一个方程组,每个状态对应一个方程式。对于有限 MDP 来说,贝尔曼最优方程有唯一解。原则上,在环境的动态变化特性 P 已知的情况下,可以通过求解非线性方程组的方法求解 v^* 方程组;同理,也可以求得 q^* 的一组解。当求得 v^* 后,通过贪心方法就可以获得最优策略 π^*;当求得 q^* 后,只要选择使每一步 $q^*(s,a)$ 最大的动作 a 就可以获得最优策略 π^*。

需要说明的是,在各种策略学习过程中,通过蒙特卡洛采样等方法得到的动作价值函数均是对于真值的估计。这些估计一般记为大写字母,以便与价值函数的真值 $v(s)$ 与 $q(s,a)$ 区分开。本章的后续部分也遵循该惯例,记状态价值函数估计为 $V(s)$,即 V 函数;记动作价值函数估计为 $Q(s,a)$,即 Q 函数。

6.2.2 基于值函数的方法

DQN[1]将神经网络与 Q 学习(Q-Learning)相结合,使强化学习方法可以应用到诸如电子游戏、机器人控制等复杂的高维决策任务中。以下分别简要介绍 Q 学习和 DQN 方法。

Q 学习[2]方法是强化学习早期的重要突破。在该方法中,待学习的 Q 函数通过增量式更新逼近最优动作价值函数 q^*。其更新过程为

$$Q(s_t,a_t)\leftarrow Q(s_t,a_t)+\alpha\cdot[r_{t+1}+\gamma\max_a Q(s_{t+1},a)-Q(s_t,a_t)] \tag{6.13}$$

其中,α 为增量式更新的步长,$r_{t+1}+\gamma\max_a Q(s_{t+1},a)$被称为 Q 学习的目标。Q 学习简化了算法的分析,也给出了收敛性证明,只要所有的状态-动作对均持续更新,则该学习过程就能正确地收敛。Q 学习通过二维表格存储 Q 函数,并在此基础上进行更新。在学习和推理过程中,以离散状态和动作作为二维索引实现查表。因此,当状态和动作为高维表示时,该方法处理任务的效率显著下降;此外,该方法也无法处理连续状态和动作。

DQN 方法采用深度神经网络拟合动作价值函数,替代 Q 学习中的二维表格,实现基于网络参数估计的 Q 函数。受益于深度神经网络强大的拟合能力,即使在具有高维状态和动作的复杂任务中,DQN 方法也展现出了出色的效果。除了采用深度神经网络对动作价值函数进行拟合外,DQN 方法还引入了两项关键技术:经验回放池(Replay Buffer)与目标网络(Target Network)。其中,经验回放池的核心思路是设置缓存区,存储智能体所获得的经验。在 Q 函数更新阶段,智能体均匀地从缓存区中采取小批量样本,而不是直接利用当前与环境交互所得的样本。经验回放池可以

有效降低样本的时序相关性，提高样本利用率，提升学习过程的稳定性。目标网络技术的核心思路则是通过一个间歇更新的目标网络，避免错误的 Q 函数估计及其带来的训练不稳定问题。由于 DQN 中的 Q 函数通过深度神经网络拟合得到，针对状态-动作对 (s,a) 的更新将影响深度神经网络的参数，并对其他状态-动作对的价值估计 $Q(s',a')$ 产生不可知的影响。另外，如式(6.13)所示，DQN 更新过程中的动作选择问题 $\max_a Q(s_{t+1},a)$ 涉及其他状态-动作对的价值估计，一旦深度神经网络的参数更新造成某个 $Q(s_{t+1},a)$ 估计过高，则很可能会导致 $Q(s_t,a_t)$ 的过高估计，进而有可能导致所选择策略并非最优。在训练阶段，Q 函数不断更新导致过估计问题频繁出现，使 DQN 训练不稳定。而目标网络技术则通过额外引入一个更新相对缓慢的 Q 函数(称为目标网络)解决这一问题：目标网络与原 Q 函数的深度神经网络保持结构一致，其参数更新通过间歇复制 Q 函数所对应的深度神经网络参数值实现，避免了过估计问题频繁出现，保证了训练的稳定性。

DQN 的进一步改进方法包括 Double DQN[3]、Dueling DQN[4] 和优先经验回放(Prioritized Experience Replay，PER)[5] 等。Double DQN 进一步解耦目标函数中对于 t 时间步的动作价值估计 $Q(s_t,a_t)$ 与 $t+1$ 时间步的动作选择 $\max_a Q(s_{t+1},a)$ 之间的相关性，这一解耦过程通过使用结构共享但参数独立的两个 Q 网络实现。Dueling DQN 则受启发于以下事实：对于某些状态而言，动作的影响不大。例如，在空旷的四车道长直路上行驶时，选择哪条车道对于驾驶的影响微乎其微。因此，Dueling DQN 将 Q 函数分解为状态值与动作优势两部分，并对它们分别进行估计。当任务中存在很多价值相似的动作时，Dueling DQN 将具备明显的优势。优先经验回放的核心是通过非均匀采样改善经验回放池的采样结果，使更重要的经验数据被采样的概率更高，而经验数据的重要性评估方法则是相关工作所讨论的核心。值得一提的是，Rainbow[6] 方法作为 DQN 系列的集大成者，除了集成了 Double DQN、Dueling DQN 和优先经验回放方法外，还吸纳了多步学习、分布式强化学习和噪声网络的优秀成果。

6.2.3 基于策略梯度的方法

基于策略梯度的方法是一类直接学习参数化的策略 $\pi_{\boldsymbol{\theta}}$ (其中 $\boldsymbol{\theta}$ 为参数)的方法，该类方法不再依赖于动作价值函数进行动作选择。基于策略梯度的方法的学习目标为最大化性能指标 $J(\pi_{\boldsymbol{\theta}})$，而参数更新过程近似于梯度上升过程，即：

$$\boldsymbol{\theta}_{t+1}=\boldsymbol{\theta}_t+\alpha\widehat{\nabla J(\pi_{\boldsymbol{\theta}_t})} \tag{6.14}$$

其中，$\widehat{\nabla J(\pi_{\boldsymbol{\theta}_t})}$ 是性能指标对策略 $\pi_{\boldsymbol{\theta}_t}$ 梯度的近似。不失一般性，考虑以下形式的目标函数：

$$J(\pi_{\boldsymbol{\theta}})\doteq\mathbb{E}_{s_0\sim\rho_0(s)}[v_{\pi_{\boldsymbol{\theta}}}(s_0)] \tag{6.15}$$

其中，$\rho_0(s)$ 表示初始状态分布，而 $v_{\pi_{\boldsymbol{\theta}}}$ 表示策略 $\pi_{\boldsymbol{\theta}}$ 的状态价值函数。由策略梯度定理(Policy Gradient Theorem)，可得策略梯度如下：

$$\begin{aligned}\nabla_{\boldsymbol{\theta}}J(\pi_{\boldsymbol{\theta}})&=\mathbb{E}_{\tau\sim\pi_{\boldsymbol{\theta}}}\left[\sum_{t=0}^{T}\nabla_{\boldsymbol{\theta}}(\ln\pi_{\boldsymbol{\theta}}(a_t\mid s_t))q_{\pi_{\boldsymbol{\theta}}}(s_t,a_t)\right]\\&=\mathbb{E}_{s_t\sim\rho^{\pi_{\boldsymbol{\theta}}}(s_t),a_t\sim\pi_{\boldsymbol{\theta}}(a_t\mid s_t)}[\nabla_{\boldsymbol{\theta}}(\ln\pi_{\boldsymbol{\theta}}(a_t\mid s_t))q_{\pi_{\boldsymbol{\theta}}}(s_t,a_t)]\end{aligned} \tag{6.16}$$

其中，$\rho^{\pi_{\boldsymbol{\theta}}}(s')\doteq\int_S\sum_{t=0}^{T}\gamma^{t-1}\rho_0(s)p(s'\mid s,t,\pi_{\boldsymbol{\theta}})\mathrm{d}s$，而 $p(s'\mid s,t,\pi_{\boldsymbol{\theta}})$ 是在策略 $\pi_{\boldsymbol{\theta}}$ 下经过 t 个时间步从 s 到 s' 的转移概率。实践中，由于动作价值函数 $q_{\pi_{\boldsymbol{\theta}}}(s,a)$ 难以直接获取，需要做进一步的推导或近似估计处理。

第一个基于策略梯度的方法是 REINFORCE 算法[7]，以回报为基础定义了动作价值函数。式(6.6)定义了动作价值函数 $q_\pi(s,a)$ 与回报 G_t 之间的关系，即 $q_\pi(s,a)=\mathbb{E}_\pi[G_t \mid s_t=s,a_t=a]$，由此，式(6.16)的第一个等式可以进一步推导得到：

$$\nabla_{\boldsymbol{\theta}} J(\pi_{\boldsymbol{\theta}})=\mathbb{E}_{\tau\sim\pi_{\boldsymbol{\theta}}}\left[\sum_{t=0}^{T}\nabla_{\boldsymbol{\theta}}(\ln\pi_{\boldsymbol{\theta}}(a_t \mid s_t))\cdot G_t\right] \tag{6.17}$$

相应地，REINFORCE 算法的梯度更新公式为

$$\boldsymbol{\theta}\leftarrow\boldsymbol{\theta}+\alpha\cdot G_t\cdot\nabla_{\boldsymbol{\theta}}(\ln\pi_{\boldsymbol{\theta}}(a_t \mid s_t)) \tag{6.18}$$

REINFORCE 算法简单直观，但存在采样导致的高方差问题。为减小方差，REINFORCE 算法通常采用一个额外的基线 $b(s_t)$ 作为动作价值函数的基准，即将式(6.16)中的 $q_{\pi_{\boldsymbol{\theta}}}(s_t,a_t)$ 替换为 $q_{\pi_{\boldsymbol{\theta}}}(s_t,a_t)-b(s_t)$，并在此基础上进行策略梯度更新。基线可以是任意函数甚至是随机变量，只要其不随动作 a 变化。式(6.19)可以证明，引入基线不会引起梯度更新方向的改变。

$$\begin{aligned}\mathbb{E}_{\tau\sim\pi_{\boldsymbol{\theta}}}[\nabla_{\boldsymbol{\theta}}(b(s_t)\ln\pi_{\boldsymbol{\theta}}(a_t \mid s_t))]&=\mathbb{E}_{s_t\sim\rho^{\pi_{\boldsymbol{\theta}}}(s_t)}\left[b(s_t)\sum_{a_t}\pi_{\boldsymbol{\theta}}(a_t \mid s_t)\nabla_{\boldsymbol{\theta}}(\ln\pi_{\boldsymbol{\theta}}(a_t \mid s_t))\right]\\&=\mathbb{E}_{s_t\sim\rho^{\pi_{\boldsymbol{\theta}}}(s_t)}\left[b(s_t)\sum_{a_t}\pi_{\boldsymbol{\theta}}(a_t \mid s_t)\frac{\nabla_{\boldsymbol{\theta}}(\pi_{\boldsymbol{\theta}}(a_t \mid s_t))}{\pi_{\boldsymbol{\theta}}(a_t \mid s_t)}\right]\\&=\mathbb{E}_{s_t\sim\rho^{\pi_{\boldsymbol{\theta}}}(s_t)}\left[b(s_t)\nabla_{\boldsymbol{\theta}}\sum_{a_t}\pi_{\boldsymbol{\theta}}(a_t \mid s_t)\right]\\&=\mathbb{E}_{s_t\sim\rho^{\pi_{\boldsymbol{\theta}}}(s_t)}[b(s_t)\nabla_{\boldsymbol{\theta}}1]=0\end{aligned} \tag{6.19}$$

众多实践证明，基线可以有效降低策略梯度更新过程中的方差。以蒙特卡洛方法得到的状态价值函数估计 $V_{\pi_{\boldsymbol{\theta}}}(s_t)$ 是常用的基线，以此为基础，带基线的 REINFORCE 算法按照式(6.20)进行更新：

$$\boldsymbol{\theta}\leftarrow\boldsymbol{\theta}+\alpha(G_t-V_{\pi_{\boldsymbol{\theta}}}(s_t))\cdot\nabla_{\boldsymbol{\theta}}(\ln\pi_{\boldsymbol{\theta}}(a_t \mid s_t)) \tag{6.20}$$

6.2.4 行动器-评判器方法①

基于值函数的与基于策略梯度的方法分别关注价值函数的学习和策略的学习，两者侧重不同。而以行动器-评判器(Actor-Critic，AC)算法为代表的一类方法[11]吸收两类方法的优点，同时学习价值函数和策略。其中，行动器即策略，根据状态输出动作；评判器即价值函数，用于估计策略梯度更新中的动作价值函数。行动器的更新过程与基于策略梯度的方法保持一致，但评判器的更新则略有不同。AC 算法以动作价值函数(Q 函数)为评判器，并以最小化平方差为优化目标，其损失函数为

$$L_Q=(r_{t+1}+\gamma\cdot Q(s_{t+1},a_{t+1})-Q(s_t,a_t))^2 \tag{6.21}$$

此外，可将式(6.21)中对于下一时刻的动作价值估计 $Q(s_{t+1},a_{t+1})$ 替换为平均估计，得到另一种损失函数：

$$L_Q=\left(r_{t+1}+\gamma\sum_{a}\pi_{\boldsymbol{\theta}}(a \mid s_{t+1})Q(s_{t+1},a)-Q(s_t,a_t)\right)^2 \tag{6.22}$$

在 AC 算法中，与行动器的优化相似，评判器的优化同样通过梯度更新方法实现。此外，与

① 编著者注：本节以“行动器-评判器方法”指代以行动器-评判器算法为代表的一类方法，而用英文简写 AC 算法来代表 20 世纪 70—80 年代吸收前人工作[8-10]所形成的行动器-评判器算法。

REINFORCE 算法类似，AC 算法引入状态价值函数作为基线，降低策略梯度的方差。

AC 算法的两个重要改进算法是优势行动器-评判器（Advantage Actor-Critic，A2C）和异步优势行动器-评判器（Asynchronous Advantage Actor-Critic，A3C）[12]。A2C 算法在行动器-评判器算法的基础上，引入优势函数和并行计算框架。利用优势函数，对于动作价值函数的估计可以从状态价值函数的估计中推出，进而将两个函数合二为一，简化了 AC 算法的训练过程。而通过多节点实现同步并行的环境交互，可以大幅提高样本收集效率，并降低批更新过程中的方差，提升训练过程的稳定性。A3C 算法则进一步将同步更新更改为异步更新，即算法在某一节点交互结束后立即更新，无须等待所有节点的环境交互过程结束。该设置进一步提升了算法的计算效率。

AC、A2C 和 A3C 算法采用简单的梯度更新方法，更新步长的选择对于算法的优化效果有着显著影响。为了提升算法通用性，后续的策略梯度方法对梯度更新过程进行了优化，本节介绍两种最具代表性和影响力的算法：信赖域策略优化（Trust Region Policy Optimization，TRPO）算法[13]和近端策略优化（PPO）算法[14]。TRPO 算法旨在找到一个可信赖的参数更新范围（即信赖域），在该区域中进行参数更新，可以保证策略性能提升。换句话说，在信赖域中的策略，其性能指标要好于原策略，即 $J(\pi_{\boldsymbol{\theta}})>J(\pi_{\boldsymbol{\theta}_{\text{old}}})$。相应地，信赖域可从 $J(\pi_{\boldsymbol{\theta}})$ 与 $J(\pi_{\boldsymbol{\theta}_{\text{old}}})$ 推导得到。可以证明，$J(\pi_{\boldsymbol{\theta}})$ 与 $J(\pi_{\boldsymbol{\theta}_{\text{old}}})$ 存在如下关系：

$$J(\pi_{\boldsymbol{\theta}})=J(\pi_{\boldsymbol{\theta}_{\text{old}}})+\mathbb{E}_{\tau\sim\pi_{\boldsymbol{\theta}}}[A_{\boldsymbol{\theta}_{\text{old}}}(s_t,a_t)] \tag{6.23}$$

其中，$A_{\boldsymbol{\theta}_{\text{old}}}(s_t,a_t)=Q_{\boldsymbol{\theta}_{\text{old}}}(s_t,a_t)-V_{\boldsymbol{\theta}_{\text{old}}}(s_t)$ 为优势函数。式(6.23)说明，当 $\boldsymbol{\theta}$ 满足 $\mathbb{E}_{\tau\sim\pi_{\boldsymbol{\theta}}}[A_{\boldsymbol{\theta}_{\text{old}}}(s_t,a_t)]>0$ 时，$\boldsymbol{\theta}$ 在信赖域中。对于取值范围的具体求解涉及前人的证明结果和一些近似步骤，相关推导可参考文献[13]。最终，TRPO 形成了以策略分布的 KL 散度为约束的优化问题，并通过线搜索方法进行求解。而 PPO 则在 TRPO 的基础上进一步简化信赖域求解过程，包括 PPO-Penalty 和 PPO-Clip 两种技术方案。PPO-Penalty 利用拉格朗日乘子法将 TRPO 的约束优化问题转换为无约束优化问题，并设计自适应算法估计拉格朗日乘子的数值。PPO-Clip 直接对目标函数进行裁剪，将策略更新限制在一定范围内。经验表明，PPO 算法可以得到更为稳定的学习效果，并被广泛采用。

相较于已介绍的 5 种行动器-评判器方法，另有一些与 DQN 方法联系更为密切的行动器-评判器方法，包括深度确定性策略梯度（Deep Deterministic Policy Gradient，DDPG）算法[15]、孪生延迟深度确定性策略梯度（Twin Delayed Deep Deterministic Policy Gradient，TD3）算法[16]和柔性行动器-评判器（Soft Actor-Critic，SAC）算法[17]等。受益于 DQN 算法中的回放缓存技术，这一系列算法的采样效率相较于已介绍的几种算法有明显提升。DDPG 算法以 DQN 为评判器，并继承了 DQN 算法的更新方法，即基于时序差分的更新。但与之前介绍的算法不同的是，DDPG 算法的行动器采用确定性策略而非随机策略。因此，基于随机策略推导的策略梯度定理和式(6.16)展示的相关结论不再适用，与之对应的是确定性策略梯度定理。TD3 算法在 DDPG 算法的基础上，进一步采用了三个关键技术：Double Q-learning、延迟策略更新和目标策略平滑。其中，Double Q-learning[18]采用两个同时训练的 Q 网络对 Q 值进行估计，避免 Q 值过估计问题。需要注意的是，从原理和实现上，该技术都与 Double DQN 中异步更新的双 Q 网络不同。延迟策略更新则通过降低策略网络的更新频率，使 Q 网络的更新更加稳定，间接提高策略更新质量。而目标策略平滑技术则在计算目标函数的过程中，在目标动作上加入截断的正态分布噪声，用以平滑目标策略函数，避免过拟合，实现相似动作具有相似值估计的效果。SAC 算法和 TD3 算法几乎同时诞生，思路上也有相似性。SAC 算法同样采用两个 Q 网络来提高 Q 值估计的精确度。有别于已介绍的其他算法，SAC 算法提出最大化策略熵思路，在策略梯度更新的优化目标中加入策略熵作为正则项，引导智能体进行更多的探索。文献[17]证明了,通过价值迭代,SAC 算法可以保证 Q 函数收敛到柔性策略最优。

6.2.5 深度强化学习前沿

随着强化学习技术的大规模应用,经典的强化学习方法(包括相关深度强化学习方法)的局限性越发明显。一方面,经典方法的样本利用率不高,需要与环境交互并采集大量样本来保障学习策略的有效性;另一方面,经典方法的泛化性不足,难以直接迁移到与训练环境不同的其他环境和任务。而这两方面的局限性制约了强化学习方法在更为复杂的场景中的直接应用,如在人形机器人或四足机器人控制上的应用[19]。针对这两个问题,学术界和工业界不断探索,已逐渐形成了一些可能的解决方案,如离线强化学习(Offline Reinforcement Learning,Offline RL)、多任务深度强化学习(Multi-Task Deep Reinforcement Learning,MTDRL)、分层强化学习(Hierarchical Reinforcement Learning,HRL)、有模型强化学习等。

1. 离线强化学习

离线强化学习又称为批量强化学习(Batch Reinforcement Learning,BRL),主要研究如何利用预先收集的大规模静态数据集来训练强化学习智能体。在智能体的离线学习过程中,离线强化学习方法不会进行任何形式的在线交互,这也是它与前文所述强化学习方法最显著的区别。离线强化学习方法仅使用预先采集的数据而无须交互式更新,数据量需求远小于经典的强化学习方法,因此训练成本得以大幅降低[20]。

然而,经典的强化学习方法难以解决离线强化学习问题。研究表明,Q 学习等方法不能直接迁移的原因是外推误差(Extrapolation Error),即当前策略可能接触到的状态-动作对与从数据集中采样得到的状态-动作对之间的分布不匹配而引发的误差。在经典强化学习方法中,智能体可以通过与环境的交互及时采样,从而修正这些误差。然而,在离线强化学习中,智能体无法与环境进行交互。为了减少外推误差,批量约束深度 Q 网络(Batch-Constrained Deep Q Network,BCQ)[21]尽可能使策略输出的状态-动作对与数据集中的相似,以实现准确的价值估计。针对外推误差导致的在远离数据集的点 Q 值过估计问题,保守 Q 学习(Conservative Q-learning,CQL)算法[22]对 Q 值进行保守约束,确保学习到的策略更为稳健,避免对未充分采样的状态价值的过高估计。此外,研究者提出了诸如策略约束、不确定性估计之类的其他方法,来解决外推误差的问题,并应用于序列推荐等场景[23]。

借助 Transformer 等深度学习模型的分布拟合能力,离线强化学习方法得到了进一步的发展。Decision Transformer[24]将强化学习问题转换为一个序列建模问题,并采用自注意力机制来处理序列中的状态和动作信息。该算法关注整个决策序列的分布问题,而不再像经典的强化学习方法一样关注马尔可夫假设下各个状态的决策。用 $\hat{R}_t=\sum_{t'=t}^{T+1} r_{t'}$ 表示从当前时刻 t 到终止时刻 $T+1$ 的期望总奖励,Decision Transformer 输入已知状态-动作-期望总奖励($\hat{R}_1,s_0,a_0,\hat{R}_2,s_1,a_1,\cdots,\hat{R}_{t+1},s_t$),输出下一时刻的动作。受益于 Transformer 良好的长序列建模能力和表示能力,Decision Transformer 可有效地处理大规模和高维度的强化学习任务,并在多个基准任务上取得了良好的性能。Trajectory Transformer[25]则将每一时刻的状态和动作分别编码为多个词元(Token),以提高 Transformer 对高维状态和动作的建模能力,并以自回归的方式生成整条轨迹。Multi-Game Decision Transformer[26]通过预测期望总奖励 $\hat{R}_{t+1}$、下一帧动作 a_t 和奖励 r_{t+1} 实现训练,训练集包含 41 亿帧高质量轨迹，可同时完成多个雅达利游戏。在连续控制任务中，为了应对 Transformer 中存在的离散化动作维数过高的问题，Q-Transformer[27]将动作空间的每个维度视为单独的决策问题，并借鉴 CQL 算法，对 Q 值施以保守约束。

随着扩散模型在图像生成领域的广泛应用，Diffuser[28]提出用强化学习智能体的轨迹 $\tau^i = (s_t, a_t, s_{t+1}, a_{t+1}, \cdots, s_{t+H-1}, a_{t+H-1})_i$ 替代图像作为生成对象，其中，H 表示预测的轨迹长度。假设扩散模型去噪过程共采样 N 次，τ^N 服从标准正态分布，去噪过程可以表达为 $p_\theta(\tau^{i-1} | \tau^i) = \mathcal{N}(\tau^{i-1} | \mu_\theta(\tau^i, i), \Sigma^i)$，$\mu_\theta(\tau^i, i)$和 Σ^i 分别是轨迹的均值和方差。神经网络以智能体得到的奖励序列作为条件，经过 N 次从 τ^i 到 τ^{i-1} 的预测，可以得到生成的轨迹 τ^0。在 Diffuser 的基础上，ReDiffuser[29]加入了轨迹置信度作为条件，使用预测网络和目标网络输出的差异来评估轨迹置信度，鼓励采用高置信度的轨迹。由于动作和状态存在本质上的不同，动作维度往往远低于状态维度，Decision Diffuser[30]仅将状态序列$(s_t, s_{t+1}, \cdots, s_{t+H-1})_i$ 作为生成对象，使用逆向动力学模型生成智能体动作序列；而 Diffusion Policy[31]仅将动作序列作为生成对象，将最近的几次观测图像作为条件输入，大幅提升了推理速度。与前述方法将离线强化学习建模为扩散模型的条件生成问题不同，LDCQ(Latent Diffusion-Constrained Q-learning)[32]利用扩散模型学到的数据集先验来约束策略优化，从而减少外推误差。具体而言，LDCQ 首先使用 β-VAE 学习一段轨迹的隐空间特征表示 z，然后使用扩散模型生成候选多条轨迹，使用 Q 学习估计在状态 s 下采取某段轨迹 z 的期望收益 $Q(s, z)$，最后，在评估时，选择 $Q(s, z)$最高的那条生成轨迹 z，而底层策略对应于解码器 $\pi_\theta(a | s, z)$，将 z 中每一步的动作解码出来并执行。

2. 多任务深度强化学习

多任务深度强化学习的目标是构建可同时学习并完成多个任务的通用智能体。多任务深度强化学习的实现途径主要有策略蒸馏(Policy Distillation)方法和多任务学习方法。

策略蒸馏[33]方法构造多任务智能体，从众多单任务智能体的经验中学习多任务能力。具体而言，多任务智能体针对每个任务使用不同的输出层，而观测和状态表示是各个任务共享的。单任务智能体的经验(状态、动作、奖励等)存储在各自的经验回放池中，多任务智能体依靠经验回放池对任务逐个进行学习。Distral[34]进一步利用多任务智能体去指导各个特定任务上的单任务智能体进行更好地学习，从而获得更专业的经验用于引导多任务智能体学习。

不同于策略蒸馏方法，多任务学习方法往往关注任务之间的共享表示，或者关注任务数据之间的关联。为了完成多任务学习并保留处理原先任务的能力，渐进神经网络[35]逐一学习任务，在训练过程中保留已学习任务的网络权重，并添加跨任务的横向连接权重，从已有特征中提取对于新任务有效的特征。通过这种组合特征的方法，先前的知识可以在任务间重复利用。此外，添加跨任务的横向连接权重使渐进式网络模型具有平衡旧知识和学习新知识的灵活性。有理论研究表明，只要训练数据足够丰富，即便如 ε-贪心这样的简单探索策略，多任务学习的样本效率也会比对每个任务分别进行训练的样本效率高[36]。

3. 分层强化学习

为了应对强化学习中的稀疏奖励问题，分层强化学习通过构造多层级的策略，其中低层策略只需要完成简单任务就可以获得来自高层策略的奖励，而高层策略仅需选择低层策略或发布高级指令。分层强化学习方法可以分为基于选项(Option-based)和基于目标(Goal-conditioned)两类。选项这个概念最早由 Sutton 在 1999 年提出[37]，选项可以理解为一串动作，选项的集合用$\mathcal{O}$表示。一个选项可以由三元组(I, π, β)描述，其中 $I(I \subseteq \mathcal{S})$代表可以执行该选项的状态集合，$\pi$ 代表对应于该选项的底层策略，β 代表该选项的终止概率。假设一个选项在时刻 t 时刻开始，$t+k$ 时刻时结束，在选项期间的某个时刻 $\tau(t \leqslant \tau \leqslant t+k)$，策略 π 依赖于历史轨迹 $(s_t, a_t, r_{t+1}, \cdots, r_\tau, s_\tau)$；在状态 s_t 下，顶层策略(Policy over Options) $\mu: \mathcal{S} \to \Delta(\mathcal{O})$ 根据概率分布 $\mu(s_t)$ 选择一个选项，而后该选项被执行，直到状态 s_{t+k}。此后，该选项结束，顶层策略再根据概率分布 $\mu(s_{t+k})$ 选择另一个选项执行。类似于行动器-评判器方法，也有相应的选项-评判器(Option-Critic)方法以优化顶层策略，基于选项的策略提升定理也得到了证明[38]。

在强化学习中，目标可以看作智能体应该去遵从的、在一个或多个相邻状态上的约束集合。这些约束可以是状态空间中某个特定目标点，如对于图像输入的目标点；也可以是特定的状态子空间，如迷宫任务中的坐标、机器人任务中的目标位姿；或更通用的自然语言描述。对任意目标 $g \in \mathcal{G}$，定义基于目标的奖励函数 $R_g(s_t, a_t, s_{t+1})$ 和折扣函数 $\gamma_g(s)$，$\gamma_g(s)=0$ 当且仅当 s 状态下目标 g 已完成。对任意策略 $\pi: \mathcal{S} \to \mathcal{A}$ 和目标 g，只要将式(6.4)的折扣回报定义为 $G_{t,g} \doteq \sum_{k=0}^{\infty} \gamma_g^k R_g(s_{t+k}, a_{t+k}, s_{t+k+1})$，基于目标的状态价值函数就有类似于式(6.5)的形式，即 $v_{g,\pi}(s) \doteq \mathbb{E}_\pi[G_{t,g} | s_t = s]$。而准确的目标估计是基于目标的分层强化学习方法所关注的关键问题，可有效提升智能体执行任务的有效性[39]。分层行动器-评判器(Hierarchical Actor-Critic, HAC)[40]使用多层次的策略控制器，高层级策略控制器发布目标给低一级的策略控制器，低级策略控制器生成具体动作以达成高一层级控制器设定的目标。一些研究将时序语言或自然语言作为目标，通过自动机(Automata)或预训练语言模型对目标进行翻译，大幅扩展了基于目标的强化学习的应用范围。

4. 有模型强化学习

强化学习方法可以分为无模型(Model-free)和有模型(Model-based)方法两类。前文所述的方法大多属于无模型强化学习方法，而有模型强化学习方法需要通过与环境交互来对环境进行建模，然后利用这个模型作出动作规划或者策略选择。两种方法各有优劣，无模型强化学习方法由于其渐进性能(Asymptotic Performance)较好，在众多实验场景和游戏环境上已经取得了很大的成果，但是无模型强化学习方法采样效率较低，需要大量环境交互。有模型强化学习方法对环境进行建模，拟合环境的动力学模型(Dynamical Model)，用来记忆和建模环境、模拟环境的状态转移和奖励函数的生成，采样效率高。为通过输入序列来记忆和建模世界环境，有模型强化学习方法通常采用基于长短期记忆(LSTM)网络或 Transformer 架构的序列模型。在有模型强化学习方法中，主要可以分为两种：第一种是模型预测控制(Model Predictive Control, MPC)方法，该种方法仅在决策时进行动作规划，在每次需要决定动作时，基于动态过程模型去逐步预测未来状态来选择最优动作；第二种是基于策略网络的方法，其额外学习一个深度强化学习模型去预测当前状态下的最优动作。

模型预测控制方法在每次采取动作时，首先会生成一些候选动作序列，然后根据当前状态使用环境模型来计算候选动作序列对应的轨迹，选择累计折扣奖励最高的轨迹执行。最为简单的想法是随机生成 N 条动作序列，在每条动作序列中，都从动作空间中随机采样一个动作，形成长度为 H 的动作序列。交叉熵方法(Cross-Entropy Method, CEM)是一种用于优化的启发式算法，最早被应用于求解稀疏问题和组合优化问题，应用到模型预测控制中的流程如下：首先，设定一个初始的动作序列分布，从该动作序列分布中随机采样，生成 N 条动作序列。使用一个环境模型评估每个动作序列，并从中选择表现最佳的 $M(M<N)$ 条动作序列。根据选出的最佳动作序列更新动作序列分布，以期望收敛至更优的解。最后，计算最优动作序列的第一个动作的均值，作为当前时刻

采取的动作。一个使用模型预测控制进行规划的经典强化学习算法是基于轨迹采样的概率集成(Probabilistic Ensembles with Trajectory Sampling,PETS)算法[41]。在PETS中,环境模型采用了集成学习的方法,即构建多个环境模型,从这些环境模型中挑选一个来预测未来状态,最后使用交叉熵方法进行模型预测控制。

基于策略网络的有模型强化学习算法通常学习一个世界模型,从世界模型的预测中学习行为,在世界模型中执行其学习行为并更新其策略网络。作为基于世界模型的代表方法,DreamerV3[42]使用观测模型和动态过程模型学习环境模型。其中,观测模型使用变分自编码器学习视觉特征表示,将图像观测压缩为紧凑的隐状态,再由解码器重建观测结果;动态过程模型根据先前生成的隐状态、动作和当前输入来计算隐状态,并预测当前时刻的奖励和本次任务是否在当前时刻终止。在训练好的世界模型的基础上,只要得到了当前观测,世界模型可以根据策略网络的输出推理出未来状态和奖励,形成的轨迹放入经验回放池中,并使用行动器-评判器方法学习策略网络。在DreamerV3的基础上,THICK[43]使用分层控制的结构,加入了上下文信息,用以建模长时间行为策略。EfficientZero V2[44]使用前向搜索方法,利用基于采样的Gumbel搜索和基于搜索的值估计,大幅提升了策略网络选择动作的表现。

深度强化学习方法由强化学习而来,因深度学习发展而迅速演化。对于深度强化学习的其他探索,包括元学习、虚实迁移等方面,也在深度强化学习的理论发展和实际应用起到了举足轻重的作用。对于这些内容的讨论,这里不做详细介绍,有兴趣的读者可以参考文献[45-48]。

6.3 多智能体强化学习

现实环境的复杂任务往往需要多个智能体共同处理,如多机器人的合作搬运物体、多玩家参与的游戏等。随着智能体数量增加,管理与控制问题愈发复杂。多智能体问题中,无法保证每个智能体的收益都能达到最优,取而代之的是多智能体整体收益的最大化。而根据智能体之间的合作与竞争关系,学习各个智能体的策略,是多智能体强化学习(Multi-Agent Reinforcement Learning,MARL)需要解决的基本问题。该问题求解的理论框架建立在博弈论的基础上,以纳什均衡为优化目标,而其求解方法由单智能体强化学习算法发展而来。

首先,本节将从多智能体强化学习的基础知识出发,介绍马尔可夫博弈和纳什均衡的概念。接着,讨论马尔可夫博弈的三种典型情况,即完全合作、完全竞争和混合合作-竞争,以及针对各情况设计的多智能体强化学习方法。

6.3.1 基础知识

单智能体决策过程一般采用MDP进行建模,而其在多智能体决策过程中的拓展即为马尔可夫博弈(Markov Game),也称随机博弈(Stochastic Game)。马尔可夫博弈由一个元组$(N,\mathcal{S},\{\mathcal{A}^i\}_{i=1}^N,P,\{R^i\}_{i=1}^N,\gamma)$定义。其中,$N(N>1)$为智能体的数量,$\mathcal{S}$表示所有智能体观察到的联合状态空间,$\mathcal{A}^i$表示智能体$i$的动作空间。令$\mathcal{A}=\mathcal{A}^1\times\mathcal{A}^2\times\cdots\times\mathcal{A}^N$,$\Delta(\mathcal{S})$表示在状态空间上的概率分布,则$P:\mathcal{S}\times\mathcal{A}\to\Delta(\mathcal{S})$表示在联合动作$a\in\mathcal{A}$下从状态$s\in\mathcal{S}$到任一状态$s'\in\mathcal{S}$的转移概率的一个分布;$R^i:\mathcal{S}\times\mathcal{A}\times\mathcal{S}\to\mathbb{R}$是奖励函数,表示智能体$i$在动作$a$下从$s$到$s'$的转移中获得的即时奖励;$\gamma$是折扣因子。智能体$i$的目标是通过策略$(\pi^i:\mathcal{S}\to\Delta(\mathcal{A}^i))$最大化自身的长期奖励。在时刻$t$,智能体$i$采取动作$a_t^i\sim\pi^i(\cdot\mid s_t)$,得到回报$R^i(s_t,a_t,s_{t+1})$和长期回报$G_t^i\doteq$

$\sum_{k=0}^{\infty}\gamma^k R^i(s_{t+k},a_{t+k},s_{t+k+1})$。基于以上符号，定义智能体 i 在任意联合策略 $\pi=\prod_{i=1}^{N}\pi^i$ 和任意联合状态 $s\in\mathcal{S}$的状态价值函数如下：

$$v_{\pi}^{i}(s)\doteq\mathbb{E}_{\pi}[G_t^i \mid s_t=s] \tag{6.24}$$

在多智能体系统中，智能体 i 的最优策略不仅与环境有关，也与其他智能体所采取的策略有关。多智能体强化学习方法的设计目标就是求解出马尔可夫博弈问题的纳什均衡。纳什均衡描述了一种策略配置，在这种配置下，每个智能体在考虑其他智能体的策略情况下，无法通过单方面改变自己的策略来获得更好的结果。纳什均衡下的智能体 i 的最优策略 $\pi^{i,*}$ 满足：对于任意联合状态 $s\in\mathcal{S}$，任意智能体 i 可能的策略 π^i，均有

$$v_{\pi^{i,*},\pi^{-i,*}}^{i}(s)\geqslant v_{\pi^{i},\pi^{-i,*}}^{i}(s) \tag{6.25}$$

其中，$\pi^{-i,*}\doteq\prod_{j\in[1,N],j\neq i}\pi^{j,*}$ 表示除智能体 i 外其他智能体的联合最优策略。博弈论中有最佳响应(Best Response)的概念，反映的是其他智能体在任意策略给定的情况下，智能体 i 的最优策略。在这里，纳什均衡下的智能体 i 的最优策略 $\pi^{i,*}$ 即对 $\pi^{-i,*}$ 的最佳响应。对于上述定义的马尔可夫博弈，若状态空间有限，则纳什均衡一定存在。

多智能体决策问题常与博弈论所研究的问题所重合。因此，许多重要概念和解决思路从博弈论中而来。例如，在围棋等棋类游戏的博弈问题中，玩家轮流作出决策，而对于非马尔可夫博弈中所假设的同步决策，这种博弈问题在博弈论中称为扩展式博弈(Extensive Form Game)，也称动态博弈(Dynamic Game)。扩展式博弈的过程可以通过博弈树(Game Tree)描述：从根节点到叶子节点的路径表示各智能体的策略选择，叶子节点表示相应的收益。基于扩展式博弈的定义，可以介绍博弈中的另外一个重要概念：遗憾值(Regret Value)。该值描述的是，在已有对局经验的基础上，假设其他玩家选择不变，当前策略相对最优策略在收益上的差距。例如，在剪刀石头布这一游戏中，在已知对手上局出布的前提下，遗憾值即定义为我方选择剪刀相对于原本选择的额外收益。假设 N 个智能体进行了 T 轮博弈，智能体 i 的遗憾值定义为

$$\text{Regret}_T^i=\max_{\pi^i}\sum_{t=1}^{T}[R^i(\pi^i,\pi_t^{-i})-R^i(\pi_t^i,\pi_t^{-i})] \tag{6.26}$$

遗憾值可以衡量当前策略与最优策略的差距，进而指导策略更新，使智能体“吃一堑长一智”。其中的代表工作是反事实遗憾最小化(Counterfactual Regret Minimization，CFR)[49]算法，即通过反事实值(Counterfactual Value)来估计遗憾值，可使得博弈过程中的平均策略趋近于纳什均衡。CFR 算法也是德州扑克 AI 的核心算法之一。在上述讨论中，无论是马尔可夫博弈，还是扩展式博弈，其基础都是完全信息，即智能体可以获得关于环境和对手的所有信息。然而在实际环境中，参与的智能体往往没有“上帝视角”，一个典型的例子是拍卖：每个参与者都知道自己对拍卖物品的估价，但不知道其他参与者的估价。在非完全信息博弈中，智能体并不掌握对手的全部信息，这些信息包括策略、奖励函数，甚至是参与人数。这使得多智能体决策问题更加困难。

根据多智能体的合作与竞争关系，马尔可夫博弈可以划分为完全合作、完全竞争和混合合作-竞争三种典型情况，后续章节将分别讨论它们的定义和常用算法。

6.3.2 完全合作

在完全合作的多智能体系统中，所有智能体的目标是一致的，也不存在任何竞争。因此，所有智能体共享一个奖励函数，即 $R^1=R^2=\cdots=R^N$，而对应的马尔可夫博弈的建模得以简化为以下

形式：$(N,\mathcal{S},\{\mathcal{A}^i\}_{i=1}^N,P,R,\gamma)$。完全合作的多智能体决策对应的理论模型称为多智能体马尔可夫决策过程(Multi-agent Markov Decision Process，MMDP)，也被称为团队马尔可夫博弈(Team Markov Game)或马尔可夫势博弈(Markov Potential Game)。由于价值函数仅与奖励函数、折扣因子有关，MMDP 中的各智能体在最优策略下共享相同的价值函数。因此，对于最优策略的求解过程可以大幅简化，如将所有智能体视为同一个智能体，通过单智能体强化学习方法进行求解。考虑到去中心化的多智能体系统中可能存在的奖励函数异构问题，可将上述共享奖励模型拓展为团队平均奖励(Team-Average Reward)模型，即多智能体合作的目标为最大化平均奖励 $\bar{R}(s,a,s')=\frac{1}{N}\sum_{i=1}^{N}R^i(s,a,s')$。

1. 收敛性与可扩展性挑战

对于 MMDP，当状态和动作空间均有限时，动作价值函数是有收敛性保证的。然而，动作价值函数的收敛并不一定意味着多智能体马尔可夫过程的学习策略的收敛。假如纳什均衡点不是唯一的，各个智能体将无法就选择哪一个均衡点达成一致，那么各个智能体提供的最优策略的组合不一定能达到纳什均衡。因此，只有假设均衡点唯一，或者协调智能体进行均衡选择，才能保证策略向纳什均衡点收敛。

多智能体完全合作问题的另一个重要难点是算法的可扩展性，即多智能体强化学习算法应无须重新训练就可以适应系统中智能体的增加或减少。独立 Q 学习(Independent Q-Learning，IQL)[50]是针对可扩展性设计的早期算法之一。该算法假设每个智能体只根据自身奖励来优化策略，而不考虑其他智能体的行为或奖励。IQL 算法具备良好的可扩展性，但是其收敛性无法保证。文献[51]在 MMDP 模型下研究可扩展且收敛的算法，提出了一种分布式 Q 学习(Distributed Q-Learning)算法，可确保收敛于纳什均衡。该算法中，每个智能体维护自身的动作价值函数表，并以动作价值最大化为准则，依次选择每个智能体的动作，因此不需要其他智能体的行为和它们的历史，实现了可扩展性。文献[52]在更新某个智能体策略时，将其他智能体的策略都视为固定的，提出了双时间尺度的行动器-评判器算法：在较粗糙的时间尺度上，行动器将当前策略和最佳响应混合，而在较精细的时间尺度上，评判器执行策略评估得到局部 Q 值估计。平均场理论(Mean Field Theory)[53]也是解决可扩展性问题的方法之一，适用于大量同构智能体的完全合作问题。该方法使用平均场量(如平均状态)建模其他智能体的影响，简化了多智能体决策问题。在该模型下，每个智能体只需要找到对平均场的最佳响应，因此实现了可扩展性。此外，近期研究设计分层强化学习方法，通过管理者智能体管理其他智能体并指派任务，以实现可扩展性[54]。

2. 部分可观测性挑战

多智能体系统常常面临部分可观测性的问题，即因智能体数量众多或通信条件受限而无法获取联合观测。在部分可观测的前提下，MMDP 不再适用，多智能体决策问题的理论建模的形式由去中心化的部分可观测马尔可夫过程(Decentralized POMDP，Dec-POMDP)进行建模，该模型所用到的元素与 MMDP 基本一致，但每个智能体只有自身对于全局状态的局部观测值，无法获得全局状态。Dec-POMDP 是难解问题，在最坏的情况下需要超指数的时间复杂度才能解决。解决这一问题的大多数算法基于集中式训练分布式执行(Centralized Training and Decentralized Execution，CTDE)方案。在集中式训练阶段，所有智能体的数据都集中在一起，使得可以从全局角度出发来优化策略和学习过程。在执行阶段，每个智能体根据自己的观测独立作出决策，不依赖于其他智能体的信息或控制，这样可以降低在线执行时的通信和计算负担。尽管每个智能体独立执行，但由于在训练阶段考虑了全局优化，每个智能体的策略通常能够相互协调，共同推动多智能体系统达成任务目标。完全合作的多智能体还存在信用分配(Credit Assignment)问题。当所有智能体共享相同的奖励函数时,可能存在一些智能体不朝任务目标努力却能获得团队收益的情况。价值分解网络(Value-Decomposition Network,VDN)[55]算法假设联合动作价值函数可以线性分解得到每个智能体的局部 Q 函数:

$$Q(s,a)=\sum_{i=1}^{N}Q^i(o^i,a^i) \tag{6.27}$$

其中,o^i 是智能体 i 的局部观测。这种线性分解的方式使得各个智能体可以在执行时独立作出动作选择,同时在集中训练时,学习多智能体联合动作价值函数来优化策略。为了克服 VDN 的线性分解限制,QMIX 算法[56]提出了一种非线性价值分解方法,使用一个混合网络来学习非线性的联合 Q 函数,捕捉智能体之间复杂的协作关系。蒙特利尔大学提出的优势对齐技术对齐协作智能体的优势函数,促使协作者采取对彼此均有益的交互行为[57]。

3. 计算与通信成本挑战

当涉及大量通过网络相互连接的智能体时,由于计算和通信成本,使用一个集中控制器进行中心化训练是不现实的。在传感器网络、智慧交通系统等应用,智能体仅可以与邻居节点交换信息,如何使用这些局部信息训练智能体成为重要问题。在每个智能体通过网络只能访问本地和邻近信息的情况下,一个可证明收敛的多智能体强化学习算法是 QD 学习(QD-Learning)[58],它将"共识+更新"思想[59]融入标准 Q 学习算法,可被视为分布式版本的 Q 学习,通过下式更新每个智能体的 Q 函数:

$$Q^i(s_t,a_t)\leftarrow Q^i(s_t,a_t)+\alpha\left[r^i_{t+1}+\gamma\max_{a'\in\mathcal{A}}Q^i(s_{t+1},a')-Q^i(s_t,a_t)\right]-\beta\sum_{j\in\mathcal{N}^i}\left[Q^i(s_t,a_t)-Q^j(s_t,a_t)\right] \tag{6.28}$$

其中,α 和 β 是用来调节更新大小的固定参数,$\mathcal{N}^i$ 代表智能体 i 在网络连接中的所有邻居节点。与式(6.13)所展示的标准 Q 学习算法相比,QD 学习增加了邻近节点的 Q 值估计和当前智能体的差值作为额外的更新项。在表格型设定情况下,当 α 和 β 满足一定条件时,QD 学习能保证收敛到最优的 Q 函数。此外,合理的通信机制和多智能体间的通信拓扑也可提升多智能体合作的效率,在有限带宽下发挥最大的潜力[60]。

为了处理现实场景中状态空间过大的问题,文献[61]提出相应的行动器-评判器算法。具体而言,每个智能体的参数化策略表示为 $\pi^i_{\boldsymbol{\theta}^i}:\mathcal{S}\to\Delta(\mathcal{A}^i)$,相应的策略梯度为

$$\nabla_{\boldsymbol{\theta}^i}J(\theta)=\mathbb{E}\left[\nabla_{\boldsymbol{\theta}^i}\log\pi^i_{\boldsymbol{\theta}^i}(s,a^i)\cdot Q_{\boldsymbol{\theta}}(s,a)\right] \tag{6.29}$$

其中,$Q_{\boldsymbol{\theta}}$ 是在联合策略下对应于团队的总收益 $\bar{R}$ 的全局 Q 函数。该更新涉及智能体自身的动作概率 $\pi^i_{\theta^i}(s,a^i)$和全局动作价值函数 $Q_{\boldsymbol{\theta}}$。由于 $Q_{\boldsymbol{\theta}}$ 无法被各个智能体单独估计出来,故为智能体 i 单独准备 $Q_{\boldsymbol{\theta}}$ 的局部备份 $Q_{\boldsymbol{\theta}}(s,a;\omega^i)$,根据基于共识的时序差分学习方法迭代更新局部 Q 函数的参数:

$$\tilde{\omega}\leftarrow\omega^i+\beta_\omega\cdot\delta^i\cdot\nabla_\omega Q_{\boldsymbol{\theta}}(s,a;\omega^i) \tag{6.30}$$

$$\omega^i\leftarrow\sum_{j\in\mathcal{N}^i}c(i,j)\cdot\tilde{\omega}^i \tag{6.31}$$

其中,β_ω 为更新步长,δ^i 为用 $Q_{\boldsymbol{\theta}}(s,a;\omega^i)$计算的局部 TD 误差。式(6.30)和式(6.31)执行了标准的 TD 更新。$c(i,j)$是由网络拓扑结构所决定的权重因子,当且仅当智能体 i 和智能体 j 相邻时,$c(i,j)$非零。当 ω^i 收敛时,认为所有智能体对 ω^i 结果达成了共识。此后,智能体 i 利用局部

$Q_{\theta}(s,a;\omega^i)$去更新自身策略。

实际上,现实场景中的网络关系是复杂多样的,对于局部连接较多的网络,上述方法的计算复杂度较高。为此,文献[62]提出对网络系统进行分解,然而该研究对系统的分解具有较强的假设,不一定符合真实世界系统的特性。基于此,文献[63]进一步提出了一种更通用的网络化系统模型,允许一定程度的预测误差,通过降低通信需求以降低系统复杂度;此外,在该网络化系统模型下,可以使用基于模型的去中心化多智能体训练方式,在受限范围的通信下,就能保证近似单调的策略提升。

6.3.3 完全竞争

多智能体的完全竞争问题通常被建模为零和马尔可夫博弈(Zero-Sum Markov Game),也就是说,对于任何状态转移过程,各智能体的奖励函数之和为零,即对任意的(s,a,s'),$\sum_{i=1}^{N}R^i(s,a,s')=0$。为了简化分析并保证算法的可计算性,大多数研究集中于最简单的情形:两个智能体相互对抗,其中一个智能体的回报正好是另一个智能体的损失。该问题被称为两玩家零和马尔可夫博弈(Two-Player Zero-Sum Markov Game),其纳什均衡解可保证最坏情况下的最佳累计收益,可以证明,该问题的纳什均衡有唯一解。解决该问题的方法可以分为基于值函数和基于策略梯度两大类。

1. 基于值函数的方法

基于值函数的方法旨在找到最优价值函数,并从最优价值函数中获取纳什均衡策略。对于两玩家零和马尔可夫博弈,智能体1的状态价值函数为智能体2状态价值函数的相反数,即$v^1_{\pi^1,\pi^2}(s)=-v^2_{\pi^1,\pi^2}(s)$。结合式(6.25),对于任何纳什均衡解$\pi^*=\pi^{1,*}\times\pi^{2,*}$,以下必要条件成立:

$$v^1_{\pi^1,\pi^{2,*}}(s)\leqslant v^1_{\pi^{1,*},\pi^{2,*}}(s)\leqslant v^1_{\pi^{1,*},\pi^2}(s) \tag{6.32}$$

据此,可以定义智能体1视角下的最优状态价值函数为

$$v^*=\max_{\pi^1}\min_{\pi^2}v^1_{\pi^1,\pi^2}=\min_{\pi^2}\max_{\pi^1}v^1_{\pi^1,\pi^2} \tag{6.33}$$

任意满足最优状态价值函数条件的策略对(π^1,π^2)均构成纳什均衡解。从式(6.10)给出的状态价值函数与动作价值函数之间的关系,可以得到智能体1的动作价值函数:

$$Q^1(s,a^1,a^2)=\mathbb{E}[R^1(s_t,a^1_t,a^2_t,s_{t+1})+\gamma v^1(s_{t+1})\mid s_t=s,a^1_t=a^1,a^2_t=a^2] \tag{6.34}$$

基于值函数的代表性方法是minimax-Q学习方法。作为Q学习算法在多智能体决策问题上的拓展,minimax-Q学习通过采样轨迹$\{(s_t,\{a^1_t,a^2_t\},r_t,s_{t+1})\}_{t\geqslant 0}$更新动作价值函数:

$$\begin{aligned}Q(s_t,a^1_t,a^2_t)\leftarrow&(1-\alpha_t)Q(s_t,a^1_t,a^2_t)+\\&\alpha_t\left[r_t+\gamma\max_{u^1\in\Delta(\mathcal{A}^1)}\min_{u^2\in\Delta(\mathcal{A}^2)}\sum_{a^1\in\mathcal{A}^1}\sum_{a^2\in\mathcal{A}^2}u^1u^2Q(s,a^1,a^2)\right]\end{aligned} \tag{6.35}$$

其中,α_t为更新步长。以上更新方式可以收敛到最优动作价值函数。

2. 基于策略梯度的方法

基于策略梯度的方法大多只关注单个智能体并最大化其期望回报,而不考虑其他智能体的策略。由于期望回报难以直接估计,该类方法一般以遗憾值替代,并将最小化遗憾值作为策略的学习目标。这些方法可以划分为虚拟博弈(Fictitious Play)[64]和反事实遗憾最小化[49]两类。虚拟博弈利用了博弈论中常用的反应函数(Reaction Function)思想,反应函数指对手策略已知时,智能体采取的策略。各方智能体都拥有自身的最优策略集,并了解对手的历史平均策略。在每一轮博弈的开始,各方智能体根据对手的历史平均策略,找到一个最优的针对策略,并将该最优策略加入

最优策略集，而智能体的历史平均策略是智能体的所有最优策略的加权平均。

针对智能体同时行动的多阶段零和博弈问题，文献[52]考虑到实际情况下智能体并不总是采取最优动作，而是需要平衡对环境的探索与当前最优动作的选择。对于两智能体联合策略 $\pi=(\pi^1,\pi^2)$，从智能体 1 的视角来看，可以通过时序差分隐式估计出自身边缘动作价值函数 $\bar{Q}_{\pi^1,\pi^2}(s,a^1)$，其表达式为

$$\bar{Q}_{\pi^1,\pi^2}(s,a^1)=\mathbb{E}\left[\sum_{t\geqslant 0}\gamma^t R^1(s_t,a_t,s_{t+1})\,\middle|\, s_0=s,a_0^1=a^1,a_0^2\sim\pi^2(\cdot\mid s)\right] \tag{6.36}$$

利用自身边缘动作价值函数，智能体 1 平滑后的最佳响应策略定义为

$$\pi^1(a^1\mid s)=\frac{\exp[\eta^{-1}\bar{Q}_{\pi^1,\pi^2}(s,a^1)]}{\sum_{a^1\in\mathcal{A}^1}\exp[\eta^{-1}\bar{Q}_{\pi^1,\pi^2}(s,a^1)]} \tag{6.37}$$

其中，$\eta>0$ 为平滑系数。该方法在两个时间跨度上同时执行式(6.36)的策略评估和式(6.37)的策略更新，此外，结合了行动器-评判器算法，并通过策略评估方法推断对手策略。在使用自博弈方式进行策略更新时，策略更新可以用一个常微分方程来表示，该方程的渐进稳定解称为博弈的平滑纳什均衡(Smooth Nash Equilibrium)。

6.3.4 混合合作-竞争

相对完全合作与完全竞争的情况，混合合作-竞争在多智能体博弈问题中更为常见。在混合合作-竞争问题中，多智能体既存在合作关系，也存在竞争关系。在博弈论中，该问题也称为一般和博弈(General-Sum Game)。在这种情况下，与完全合作和完全竞争的环境形成鲜明对比的是，一般和博弈问题的求解极具挑战性。即使是两玩家一般和博弈(Two-Player General-Sum Game)这种最简单情况，求解其纳什均衡的计算复杂度是 PPAD-complete[65]，即介于 P 与 NP 之间，仍属于难以求解的问题。常用的强化学习方法，如值迭代方法，已被证明无法用于求解一般和博弈[66]。虽然混合合作-竞争问题求解困难，但对于该问题的讨论和探索是有益的。理论上，多智能体完全合作或完全竞争问题可以视作混合合作-竞争问题的特例，因此混合合作-竞争问题的求解方法同样可用于求解完全合作或完全竞争问题。

一些基于值函数的方法将 Q 学习算法的思想应用到一般和博弈中[67]，以期在一定的条件下能收敛到策略纳什均衡解。定义符号如下：所有智能体的动作价值函数为向量函数 $\boldsymbol{Q}=(Q^1,Q^2,\cdots,Q^N)$：$\mathcal{S}\times\mathcal{A}\to\mathbb{R}^N$，奖励函数为 $\boldsymbol{R}=(R^1,R^2,\cdots,R^N)$。纳什 Q 学习(Nash Q-Learning)[68]将值迭代的方法用于求解纳什均衡策略，利用了以下贝尔曼算子：

$$\mathcal{T}^*\boldsymbol{Q}(s,a)=\mathbb{E}_{s'\sim p(\cdot\mid s,a)}[\boldsymbol{R}(s,a,s')+\gamma\cdot\text{Nash}(\boldsymbol{Q}(s',\cdot))] \tag{6.38}$$

其中，$\text{Nash}(\boldsymbol{Q}(s',\cdot))$代表在每一个状态要 s' 的阶段博弈中，纳什均衡解所对应的 Q 值。当 $Q^1=-Q^2$ 对所有状态-动作对都成立时，式(6.38)退化为零和博弈中 minimax-Q 学习所对应的情形。纳什 Q 学习算法求解纳什均衡的过程非常耗时，导致算法的运行时间较长。敌友 Q 学习(Friend-or-Foe Q-Learning，FFQ)[69]算法则考虑智能体间的合作与竞争关系，将与智能体 i 一起最大化奖励的智能体作为友方，将其余智能体作为敌方，从而将一般和博弈转换为两玩家零和博弈问题，大幅降低了求解纳什均衡的复杂度。

除了经典的强化学习方法，深度学习方法在多智能体强化学习中也有广泛应用，代表性算法包括多智能体深度确定性策略梯度(Multi-Agent DDPG，MADDPG)[70]算法和多智能体近端策略优化(Multi-Agent PPO，MAPPO)[71]算法。MADDPG 是 DDPG 算法在多智能体博弈问题上的

拓展，适用于连续动作空间。该算法为每个智能体分配独立的行动器与评判器，其中，评判器用于评估当前策略的好坏，估计联合动作价值函数 $Q^i_{\boldsymbol{\theta}_i}(s,a_1,a_2,\cdots,a_N)$；行动器学习确定性策略 $\pi^i(a_i \mid o^i)$，给定自身观测 o^i 输出动作 a_i。与 DDPG 算法类似，智能体希望最大化其联合价值函数，对应的策略梯度为

$$\nabla_{\boldsymbol{\theta}_i} J(\pi^i) = \mathbb{E}[\nabla_{a_i} Q^i_{\boldsymbol{\theta}_i}(s,a_1,\cdots,a_N) \nabla_{\boldsymbol{\theta}_i} \pi^i(a_i \mid o^i)] \tag{6.39}$$

在完成集中式训练，得到全局动作价值函数 $Q^i_{\boldsymbol{\theta}_i}(s,a_1,\cdots,a_N)$后，每个智能体可以通过分布式执行的方式，根据其自身的观测值 o_i 选择动作。此外，为了应对多智能体环境下，其他智能体策略不断更新造成的非稳态问题，避免智能体策略由于其他智能体策略改变而失效，MADDPG 算法为每个智能体维护一个策略集，每次采取动作时，智能体从策略集采样一个策略来估计动作。进一步地，为了避免事先需要知道其他智能体策略的要求，每个智能体对其他智能体策略进行估计。具体而言，设智能体 i 估计的智能体 j 的策略为 $\hat{\mu}^j_i$，其目标为最大化策略的概率对数似然和智能体 j 的策略熵：

$$\mathbb{E}_{a_j,o_j}[\log \hat{\mu}^j_i(a_j \mid o_j) + \lambda H(\hat{\mu}^j_i)] \tag{6.40}$$

其中，智能体 j 的策略熵为正则项，λ 为熵系数。

MAPPO 则是 PPO 算法在多智能体博弈问题上的拓展，该算法适用于离散和连续动作空间，相对于 MADDPG 其应用更为广泛。MAPPO 借鉴了 k 步时序差分的思想，使用了广义优势估计(Generalized Advantage Estimation，GAE)替换优势函数，用以平衡学习中的方差和偏差。对于 k 步时序差分，有

$$A_t^{(k)} = \sum_{l=0}^{k-1} \gamma^l \delta_{t+l} \tag{6.41}$$

其中，$\delta_t \doteq r_{t+1} + \gamma V(s_{t+1}) - V(s_t)$为时序差分误差。广义优势函数定义为

$$A_t^{\mathrm{GAE}} \doteq (1-\lambda)\sum_{l=0}^{\infty} \lambda^l A_t^{(l)} = \sum_{l=0}^{\infty} (\gamma\lambda)^l \delta_{t+l} \tag{6.42}$$

其中，λ 为调节方差和偏差的系数。当 $\lambda=0$，$A_t^{\mathrm{GAE}} = \delta_t = r_{t+1} + \gamma V(s_{t+1}) - V(s_t)$，对应于单步时序差分；当 $\lambda=1$，$A_t^{\mathrm{GAE}} = \sum_{l=0}^{\infty} \gamma^l \delta_{t+l} = \sum_{l=0}^{\infty} \gamma^l r_{t+l} - V(s_t)$。广义优势函数估计因其在多种环境下的良好表现，被广泛应用于最新强化学习算法之中。

多智能体强化学习方法面临的主要问题是环境的非平稳性，主要源于两方面：首先，其他智能体是环境的一部分，其策略变化会导致环境的状态转移概率发生变化；其次，全局可观测条件在实际问题中难以实现，智能体仅能获得局部观测。因此，相关研究主要集中在这两方面。针对智能体策略的变化，一方面，可以对其他智能体的行为进行建模，但这种方法通常伴随着较高的计算复杂度；另一方面，可以通过建立显式的通信机制来共享关键信息，从而帮助智能体更有效地收敛。然而，设计合适的通信机制是一项具有挑战性的任务，智能体还需要合理选择何时及如何进行信息传递以作出决策。

6.4 大模型与智能体

本节深入探讨大模型驱动的智能体。大模型应用提升了智能体感知、决策和行动三方面的能力，帮助解决了感知能力单一、决策逻辑性不足，以及行动执行受限等问题。更进一步地，多个大

模型驱动的多智能体系统可以表现出更强的协作能力，这些智能体能够通过相互间的自然语言交流分享信息、协同合作，从而应用于更为复杂的场景。

6.4.1 大模型驱动智能体

智能体的能力可分为感知、决策、行动三方面，近期的研究展示了大模型在这些方面的应用价值。在感知方面，大模型拓展了智能体的多模态感知能力，结合文本、视觉、音频等多种信息来源，智能体对复杂环境的理解将更全面，从而解决传统智能体感知通道单一、对环境理解有限的问题。在决策方面，大模型依靠思维链、知识库、记忆、反思（Self-Reflection）等机制增强了推理和规划的能力，使得智能体在处理复杂任务时表现出更好的逻辑性和条理性。而在行动方面，大模型利用文本或程序接口调用外部工具，赋予智能体与物理世界交互的能力，使得智能体能够在现实环境中完成更复杂的任务[72]。大模型拓展了智能体在感知、决策和行动方面的能力，助力构建一个能够感知环境、进行智能推理并采取适当行动的高效系统。2025 年 6 月，谷歌发布了 Gemini 2.5 系列模型，核心聚焦复杂推理效率与多模态分析能力升级，拥有动态计算控制与工具链整合能力，实现了低延迟决策，并集成了谷歌搜索、代码执行功能和第三方 API 调用的功能。基于 Gemini 2.5 开发的 Gemini CLI、PlantUML-X 等智能体项目，不仅在人机交互、日常办公和项目开发等领域展现了卓越的能力，也标志着智能体技术的最新发展水平。

除了利用大模型提升智能体感知、决策、行动的单项能力以外，还有研究尝试构造一体化大模型，以端到端的方式实现从感知到决策再到行动的无缝连接，使得它们能够以一体化架构处理复杂任务。这种模型无须将不同部分分开处理，而是通过统一的网络架构完成从数据输入到任务执行的全流程，避免了多个子系统之间信息传递的延迟和损耗，从而展现出应对环境变化的泛化性。其中的代表方法包括面向自动驾驶的感知决策一体化大模型 UniAD[73] 和面向机器人控制的视觉-语言-动作（Vision-Language-Action，VLA）模型等。2024 年，特斯拉向用户推送完全自动驾驶（Full Self-Driving，FSD）系统，也是感知决策一体化大模型实际应用的重要里程碑。

大模型也带来了泛化性上的提升。一方面，大模型提升了智能体在文字、图像、音频输入上的泛化性。泛化的文本输入使智能体更为准确地解析输入指令，利用上下文理解用户意图，使人机交互过程更为自然和流畅。泛化的视觉输入不仅使智能体更精确地识别图像和视频中的内容，还能进行多模态信息的整合和深度分析，从而大幅提升智能体对环境的理解能力与应对复杂场景的智能性。泛化的音频输入则进一步拓展了智能体的感知维度，使得它能够处理语音对话，理解语音情绪，掌握对话的上下文和细微变化。此外，大模型通过融合各模态的感知信息，使得智能体能够在复杂场景下实现更为精细和全面的感知，弥补了传统感知方法在多模态信息融合上的不足。例如，PandaGPT 能够根据图片、音频和用户的文字指令生成综合的回答，这使得 PandaGPT 不仅能够详细描述图像中的物体，还能够理解音频的背景信息，从而在回答中体现物体的声音特点和其与场景的关系[74]。另一方面，大模型使智能体行动的泛化性得到了提升。大模型的多阶段任务规划能力使智能体的行动能力得到了显著提升。例如，在物体操控方面，智能体通过大模型的任务规划和精细控制能力，能够使用机械臂执行复杂的操作，如多步骤的抓取、精细装配等任务[75]。这使得智能体表现出更高的效率和适应性，尤其是在应对变化和不确定性方面。智能体还可以在实时任务中通过对话获取人类用户的反馈，调整其行动，确保任务目标能够高效达成。这种人在回路（Human in the Loop）的交互方式，使得智能体在执行任务时，不仅仅是一个机械的执行者，更是一个可以与人类协作、不断学习和改进的助手[76]。

6.4.2 大模型与智能决策

决策模块可以被视为智能体的大脑，是整个系统的中枢，负责处理信息、推理和规划行动。传统的决策方法，如决策树、马尔可夫决策过程和强化学习等，在特定场景下取得了显著进展，但仍无法应对复杂和多变的环境。而大模型通过思维链、知识库、记忆机制和反思机制等多种技术，帮助智能体应对各种动态变化的环境和多种任务。大模型的引入使得智能体运作更加高效、灵活，增强了其应对复杂问题的能力。越来越多的AI开发者将大模型作为智能体决策核心的能力视为评估其水平的重要指标之一。例如，2025年8月发布的DeepSeek-V3.1通过更新的混合推理架构，实现了更高的思考效率和更强的工具调用能力，官方将其称为迈向智能体时代的第一步[77]。

1. 思维链

思维链是大模型完成决策的主要方式之一。思维链模拟人类的推理方式：从整体出发，将宏大的目标进行拆解，形成若干较为容易执行的小步骤，从而逐个攻克。例如，Google推出的数学推理模型AlphaProof将数学证明问题分解为多个步骤，从已有的条件出发，逐步计算和推理，直到最终得出答案。思维链使得智能体能够更加有条理地进行分析和规划，从而提高其在解决复杂问题时的逻辑性和执行效率。在早期的思维链[78]技术中，通过使用提示词(Prompt)来引导大语言模型，在输出最终答案的同时也展现其推理过程中的中间步骤。这种方法引导大模型将复杂问题分解为若干子问题，有效地提高了大模型的表现。随着技术的进步，更先进的思维链方法进一步要求大模型将这些中间步骤以更加逻辑化和结构化的形式呈现，如通过代码、表格、树状图或关系图等，从而增强了推理过程的清晰度和逻辑性。近期的研究[79]尝试将思维链技术从自然语言空间拓展到隐空间，以实现连续空间的推理。思维链技术得到广泛应用和发展：DeepSeek发布的DeepSeek-R1舍弃了烦琐的监督微调和蒙特卡洛树搜索，仅仅通过强化学习和少量数据就使模型掌握了利用思维链增强推理能力的技巧[80]；而Kimi K1.5则融合了长短思维链，让模型无须生成冗长的思维链即可解决复杂问题[81]。2025年7月，OpenAI的o3-alpha模型在东京AtCoder世界编程大赛中夺得亚军，谷歌的模型在2025年国际数学奥林匹克竞赛上达到了金牌水平，标志着在思维链的帮助下，大模型在编程、数学领域已经达到了人类的顶尖水平。除了提升决策推理的逻辑性外，思维链技术也可用于串联智能体感知、决策和行动。例如，通过提示词引导智能体根据感知内容进行逐步推理，以提升模型的行动成功率[82]。

2. 知识库

知识库可显著增强智能体的知识获取和应用能力。大模型在智能体知识库方面的帮助包括两方面：一方面，大模型可作为通用知识库，提供更专业和精准的答案；另一方面，通过大模型管理外部知识库，可以实现自动化的检索与输出。首先，大模型可视作通用知识库，其预训练所使用的数据涵盖了从日常常识到特定领域专业知识的各类信息。当智能体需要回答涉及多领域的问题时，大模型可以通过其通用知识库来汇总和整合不同领域的信息。BERT这样的预训练语言模型已经展现出其强大的开放领域问答能力。即使在没有额外微调的情况下，BERT仍然能够存储并提取大量相关知识，从而为智能体提供丰富的专业领域信息[83]。其次，大模型的自然语言处理能力可用于管理知识库，并基于文本问答对知识库的内容进行整理和输出，弥补大模型在特定知识领域中的不足。此外，以检索增强生成(RAG)为代表的相关技术，通过外挂知识库有效降低了大模型幻觉和谬误出现的频率[84]。

3. 记忆机制

记忆机制是大模型在决策中的重要创新。记忆机制使得智能体能够保存和提取过往的经验，从而在多轮对话或复杂任务中保持连贯性和一致性。当智能体与用户进行多轮交互时，记忆机制可以帮助它保存之前的交互信息，包括用户的需求、问题的上下文等，从而在后续的对话中能够基于历史对话内容进行深入补充和延展，再作出决策，确保回答的逻辑性和一致性，而不是简单地对每个问题进行独立回答。例如，在咨询领域，智能体能够通过记忆机制跟踪用户的反馈，及时调整其建议或推荐，以确保高质量的互动和服务[85,86]。这种能力不仅提升了用户体验，也让智能体在面对复杂长时间任务时能够展现出更高的智能水平。

4. 反思机制

反思机制指智能体在获得外部反馈后，能够根据反馈对自身的决策过程进行调整和优化，这一机制类似于人类在处理问题时，根据反馈不断反思并修正思路的过程。大模型通过反思机制使得智能体在面对不断变化的环境时，可以自我调整、修正错误，提高决策的准确性和合理性。当智能体在执行某项任务时，收到外部环境的变化反馈，它可以通过反思机制对最初的计划进行调整，以适应新的条件。例如，Reflexion[87]在决策过程中将反馈信号转换为基于文本的反思内容，并将其存储到记忆缓冲区中，以优化后续决策质量，显著提高任务成功率。Reflexion 在 HumanEval 编码基准上达到了 91%的通过率，远超 GPT-4 的 80%。这种反思能力使得智能体在处理动态任务时能够更加灵活、稳健，不仅增强了智能体的自适应能力，也使得其在复杂环境中具备更高的任务成功率。

5. 与传统方法的对比

大模型在智能体的决策中发挥了多方面的重要作用，包括思维链的引入以增强推理的条理性、知识库的广泛应用以增强知识覆盖、记忆机制的提升以保持多轮交互的连贯性、反思机制的应用以优化决策过程。通过这些技术，大模型提升了智能体的决策水平，使得智能体能够更加灵活地应对现实世界中的复杂任务，并在处理动态环境时展现出强大的适应性和稳健性。与决策树、马尔可夫决策过程、强化学习等传统决策方法相比，大模型驱动的智能决策具备以下优势。

决策树依赖预设的规则，通过一系列二元选择逐步推进决策过程。尽管决策树能够提供清晰且易于理解的决策路径，但其无法有效应对动态环境或处理长周期任务。而大模型通过思维链和记忆机制，能够从更宏观的角度进行任务拆解，并在多轮交互中持续调整和优化决策，从而克服了决策树在复杂情境下的局限。马尔可夫决策过程提供了一种在已知状态和奖励机制下的最优决策路径。然而，马尔可夫决策通常假设环境满足“马尔可夫性”，即当前的决策仅依赖于当前状态，忽略了历史信息和长期规划[88]。而大模型则通过知识库和反思机制，允许智能体全面考虑历史数据和上下文信息，能更有效地应对不确定性和环境变化[89]。通过持续反思和策略调整，大模型克服了马尔可夫决策中对未来状态的单一依赖，使得智能体能够在动态环境中作出更具适应性的决策。强化学习在面对动态环境时，通过试错和奖励机制不断优化策略，通常能够在复杂的决策空间中找到最优解。然而，强化学习的学习过程通常需要大量的训练数据和计算资源，并且在处理长时间跨度和复杂任务时可能面临效率低或过度探索的问题[90]。相比之下，大模型通过反思机制和记忆机制，能够更迅速地自我调整，借助历史经验优化决策，避免了强化学习中频繁试错的低效过程，从而提高了决策的效率和精准度。

6.4.3 大模型与群体智能

受益于强大的自然语言处理能力，大模型具备良好的交互能力。在模拟人类的互动和决策过程中，多个大模型即可构造多智能体系统。在需要持续应对动态环境的复杂任务中，大模型驱动的多智能体系统能够分工合作，基于各自的优势承担不同部分的工作，从而高效解决问题。本节以完全合作、完全竞争、混合合作-竞争这三类场景为主线，讨论大模型驱动的多智能体系统在复杂场景中的发展情况。

1. 完全合作场景

不同于传统多智能体系统所需要的定制通信接口，大模型驱动的多智能体系统利用语言进行交互，并基于此实现任务分配与合作。此外，这类多智能体系统可利用不同智能体的个性提升群体智能。

正如在真实社会环境中，人们通过沟通分享信息和分配任务以解决问题，大模型驱动的多智能体系统通过“共享消息池”等机制实现任务分配、增强合作效率。例如，多智能体系统完成软件开发任务时，可以以下形式分工：一个智能体负责代码编写，一个智能体负责代码审查，还有一个智能体负责协调和管理[91]。这些智能体通过语言交互讨论开发进展、提出修改建议，最终共同完成软件开发目标。这种多智能体间的合作不仅提高了任务的处理效率，还使得整个系统更具灵活性，因为每个智能体都能够根据任务进展和环境变化灵活调整自身策略。

不同大模型驱动的智能体所展现的多样性是提升群体智能的重要因素。在社会学中，该类系统可以实现社会模拟，各智能体可以分别扮演不同的社会角色，如药剂师、商店老板、顾客等。通过彼此之间的互动，多智能体系统可以模拟现实中不同角色之间的相互作用。研究者利用这类多智能体系统可以模拟不同社会政策的实施效果，观察政策变化如何影响不同的社会群体，为政策制定提供参考[92]。

大模型驱动的多智能体系统应用于医疗、教育等领域，通过智能体间的合作实现复杂任务的分解和模拟。在医疗领域，大模型驱动的多智能体系统可模拟多名医生的会诊过程，分别专注于分析病人的症状和病史、查阅医学文献、综合所有信息给出治疗建议，从不同角度分析和讨论，提供更为全面和准确的医疗建议[92]。ColaCare 框架[93]通过 DoctorAgent 和 MetaAgent 等智能体协同分析电子健康记录，为临床诊断提供辅助决策，显著提升了医疗数据分析的准确度。在教育领域，不同的智能体可以分别扮演老师、助教和学生的角色，模拟课堂互动。SimClass 框架通过多智能体合作，模拟传统课堂互动模式，老师、助教和学生角色共同营造出更为生动、互动性更强的学习环境。其中，老师智能体负责讲授新知识，助教智能体负责回答学生的疑问，而学生智能体则根据自己的学习进度主动提出问题。通过个性化的角色设定，教育环境中的多智能体系统能够营造出类似于现实课堂的学习氛围，显著地增强了教学的效果和互动的深度[94]。

2. 完全竞争场景

对于策略游戏或经济学模拟等完全竞争场景，大模型驱动的多智能体系统通过“谈判”实现竞争。每个智能体都必须根据对手的行动调整自己的策略，通过竞争获取资源、制定策略以击败对手。例如，模拟竞争环境的框架 CompeteAI 使用 GPT-4 驱动的智能体代表不同餐馆，通过竞争吸引更多顾客。在这一过程中，智能体通过策略调整和学习，展示了符合市场竞争理论的行为与动态适应能力[95]。多智能体系统可以在线实时解决合作和非合作团队博弈问题，展示了其在动态竞争环境下的学习和适应能力[96]。

3. 混合合作-竞争场景

混合合作-竞争场景是最复杂的应用场景。智能体可能会在某些情况下为了实现共同目标而合作，但在其他情况下又会彼此竞争以争取更多的资源或优势，这种混合模式与人类社会中的复杂互动关系非常相似[97]。例如，在模拟市场竞争的环境中，商业联盟中的企业既需要共同合作以应对外部市场压力，又需要进行内部竞争以争取资源和市场份额。而在智能交通管理系统中，不同的智能体代表不同类型的交通工具，每个智能体的目标是尽快到达目的地，但为了实现交通系统的整体最佳状态，智能体需要合作以维持交通的顺畅和安全，暂时让步以便其他智能体优先通过某些路段。在政策模拟和社会行为研究中，不同的智能体代表政府部门、企业和居民团体，政府和企业之间可能需要合作开发基础设施，但在某些领域（如土地使用权方面）又可能产生竞争。通过这种多智能体的互动模拟，研究者能够更好地理解复杂的社会动态，以及不同利益相关者在政策制定和执行中的博弈过程。

根据不同的研究需求和应用场景，大模型驱动的多智能体系统可以采用不同的合作、竞争模式，展现其在处理复杂任务和模拟人类社会行为方面的强大能力，为解决现实世界中各种各样的问题提供了有力的工具。

6.4.4 决策大模型行业应用

1. 生物和医疗领域

华为的盘古药物分子大模型能够从小分子药物的设计到成药性预测，为科研人员提供从药物设计到生产的全链条智能支持[98]。盘古大模型利用大量药物化合物及其药效的数据进行训练，能够精准预测药物的成药性，帮助科学家快速筛选和优化候选药物，使得新药开发的周期缩短了数倍。此外，该大模型还具备针对不同疾病特性进行定制化药物设计的能力，可以根据特定的病理特征设计出更有效的治疗药物，从而满足个性化医疗的需求，推动精准医疗的发展。

腾讯推出的医疗大模型则专注于智能诊断。通过整合大量医学知识和对话数据，该医疗大模型能够模拟医生的诊断过程，提供个性化的诊断建议和治疗方案，显著提高了医疗决策的效率和准确性[98]。这种智能化的辅助诊疗手段能够帮助医生实现更加精准高效的诊断和治疗，尤其是在医疗资源匮乏的地区，该医疗大模型可以作为远程医疗的得力助手，提供实时的疾病诊断和治疗建议，帮助患者获得及时有效的医疗服务，缩小不同地区之间的医疗差距，让更多人群享受到高质量的医疗保障。

2. 机器人控制领域

预训练大模型可提升机器人多模态感知能力和场景理解能力。不仅如此，相关研究也在尝试通过海量数据训练得到机器人控制领域的专用大模型。

VoxPoser[99]是一种三维姿态估计框架，结合大语言模型和视觉模型，让机器人能够理解自然语言指令并自主规划轨迹，实现更加灵活的操作，它在复杂遮挡和动作场景中表现更佳，提供了更高的精度与稳健性。大模型通过对自然语言的理解，帮助 VoxPoser 解析复杂指令并转换为三维操作目标，从而增强了机器人的感知与决策能力，使其在多变环境中更高效、灵活地完成任务。

RT-1(Robotics Transformer-1)[100]是 Google 提出的一种用于控制机器人的大模型，将大语言模型与控制策略结合，利用专家演示数据训练机器人从视觉和语言指令中学习如何执行复杂任务。RT-2[101]是 RT-1 的改进版本，增强了机器人理解和执行复杂任务的能力，尤其是在面对模糊描述和多变环境时的表现。RT-2 使用了来自互联网的大量视频数据，结合 RT-1 使用的专家演示数据，通过联合训练的方式将视觉与语言模态对齐，大幅提升模型对于新任务的泛化能力，机器人可以理解没有出现在训练集中的命令，从而更智能、高效地应对开放环境中的挑战。2025 年 6 月，Google 发布 Gemini Robotics On-Device，实现机器人决策大模型完全本地化运行，在自主性上实现了质的飞跃。

3. 社会模拟领域

在社会模拟中，大模型驱动的多智能体系统通过协同工作和互动，模拟人类社会中的个体和群体的多种决策。基于大模型的多智能体系统在多个领域的社会模拟中得到了广泛应用。这些模拟不仅揭示了复杂社会系统的动态变化，还帮助研究者理解个体行为如何影响整体社会结构。

例如,研究者利用大模型驱动的多智能体系统模拟了双人谈判和六人解谜的场景,探索了社会关系的形成和破裂机制[102]。在社会模拟中,智能体被赋予不同的特征,如年龄、职业和个性等,通过彼此间的交互模拟出复杂的社会环境,帮助研究者观察智能体如何在复杂环境中进行互动,并揭示社会关系的形成和破裂机制。在政策模拟中,通过模拟医疗改革、住房、税收调整等政策,研究者可以观察这些政策如何影响群体行为和社会结构。这种方法为复杂政策问题的可行性评估和潜在影响分析提供了高效的工具。

对于社会行为传播(如情绪、舆论或谣言的扩散)的模拟也是重要应用场景之一。通过模拟个体之间的对话和互动,这些智能体不仅能够表达和传播情绪,还能追踪其传播路径,揭示情绪对群体氛围的影响,如情绪扩散如何影响群体决策或舆论在个体间传播的速度和模式等。这些模拟有助于理解情绪如何在群体中传递及其对群体行为的影响[103]。研究者利用多种竞争、合作关系的多智能体,探讨大模型在推理、合作、自我意识等方面的表现,以及这些方面如何影响情绪和社会行为的传播[103]。结果显示,在完全竞争环境中,智能体更容易产生挫折和敌意等强烈情绪,而在完全合作环境中,则倾向于表现出更多的信任和合作,这些情绪直接影响了智能体的决策模式。情绪传播的模拟不仅帮助我们理解个体间的相互影响,还揭示了微观情绪互动如何塑造宏观的群体行为。例如,情绪的快速传播可能导致群体迅速形成一致的行为模式,从而影响系统的整体稳定性,这些研究为应对社会危机(如自然灾害或公共卫生事件)提供了重要参考。通过模拟情绪传播和社会反应,管理者能够制定更有效的干预策略,以减少负面情绪扩散,促进积极情绪传播,大模型驱动的多智能体系统在社会管理、政策制定和应急响应方面具有重要的应用价值。

6.5 开放环境合作与竞争

随着深度强化学习、多智能体强化学习和大模型等技术的快速进步,智能体的智能水平得到了显著提升。然而,将这些技术从实验室推向实际应用的道路依然充满挑战。目前,智能体技术的应用主要集中在封闭环境中的单智能体,如智能家居、辅助驾驶和无人巡检等,其智能化程度尚未达到预期目标。开放环境的复杂性在于其实时变化的观测、任务和动力学条件,这对智能体的适应性和智能水平提出了更高的要求。此外,多智能体系统在开放环境中面临的观测限制和可扩展性问题尤为突出,需要进一步提升多智能体之间的合作与竞争。

本节将阐述开放环境的概念,并总结现有智能体技术在开放环境中应用所面临的挑战。随后,将深入探讨开放环境中的多智能体合作与竞争方法。

6.5.1 开放环境及其挑战

当前智能体技术蓬勃发展,并被广泛应用于经济预测、医疗诊断、交通优化、药物设计等领域。然而,相关方法的成功建立在封闭世界假设的基础上,即算法在测试和部署时看到的内容在训练时必须可见。实际上,现实世界充满高度动态性和未知性,不可避免地会出现意外情况。例如,在陌生环境中,自动驾驶汽车可能会遇到未曾见过的物体;而在人脸识别系统中,新人的加入会使识别问题逐渐变得复杂。这样的环境,通常称为开放环境,指具有动态性和未知性的场景,其中环境重要因素和参与主体可能随时间发生变化,要求算法具备适应和应对未知情况的能力。因此,如何设计出适应开放环境的算法模型,确保系统在未知情境下的稳健性,已经吸引了越来越多的关注。

1. 开放环境单智能体决策挑战

开放环境的特点为深度强化学习、大模型等技术的实际应用带来了极大的挑战。首先,模型训练变得更加困难。在开放环境中，数据以在线流数据的形式随时间累积，使得先收集所有数据再训练模型的传统方式不再可行。更合理的方法是根据新接收到的数据对已训练的模型进行更新。然而，深度学习模型在仅利用新数据进行训练时，往往会发生灾难性遗忘，即新数据的训练可能会导致之前学到的知识丧失[104]。虽然这可以通过频繁重训练来解决，但这种方法需要存储所有接收的数据，进而导致无法承受的计算和存储成本。此外，尽管持续学习等研究可帮助深度学习模型缓解灾难性遗忘问题，但通常需要多次扫描大量数据进行离线训练，在大规模流数据的场景中，这仍然会带来严重的计算和存储问题。其次，当前实际应用过程中，泛化性问题突出，主要原因是重要属性发生变化，体现在新兴类别、目标变化和分布偏移上。新兴类别指出现训练时未曾见过的全新类别。显然，模型训练时很难穷尽所有可能的分类标签，如果模型过于自信地将未知情况预测为训练类，可能导致从经济损失到人身伤害的各种危害。需要注意的是，零样本学习(Zero-Shot Learning)看似与该问题密切相关，但其假设未见类别全部已知，因此可以被视为一种迁移学习，学习新兴类别则面临未见类别完全未知的重大挑战。此外，模型的学习目标在开放环境下并不总是唯一的，任务需求可能随着环境的变化而发生变化，甚至在同一任务中也可能需要权衡多个目标。面向开放环境的智能体应做到顺利地从一个目标切换到另一个目标，而不需要重新收集数据来训练一个全新的智能体。数据分布偏移则是开放环境中另一个常见的问题，因为实践时面临的数据分布很难与训练时的数据分布保持一致。这种差异可能来自多种因素，如环境条件的变化、数据采集设备的更新、不同时期的数据特性波动，或目标域与训练域之间的固有差异。虚实迁移是一个典型的例子，仿真环境中的物理特性静态不变，然而现实世界的风力、水流、摩擦系数等难以预知且充满变化，这些变化对训练好的模型在实际应用中的性能表现提出了很大挑战。实际上，开放环境具有挑战性，主要是因为难以预知变化会是什么及这些变化将如何发生。这与强化学习中常见的场景有很大的不同，在强化学习中，模型通过与环境的交互来探索问题空间。然而一旦环境中的重要属性发生变化，强化学习模型先前的探索可能会因为问题空间的改变而变得无效。

2. 开放环境多智能体决策挑战

多智能体系统在开放环境下面临着更为复杂的挑战。多智能体系统的开放性可分为三类：智能体开放、类型开放和任务开放[105]，每种类型都带来了不同的难题，并在实际应用中相互交织。智能体开放意味着参与交互的智能体集合随着时间动态变化。当一个智能体离开时，会带走它的能力和合作关系。这迫使剩余的智能体重新规划策略，以适应系统组成的变化。同样，新智能体的加入则可能带来新的资源和能力，为系统带来新的可能性，也可能扰乱现有的计划和合作机制，即使新智能体不具备新的能力，其存在本身也会改变系统动态。在这样的开放式多智能体系统中进行推理比在封闭环境中更加复杂，因为智能体不仅需要预测其他智能体的行为，还需要推断其他智能体在特定时刻是否存在，以及是否具备参与决策的能力。类型开放基于智能体的内部演变，即智能体的类型伴随着智能体在环境中的操作而变化，如智能体在其生命周期中获得新的角色和技能，或者机器人在现场受到损坏导致性能下降。这种开放与智能体开放互为补充，两者都会随时间改变系统内能力的构成和分布。然而，它们在微观层面的机制不同：在类型开放下，系统中持续存在的某个智能体会改变其基本能力和行为，而在智能体开放下，则是固定类型的智能体被其他可能具有不同类型的智能体替代。应对这种开放类型的难点在于，智能体需要考虑其自身能力可能会随着时间发生变化的情况下如何作出决策，以及在与其他智能体互动时，应如何规划策略，以考虑到对方可能在未来获得或失去某些技能。任务开放则是智能体的任务集随着时间的推移而变化，体现在智能体因承担新角色从而获得不同的任务，或者环境从一个阶段过渡到另一个阶段。在任务开放性下，如果环境中引入了新任务，或现有任务被取消，旨在优化推理的智能体将需要重新调整其策略。在现实世界中,这三种类型并不互斥,如在一个商业组织中,员工可能会暂时或永久地离开一个团队(即智能体开放),可能会得到晋升以获得新的能力(即类型开放),而现有的项目可能会被取消(即任务开放)。除了上述三种开放性带来的挑战之外,多智能体系统还面临着观测受限、通信约束、信用分配等难题。简而言之,观测受限指每个智能体只能获得其局部环境的有限观测数据,无法全面了解整个系统的状态,这种观测的不完全性增加了智能体的决策难度,使得它们在制定策略时必须应对环境的不确定性;通信约束可能导致智能体之间难以及时共享信息,影响合作的效率,尤其在动态或受干扰的环境中,通信可能会不稳定甚至完全中断;信用分配则表现为如何将多智能体合作任务的整体绩效的贡献分配到各个智能体上,以评估单个智能体的表现。总之,在开放环境下,构建和管理多智能体系统需要考虑多种复杂因素。理解并应对智能体开放、类型开放和任务开放带来的挑战,是成功构建能够在动态和不确定的开放环境中有效运行的多智能体系统的关键。

关于开放环境的研究是一个新的方向,因此有许多理论问题需要探索。当前针对新兴类别学习的技术主要基于启发式方法[106,107]。虽然在所有数据均已收集时,如包含新类别的无标签数据场景[108,109],存在一些理论结果,但这些结果并不直接适用于新类别以数据流形式持续涌现的在线学习场景。多目标进化算法已具备理论基础[110],但针对学习目标多变问题的研究仍然不足。对于数据分布变化的研究已有相对较多的理论探讨,如概念漂移[111,112],并有研究从错误界限、损失界限、稳定性分析、泛化和遗憾分析等角度进行理论分析。此外,也有关于放宽独立同分布假设的理论研究[113,114]。而在聚焦开放环境下多智能体系统的研究中,基于图的策略学习方法[115]将开放式临时团队合作问题形式转换为开放随机贝叶斯博弈,然而它难以被扩展到多个可控智能体。总之,由于开放环境的未知和动态特性,AI在现实应用中作出正确的决策来完成任务和目标往往具有挑战性。在多智能体系统中,这些挑战因其他影响环境的主体的存在而加剧。此外,智能体之间的关系可以从合作到竞争,使得智能体在追求自身利益最大化的同时,准确推断其他智能体的行为变得困难。

6.5.2 开放环境合作方法

开放环境协作是研究多个智能体如何在不断互动和相互影响的环境中,通过信息共享和协同策略来共同完成目标的过程。如前文所述,与封闭环境中的多智能体系统不同,开放环境中的合作需要应对变化的合作模式(参与的智能体数量、类型及其策略的改变)和复杂的环境因素(环境中的状态、观测、动作的变化和通信信道遭受的噪声、恶意攻击),这使得合作的难度显著增加——智能体必须在不断变化的环境中应对潜在的不确定性和多样化的参与者,作出灵活的决策,确保团队目标的实现与整体系统的高效运作。因此,一系列面向开放环境下自适应合作、抗扰动合作与持续学习演化需求的方法应运而生,以提高多智能体系统在真实世界场景中的适应性和效率。

1. 自适应合作

开放环境任务在合作模式上给多智能体系统带来的巨大考验,主要体现在智能体与变化的队友智能体合作时的适应性上。其中,自组织合作是一个重要的解决方案。自组织合作主要致力于提升智能体在没有事先规划或明确指令的情况下独立与未知的队友智能体进行快速有效合作的能力,从而在多种场景下实现临时团队快速合作。例如,ODITS方法[116]使用了一种互信息优化的正则化技术,使智能体能够从局部观察中通过分析和利用彼此的行为线索推测队友智能体的目标和意图,从而调整自身的策略以实现更高效的合作;GPL方法[117]则通过推理队友智能体类型、预测动作并对联合动作值进行建模,从其他表现良好的队友智能体的行动中识别和模仿有效的行为，并估计智能体与临时团队合作的最佳策略。自组织合作提高了智能体的自主性和适应能力，使智能体系统可以在复杂、不确定的环境中高效地组成临时团队并实现任务目标。另外，还有一些工作[118-122]致力于零(少)样本合作，也为多智能体系统在面对未知的、动态的队友智能体时仍能进行有效合作提供了很好的解决方案。这些工作旨在探讨如何使多智能体系统在没有或仅有少量样本的情况下，仍能与未见过的队友智能体进行有效的合作。零样本合作通常依赖于迁移学习、元学习(Meta-Learning)和通用特征表示等技术。这些方法旨在使智能体能够从已知的合作经验中提取共性知识，从而在全新的情境中进行应用。通过学习和总结策略、行为和交互模式，智能体能够在面对未知的队友时运用这些知识进行适应。对于少样本合作，则侧重于利用有限的样本进行高效学习和适应。具体实现方式包括强化学习中的高效探索机制、在线学习策略，以及能够在少量数据下进行有效训练的模型。例如，基于梯度的方法——MAML[122]可以通过少量示例实现快速适应，进一步提升合作能力。

2. 抗扰动合作

在面对环境的变化与扰动，当前典型强化学习算法(如 QMIX、MAPPO)训练出的合作策略表现得十分脆弱，而现有开放环境下多智能体系统的合作策略针对环境变化的三个不同情形(环境扰动前、扰动中和扰动后)进行了研究并提出相应解决方案。环境扰动前，倘若智能体能够全面地理解环境中的不确定性，从而在制定策略时可以考虑到更广泛的情况，那么多智能体的合作就更能确保在恶劣或不利条件下依然能够保持稳定的效果。因此，基于风险评估的合作方法应运而生。其核心理念是，在作出决策时，系统不仅仅考虑环境变量期望值(即平均效果)，还将环境变量建模为概率分布，从而能够分析和预测潜在的极端情境(如高风险或罕见事件)，提高对潜在风险的预测和管理能力。例如，DFAC[123]、RMIX[124]、ROE[125]等方法使用值分布等技术将环境中的变量数值建模为分布，从而更准确地捕捉潜在环境的不确定性，同时在智能体决策时，不仅考虑期望回报，还通过引入风险函数来评估和管理系统在不同场景下的风险暴露，风险函数可以根据系统的需求(如保守或激进的决策)调整智能体的行为，确保合作能够在高风险环境中更有效地进行。环境扰动中，在面对不同程度、不同类型的环境变化时，多智能体系统如何保持稳健成为现有方法最关注的问题。一类研究方法[126,127]专注于开发稳健的合作策略，目的是通过学习算法来提高智能体在训练过程中的适应性，这种策略的核心在于避免训练中对队友智能体的过拟合，从而使得智能体在开放环境合作中能够更灵活地调整其行为。例如，异构智能体强化学习(Heterogeneous-Agent Reinforcement Learning，HARL)方法[128]通过多智能体优势分解和顺序更新机制，提高了异构智能体合作的稳定性。另一类方法是通过对抗训练来提升系统的抗扰动能力。对抗训练的思想是模拟可能出现的环境扰动，引入扰动样本以训练智能体，使其在面对不确定性时依然能够保持稳定的性能[129]。这类方法不仅增强了智能体的适应性，还能提高其在极端情况下的稳健性。环境扰动后，多智能体系统的协调和执行效率可能不可避免地受到一些影响，那么如何在受到环境扰动后迅速恢复至正常功能也是现有方法的着眼点。例如，ARTS[130]、RADAR[131]等工作通过学习和对抗训练提高智能体在动态和不确定环境中的适应性和合作效率，使智能体在面临潜在威胁或干扰时学会如何调整其行为，进而提高了多智能体系统的弹性恢复能力。

3. 持续学习演化

除了上述针对动态变化的合作模式和环境扰动设计的方法，为使多智能体系统更好地胜任开放环境中的合作任务，部分方法从训练方式上着手，通过离线学习、迁移与泛化、持续学习提升多智能体系统在合作任务上的表现，并使整个系统具备演化的能力。由于神经网络具有良好的可复制性，大量智能体共享彼此的权重和经验，其学习和进化的速度将远超单个个体[132]。基于离线学习的方法[133]使多智能体系统在不需要实时交互的情况下,可以利用历史数据进行学习,这也就意味着可以将单智能体中成功应用的技术扩展到多智能体场景,从而提高了系统训练效率,并且这种训练范式也减少了系统对实时数据的依赖,避免与环境交互带来的问题。例如,ComaDICE[134]通过在整体策略的平稳状态分布空间中引入偏移正则化,有效抑制离线数据与目标策略之间的分布差异,并通过结构化的多智能体价值分解策略促进多智能体协同训练框架进行全局-局部价值分解,在 MuJoCo 和 StarCraft Ⅱ 等复杂离线协作基准上表现出优异性能。策略迁移与泛化的方法致力于提高智能体将已学得的知识迁移到新任务或新环境的能力,从而加快其在新任务上的学习速度。现有方法利用价值匹配、策略教学、基于选项的策略迁移等方案,显著提升了多智能体系统在新任务学习中的效率。另外,持续学习的方法可以使多智能体系统具备不断学习和更新的能力,以适应环境的变化和新信息的加入,确保其决策和策略始终是最新的,特别适用于任务与样本以顺序形式出现的情况。持续学习的思路如图 6.2 所示,在 m 个任务以顺序的形式依次出现的场景中,模型通过持续学习掌握了可以处理不同任务的策略,在训练完成后可以在各个任务上完成测试。

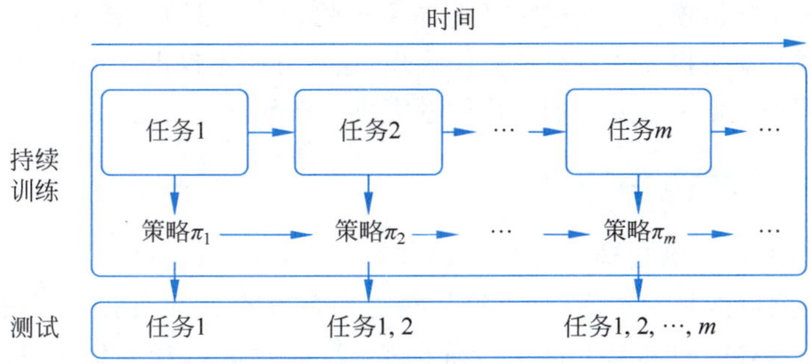

图 6.2 持续学习的思路

同时,为防止多智能体系统在持续学习的过程中出现灾难性遗忘,并在保持旧知识(稳定性)和学习新知识(可塑性)之间找到平衡,一些研究工作也给出了解决办法。例如,EWC[135]通过在损失函数中添加基于 L2 距离的权重正则化项,约束当前模型参数与之前学习的模型参数之间的差距,进而通过计算参数的重要性来决定哪些参数需要保留。CLEAR[136]存储一个大型的经验回放缓冲区,使得智能体可以从中抽取过去任务的数据进行学习。这种方法允许智能体在面对新任务时可以利用已有的经验,从而减轻遗忘问题。另外值得注意的是,整个多智能体系统不仅要具备上面介绍的学习能力,还需具备演化能力,这意味着智能体系统能够随着时间和经验的积累,持续优化和改进自身的行为和策略,以应对不断变化的环境。现有一些方法,如文献[137]模拟了生物自然进化的过程,提升多智能体合作能力,主体思路如图 6.3 所示。

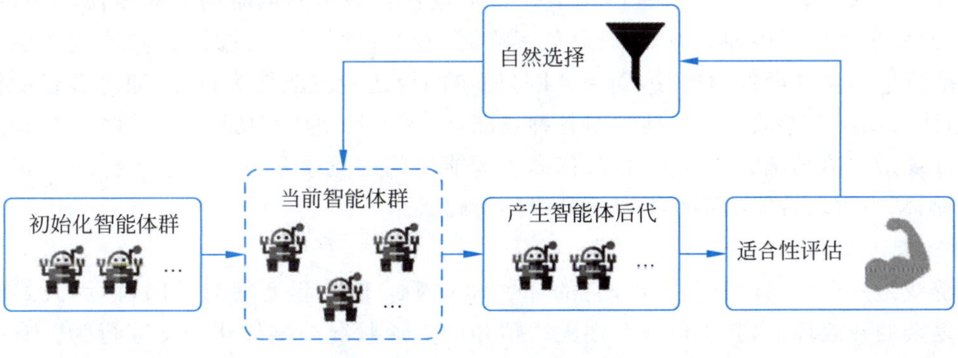

图 6.3 进化算法示意图[137]

随着生成式AI技术的蓬勃发展，近年来涌现出一系列高质量的大模型，如ChatGPT、DALL-E等，这些模型依托于现有的Transformer技术强大的表达能力[138]和泛化性，能够生成高质量的文本、图像内容，这为开放环境下更好地完成合作任务提供新的思路。一类研究[139-141]将生成式大模型应用在多智能体上，借助现有生成式大模型的能力生成具有通用性的高质量的决策，以此更好地实现数字世界与现实世界的交互，推动了通用合作大模型的发展。例如，SAMA[142]提出了一种创新的侧重于语义对齐的多智能体合作方法，通过使用大模型的语言提示，帮助智能体在任务理解和分配上实现更高的精确度，并能够清晰识别各自的角色和任务要求，在复杂环境中快速适应，并优化信息共享与决策过程，最终提升整体合作的效果和效率。另外，也有在离线强化学习算法(如Decision Transformer)的基础上研究决策大模型。其中，典型的工作MADT[143]利用离线预训练的策略，高效地生成决策和执行策略，从而实现复杂环境中的多智能体合作。其设计结合了Decision Transformer架构的优势，提升了智能体在动态和不确定环境中的表现，并且提供大规模的数据集来促进研究，很好地解决了所有《星际争霸Ⅱ》中的任务。基于Transformer的大模型在决策任务中取得了良好效果的同时，还有研究使用了扩散模型来促进多智能体系统的合作。例如，MADiff[144]和DOM2[145]模拟智能体之间的合作行为，显著提高了系统的整体表现，这些方法不仅提高了模型对不同任务的泛化能力，还为应对多智能体强化学习中复杂的合作问题提供了新的解决方案。

6.5.3 开放环境竞争方法

在多智能体系统中，多个智能体不断地互动和竞争，以实现各自的目标。而在开放环境下，参与的智能体数量和类型可能是动态变化的，这使得竞争的复杂性显著提升——智能体必须在面对不断变化的环境与竞争对手的情况下作出合理的决策，以确保自身的优势和目标的实现。当前，针对开放环境下的智能体竞争研究常见于游戏、自动驾驶和军事领域，下面分别介绍。

1. 游戏领域

游戏领域中，*Dota 2* 的竞争任务需要面临一个相对开放的环境，游戏中的变量和对手策略动态变化难以预测。针对开放环境和模型持续变化的挑战，已有研究提出了被称为“手术”的方法，该方法无须重新训练模型，即可对模型和环境进行增量式更新，在保持模型性能的同时，适应不断变化的环境和需求[146]。为了解决奖励分配和探索难题，它构造了包含多个奖励信号的奖励函数，并引入了“团队精神”参数和熵奖励，同时通过环境随机化增加训练数据多样性，最终成功训练出超越人类玩家水平的 *Dota 2* 智能体。另一类方法则利用模仿学习来应对《星际争霸Ⅱ》竞争环境中决策的复杂性[147]。该方法通过结合监督学习和强化学习，利用人类玩家的游戏数据初始化策略网络并引导探索过程，避免陷入局部最优。它进一步采用了一种名为“联盟训练”(League Training)的多智能体强化学习算法，通过维护一个包含各种不同策略的智能体池，不断地进行对抗训练，从而发现和应对各种策略，有效避免策略循环和过度特化。此外，针对开放环境下难以预先定义明确目标和奖励函数的挑战，OpenAI将简单的捉迷藏游戏作为目标，通过多智能体间的竞争与合作，让智能体在游戏中自发地学习各种技能，包括工具使用和协同工作[148]。这种方法避免了人工设计复杂的奖励函数或示范数据，依靠多智能体间的竞争和自适应来产生一个自监督的课程学习过程，从而驱动智能体不断学习更高级的策略。

2. 自动驾驶领域

尽管游戏是一个简易的开放场景，它的环境和对手的变化程度相对受限，而无人驾驶则需要应对更为复杂的开放环境，其中可能存在无法预知的交通状况与多样化的交互行为。有研究认为自动驾驶的动态博弈问题可以分解为一个长时域的战略博弈和一个短时域的战术博弈[149]。战略博弈使用简化的动力学模型和完整的闭环信息结构，计算长期交互的价值函数，作为战术规划的指导信息。战术博弈则使用高保真动力学模型和简化的信息结构，进行短时域轨迹优化。这种分层结构既能有效地处理多智能体间的相互影响，又能保证实时性。此外，该方法允许使用非确定性的人类决策模型，避免了对人类行为进行过于理想化的假设，从而提高了规划的稳健性和安全性。另一项研究则利用 Transformer 编码器对场景元素之间的关系进行建模，并采用分层 Transformer 解码器结构迭代地细化交互过程[150]。每个解码层都利用先前层的预测结果和共享的环境上下文信息来模拟不同推理层次的智能体，从而使自动驾驶车辆能够根据其他交通参与者的行为作出主动、符合社会规范的反应，而不是被动应对预测结果。然而驾驶决策中过度的冒险和谨慎都会带来不好的乘车体验，为了平衡两者之间的关系，近期研究引入应急博弈，通过构建博弈论运动规划器，预测未来的不确定性并适应不断变化的意图，在避免过度刹车的同时保证车辆的安全[151]。

3. 军事领域

相较于自动驾驶中相对安全的博弈竞争环境，军事领域的残酷性对智能体的实时决策和适应能力提出了更为严苛的要求。在针对信息化战争体系竞争条件下兵力编配面临的挑战的研究中，通过建立基于作战势能的兵力模型，构建博弈竞争兵力智能体，并利用计算机进行自我博弈[152]。该方法在缺乏学习数据或数据样本量小的情况下，应用无监督学习技术，依托作战推演平台实现对可用兵力的精确编配，最终生成最优兵力编配方案。它有效地克服了传统方法过度依赖指挥员经验、难以应对兵种繁多的情况，以及编配精确度不高的问题，从而适应开放环境下联合作战的复杂性和不确定性。此外，针对动态性和对抗性强的无人机空战环境的研究，引入目标位置预测模块，使无人机能够预测对手的行动和位置，从而在连续动作空间中根据实时环境自主决策，适应动态变化[153]。该方法进一步利用基于势能的奖励设计提高算法训练效率，并采用优先经验回放机制提升学习效率，以在不依赖预设动作库的情况下，学习适应复杂多变的空战环境，并生成更有效的空战机动策略。

开放环境下的博弈竞争算法已受到广泛的关注，但仍存在诸多挑战亟待解决。随着智能体数量的不断增加，开放环境中的复杂性和动态性越发凸显，解决这些问题有赖于更为灵活的自适应学习方法。如何使智能体能够在短时间内快速适应环境变化和新加入的竞争者，仍是一个需要研究的问题。另外，多智能体竞争系统需要在不确定性下实现更高的稳健性和稳定性，如通过引入多层次的决策架构等方式提高系统面临高度复杂的环境时的抗风险能力。多智能体竞争算法还应进一步提升智能体之间的社交感知能力，以增强系统的协调性和安全性，这包括使智能体能够更加准确地预测队友和对手的行为，并根据情境动态调整自身策略。在智能体数量不断增长且多样化的开放场景中，实现合作与竞争的有效平衡是推动多智能体系统实现长期稳定和持续改进的关键。

6.5.4 开放环境下的人机协同

在开放环境下，人机协同的相关技术越来越重要，成为提升系统整体性能的重要途径。人机协同的目标是实现单独依靠人类或机器所无法达到的效果。当机器无法解决问题时，人类需要介入干预，从而形成一个持续的反馈循环。通过不断地反馈，算法得以学习和逐步优化，进而每次都能产生更好的结果。在这样的协作中，人类被视为老师，教学循环中可以包含不同类型的评价、建议模式和反馈指导，以供算法模型使用。人类建议的形式多种多样，如二元评价反馈[154]、动作建议[155]、基于偏好的反馈[156,157]，以及子目标规范[158]等。

为了在协作时提供有效的监督和指导，人类需要理解智能体所产生的新事物的意义。随着这些新事物的复杂性增加，这一任务变得越发困难，甚至可能导致人类无法提供有效的监督和引导。

这不仅会降低系统的安全性，还会因为缺乏可学习性而不再对人类开放。解决这一问题的一种方法是提升智能体模型的可解释性，从而使人类能够理解智能体所提供的策略。另一种方法是优先设计具有良好可解释性的智能体模型，或专门设计易于人类理解的智能体模型。目前已有研究尝试训练直接向用户传达隐含知识的系统[159]。

实际上，ChatGPT 等模型的发展和基于人类反馈的强化学习(RLHF)的出现，充分展示了将强化学习与人机协同方法相结合所取得的非凡成就，以及在开放环境下应用的无限可能。这些模型在自然语言理解和生成任务中表现出卓越的能力，这得益于训练过程中的人类反馈，其使这些模型能够从人类的指导中学习，并经过多轮迭代不断改进，从而显著提升模型性能[160]。这一结合不仅为在特定领域超越人类水平的 AI 模型训练提供了有力范式，还使模型在学习过程中能够融入人类价值和专业知识[161]，在动态变化的环境中持续学习和进化，从而能够在面对新颖和未预见的情况时展现出更强的适应性和稳健性。总之，开放环境下的人机协同是一种具有潜力的协作模式，它融合了人类的智慧和 AI 的能力，能够有效地应对开放环境中的复杂性和不确定性。然而，目前仍需要持续的研究和发展来完善其理论和方法，以便最终实现开放环境下超越人类智能的智能体。

小结与展望

本章依次探讨了深度强化学习、多智能体强化学习、大模型与智能体，以及开放环境合作与竞争四大主题。深度强化学习作为一种关键的智能体智能实现技术，通过环境反馈来优化决策过程。多智能体强化学习则运用博弈论的原理，有效解决多智能体间的合作与竞争问题。大模型的迅猛发展为智能体智能带来了新机遇，通过思维链和反思机制显著提升智能水平。针对实际应用，智能体正从封闭的测试环境转向更具挑战性的开放环境。

随着智能体技术的不断进步，一幅幅符合人类对“智能生活”憧憬的图景正在逐步变为现实：DeepMind 通过深度强化学习算法改进了托卡马克的控制性能；AlphaStar 利用多智能体强化学习技术击败了 99.8%的《星际争霸 Ⅱ》玩家；特斯拉则借助大模型实现了开放道路的自动驾驶。智能体技术的持续发展预示着人类所憧憬的“智能生活”终将到来。

参考文献

[1] MNIH V, KAVUKCUOGLU K, SILVER D, et al. Human-level control through deep reinforcement learning[J]. Nature, 2015, 518: 529-533.

[2] WATKINS C. Learning from delayed rewards[D]. Cambridge: Cambridge University, 1989.

[3] VAN HASSELT H, GUEZ A, SILVER D. Deep reinforcement learning with double Q-learning[C]// Proceedings of the AAAI Conference on Artificial Intelligence. Menlo Park: AAAI Press, 2016: 2094-2100.

[4] WANG Z Y, SCHAUL T, HESSEL M, et al. Dueling network architectures for deep reinforcement learning[C]// Proceedings of the International Conference on Machine Learning. New York: PMLR, 2016: 1995-2003.

[5] SCHAUL T, QUAN J, ANTONOGLOU I, et al. Prioritized experience replay[C]//Proceedings of the International Conference on Learning Representations. New York: Ithaca, 2016: 1-21.

[6] HESSEL M, MODAYIL J, VAN HASSELT H, et al. Rainbow: Combining improvements in deep reinforcement learning[C]//Proceedings of the AAAI Conference on Artificial Intelligence. Menlo Park: AAAI Press, 2018: 3215-3222.

[7] WILLIAMS R J. Simple statistical gradient-following algorithms for connectionist reinforcement learning[J]. Machine Learning, 1992, 8: 229-256.

[8] WITTEN I H. An adaptive optimal controller for discrete-time Markov environments[J]. Information and Control,1977,34(4): 286-295.

[9] BARTO A G,SUTTON R S,Anderson C W. Neuronlike adaptive elements that can solve difficult learning control problems[J]. IEEE Transactions on Systems,Man,And Cybernetics,1983(5): 834-846.

[10] SUTTON R S. Temporal credit assignment in reinforcement learning[M]. Massachusetts: University of Massachusetts Amherst,1984.

[11] KONDA V, TSITSIKLIS J. Actor-critic algorithms [C]//Advances in Neural Information Processing Systems. Cambridge: MIT Press,1999: 1008-1014.

[12] MNIH V,PUIGDOMÈNECH BADIA A,MIRZA M,et al. Asynchronous methods for deep reinforcement learning[C]//Proceedings of the International Conference on Machine Learning. New York: PMLR,2016: 1928-1937.

[13] SCHULMAN J,LEVINE S,ABBEEL P,et al. Trust region policy optimization[C]//Proceedings of the International Conference on Machine Learning. New York: PMLR,2015: 1889-1897.

[14] SCHULMAN J,WOLSKI F,DHARIWAL P,et al. Proximal policy optimization algorithms[EB/OL]. (2017-08-28)[2025-02-13]. https://arxiv. org/abs/1707. 06347.

[15] LILLICRAP T P,HUNT J J,PRITZEL A,et al. Continuous control with deep reinforcement learning[C]//Proceedings of the International Conference on Learning Representations. New York: Ithaca,2016: 1-14.

[16] FUJIMOTO S,HOOF H,MEGER D. Addressing function approximation error in actor-critic methods[C]//Proceedings of the International Conference on Machine Learning. New York: PMLR,2018: 1587-1596.

[17] HAARNOJA T, ZHOU A, ABBEEL P, et al. Soft actor-critic: Off-policy maximum entropy deep reinforcement learning with a stochastic actor[C]//Proceedings of the International Conference on Machine Learning. New York: PMLR,2018: 1861-1870.

[18] VANHASSELT H. Double Q-learning[C]//Advances in Neural Information Processing Systems. New York: Curran Associates,2010: 1-9.

[19] 余超,董银昭,郭宪,等. 结构交互驱动的机器人深度强化学习控制方法[J]. 软件学报,2023,34(4): 1749-1764.

[20] 乌兰,刘全,黄志刚,等. 离线强化学习研究综述[J]. 计算机学报,2025,48(1): 156-187.

[21] FUJIMOTO S,MEGER D,PRECUP D. Off-policy deep reinforcement learning without exploration[C]//Proceedings of the International Conference on Machine Learning. New York: PMLR,2019: 2052-2062.

[22] KUMAR A,ZHOU A,TUCKER G,et al. Conservative Q-learning for offline reinforcement learning[C]//Advances in Neural Information Processing Systems. New York: Curran Associates,2020: 1179-1191.

[23] YANG R Q,LIU Y,LI Z,et al. Rethinking offline reinforcement learning for sequential recommendation from a pair-wise Q-learning perspective[C]//Proceedings of the International Joint Conference on Neural Networks. Piscataway: IEEE Press,2024: 1-9.

[24] CHEN L L,LU K,RAJESWARAN A,et al. Decision Transformer: Reinforcement learning via sequence modeling[C]//Advances in Neural Information Processing Systems. New York: Curran Associates,2021: 15084-15097.

[25] JANNER M,LI Q Y,LEVINE S. Offline reinforcement learning as one big sequence modeling problem[C]//Advances in Neural Information Processing Systems. New York: Curran Associates,2021: 1273-1286.

[26] LEE K H,NACHUM O,YANG M S,et al. Multi-game Decision Transformers[C]//Advances in Neural Information Processing Systems. New York: Curran Associates,2022: 27921-27936.

[27] CHEBOTAR Y,VUONG Q,HAUSMAN K,et al. Q-Transformer: Scalable offline reinforcement learning via autoregressive Q-functions[C]//Proceedings of the Conference on Robot Learning. New York: PMLR,2023: 3909-3928.

[28] JANNER M,DU Y L,TENENBAUM J B,et al. Planning with diffusion for flexible behavior synthesis[C]//Proceedings of the International Conference on Machine Learning. New York: PMLR,2022: 9902-9915.

[29] HE N T,LI S H,LI Z,et al. ReDiffuser: Reliable decision-making using a diffuser with confidence estimation [C]//Proceedings of the International Conference on Machine Learning. New York: PMLR, 2024: 17921-17933.

[30] AJAY A,DU Y L,GUPTA A,et al. Is conditional generative modeling all you need for decision making[C]// Proceedings of the International Conference on Learning Representations. New York: Ithaca,2023: 1-24.

[31] CHI C,XU Z J,FENG S Y,et al. Diffusion Policy: Visuomotor policy learning via action diffusion[J]. The International Journal of Robotics Research,2024: 1-19.

[32] VENKATRAMAN S, KHAITAN S, AKELLA R T, et al. Reasoning with latent diffusion in offline reinforcement learning[C]//Proceedings of the International Conference on Learning Representations. New York: Ithaca,2024: 1-22.

[33] RUSU A A,COLMENAREJO S G,GULCEHRE C,et al. Policy distillation[EB/OL](2016-01-07)[2025-02-13]. https://arxiv.org/abs/1511.06295.

[34] TEH Y, BAPST V, CZARNECKI W M, et al. Distral: Robust multitask reinforcement learning[C]// Advances in Neural Information Processing Systems. New York: Curran Associates,2017: 1-11.

[35] RUSU A A,RABINOWITZ N C,DESJARDINS G,et al. Progressive neural networks[EB/OL](2022-10-22)[2025-02-13]. https://arxiv.org/abs/1606.04671.

[36] XU Z P,XU Z F,JIANG R X,et al. Sample efficient myopic exploration through multitask reinforcement learning with diverse tasks[C]//Proceedings of the International Conference on Learning Representations, New York: Ithaca,2024: 1-13.

[37] SUTTON R S, PRECUP D, SINGH S. Between MDPs and semi-MDPs: A framework for temporal abstraction in reinforcement learning[J]. Artificial Intelligence,1999,112(1-2): 181-211.

[38] BACON P L,HARB J,PRECUP D. The option-critic architecture[C]//Proceedings of the AAAI Conference on Artificial Intelligence. Menlo Park,USA: AAAI Press,2017,31(1): 1726-1734.

[39] JIANG W B,LI S H,LI Z,et al. Dual-policy-guided offline reinforcement learning with optimal stopping [C]//Proceedings of the International Conference on Autonomous Agents and Multi-Agent Systems. Richland: IFAAMAS,2024: 2315-2317.

[40] LEVY A,KONIDARIS G,PLATT R,et al. Learning multi-level hierarchies with hindsight[C]//Proceedings of the International Conference on Learning Representations. New York: Ithaca,2019: 1-16.

[41] CHUA K,CALANDRA R,MCALLISTER R,et al. Deep reinforcement learning in a handful of trials using probabilistic dynamics models[C]//Advances in Neural Information Processing Systems. New York: Curran Associates,2018,31: 1-12.

[42] HAFNER D,PASUKONIS J,BA J,et al. Mastering diverse control tasks through world models[J]. Nature, 2025,640: 647-653.

[43] GUMBSCH C,SAJID N,MARTIUS G,et al. Learning hierarchical world models with adaptive temporal abstractions from discrete latent dynamics[C]//Proceedings of the International Conference on Learning Representations. New York: Ithaca,2024: 1-29.

[44] WANG S,LIU S,YE W,et al. EfficientZero V2: Mastering discrete and continuous control with limited data[C]// Proceedings of the International Conference on Machine Learning. New York: PMLR,2024: 51041-51062.

[45] 柯良军,王小强. 强化学习[M]. 北京：清华大学出版社,2019.

[46] 王树森,黎彧君,张志华. 深度强化学习[M]. 北京：人民邮电出版社,2022.

[47] 陈喆. 深度强化学习原理与实践[M]. 北京：清华大学出版社,2024.

[48] 董豪,丁子涵,仉尚航,等. 深度强化学习：基础、研究与应用[M]. 北京：电子工业出版社,2021.

[49] ZINKEVICH M, JOHANSON M, BOWLING M, et al. Regret minimization in games with incomplete information[C]//Advances in Neural Information Processing Systems. New York: Curran Associates,2007, 20: 1-8.

[50] TAMPUU A, MATIISEN T, KODELJA D, et al. Multiagent cooperation and competition with deep

reinforcement learning[J]. PLOS One,2017,12(4): e0172395.

[51] LAUER M,RIEDMILLER M A. An algorithm for distributed reinforcement learning in cooperative multi-agent systems[C]//Proceedings of the International Conference on Machine Learning. San Francisco: Morgan Kaufmann Publishers Inc. ,2000: 535-542.

[52] PEROLAT J,PIOT B,PIETQUIN O. Actor-critic fictitious play in simultaneous move multistage games[C]//Proceedings of the International Conference on Artificial Intelligence and Statistics. New York: PMLR,2018: 919-928.

[53] LASRY J M,LIONS P L. Mean field games[J]. Japanese Journal of Mathematics,2007,2(1): 229-260.

[54] KRNJAIC A, STELEAC R D, THOMAS J D, et al. Scalable multi-agent reinforcement learning for warehouse logistics with robotic and human co-workers[C]//Proceedings of the IEEE/RSJ International Conference on Intelligent Robots and Systems. Piscataway: IEEE Press,2024: 677-684.

[55] SUNEHAG P,LEVER G,GRUSLYS A,et al. Value-decomposition networks for cooperative multi-agent learning based on team reward[C]//Proceedings of the International Conference on Autonomous Agents and Multi-Agent Systems. New York: Curran Associates,2018: 2085-2087.

[56] RASHID T,SAMVELYAN M,DE WITT C S,et al. QMIX: Monotonic value function factorisation for deep multi-agent reinforcement learning[C]//Proceedings of the International Conference on Machine Learning. New York: PMLR,2018: 4295-4304.

[57] DUQUE J A,AGHAJOHARI M,COOIJMANS T,et al. Advantage alignment algorithms[C]//Proceedings of the International Conference on Learning Representations. New York: Ithaca,2025: 1-26.

[58] KAR S,MOURA J M F,POOR H V. QD-Learning: A collaborative distributed strategy for multi-agent reinforcement learning through consensus + innovations[J]. IEEE Transactions on Signal Processing,2013, 61(7): 1848-1862.

[59] WANG R Q,ZHAO D Z,SUH D,et al. Personalization in human-robot interaction through preference-based action representation learning[C]//Proceedings of the 2025 IEEE International Conference on Robotics and Automation. Piscataway: IEEE Press,2025.

[60] HONGS X,LIU Y,LI Z,et al. Multi-agent collaborative perception via motion-aware robust communication network[C]//Proceedings of the IEEE/CVF Conference on Computer Vision and Pattern Recognition. Piscataway: IEEE Press,2024: 15301-15310.

[61] ZHANGK Q, YANG Z R, LIU H, et al. Fully decentralized multi-agent reinforcement learning with networked agents[C]//Proceedings of the International Conference on Machine Learning. New York: PMLR,2018: 5872-5881.

[62] DU Y L,MA C D,LIU Y C,et al. Scalable model-based policy optimization for decentralized networked systems[C]//Proceedings of the IEEE/RSJ International Conference on Intelligent Robots and Systems. Piscataway: IEEE Press,2022: 9019-9026.

[63] MA C D,LI A M,DU Y L,et al. Efficient and scalable reinforcement learning for large-scale network control[J]. Nature Machine Intelligence,2024: 1-15.

[64] BROWN G W. Iterative solution of games by fictitious play[J]. Activity Analysis of Production Allocation, 1951,13(1): 374-376.

[65] CHEN X,DENG X T,TENG S H. Settling the complexity of computing two-player Nash equilibria[J]. Journal of the ACM,2009,56(3): 1-57.

[66] ZINKEVICH M,GREENWALD A,LITTMAN M. Cyclic equilibria in Markov games[C]//Advances in Neural Information Processing Systems. Cambridge: MIT Press,2005: 1-8.

[67] 胡光政,朱圆恒,赵冬斌. 两团队零和博弈下熵引导的极小极大值分解强化学习方法[J]. 自动化学报,2025, 51(4): 875-889.

[68] HU J L,WELLMAN M P. Nash Q-learning for general-sum stochastic games[J]. Journal of Machine Learning Research,2003,4: 1039-1069.

[69] LITTMAN M L. Friend-or-Foe Q-learning in general-sum games[C]//Proceedings of the International Conference on Machine Learning. New York: PMLR,2001: 322-328.

[70] LOWE R,WU Y,TAMAR A,et al. Multi-agent actor-critic for mixed cooperative-competitive environments[C]//Advances in Neural Information Processing Systems. New York: Curran Associates,2017,30: 1-12.

[71] YU C,VELU A,VINITSKY E,et al. The surprising effectiveness of PPO in cooperative multi-agent games[C]//Advances in Neural Information Processing Systems. New York: Curran Associates,2022,35: 24611-24624.

[72] WIESINGER J,MARLOW P, VUSKOVIC V. Agents[EB/OL]. Google whitepaper, 2025-01-06[2025-01-24]. https://www.kaggle.com/whitepaper-agents.

[73] HU Y H,YANG J Z,CHEN L,et al. Planning-oriented autonomous driving[C]//Proceedings of the IEEE/CVF International Conference on Computer Vision. Piscataway: IEEE Press,2023: 17853-17862.

[74] Su Y X,LAN T,LI H Y,et al. PandaGPT: One model to instruction-follow them all[C]//Proceedings of the 1st Workshop on Taming Large Language Models: Controllability in the Era of Interactive Assistants. Stroudsburg: ACL Press,2023: 11-23.

[75] DASGUPTA I,KAESER-CHEN C,MARINO K,et al. Collaborating with language models for embodied reasoning[EB/OL]. (2023-02-01)[2025-02-13]. https://arxiv.org/abs/2302.00763.

[76] WU X J,XIAO L W,SUN Y X,et al. A survey of human-in-the-loop for machine learning[J]. Future Generation Computer Systems,2022,135: 364-381.

[77] DeepSeek. DeepSeek-V3.1 发布[EB/OL]. (2025-08-21)[2025-08-24]. https://api-docs.deepseek.com/zh-cn/news/news250821.

[78] WEI J,WANG X Z,SCHUURMANS D,et al. Chain-of-thought prompting elicits reasoning in large language models[C]//Advances in Neural Information Processing Systems. New York: Curran Associates, 2022: 24824-24837.

[79] HAO S B,SUKHBAATAR S,SU D J,et al. Training large language models to reason in a continuous latent space[EB/OL]. (2024-12-06)[2025-02-13]. https://arxiv.org/abs/2412.06769.

[80] DeepSeek-AI. DeepSeek-V3 technical report[EB/OL]. (2024-12-19)[2025-02-13]. https://arxiv.org/abs/2412.19437.

[81] Kimi Team. Kimi k1.5: Scaling reinforcement learning with LLMs[EB/OL]. (2024-01-12)[2025-02-13]. https://arxiv.org/abs/2501.12599.

[82] RAWLES C,LI A,RODRIGUEZ D,et al. Android in the wild: A large-scale dataset for android device control[C]//Advances in Neural Information Processing Systems. New York: Curran Associates, 2023: 59708-59728.

[83] PETRONI F,ROCKTÄSCHEL T,LEWIS P,et al. Language models as knowledge bases[C]//Proceedings of the Conference on Empirical Methods in Natural Language Processing and the International Joint Conference on Natural Language Processing. Stroudsburg: ACL Press,2019: 2463-2473.

[84] GAO Y F,XIONG Y,GAO X Y,et al. Retrieval-augmented generation for large language models: A survey[EB/OL]. (2023-12-18)[2025-02-15]. https://arxiv.org/abs/2312.10997.

[85] YANG J D,WANG P Y,ZHU Y,et al. Gated multimodal fusion with contrastive learning for turn-taking prediction in human-robot dialogue[C]//Proceedings of the IEEE International Conference on Acoustics, Speech and Signal Processing. Piscataway: IEEE Press,2022: 7747-7751.

[86] AADHITHYA A A. Enhancing long-term memory using hierarchical aggregate tree for retrieval augmented generation[EB/OL]. (2024-06-10)[2025-02-15]. https://arxiv.org/abs/2406.06124.

[87] SHINN N, CASSANO F, GOPINATH A, et al. Reflexion: Language agents with verbal reinforcement learning[C]//Advances in Neural Information Processing Systems. New York: Curran Associates,2024,36: 1-15.

[88] KEARNS M, MANSOUR Y, NG A Y. A sparse sampling algorithm for near-optimal planning in large Markov decision processes[J]. Machine Learning,2002,49(2-3): 193-208.

[89] FENG C, ZHANG X Y, FEI Z C. Knowledge solver: Teaching LLMs to search for domain knowledge from knowledge graphs[EB/OL]. (2023-09-06)[2025-02-15]. https://arxiv.org/abs/2309.03118.

[90] ANDRIOTIS C P, PAPAKONSTANTINOU K G. Deep reinforcement learning driven inspection and maintenance planning under incomplete information and constraints[J]. Reliability Engineering & System Safety, 2021, 212: 107551.

[91] GUO T C, CHEN X Y, WANG Y Q, et al. Large language model based multi-agents: A survey of progress and challenges[C]//Proceedings of the International Joint Conference on Artificial Intelligence. Jeju Island: IJCAI Organization, 2024: 1-10.

[92] PARK J S, O'BRIEN J, CAI C J, et al. Generative agents: Interactive simulacra of human behavior[C]// Proceedings of the Annual ACM Symposium on User Interface Software and Technology. New York: ACM Press, 2023: 1-22.

[93] WANG Z X, ZHU Y H, ZHAO H Y, et al. ColaCare: Enhancing electronic health record modeling through large language model-driven multi-agent collaboration[EB/OL]. (2024-10-02)[2025-02-15]. https://arxiv.org/abs/2410.02551.

[94] ZHANG Z Y, ZHANG-LI D, YU J F, et al. Simulating classroom education with LLM-empowered agents [EB/OL]. (2024-06-27)[2025-02-15]. https://arxiv.org/abs/2406.19226.

[95] ZHAO Q L, WANG J D, ZHANG Y X, et al. CompeteAI: Understanding the competition dynamics of large language model-based agents[C]//Proceedings of the International Conference on Machine Learning. New York: PMLR, 2024: 1-12.

[96] VAMVOUDAKIS K G, LEWIS F L, HUDAS G R. Multi-agent differential graphical games: Online adaptive learning solution for synchronization with optimality[J]. Automatica, 2012, 48(8): 1598-1611.

[97] HU S H, HUANG T S, ILHAN F, et al. A survey on large language model-based game agents[EB/OL]. (2024-04-03)[2025-02-15]. https://arxiv.org/abs/2404.02039.

[98] 谢正，李浩，宋伊萍，等. 从 AIGC 到 AIGA，智能新赛道：决策大模型[J]. 科学观察，2024，19(2)：14-33. DOI: 10.15978/j.cnki.1673-5668.202402003.

[99] HUANG W L, WANG C, ZHANG R H, et al. VoxPoser: Composable 3D value maps for robotic manipulation with language models[C]//Proceedings of the Conference on Robot Learning. New York: PMLR, 2023: 540-562.

[100] BROHAN A, BROWN N, CARBAJAL J, et al. RT-1: Robotics transformer for real-world control at scale [EB/OL]. (2022-12-13)[2025-02-15]. https://arxiv.org/abs/2212.06817.

[101] ZITKOVICH B, YU T H, XU S C, et al. RT-2: Vision-language-action models transfer web knowledge to robotic control [C]//Proceedings of the Conference on Robot Learning. New York: PMLR, 2023: 2165-2183.

[102] JUNPRUNG E. Exploring the intersection of large language models and agent-based modeling via prompt engineering[EB/OL]. (2023-08-14)[2025-02-15]. https://arxiv.org/abs/2308.07411.

[103] PIAO J H, YAN Y W, ZHANG J, et al. AgentSociety: Large-Scale simulation of LLM-driven generative agents advances understanding of human behaviors and society[EB/OL]. (2025-02-12) [2025-07-24]. https://arxiv.org/abs/2502.08691.

[104] LI S E. Reinforcement learning for sequential decision and optimal control[M]. Heidelberg: Springer Nature, 2023.

[105] ECK A, SOH L K, DOSHI P. Decision making in open agent systems[J]. AI Magazine, 2023, 44(4): 508-523.

[106] DA Q, YU Y, ZHOU Z H. Learning with augmented class by exploiting unlabeled data[C]//Proceedings of the AAAI Conference on Artificial Intelligence. Menlo Park, USA: AAAI Press, 2014: 1-7.

[107] MU X, TING K M, ZHOU Z H. Classification under streaming emerging new classes: A solution using completely-random trees[J]. IEEE Transactions on Knowledge and Data Engineering, 2017, 29(8):

1605-1618.

[108] ZHANG Y J, ZHAO P, MA L, et al. An unbiased risk estimator for learning with augmented classes[C]//Advances in Neural Information Processing Systems. New York: Curran Associatess, 2020: 10247-10258.

[109] LIU S, GARREPALLI R, HENDRYCKS D, et al. PAC guarantees and effective algorithms for detecting novel categories[J]. Journal of Machine Learning Research, 2022, 23(44): 1-47.

[110] ZHOU Z H, YU Y, QIAN C. Evolutionary learning: Advances in theories and algorithms[M]. Singapore: Springer Singapore, 2019.

[111] CRAMMER K, MANSOUR Y, EVEN-DAR E, et al. Regret minimization with concept drift[C]//Proceedings of the Annual Conference on Learning Theory. New York: PMLR, 2010: 168-180.

[112] MOHRI M, MUÑOZ MEDINA A. New analysis and algorithm for learning with drifting distributions[C]//Proceedings of the International Conference on Algorithmic Learning Theory. New York: PMLR, 2012: 124-138.

[113] MOHRI M, ROSTAMIZADEH A. Rademacher complexity bounds for non-IID processes[C]//Advances in Neural Information Processing Systems. New York: Curran Associates, 2008: 1097-1104.

[114] PENTINA A, LAMPERT C H. Lifelong learning with non-iid tasks[C]//Advances in Neural Information Processing Systems. New York: Curran Associates, 2015: 1540-1548.

[115] RAHMAN M A, HOPNER N, CHRISTIANOS F, et al. Towards open ad hoc teamwork using graph-based policy learning[C]//Proceedings of the International Conference on Machine Learning. New York: PMLR, 2021: 8776-8786.

[116] GU P J, ZHAO M C, HAO J Y, et al. Online ad hoc teamwork under partial observability[C]//Proceedings of the International Conference on Learning Representations. New York: Ithaca, 2022: 1-12.

[117] RAHMAN A, CARLUCHO I, HÖPNER N, et al. A general learning framework for open ad hoc teamwork using graph-based policy learning[J]. Journal of Machine Learning Research, 2023, 24(298): 1-74.

[118] STROUSE D J, MCKEE K, BOTVINICK M, et al. Collaborating with humans without human data[C]//Advances in Neural Information Processing Systems. New York: Curran Associates, 2021: 14502-14515.

[119] HEINRICH J, LANCTOT M, SILVER D. Fictitious self-play in extensive-form games[C]//Proceedings of the 32nd International Conference on Machine Learning. New York: PMLR, 2015: 805-813.

[120] XUE K, WANG Y T, GUAN C, et al. Heterogeneous multi-agent zero-shot coordination by coevolution[J]. IEEE Transactions on Evolutionary Computation, 2024, 28(1): 1-15.

[121] NEKOEI H, ZHAO X T, RAJENDRAN J, et al. Towards few-shot coordination: Revisiting ad-hoc teamplay challenge in the game of hanabi[C]//Proceedings of the Conference on Lifelong Learning Agents. New York: PMLR, 2023: 861-877.

[122] FINN C, ABBEEL P, LEVINE S. Model-agnostic meta-learning for fast adaptation of deep networks[C]//Proceedings of the International Conference on Machine Learning. New York: PMLR, 2017: 1126-1135.

[123] SUN W F, LEE C K, LEE C Y. DFAC framework: Factorizing the value function via quantile mixture for multi-agent distributional Q-learning[C]//Proceedings of the International Conference on Machine Learning. New York: PMLR, 2021: 9945-9954.

[124] QIU W, WANG X R, YU R S, et al. RMIX: Learning risk-sensitive policies for cooperative reinforcement learning agents[C]//Advances in Neural Information Processing Systems. New York: Curran Associates, 2021: 23049-23062.

[125] OH J, KIM J, JEONG M, et al. Toward risk-based optimistic exploration for cooperative multi-agent reinforcement learning[C]//Proceedings of the International Conference on Autonomous Agents and Multiagent Systems. New York: ACM Press, 2023: 1597-1605.

[126] VAN DER HEIDEN T, SALGE C, GAVVES E, et al. Robust multi-agent reinforcement learning with social empowerment for coordination and communication[EB/OL]. (2020-12-15)[2025-02-15]. https://arxiv.org/abs/2012.08255.

[127] LI S H,WU Y,CUI X Y,et al. Robust multi-agent reinforcement learning via minimax deep deterministic policy gradient[C]//Proceedings of the AAAI Conference on Artificial Intelligence. Menlo Park,USA: AAAI Press,2019: 4213-4220.

[128] ZHONG Y F,KUBA J G,FENG X D,et al. Heterogeneous-agent reinforcement learning[J]. Journal of Machine Learning Research,2024,25(1): 1-67.

[129] PINTO L,DAVIDSON J,SUKTHANKAR R,et al. Robust adversarial reinforcement learning[C]//Proceedings of the International Conference on Machine Learning. New York: PMLR,2017: 2817-2826.

[130] PHAN T,GABOR T,SEDLMEIER A,et al. Learning and testing resilience in cooperative multi-agent systems[C]//Proceedings of the International Conference on Autonomous Agents and Multiagent Systems. New York: ACM Press,2020: 1055-1063.

[131] PHAN T,BELZNER L,GABOR T,et al. Resilient multiagent reinforcement learning with adversarial value decomposition[C]//Proceedings of the AAAI Conference on Artificial Intelligence. Menlo Park: AAAI Press,2021: 11308-11316.

[132] HINTON G. 数字智能是否会取代生物智能?[R]. 上海: 世界人工智能大会,2025.

[133] PAN L,HUANG L B,MA T Y,et al. Plan better amid conservatism: Offline multi-agent reinforcement learning with actor rectification[C]//Proceedings of the International Conference on Machine Learning. New York: PMLR,2022: 17221-17237.

[134] NGUYEN T H,MAI T A. Comadice: Offline cooperative multi-agent reinforcement learning with stationary distribution shift regularization[C]//Proceedings of the 13rd International Conference on Learning Representations. New York: Ithaca,2025.

[135] K IRKPATRICK J,PASCANU R,RABINOWITZ N,et al. Overcoming catastrophic forgetting in neural networks[J]. National Academy of Sciences,2017,114(13): 3521-3526.

[136] ROLNICK D,AHUJA A,SCHWARZ J,et al. Experience replay for continual learning[C]//Advances in Neural Information Processing Systems. New York: Curran Associates,2018: 348-358.

[137] YUAN L,ZHANG Z Q,LI L H,et al. A survey of progress on cooperative multi-agent reinforcement learning in open environments[EB/OL]. (2023-12-02)[2025-02-15]. https://arxiv. org/abs/2312. 01058.

[138] HU S C,SHEN L,ZHANG Y,et al. On transforming reinforcement learning by transformer: The development trajectory[J]. IEEE Transactions on Pattern Analysis and Machine Intelligence,2024,46(1): 1-15.

[139] DING Z L,ZHANG W P,YUE J P,et al. Entity divider with language grounding in multi-agent reinforcement learning[C]//Proceedings of the International Conference on Machine Learning. New York: PMLR,2023: 8103 8119.

[140] HU H Y,SADIGH D. Language instructed reinforcement learning for human-AI coordination[C]//Proceedings of the International Conference on Machine Learning. New York: PMLR,2023: 13584-13598.

[141] GUAN C,CHEN F,YUAN L,et al. Efficient communication via self-supervised information aggregation for online and offline multi-agent reinforcement learning[EB/OL]. (2023-02-19)[2025-02-15]. https://arxiv. org/abs/2302. 09605.

[142] LI W H,QIAO D,WANG B X,et al. Semantically aligned task decomposition in multi-agent reinforcement learning[EB/OL]. (2023-05-18)[2025-02-15]. https://arxiv. org/abs/2305. 10865.

[143] MENG L H,WEN M N,Le C Y,et al. Offline pre-trained multi-agent decision transformer[J]. Machine Intelligence Research,2023,20(2): 233-248.

[144] ZHU Z B,LIU M H,MAO L Y,et al. MADiff: Offline multi-agent learning with diffusion models[EB/OL]. (2023-05-29)[2025-02-15]. https://arxiv. org/abs/2305. 17330.

[145] LI Z R,PAN L,HUANG L B. Beyond conservatism: Diffusion policies in offline multi-agent reinforcement learning[EB/OL]. (2023-07-05)[2025-02-15]. https://arxiv. org/abs/2307. 01472.

[146] OpenAI. Dota 2 with large scale deep reinforcement learning[EB/OL]. (2019-12-14)[2025-02-15]. https://

arxiv. org/abs/1912. 06680.

[147] VINYALS O,BABUSCHKIN I,CZARNECKI W M,et al. Grandmaster level in StarCraft Ⅱ using multi-agent reinforcement learning[J]. Nature,2019,575(7782): 350-354.

[148] BAKER B,KANITSCHEIDER I,MARKOV T,et al. Emergent tool use from multi-agent autocurricula[C]// Proceedings of the International Conference on Learning Representations. New York: Ithaca,2020: 1-12.

[149] FISAC J F,BRONSTEIN E,STEFANSSON E,et al. Hierarchical game-theoretic planning for autonomous vehicles[C]//Proceedings of the International Conference on Robotics and Automation. Piscataway: IEEE Press,2019: 9590-9596.

[150] HUANG Z Y,LIU H C,LV C. Gameformer: Game-theoretic modeling and learning of transformer-based interactive prediction and planning for autonomous driving[C]//Proceedings of the IEEE/CVF International Conference on Computer Vision. Piscataway: IEEE Press,2023: 3903-3913.

[151] PETERS L,BAJCSY A,CHIU C Y,et al. Contingency games for multi-agent interaction[J]. IEEE Robotics and Automation Letters,2024,9(1): 1-10.

[152] 邓祁零,于森,鲁统亮. 基于博弈对抗的联合作战兵力编配方法研究[C]//第九届中国指挥控制大会论文集. 北京: 中国工信出版集团,2021: 224-229.

[153] KONG W R,ZHOU D Y,YANG Z,et al. Maneuver strategy generation of UCAV for within visual range air combat based on multi-agent reinforcement learning and target position prediction[J]. Applied Sciences, 2020,10(15): 5198.

[154] KNOX W B, STONE P. TAMER: Training an agent manually via evaluative reinforcement [C]// Proceedings of the IEEE International Conference on Development and Learning. Piscataway: IEEE Press, 2008: 292-297.

[155] TORREY L,TAYLOR M. Teaching on a budget: Agents advising agents in reinforcement learning[C]// Proceedings of the International Conference on Autonomous Agents and Multiagent Systems. New York: ACM Press,2013: 1053-1060.

[156] CHRISTIANO P F,LEIKE J,BROWN T B,et al. Deep reinforcement learning from human preferences[C]// Advances in Neural Information Processing Systems. New York: Curran Associates,2017: 4302-4310.

[157] LEE K, SMITH L, ABBEEL P. PEBBLE: Feedback-efficient interactive reinforcement learning via relabeling experience and unsupervised pre-training[C]//Proceedings of the International Conference on Machine Learning. New York: PMLR,2021: 6152-6163.

[158] LE H M, JIANG N, AGARWAL A, et al. Hierarchical imitation and reinforcement learning [C]// Proceedings of the International Conference on Machine Learning. New York: PMLR,2018: 4560-4573.

[159] CHRISTIANO P,COTRA A,XU M. Eliciting latent knowledge: How to tell if your eyes deceive you[EB/OL]. (2021-12-01)[2025-02-15]. https://docs. google. com/document/d/1WwsnJQstPq91_Yh-Ch2XRL8H_EpsnjrC1dwZXR37PC8/edit.

[160] AIYAPPA R,AN J,KWAK H,et al. Can we trust the evaluation on ChatGPT[C]//Proceedings of the Annual Meeting of the Association for Computational Linguistics. Toronto,Stroudsburg: ACL Press,2023: 1-10.

[161] CHOI J H,HICKMAN K E,MONAHAN A B,et al. ChatGPT goes to law school[J]. Journal of Legal Education,2022,71(3): 1-15.

第 7 章 智能无人系统

CHAPTER 7

7.1 引言

无人系统指的是一类能够在无人操作的情况下执行特定任务的机电系统。现代无人系统包含各类专用机器人，以及无人机、无人车、无人艇和无人潜航器等无人载具。无人系统的起源甚至早于其概念成型。例如，1849 年奥地利军队攻打威尼斯城时，第一次正式使用了气球炸弹。奥地利军队从陆地和轮船上发射了大约 200 个纸制的热气球，每个最多携带了 14kg 的炸弹。待它们漂浮到威尼斯城上空后，延时引信触发投弹装置完成轰炸。无人系统的演变大致可分为三个阶段[1]，首先是基于预设程序的无人系统，接着是具备一定的感知、决策和控制能力的自动无人系统，最终是高度自主的智能无人系统。无人系统发展的终极目标是在处理众多任务时达到甚至超越人类的能力，而这一目标的实现离不开相关 AI 的发展。受益于 AI 在感知、决策、规划等方面的进步，智能无人系统已崭露头角，自动驾驶汽车、工业机器人、服务机器人、无人艇、无人潜航器等智能无人系统已逐渐落地应用。

智能无人系统集成了机械、控制、计算机、通信和材料等多个领域的技术，并将 AI 作为其核心驱动力。自主性和协作性是衡量智能无人系统发展水平的关键指标。AI 在感知理解、决策规划、人机交互和群智协同等方面的持续进步，显著提升了系统的自主能力和协作效率，使其在某些领域正逐步接近甚至超越人类水平。7.2 节介绍智能无人系统的关键技术，7.3 节～7.7 节则分别讨论自动驾驶、工业机器人、服务机器人、智能无人机、水面/水下智能无人系统的发展情况。

7.2 智能无人系统技术

智能无人系统作为多学科交叉的重要方向，涉及技术众多且应用场景复杂多变。本节主要围绕感知与理解、导航与轨迹规划、控制与决策、集群协同这 4 个关键技术领域展开。

7.2.1 感知与理解

1. 视觉感知

在人类接收的信息中，超过 70%的信息来源于视觉，视觉为人类提供了关于周围环境的最详尽和可靠的信息。无论是工业机器人还是服务机器人，都需要具备自主分析环境、判断和移动的能力。利用视觉传感器，机器人能够模拟人类的视觉感知，从而获取和理解外部世界的信息。根据视觉传感器的数量和特性，目前主流的视觉感知包括单目视觉感知、立体视觉感知、全景视觉感知和事件相机感知等。

1）单目视觉感知

单目视觉感知仅依赖单一视觉传感器。在成像过程中，单目视觉感知系统将三维的现实世界投影到二维图像平面，因此会损失深度信息。尽管如此，由于其结构简单、传感器成熟且计算量相对较小，单目视觉感知系统在移动机器人，尤其是在家用扫地机器人中得到了广泛应用，如用于建图、导航、物体识别和避障等。美国著名消费级扫地机器人公司 iRobot 于 2014 年推出了首款搭载单目视觉感知技术的 Roomba 系列扫地机器人，至今这一技术仍然是 iRobot 引以为傲的旗舰技术。

2）立体视觉感知

立体视觉感知分为双目视觉感知和多目视觉感知两类。双目视觉感知系统由两个相机组成，基于三角测量原理获取场景的深度信息，并重建周围物体的三维形状和位置。尽管双目视觉感知的原理相对简单，但其实现过程要求精确了解两个相机之间的空间关系，并需要从不同角度同时拍摄同一场景的两幅图像，通过复杂的匹配算法，才能较为准确地恢复视觉场景的三维信息。而多目视觉感知系统利用更多摄像头的协同工作，有效突破了双目视觉感知系统在精度方面的局限性。目前，双目视觉感知系统已在移动机器人的导航、避障和地图构建等方面逐渐实现产业化应用；而多目视觉系统需要合理安置多个相机的相对位置，其结构配置相较双目视觉系统更加复杂，同时匹配算法也更为烦琐，导致其实时性较差，因此产业化应用相对较少。

3）全景视觉感知

全景视觉感知系统则是一种具备大视场角的多方向成像系统，其显著优势在于能够实现 360°的全方位视场覆盖。全景视觉感知系统通常通过图像拼接或折/反射光学元件来实现。图像拼接方法是使用单个或多个相机旋转，对场景进行大角度扫描，并获取多个方向上连续的多帧图像，然后利用拼接技术生成全景图像。当前，自动驾驶等领域的全景视觉感知方案通常采用鸟瞰视图（Bird's Eye View，BEV）和 Transformer 技术，对多方向图像进行拼接和处理，其中的代表方案之一为 BEVFormer[2]。该方案首先提取多个相机采集的全景图像，并利用编码器将其转换到 BEV 空间，随后利用空间交叉注意力和时间交叉注意力机制融合各个相机在连续时间上的 BEV 特征，最终通过解码器实现三维目标检测和场景分割任务。

4）事件相机感知

事件相机（Event-based Camera）又称为动态视觉传感器（Dynamic Vision Sensor，DVS）或动态有源像素视觉传感器（Dynamic and Active Pixel Vision Sensor，DAVIS）。与传统相机以固定帧率采集图像的方式不同，事件相机仅输出局部像素级亮度变化的相关信息，具有低延迟、高动态范围、低功耗、高时间分辨率等特点。当这些像素级亮度变化超过设定阈值（称为事件）时，事件相机以微秒级分辨率标记时间戳，并输出异步事件流。2024 年 5 月，《自然》期刊同时刊登了来自清华大学[3]与瑞士苏黎世大学[4]的两项研究成果。这些研究探讨了结合事件相机与全彩相机的混合系统，并将其用于自动驾驶的感知系统。受益于事件相机的超高帧率和高动态范围属性，此类混合系统可以实现更高效、稳健的图像处理，对自动驾驶等无人系统的发展具有重要意义。

2. 雷达感知

仅依赖视觉传感器的方案，对数据量和算法设计的要求较高，但在精度、稳定性和抗环境干扰等方面存在局限性，无法满足无人系统自主性要求。相比之下，雷达凭借其高可靠性、强定位能力，以及对算法依赖较低的特点，成为无人系统感知的另一重要选择。

1）毫米波雷达

毫米波雷达拥有宽频带、窄波束、抗环境干扰能力强等特点，凭借其性能稳定、探测距离远、精度高、稳健性强以及成本较低的优势，成为动态目标识别的理想选择，目前已广泛应用于各类高级驾驶辅助系统（Advanced Driving Assistance System，ADAS）[5]。毫米波雷达的硬件系统主要由4个核心部分构成：负责射频信号收发和波束成型的阵列天线、处理基带信号变频和射频信号链路控制的前端射频芯片、负责回波信号采集和处理的装置[6]以及负责其他辅助功能的外围电路。在这些部分中，收发天线阵列和前端射频芯片是整个系统的关键组成部分。目前，国际行业巨头如美国的恩智浦（NXP）和德州仪器（Texas Instruments）主导了毫米波雷达核心芯片市场。此外，由于工艺和材料的限制，用于天线制造的高频电路板基材的市场份额主要集中在罗杰斯（Rogers）和泰康利（Taconic）等国外企业手中。在软件系统方面，毫米波雷达包括了收发链路信号控制固件、信号采集与处理算法和终端用户交互软件等组成部分。由于毫米波雷达应用场景繁多，且各硬件平台的架构与信号特性不同，因此需要开发多种信号采集与处理算法以适配不同需求，这使得算法的研发成本较高。随着智能汽车市场的迅猛发展，国内外高校科研院所、传统汽车厂商和新兴企业纷纷投入车载毫米波雷达的研究与生产，取得了24GHz、77GHz和79GHz车载雷达技术的突破，并实现了量产[7]。除了车载领域，毫米波雷达作为关键的感知传感器，也广泛应用于智能无人系统的其他领域。

然而，传统车载毫米波雷达在测高能力方面存在不足，对于低矮目标、空中目标以及路面静态目标的区分和识别能力有限，且其分辨率与可见光摄像头和激光雷达相比，仍存在较大差距。因此，其在自动驾驶感知系统中应用受限，不能深度参与感知过程。为解决这一问题，四维毫米波成像雷达应运而生。四维毫米波成像雷达增加了俯仰角的信息感知能力，能够更精确地识别纵向目标；相较于传统毫米波雷达，四维毫米波成像雷达的射频收发通道数量多出十倍以上，显著提升了俯仰角的分辨率。因此，四维毫米波成像雷达可以呈现更加丰富的点云图像，提供更为精确的距离、速度和角度信息[8]。当前，开发四维毫米波成像雷达的公司有大陆（Continental AG）、采埃孚（ZF Friedrichshafen AG）、博世（BOSCH）、安波福（Aptiv PLC）、特斯拉（Tesla）等公司，随着四维毫米波成像雷达技术的普及和持续迭代升级，其在智能无人系统中的重要性日益凸显，未来将扮演越来越重要的角色。

2）激光雷达

激光雷达是一种利用激光束发射并探测目标位置、大小、方位等特征的雷达系统，其测量精度高于毫米波雷达。激光雷达凭借其出色的时间分辨率、空间分辨率以及超远的探测距离，广泛应用于测绘、导航和自动驾驶等领域。当前，激光雷达领域呈现"百花齐放"的状态，国外的威力登（Velodyne）、因诺维兹（Innoviz）和国内的速腾聚创、禾赛科技、览沃科技（Livox）等公司均在积极更新各自的雷达产品。具体而言，激光雷达可根据扫描方式和测距原理进行分类。

按扫描方式分类，激光雷达可分为机械旋转式、纯固态式、混合固态式三类。机械旋转式激光雷达通过机械转动激光器扫描周围环境，获取全方位探测数据。纯固态式激光雷达常见的类型有光学相控阵（Optical-Phased-Array，OPA）和非扫描式（Flash）两种：光学相控阵通过控制激光信号的相位改变光束方向，从而实现扫描；非扫描式通过大规模阵列传感器同时接收激光反射信号，实现大片区域的探测。混合固态式激光雷达结合了机械旋转式和纯固态式的技术特点，常见的类型有微电机系统（Micro Electromechanical System，MEMS）和转镜式两种：MEMS激光雷达通过控制微振镜偏转角实现激光扫描，转镜式激光雷达则利用可转动镜面和固定激光器进行扫描。激光雷达正在以"机械旋转式→混合固态式→纯固态式"的形式发展：机械旋转式激光雷达由于成本和可靠性原因正在被逐步取代，而纯固态式激光雷达目前仅在补盲领域小规模应用，技术成熟度有待进一步提升。

按测距原理分类，激光雷达可以分为飞行时间(Time of Flight，ToF)测距和调频连续波(Frequency Modulated Continuous Wave，FMCW)测距。ToF测距通过计算激光从发射到返回的时间来测量目标的距离。该技术已广泛应用于车载激光雷达，能够在光照良好的室外环境下实现100～250m的有效测程。FMCW测距通过对激光频率的调制来测量目标的距离和速度，理论上具有更高的精度和多重探测能力，尤其适用于复杂环境，但目前仍处于发展的早期阶段。

3. 声学感知

声波是目前在水下智能无人系统远距离传播信息的唯一有效载体，而声呐是水下感知的主要传感器。水下声学感知可分为被动探测、主动探测两种模式：被动探测采用单声呐及多声呐组合形式，接收目标辐射噪声，并利用信号处理技术得到目标的时频、运动等信息；主动探测则利用主动声呐回波检测获取目标距离、方位等更丰富的信息。近期，被动探测的研究借助AI算法在目标定位、目标检测、目标识别、噪声抑制等方面取得突破；而主动探测的前沿发展方向则包括前向散射探测、低频高功率探测和多输入多输出(Multiple Input Multiple Output，MIMO)探测等[9]。在海洋等复杂环境中，由于声波传播干扰严重，声呐获取的目标信息往往具有不准确性和不确定性。

4. 场景理解

智能无人系统需要从不同感知方法采集的周围场景信息中提取关键内容，并理解场景中包含的元素，这是其实现自主决策的基础。场景理解主要解决以下问题：识别场景中的物体及其位置、描绘物体轮廓、分析环境信息以及实现对整个场景的统一感知等。

1) 基于视觉感知的场景理解

基于视觉感知的场景理解方法主要包括分类、检测、识别、分割等计算机视觉手段。目前，学术界与工业界重点关注对于场景的像素级理解，主要包括语义分割、实例分割、全景分割。其中，语义分割的目标是划分出图像中所有物体所涉及的区域，不考虑相同物体之间的差异；实例分割关注的则是前景实例的分割，不考虑背景信息，目的是给每个前景的每个像素分配一个实例身份识别号；全景分割任务要求同时考虑背景和前景，图像的每个像素都需要被分配一个语义标签和一个实例身份识别号，以区分不同的物体和背景。其代表工作包括全卷积网络(Fully Convolutional Networks，FCN)、Mask R-CNN、Panoptic FPN等。大模型的出现则使像素级的场景理解更上一个台阶。Meta公司推出的SAM(Segment Anything Model)具备强大的零样本分割能力，可以对任意输入图片进行较准确的分割，其升级模型SAM 2则在功能上得到显著提升，新增了视频分割功能并提升了困难场景的分割效果。

2) 基于雷达感知的场景理解

相较于视觉感知所获取的图像数据，对雷达感知所获取的点云数据的处理更为困难。点云数据无序且非结构化，无法直接使用卷积等操作进行处理。目前，解决上述问题的方案主要基于两种思路设计：基于体素(Voxel)的方法和基于点的方法。基于体素的方法将非规则的点云通过聚类、量化等方式形成均匀的体素，在体素的基础上通过二维或三维卷积等实现特征提取及场景理解，其中的代表作包括VoxelNet、PointPillar等。而基于点的方法则通过聚类提取邻域特征并实现点云的分类、检测、分割等，其代表作包括PointNet、PointNet++、Point-RCNN等。总体而言，基于体素的方法速度快但准确率偏低，而基于点的方法速度慢但准确率高。目前也有一些方案融合了两种思路，取长补短，例如SIENet、Voxel R-CNN、CIA-SSD、CenterPoint等。

3) 基于多模态融合的场景理解

不同模态的数据各具优势与局限性，而多模态融合通过处理和关联来自多种模态的信息，能够为模型决策提供更全面、可靠的支持，从而提高决策准确率[10,11]。多模态融合方法可以分为早期融合、中期融合、晚期融合和混合融合。早期融合也称为特征级融合(Feature-level Fusion),是指在处理的早期阶段将不同模态数据的特征图进行融合。早期融合关联信息损失较少但特征维度较高,模型的复杂度和计算成本较高。中期融合是在模型的中间层融合不同模态的特征,如通过注意力机制或共享网络层进行特征结合。中期融合实现较为复杂,需要设计合理的融合机制。晚期融合也称为决策级融合(Decision-level Fusion),是在处理的后期阶段融合不同模态的预测结果。具体方法包括对不同模态的独立模型进行训练,然后在预测结果层进行加权平均、投票或其他合并策略。晚期融合的各模态独立处理,模型训练简单,易于集成,但可能无法充分捕捉不同模态间的关联信息。混合融合结合了早期融合、中期融合和晚期融合,在不同阶段进行多次融合。例如,可以在数据处理的早期进行部分特征融合,然后在中期或晚期再进行进一步融合。混合融合能够更灵活地捕捉多层次的模态间关系,但复杂度较高,设计和调试更为困难。

7.2.2 导航与轨迹规划

导航(Navigation)是用来指引人或设备、载具等从起点到达目标点的技术统称。要完成预定的导航任务,除了明确目标点和起始点位置,还需要实时获取位置、速度、航向、姿态等参数,这些参数统称为导航参数。当前主要的导航系统有惯性导航系统(Inertial Navigation System,INS)、无线电导航系统、视觉导航系统、声学导航系统和组合导航系统等[11]。

1. 惯性导航系统

INS是一种利用惯性传感器来确定运动体在惯性空间中位置、方向和速度的自主式导航系统。基本原理是根据牛顿定律,利用陀螺仪、加速度计等惯性元件感受运动体在运动过程中的加速度,然后通过计算机进行积分运算,从而得到运动体的位置与速度等导航参数。INS是完全不依赖于外部声、光、电、磁信号的导航定位手段,不受地域限制和外界干扰,无论太空、天空、地面、地下、水面、水下都能全天候可靠工作。但是,INS存在误差随时间积累、系统成本高等缺点。

2. 无线电导航系统

无线电导航在固定的导航台与移动的载体间架设无线电来实现定位,进而实现导航。无线电导航系统利用了无线电信号在自由空间中以光速直线传播的基本性质,只要确定了无线电波从发射机传播到接收机所需的时间,便可以确定收发机间的距离。根据导航台所在位置分类,无线电导航系统主要有陆基和星基两种。陆基无线电导航系统的导航台位于陆地上,如民航国际标准着陆系统中的微波着陆系统(Microwave Landing System)和北美、欧洲常用的甚高频全向信标(VHF Omni-directional Range)等。星基无线电导航系统的导航台设在人造卫星上,覆盖范围广泛,这类方法也称全球导航卫星系统(GNSS),代表性的有美国的全球定位系统(Global Positioning System,GPS)、中国的北斗卫星导航系统和欧盟的伽利略卫星导航系统等。

3. 视觉导航系统

视觉导航系统利用视觉感知信息实现无人系统在复杂环境中的自主导航。该系统利用相机等视觉传感器获取环境的图像或点云数据,提取场景中的关键信息,如障碍物、地标和目标物体的位置等,并依据这些关键信息实现导航。其代表性的研究方向为视觉同时定位与建图(Visual Simultaneous Localization And Mapping,VSLAM),通过视觉信息构建周围环境的地图,同时进行无人系统自身的定位[12]。其中,2007年提出的Mono SLAM[13]是代表性的实时VSLAM系统,该框架使用扩展卡尔曼滤波算法估计相机运动和特征点的三维坐标。后续的许多工作继承了Mono SLAM框架,并引入全局优化和回环检测等技术,形成更为先进的VSLAM系统。同年提出的PTAM(Parallel Tracking And Mapping)[14]则突破传统方法串行执行的做法,将VSLAM系统中的跟踪和建图两个模块并行执行，达到实时导航：当跟踪模块实时估计相机运动时，建图模块同时预测特征点的三维位置。该做法被当前主流 VSLAM 系统所采用。近期的部分研究聚焦于视觉定位技术，从图像准确估计当前位置，被称为视觉里程计（Visual Odometry）[15-18]。随着三维高斯泼溅（3D Gaussian Splatting，3DGS）在实时渲染和新视角合成的成功应用，有研究[19-21]利用 3DGS 来完成 VSLAM 任务，以实现实时、逼真的场景重建。

4. 声学导航系统

声学导航系统常用于水下无人潜航器的定位与导航，其常用的传感器包括多普勒速度仪（Doppler Velocity Logger，DVL）和基于声呐的里程计。DVL 通过估计指向不同方向的多个波束中被反射声波的多普勒频移来获得三维速度测量值。作为一种高精度设备，其测量误差小于 0.4%，成为水下无人潜航器最常用的速度测量设备。大多数用于速度测量的 DVL 算法都假设潜航器的姿态和速度在声波发射到接收的过程中保持不变。若姿态改变，DVL 的准确性可能会下降[22]。为了得到对地速度，DVL 需要与磁罗盘或陀螺罗盘集成使用。基于声呐的里程计一般采用成像声呐，其工作频率高、尺寸小型化，并且在避障和物体识别方面比其他声呐性能更好。尤其是在小规模或复杂的三维环境中，成像声呐通常用于短距离水下探测和成像[23]。标准成像声呐类似于单目相机，提供三维环境的二维图像。对于成像声呐生成的图像，每个像素都提供了方位角和距离的直接测量值，而仰角则由于投影到平面上而丢失。近年来，基于成像声呐的里程计研究已经得到了突出的进展。文献[24]引入从运动图像恢复声学结构（Acoustic Structure From Motion，ASFM）的方法，使用多个声呐的视角，来重建环境三维结构并进行运动估计。DISO[25]（Direct Imaging Sonar Odometry）利用声呐强度，估计两帧声呐图像之间的空间变换，其性能超越了当时基于成像声呐的里程计的最先进算法。

5. 组合导航系统

组合导航系统是把多种导航方式组合在一起，具有高精度、高可靠性、高自动化的优点，是导航系统发展的必然趋势。常见的组合导航系统包括 GNSS/INS 组合导航和视觉惯性导航系统（Visual INS，VINS）。其中，GNSS/INS 组合导航系统通常部署于舰船、飞机和航天器等设备上。该组合导航系统利用 GNSS 的精确导航避免 INS 的累积误差，并利用 INS 解决 GNSS 覆盖不全的问题[26]。而视觉惯性导航系统则是视觉导航系统和 INS 的结合，具有较高的精度，被广泛应用于无人车和机器人，代表工作包括 ORB-SLAM3[27]和 FAST-LIO2[28]。随着导航技术的不断成熟，将 INS、GNSS、视觉导航系统三者全部结合起来的组合导航方案也不断涌现[29-32]。

6. 轨迹规划方法

轨迹规划（Trajectory Planning）的目标是输出一条从起始点到目标点的无碰撞轨迹，且该轨迹满足无人系统的运动学约束。传统的轨迹规划可分为四大类：基于图搜索的算法、基于采样的算法、基于插值拟合的算法以及基于优化函数的最优控制算法。

基于图搜索的算法将坐标离散化并组织成图，然后在图上搜索代价最小的路径，经典方法包括 Dijkstra、A^*、动态 A^* 等。状态晶格算法（State Lattice Algorithm）是该研究方向上的重要改进，它采用离散化状态（包括位置、速度、加速度等）拓展原有方法中仅用位置信息表示的规划空间，使规划轨迹满足运动学约束。

基于采样的算法在状态空间中迭代式地采样关键点，并通过连接关键点形成路径，直到找到一条可行路径。代表方法是快速探索随机树（Rapidly-exploring Random Tree，RRT）算法，适用于实时轨迹规划[33]。其改进算法 RRT^*[34]和 RRT^*-SMART[35]则分别提高了搜索过程的收敛性和轨迹的安全性。

基于插值拟合的算法根据预先给定的一系列点构造轨迹，并且要求生成的轨迹满足运动学约束，常见的插值方法有贝塞尔曲线、B样条曲线等。这类方法规划的轨迹光滑、安全度高，但需要图搜索等方法提供关键点，且耗时较高。

基于优化函数的最优控制算法一般使用模型预测控制（MPC），通过构建预测模型和目标函数来设计优化问题，其最优解就是最优控制量[36]。其中，代表性方法为模型预测路径积分（Model Predictive Path Integral，MPPI），使用上一时刻的最优控制解、当前状态和一系列随机扰动生成一系列轨迹，并根据每条轨迹的性能进行控制量的加权平均，最终形成优化轨迹[37]。2024年12月，加州理工大学提出了谱展开树搜索（Spectral Expansion Tree Search，SETS）算法[38]，构造低复杂度的离散问题来对连续空间中的路径规划问题进行近似，实现实时且近似全局最优的规划效果。

AI的兴起带来了一系列新的轨迹规划算法，核心是利用强化学习、模仿学习等方法使神经网络模型输出轨迹。6.2.2节～6.2.4节介绍的DQN、DDPG、SAC等深度强化学习算法可用于在线学习轨迹规划网络。6.2.5节介绍的Diffuser、Diffusion Policy等离线强化学习算法则可以利用离线数据学习轨迹规划网络。而基于模仿学习的代表方法为PLUTO[39]，其提出将可行驶区域约束映射为代价地图，并将代价地图与模仿学习的损失函数相结合，保证规划轨迹的安全性。此外，PLUTO还提出了对比模仿学习（Contrastive Imitation Learning，CIL）框架，通过交替执行对比学习训练和模仿学习训练，逐步逼近专家策略的表现。

7.2.3 控制与决策

智能无人系统要求高度的自主性，即在没有人类持续干预的条件下独立完成复杂任务。本节主要介绍常规控制方法、基于神经网络的方法，以及具身智能方法三类。其中，常规控制方法包括比例、积分和微分（Proportional Integral Derivative，PID）等基于数学工具设计的各类控制方法。常规控制方法在航空航天、工业制造领域发挥重要作用。随着深度学习技术的发展，基于神经网络的方法在复杂系统控制、处理高维海量数据等方面展示了超越常规控制方法的效果。而具身智能是迈向通用人工智能的基础，2023年以来，具身智能初步具备了自主学习与适应、人机协作、多任务学习等关键能力。

1. 常规控制

常规控制主要研究如何设计和分析反馈控制系统，以实现系统的稳定性、快速响应和精确性，包括PID、最优控制、自适应控制、模糊控制、专家系统控制及稳健控制等。PID按照被控对象的状态与预设值间误差的比例、积分和微分进行控制，具有原理简单和适用面广的特点。最优控制理论的发展起源于20世纪50年代对于火箭发动机控制的相关研究，通过求解带约束的优化问题，使系统从初始状态转移到指定的目标状态，并保证时间、燃料消耗等性能指标最优。2013年，SpaceX公司针对火箭软着陆的最优控制问题提出求解方法[40]，为可回收火箭奠定了基础。自适应控制方法则将反馈控制推广到具有一定不确定性的系统，能自动修正参数以适应对象和扰动的动态特性变化，其代表工作为20世纪70年代提出的模型参考自适应系统（Model Reference Adaptive System，MRAS）[41]。模糊控制是以模糊集合论、模糊语言变量和模糊逻辑推理为基础的控制方法，模仿人类不依赖精确数值的模糊推理和决策过程。模糊控制最早成功应用于锅炉和蒸汽机控制，目前也在防范DoS（Denial of Service）攻击、农田水利、交通信号灯规划、风力发电能量利用等方面得到广泛的应用。专家系统控制则通过模拟人类专家的思维过程解决控制领域的问题。专家系统将一系列规则构成的专家知识保存在知识库中，然后运用推理引擎链接知识库中的规则和数据库中的事实，实现逻辑推理并解决控制问题。其代表工作之一为Mivar专家系统，该系统能以线性时间复杂度执行逻辑推理，允许无人系统在复杂环境中实时控制和决策[42]。稳健控制(Robust Control)的核心目标是设计能够应对系统不确定性和外部干扰的控制器，使得系统在参数波动、模型误差或环境扰动下仍能保持稳定性和预期性能。作为稳健控制的代表性方法，H 无穷控制(H-Infinity Control)的目标是抑制从噪声到期望输出之间的传递函数的增益，从而使得噪声对结果的影响最小[43]。

2. 神经网络方法

神经网络的非线性映射能力可显著提升对于复杂非线性系统的建模精度。因此，直接应用神经网络或者与常规控制方法相结合，都可以有效提升智能无人系统的控制精度。

1）直接应用神经网络的方式

深度强化学习方法是直接应用神经网络的代表性方法，利用强化学习范式进行训练的神经网络可以根据输入信号直接输出控制命令，相关技术已在 6.2 节讨论。然而，深度神经网络计算量庞大，难以应用于复杂环境下的实时控制与决策。针对这一问题，研究者也进行了大量讨论并提出了许多新型神经网络模型。其中，径向基函数网络(Radius Basis Function Network，RBFN)、液态神经网络(Liquid Neural Network，LNN)和物理信息神经网络(Physics-Informed Neural Network，PINN)是三类最具代表性的神经网络模型。RBFN 是一类使用径向基函数作为激活函数的神经网络，具有训练收敛速度快、稳健性强的优势。即使在无人系统参数不确定的场景下，RBFN 也可以完成自适应控制[44]。LNN 则是基于微分方程构建的神经网络，具有网络规模小、适应性强的特点[45]。LNN 的每个神经元都由微分方程所描述，而神经元之间的关系则通过非线性互联门(Nonlinear Interlinked Gates)实现，可根据输入数据和环境变化自适应地调整。据测试，LNN 仅使用 19 个控制神经元就能完成自动驾驶任务。PINN[46]则将物理模型引入训练过程，使模型在拟合数据分布的基础上满足物理模型约束。在无人系统中，PINN 可用于优化运动控制[47]。

2）结合神经网络与常规控制方法的方式

神经网络专家系统控制和神经网络模糊逻辑控制是结合神经网络和常规控制方法的代表性方法。神经网络专家系统控制结合了专家系统的逻辑推理能力和神经网络的非线性拟合能力，该系统运行共有神经控制器单独运行、专家控制器单独运行和两种控制器同时运行三种状态，而监控器负责管理这三种状态之间的切换。神经网络模糊逻辑控制则是神经网络和模糊逻辑的结合，主要有以下三种组合方式：①用神经网络驱动模糊推理过程，利用神经网络拟合输入输出之间的关系，取代模糊逻辑运算过程[48]；②用神经网络记忆模糊规则，并以联想记忆方式使用这些经验进行控制，模拟人的联想记忆[49]；③用神经网络优化模糊控制器的参数，即利用神经网络的优化误差、误差变化的量化因子和输出的比例因子等控制参数改善模糊控制系统的性能[50]。

3. 具身智能方法

具身智能是指通过机器人等物理实体与环境交互，实现环境感知、信息认知、自主决策和行动智能，并能从经验反馈中实现智能增长和行动自适应的智能系统。当前具身智能研究大致分为两类[51]：一类是端到端训练的机器人基础模型，另一类是基于预训练视觉语言模型的模块化模型。

端到端训练的机器人基础模型通常使用由真实机器人采集到的观测-动作对数据集，通过一个完整的模型以实现由外部输入到动作输出的映射。这类模型的代表为视觉-语言-动作(Vision-Language-Action，VLA)模型，其概念由 DeepMind 在 2023 年 7 月发布 RT-2[52]时提出，指的是一类能够理解语言指令、通过视觉感知环境并生成适当动作的模型。VLA 模型不仅可以从预先收集的机器人操作演示数据中学习控制策略，也可以从网络视频中学习知识。相关研究主要关注如何获得更稳健、灵活的策略。例如，DeepMind 联合斯坦福大学发布 Open X-Embodiment 数据集[53]，汇集了22种不同类别的机器人、涵盖16万种任务的操作示例，统一机器人数据描述格式并开源发布，为VLA模型训练提供了大量样本。Octo[54]模型使用了从Open X-Embodiment数据集挑选的80万条数据进行训练，仅用9300万参数量的模型便在各类机器人零样本泛化任务上展现出了超越RT-2模型的性能，而后者的模型参数量为550亿。此外，生成模型、大模型等新兴技术也在具身智能中得到了应用[55]。2024年7月，腾讯Robotics X实验室[56]利用强化学习和预训练生成模型完成四足机器人训练，并实现了穿越复杂地形、多智能体追逃等任务。2025年2月，Figure AI公司推出Helix模型，基于该模型的具身智能机器人可以快速完成包裹分类和处理任务，同时保持较高的成功率和灵活性。

基于预训练视觉语言模型的模块化模型则依赖预训练的视觉、语言模型进行感知和决策。其中，最直接的思路是使用预训练大语言模型作为任务规划器，依靠预训练大语言模型所包含的知识进行推理和决策。例如，SayCan[57]利用大语言模型解析指令生成可执行的一系列动作序列，并通过评估每个动作的可行性和有效性选择最优动作序列。此外，也有工作尝试利用大语言模型生成可执行代码，并根据人类反馈不断优化、补全代码功能，实现完整的任务执行功能。例如，Code As Policies[58]使用大语言模型生成代码，利用循环和条件语句等逻辑结构创建反应策略。它的实现过程包括两步：首先为大语言模型提供一些示例，展示如何将指令映射到代码；其次通过外部接口处理感知输入，并调用控制原语来执行指令。此外，Text2Reward[59]等则关注如何使用预训练的视觉、语言模型构造奖励模型，以更好地引导动作规划。

7.2.4 集群协同

大规模无人系统通常由大量子系统组成。从个体能力看，每个子系统均具有一定程度的自主能力，但其通信传感能力表现出有限性与局部性。从执行任务能力来看，每个子系统的信息处理和执行能力都极为有限，不足以单独完成复杂任务，只有使多个子系统间相互配合、协调运作才能完成任务。当前集群协同控制研究主要关注集群编队控制、异构集群一致性以及集群通信稳定性等问题。

1. 集群编队控制

编队控制的实现方式有局部规则控制、软控制和领航控制等。基于局部规则的控制方法[60]是集群系统控制的基本方法，其重点在于局部控制规则的设计与描述。但是，集群行为和集群模型参数之间的关系是未知的，因此需要通过大量的仿真实验来确定合适的参数值，集群运动行为对参数的取值往往过于敏感，可能离实际系统的控制要求甚远。软控制方法[61]的核心思想是在不破坏现有局部控制规则的前提下，在集群中加入一个或多个可控智能体。这些可控智能体在通常情况下与其他个体并无区别，按照同样的局部运动规则参与集群演化。一旦可控智能体接到指令，它们将不再遵守局部控制规则，即它们的运动不再受其他个体的影响，而是按照指令独立完成相应的任务。领航控制[62]在集群中设置少数领导者，这些领导者拥有更多的信息量和更强的信息处理能力，通过与其他个体进行局部交互，控制集群行为的演变。领航控制方法具有实现简单、编队精度高等优点，但由于集群内的所有通信都需要通过领航者处理，其计算负载高。此外，领航者个体的故障容易导致整个集群失控，因此领航控制方法的稳健性和灵活性较差[63]。2022年5月，浙江大学研发微型无人机蜂群系统，首次实现无人机在自然非结构化环境中编队飞行，该系统的核心技术即未知复杂环境下的集群编队控制方法[64]。

2. 异构集群一致性

异构集群一致性旨在输出合适的控制指令，使异构子系统达成一致。对于具有单个领导者的异构集群,其难点在于使其他个体能够听从领导者的输出指令。该问题也被称为跟踪问题,可通过子系统间的通信或设计合适的输出指令来实现。对于具有多个领导者的异构集群,实现一致性的难点在于使每个个体同时完成多个领导者的指令。该问题也被称为包含问题,早期工作[65]采用动态补偿器和输出调节方法解决简单场景的一致性问题,后续工作[66]引入跟随邻域误差解决具有外部扰动、结构不确定性等问题的复杂场景一致性问题。

3. 集群通信稳定性

现实通信存在时滞和带宽受限等问题,较差的通信条件可能导致无人系统丧失原有的稳定性,极端通信条件下的集群协同控制稳定性问题受到关注。针对时滞问题主要有两类研究方法[67]:一类是以李雅普诺夫第二方法为核心的方法,另一类是将时域问题转化为频域问题的方法。只要满足一定条件,无人系统集群可以在时变通信延迟下实现一致性控制[68]。然而,在通信带宽受限的情况下,网络的传输能力无法支撑高频次的控制。因此,文献[69]引入事件触发机制,仅在系统实际状态与参考状态误差超阈值时才触发通信,从而有效降低通信频率与资源消耗。此外,结合 MPC 和事件触发机制,可解决 DoS 攻击场景下的集群一致性控制问题[70]。对于具有不确定状态和时滞问题的无人系统,另有研究使用 Pade 近似技术和周期性事件触发控制方式解决上述问题[71]。

此外,可以将无人子系统抽象为智能体,并利用多智能体博弈问题的解决方法进行求解。在这种情形下,可根据每个智能体的内在需求构造特定的目标函数,以包含协作信息并反映智能体之间的关联或者制约,引导智能体在优化目标函数的同时实现整体协同。对于简单的多智能体系统,可直接求解多智能体博弈问题的纳什均衡。对于难以直接求解纳什均衡的多智能体系统,可通过 6.3.2 节所介绍的完全合作下的多智能体强化学习方法实现。

7.3 自动驾驶领域前沿

自动驾驶是智能无人系统的前沿领域。过去的几十年,自动驾驶已从科幻概念发展为现实应用,引发全球科技公司、汽车制造商和研究机构的广泛关注。随着传感技术、计算能力和大数据分析的飞速发展,自动驾驶技术不仅能够显著提高驾驶安全性,还有助于推动出行模式变革、智慧城市建设。本节将探讨自动驾驶领域的新进展,涵盖发展现状、技术与应用、现存挑战,以及发展趋势。

7.3.1 发展现状

自动驾驶汽车是配备了相机、雷达、导航以及多种智能算法的车辆,能够在无须人工干预的情况下实现自主导航与操作[72]。自动驾驶汽车通过多模态融合技术处理多种传感器捕获的信息,实时感知、识别其运行环境中的对象并作出决策[73]。目前部署于道路网络的自动驾驶汽车,其自动化水平因车载技术与智能能力的不同而有所差异。如图 7.1 所示,国际自动机工程师学会(SAE International)定义了从 L0～L5 的六个自动驾驶级别。

L0 无自动化,驾驶员负责所有关键驾驶任务,可得到警告或保护系统的辅助;L1 辅助驾驶,车辆具备如加速/制动或转向的自动辅助功能,但驾驶员仍需负责其他所有驾驶操作;L2 部分自动化,配备 ADAS,对转向和加速/制动等多项操作提供驾驶支援;L3 有条件自动化,车辆具备更高级功能,如物体/障碍物检测,并可在有条件状态下完成大部分驾驶任务,驾驶人提供相应应答;L4 高度自动化,车辆能够在限定区域内完成所有可能的驾驶任务,驾驶人可选择性作出应答;L5

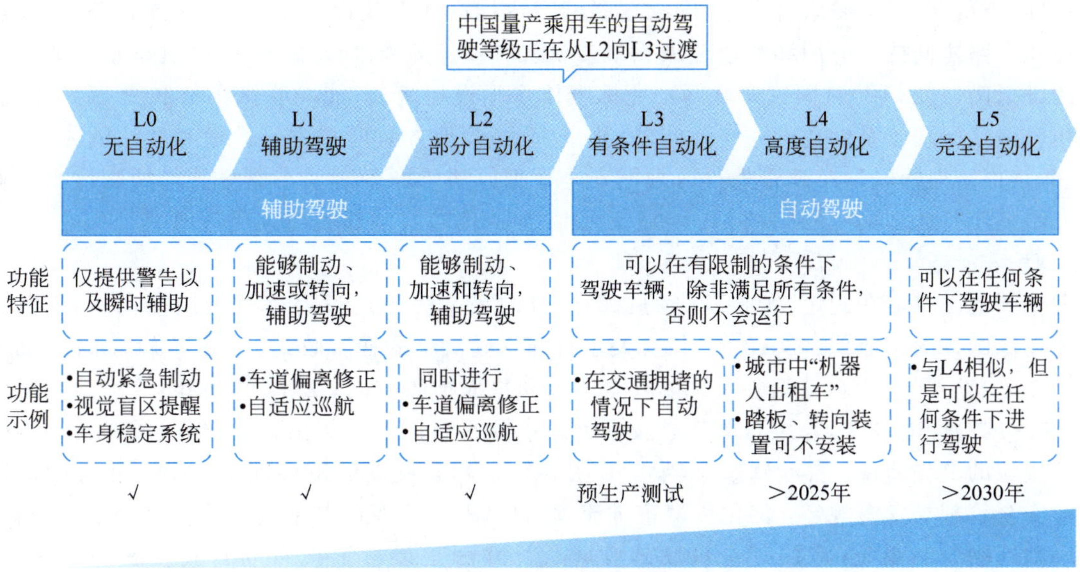

图 7.1　自动驾驶发展情况

完全自动化，车辆能够在任何可能场景下独立完成所有驾驶任务，驾驶人无须接管。

中国是全球最大的汽车消费市场，不仅基础设施完善、技术标准日趋成熟，而且消费者对新兴事物的接受度高，市场活跃。2024 年底，中国机动车保有量已达到 4.53 亿辆，其中汽车 3.53 亿辆。与此同时，道路基础设施正加速向智能化升级，为自动驾驶的发展提供有力支撑。截至 2024 年 5 月，全国已建设 47 个国家级智能网联测试示范区、16 个双智试点城市以及 7 个智能网联先导区。自动驾驶示范道路共开放超过 3.2 万千米，测试里程突破 1.2 亿千米，智能化路测单元部署超过 8700 套。此外，在国家、企业和科研机构等各方力量的共同推动下，国产智驾芯片在 2024 年迎来新突破，3 月吉利旗下的汽车电子芯片整体解决方案提供商——芯擎科技发布了高阶智驾芯片 AD1000，可全面满足 L2～L4 级别自动驾驶需求；4 月地平线发布“征程 6”，算力可达每秒 560 万亿次操作；7 月蔚来汽车首个车规级 5nm 自动驾驶芯片“神玑 NX9031”成功流片；8 月小鹏汽车自研的“图灵芯片”成功流片，该芯片面向 L4 级打造，采用 40 核处理器设计。当前中国正研发和测试 L4 级别自动驾驶技术，自动驾驶车辆的量产应用正在从 L2 向 L3 级别过渡，这与 5G、传感器等关键技术的发展和交通基础设施的建设关联紧密。目前，滴滴、百度等多家企业已开始自动驾驶汽车的测试。相较于量产汽车，工业园区、物流、矿山和港口等特定场景下的自动驾驶已经具备产业化应用的基本条件。基于自动驾驶的解决方案改造成本可控，显著节约人力成本。此外，相较于需要驾驶员介入的 L1～L3 级别自动驾驶，L4 级别自动驾驶更为困难，需要在限定环境下自主完成驾驶任务，实现系统对驾驶员的完全替代。

1. 国内政策

随着自动驾驶的政策法规、社会需求、道路测试与示范应用等不断突破，自动驾驶的研发和商用进入关键期。全球主要国家纷纷采取积极措施，力争在自动驾驶领域占据领先地位。中国通过实施先行区策略，探索自动驾驶商用的政策、法规与标准体系建设。2020 年，国家发展改革委等 11 部委联合出台《智能汽车创新发展战略》，标志着自动驾驶产业在中国迎来高速发展重大机遇。2021 年，工信部发布《智能网联汽车生产企业及产品准入管理的意见》，规定了自动驾驶汽车及其生产企业的准入管理要求，为 L3 及 L4 级别自动驾驶汽车的规模化量产提供准入依据。同年，交通运输部、工信部、国标委联合印发《国家车联网产业标准体系建设指南(智能交通相关)》,促进自动驾驶和车路协同技术应用和产业健康发展。2023年,各部委陆续发布《智能汽车基础地图标准体系建设指南(2023版)》《国家车联网产业标准体系建设指南(智能网联汽车)(2023版)》等文件,确立相关国家标准体系的建设方向。此外,北京、上海等地方政府在进行政策和立法的先行探索,发布《北京市智能网联汽车政策先行区数据安全管理办法(试行)》《浦东新区智能网联汽车产业高质量发展三年行动方案(2023—2025年)》等文件,加速推动自动驾驶商业化落地。

2. 国外政策

全球其他国家也在制定、发布各自的自动驾驶政策。美国通过完善政策制度,力图确保其自动驾驶技术的领导者地位。2013年制定《关于自动驾驶汽车的初步政策》;2017年发布《自动驾驶系统2.0:安全愿景》为自动驾驶系统的安全测试和集成指明方向;2018年发布《为交通的未来做准备:自动驾驶车辆3.0》介绍自动驾驶技术创新指导原则;2020年出台《确保美国在自动驾驶汽车技术领域的领先地位:自动驾驶车辆4.0》明确自动驾驶发展的重要地位;2022年美国国家公路交通安全管理局发布规定:优化测试审批流程,自动驾驶汽车的制造商无须为了满足碰撞标准,配备手动驾驶控制系统,迎接完全自动驾驶时代。欧洲是最早重视自动驾驶发展的地区之一,2003年出台《欧洲道路安全行动计划》,2011年发布《欧洲一体化交通白皮书》统一欧盟的交通基础设施,2015年《欧洲自动驾驶智能系统技术路线》正式提出欧洲自动驾驶发展战略,2020年欧洲经济委员会发布新标准,明显放松了自动驾驶的测试监管。2024年英国通过《自动驾驶汽车法》,为英国自动驾驶汽车的部署建立了全新的监管框架,也使英国成为继德国之后,为数不多的出台综合性自动驾驶汽车立法的国家之一。而日本则希望自动驾驶为经济提供新的增长点,2014年发布《官民ITS构想及路线图》促进政府和私营企业共同发展自动驾驶产业,2016年发布《自动驾驶汽车道路测试指南》鼓励自动驾驶测试,2023年施行新的《道路交通法》修正案,允许L4级别自动驾驶汽车在部分道路上行驶。

7.3.2 核心技术

如图7.2所示,自动驾驶是一项高度复杂的系统工程,融合了传感器、智能算法和控制系统等多领域技术。通过车辆上安装的多种传感器,自动驾驶汽车能够感知周围环境。传感器质量对于构建高性能的自动驾驶汽车至关重要,其主要作用是监测环境。根据功能,传感器大致分为外感传感器与内感传感器两类。其中,摄像头和激光雷达等外感传感器记录车辆周围环境的属性,而GPS和轮式里程计等内感传感器记录车辆自身属性。控制系统包含动力供给、方向控制和车灯控制三方面,动力供给执行加速、刹车等命令,方向控制实现左转、直行、右转等,车灯控制则包含远光灯、雾灯、转向灯等的控制。模块化架构是自动驾驶系统中广泛采用的基础架构,它将驾驶流程划分为场景理解、运动规划、决策、车辆控制、社交行为和通信六个独立的子任务[74]。场景理解通过多种传感器获取驾驶环境中的精确信息,如车道、交通信号灯、行人、斑马线和交通标志等[75]。例如,特斯拉提出BEV+Transformer架构,高效表征三维场景,为后续规划、控制等提供支撑。而后,特斯拉进一步将该架构升级为占用网络(Occupancy Network)[76],能够直接在体素空间中表示物体占用,提升场景理解精度。运动规划是自动驾驶车辆实现安全、平稳导航的关键任务,旨在避免在复杂环境中的碰撞。现有方法借助基于搜索的算法或深度学习,通过自主感知和分析识别障碍物并选择正确行动,从而帮助自动驾驶车辆找到时间和距离上更高效的路径,实现安全导航[77]。运动规划分为运动指令预测和轨迹预测,前者主要计算转向角、加速度和制动等,后者则估计车辆短期内的最佳行驶轨迹。强化学习技术的发展有望提升自动驾驶适应复杂环境的能力。

例如，菜鸟无人车技术团队研发的高性能大规模强化学习规划器[78]在真实世界数据集上的性能超越了基于模仿学习和规则的方案。此外，自动驾驶需要在复杂环境中实时决策，通过利用对环境的特征表示和既定规则，使车辆能够根据动态交通状况作出恰当的反应[79]。而车辆控制负责修正源自运动规划和决策的误差，稳定并引导车辆沿规划路径行驶。社交行为指的是自动驾驶车辆如何识别其他道路使用者的行为意图，这也是未来交通系统中实现完全自动驾驶的关键。最后，通信技术对提升自动驾驶车辆的感知与规划能力以及实现更优的车辆控制具有显著作用，可用于车辆间和车路间共享信息，弥补某些情况下传感器感知信息的不足。例如，蘑菇车联推出的自动驾驶标准化产品包实现了车路云一体化的全场景布局，可为 L0～L4 各级别智能网联车辆赋能。

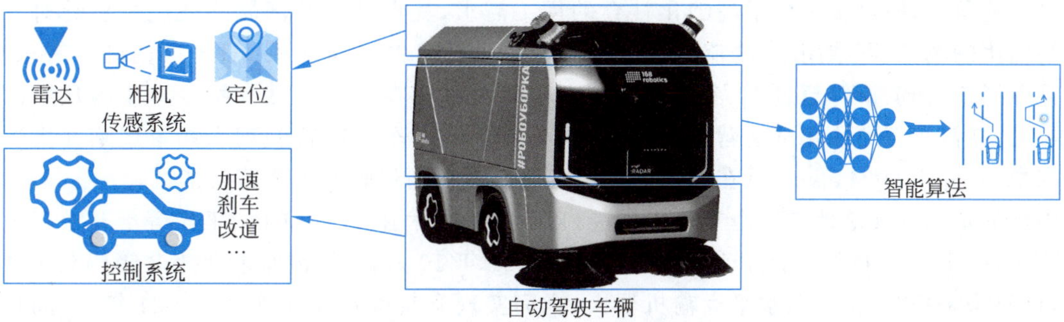

图 7.2 自动驾驶车辆构成

然而，模块化架构存在一定的局限性，阻碍了自动驾驶技术的进一步发展，其中一个显著缺陷是容易产生错误传播。例如，自主车辆感知模块中的误分类可能传递至后续的规划和控制模块，导致不安全行为。此外，管理多个互联模块的复杂性以及在每个阶段处理数据的计算低效性也给模块化架构的实际推广带来了挑战。为克服这些不足，端到端自动驾驶方案应运而生。它直接将传感器输入映射到控制输出，简化系统并提升效率和稳健性。首先，端到端自动驾驶解决了误差传播问题，其采用单一学习任务管道[80]，能学习特定任务的特征，从而降低误差传播的可能性。其次，端到端自动驾驶方案具有计算优势。模块化管道的每个模块都针对特定任务进行训练，模块间存在冗余计算，导致不必要的计算延迟。而端到端方法专注于生成控制信号，减少了不必要的计算，优化了整体流程。过去，端到端模型被认为是"黑箱"，缺乏透明性。然而，近年来的方法通过生成辅助输出、注意力图和可解释性图，显著改善了模型的可解释性。这些方法为车企和用户追溯误差根源、理解模型决策过程提供了帮助。最后，端到端自动驾驶方案在训练方面更为简便。模块化方案需要对每个任务模块分别训练和优化，且依赖于特定领域的知识和专业技能。而端到端方案能够直接从原始传感器数据中学习相关特征和模式[81]，减少了对复杂工程设计和专业知识的需求。以特斯拉的完全自动驾驶(FSD)系统为例，该系统抛弃了原有的 30 万行规则代码，转而使用数据驱动的、端到端优化的神经网络，并构建了一套完整的数据采集和标注系统。当前 FSD v13.2 可以从停车场直接启动自动驾驶，预计后续版本将支持车队动态导航。小鹏汽车完成规模法则在自动驾驶视觉-语言-动作模型上持续生效的验证后，将云端 720 亿参数的视觉-语言-动作模型和视觉-语言模型进行知识蒸馏，并与车端逾 2000 万亿次操作每秒的算力结合，在全球首款搭载 L3 级计算平台的 AI 量产车 G7 上，有望实现从感知到决策的全流程大模型自动驾驶[82]。

7.3.3 前沿应用

随着自动驾驶技术积累和测试发展，自动驾驶汽车产业的发展与落地应用正在有序推进。美国是最早开展自动驾驶研究和测试的国家之一，在无人出租车、无人卡车运输、无人巴士等方面已经实现部分商业化运营。2023 年 2 月，美国亚马逊在加州对无人载客小巴进行公开道路的载人测试。2023 年 8 月，无人驾驶巴士 LOOP 在旧金山湾中央的金银岛上以固定路线运行，连接岛上的住宅区、商店和社区中心。瑞典则在无人公交、无人卡车货运、无人清扫等应用领域成果突出。2023 年 6 月，瑞典自动驾驶卡车企业 Einride 与挪威邮政服务机构 PostNord 签订了合作运营协议，当月部署 6 辆卡车，并于 2024 年 6 月完成共 35 辆电动自驾卡车的部署。英国、德国、芬兰、苏格兰等地都已在城市试点无人公交车，目前多家企业正在联合开发“欧洲地平线 ULTIMO”自动驾驶电动小巴服务，该项目目标是在 2026 年之前，在瑞士日内瓦、德国黑尔福德和挪威奥斯陆这三个欧洲城市各部署至少 15 辆无人驾驶电动小巴，并在正常的商业模式下运行。日本为了提升汽车产业竞争力，同时缓解少子高龄化社会的用工需求，其自动驾驶部署路线图主要针对三种自动驾驶应用的场景，即乘用车、物流服务和运输服务。截至 2025 年 2 月，日本国内已经有东京、神奈川县藤泽市、横滨市等超过 10 个城市允许自动驾驶汽车在特定区域和特定时段内从事出租汽车、城市公共汽车等商业化试运营。此外，日本是明确将卡车编队行驶列入国家规划并推进开展的国家之一，并于 2024 年 11 月在新东名高速公路启动自动驾驶卡车公路实证试验。

中国的自动驾驶落地应用也在稳步推进，自动驾驶技术在港口、矿区、工厂等半开放环境下的成功应用，推进工业生产向全自动化方向发展。2021 年 10 月，天津港智能化集装箱码头正式投产运营，该码头采用 76 个智能水平运输机器人，全面实现全流程自动化作业；2024 年，中国自动化集装箱码头已建和在建的数量位居世界首位，其中已建成的自动化集装箱码头 18 座，在建包括改造的集装箱码头 27 座[83]。此外，面向城市客运等开放环境任务的自动驾驶出租车、公交车等，近两年发展迅速，正处于大规模推广测试的阶段。在 2024 年 8 月国新办举行的“推动高质量发展”系列主题新闻发布会上，公安部交通管理局表示：“到目前为止，中国已累计发放自动驾驶汽车测试号牌 1.6 万张，开放了公共测试道路 3.2 万千米，有力支撑自动驾驶技术验证和更新迭代”。比亚迪与华为开展自动驾驶合作、蔚来发布自主研发的自动驾驶芯片，让辅助驾驶走进千家万户，而萝卜快跑和小马智行等自动驾驶车辆接连亮相，着眼于降低出行成本的自动驾驶出行服务。在国家政策的大力支持下，多家科技企业和汽车制造商纷纷布局自动驾驶，致力推动自动驾驶技术的研发和应用。随着 5G 通信、大数据等技术的广泛应用，自动驾驶正加速成熟，并向更广泛的场景落地和商业化发展。

7.3.4 发展趋势

据《百度 Apollo 智能交通白皮书》预测，2035 年车路智行系统将完成网联化转型，完全实现无人驾驶，标志着智能交通系统的全面升级与高度融合。李德毅院士认为，未来的汽车应该是一个会学习的轮式机器人，这个机器人需要做到传承学习和自主学习，前者体现为接受知识和运用知识的能力，后者则体现为自己实践生成经验、技巧和知识的能力[84]。此外，未来的汽车应具备类人的决策能力，以确保在各种复杂和突发情况下的安全行驶[85]。高智能化的自动驾驶不仅在车辆上实现技术上的突破，还将为城市交通、物流、出行等多个领域带来根本性变化。自动驾驶将成为普及化的交通方式，改变人们的出行习惯。

1. 应用发展趋势

自动驾驶技术正逐步成为未来交通与物流领域的重要发展方向。其中，无人配送被认为是最具可行性的商业化落地场景。无人配送服务体系涵盖从仓库自动出货装车到配送至用户手中的全过程。无人配送能够有效解决传统物流行业面临的人力成本高、配送效率低、安全隐患多等核心问题，特别是在快速增长的电商、外卖和新零售领域，无人配送展现出强大的应用潜力。国内无人配送产业虽起步稍晚，但市场需求量大、应用场景丰富且具有特色。例如，中国城市密集区的复杂交通环境、社区和园区的多样化需求，以及农村地区配送“最后一公里”的痛点，为无人配送提供了多层次的落地空间。此外，在教育、医疗等民生领域，无人配送可缓解偏远地区物资短缺问题，为社会提供更多便捷服务。然而，当前技术尚处于试点运营阶段，面临复杂路况、人机交互、政策规范以及商业模式探索等多方面的挑战。尽管如此，随着政府大力推进“智能汽车创新发展战略”和“新基建”，无人配送的落地环境正在迅速改善。无人配送车的发展路径主要分为两种：一是以京东、美团等互联网巨头为代表，这些企业基于自有场景构建无人配送运营体系，通过技术研发与实际场景测试，实现降本增效；二是以新石器、白犀牛等初创企业为代表，这些公司使用自研技术方案提供第三方运力服务以实现盈利。这些企业大多聚焦低速载物技术，以实现快速部署和运行稳定性，推动自动驾驶技术在物流领域的加速落地。当前，无人配送在公用及半公用道路上已实现小规模应用，主要集中在快递配送、商超配送、餐饮配送和移动零售四大场景。例如，社区内的无人车可以完成日常的包裹配送，商超场景中的无人配送车可以在店内外提供自动取货服务，餐饮外卖中通过无人配送车实现“无接触配送”显著提升用户体验。无人配送技术的快速发展得益于 AI、5G、云计算等新技术的深度融合。这些技术不仅提升了无人配送车的感知、决策和执行能力，还为自动驾驶在复杂路况中的表现提供了强大支持。同时，上下游企业之间的协同合作成为产业发展的重要推动力。例如，大型互联网公司与技术初创企业通过资源共享、联合研发和商业模式创新共同推动无人配送产业链的健康发展。无人配送面临末端配送环境复杂、路况复杂、人机交互等挑战，要求其 AI 对突发事件的响应更加灵敏，需要国内完全的自主创新而非“拿来式创新”，无人配送的成功应用将标志着包括自动驾驶、机器人控制、机器学习等一系列创新技术实现重大突破，在复杂应用场景的驱动下，中国无人配送技术将有机会进入世界前沿行列。

2. 技术发展趋势

随着高级别自动驾驶和车联网技术的不断推进和商业化落地，人与车之间的关系将发生巨大的转变，汽车将从单纯的交通工具逐渐演变为集娱乐、社交、办公于一体的“第三生活空间”，而智能座舱的发展也将围绕着这个大前提展开。智能座舱融合了智能化、网联化技术和软硬件系统，通过不断学习与迭代，能够对座舱空间进行智慧感知和智能决策，显著提升用户体验。其主要发展方向包括智能显示、智能交互、车载芯片、车载操作系统和基础设施等，其中多屏显示和语音交互已成为主流。这一变革打破了传统汽车座舱仅限于驾驶导航和音乐播放的单一功能，推动座舱成为一个具备高度互动性和自主性的环境。智能座舱与自动驾驶和车联网技术相互促进，使得驾驶员的手眼从驾驶任务中解放出来，车主可以更专注于其他事务。同时，车联网的智能决策和智慧交通大数据将通过车载操作系统为自动驾驶提供支持，推动交通系统的智能化和效率提升。从产业角度看，智能座舱的技术革新将促使汽车产业链重塑。传统汽车制造商将与科技公司、互联网企业、通信运营商等进行深度合作，推动智能化变革的实现。特别是在算法、计算力和高性能芯片的支持下，智能座舱能够实现语音、视觉和手势等智能识别交互，这需要与外部供应商紧密协作。同时，车联网和自动驾驶的结合将推动智慧交通体系的构建，带来数据共享和实时信息更新，进一步提升自动驾驶的决策能力和安全性；未来，自动驾驶与智能座舱的融合将持续深化。智能座舱不仅是自动驾驶的关键技术之一，更是实现个性化智慧出行的核心枢纽。这种技术与场景的双向驱动模式，将为汽车产业注入更多创新动能，并为用户打造更加安全、高效、智能的出行新生态，推动自动驾驶真正走向规模化商业化应用。

3. 挑战与措施

尽管自动驾驶近年来取得了显著进展，但仍面临诸多挑战。提高可靠性和安全性仍是亟须解决的难题。自动驾驶车辆依赖相机、激光雷达、毫米波雷达等多种传感器感知环境，但这些传感器在复杂路况和恶劣天气下表现出明显局限性，不仅风沙、雨雪等极端条件会导致误判，甚至树叶或大雾都可能干扰系统的正常运行。现有传感器各有优劣：相机虽能提取丰富的图像信息，但易受光线和环境干扰；毫米波雷达抗污染能力强，但分辨率有限；激光雷达精度较高，但价格昂贵且易受天气影响。因此，需要结合多种传感器的数据，充分发挥各自优势，通过数据融合提升感知的准确性和稳健性[11]，并进一步开发更高效的算法，提升对复杂环境的适应性。

此外，提升公众对自动驾驶的接受度和信任度也是推广其大规模应用的关键。过去十年间，美国、加拿大和欧洲的自动驾驶车辆数量显著增加。然而，与自动驾驶车辆相关的道路事故引发了公众质疑，而许多研究试图也揭示自动驾驶汽车在设计、开发和应用中的局限性和问题，例如以“电车难题”为代表的伦理问题[86]。文献[87]总结了自动驾驶系统的三大开放性问题：第一是语义鸿沟，即当系统的完整规范未明确提供给制造商和设计者时产生的问题；第二是责任鸿沟，即在事故发生后，难以明确是自动系统还是人为因素导致的责任分歧；第三是赔偿责任鸿沟，即事故发生后谁应对受害者进行赔偿的问题。研究指出，这些问题的核心在于领域复杂性、系统复杂性以及将更多决策职能从人类转移至自动系统所带来的挑战。针对这些问题，一方面需要强化对自动驾驶的监管与立法，另一方面需要增加自动驾驶算法的可解释性，建立人类与自主系统之间的信任，帮助司法分析师和系统审查人员了解自动驾驶汽车在行驶过程中的决策全过程以追溯问题，解决事故后责任和义务缺口。通过深入追溯问题成因，同时赋予利益相关者提出“为什么”问题的权利，最终提高社会大众对这一技术的接受度。此外，开展公众科普活动，深入普及自动驾驶技术的原理、优势及发展前景，并通过建立示范区和试点项目，让公众亲身体验自动驾驶的便捷与安全，亦是增强公众认可度的重要措施。

尽管自动驾驶能够解放驾驶员，为用户提供更优质的用车体验，但是新功能的实现需要付出额外的成本。若自动驾驶成本过高，仅能吸引少数用户，将导致销量不足、企业利润有限，从而缺乏资金投入技术创新，最终减慢技术迭代升级的速度。高昂的软硬件成本已成为自动驾驶普及和功能升级的重要阻碍。一方面，虽然相机、雷达、处理器等软硬件成本已有明显下降，但自动驾驶功能仍然会显著增加车辆成本；另一方面，自动驾驶功能升级将会进一步增加车辆硬件和代码规模。据推算，L3 级别自动驾驶的算力需求为每秒 20 万亿次操作，是 L2 级别自动驾驶的 10 倍，而 L4、L5 级别自动驾驶的算力需求分别达到每秒 400 万亿次操作和每秒 4000 万亿次操作[88]。这需要扩大生产规模、增加销量，摊薄固定成本，并在企业层面寻求技术合作和资源共享，分摊研发风险，以及由政府提供政策支持或补贴，促进自动驾驶的普及和发展。

此外，当自动驾驶汽车在道路上行驶时，它就成为车联网的一部分。车辆可以通过车联网获取一系列交通信息(例如，实时交通状况、行人和周围车辆的状态)，因此保护车联网通信的安全是自动驾驶的一个重要挑战。这种通信攻击包括身份认证/识别、可用性、数据完整性和保密性[89]。因而在未来的车联网通信网络的设计中，除了减少网络延迟，还需加强端到端加密传输、身份认证、访问控制及异常流量监测等安全措施。

7.4 工业机器人领域前沿

工业机器人已经成为推动产业升级的重要力量，从执行流水线上的简单重复操作到满足复杂多变的生产需求，工业机器人正以前所未有的方式改变着生产模式。它们不仅提升了生产效率，还显著降低了人工成本，为现代制造业注入新的活力。这一发展背后，是工业制造对智能化的迫切需求和不断进步的技术支撑。

7.4.1 发展现状

近年来,中国的工业机器人产业实现了快速发展,主要得益于产业升级需求的增长和政策支持的有力推动。国家层面出台了一系列政策,旨在促进工业机器人技术的创新与应用。与此同时,欧美等国家和地区也在积极推动工业机器人行业的标准制定、技术创新、应用拓展,以及伦理责任的完善。全球范围内的政策趋势与中国的政策措施相互呼应,共同推动工业机器人产业的持续创新与应用扩展。

1. 国内政策

中国的制造业因劳动力成本增加、产业升级等,对工业机器人技术需求突出。工业机器人不仅能够显著提升生产效率,还为制造业创造了转型升级的新路径。围绕技术性能提升、产品种类多样化和行业管理规范化,中国政府出台了多项政策措施,为中国工业机器人产业的高质量发展提供了坚实保障。

《"十四五"机器人产业发展规划》明确提出,要突破工业机器人在高精度控制、高速响应和复杂任务执行方面的核心技术瓶颈。此外,《工业机器人行业规范条件(2024 版)》对工业机器人的技术指标设定了更严格的行业标准,推动企业加大研发投入,改进关键零部件性能,如高精度减速器、高效伺服电机和智能控制算法等,从而提升国产工业机器人的综合竞争力。这些政策不仅指明了技术发展的方向,还为中国工业机器人从"量的积累"迈向"质的飞跃"提供了明确路径。

《"机器人+"应用行动实施方案》要求机器人产品种类要更加丰富,适应不同行业和场景的需求,在焊接机器人、装配机器人、搬运机器人等方面实现技术突破与广泛应用。随着制造业人工成本的上升,工业机器人成为企业追求高效和降低成本的重要手段。这种经济与政策的双重驱动,使得工业机器人逐步成为制造业转型的主流趋势。

此外,为了保障行业的健康可持续发展,中国政府在行业规范化管理方面也出台了一系列具体政策,从企业的生产能力、产品技术指标到企业的环境管理和社会责任履行等多个维度进行规范。特别是对新进入市场的企业设置了技术门槛,既鼓励技术创新,又避免了低端产能的盲目扩张。同时,相关政策还着力优化产业链生态,强调关键零部件的国产化和供应链安全,通过整合资源、集中力量突破核心技术,逐步形成从零部件到整机的完整产业链条。

相关政策通过技术引领、市场导向和行业规范相结合的方式,全面推动中国工业机器人产业的创新发展。在相关政策的支持下,中国工业机器人正在迈向高端化、智能化、多样化和规范化的道路,这不仅为制造业的数字化转型提供技术支撑,也为实现经济高质量发展注入强大动力。

2. 国外政策

美国的工业机器人政策以市场驱动为主导,政府主要通过实施"国家机器人计划"等专项项目资助相关研发,并由职业安全与健康管理局制定行业安全标准,以引导产业健康有序发展。美国业界近期则呼吁制定国家级机器人战略,并由自动化行业协会等积极推动产业加速应用。欧盟重点推动机器人技术的研发与应用,致力于推广更安全、更高品质的机器人技术,同时强调机器人技术发展过程中的伦理规范与社会责任。德国作为全球工业机器人领域的重要技术强国,政府通过增加研发投入、实施税收优惠等方式推动产业发展,力图维持其领先地位。日本的机器人政策侧重于利用机器人技术解决社会问题和提升产业生产力。日本政府发布《新机器人战略》,鼓励在农业、基础设施和医疗等领域应用机器人,并重振日本制造业。日本还积极推动制定机器人安全国际标准,以提升产业国际竞争力。韩国已是全球工业机器人应用密度最高的国家之一,其政策目标宏大。韩国政府宣布《第四次智能机器人基本计划》，旨在构建“K-Robot 经济”，并计划到 2030 年普及应用 100 万台机器人。韩国政策还强调技术自主，力求提高核心零部件国产化率，并加速机器人与人工智能的融合。

7.4.2 核心技术

工业机器人的快速发展正在深刻改变制造业的面貌，推动其向智能化、自主化和高效化方向迈进。从可编程逻辑控制器(Programmable Logic Controller，PLC)到外部轨迹生成器(External Trajectory Generator，ETG)，再到具身智能和数字孪生技术，工业机器人的控制系统和智能化水平实现了跨越式提升。这些技术的融合与应用不仅解决了传统工业机器人在灵活性、动态适应性和自主决策能力上的局限，还为复杂制造任务的精准执行和高效管理提供了全新解决方案。

1. 可编程逻辑控制器

工业机器人在制造业的广泛应用得益于 PLC 的支持。PLC 因其可靠性高、抗干扰能力强和实时控制能力，已成为工业机器人控制系统的重要组成部分。在运动控制方面，PLC 可以通过不同的步进激励方法(如单相激励、双相激励和一二相混合激励)实现对步进电机的精准控制。在智能化控制方面，PLC 可结合深度学习，使机器人能够完成复杂和动态变化的任务。例如，PLC 与 NPU 集成，用于控制机器人执行抓取任务。通过部署 MobileNet-SSD 和 FC-GQ-CNN 等神经网络，系统能够实时处理 RGB-D 图像，识别目标物体并计算最优抓取点。这种结合不仅提升了机器人的灵活性，还能以低于 10W 的功耗完成快速抓取，成功率达到 95%[90]。此外，PLC 还展现出诸多优势，包括适应恶劣工业环境的高可靠性、模块化扩展的灵活性，以及高效的实时控制能力。未来，随着更先进的 PLC 设备的应用，工业机器人将实现更复杂的闭环控制，并能够支持多种末端执行器(如真空吸盘)，进一步增强抓取的灵活性。

2. 外部轨迹生成器

ETG 作为一种创新技术，有效弥补了传统工业机器人控制系统在灵活性和动态适应性上的不足。ETG 通过将轨迹生成任务从机器人控制器中解耦，并移至高性能工业计算机或专用控制器，实现了复杂轨迹的实时生成和优化。这种方法不仅提升了轨迹规划的效率，还允许用户在外部设备上使用通用编程环境，设计满足多样化任务需求的轨迹[91]。在应用中，ETG 为复杂任务的精确执行提供了关键支持，通过对机器人步态参数(如频率和高度)的实时调整，ETG 在四足机器人中实现了自适应运动能力，使其在动态环境下能够迅速调整步伐和轨迹，以满足不同场景需求[92]。此外，在精密制造任务中，ETG 通过外部设备处理预设路径的几何和时间参数，生成优化的运动指令，不仅提升轨迹的平滑性，还显著降低机器人控制器的计算负担[93]。结合 AI 技术的 ETG 进一步拓展了工业机器人在灵活制造中的应用潜力。例如，通过引入深度学习模型，ETG 可以更好地理解传感器数据，从而实现对复杂障碍物的规避和动态环境的自适应，为工业机器人提供了更高层次的智能化能力。外部轨迹生成器通过将复杂路径规划任务外包至外部设备，使工业机器人具备了高度灵活、实时的控制能力。随着硬件性能的持续提升和 AI 技术的深度融合，ETG 将成为推动工业 4.0 和智能制造发展的重要基础。

3. 大模型与具身智能

随着大语言模型的兴起，工业机器人正朝着更高智能化和自主化发展。具身智能通过整合自然语言处理和机器人控制，使工业机器人能够实现自主设计、决策和任务执行，在制造业中展现了强大的潜力。大语言模型赋予工业机器人强大的任务解析能力。通过将自然语言转换为结构化的任务描述，机器人能够理解复杂的操作指令并提取关键参数，该技术允许非专业人员通过简单的语言命令操控机器人，从而显著降低了机器人的使用门槛。此外，在路径规划方面，大语言模型进一步提升了机器人的操作灵活性和精度。通过自主生成所需轨迹（如用于3D打印或加工的轨迹），机器人可以根据不同的设计需求和空间约束，选择最优的路径插值方法，如线性插值或样条插值。实验表明，这种路径生成方式显著地减少规划中的错误，提升成功率[94]。最为重要的是，大语言模型的出现提升了具身智能的智能化水平。借助多模块框架（如任务匹配、API参考、错误审查和代码生成），工业机器人可以在制造任务中展现出前所未有的自主性和适应能力。例如，基于GPT-4模型的机器人能够完成多步骤的制造任务，其单次任务成功率达93.75%，展示了这一技术的强大潜能[95]。大语言模型不仅提升了工业机器人的智能水平，还为更加自主、灵活的工业自动化奠定了基础。2025年6月，Figure AI公司发布了一部长达1小时的视频，邀请全网监工机器人Figure 02分拣快递。该机器人搭载了通用视觉语言动作大模型Helix，可以快速完成包裹分类和处理任务，同时保持较高的成功率和灵活性。该技术的未来发展包括多机器人协作、路径动态规划及多模态处理能力，进一步推动制造业向智能化转型。

4. 数字孪生

在工业机器人的发展中，数字孪生是推动无人工厂智能化的重要技术。以NVIDIA Isaac Sim为代表的数字孪生技术正在多个领域广泛应用[96]。例如，全球知名制造企业富士康在其墨西哥瓜达拉哈拉的虚拟工厂中，通过NVIDIA Omniverse平台和Isaac Sim仿真工具进行生产线设计与机器人训练。利用数字孪生技术，富士康工程师能够精准优化机械臂的布局与操作流程，通过安装数千个传感器与联网摄像头，实现对生产过程的实时监控和分析。在这些虚拟工厂中，Isaac Sim可帮助机械臂学习如何观察、抓取和移动物体，例如将复杂服务器装配到自主移动机器人上。基于AI模型，这些机器人能够动态规划路径，绕过障碍物，自主完成运输任务，而无须依赖预先绘制的线路。通过数字孪生技术的应用，富士康的虚拟工厂在节约时间、成本和能源方面效果显著，预计每年可减少30%以上的用电量。2025年5月，加州大学伯克利分校的研究者发布了一种简单、快速的人形机器人强化学习算法FastTD3[97]，可在数小时内完成训练，并支持虚实迁移。

工业机器人正从传统的依赖厂商专有编程语言的控制方式，逐步迈向高度智能化和自主化的新时代。从传统PLC的可靠控制到ETG的灵活控制，再到大语言模型驱动的具身智能，这些创新不仅突破了传统技术的局限，还为机器人在复杂多变的制造环境中实现自主任务规划和高效执行奠定坚实基础。

7.4.3 前沿应用

工业机器人正以惊人的速度革新传统工业，在物流仓储、工业装配、检测与巡检等多元场景中展现出非凡的潜力和价值，成为推动产业升级与智能化转型的核心驱动力。

1. 物流仓储

工业机器人在物流仓储领域的应用显著提升了效率并降低了成本。例如，京东物流的“地狼”“天狼”系统通过二维码导航和高精度算法，将货架运送至拣货员工作区，使传统“人找货”转变为“货找人”，将拣选效率提升3～8倍，同时支持高密度存储；自动导引车和无人叉车则广泛应用于搬运与运输作业，如无人叉车在汽车零部件和石油化工企业中实现了高位存取和全流程自动化，提高效率的同时可大幅降低事故发生率。此外，智能仓储系统结合无线射频识别和物联网技术，优化了库存管理，而自动化分拣线和末端配送机器人进一步提高了分拣与配送效率。尽管制造业面临数据安全和系统集成等挑战，但工业机器人在物流仓储中的应用已展现出显著效益，可大幅节省土地和劳动力成本。

2. 工业装配

工业机器人在装配领域扮演着日益重要的角色，其应用涵盖了多个关键方向。传统的飞机装配，尤其是大型部件如机身、机翼的装配，往往依赖大量人工，不仅效率低下，而且难以保证一致性和精度，工业机器人的引入，为飞机自动化装配带来了突破。多机器人协同系统应运而生，通过精确的运动控制和力反馈技术，实现飞机部件的自动定位、对接、紧固等操作。例如，在机翼装配中，机器人可以精确地完成翼肋、翼梁等部件的装配，保证翼面的气动外形和结构强度；在机身装配方面，机器人能够进行蒙皮的自动铆接、舱门的精确安装等任务。在高精度装配领域，并联机器人凭借其独特的结构设计，实现了高速、高加速度和高精度的运动性能。这类机器人常被应用于高节拍的拾放料和装配作业，例如在电子元件的贴装、精密零件的装配，以及食品和医药产品的包装等环节。在电子产品装配线上，并联机器人可以快速而准确地将微小的电子元件放置到印制电路板上，保证电子产品的质量和生产效率；在包装行业，并联机器人能够高速分拣和包装各种产品，满足大规模生产的需求。

3. 检测与巡检

工业机器人在检测与巡检领域正发挥着日益关键的作用，其应用方向多元。在电力设施巡检中，机器人通过搭载多传感器和图像处理技术，实现对电力设备的多模态精细化检测，有效预判和处理潜在故障。对于危险爆炸作业场所，智能巡检机器人能够在保障安全的前提下，替代人工进行巡检，降低人员风险，并须满足严格的安全要求。巡检机器人的应用场景不断扩展，例如在水产养殖领域，利用柔性传感技术进行环境和质量监测展现出潜力。

工业机器人凭借其在物流仓储、工业装配和检测与巡检等领域的卓越表现，不仅显著提升了生产效率与作业质量，降低了运营成本与安全风险，更在推动产业智能化升级的浪潮中扮演着不可或缺的关键角色。

7.4.4 发展趋势

1. 应用发展趋势

工业机器人正逐步从传统制造业扩展到更多元化的应用领域，其功能和价值在多个行业中得到了深入发掘。在制造业，工业机器人被广泛应用于焊接、喷漆和装配等环节，显著提升了生产线的自动化水平和产品质量。在电子行业，机器人则常被用于精密元件的组装和检测，确保电子产品的微型化和高性能。此外，在重工业领域，如机械加工和金属冶炼，工业机器人也承担着搬运、码垛和机床操作等重体力劳动，有效降低了工人的劳动强度和安全风险。当前，工业机器人的应用场景还在不断扩展，例如在建筑清洁、高空作业和特殊环境探测等领域，机器人已开始发挥其独特的作用，为各行各业的智能化升级注入了强劲动力。

2. 技术发展趋势

工业机器人未来发展将迎来智能化和多样化的全面升级。随着与 AI 的深度融合，工业机器人具备了更强大的自主决策能力，从而能够更好地适应复杂多变的生产环境。同时，人机协作技术的不断进步，使得机器人能够安全、高效地与人类共同完成任务，进一步提升生产灵活性和效率。此外，工业机器人正在向医疗、农业、服务业等领域扩展，推动相关行业的智能化转型。

工业机器人与 AI 的融合正推动制造业进入智能化新阶段。通过整合深度学习和强化学习算法，机器人能够从操作数据中学习动作执行，并动态优化任务执行过程，使其在复杂环境中具备更高的灵活性，例如根据环境实时调整路径规划。AI 使工业机器人能够通过先进的视觉系统感知环境，借助 AI 算法实现智能感知和柔性控制，允许机器人在非结构化环境中操作，例如精确抓取不规则形状的物体,或在人机协作中调整力度以确保安全性和高效性。AI 使工业机器人能够适应复杂和动态的生产环境,在未知环境中逐步学习并提高效率,在更多元的场景中实现与人类的高效协作。例如,在高风险作业中,机器人可以作为安全屏障完成任务;而在人机协作生产线上,机器人能够辅助人类完成复杂装配,提升整体效率。

协作型工业机器人能够与人类在开放环境中协同完成复杂任务,突破传统工业机器人仅适用于封闭环境、单调任务的限制。通过雷达、相机和力觉等传感设备,机器人能够实时感知人类的位置、手势和动作,并通过点云处理、计算机视觉和机器学习算法对环境进行建模,使机器人能够与人类无缝互动。在工厂中,机器人可以在生产线上完成高强度的搬运任务,而人类则仅需监督质量或进行关键环节的判断。未来,工业机器人的人机协作将进一步深化。例如,通过自然语言处理和大模型驱动的指令解析,工业机器人将更准确地理解人类意图,从而优化协同操作流程。

3. 挑战及措施

随着多学科技术的深度融合,工业机器人正成为工业智能化与无人化发展的重要方向。依托大数据、物联网和 AI 等前沿技术,工业机器人从过程操作逐渐过渡到完成完整的工业任务,为设备管理和生产效率的提升提供可靠保障。尽管 AI 和感知技术取得了显著进步,但工业机器人在复杂、动态环境下的自主决策和精准操作能力仍有提升空间。例如,在极端温度、高粉尘或强电磁干扰等恶劣工业环境中,机器人的传感器性能和控制系统的稳定性可能会受到影响,导致生产中断或质量下降;此外,现有工业机器人在灵活性、适应性和易用性方面仍有不足,难以满足某些定制化、小批量生产的需求,限制了其在更广泛领域的应用。人机协作是工业机器人未来发展的重要趋势,但如何确保人类与机器人在同一工作空间内的安全,仍然是一个复杂的问题。传统的安全防护措施,如安全围栏,虽然有效隔离了机器人工作区域,但也限制了人机协作的灵活性。为了实现真正的人机协同,需要研发更先进的安全技术,例如基于视觉和力传感的碰撞检测与避让系统,以及能够实时监控工人状态和机器人行为的安全管理平台,从而在保障安全的前提下,充分发挥人机协作的优势。此外,工业机器人的研发、制造、应用和维护涉及机械、电子、控制、计算机等多个学科,需要复合型、高技能人才的支撑。然而,当前机器人工程及相关专业的教育体系尚不完善,人才培养规模和质量难以满足行业需求。为了解决人才瓶颈,需要加强高校和职业院校的机器人教育,深化产教融合,建立多层次、多渠道的人才培养体系,为工业机器人行业的持续发展提供智力支持。

7.5 服务机器人领域前沿

近年来,服务机器人走入现实,成为提升生活质量、优化生产方式的重要助手。在国家政策的引导下,这一领域呈现出技术创新与应用扩展的双轮驱动趋势。从政策支持到核心技术,再到多元化的实际应用,服务机器人正逐步改变人们的日常生活和社会运作方式。

7.5.1 发展现状

服务机器人在医疗、养老护理、家用、教育、商业服务、公共安全等多个领域展现出广泛的应用场景。在医疗领域,手术机器人、消毒机器人和药物配送机器人已成为医院的重要辅助工具;在养老护理领域,智能护理机器人能够提供健康监测和情感陪伴;在家庭中,扫地机器人、陪伴机器人和智能厨师机器人成为日常生活的得力助手;在教育场景中,教育机器人帮助学生进行编程训练和语言学习;在商业服务领域,送餐机器人、接待机器人和引导机器人被广泛使用。这些应用不仅提高了各领域的工作效率，还显著改善了人们的生活质量，体现出服务机器人产业在实际场景中的重要价值。

全球各国都高度重视服务机器人领域的发展，并纷纷出台相关政策，将其作为重要的战略方向。中国政策着重于将机器人产业作为制造业升级的关键，通过财政支持、区域规划和标准制定，构建完整的产业链和创新生态，力求在全球市场占据领先地位。国际方面，欧美日韩等发达国家也纷纷出台政策，在技术研发、伦理安全、行业应用和国际合作等方面积极布局，以期在服务机器人新兴领域抢占发展先机，并利用机器人技术解决各自社会和经济发展中面临的共同挑战。

1. 国内政策

在"十四五"规划中，国家明确指出机器人产业是推动中国制造业迈向高质量发展的关键领域之一。当前，中国服务机器人产业规模持续扩大，企业创新能力显著增强，国家在政策支持、技术标准、人才引进与国际合作等多个方面提供了全方位的导向，确保服务机器人产业在全球市场中占据重要地位。中央和地方政府通过提供研发补贴、税收优惠政策等，激励机器人企业尤其是中小型企业进入服务机器人领域。在服务机器人产业的发展过程中，技术标准与规范的制定是至关重要的环节。为了确保服务机器人技术的有序发展，国家和行业协会相继发布了一系列技术标准和安全规范，涵盖了从产品设计、制造流程到数据隐私和安全测试等多个方面，如控制电源的电压应为直流且有具体的数额要求，模块之间通信需要尽可能采用相同的总线协议。此外，为保障服务机器人产品的安全性和适用性，国家还建立了一套统一的测试与认证体系。这些测试与认证要求涵盖了机器人与人互动的安全性、传感器的准确性，以及数据处理能力等方面，确保机器人产品在市场应用中的安全性和可靠性。这套认证体系不仅有助于保障消费者的使用安全，也增强了国内外市场对中国服务机器人产品的信任度。

2. 国外政策

全球各国也针对服务机器人领域出台一系列相关政策。美国侧重于制定安全标准和操作规范，例如风险评估、员工培训和机器人性能评估，以降低风险并确保服务机器人在各行各业安全、高效地运行。美国还在标准化"服务机器人"的智能化水平，强调其在执行任务时需要具备一定程度的自主性，无须持续人为干预。欧洲主要通过欧盟层面推动产业合作和技术研发，并关注机器人伦理、安全和标准化问题，力图提升欧洲企业在全球市场的竞争力。英国政府关注服务机器人和人工智能在养老护理的潜力，并大力投资研发，同时也在探索如何在保障公共安全和隐私的前提下进行创新。法国将人工智能和机器人技术置于国家战略的高度，通过《法国 2030》计划投入巨额资金，旨在成为相关领域的主要领导者，并积极在医疗等社会服务领域试点服务机器人的应用。日本将服务机器人技术视为解决人口老龄化和劳动力短缺问题的关键手段，并通过多项政策积极推动服务机器人在农业、医疗、养老等领域的应用。

7.5.2 核心技术

服务机器人领域的核心技术为推动产业进步和实现智能化应用提供了基础，它涵盖人机协同、边缘计算以及室内定位等。这些技术的突破正在改变服务机器人的能力和应用场景，使其更加智能、安全和高效。

1. 人机协同

人机协同(Human-Machine Collaboration，HMC)强调人类与机器人在同一作业环境中安全、高效地协同完成复杂任务[98]。与传统工业机器人不同，服务机器人需要与人类共存并协同工作，因此需要具备高可靠性和理解人类意图的能力、适应动态环境并与人类进行物理或非物理的互动。在人机协同中,机器人通过视觉摄像头、激光雷达等多种传感器感知周围环境,包括人类的位置、姿态、动作、手势等,利用计算机视觉、点云处理等技术进行环境感知,并通过基于规则或机器学习的方法,结合自然语言处理理解人类意图,实现协同工作的可靠性[99]。在人机协同过程中,人类提供创造性和判断力,机器人负责执行烦琐和重复性任务,从而实现人机协同效率的最大化。因此,任务的合理分配是协同工作的核心要素之一,需要将复杂任务分解成人类和机器人可分别执行的子任务,并根据人类和机器人的能力、任务的难易程度、环境的变化等因素,动态地进行任务分配,以确保复杂任务快速有效执行。同时,人机协同还强调共享控制,包括直接控制、监督控制、任务级控制和共享自主等模式,即人类和机器人共同控制任务执行,例如在协同搬运和物体操作等情境下,机器人与人类共享对物体的控制权,实现更精细的协同操作[100],并允许人类在关键时刻干预以确保任务安全。目前,人机协同广泛应用于家庭、医疗、教育等服务领域,如家庭服务机器人辅助老年人完成家务,医疗服务机器人与医生协同进行手术或康复训练[101]。未来,服务机器人将在更多场景中成为人类的合作伙伴,提升生活品质并解决复杂问题。

2. 边缘计算

边缘计算的融合为服务机器人提供了高效、实时的数据处理和资源调度能力,有效解决了传统云计算架构下的延迟、带宽和能耗等瓶颈问题,显著提升了服务机器人的应用范围和可靠性。在能耗优化方面,边缘计算能够对传感器数据访问和模型推理任务进行精细化管理,合理调度计算资源,减少不必要的计算负担,延长机器人的运行时间[102]。其次,边缘计算通过对自主系统边缘资源的精确管理,可以实现任务吞吐量的显著提升,同时降低资源开销和任务执行成本,在人机协同环境中,这种资源管理模型可以应用于服务机器人,确保多任务并行执行的高效性,并在不同任务之间灵活调整计算资源分配[103]。此外,在感知与协作感知层面,边缘计算赋能机器人实现高效的数据共享和协同感知,提升环境理解和任务执行的准确性。F-Cooper(Feature-based Cooperative Perception)框架通过在自主车辆之间共享3D点云数据的特征级信息,实现了感知信息的跨设备整合,有效提升了目标检测的精度和范围,这种协作感知框架使服务机器人能够在共享控制的环境中更好地理解人类意图,协同完成复杂任务[104]。边缘计算使服务机器人在实时性、稳定性和能效性方面达到了新的高度,这不仅有助于服务机器人更高效地完成复杂任务,还能够确保人机协同系统在动态和复杂环境下的高效运行。

3. 室内定位

室内定位技术是服务机器人实现自主导航、路径规划和任务执行的重要基础,主要技术包括蓝牙、Wi-Fi和超宽带(Ultra Wide Band,UWB)。蓝牙技术凭借低成本和低功耗的优势在室内定位中得到广泛应用,可通过信号强度指示进行定位,实现较高的性价比和精度[105,106]。然而,蓝牙在复杂环境中的定位精度仍存在一定的局限性,而Wi-Fi技术因其广泛的覆盖范围和现有基础设施的便利性,已成为服务机器人定位的重要手段[107]。基于信号指纹和到达时间等技术,Wi-Fi能够在大规模场景中提供较稳定的定位性能[108,109],不过,Wi-Fi定位在多径效应和信号干扰较强的环境中精度可能受到影响。UWB以其高精度和低延迟的特点,被认为是室内定位领域的突破性技术,尤其在复杂和动态环境中表现出色。通过结合惯性测量单元(IMU)、轮速计和激光雷达等传感器,UWB能够实现厘米级的定位,显著提升服务机器人的自主导航和环境感知能力[110,111]。随着多传感器信息融合的发展[11],这些定位技术正逐渐形成优势互补的体系,为服务机器人的应用奠定了坚实的基础。

7.5.3 前沿应用

服务机器人技术的不断进步,使其在各行各业的应用日益广泛,逐渐成为各行业的重要组成部分，为产业发展注入了新的活力。它们不仅提升了自动化水平，还显著提高了服务质量，在各领域均展示出广阔的应用前景。2025 年 8 月，2025 世界机器人大会在北京举行，200 多家国内外机器人企业参会，擎朗智能、洛必德科技、森立康科技等公司纷纷展示了其服务机器人的最新进展。

1. 个人服务机器人

个人服务机器人正逐渐从科幻作品走入现实，成为现代生活中不可或缺的一部分。这些机器人不仅仅是简单的工具，更是在技术与人类需求之间架起了一座桥梁，它们能够理解我们的语言、感知我们的情绪，甚至在特定场景下作出人性化的反应。

在家庭场景中，服务机器人已经不再局限于简单的扫地或送物功能，而是逐渐向更加智能化、全面化的方向发展。现代家庭服务机器人可以承担复杂的家务，如烹饪、清洁、物品整理等，更能够在照顾老人和儿童方面发挥重要作用。尤其是在面对日益严峻的人口老龄化问题时，服务机器人展现出了其独特的优势。它们不仅可以帮助老人完成日常生活任务，还可以通过自然语言进行情感交流，缓解老年人的孤独感。索尼、萌友智能、珞博 Robopoet 等公司陆续发布 AI 陪伴机器人，受到大量关注。此外，随着多模态感知技术的发展，机器人可以通过视觉、听觉和触觉等多种传感器更精准地感知周围环境，使其在执行任务时更加安全和高效[112]。此外，通过云端技术，服务机器人还可以与家庭物联网设备进行联动，成为全屋智能的中枢，控制灯光、温度、安全系统等，构建一个更加智能化的生活空间[113]。

在医疗和护理领域，服务机器人同样发挥着重要作用。在医院中，机器人可以承担引导、药物配送、病患监护等任务，减少医护人员的工作压力，同时降低人为操作失误的风险。在养老院或家庭护理中，机器人可以提供跌倒检测、药物提醒、生活辅助等服务，甚至通过简单的语言交流和互动，提供情感陪伴，改善老年人的心理健康状况。这种双重功能使医疗护理机器人不仅成为高效的医疗助手，也成为温暖的陪伴者，为患者和老年人提供了更多的安全感和关怀。2024 年 9 月，腾讯 RoboticsX 实验室发布轮足类人机器人“小五”，其多指灵巧手和大面积的触觉皮肤，使其具备良好的人机交互功能，适用于养老院、医院、家庭等护理康养等场景。

2. 公共服务机器人

公共服务机器人正逐步渗透各个行业，从餐饮服务到物流仓储，再到公共场所的导览与安保，展现出广泛的应用前景。这些机器人不仅承担了重复性和高强度的任务，还在各自领域中不断优化功能，推动行业向更加智能化、自动化的方向发展。

送餐机器人作为餐饮行业的新兴应用，正通过高效、精准的服务改变传统餐厅运营模式。它们利用激光雷达、超声波传感器等实现自主导航，准确将食物送至顾客餐桌，不仅能在高峰时段分担人力负担，还通过友好的语音交互功能为顾客提供新颖的用餐体验，提升满意度和餐厅吸引力。此外，送餐机器人有助于缓解餐饮行业人员短缺问题，特别是在劳动力成本高的地区，通过减少对服务人员的依赖，降低运营成本并提高盈利能力。

在公共场所如博物馆、机场和商场，服务机器人正成为提升公共服务质量的重要工具，其中导览机器人和安保机器人是典型代表。导览机器人为访客提供引导和信息咨询服务，在博物馆中详细介绍展品并定制参观路线，通过语音交互、触摸屏和手势识别等功能提升参观的便捷性和趣味性[114]。在机场和商场，它们帮助顾客找到目的地并解答常见问题，实时获取地图和数据，提供动态路线规划，优化出行和购物体验。安保机器人则负责巡逻和安全监控，通过视频监控、热感应和声学传感等手段识别安全隐患，沿预定路线自主巡查，并在发现异常时及时报警[115]。一些安保机器人还能与人交流，劝阻不当行为或提供帮助。随着城市化进程加快和安全需求增加，安保机器人作为一种高效解决方案，不仅能够弥补人力不足，还能够提高安全工作效率，降低成本，具有广阔的发展前景。

3. 特种机器人

特种机器人作为服务机器人领域的重要分支，展现出强大的技术优势和广泛的应用前景，特别是在复杂、危险和极端环境中，已成为不可或缺的智能化工具。

在空间探测领域，特种机器人承担着极端环境下的自主探测、样本采集和设备维护等重要任务。月球和火星探测车已成为深空探测的关键设备，能够在恶劣的星际环境中执行复杂的科学任务[116]。这些机器人通过 AI 算法和高精度机械臂，实现自主路径规划、地形避障以及精准的样本采集，为人类太空探索积累了大量珍贵的数据。此外，空间探测机器人还被应用于卫星自主维修和太空站日常维护，减轻了人类宇航员在高风险环境下的工作负担。

在农业领域，特种机器人正在逐步改变传统农业的生产方式。通过传感器技术、AI 算法和自动导航系统，农业机器人能够在精准喷洒、病虫害检测、自动收割等方面高效工作。这些机器人不仅提高了农业生产效率，还显著降低了人力成本和资源浪费。例如，智能喷洒机器人可以实时监测农作物健康状况，并根据实际需求进行精准施肥和喷洒农药[117]。此外，自动化收割机器人能够识别农作物的成熟状态，进行高效、精准的收获作业，减少农作物损失。

服务机器人的应用展示了其多样化的功能和广泛的市场前景。通过自主导航、智能交互、任务执行等技术的支持，这些机器人正逐渐融入我们的日常生活，并在各个行业中发挥越来越重要的作用[118]。未来，服务机器人将会为我们的生活带来更多的便利和可能。

7.5.4 发展趋势

1. 应用发展趋势

服务机器人将以技术创新为核心推动力，特别是在 AI、物联网、5G 等前沿技术的加持下，机器人在感知、决策和执行能力上将取得显著的提升。AI 的快速发展将使得服务机器人具备更加智能化的学习和推理能力，从而能够自主完成更加复杂的任务。例如，通过深度学习，服务机器人将不再依赖预编程的固定规则，而是能够根据环境和用户的变化进行自主调整和学习，从而提供个性化的服务[119]。物联网的发展也将为服务机器人带来全新的发展机遇。服务机器人将不再是孤立的系统，而是与家庭、城市等各类智能环境相连接，从而实现数据的互通和智能协作。例如，在智能家居中，机器人可以通过物联网实时访问各种家庭设备的信息，从而更加智能地执行任务，如清洁、送物、安防等[120]。随着 5G 通信技术的发展，服务机器人能够更加高效地进行数据传输和处理，实现对复杂情境的即时响应。这种技术创新所带来的智能化升级，将使服务机器人在未来具备更强的适应能力和服务能力，使其在日常生活和专业场景中发挥更加重要的作用[121]。

2. 技术发展趋势

服务机器人将通过多模态融合感知技术，提升对环境的理解和适应能力，以应对日益复杂的应用场景。多模态感知意味着机器人不仅能够结合视觉、听觉、触觉等多种感知方式来进行环境感知和理解，还能通过超声波、力觉传感、柔性电子传感等多种先进技术，实现更全面的环境感知和理解[122]。此外，服务机器人可以采用深度学习和特征级融合技术，将来自不同传感器的数据进行综合分析，提高识别精度和决策能力，相比单一模式感知，多模态融合能够有效弥补单一传感器的局限性。在动态环境中，这种融合感知能力使机器人能够更精准地跟踪移动目标、避障，并灵活适应复杂的操作场景，如智能家居、医疗护理和自动化零售等。

多模态感知的未来发展还将增强人机交互的自然性，使机器人能够对人类的行为和情绪作出更加灵敏的反应。例如，机器人可以结合视觉摄像头和麦克风阵列，实现对用户面部表情、语音语调、肢体语言的同步分析,从而精准判断用户的情绪状态,并依据不同的情境调整语气、对话内容或行为模式,提供更加符合人类期望的服务[123]。这种多模态感知能力的提升将使服务机器人更具人性化和智能化,使其在医疗护理、智能家居、教育陪伴等领域的应用更加广泛,为用户带来更加便捷和高效的交互体验。

3. 挑战及措施

服务机器人产业的发展不仅仅依靠单个技术的突破,更需要产业链的整合与生态系统的构建。随着核心零部件的国产化和技术的突破,服务机器人产业链将变得更加完整和高效。当前,服务机器人产业的发展受限于一些关键技术和核心零部件的不足,例如高性能传感器、伺服电机和高效的 AI 芯片等。而随着国产化替代和技术攻关的逐步成功,这些核心零部件将更加可靠和成本有效,从而推动整个产业链的优化。通过不断地技术突破,服务机器人将实现更高水平的智能化,具备更强的环境适应能力和自主服务能力。多模态融合感知技术的应用将使机器人在复杂环境中的表现更加出色,人机交互更加自然。同时,随着产业链的逐步完善和生态系统的构建,服务机器人行业将迎来更加全面的发展,成为未来社会不可或缺的一部分。这些发展趋势不仅将推动服务机器人在多个领域的应用,还将大幅地改变人们的生活方式和工作模式,为人类创造更加智能、便利的未来。

7.6 智能无人机领域前沿

无人机是一类不需要驾驶员、由无线电遥控或自主程序控制的飞行器,是典型的智能无人系统。与传统飞行器相比,无人机在灵活性、机动性和低成本等方面具有明显优势。此外,无人机的搭载性也非常出色,可以根据任务需要灵活配置相机、雷达等各类设备。因此,无人机能够在复杂环境中执行多种任务,广泛应用于数据采集、监控、侦察等场景,并逐步扩展至人员、货物运输和作战等任务。根据应用领域的不同,无人机可以分为军用无人机和民用无人机两大类。军用无人机主要承担情报搜集、侦察监视、诱饵靶机、目标跟踪、战术打击与空中救援等任务,广泛应用于现代战争中;民用无人机的应用则更加广泛,涵盖环境监测、资源勘探、测绘、交通管理、物流、气象和救援等多个领域。无人机已成为现代智能系统的重要组成部分,正在推动产业的变革,并催生低空经济等新的经济形态。

7.6.1 发展现状

随着无人机技术的不断进步和应用场景的不断拓展,各国均出台了一系列政策以推动无人机产业的发展。这些政策不仅针对无人机技术创新、市场应用、产业支持等方面进行引导,还致力于完善相关法规与标准,推动无人机产业的健康、规范化发展。

1. 国内政策

近年来,中国在无人机产业上的政策扶持力度逐渐加大。先后发布了《中国制造 2025》《“十四五”民用航空发展规划》《“十四五”通用航空发展专项规划》《绿色航空制造业发展纲要(2023—2035 年)》《通用航空装备创新应用实施方案(2024—2030 年)》等重要政策,明确提出要加快无人机产业化进程,推动无人驾驶航空运行的顶层设计。这些政策的核心目标是建立并完善无人机相关的法规与标准体系,通过统筹开展试点示范运行,鼓励无人机应用场景不断拓展,推动低空经济发展,特别是智能化低空经济。

2021 年,中共中央、国务院在《国家综合立体交通网规划纲要》中首次提出“低空经济”这一概念，并将其纳入国家发展战略中，成为未来经济增长的重要组成部分。2023 年底，中央经济工作会议将低空经济列为战略性新兴产业之一，并在 2024 年政府工作报告中再次强调其在国家经济中的重要地位，进一步突出低空经济对促进经济转型、推动产业创新的重要作用。众多省份陆续将“低空经济”纳入政府工作报告，并出台了一系列政策措施，涵盖政策引导、产业支持等各方面，形成了全方位的扶持体系。这些政策的出台和落实不仅推动了低空空域的开放，也为技术创新、生产提升、服务推广和产品试点等领域提供了强力支持。

在具体实施方面，自 2022 年以来，为响应民航局、工信部等部门发布的一系列推动无人机行业发展的政策文件，中国各大省份针对无人机行业面临的突出问题和薄弱环节陆续提出了发展目标和具体规划。这些政策特别关注了无人机行业的安全管理、法规标准的完善、技术支撑的加强、服务领域的拓展、产业生态的创新等关键方面，旨在推动无人机行业的高质量发展。例如，广东省提出要加快消费类和商用无人机的发展，推进微型无人机、智能无人机等产品的开发和产业化；上海则提出要大力发展物流型智能飞机、低空无人机等通用飞机及相关系统和设备；浙江、安徽、山东等地则在基础设施建设和应用场景拓展方面作出相应规划。其他省市也积极响应国家政策，提出了符合本地特色的无人机产业发展规划。

低空经济的迅速发展有助于无人机产业的标准化建设，优化产业链资源配置，推动产业结构的转型升级。政策的积极扶持为无人机产业的高质量发展提供了保障，推动了无人机技术和服务领域的突破性进展。这一系列政策的实施，不仅提升了无人机产业的行业水平，也增强了其整体市场竞争力，为无人机技术在多个行业中的应用奠定了坚实的基础。

2. 国外政策

当前，全球无人机产业呈现技术竞争加速、政策规范趋严、应用场景分化的趋势。各国通过战略规划、法规修订和技术标准制定，逐步形成差异化的无人机产业生态体系。

美国凭借其军事技术优势，在军用无人机系统研发与应用方面处于领先地位。2023 年美国推出了“复制者”计划，目标是短期内快速生产大量小型、智能的无人机和其他自主设备。这些无人设备将广泛利用人工智能技术，帮助美国保持军事优势。在民用领域，美国联邦航空管理局发布《加强空中交通国家蓝图》，将“城市空中交通”概念升级为涵盖范围更广的“先进空中交通”，制定了整合电动航空器、自动化技术和新型空域管理的未来交通愿景，以应对未来低空交通密度激增的挑战。

欧盟以《欧洲无人机战略 2.0》为核心框架，强调“技术普惠”与“可持续发展”共同发展。在绿色动力方面，欧盟通过“清洁航空联合计划”投入 3.8 亿欧元，以推动氢燃料电池和混合电推进系统的研发，目标是推进航空业脱碳技术发展，实现 2050 年气候中和目标。在伦理规范方面，2024 年生效的欧盟《人工智能法案》将应用于关键基础设施巡检、执法领域、边境管控等领域无人机归类为“高风险”系统，需要满足严格的合规要求，包括风险评估、数据治理、技术文档等。另外，法案禁止在公共场所无差别抓取人脸数据构建面部识别数据库，为无人机的操作设置了红线。在空域整合方面，欧洲航空安全局主导的 U-space 空管系统已在法国、德国完成试点，显著提高了冲突预警准确率。通过这些措施，欧盟正力求推动无人机行业的绿色转型和技术创新，促进无人机在各个领域的广泛应用。

以乌克兰、土耳其为代表的国家正积极聚焦特定军用领域。乌克兰无人机产业受政府政策扶持，税收优惠和动员豁免权等政策倾斜，产业规模迅速扩张，并吸引国际企业入驻。据报道，2024 年其无人机总产量达 150 万架，其中小型无人机占据主要份额。土耳其依托“自力更生”国防战略，通过中低端无人机切入全球军贸空白市场，以性价比优势和战场战绩驱动出口，同时将无人机军售与地缘外交深度捆绑，通过技术转让、区域联盟和战略合作网络，将战术级装备转化为撬动欧亚非影响力的战略杠杆。

7.6.2 核心技术

中国在全球无人机技术研发和创新中占据重要地位，中国企业凭借完整的产业链和快速的市场响应能力，与欧美形成竞争格局。根据2024年数据显示，中国无人机专利申请量约占全球总量的73.3%，这一数字凸显了中国在技术研发投入和规模化应用上的领先态势，但专利授权比例和高价值专利（如基础算法、关键部件等）的占比仍有提升空间，与欧美相比仍存在差距。美国虽仅约占全球申请量的9.1%，但其在自主导航算法、高精度传感器、芯片设计等底层技术领域仍具优势，且专利授权率较高。此外，日本、韩国及欧洲国家则在特定细分领域（如微型无人机、能源效率优化）保持技术特色。从技术方向看，中国企业的专利申请多集中于应用层创新，例如农业植保、物流配送、多机协同等场景化解决方案，而欧美企业则更注重底层技术（如通信协议、人工智能框架）的专利布局。

无人机技术的核心突破可归纳为两大方向：单无人机自主能力与多无人机协同能力。前者依赖感知、决策与控制的智能化升级，后者则需解决复杂环境下的任务分配与全局协调优化。接下来，本节将分别对这两个核心技术进行深入探讨，讨论这两大领域的研究进展。

1. 单无人机自主能力

单无人机的关键技术包括飞行控制、导航、轨迹规划、自主避障及感知与理解等。每项技术的突破都为无人机在复杂任务中的独立作业提供了可能，提升了其自主性、可靠性与安全性。

1）飞行控制

无人机灵活机动和精准操作的基础是高机动、高精确度的飞行控制技术。飞行控制器的核心任务是通过实时获取和处理无人机的各种飞行数据（如加速度、角速度、位置、姿态等），确保其在各种环境条件（如强风、气流变化或负载变化等）下能够平稳飞行并精确执行任务。通过优化控制算法，无人机可以迅速反应，避免飞行中的突发情况，保证任务的高效完成。这一技术涉及复杂的非线性建模、稳健控制算法、智能飞行控制器设计等，显著提升了飞行稳定性和任务执行的可靠性。例如，基于自适应滑模控制的飞行控制方法[124-126]通过动态调整控制参数，有效应对强风和气流扰动，显著提升了复杂环境下的抗干扰能力。此外，基于深度强化学习的飞行控制方法[127]通过自主学习环境变化与飞行策略的映射关系，可以使无人机在负载突变场景中实现快速响应，缩短任务完成时间，为无人机的高精度操作提供了新思路。这些方法标志着无人机飞控技术从传统控制向智能化、自适应控制的跨越，为复杂任务场景下的高可靠性飞行奠定了基础。

2）导航

高效的飞行控制依赖高精度的导航技术。无人机的自主导航一般为多源传感器融合，通过集成GNSS、IMU、相机和雷达等，实时采集飞行过程中的位置、速度和姿态信息，完成高精度的运动估计。此外，随着传感器技术的发展，新的导航算法也不断提升无人机在特定环境下的导航能力。例如，文献[128]提出了无人机在GNSS受限环境下的多源融合导航和一种基于因子图优化的多源融合导航算法，通过改进的预积分模型、优化时刻对齐方案及故障检测模块，提升了导航精度和系统稳健性。这标志着无人机能够突破传统定位信号依赖，在更复杂的环境（如室内、隧道或地下等信号受限区域）中，执行高精度任务。

3）轨迹规划

与导航密切相关的是轨迹规划技术。轨迹规划旨在帮助无人机在执行任务时，最优化路径选择，尽可能减少时间、能量消耗，并避免飞行过程中的风险因素。在具体应用中，轨迹规划还要处理风速、气压变化等外部环境因素的干扰。精确的轨迹规划技术能够帮助无人机在执行物流配送、城市巡检等任务时，确保其路径最优，保障任务的高效、低成本完成。近年来，前沿轨迹规划方法在动态复杂环境中的应用取得了显著进展。例如，区域快速优化方法[129]通过动态提取关键障碍区域信息，避免构建全局距离场，使轨迹规划时间平均缩短，并提升了算法的收敛速度，显著增强无人机城市巡检中的突发障碍规避能力。CRS-RRT[130]通过约束采样区域和路径优化策略，在三维复杂环境中将路径长度缩短，并减少了轨迹转折点，为无人机物流配送中的狭窄通道导航提供了高效解决方案。这些方法标志着无人机轨迹规划从静态环境向动态复杂环境的智能化跨越，为实际应用提供了更强的适应性和稳健性。

4）自主避障

自主避障技术也是无人机自主飞行过程中不可或缺的一部分。在动态环境中，无人机必须具备实时识别和规避潜在障碍物的能力，才能确保飞行安全。现代避障一般依赖于多传感器融合，包括超声波传感器、红外传感器、激光雷达等，通过实时感知飞行路径前方的障碍物进行精确测距与识别。一旦发现障碍物，无人机能够自动计算最优规避路径，避免碰撞或其他安全隐患。随着计算能力的提升，避障系统越来越智能化，能够在复杂环境中实时反应。例如，镭神智能研发的激光雷达无人机感知避障航路规划系统，其集成了超远距离1550nm光纤激光雷达、天陆海组合惯导、双目感知相机等多种传感器，实现了全方位、多维度的障碍物感知。系统能够利用三维点云构建周围障碍物模型，结合无人机位置、速度等参数，实时计算并规划出安全避障航线。与此同时，基于多传感器融合的无人机自主避障方法也逐渐成为主流。例如，文献[131]通过改进的贝叶斯融合算法，将二维激光雷达与深度相机获取的点云信息进行融合，弥补了单一传感器的不足。这些技术的应用不仅有效提升了无人机在复杂环境中的避障能力，还推动了无人机自主飞行技术向更高智能化、高可靠性方向发展，为智能无人机在实际场景的应用提供了更安全、更高效的解决方案。

5）感知与理解

感知与理解技术则赋予无人机对外界环境的“理解力”，使其能够在飞行过程中进行更深层次的信息处理。无人机通过多种传感器感知周围环境的变化，并通过先进的数据处理算法进行分析，对环境精准建模。这种建模不仅包括物理环境的几何特征，还涉及对关键目标的识别与追踪，以及更深层次的语义分析，帮助无人机完成更复杂的任务，如灾难救援、物流配送或环境监测等。例如，文献[132]提出了一种轻量化的语义分割网络，提高无人机对多尺度目标的识别的能力，并提高计算效率。另外，文献[133]利用知识图谱驱动的认知语义通信系统，提升了无人机在复杂环境中的目标检测性能。这些研究标志着智能无人机感知与理解技术的不断进步，推动了无人机在复杂环境中的自主任务执行能力。

2. 多无人机协同能力

单无人机易受环境变化、系统故障或网络攻击等因素的影响，导致任务失败。通过无人机间的协同，冗余备份和信息共享，多无人机集群不仅能够提高任务执行的成功率，还能显著增强系统的抗干扰能力和任务执行的稳健性[134]。多无人机的核心技术包括协同控制、协同感知以及协同规划等。

1）协同控制

协同控制是多无人机系统成功执行任务的基础，它主要研究多架无人机如何在空间中的联合动作与协调能力。具体而言，协同控制能够实现复杂的编队飞行和分布式自主控制。在编队控制技术中，无人机群需要根据任务需求和环境变化调整飞行队形，以保持特定的相对位置和阵形，提升整体任务执行效率。例如，在执行空中测绘或大规模搜索任务时，无人机群可以保持预定阵形，确保数据的同步采集与传输。更重要的是，编队飞行使得无人机能够在复杂环境中灵活应对，实时调整阵形以应对障碍物、气流等外部因素。分布式自主编队飞行则进一步减少了对中心化控制的依赖，使无人机群能够根据自身感知到的局部环境信息进行自主决策并完成协作任务。这样一来，单架无人机的失败不会影响整体任务的进行，显著提高系统的容错能力和稳健性。例如，当某一架无人机出现故障时，其余的无人机可以自动调整队形、协同完成任务，保证任务的连续性与稳定性。如通用的协同无人机机群控制与监测平台 CoUAV[135]，其提供了包括同步、连接管理、路径规划和能量仿真等核心协作服务，验证了其在紧急搜索任务中的有效性，为无人机集群协同控制技术的发展提供了参考。

2）协同感知

协同感知是多无人机系统理解环境的核心所在。相比于单架无人机只能感知有限的空间范围，多架无人机通过协同感知能够大幅扩大感知范围和提升环境信息获取效率。每架无人机在执行任务时，都会通过自身的传感器实时感知周围的环境和其他无人机的态势，然后通过无线通信网络，各无人机可以将自己采集到的信息共享给其他无人机，从而形成一个庞大的感知网络。通过新颖的通信框架[136-138]和先进的多传感器数据融合[139,140]，多个无人机不仅能够实时获取到更多的环境信息，还能够结合各自的感知数据生成一个全局的环境视图，进而实现对目标区域的全面了解。例如，When2com[136]通过动态地基于通信图对智能体进行分组的方法，优化智能体之间信息交换的时机和协调，从而提升多智能体感知的效果；另外，文献[139]提出了一种去中心化的多无人机协同探索方法，通过动态的质心基区域划分实现高效的探索任务分配与协调。多无人机协同感知的能力尤其适用于一些对环境感知要求较高的任务，如灾害评估、森林火灾监控、环境污染监测等，通过集群协同感知，无人机能够快速定位灾难源头、评估损失范围并实施精确的救援工作，提升任务的可靠性与效率。

3）协同规划

协同规划是将整体任务合理分解并分配给每架无人机的一项技术，在多无人机集群高效运作中同样必不可少。该技术需要根据每架无人机的飞行能力、任务需求、预定路线和当前状态等因素，动态地将整体任务合理分配至各无人机，以达最佳资源利用率。例如，文献[141]通过引入最小权重顶点覆盖模型将任务规划转化为潜在博弈优化问题，并利用改进的群体进化博弈优化器提升任务分配效率。另外，文献[142]提出了一种基于博弈理论的粒子群优化算法，用于多无人机协同路径规划，通过构建斯塔克尔伯格（Stackelberg）博弈的纳什均衡框架并结合层次化粒子群优化，获得了高效、可行的飞行路径，且在收敛速度和灵活性方面优于其他路径规划方法。路径协同规划进一步确保各无人机在执行任务时的飞行路径既能避免相互冲突，又能充分优化任务完成效率。这一技术的成功应用为实现大规模无人机群的协同作业提供了保障，为其在物流配送、农业喷洒等场景中的广泛应用奠定了基础。

7.6.3 前沿应用

智能无人机系统作为多学科交叉技术的前沿成果，近年来在军用和民用领域均取得了迅速发展。随着产业体系的逐步完善和应用场景的不断扩展，其技术创新、商业模式以及服务模式的演进均展现出强劲的增长态势。

1. 军用方面

无人机已成为现代军事体系中不可或缺的组成部分，特别是在信息化战争的背景下，无人机在军事作战中的作用愈加显著，在侦察、打击、后勤保障等多个方面展现出强大的能力。根据作战任务的不同，军用无人机通常可分为无人侦察机和无人战斗机两大核心类别。

无人侦察机，作为现代战争中的"眼睛"，凭借其全天候侦察能力，为作战指挥提供准确及时的情报支持。尤其是在战斗激烈的前线，无人侦察机不仅能够在复杂环境中穿透敌方防线，实时监控战场情况，对战争情报进行实时传输。同时，智能无人机还能够大范围地覆盖目标区域，通过高效的数据传输能力，为指挥员提供精准的战场态势信息，使其能够作出迅速反应，显著提高了战斗决策的精准度与执行效率。

无人战斗机，作为另一种军用无人机类型，依托于其隐身技术、长航时飞行能力和低成本的优势，可执行高风险的打击行动，因此成为现代军事力量的重要一员。相比传统的载人战机，无人战斗机能够以更低的成本进行大量部署，且可以在复杂的战场环境中执行精确的打击任务，为空中打击力量提供强有力的支持。在空中优势的争夺中，无人战斗机的应用为现代战争增添了新的战略维度。未来战争将越来越依赖于人机协同和无人机集群作战等新型作战模式。在这些模式中，单一无人机的优势得以放大，通过多个无人机的协同作战，可以有效分担任务，提高作战效率。

2. 民用方面

从农田的精准施药到社区的应急配送，无人机技术正深度融入民事领域。作为低空经济的核心载体，智能无人机以灵活、安全、高效的优势，正改变民生服务与社会治理的形式。下面将从6个应用维度解析无人机如何以技术创新激活生产效能，增进民生福祉。

1）精准农业

在农业领域，无人机不仅通过变量施药、智能监测等技术实现降本增效，更推动农业走向数据驱动的精细化运营[143]。以新疆棉田为例，大疆智慧农业平台根据作物长势差异生成变量喷洒的处方图，再导入农业无人机中，实现药剂的变量喷洒，效率远超传统人工。另外，无人机采集到的多光谱成像与AI算法的结合，可实时识别小麦赤霉病、水稻倒伏等风险，帮助农户提前预警并精准干预，减少经济损失。

2）生态保护

无人机技术在生态保护中同样带来显著影响[144]。三江源国家公园利用无人机智能识别技术对大型动物进行检测和计数，以此分析、评估草地的承载力。可可西里保护区的研究者采用无人机在夜间对生活在高原地区的藏羚羊、岩羊等珍稀野生动物进行长时间、无干扰的移动跟踪，研究野生动物夜间行为和迁徙习性并对其提供针对性保护。此外，在森林火情监测中，无人机可快速定位火点，显著缩短响应时间；在湿地退化评估中，无人机通过高精度三维建模可提供生态变化的量化数据，为生态修复规划提供数据支撑。

3）基础设施巡检

无人机已成为基础设施巡检的核心工具。在电力领域，传统人工巡检效率低，且面临高空作业风险。相较于传统的巡检方式，无人机巡检可以降低约80%的成本，并且可以将覆盖范围扩大至山区、沼泽等复杂地形，有效降低各行业巡检、巡逻一线人员的工作强度和危险性[145]。在巡检方面，无人机将与数字孪生技术深度融合。例如，广东电网正在试点构建输电线路"虚拟镜像"工程，旨在通过无人机数据实时更新模型，预判设备老化趋势，推动基础设施运维从"抢修式"向"预防式"转变。

4）应急救援

在灾害救援与公共服务领域，无人机的影响力也日渐提升。2025年1月西藏日喀则市定日县

6.8级地震的救援工作中，无人机成功侦察到多处关键灾情信息，协助救援队伍定位受困群众。在夜间低能见度条件下，无人机也可以稳定实时传输灾区影像，实现图像、语音、数据的上下贯通和可视指挥，有效破解灾区“三断”情况下的“信息孤岛”难题，为制定救援方案提供关键依据[146]。无人机在医疗应急领域同样成果显著。疫情期间，深圳罗湖医院与顺丰合作，利用医疗无人机网络运输新冠核酸检测样本，实现了无接触配送，降低了传播风险。这一模式当前已扩展至疫苗、急救药品配送，范围覆盖深圳市多家医疗机构。

5）物流配送

在物流领域，“最后一公里”的配送效率与成本问题长期困扰行业。2023年，美团开通了无人机外卖航线，截至2024年底，已开通53条航线，完成超过45万配送订单。无人机技术的发展也打破了供应链的地理限制：舟山群岛引入冷链无人机后，海鲜从捕捞到上桌的时间压缩至24小时之内，损耗率也有所下降。这一模式成功带动了舟山渔业产值增长，并催生了“海岛直达”模式的高端生鲜品牌。

6）城市管理

城市治理层面，无人机正成为精细化管理的“空中之眼”。杭州“云上城管·移动设备汇聚平台”无人机飞控系统结合AI算法自动识别违建类型，处置效率显著提升。上海浦东新区城市管理加速推进数字化改革进程，在国内率先构建无人机数字机场体系。目前，全区已建成16个智能调度节点，形成覆盖80%可飞行空域、总面积达850km^{2}的智能化无人机监测网络，开创无人机执法监管新模式。

7.6.4 发展趋势

智能无人机的未来发展呈现出品类应用多样化、技术智能化和通用化的趋势。随着技术进步和应用场景扩展，智能无人机逐步渗透各行各业，不断推动着行业创新与变革。然而，技术发展也带来了空中交通管理、隐私安全和法规滞后等挑战，亟需加强风险管控促进行业的可持续发展。

1. 应用发展趋势

智能无人机未来将作为一种新型基础设施深度嵌入人类的生产生活。在物流领域，无人机将构建城市低空立体配送网络，通过与自动驾驶运输系统的衔接与配合，不仅可以更好地满足人们日常生活中的配送服务需求，还可以实现医疗急救物资、精密仪器等特殊商品的快速精准配送。在农业应用方面，智能无人机的加入将改变农业单一作业的模式，使农业作业发展为覆盖土壤改良、生态监测、濒危物种保护的闭环系统。在城市治理领域，无人机将深度融合数字孪生技术，依托数字孪生城市体系实现对交通管网、建筑结构和能源设施的自主巡检能力，并承担极端天气下基础设施的应急维护任务。在公共安全领域，下一代救援无人机将具备更强的自组网能力，通过构建临时通信中继系统，实现灾害现场的多模态信息融合与智能决策支持。

2. 技术发展趋势

技术突破正推动无人机向更高智能化、协同化和长航时方向发展。随着AI、星链、5G通信等技术的融入和发展，无人机在自主决策、环境感知、路径规划等方面将展现出更强的能力。同时，集群协作技术的发展也使得无人机能够像生物群体一样进行高效的任务分配、动态调整和灵活应对各种任务，可有效提高作业效率和任务执行的可靠性，以满足复杂环境下的多样化需求。智能化将逐渐使无人机从“工具”转变为具有自主行动能力的“智能体”，智能化将大幅提升无人机的应用深度和广度，为无人机在未来的应用中提供更加广阔的空间。如无人机借助星链或5G技术的超高带宽、低时延和广覆盖特性，可实现实时高清图像传输、远程低时延控制及高效协同作业，可大幅拓展其在工业生产、智慧城市及安防领域的应用潜力。同时，星链或5G技术还可提升无人机监管能力，可有效遏制“黑飞”现象，并推动传统安防服务向智慧化方向转型。

此外，与智能化并行的是通用化的趋势。系统的模块化与开放性设计可使无人机能更好地适应多变的应用场景。采用标准化的硬件接口与开放式架构设计，未来多种无人机平台间可实现“即插即用”，根据不同任务需求进行快速配置和调整。这种通用化的设计降低了不同平台间的技术壁垒，从而提高系统的适应性与扩展性，使同一控制站可高效指挥多型无人机完成复杂任务，支持数据的互联互通，使无人机的任务执行更加高效灵活。这也为无人机产业带来了更多的创新机会。例如，在物流配送、环境监测等行业中，通过使用通用化的无人机平台，企业能够根据不同任务的具体需求，快速切换不同载荷和应用模式，从而提高资源利用率，并降低运营成本。模块化和开放架构不仅能够促进无人机系统的快速部署，也能够推动产业链上下游的协同发展，形成更为成熟的市场生态。

得益于智能无人机在高空、远程、高速和长航时等领域的性能显著提升，其能够满足的应用需求也日益多样化。其中，垂直起降固定翼无人机作为无人机中一种特定的机型，其发展潜力不容忽视。这类无人机结合了固定翼机型的长续航能力和多旋翼机型的悬停特性，能够应对起降条件受限但续航需求高的复杂场景。另外，复合型垂直起降无人机更侧重于悬停时间，而固定翼型则在航程和速度方面表现优越，这种机型成为解决多样化任务需求的重要方向。

3. 挑战及措施

尽管技术快速迭代，无人机正以前所未有的速度融入生活，但在其广泛应用的同时，也引发了一系列前所未有的挑战。这些挑战不仅阻碍了无人机技术的进一步发展，也引发了社会各界对于其潜在风险的广泛关注。空中交通管理、法规滞后等问题如同悬在无人机产业头顶的达摩克利斯之剑，时刻提醒着我们在追求技术进步的同时必须同步加强风险管控。

在空中交通管理方面，随着无人机数量的激增，如何确保其与传统航空器和谐共存，成为亟待解决的问题。太原武宿机场等设施已率先部署智能驱鸟及反制系统，旨在应对无人机“黑飞”带来的安全隐患。这不仅是技术层面的创新，更是对现有空域管理体系的一次深刻反思。同时，国际社会也在加速制定统一的标准，例如，阿联酋计划在2025年发布新规，要求无人机操作者进行强制注册，并严格限制在敏感区域的飞行，以期通过更加精细化的管理，降低潜在的风险。

在法规层面，各国政府也在积极行动，努力完善细分领域的监管框架，以适应无人机技术的快速发展。例如，中国民航局在2025年的招标项目中，明确要求无人机测绘服务必须符合国家安全标准，这体现了政府对于无人机应用安全的高度重视。而美国Matternet公司在沙特获准开展业务前，也必须通过严格的空域合规审查，这表明，在无人机商业化应用的过程中，安全合规始终是首要考虑的因素。

7.7 水面/水下智能无人系统领域前沿

水面和水下智能无人系统作为现代海洋科技的重要组成部分，涵盖无人水面艇（Unmanned Surface Vessel，USV）和无人水下航行器（Unmanned Underwater Vehicle，UUV）等多种形式。其中UUV一般又划分为自主水下航行器（Autonomous Underwater Vehicle，AUV）和遥控水下航行器（Remotely Operated Vehicle，ROV）两类。这些系统在军事、科研、商业等领域发挥着日益重要的作用，它们自主性强、无缆线约束、适用域广、续航能力佳，成为智能无人系统研究的重点之一。经过几十年的稳步发展，一些企业的水面和水下智能无人系统建设已经卓有成效。乘着AI、传感技术、数据收集和计算能力的东风，水面/水下智能无人系统及其集群将很有可能展现出更大、更广的应用价值，并一定程度上拓宽人类对自然的认识域。本节将聚焦水面与水下智能无人系统的最新进展，探讨这两类水环境智能无人系统发展的政策导向、技术发展、产业应用以及发展趋势。

7.7.1 发展现状

近年来，各国越来越重视水面和水下智能无人系统的发展，在水面/水下智能无人系统和装备应用方面投入规模可观的经费，开展大量研究。特别是美俄等传统海洋强国多年持续投入，已有不少成型的系列产品应用到国防军用和民用领域中。中国虽起步较晚，但近年来在水面/水下智能无人系统研发和装备研制方面大力投入、快速推进，也已有表现优异的成果涌现。

1. 国内政策

中国政府高度重视海洋科技的发展，将其视为国家战略的重要组成部分，在国家“十四五”规划中，明确提出要加强海洋科技创新，发展智能无人系统等高技术装备。其中，随着国家对 AI 与智能装备领域的重视，水面/水下智能无人系统的研发和应用受到政策的大力支持，多项政策文件相继出台，为行业的快速发展提供了明确的方向和保障。例如，《“互联网＋”人工智能三年行动实施方案》明确提出要加快 AI 与实体经济深度融合，推动智能装备的研发和应用。《海洋工程装备制造业持续健康发展行动计划(2017—2020 年)》则强调，要提升海洋工程装备的自主创新能力，推动海洋装备制造业的持续健康发展。《智能船舶发展行动计划(2019—2021 年)》明确指出，要加快智能船舶的研发和应用，提升中国船舶工业的核心竞争力。在军事领域，智能无人系统被视为未来海战的重要力量。海上无人系统是未来智能化、无人化战争中的重要组成部分，已经成为世界各国海上竞争新的制高点[147]。因此，发展海上无人系统对于国家和国防安全具有重要意义。与此同时，中国积极参与国际海洋科技合作，推动智能无人系统的标准化建设。通过参与国际组织和标准制定，中国致力于提升在全球海洋科技领域的影响力和话语权。

各地方政府也积极响应国家号召，制定相应的实施方案，鼓励在水面/水下智能无人系统领域的研究与应用。例如，广州市人民政府办公厅印发的《广州市科技创新“十四五”规划》强调，要重点研究快速水下机器人异构主网观测应用、地波雷达探测与组网技术等，加快突破海洋地声探测、深远海海-气耦合实时监测等关键技术。东莞市人民政府发布的《东莞市推动低空经济高质量发展实施方案(2024—2026 年)》中提到，要搭建智能无人终端中试验证平台，推动无人船等技术的发展。山东省工信厅等单位印发的《山东省船舶与海工装备产业链绿色低碳高质量发展三年行动实施方案》中则提到，要积极发展智能航行无人集装箱系列船舶。烟台市则积极挖掘无人设备在海洋养殖领域的潜力，打造“耕海 1 号”海洋牧场等示范项目。

在发展智能无人系统的同时，中国政府强调环境保护和可持续发展，要求在研发和应用过程中遵守环保法规，减少对海洋生态的影响。中国政府还鼓励社会公众参与智能无人系统的发展过程，加强对相关项目的监督，确保技术发展符合社会公共利益。在政策引导和法律规范逐步完善的双重推动下，水面/水下智能无人系统将有望在更多领域展现其独特优势，在更广阔的场景中发挥作用，为海洋经济和智能航运注入新动能，推动相关产业的升级和发展。

2. 国外政策

全球其他国家也纷纷制定政策，推动水面和水下智能无人系统的发展。例如，2017 年，美国国防部提出 Overload 计划，旨在利用 USV 增强舰队作战能力，对给定海域的对手以威胁。2021 年，美国海军部发布《无人装备发展行动框架》《智能自主系统科技战略》等战略文件，将中大型 USV 称为实施“分布式海上作战”的关键要素，提出将打造无人系统与有人系统组成的“混合部队”。欧盟发布的《欧洲地平线(2021—2027年)》计划中,着力推动AUTOSHIP和AEGIS等重大项目,加速新一代自主航行船舶的发展并应用于水运物流等领域中。日本政府于2023年通过《海洋基本计划(第4期)》要求加快AUV等技术的发展,并应用于科学研究、国防安全等领域中。

这些政策旨在提升海洋探测能力、保障海洋权益、促进海洋经济发展。这些政策的出台,不仅为水面/水下智能无人系统的研发提供了资金和政策支持,还促进了其在环境保护、水文水利、测绘测量等内河场景,海洋观测、资源开发等工程领域,以及海上巡逻、军事作战等方面的应用。其中,公共安全领域逐步成为政策支持的重点方向。海军、海事海监、海关、公安和应急救援等机构开始采购智能无人系统,用于海域监控、执法巡逻和应急救援等。这些应用场景显著提高了作业效率,同时降低了人员风险和成本。与此同时,智能船舶的研发已延伸至交通运输领域,政策也逐步引导航运业向智能化转型。

尽管政策为产业发展提供了强有力的推动,但水面和水下智能无人系统的发展在国内外法律规范方面仍面临诸多挑战,现行法律体系对水面/水下智能无人系统的适配性较低。例如,中国《海安法》《海商法》《船舶登记条例》等现有法规,以及国际海事组织(International Maritime Organization,IMO)2019年发布的《自主水面船舶试航暂行导则》,虽然在一定程度上可适用于无人艇,但在具体实施中,依然存在检验规则和标准缺失的问题。尤其是在承运人责任、碰撞责任、海难救助和相关保险等领域,缺乏明确法律规定,对产业化应用形成了制约。无人艇的船舶安全、环境保护及责任划分等关键问题亟需通过修订现行法律和制定专项法规予以解决。

在政策引导和法律规范逐步完善的双重推动下,水面/水下智能无人系统将有望在更多领域展现其独特优势,在更广阔的场景中发挥作用,为海洋经济和智能航运注入新动能,推动相关产业的升级和发展。

7.7.2 核心技术

水面/水下智能无人系统是现代技术在海洋领域的重要应用,其主要目标是执行危险或不适合有人船只操作的任务,覆盖军用与民用的广泛领域。这些任务包括侦察、排雷、搜救、导航、反潜作战和巡逻打击等,展现出很高的战略和应用价值。目前,美国和以色列在这一领域处于技术领先地位,而中国也有包括海兰信、哈尔滨工程大学、中国船舶集团701所和707所在内的多个科研单位积极投入研发,推动相关技术的快速发展。

1. 自动控制

无人水面艇的关键技术是自动控制系统和自主决策。自动控制系统利用高精度的传感器和先进的算法,能够在动态变化的海况中实现自主航行、稳定控制和精准操控,确保USV在复杂环境下的安全性与高效性[148]。传统的USV采用经典控制方法,例如,采用稳健控制应对海洋环境中的风浪流扰动,利用滑模控制等处理不确定性和非线性动态特性,使用自适应控制使USV能够根据实时状态调整控制参数。模型预测控制(MPC)更是导航、巡迹、追踪等领域的热点方法,通过预测未来的系统状态并优化控制序列。近年来,结合AI算法的智能控制正在成为热点。AI算法规避了许多显式的复杂建模和运算,尤其擅长解决传统控制方法难以处理的非线性问题,并具备更强的动态调整能力。此外,基于AI算法的分布式控制在集群协作控制方面表现出优势,突破了传统控制方法在复杂环境和多无人艇集群控制中的系列应用难点,适用于编队分布式控制[149,150]。

2. 自主决策

自主决策一般利用深度学习与强化学习算法,结合实时传感器数据,使USV具备自主判断和应对突发状况的能力,提高任务执行的灵活性与可靠性。USV可通过机器学习与计算机视觉构建动态环境模型，预测目标行为和识别障碍物。深度学习使 USV 在感知和预测方面超越传统算法，而强化学习则提升 USV 在复杂任务中的决策能力。由于水环境中的智能无人系统数据集相对稀缺，且其运动效率也远低于陆地与空域中的智能无人系统，因此通常通过模仿学习、课程学习等加速训练过程。

3. 动力系统

动力系统也是水面/水下智能无人系统的重要组成部分，尤其是高效的电力推进系统和能源管理技术，使得 USV 和 UUV 能够在长时间、高强度的任务中保持稳定运行，提升其续航能力与环境适应性。通过集成这些技术，USV 和 UUV 能够突破传统水面作业的限制，展现出更加广泛的应用前景。例如 2024 年第十五届中国航展中首次展出的“虎鲸”无人作战艇，配备了柴电双模推进系统，这种系统是一种灵活的动力配置，能够在不同作战环境中提供优异的动力表现。柴电混合动力系统既能提供足够的动力、稳定性，确保快速反应，又能在低噪声模式下运行，降低敌方探测难度，同时还具有很强的续航能力。

4. 集群协同

集群协同则是水面/水下智能无人系统迈向更高智能化水平的关键技术。集群协同能够实现多系统之间的智能感知、实时交互与协同决策，提升群体作业的效能和可靠性。通过多设备间的有效协作，USV 和 UUV 得以在更大范围、更高复杂度的任务场景中应用。以多 USV 组成的智能系统为例，以 6.3 节介绍的 MADDPG、MAPPO 等为代表的多智能体强化学习算法，显著地提高了多 USV 合作任务的合作效率、完成质量和速度。而机器学习算法与传统集群协同技术的结合也带来协同水平的显著提升，拥有广阔前景[151,152]。

5. 其他技术

UUV 研究的难点包括导航与控制、通信、布放回收等。水下环境相较于水面更为复杂，具有光线弱、能见度低、信号衰减快等特点，而且海流、噪声等的环境干扰比水面更难准确探测，不确定性高，对于导航避障的要求更高。UUV 的导航避障需依赖多种传感器协同工作，通过感知技术对环境进行实时分析，结合任务需求与环境要素，动态优化航行规划和路径安全，进而确保系统在复杂水下环境中安全运行，避免潜在威胁。在水下环境中，传统的无线电通信受限于水中的高衰减特性，声学通信成为主要手段。然而，声学通信存在带宽低、延迟高等问题。研究者正在探索水下激光通信等新型通信方式，以提高数据传输速率和可靠性[153]。布放回收是 UUV 的另一项关键技术。它涉及对接装置的精密设计、高海况条件下的有效控制，以及减少船体摆动的减摆技术，这些技术的综合应用能够显著提升设备的作业效率和可操作性，尤其在恶劣海况下具有明显优势。

7.7.3 前沿应用

水面/水下智能无人系统的产业应用正快速扩展，从军用领域起步后逐渐转向民用，并形成多样化的技术与市场布局。随着近年来民用无人艇需求增多，截至 2024 年年中，中国民用无人艇占整体市场结构的约 57%，军用无人艇占比约达 43%。

1. 军用方面

水面/水下智能无人系统已成为未来无人化海战的重要组成部分，完成海洋监测、反潜作战、扫雷与布雷、情报侦察等任务。这类高效、低风险的系统正在逐步取代部分传统载人作战平台。美国海军于 2016 年下水的“海猎号”(Sea Hunter)无人艇，通过 AI 技术实现了长时间自主航行，可用于反潜、侦察等任务。它拥有优异的隐身性能和较强的对潜探测能力，可与濒海战斗舰组成混合舰队，弥补大型水面舰艇在浅水区对潜艇侦察的劣势。2024 年“虎鲸”无人作战舰艇的首次亮相，彰显了中国智能无人舰艇领域的突破性成就。“虎鲸”采用隐形设计，配备相控阵雷达、无人直升机及多种导弹武器，不仅在态势感知能力上有较大提升，还能满足远程探测与有效打击的需求，可支持海空一体化作战，标志着中国在智能无人舰艇研发中的技术积累和产业化能力达到新高度。

2. 民用方面

中国在水面/水下智能无人系统方面研究起步较早，产业化发展迅速，呈现多领域发展态势。水面/水下无人系统在海洋科学研究中发挥着重要作用，如海底地形测绘、海洋生物行为观察、海洋环境数据采集等。自动化、智能化的设备显著提高了数据采集效率和精度。在深海资源开发中，水面/水下无人系统用于矿物资源勘探、油气开采支持等任务，能够在极端条件下长期稳定运行。水面/水下无人系统也被用于海洋环境监测、生态系统健康评估等工作，通过采集数据和实时监控，有助于保护海洋生态环境。在自然灾害或海上事故中，水面/水下无人系统被用于搜救、危险区域探测、实时信息传输等任务，提高了救援工作的安全性和效率。在商业领域，无人艇被用于近海货物运输，尤其是小型、快速运输需求中，可以节省人力成本，提高运输效率。无人艇还被引入水上旅游和娱乐领域，如自主驾驶观光艇和水上无人摄影设备，为用户提供全新体验。

1）民用 USV

相比陆地智能无人系统、智能无人机系统等，水面/水下智能无人系统的研究机构和对应产品仍相对较少。在 USV 方面，2013 年珠海云洲智能科技推出了全球首款内河级 USV，标志着产业化应用阶段。云洲智能等中国企业在 USV 市场取得重要突破，先后推出适用于长续航作业的系列化海工级产品，以及 M75、L30 等防务级 USV，服务于公安、交通、应急管理等领域。其他中国企业如科微智能、欧卡智舶、华测导航等均推出了特色产品，与美国的 Teledyne Marine 和 Sea Robotics 等国际企业展开竞争。目前，USV 在生态环保、环卫保洁和测绘测量等领域已实现较为成熟的应用。在高端领域，USV 的发展仍表现出较高的技术壁垒。尽管目前 USV 市场规模较小，主要客户集中在高校、科研院所和政府机构，但随着 5G、AI、大数据等技术的成熟，以及行业标准的完善，智慧交通、水面安防和海洋工程等新兴领域将展现出广阔潜力。

2）民用 AUV

AUV 方面的国内外代表研发机构包括中国科学院沈阳自动化研究所和美国 Woods Hole 海洋研究所等。沈阳自动化所经过多年的技术攻关，先后研制了“探索者”、CR01、CR02、“潜龙”系列、“海斗号”等 AUV 系列产品。其中，“潜龙三号”采用鱼型仿生形式，实现了中国 AUV 首次在大西洋科考上的应用，标志着中国 AUV 技术跻身世界先进行列；“潜龙四号”为中国大洋协会采购的该系列最新产品，是一款面向用户应用需求的定制化高可靠性商业 AUV。“海斗号”深海 AUV 成功下潜到万米级海域，完成了深海地质结构测绘、微生物采样等任务。Woods Hole 研究所设计了 Remus 系列 AUV。Remus 系列包括 Remus 100、Remus 600 和 Remus 6000 等型号，针对反水雷、深海探测、海上搜救等不同任务需求。Woods Hole 研究所还研发一类特殊的 AUV：自主底栖探测器（Autonomous Benthic Explorer，ABE），主要用于深海海底观察，其特点是机动性好，能完全在水中悬停，或以极低的速度进行定位、地形勘测和自动回坞。

7.7.4 发展趋势

水面/水下智能无人系统作为新兴技术，正在向更高效、更智能的方向发展，实现更高层次的自主决策和任务执行。水面/水下智能无人系统正逐步形成多层次、全方位、体系化的技术与产品谱系，呈现出关键性能持续提升、自主能力不断增强、应用场景广泛拓展等发展趋势。

1. 技术发展趋势

在技术层面,其发展趋势包括:高速可靠的通信链路、多功能跨域平台、长续航新能源动力、集群协同作业等。

为使 UUV 满足复杂水声环境中的稳健通信需求,通信多采用商用声通机,在调制方式上以抗多普勒、抗噪声性能较好的扩频(直扩、扫扩)和多频移键控(Multiple Frequency Shift Keying, MFSK)为主,结合多普勒补偿技术,有助于实现较高相对运动速度及加速度下的稳健通信,2022 年商用声通机的系统性能上界已接近于 40 km · kbit/s(此单位表示最大通信距离×通信速率,水声通信系统性能的衡量标准之一)。近年来,相关高校及科研院所开展了正交频分复用(Orthogonal Frequency-Division Multiplexing, OFDM)、正交时频空间(Orthogonal Time Frequency Space, OTFS)、单载波水声通信和水下光通信、磁通信等研究与试验验证,为不同环境下实现稳健、高速、可靠的通信链路提供了可行的技术思路。

近期研究尝试通过单一平台实现跨域作业,突破单一运行介质和功能限制。例如,上海交通大学于 2022 年首航的"哪吒Ⅳ"号无人器,打造了一种可以穿越航行于空中、水面和水下的高机动性跨介质运载平台,它结合了无人机和自主水下航行器,拥有更强的机动性能,更适合应急搜救,水下探测等应用。针对复杂任务和极端环境的适应需求,多功能平台和模块化设计正在逐步取代单一用途的系统。

此外,以新能源为动力的技术创新,将为水面/水下智能无人系统带来显著的续航性能提升。核电池、新型燃料电池和太阳能等能源方案与对波浪能、风能的有效利用将成为主流选择,使无人系统能够执行长时间、大范围的任务。例如,美国的 Saildrone 无人艇采用太阳能,可实现长达一年的自主运行,这一技术的突破大幅提升了系统在深海探测和长周期任务中的经济性与可靠性。

面对日益复杂的任务需求,单一智能无人系统的能力已显局限,集群控制和多系统协同作业逐渐成为该领域核心发展方向。水环境多无人系统协同作战和组网技术能通过协作完成更复杂的任务,并提高系统的灵活性和任务成功率。同时,水面/水下智能无人系统在未来发展中将进一步拓展跨域协同作业模式,实现与水面无人艇、无人机和母船等多平台间的深度协作。这种模式不仅能优化任务执行效率,还将显著拓展其在海洋科研、资源开发和安全保障等领域的应用。然而,针对异构无人系统间的深度协同和任务优化,仍需持续探索。对于集群博弈类型的任务需求,水环境智能无人系统的落地实物应用仍很少,公开发布的通用仿真验证平台(如 Unity 3D)及专用仿真验证平台(如基于 Gazebo 环境的 VRX 竞赛平台)可完成的任务难度及水环境仿真真实程度有限。此外,现有研究成果中博弈战胜的"敌方"往往自主性和智能性不够强。在未来,以机器学习方法为代表的水环境智能无人系统决策方案,需要进一步改进算法性能,并搭建更有力的博弈"敌方",才能不断提高系统决策能力。

2. 应用发展趋势

随着成本的降低,水面/水下无人系统将在更多商业领域得到应用,包括渔业、海洋调查、海洋运输等,典型应用场景如自动化渔业监测、海底资源勘探、海洋环境监测、无人水运物流等。这些应用能够提高作业效率,降低人力成本,并在复杂环境中执行高精度任务。

同时,水面/水下智能无人系统的发展将与多个学科和行业深度融合,如 AI、物联网、新能源和仿生学等。例如,仿生学的应用可以提升无人系统的机动性和环境适应能力。未来,这些跨界协作将带来更多创新,能进一步拓宽其应用场景。例如,物联网技术可以实现无人系统之间的高效通信与协同作业,并反哺到工业、物流运输等产业应用中。

随着水面/水下智能无人系统的普及,标准化工作将进一步加强,包括通信协议、接口标准、任务执行规范等。这不仅有助于提升系统的兼容性和互操作性，还将构建更加完整的产业生态，推动行业健康发展。

对于普通的系统用户来说，未来的水面/水下智能无人系统将更加注重人机交互体验。通过引入直观的控制界面、增强现实技术和语音指令系统，操作人员能够更高效地控制和管理无人系统，降低使用门槛。这将使水面/水下智能无人系统在更多细分领域得到广泛应用，尤其是在非专业的大众用户群体中。

3. 挑战及措施

尽管近年来水面/水下智能无人系统通信(网)技术取得了显著进展，但UUV自身运动所带来的强多普勒、高背景噪声，以及因复杂的水声传播信道引起的多径衰减等不利因素，使其在复杂水声环境中的通信与探测仍面临诸多挑战，迫切需要具备更强的环境适应能力。未来，需要进一步优化调制技术、多普勒补偿算法和信道估计方法等，并大力开展光通信、磁通信等新型水下通信应用试验，以提高水面/水下智能无人系统在复杂环境中的通信与探测能力。

受限于当前电池技术，续航能力仍是水面/水下智能无人系统的瓶颈，特别是在水下环境，能源补给困难。如何提高能源效率、开发新型能源系统来提升续航能力是关键问题。为应对这一挑战，未来需要加大对能源技术的研发投入，如核电池、新型燃料电池等能源的更新，以及对太阳能、波浪能、风能等可再生能源的有效利用。

集群控制和多系统协同作业近年来成为水面/水下智能无人系统的核心发展方向，但集群或异构无人系统的深度协同和任务优化仍面临诸多挑战。复杂环境和运动条件下的复杂态势信息实时一致性、系统实时协同智能决策与控制是其中两个核心问题。水面/水下智能无人系统在集群博弈任务中的应用仍处于初级阶段。未来，需要提高将无人系统各部分得到的感知信息进行统一融合和表述的能力，并进一步改进算法，提升系统的协同决策能力，以推动水面/水下智能无人系统集群协同和多系统协同技术的实际应用。

此外，尽管无人系统的成本正在逐步降低，但目前其高昂的研发、制造和维护成本仍然限制了普及。未来，需要通过技术创新和规模化生产进一步降低成本，使水面/水下智能无人系统能够在更多领域得到广泛应用。同时，政府和企业的合作也将推动商业化进程，促进其应用的快速发展。

小结与展望

本章从智能无人系统技术出发，依次讨论了自动驾驶、工业机器人、服务机器人、智能无人机、水面/水下智能无人系统的发展情况。智能无人系统涵盖感知与理解、导航与轨迹规划、控制与决策、集群协同等多方面技术。自动驾驶从科幻概念发展为现实应用，显著提升了驾驶安全性，变革出行模式；工业机器人通过提升效率，降低制造成本，推动了生产模式的革新；服务机器人以其多元化应用改善生活质量，并改变了社会运作方式；智能无人机不断扩展应用场景，催生了低空经济；水面/水下智能无人系统稳步发展，在科研、军事等领域崭露头角，进一步拓展了人类活动边界。

智能无人系统的未来是充满希望和挑战的。未来的智能无人系统预计将展现出更高的自主性，它们将能够在复杂且未知的环境中独立执行任务，显著减少对人工干预的需求。此外，这些系统将展现出卓越的协作性，能够与其他无人系统协同工作，形成高效的集群，实现更广泛的自动化应用。在新能源汽车、低空经济、智能制造等相关产业政策的推动下，中国智能无人系统的产业发展将得到进一步加速。这将导致相关产品成本的降低，使得更多的行业和领域能够负担并从中受益。随着智能无人系统的广泛应用,其安全性、可靠性、人机交互性以及与社会价值观的兼容性将成为公众关注的焦点。智能无人系统的未来将是一个多学科、多领域合作的结晶。它将深刻地影响我们的生活和工作方式,为人类社会带来前所未有的便利和效率。这一领域的进步不仅将推动技术革新,还将促进社会结构和经济模式的转型,为全球可持续发展贡献力量。因此,智能无人系统的研究与开发,不仅是技术层面的挑战,也是对人类智慧和创造力的一次全面考验。

参考文献

[1] 王耀南,安果维,王传成,等.智能无人系统技术应用与发展趋势[J].中国舰船研究,2022,17(5):18.

[2] LI Z Q,WANG W H,LI H Y,et al. BEVFormer: Learning bird's-eye-view representation from lidar-camera via spatiotemporal transformers[J]. IEEE Transactions on Pattern Analysis and Machine Intelligence,2024,47(3):2020-2036.

[3] YANG Z Y,WANG T Y,LIN Y H,et al. A vision chip with complementary pathways for open-world sensing[J]. Nature,2024,629(8014):1027-1033.

[4] GEHRIG D,SCARAMUZZA D. Low-latency automotive vision with event cameras[J]. Nature,2024,629(8014):1034-1040.

[5] VAN BERLO B,ELKELANY A,OZCELEBI T,et al. Millimeter wave sensing: A review of application pipelines and building blocks[J]. IEEE Sensors Journal,2021,21(9):10332-10368.

[6] 何友,关键,黄勇,等.雷达目标检测与恒虚警处理[M].3版.北京:清华大学出版社,2023.

[7] 张涛.智能无人系统产业发展研究报告(2022年版)[M].北京:清华大学出版社,2022.

[8] FAN L L,WANG J H,CHANG Y M,et al. 4D mmWave radar for autonomous driving perception: A comprehensive survey[J]. IEEE Transactions on Intelligent Vehicles,2024,9(4):4606-4620.

[9] ZHANG B B,JI D X,LIU S,et al. Autonomous underwater vehicle navigation: A review[J]. Ocean Engineering,2023,273:113861.

[10] 何友,修建娟,刘瑜,等.雷达数据处理及应用[M].4版.北京:电子工业出版社,2022.

[11] 何友,刘瑜,董凯,等.多源信息融合与应用[M].3版.北京:电子工业出版社,2025.

[12] TOURANI A,BAVLE H,SANCHEZ-LOPEZ J L,et al. Visual slam: What are the current trends and what to expect[J]. Sensors,2022,22(23):9297.

[13] DAVISON A J,REID I D,MOLTON N D,et al. MonoSLAM: Real-time single camera SLAM[J]. IEEE Transactions on Pattern Analysis and Machine Intelligence,2007,29(6):1052-1067.

[14] KLEIN G,MURRAY D. Parallel tracking and mapping for small AR workspaces[C]//Proceedings of the IEEE and ACM International Symposium on Mixed and Augmented Reality. Piscataway: IEEE Press,2007:225-234.

[15] YANG N,VON STUMBERG L,WANG R,et al. D3VO: Deep depth,deep pose and deep uncertainty for monocular visual odometry[C]//Proceedings of the IEEE/CVF Conference on Computer Vision and Pattern Recognition. Seattle,Piscataway: IEEE Press,2020:1281-1292.

[16] LAI L,SHANGGUAN Z K,ZHANG J M Y,et al. XVO: Generalized visual odometry via cross-modal self-training[C]//Proceedings of the IEEE/CVF International Conference on Computer Vision. Piscataway: IEEE Press,2023:10094-10105.

[17] YE W C,LAN X Y,CHEN S,et al. PVO: Panoptic visual odometry[C]//Proceedings of the IEEE/CVF Conference on Computer Vision and Pattern Recognition. Piscataway: IEEE Press,2023:9579-9589.

[18] TEED Z,LIPSON L,DENG J. Deep patch visual odometry[C]//Advances in Neural Information Processing Systems,New York: Curran Associates,2023:1-19.

[19] MATSUKI H,MURAI R,KELLY P H J,et al. Gaussian splatting SLAM[C]//Proceedings of the IEEE/CVF Conference on Computer Vision and Pattern Recognition. Piscataway: IEEE Press,2024:18039-18048.

[20] YAN C, QU D L, XU D, et al. GS-SLAM: Dense visual SLAM with 3D Gaussian splatting[C]//Proceedings of the IEEE/CVF Conference on Computer Vision and Pattern Recognition. Piscataway: IEEE Press, 2024: 19595-19604.

[21] KEETHA N, KARHADE J, JATAVALLABHULA K M, et al. SplaTAM: Splat Track & Map 3D Gaussians for Dense RGB-D SLAM[C]//Proceedings of the IEEE/CVF Conference on Computer Vision and Pattern Recognition. Piscataway: IEEE Press, 2024: 21357-21366.

[22] YAO Y Q, XU X S, HOU L H, et al. A simple and precise correction method for DVL measurements under the dynamic environment[J]. IEEE Transactions on Vehicular Technology, 2020, 69(10): 10750-10758.

[23] YANG Y L and HUANG G Q. Acoustic-inertial underwater navigation[C]//Proceedings of the IEEE International Conference on Robotics and Automation. Piscataway: IEEE Press, 2017: 4927-4933.

[24] HUANG T A, KAESS M. Towards acoustic structure from motion for imaging sonar[C]//Proceedings of the IEEE/RSJ International Conference on Intelligent Robots and Systems. Piscataway: IEEE Press, 2015: 758-765.

[25] XU S D, ZHANG K C, HONG Z Y, et al. DISO: Direct imaging sonar odometry[C]// Proceedings of the IEEE International Conference on Robotics and Automation. Piscataway: IEEE Press, 2024: 8573-8579.

[26] BOGUSPAYEV N, AKHMEDOV D, RASKALIYEV A, et al. A comprehensive review of GNSS/INS integration techniques for land and air vehicle applications[J]. Applied Sciences, 2023, 13(8): 4819.

[27] CAMPOS C, ELVIRA R, RODRÍGUEZ J J G, et al. ORB-SLAM3: An accurate open-source library for visual, visual-inertial, and multimap slam[J]. IEEE Transactions on Robotics, 2021, 37(6): 1874-1890.

[28] XU W, CAI Y X, HE D J, et al. FAST-LIO2: Fast direct lidar-inertial odometry[J]. IEEE Transactions on Robotics, 2022, 38(4): 2053-2073.

[29] CAO S Z, LU X Y, SHEN S J. GVINS: Tightly coupled GNSS-visual-inertial fusion for smooth and consistent state estimation[J]. IEEE Transactions on Robotics, 2022, 38(4): 2004-2021.

[30] LIU C W, JIANG C, WANG H W. InGVIO: A consistent invariant filter for fast and high-accuracy GNSS-visual-inertial odometry[J]. IEEE Robotics and Automation Letters, 2023, 8(3): 1850-1857.

[31] LU X, ZHOU Y, MAI J, et al. Event-based visual-inertial state estimation for high-speed maneuvers[J]. IEEE Transactions on Robotics, 2025, 41: 4439-4458.

[32] SUN X, ZHUANG Y, ZHENG Z Q, et al. Tightly coupled integration of Visible Light Positioning, GNSS, and INS for indoor/outdoor transition areas[J]. Information Fusion, 2025, 117: 102781.

[33] ORTHEY A, CHAMZAS C, KAVRAKI L E. Sampling-based motion planning: A comparative review[J]. Annual Review of Control, Robotics, and Autonomous Systems, 2024, 7: 285-310.

[34] NOREEN I, KHAN A, HABIB Z. Optimal path planning using RRT* based approaches: A survey and future directions[J]. International Journal of Advanced Computer Science and Applications, 2016, 7(11): 97-107.

[35] NASIR J, ISLAM F, MALIK U, et al. RRT*-SMART: A rapid convergence implementation of RRT[J]. International Journal of Advanced Robotic Systems, 2013, 10(7): 299.

[36] SCHWENZER M, AY M, BERGS T, et al. Review on model predictive control: An engineering perspective[J]. The International Journal of Advanced Manufacturing Technology, 2021, 117(5): 1327-1349.

[37] WILLIAMS G, DREWS P, GOLDFAIN B, et al. Aggressive driving with model predictive path integral control[C]//Proceedings of the IEEE International Conference on Robotics and Automation. Piscataway: IEEE Press, 2016: 1433-1440.

[38] RIVIÈRE B, LATHROP J, CHUNG S J. Monte Carlo tree search with spectral expansion for planning with dynamical systems[J]. Science Robotics, 2024, 9(97): eado1010.

[39] CHENG J, CHEN Y B, CHEN Q F. PLUTO: Pushing the limit of imitation learning-based planning for autonomous driving[EB/OL]. (2024-04-22)[2025-02-27]. https://arxiv.org/abs/2404.14327.

[40] AÇIKMEŞE B, CARSON J M, BLACKMORE L. Lossless convexification of nonconvex control bound and

pointing constraints of the soft landing optimal control problem[J]. IEEE Transactions on Control Systems Technology,2013,21(6): 2104-2113.

[41] ASTRÖM K J,KUMAR P R. Control: A perspective[J]. Automatica: A Journal of IFAC the International Federation of Automatic Control,2014,50(1): 3-43.

[42] VARLAMOV O. "Brains" for Robots: Application of the Mivar expert systems for implementation of autonomous intelligent robots[J]. Big Data Research,2021,25: 100241.

[43] PETERSEN I R,TEMPO R. Robust control of uncertain systems: Classical results and recent developments[J]. Automatica,2014,50(5): 1315-1335.

[44] 刘金琨. 智能控制：理论基础、算法设计及应用[M]. 北京：清华大学出版社,2019.

[45] LECHNER M,HASANI R,AMINI A,et al. Neural circuit policies enabling auditable autonomy[J]. Nature Machine Intelligence,2020,2(10): 642-652.

[46] RAISSI M, PERDIKARIS P, KARNIADAKIS G E. Physics-informed neural networks: A deep learning framework for solving forward and inverse problems involving nonlinear partial differential equations[J]. Journal of Computational physics,2019,378: 686-707.

[47] LIU J,BORJA P,DELLA SANTINA C. Physics-informed neural networks to model and control robots: A theoretical and experimental investigation[J]. Advanced Intelligent Systems,2024,6(5): 2300385.

[48] TALPUR N, ABDULKADIR S J, ALHUSSIAN H, et al. Deep neuro-fuzzy system application trends, challenges,and future perspectives: A systematic survey[J]. Artificial Intelligence Review,2023,56(2): 865-913.

[49] ZHENG K M, ZHANG Q J, HU Y M, et al. Design of fuzzy system-fuzzy neural network-backstepping control for complex robot system[J]. Information Sciences,2021,546: 1230-1255.

[50] 李士勇,李研. 智能控制[M]. 2 版. 北京：清华大学出版社,2021.

[51] HU Y F,XIE Q T,JAIN V,et al. Toward general-purpose robots via foundation models: A survey and meta-analysis[EB/OL]. (2024-10-01)[2025-03-18]. https://arxiv. org/abs/2312. 08782.

[52] BROHAN A, BROWN N, CARBAJAL J, et al. RT-2: Vision-language-action models transfer web knowledge to robotic control[EB/OL]. (2023-07-28)[2025-02-27]. https://arxiv. org/abs/2307. 15818.

[53] O'NEILL A,REHMAN A,GUPTA A,et al. Open X-Embodiment: Robotic Learning Datasets and RT-X Models: Open X-Embodiment Collaboration[C]//Proceedings of the IEEE International Conference on Robotics and Automation. Piscataway: IEEE Press,2024: 1-12.

[54] TEAM O M,GHOSH D,WALKE H,et al. Octo: An open-source generalist robot policy[EB/OL]. (24-05-26)[2025-02-27]. https://arxiv. org/abs/2405. 12213.

[55] 何友. AI 大模型与决策智能[R]. 长沙：中国图象图形大会,2025.

[56] HAN L,ZHU Q X,SHENG J P,et al. Lifelike agility and play in quadrupedal robots using reinforcement learning and generative pre-trained models[J]. Nature Machine Intelligence,2024,6(7): 787-798.

[57] BROHAN A,CHEBOTAR Y,FINN C,et al. Do as I can,not as I say: Grounding language in robotic affordances[C]//Proceedings of the Conference on Robot Learning. New York: PMLR,2023: 287-318.

[58] LIANG J,HUANG W,XIA F,et al. Code as policies: Language model programs for embodied control[C]//Proceedings of the IEEE International Conference on Robotics and Automation. Piscataway: IEEE Press,2023: 9493-9500.

[59] XIE T B, ZHAO S H, WU C H, et al. Text2reward: Automated dense reward function generation for reinforcement learning[C]//Proceedings of the International Conference on Learning Representations. New York: Ithaca,2024: 1-37.

[60] TANNER H G,JADBABAIE A,PAPPAS G J. Stable flocking of mobile agents part I: dynamic topology[C]//Proceedings of the IEEE International Conference on Decision and Control. Piscataway: IEEE Press,2003,2: 2016-2021.

[61] WANG Y,MAO X Z,LIU J P. Soft control for swarm systems with simple attraction and repulsion functions[C]//

Proceedings of the International Conference on Intelligent Networks and Intelligent Systems. Piscataway: IEEE Press,2009: 482-485.

[62] DANG A D,HORN J. Formation control of leader-following UAVs to track a moving target in a dynamic environment[J]. Journal of Automation and Control Engineering,2015,3(1): 1-8.

[63] 张鹏飞,何印,马振华,等. 无人机集群协同控制技术综述[J]. 兵器装备工程学报,2024,45(04): 1-9.

[64] ZHOU X,WEN X Y,WANG Z P,et al. Swarm of micro flying robots in the wild[J]. Science Robotics,2022,7(66): eabm5954.

[65] HAGHSHENAS H,BADAMCHIZADEH M A,BARADARANNIA M. Containment control of heterogeneous linear multi-agent systems[J]. Automatica,2015,54: 210-216.

[66] ATRIANFAR H,KARIMI A. Robust containment control of heterogeneous multi-agent systems with structured uncertainty and external disturbances[J]. International Journal of Robust and Nonlinear Control,2022,32(2): 698-714.

[67] GUO X,LI Q,YAO Q J,et al. Research progress for cooperative control of heterogeneous unmanned systems[J]. Chinese Journal of Engineering,2025,47(1): 66-78.

[68] XU X,LIU L,FENG G. Consensus of heterogeneous linear multiagent systems with communication time-delays[J]. IEEE Transactions on Cybernetics,2017,47(8): 1820-1829.

[69] PENG C and LI F Q. A survey on recent advances in event-triggered communication and control[J]. Information Sciences,2018,457: 113-125.

[70] LI H Y,LI X. Distributed model predictive consensus of heterogeneous time-varying multi-agent systems: With and without self-triggered mechanism[J]. IEEE Transactions on Circuits and Systems I: Regular Papers,2020,67(12): 5358-5368.

[71] WU X J,DING S,XU N,et al. Periodic event-triggered bipartite containment control for nonlinear multi-agent systems with iuput delay[J]. International Journal of Systems Science,2024,55(10): 1-15.

[72] BADUE C,GUIDOLINI R,CARNEIRO R V,et al. Self-driving cars: A survey[J]. Expert Systems with Applications,2021,165: 113816.

[73] CAMPBELL S,O'MAHONY N,KRPALCOVA L,et al. Sensor technology in autonomous vehicles: A review[C]//Proceedings of the Irish Signals and Systems Conference. Piscataway: IEEE Press,2018: 1-4.

[74] ELALLID B B,BENAMAR N,HAFID A S,et al. A comprehensive survey on the application of deep and reinforcement learning approaches in autonomous driving[J]. Journal of King Saud University-Computer and Information Sciences,2022,34(9): 7366-7390.

[75] CORDTS M,OMRAN M,RAMOS S,et al. The cityscapes dataset for semantic urban scene understanding[C]//Proceedings of the IEEE Conference on Computer Vision and Pattern Recognition. Las Vegas,USA: IEEE,2016: 3213-3223.

[76] ELLUSWAMY A. Occupancy networks[R]. New Orleans,USA: the IEEE/CVF Conference on Computer Vision And Pattern Recognition,2022.

[77] 张晓彤,王嘉诚,何景涛,等. 面向不确定性环境的自动驾驶运动规划: 机遇与挑战[J]. 模式识别与人工智能,2023,36(01): 1-21.

[78] ZHANG D K,LIANG J M,GUO K,et al. Consistent auto-regressive trajectory planning for large-scale reinforcement learning in autonomous driving[EB/OL]. (2025-03-05)[2025-03-06]. https://arxiv.org/abs/2502.19908.

[79] GAO H,ZHENG X,LIU Q,et al. A spatial-temporal predictive transformer network for Level-3 autonomous vehicle decision-making[J]. IEEE Transactions on Neural Networks and Learning Systems,2024: 1-15.

[80] CHITTA K,PRAKASH A,GEIGER A. NEAT: Neural attention fields for end-to-end autonomous driving[C]//Proceedings of the IEEE/CVF International Conference on Computer Vision. Piscataway: IEEE Press,2021: 15793-15803.

[81] WU P H,JIA X S,CHEN L,et al. Trajectory-guided control prediction for end-to-end autonomous driving:

A simple yet strong baseline[C]//Proceedings of the International Conference on Neural Information Processing Systems. New York: Curran Associates,2022: 6119-6132.

[82] LIU X M. Scaling up autonomous driving via large foundation models[R]. Nashville: The CVPR 2025 Workshop on Autonomous Driving,2025.

[83] HE Y. Frontiers of artificial intelligence development[R]. Hangzhou: The Global Artificial Intelligence Technology Conference(GAITC),2024.

[84] 李德毅. 未来汽车：会学习的轮式机器人[R]. 杭州：中国(杭州)国际机器人西湖论坛,2018.

[85] ZHANG T Y K,ZHAN J X,SHI J M,et al. Human-like decision-making of autonomous vehicles in dynamic traffic scenarios[J]. IEEE/CAA Journal of Automatica Sinica,2023,10(10): 1905-1917.

[86] FOOT P. The problem of abortion and the doctrine of double effect[J]. Oxford Review,1967,5: 5-15.

[87] BURTON S,HABLI I,LAWTON T,et al. Mind the gaps: Assuring the safety of autonomous systems from an engineering,ethical,and legal perspective[J]. Artificial Intelligence,2020,279: 103201.

[88] 李晓华. 自动驾驶的发展现状、挑战与应对[J]. 人民论坛,2023,(18): 68-72.

[89] GAO C,WANG G,SHI W S,et al. Autonomous driving security: State of the art and challenges[J]. IEEE Internet of Things Journal,2021,9(10): 7572-7595.

[90] SOLOWJOW E,UGALDE I,SHAHAPURKAR Y,et al. Industrial robot grasping with deep learning using a programmable logic controller(PLC)[C]//Proceedings of the IEEE International Conference on Automation Science and Engineering. Piscataway: IEEE Press,2020: 97-103.

[91] TAMIZI M G,YAGHOUBI M,NAJJARAN H. A review of recent trend in motion planning of industrial robots[J]. International Journal of Intelligent Robotics and Applications,2023,7(2): 253-274.

[92] ISCEN A,CALUWAERTS K,TAN J,et al. Policies modulating trajectory generators[C]//Proceedings of the Conference on Robot Learning. New York: PMLR,2018: 916-926.

[93] BILANCIA P,SCHMIDT J,RAFFAELI R,et al. An overview of industrial robots control and programming approaches[J]. Applied Sciences,2023,13(4): 2582.

[94] DRIESS D, XIA F, SAJJADI M S M, et al. PaLM-E: An embodied multimodal language model[C]// Proceedings of the International Conference on Machine Learning. New York: JMLR,2023: 8469-8488.

[95] FAN H,LIU X,FUH J Y H,et al. Embodied intelligence in manufacturing: Leveraging large language models for autonomous industrial robotics[J]. Journal of Intelligent Manufacturing,2024: 1-17.

[96] 何友. 元宇宙发展前沿[R]. 杭州：2024 中国元宇宙大会,2024.

[97] SEO Y,SFERRAZZA C,GENG H,et al. FastTD3: Simple,fast,and capable reinforcement learning for humanoid control[EB/OL]. (2025-05-28)[2025-08-24]. https://arxiv. org/abs/2505. 22642.

[98] MUKHERJEE D,GUPTA K,CHANG L H,et al. A survey of robot learning strategies for human-robot collaboration in industrial settings[J]. Robotics and Computer-Integrated Manufacturing,2022,73: 102231.

[99] ANGLERAUD A, MEHMAN SEFAT A, NETZEV M, et al. Coordinating shared tasks in human-robot collaboration by commands[J]. Frontiers in Robotics and AI,2021,8: 734548.

[100] AMIRSHIRZAD N,KUMRU A,OZTOP E. Human adaptation to human-robot shared control[J]. IEEE Transactions on Human-Machine Systems,2019,49(2): 126-136.

[101] PUPA A,VAN DIJK W,BREKELMANS C,et al. A resilient and effective task scheduling approach for industrial human-robot collaboration[J]. Sensors,2022,22(13): 4901.

[102] LIU L, CHEN J, BROCANELLI M, et al. E2M: An energy-efficient middleware for computer vision applications on autonomous mobile robots[C]//Proceedings of the ACM/IEEE Symposium on Edge Computing. New York: ACM Press,2019: 59-73.

[103] BOUBIN J G,BABU N T R,STEWART C,et al. Managing edge resources for fully autonomous aerial systems[C]//Proceedings of the ACM/IEEE Symposium on Edge Computing. New York: ACM Press, 2019: 74-87.

[104] CHEN Q,MA X,TANG S,et al. F-Cooper: Feature based cooperative perception for autonomous vehicle

edge computing system using 3D point clouds[C]//Proceedings of the ACM/IEEE Symposium on Edge Computing. New York：ACM Press，2019：88-100.
[105] BEKKELIEN A. Bluetooth indoor positioning[D]. Geneva Switzerland：University of Geneva，2012.
[106] BAI L，CIRAVEGNA F，BOND R，et al. A low cost indoor positioning system using bluetooth low energy[J]. IEEE Access，2020，8：136858-136871.
[107] FARAGHER R，HARLE R. An analysis of the accuracy of bluetooth low energy for indoor positioning applications[C]//Proceedings of the International Technical Meeting of the Satellite Division of the Institute of Navigation. Manassas：ION Press，2014：201-210.
[108] YANG C，SHAO H R. WiFi-based indoor positioning[J]. IEEE Communications Magazine，2015，53(3)：150-157.
[109] LIU F，LIU J，YIN Y，et al. Survey on WiFi-based indoor positioning techniques[J]. IET communications，2020，14(9)：1372-1383.
[110] XIA J，WANG Y，JIANG B，et al. Research on indoor positioning system based on ble-aoa/UWB technology[C]//Proceedings of the Chinese Control Conference. Piscataway：IEEE Press，2022：5100-5105.
[111] LONG Z，XIANG Y，LEI X，et al. Integrated indoor positioning system of greenhouse robot based on UWB/IMU/Odom/LiDAR[J]. Sensors，2022，22(13)：4819.
[112] 姚佳. 中国服务机器人发展策略探究[J]. 机器人产业，2023，(02)：68-76.
[113] 陈宏兴，周风余，田天，等. 服务机器人云计算平台 SOA 接口层模型设计[J]. 山东大学学报(工学版)，2015，45(04)：31-39.
[114] LI M，WANG Y S，LIU J Q. Design of an intelligent service robot based on deep learning[C]//Proceedings of the 2020 8th International Conference on Information Technology：IoT and Smart City. New York：ACM Press，2020：153-158.
[115] SCHNEIDER S，LIU Y，TOMITA K，et al. Stop ignoring me! On fighting the trivialization of social robots in public spaces[J]. ACM Transactions on Human-Robot Interaction，2022，11(2)：1-23.
[116] 李卫华，郭军龙，丁亮，等. 月球车地面遥操作技术发展现状与未来展望[J]. 航空学报，2023，44(1)：163-182.
[117] 陈青，殷程凯，郭自良，等. 苹果采摘机器人关键技术研究现状与发展趋势[J]. 农业工程学报，2023，39(4)：1-15.
[118] FANG J，QIN S，ZHOU H. Research on the obstacle avoidance system of restaurant delivery robot[C]//Proceedings of the International Conference on Artificial Intelligence and Computer Information Technology. Piscataway：IEEE Press，2022：1-5.
[119] DAVE N，KAVATHIYA H. AI in robotics：Advancements，applications and challenges[J]. Journal of Information Technology and Digital World，2023，5(2)：193-209.
[120] LEE K D. A smart network of service robots：Technical challenges and design considerations[J]. IEEE Communications Magazine，2021，59(8)：28-34.
[121] SUN Z，ZHU M，ZHANG Z，et al. Artificial intelligence of things (AIoT) enabled virtual shop applications using self-powered sensor enhanced soft robotic manipulator[J]. Advanced Science，2021，8(14)：2100230.
[122] SHI Q，SUN Z，LE X，et al. Soft robotic perception system with ultrasonic auto-positioning and multimodal sensory intelligence[J]. ACS nano，2023，17(5)：4985-4998.
[123] WU J，GAO J，YI J，et al. Environment perception technology for intelligent robots in complex environments：A review[C]//Proceedings of the International Conference on Communication，Image and Signal Processing. Piscataway：IEEE Press，2022：479-485.
[124] 刘金华，王远，张智轩，等. 基于 RBF 网络的四旋翼无人机姿态稳健自适应反步滑模控制[J]. 江苏大学学报(自然科学版)，2025，46(01)：36-42.
[125] 宗群，张睿隆，董琦，等. 固定翼无人机自适应滑模控制[J]. 哈尔滨工业大学学报，2018，50(9)：147-155.
[126] 李威，田春宝. 基于自适应反步滑模控制的无人机滚转控制[J]. 沈阳航空航天大学学报，2022，39(3)：33-39.
[127] 施伟，冯旸赫，程光权，等. 基于深度强化学习的多机协同空战方法研究[J]. 自动化学报，2021，47(7)：

1610-1623.
[128] 雷宇浩. GNSS受限环境中无人机多源协同导航算法研究[D]. 哈尔滨：哈尔滨工程大学，2024.
[129] 唐嘉宁，和雪梅，陈云浩，等. 区域快速优化下的无人机在线轨迹规划方法[J]. 重庆理工大学学报(自然科学)，2024，38(2)：217-225.
[130] 刘靠，蒋海峰，董磊，等. 基于CRS-RRT算法的无人机航迹规划[J]. Electronics Optics & Control，2023，30(7)：35-39.
[131] 张红蕾，盛志超，叶林，等. 基于多传感器融合的无人机自主避障方法[J]. 激光杂志，2024，45(1)：229-235.
[132] 李伟，杨敏. 基于轻量级改进网络的无人机航拍图像语义分割研究[J]. 微电子学与计算机，2024，41(7)：29-36.
[133] SONG X，ZHOU F，DING R，et al. UAV cognitive semantic communications enabled by knowledge graph for robust object detection[J]. IEEE Transactions on Communications，2025：1-1.
[134] WU H C，TAO X F，ZHANG N，et al. Cooperative UAV cluster-assisted terrestrial cellular networks for ubiquitous coverage[J]. IEEE Journal on Selected Areas in Communications，2018，36(9)：2045-2058.
[135] WU W W，HUANG Z Y，SHAN F，et al. CoUAV：A cooperative UAV fleet control and monitoring platform[EB/OL]. (2019-04-01)[2025-02-27]. https://arxiv. org/abs/1904. 04046.
[136] LIU Y-C，TIAN J J，GLASER N，et al. When2com：Multi-agent perception via communication graph grouping[C]//Proceedings of the IEEE/CVF Conference on Computer Vision and Pattern Recognition. Piscataway：IEEE Press，2020：4105-4114.
[137] HU Y，PANG X H，QIN X Q，et al. Pragmatic communication in multi-agent collaborative perception[EB/OL]. (2024-01-01)[2025-02-27]. https://arxiv. org/abs/2401. 12694.
[138] YUAN Q，FU X Y，LI Z Y，et al. GraphComm：Efficient graph convolutional communication for multi-agent cooperation[J]. IEEE Internet of Things Journal，2021，8(22)：16359-16369.
[139] GUI J J，YU T Y，DENG B S，et al. Decentralized multi-UAV cooperative exploration using dynamic centroid-based area partition[J]. Drones，2023，7(6)：337.
[140] ZHOU B Y，XU H，SHEN S J. Racer：Rapid collaborative exploration with a decentralized multi-UAV system[J]. IEEE Transactions on Robotics，2023，39(3)：1816-1835.
[141] LONG H，DUAN H B. Cooperative mission planning based on game theory for UAVs and USVs heterogeneous system in dynamic scenario[J]. Aircraft Engineering and Aerospace Technology，2024，96(9)：1128-1138.
[142] VAN NGUYEN L，PHUNG M D，HA Q P. Game theory-based optimal cooperative path planning for multiple UAVs[J]. IEEE Access，2022，10：108034-108045.
[143] 晏磊，廖小罕，周成虎，等. 中国无人机遥感技术突破与产业发展综述[J]. 地球信息科学学报，2019，21(4)：476-595.
[144] 王胜科，王贤栋，曲亮，等. 面向无人机海岸带生态系统监测的语义分割基准数据集[J]. 中国图象图形学报，2024，29(8)：2162-2174.
[145] REN J Z，SONG N F，LI X，et al. Rolling dispatch for AAVs inspection based on task adaptive clustering [J]. IEEE Transactions on Automation Science and Engineering，2025，22：14108-14119.
[146] 刘晶. 抗震救灾保通信运营商守护日喀则[N]. 中国信息化周报，2025-01-20(016).
[147] 邱志明，孟祥尧，马焱，等. 海上无人系统发展及关键技术研究[J]. 中国工程科学，2023，25(3)：74-83.
[148] 张伟，陈立新. 多传感器融合导航算法在水下无人系统中的应用[J]. 机器人学报，2021，43(4)：102-115.
[149] RAO J J，XU X Q，BIAN H R，et al. A modified random network distillation algorithm and its application in USVs naval battle simulation[J]. Ocean Engineering，2022，261：112147.
[150] QU X Q，GAN W H，SONG D L，et al. Pursuit-evasion game strategy of USV based on deep reinforcement learning in complex multi-obstacle environment[J]. Ocean Engineering，2023，273：114016.
[151] 赵明，周涛. 基于深度强化学习的多AUV协同路径规划[J]. 控制与决策，2023，38(7)：203-212.
[152] CHEN Z H，ZHAO Z Y，XU J P，et al. A cooperative hunting method for multi-USV based on the A^* algorithm in an environment with obstacles[J]. Sensors，2023，23：7058.
[153] 侯冬，任军委，郭广坤，等. 高精度水下激光频率传递研究进展[J]. 光电工程，2023，50(2)：220149.

第8章 元　宇　宙

CHAPTER 8

8.1 引言

2021年3月，罗布乐思(Roblox)的上市点燃了市场对元宇宙(Metaverse)[1-3]概念的热情，其近400亿美元的市值开启了元宇宙行业的无限遐想。在元宇宙中，物理与数字世界的界限被打破，它创造了一个全新的虚拟环境，让用户与家人、朋友、宠物及所爱的一切紧密相连，成为下一代社交世界的平台。元宇宙，即利用数字技术构建的、映射或超越现实并与现实交互的虚拟世界[1]。随着科技进步，元宇宙已从抽象理想转变为正在建设的虚拟空间，模糊了现实与虚拟的界限，创造了前所未有的互动体验；其构建不仅依赖虚拟现实(Virtual Reality，VR)、增强现实(Augmented Reality，AR)等传统技术，还涉及诸多创新技术突破。

本章将首先阐述元宇宙的定义、核心特征及其成为科技界焦点的原因；随后详细探讨元宇宙所依赖的关键技术，特别是三维重建与渲染领域的创新，如神经辐射场[4](NeRF)和三维高斯泼溅(3DGS)[5]，它们革新了三维空间和光线处理方式，显著提升了虚拟世界的真实感和沉浸感；接着分析元宇宙在应用层面的影响力，包括虚拟数字人[6]的兴起和具身元宇宙(Embodied Metaverse，EM)概念[7]对虚拟与现实壁垒的打破；最后展望元宇宙的未来发展趋势[8,9]，探讨技术进步、社会应用及潜在挑战，以及它如何改变我们的生活、工作和娱乐方式，从而全面理解元宇宙的内涵、技术支撑及未来影响。

8.2 从虚拟现实到元宇宙

8.2.1 元宇宙起源与发展历史

元宇宙[10-13]的概念最早来源于1992年美国作家尼尔·斯蒂芬森(Neal Stephenson)的科幻小说《雪崩》，该小说描绘了一个与现实世界平行的虚拟空间，用户通过化身与他人进行交互。此外，弗诺·文奇(Vernor Steffen Vinge)教授在其1981年出版的小说《真实姓名》中提出了通过脑机接口进入虚拟世界并获得感官体验的设想，这一构想为现代元宇宙思想奠定了重要基础。与此同时，20世纪90年代初期，钱学森在其致汪成为的手稿中将Virtual Reality一词译为“灵境”，进一步探讨了人机结合和虚拟环境的应用前景。

在20世纪70年代至90年代，随着开放性多人游戏的普及，原生代元宇宙的雏形逐步形成。20世纪70年代的角色扮演游戏《龙与地下城》便是早期虚拟互动的代表，玩家通过文本命令进行交流并探索虚拟世界。20世纪90年代初，随着Web World和Active Worlds等3D虚拟世界的出现，用户首次体验到三维空间的虚拟幻象。Keyhole 公司成立于 2001 年，其推出的 EarthViewer 软件是虚拟地球的先驱。2004 年，谷歌收购了 Keyhole 公司，并在此基础上于 2005 年推出了 Google Earth，这为后来的 3D 地图更新和交通信息实时展示奠定了基础。

2003 年，虚拟世界平台《第二人生》的推出成为虚拟世界发展的一个重要转折点，其成功吸引了大批现实世界的商业与非营利组织加入，为元宇宙的形成提供了实践基础。然而，真正将元宇宙概念推向主流的，是《我的世界》和《罗布乐思》这两款面向儿童和青少年用户的游戏平台。它们不仅推动了技术发展，还通过创新设计促进了虚拟世界的广泛应用，展示了虚拟世界对现实世界的深远影响。

2021—2025 年，元宇宙的发展经历了从概念启蒙到逐步理性再到融合创新的过程。2021 年被誉为“元宇宙元年”，Roblox 上市、微软发布 Mesh、Facebook 更名为 Meta，字节跳动收购 Pico、百度发布“希壤”，这些事件带动了元宇宙的全球热潮。2022 年，微软拟收购动视暴雪、Meta 继续巨额投入但遭遇亏损，中国多家企业缩减或关闭元宇宙项目，全球 VR/AR 硬件销量下滑，各地政府则加大政策支持力度。2023 年，苹果发布 Vision Pro、Meta 推出 Quest 3，XR 硬件技术突破但销量仍低迷；与此同时，生成式 AI 爆红分散了关注，腾讯、字节跳动等公司相继调整元宇宙战略，中国工业和信息化部发布《元宇宙产业创新发展三年行动计划(2023—2025 年)》，推动工业元宇宙落地。2024 年，苹果 Vision Pro 与 Meta Quest 3 正式投放市场，AI 广泛融入虚拟场景生成和交互，教育、制造、文旅等行业的元宇宙应用加快落地，整体市场趋于务实。到 2025 年，元宇宙生态越发成熟，XR 设备性能和成本优化，虚拟与现实经济深度融合，社交娱乐、办公、工业孪生等应用场景逐渐成型，全球巨头与中国企业持续投入，政策目标进入验收阶段，标志着元宇宙进入稳健发展的新阶段。

8.2.2 元宇宙组成

元宇宙是对现有信息技术的综合运用。它包含了各种内容和支撑技术，图 8.1 展示了其支撑要素。可以说，元宇宙的范围与信息技术息息相关。为了更直观地理解，我们可以将元宇宙的组成归纳为四方面：虚拟空间、数字身份、虚拟经济体系以及交互与通信。

虚拟空间是元宇宙的基础，提供了一个三维的、沉浸式的环境，用户可以在其中移动、探索和互动。它不仅是元宇宙的物理载体，也是其活动场所，可以是完全虚构的，也可以是现实世界的模拟。在虚拟空间中，用户可以体验到超越现实的虚拟世界，参与各种活动，与其他用户互动，并创造出全新的体验和场景。

数字身份在元宇宙中扮演着重要角色，用户通过这些数字化的身份进行互动。这些身份可以是简单的虚拟形象，也可以是复杂的带有特定属性和技能的角色。数字身份是用户在元宇宙中进行社交、交易和其他活动的基础。它们代表着用户在虚拟空间中的存在和行为，是连接用户与虚拟世界之间的桥梁，使用户能够在元宇宙中展开各种活动并与其他用户互动。

虚拟经济体系使用户能够通过虚拟货币进行交易，购买虚拟商品和服务。这一部分不仅包括交易机制，还包括财产权的定义、保护和转让，以及可能的税收和监管政策。在虚拟经济体系中，用户可以利用虚拟货币购买、销售和交换各种虚拟资产，如虚拟地产、数字商品、虚拟服务等。同时，也需要建立相应的财产权制度和法律框架，以保护用户的权益，并确保经济活动公平、有序稳定地进行。

交互与通信是元宇宙中确保用户能够在虚拟空间中有效交流和互动的关键技术和协议。它包括多种形式的交流方式，如语音、文字、视频通信，以及更高级的感知交互技术，如触觉和运动感应等。这些技术和协议的应用使用户能够在元宇宙中与其他用户实时交流、合作、分享信息，从而增强了虚拟空间的沉浸感和互动性，促进了用户之间的交流和协作。

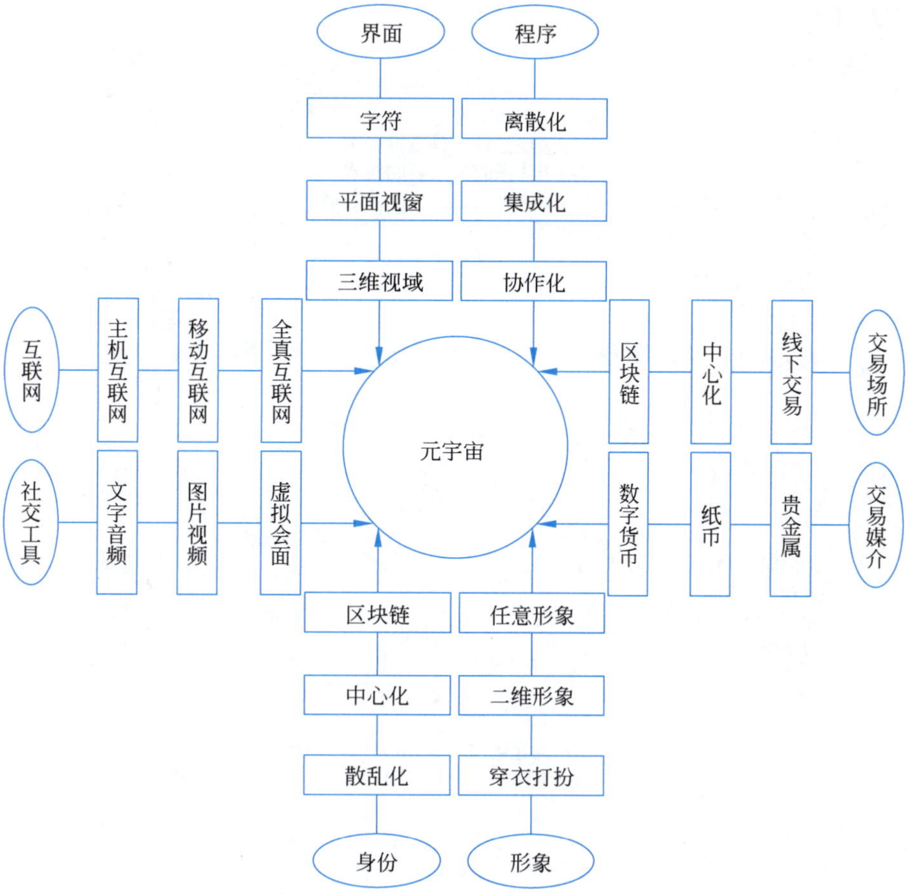

图 8.1 元宇宙支撑要素

这四部分共同构成了一个元宇宙生态系统，它们相互依赖、相互影响，共同塑造了元宇宙的面貌和运行机制。每部分涉及不同或有所交叉的多种技术，包括但不限于三维重建渲染、数字人技术、区块链、虚拟现实、增强现实等。

8.2.3 元宇宙基础

元宇宙不仅仅是一个数字空间，而且是一个融合了物理世界和虚拟世界的全新领域。在这个空间中，用户能够以沉浸式的方式进行创造、社交、娱乐和学习，打破了现实与虚拟的界限。元宇宙所带来的变革，不仅改变了人们的互动方式，更重新定义了未来社会的形态。

如图 8.2 所示，要构建这样一个庞大而复杂的虚拟世界，元宇宙的实现需要依赖六大关键技术[1,9]，包括：区块链(Blockchain)[13]、交互技术(Interactivity)[14]、电子游戏技术(Game)[15]、AI[16-19]、网络与运算技术(Network)[20]以及物联网(Internet of Things，IoT)[21]。这些技术共同构成了支撑元宇宙的基础架构，被统称为 BIGANT(大蚂蚁)。每项技术在元宇宙的搭建中都扮演着至关重要的角色。例如，区块链为元宇宙中的资产所有权、安全性和交易提供了去中心化的保障；交互技术推动了虚拟现实、增强现实等方式的创新，提升了用户的沉浸感和互动体验；电子游戏技术则为元宇宙构建了丰富的场景和逻辑架构，确保虚拟世界的可玩性和用户黏性；网络与运算技术解决了元宇宙所需的高带宽、高算力需求，使其能够支持全球范围内的实时交互和大规模计算；物联网则连接了物理世界与虚拟世界，使得真实环境中的设备、数据可以无缝融入元宇宙，形成虚实结合的生态。

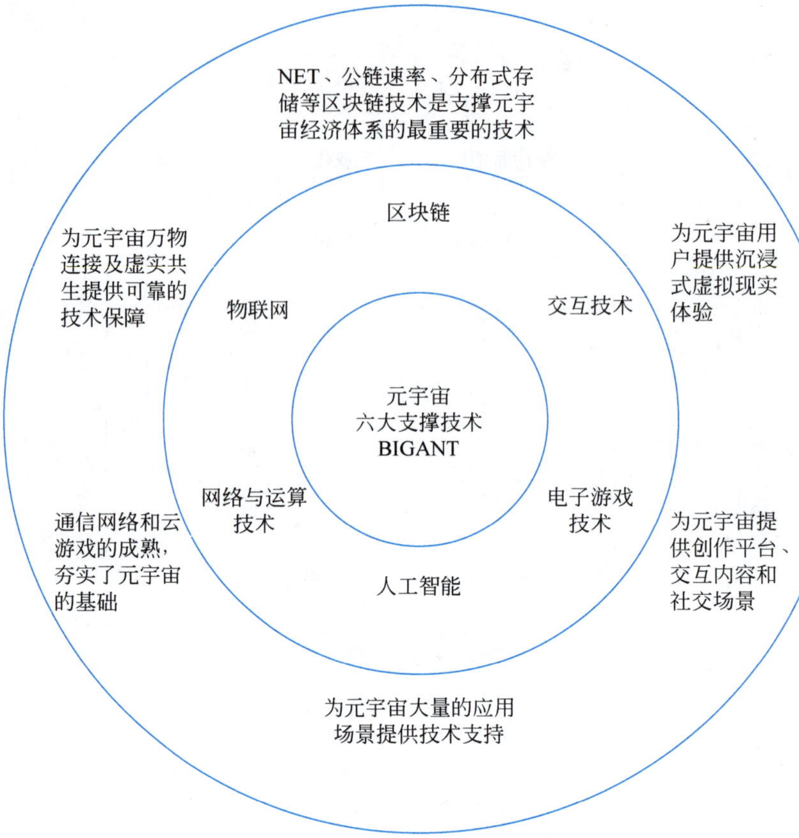

图 8.2 元宇宙基础[9]

(1) 区块链技术。区块链是一种去中心化的分布式数据库技术，通过将数据按时间顺序构建为不可篡改的区块链，确保数据安全性与透明性。在元宇宙中，区块链提供了安全、透明的基础设施，支持身份验证、资产管理和社交治理等功能。通过去中心化数字身份系统，区块链保护用户隐私，确保数据安全。在资产交易管理方面，区块链保证虚拟资产的所有权透明和可追溯，提升交易安全性与可信度。同时，区块链支持去中心化的社交平台和治理机制，使用户能够参与决策，推动元宇宙的民主化发展。这些功能为元宇宙提供了坚实的技术支撑。

(2) 交互技术。虚实空间交互技术是元宇宙研究的核心，涵盖虚拟现实、增强现实、混合现实(Mixed Reality，MR)和扩展现实(Extended Reality，XR)等技术。VR 通过头戴显示器和交互设备，模拟多种感官体验，使用户沉浸在虚拟的 3D 环境中。AR 将虚拟信息叠加到现实世界，利用摄像头或传感器捕捉现实图像，并在其上叠加虚拟元素，实现虚拟与现实的无缝融合。MR 结合 VR 与 AR，允许用户在真实与虚拟世界之间自由交互，保持真实对象与虚拟对象的一致性。XR 是 VR、AR 和 MR 的综合扩展，使用户更自然地与数字内容互动，突破现实与虚拟的界限。这些技术为元宇宙提供了强有力的交互基础，推动虚拟与现实世界的深度融合。

(3) 电子游戏技术。电子游戏在虚拟世界中负责场景建构、物理仿真和角色互动，提升了游戏画面、物理效果和交互体验，为元宇宙提供沉浸式体验。渲染技术将三维场景转化为图像，仿真技术模拟现实物理规律，推动虚拟世界的动态交互。建模技术通过三维工具构建虚拟角色和环境，生成式模型和深度学习提高了建模效率，使虚拟场景更接近现实。电子游戏不仅提供丰富交互体验，还为元宇宙创造创作平台和社交场景，吸引用户参与社交、娱乐和学习活动，带来多样化的互动体验。

(4) AI技术。AI与元宇宙之间具有相辅相成的关系。作为元宇宙的核心技术支撑，AI通过智能算法和机器学习，为虚拟世界提供智能化、自适应和强互动的支持，推动内容创作、优化用户沉浸体验、提升社区管理效率并实现个性化服务，从而不断促进元宇宙的发展与创新。同时，元宇宙为AI提供了广阔的应用场景，推动其技术普及与发展，两者共同构建了一个更加智能、开放和创新的数字未来。

(5) 网络与运算技术。网络与运算技术是构建和维护元宇宙虚拟世界的基础。首先，为确保海量数据的实时、流畅传输，支持沉浸体验，元宇宙需依赖超大容量、高带宽和低时延的网络技术。当前，5G/6G网络在一定程度上提升了通信速度，而边缘计算则通过将计算资源部署至网络边缘，减少数据传输距离，从而进一步降低延迟。其次，随着亿级智能设备接入，物联网技术确保设备间的互联互通，并与云平台稳定对接，实现虚拟世界中智能体的实时互动和复杂社交网络的构建。此外，加密通信技术保障数据传输的机密性与完整性，防范潜在的安全威胁。因此，网络与运算技术的发展为元宇宙提供了所需的连接性、实时性、可扩展性和安全性，成为实现统一、开放、强交互虚拟社区的核心支撑。

(6) 物联网技术。物联网包括感知层、网络层、平台层和应用层四个组成部分，通过协同运作，实现物理世界与虚拟世界的智能连接。感知层通过传感器采集现实数据，如温度、湿度和位置等，为元宇宙提供实时的物理数据源。网络层则负责数据的传输，确保物理和虚拟世界之间的信息流动，并支撑元宇宙的动态交互。平台层管理设备和数据，确保数据安全和设备互联，支持虚拟世界与现实设备的互动。应用层将处理后的数据应用于智能家居、工业控制等领域，最终实现物联网的全面应用。通过这些层次的整合，物联网为元宇宙提供了数据支持、实时交互和智能化体验。

8.2.4 元宇宙应用前景

元宇宙作为一个涵盖虚拟数字人、虚拟现实、区块链、通信与边缘计算等前沿科学技术与领域的新型互联网形态，其规模与复杂程度将超越当前互联网，为人类提供一个可探索、互动与创造的虚拟数字化平台，因此未来将具有巨大的潜在价值与应用前景。

在科技方面，元宇宙的构建与发展将进一步促进相关科技的持续性研究与创新，例如虚拟现实、区块链、通信技术等。这也将催生一系列新的技术、工具与平台，推动整个科技产业链的不断升级与发展。在娱乐与社交方面，元宇宙中的虚拟现实游戏，以及虚拟演出、虚拟旅游等活动丰富了用户的娱乐体验，为娱乐与文化产业带来全新的发展机遇；同时，元宇宙为用户丰富的、沉浸式的社交体验提供平台，使人们能够打破地域与语言约束，在虚拟世界中进行广泛的互动、交流与合作，这也可能会改变未来人类的社交与娱乐方式。在教育与培训领域，元宇宙能够提供更加沉浸式与交互式的学习环境，包括虚拟实验室、虚拟历史场景模拟等，构建教育培训新模式，使教育更加智能化与个性化。在商业与经济方面，元宇宙中的虚拟市场、电商平台、广告系统等能够推动数字经济的进一步发展，催生出虚拟房地产、虚拟艺术品、虚拟品牌代言等新型商业模式。而以区块链技术作为支撑的去中心化经济体系，例如数字货币、非同质化通证(Non-Fungible Token，NFT)等，将进一步保障元宇宙内的价值交换与透明治理。在公共服务与社会治理方面，元宇宙可用于城市规划、应急演练等，提高决策科学性与应对效率。同时，政府部门可通过元宇宙设立虚拟政府机构，进行政策宣传、公众咨询、民意调查等。

总之，元宇宙的发展将会对人类社会的方方面面带来巨大的影响与变革，这对于人类与社会来说均是全新的体验与机遇。但同时在发展过程中也需要时刻应对诸如法制伦理、隐私安全等的风险与挑战[22]，从而努力构建出更加开放、互联与智能的互联网社会新形态。

8.3 三维重建渲染

8.3.1 三维重建技术概念

三维重建技术[23-26]利用计算机视觉和图像处理技术，通过扫描、建模和渲染现实世界的物体和场景，将其转化为数字化的三维模型，并在虚拟世界中再现。它通过分析来自不同角度或数据源的图像，创建物体或场景的三维模型。这项技术已广泛应用于游戏、电影、建筑、医学等领域，并在元宇宙中发挥着重要作用。

三维重建技术可分为显式和隐式表达方法。显式表达清晰定义几何形状，直接描述对象的外部或内部几何形态，常见方法包括点云、体素和网格。然而，这种方法存在信息丢失的风险，需要新技术来处理。隐式表达则通过函数而非几何数据描述对象的形态，节省存储空间并能处理复杂几何形状，但计算复杂且操作上存在挑战。

随着机器学习的发展，基于统计学习的三维重建方法可以通过学习图像和点云数据到三维结构的映射，增强大规模数据的场景和物体形状建模的能力。此外，三维语义占据预测(3D Semantic Occupancy Prediction)方法利用语义分割和场景理解改善几何结构和语义信息的识别与重建。目前，神经辐射场和三维高斯泼溅正在成为三维场景重建方法的主流[27]，后续各小节将进一步探讨。

8.3.2 神经辐射场

神经辐射场[4]是一种用于生成高质量的三维重建模型的计算机视觉技术。它利用深度学习技术，从重建对象的多个视角的图像中提取其几何形状和纹理信息，然后利用这些信息生成一个连续的三维辐射场，从而可以在任意角度和距离下呈现出高度逼真的三维模型。

1. 神经辐射场建模

图 8.3 可视化了 NeRF 的三维重建流程。NeRF 将静态场景表示为一个连续的 5D 函数，该函数在空间中的每个点(x,y,z)输出每个方向(θ,ϕ)发射的辐射度，以及每个点的密度，这种密度像微分不透明度一样，控制光线通过(x,y,z)时积累了多少辐射度。NeRF 优化了一个没有任何卷积层的深度全连接神经网络，将单一的 5D 坐标(x,y,z,θ,ϕ)回归到单一的体素密度和视角依赖的 RGB 颜色。为了从特定视点渲染这个神经辐射场，该方法：①通过场景移动相机来生成一组采样的 3D 点；②将这些点及其对应的 2D 观察方向输入神经网络，以产生一组颜色和密度的输出；③使用经典的体积渲染技术将这些颜色和密度累积成一个 2D 图像。这个过程本质上是可微分的，因此可以使用梯度下降来优化这个模型，优化目标为最小化训练图像与对应渲染图像之间的平均误差。

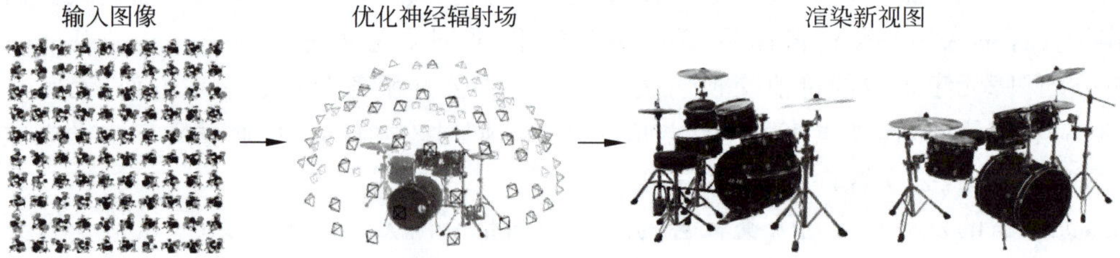

图 8.3 NeRF 三维重建流程[4]

如图 8.4 和图 8.5 所示，NeRF 方法通过将场景表示为 5D 向量值函数来实现连续场景的建模，其中包括三维位置和二维观察方向的输入，输出为体素密度和颜色信息。通过一个多层感知器(Multilayer Perceptron，MLP)模型，NeRF 能够有效地将这些输入映射为对应的场景特征，优化网络权重以增强视角一致性。为了提高多视角的一致性，该方法通过将体素密度与位置关联，并将颜色预测与位置及观察方向相结合，进一步提升了场景的细节表现。网络架构通过多个全连接层进行特征提取和信息融合，从而实现高效的三维场景重建。

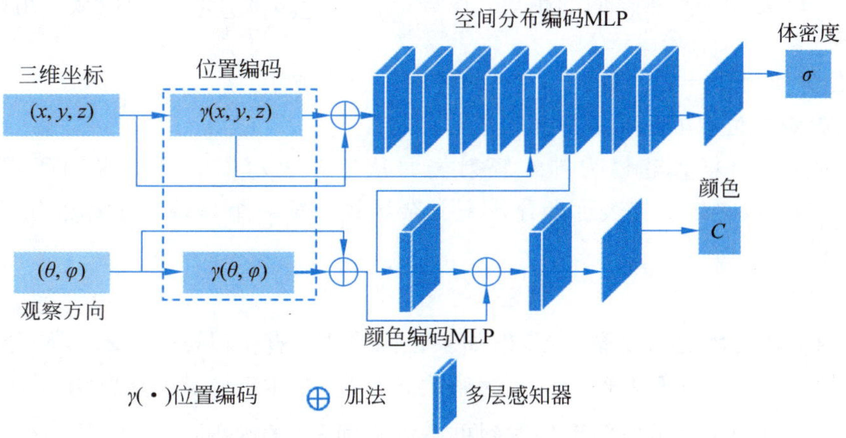

图 8.4 NeRF 流程图

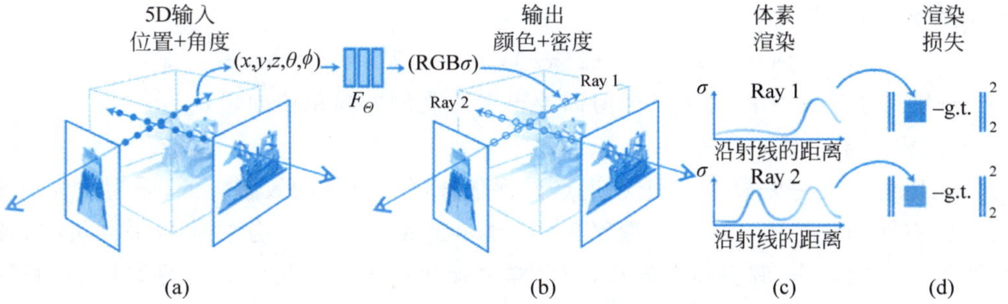

图 8.5 神经辐射场表示和可微分渲染流程[4]

NeRF 将场景表示为任何空间点的体素密度和方向性发射辐射。使用来自经典体积渲染的原理来渲染通过场景的任何光线的颜色。体素密度 $\sigma(x)$ 可以被解释为光线在位置 x 的无限小粒子处终止的微分概率。相机光线 $r(t)=o+td$ 在近和远界限 t_n 和 t_f 下的预期颜色 $C(r)$ 为

$$C(r)=\int_{t_n}^{t_f} T(t)\sigma(r(t))c(r(t),d)\mathrm{d}t \tag{8.1}$$

函数 $T(t)=\exp\left(-\int_{t_n}^{t}\sigma(r(t))\mathrm{d}s\right)$ 表示光线从 t_n 到 t 的累积透射率，即光线从 t_n 行进到 t 而不撞击任何其他粒子的概率。从连续的神经辐射场渲染视图需要估算每个想要的虚拟相机像素通过的相机光线追踪的积分 $C(r)$。

NeRF 方法中使用分层抽样方法，将区间$[t_n,t_f]$划分为 N 个等间距的箱子，然后在每个箱子内均匀随机抽取一个样本：

$$t_i\sim U\left[t_n+\frac{i-1}{N}(t_f-t_n),t_n+\frac{i}{N}(t_f-t_n)\right] \tag{8.2}$$

尽管使用一组离散的样本来估计积分，但分层抽样能够表示一个连续的场景，因为这种方法导致 MLP 在优化过程中被评估为连续位置。NeRF 中使用这些样本和体积渲染中常用的求积规则[28]来估计 $C(r)$：

$$\hat{C}(r)=\sum_{i=1}^{N}T_i(1-\exp(-\sigma_i\delta_i))c_i \tag{8.3}$$

其中，$\delta_i=t_{i+1}-t_i$ 是相邻样本之间的距离，$T_i=\exp\left(-\sum_{j=1}^{i-1}\sigma_i\delta_i\right)$。该函数从一组$(c_i,\delta_i)$值计算 $\hat{C}(r)$，并可简化为使用 $\alpha_i=1-\exp(-\sigma_i\delta_i)$的传统 α 合成方法。

2. 神经辐射场的位置编码和分层体积采样

除了前面讨论的将场景建模为神经辐射场并从这一表示中渲染新视图所需的核心组件，NeRF 还引入了两项改进以支持表示高分辨率复杂场景。第一个是输入坐标的位置编码，第二个是分层体积采样。

1）位置编码 γ

尽管神经网络是通用的函数逼近器，但如果让网络 F_Θ 直接以(x,y,z,θ,ϕ) 为输入，它在表示颜色和几何的高频变化方面表现不佳。为解决该问题，NeRF 将 F_Θ 重新构造为两个函数的组合 $F_\Theta=F'_\Theta\times\gamma$，这里的 γ 是从空间$\mathbb{R}$映射到更高维空间$\mathbb{R}^{2L}$的映射（L 为位置编码的维度），F'_Θ 仍然是多层感知器，两个函数一个可学习，一个不可学习，这种方法显著提高了性能。具体而言，使用的编码函数 $\gamma(p)$定义为

$$\gamma(p)=(\sin(2^0\pi p),\cos(2^0\pi p),\cdots,\sin(2^{L-1}\pi p),\cos(2^{L-1}\pi p)) \tag{8.4}$$

函数 $\gamma(\cdot)$分别应用于 x 中的每个坐标值以及笛卡儿观测方向单位向量 $\boldsymbol{d}$。

2）分层体积采样

在每条相机射线上密集采样 N 个查询点以评估神经辐射场的效率较低，因为这会对渲染图像无贡献的自由空间和被遮挡区域进行重复采样。NeRF 引入了一种分层体积采样策略，依据采样点对最终图像贡献的大小，调整样本分布，使采样更加集中于对渲染结果有显著影响的区域，从而提升了效率。具体来说，该方法不仅使用单一网络来表示场景，还同时优化两个网络：一个“粗糙”网络和一个“精细”网络。首先使用分层抽样方法采样一组 N_c 个位置，并在这些位置评估“粗糙”网络。根据这个“粗糙”网络的输出，随后在每个射线上进行更有信息的采点，将样本偏向于体积中相关的部分。这里的体积指的是场景中的三维区域，其中包含物质密度或发射特性，如光的散射或吸收等，这些属性影响了光在该区域内的传播和渲染效果。为此，首先将从粗糙网络得出的 alpha 混合颜色 $\hat{C}_c(r)$重写为沿射线所有采样颜色 c_i 的加权和：

$$\hat{C}_c(r)=\sum_{i=1}^{N_c}w_ic_i,\quad w_i=T_i(1-\exp(-\sigma_i\delta_i)) \tag{8.5}$$

将这些权重归一化为$\hat{w}_i=w_i\Big/\sum_{j=1}^{N_c}w_j$，即沿射线产生基于分段常数的概率密度函数（Probability Density Function，PDF）。使用反向变换采样从该分布中采样第二组 N_f 个位置，评估“精细”网络在第一组和第二组样本的并集上，考虑所有 N_c+N_f 个样本来计算射线的最终渲染颜色 $\hat{C}_f(r)$。这个过程将更多的样本分配给预期会包含可见内容的区域。这与重要性采样的目标相似，但其使用采样值作为整个积分域的非均匀离散化，而不是将每个样本作为整个积分的独立概率估计。

3. 神经辐射场的最新工作

近年来，NeRF 研究集中在提升渲染效率、优化少视角合成、增强渲染质量，并探索自监督学习，旨在实现实时渲染并提高 3D 重建的精度与泛化能力，减少对标注数据的依赖。为提高渲染效率，许多研究提出了创新神经网络架构。例如，UHDNeRF[29]提出了一种自适应隐式-显式场景表示法，结合隐式体积渲染与稀疏点云，提升了场景细节表现力。它通过频率分离策略，捕捉低频特征的隐式体积和高频细节的稀疏点云。在少视角合成方面，NeuralLift-360[30]技术突破性地将单张 2D 图像转换为 360°视角的三维物体，结合深度感知 NeRF 和无噪声扩散建模，并通过采样策略与 CLIP[31]优化，增强深度估算精度，同时保持内容生成的多样性。而 Is-NeRF[32]提出了一种显式建模入射散射效应的神经辐射场框架，以提升 NeRF 在运动模糊与参与介质场景中的稳健性。该方法通过在体渲染公式中引入散射建模，使网络能够更好地恢复模糊图像中的细节和几何结构，从而在复杂光传输环境下实现更准确的新视角合成。实验结果显示，Is-NeRF 在动态模糊和雾霾等挑战性条件下均优于现有方法，展现出更强的稳定性与泛化能力，为 NeRF 在真实复杂成像任务中的应用奠定了新基础。

8.3.3 三维高斯泼溅

辐射场方法因重建质量出色而备受青睐，但较慢的推理速度限制了其实用性。为解决这一问题，Kerbl 等提出了 3DGS 模型[5]，通过 3D 高斯分布建模三维场景，并结合反向传播网络优化参数，兼具高效性与优质表现。3DGS 的关键创新包括：①以相机校准获取的稀疏点为输入，利用 3D 高斯模型生成高精度图像；②通过交替优化和密度控制策略，特别是各向异性协方差优化，实现对生成的精确控制；③采用支持各向异性泼溅的快速渲染算法，实现实时渲染。这些特性使 3DGS 成为三维重建领域的高效解决方案。

3DGS 方法的流程如图 8.6 所示，包括以下步骤。

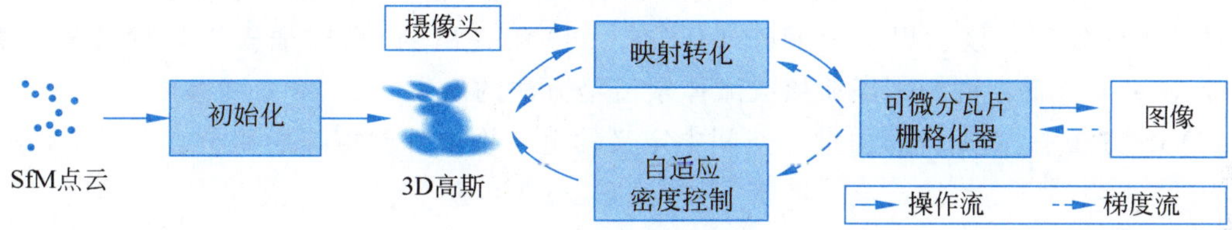

图 8.6 3DGS 方法整体流程[5]

(1) 输入静态场景的图像，通过运动结构恢复(Structure from Motion，SfM)算法提取稀疏点云并确定相机位姿。

(2) 为每个稀疏点云创建初始化的 3D 高斯椭球，定义其位置(平均值)、协方差矩阵(缩放与旋转因子)、不透明度和球谐函数系数，以简洁表示 3D 场景。

(3) 利用球谐函数映射辐射场的方向性外观(RGB 颜色)。

(4) 通过比对固定场景图像与输入图像优化初始化参数(位置、协方差矩阵、球谐系数及密度)，并生成光栅化渲染。

(5) 设计快速后向通道以调控高斯梯度，确保渲染的准确性与效率。

运动结构恢复旨在通过分析多幅图像及其稀疏特征点集合，精确估计场景的 3D 几何结构与相机姿态。由于图像序列可能无序且数据量很大，SfM 面临配准与重建效率的挑战，为此提出了三种策略：①增量式从两张初始图像开始，逐步加入更多图像进行配准和三角测量，构建 3D 模型；②全局式一次性处理所有图像，追求全局一致的重建；③层级式先分组处理图像，再整合分组结果以提高效率与精度。增量式因其灵活性与稳健性，在无序数据集重建中应用广泛，Bundler[33]和COLMAP[34]等基于此策略开发的开源工具推动了该领域的发展。图 8.7 展示了使用 COLMAP 重建的罗马市区场景，生动诠释了 SfM 的优势与实际效果。

图 8.7 罗马的 3D 重建图像[34]

1. 三维高斯初始化

1）椭球高斯核

三维高斯初始化是 3DGS 方法的核心步骤，用于构建完整且填充良好的体积场景以支持新视图合成。为实现这一目标，3DGS 选用显式且非结构化的可微体积基元。假设函数 $f_c(\boldsymbol{u})$表示基元 $r_k(\cdot)$的加权和：

$$f_c(\boldsymbol{u}) = \sum w_k r_k(u) \tag{8.6}$$

式中，w_k 为对应基元的权重系数，$\boldsymbol{u}$ 为目标的空间坐标。3DGS 选用三维高斯分布作为基函数，因其具备在三维空间中的可微性及易于投影到二维平面的特性，使其成为场景体积表示的理想选择。在初始化阶段，3DGS 利用 SfM 提供的数据，以三维高斯分布作为填充基础。与传统实心椭球方法相比，三维高斯分布通过其概率特性实现高斯椭球的重叠，从而更有效地覆盖图像信息并支持场景精细化处理。该思想源于 Heckbert 在 1989 年提出的“椭球加权平均滤波器”，并受到 2001 年 Zwicker[35]提出的椭圆高斯核泼溅体素渲染方法的启发。

在 3DGS 方法中，高斯分布由世界空间中定义的全三维协方差矩阵$\boldsymbol{\Sigma}$ 和中心点（均值）$\boldsymbol{\mu}$ 定义：

$$G(\boldsymbol{x}) = \mathrm{e}^{-\frac{1}{2}(\boldsymbol{x}-\boldsymbol{\mu})'\boldsymbol{\Sigma}^{-1}(\boldsymbol{x}-\boldsymbol{\mu})} \tag{8.7}$$

协方差矩阵可分解为

$$\boldsymbol{\Sigma} = \boldsymbol{A}\boldsymbol{A}' = \boldsymbol{R}\boldsymbol{S}\boldsymbol{S}'\boldsymbol{R}' \tag{8.8}$$

其中，$\boldsymbol{R}$ 为旋转矩阵，决定椭球的方向；$\boldsymbol{S}$ 为缩放矩阵，确定椭球在各轴上的尺寸。在迭代优化中，调整矩阵 $\boldsymbol{A}$ 即可灵活改变高斯椭球的形状、大小和方向，从而满足复杂场景的精细化建模需求。

此外，选择椭球高斯核作为重建核，主要是因为其具有独特的性质。首先，高斯核在非对称映射下具有封闭性，即沿三维高斯分布任一轴积分的结果仍为二维高斯分布。其次，沿任意方向积分后的二维高斯分布可通过重采样滤波器进行分析计算，同时保留其固有特性。这些特征在渲染和编辑过程中得以充分利用。由于三维高斯分布本质上是一种概率分布，天然具备可混叠性。如图 8.8 所示，多个三维高斯可相互重叠，且混合后仍保持高斯分布的基本特性。因此，选择高斯椭球作为渲染基元不仅增强了渲染的灵活性，还提升了其可编辑性。

2）椭球加权平均

为了精确表示三维空间，初始化高斯椭球核后的首要步骤是视角变换。根据物体与摄像机的相对位置，利用投影变换原理，将相机坐标系的坐标转换至射线坐标系。3DGS 通过体积到光线空

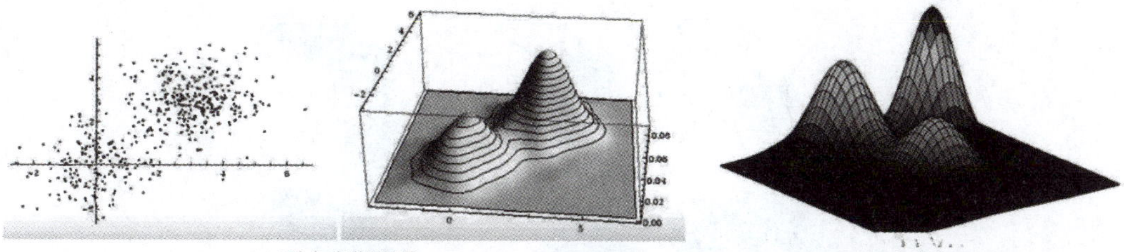

(a) 两个高斯混叠　　(b) 三个高斯混叠

图 8.8　三维高斯混叠

间的映射机制，实现高效透视投影操作。受椭圆加权平均(Elliptically Weighted Average，EWA)重采样滤波器处理任意体积高斯核能力的启发，2DGS 选择沿表面法线方向平铺的重建核，以提升等值面渲染精度。EWA 方法将体积重构核转化为曲面重构核，从而支持直接从体积数据中提取并渲染曲面表示。在 3DGS 中，直接采用三维高斯分布，无须估计法线，由中心点和协方差矩阵共同决定高斯核的尺度、旋转和位置。对于给定视角变换矩阵 $\boldsymbol{W}$ 和三维协方差矩阵$\boldsymbol{\Sigma}$，投影后的二维协方差矩阵$\boldsymbol{\Sigma}_p$ 表示为

$$\boldsymbol{\Sigma}_p = \boldsymbol{JW\Sigma W'J'} \tag{8.9}$$

其中，$\boldsymbol{J}$ 为射影变换仿射近似的雅可比矩阵。

为了将纹理映射到高斯核上，首先，对三维平面进行参数化处理，将二维圆形纹理映射到由三维空间中两个向量定义的平面上，形成椭圆区域。随后，通过斜平面投影技术将椭圆区域投射到椭球表面，并结合低通滤波器完成纹理滤波。渲染过程中，EWA 方法通过高效的溅射技术，将视角下的像素信息投射到高斯分布的表面上，实现高斯核的混叠渲染。对于单个高斯核的多个视图，采用累积溅射策略整合像素信息，并利用 NVIDIA 的合成片材计算与光照模型完成初步着色。为提升真实感，3DGS 在初始坐标、协方差矩阵和色彩的基础上，引入透明度 α，通过概率分布精确表示单个高斯核的透明特性。此外，在 3DGS 中将其视为基函数用来近似任意 RGB 数值函数，表示为

$$f(t) \approx \sum_{l} \sum_{m=-l}^{l} c_l^m y_l^m(\theta,\phi) \tag{8.10}$$

其中，c_l^m 为各型系数，$y_l^m(\theta,\phi)$为球谐函数。

2. 三维高斯渲染优化

1）自适应高斯密度化

在累加单个高斯核的相机和图像信息至图像空间后，3DGS 通过多个高斯椭球共同生成最终图像，以提高渲染质量。为精确表达场景密度，3DGS 引入了克隆、分裂和删除策略，根据设定阈值自适应调整椭球数量，该方案被称为“自适应高斯密度化方案”(见图 8.9)。训练中，每 1000 次迭代对透明度低于阈值 ε_α 的高斯椭球进行剔除。在训练过程中，3DGS 采集真实图像的相机位姿和视角作为监督数据，同时从重建场景中提取相机位姿。渲染图像与真实图像的误差通过以下损失函数评估

$$\text{loss} = (1-\lambda)L_1 + \lambda L_{\text{D-SSIM}} \tag{8.11}$$

其中，L_1 为渲染图像和真值图像的光度误差，即渲染图像与真实图像之间的差距，$L_{\text{D-SSIM}}$ 为结构相似性误差。通过上述损失函数，3DGS 自适应调整高斯椭球的数量、大小、位置、旋转、透明度及球谐光照色彩分布。

2）光栅化渲染器

三维高斯泼溅采用高效的光栅化渲染器，实现了对大量 3D 高斯分布的实时渲染，相较于传统

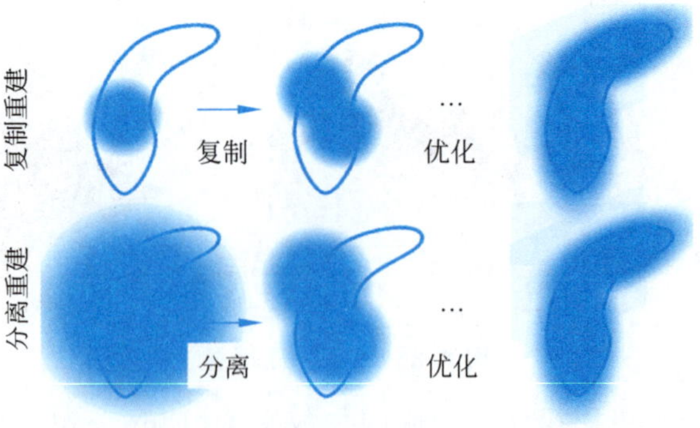

图 8.9 自适应高斯密度化

光栅化方法具有显著优势。其核心架构基于瓦片化并行处理、深度排序与透明度累积，避免了传统三角网格的拓扑约束，使得点云表示可以更灵活地适应复杂场景。渲染过程首先对高斯点进行视锥裁剪，并计算其投影在屏幕上的椭圆覆盖范围，再通过 GPU 并行基数排序按深度对高斯进行全局排序，以优化遮挡处理。随后，在渲染阶段，每个 GPU 线程块负责一个屏幕瓦片，并行执行像素级别的泼溅操作，通过前向透明度累积计算最终颜色，同时采用早停策略减少不必要计算。为提升效率，3DGS 进一步优化了数据存储和访问，通过共享内存缓存热点数据，并结合动态负载均衡减少 GPU 线程并行执行时，不同线程执行不同代码路径，导致并行效率下降的问题。此外，采用球谐函数或球面高斯表示颜色信息，以高效支持视角相关的光照效果，同时引入基于视角的动态数据加载，以降低显存占用。相比传统基于多边形的光栅化方法，3DGS 天然支持透明度混合、抗锯齿和平滑过渡，无须额外处理即可实现真实感渲染，并在自由视角场景下保持高度时间一致性。近年来，一系列优化方案(如瓦片覆盖裁剪、GPU 并行优化、Seele 框架的动态数据调度等)进一步提升了渲染效率，使得 3DGS 在计算资源受限的设备上也能实现高保真实时渲染。综上所述，3DGS 通过创新的数据结构与高效的 GPU 计算架构，使得显式点基渲染方法能够匹敌甚至超越神经辐射场等基于隐式体积的方法，成为高质量、实时 3D 场景渲染的重要解决方案。

3. 三维高斯泼溅的最新工作

近年来，3DGS 算法取得了令人瞩目的发展。然而，3DGS 算法面临的一个显著挑战是在观测数据不足的区域容易出现伪影，这主要归因于稀疏数据导致重建精度下降，这也是辐射场渲染领域普遍存在的技术难题。为了应对这一挑战，并提升数据的利用效率，研究者主要探索了两大方向：一是基于正则化约束的方法，二是基于先验学习的方法。具体地，基于正则化约束的方法大都通过引入额外的信息约束来增强细节表现力和全局的一致性。例如，DNGaussian[36]通过引入深度信息正则的方法，有效解决了稀疏输入视角下的退化问题。FSGS[37]则提出了一种高斯解池过程用于初始化，并同样引入了深度正则化策略。为了获取先验知识，最常见的做法是通过神经网络直接生成 3D 高斯分布并用于渲染。这种范式通常在训练阶段需要多个视角的图片，但在测试阶段仅需一幅图片即可实现 3D 场景的重建。例如，Distilled-3DGS[38]提出了首个用于 3D 高斯渲染的知识蒸馏框架，通过引入多教师模型和结构相似性损失，有效压缩存储与计算开销，同时保持高质量渲染效果。PhysGM[39]则构建了一个大规模物理高斯模型，能够从单幅图像端到端预测三维结构与物理属性，并结合直接偏好优化算法在真实物理视频的引导下实现快速、逼真的 4D 动态合成。随着 3DGS 渲染技术的快速发展，已经在多个领域涌现出一系列创新应用(见图 8.10)，例如机器人技术、动态场景重建与表示、AI 生成内容、自动驾驶、医疗系统、大规模场景重建，甚至在其他科学领域也展现了强大的潜力。

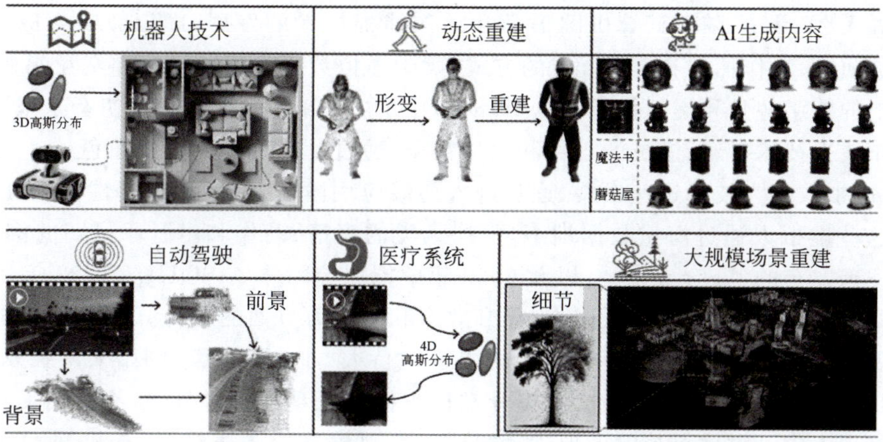

图 8.10 3DGS 的应用

8.4 虚拟数字人

8.4.1 虚拟数字人概念

虚拟数字人是元宇宙中的关键组成部分，通过计算机图形学(Computer Graphics，CG)、动作捕捉、深度学习和语音合成等技术，创建具有逼真外观和智能交互能力的虚拟人物。它们不仅具备丰富的面部表情和身体动作，还能根据用户需求进行实时反馈，提供更加人性化和情感化的互动体验。虚拟数字人广泛应用于游戏、虚拟导游和社交平台等领域，强调虚拟身份与数字化制作的结合，展现出广阔的应用前景。

虚拟数字人的发展受技术进步与需求驱动的双重影响，其核心目标是实现拟人化。与影视作品中的角色相比，虚拟数字人之所以备受关注，主要在于其与人类的互动性。虚拟数字人发展方向集中在提升交互能力和完善形象表现，最终目标是对人类角色的高度仿真替代。

如表 8.1 所示，虚拟数字人的发展历程经历了萌芽、探索、初级和成长四个阶段。20 世纪 80 年代，虚拟数字人进入萌芽阶段，1982 年，日本推出了世界上第一位虚拟歌姬林明美，1984 年，英国人 George Stone 创造了虚拟人物 Max Headroom，这些虚拟人物主要依靠手工绘制和化妆，

表 8.1 虚拟数字人发展历程

时间阶段	20 世纪 80 年代初（萌芽阶段）	2000—2015 年（探索阶段）	2015—2020 年（初级阶段）	2020—2025 年（成长阶段）
进展	尝试将虚拟人物引入现实世界 (技术尝试为主)	CG、动捕技术实现突破 (技术革新却造价不菲)	深度学习算法使数字人制作变得高效 (AI 成为不可分割的工具)	朝着智能化、便捷化、精细化、多样化发展 (技术全面提升与突破)
经典事件	① 1982 年，世界上第一支虚拟歌姬林明美出现； ② 1984 年，Max Headroom 虚拟人被创作	① 2001 年，《指环王》利用 CG 技术和动捕技术创作角色咕噜； ② 2007 年，日本制作了第一个虚拟偶像初音未来	① 2018 年，搜狗发布全球首个全仿真智能 AI 主持人； ② 2019 年浦发银行首位数字员工“小浦”正式亮相	① 2023 年，世优科技推出了语言模型技术加持的 AI 虚拟主播“穆兰”； ② 天娱科技将虚拟数字人接入 ChatGPT 模型

应用受限。进入 21 世纪，随着计算机图形学和动作捕捉技术的发展，虚拟数字人进入探索阶段，通过真人演员演出、动作捕捉和 CG 合成的方式，赋予虚拟数字人智能行为和交互能力。代表性作品包括电影中的数字替身和虚拟偶像，如《指环王》中的“咕噜”和虚拟偶像“初音未来”。这些数字替身利用动作捕捉技术，借助演员的动作和表情数据，通过计算机生成虚拟角色。

近年来，虚拟数字人技术迅速发展，逐步进入初级应用阶段，特别在逼真性和交互性上取得了显著进展。这些虚拟人通过海量数据训练，模拟人类的表情、动作和声音。早期的例子包括 2018 年新华社与搜狗发布的 AI 合成主播，以及 2020 年虚拟偶像团体 A-SOUL。2022 年，AI 数字人首次应用于电商直播，展示了其在降低成本、提升效率和创造力方面的潜力。2023 年，虚拟数字人应用进一步拓展，如山东电子商务产业博览会的数智主持人“小 e”和京东创始人刘强东的数字人直播，展示了虚拟人跨场景应用的能力。为提升虚拟主播的互动性和个性化，企业将 ChatGPT 等语言模型嵌入虚拟人中。世优科技的虚拟主播“慕兰”与百度文心一言结合，提供深度互动回答；天娱数科的元境科技也通过 MetaSurfing 平台将 ChatGPT 与虚拟数字人结合，用于跨境电商直播等场景。随着大模型技术[40]的进步，虚拟人制作成本显著下降。例如，百度智能云的曦灵平台和商汤科技的日日新大模型使得 3D 数字人生成更加高效和定制化，用户可以通过自然语言对话定制虚拟人的外貌、功能以及行为。总的来说，虚拟数字人经历了从静态到动态再到智能化的快速发展，未来将带来更加真实、智能和沉浸的虚拟体验，开辟更多应用场景。

8.4.2 虚拟数字人系统框架

在元宇宙中，制作虚拟数字人的主要方法通常可归纳为两种：纯人工建模和基于算法建模。纯人工建模是一种传统的制作手段，常见于专业 3D 艺术家运用计算机图形学软件，通过手工创造虚拟数字人的外观和结构。艺术家通过逐一调整顶点或多边形，精心雕琢每个部位的细节和特征，以确保虚拟数字人呈现出高度逼真的外观。如图 8.11 所示，基于人工建模的虚拟数字人生成流程可概括为五个步骤：角色原画设定、3D 建模还原、骨骼绑定、动作设计和资源整合渲染。这种方法所创造的虚拟数字人具有较强的艺术感和可控性，但制作过程需要耗费大量时间，且对制作团队的要求较高。

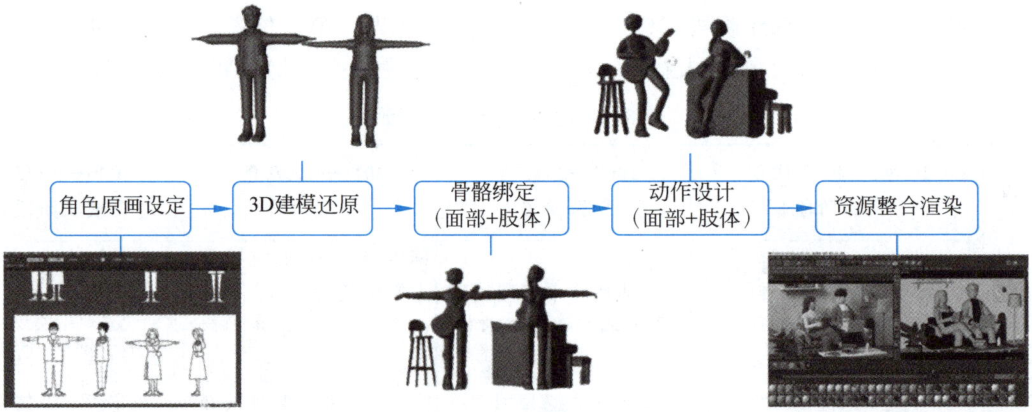

图 8.11 基于人工建模的虚拟数字人生成流程

基于算法建模的数字人制作是一种智能化方法，通过机器学习和计算机图形学自动生成虚拟数字人的外观和结构。深度学习模型通过大量人类面部和身体数据学习视觉特征和结构规律，从而自动生成虚拟数字人模型。如图 8.12 所示，虚拟数字人系统包括六大模块：人物形象、语言能力、表情能力、动作能力、交互能力和渲染。

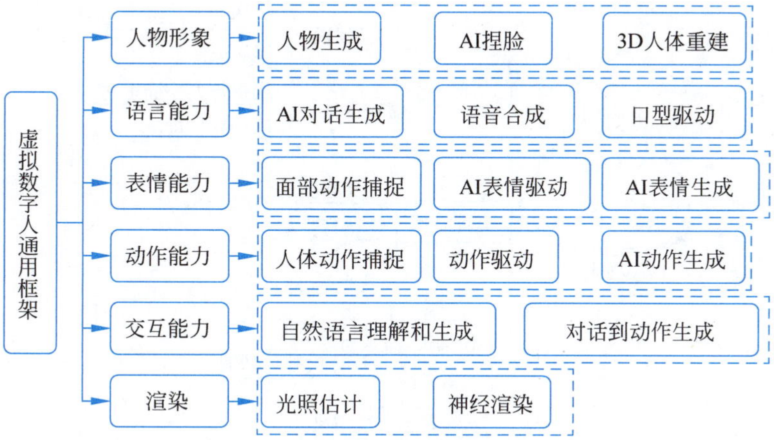

图 8.12 虚拟数字人技术框架

数字人塑造技术由多个模块组成，其中人物形象模块定义虚拟数字人的外观与性格特征。数字人塑造技术通过设计外貌、服装、面部特征等，为数字人物赋予独特形象[41-43]。2D 方法利用生成对抗网络生成逼真图像[44,45]；3D 方法通过单张或多张 2D 图像重建 3D 模型[46-48]，结合姿态估计和人体解析提取图像特征和纹理信息，增强重建的真实性。基于视频的 3D 方法对细节要求更高，通常结合隐式与显式重建技术，并利用人体解析稳定局部效果。语言能力模块将书面信息转化为自然语言，核心包括 AI 对话生成[49]与语音合成。AI 对话生成通过检索式和生成式学习构建模型[50-53]；语音合成将文本转化为自然语音，赋予虚拟数字人更真实的交互能力。表情与动作能力模块赋予虚拟人丰富的表现力。表情学习通过动作捕捉和动画算法驱动 3D 人脸，或借助神经网络学习表情参数生成表情视频[54-57]。动作学习包括动作捕捉、动作驱动和 AI 动作生成[58,59]。捕捉技术通过标记点或传感器测量运动轨迹，精度高但成本较高[60]；动作驱动通过视频或相机参数预测人体动作，速度快且成本低[61,62]；AI 生成通过神经网络实现更智能的动作模拟[63]。交互模块融合自然语言处理与人机交互技术，实现用户与虚拟数字人的流畅交流[64-66]。这些模块为数字人系统框架的制作与应用奠定了基础。虚拟数字人广泛应用于游戏、虚拟现实、社交平台和教育培训领域，不仅提供个性化服务，还在元宇宙生态中成为沟通与互动的重要媒介，大幅丰富了数字世界的可能性。

8.4.3 虚拟数字人视觉制作技术

如图 8.13 所示，数字化虚拟人视觉制作的工业化流程包括建模、智能合成、动作捕捉和渲染等关键环节，这些环节共同构成了数字虚拟人的形象塑造和呈现过程。建模通过数学模型构建虚拟人的外形与结构，渲染则负责将模型转化为视觉效果，赋予其逼真外观和质感。动作捕捉技术通过记录现实人体的动作，并将其应用于虚拟人，赋予虚拟人动态表现，提升其互动性。

1. 建模

建模技术是构建虚拟数字人的底层基础，分为静态与动态两类。静态建模通过相机阵列扫描或结构光技术（如编码光形变分析）捕捉人体高精度细节（如皮肤毛孔、服装纹理），生成初始三维模型，为数字人提供“身体”原型；动态建模则依赖动态光场重建（如 Google Relightables 系统）与 AI 形变模型（如 SNARF 神经网络[67]），同步记录运动轨迹与光影变化，突破传统网格拓扑限制，模拟肌肉、布料等复杂形变，赋予数字人“生命感”。两类技术的核心在于平衡真实性与效率——静态建模还原视觉细节，动态建模优化实时交互（如物理引擎解决动作卡顿），并通过数据融合实

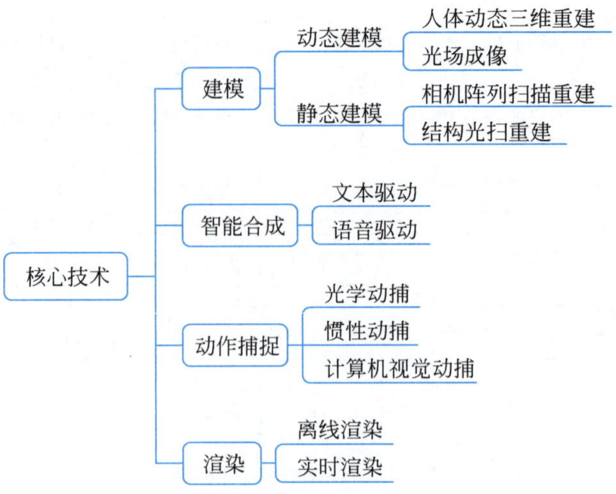

图 8.13　虚拟数字人具体制作技术

现从静态模型到动态行为的无缝衔接，支撑虚拟偶像、影视角色等场景的拟真表现。未来建模技术将向 AI 驱动与多模态融合方向突破。生成式 AI(如 NeRF[4]、Diffusion 模型[68])可替代传统扫描，仅凭单幅图像生成 3D 模型，大幅降低硬件门槛；多模态数据(动作、语音、光影)联合训练将实现表情、动作与语音的同步优化，例如 Synthesia 的 AI 数字人可自动适配多语言口型。同时，轻量化边缘计算(如 MobileNeRF[69])推动移动端实时建模，加速消费级应用普及。然而，技术发展需应对伦理挑战：AI 生成模型的版权归属(如深度伪造风险)、生物特征滥用等问题亟待标准化规范(如 MPEG-4 Avatar)。建模技术正从工具层升级为数字人产业的创新引擎，推动虚拟角色从影视娱乐向医疗、教育等全领域渗透，重塑人机交互的未来图景。

2. 智能合成

智能合成技术是驱动虚拟数字人进化的核心引擎，主要分为文本驱动与语音驱动两类。文本驱动依托自然语言处理与语音合成技术，将输入文本转换为虚拟人的语音、口型及表情动画(如字节跳动 OmniHuman 模型[70]基于多模态训练生成全身动态视频)；语音驱动则通过识别音频信号并分析情感(如硅基智能炎帝大模型)，实现表情与肢体动作的精准映射。其核心优势在于全自动化生产(支持 24 小时直播)与多模态数据融合(整合文本、语音、姿态)，显著降低传统动捕设备依赖，使制作成本削减超 60%，并推动直播、客服等场景的"数字劳动力"规模化替代。然而，当前技术仍受限于情感表达生硬、复杂场景泛化能力不足等瓶颈。未来技术将围绕两大方向突破：①融合生成式 AI(如 Diffusion 模型[68])与混合驱动模式(AI 生成基础动作＋真人动捕微调)，优化动作多样性与情感表现力，解决交互自然度难题；②借助轻量化模型与边缘计算，推动虚拟数字人向医疗、教育等行业的实时交互场景渗透。随着市场规模向百亿级迈进，行业需同步构建伦理规范与标准体系，破解数据安全、版权归属等挑战(如 AI 生成内容权责界定)，确保技术与元宇宙生态的可持续融合，最终实现高拟真、强交互的智能化数字人服务闭环。

3. 动作捕捉

动作捕捉技术作为数字人制作中实现高拟真动态表现的核心支撑，通过光学、惯性及计算机视觉三类方案实现人体动作数字化迁移。光学动捕依赖多台红外摄像头追踪反光标记点，凭借三角测量法重建骨骼运动轨迹，精度可达毫米级，成为《阿凡达》等影视特效的核心技术，但其依赖固定动捕棚且成本高昂；惯性动捕通过穿戴式传感器记录关节运动数据，便携性优势使其在替身演员打戏等户外场景中广泛应用，但存在误差累积与续航短板；计算机视觉动捕则需突破硬件限制，仅需普通摄像头结合 AI 算法(如 Meta Quest 的全身动捕预测)从图像中提取动作,虽精度受光线与遮挡影响,却为虚拟直播等消费级场景打开大门。三类技术形成互补格局,分别主导高精度影视制作、灵活户外捕捉与低成本元宇宙交互,共同奠定数字人动作自然性与实时交互的技术基础。未来动捕技术将深度融入 AI 与轻量化硬件革新。生成式模型可优化动作生成逻辑,例如仅凭单幅图片生成高真实感动态序列,降低对真人数据的依赖;硬件端则通过低成本方案(如云舶科技"小 K"仅用 RGB 摄像头实时捕捉手指动作)推动技术向虚拟直播、社交元宇宙渗透。同时,跨领域融合加速,从影视娱乐延伸至医疗康复指导、体育动作优化等场景,结合多模态交互构建全生态服务。随着光惯混合方案与 AI 算法(如环境适应性训练)的成熟,动捕技术将突破精度与场景限制,成为数字人产业规模化发展的核心引擎。

4. 渲染

渲染技术是虚拟数字人实现视觉真实性的核心支撑,分为离线与实时两大分支。离线渲染通过预计算光线路径与材质属性生成超写实画面,例如《长津湖》借助 Renderbus 云渲染平台的分布式算力模拟复杂战场特效,或通过动态光场技术捕捉人体皮肤纹理的次表面散射效果,达到毛孔级精度,但其需数小时至数月的计算周期,主要服务于影视级内容制作。实时渲染则依托 GPU 加速与物理引擎(如虚幻引擎 MetaHuman 框架)动态生成画面,以毫秒级响应实现交互性,尽管需简化光影细节,但光线追踪技术(如 NVIDIA Optix)正逐步缩小画质差距,推动《黑神话:悟空》等游戏角色的高拟真动作设计,并支撑虚拟直播(如硅基智能主播的 24 小时实时互动)等场景。两类技术形成互补——离线渲染定义视觉品质上限,实时渲染拓展交互边界。未来渲染技术将深度融合生成式 AI 与硬件革新。例如,扩散模型可生成动态光影数据优化实时表现,而边缘计算结合轻量化模型(如移动端部署)推动消费级应用普及。云端协同方案(如英伟达 CloudXR)通过实时云渲染降低本地算力依赖,支持多终端并发访问,加速虚拟偶像、工业设计可视化等场景的规模化落地。混合渲染技术(如虚幻引擎 Lumen 系统)则整合离线级全局光照与实时交互性,突破影视级数字人制作的效率瓶颈。与此同时,技术普惠化趋势显著:传统百万级渲染成本通过云服务(如 AWS Thinkbox)与自动化工具压缩至数千元,使中小团队也能参与高品质内容生产。渲染技术正从底层重塑数字人的视觉表达与商业逻辑,成为驱动影视、游戏、直播等多领域数智化转型的核心引擎。

8.4.4 交互式虚拟数字人

从驱动的角度来看,交互型虚拟数字人可分为两种主要类型:真人驱动和 AI 驱动。

1. 真人驱动数字人

如图 8.14 所示,真人驱动的数字人指通过真人表演者的实时动作、表情和语音捕捉,驱动虚拟形象完成交互或表演的技术形式。其核心在于"人机耦合",通过动作捕捉设备或摄像头,将自身行为同步映射至虚拟角色,结合 3D 建模与实时渲染技术,实现高拟真度的动态表现。真人驱动更擅长复杂情感表达和即兴互动,广泛应用于直播、虚拟偶像、影视制作等领域。从实现流程上,真人驱动的数字人通过多角度相机阵列(如新畅元技术)全方位捕捉真人形象、动作及微表情,生成高精度 3D 模型后,结合原画设计与骨骼绑定构建可灵活操控的虚拟形象;随后利用穿戴式惯性传感器、光学动捕设备精准记录肢体动作,同时借助面部标记点或摄像头追踪微表情(如眨眼、口型变化),确保表情与语音高度同步;捕捉的实时数据通过人机耦合系统驱动虚拟角色,依托高性能渲染引擎(如摩尔线程专利技术)快速完成动态渲染,实现毫秒级低延迟的流畅交互;最终通过 AI 技术(如硅基智能炎帝大模型)对动作库扩展、语音合成进行优化,形成"真人驱动+AI 辅助"的技术闭环，在保障情感真实性与互动灵活性的基础上，为虚拟偶像、直播带货及影视制作等场景提供高效落地的技术支撑。真人驱动的数字人技术已在多个领域实现商业化落地：在虚拟偶像与直播带货场景中，柳夜熙凭借真人驱动的细腻微表情和动作设计，成为单条视频获赞超 200 万的现象级虚拟美妆博主；影视领域，清华大学研发的新畅元 3D 数字人利用多相机系统实现真人动作全生成，突破传统 2D 数字人动作卡顿的瓶颈，而《流浪地球 2》衍生的历史人物克隆技术，进一步拓展了数字人在影视特效与文旅场景的应用；企业服务方面，润泽科技开发的二次元虚拟主播“落糖”通过多平台真人驱动直播积累用户，并计划融合 AI 驱动模式，万科集团则通过“崔筱盼”项目将真人动作库与 AI 结合，验证了人机协同在企业管理中的潜力。这些案例共同印证了真人驱动技术从娱乐消费到产业服务的跨场景渗透能力。

图 8.14 真人驱动虚拟人 CodeMiko[71]

2. AI 驱动数字人

如图 8.15 所示，AI 驱动的数字虚拟人则完全由计算机程序控制，其核心在于多模态数据融合与深度学习算法的集成。此外，这种类型的虚拟数字人可以更加灵活地应对不同的场景和需求，因为它们不受人类表演者的限制，可以根据需要进行精确地控制和调整。在 AI 驱动中，智能系统通过自然语言处理和计算机视觉技术解析外界输入的语音、文本或图像信息，并根据解析结果决策数字人后续的文本输入；随后利用卷积神经网络、递归神经网络等深度学习模型，从单幅图片或音频中生成逼真的语音、表情及全身动态动作(如字节跳动 OmniHuman 模型通过多模态条件训练策略实现面部表情与手势的精准同步)；最终借助高性能渲染引擎(如虚幻引擎)和物理引擎，将算法指令转化为低延迟、高流畅度的实时动态呈现。其技术栈涵盖多模态融合架构(如 Transformer[72]、DiT[73] 模型)、语音合成与识别模型(如 WaveNet[74]、Whisper[75])、强化学习优化的动作生成系统，以及情感计算模型赋予情绪表达能力，并通过迁移学习复用 GPT-4[76] 等预训练模型加速场景适配，结合量化压缩技术降低算力成本，形成从感知决策到行为生成的全链路闭环。AI 驱动的数字虚拟人凭借其灵活扩展性、成本效率与高精度控制能力，已在电商直播、品牌营销、影视特效等领域广泛应用。例如，腾讯云数字人 SaaS 平台支持用户自定义虚拟主播形象并覆盖多场景需求，硅基智能虚拟主播通过 24 小时直播创造千万级销售总量，叠境数字则通过动态三维重建技术实现毛孔级超写实效果；典型案例还包括字节跳动 OmniHuman 模型从单图生成全身动态视频、腾讯数字人 Siren 的高精度 3D 角色渲染，以及 Google Relightables[77] 系统通过动态光影捕捉生成影视级人体模型。然而，该技术仍面临情感表达生硬、复杂对话逻辑错误等技术瓶颈，同时需应对肖像权争议与数据安全风险；未来或将融合 AIGC 技术实现虚拟人自主创作内容，并探索“真人驱动＋AI 生成”的混合模式，以平衡效率与拟真度，推动虚实交互向更深层次演进。

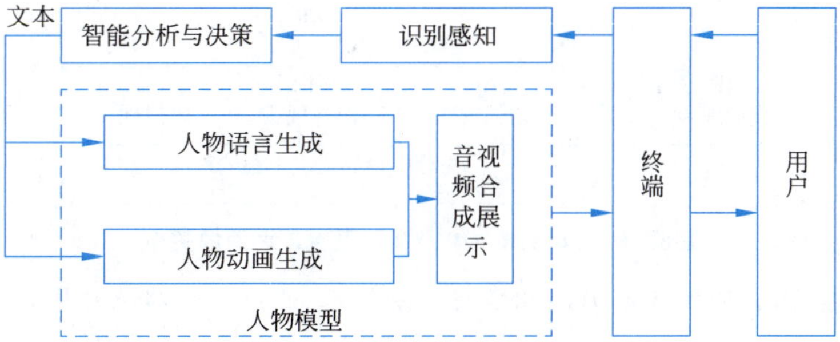

图 8.15 AI 驱动虚拟人控制流程

8.5 具身元宇宙

8.5.1 具身元宇宙概念

具身元宇宙[78]是指在虚拟现实空间中，用户可通过身体的感知与数字世界进行互动。与传统虚拟现实空间相比，其更强调人类身体的参与及感知。用户通过穿戴传感器、头戴式显示器等设备，实现与虚拟环境的直接互动，并通过感知技术模拟现实世界的触觉、视觉与听觉等感官体验。具身元宇宙致力于通过用户的身体参与，提供一种更加沉浸式的体验，使用户感觉置身于一个完整的世界中。

具身元宇宙的发展将在娱乐、教育、健康和经济等领域产生深远影响。在娱乐上，它提供沉浸式体验，用户通过身体动作参与游戏和虚拟电影，增强社交互动。在教育领域，具身元宇宙帮助学生通过互动设备沉浸式学习，促进个性化教学。在健康领域，虚拟现实可用于物理与心理治疗，同时提供虚拟健身与运动，提高健康水平。经济上，具身元宇宙催生新产业链，涵盖硬件制造、软件开发等领域。

在技术层面上，具身元宇宙是现有 IT 技术的综合集成运用。通过结合 AI 与具身技术，具身智能(Embodied Artificial Intelligence，EAI)系统[7]一般具有一定的感知、认知与行动能力。相关数据往往以人为第一视角，使模型或系统能够学习与用户身体活动的交互能力。

8.5.2 虚拟空间交互技术

为实现高度沉浸的用户体验，虚实空间交互技术使用户能够从二维的平面视觉、听觉等体验扩展到三维立体的交互式多感官感知，包括视觉、听觉、触觉与嗅觉等，这是人类关于数字化生活的未来发展趋势。

AR 在现实环境中叠加虚拟内容，但不与环境互动；VR 让用户沉浸在完全虚拟的环境中；MR 将虚拟与现实结合，创造可与现实环境互动的虚拟对象；XR 则将 AR、VR 和 MR 三者整合为一个术语。图 8.16 展示了这四种技术的关系与区别，接下来将分别讨论它们的发展现状与应用案例。

1. VR 技术

虚拟现实技术通过创建沉浸式数字环境，将用户与物理世界隔离，利用多感官模拟提供三维动态虚拟体验。VR 设备，如头戴式显示器、手柄和传感器，提供视听互动体验。为实现立体视觉效果，VR 采用 3D 图像和实时渲染技术，增强虚拟环境的深度与逼真感。为了提升用户在虚拟世

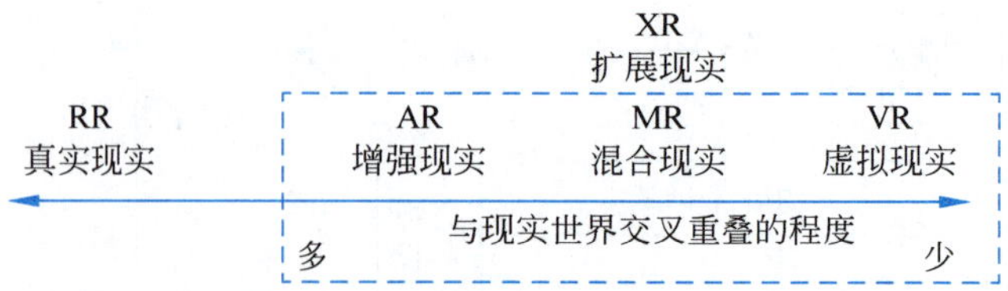

图 8.16 VR、AR、MR、XR 以及 RR 之间的关系

界中的自由移动体验，VR 依赖头部追踪和姿态追踪技术，通过传感器感知用户的运动并实时更新虚拟环境。

随着计算机图形学及相关技术的进步，虚拟现实逐渐成熟并广泛应用于娱乐、教育、经济等多个领域，成为一项重要的技术。目前，市场上涌现出多款先进的 VR 设备，其中 Oculus Quest 2 由 Facebook 旗下的 Oculus 推出，作为一体式 VR 设备之一，支持独立运行并可与 PC 连接，适合深度 VR 用户；HTC Vive Focus 3 则搭载高通骁龙 XR2 处理器，配备双 2.5K 分辨率屏幕，提供 120°视场角和 90Hz 刷新率，带来沉浸式视觉体验；Pico Neo 3 则注重舒适性，设计了更宽大的面罩，提高佩戴体验。根据 IDC 数据，2021 年全球 VR 设备出货量达到 1095 万台，同比增长了 97.1%。然而，在 2021 年达到高峰后，2022 年和 2023 年的出货量出现下滑，但 2024 年全球 VR 设备出货量已恢复至 960 万台，并呈现回升趋势。一体式 VR 设备占据了市场的主要份额。随着技术的不断进步和成本的降低，VR 设备的出货量预计将继续增长。总体而言，VR 技术在硬件性能、用户体验和应用场景方面取得了显著进步，设备普及率逐步提高，应用领域也从游戏扩展到教育、医疗等多个行业。尽管如此，VR 设备在显示效果、交互方式和内容丰富度等方面仍有提升空间。未来，VR 在更多领域的潜力将进一步展现，推动虚拟现实体验的发展。

2. AR 技术

AR 技术通过将数字信息叠加到现实世界中，增强用户感知体验。其核心在于结合计算机视觉、传感器与定位技术、虚拟信息渲染和交互技术，将虚拟元素与现实世界融合。计算机视觉通过图像识别和目标跟踪分析现实世界的图像，精确叠加虚拟信息。传感器与定位技术通过摄像头、陀螺仪、加速度计、深度传感器等设备感知用户的位置与运动。虚拟信息渲染技术通过图形渲染和透视变换确保虚拟信息与现实世界一致。

随着智能手机和平板电脑的普及，移动 AR 应用已成为 AR 技术最广泛的应用形式之一。以 2024 年龙年春晚西安分会场的《山河诗长安》为例，该节目首次将手机 AR 技术引入实体场景，在火山引擎技术支持下，通过再现李白的虚拟形象，为观众提供了沉浸式互动体验。观众可通过手机与李白互动，领略西安地标与大唐文化的魅力。节目播出后迅速引发热议并登上热搜，展现了 AR 技术在文化传播中的创新价值。2025 年春晚在主会场及多个分会场进一步深化了 AR 技术的应用。例如，开场表演《如意舞步》中，AR 前景技术营造出动态金蛇环绕舞台的效果，增强了视觉冲击力。此次春晚还首次推出无障碍视听版本，利用 AR 虚拟手语演员同步呈现节目解说，使听障观众能够更好地理解节目内容。同时，AR 技术被用于打造虚拟场景，使演员能够与动态的虚拟人物和背景进行实时交互，为观众带来更具科技感的观看体验。这些应用不仅拓展了春晚的观看形式，还推动了地标 AR 在文化旅游领域的普及，为传统文化注入新的活力。AR 技术在医疗领域的应用也在不断扩展。例如，一些产品利用 AR 实现人体器官的三维模型与现实世界的叠加，帮助医生向患者直观讲解病灶信息；同时，AR 技术通过构建虚拟解剖学教室，使学生能够分类查看不同部位结构（如皮肤、血管、骨骼、器官等），并自由缩放，从微观到宏观灵活观察。与 VR 技术的沉浸式优势相比，AR 技术更适合在现实场景中提供直观对照，显著提升医学教学与诊疗效率。

3. MR 技术

MR 技术介于虚拟现实和增强现实之间，使用户在真实世界中与虚拟物体互动，并感知虚拟与现实物体的共存。MR 通常通过头戴式显示器实现，内置摄像头和传感器感知周围环境，将虚拟物体叠加到视野中。用户可在现实世界中触摸、移动、旋转虚拟物体，虚拟物体会同步适应环境。MR 技术要求高精度的环境感知与定位，以及虚拟物体的叠加与跟踪，通常依赖计算机视觉和图形处理技术。微软作为 MR 领域的早期布局者之一，2015 年推出了 HoloLens 头戴显示器，通过无缝融合虚拟世界与现实环境，提供沉浸式体验。HoloLens 配备全息显示、空间感知传感器，并支持手势和语音交互，广泛应用于企业协作、医疗、教育和设计等领域，推动了多个行业的数字化转型。2017 年，Magic Leap 发布了 Magic Leap One，采用数字光场技术和光波导系统将虚拟物体投射到视网膜，实现与现实环境的互动。Magic Leap One 结合空间感知与高质量视觉渲染，支持手势和语音识别，广泛应用于医疗、教育、设计和娱乐等领域。与 HoloLens 相比，Magic Leap One 在沉浸感和显示技术上具有创新优势，但在市场接受度和应用上仍面临挑战。2023 年，苹果发布了首款 MR 头显，融合最新 AR/MR 技术，具备轻巧、高清晰度和高速响应等特点，突破了传统 VR/MR 设备在清晰度、响应速度和逼真度等方面的限制，提升了沉浸感。该产品不仅应用于游戏、教育、医疗，还拓展至设计、建筑和工业领域，提升工作效率和准确性，并在旅游和文化领域带来创新的沉浸式体验。这些设备具备强大的计算和感知能力，为开发者创造新的 MR 应用，架起了 VR 与 AR 之间的桥梁，提供了丰富且真实的用户体验。

4. XR 技术

XR 是一个广泛的术语，指通过将计算机生成的图形和文本叠加或融入现实世界和虚拟环境中，甚至两者结合，来增强或取代我们的现实感知。XR 包括 AR、VR 和 MR，虽然它们有一些共同特性和需求，但每种技术的目的和底层技术各不相同。XR 在元宇宙中扮演着核心角色，通过 VR 设备或 AR 智能眼镜等 ARM 驱动的“网关”设备，融合真实、数字和虚拟世界。所有 XR 设备都依赖视觉输入方式，如对象、手势和注视跟踪，来导航和显示信息，并使用深度感知和映射来实现空间理解。然而，不同的 XR 设备根据它们的体验类型和应用场景的复杂性，设计和功能上有所不同。

XR 技术在航天领域能够突破物理环境限制，逼真模拟失重环境下的三维太空作业和各种应急场景，弥补传统地面训练设备的不足。在 2022 年春节联欢晚会的舞蹈诗剧《只此青绿—舞绘〈千里江山图〉》中，通过 XR 和全息扫描技术重现《千里江山图》色彩和纹理，增强了镜面反射效果；在军事领域，XR 头显被广泛应用于训练，结合 VR 硬件和软件增强训练体验，使士兵能够在逼真环境中模拟作战；此外，德国莱茵金属与 XR 工作室 HOLOGATE 合作，开发创新的仿真模拟解决方案，推动现代军事训练发展，特别是通过 VR 模拟器训练驾驶员，提升训练的灵活性和效率。

8.5.3 具身智能技术

具有物理实体、能够与真实世界进行多模态交互，像人类一样感知和理解环境，并通过自主学习出色地完成复杂任务的智能体，目前仍没有跳出科幻电影的剧本。Meta AI 首席科学家 Kristen Grauman 曾表示：为了使 AI 能够像我们人类一样与世界互动，AI 领域需要发展到一种全新的第一人称感知范式。这意味着 AI 将在实时运动、互动和多感官观察的背景下，通过人类的眼睛理解日常生活活动。这种强调身体在环境中的感知、交互和行为的第一人称感知范式被称为具身智能[79-81]。

1. Ego4D 计划

以智能家居场景为例，当前的 AI 涵盖一系列物联网设备。这些设备一般通过控制特定的家庭环境变量(例如光、温度、湿度、二氧化碳水平、能源消耗等)或居住者的喜好来管理电器的运行。同时，扬声器辅助设备陆续被推出，例如亚马逊 Echo、谷歌 Nest 和 Apple HomePod 等，这些设备主要依靠音频输入进行智能交互和事件跟踪。虽然这些工具都有机器学习的支持，但它们都专用于一些特定的任务，而且它们本质上是静态的，只能覆盖家庭的有限区域。针对这些局限性，英国布里斯托大学提出 EgoAI[82] 的概念，通过具身智能来替代现有的异构传感工具组，通过可穿戴设备，使具身智能充分融入用户生活中，真正实现生活智能化。能够像人类一样对环境进行主动感知与建模，进而采取行动，并进一步反馈调整模型的这种具身智能是未来 AI 的重要研究领域。

Meta AI 于 2021 年提出了 Ego4D 计划，开源了 3000 小时以上的第一人称视频数据，包含 74 个城市 900 多名参与者的日常生活记录。该计划设立了 5 个基准挑战，聚焦情景记忆、活动预测、手-物互动、视听记录和社会互动。Ego4D 旨在构建智能且具有高度交互性的计算机视觉系统，为具身元宇宙提供技术支持。图 8.17 展示了 Ego4D 的 5 个基准任务，分别用于记忆、分析和预测。接下来将讨论这五项任务。

图 8.17 Ego4D 任务[83]

2. Ego4D 任务介绍

与语义记忆不同，情景记忆是指特定的第一人称体验(如“我在第一次飞往法国时吃了什么?”)。如果增强现实助手能处理第一视角视频流并有效索引用户的视觉体验，它将为人类提供超人的记忆力。情景记忆任务的定义是：给定第一视角视频和一个查询，任务需要在过去的视频中定位答案。查询类型包括：①自然语言查询(Natural Language Queries，NLQ)，文本形式查询，返回答案可见或可推论的时间窗口；②视觉查询(Visual Queries，VQ)，以对象图像为查询，输出对象在视频中的位置及 2D/3D 边界框；③时刻查询(Moments Queries，MQ)，查询活动或时刻，返回所有相关时间窗口(例如，“我什么时候给孩子读书?”)。

现有视觉任务为情景记忆提供了基础，但也带来了新挑战。这三种查询需结合静态环境、语言和动态视频中的人物移动与物体变化进行空间推理。当前的视觉研究主要聚焦于互联网数据中的孤立实例，而 NLQ 的目标是询问相机佩戴者的个人视觉体验并进行长期观察推理。VQ 通过更新目标识别任务应对视频中频繁的视野变化与物体的进入/退出，并进行 3D 空间推理。MQ 则类似活动检测任务，但侧重于佩戴者的活动。

预测活动任务侧重于对未来的预判。具体任务包括：①运动预测，预测佩戴者未来的平面轨迹；②手部动作预测，预测佩戴者未来帧中的手部位置；③短期目标交互预测，在最新视频帧中检测未来交互目标，并为每个目标分配动词，指示交互类型及开始时间；④长期动作预测，预测佩戴者未来动作序列。

手-物交互任务分析相机佩戴者与物体及他人互动，通过捕捉佩戴者操控物体改变其状态。物体状态变化包括大小、形状、成分等的变化。算法可在时间、空间与语义维度上分析状态变化，完成以下任务：①无返回点时间定位，估计状态变化的关键帧；②状态变化目标检测，回归经历状态变化的目标边界框；③物体状态变化分类，判断物体是否发生状态变化。该任务旨在推动更精确的物体状态变化模型，避免过度依赖动作或目标观察。

视听记录任务旨在分析相机佩戴者与他人的互动，尤其是在商务和社交场合中的对话内容。该任务包括四个子任务：定位和跟踪发言者、主动发言人检测、语音活动分类及语音转录。在行为分类、目标分类、源定位与跟踪、具身导航等任务中，一些研究尝试融合语音输入，同时视觉信息也被应用于音频任务。

社交互动任务利用第一视角视频为社交行为研究提供了独特视角，使得从个体视角捕获语言与非语言线索成为可能，从而推动具身方法在社会行为理解方面的发展。这一研究方向的进步有望促进更智能的虚拟助手和社交机器人的发展。虽然 Ego4D 数据集可支持长期的社交理解研究，但目前设定的社交互动任务主要关注通过注意力和语音信息实现对对话交互的多模态理解，即识别与摄像机佩戴者直接相关的社交行为。该任务分为两个子任务："看向我"(Look at Me，LAM)和"跟我说话"(Talk to Me，TTM)。在 LAM 任务中，给定一段视频，其中社会互动对象的面部已被检测与识别，系统需判断每个可见面孔是否正注视摄像机佩戴者；而在 TTM 任务中，系统需根据同步的音视频片段判断每个可见面孔是否正与摄像机佩戴者交谈。相较于以往相关任务，Ego4D 具有更丰富的参与者、更长的记录时长，并整合了多种传感器与不同社交环境，从而提升了研究的多样性和挑战性。其中，LAM 任务与眼神接触检测、相互注视估计和注视跟随等研究密切相关，而 TTM 任务则与语音-视觉发言人检测及会议理解等任务有所关联，进一步拓展了社交理解的应用场景。

Meta AI 的 Ego4D 计划通过开源大规模第一视角视频数据集，涵盖过去、现在与未来的视频理解挑战，推动具身智能技术的发展。这将使 AI 通过全球日常生活经验学习，深化对人类生活方式的理解，并为未来具身元宇宙中的情景化与个性化交互体验提供强有力的支持。

3. Ego4D 相关工作介绍

在 2022 年 ECCV 会议中，上海人工智能实验室提出 InternVideo-Ego4D[84]，利用视频大模型 InternVideo[85]优化了 Ego4D 的五个子任务，显著提升了第一人称视频理解性能。2023 年，浙江大学提出的 ReLER[86]模型基于动作敏感学习框架，并结合更强的视频特征融合策略，在 MQ 和 NLQ 任务中分别获得了第一名。2024 年，上海人工智能实验室提出了专为第一人称视频设计的 EgoVideo[87]模型，展示了其在 Ego4D 挑战中的卓越表现，并在 EPIC-Kitchens 挑战中展现了模型的多功能性和高效性。此外，其他研究团队也针对 Ego4D 任务提出了创新模型：慕尼黑大学的 RGNet[88]成功集成了剪辑检索与时刻定位，提升了长视频处理能力；布朗大学的 Antgpt[89]框架利用 GPT 进行自回归预测和目标推理，在长时动作识别任务中表现突出；美团的 UniMD[90]框架利用时序动作预测和 MR 任务的互利关系，取得了很好的结果。

8.6 元宇宙发展趋势

自 2021 年起，"元宇宙"概念逐渐具体化，成为科技、商业、媒体和公众广泛讨论的焦点。近年来，越来越多与元宇宙相关的产品和活动不断涌现，标志着其在多个领域的快速发展。目前，全球社会和科技正经历数字化转型，虚拟环境与物理世界的界限愈加模糊。新兴技术创新使虚拟与物理空间的无缝融合成为可能，推动互联网向沉浸式虚拟环境演进。元宇宙的终极目标是构建一个持久、共享且并发的 3D 虚拟空间，形成具有感知能力的虚拟宇宙。

8.6.1 科技领域

（1）区块链技术：未来区块链将致力于提升交易速度和可扩展性，借助新型共识机制和多链架构实现优化。同时，隐私保护技术（如零知识证明和同态加密）将得到加强，跨链协议将促进资产和信息的流动。智能合约将在金融、供应链和医疗等领域得到广泛应用。随着环境和法规的日益关注，区块链将面临更严格的政策监管。

（2）交互技术：未来交互技术将更侧重于实现数字实体从单一虚拟环境向真实物理环境的转移。在理想情况下，超现实虚拟实体将与真实物理环境融合，通过大型显示器、移动设备或全息影像技术实时呈现。用户将能够与现实生活中的物体进行交互，探索多模态反馈线索，尤其是触觉反馈，以提高临场感和真实感，并与物联网设备及服务机器人协作。

（3）电子游戏技术：未来电子游戏技术在元宇宙中的发展趋势包括沉浸式体验、跨平台互通、虚拟经济与 NFT 应用、社交互动与用户生成内容、AI 驱动的个性化体验、去中心化生态。游戏将突破平台壁垒，实现设备间无缝切换，结合区块链技术推动虚拟物品交易，同时增强互动性与创作自由，提升用户体验，推动更开放、多元的元宇宙发展。

（4）网络与运算技术：未来网络与运算技术将利用"云-边-端"一体化架构优化资源调度，提供弹性、可扩展的计算与存储资源，并将计算与数据处理推向终端设备附近，降低延迟，提升响应速度。智能边缘设备也将通过集成 AI 能力，增强元宇宙的自适应与情境感知能力。此外，以 6G 为代表的未来通信网络将支持全息投影、触觉互联网等新型交互方式，实现用户在元宇宙中的全感官交流。

（5）物联网技术：未来物联网设备将通过 XR 技术实现更高效的操作可视化，提供用户与设备之间更直观的互动体验。XR 界面的设计将注重易用性和舒适性，确保用户能够高效、无障碍地理解复杂的数据流和动态变化，大幅提升人机交互的直观性与响应速度。通过精准设计的 XR 接口，物联网设备将成为实现智能决策的重要媒介，支持用户与系统之间更加紧密地协作。

（6）AI 技术论是元宇宙的内核，也是驱动其发展的核心动力。例如，在元宇宙的构建过程中，三维重建技术发挥着至关重要的作用，而这项技术在很大程度上依赖于 NeRF 和 3DGS。这两种技术为元宇宙提供了逼真、灵活和可扩展的三维空间构建能力。从元宇宙中的主体-数字人的角度，AI 中的计算机视觉、自然语言处理和大模型等技术，赋予了虚拟人物与用户的互动能力。通过这些技术，数字人可以进行自然的语音交流、情感表达和动作模拟，使虚拟人物能够像现实人物一样与环境和其他用户进行互动，从而增强沉浸感和互动性。此外，生成式 AI 和大模型技术使得数字人的创建和行为更为智能化和个性化，能够根据用户的需求和行为动态生成内容，提升元宇宙的可扩展性和个性化体验。同时，具身智能与 AI 相辅相成。具身智能通过机器人、传感器和动作捕捉系统使虚拟角色能够感知并响应物理世界的变化，从而增强虚拟世界与现实世界之间的互动。与 AI 技术结合后，具身智能赋予虚拟角色更加真实的行为表现，使其不仅能够与用户互动，还能对现实世界的动态作出反应。这种融合推动了虚拟与现实的深度结合，进一步提升了元宇宙的沉浸感和交互性。

8.6.2 经济社会领域

元宇宙由于其社区性与交互性，其中经济体系与社会体系的构建与完善也是未来需要关注的方向。

在市场经济方面，元宇宙催生了虚拟商品销售、数字资产交易和虚拟地产投资等新商业模式。

NFT 等数字资产广泛应用，推动数字艺术品、音乐和游戏的市场化。同时，元宇宙可能带来虚拟银行、虚拟保险和去中心化金融等金融产品。虚拟经济与现实经济将交织，影响两个世界的消费行为与经济活动。因此，审视虚拟经济时，应从整体视角考虑虚拟与现实世界的相互作用。

在社会群体方面，随着元宇宙的发展，虚拟身份和社交将成为社会的重要组成部分，改变社会交流模式。未来，元宇宙可能成为公众参与社会讨论、政策制定和社区治理的新平台，推动民主参与和意见表达。政府与社会组织可通过元宇宙创新公共服务，如虚拟政务和应急演练。虚拟世界与现实社会将互相影响，需执行互补规则。用户多样性、公平性及成瘾问题也将影响元宇宙的可持续发展。

小结与展望

本章详细讨论了元宇宙的概念、发展历程、关键技术及其应用前景。自元宇宙概念提出以来，它不仅突破了虚拟与现实的界限，还依托一系列创新技术(如区块链、AI、VR/AR、三维重建技术等)构建起了一个全新的数字化空间。在技术层面，三维重建渲染技术(如 NeRF 和 3DGS)革新了虚拟世界的构建方式，大幅提升了视觉效果和沉浸感。同时，虚拟数字人技术和具身元宇宙的兴起，也为用户带来了更加互动、沉浸的体验，使得元宇宙从单纯的虚拟世界走向了与现实紧密融合的未来。在应用层面，元宇宙的影响力已经扩展到娱乐、教育、医疗、经济等各个领域。虚拟现实、虚拟数字人和虚拟经济体系的快速发展，推动了这一新型互联网形态的进一步成熟。同时，元宇宙的扩展还涉及社会治理、公共服务等方面，显示出它在未来社会中的应用潜力。然而，随着元宇宙的不断发展，也出现了一些亟待解决的挑战，如隐私保护、虚拟经济的规范以及虚拟与现实之间的平衡等问题。展望未来，元宇宙将继续推动相关技术的发展，并进一步渗透更多行业和生活场景中。随着硬件技术、网络基础设施和人工智能的不断进步，元宇宙不仅将改变我们的互动方式，还将重塑我们的工作、娱乐和社交模式。未来，元宇宙研究的重要方向可能包括如下几方面。

1. 虚拟和实体世界的融合

随着元宇宙与现实世界的界限逐渐模糊，未来用户将能够在虚拟与现实之间无缝过渡。通过虚拟现实技术，远程工作将变得更加沉浸和互动，员工不再局限于物理办公室，而是可以进入虚拟会议室与同事们协作。而增强现实技术则能将虚拟物品和信息实时叠加到现实场景中，用户可以在家中试穿衣物，在商店中体验虚拟商品，甚至在街头获得实时的导航和信息。这种虚拟与现实的融合不仅将改变我们的工作和娱乐方式，还将深刻影响社交互动和日常生活的方方面面，让我们与世界的连接更加智能、个性化和互动化。

2. 自然语言处理与情感识别

在元宇宙中，AI 将通过自然语言处理和情感识别技术，使虚拟人物与用户的对话更加自然和富有情感。用户不再仅仅是与机械的机器人交互，而是与能够理解并回应其情感状态的虚拟角色进行交流。例如，像 Replika 这样的情感 AI 聊天机器人可以通过分析用户的语气和语调，感知其情绪，并提供安慰或积极反馈；而 Soul Machines 的数字人则通过面部表情和语气变化与用户互动，能够根据情感状态作出适当反应，提供更加真实的互动体验。这种情感化的交流将提升沟通的真实感和代入感，彻底改变虚拟环境中的互动方式。

3. 智能虚拟角色

随着 AI 技术的进步，元宇宙中的虚拟角色将变得越来越智能化，能够根据用户的行为和情感实时反应，展现出自然且复杂的互动。例如，类似《西部世界》中的虚拟角色，AI 驱动的角色不仅能根据用户的行为调整自己的反应，还能够通过学习不断提升与用户的互动质量。这些虚拟角色将具备更高的情感识别和行为自适应能力，能在各种场景中提供更为个性化和沉浸式的体验。智能体技术的引入将使虚拟角色具备自主决策和行为能力，它们可以在游戏、社交、教育等环境中与用户进行互动，不再是单纯的程序化反应。例如，在斯坦福小镇[91]这样的虚拟环境中，虚拟角色将不仅仅是非玩家角色(Non-Player Characters，NPC)，它们会根据用户行为动态调整，作出更符合情境的反应，形成一个更加真实和互动性强的虚拟世界。

4. 自适应环境生成与动态内容创建

随着元宇宙的不断发展，扩散模型[68]和自回归模型[92]等生成技术将在虚拟世界的环境生成和个性化体验中发挥重要作用。这些技术能够根据用户的行为、兴趣和情感变化实时生成新的虚拟场景、任务和活动，确保每个用户的体验都独一无二。例如，用户在探索一个虚拟城市时，AI 可以根据其行动生成新的区域、建筑或任务，确保每次进入都能带来新的发现。而在游戏或冒险场景中，AI 可以根据玩家的决策和偏好生成与之相关的场景变化、敌人、剧情或隐藏任务，让每次体验都不再是重复的，而是充满变化和新鲜感。这种生成技术的应用不仅能增强虚拟世界的沉浸感，还能提高环境的适应性。例如，当用户长时间停留在某一类场景中时，AI 可以动态调整周围的环境，创造更加个性化的挑战或互动，使得用户每次进入元宇宙都能体验到不同的内容。这种基于用户行为的生成能力将使元宇宙变得更加动态、灵活，并根据每个用户的兴趣和需求持续演化。

未来，虚拟世界将变得更加沉浸、互动和个性化，用户的体验将不再局限于静态内容或预设场景。通过自然语言处理、情感识别以及 AI 驱动的角色互动，元宇宙将提供更加真实的交流和个性化的服务。此外，生成技术如扩散模型和自回归模型将使虚拟世界根据用户行为动态变化，确保每个用户的体验都独特且持续演化。这些技术的结合将推动元宇宙的智能化和自适应，形成一个更加灵活、沉浸和富有创新的数字生态系统。

参考文献

[1] 王文通，张智军，张铭洋. 元宇宙关键技术、研究进展与应用综述[J]. 计算机科学，2024，51(12)：2-11.

[2] 方巍，伏宇翔. 元宇宙：概念、技术及应用研究综述[J]. 南京信息工程大学学报，2024，16(1)：30-45.

[3] 赵星，乔利利，叶鹰. 元宇宙研究与应用综述[J]. 信息资源管理学报，2022，12(4)：12-23.

[4] MILDENHALL B，SRINIVASAN P P，TANCIK M，et al. Nerf：Representing scenes as neural radiance fields for view synthesis[J]. Communications of the ACM，2021，65(1)：99-106.

[5] KERBL B，KOPANAS G，LEIMKÜHLER T，et al. 3D gaussian splatting for real-time radiance field rendering[J]. ACM Trans Graph，2023，42(4)：131-139.

[6] 高玄，刘东宇，张举勇. 多模态数字人建模、合成与驱动综述[J]. 中国图象图形学报，2024，29(9)：2494-2512.

[7] 王文晟，谭宁，黄凯，等. 基于大模型的具身智能系统综述[J]. 自动化学报，2025，51(1)：1-19.

[8] 何友，元宇宙发展前沿[R]. 杭州：2024 中国元宇宙大会，2024.

[9] 邢杰，赵国栋，徐远重. 元宇宙通证[M]. 北京：中译出版社，2021.

[10] WANG H，NING H S，LIN Y J，et al. A survey on the metaverse：The state-of-the-art，technologies，applications，and challenges[J]. IEEE Internet of Things Journal，2023，10(16)：14671-14688.

[11] WANG Y T，SU Z，ZHANG N，et al. A survey on the metaverse：Fundamentals，security，and privacy[J]. IEEE Communications Surveys & Tutorials. 2022，25(1)：319-352.

[12] 王文喜，周芳，万月亮，等. 元宇宙技术综述[J]. 工程科学学报. 2022，44(4)：744-756.

[13] 徐秀，田安琪，何瑞雯. 基于区块链的支付信道网络：挑战与发展[J]. 通信学报. 2024，45(S1)：97-104.

[14] MURTHY G R S，JADON R S. A review of vision based hand gestures recognition[J]. International Journal

of Information Technology and Knowledge Management,2009,2(2):405-410.
[15] KANERVISTO A,BIGNELL D,WEN L Y,et al. World and human action models towards gameplay ideation[J]. Nature,2025:638,656-663.
[16] 张钹. 深入“无人区”——人工智能的探索之路[J]. 中国工业和信息化,2024,(7):38-43.
[17] 郭亚楠,曹小群,何友,等. 人工智能赋能军事领域的思考与展望[J]. 计算机仿真,2024,41(5):1-6.
[18] 张燚钧,张润清,周华健,等. 视觉基础模型研究现状与发展趋势[J]. 中国图象图形学报,2025,30(1):1-24.
[19] 张兆翔,张吉豫,谭铁牛. 人工智能伦理问题的现状分析与对策[J]. 中国科学院院刊,2021,36(11):1270-1277.
[20] 李赓. 量子通信技术研究现状[J]. 电子元器件与信息技术,2022,6(3):111-113.
[21] ZHOU Y J,HUANG H,YUAN S H,et al. Metafi++:Wifi-enabled transformer-based human pose estimation for metaverse avatar simulation[J]. IEEE Internet of Things Journal,2023,10(16):14128-14136.
[22] HE Y. Research on artificial intelligence security issues[R]. HangZhou:The Global Artificial Intelligence Technology Conference,2022.
[23] 康志忠,杨俊涛. 室内实景三维重建技术综述[J]. 时空信息学报,2024,31(1):1-10.
[24] MALIK A,ATTAL B,XIE A. Neural inverse rendering from propagating light[C]//Proceedings of the IEEE/CVF Conference on Computer Vision and Pattern Recognition. Piscataway:IEEE Press,2025:10534-10544.
[25] ZHU J,YUE J,HE F. 3D student splatting and scooping[C]//Proceedings of the IEEE/CVF Conference on Computer Vision and Pattern Recognition. Piscataway:IEEE Press,2025:21045-21054.
[26] WANG J,CHEN M,KARAEV N. VGGT:Visual geometry grounded transformer[C]//Proceedings of the IEEE/CVF Conference on Computer Vision and Pattern Recognition. Piscataway:IEEE Press,2025:5294-5306.
[27] HE Y. Frontiers of artificial intelligence development[R]. HangZhou:The Global Artificial Intelligence Technology Conference,2024.
[28] MAX N. Optical models for direct volume rendering[J]. IEEE Transactions on Visualization and Computer Graphics,1995,1(2):99-108.
[29] LI Q W,LI F C,GUO J,et al. Uhdnerf:Ultra-high-definition neural radiance Fields[C]//Proceedings of the IEEE/CVF International Conference on Computer Vision. Piscataway:IEEE Press,2023:23097-23108.
[30] XU D J,JIANG Y F,WANG P H,et al. Neurallift-360:Lifting an in-the-wild 2d photo to a 3d object with 360deg views[C]//Proceedings of the IEEE/CVF Conference on Computer Vision and Pattern Recognition. Piscataway:IEEE Press,2023:4479-4489.
[31] RADFORD A,KIM J W,HALLACY C,et al. Learning transferable visual models from natural language supervision[C]//Proceedings of the International Conference on Machine Learning. Cambridge:PMLR,2021:8748-8763.
[32] LIU Y,ZHANG H,CHEN X,et al. Is-NeRF:In-scattering neural radiance fields for robust novel view synthesis in blurry and participating media scenes[EB/OL]. (2025-08-19)[2025-08-20]. https://arxiv. org/abs/2508. 09587.
[33] SNAVELY N,SEITZ S M,SZELISKI R. Modeling the world from Internet photo collections[J]. International Journal of Computer Vision,2008,80:189-210.
[34] SCHONBERGER J L,FRAHM J M. Structure-from-motion revisited[C]//Proceedings of the IEEE/CVF Conference on Computer Vision and Pattern Recognition. Piscataway:IEEE Press,2016:4104-4113.
[35] ZWICKER M,PFISTER H,Van BAAR J,et al. EWA volume splatting[C]//Proceedings of the Visualization. Piscataway:IEEE Press,2001:29-538.
[36] LI J H,ZHANG J W,BAI X,et al. Dngaussian:Optimizing sparse-view 3d Gaussian radiance fields with global-local depth normalization[C]//Proceedings of the IEEE/CVF Conference on Computer Vision and Pattern Recognition. Piscataway:IEEE Press,2024:20775-20785.

[37] ZHU Z H,FAN W Z,JIANG Y F,et al. Fsgs: Real-time few-shot view synthesis using Gaussian splatting[C]//Proceedings of the European Conference on Computer Vision. Switzerland: Springer Science,2024: 145-163.

[38] XIANG L,CHEN X,LAI J,et al. Distilled-3DGS: Distilled 3D Gaussian splatting [EB/OL]. (2025-08-19) [2025-08-20]. https://arxiv.org/abs/2508.14037.

[39] LV C,CHEN Z,DI D,et al. PhysGM: Large physical Gaussian model for feed-forward 4D synthesis[EB/OL]. (2025-08-19)[2025-08-20]. https://arxiv.org/abs/2508.13911.

[40] 张钹. 大模型：一条通往通用人工智能的道路[J]. 科学新闻,2024,26(2): 10-13.

[41] GUAN J, WANG K, XU Z. AudCast: Audio-driven human video generation by cascaded diffusion transformers[C]//Proceedings of the IEEE/CVF Conference on Computer Vision and Pattern Recognition. Piscataway: IEEE Press,2025: 10678-10689.

[42] LI H,DAI J,ZHAO X. Wav2Sem: Plug-and-play audio semantic decoupling for 3D speech-driven facial animation[C]//Proceedings of the IEEE/CVF Conference on Computer Vision and Pattern Recognition. Piscataway: IEEE Press,2025: 183-192.

[43] LI X,CHEN Z,YU X. Co-speech gesture video generation with implicit motion-audio entanglement[C]//Proceedings of the IEEE/CVF Conference on Computer Vision and Pattern Recognition. Piscataway: IEEE Press,2025: 11384-11394.

[44] ZHAO J,Mathieu M,LeCun Y. Energy-based generative adversarial network[C]//Proceedings of the International Conference on Learning Representations. Puerto Rico: OpenReview.net,2016: 1-17.

[45] KARRAS T,AITTALA M,LAINE S,et al. Alias-free generative adversarial networks[C]//Proceedings of the Advances in Neural Information Processing Systems. New York: Curran Associates,2021,34: 852-863.

[46] HU T,HONG F Z,LIU Z W. Structldm: Structured latent diffusion for 3D human generation[C]//Proceedings of the European Conference on Computer Vision. Milan: Springer Science,2024: 363-381.

[47] HUANG Y K,WANG J N,ZENG A L,et al. Dreamwaltz: Make a scene with complex 3D animatable avatars[C]//Proceedings of the Advances in Neural Information Processing Systems. New York: Curran Associates,2023,36: 4566-4584.

[48] TANG W,LI G,BAO X Y,et al. Mscgan: Multi-scale conditional generative adversarial networks for person image generation[C]//Proceedings of the Chinese Control and Decision Conference. Piscataway: IEEE Press,2020: 1440-1445.

[49] MITSUI K,Hono Y,SAWADA K. Towards human-like spoken dialogue generation between ai agents from written dialogue [EB/OL]. (2023-10-02) [2025-03-24]. https://arxiv.org/abs/2310.01088.

[50] YI Z H,OUYANG J R,LIU Y W,et al. A survey on recent advances in llm-based multi-turn dialogue systems [EB/OL]. (2024-02-28) [2025-03-24]. https://arxiv.org/abs/2402.18013.

[51] WANG J,WANG J F,DAI S Y,et al. Research on emotionally intelligent dialogue generation based on automatic dialogue system [EB/OL]. (2024-04-17) [2025-03-24]. https://arxiv.org/abs/2404.11447.

[52] LI S H,YANG C,YIN Y C,et al. Autoconv: Automatically generating information-seeking conversations with large language models [EB/OL]. (2023-08-12) [2025-03-24]. https://arxiv.org/abs/2308.06507.

[53] YANG H H. Transformer-based conditioned variational autoencoder for dialogue generation [EB/OL]. (2022-10-22) [2025-03-24]. https://arxiv.org/abs/2210.12326.

[54] PENG Z Q,HU W T,SHI Y,et al. Synctalk: The devil is in the synchronization for talking head synthesis[C]//Proceedings of the IEEE/CVF Conference on Computer Vision and Pattern Recognition. Piscataway: IEEE Press,2024: 666-676.

[55] CHANG F J,TRAN A T,HASSNER T,et al. Expnet: Landmark-free,deep,3d facial expressions[C]//Proceedings of the IEEE/CVF International Conference on Automatic Face & Gesture Recognition. Piscataway: IEEE Press,2018: 122-129.

[56] PENG Z Q,WU H Y,SONG Z B,et al. Emotalk: Speech-driven emotional disentanglement for 3D face animation[C]//Proceedings of the IEEE/CVF International Conference on Computer Vision. Piscataway:

IEEE Press,2023: 20687-20697.

[57] ANEJA S,THIES J,DAI A,et al. Facetalk: Audio-driven motion diffusion for neural parametric head models[C]//Proceedings of the IEEE/CVF Conference on Computer Vision and Pattern Recognition. Piscataway: IEEE Press,2024: 21263-21273.

[58] WANG Y,WANG S,ZHANG J. TIMotion: Temporal and interactive framework for efficient human-human motion generation[C]//Proceedings of the IEEE/CVF Conference on Computer Vision and Pattern Recognition. Piscataway: IEEE Press,2025: 7169-7178.

[59] LIU K,FU Y,YUAN W. Motions as queries: One-stage multi-person holistic human motion capture[C]//Proceedings of the IEEE/CVF Conference on Computer Vision and Pattern Recognition. Piscataway: IEEE Press,2025: 17529-17539.

[60] MEHTA D,SOTNYCHENKO O,MUELLER F,et al. Xnect: Real-time multi-person 3D motion capture with a single RGB camera[J]. ACM Transactions on Graphics,2020,39(4): 1-17.

[61] KANAZAWA A,ZHANG J Y,FELSEN P,et al. Learning 3D human dynamics from video[C]//Proceedings of the IEEE/CVF Conference on Computer Vision and Pattern Recognition. Piscataway: IEEE Press,2019: 5614-5623.

[62] KOCABAS M,ATHANASIOU N,BLACK M J. Vibe: Video inference for human body pose and shape estimation[C]//Proceedings of the IEEE/CVF Conference on Computer Vision and Pattern Recognition. Piscataway: IEEE Press,2020: 5253-5263.

[63] ZHU T,KARLSSON P,BREGLER C. Simpose: Effectively learning densepose and surface normals of people from simulated data[C]//Proceedings of the European Conference on Computer Vision. Milan: Springer Science,2020: 225-242.

[64] LAI P,ZHONG W,QIN Y. LLM-driven multimodal and multi-identity listening head generation[C]//Proceedings of the IEEE/CVF Conference on Computer Vision and Pattern Recognition. Piscataway: IEEE Press,2025: 10656-10666.

[65] PENG Z,FAN Y,WU H. DualTalk: Dual-speaker interaction for 3D talking head conversations[C]//Proceedings of the IEEE/CVF Conference on Computer Vision and Pattern Recognition. Piscataway: IEEE Press,2025: 21055-21064.

[66] WANG Y,FAN Y,WANG X. Diffusion-based realistic listening head generation via hybrid motion modeling[C]//Proceedings of the IEEE/CVF Conference on Computer Vision and Pattern Recognition. Piscataway: IEEE Press,2025: 15885-15895.

[67] CHEN X,ZHENG Y F,Black M,et al. Snarf: Differentiable forward skinning for animating non-rigid neural implicit shapes[C]//Proceedings of the IEEE/CVF International Conference on Computer Vision. Piscataway: IEEE Press,2021: 11594-11604.

[68] HO J,JAIN N A,ABBEEL P. Denoising diffusion probabilistic models[C]//Proceedings of the Advances in Neural Information Processing Systems. New York: Curran Associates,2020,33: 6840-6851.

[69] CHEN Z Q,FUNKHOUSER T,HEDMAN P,et al. Mobilenerf: Exploiting the polygon rasterization pipeline for efficient neural field rendering on mobile architectures[C]//Proceedings of the IEEE/CVF Conference on Computer Vision and Pattern Recognition. Piscataway: IEEE Press,2023: 16569-16578.

[70] LIN G J,JIANG J W,YAND J Q,et al. Omnihuman-1: Rethinking the scaling-up of one-stage conditioned human animation models[EB/OL]. (2025-02-13)[2025-03-24]. https://arxiv. org/abs/2502. 01061.

[71] HU L,ZHANG B,ZHANG P,et al. A virtual character generation and animation system for e-commerce live streaming[C]//Proceedings of the 29th ACM International Conference on Multimedia. New York: ACM Press,2021: 1202-1211.

[72] VASWANI A,SHAZEER N,PARMAR N,et al. Attention is all you need[C]//Proceedings of the Advances in Neural Information Processing Systems. New York: Curran Associates,2017: 6000-6010.

[73] PEEBLES W,XIE S N. Scalable diffusion models with transformers[C]//Proceedings of the IEEE/CVF

International Conference on Computer Vision. Piscataway: IEEE Press, 2023: 4195-4205.

[74] VAN DEN OORD A, DIELEMAN S, ZEN H G, et al. Wavenet: A generative model for raw audio [EB/OL]. (2016-09-19) [2025-03-24]. https://arxiv.org/abs/1609.03499.

[75] CAO N, LIN Y R, SUN X H, et al. Whisper: Tracing the spatiotemporal process of information diffusion in real time[J]. IEEE Transactions on Visualization and Computer Graphics. 2012, 18(12): 2649-2658.

[76] ACHIAM J, ADLER S, AGARWAL S, et al. Gpt-4 technical report [EB/OL]. (2024-03-04) [2025-03-24]. https://arxiv.org/abs/2303.08774.

[77] Guo K W, LINCOLN P, DAVIDSON P, et al. The relightables: Volumetric performance capture of humans with realistic relighting[J]. ACM Transactions on Graphics, 2019, 38(6): 1-19.

[78] MERLEAU-PONTY M, LANDES D, CARMAN T, et al. Phenomenology of perception [M]. London: Routledge, 2013.

[79] LIU Y, CHEN W X, BAI Y J, et al. Aligning cyber space with physical world: A comprehensive survey on embodied ai [EB/OL]. (2024-08-26) [2025-03-24]. https://arxiv.org/abs/2407.06886.

[80] DUAN J F, YU S, TAN H L, et al. A survey of embodied ai: From simulators to research tasks[J]. IEEE Transactions on Emerging Topics in Computational Intelligence. 2022, 6(2): 230-244.

[81] YANG J, GLOSSOP C, BHORKAR A, et al. Pushing the limits of cross-embodiment learning for manipulation and navigation [EB/OL]. (2024-02-29) [2025-03-24]. https://arxiv.org/abs/2402.19432, 2024.

[82] PLIZZARI C, GOLETTO G, FURNARI A, et al. An outlook into the future of egocentric vision [J]. International Journal of Computer Vision, 2024: 1-57.

[83] GRAUMAN K, WESTBURY A, BYRNE E, et al. Ego4d: Around the world in 3,000 hours of egocentric video [C]//Proceedings of the IEEE/CVF Conference on Computer Vision and Pattern Recognition. Piscataway: IEEE Press, 2022: 18995-19012.

[84] CHEN C, XING S, CHEN Z et al. InternVideo-Ego4D: A pack of champion solutions to Ego4D challenges [EB/OL]. (2022-11-17) [2025-03-24]. https://arxiv.org/abs/2211.09529.

[85] WANG Y, LI K C, LI Y Z, et al. InternVideo: General video foundation models via generative and discriminative learning [EB/OL]. (2022-12-07) [2025-03-24]. https://arxiv.org/abs/2212.03191.

[86] LIU N Y, WANG X H, LI X B, et al. ReLER@ zju-alibaba submission to the Ego4D natural language queries challenge 2022[EB/OL]. (2022-09-05) [2025-03-24]. https://arxiv.org/abs/2207.00383.

[87] PEI B Q, CHEN G, XU J L, et al. EgoVideo: Exploring egocentric foundation model and downstream adaptation [EB/OL]. (2024-06-01) [2025-03-24]. https://arxiv.org/abs/2406.18070.

[88] HANNAN T, ISLAM M M, SEIDL T, et al. RGNet: A unified clip retrieval and grounding network for long videos[C]//Proceedings of the European Conference on Computer Vision. Milan: Springer Science, 2024: 352-369.

[89] ZHAO Q, WANG S J, ZHANG C, et al. Antgpt: Can large language models help long-term action anticipation from videos?[C]//Proceedings of the International Conference on Learning Representations. Puerto Rico: OpenReview.net, 2024: 1-21.

[90] ZENG Y S, ZHONG Y J, FENG C J, et al. UniMD: Towards unifying moment retrieval and temporal action detection[C]//Proceedings of the European Conference on Computer Vision. Milan: Springer Science, 2024: 286-304.

[91] PARK J S, O'BRIEN J, CAI C J, et al. Generative agents: Interactive simulacra of human behavior[C]// Proceedings of the 36th Annual ACM Symposium on User Interface Software and Technology. New York: ACM Press, 2023: 1-22.

[92] TIAN K Y, JIANG Y, YUAN Z H, et al. Visual autoregressive modeling: scalable image generation via next-scale prediction[C]//Proceedings of the Advances in Neural Information Processing Systems. New York: Curran Associates, 2024, 37: 84839-84865.

第9章 CHAPTER 9 脑启发人工智能

9.1 引言

脑启发人工智能是当前AI领域的热门前沿方向，它从人类大脑的结构与功能中汲取灵感，旨在构建更高效、更智能的计算系统。大脑作为自然界中最复杂的信息处理器，其卓越的学习能力、适应性与能效比，为AI的发展提供了丰富的参考模型与设计思路。从人工神经网络的萌芽到脉冲神经网络的提出，脑科学的研究成果不断促进AI算法的创新，同时AI技术也在脑科学领域展现了强大的应用潜力。

本章从多角度探讨脑启发AI的关键主题，梳理其理论基础、技术突破与应用前景。首先，我们将从脑科学的角度，审视其与AI的紧密联系以及交叉研究带来的双向促进效应。接着，聚焦脑启发的新型传感设备，这些设备通过模仿生物系统的感知和信息处理能力，为智能硬件的开发提供了重要参考。随后，将深入分析脑启发AI模型的发展，特别是脉冲神经网络的理论与实践，并探讨其在处理复杂信息任务中的优势。此外，脑机接口作为脑科学与AI的重要实践领域，展示了从脑科学到工程实现的跨越，为医疗、康复与人机交互开辟了新的可能性。最后，展望脑启发AI的未来发展方向，剖析其面临的机遇与挑战。

通过本章内容，希望为读者提供脑启发AI领域的全景视角，揭示其在推动技术进步与社会发展的独特价值，并激发对这一交叉领域的深入思考与探索。

9.2 人工智能与脑科学

9.2.1 脑科学发展历程

脑科学是一门研究大脑结构和功能的学科，历史悠久且复杂。其起源可追溯至古希腊时期，当时阿尔克迈翁(Alcmaeon)发现了视神经。18世纪，生理学研究方法被引入脑科学，研究热点集中于大脑兴奋性与肌肉反应的关系及信息传递机制。19世纪，脑科学快速发展，取得了发现生物电、创立神经元学说与脑功能定位等重要成果。20世纪初，乙酰胆碱的发现标志着脑信息传递机制的重大突破。到20世纪50—60年代，科学家发现大脑皮层与皮层下的边缘系统，共同形成了控制情绪生成与表达、情绪记忆处理的复杂神经网络，并建立了相对完整的脑功能图谱。20世纪60年代，脑科学正式成为独立学科，涵盖生命科学的诸多领域。20世纪80—90年代，脑科学在细胞分子学和大脑皮层功能研究方面取得了显著成就。进入21世纪，脑科学迎来蓬勃发展，人们揭开了大脑的神秘面纱，深度探索了大脑的结构，如图9.1(b)所示，并进一步揭示了视觉、嗅觉、味觉、听觉及触觉等五感的工作机制，明确了精神疾病的发生机理，并绘制了大脑的动态发育蓝图，解析了脑神经元网络的适应性机制。

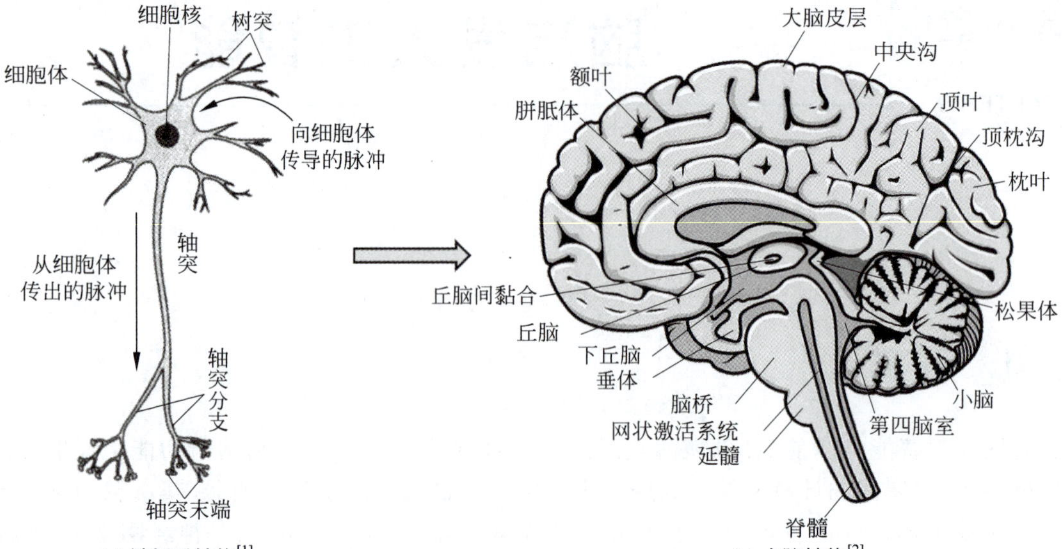

(a) 神经元结构[1]　　(b) 大脑结构[2]

图 9.1　神经元结构和大脑结构示意图

如今，随着基因技术、光学技术、超高分辨显微成像、纳米技术等前沿技术的应用，脑科学研究方法不断丰富，涵盖生物解剖学、电生理学、分子生物学、脑成像学等[3]。这些进展不仅推动了脑科学的跨越式发展，也为 AI 与脑科学的交叉融合提供了坚实基础。随着两大领域的持续突破，它们将继续推动社会变革并带来深远影响。

9.2.2 脑科学和认知科学

脑科学，又称神经科学，是研究大脑结构与功能的多层次学科，涵盖从单一神经元到复杂神经网络的不同层面。大脑作为中枢神经系统的核心，负责处理感觉输入、协调运动输出，并支持认知功能。大脑主要由左右两个半球组成，每个半球包含多个功能区，包括前额叶、顶叶、颞叶和枕叶。这些脑叶各司其职，承担语言、视觉、听觉、情感与决策等功能。大脑的灰质负责信息的处理，白质通过神经纤维在不同脑区之间传递信号。这些脑区通过神经元传输信号实现协作，完成复杂的行为。神经元是大脑信息传递的基本单元，每个神经元通过树突接收信号，经由细胞体处理后，通过轴突发送信号。神经元之间的连接点称为突触，是信息传递的核心结构。通过电信号和化学信号的协同作用，神经元能够快速传递信息，使大脑对外界刺激作出复杂反应并维持认知功能，神经元的结构如图 9.1(a)所示。

认知科学是脑科学的重要分支，专注于研究人类认知过程，包括感知、记忆、思维、语言和问题解决能力等领域。作为当代科学研究的前沿方向之一，认知科学与 AI 的结合正在推动科技的快速发展。认知科学为理解人类认知机制提供了理论基础，而这些机制也为机器学习算法的设计提供了重要启发。例如，通过研究人类的试错学习过程，科学家们开发出了强化学习算法，使机器能够通过奖励和惩罚机制逐步学习最优行为策略。

认知模型是认知科学的重要成果，它通过计算方式模拟人类的认知过程，广泛应用于 AI 决策系统的开发。这些模型不仅有助于我们理解大脑的信息处理机制，还为 AI 模拟复杂决策过程提供了新的思路。例如，基于对认知心理学中启发式方法和认知偏差的研究，AI决策系统能够通过模仿或优化人类的决策过程，减少类似的认知偏差，从而提升系统的整体性能。图9.2展示了人类思考与机器学习在决策机制上的对比，揭示了二者之间的异同及其融合的潜力。

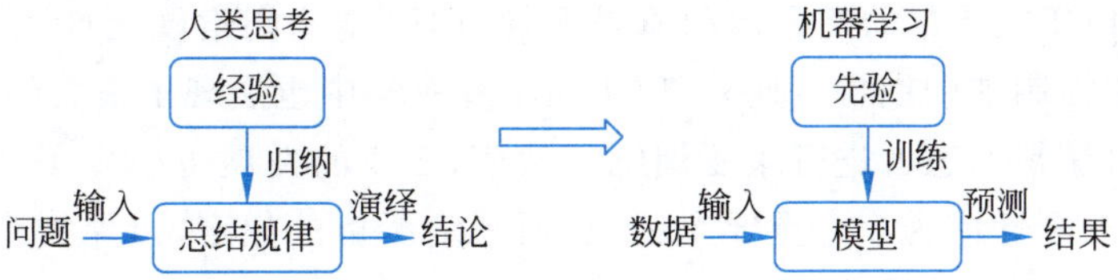

图9.2　人类思考与机器学习

近年来，计算神经科学作为认知科学一个重要分支逐渐成为脑科学与AI交叉研究的核心领域。该领域结合实验数据与计算模型，探索神经系统的结构与功能，揭示这些结构如何支持复杂的行为与认知功能。例如，神经网络计算模型受大脑神经元网络的启发，由相互连接的节点组成。每个节点能够接收输入、处理信息并产生输出，节点之间的连接权重则表示神经元间的通信强度。通过调整这些权重，神经网络能够学习执行模式识别和复杂决策任务。计算模型不仅帮助再现神经元及脑区的活动，还能模拟大脑功能的多方面表现。例如，研究人员通过计算模型研究大脑如何处理感官输入、形成记忆以及在不同脑区间传递信息，而无须依赖生物实验。这些模拟研究大幅度地推动了脑科学理论的发展。

计算神经科学的一个重要应用是疾病建模和治疗策略的开发。通过模拟神经退行性疾病(如阿尔茨海默病)的进程，研究者能够深入理解疾病的病理机制，并测试潜在治疗方法。此外，计算模型还推动了脑机接口(BCI)技术的发展。计算神经科学在脑机接口技术中的应用显示出很大的潜力。通过结合神经科学的实验数据和计算模型，科学家得以解析大脑的复杂性，并为脑部疾病治疗与智能交互技术的开发开辟了新方向。这一领域的持续发展，不仅深化了对大脑结构与功能的理解，还为AI技术的突破提供了重要支持。未来，脑科学与认知科学的交叉融合，将进一步推动人工智能和神经科学的协同发展，促进人类认知能力的理解和技术应用的创新。

9.2.3　技术与应用

类脑计算是脑启发AI领域的一个前沿研究方向。受到人脑结构和功能的启发，类脑计算旨在模拟大脑处理信息的方式，从而实现更高效、更强大的通用智能。神经形态计算系统是类脑计算的一种典型代表。该系统通过模仿大脑神经元和突触的连接方式构建计算硬件，采用并行分布式架构，利用大量简单处理单元模拟神经元，并通过可重构的连接模拟突触的可塑性。与传统的冯·诺依曼计算机架构相比，神经形态系统在处理某些任务时能显著提高能效比，特别是在模式识别和数据密集型任务中。脉冲神经网络(SNN)是类脑计算深度学习的一种形式，既模拟了神经元的激活模式，又考虑了神经元激活的时间特性。与传统的深度神经网络相比，SNN能够更精确地模拟生物神经系统的动态行为。在SNN中，神经元仅在接收到足够强度的输入信号时才会发放动作电位(即“脉冲”)，这种时序信息的引入使得网络能够高效地处理时间序列数据。

BCI是脑科学与AI领域最重要的应用之一。BCI属于前沿神经工程领域，通过直接读取大脑的神经信号来控制外部设备，如假肢、轮椅、计算机光标等。BCI的原理基于大脑与外部世界之间的信息交流，这一交流通过神经元的电信号活动实现。BCI通过侵入式或非侵入式传感器捕捉这些电信号，并利用信号处理和机器学习算法解码用户意图，将其转化为控制信号。实现BCI的关键步骤包括信号采集、信号处理、特征提取和分类。在信号采集阶段，脑电图或功能性磁共振成像等技术常常被用于捕捉大脑活动。信号处理阶段通常涉及去噪声和增强有用的神经信号。特征提取阶段的目标是识别能够代表特定意图的信号特征，而分类阶段则利用机器学习算法将这些特征映射到具体的控制命令上。

在临床应用中，BCI 主要帮助严重运动障碍患者，如肌萎缩侧索硬化症或高位截瘫患者，恢复与外界的交流能力或控制辅助设备。此外，BCI 在康复医学中也展现了很大的潜力，能够通过脑控外骨骼系统或康复机械帮助患者进行康复训练。然而，BCI 的发展也引发了一系列伦理问题。首先，脑数据的隐私和安全性成为一个重要议题，必须制定严格的规定，以保护个人脑波数据免遭滥用或泄露。其次，BCI 的进步可能引发"读心"能力的出现，进而引发对个人思想自由的担忧。此外，BCI 的获取不平等可能加剧社会分层，因此需要制定相关政策，确保技术的公平分配。

9.2.4 人工智能与脑科学双向促进

人工智能与脑科学的发展紧密相连，相互促进，共同推动了各自领域的进步。

1. 脑科学对 AI 的启示

脑科学的发展为 AI 的进步提供了宝贵的启示，特别是在学习机制、感知与认知等关键领域。例如，如今广受欢迎的深度学习就是受到了脑科学中赫布学习理论[4]的启发。赫布学习理论认为神经元之间的连接强度可以通过它们的活动模式进行调整，这一理论启发了深度学习中神经网络的训练过程。在深度学习中，通过反向传播算法调整网络权重，使得神经网络能够学习复杂的数据模式。

同样，强化学习中自适应系统的设计也受到脑科学中神经可塑性的启发。神经可塑性描述了大脑在生命过程中对经验和环境变化的适应能力，这使得大脑能够重新组织其结构和功能以应对新的挑战。而强化学习中的自适应系统正是通过模拟这一特性，通过与环境的交互来学习最优策略，不断调整自己的行为以达成目标。此外，AI 中的图像识别和自然语言处理技术也受到了大脑处理机制的启发，例如，卷积神经网络的设计就是受到大脑视觉皮层能够提取图像中的局部边缘、纹理和形状等特征的启发。

2. AI 在脑科学中的作用

AI 在脑科学的研究中也发挥了重要作用。功能性磁共振成像和脑电图等技术生成了大量复杂的数据，AI 在这些数据的分析中扮演了关键角色。通过模式识别和异常检测，AI 能够揭示大脑活动的模式，帮助研究者识别大脑中与特定行为或疾病相关的区域，加速了神经科学的发展。

此外，AI 也被用于模拟和预测大脑的神经网络活动。通过构建计算模型，可以更好地理解大脑如何处理信息，以及在不同神经疾病中发生的变化。这些模拟不仅增进了对大脑工作原理的理解，也为新的治疗方法提供了理论基础。在神经退行性疾病的诊断中，AI 展现出很大潜力。通过分析大脑成像数据和遗传信息，AI 算法能够帮助医生在早期阶段，甚至症状出现之前识别疾病迹象。这种早期诊断对于延缓疾病进展和提高治疗效果至关重要。在某些疾病治疗中，AI 也发挥了重要作用。例如，在癫痫治疗中，AI 可以预测癫痫发作的时间，从而患者可以采取预防措施。在康复医学中，AI 驱动的机器人和虚拟现实系统为中风患者提供了个性化的康复训练，提高了康复效率。

综上，脑科学的发现为 AI 的发展提供了灵感和方向，而 AI 则为脑科学研究提供了强大的工具和方法。随着两个领域的不断进步，我们可以期待未来会出现更多创新的技术和应用。这种交叉研究不仅有助于科学发展，也可能为人类的健康和生活质量带来深远影响。

9.3 脑启发新型传感设备

9.3.1 脑启发传感器发展历程

视觉是智慧生物理解和感知外部世界的核心功能。人类视觉系统获取的信息量占感知总信息量的 80%以上，远超其他感知系统。它具备冗余低、功耗低、动态响应快和稳健性强等特点，并在复杂场景中展现出卓越的小样本泛化能力，通过有限信息推断完整场景与目标。研究人类视觉系统的神经网络结构与处理机制，有助于建立新理论，为开发技术标准、芯片架构和应用系统提供支持，进一步模拟、扩展甚至超越人类视觉感知能力。本节将介绍受生物视觉系统启发的脑启发视觉传感设备[5]。这些传感器模仿生物视觉的低功耗、实时处理和高效适应性，通过神经元级信息处理、并行计算和事件驱动机制，以区别于传统像素处理系统。图 9.3 总结了脑启发视觉传感器的发展历程。

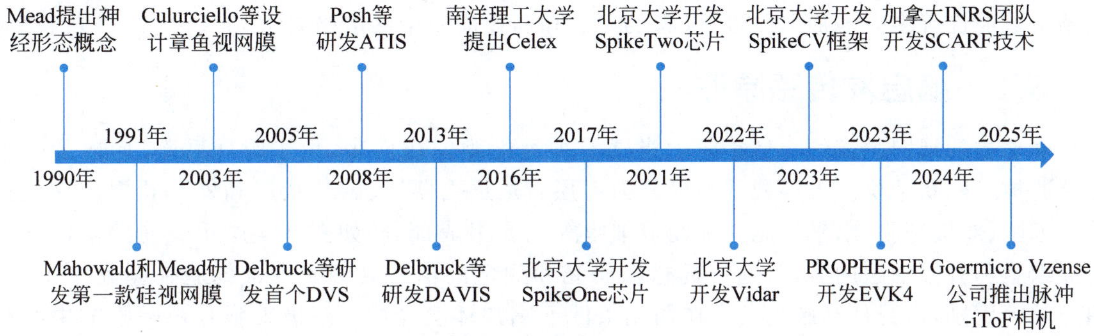

图 9.3 脑启发视觉传感器的发展历程

脑启发视觉传感器的研制深植于对生物视网膜结构和功能机理的研究基础上，结合神经科学和工程学的成果，逐渐发展为一个新兴领域。20 世纪 90 年代，Mead 首次提出了“神经形态”(Neuromorphic)的概念[6]，旨在利用大规模集成电路模拟生物神经系统。1991 年，Mahowald 和 Mead 提出了第一款硅视网膜芯片[7]，该芯片成功模拟了视网膜中的视锥细胞、水平细胞和双极细胞的工作原理，标志着脑启发视觉传感器领域的诞生。1993 年，Mahowald 等提出了地址事件协议[8]，这是一种为了解决集成电路中的稠密三维连线问题而设计的新型通信协议，能够实现事件的异步读出。2003 年，Culurciello 等将像素光强编码为频率或脉冲间隔，提出了章鱼视网膜的概念[9]。2005 年，Delbruck 等开发了动态视觉传感器(DVS)[10]，它以时空异步稀疏事件来表示像素光强的变化。2008 年，Posch 等提出了异步视觉的图像传感器(Asynchronous Time-based Image Sensor，ATIS)[11]，通过事件触发的光强测量电路来重构变化处的像素灰度。2013 年，Delbruck 等进一步开发了动态有源像素视觉传感器(DAVIS)，改善了 DVS 的纹理成像问题。2016 年，南洋理工大学提出 Celex，通过让事件携带像素光强信息可有效恢复场景纹理细节。2017 年，北京大学开发了 SpikeOne 脉冲视觉感知芯片，可以达到 40kHz 的脉冲主频。2021 年，北京大学将 SpikeOne 升级为 SpikeTwo 芯片，使其可以达到更大的空间分辨率。随后，在 2022 年北京大学提出新的视觉形式——视象，打破了传统的基于帧的表示方法，实现了超高速连续成像和高速目标实时检测跟踪识别[12]。同年，北京大学通过引入章鱼视网膜的光强积分发放采样原理[13]，提出了仿视网膜中央凹采样模型，并基于此开发了 Vidar 脉冲相机。2023 年，北京大学再次提出了第一个面向超高速脉冲相机的开源视觉框架——SpikeCV。同年，PROPHESEE 公司也开发了 1280×720 分辨率的 EVK4 事件相机，可以捕获到更加精细的纹理信息。2024 年，加拿大魁北克大学国立科学研究院(INRS)开发了“扫频编码孔径实时飞秒成像”(SCARF)技术，将相机的成像速度提升至每秒 156 万亿帧[14]。2025 年，Goermicro Vzense 公司推出脉冲-iToF 深度相机 NYX 系列，在移动应用端可以达到每秒 30 帧的成像速度[15]。

脑启发视觉传感器作为模拟生物视觉感知系统的技术，凭借其高时域分辨率、低数据冗余、低功耗和高动态范围等优势，在自动驾驶、无人机视觉导航、工业检测和视频监控等领域展现了较大的潜力，特别是在处理高速运动目标和应对复杂光照条件时表现出色。这使得脑启发视觉传感器在高速场景感知和极端环境下具有明显的市场前景。尽管如此，当前该技术仍处于初步发展阶段，距离实现或超越人类视觉系统在复杂交互环境中的感知能力还有较长的道路要走。未来的研究将需要进一步优化传感器的分辨率、实时性和智能处理能力，以更好地应对动态变化的场景和复杂的视觉任务。特别是如何在极端环境下确保传感器的稳健性，同时提升其在处理复杂视觉信息时的自主决策和理解能力。推动脑启发视觉传感器的广泛应用，还需要从算法优化、硬件集成以及场景适应性等多方面加以改进，以满足工业和商业应用中的严格要求。

9.3.2 脑启发传感原理

脊椎动物的视网膜在约 6 亿年前由光感受神经细胞演化而来，位于眼球后部，形成了一个多层复杂的神经网状结构。人类视网膜可分为三层：光感受器层、内丛状层和外丛状层。它包括光感受器细胞、双极细胞、水平细胞和神经节细胞等主要组成部分，如图 9.4 所示。光感受器细胞分为视杆细胞和视锥细胞两类，分别负责感知弱光和颜色的信号处理。视锥细胞在亮光下工作，主要用于颜色识别，而视杆细胞则负责在弱光条件下感知环境光线。双极细胞是视网膜的中继神经元，将来自光感受器的信号传递给神经节细胞，并根据光强的变化被分类为 ON 型和 OFF 型两类。水平细胞则通过调节光感受器输出的信号来增强亮度对比，并凸显视觉对象的边缘轮廓。神经节细胞则将这些处理过的视觉信息转换为时空脉冲信号，最终通过视觉纤维传递至大脑的视觉皮层。

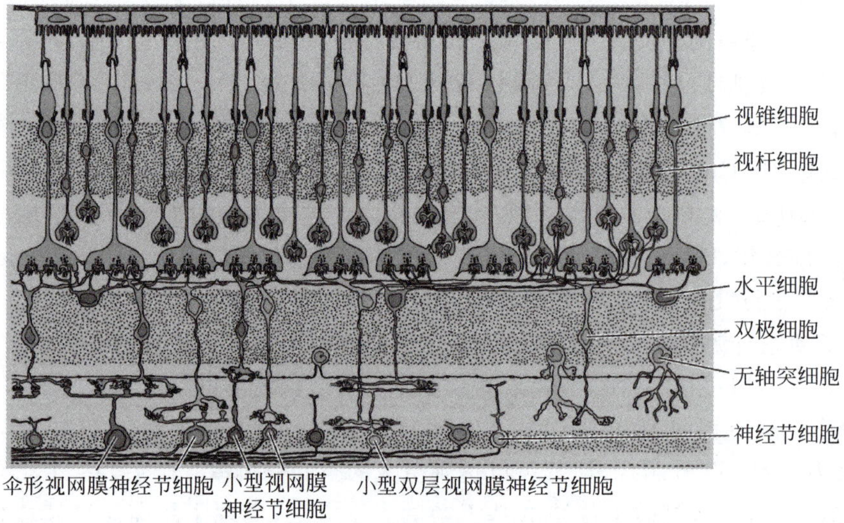

图 9.4 生物视网膜横截面示意图[5]

脊椎动物具有一些重要的生物学优势：第一，光感受器的局部自适应增益控制，使其能够通过记录光强变化消除冗余，并感知高动态范围的光强变化；第二，视网膜网络（包括水平细胞和节细胞）通过空间带通滤波功能，有效滤除冗余的低频信息和高频噪声，提取关键特征；第三，ON 和 OFF 脉冲信号编码降低了神经信号传输中的冗余；第四，视网膜中央凹区域具有高空间分辨率，能够捕捉细腻的图像纹理，而外围区域具有高时间分辨率，能感知快速运动。传统相机为了达到人类视觉的动态范围和空间分辨率，需要传输超过 20Gb/s 的数据，而生物视觉系统仅需以脉冲形式传输 20Mb/s 的数据量，这意味着人类视觉数据的信息传递效率比传统相机高出约 1000 倍[5]。

视网膜通过神经节细胞将光强信息转换为时空脉冲阵列，是一种高效的视觉信息编码方法，这一生物机制为脑启发视觉传感器的研制提供了理论基础。生物视觉系统的信息处理主要发生在视网膜、外侧膝状体和视觉皮层。视网膜是视觉信息处理的第一站，外侧膝状体则是视觉信号的中继站，而视觉皮层则是视觉信息的中央处理器，负责实现更高层次的视觉功能，如物体识别和空间定位。视觉皮层的信息处理通过两条并行的通路完成：腹侧通路（又称为 what 通路）处理物体的形状和颜色信息，背侧通路（又称为 where 通路）处理空间位置和运动信息，如图 9.5 所示。通过借鉴生物神经网络模型，研究人类视觉系统的信息处理机制，可以为计算机视觉和 AI 技术提供启示，推动类脑视觉理论模型和计算方法的创新。这些研究将进一步提升 AI 系统在处理动态与静态信息方面的效率和泛化能力，并逐步逼近生物视觉系统的高效信息处理能力。

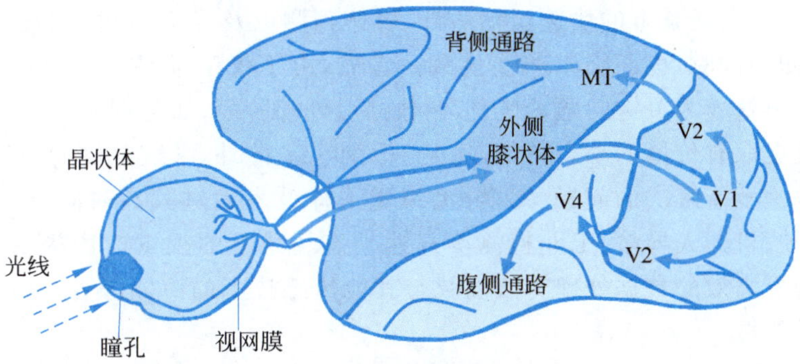

图 9.5 视觉通路模型

9.3.3 脑启发视觉采样模型

神经元之间的复杂连接，以及脉冲信号在神经元之间的异步传递，是神经形态计算系统的核心特征。地址事件协议（Address-Event Representation，AER）将传感器上的每个像素视为独立个体，脉冲信号以事件形式进行异步传输，按照事件发生的时间顺序逐一输出，而不像传统相机那样以固定频率进行图像传出。解码电路依据事件的地址及时间进行解析，从而实现对事件的高效处理。这种方式不仅模拟了神经元脉冲信号发放的机制，且由于感知、产生、传输光强信号均是异步的，使得事件表示与传输变得更加高效。基于 AER 方式的脑启发型视觉传感器主要分为两类采样模型：差分型视觉采样和积分型视觉采样。

1. 差分型视觉采样

差分型视觉采样，也常称为事件相机或动态视觉传感器，不仅模拟了灵长类动物视网膜外周的高时间分辨率特性，还在原理上模仿了光感受器、双极细胞和神经节细胞的分层处理机制，如图 9.6(a)所示。通过异步捕捉各像素处的光强变化，这种技术能够在极短的时间内记录下视觉场景中的动态事件,而不需要连续采集完整的帧数据,从而大幅降低了数据冗余和系统延迟。为了适应复杂的环境和不同光照条件,差分型视觉传感器通常采用对数差分模型,使得在高动态范围(High Dynamic Range,HDR)条件下也能保持均衡响应。这种模型可以让传感器在低光和强光环境中都能有效地检测到亮度的微小变化,从而实现更精确的运动检测和目标跟踪。

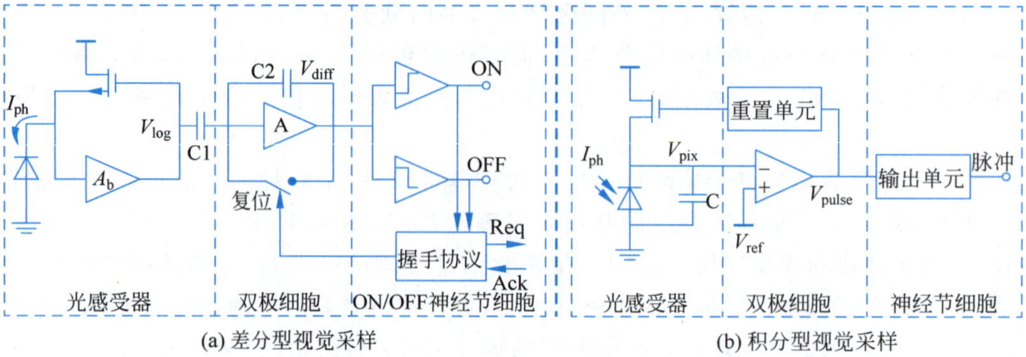

图 9.6 差分型视觉采样和积分型视觉采样电路结构示意图

此外,差分型视觉采样的输出是以事件的形式记录的,每个事件都包含时间戳、像素位置及亮度变化信息,这种数据格式更符合神经生物学中信息处理的方式,也为后续采用神经形态计算和深度学习算法进行实时场景解析提供了可能。利用先进的异步数据处理算法,可以在保持高时间分辨率的同时,实现复杂场景下的快速运动估计、轨迹预测以及背景抑制。不过,这种技术在带来高效、高速视觉感知的同时,也面临着一些挑战。首先,由于仅记录亮度变化的事件,故如何有效区分有用信号与噪声就成为关键问题;其次,在数据后处理阶段,如何利用稀疏事件数据重构出连续的视频信息以及提取有价值的动态特征,也是一大难点;此外,系统整体的稳健性和与传统图像传感系统的融合也是亟待解决的问题。差分型视觉采样技术通过其高时间分辨率和低数据冗余的特点,为自动驾驶、机器人导航、工业检测等高速动态场景下的视觉应用提供了很大的优势,其未来的发展将依赖更高效的数据处理算法以及与其他传感技术的协同融合,从而进一步拓宽其在智能系统中的应用领域。

2. 积分型视觉采样

如图 9.6(b)所示,积分型视觉采样主要借鉴了灵长类动物视网膜中央凹区域中光感受器、双极细胞和神经节细胞的分层处理机制,其优势在于能够对精细纹理和复杂场景进行高效重构。北京大学于 2022 年提出的 Vidar 脉冲相机正是基于这一理念开发的[13]。该相机利用脉冲频率调制机制,通过光电转换、积分和比较等过程,将光强信号转化为一系列脉冲输出,从而对输入光信号进行编码。如图 9.7 所示,在 Vidar 系统中,每个像素独立生成脉冲信号,这些信号按时间顺序排列形成“脉冲序列”,而所有像素根据其空间位置关系构成“脉冲阵列”,每个时间截面称为一个“脉冲平面”。在这种表示中,一个脉冲用“1”表示,而无脉冲则用“0”表示。通过这种方式,Vidar 将连续的光强信号编码为离散的脉冲频率或脉冲间隔,从而实现了对光强的精细量化。与差分型视觉采样(如 DVS)相比,积分型视觉采样更适合进行高精度视觉重构,因为其编码方式更能反映出光强变化的细微差异,从而有利于恢复复杂场景中的细节。然而,积分型方法也存在一些挑战。

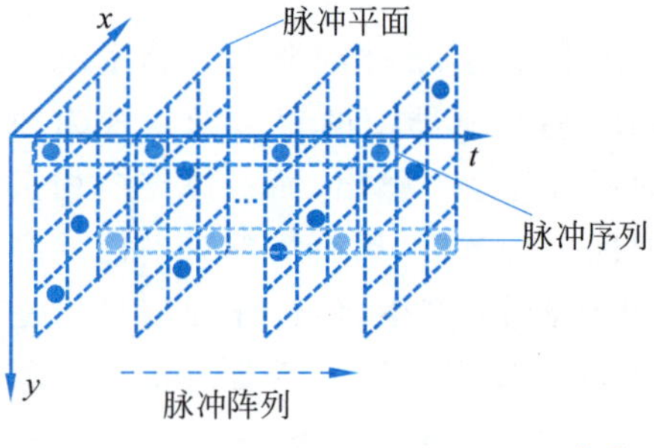

图 9.7 Vidar 时空脉冲信号示意图[13]

(1) 数据冗余问题：在静态场景中，光强持续积分会导致重复脉冲的产生，从而增加了数据量，给后续的数据处理和存储带来负担。

(2) 自适应阈值调整：不同的光照条件下，脉冲发放的阈值需要动态调整，以确保在低光照或高光照环境中都能获得最佳的信号采集效果。这一过程需要结合光学特性和神经网络模型，设计出自适应算法来实时控制脉冲生成，从而有效抑制噪声并减少冗余数据。

(3) 信号解码与重构：虽然积分型采样能够提供高精度的脉冲编码，但如何利用这些离散脉冲有效地重构出连续的图像信息，仍需要高效的信号处理和图像重构算法的支持。这涉及对脉冲数据的稀疏性利用和压缩感知技术的应用。

总体而言，Vidar 脉冲相机作为积分型视觉采样的代表，通过将光强信息转换为时间编码的脉冲序列，为高速视觉重构和精细纹理捕捉提供了新的途径。未来的发展方向将集中在优化自适应阈值控制算法、降低静态场景数据冗余以及提高整体系统稳健性等方面，从而进一步推动该技术在自动驾驶、机器人导航、医疗影像等领域的应用。

9.3.4 脑启发视觉传感器的应用

脑启发视觉传感器相较于传统相机具有高时间分辨率、高动态范围、低功耗和低数据冗余等优势。这使得它们在各个场景中具有良好的应用，特别是在处理运动目标时，现有基于帧的传统相机受到采样率和传输带宽的限制，难以有效捕捉快速运动的物体。相对而言，脑启发视觉传感器只报告亮度变化，对于处理运动目标具备天然的感知优势。本节讨论视觉形态传感器的应用。

在物体检测与识别方面，Belbachir 等提出了一种利用神经网络的基于立体 DVS 的居家环境中老年人跌倒检测应用[16]。Perez-Carrasco 等提出了一种基于卷积神经网络的纹理识别硬件应用[17]，采用单目 DVS 相机与二维卷积芯片结合，实验结果表明该方法在保持相似识别率的前提下，实现了比传统基于帧的方法更快的视频采集与传输。Lee 等提出了一种基于立体事件相机和神经形态事件处理的手势识别应用[18]。Harrigan 等则提出了一种基于时空模板匹配检测特定细粒度动作的方法[19]，将 DVS128 相机应用于动作识别，利用基于事件的模板匹配对神经形态硬件捕获的异步事件流进行比较，以确定模板与观测到的动作之间的相似性。此外，Jiang 等使用 DAVIS 和 CNN 提出了一种基于帧和事件的混合范式的行人检测方法[20]，分别训练两种 YOLO 网络用于检测帧与事件中的行人。

在物体跟踪方面，Lizenberger 等提出了一种基于单目 DVS 的目标跟踪算法，借鉴传统基于帧的均值偏移方法，实现了地址事件的连续聚类和跟踪[21]。针对交通监控场景，Lizenberger 等还提出了一种基于单目 DVS 的车辆速度估计算法[22]，该方法能够同时测量四车道上 20～300km/h 范围内的车辆速度。Bauer 等进一步完善该系统[23]，提出了三种基于 DVS 输出数据流处理的车速估计算法。Drazen 等提出了一种基于事件的颗粒跟踪方法[24]，用于追踪流体中的高速颗粒物，比较 DVS 与高速 CMOS 相机在管道流体中对颗粒的跟踪能力。Glover 等提出了一种在杂乱环境中进行事件驱动的小球检测与跟踪的方法[25]，利用事件驱动相机快速的时序动态特性，来实现机器人任务中所需的低延迟视觉跟踪和控制，并在 iCub 机器人上进行了视觉物体跟踪的应用。

在视觉场景图像重构方面，ATIS[11] 和 DAVIS 弥补了 DVS 无法直接捕捉场景精细纹理的缺陷，然而，它们在应对高速运动和极端光照场景的图像重构时，仍面临一定的挑战。Bardow 等利用 DVS 的高时间分辨率和对动态场景的敏感性，通过分析事件的时间和空间分布，实现了对场景运动和强度变化的精确估计[26]。Barua 等利用动态视觉传感器进行直接的人脸检测和视频重建，具体为将脉冲信号按固定时域长度进行累计[27]，并采用块稀疏的字典学习方法进行图像重构。

Reinbacher 等利用了事件相机的特性，只在像素亮度发生变化时产生事件，引入光流与构建流形的复杂计算[28]，实现了视觉场景图像的实时重构。Scheerlinck 等提出了一种异步滤波策略[29]，结合先进摄影系统（Advanced Photo System，APS）中的图像与 DVS 脉冲流，以重构高帧率与高动态的视频。Pan 等提出了一种基于事件的双积分模型[30]，可利用 DVS 输出的脉冲信号对 APS 图像进行去模糊重构。Wang 等提出了一种基于事件相机的条件生成对抗网络，从未调整的事件数据流中创建图像/视频。使用事件的空间-时间坐标堆栈作为输入，网络被训练以基于时空强度变化来再现图像[31]。清华大学提出了一种快慢联合合成框架，用于增强事件的高速视频帧插值，该框架能够利用输入的低帧率（25FPS（Frames Per Second））视频及相应的事件流生成高速（5000FPS，速度提升 200 倍）视频[32]。

在三维场景深度估计方面，Schraml 等采用双目 DVS 模拟激光雷达进行 360°全景视觉场景重构[33]，将传感器扫描周期内的脉冲流投影为图像以计算视差，实现了自动驾驶场景的实时场景深度计算。Tulyakov 等通过事件数据估计光流，然后使用光流对关键帧进行变形，达到对事件相机的视频帧插值[34]。Conradt 等利用神经生物学启发的事件驱动视觉传感器来提取光流信息开发了一种新型的嵌入式系统，这个系统能够在板上实时处理光流，为机器人视觉和动态场景理解提供了一种高效的方法[35]。IBM 公司采用 DAVIS240C 相机搭建双目立体视觉系统，在神经形态处理芯片 TrueNorth 上进行级联式视差计算，实现了对高速运动场景的实时三维重建[5]。Benosman 等利用异步事件驱动的视觉传感器来研究立体视觉中的极几何[36]，并进一步利用脉冲神经网络探索单目变焦的立体视觉系统。清华大学通过提出“亮度＋事件成像方案”将事件相机整合到视频快照压缩成像系统中，该新型混合设计充分利用视频的内在冗余性和事件相机的独特优势，在低成本 CMOS 图像传感器（工作于 24FPS）的条件下，实现了以 0.1ms 时间间隔进行高质量视频拍摄[37]。

值得一提的是，浙江大学在 2024 年提出了人造微眼动感知增强事件相机，可以在微秒级响应、高动态范围感知的同时保持稳定的纹理[38]。他们将该事件相机应用在了图像重建、物体特征检测与匹配以及人体检测与姿态估计等应用中，实现了比标准事件相机更好的性能和响应速度。除此之外，脑启发视觉传感器在自动驾驶、交通环境监视以及运动估计等需要感知技术的场景中也有着广泛的应用[39]。

9.4 脑启发人工智能模型

9.4.1 脉冲神经网络与脑启发人工智能

脉冲神经网络在脑启发 AI 研究中扮演着重要的角色，因为它们更接近生物神经系统的工作原理，能够更好地模拟大脑的信息处理方式。在类脑计算领域，模拟大脑的结构和功能是实现通用智能的关键之一。脉冲神经网络是一种基于生物神经系统工作原理的人工神经网络模型。与传统的人工神经网络（如前馈神经网络和循环神经网络）不同，SNN 模拟了生物神经元之间通过脉冲信号进行通信的方式。如图 9.8 所示，在 SNN 中，神经元之间的信息传递是通过脉冲信号实现的。当神经元接收到足够强度的输入信号时，会产生一个脉冲信号，并将该信号传递给连接的神经元。这种事件驱动的方式使得脉冲神经网络在处理时序信息和分析事件相关性方面具有优势。SNN 的模拟器通常会考虑神经元的膜电位变化和脉冲发放的过程，以模拟生物神经元的工作方式。通过调整神经元之间的连接权重和模拟脉冲信号的传播，SNN 可以用于模式识别、时间序列预测、感知处理等任务[40]。

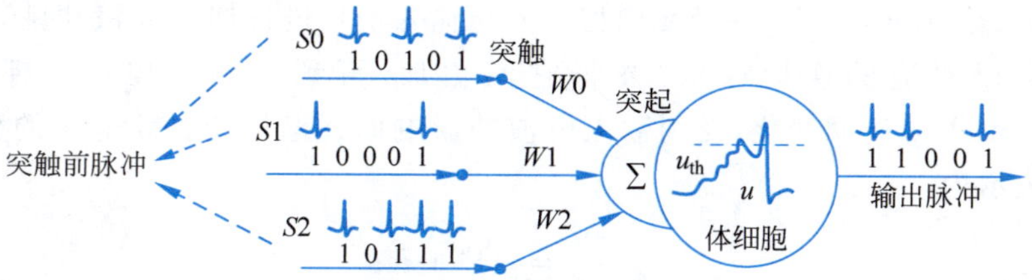

图 9.8 SNN 基本神经元示意图

脉冲神经网络由神经元和突触组成。神经元接收、处理和传递信息,膜电位达到阈值时产生脉冲信号;突触通过调整权重影响神经元间的信息传递。SNN 的训练方法包括监督学习和无监督学习,前者通过调整权重最小化输出误差,后者通过数据统计特性进行自组织和特征提取。SNN 在 AI 领域具有广阔的应用前景,尤其在模式识别、时间序列预测和感知处理等任务中表现优异。同时,SNN 模拟生物神经系统的工作方式,有助于神经科学和认知科学的研究。作为脑启发的人工神经网络,SNN 具有以下优势。

(1) 脑启发:SNN 模拟生物神经元之间通过脉冲信号进行通信的方式,更接近大脑的工作原理。这种设计使得 SNN 能够更好地处理时序信息、分析事件相关性和模式识别等任务,符合类脑计算对大脑功能的模拟需求。

(2) 高效能耗比:SNN 的事件驱动方式和稀疏编码特性使其在能耗方面具有优势;与传统的人工神经网络相比,SNN 在处理信息时更加节能、高效,适合在资源受限的环境下进行类脑计算。

(3) 处理时序信息:大脑在处理感知、学习和决策过程中需要考虑时序信息的变化,而 SNN 擅长处理这类信息;通过模拟神经元之间的脉冲信号传递,SNN 能够有效地捕捉和利用时序信息,实现更加智能的信息处理。

(4) 神经可塑性:类脑计算强调神经网络的可塑性和学习能力,SNN 具有类似生物神经元的突触可塑性;通过调整连接权重和模拟脉冲信号的传播,SNN 可以实现学习和适应环境的能力,符合类脑计算对神经网络可塑性的要求。

脉冲神经网络在类脑计算中具有重要的地位和作用。作为一种模拟生物神经系统的人工神经网络模型,SNN 具有独特的信息传递方式和处理能力,为解决复杂的时序信息处理和事件相关性分析问题提供了新的思路和方法。其脑启发的设计、高效能耗比、处理时序信息的能力以及神经可塑性等特点使其成为实现类脑计算研究的有效工具。随着类脑计算领域的不断发展和深入研究,脉冲神经网络有望在 AI 系统、认知科学和神经科学等领域发挥更大的作用,促进 AI 向更加智能化和生物化的方向发展。

9.4.2 脉冲神经元模型

脉冲神经元模型是脉冲神经网络中的基本组成单元,用于模拟生物神经元的行为。本节重点讨论常见的阈值神经元模型(Threshold Neuron Model)。

阈值神经元模型是最简单和最常见的脉冲神经元模型之一。它基于一个阈值,当神经元的输入加权和超过该阈值时,神经元则会产生一个脉冲信号。常见的阈值神经元模型包括 LIF(Leaky Integrate-and-Fire)神经元模型和 Izhikevich 神经元模型[41]。

1. LIF 神经元模型

LIF 神经元模型是一种广泛使用的脉冲神经元模型,能够有效模拟生物神经元的行为。以下是其工作原理。

积分过程(Integration)：LIF 神经元模型首先对输入信号进行加权求和，即将神经元接收到的所有输入信号乘以对应的连接权重，并将它们相加，得到总输入电流。神经元的膜电位(Membrane Potential)随时间变化，受到输入电流的影响而逐渐增加。膜电位的变化可以用微分方程描述，通常表示为

$$\tau_m \frac{\mathrm{d}V}{\mathrm{d}t} = -V + RI \tag{9.1}$$

其中，τ_m 是膜电位的时间常数，V 是膜电位，R 是膜电阻，I 是输入电流，t 是时间。

漏电流(Leak)：LIF 神经元模型考虑了膜电位的漏电流效应，即膜电位会随时间不断泄漏或减少。这种漏电流效应可以通过一个负的漏电导纳来描述，使膜电位向静息电位渐渐回归。

阈值判定(Thresholding)与脉冲发放(Spike Generation)：当膜电位 V 达到神经元的阈值 V_{th} 时，神经元会产生一个脉冲信号(动作电位)，并将其传递给连接的神经元。此时，膜电位会被重置为静息电位。当膜电位 V 超过阈值 V_{th} 时，神经元会发放一个脉冲信号，表示神经元被激活。这个脉冲信号的产生可以用一个脉冲函数来描述，通常是一个短暂的脉冲。

绝对不应期(Absolute Refractory Period)：在脉冲发放后，神经元会进入绝对不应期，这段时间内神经元无法再次产生脉冲信号。绝对不应期的存在确保了神经元的稳定性和动态性。

通过上述过程，LIF 神经元模型模拟了生物神经元的基本行为，包括对输入信号的积分、膜电位的漏电流效应、阈值判定和脉冲发放等。这种模型简单而有效，广泛应用于脉冲神经网络的建模和仿真中，以研究神经元之间的信息传递和网络动力学行为。

2. Izhikevich 神经元模型

这是一个更加简化的模型，具有较少的参数，但能够模拟出丰富的神经元动力学行为，包括多种类型的激发和抑制。这一模型通过一种简单的二阶微分方程来描述神经元膜电位的变化，从而有效捕捉生物神经元的复杂放电模式，具体公式如下：

$$\frac{\mathrm{d}v}{\mathrm{d}t} = 0.04v^2 + 5v + 140 - u + I \tag{9.2}$$

其中，v 是膜电位，u 是恢复变量，I 是输入电流，t 是时间。与传统的霍普夫-兰德模型(Hodgkin-Huxley)相比，Izhikevich 模型在计算效率上具有显著优势，且仍能够展示各种生物神经元常见的放电特性。Izhikevich 模型的主要优点在于它能够通过调整少量参数模拟出多种神经元放电模式，如单一的脉冲放电、周期性放电、混沌放电以及短暂的反应性抑制等。这些特性使得 Izhikevich 模型在模拟神经元网络的活动时，既具备较高的生物学真实性，又能以较低的计算成本进行大规模仿真。

除了上述常见的模型外，还有许多其他类型的脉冲神经元模型，这些模型具有不同的数学形式和动力学特性。研究者可以根据具体需求和应用选择合适的模型，以更好地模拟大脑中不同类型神经元的行为。

9.4.3 脉冲神经网络编码方式

数据通常需要进行编码处理才能输入脉冲神经网络中[42]，如图 9.9 所示，脉冲神经网络中有许多信息编码方式，每种方式都有其独特的优势和适用场景，下面介绍几种常用的编码方式。

1. 频率编码(Rate Encoding)

频率编码是脉冲神经网络中常用的信息编码方式之一。在频率编码中，信息的多少由神经元

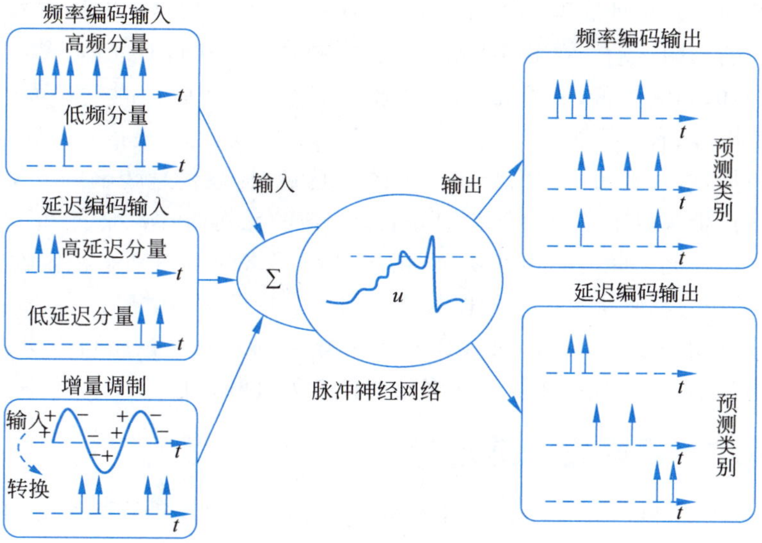

图 9.9 脉冲神经网络编码

产生脉冲的频率来表示，输入信号的强度越大，神经元产生脉冲的频率就越高。其基本原理是，输入信号的强度被转换成神经元产生脉冲的频率；当输入信号强度较强时，神经元以较高的频率产生脉冲，反之则频率较低。这种编码方式利用了脉冲神经元的动态性，能够根据输入信号的强度调整脉冲产生的频率，从而实现对输入信号的编码。频率编码的优势在于抗噪性强，因为脉冲频率的变化相对于单个脉冲的绝对时间更容易被检测和分辨。该编码方式适用于连续信号的处理，能够实现对信号强度的连续编码和传输，并与生物神经系统中许多神经元的工作方式相符合，因此在模拟生物神经系统时常选择使用频率编码。它在模式识别、感知处理、运动控制等任务中得到了广泛应用，例如在声音信号处理中，声音的强度可以通过神经元产生脉冲的频率来表示。频率编码也常用于传感器信号处理和神经反馈控制系统，用于对各种输入信号的编码和解码。总的来说，频率编码通过调整神经元产生脉冲的频率来表示输入信号的强度或大小，具有抗噪性强、适用于连续信号等优势，但对信号的时间精度较低，无法准确捕捉到信号的时序信息。

2. 时序编码(Temporal Encoding)

时序编码利用脉冲神经元的时间信息来表示输入信号，即信息的多少和时序特征通过脉冲的时间间隔和顺序来编码。在时序编码中，输入信号的特征和时序关系通过神经元产生脉冲的时间间隔和顺序来表示，既考虑脉冲的频率，也考虑脉冲之间的时间关系。通过调整脉冲的时间间隔和顺序，神经元可以精确地编码和传递信号的时序信息，实现对复杂时序模式的处理。时序编码的优势在于能够更准确地捕捉和表示信号的时序特征，适用于需要考虑时间关系的任务和事件。这种编码方式具有较高的信息传输效率和容量，能够实现更复杂和高效的信息处理和传递，与生物神经系统中许多神经元的工作方式相符合，有助于模拟大脑中神经元之间的时序信息处理。时序编码广泛应用于模式识别、运动控制、感知处理等需要考虑时序关系的任务中，如语音识别、时间序列预测、动态系统建模和事件相关性分析等领域。总的来说，时序编码通过神经元产生脉冲的时间间隔和顺序来表示输入信号的时序特征，具有高效的信息传输和处理能力，适用于需要考虑时序关系的任务和领域。

3. Bursting 编码

Bursting 编码是一种特殊的信息编码方式，指的是神经元在短时间内产生高频率的脉冲序列，形成脉冲“爆发”的现象。这种编码方式与单个脉冲的频率编码和时序编码不同，它更加强调神经元在特定时间段内的高频活动。在 Bursting 编码中，神经元会在短时间内产生一系列紧密排列的脉冲，这些脉冲之间的间隔较短，形成高频率的脉冲序列。脉冲爆发的模式可以传达更多的信息量和更复杂的信息内容，有助于神经元在短时间内快速而有效地传递信息。Bursting 编码的优势包括信息容量的增加，能够在短时间内传递更多的信息量，提高信息传输的效率和容量；同时，脉冲爆发的模式可以捕捉到更丰富的时序信息，有助于神经元对时序性任务和事件的处理。此外，脉冲爆发可以促进神经元之间的同步和协调，增强神经网络的整体动态稳定性和信息处理能力。在实际应用中，Bursting 编码常常用于处理需要高频率信息传输和时序信息处理的任务，如音频处理、运动控制、节律感知等领域。通过利用 Bursting 编码，脉冲神经网络可以更好地模拟生物神经系统中神经元的高频活动，实现更加复杂和高效的信息处理和传递。

9.4.4 脉冲神经网络训练方式

SNN 的训练与传统神经网络(Artificial Neural Network，ANN)在多个方面存在显著差异，主要源于 SNN 的离散性、时序性和非线性特性。以下是脉冲神经网络训练与传统神经网络训练的主要区别。

在 SNN 中，脉冲信号不仅依赖于强度，还与信号的时间间隔和顺序密切相关。因此，在训练时，需要确保信号的时序关系被有效编码和利用。其次，SNN 的信号是离散脉冲信号，这种离散性要求训练过程能够处理脉冲的产生与传递机制，确保信息可以有效地被传递和学习。而且 SNN 具有适应性学习的特性，神经元的膜电位和突触权重能够根据输入信号的变化动态调整。这种适应性学习机制在训练过程中也需要加以考虑，以便实现网络的动态调节和适应能力。

以下是一些常用的脉冲神经网络训练方法。

1. 基于反向传播的直接训练算法

在脉冲神经网络中，基于 BP 的直接训练算法是一种常见的方法，用于通过梯度下降调整网络中的连接权重，以实现目标导向的学习，如图 9.10 所示。这种算法结合了传统神经网络的 BP 算法与脉冲神经网络的特性，使得脉冲神经网络可以直接使用 BP 算法进行训练。基于反向传播训练的主要方法如下。

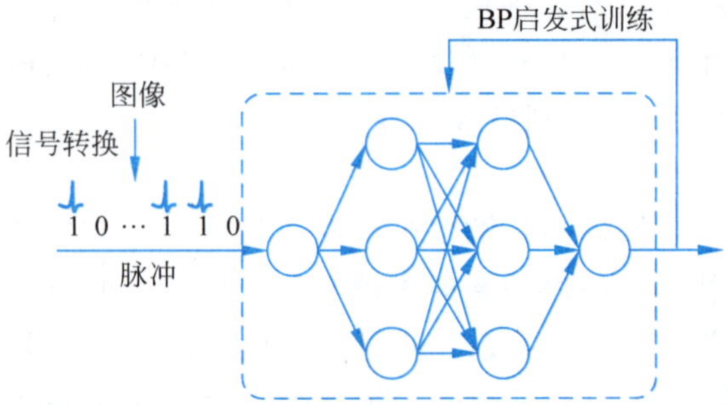

图 9.10 BP 启发式训练示意图

(1) 强化学习方法：强化学习方法可以用于训练脉冲神经网络，目标是通过与环境交互来最大化累积奖励。这些方法通常使用时序差分学习和策略梯度方法来更新权重。在训练过程中，网络通过观察环境的状态和奖励信号来调整脉冲神经元的发放时间和强度，以实现更好地决策和控制[43]。

(2) 近似梯度法：这类方法通过近似计算梯度来实现对脉冲神经网络的训练。其中一种常见的方法是“斜率传递”(Spike-Driven Gradient，SDG)算法，使用脉冲神经元的发放时间和强度作为激活函数的导数近似，将其作为梯度传递给前一层神经元。

(3) 演化算法：通过模拟生物进化过程来优化神经网络结构和连接权重。在脉冲神经网络中，演化算法可以用于网络结构搜索和参数优化。

2. 无监督学习算法

在脉冲神经网络中,无监督学习算法主要基于赫布学习规则建立。尖峰时序依赖性可塑性(Spike-Timing-Dependent Plasticity,STDP)是一种常用的训练方式[40],基于神经元之间脉冲发放的时间差异来调整突触权重,强化时间上的相关性。在 STDP 训练中,当一个神经元在另一个神经元发放脉冲之前发放脉冲时,突触权重会增强;反之,若一个神经元在另一个神经元发放脉冲之后发放脉冲,突触权重则会减弱。

STDP 训练方式强调了神经元之间脉冲发放的时序相关性,使得神经元能够捕捉到输入信号的时序信息,实现对时序模式的学习和记忆。这种突触权重的调整机制提高了网络的稳定性和动态性,使得神经元之间的连接权重能够根据输入信号的时序关系进行调整,实现对复杂时序模式的学习和处理。

3. SNN 和 ANN 转换算法

在 SNN 和 ANN 之间进行转换是一种常见的技术[40],可以将基于 ANN 设计的模型转换为基于 SNN 的模型,从而利用 SNN 的时序性和能效优势,转换过程如图 9.11 所示。将深度神经网络转换为脉冲神经网络的过程较为复杂,目前尚无普遍适用的标准算法。一般性的步骤如下。

(1) 神经元激活函数转换:将 ANN 中的激活函数转换为脉冲神经元的脉冲发放机制。

(2) 权重转换:调整 ANN 中的权重以适应 SNN 的脉冲传播。

(3) 输入转换:将输入信号转换为脉冲信号。

实际的转换过程依赖具体应用和目标,可能需要根据具体情况进行调整和优化。神经网络领域的研究者正在积极探索 ANN 到 SNN 的转换方法,以便更好地发挥脉冲神经网络的性能和潜力。

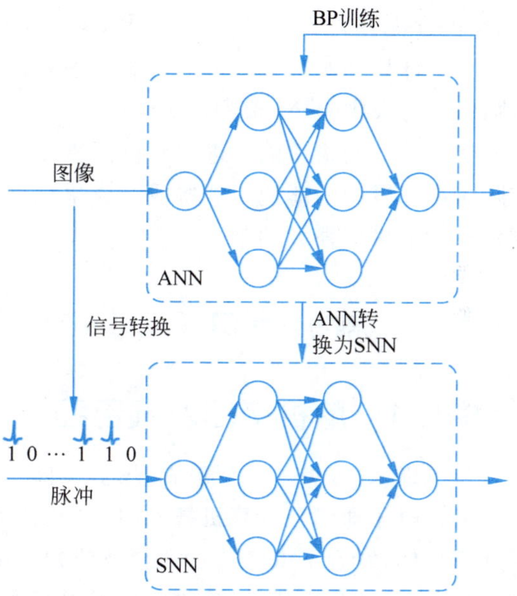

图 9.11 ANN 转换 SNN 模型

9.4.5 脉冲神经网络前沿进展

相比于 ANN,SNN 具有低功耗特性以及更好的生物模拟性,因此近些年 SNN 模型也得到了飞速发展。接下来介绍一些最新的 SNN 的进展。

2023 年 10 月,鹏城实验室与中国科学院自动化所合作发布了脉冲深度学习框架 SpikingJelly[44]。这一框架为脉冲神经网络提供了全栈式的深度学习解决方案,涵盖神经形态数据处理、深度 SNN 的构建以及替代梯度训练等功能。SpikingJelly 的发布大幅地推动了脉冲深度学习技术的标准化和推广,为未来复杂脉冲网络的设计奠定了基础。同年 12 月,西安电子科技大学提出了光电异构脉冲卷积神经网络软硬协同计算架构,并成功开发了 DFB-SA 光子集成神经突触芯片[45]。这项研究通过模拟生物神经元的内在可塑性,将硬件与算法紧密结合,实现了 MNIST 分类任务的硬件支持,为单片集成大规模光脉冲神经网络的实现提供了重要方向。

2024 年 1 月,脉冲神经网络在语言建模领域也取得了突破。中国科学院自动化所在 ICML 2024 会议上发布了首个完全基于脉冲驱动的通用语言建模方案 SpikeLM[46]。这一方案融合了 BERT[47] 和 BART[48] 架构,通过脉冲的方向、频率和幅度编码提升语言建模能力,并引入动态等距理论确保训练稳定性。这标志着脉冲神经网络在自然语言处理领域迈出了关键一步。2024 年 3 月，广东省智能科技研究院提出了一种经验依赖的自适应突触缩放机制。该机制在持续学习和抗干扰性任务中展现了显著优势，同时也为基于图表示的学习任务提供了创新方法[49]。这一研究不仅深化了对突触可塑性的理解，也为脉冲神经网络在神经形态硬件上的高效部署提供了理论依据。随后在 2024 年 5 月，SynSense 时识科技与中国科学院自动化所合作发表了基于脉冲动态计算的类脑计算感知平台 Speck[50]。这一平台结合了异步事件驱动、稀疏性和动态性特点，展现了卓越的能效比、低延迟和低功耗特性，为边缘计算场景的类脑智能应用提供了强有力的支持。

2024 年 8 月，上海交通大学推出一款 SNN 加速器芯片。该芯片采用近阈值操作与异步全连接突触结构，在图像特征提取应用上能效提高约 9.4 倍[51]。2025 年 1 月，中国科学院提出将脉冲激发近似(Spiking Firing Approximation)与整数训练、脉冲驱动推理相结合，优化脉冲神经元的激发模式，并构建高效的脉冲驱动 Transformer 架构，实现 SNN 大尺度扩展并有效缩小 SNN 与 ANN 的性能差距[52]。2025 年 6 月，美国桑迪亚国家实验室启用类脑超级计算机 SpiNNaker 2，标志着类脑计算在实际应用上取得重要进展。该系统采用可模拟约 1.5 亿～1.8 亿个神经元，支持全脑仿真与大规模 AI 模型部署[53]。

脉冲神经网络的前沿进展不仅涵盖了基础框架的构建、硬件与算法的协同优化，还实现了在实际应用场景中的落地。这些研究成果展示了 SNN 领域的蓬勃发展，也为未来类脑智能技术的深化探索提供了强大的动力。

9.5 脑机接口

9.5.1 脑机接口发展历程

自古以来，人类一直梦想着“隔空移物”，而脑机接口(BCI)技术正是这一梦想的实现尝试。这项技术在电子通信和计算机技术的迅猛发展背景下，通过检测大脑的意识信号并利用这些信号控制外部物体，实现了人类通过意念操控的可能性。脑机接口技术作为一项跨学科的前沿技术，融合了脑科学、计算机科学、生物医学工程等多个领域的专业知识，涉及电极制备、信号处理、模型训练和应用开发等环节，贯穿了从基础研究到实际应用的完整产业链。自 20 世纪 70 年代以来，脑机接口技术经历了从科学幻想到科学论证，再到技术爆发的三个发展阶段，逐步从设想走向现实，展现出无限的挑战与机遇。

在科学幻想阶段，脑机接口的雏形可以追溯到 20 世纪中叶[54]。早在 19 世纪 40 年代，德国生理学家 Emil du Bois-Reymond 发现了生物电信号；1875 年，英国生理学家 Richard Caton 首次检测到动物大脑的电活动；1924 年，德国精神科医生 Hans Berger 在人类头皮上记录到了脑电信号，并将其命名为“脑电图”。这些科学发现为脑机接口的概念奠定了基础。1973 年，加州大学洛杉矶分校的 Jacques J. Vidal 教授正式提出了“脑机接口”这一概念，探讨了通过脑电信号实现脑与计算机直接通信的可能性[55]。随后，Vidal 教授开发了基于视觉事件相关电位的脑机接口系统，实现了通过注视同一视觉刺激的不同位置选择四种控制指令的功能。与此同时，作曲家 Alvin Lucier 利用脑电 α 波设计了世界上第一个脑机接口系统“Music for Solo Performer”，通过脑电信号控制乐器演奏[56]。尽管这一时期的技术还存在诸多限制，但脑机接口的潜力已初步展现。

进入第二阶段，即科学论证阶段，脑机接口技术在 20 世纪 80 年代末至 90 年代末迎来了新的突破。美国和欧洲的先驱们研发了首个实时且可行的脑机接口系统。1988 年，L. A. Farwell 和

E. Donchin 提出了著名的脑机接口范式“P300 拼写器”[57]；同年，Stevo Bozinovski 等报道了利用脑电 α 波控制移动机器人，这项研究成为了首个利用脑电控制机器人的实例[58]。1992 年，Erich E. Sutter 提出了高效的基于视觉诱发电位的脑机接口系统，利用视觉皮层采集的视觉诱发电位来识别眼睛的注视方向并选择拼写器中的符号[59]。此外，侵入式脑机接口的研究也在此阶段取得了显著进展，如著名的犹他电极[60]。犹他阵列是一种微电极阵列，它能够实现高分辨率的神经记录，同时最大限度地减少组织损伤。1998 年，Phillip R. Kennedy 博士完成了首例人体侵入式脑机接口实验，为完全瘫痪患者提供了基本的通信能力[61]。随着研究的不断深入，1999 年召开的一次国际脑机接口会议，进一步推动了欧美学者对非侵入式脑机接口的研究[62]，使得这一领域的探索步入了新的阶段。

自 21 世纪以来，脑机接口进入了技术爆发阶段，涌现出新型的实验范式，如听觉脑机接口、言语脑机接口、情感脑机接口和混合脑机接口等。同时，先进的脑电信号处理技术和机器学习算法，如共空间模式算法和 xDAWN 算法，广泛应用于脑机接口研究。在这一阶段，脑机接口的应用开始向更高层次的实际功能拓展。2004 年，美国实现了通过侵入式脑机接口控制机械臂的实验[63]；2007 年，英国推出了首个商业化假肢 i-limb[64]；2008 年，靶向肌肉再支配（Targeted Muscle Reinnervation，TMR）技术成功实现了世界首个“仿生人”[65]；2009 年，美国加州大学首次将脑机接口技术应用于癫痫患者的实验中[64]；2014 年，高位截瘫的青年球迷通过脑机接口控制穿戴在身上的仿生机械外骨骼开出了世界杯具有象征意义的第一球[66]；2015 年，Neuralink 公司成立，旨在研发更先进的脑机接口技术；2022 年，Neuralink 公司展示了猴子通过脑机接口控制虚拟键盘打字[67]；同年，Neuralink 公司完成了首例人类大脑设备植入手术[68]。

我国脑机接口技术的研究起始于 20 世纪 90 年代末，清华大学创建了基于稳态视觉诱发电位的脑机接口新范式。近年来，国内在非侵入式脑机接口领域取得了显著进展，包括清华大学的高速字符输入、华南理工大学的多模态无创接口、天津大学的神经康复和航天应用，以及上海交通大学的情感识别研究[54]。在侵入式脑机接口方面，浙江大学开发了复杂环境下的大鼠导航系统，以及猴子用皮层脑电控制机械手完成抓握动作[69]。2021 年，中国电子标准院正式发布了《脑机接口标准化白皮书（2021 版）》[70]；2023 年 10 月，清华大学医学院设计研发的无线微创植入脑机接口，在宣武医院成功进行首例临床植入试验[71]。2024 年 1 月，召开临床试验阶段总结会，宣布首例患者脑机接口康复取得突破性进展。患者学会了用意念控制光标移动、操控电动轮椅[72]。

2024 年 11 月，博睿康医疗科技与清华大学合作推出的 NEO 脑机接口系统于上海华山医院成功完成全国第三例、上海首例临床植入手术。该系统为硬膜外植入方案，采用高通量柔性电极以实现实时运动与语言解码，可为渐冻症、抑郁、癫痫等多种疾病提供康复支持[73]。2025 年 1 月，脑虎科技联合上海华山医院顺利完成一例侵入式脑机接口的临床试验，采用自主研发的 256 通道植入式柔性接口，使患者能“意念构思”心形手势并操作机械臂[74]。2025 年 4 月，天津大学脑机海河实验室联合环湖医院启动建设中国首个脑机接口综合临床试验病区，覆盖筛查、精准治疗与智能康复服务[75]。

9.5.2 脑机接口关键技术

1. 脑机接口类型

按照系统采集信号方式的不同，脑机接口可分为侵入式脑机接口和非侵入式脑机接口。

1）侵入式脑机接口

侵入式脑机接口是一种将电极或探针插入大脑皮层以获取神经信号的脑机接口技术。相较于非侵入式脑机接口，侵入式技术能够提供更高的信号精度和稳定性，使得用户能够实现更为精准和快速的控制，适用于复杂的运动和交互任务。然而，侵入式脑机接口也伴随着一定的风险和挑战。首先，进行植入需要外科手术，可能带来一定的并发症，如感染和出血；其次，长期植入的电极可能导致机体的免疫排斥反应，影响其长期有效性；最后，侵入式脑机接口的高成本也限制了其大规模普及。

目前，侵入式脑机接口的应用已取得显著进展。它可以实时记录大脑神经群体的活动信号，并通过解码这些信号控制外部设备。例如，匹兹堡大学通过侵入式脑机接口实现了对机械手的控制，使高位截瘫患者能够进行日常所需的基本抓取动作，并通过机械手上的传感器反馈体感皮层，以恢复患者的触觉，形成闭环控制系统[76]。2019 年，Elon Musk 的 Neuralink 公司推出了一种高带宽的侵入式 BCI 系统，其创新之处在于使用小型、灵活的电极"线"阵列，每根线包含多达 32 个电极，最多可实现 3072 个电极的高通道数。该系统由神经外科手术机器人协助完成插入，每分钟可插入 6 根线，精确度达到微米级，以避开表面血管。这一设计将电极阵列封装在一个小巧的可植入设备中，充分实现了高密度信号采集，如图 9.12 所示[77]。国内该领域的研究也取得了一定的进展。浙江大学成功利用 Utah 阵列电极实现了高位截瘫患者用意念控制机械臂进行握手、饮水等动作的研究，推动了脑机接口的临床应用[78]。2021 年，中国科学院上海微系统所提出了"免开颅微创植入式高通量柔性脑机接口"技术，这一技术利用超细线电极植入大脑，精确采集信号，同时降低了手术风险[79]。

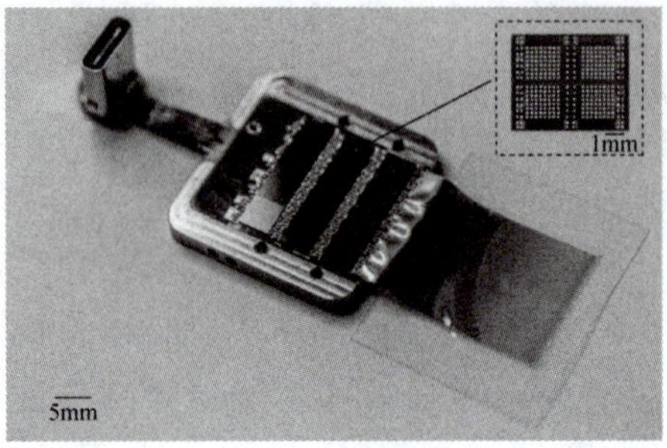

图 9.12 Neuralink 公司发布的植入大鼠大脑的传感器设备[77]

尽管侵入式脑机接口技术取得了诸多突破，但植入电极引发的免疫排斥反应仍然是商业化和临床应用面临的重大障碍。为此，柔性神经微电极应运而生，成为新一代技术的重要方向。这些柔性电极能够更好地适应大脑的柔软组织，减少免疫排斥反应的发生。Elon Musk 于 2016 年与加州大学伯克利分校的团队合作，创办了 Neuralink 公司，计划开发基于柔性微线电极的新型侵入式脑机接口系统。这些柔性电极不仅可以减少硬质电极对大脑的伤害，还能够提高信号采集的精度和可靠性。除了 Neuralink，其他公司如 Paradromics、Synchron 等也在积极研发侵入式脑机接口系统，推动技术的商用化。在这一领域，柔性电极技术成为研究的热点，尤其是 Neuralink 的微丝柔性电极 Thread 和 Synchron 的脑血管支架电极 Stentrode，都为这一技术的发展提供了重要的参考和实践经验。2022 年，首都医科大学附属北京天坛医院研发出一种 BCI 柔性电极技术，将仅有 2μm 的电极点组成的新型柔性电极放到大脑上，不仅能精确地分辨出大脑的神经核团、皮层功能区等，而且可降低患者的病死率，提高安全系数[80]。

2）非侵入式脑机接口

非侵入式脑机接口通过头皮表面的电极阵列获取大脑的电信号，从而实现人机交互。与侵入式脑机接口相比，非侵入式脑机接口最显著的优点在于其无创伤的使用方式，因此更加安全、简单且易于操作。它不需要进行外科手术或切开头骨，避免了手术带来的风险、疼痛和不适，同时在日常使用中更具便捷性。非侵入式脑机接口还具有实时监测大脑信号变化的优势，这为深入理解大脑的工作机制提供了可能，并且具有较低的使用成本和较广的适用范围。它不仅能为残障人士提供辅助功能，还能在健康人群中用于心理状态调节和娱乐应用。

然而，尽管非侵入式脑机接口具有诸多优势，它也面临一些显著的挑战。由于头皮和头发的存在，信号采集时的信噪比较低，这限制了信号的分辨率和准确性。此外，头皮表面信号容易受到肌肉运动、情绪变化、呼吸等多种因素的干扰，因此需要依赖复杂的信号处理算法来提取准确的信息。非侵入式脑机接口在控制精度、功能复杂度和反应速度上仍存在局限，难以实现与自然流畅操作体验相匹配的效果。用户通常需要较长时间的学习和训练，以适应设备操作，并且在使用过程中需要长时间保持高度的注意力集中，以减少外部干扰对信号的影响。

代表性公司如美国的 Emotiv、Kernel、Cognixion、Muse、Neurable，以及中国的强脑科技(BrainCo)、博睿康(Neuracle)等，正在不断推动这一领域的研究和产品开发。除了此类公司外，也有许多高校在这方面作出了突出的贡献。例如，佐治亚理工学院开发的一种完全便携式、无线、灵活的头皮电子系统，如图 9.13 所示，为非侵入式脑机接口技术的发展提供了新的思路[81]。该系统包括一组干电极和一个柔性膜电路，旨在提升信号采集质量和佩戴舒适度，推动非侵入式脑机接口向更广泛的应用领域拓展。丹麦奥尔胡斯大学等开发了一种基于干式接触电极的外耳道脑电采集系统，包括嵌入个性化软耳件中的主动屏蔽和纳米结构电极。通过 12 名受试者和听觉稳态响应、稳态视觉诱发电位、失匹配负波、alpha 调制 4 种范式的验证，所开发系统的性能与靠近耳朵的头皮脑电图性能相当[82]。清华大学等开发了一种高效率、易于制造、灵活、稳健且无凝胶的银纳米线/聚乙烯醇缩丁醛/三聚氰胺海绵的脑电电极[83]。利用该电极放置在无毛皮肤时，所构建的稳态视觉诱发电位脑机接口的性能与导电膏支持的常规电极的脑机接口性能相当，且在毛发区的性能并未显著降低。

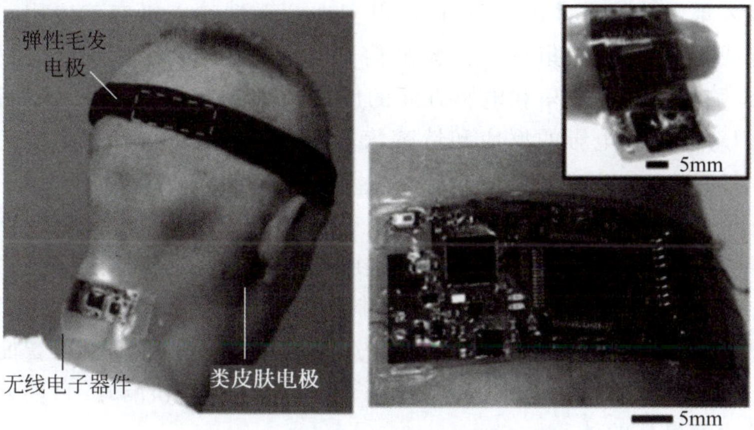

图 9.13 具有完全便携式和无线的头皮电子设备[77]

2. 脑机接口信号处理芯片

脑机接口信号处理芯片是脑机接口技术的核心组成部分，主要负责从大脑获取并处理神经信号。通常，脑机接口系统通过电极采集脑电信号，这些信号会传输到芯片中进行模数转换和处理。芯片的关键功能包括信号的放大、滤波、模数转换，以及后续的数字信号处理。为了确保信号的准确性和可靠性，脑机接口信号处理芯片的设计和制造需要达到极高的精度标准。这些芯片的设计通常包括多个领域，如模拟电路设计、数字电路设计、射频设计以及低功耗设计等。因此，芯片的研发需要高水平的集成电路设计技术。此外，脑机接口信号处理芯片往往与其他硬件和软件设备协同工作，包括放大器、信号采集器和数据处理软件，以确保系统的整体性能。

脑机接口芯片的制造还依赖高质量的材料，包括硅晶圆、金属线材以及芯片封装材料等。硅晶圆通常由全球知名公司(如美国的 GlobalFoundries 和台湾的台积电)生产，而金属线材则由美国的 TE Connectivity 和日本的 Furukawa Electric 等公司提供。材料的高精度和高质量是确保芯片性能和稳定性的基础。

9.5.3 脑机接口应用场景

脑机接口技术以医疗健康领域的应用为起点，逐步向娱乐、智能家居、军事和其他领域扩展。其中，非侵入式脑机接口因其方便的电极佩戴方式，在早期发展中占据主导地位，并推动了多种商业化尝试，如电子游戏控制、注意力调节、睡眠监测等消费级场景，以及为瘫痪或残疾患者设计的计算机或轮椅控制系统。相比之下，侵入式脑机接口的应用仍局限于为高位截瘫患者提供运动或交流辅助。接下来将分别从医疗健康、娱乐、智能家居、军事等应用场景来介绍脑机接口的应用。

1. 医疗健康

脑机接口可以帮助临床医生了解患者的大脑活动和行为认知，为诊断和治疗提供重要的辅助信息。例如，在神经科学、神经心理学和神经疾病诊断中，脑机接口可以用于研究和评估受试者的大脑活动和行为认知，以及提供一种非侵入性的脑信号监测方法。其次，脑机接口还可以作为一种康复手段，帮助康复患者恢复肢体运动和感知功能。例如，在中风康复和肌无力康复中，脑机接口可以通过将大脑信号转换为机械指令，帮助患者进行肢体运动训练和康复训练，从而提高康复效果和患者的生活质量。此外，脑机接口还可以在神经康复、疼痛管理、情绪调节等方面发挥作用。

2. 娱乐

脑机接口通过采集大脑信号并进行分析，可以实现一系列的人机交互应用，例如电影、游戏和音乐等方面。在游戏方面，通过采集玩家的大脑信号，游戏开发者可以设计出更具有沉浸感和互动性的游戏。另外，脑机接口在音乐和电影方面的应用也很有前景；通过采集听众或观众的大脑信号，可以了解他们对音乐或电影的反应和情感状态，从而设计更加个性化和优质的音乐和电影作品。

3. 智能家居

脑机接口也可以为智能家居的控制和操作提供更加便捷、自然和个性化的方式。例如，在智能家居的控制方面，脑机接口可以实现“以意念控制”，通过识别人脑中特定的想象图案来控制家电的开关、调节家居环境温度、改变灯光颜色等。另外，脑机接口还可以实现智能家居的自适应调节，通过对大脑信号的监测和分析，脑机接口可以了解用户的心情和偏好，自动调节智能家居的温度、音乐播放等，以达到最佳的体验。

4. 军事

脑机接口在军事领域主要应用于“替代”和“增强”两个方向。脑机接口系统能够辅助操纵各类无人设备，代替士兵深入危险或高风险场合执行任务。结合脑控和手控可以发挥士兵个体控制的最大潜能，这是武器研制和使用的智能化目标。脑控外骨骼是提升单兵作战能力的最有效手段之一，将机械外骨骼附着在人体外部，利用想象思维控制外骨骼的运动和动作，增加单兵作战的力量、速度和准确度。此外，动物侦察兵利用动物的侦察能力，将脑控芯片植入动物体内，由人类远程控制动物的行动和侦察路线，延伸人类侦察范围和时间。

5. 其他

脑机接口在其他方向主要应用于“增强”和“补充”健康人群的机能。在教育领域，脑机接口可以实时探测学生的注意力，帮助教师及时了解课堂情况以改善教学方法。在市场营销领域，脑机接口可用于评价观看广告、电影和电视等媒体内容的观众情绪体验，以及评估更广义的人机交互情景下的用户体验。

9.5.4 脑机接口前沿进展

随着人工智能的快速发展，脑机接口技术也呈现出蓬勃发展的趋势，近年来其在全球范围内取得了显著进展。本节将介绍一些国内外脑机接口领域的前沿进展。

首先，国外公司如 Neuralink、Precision Neuroscience 和 Neurable 在 2024 年均取得了显著的技术突破。2024 年 11 月，Neuralink 的 N1 植入物获批进行新的可行性试验[84]，用于控制辅助机械臂。这项试验旨在探索脑机接口在恢复肢体运动方面的潜力，为瘫痪患者提供更高效的辅助行动手段。此外，Neuralink 的实验性大脑植入设备"盲视"(Blindsight)于 2024 年 9 月获得美国 FDA 的"突破性设备"认定[85]，这一认定将大幅加速其研发和上市进程。同时，该设备还获得了加拿大卫生部的批准，开始启动在加拿大的临床试验，计划招募 6 例瘫痪患者，进一步扩大其临床研究的国际范围。Neuralink 计划到 2026 年植入 1000 个脑机接口芯片，并将手术费用控制在 5000 美元以内，目标是解决绝大多数脑疾病。

2025 年 6 月，Paradromics 公司与密歇根大学合作，成功完成了其 Connexus 脑机接口的首例人类植入手术，标志着该公司进入临床阶段。该系统旨在提供高数据传输速率，支持神经康复和增强感知等应用[86]。与此同时，卡内基梅隆大学的研究团队利用脑电图信号，结合深度学习算法，实现了对机器人手指的实时控制，精度达到单指级别。这一进展标志着非侵入式 BCI 在精细运动控制方面的重大突破，未来有望应用于打字、绘画等日常任务[87]。2025 年 8 月，斯坦福大学的研究团队研发出一种植入式脑机接口(BCI)，它能直接从运动皮层读取大脑中"内在语言"的神经信号，并实时将参与者想象说出的词语解码为文字，解码准确率高达 74%。更为创新的是，该团队还引入了一种"密码思想"机制——只有当用户在大脑中想到特定口令时，系统才启动解码功能，从而有效保护用户的思想隐私与自主控制[88]。

在国内，脑机接口技术也在迅速发展。2024 年 12 月，脑虎科技与优刻得宣布合作研发植入式言语合成脑机接口[89]，旨在帮助失语患者恢复语言功能。通过结合高通量柔性脑机接口技术与云计算资源，这一项目有望为脑机接口在语言康复领域的应用提供新思路。2025 年 1 月，上海市发布了《上海市脑机接口未来产业培育行动方案(2025—2030 年)》[90]，聚焦推动脑机接口技术的应用，计划在 2027 年前完成 5 款以上相关产品的临床试验，帮助失语和瘫痪患者恢复功能；到 2030 年实现脑机接口产品的全面临床应用，建设全球创新高地。2025 年 5 月四川省经济和信息化厅等 8 部门联合发布了《四川省脑机接口及人机交互产业攻坚突破行动计划(2025—2030 年)》，明确提出通过"双擎驱动""三阶联动""多维协同"，到 2027 年实现 3 款侵入式和 5 款非侵入式 BCI 产品注册并开展省内首例侵入式手术、服务超 5 万患者，2030 年规模化生产并实现 3000 例/年手术与 10 万+服务对象目标[91]。2025 年 6 月，北京脑科学与类脑研究所成功完成"北脑一号"5 例半侵入式无线 BCI 植入，患者术后可意念操控机械臂、打字并实现中文语言解码，而新一代侵入式"北脑二号"则已在猴子中完成三维精细运动控制试验，有望于 2026 年展开临床验证[92]。2025 年 6 月，上海闵行启动建设国内首个"脑智天地"——脑机接口未来产业集聚区，规划构建"核心区-生态圈-长三角协同网"三级发展体系，重点打造临床转化中心、概念验证平台和高质量孵化器，以加速 BCI 产业链协同发展[93]。工业和信息化部等七部委于 2025 年 8 月发布《关于推动脑机接口产业创新发展的实施意见》，明确提出：到 2027 年，脑机接口关键技术取得突破，初步建立先进的技术体系、产业体系和标准体系。电极、芯片和整机产品性能达到国际先进水平，脑机接口产品在工业制造、医疗健康、生活消费等加快应用。产业规模不断壮大，打造 2 至 3 个产业发展集聚区，开拓一批新场景、新模式、新业态。到 2030 年，脑机接口产业创新能力显著提升，形成安全可靠的产业体系，培育2至3家有全球影响力的领军企业和一批专精特新中小企业，构建具有国际竞争力的产业生态，综合实力迈入世界前列[94]。

9.5.5 脑机接口发展挑战

脑机接口技术在近年来取得了显著进展，但其发展过程中仍面临着诸多挑战，涉及技术、跨学科合作、商业化和安全伦理等多方面。

1. 技术成熟度很低

从技术角度来看，脑机接口仍处于初级阶段，成熟度相对较低。尽管科学家们在探索大脑反馈刺激和大脑工作机制方面取得了一定的进展，但目前对大脑如何与外部设备有效互动的理解仍非常有限。当前的研究主要集中在解决"从脑到机"的输出和控制问题，但这些系统的效率和准确率仍然较低。相比之下，"从机到脑"的问题更加复杂，因为神经编码的具体机制尚未完全揭示。此外，在信号采集过程中，非侵入式接口通常面临较低的信噪比问题，导致信号的分辨率和准确性受到限制。侵入式接口虽然能够提供更高质量的信号，但其对大脑的损伤及长期使用中的电极被炎症细胞覆盖导致的信号丢失，也让技术面临严峻挑战。

2. 跨学科的复杂性

脑机接口作为一个典型的跨学科领域，涉及神经科学、电子工程、计算机科学等多个学科的交叉。因此，技术的进步依赖各学科之间的紧密合作和资源整合。为了促进脑机接口技术的发展，需要加强不同领域的交流与合作，构建开放的科研平台，以推动跨学科知识的共享和技术突破。

3. 难以商业化和规模化

尽管脑机接口技术在实验室取得了突破性进展，但要实现真正的商业化和规模化应用，仍然面临巨大的挑战。目前，许多公司（如Neuralink）仍处于技术验证和小范围实验阶段，尚未实现大规模生产和市场化。商业化面临的主要问题包括：如何降低成本、如何扩大生产规模、如何进行市场营销以及如何在竞争中保持优势。更为复杂的是，脑机接口行业目前尚无统一的基础理论框架，也缺乏科学有效的性能评价标准。此外，脑机接口技术尚未有明确的法律法规可供遵循，这使得技术的应用和产品的合规性尚无可依赖的规范，商业化进程因此受到制约。

4. 安全伦理问题

随着脑机接口技术的发展，其在解决实际问题的同时，也引发了关于安全和伦理的一系列问题。首先，数据隐私问题尤为突出。脑机接口涉及个人大脑的敏感数据，如何保障这些数据的安全，避免其被恶意使用，成为了技术发展必须解决的重要问题。其次，脑机接口可能使人类能够调控或增强自身的认知和情感，这将导致行为决策的法律后果。此外，脑机接口技术还可能被恶意利用，影响或改变个人的自然认知、情感或决策，进一步引发法律和伦理责任的讨论。从社会公平角度考虑，当侵入式脑机接口技术被广泛应用并成为大众消费品时，如何确保不同群体公平地使用这一技术将成为重要问题。随着这类技术能够显著提升健康人群的智力或非智力能力，如何避免技术带来不平等的社会竞争，也需要深入探讨。

5. 法律和社会责任

脑机接口技术的进一步发展，必然会涉及更多的法律和社会责任问题。现行的法律体系对这类新兴技术的适用性较差，尤其是当涉及个人行为的法律责任时，尚无明确界定。比如，使用脑机接口来改变自身认知或情感后，是否能够被视为一种"自愿行为"，其法律后果由谁来承担，依然没有明确的法律框架。此外，当脑机接口技术成为消费者产品后，如何保障消费者的权益，避免技术滥用，也亟须制定相关法律法规。为了更好地应对这些挑战，需要加强对脑机接口技术的法律研究，制定相应的法律框架和道德标准，以确保技术在社会中能被公平、安全地使用。

小结与展望

本章介绍了脑启发 AI 的发展与应用，描述了其在跨学科研究中的重要性。首先，回顾了 AI 与脑科学的关系，涵盖基础理论、跨领域研究、技术应用，并指出脑科学与 AI 的相互促进作用。在此基础上，介绍了脑启发的新型传感设备，包括其原理、视觉采样模型和脑启发视觉传感器的实际应用，展示了脑启发技术在传感领域的潜力。接着，深入分析了脑启发的 AI 模型，特别是脉冲神经网络的基本概念、神经元模型、编码和训练方式，为理解类脑计算提供了理论基础。随后，介绍了脑机接口的发展历程、关键技术及应用场景，并讨论了未来发展中可能面临的挑战。

当前脑启发 AI 在技术方面主要面临以下挑战。

（1）复杂的神经元网络模型：模拟大脑的复杂神经元网络结构和连接方式是一个挑战，需要设计高效、可扩展的模型来表示大规模的神经元网络。大脑内存在着数以亿计的神经元以及数以万亿计的突触连接，如何设计和构建规模庞大、复杂度极高的神经元网络模型是一项严峻的挑战。大脑中神经元之间的连接方式具有复杂的空间和时间分布特性，如何精确地描述和模拟这种多样性和多变性也是一项重要的挑战。

（2）计算和存储需求：构建大规模复杂神经元网络模型需要很大的计算和存储资源，处理网络规模和复杂性是脑启发 AI 面临的主要挑战。大规模系统在训练、推理和优化过程中对计算资源的需求非常显著，同时也需要庞大的存储空间。有效管理和优化这些资源对脑启发 AI 系统的发展至关重要。

未来，脑启发 AI 的研究热点和技术突破将包括神经元级别仿真、脑机接口的进一步发展和自主学习与探索能力的提升等。

（1）神经元级别仿真：随着对神经元和大脑回路的理解越来越深入，未来的突破可能在神经元级别的仿真和模拟方面。通过模拟大量的神经元和它们之间的连接，可以更好地理解和模拟大脑的功能和行为。同时，神经可塑性是大脑适应和学习的基础。未来的研究可能集中在模拟和应用神经可塑性的机制。这可能包括开发新的学习算法和模型，使机器能够更好地适应和学习新的任务和环境。

（2）脑机接口的进一步发展：未来可能出现更高精度和灵敏度的连接方式，以及良好的应用领域。例如，可以实现更高级别的脑控技术，使人们能够通过思维控制外部设备和机器人。除了侵入式脑机接口和非侵入式脑机接口之外，半侵入式脑机接口也是未来的发展方向之一。半侵入式脑机接口通过手术将电极置于颅腔内未达大脑皮层，安全系数较高，而且具有较高的信号强度和分辨率。

（3）自主学习与探索能力的提升：未来的 AI 系统将发展为具备自主学习和探索能力的模型，能够在没有明确指导的情况下，独立适应新环境和任务。此外，AI 系统可能具备类似人类的探索行为，主动选择实验、发掘解决方案或形成新的认知框架，从而在广泛领域中提升适应能力。未来的自主学习系统也将结合进化计算和类脑神经网络，模拟大脑的学习机制，实现预设任务和自主创新。

参考文献

[1] 王改华. 深度学习——卷积神经网络算法原理与应用[M]. 北京：中国水利水电出版社，2019.
[2] 蒋田仔，刘勇，李永辉. 脑网络：从脑结构到脑功能[J]. Chinese Bulletin of Life Sciences，2009，21(2)：181-188.

[3] 张旭. 智能时代的脑科学与类脑智能研究[J]. 中国科学院院刊,2024,39(5): 840-850.
[4] HEBB D O. The organization of behavior: A neuropsychological theory[M]. London: Psychology press,2005.
[5] 李家宁,田永鸿. 神经形态视觉传感器的研究进展及应用综述[J]. 计算机学报,2021,44(6): 1258-1286.
[6] MEAD C. Neuromorphic electronic systems[J]. Proceedings of the IEEE,1990,78(10): 1629-1636.
[7] MAHOWALD M,MEAD C. The silicon retina[J]. Scientific American,1991,264(5): 76-82.
[8] LAZZARO J,WAWRZYNEK J,MAHOWALD M,et al. Silicon auditory processors as computer peripherals[J]. IEEE Trans Neural Networks,1993,4(3): 523-528.
[9] CULURCIELLO E,ETIENNE-CUMMINGS R,BOAHEN K A. A biomorphic digital image sensor[J]. IEEE Journal of Solid-State Circuits,2003,38(2): 281-294.
[10] LICHTSTEINER P,POSCH C,DELBRUCK T. A 128×128 120 dB 15μs latency asynchronous temporal contrast vision sensor[J]. IEEE Journal of Solid-State Circuits,2008,43(2): 566-576.
[11] POSCH C,MATOLIN D,WOHLGENANNT R,et al. Live demonstration: Asynchronous time-based image sensor (atis) camera with full-custom ae processor[C]//Proceedings of the IEEE International Symposium on Circuits and Systems. Piscataway: IEEE Press,2010: 1392-1392.
[12] HUANG T,ZHENG Y,YU Z,et al. 1000× faster camera and machine vision with ordinary devices[J]. Engineering,2023,25: 110-119.
[13] 黄铁军. 脉冲连续摄影原理与超高速高动态成像验证[J]. 电子学报,2022,50(12): 2919-2927.
[14] LIU J, MARQUEZ M, LAI Y, et al. Swept coded aperture real-time femtophotography[J]. Nature Communications,2024,15(1): 1589.
[15] Goermicro Vzense. Vzense 进阶款脉冲波-iToF 3D 深度相机 NYX 系列重磅上市[EB/OL]. (2025-01-12) [2025-06-26]. https://gongye. goermicro. com/products/pulse-itof-rgbd-camera.
[16] BELBACHIR A N, LITZENBERGER M, SCHRAML S, et al. CARE: A dynamic stereo vision sensor system for fall detection[C]//Proceedings of the IEEE International Symposium on Circuits and Systems. Piscataway: IEEE Press,2012: 731-734.
[17] PEREZ-CARRASCO J A,ACHA B,SERRANO C,et al. Fast vision through frameless event-based sensing and convolutional processing: Application to texture recognition[J]. IEEE Transactions on Neural Networks, 2010,21(4): 609-620.
[18] LEE J,DELBRUCK T,PARK P K J,et al. Live demonstration: Gesture-based remote control using stereo pair of dynamic vision sensors[C]//Proceedings of the IEEE International Symposium on Circuits and Systems. Piscataway: IEEE Press,2012: 741-745.
[19] HARRIGAN S,KERR D,COLEMAN S A,et al. Neuromorphic event-based action recognition[J]. IEEE Transactions on Neural Networks,2010,21(2): 1-2.
[20] JIANG Z,XIA P,HUANG K,et al. Mixed frame-/event-driven fast pedestrian detection[C]//Proceedings of the International Conference on Robotics and Automation. Piscataway: IEEE Press,2019: 8332-8338.
[21] LITZENBERGER M,KOHN B,BELBACHIR A N,et al. Estimation of vehicle speed based on asynchronous data from a silicon retina optical sensor[C]//Proceedings of the IEEE Intelligent Transportation Systems Conference. Piscataway: IEEE Press,2006: 653-658.
[22] LIZENBERGER M, BELBACHIR A N, DONATH N, et al. Estimation of vehicle speed based on asynchronous data from a silicon retina optical sensor [C]//Proceedings of the IEEE Intelligent Transportation Systems Conference. Piscataway: IEEE Press,2006: 653-658.
[23] BAUER D,BELBACHIR A N,DONATH N,et al. Embedded vehicle speed estimation system using an asynchronous temporal contrast vision sensor[J]. EURASIP Journal on Embedded Systems,2006,2007(1): 1-12.
[24] DRAZEN D,LICHTSTEINER P,HAEFLIGER P,et al. Toward real-time particle tracking using an event-based dynamic vision sensor[J]. Experiments in Fluids,2011,51(5): 1465-1469.
[25] GLOVER A,BARTOLOZZI C. Event-driven ball detection and gaze fixation in clutter[C]//Proceedings of

the IEEE/RSJ International Conference on Intelligent Robots and Systems. Piscataway：IEEE Press，2016：2203-2208.

[26] BARDOW P，DAVISON A J，LEUTENEGGER S. Simultaneous optical flow and intensity estimation from an event camera[C]//Proceedings of the IEEE/CVF Conference on Computer Vision and Pattern Recognition. Piscataway：IEEE Press，2016：884-892.

[27] BARUA S，MIYATANI Y，VEERARAGHAVAN A. Direct face detection and video reconstruction from event cameras[C]//Proceedings of the IEEE/CVF Winter Conference on Applications of Computer Vision. Piscataway：IEEE Press，2016：1-9.

[28] REINBACHER C，GRABER G，POCK T. Real-time intensity-image reconstruction for event cameras using manifold regularisation[C]//Proceedings of the British Machine Vision Conference. London：BMVA Press，2016：1-12.

[29] SCHEERLINCK C，BARNES N，MAHONY R. Continuous-time intensity estimation using event cameras[C]//Proceedings of the Asian Conference on Computer Vision. Berlin：Springer，2018：308-324.

[30] PAN L，SCHEERLINCK C，YU X，et al. Bringing a blurry frame alive at high frame-rate with an event camera[C]//Proceedings of the IEEE/CVF Conference on Computer Vision and Pattern Recognition. Piscataway：IEEE Press，2019：6820-6829.

[31] WANG L，HO Y S，YOON K J. Event-based high dynamic range image and very high frame rate video generation using conditional generative adversarial networks[C]//Proceedings of the IEEE/CVF Conference on Computer Vision and Pattern Recognition. Piscataway：IEEE Press，2019：10081-10090.

[32] GAO Y，LI S，LI Y，et al. Superfast：200×video frame interpolation via event camera[J]. IEEE Transactions on Pattern Analysis and Machine Intelligence，2022，45(6)：7764-7780.

[33] SCHRAML S，BELBACHIR A N，MILOSEVIC N，et al. Dynamic stereo vision system for real-time tracking[C]//Proceedings of the IEEE International Symposium on Circuits and Systems. Piscataway：IEEE Press，2010：1409-1412.

[34] TULYAKOV S，GEHRIG D，GEORGOULIS S，et al. Time lens：Event-based video frame interpolation[C]//Proceedings of the IEEE/CVF Conference on Computer Vision and Pattern Recognition. Piscataway：IEEE Press，2021：16155-16164.

[35] CONRADT J. On-board real-time optic-flow for miniature event-based vision sensors[C]//Proceedings of IEEE International Conference on Robotics and Biomimetics. Piscataway：IEEE Press，2015：1858-1863.

[36] BENOSMAN R，IENG S H，ROGISTER P，et al. Asynchronous event-based hebbian epipolar geometry[J]. IEEE Transactions on Neural Networks，2011，22(11)：1723-1734.

[37] ZHANG B，SUO J，DAI Q. Event enhanced snapshot compressive videography at 10K FPS[J]. IEEE Transactions on Pattern Analysis and Machine Intelligence，2025，47(2)：1266-1278.

[38] HE B，WANG Z，ZHOU Y，et al. Microsaccade-inspired event camera for robotics[J]. Science Robotics，2024，9(90).

[39] 张济远，郑雅菁，余肇飞，等. 面向自动驾驶场景的脉冲视觉研究[J]. 中国工程科学，2024，26(1)：160-177.

[40] 刘浩，柴洪峰，孙权，等. 脉冲神经网络研究现状与应用进展[J]. 中国工程科学，2024，25(6)：61-79.

[41] YAMAZAKI K，VO-HO V K，BULSARA D，et al. Spiking neural networks and their applications：A review[J]. Brain Sciences，2022，12(7)：863.

[42] 贾杉杉，余肇飞，刘健，等. 面向生物视觉的神经编码模型研究：进展与挑战[J]. 电子与信息学报，2023，45(8)：2689-2698.

[43] 陈鼎，黄杨茹，彭佩玺，等. 脉冲强化学习算法研究综述[J]. 计算机学报，2023，46(10)：2132-2160.

[44] FANG W，CHEN Y，DING J，et al. Spikingjelly：An open-source machine learning infrastructure platform for spike-based intelligence[J]. Science Advances，2023，9(40)：eadi1480.

[45] 项水英，施跃春，郝跃，等. 面向卷积脉冲神经网络的光子集成神经突触芯片[J]. 光电工程，2024，51(10)：241010.

[46] XING X,ZHANG Z,NI Z,et al. SpikeLM: Towards general spike-driven language modeling via elastic bi-spiking mechanisms [EB/OL]. (2024-06-05) [2024-12-25]. https://arxiv. org/abs/2406. 03287.

[47] DEVLIN J. Bert: Pre-training of deep bidirectional transformers for language understanding [C]// Proceedings of the Conference of the North American. Cambridge: ACL,2019: 4171-4186.

[48] LEWIS M. Bart: Denoising sequence-to-sequence pre-training for natural language generation, translation, and comprehension [C]//Proceedings of the Annual Meeting of the Association for Computational Linguistics. Cambridge: ACL,2020: 7871.

[49] XU M,LIU F,HU Y,et al. Adaptive synaptic scaling in spiking networks for continual learning and enhanced robustness[J]. IEEE Transactions on Neural Networks and Learning Systems,2025,36(3): 5151-5165.

[50] YAO M,RICHTER O,ZHAO G,et al. Spike-based dynamic computing with asynchronous sensing-computing neuromorphic chip[J]. Nature Communications,2024,15(1): 4464.

[51] QI X,LI X,LOU Y,et al. A 0.67-to-5.4 TSOPs/W spiking neural network accelerator with 128/256 reconfigurable neurons and asynchronous fully connected synapses[J]. IEEE Journal of Solid-State Circuits, 2024,59(10): 3366-3377.

[52] YAO M,QIU X,HU T,et al. Scaling spike-driven transformer with efficient spike firing approximation training[J]. IEEE Transactions on Pattern Analysis and Machine Intelligence,2025,47(4): 2973-2990.

[53] Tom's Hardware. Brain-inspired supercomputer with no GPUs or storage switched on-SpiNNaker 2 mimics 150-180 million neurons [EB/OL]. (2025-06-06) [2025-06-26]. http://www. tomshardware. com/tech-industry/supercomputers/brain-inspired-supercomputer-with-no-gpus-or-storage-switched-on-spinnaker-2-mimics-150-180-million-neurons.

[54] 刘珈汐,高威. 脑机接口研究综述[J]. 人工智能与机器人研究,2023,12(1): 17-21.

[55] VIDAL J J. Toward direct brain-computer communication[J]. Annual review of Biophysics and Bioengineering, 1973,2(1): 157-180.

[56] INCE R,ADANIR S S,SEVMEZ F. The inventor of electroencephalography(EEG): Hans Berger(1873-1941)[J]. Child's Nervous System,2021,37: 2723-2724.

[57] FARWELL L A,DONCHIN E. Talking off the top of your head: Toward a mental prosthesis utilizing event-related brain potentials[J]. Electroencephalography and Clinical Neurophysiology,1988,70(6): 510-523.

[58] BOZINOVSKI S,SESTAKOV M,BOZINOVSKA L. Using EEG alpha rhythm to control a mobile robot[C]// Proceedings of the Annual International Conference of the IEEE Engineering in Medicine and Biology Society. Piscataway: IEEE Press,1988: 1515-1516.

[59] SUTTER E E. The brain response interface: communication through visually-induced electrical brain responses[J]. Journal of Microcomputer Applications,1992,15(1): 31-45.

[60] CAMPBELL P K,JONES K E,HUBER R J,et al. A silicon-based, three-dimensional neural interface: manufacturing processes for an intracortical electrode array[J]. IEEE Transactions on Biomedical Engineering, 1991,38(8): 758-768.

[61] KENNEDY P R,BAKAY R A E. Restoration of neural output from a paralyzed patient by a direct brain connection[J]. Neuroreport,1998,9(8): 1707-1711.

[62] SCOTT S H. Converting thoughts into action[J]. Nature,2006,442(7099): 141-142.

[63] MUSALLAM S,CORNEIL B D,GREGER B,et al. Cognitive control signals for neural prosthetics[J]. Science,2004,305(5681): 258-262.

[64] WOLPAW J R,BIRBAUMER N,HEETDERKS W J,et al. Brain-computer interface technology: a review of the first international meeting[J]. IEEE Transactions on Rehabilitation Engineering,2000,8(2): 164-173.

[65] KUIKEN T A,LI G,LOCK B A,et al. Targeted muscle reinnervation for real-time myoelectric control of multifunction artificial arms[J]. Jama,2009,301(6): 619-628.

[66] 21 世纪经济报道. 用意念开出的世界杯第一球已飞逝六年 距离人类"改造"还有多远[EB/OL]. (2020-11-13) [2025-06-26]. https://m. 21jingji. com/article/20201113/09751b0b6f630e1ff5787049677063b8_zaker. html.

[67] Neuralink. Neuralink 展示猴子通过脑机接口打字[EB/OL]. (2022-12-20) [2025-06-26]. https://www. neuralink. com/.

[68] 中国科学报. 专访"脑机接口之父"米格尔·尼科莱利斯[EB/OL]. (2022-02-07)[2025-06-26]. https://news. sciencenet. cn/htmlnews/2022/2/473647. shtm.

[69] 求是新闻网. 浙江大学完成国内首例植入式脑机接口临床转化研究[EB/OL]. (2022-01-17)[2025-06-26]. http://www. news. zju. edu. cn/2020/0117/c24345a1957263/page. htm.

[70] 浙江在线. 中国电子技术标准化研究院：脑机接口标准化白皮书(2021 版)[EB/OL]. (2022-07-09)[2025-06-26]. https://max. book118. com/html/2022/0205/6234050041004114. shtm.

[71] 清华新闻. 清华大学和宣武医院团队成功进行首例无线微创脑机接口临床试验[EB/OL]. (2024-01-30)[2025-06-26]. https://www. tsinghua. edu. cn/info/1175/109595. htm.

[72] 北京国际工程咨询有限公司. 探索未来医学：脑机接口技术的革命性应用[EB/OL]. (2024-04-17)[2025-06-26]. http://www. biecc. com. cn/Industrial/vehicles/2024/0418/1331. html.

[73] 解放日报. 上海首例!瘫痪患者术后已能下床，国产脑机接口产品植入成功[EB/OL]. (2024-11-14)[2025-06-26]. https://www. tsinghua. edu. cn/info/1182/115192. htm.

[74] 科技日报. 上海脑机接口临床试验迎重大突破 汉语"意念对话"成真[EB/OL]. (2025-01-04)[2025-06-26]. https://www. stdaily. com/web/gdxw/2025-01/04/content_282681. html.

[75] 天津大学. 津云：天津启动建设全国首个脑机接口综合临床实验病区[EB/OL]. (2025-04-13)[2025-06-26]. https://news. tju. edu. cn/info/1005/327229. htm.

[76] Flesher S N, Downey J E, Weiss J M, et al. A brain-computer interface that evokes tactile sensations improves robotic arm control[J]. Science, 2021, 372(6544): 831-836.

[77] Musk E. An integrated brain-machine interface platform with thousands of channels[J]. Journal of Medical Internet Research, 2019, 21(10): e16194.

[78] 汪志强. 国内首例!72 岁高位截瘫患者用意念喝可乐、打麻将[EB/OL]. (2020-01-16)[2025-06-26]. http://www. neuroscience. zju. edu. cn/2020/0116/c46299a1965059/page. htm.

[79] 上海微系统与信息技术研究所. 上海微系统所在植入式柔性脑机接口技术研究中获进展[EB/OL]. (2021-07-20)[2025-06-26]. https://www. cas. cn/syky/202107/t20210720_4799201. shtml.

[80] JIANG Y, ZHANG Z, WANG Y X, et al. Topological supramolecular network enabled high-conductivity, stretchable organic bioelectronics[J]. Science, 2022, 375(6587): 1411-1417.

[81] MAHMOOD M, MZURIKWAO D, KIM Y S, et al. Fully portable and wireless universal brain-machine interfaces en abled by flexible scalp electronics and deep learning algorithm[J]. Nature Machine Intelligence, 2019, 1(9): 412-422.

[82] 陈小刚，高小榕. 恢复沟通、重塑触觉、双向接口，脑机接口爆发可期[EB/OL]. (2021-10-22)[2025-06-26]. https://www. sohu. com/a/496522985_121119252.

[83] LIN S, LIU J, LI W, et al. A flexible, robust, and gel-free electroencephalogram electrode for noninvasive brain-computer interfaces[J]. NanoLetters, 2019, 19(10): 6853-6861.

[84] 红星新闻. 马斯克的脑机接口公司宣布启动新试验：通过大脑植入控制机械臂[EB/OL]. (2024-11-26)[2025-08-20]. https://finance. sina. com. cn/tech/roll/2024-11-26/doc-incxkktkn4208873. shtml.

[85] 思宇 MedTech. FDA 突破性认定!恢复视力的脑机接口芯片[EB/OL]. (2024-10-24)[2025-06-26]. https://www. 163. com/dy/article/JF9J0TGF05340BZM. html.

[86] Paradromics. Paradromics completes first-in-human recording with the connexus® brain-computer interface [EB/OL]. (2025-06-02) [2025-07-02]. https://www. paradromics. com/news/paradromics-completes-first-in-human-recording-with-the-connexus-brain-computer-interface.

[87] DING Y, UDOMPANYAWIT C, ZHANG Y, et al. EEG-based brain-computer interface enables real-time robotic hand control at individual finger level[J]. Nature Communications, 2025, 16(1): 1-20.

[88] StanfordReport. Scientists develop interface that 'reads' thoughts from speech-impaired patients[EB/OL]. (2025-08-14) [2025-08-20]. https://news. stanford. edu/stories/2025/08/study-inner-speech-decoding-device-patients-paralysis.

[89] 看点时报. 优刻得携手脑虎科技开展脑机接口科研项目[EB/OL]. (2024-12-16)[2025-06-26]. https://tech. china. com/article/20241216/122024_1617257. html.

[90] 上海市科学技术委员会. 关于印发《上海市脑机接口未来产业培育行动方案(2025-2030 年)》的通知[EB/OL].

(2025-01-10)[2025-06-26]. https://stcsm.sh.gov.cn/zwgk/ghjh/20250110/020cb0c1341f4d1680f264f5c6502a91.html.
[91] 经济日报. 脑机接口开启产业新赛道 [EB/OL]. (2025-06-11) [2025-07-02]. https://www.news.cn/tech/20250611/a6f19f6a9e024e17b79350ebd2cf37b6/c.html.
[92] 北京日报. 北京脑机接口、合成生物等未来产业加速跑|活力中国调研行 [EB/OL]. (2025-06-23) [2025-07-02]. https://www.ncsti.gov.cn/kjdt/xwjj/202506/t20250623_208412.html.
[93] 闵行要闻. 我国首个脑机接口未来产业集聚区"脑智天地"在闵行启动建设！打造脑机接口创新策源全球首发地！[EB/OL]. (2025-07-01) [2025-07-02]. https://www.shmh.gov.cn/shmh/xyw/20250701/585431.html.
[94] 人民日报. 七部门联合印发意见推动脑机接口产业创新发展[EB/OL]. (2025-08-15) [2025-08-20]. https://www.gov.cn/lianbo/bumen/202508/content_7036556.htm.

第 10 章 AI4S：科学研究新范式

CHAPTER 10

10.1 引言

人工智能的快速发展正在深刻改变科学研究的传统范式，并引领我们进入一个崭新的 AI for Science 时代。AI for Science，简称 AI4S，它与传统的实验科学、理论科学、计算科学以及数据密集型科学有所不同，其核心在于运用 AI 技术来加速科学发现和研究进程，代表了科学研究的第五范式。这一新范式不仅表现在数据处理和分析的自动化与智能化上，更在于其能够深度介入并促进科学假设的构建、实验设计的优化以及科学发现的加速[1]。

2018 年 8 月 10 日，在北京大学静园举办的研讨会上，鄂维南院士首次提出了“AI for Science”这一理念，强调通过人工智能学习科学原理、构建科学模型以解决实际问题，旨在将其转化为科学研究的新范式。2020 年初，美国能源部发布“AI for Science Report”[2]旨在推动人工智能在科学领域的应用，该报告内容覆盖了从高能物理、材料科学到计算技术等在内的多个领域；2022 年 7 月，微软研究院在全球范围内成立了 AI for Science 研究院——微软研究院科学智能中心。

2023 年，我国科学技术部与国家自然科学基金委员会联合启动了“人工智能驱动的科学研究”专项计划，着重布局 AI4S 的前沿科技研发体系。科技创新 2030—“新一代人工智能”重大项目也将 AI for Science 纳入人工智能发展的关键方向进行规划[3]。在项目指南中，特别部署了“重大科学问题研究的 AI 范式”任务，针对地球科学、空间科学、化学与材料科学、生物医药科学等领域的重大科学问题展开深入研究。

2024 年 4 月，美国总统科技顾问委员会正式发布了题为“Supercharging Research：Harnessing Artificial Intelligence to Meet Global Challenges”的研究报告[4]，该报告聚焦 AI 在科学研究中的应用和潜力。报告由加州大学洛杉矶分校华裔数学家陶哲轩以及美国国家强磁场实验室的首席科学家劳拉·H. 格林(Laura H. Greene)领衔撰写，报告中强调 AI 特别是深度学习在科研领域的巨大影响。这些技术能够高效解决高维问题，突破传统研究方法的局限，显著提升科研人员的研究效能。

2024 年 5 月，英国皇家学会(The Royal Society)发布了来自牛津大学、剑桥大学等著名高校以及 DeepMind 等 AI 企业的百余位专家共同撰写的报告“Science in the Age of AI：How Artificial Intelligence is Changing the Nature and Method of Scientific Research”[5]。该报告深入探讨了 AI 在科研领域的角色、潜力及挑战，并强调了在全球科学共同体中构建共识、协同应对 AI 时代科学变革的重要性。

在全球范围内，越来越多的国家与研究机构将人工智能应用于科学研究，促进了科技领域的快速发展。AI for Science 的创新范式显著拓展了科学研究的边界，不仅提高了研究效率，还为科学探索开辟了全新的路径。

10.2 AI4S 简介

从古至今，科研基础设施的迭代演化一直受到科学研究范式与基础工程能力发展的驱动，如表 10.1 所示。

表 10.1 不同时代的科研方式、主要成就及瓶颈

类别	前计算机时代（公元前 400—1946 年）	计算机时代（1946—2020 年）	AI4S 时代（2020 年至今）
主要科研方式	数学推演（纸笔）“假设”—“实验”	将部分复杂科学问题转换为相对简单的计算问题，实现粗粒度建模，在此基础上进行大量实验验证	利用 AI 求解高维函数的优势，实现高精度高效建模、高通量筛选，并有针对性地进行实验验证
主要成就	经典物理模型、量子力学的雏形	微观世界的初步探索、宏观尺度科学成果的大规模应用（航空、汽车、能源、通信等）	微观世界的多尺度探索、宏观＋微观尺度科学成果的应用（新材料、新能源、生化、信息）
主要瓶颈	缺少高效计算手段	维度灾难	“四梁”

在前计算机时代（公元前 400—1946 年），科学研究的主要方法为数学推导和对假设的实验验证，缺乏高效的计算工具。在古代，科研基础设施主要由观察和实验工具构成，例如日晷、测量仪器等。这些基础工具虽然简单粗糙，但为人类提供了对自然现象的初步理解。随着文艺复兴时期对科学的重视，科研基础设施开始向实验室方向演进。此时期的实验室主要用于化学、生物学等领域的研究，尽管设施相对简陋，但科学家们开始利用实验室进行系统化研究，如伽利略的自由落体实验台。工业革命时期，科学与工程的相互融合推动了科研基础设施向工程实验室的发展。这一时期的设施变得更加复杂，例如牛顿的光学实验室，以及用于蒸汽机研究的实验室；蒸汽机的发展极大地推动了工业革命的进程。电磁学的发展也促进了电力、电信等领域的进步。这些设施为工程科学的发展提供了有力支持。进入 20 世纪初，科学研究的复杂性和跨学科性日益显著，科研基础设施进入大型化、集成化阶段。例如，粒子加速器、核反应堆等大型设施应运而生，为物理学、材料学等领域的突破提供了关键支持；图像技术的进步催生了诸如 X 射线成像等创新技术，显著提升了医学影像的精度和分辨率，为疾病的早期诊断、治疗方案的制定以及医学研究的深入提供了重要支撑。

在计算机时代（1946—2020 年），复杂科学问题得以转化为相对简单的计算问题，从而实现粗粒度建模，但这一过程易引发维度灾难。计算机的发明与应用使得复杂科学问题能够借助算法和数值模拟进行分析，实现了从传统实验到虚拟建模的转变。以气象学为例，数值天气预报系统通过计算机模拟气候模型，实现了对天气变化的高精度预测。尽管计算机能够将复杂问题转化为可计算模型，但粗粒度建模往往会导致“维度灾难”，即计算复杂度随变量数量指数增长的难题。随着计算机技术与信息技术的不断进步，科研基础设施开始向虚拟化和网络化方向发展。例如，高性能计算机（如中国的“天河”系列和美国的 Summit 超级计算机）为量子力学、气候变化模拟等研究领域提供了强大的计算能力；云计算技术使得全球科研人员能够共享数据与计算资源，显著降低研究成本；远程实验室技术允许科学家无须亲临现场即可进行实验，如通过欧洲核子研究中心（Conseil Européen pour la Recherche Nucléaire，CERN）的虚拟平台访问粒子对撞数据。这些技

术的融合极大地促进了全球科研合作与知识共享，使得跨学科和跨区域的协作更为便捷和高效。

自2020年起，科学研究步入了AI4S时代，人工智能技术的融入为科研领域带来了前所未有的推动力。AI不仅具备解决复杂高维函数问题的能力，还能够借助智能化算法对实验设计进行优化，实现精确的针对性验证，显著提升科研工作的效率与精确度。AI4S的构建基于"四梁N柱"的理论框架，该框架为现代科学研究提供了坚实的理论基础和实践指导。

10.2.1 AI4S的"四梁N柱"

在AI for Science新科研范式驱动下，科研人员在基本物理原理规律的求解、实验仪器中复杂数据的生成和处理、知识型文本(包括文献、专利等)的理解和利用以及计算软硬件设施的运用等方面均取得了较大的能力提升。尽管如此，这些能力的提升多数还体现在点状的科研突破上，并未全面地赋能整个科学研究体系。因此，构建与AI4S时代相适应的科研基础设施已成为当前亟须完成的重要任务。

在2023年科学智能峰会上，鄂维南提出共建AI4S"四梁N柱"基础设施[6]。他认为，发展AI4S，推动走向"平台科研"模式，需要解决不同科研领域的共性问题，共建AI4S基础设施，即"四梁"；以基础设施为支撑，同时赋能工业应用在实际场景中的落地，即"N柱"，将在材料科学、能源化工、航空航天、药物研发等方向带来巨大变革。

在既有的科学基础设施基础上，AI4S时代下的基础设施将实现四方面的全方位革新，即所谓的"四梁"。

(1) 基本原理与数据驱动的算法模型和软件系统。

(2) 高效率、高精度的实验表征系统。

(3) 替代文献的数据库与知识库系统。

(4) 高度整合的算力平台系统。

为实现上述四方面的系统构建，必须克服领域知识的高度抽象化门槛，摆脱传统的"作坊式"研发路径，推动科研体系向"平台化"模式转型。在此过程中，科学问题与工程问题紧密交织，因此，促进科学家与工程师之间的深度合作是高效实现AI4S时代科研基础设施建设的关键因素。

图10.1展示了AI for Science平台科研模式的"四梁N柱"架构的具体内涵[7]。本节将围绕"四梁"深入探讨AI4S时代下基础设施发展的重点建设内容。至于AI4S的"N柱"，即AI4S在各个垂直领域的具体应用与技术，将在后面进行详细描述。

1. 基本原理与数据驱动的算法模型和软件系统

算法模型发展是核心动力引擎。通过有效利用机器学习辅助物理建模，将基础理论与数据驱动模型相结合，是拓展算法能力边界、充分利用AI发展效益的重要措施。在此过程中，存在三个关键要素：首先，机器学习模型必须满足所有物理约束条件，这对于构建可解释且可靠的模型具有重要的意义；其次，用于模型训练的数据集必须具备代表性，这为采样算法在利用不同类型数据的能力上提出了更高的要求；最后，积极探究底层算法框架，使其更适合科学研究问题本身。

2. 高效率、高精度的实验表征系统

实验表征系统受限于多种因素，包括仪器设备的精确度与稳定性、样品准备与处理过程的影响、实验条件的控制与稳定性、数据分析与处理的误差以及样品的复杂性与变异性等，这些因素均会对实验结果的精确性与可靠性产生影响。在推动实验表征技术高速发展的路上，除了开发能够创造更理想的实验条件的仪器设备之外，在AI4S新科研范式的推动下，无论是反演算法的发展，还是自动化仪器系统的构建，又或更高效的数据收集、整理和分析方法的创新，均有望实现突破性

进展。

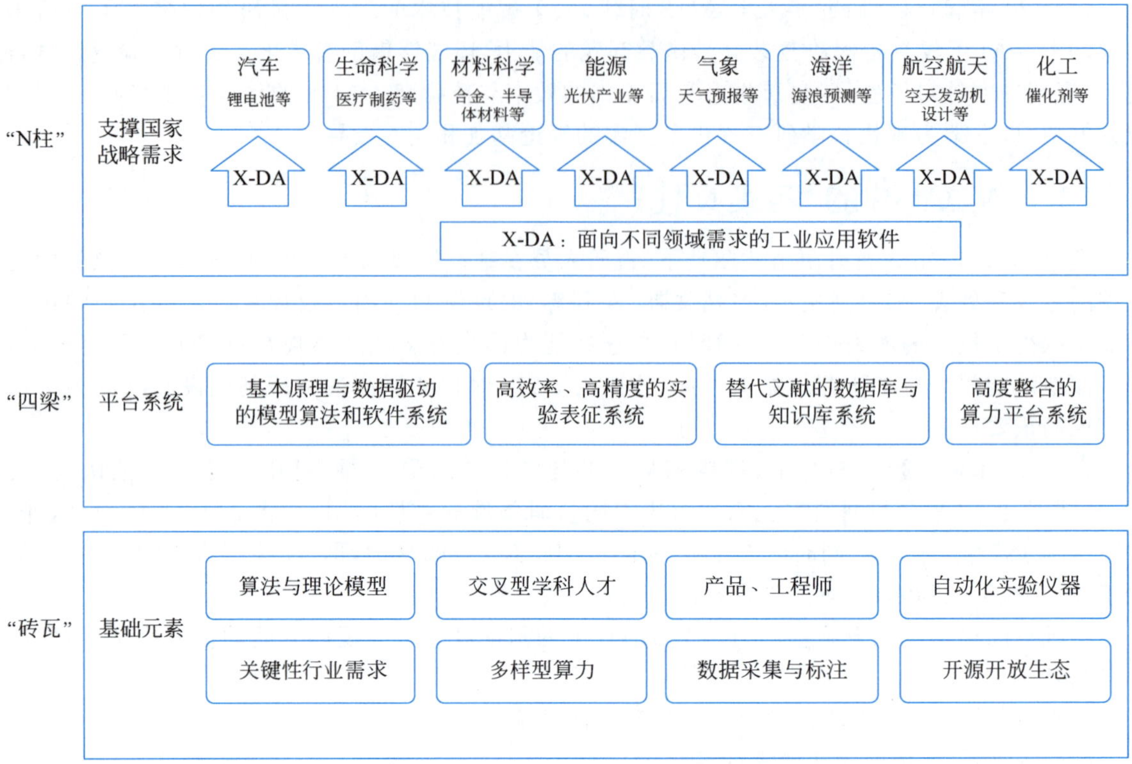

图 10.1 AI for Science 平台科研模式的"四梁 N 柱"架构的具体内涵[7]

3. 替代文献的数据库与知识库系统

信息检索技术的发展经历了三个主要阶段。初始阶段为人工翻阅式检索，随后发展至基于搜索引擎和互联网的检索模式，当前则进入了以大语言模型为标志的对话式检索模式。随着诸如GPT 等大语言模型的兴起，其在问题理解和问答能力上已接近人类智能水平，标志着检索技术正步入对话时代。通过将大语言模型与数据库技术相结合，可以构建具备学术背景知识的类ChatGPT 系统。该系统一方面可以将数据整合为统一的知识库或数据库，通过自然语言对话或其他灵活的搜索方式，用户能够迅速获取所需信息，从而节约阅读和总结的时间。另一方面，可以利用 AI 算法优化数据处理流程，并通过中间层将数据转换为"大型表格"，以支持更为灵活地查询和操作，进而进一步提高科研工作的效率。

4. 高度整合的算力平台系统

数据、算法、算力构成了人工智能发展的三大核心要素。算力平台系统的进步不仅源于硬件技术的进步，还涉及硬件层面的软件编译层、机器学习层以及任务调度层等多个维度。

为此，在硬件方面，需要针对 AI4S 设计专用芯片。当前，国内在 AI4S 专用芯片领域已展现出一定的先进性和成熟度。2022 年，湖南大学成功研制出"存算一体"非冯·诺依曼类脑芯片架构[8]，实现了从传统冯·诺依曼芯片架构向新型非冯·诺依曼芯片架构的"范式转移"。相较于主流英特尔 CPU、英伟达 GPU 芯片，该芯片在保持计算高精度的同时，实现了约两个数量级的加速，并将计算功耗降低了约三个数量级。

在软件领域，需要建立异构算力的统一调度平台，以根据不同的计算需求在多种算力资源之间高效切换和调度任务，从而实现计算资源的最大化利用。一方面，AI for Science 涵盖多个学科领域，研究任务呈现出计算需求的多样性。针对不同任务类型实施灵活的资源调度策略，不仅能够降低能耗和成本，而且能够提升任务执行效率和资源使用率。另一方面，统一的任务调度平台能够依据任务的优先级和紧迫性，灵活地分配计算资源，确保关键任务能够得到优先处理。

10.2.2 人工智能促进科学研究的五大关键应用方式

随着人工智能技术的快速发展，科学研究正经历着一场新的变革。AI 的强大计算能力和智能化分析工具为解决复杂科学问题提供了前所未有的可能性。无论是在知识整合、数据处理，还是在实验优化、模型构建与交互方面，AI 均展现出其广泛的应用潜力[9]。通过深入挖掘数据背后的深层规律、提升研究效率和精度，AI 不仅能助力科学家应对日益增长的研究挑战，还为跨学科合作和全新发现铺平了道路。下面将介绍 AI 在科学研究中的五个关键应用方式，揭示其如何为科学的未来发展注入新动力[10]。

1. 知识——改变科学家获取和传递知识的方式

科学研究要求研究者掌握不断扩展且日益专业化的知识体系，此现象解释了为何颠覆性的科学发现通常由跨学科领域的资深科学家引领，并集中在一流学术机构。当前，科研成果的传播仍主要依赖于晦涩难懂、高度专业化的学术论文，这可能削弱了决策者、企业界以及公众对科学的兴趣。为应对这一挑战，科学家们开始借助基于大语言模型的辅助工具，例如利用 Gemini 模型能在一天内从二十万篇论文中筛选出最相关的信息[11]。2025 年 2 月 19 日，谷歌发布了一个基于 Gemini 2.0 构建的 AI 协作科学家[12]，它基于多智能体系统，能作为虚拟科研合作者，帮助科学家生成新颖的假设和研究提案。随着大语言模型的持续优化，未来科学家将能够更加高效地整合与传播科学知识。

2. 数据——生成、提取和标注大型科学数据集

随着数据规模和复杂性的增长，人工智能在数据采集与管理过程中扮演着日益重要的角色，主要体现在以下几点[13]。

（1）数据收集：AI 可以使现有的数据收集更加准确，例如 AI 技术能够减少 DNA 测序、样本细胞类型检测或动物声音捕捉中的噪声和错误，从而提升数据收集的精确性。

（2）数据提取：研究者可借助大语言模型，从图像、视频和音频中提取信息，将科学出版物、历史档案及教学视频中的复杂、分散的非结构化内容转化为易于分析的结构化数据，如表格和知识图谱等。

（3）数据标注：AI 能够为科学数据集提供注释，为数据的使用提供必要的详细信息。通过伪标签和标签传播技术，可以高效地为大规模未标注数据自动生成标签，从而减少对人工标注的依赖。

（4）数据合成与细化：AI 不仅具备利用深度生成模型合成数据的能力，还能够通过先进的算法生成逼真的虚拟样本，从而扩充有限的数据集。此外，AI 还能通过超分辨率重建技术将低分辨率数据转化为高质量图像，使得原本模糊或不完整的信息得以清晰呈现。这些能力在医学影像处理、自动驾驶感知系统、虚拟现实等领域展现出了广阔的应用前景，显著提升了数据处理的效率和质量，同时推动了相关技术的发展。

3. 实验——模拟、加速并指导复杂实验

许多科学实验由于成本高昂、过程复杂且耗时冗长，往往面临实施的困难。一些实验由于研究者无法获得所需的设施和资源，甚至无法开展。以核聚变为例，这项技术被视为提供一种几乎无限、零排放能源的未来方案，同时有助于支持诸如海水淡化等创新应用。然而，要实现核聚变，科学家必须创造并控制等离子体—物质的第四种基本状态。但建造相应的实验设施极其复杂，例如，ITER（International Thermonuclear Experimental Reactor）[14]的原型托卡马克反应堆自 2013 年开始建设，尽管部分团队试图通过开发更小型的反应堆来加速进程，但最早也要到 21 世纪 30 年代中期才能启动等离子体实验。

AI 有望通过模拟核聚变实验，大幅提高实验资源的利用效率，其中一种方法是将强化学习（RL）算法应用于物理系统的模拟。例如，2019—2021 年，谷歌 DeepMind 与瑞士洛桑联邦理工学院合作，展示了如何利用强化学习算法控制托卡马克反应堆模拟中的等离子体形状[15]，如图 10.2(a) 所示。这种方法不仅能够优化实验效率，还具有很强的可扩展性，可应用于其他复杂实验设施，例如粒子加速器、天文望远镜阵列或引力波探测器。

尽管 AI 在不同学科中的实验模拟方式可能存在差异，但其核心价值在于，实验模拟能够为物理实验提供重要的指导和参考，而非完全取代。例如，人类 DNA 中约有 9000 个错义变异，其中大部分是无害的，但有一部分变异可能会导致蛋白质功能失常，进而引发罕见遗传疾病（如囊性纤维化）或常见疾病（如癌症）等严重健康问题。传统实验通常只能针对单一蛋白质进行测试，难以满足大规模研究需求；而 DeepMind 开发的 AlphaMissense 模型[16]已经对 7100 万个潜在人类错义变异的 89%进行了有效分类，如图 10.2(b) 所示，这有助于科学家集中研究那些最可能引发疾病的关键变异，从而显著提升研究效率。

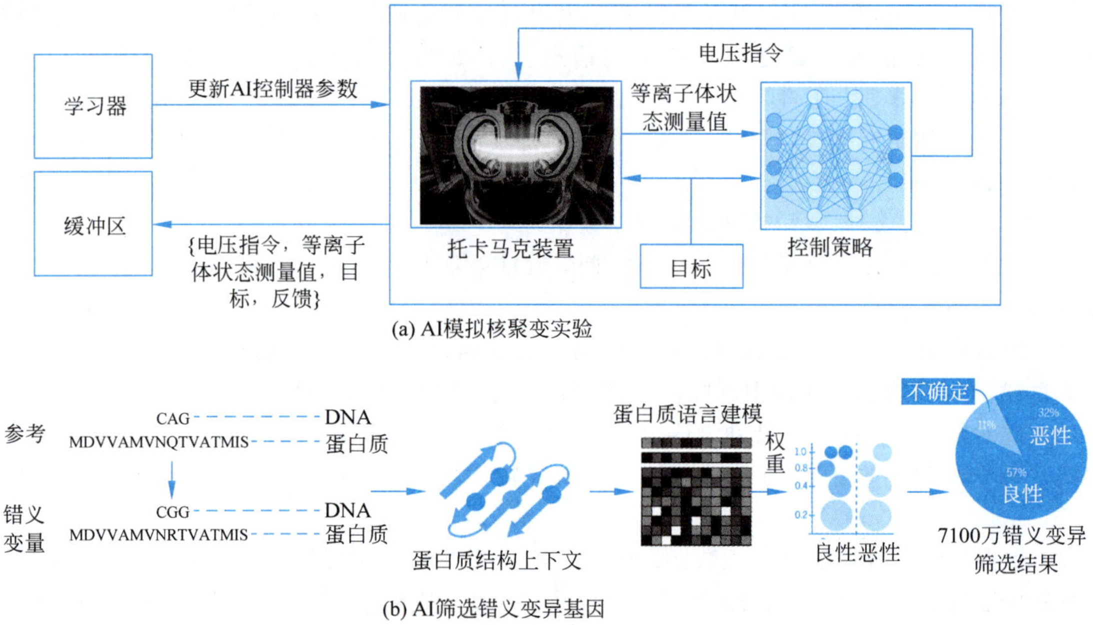

图 10.2 AI 模拟、加速并指导科学实验

AI 的引入为科学实验的设计和实施带来了深远影响，它不仅提升了实验效率与精度，还为解决传统方法难以克服的挑战提供了新的思路和工具。

4. 模型——建模复杂系统及其组件之间的相互作用

过去几十年中，基于方程组的传统模型在描述生物学、经济学以及气象学等复杂系统时，往往难以全面捕捉其本质特征，导致针对这类复杂系统的预测和控制存在诸多难题。人工智能能够通过分析大规模数据集，学习到其中的模式，从而更高效、更精确地建模复杂系统。尽管如此，AI 在处理数据稀缺或需要强物理解释性的场景时仍存在不足。因此，在大多数实际应用中，AI 技术与传统建模方法更倾向于协同合作，而非完全替代。

5. 解决方案——为大规模搜索空间问题提出解决方案

许多科学领域的关键问题都涉及庞大的可能性空间。例如，在研发新药或设计新材料时，需要从多达 10^{60} 种潜在分子中筛选出最佳选择；同样，数学定理的证明、复杂计算任务以及计算机芯片的设计，也面临很大的搜索空间。传统方法通常依赖于经验判断、反复试验或高强度计算，但在面对如此规模的选择时显得力不从心。人工智能借助其强大的学习与优化能力，能够探索这些广阔的可能性空间，以更高效的方式锁定最具潜力的解决方案，从而大幅提升科学发现的速度与精准度。

AI 可以在科研的多个阶段提供帮助：识别嘈杂观察中的候选符号表达，设计治疗靶点的分子，以及学习假设的贝叶斯后验分布。这些方法有助于提高假设生成的效率和有效性。

1）科学假设的黑盒预测器

AI 预测器作为黑盒预测器，在训练过程中，可以利用高通量筛选，选择少量具备所需属性的对象，显著减少候选池规模，如图 10.3(a)所示。在复杂物体如蛋白质折叠中，AlphaFold 能够以原子精度预测蛋白质的 3D 结构[17]。AI 还用于逆向问题，如反向折叠，利用黑盒预测器从 3D 坐标预测氨基酸序列。

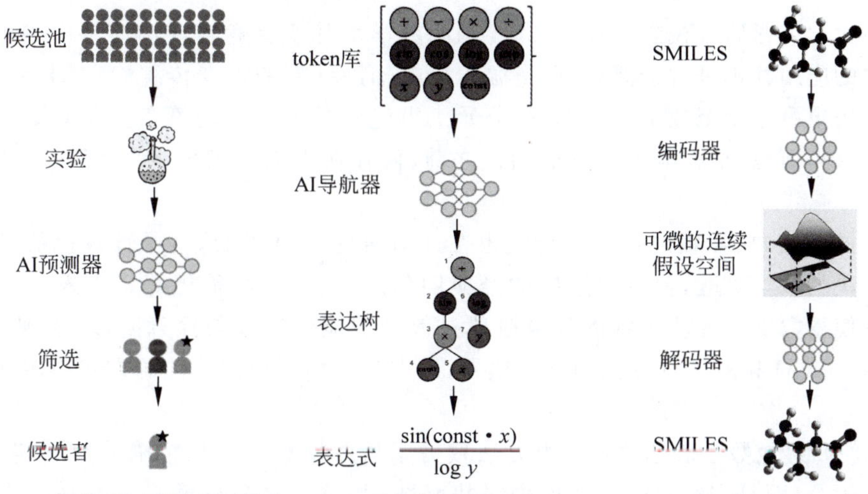

(a) AI预测器实现高通量筛选 (b) AI导航器寻找表达式 (c) AI微分器选择化合物

图 10.3 AI 为优化搜索空间提供方案

尽管该方法降低了对现有科学知识的依赖，但黑盒模型的可解释性仍然有限。

2）导航组合假设空间

在生成与数据兼容的假设时，寻找一个好的假设可视为一个优化问题。AI 导航器通过估计搜索奖励，优先选择高价值的搜索方向，一般通过强化学习来实现，优化目标则是最大化与假设质量相关的奖励信号，如图 10.3(b)所示。强化学习利用神经网络按照顺序生成数学表达式，并决定下一个符号，最终利用解析树表示公式[18]。AI 导航器广泛应用于药物特性分子的发现过程。在分子设计中，每个步骤都涉及离散化的决策过程，而强化学习通过引导搜索过程，能够有效锁定潜在最优分子，优先探索具有最大潜力的候选分子。这些方法已成功应用于多种优化问题，如蛋白质表达和水电规划。

尽管强化学习在某些情况下表现良好，但在未见过的数据上可能泛化不佳。为提升泛化能力，需要探索策略，以收集更多搜索轨迹。

3）优化可微假设空间

尽管组合优化技术在解决部分问题上取得了成功，但科学假设常常以离散的形式（例如化学中的化合物）存在。为优化离散假设，可以通过优化可微假设空间实现，主要有两种方法：一是利用变分自编码器（VAE），将离散假设映射到可微空间进行优化；二是将离散假设直接视为可微空间中的优化对象，从而进行有效求解。

优化可微假设空间在不同学科领域均有应用。在物理学中，符号回归使用 VAE 将离散符号表示为解析树，并优化其潜在变量（Latent Variable）以确保表达式的语法有效；在天体物理学中，VAE 用于估计引力波探测器参数，速度显著提高；在材料科学中，结合热力学规则与自编码器，设计可解释的潜在变量以识别晶体结构。在化学中，基于 SMILES 和 VAE 模型可将 SMILES 字符串转为可微分形式并优化潜在变量[19]，如图 10.3（c）所示。

科学领域中的假设空间常常远大于实验检验的空间，因此，迫切需要有效搜索和识别高质量候选解决方案的方法。

10.3 AI4S 驱动的数学研究新范式

美国加州大学洛杉矶分校陶哲轩在 2024 国际数学奥林匹克竞赛现场演讲中指出：人工智能在数学研究中的应用并不是一个偶然，而是源于机器辅助计算的古老传统[20]。事实上，人类使用机器做数学的历史可追溯至数千年之前，如公元 1 世纪罗马人使用的算盘；人类使用计算机做数学也已有三四百年历史，早在电子计算机问世之前，便存在由人力组成的“计算机集群”计算弹道学等问题。

随着机器的演变，机器辅助计算的传统也在逐渐演变。20 世纪，电子计算机的诞生解决了许多长期悬而未决的数学难题，包括图论中的经典四色定理、开普勒猜想等。步入 21 世纪，人工智能的快速发展使得数学研究从传统的计算阶段过渡到智能化推理与探索阶段，展现出 AI 在数学领域的深远潜力。AI 拓展了计算机的应用边界，人类开始用更具创造性的方式使用计算机辅助数学研究。

（1）符号回归寻找数学表达式：这类方法致力于从数据集中挖掘精确的数学表达式，其目标不仅限于数据拟合，而是在给定的函数库内寻找函数，并通过组合与算术运算来生成出一个新的函数模型，以实现对数据的精确拟合。该技术已被用于发现物理学和数学中的精确公式。

（2）机器学习生成数学新猜想：借助 AI 辅助，研究者已经揭示了数学多个分支中的规律性，其中包括生成基本常数猜想、发现扭结不变量间的关系以及揭示椭圆曲线的新现象等。这些研究成果凸显了 AI 在数学研究领域的重要作用。

（3）语言模型实现交互式研究：大语言模型正逐渐成为数学研究领域的重要辅助工具。LLM 通过自然语言的方式实现与研究者的交互，帮助数学家整合各领域的数学知识，促进发现新数学命题，并辅助证明或证伪。

10.3.1 符号回归寻找数学表达式

符号回归（Symbolic Regression，SR）是一种从数据中挖掘精确数学表达式的方法。如图 10.4 所示，符号回归在给定一组输入和输出数据的情况下，旨在寻找一个函数以精确拟合这些数据。然而，该函数需从预先定义的函数库中选择。此函数库通常包括对数、三角函数、多项式等类型的函数，通过它们的组合与基本算术运算构建出能够更精准拟合数据的数学表达式。类似于自然语言处理中把一个复杂的语句拆分成基本词元（Token）的方法，符号回归方法可以通过将数学表达式转化为词元来实现。首先，将一个复杂的数学表达式拆分成一些小词元。然后，将词元序列作为输入，使用机器学习模型进行训练，生成新的词元序列。最后，使用预定义的规则将新的词元序列还原为数学表达式。

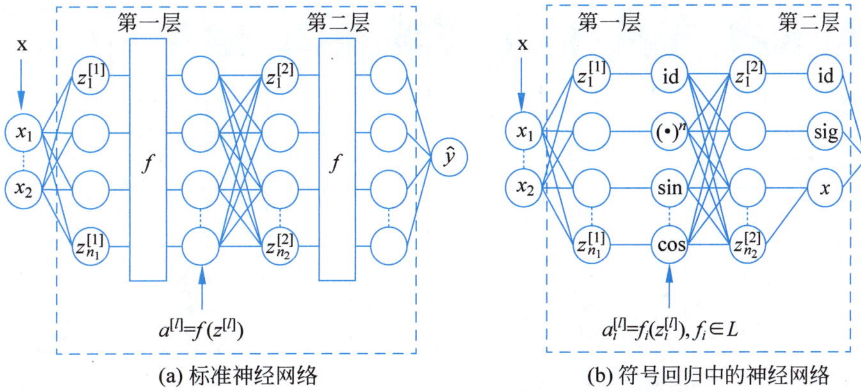

图 10.4　标准的神经网络与符号回归中的神经网络

1. 线性符号回归与非线性符号回归

线性符号回归（Linear SR，LSR）的目标表达式有 m 个组成部分，单个目标表达式就是 $m=1$ 的情况。每个组成部分可表达为一组预设函数库中函数的线性组合。该方法优化的目标是学习每个线性表达式的系数。在监督学习框架下，可以通过定义一个损失函数并对其进行最小化来实现优化目标。而非线性符号回归则通过将深度神经网络中的激活函数替换为数学算子，从而从数据中学习数学表达式。符号回归与传统回归方法的主要区别在于，符号回归预先设定一个函数库，并在此基础上选择函数进行线性或非线性的组合，进而对参数进行优化。

2. 基于强化学习的深度符号回归

如图 10.5 所示，基于强化学习的符号回归方法引入了智能体，即深度神经网络。依据数学公式的树表达式法，构建了一个由数学符号组成的库，其中每个符号被编码为一个词元。例如，一个包含四个符号的库，每个符号可被编码为一个四维的独热（One-hot）向量。通过约束搜索空间和优化常数，对符号表达式进行约束，例如限制表达式长度、表达式不能全是常数等。利用强化学习进行策略优化，最大化奖励函数来指导生成合适的数学表达式[18]。

10.3.2　机器学习生成数学新猜想

数学猜想一直是推动数学发展的关键动力，它们不仅为研究者提供了挑战，也为新的理论奠定了基础。随着机器学习技术的不断进步，生成数学猜想的过程不再仅仅依赖于直觉和经验，AI 的引入使得这一过程更加系统化和高效。通过深度学习和符号回归等方法，AI 能够在没有预设假设的情况下，自动生成潜在的数学猜想，尤其是在处理复杂的数学常数和公式时展现出强大的潜力。正是这种创新的能力，推动了数学研究的新突破，并让我们重新审视和探索传统上依赖人类直觉的数学领域。

1. AI 生成关于基本常数的猜想

在纯粹数学（Pure Mathematics）领域内，猜想与证明构成了其核心要素。数学猜想被视为数学定理发展的起始，它是尚未被证明的结论或命题；一旦猜想得到证明，它转化为定理。数学猜想的提出并非等闲之事，它们通常源自具有非凡直觉的数学天才，例如牛顿、黎曼、哥德巴赫、高斯、

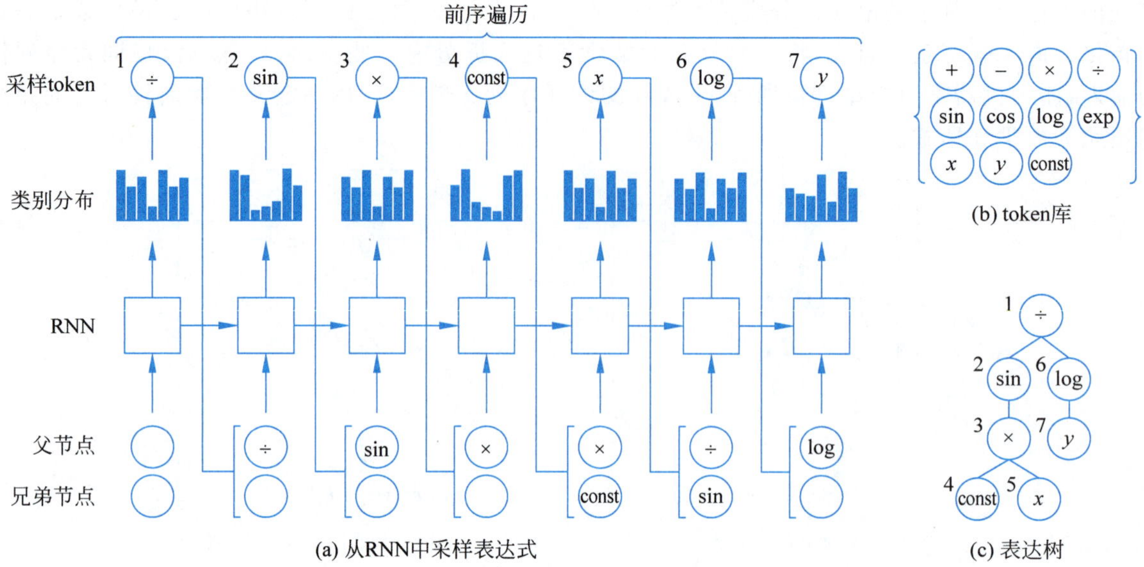

图 10.5 智能体(深度神经网络)生成树表达式[18]

欧拉以及拉马努金等。例如,拉马努金发现的圆周率 π 的计算公式仅需计算第一项便可突破普通计算器的最高精度。受此启发,以色列理工学院的研究者于 2021 年利用 AI 和计算机自动化技术,构建了一个能够模拟拉马努金"直觉"的"猜想生成器",并将其命名为拉马努金机(Ramanujan Machine)[21]。面对各种奇怪复杂的数学常数,拉马努金机利用机器学习技术,无须先验信息就能找出它的连分数表示。这一过程仅需进行数十次迭代计算,即可在数毫秒内快速收敛,并得到精准答案。拉马努金机提出了一个系统的方法:利用算法来发现基本常数的数学公式,并帮助揭示常数的基本结构,试图取代数学家的数学直觉,并为后续的数学探索提供新的线索。

2. AI 发现新定理与新猜想

2021 年,DeepMind 的亚历克斯·戴维斯(Alex Davies)和数学家共同构建了一个机器学习框架[22],旨在为数学研究提供辅助。该框架的算法致力于探索数学对象之间潜在的规律性与内在联系,以期揭示其深层意义。随后,由数学家接手,依据算法所提供的观察结果和直觉,提出可能的数学猜想。

他们将此方法应用于两个基础数学领域,并成功发现了一个拓扑学的新定理和一个表示论的新猜想。在拓扑学领域,通过研究拓扑扭结理论,他们与牛津大学的马克·拉肯比(Marc Lackenby)和安德拉斯·朱哈斯(András Juhász)合作,利用 AI 与人工反馈相结合的方法,观察到了代数不变量与几何不变量之间的惊人联系[22]。在表示论领域,他们与悉尼大学的乔迪·威廉森(Geordie Williamson)合作,证明了一个已困扰数学界长达 40 余年的古老猜想——卡兹丹-卢斯提格多项式[22]。研究者表示,这是计算机科学家和数学家首次使用 AI 技术来帮助证明或提出复杂数学领域的新定理。

"AI 辅助数学发现"的方法论在 2025 年再度展现威力。2025 年 5 月 14 日,谷歌 DeepMind 推出由 Gemini 驱动的 AlphaEvolve[23],引发广泛关注。AlphaEvolve 结合大模型的创造力与自动验证机制,在进化框架中优化方案,打破 1969 年 Strassen 算法,刷新 4×4 复数矩阵乘法纪录。同时,在数学分析、几何、组合学、数论等领域的五十多个开放难题中,AlphaEvolve 在约 75% 的问题中重现前沿解法,20% 的问题中超越人类最佳答案,甚至在困扰数学界 300 年的"接吻数"问题中取得突破。

3. AI 发现椭圆曲线的"椋鸟群飞"现象

伦敦数学科学研究所的何杨辉(Yang-Hui He)团队长期致力于椭圆曲线的研究。2020 年 10 月，他们基于从 L-函数中提取的信息，对椭圆曲线的特定属性进行了预测[24]。同年 11 月，他们又利用机器学习对数论中的其他对象进行分类[25]。同年 12 月，他们已经能够高精度地预测椭圆曲线的秩[26]。2024 年，该团队进一步运用深度学习模型分析了大量椭圆曲线数据，并发现了一个意想不到的现象：在某些椭圆曲线的有理点分布中，点的排列模式表现出类似"椋鸟群飞"(murmuration)的动态特性[27]。这项发现不仅加深了人们对椭圆曲线的理解，还为解决与素数、数论相关的数学难题提供了新的思路。

10.3.3 语言模型实现交互式研究

大语言模型(LLM)正在推动数学研究进入智能化时代。通过自然语言交互，LLM 助力数学家更高效地整合数学知识，发掘新的数学命题，并提供推理、证明或证伪的辅助支持。这种基于人机交互的研究方式将显著提升数学家探索和解决复杂问题的效率。

2024 年 8 月，阿里巴巴通义千问团队发布了 Qwen2-Math 模型[28]，该模型基于 Qwen2 大语言模型构建，是一个专用于解决复杂数学问题的开源 AI 系统。通过在数学专业语料库上的预训练以及针对特定指令的微调，Qwen2-Math 模型表现出了卓越的性能。Qwen2-Math 不仅是一个数学解题工具，更是一个多功能的数学助手，在教育、研究以及工业等多个领域应用广泛。

2025 年 5 月，清华大学智能产业研究院研究团队发布的 AI Mathematician(AIM)框架[29]可以独立完成数学理论难题，自动调用基本定理、构建证明思路。AIM 实现了利用大推理模型助力前沿数学研究的重大突破，在利用人工智能进行复杂数学理论研究中迈出了重要的一步。

未来，随着符号回归、自动证明等功能的逐步完善，大语言模型将展现出更为强大的数学推理及自我验证能力，从而实现对数学命题的更高效发现与验证。这一趋势预示着数学研究平台将逐渐成为数学家工作中不可或缺的工具，加速数学发现的过程，进而推动数学学科的快速发展。

10.4 AI4S 驱动的物理研究新范式

如果科学的语言受到我们所体验到的物理世界的限制，那么脱离实体的人工智能对于它无法直接体验的世界可能有着更奇特的表征。哈佛大学理论物理科学家马修·施瓦茨(Matthew Schwartz)认为：人工智能很可能很快(如果不是已经)就会以超越我们理解的方式理解事物。在这种情况下，我们可能不得不满足于这样的认识，机器能理解底层的物理原理，即使我们永远无法理解。当前，AI 在物理学领域的应用已展现出显著的潜力，不仅能够重新发现众多已知的基本物理规律，而且能够揭示物理系统中潜在的变量，并在进行复杂的物理模拟方面提供辅助。

10.4.1 物理规律发现的方法演进路径

随着数据驱动方法和神经网络结构的不断演化，物理学中长期依赖理论推导与经验模型的研究范式，正在悄然发生变化。研究者开始尝试借助可解释的模型结构和符号推理技术，从观测数据中"逆向"恢复出自然法则本身。这一趋势促使我们重新审视那些在经典理论中看似"理所当然"的结构性原则，例如对称性、守恒律和力学形式，它们正被以全新的计算方法再次"发现"，从而开启了物理规律学习的全新篇章。

1. 重新发现对称性

诺贝尔物理学奖得主菲利普·安德森(Philip Anderson)有句名言:"说物理学是关于对称性的研究,只是稍微夸张了一点"。事实证明,在物理学和机器学习领域,发现对称性对加深理解和有效解决问题都非常有用。

对称性通常不是显性的,只有在进行适当的坐标变换后才会被发现。图10.6展示了在两个不同坐标系中同一向量场的图像,其中旋转对称性分别以显性(见图10.6(a))和隐性(见图10.6(b))的形式存在。通常,算法需通过识别从图10.6(b)至图10.6(c)的坐标变换过程,以揭示隐藏的对称性。

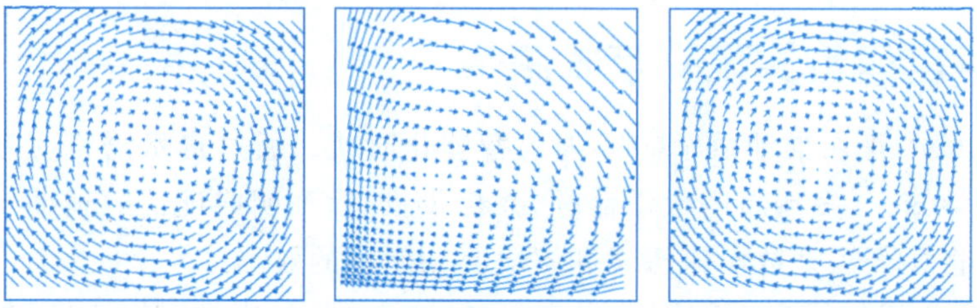

(a) 显性对称性　(b) 隐性对称性　(c) 重新发现的显性对称性

图10.6　一维谐波振荡器相空间流向量场

2022年,文献[30]提出了一种用于自动发现隐藏的对称性的机器学习算法。该算法通过将不对称性量化,并利用可逆神经网络求解具备最小对称性的微分同态,以找出隐藏的对称性。此外,该研究采用了名为AI Feynman的物理启发式工具,将神经网络所学到的知识转化为人类可理解的数学表达式。

研究者对六个物理学实例(一维匀速运动、一维谐振子、二维开普勒、双摆、闵可夫斯基度规,以及非旋转黑洞的史瓦西度规)进行了测试,实验结果表明所提出的方法能够发现所有隐藏的对称性。然而,该方法只能从预先设定的候选列表中搜索已知的对称性,而无法发现未知的对称性。因此,在未来的研究中,开发能够识别未知对称性的技术将具有至关重要的意义。

2. 重新发现守恒律

守恒律在物理学中占据着核心地位,是理解自然规律和构建物理理论的基石。其重要性不仅体现在它为物理学提供了严密的框架和预测工具,还体现在它与对称性之间的深刻联系。根据诺特(Noether)定理,每一条守恒律都与一种特定的对称性相对应。例如,能量守恒律与时间平移不变性相联系,而动量守恒律则与空间平移不变性相对应。这种内在的联系可以通过哈密顿或拉格朗日力学的等效形式进行精确表达。

2019年,文献[31]提出了一种哈密顿神经网络模型,该模型具备直接从数据中学习系统哈密顿量的能力,核心思想如图10.7所示。随后在2020年,文献[32]提出了一种拉格朗日神经网络,该网络能够从数据中学习任意的拉格朗日量,其结构示意如图10.8所示。它们都捕捉到了物理系统的动力学,很好地揭示了守恒律,且后者适用于任意坐标系统。

2021年,文献[33]通过将力分解为保守力和非保守力两部分来探索潜在的"新物理"现象。其中,保守力由拉格朗日神经网络学习,非保守力由更通用的神经网络学习。新物理现象主要体现在非保守力部分,例如阻尼双摆的摩擦力。研究结果表明拉格朗日神经网络重新发现了阻尼双摆的摩擦力,从天王星轨道发现了海王星,以及从螺旋轨道发现了引力波。

3. 重新发现力学

2022年,萨塞克斯大学、伦敦大学学院等机构的研究者将机器学习应用于轨道力学领域研

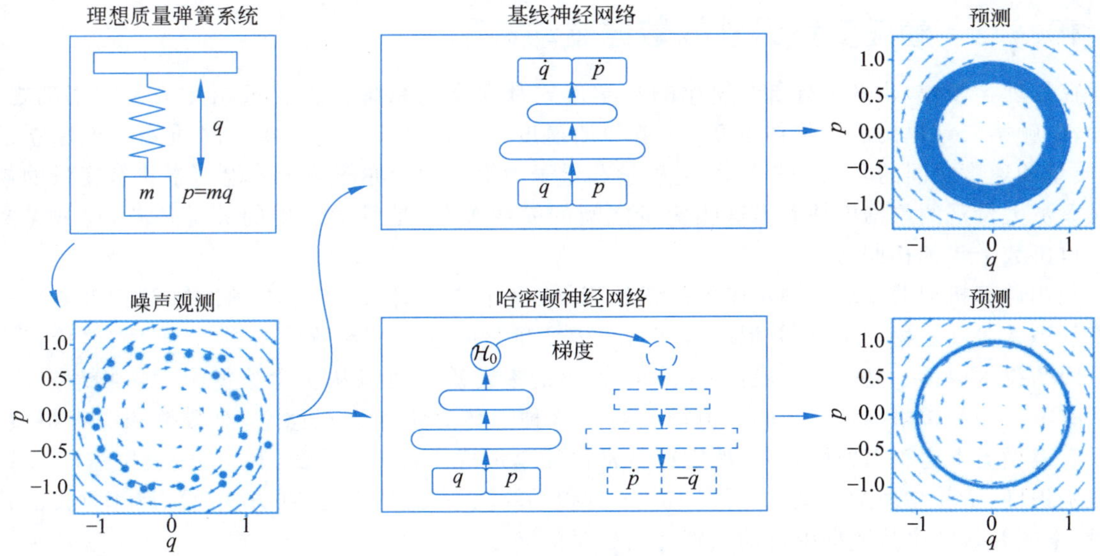

图 10.7　哈密顿神经网络精确地让与总能量类似的量守恒[31]

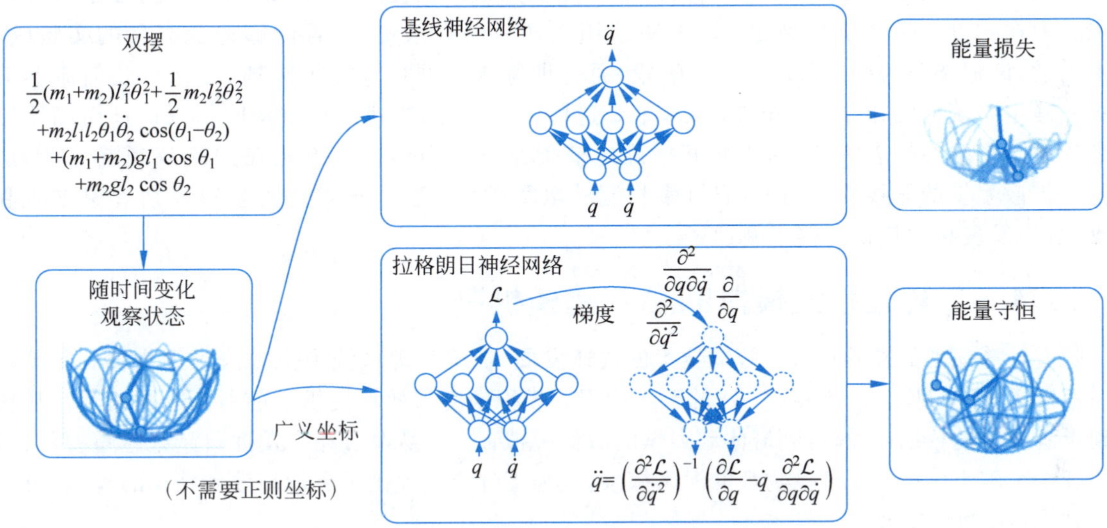

图 10.8　神经网络学习拉格朗日量来描述物理系统的动力学[32]

究[34]，通过算法模型自动揭示实际物理系统的控制方程和隐藏属性。他们首先训练了一个图神经网络，利用 30 年的轨迹数据对太阳系中的太阳、行星及大型卫星的动力学行为进行了模拟。随后，采用符号回归方法对神经网络隐式学习的力学定律进行解析表达式的提取。结果表明，该解析表达式与牛顿万有引力定律具有等效性，验证了神经网络在物理规律发现中的潜在能力。

上述研究分为两个阶段：第一阶段，构建了基于图网络的模拟器，并将其与过去 30 年观测到的太阳系轨迹进行拟合；第二阶段，对边函数进行分离，并采用符号回归技术拟合边函数的解析表达式。结果表明，边函数的最佳拟合结果是牛顿万有引力定律。他们运用所发现的方程对未观测到的相对天体质量进行了重新拟合，结果与天体实际质量高度一致。通过将发现的方程与重新拟合的质量相结合，研究者成功模拟了太阳系的动力学行为，生成了与实际观测轨迹高度相符的模拟结果。

10.4.2 潜在变量识别的数据驱动策略

在物理学领域，几乎所有自然规律的数学形式都建立在系统状态变量相互关系的基础之上。例如，牛顿第二定律揭示了物体动量、质量和加速度之间的联系；爱因斯坦的质能方程建立了能量、质量和速度之间的联系；热力学、电磁学和量子力学等理论亦依赖于一组基本状态变量的规范定义。从大量观测数据中抽象出这些变量之间的简明关系，是科学发现的关键环节，通常需要科学家付出数十年的长期努力。

利用计算机辅助发现物理定律的探索始于 20 世纪 70 年代。当时，BACON 等软件能够基于低维状态变量确定物理定律，并揭示自变量与因变量之间的某些函数关系[35]。随后，遗传算法和符号回归技术取得了显著的进展：文献[36]提出的遗传算法可以从实验数据中学习物理定律，包括具有哈密顿和拉格朗日性质的守恒律，然而，这种遗传算法相当不稳定，对数据和噪声很敏感，也没有遵循奥卡姆剃刀原则，即自然定律常常以简单形式出现；符号回归技术代表性进展为 2020 年准确识别《费曼物理学讲义》中所有 100 个方程的算法[37]。然而，这些方法仍依赖于预设的状态变量，未能有效解决从数据中自动识别适当变量的问题。

机器学习的快速发展为上述难题提供了新思路。2022 年，美国哥伦比亚大学提出了一种数据驱动框架[38]，该框架能够在无须借助任何物理先验知识的前提下，从原始视觉观测数据中辨识出系统的内在维度和隐藏状态变量。该方法适用于任意物理系统，并且能够避免高昂的实验成本。具体来说，该框架分为两个阶段：第一阶段，通过训练神经网络预测视频帧，并结合几何流形学习算法来确定系统的内在维度；第二阶段，基于这些内在维度，构建潜在重构网络以识别精确地控制状态变量。实验结果表明，该框架能够精确地捕捉系统动力学。该方法在预测双摆混沌动力学、反应—扩散系统的非线性波动、熔岩灯多相流动以及燃烧过程中火焰动力学等复杂现象方面取得了成功，为发现科学规律开辟了新途径。

10.4.3 物理系统模拟的高效建模机制

随着计算能力的提升和人工智能技术的快速发展，传统物理系统模拟方法正逐步得到革新。尤其在复杂系统的建模与控制领域，AI 的引入为提升模拟精度与效率提供了前所未有的机遇。从核聚变到黑洞图像的精细还原，再到流体动力学的数值模拟，AI 在物理研究中发挥着越来越重要的作用。这些技术突破不仅推动了理论物理的深入探索，也为工程应用提供了更加高效和精准的模拟工具。

1. AI 控制核聚变

实现可控核聚变的关键在于对“托卡马克”装置中等离子体的精确控制和放电过程的精准调控，这是一个长期存在的技术难题。

2022 年，DeepMind 和瑞士洛桑联邦理工学院（EPFL）合作，利用强化学习成功地控制了核聚变反应堆内过热的等离子体[15]，成果已发表于《自然》期刊。尽管强化学习在等离子体磁控制领域展现了其潜在优势，但相较于传统的磁约束反馈控制方法，其控制精度、稳态误差以及训练时长方面仍存在显著不足。

在未来的大型聚变装置中，等离子体大破裂因其瞬间释放的巨大热能和磁能，被视为对装置安全运行的最大潜在威胁。因此，建立可靠的破裂缓解系统至关重要。2025 年 6 月 26 日，中国科学院合肥物质院等离子体所 EAST 团队基于机器学习与神经网络技术，开发出高性能、可解释的锁模破裂预测模型[39]，受试者工作特征曲线（AUC）高达 0.997，成功揭示锁模破裂的关键物理机制。在此基础上，团队进一步研制出可实时应用的预测模型，实现预警成功率达 94%、平均预警时间达 137ms，满足 ITER 等未来大型聚变装置的需求。

2. AI 实现黑洞图像清晰化

2023 年 4 月，美国国家光学红外天文研究实验室提出了一种基于机器学习的 PRIMO 方法[40]，用于实现黑洞图像的清晰可视化，展示了气体如何旋入超大质量黑洞。该方法通过机器学习，分析了超过 3 万个黑洞吸积气体的高保真模拟图像，学习图像结构中的共性特征，从而为图像中的缺失结构提供高保真度的估计。该方法最大限度地提升了当前望远镜阵列的分辨率，使图像中的环宽缩小了约两倍，并对理论模型和重力测试提供了强有力的约束。

3. AI 实现车辆空气动力学数值模拟

随着 AI 在物理场数值模拟等科学计算领域的广泛应用，基于 AI 模型进行车辆外流场预测与气动外形优化的能力，正逐步成为车辆设计领域的一项创新技术手段。2024 年 7 月，百度飞桨与英伟达合作研发了一种基于神经算子的流体物理场仿真预测模型——DNNFluid-Car。该模型通过在海量工业级汽车空气动力学仿真数据上的训练，能够在秒级时间内完成任意车型几何设计的风阻系数预测。实验结果表明，该模型的风阻系数预测结果可以与 CFD（Computational Fluid Dynamics）商业软件的数值模拟结果相媲美，能够满足工业应用的精度标准。DNNFluid-Car 等 AI 模型将颠覆传统的车辆设计流程，大幅缩短研发周期，提升设计效率。

10.5 AI4S 驱动的生物研究新范式

在生物科学领域，人工智能的应用主要集中在数据分析、分子预测、药物研发等方面。借助机器学习和深度学习算法，AI 能够从大规模生物数据中提取规律，辅助识别疾病模式、预测治疗反应以及优化药物发现过程。具体而言，AI 能够分析基因序列，预测基因突变的影响；实现蛋白质结构与功能的预测，加速新药的开发。此外，AI 还被用于精准医疗，辅助医生提升临床诊断效率。以下将分别从计算生物学、生物组学和生物医药三个领域简要介绍 AI 在生物科学领域的相关研究。

10.5.1 计算生物学研究的智能方法革新

随着高通量数据采集技术与计算能力的提升，近年来基于机器学习的预测模型迅速发展，并正逐步改变计算生物学的研究范式。本节着重介绍计算生物学的五个主要应用领域：蛋白质结构预测、蛋白质功能预测、基因工程、系统生物学和数据集成，以及系统发育推断。如表 10.2 所示，这些领域从传统范式逐步过渡至深度学习应用，体现了深度学习在推动计算生物学进程中日益重要的作用。

表 10.2 深度学习对计算生物学的影响[41]

项　目	蛋白质结构预测	蛋白质功能预测	基因工程	系统生物学和数据集成	系统发育推断
范式转换	√				
大成功		√	√		
中等成功				√	
小成功					√

1. 蛋白质结构预测

蛋白质结构预测是深度学习在计算生物学中最成功的应用之一。X 射线晶体学是研究蛋白质结构的黄金标准方法之一。其基本原理是通过将蛋白质结晶化，并利用高能 X 射线照射晶体后产生的散射数据，计算出蛋白质的电子密度图，进而推导出蛋白质的三维空间结构。然而，随着人类基因组计划的推进和大量生物序列信息的涌现，鉴于 X 射线晶体学的高昂成本和技术限制，基于序列信息预测蛋白质的三维结构已成为计算生物学领域亟须解决的关键难题。

2018 年，DeepMind 团队的 AlphaFold 模型[42]在蛋白质结构预测领域取得了突破性进展。

AlphaFold 利用深度学习，结合多重序列比对（Multiple Sequence Alignment，MSA）等无监督数据，成功地从氨基酸序列预测出蛋白质的三维结构。该模型在国际蛋白质结构预测竞赛 CASP13 中表现卓越，显著提高了蛋白质结构预测的精度。

在 2020 年的 CASP14 竞赛中，DeepMind 团队的 AlphaFold 2[17] 取得了接近 90 分的优异成绩，标志着蛋白质结构预测领域的重大突破。该成绩几乎与实验获得的蛋白质结构的精度相当，展现了深度学习在计算生物学中的非凡潜力。《自然》《麻省理工科技评论》等媒体称其为“巨大进步”“解决了五十年来生物学的大挑战”，认为 AlphaFold 2 成为生物学领域的一项革命性成就。2021 年 7 月，DeepMind 团队在《自然》期刊上发布了 AlphaFold 2 的开源版本，成功预测了超过 350 000 种蛋白质的结构，为全球科研人员提供了一个强大的工具，推动了蛋白质结构研究的快速发展。其模型框架结构如图 10.9 所示，该网络架构通过结合基于蛋白质结构的进化、物理和几何约束，显著提高了结构预测的准确性。其中，提出一种新型结构来联合编码多序列比对和配对特征；并提出一种新型等变注意力架构，使用中间损失实现预测的迭代优化，从而能够从未标注的蛋白质序列中学习。对于输入主氨基酸序列和同源序列的比对，AlphaFold 网络能够直接预测给定蛋白质的所有重原子的 3D 坐标。

2024 年 5 月，AlphaFold 3 发布，它可以预测蛋白质与 DNA、RNA、各种配体和离子形成的复合物的结构。

2. 蛋白质功能预测

蛋白质功能预测是蛋白质结构预测之后的重要任务。该领域面临的主要挑战包括训练示例的有限性和不平衡性、功能输出空间的广泛性以及基因本体（Gene Ontology，GO）标签的层次结构性等问题，这些因素构成了蛋白质功能注释的瓶颈。

DeepGO[43] 是解决这个问题最成功的深度学习方法之一，它结合卷积神经网络学习序列级嵌入，并将其与从蛋白质相互作用网络获得的每个蛋白质的知识图嵌入相结合。在三个 GO 类别的功能注释任务上，DeepGO 性能优于此前的方法。2023 年 9 月，DeepGO-SE 模型[44] 被提出，该模型通过融合从预训练蛋白质语言模型提取的序列特征、GO 背景知识和蛋白质间相互作用，进一步提高了蛋白质功能预测的准确性。

2025 年 1 月，OpenAI 与长寿研究公司 Retro Biosciences 合作开发出名为 GPT-4b micro 的语言模型[45]，可用于设计能将普通细胞转化为干细胞的蛋白质，且在该任务上超越人类。GPT-4b micro 经训练后能提出改进蛋白质因子的方法，使山中因子功效提高超 50 倍，为再生医学带来前所未有的可能性。与 AlphaFold 等聚焦蛋白质结构预测的 AI 模型不同，GPT-4b Micro 关注的是蛋白质功能优化，特别是在蛋白质交互中的表现。通过这种方式，它为科学家提供了改造和设计蛋白质的新工具，从而实现从基础研究到临床应用的快速转化。

2025 年 8 月 14 日，*Science* 封面刊登了微软研究院 AI for Science 团队提出的生成式深度学习模型 BioEmu[46]，首次把扩散生成模型做成可规模化的“蛋白平衡系综模拟器”，以前所未有的效率和精度模拟了蛋白质的构象变化，为理解蛋白质功能机制和加速药物研发打开了新路径。

3. 基因工程

基因工程是生物学中的关键研究领域，而深度学习模型在其中的应用正日益广泛。在 CRISPR/Cas9 基因编辑技术中，提高靶向效率并减少脱靶效应已成为基因工程领域深度学习的重要研究目标。当前，已有多种计算工具能够自主设计具有最大靶向活性和最小非靶向效应的 gRNA，包括 DeepCas9、DeepCRISPR、CnnCrispr、ADAPT、SPROUT、FORECasT 和 InDelphi 等。这些工具为提高基因编辑的精确性和效率提供了重要支撑。

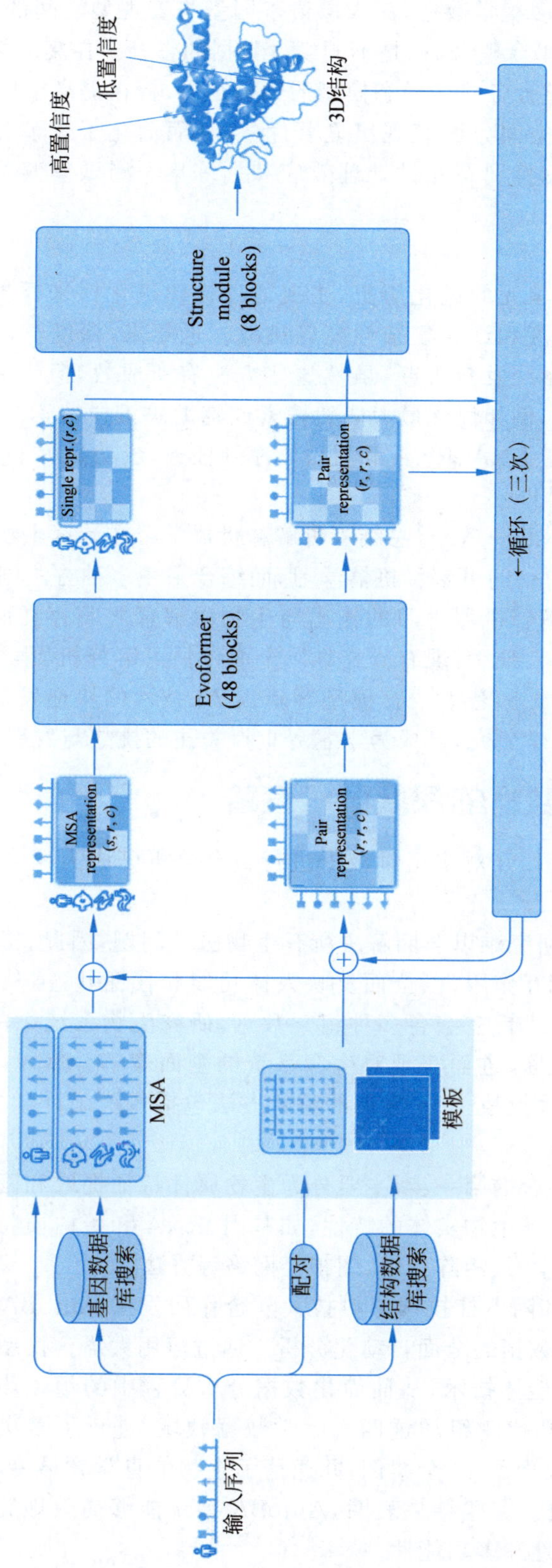

图 10.9　AlphaFold 2 模型框架结构[17]

4. 系统生物学和数据集成

系统生物学旨在通过整合多组学数据，深入探讨基因型与表现型之间的复杂关系。数据集成过程可分为两大层面：一是跨平台整合，二是不同组学数据的整合。在集成多模态数据时，通常采用基于模型的集成策略，通过整合各单一模态模型的预测结果，旨在提高整体性能。

深度学习在识别共享建模空间方面表现出显著优势，从而简化了建模与集成过程。然而，深度神经网络仍存在一定局限性，特别是在批处理效应和训练集—测试集偏差等问题上，这可能导致性能估计的夸大和虚假关联。

5. 系统发育推断

系统发育学研究生物分类单元的进化历史，主要通过构建进化树来模拟其关系。然而，传统分类方法面临无法推断分支长度和计算复杂性高等挑战。近年来，深度学习模型（如自组织树算法和卷积神经网络）被应用于系统发育推断，虽然这些方法有所成效，但仍有提升空间。此外，深度学习也提升了传统推断流程，例如优化最大似然搜索或辅助决策树搜索。为了进一步提高可解释性，可解释机器学习被应用于 DNA、RNA 和蛋白质序列任务，成功揭示了关键序列模式和变异，尤其在基因表达预测中表现突出。

2024 年 8 月，Ameet Talwalkar 等[47]总结了可解释机器学习在计算生物学领域面临的三大挑战：首先，现有方法多局限于单一的可解释机器学习，而综合采用多种方法则有助于增强下游用户对输出结果的理解。其次，可解释机器学习的输出与生物学解释之间存在脱节，尤其在处理序列数据或像素级数据时更为明显。最后，现有研究难以全面评估可解释机器学习输出在多大程度上能够真实反映已知的生物机制。随着大语言模型等新兴 AI 技术的快速发展，如何利用预训练大模型推动计算生物学领域的科学研究，已成为学术界重点关注的挑战与发展方向。

10.5.2 多源组学数据的深度解析策略

在生物组学研究领域，利用 AI 对多组学数据进行整合分析已成为探索生命奥秘与疾病机制的前沿方向。

科学家发现，单一维度的研究难以全面解决所有生物医学问题，因此，提出从整体的角度研究细胞结构、基因、蛋白质及其相互作用，以全面反映人体功能和代谢状态，从而为疾病机制的探索提供新的思路。多组学融合技术旨在结合多种组学数据，研究生物系统中的相互作用，通过整合这些异质性数据揭示其内在关联，进而实现对生命系统的全面理解。然而，由于不同组学数据间的异质性，故数据融合面临较大挑战[48]。常用的整合方法包括传统统计学方法，以及基于机器学习和深度学习的 AI 技术。

特征提取是多组学数据融合的第一步，主要分为生物属性特征提取和网络拓扑特征提取两大类。生物属性特征是指用于表征生物实体的特性，如基因、RNA 和蛋白质特征。基于网络的特征提取通常包含网络传播、表示学习、矩阵分解、图神经网络等方法。

2024 年 10 月，华为公司和阿卜杜拉国王科技大学合作研发了 AutoBA 系统[49]，该系统首次尝试将 AI 技术应用于多组学数据的全面自动化分析。通过运用大语言模型，AutoBA 系统旨在推动多组学分析自动化的 AI 智能体技术，从而简化数据分析流程中的烦琐步骤。该系统针对基因组学、转录组学、蛋白质组学和代谢组学这四大组学数据领域，进行了多次严格和详尽的性能测试。他们应用 AutoBA 系统处理了 40 个案例，并邀请了生物信息学领域专家对分析计划、生成代码和执行结果进行了逐一验证。实验结果表明，AutoBA 系统能够高效地完成复杂的多组学数据分析任务，表现出优越的稳健性和多功能性。

2025 年 6 月，斯坦福大学联合 Genentech、Arc Institute、加州大学旧金山分校及普林斯顿大学等多个顶尖研究机构，发布了一款通用生物医学 AI 智能体——Biomni[50]，该智能体能够自主完成横跨遗传学、基因组学、微生物学、药理学和临床医学等多个生物医学分支领域的复杂研究任务。Biomni 的诞生标志着 AI 在生物医学研究中从"工具使用者"向"自主决策者"的跃迁。通过将分散的科研资源整合为可操作的智能体行为单元，Biomni 不仅破解了传统研究流程的碎片化瓶颈，更可能催生跨学科、高通量的自主化科学发现引擎。

此外，基于 AI 的多组学数据整合分析已广泛应用于精准医疗和药物研发。该技术能够加速新药开发，并推动个性化医疗的发展。

10.5.3 医药研发流程的智能优化路径

新药研发过程成本高、周期长且风险大，高通量技术的兴起为药物、疾病、基因及蛋白质等数据的多样性提供了基础，使得 AI 在药物发现领域的应用成为现实。AI 与分子动力学、物理和化学等技术的结合，有助于提高药物发现的效率，降低研发成本，加速新药研发进程。

如图 10.10 所示，在药物发现的三个主要阶段（药物研发、临床研究、审批上市），AI 能有效缩短时间并提升效率。在药物研发阶段，机器学习和深度学习算法可以识别靶点、筛选先导化合物并进行药理预测；在临床研究阶段，图像处理技术能够实时监测病人状况；在审批上市阶段，AI 可利用大数据进行市场定位分析。

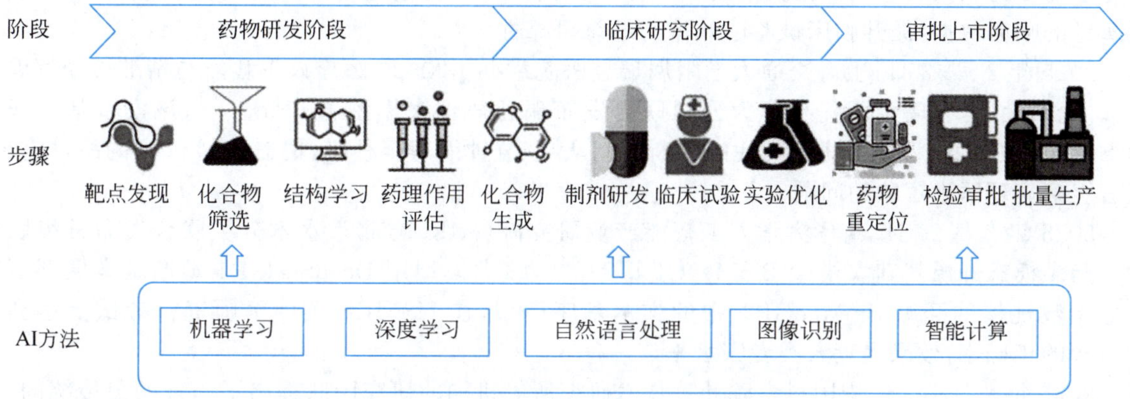

图 10.10 AI 在药物发现中的应用[51]

1. AI 辅助靶点发现

2025 年 6 月，上海交通大学、复旦大学附属中山医院、上海人工智能实验室等团队联合发布了国际首个专注于靶标发现与临床转化价值评估的多智能体虚拟疾病生物学家系统——"元生"（OriGene）[52]，评测结果显示，在靶标发现中，元生的能力超越了人类专家、领先的科学智能体，以及 DeepSeek 的 R1、V3，OpenAI 的 o3-mini、GPT-4o 等主流基座大模型。更重要的是，只需一句话提问，元生系统就自主发现了肝癌和结直肠癌的新靶标且得到实验验证，表明元生系统具备发现原创靶标的能力，标志着科学智能体时代靶标发现领域研究范式的重大突破。

2. AI 辅助药理作用评估

针对人类细胞的医药研究困难重重。由于人体细胞数量庞大、相互作用复杂，细胞类型远超预期，就连药物在细胞层面的反应也很难有一致性。不过，科学家们正尝试借助计算机程序模拟人类细胞，并预测药物、突变、病毒等的影响，从而使实验更加精确[53]。这一研究意义重大，如果成功，有望催生新药物、新疫苗和癌症新疗法。

3. AI 辅助药物更新

2023 年 9 月，来自清华系的初创团队水木分子发布对话式药物研发助手 ChatDD，其能够对多模态数据进行融合理解，与专家自然交互人机协作，将人类专家知识与大模型知识联结，重新定义了药物研发更新模式。

2025 年 1 月 17 日，鹏城实验室-北京大学联合团队与广州实验室合作实现了不同尺度的病毒进化预测[54]，展现了自然科学和 AI 架构的高度融合，为疫苗、药物的快速主动更新提供了强大工具，不仅提高了人类对于新发病毒感染的响应速度，也支撑和加速了对于物种复杂进化机制的探索。未来可与疫苗和蛋白类药物设计流程相结合，有望提升设计效率和设计可控度。

4. AI 辅助疾病预测

2024 年 9 月，迈瑞医疗与腾讯联手共同研发了重症大模型。该模型具备“病历撰写、患者个体化病情查询、重症知识检索”3 个面向重症科室的智能应用，可以使用自然语言对患者进行个体化病情查询和病历撰写，能够显著提升医生处理大量连续变化的临床数据的效率。

2025 年 1 月 9 日，复旦大学附属华山医院与类脑智能科学与技术研究院联合攻关的交叉研究成果登上《细胞》(*Cell*)杂志 2025 年开年封面[55]。该研究纳入了 1706 种人类疾病与表型，绘制出一幅全面的蛋白质组图谱，并借助机器学习模型，成功挖掘出极具潜力的疾病预测诊断生物标志物和治疗靶点。只需采一次外周血，对血浆进行蛋白检测，就能精准预测数百种疾病的患病风险，为精准医学的实施奠定了基础。

5. AI 辅助临床研究

生物医药领域的临床试验决策是一项复杂、缓慢、高风险且耗资巨大的任务。AI 能够有效利用海量的临床数据，提升临床试验的效率与结果可靠性。

2025 年 2 月 18 日，上海交通大学附属瑞金医院举办了“2025 医疗人工智能与精准诊疗发展论坛”。论坛上，上海瑞金医院与华为公司联合发布瑞智病理大模型 RuiPath[56]，该模型基于华为 DCS AI 解决方案，将单张病理切片的诊断时间从 40 分钟缩短至秒级，覆盖中国 90％的高发癌种，显著缓解病理医生短缺的问题。

2025 年 2 月 20 日，清华大学人工智能产业研究院(AIR)与北京水木分子联合发布升级版生物医药多模态开源基础大模型 BioMedGPT-R1[57]，该大模型用 DeepSeek-R1 蒸馏版本模型更新百亿参数规模的开源 BioMedGPT 中的文本基座模型，在 USMLE 美国医师资格考试上达到了 67.1％的正确率，效果逼近人类专家水平。

2025 年 8 月 14 日，中国科学院计算技术研究所等机构的研究团队提出了一种颠覆传统的“医患-AI 关系”新模式[58]。他们开发的大语言模型 DxDirector-7B 首次让 AI 从医生的“助手”变身为临床诊断的“主导者”，在多种复杂病例中展现出超越现有顶尖模型的诊断能力，还能大幅减轻医生的工作量。

综上所述，人工智能已在生物科学领域的各个方面崭露头角，包括蛋白质结构与功能预测、生物组学研究、生物医药研究等，正逐步推动着生物科学领域的快速发展与应用创新。

10.6 AI4S 驱动的材料研究新范式

在材料科学领域，传统的新材料开发方法通常面临实验步骤烦琐、周期较长以及成本较高等挑战。因此，亟须探索和开发新型方法，以优化材料设计过程，推动材料科学的创新与进步。如图 10.11 所示，随着实验与理论发展，材料科学研究范式已经经历了实验、理论和模拟三个阶段，所产生的大量数据满足了数据驱动科学第四范式的需求。

第四范式指的是大数据与 AI 的深度融合，其中以机器学习为代表的 AI 技术正在逐步成为材料科学的核心驱动力。机器学习方法能够高效处理并分析大规模数据集，从中提取潜在规律，为材料设计提供有力支持。通过对已知材料数据的深入分析，模型能够预测未知材料的结构和性能。此外，机器学习还可用于材料的发现与优化，指导新材料的设计以达到特定性能，从而显著加

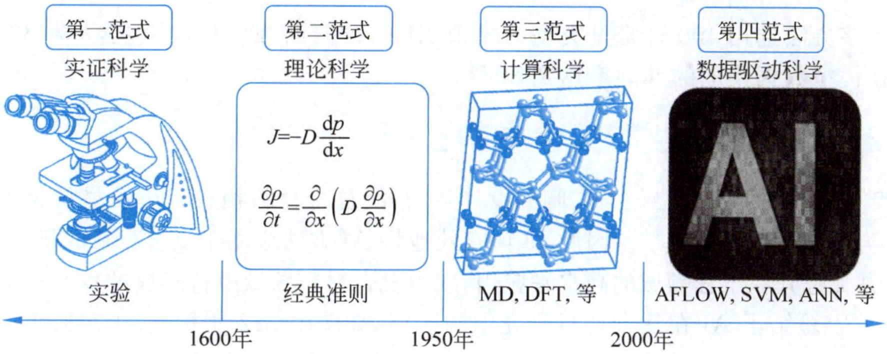

图 10.11 材料科学的四种研究范式：实证、理论、计算和数据驱动[59]

快材料设计过程并缩短开发周期。

10.6.1 数据驱动的材料设计与优化

1. 新材料合成与开发

传统实验方法在新材料合成与开发方面的进展较为缓慢，而前沿 AI 技术通过高效处理和分析海量数据，能够显著加速新材料的研发进程。

2023 年 11 月，DeepMind 利用材料探索图形网络 GNoME[60] 这一 AI 工具，发现了多达 220 万种理论上稳定晶体结构，其中有 38 万种稳定的晶体结构有望通过实验合成，具有实际应用前景。GNoME 可被视为材料领域的 AlphaFold 2，将人类已知的稳定材料的数量增长近 10 倍。

2025 年 6 月，弗吉尼亚理工学院和 Meta AI 的研究团队提出了一种名为 UNIMATE 的统一模型[61]，首次构建了能够同时处理超材料设计三大模态的统一框架，通过模态对齐与协同扩散生成的创新架构，实现了拓扑生成、性能预测和条件确认三大任务的协同优化。该研究不仅填补了多任务超材料设计的技术空白，更为智能材料发现提供了通用方法论。

具有热辐射性能的超材料可以把多余热量“打包”传递到外界，帮助物体自动降温。但这类人造材料的传统设计方法费时费力，往往依赖于长期经验和反复试错。2025 年 7 月 2 日，上海交通大学团队在热辐射超材料领域取得重大原创突破，通过构建热辐射超材料逆向设计 AI 模型，突破现有材料设计上限，大批量生成热辐射超材料候选设计方案，实现“优中选优”，相关成果发表于《自然》杂志[62]。

2. 材料属性预测

机器学习能够用于实现材料属性预测，包括结构和性质等。所预测的结构与性质之间的对应关系对于特定功能材料研发具有重要作用。

2025 年 5 月，中国科学技术大学发布了一种融合 LLM 与第一性原理计算的智能框架 MatAgent[63]，为 LLM 与计算化学的深度融合提供了新的解决方案。据介绍，MatAgent 利用提示词工程和 LLM 推理技术，可以精确地预测材料行为，为数据分析、结构生成和属性预测等任务提供高效途径。

3. 材料微观结构表征

通过自动提取和分析微观结构的复杂特征，深度学习技术能够显著提升表征效率和精度。例如，卷积神经网络在处理显微图像方面表现出色，能够有效识别晶界、缺陷以及相分布等微观特征；生成对抗网络则可用于模拟和生成虚拟微观结构，从而辅助设计新材料或优化已有材料的性能。

2024 年，北京大学深圳研究生院提出了一种基于残差神经网络的深度学习模型——CrySTINet[64]。该模型能够从 X 射线衍射（XRD）数据中准确识别未知材料的结构类型，为自动化 XRD 分析提供了新的途径。该方法选用 100 种常见类型的模拟 XRD 数据训练模型,共包含 63 963 种无机化合物。该模型在模拟数据集上的准确率达到 80%。

10.6.2 智能算法赋能复合材料创新

由于高度各向异性的设计参数与广阔的设计空间,故复合材料相较于单一材料具备更庞大的数据量,其设计与优化过程也更复杂。因此,如何有效地将 AI 方法应用于复合材料的研究,进而加速其设计与迭代,并促进其在工程领域的高水平应用,成为复合材料领域亟待解决的重要科学问题。

同济大学[65]总结了 AI 在复合材料研究中的应用,如图 10.12 所示。AI 方法通过数据驱动的模型取代传统数学力学模型,能够直接从高维数据中建立复杂关系,捕捉传统力学研究难以发现的规律。这种方法为复合材料研究提供了新的解决方案,已成为该领域发展的重要趋势。例如,在复合材料力学性能预测方面,通过结合实验数据和数值模拟,获取大量的性能数据,并利用 AI 技术深入挖掘各变量之间的复杂关系,可构建快速响应模型,大幅提高从参数到性能的预测效率;在优化设计领域,无须依赖设计人员的经验,通过设定适当的目标函数,AI 系统能够自动调整并更新设计策略,得到全局最优或精确的逆向设计;在制造环节,能够快速识别不同制造参数对复合材料力学性能的影响,从而改进生产工艺,甚至与先进的机器人技术协作,开发出适用于大型复杂结构的新型成型技术;针对复合材料的健康监测,通过关联多种传感器信号与材料状态的变化,AI 方法能够在复杂加载条件下实现对材料状态的实时预测与控制。

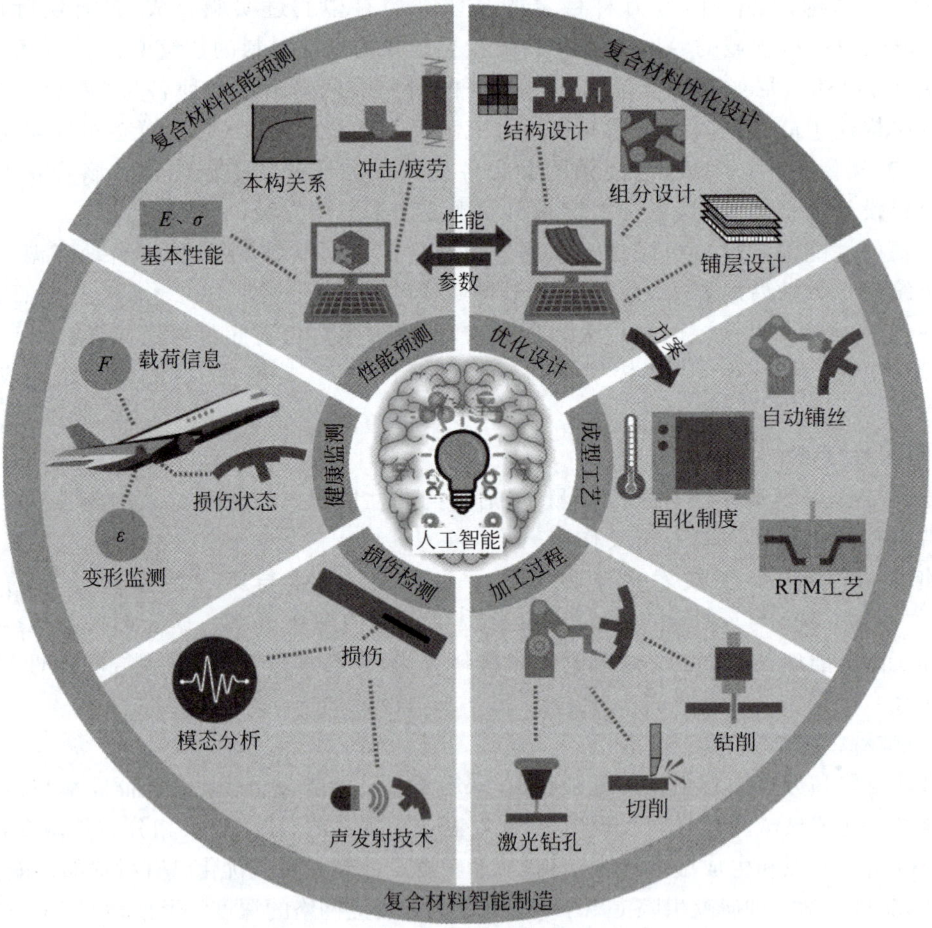

图 10.12 复合材料领域的 AI 应用[65]

2024 年，佐治亚理工学院[66]也全面阐述了 AI 在高性能复合材料中的具体应用。其中，AI 能够借助高通量虚拟筛选等方法，在分子层面挖掘潜在的新型复合材料，并结合材料基因组工程的计算设计框架进行优化，加速高性能复合材料的设计与开发过程。对于高性能复合材料的部件生成过程，机器学习方法可以对自动纤维铺放过程进行缺陷检测、分类和优化，以提高生产效率和产品质量；并在增材制造阶段，用于识别纤维方向、分析力学性能、进行过程参数优化等，以实现更高质量的复合材料部件制造。此外，在复合材料性能预测方面，深度学习模型能够高效分析疲劳数据，进行疲劳寿命预测，并用于表征疲劳行为，例如损伤或裂纹的演化、强度与刚度的退化，以及疲劳诊断和预判。

10.7　AI4S 驱动的其他科学领域发展

除了上述各节中所述的若干基础科学领域，人工智能在其他科学领域也逐渐展现出广阔的应用前景。下面将分别介绍 AI 在地球科学、有机化学、能源科学以及计算科学领域的发展现状。

10.7.1　多维地球科学数据的智能解析与建模

自 2015 年以来，地球科学领域逐渐采用机器学习等 AI 技术，并展现出其在推动地球科学发展方面的强大潜力[67]。AI 为地球科学中的数据收集、数据处理以及模型参数调优等任务提供高效的解决方案，并为地质过程提供数据。

1. 地球物理学

AI 能够高效处理海量地质数据，重建地球历史，并预测未来的环境变化，包括气候变迁和生态变化等。此外，AI 还可辅助地震预测和矿产勘探等任务，具有较强的实际应用潜力。

例如，2024 年，中国科学技术大学提出了一种基于图神经网络的新方法[68]，能够直接处理多站地震数据，实现同时相位拾取、关联和定位。所设计的网络架构能够揭示站间和任务间的物理关系，从而提高跨站点和跨任务预测的准确性、可解释性以及物理一致性。

2024 年，天融环境联合华为云发布了天融环境大模型，实现了我国生态环境领域自主研发行业 AI 大模型从 0 到 1 的突破。相比传统数值模型方法，将推理时间从 10 小时缩短至 25 分钟，预测准确率提升 10%，有效预测周期从 3 天提升到 7 天，这是大模型在地球生态环保领域展现出的强大能力。

此外，美国的 KoBold Metals 公司运用 AI 指导矿产勘探以提升对关键金属勘探的效率。该公司致力于打造地壳的“Google 地图”，通过融合地球化学、地球物理和地质数据，利用庞大的数据集和统计模型，加快勘探速度并将筛选过程聚焦于最有潜力的区域。2024 年，该公司成功在赞比亚发现了百年来最大规模的铜矿——Mingomba 矿。

2. 同位素地球化学

对早期地球历史和物质演化的研究，特别是惰性气体同位素测年，是地球科学中的一个重要方向。惰性气体因为其化学惰性，可以提供关于地球早期演化的重要信息。

在惰性气体同位素的研究中，惰性气体的同位素分馏主要发生在岩浆脱气过程中，而该过程通常在极端的高温低压条件下进行，因而传统实验手段难以精确捕捉。因此，计算模拟和 AI 成为解决这一问题的重要工具。路易斯安那州立大学通过 AI4S 技术，成功模拟了钠长石和玄武岩中氦同位素的扩散过程，取得了与经典分子动力学计算相一致的结果。该成果为估算岩浆脱气过程中氦的损失及追溯岩浆源区域的同位素组成提供了新的研究视角[69]。

3. 气象学

在气象学领域，深度学习技术被广泛应用于天气预报、降水预测和极端天气预测等任务。

2023 年 11 月，DeepMind 提出了一个基于 AI 的天气预报系统 GraphCast[70]，其精度和预测速度显著超越了传统的数值天气预报方法。该系统在单个 Google Cloud TPU v4 上能够在 1 分钟内生成未来 10 天的天气预报，展现了其在大规模气象预测中的高效性，相关成果发表于《科学》期刊。

同年，华为发布了"盘古"气象大模型，并在《自然》期刊上发表相关学术论文[71]。他们认为，传统的 AI 气象预报模型精度不足的主要原因有两个：一是这些模型通常基于二维神经网络，难以处理不均匀的三维气象数据；二是缺乏物理约束，导致误差累积。为此，他们提出了一种适应地球坐标系统的三维神经网络，并采用层次化时域聚合策略来减少迭代次数和误差。经过 43 年的全球天气数据训练，盘古模型在精度和速度上超越了传统方法。该模型已正式上线欧洲中期天气预报中心(ECMWF)官网，能够对未来十天的全球天气进行预测。图 10.13 所示为"盘古"气象大模型在不同要素、不同预测月份的预测精度。

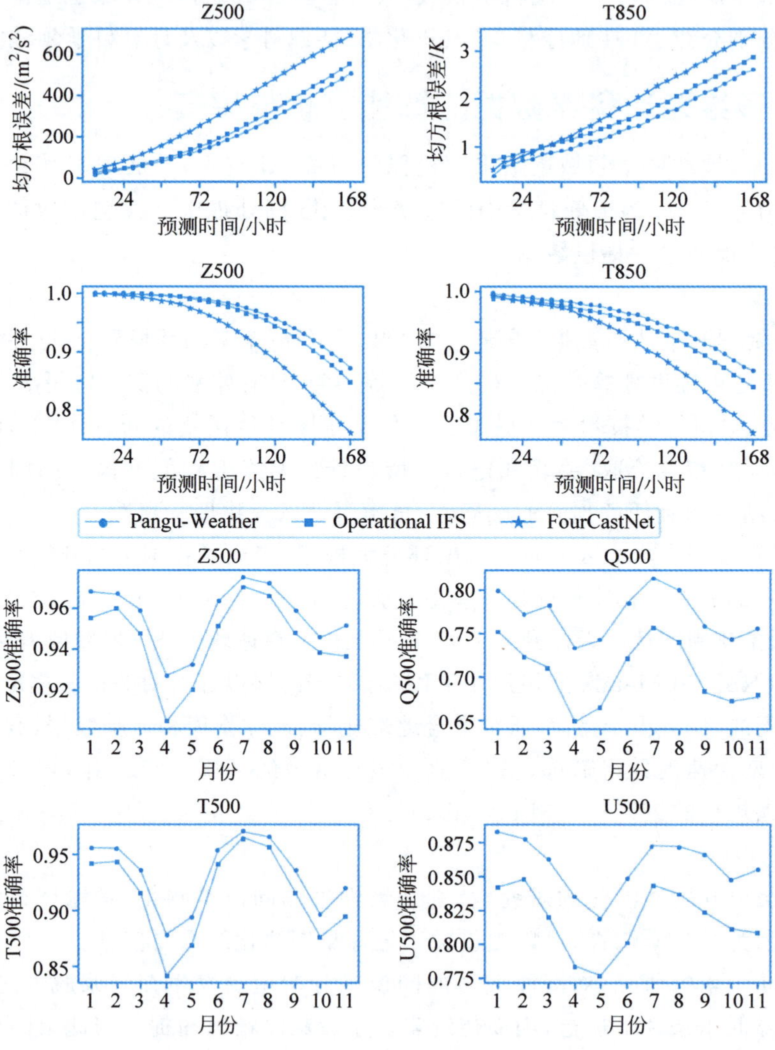

图 10.13 "盘古"气象大模型在不同要素、不同预测月份的预测精度

2024 年 12 月，DeepMind 在《自然》期刊上发表了关于 GenCast 模型的研究论文[72]。该模型能够基于当前和未来的天气数据，提供可靠的概率天气预报。与最优的传统中期天气预报相比，

GenCast 在预测精度上更具优势，并且能够更好地预测极端天气事件、热带气旋路线以及风能产量。

2025 年 2 月，清华大学与腾讯等单位联合提出 OneForecast 气象大模型，它是一种基于图神经网络的全球-区域嵌套天气预报框架，旨在解决现有深度学习方法在天气预报中存在的问题，提高预报的准确性和可靠性。在 WeatherBench2 测试中，OneForecast 超越了 Pangu-Weather、GraphCast 等全球热门 AI 预测模型，还在未来 10 天天气预报中破纪录。

2025 年 6 月，谷歌 DeepMind 与谷歌研究团队正式推出交互式气象平台 Weather Lab[73]，用于共享人工智能天气模型。在热带气旋路径预测方面，谷歌这次的新模型刷新 SOTA，是首个在性能上明确超越主流物理模型的 AI 预测模型。

10.7.2 分子工程的自动化推演与结构创新

在有机化学领域，将启发式规则（如马尔可夫尼可夫规则和鲍德温规则）嵌入 AI 模型中，使得预测不仅基于数据，而且能与化学家的直觉和经验相结合。这种融合方式不仅提升了预测的准确性，还为深入理解和应用有机化学提供了重要洞见。

1. AI 实现逆合成预测

逆合成是有机化学中的一种重要方法，其通过将目标分子逐步分解为更简单的前体分子来设计合成路径。逆合成预测的挑战在于，对于同一目标分子，可能存在多种不同的合成路径，且化学转化的搜索空间很大。

2023 年，中山大学提出了一种基于图神经网络的创新逆合成预测模型——Graph2Edits[74]。该模型通过模拟化学家的思维过程，采用图编辑技术推导产物、中间体和反应物之间的关系，从而有效预测合成路径。该模型不仅提高了预测性能，还在复杂反应中表现出良好的适用性，在药物分子合成路径设计方面具有很大的应用潜力。

2. AI 挖掘化学分离的规律性方程

科学研究的核心之一是发现能够描述自然现象的规律性方程。这些方程不仅能加深我们对自然的理解，还能为复杂问题的解决提供明确指导。然而，许多领域，尤其是材料和化学等依赖实验的学科，因为变量众多、过程复杂，传统理论推导往往难以建立明确的关系。

2025 年 1 月，北京大学深圳研究生院等单位结合自动化实验平台与 AI 算法，首次成功从实验数据中挖掘出了物质分离过程中色谱关系的显式数学公式[75]。该研究提出了一种知识发现技术，建立了可解释的公式，将专家经验转化为人工智能经验，为色谱分离实验条件的确定与优化提供了理论支持。

3. AI 大模型驱动的智能化学结构分割框架

2024 年，德睿智药与帝国理工学院合作开发了一种基于深度学习的高性能化学结构分割模型 ChemSAM[76]。该模型利用前沿的大模型深度学习框架，从化合物的图形表示中自动识别其化学结构。该模型共包含三个主要模块，分别是图像编码器、提示编码器和一个掩码解码器。如图 10.14(b)所示，在图像编码模块中，图像经过卷积层与若干编码块来获得图像编码，其中，每个块层包含两个适配器，用于集成化学领域的知识。图 10.14(a)展示了一个编码块的详细结构。而提示编码器则分为密集提示（掩码）和稀疏与位置提示（点、框、文本）两部分。图 10.14(c)展示的掩码解码器则采用 Transformer 分割模型设计，高效地将图像、密集和稀疏及位置编码映射到一个掩码。

在公开基准数据集和实际任务中，ChemSAM 取得了当时最优的性能表现，能够高效提取期刊及专利文献中的化学结构信息。该方法有望提升化学结构识别的高效性与准确性，并加速创新药物的研发进程。

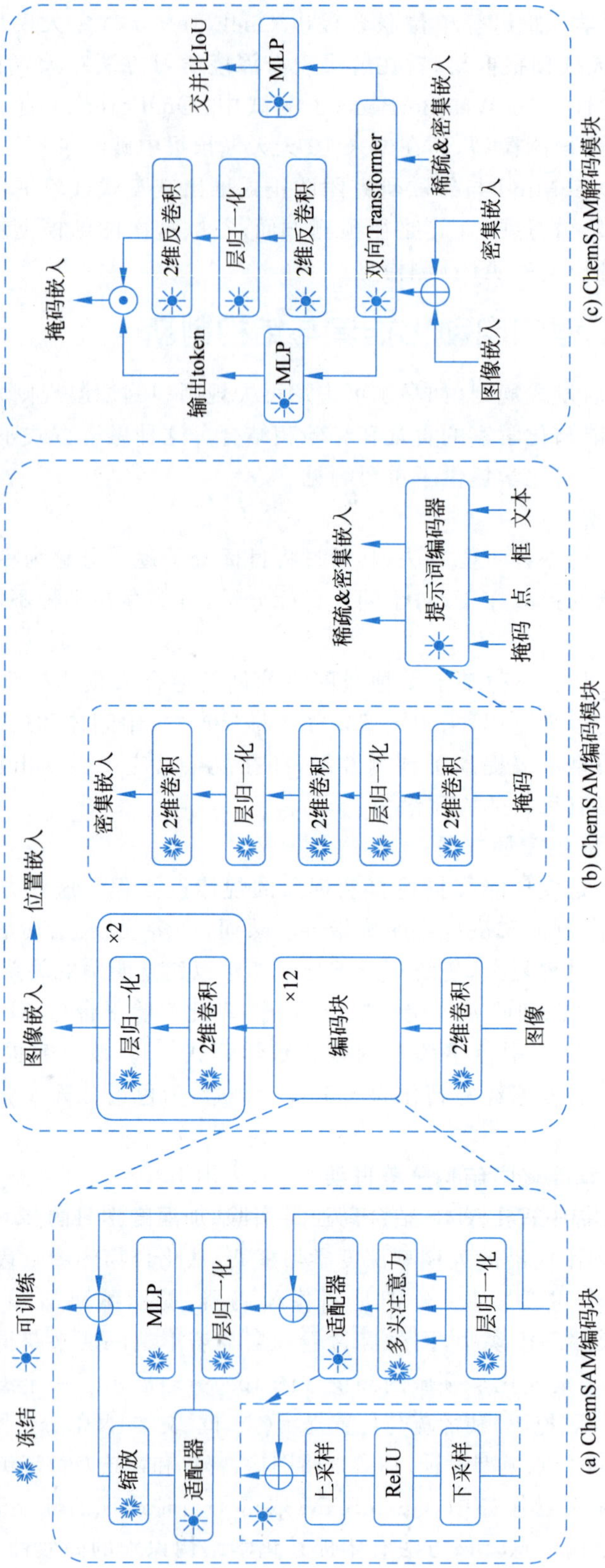

图 10.14 ChemSAM 模型概览[76]

10.7.3 能源系统的智能化技术革新

AI在当代能源转型及能源生态系统构建中发挥着至关重要的作用。具体而言，AI能够有效整合大数据分析与跨尺度物理模型，深入探索能源材料的“组分—结构—工艺—性能”之间的复杂关系，从而加速能源科学的研发进程，推动清洁、安全、多样化能源的高效利用。

1. AI与化石能源

2024年，化石能源消费仍占总能源消费的81%，其中燃烧是主要的能耗方式，广泛应用于交通、发电及日常生活。然而，燃烧过程具有高度复杂性，已有研究尚未充分揭示其内在机制，这使得提高燃烧效率成为一项重大的挑战。传统的计算方法在处理燃烧过程中复杂的耦合效应时，存在效率和精度的局限。AI能够通过学习流体动力学规律，预测和模拟流体行为，从而提高模拟的准确性。此外，可以利用深度学习处理高维数据，解决燃烧中的热传导和质量传递问题。

工业界已逐渐采用AI处理复杂的燃烧流体问题。西门子能源与英伟达合作，通过数字孪生对其大型热回收蒸汽发生器进行建模。研究表明，以往进行此类高精度计算通常需要约8周时间，而现在仅需数小时即可完成。该成果可将维修导致的停转时间(downtime)降低70%，每年为行业节约大量的开支。

2. AI与电池

传统电池的研发过程在材料筛选、工艺优化等各个阶段均面临高度复杂性和挑战。未来电池研发亟需引入数据驱动的设计方法、高通量的合成与测试技术，以及智能化的制造手段，以突破传统研发路径的局限性。而在这一变革中，AI将发挥关键作用。

2024年1月，微软公司与美国太平洋西北国家实验室通过结合云端高性能计算资源、前沿AI模型与传统物理模型[77]，实现了对超过3200万种候选材料的快速筛选，并预测出约50万种可能稳定的材料。在针对电池应用中的固态电解质研究中，他们确定了18种具有前景的候选材料，并重新发现了该领域过去十年的知识。通过利用约1000台云端虚拟机，整个过程仅耗时不到80小时，展示了该方法在材料发现中的高效性。

2025年2月，复旦大学在《自然》上发表研究成果，通过将AI和有机电化学结合，成功设计出从未被报道的锂载体分子[78]。该载体分子就像药物一样，可以通过“打一针”的方式注入废旧衰减的电池中，精准补充电池中损失的锂离子，实现容量的恢复。使用这一技术，电池在充放电上万次后仍展现出接近出厂时的健康状态，循环寿命从500～2000圈提升到1.2万～6万圈，在国际上尚无先例报道。

2025年6月，字节跳动Seed宣布，字节跳动Seed、火山引擎将与比亚迪锂电池团队深化合作，通过联合实验室等形式，共同探索AI4S结合高通量实验，加速锂电池研发。此外，字节跳动Seed团队将与比亚迪锂电池团队共建“AI＋高通量联合实验室”，进一步深化合作，针对动力电池的快充、寿命和安全等问题进行攻关。

3. AI与核能

在全球能源紧缺的背景下，核能作为一种清洁、可持续、能大规模应用的能源，在世界能源体系中扮演着越来越关键的角色。核聚变过程通过质量损失释放出巨大的能量，堪称人类已知能源理论中的“圣杯”。然而，如何有效控制等离子体，仍然是实现可控核聚变的核心挑战。由于核聚变的实现极为困难，故借助AI来控制核聚变过程已经成为业内的重点研究方向。

近年来，越来越多的科技巨头开始投入基于人工智能的核电技术研发。2024年10月，亚马逊公司签署三项核反应堆开发协议，寻求新能源以满足数据中心不断增长的电力需求。同年12月，

Meta 公司也宣布启动核能开发提案，旨在通过增加核能发电能力来推动 AI 的应用。

10.7.4 计算架构的智能增强方法

传统计算科学研究方法通常受到计算资源的限制，而基于人工智能的研究范式则为加速计算科学发展提供了新的机遇。例如，分子动力学模拟依赖于精确的势能信息，但传统的开发过程复杂且计算量庞大。通过结合深度学习等方法，可以更高效地拟合力场，精确描述原子间的位能关系，从而在提高模拟精度的同时优化计算效率。

1. AI 加速硬件设计

2023 年，中国科学院计算所成功利用 AI 设计出全球首款全自动生成的 32 位 RISC-V CPU——“启蒙 1 号”[79]。AI 成功地将设计周期缩短至传统设计方法的 1/1000，仅用 5 小时就生成了 400 万逻辑门，展现了 AI 在复杂硬件设计中的应用潜力。

如图 10.15(a)所示，传统的 CPU 设计流程需要依赖有经验的专家在基于自然语言的设计规范上(例如指令集架构 ISA 文档)进行反复编程和验证电路逻辑，人力工作繁重。而该研究则直接从输入/输出(I/O)示例中学习 CPU 设计的正确电路逻辑，如图 10.15(b)所示。

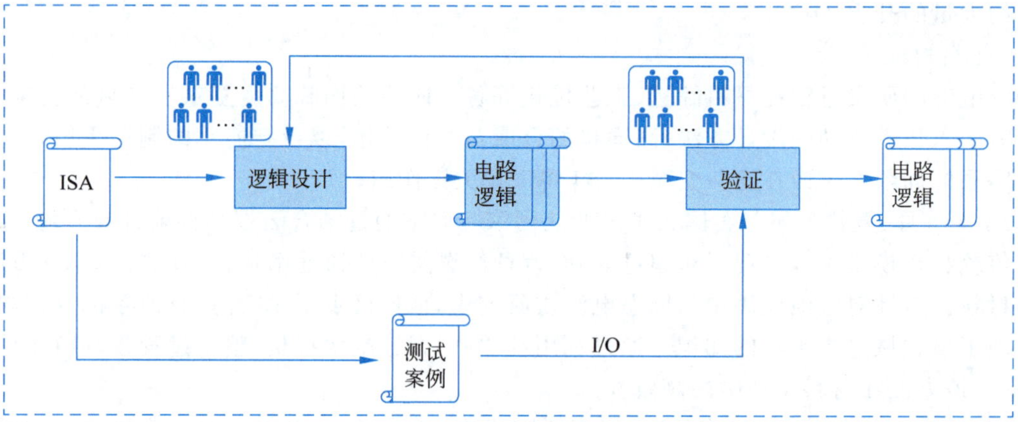

(a) 传统的CPU设计流程

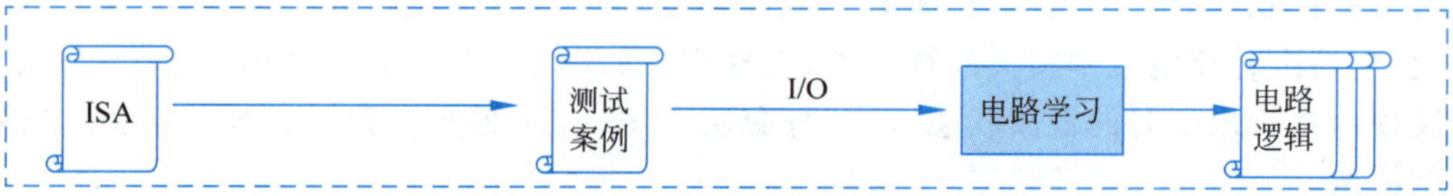

(b) 提出的CPU自动设计流程

图 10.15 CPU 学习流程[79]

2. AI 加速分子动力学模拟

深度学习驱动分子动力学(Deep Learning-Driven Molecular Dynamics，DLDMD)方法是将深度学习技术应用于分子动力学模拟中的一种创新方法。这种方法通过 AI 模型来提升传统分子动力学模拟的效率和精度，尤其在复杂系统建模和长时间尺度计算中展现出重要的应用前景。具体来说，DLDMD 方法的核心思想是通过深度学习模型来替代传统的经典势能函数，或者作为加速器来提高模拟过程的效率。

2023 年 7 月，中国科学院物理所和字节跳动等机构合作研究硫化物固态电解质的优化[80]。通过调控硅在 Li_6AsS_5I 中的掺杂量，成功提升了电解质的离子传导性，实现了室温下 10.4mS/cm 的高导电率，显著优化了电解质性能。

这里，研究者采用了基于深度学习的分子动力学模拟方法 DeepMD，以加速对电解质的结构优化和离子迁移机制的研究。与传统的量子力学方法相比，DeepMD 能够显著扩展模拟系统的规模和时间尺度，同时保持计算的高准确度。传统的第一性原理分子动力学模拟通常局限于几十皮秒的时间尺度和几百个原子的模拟规模，而 DeepMD 则能够将模拟时间扩展到几十纳秒，系统中的原子数也可以从几百个增加到几千个。这种扩展使得研究者能够更全面地揭示 $Li_{6+x}Si_xAs_{1-x}S_5I$ 体系中 Li+的迁移机制，并获得更加准确可靠的离子导电率数据。

通过 AI 加速的分子动力学模拟，DeepMD 为研究提供了更高效的工具，能够在更大范围的系统中开展复杂的模拟，从而为设计新型电解质材料和优化全固态电池提供重要的理论依据和技术支持。

3. AI 加速芯片设计

传统芯片设计是一个高度依赖行业专家经验的复杂过程，设计师不仅需要有多年积累的专业知识，还需要借助高端仪器与专业软件来完成任务，这使得芯片设计门槛较高。然而，随着 AI 技术的引入，芯片设计的方式发生了革命性变化。AI 充分利用已有的数据和设计工具，将设计过程转变为一个可持续积累和不断优化的模式，从而显著提高了设计效率和精度。

AI 驱动的芯片设计通过引入机器学习等技术，在设计、验证和测试过程中加速决策，尤其是在性能、功耗和面积之间寻找最佳平衡。传统芯片设计的参数空间庞大，涉及大量可变参数，人工无法在有限的时间内探索所有组合，且往往难以避免性能上的妥协。AI，特别是强化学习，能够在这个庞大的空间中高效搜索并识别最佳设计，避免了人为搜索的局限性。其核心原理是通过与环境的互动，逐步学习并优化行为策略，以获得最大回报。在芯片设计中，强化学习可以模拟不同设计参数并根据反馈信息逐步调整设计策略，从而优化芯片的综合性能。通过模拟不同设计方案与目标的互动，AI 能够自动生成在功耗、性能和芯片面积等指标上均优于传统手工设计的解决方案。

谷歌 DeepMind 团队便是这一 AI 芯片设计方法的领先者之一。2020 年 4 月，谷歌 DeepMind 的研究人员，包含 Google AI 负责人 Jeff Dean，描述了基于 AI 的芯片设计方法[81]。这一方法能够从历史经验中学习并逐渐改进设计流程，不仅能够减少设计周期，还能显著提高设计质量。2021 年，谷歌团队与斯坦福大学合作，进一步优化了这一方法[82]，并成功应用于张量处理单元 TPU v4 的设计中，提升了目标检测、图像分类、自然语言处理等多个应用领域的性能。2024 年 9 月，谷歌团队在已有的研究基础上分享了一个预训练模型及其权重，并公布模型名称为 AlphaChip。据介绍，在数小时内，AlphaChip 自动生成的芯片布局在功耗、性能和芯片面积等所有关键指标上都优于或媲美人类，而工程师需要耗费数月的艰苦努力才能达到类似效果。它设计的芯片布局，已经被用于世界各地的芯片中，包括数据中心和移动电话。

2025 年 6 月，中国科学院计算技术研究所和软件研究所联合推出全球首个基于 AI 技术的处理器芯片软硬件全自动设计系统——“启蒙”[83]。该系统能实现从芯片硬件到基础软件的全流程自动化设计，且在多项关键指标上达到或部分超越人类专家手工设计水平。具体而言，启蒙系统已实现自动设计 RISC-V CPU，达到 ARM Cortex A53 性能，并能为芯片自动配置操作系统、转译程序、高性能算子库，性能优于人类专家设计水平。这项研究有望改变处理器芯片软硬件的设计范式，不仅有望大幅提升设计效率、缩短设计周期，同时有望针对特定应用场景需求实现快速定制化设计，灵活满足芯片设计日益多样化的需求。

小结与展望

本章深入讨论了人工智能在多个学科中的广泛应用潜力，展示了其在数学、物理、生命科学、医学、材料科学、自然科学、化学、能源以及计算科学等领域中的成功案例。其中,AI不仅能够革新研究方法,还能为我们提供全新的视角,帮助我们更深入地理解复杂现象。

首先,AI在处理和分析大规模、多源数据方面展现了强大的能力。通过整合来自多个领域的数据,研究者能够揭示潜藏于数据背后的新模式与规律,推动知识的不断拓展。AI算法能够识别出微妙的关联关系,提供比传统分析方法更为深刻的洞察,从而促进跨学科的协作与知识交流。

其次,AI在模拟自然和物理系统方面的应用也极具前景。通过精细地建模,AI可以生成这些系统的"数字孪生",为研究者提供一个安全且可控的实验平台。这种虚拟环境不仅可以用于分析与实验,还能够协助科学家优化实验设计、提升实验效率,从而有效节省时间和资源。这一过程将显著加速假设验证与理论发展的进程。

未来,AI驱动的科学研究将进一步突破学科界限,催生新的研究范式。以下几个方向尤为值得关注。

1. 跨学科融合与智能协作

AI将成为促进跨学科合作的关键工具。随着知识图谱、自然语言处理等技术的发展,AI能够帮助研究者整合来自不同学科的信息,构建更全面的知识体系。通过将领域专长与AI模型的开发相结合,研究者能够将模型生成的洞见反馈至各自的研究领域,从而形成良性循环。这种跨界合作不仅能够促进知识的融合,还能激发创新思维,推动新技术与新方法的不断涌现。此外,AI驱动的智能助手将成为研究者的重要合作伙伴,提供即时的数据分析、文献综述以及实验建议。

2. 自主科学研究与发现

未来,AI不仅仅是辅助工具,还可能成为"自主科学家"。AI可以自动生成假设、设计实验并验证结果,实现部分自主化研究。例如,在材料科学领域,AI能够预测新材料的结构与性质,减少实验室筛选所需的时间与成本。在药物研发中,AI驱动的分子设计与模拟将大幅提高新药的研发效率。

3. 智能实验与自动化研究

结合机器人技术与AI,未来的实验室将更加智能化。AI驱动的自动化实验平台可以全天候运行,实时调整实验参数,优化实验条件,从而提高研究效率。无论是在高通量筛选、化学合成,还是生物医学实验中,AI的应用都将大幅减少人工干预,提高实验的准确性与可重复性。

4. AI与量子计算的结合

随着量子计算的发展,AI的计算能力将得到革命性提升。量子计算将显著提高AI在大规模优化、材料模拟、密码学、生物信息学等领域的计算能力,使其能够解决经典计算难以处理的问题。这一趋势将进一步拓展AI在科学研究中的应用范围。

5. 伦理与社会影响

AI在科学研究中的广泛应用也引发了一系列伦理和社会问题,例如数据安全、研究透明性以及算法偏见等。未来,如何在保证研究可信度的同时,规范AI的使用,将成为科学界的重要议题。同时,AI驱动的科学发现可能会对社会产生深远影响,例如对能源、医疗、环境等领域的颠覆性变革,需要政策制定者和科学家共同应对。

综上所述,AI的崛起为科学研究开辟了前所未有的机遇。它不仅在方法论上实现了创新,而且为各学科领域的深入探索提供了强有力的支持,AI驱动的科学研究将引领科学发现进入新的纪元。未来,如何高效利用AI的潜力,并应对其带来的挑战,将成为全球科学界关注的核心问题。

参考文献

[1] 王栋，卢湖川.人工智能概论[M].北京：科学出版社，2025.

[2] U.S. Department of Energy. AI for Science report[R]. 2020.

[3] 科技部.科技创新 2030—“新一代人工智能”重大项目 2021 年度项目申报指南的通知[EB/OL].(2021-07-06)[2025-03-16]. https://www.ncsti.gov.cn/kjdt/tzgg/202107/t20210707_36198.html.

[4] President's Council of Advisors on Science and Technology. Supercharging research: Harnessing artificial intelligence to meet global challenges[R]. Washigton: PCAST，2024.

[5] Leontidis G and The Royal Society. Science in the age of AI: How artificial intelligence is changing the nature and method of scientific research[R]. London: The Royal Society，2024.

[6] 鄂维南.2023 科学智能峰会演讲：共建 AI for Science[R].北京：2023 科学智能峰会.2023.

[7] 北京科学智能研究院，深势科技，络绎科学.AI4S 全球发展观察与展望(2023 版)[R].北京：北京科学智能研究院，2023.

[8] MO P，LI C，ZHAO D，et al. Accurate and efficient molecular dynamics based on machine learning and non von neumann architecture[J]. npj Computational Materials，2022，8(1)：107.

[9] HE Y. Frontiers of artificial intelligence development[R]. Hangzhou: The Global Artificial Intelligence Technology Conference(GAITC)，2024.

[10] GRIFFIN C，WALLACE D，MATEOS-GARCIA J，et al. A new golden age of discovery: Seizing the AI for Science opportunity[R]. [S. l.]: DeepMind，2024.

[11] Gemini Team Google. Gemini: A family of highly capable multimodal models [EB/OL]. (2024-06-17)[2024-12-25]. https://arxiv.org/abs/ 2312.11805.

[12] GOTTWEIS J，WENG W H，DARYIN A，et al. Towards an AI co-scientist[EB/OL]. (2025-02-26)[2025-03-16]. https://arxiv.org/abs/2502.18864.

[13] WANG H，FU T，DU Y，et al. Scientific discovery in the age of artificial intelligence[J]. Nature，2023，620：47-60.

[14] 维基百科.国际热核聚变实验反应堆[EB/OL].(2024-12-04)[2025-03-22]. https://zh.wikipedia.org/wiki/国际热核聚变实验反应堆.

[15] DEGRAVE J，FELICI F，BUCHLI J，et al. Magnetic control of tokamak plasmas through deep reinforcement learning[J]. Nature，2022，602(7897)：414-419.

[16] CHENG J，NOVATI G，PAN J，et al. Accurate proteome-wide missense variant effect prediction with Alphamissense[J]. Science，2023，381(6664)：eadg7492.

[17] JUMPER J，EVANS R，PRITZEL A，et al. Highly accurate protein structure prediction with Alphafold[J]. Nature，2021，596(7873)：583-589.

[18] PETERSEN BK，LANDAJUELA M，MUNDHENK TN，et al. Deep symbolic regression: recovering mathematical expressions from data via risk-seeking policy gradients[C]//Proceedings of the International Conference on Learning Representations. San Juan，Puerto Rico: OpenReview.net，2021.

[19] GÓMEZ-BOMBARELLI R，WEI JN，DUVENAUD D，et al. Automatic chemical design using a data-driven continuous representation of molecules[J]. ACS Cent Sci，2018，4(2)：268-276.

[20] TAO TERENCE. IMO 2024: AI and mathematics[EB/OL]. (2024-08-21)[2025-03-22]. https://www.youtube.com/watch?v=e049IoFBnLA.

[21] RAAYONI G，GOTTLIEB S，MANOR Y，et al. Generating conjectures on fundamental constants with the Ramanujan machine[J]. Nature，2021，590(7844)：67-73.

[22] DAVIES A，VELIČKOVIĆ P，BUESING L，et al. Advancing mathematics by guiding human intuition with AI[J]. Nature，2021，600(7887)：70-74.

[23] NOVIKOV A，VŨ N，EISENBERGER M，et al. AlphaEvolve: A coding agent for scientific and algorithmic

discovery[EB/OL]. (2025-06-16) [2025-07-05]. https://arxiv.org/abs/2506.13131.

[24] HE Y-H, LEE K-H, OLIVER T. Machine-learning the Sato-Tate conjecture[J]. Journal of Symbolic Computation, 2022, 111: 61-72.

[25] HE Y-H, LEE K-H, OLIVER T. Machine-learning number fields[J]. Mathematics, Computation and Geometry of Data, 2022, 2(1): 49-66.

[26] HE Y-H, LEE K-H, OLIVER T. Machine learning invariants of arithmetic curves[J]. Journal of Symbolic Computation, 2023, 115: 478-491.

[27] HE Y-H, LEE K-H, OLIVER T, et al. Murmurations of elliptic curves[J]. Experimental Mathematics, 2024: 1-13.

[28] YANG A, ZHANG B, HUI B, et al. Qwen2.5-Math technical report: Toward mathematical expert model via self-improvement[EB/OL]. (2024-09-18) [2024-12-25]. https://arxiv.org/abs/2409.12122.

[29] LIU Y H, HUANG Y X, WANG Y Q, et al. AI mathematician: Towards fully automated frontier mathematical research[EB/OL]. (2025-05-28) [2025-07-03]. https://arxiv.org/abs/2505.22451.

[30] LIU Z, TEGMARK M. Machine learning hidden symmetries[J]. Physical Review Letters. 2022, 128(18): 180201.

[31] GREYDANUS S, DZAMBA M, AND YOSINSKI J. Hamiltonian neural networks[C]//Proceedings of the Advances in Neural Information Processing Systems. New York: Curran Associates, 2019, 32: 15379-15389.

[32] CRANMER M, GREYDANUS S, HOYER S, et al. Lagrangian neural networks[C]//Proceedings of the ICLR 2020 Deep Differential Equations Workshop. San Juan, Puerto Rico: OpenReview.net, 2020.

[33] LIU Z, WANG B, MENG Q, et al. Machine-learning nonconservative dynamics for new-physics detection[J]. Physical Review E, 2021, 104(5): 055302.

[34] LEMOS P, JEFFREY N, CRANMER M, et al. Rediscovering orbital mechanics with machine learning[J]. Machine Learning: Science and Technology, 2023, 4(4): 045002.

[35] BRADSHAW G F, LANGLEY P W, AND SIMON H A. Studying scientific discovery by computer simulation[J]. Science, 1983, 222(4627): 971-975.

[36] SCHMIDT M, LIPSON H. Distilling free-form natural laws from experimental data[J]. Science, 2009, 324(5923): 81-85.

[37] UDRESCU S M, TEGMARK M. AI Feynman: A physics-inspired method for symbolic regression[J]. Science Advances, 2020, 6(16): eaay2631.

[38] CHEN B, HUANG K, RAGHUPATHI S, et al. Automated discovery of fundamental variables hidden in experimental data[J]. Nature Computational Science, 2022, 2(7): 433-442.

[39] DENG G H, SUN Y W, WANG H H, et al. Interpretability analysis and real-time prediction of locked mode-induced disruptions in EAST[J]. Plasma Physics and Controlled Fusion, 2025, 67(7): 075013.

[40] MEDEIROS L, PSALTIS D, LAUER TR, et al. The image of the M87 black hole reconstructed with PRIMO[J]. The Astrophysical Journal, 2023, 947(1): L7.

[41] SAPOVAL N, AGHAZADEH A, NUTE M G, et al. Current progress and open challenges for applying deep learning across the biosciences[J]. Nature Communications, 2022, 13(1): 1728.

[42] ALQURAISHI M. AlphaFold at CASP13[J]. Bioinformatics, 2019, 35(22): 4862-4865.

[43] KULMANOV M, KHAN MA, HOEHNDORF R. DeepGO: Predicting protein functions from sequence and interactions using a deep ontology-aware classifier[J]. Bioinformatics, 2018, 34(4): 660-668.

[44] KULMANOV M, GUZMÁN-VEGA F J, ROGGLI P D, et al. DeepGO-SE: Protein function prediction as approximate semantic entailment[J]. bioRxiv, 2023: 2023.09.26.559473.

[45] MIT Technology Review. OpenAI has created an AI model for longevity science[EB/OL]. (2025-01-17) [2025-03-22]. https://www.technologyreview.com/2025/01/17/1110086/openai-has-created-an-ai-model-for-longevity-science.

[46] LEWIS S, HEMPEL T, JIMÉNEZ-LUNA J, et al. Scalable emulation of protein equilibrium ensembles with generative deep learning[J]. Science, 2025, 389(6761): eadv9817.

[47] CHEN V, YANG M, CUI W, et al. Applying interpretable machine learning in computational biology—pitfalls, recommendations and opportunities for new developments[J]. Nature Methods. 2024, 21(8): 1454-1461.
[48] 何友，刘瑜，董凯，等. 多源信息融合与应用[M]. 3 版. 北京：电子工业出版社，2025.
[49] ZHOU J, ZHANG B, LI G, et al. An AI agent for fully automated multi-omic analyses[J]. Advanced Science, 2024, 11(44): 2407094.
[50] HUANG K X, ZHANG S, WANG H C, et al. Biomni: A general-purpose biomedical AI agent[EB/OL]. (2025-05-30) [2025-07-04]. https://www.biorxiv.org/content/early/2025/06/02/2025.05.30.656746.
[51] 雷秀娟，潘毅. 人工智能在生物信息学中的应用[M]. 北京：科学出版社，2023.
[52] ZHANG ZY, QIU ZJ, WU YC, et al. OriGene: A self-evolving virtual disease biologist automating therapeutic target discovery[EB/OL]. (2025-06-03) [2025-07-04]. https://www.biorxiv.org/content/early/2025/06/06/2025.06.03.657658.
[53] WONG M. A virtual cell is a "holy grail" of science, it's getting closer[EB/OL]. (2025-01-09)[2025-03-22]. https://www.theatlantic.com.
[54] NIE Z, LIU X, CHEN J, et al. A unified evolution-driven deep learning framework for virus variation driver prediction[J]. Nature Machine Intelligence, 2025, 7: 131-144.
[55] DENG Y T, YOU J, HE Y, et al. Atlas of the plasma proteome in health and disease in 53,026 adults[J]. Cell, 2025, 188(1): 253-271. e7.
[56] 上海交通大学附属瑞金医院，华为技术有限公司. 瑞智病理大模型——RuiPath[R]. 2025 医疗人工智能与精准诊疗发展论坛. 中国上海，2025.
[57] 清华大学人工智能产业研究院(AIR)，北京水木分子. 升级版生物医药多模态开源基础大模型 BioMedGPT-R1[EB/OL]. (2025-02-20)[2025-03-22]. https://huggingface.co/PharMolix/BioMedGPT-R1.
[58] XU S, HUANG X, WEI Z, et al. Reverse physician-AI relationship: Full-process clinical diagnosis driven by a large language model [EB/OL]. (2025-08-14) [2025-08-19]. https://arxiv.org/abs/2508.10492.
[59] FANG J, XIE M, HE X, et al. Machine learning accelerates the materials discovery[J]. Materials Today Communications, 2022, 33: 104900.
[60] MERCHANT A, BATZNER S, SCHOENHOLZ S, et al. Scaling deep learning for materials discovery[J]. Nature, 2023, 624(7990): 80-85.
[61] ZHAN W Z, CHEN J P, FU D Q, et al. UniMate: A unified model for mechanical metamaterial generation, property prediction, and condition confirmation[EB/OL]. (2025-06-05) [2025-07-04]. https://arxiv.org/abs/2506.15722.
[62] XIAO C, LIU M, YAO K, et al. Ultrabroadband and band selective thermal meta emitters by machine learning[J]. Nature, 2025, 643: 80-88.
[63] LV S, PENG L, WU W, et al. Bridging language models and computational materials science: A prompt-driven framework for material property prediction [J]. Materials Genome Engineering Advances, 2025, e70013.
[64] CHEN L, WANG B, ZHANG W, et al. Crystal structure assignment for unknown compounds from X-ray diffraction patterns with deep learning[J]. Journal of the American Chemical Society, 2024, 146(12): 8098-8109.
[65] 张峻铭，杨伟东，李岩. 人工智能在复合材料研究中的应用[J]. 力学进展，2021，51(4)：865-900.
[66] WANG Y, WANG K, ZHANG C. Applications of artificial intelligence/machine learning to high-performance composites[J]. Composites Part B: Engineering, 2024: 111740.
[67] Nature Geoscience. Advancing geoscience with AI[J]. Nature Geoscience, 2024, 17: 947.
[68] SI X, WU X, LI Z, et al. An all-in-one seismic phase picking, location, and association network for multi-task multi-station earthquake monitoring[J]. Communications Earth & Environment, 2024, 5(1): 22.
[69] LUO H, KARKI B, GHOSH D, et al. Diffusional fractionation of helium isotopes in silicate melts[J].

Geochemical Perspectives Letters, 2021, 19: 19-21.

[70] LAM R, SANCHEZ-GONZALEZ A, WILLSON M, et al. Learning skillful medium-range global weather forecasting[J]. Science, 2023, 382(6677): 1416-1421.

[71] BI K, XIE L, ZHANG H, et al. Accurate medium-range global weather forecasting with 3D neural networks [J]. Nature, 2023, 619(7970): 533-538.

[72] PRICE I, SANCHEZ-GONZALEZ A, ALET F, et al. Probabilistic weather forecasting with machine learning [J]. Nature, 2024: 1-7.

[73] ALET F, PRICE I, EL-KADI A, et al. Skillful joint probabilistic weather forecasting from marginals[EB/OL]. (2025-06-12) [2025-07-05]. https://arxiv.org/abs/2506.10772.

[74] ZHONG W, YANG Z, CHEN CY. Retrosynthesis prediction using an end-to-end graph generative architecture for molecular graph editing[J]. Nature Communications, 2023, 14(1): 3009.

[75] XU H, WU W, CHEN Y, et al. Explicit relation between thin film chromatography and column chromatography conditions from statistics and machine learning[J]. Nature Communications, 2025, 16: 832.

[76] TANG B, NIU Z, WANG X, et al. Automated molecular structure segmentation from documents using ChemSAM[J]. Journal of Cheminformatics, 2024, 16(1): 29.

[77] CHEN C, NGUYEN D T, LEE S J, et al. Accelerating computational materials discovery with machine learning and cloud high-performance computing: from large-scale screening to experimental validation[J]. Journal of the American Chemical Society, 2024, 146(29): 20009-20018.

[78] CHEN S, WU G, JIANG H, et al. External Li supply reshapes Li deficiency and lifetime limit of batteries[J]. Nature, 2025, 638: 676-683.

[79] CHENG S, JIN P, GUO Q, et al. Pushing the limits of machine design: Automated CPU design with AI [EB/OL]. (2023-06-27)[2024-12-25]. https://arxiv.org/abs/2306.12456, 2023.

[80] LU P, XIA Y, SUN G, et al. Realizing long-cycling all-solid-state Li-In||TiS2 batteries using Li6+xMxAs1-xS5I (M=Si, Sn) sulfide solid electrolytes[J]. Nature Communications, 2023, 14(1): 4077.

[81] MIRHOSEINI A, GOLDIE A, YAZGAN M, et al. Chip placement with deep reinforcement learning [EB/OL]. (2020-04-22)[2024-12-25]. https://arxiv.org/abs/2004.10746.

[82] MIRHOSEINI A, GOLDIE A, YAZGAN M, et al. A graph placement methodology for fast chip design[J]. Nature, 2021, 594: 207-212.

[83] ZHANG R, WEN Y, CHENG S, et al. QiMeng: Fully automated hardware and software design for processor chip[EB/OL]. (2025-06-05) [2025-07-05]. https://arxiv.org/abs/2506.05007.

第 11 章 人工智能产业布局

CHAPTER 11

11.1 引言

人工智能(AI)作为引领全球科技革命和产业变革的核心驱动力,正以前所未有的速度重塑经济和社会格局。近年来,全球 AI 产业保持高速增长,市场规模持续扩大,投资活跃度显著回升。2024 年第三季度,全球 AI 领域的股权融资交易数量达 1245 笔,融资规模重回 2022 年初的高峰水平,这显示出资本市场对 AI 的信心与期待。据预测,未来十年内,全球 AI 市场规模将以年均 19.1%的增长率持续扩张,展现出强劲的发展潜力[1]。

从全球格局来看,美国在 AI 融资市场和应用市场中依然占据主导地位。截至 2024 年 10 月,美国 AI 融资规模占全球总量的 70%以上,其在大模型研发和企业规模方面的优势尤为显著。美国不仅在资金筹集方面遥遥领先,还在技术应用和商业化落地方面展现出强大的竞争力。与此同时,中国作为全球 AI 领域的重要参与者,正持续攻坚发力。截至 2024 年一季度,中国大模型数量已占全球总量的 36%,并展现出强大的技术研发能力和市场潜力。此外,欧洲、日本等地区也在 AI 领域积极布局,试图通过政策支持和产业合作抢占技术制高点[1]。

从企业格局来看,OpenAI 凭借其差异化的技术优势和创新能力稳居全球 AI 产业龙头位置。其消费级 AI 应用 ChatGPT 的用户体量稳步增长,截至 2025 年 7 月,ChatGPT 周活用户数突破 7 亿,约占全球成年人口的十分之一,周消息量达到惊人的 180 亿条,成为全球 AI 应用的标杆。OpenAI 的成功不仅在于其技术的领先性,更在于其商业模式的创新和对用户需求的深刻理解。谷歌、微软、Meta 等科技巨头也在 AI 领域持续加码,通过并购、合作和自主研发等方式巩固其市场地位。与此同时,中国的 AI 企业也在快速崛起,DeepSeek(深度求索)作为一家专注于通用人工智能(AGI)领域的企业,凭借其在大模型技术和多模态能力方面的突破,逐渐在全球 AI 舞台上崭露头角。DeepSeek 不仅致力于推动技术的创新与落地,还积极探索 AI 在医疗、教育、金融等垂直领域的应用,为行业数字化转型提供核心驱动力。其开放协作的生态理念和技术共享模式,也为全球 AI 产业的发展注入了新的活力。

在国内市场,AI 融资持续聚焦人工智能生成内容(AIGC)及其行业应用。根据世界知识产权组织 2024 年发布的《生成式人工智能专利态势报告》[2],中国在 2014—2023 年期间提交的生成式 AI 专利申请数量超过 3.8 万项,位居全球第一,占全球这十年申请总量的主要份额,广泛涵盖出版、文档管理、自动驾驶等领域。2024 年以来,国内 AIGC 的用户规模和渗透率均呈现强劲增长态势,11 月的渗透率达 27.1%,较年初增长近 20 个百分点,显示出 AIGC 在国内市场快速普及和广泛应用的态势[3]。从医疗、教育到金融、制造,AIGC 正在赋能千行百业,推动传统行业的数字化转型。

然而，AI 产业的快速发展也面临诸多挑战。技术伦理、数据安全、隐私保护等问题日益凸显，成为制约产业健康发展的重要因素[4]。此外，全球范围内 AI 人才的供需失衡问题依然严峻，高端人才的短缺成为技术创新的瓶颈。

本章将从产业整体布局、产业创新体系、产业投资动态和人工智能人才战略四个维度，全面剖析全球及中国 AI 产业布局的现状、发展趋势和未来机遇。通过对技术研发、应用场景、产业生态、国际合作等方面的深入分析，试图为读者提供一个清晰的 AI 产业布局图景，帮助理解产业的布局现状和未来发展趋势，为政策制定者、企业和投资者提供有价值的参考和启示。

11.2 产业整体布局

AI 产业的整体布局是推动技术创新、促进产业升级、增强全球竞争力的关键。合理的产业布局不仅能优化资源配置，提升技术突破的效率，还能构建协同发展的产业生态，推动 AI 赋能实体经济，助力社会智能化转型。当前，AI 产业的布局主要围绕核心技术演进、应用场景拓展、产业生态建设和国际合作与竞争四方面展开。这些层面相互影响、协同作用，共同推动 AI 产业格局的演进。

通过科学合理的布局，AI 产业能够实现技术与产业的良性互动，推动经济增长，提升社会智能化水平，并在全球科技竞争中占据主动权。未来，随着 AI 技术的持续突破和应用深化，产业布局需动态调整，以适应市场需求和技术演进方向的不断变化。

下面将针对这四个层面展开详细分析。

11.2.1 核心技术演进

AI 产业的核心技术演进是推动其发展的关键驱动力，主要包括算法优化、算力升级、数据管理三个方面。当前，算法、数据、算力这三大核心要素进入动态的创新循环[5]，如图 11.1 所示。2022 年，算法创新引领了技术的突破，尤其是 Transformer 架构的引入，带动了 AI 领域的广泛应用和技术变革；2023 年，数据创新成为焦点，数据合成、数据标注和高质量数据集的建设成为行业热点，为 AI 模型的训练和应用提供了更为丰富的数据源；2024 年，算力创新成为主流，超万卡时代的到来和算力运营商等新兴产业的崛起，使得 AI 在计算能力上得到了前所未有的突破；2025 年，AI 技术进入新的算法创新阶段，算法的持续优化将成为推动 AI 进步的核心动力，再次推动 AI 技术在更多垂直领域的突破和应用。

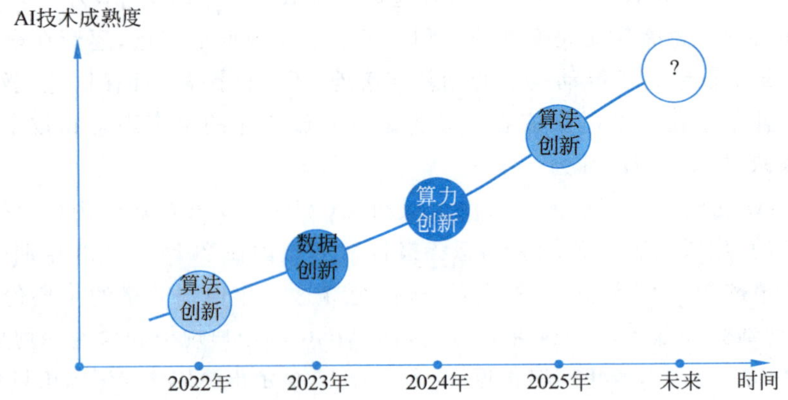

图 11.1 围绕三大核心要素的 AI 技术创新发展方向演进趋势[5]

1. 算法优化

深度学习作为AI技术的核心基础，推动了语音识别、图像识别、自然语言处理等多个领域的突破。在过去的几年里，AI模型不断在各个领域取得显著进展，这得益于算法的持续优化和创新。强化学习技术的发展，特别是在自动决策和智能控制任务中的应用，使得AI展现出更强的自主学习能力。通过与环境互动，强化学习使AI能够自主改进策略并实现更复杂的任务目标，如自动驾驶、智能机器人和实时数据处理等场景。与此同时，自监督学习的崛起进一步改变了AI的训练模式，它使得AI模型能够在没有大量标注数据的情况下，通过自我监督从无标签数据中学习，这不仅提升了训练效率，也增强了AI模型的泛化能力，推动了AI向更多领域的扩展。

OpenAI等机构通过大量工程实验和反复验证提出规模定律(Scaling Law)[6]，即AI模型的能力与计算能力、参数量和数据量之间存在明确的定量关系。在规模定律的驱动下，AI模型能力随着计算资源、训练数据和模型规模的持续增长而显著提升，推动基础大模型在语言、视觉和多模态领域快速迭代与突破。规模定律不仅指导着AI行业的资源分配与技术演进，更持续地驱动着模型创新的进步。自2022年ChatGPT的发布引发大模型浪潮以来，国内外的大模型爆发式增长，模型能力不断迭代，应用场景不断扩展[7]。到2024年，大模型在推理和理解能力上实现了质的飞跃，并开始探索垂直行业的应用落地。在大模型的支撑下，AI的应用场景已经逐步从单一的自然语言处理拓展到多模态理解和生成领域，进一步丰富了AI的应用维度。

综上所述，算法优化在推动AI技术发展的过程中起到了至关重要的作用。从深度学习到强化学习、自监督学习，再到大模型的快速迭代，算法的不断优化为AI技术的广泛应用和创新发展提供了坚实的基础。

2. 算力升级

随着AI对计算资源需求的增长，为了应对复杂AI模型的训练和推理任务，专用AI芯片成为支撑高效AI计算的关键。图形处理单元(Graphics Processing Unit，GPU)、张量处理单元(Tensor Processing Unit，TPU)和神经处理单元(Neural Processing Unit，NPU)等专用处理器能够加速深度学习等大规模计算任务的执行，显著提高计算效率和能效比。专用集成电路(Application-Specific Integrated Circuit，ASIC)、现场可编程逻辑门阵列(Field-Programmable Gate Array，FPGA)则针对特定任务进行优化，进一步提升了处理速度和算力。

云计算为AI提供了高度可扩展的计算资源，支持大规模数据存储和分布式计算，使得AI应用能够在全球范围内部署和执行。与此同时，边缘计算通过将计算任务移至数据产生源头附近，解决了传统云计算架构中存在的延迟和带宽问题。在实时性要求高的场景下，边缘计算的优势愈加突出。例如，在自动驾驶和智能制造领域，边缘计算能够实时处理数据，提供低延迟的响应和决策能力。

此外，量子计算作为下一代计算技术，正在为AI的发展带来新的可能。量子计算通过量子比特的超强并行计算能力，预计将在解决大规模和复杂计算任务时展现出独特的优势[8]。尽管量子计算尚处于研究和实验阶段，但它的潜力已逐渐显现，未来可能会成为提升AI算力的重要突破口，尤其用于解决传统计算无法高效处理的优化问题和大规模数据分析。

随着算力需求的不断增长，算力效率成为关键议题。2025年，DeepSeek-V3和R1模型的出现标志着算力效率发展的拐点，如图11.2所示。DeepSeek通过创新的算法架构优化，大幅提升了算力利用效率，突破了传统“算力至上”的发展模式[5]。其设计通过优化训练流程，结合少量数据监督微调(Supervised Fine-Tuning，SFT)和多轮强化学习，不仅提高了模型的准确性，还显著降低了内存占用和计算开销。这一创新表明通过优化算法结构也可提升算力效益，而无须单独依赖算力增长。

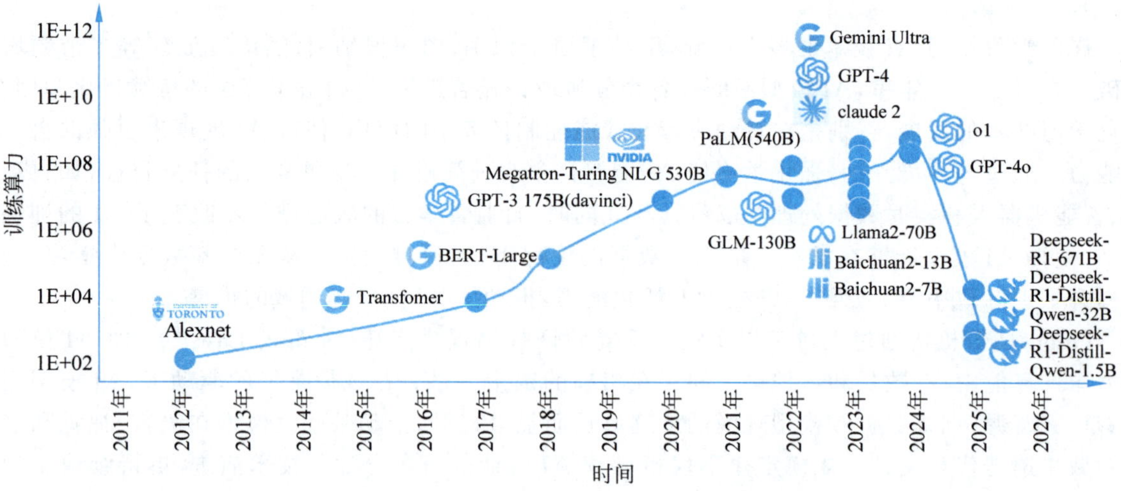

图 11.2 2011—2025 年 AI 大模型训练所需算力演变[5]

DeepSeek-R1 的训练方法则进一步推翻了传统的"高算力即高成本"的认知，其低成本训练方法使得算力与性能之间达成了较为平衡的关系[5]，如图 11.3 所示。在这一模型中，模型的推理能力随着 GPU 数量增加而稳定线性提升，而不需要复杂的外部监督机制。这一特性验证了"算力即性能"的规模定律，为 AI 芯片市场和 AI 基础设施的未来发展提供了明确的增量需求逻辑。

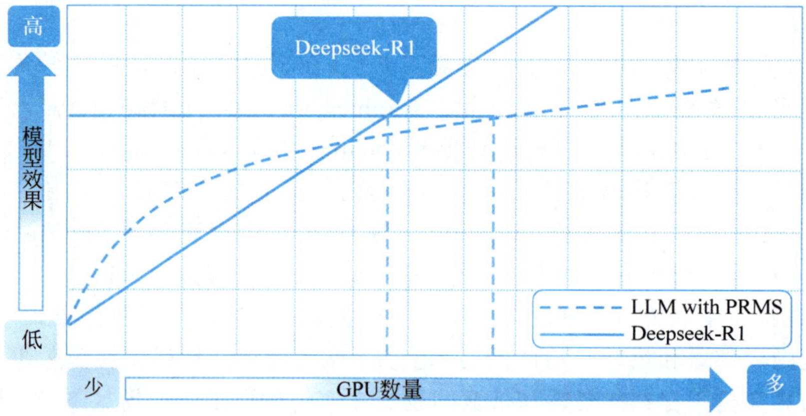

注：该图仅为示意，不代表实际情况下具体数量与效果的对比；该图为无编码基础分析师通过Deepseek R1协作利用Python编码生成。

图 11.3 DeepSeek-R1 效能展示：以更少 GPU 实现同等模型效果[5]

当前，中国人工智能算力基础设施的发展呈现出多元化、服务化、场景化、绿色化等特征。中国在智能算力领域的增速高于预期，中国 AI 企业加速了生成式人工智能的布局和投入[9]。根据国际数据公司(IDC)的调研结果[10]，截至 2025 年，42%的中国 AI 企业已经开始进行大模型的初步测试和概念验证，17%的企业已将 AI 应用到实际生产中；预计在未来 18 个月内，硬件升级将成为中国 AI 企业的首要投资目标。如图 11.4 所示，在旺盛市场需求和丰富应用场景的推动下，中国的智能算力规模正在快速增长。IDC 预测显示，到 2025 年，中国智能算力规模将达到 1037.3 百亿亿次浮点运算每秒(Exa Floating Point Operations Per Second，EFLOPS)，并预计于 2028 年达到 2781.9 EFLOPS。2023 至 2028 年，中国智能算力规模的年复合增长率(Compound Annual Growth

Rate,CAGR)将为 46.2%,明显超过通用算力的增长率(18.8%),且高于前期预测的 33.9%。中国的 AI 算力基础设施不仅为国内市场提供强大的算力支持,也为全球 AI 发展贡献了重要力量。

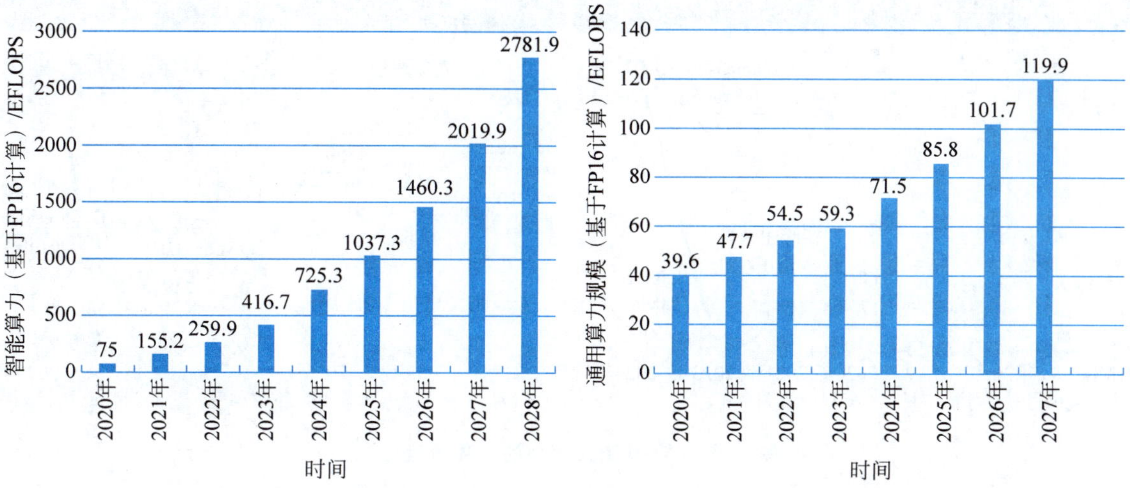

图 11.4 中国智能算力和通用算力规模及预测(2020—2028)[10]

3. 数据管理

高质量的数据是 AI 技术发展的核心基础。随着数据采集、标注和管理技术的不断进步,AI 模型的训练变得更加精准且高效。大规模数据集的构建和标注,尤其是在图像、文本、语音等领域,已成为推动 AI 技术快速发展的重要驱动力。这些数据为 AI 系统提供了丰富的学习材料,使得 AI 在语音识别、图像处理、自然语言理解等应用领域取得了显著成效。然而,随着 AI 技术在各行各业的应用深入,数据隐私和安全问题逐渐成为社会关注的焦点。

隐私计算和联邦学习(Federated Learning,FL)[11]技术为数据隐私和安全问题提供了有效的解决方案。隐私计算通过对数据加密、匿名化处理等方式,在确保用户隐私前提下,允许数据分析和计算,而不暴露个人信息。隐私计算不仅提升了数据的安全性,也增强了公众对数据应用的信任,为数据的合法使用提供了保障。联邦学习则进一步推动了数据的共享与利用。通过在各数据源本地进行模型训练,而非集中传输数据。联邦学习能够避免数据泄露的风险,同时促进了多个机构、地区间的合作。这一技术突破使得 AI 可以在保护数据隐私的同时,充分利用分布式数据资源,推动跨组织、跨行业的合作和创新。

此外,数据治理和合规性也在数据管理中发挥作用。随着各国政府和监管机构对数据隐私保护的要求日益严格,如何在确保合规性的同时,充分利用数据进行 AI 模型的训练和优化,成为企业面临的重大挑战。例如,欧盟的《通用数据保护条例》(GDPR)[12]为全球数据保护制定了明确的标准,要求企业在使用数据时必须保证透明度、合法性和用户同意。这促使企业在开展 AI 应用的同时,不仅要提升技术能力,还需加强数据管理的合规性。此外,《欧洲绿色协议》[13]、《美国新能源法案》[14]、《数字中国建设 2025 年行动方案》[15]、《企业可持续发展报告指令》[16]等政策法规相继出台,对数据中心能耗提出了更高要求。

随着 AI 技术的不断进步,基础大模型的参数量也迎来了新的拐点。如图 11.5 所示,2025 年发布的 AI 大模型参数量整体下降,这一变化为 AI 的本地化部署和终端应用提供了新的可能。低参数量的大模型能够在保持较高性能的同时,减少对算力的依赖,使得 AI 应用能够更加灵活地在边缘设备和 AI 终端上运行。这一进展不仅推动了 AI 在高实时性需求场景中的广泛应用，也使得本地化部署成为可能，从而促进了 AI 在数据隐私敏感领域的普及和应用。

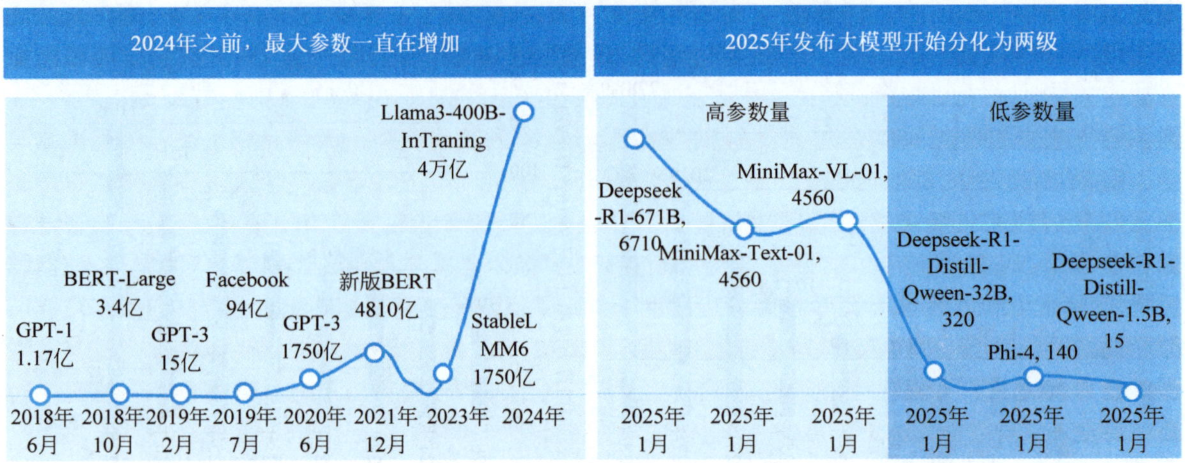

图 11.5 AI 基础大模型的参数量趋势[5]

然而，随着 AI 大模型技术的快速研发和应用，能耗问题日益严峻。如图 11.6 所示，IDC 数据显示，2024 年，AI 数据中心的 IT 能耗(包括服务器、存储系统和网络)达到 55.1 太瓦时(TW·h)；在 2025 年将增至 77.7TW·h，是 2023 年能耗的两倍；到 2027 年，预计将达到 146.2TW·h，年复合增长率为 44.8%，五年内能耗将增长六倍[10]。这一趋势对数据中心基础设施提出了更高的要求，尤其是在大模型的训练和优化过程中，所需的算力和能效支持需要不断升级。

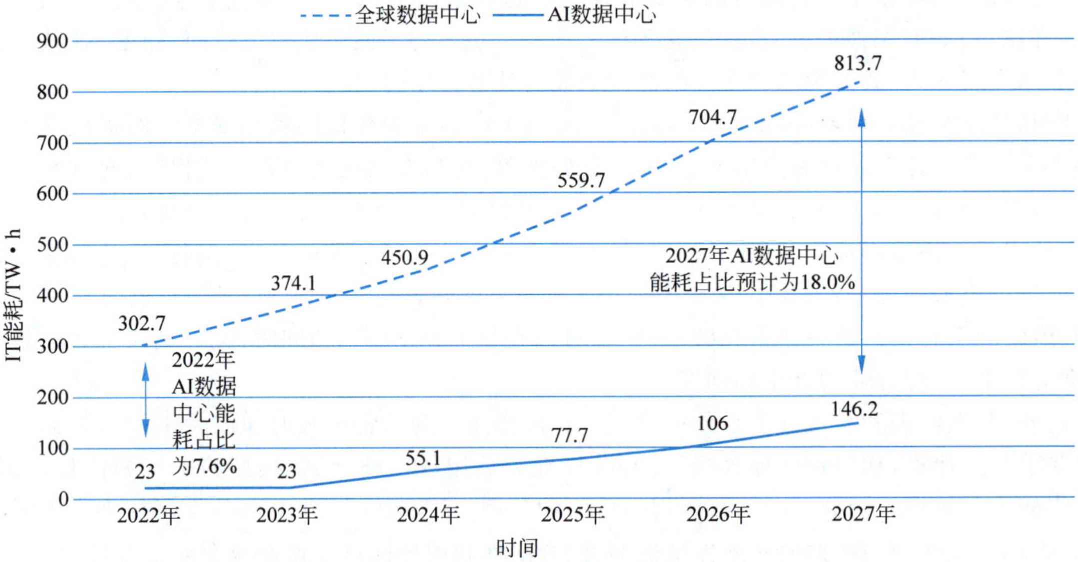

图 11.6 全球数据中心及人工智能数据中心能耗预测(2022—2027 年)[10]

为应对日益增加的能耗需求，许多数据中心已开始使用液冷系统替代传统的风冷系统，满足高密度机架的冷却需求。IDC 预测，到 2028 年，60%的数据中心将采用包括微电网、定制硅芯片、液体冷却和加固结构等创新技术，以应对电力短缺和可持续性要求[10]。这种转变不仅是技术进步的体现，也反映了 AI 产业在追求智能化和高效能的同时，越来越关注能源使用的可持续性和环境影响。

综上所述，数据管理不仅是AI技术发展的基础，更是其能够安全、可持续发展的保障。隐私计算、联邦学习等技术的不断发展，为数据共享、隐私保护和合规管理提供了新的解决思路，使得AI技术在全球范围内的应用更为广泛、安全与可信。与此同时，随着大模型参数量的下降和人们对能效问题的日益重视，AI技术的本地化部署和绿色发展逐渐成为现实，进一步推动了各行业的智能化应用，促进了社会和经济的转型升级。

这些核心技术的不断演进，使得AI不断打破技术壁垒，并在各行各业中实现深度应用，进一步加速了AI产业布局的优化与扩展。

11.2.2 应用场景拓展

AI技术的应用场景涵盖了诸多领域，主要包括医疗健康、智慧交通、智能制造、金融服务、农业生产、智能军事等。在推动AI落地的同时，需深入挖掘各行业的痛点与需求，精准定位应用场景，提供定制化的解决方案，并进行示范应用推广。

在医疗健康领域，AI技术正在推动医疗服务的智能化，涵盖医学影像诊断、疾病风险预测、个性化治疗方案等方面。例如，基于深度学习的医学影像诊断系统能够帮助医生更快速、精准地进行疾病诊断，从而提高医疗效率和诊断准确性。智能化医疗设备的应用正在逐步改变传统的医疗服务模式，并渗透多个关键环节。与传统医疗设备不同，智能医疗设备的典型应用场景包括智能诊断、智能治疗、智能监护与生命支持及智能康复养老等。在智能诊断方面，蚂蚁集团于2025年6月推出AI健康应用，从知识库层面看，其诊断水平约达到副主任医师水平[17]。在智能治疗方面，AI在药物研发领域展现出巨大潜力。例如，2025年6月，英矽智能研发的一款用以治疗特发性肺纤维化的小分子药物，已初步验证了其药物分子的安全性和有效性，成为目前全世界进展最快的AI药物[18]。在智能监护与生命支持领域，随着慢性疾病患者数量的增加，智能监护与生命支持设备的需求也在不断上升。与此同时，随着中国老龄化人口的持续增长，智能康复养老市场呈现出巨大的发展潜力。

在智慧交通领域，AI的应用逐步推动了交通系统的智能化。通过实时监测和分析交通流量数据，AI驱动的交通管理系统能够优化交通信号配时，缓解交通拥堵，提高交通运行效率。此外，智能驾驶辅助系统也在不断发展，提升了驾驶员的安全性与出行体验。与此同时，新能源汽车的渗透率持续增加，智能汽车的驾驶系统和车载座舱正逐步实现智能化升级[1]。智能汽车的核心研究集中在自动驾驶技术和智能座舱的创新上，市场上的主要参与者包括互联网科技公司、传统汽车制造商及各类配套解决方案提供商。当前，互联网巨头与主机厂的合作造车模式成为主流，智能驾驶技术的成熟度也与规模化量产的速度密切相关。智能座舱的创新，包括大模型、多音区识别、全息投影等技术，进一步提升了智能汽车的市场吸引力。

在智能制造领域，AI技术的应用正逐步实现工业生产过程的高度智能化和自动化。AI系统可以优化智能生产计划、提升制造工艺、实现质量控制等关键应用。例如，基于AI的智能制造系统可实时监测分析生产数据，识别流程瓶颈，动态调整生产计划并优化工艺，从而提升效率、减少浪费并提高产品质量。同时，AI在质量控制中的作用尤为重要，它能够通过机器视觉和深度学习等技术，自动检测产品缺陷，减少人为错误，确保每一件产品都符合标准。2025年6月，工业和信息化部等六部门联合开展2025年度智能工厂梯度培育行动[19]，分基础级、先进级、卓越级和领航级智能工厂四个层级进行培育，旨在加快推动制造业数字化转型智能化升级。

在金融服务领域，AI技术的引入使金融服务的智能化水平不断提升，改变了风险管理、投资决策、客户服务等多个领域的工作方式。例如，基于AI的智能风险评估系统，借助大数据分析和机器学习算法，可以全面评估借款人的信用风险。它能够结合个人的信用历史、还款记录及宏观经济等多维数据，提供更加准确、快速的风险预测。这不仅提高了金融机构在贷款审批过程中的决策效率，还能降低不良贷款的发生概率，增强金融系统的稳定性。在智能投资决策方面，AI利用大数据与深度学习分析市场趋势，能够为投资者提供智能化的投资建议，甚至实现自动化交易。此外，AI还可通过聊天机器人等技术为客户提供全天候的智能客户服务，快速实时解决客户问题，提升客户满意度。

在农业生产中，AI的应用正在推动传统农业向智能化、精准化的方向发展。AI技术可以实现农业生产管理的智能化，提升农作物的产量和质量。例如，基于AI的农业物联网系统能够实时监测农田环境的各项数据，如温度、湿度、土壤质量等，结合深度学习进行数据分析和预测，精准调控灌溉、施肥等操作，最大化提高农业生产效率和作物产量。此外，AI还在农作物病虫害预测中发挥了重要作用，通过对历史病虫害数据的分析，结合气象数据，AI可以提前预测病虫害的发生，并及时采取防控措施，从而有效降低农药的使用量，提高农产品的安全性与质量。精准农业还能够通过无人驾驶农机、自动化播种与收割等技术，降低人工成本，提高作业精度。

此外，AI在军事领域的应用正在不断扩展，并在提升作战能力、增强战略决策支持、执行高风险任务等方面发挥重要作用。例如，AI可以通过深度学习和数据分析，从卫星、无人机、雷达等获取的大量信息中提取关键信息，帮助部队更好地监控敌方动向，识别潜在威胁。AI系统能够分析这些数据并结合历史战斗数据，预测可能的战斗情境和敌方行动，为指挥官提供科学决策支持，从而在复杂的动态战场环境中作出更快速、准确的反应。在高风险任务方面，AI可以代替士兵执行侦察、攻击、炸弹拆除等危险任务，降低人员伤亡的风险，提升任务成功率。例如，无人机和自动化机器人可以在敌方防线后方进行侦察，或在地面战斗中执行精确打击。通过AI辅助，军事行动将变得更加高效、安全与精准。

11.2.3 产业生态建设

AI产业布局的健康发展离不开一个良好的产业生态系统。构建这一生态系统不仅需要技术创新，还需要政府、企业、科研机构等多方力量的协同合作。随着智能算力、大模型与智能体、具身智能与人形机器人、智能可穿戴设备等领域的技术突破，AI产业生态正在不断完善。下面讨论AI产业生态建设的关键方向。

1. 智能算力：产业生态的底层支撑

随着大模型的兴起，智能算力需求呈现爆发式增长。专用AI芯片和智能算力中心（智算中心）作为基础设施，承担着AI技术研发、模型训练和推理的核心任务。在全球范围内，智能算力的增速已远超整体算力增速，逐渐成为产业发展的核心竞争力。在中国，智能算力已经占到算力总规模的30%以上，成为战略性投资重点[1]。阿里云、百度、华为云等企业与中国移动等运营商积极建设智算中心，为AI技术的落地提供强有力的算力保障。这些智算中心不仅服务于大规模模型训练，还为各种AI应用场景提供高效、低成本的算力支持，成为支撑产业生态稳定发展的重要基石。

2. 大模型与智能体：推动生态多元化发展

随着AIGC技术的爆发，大模型和智能体已成为AI产业的重要推动力。中国企业在大模型领域快速发展，不仅在技术性能上追赶全球先进水平，还在应用场景上实现了多元化。国内头部企业的通用大模型正逐步发展为行业专家型智能体，涵盖办公助手、医疗专家、教育助手等多种功能。这些智能体的深入应用，不仅为传统行业的运作模式带来了革命性变化，也推动了产业生态的多元化发展。例如，智能体在医疗领域能够辅助医生快速诊断，提升治疗效率；在教育领域，智能体通过个性化学习计划为学生提供定制化辅导，促进了教育公平和质量的提升。

3. 具身智能与人形机器人：生态延伸的新方向

具身智能作为 AI 与机器人学、机械学、传感技术等多个学科交叉融合的产物，成为 AI 产业生态拓展的新方向[20]。人形机器人作为具身智能的代表，正迅速进入工业、服务、家庭等多个领域[21]。尽管中国在人形机器人领域起步较晚，但已有多家企业在该领域取得显著进展[1]，其融资情况、有效发明专利国家排名和企业排名如图 11.7 所示，其中有效发明专利指已获得授权且仍处于法定保护期内的专利。优必选、达闼等公司凭借技术创新和产业合作，推动了人形机器人在实际应用中的落地，进一步延伸了 AI 产业的生态边界。这些机器人不仅能够在工业生产中代替人工完成重复劳动，还在服务领域为老龄化社会提供了智能化助力，拓展了 AI 的社会价值。

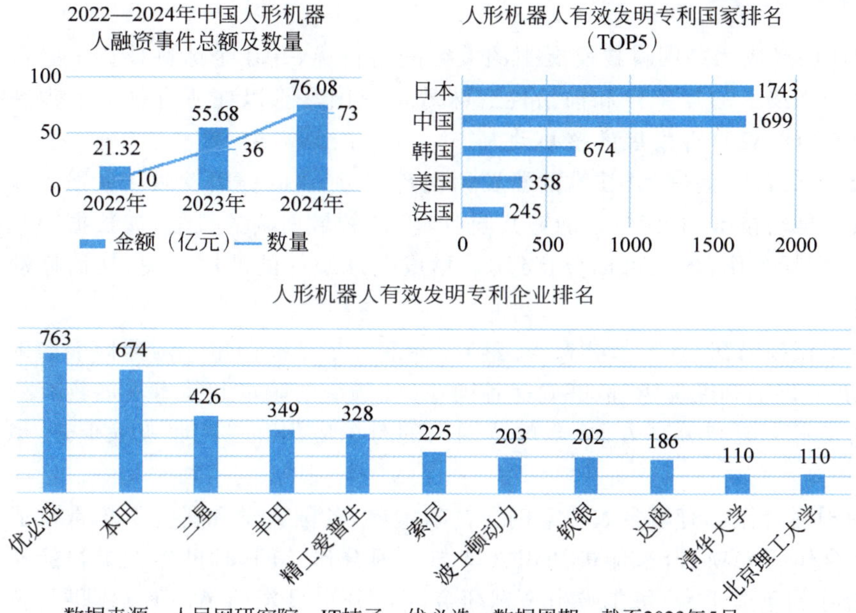

企业	产品
优必选	Walker S、Walker X、熊猫机器人优悠
达闼	Cloud Ginger、Cloud Pepper、Cloudia
小米	Cyberone
宇数科技	Unitree G1
傅里叶智能	GR-1、GR-2
追觅科技	通用人形机器人
智元机器人	灵犀X1、远征A1/A2/A2MAX
开普勒	先行者K1/S1/D1
小鹏汽车	PX5

数据来源：人民网研究院，IT桔子，优必选；数据周期：截至2023年5月

图 11.7 人形机器人融资情况、有效发明专利和企业排名[1]

4. 智能可穿戴设备：生态交互的新入口

智能可穿戴设备正在成为 AI 产业生态中的重要交互窗口。结合 AI 技术与空间计算的智能可穿戴设备，如头戴显示器（Head-Mounted Display，HMD）和智能眼镜，不仅能够提升用户的感官体验，还为 AI 应用的普及提供了新的入口。随着感官增强设备的出货量大幅增长，这些设备在增强现实（AR）、虚拟现实（VR）等新兴领域的应用也在不断拓展，为产业生态注入了新的活力[1]。例如，智能眼镜能够在医疗、零售、教育等领域提供实时的信息反馈，提升工作效率和用户体验。这些创新设备正在推动 AI 技术从传统的计算机和手机延伸到更多生活场景，增强了 AI 在日常生活中的渗透力。

5. 多方协作：共建开放协同的产业生态

健康的 AI 产业生态日益呈现出多方协作、共建共享的发展趋势。以 OpenAI 为例，尽管其核心模型并未完全开源，但它通过提供 API 服务和发布部分研究成果，促进了 AI 技术在全球范围内的交流与发展，成为协同创新生态中的重要一环。2025 年 6 月召开的中国智算产业生态发展大会[22]中指出，在人工智能与数字化转型的浪潮下，需要实现供需协同与生态共建，实现产业的高质量发展。

在区域生态建设方面，一些区域已经通过政府引导或产业聚集效应，形成了健康的产业生态。例如，中国的深圳市、杭州市和美国的旧金山湾区等地区汇聚了大量的 AI 企业、人才和资源，成为全球 AI 产业的重要生态圈。这些地区的成功经验为全球 AI 产业生态建设提供了宝贵的参考。

AI 产业生态建设是一个系统性工程，涵盖了从智能算力、技术应用到产业合作的方方面面。通过加强基础设施建设、推动技术创新、拓展应用领域及促进多方协作，人工智能产业生态系统将变得更加健康、开放和可持续。这不仅会为 AI 产业本身带来长远的成长机会，也将为全球经济和社会的数字化转型提供强大的支撑。

11.2.4 国际合作与竞争

在全球化背景下，AI 产业已经成为各国科技发展中的关键战略目标，并在全球科技竞争中占据着举足轻重的地位。然而，AI 技术的复杂性和前沿性意味着单个国家难以在所有领域独占鳌头。因此，国际合作成为推动全球 AI 产业发展的核心动力。

加强国际合作能够汇聚全球智慧，促进 AI 技术的研发和创新，为产业的健康发展注入强大动力。全球范围内的合作不仅能推动技术的突破，还能够共同应对 AI 领域面临的挑战，如数据隐私保护、伦理道德问题等。通过国际合作，各国可以分享经验，形成全球统一的解决方案，从而推动 AI 产业的健康、可持续发展。

国际合作的重要性还体现在各国在 AI 领域积极参与国际标准与规则的制定。国际标准的确立为全球 AI 产业的协调发展提供了制度保障，能够确保各国在 AI 领域的政策和技术发展具有稳定性与可持续性。特别是在技术交流与分享方面，全球范围内的跨国应用和推广将极大促进 AI 技术的普及与创新。

当前，全球在 AI 领域的国际合作已有诸多成功案例。在学术界，各国大学和研究机构常常通过举办国际学术会议和开展合作研究项目，来促进知识共享与跨国合作。例如，世界人工智能技术大会（GAITC）作为国际合作的重要平台，每年吸引全球研究人员分享最新的 AI 研究成果与技术进展，2024 年该大会在杭州成功举办。在企业层面，跨国合作同样活跃。以谷歌母公司 Alphabet 与英国医疗保健服务提供商 NHS 的合作为例，双方共同开发了基于 AI 的医疗诊断工具，提升了医生诊断准确性，并为个性化治疗提供支持。此外，开放数据共享平台如 Hugging Face 和 OpenML，为全球研究人员提供了共享数据资源的机会，从而促进了全球范围内的 AI 创新与发展。

然而，随着地缘政治的影响逐渐加剧，AI 领域的国际合作也面临着新的挑战和变化，尤其在大国竞争背景下，AI 的全球治理逐步呈现出集团化、阵营化的趋势。例如，美国主导的多边联盟在 AI 技术的标准和治理框架制定中扮演着重要角色，而中国等其他国家往往被排除在相关决策和讨论之外。2024 年 5 月，第二届全球人工智能安全峰会上，由美英主导的七国集团（G7）及部分盟国商定了《首尔宣言》框架[23]，但中国等其他国家并未被纳入其中。这一现象反映了各方在国际 AI 治理框架与规则制定方面的竞争。为了维护自身利益，各国均尝试争取更多的话语权，同时也在努力塑造国际 AI 规则以符合本国发展需求。例如，2025 年 7 月，美国白宫发布了《美国人工智能行动计划》这一国家战略文件，强调借助美国在全球外交中的优势推动"符合美国价值"的技术标准，并明确表示要"防范威权主义渗透"[24]。

面对这些复杂的地缘政治背景，中国正在积极提升自身在全球 AI 治理中的话语权。中国通过积极参与国际合作与规则制定，推动全球 AI 技术和治理方案的多元化与包容性。中国与 28 个国家于 2023 年 11 月共同发布的《布莱切利宣言》[25]为全球 AI 安全监管提供了重要指导，也为国际 AI 治理框架的构建奠定了基础。2025 年 2 月，中国出席在巴黎召开的人工智能行动峰会，参与推动制定包容、公平、可持续的全球 AI 治理方案，并签署多国共同声明，进一步展现了中国在全球 AI 治理中的积极立场与建设性作用。2025 年 7 月，世界人工智能大会在上海召开，中国建议在联合国框架内建立"世界人工智能合作组织"，并同时推出《人工智能全球治理行动计划》。该计划强调以公平、开放和可控为基本原则，推动各国在人工智能领域加强协作与规则对接，促进技术标准的统一，同时为"全球南方"国家创造共享技术成果与发展机会的平台。

总体来看，尽管 AI 产业面临着地缘政治带来的挑战，国际合作依然是推动全球 AI 产业发展的关键。中国应加强自主创新，同时积极参与全球 AI 技术与治理框架的讨论与制定，为全球 AI 的未来发展贡献更大力量。

11.3　产业创新体系

AI 产业创新体系是推动产业发展的核心力量，其发展依赖于技术突破、市场需求、政策支持、资本投入等多方面的共同驱动。在这一过程中，创新动力、商业模式、产品与服务、人才培养和数据共享等要素互相作用，共同推动 AI 产业布局不断发展和完善。

AI 产业创新能力不仅体现在技术上的突破，还表现在如何通过技术满足社会需求，促进产业链上下游的协同发展。例如，智慧医疗通过提高诊断效率和准确性，提升医疗质量；智能交通优化交通流量，减少拥堵，改善出行体验；智慧教育通过个性化学习方案提高学习效率和质量；智慧能源管理减少能源浪费，推动可持续发展。

AI 的创新能力正在对社会经济产生深远的影响。它不仅加速了各行业的智能化转型，还促进了就业增长与经济效益提升。因此，AI 产业的创新体系应注重商业模式创新与生态系统建设，全面推动社会各领域的智能化与可持续发展。

通过技术发展、商业模式、生态系统建设、人才培养和信息共享等方面的创新努力，AI 产业规模可不断发展壮大，实现高质量发展。

11.3.1　创新驱动力

创新是 AI 产业发展的核心驱动力，主要由政策支持、资本投入和市场需求三方面要素构成[26]。

1. 政策支持

政府在推动 AI 创新中的作用至关重要。通过政策引导，政府能够为 AI 企业提供资金补贴、税收优惠、科研支持等激励措施，降低企业研发成本，增强企业创新动力。2025 年 5 月，日本参议院通过首部《人工智能相关技术研究开发及应用推进法》，旨在促进 AI 相关技术研发和应用[27]。同时，一些国家和地区通过设立监管沙盒，允许 AI 技术在可控的环境中进行试验和测试，促进创新和技术应用的快速发展。政府可通过制定有利的法律和政策框架，保障 AI 产业的健康发展，并解决潜在的伦理和隐私问题。

2. 资本投入

风险投资和产业基金在 AI 技术创新中的作用不可忽视。AI 产业的高风险特性需要大量的资本支持，从而推动前沿技术的研发和应用。同时，企业自身的研发投入也是创新的重要动力之一。通过持续的技术积累和研发投入，企业能够在激烈的市场竞争中保持领先地位。资本的投入不仅推动了技术创新，还促进了 AI 产业链条的完善，从算法优化到硬件建设，资本的支持贯穿全程。

3. 市场需求

随着 AI 技术的成熟,各行各业对智能化的需求不断增长。特别是在制造业、金融业、医疗健康等领域,AI 技术的应用已成为提升生产力、优化服务和创造价值的重要手段。市场需求推动了技术应用的不断深化和多元化,使得 AI 技术从研究层面走向产业化落地。企业通过满足市场需求不断进行创新,优化现有产品和服务,并探索新的商业机会。

11.3.2 商业模式创新

AI 为企业打开了前所未有的商业空间。以往,许多传统产业受限于线下经营的物理边界或传统的互联网框架,难以突破既定的市场格局。2025 年 6 月召开的人工智能与产融结合闭门研讨会[28]中指出,随着 AI 技术的普及与深化应用,未来需更好地促进创新链、产业链、资金链三链深度融合,助推新质生产力跨越式发展。以零售行业为例,借助 AI 技术,传统零售商能够顺利实现从线下到线上的转型,打破地域、时间的限制,实现线上线下的无缝对接与融合发展,为消费者带来前所未有的购物体验。

作为"数字时代的石油",数据正成为 AI 产业商业模式创新的核心竞争力[29]。企业通过深度的数据分析与挖掘,精准捕捉消费者的需求变化、行为习惯等关键信息,进而提供个性化、定制化的服务,满足市场的多元化需求。智能推荐系统便是这一趋势的重要成果,它依据用户的浏览记录、购买历史等数据,智能地推荐符合用户兴趣与偏好的商品,不仅提升了用户体验,也显著增强了购买满意度,为商家带来了更高的转化率和用户忠诚度。

平台化作为 AI 产业的一大发展趋势,正逐步成为行业共识[30]。通过构建开放、共享的平台生态系统,企业能够实现资源的优化配置与高效利用,促进产业链上下游的紧密合作与协同发展。智能语音助手厂商开放其语音识别技术给第三方开发者,便是这一模式的典型实践,它不仅激发了更多创新应用的诞生,也显著地拓宽了产品的应用场景,增强了企业的市场竞争力与品牌影响力。

与此同时,AI 还推动了商业模式向服务导向的转变[31]。相较于传统的产品销售模式,使用 AI 技术可以为用户提供全方位的服务与解决方案,以提升企业的附加值与用户黏性。在智能家居领域,企业不仅提供智能家电产品,还围绕用户需求提供从设备安装、调试到后期维护的一站式服务,真正实现了从"卖产品"到"卖服务"的转变,为用户创造了更加便捷、舒适的生活体验。

当前,AI 产业已涌现出众多商业模式创新的典范。联想公司在其智能制造工厂中引入自动化与机器人技术,通过 AI 系统对生产流程进行智能化管理,在降低生产成本的同时,实现了生产效率与产品质量的双重提升,为传统制造业的转型升级提供了宝贵经验。"亚马逊 Go"便利店则通过无人值守的结账系统,利用计算机视觉与传感器技术,实现了购物流程的自动化与智能化,大幅地提升了消费者的购物体验,为零售行业带来了颠覆性的变革。

AI 大模型的商业化模式正逐渐清晰,约 55%采用行业定制化模式,主要服务于党政机关、金融、能源及工业领域的大型机构,通过私有化部署满足特定需求。典型案例包括中广核部署的科大讯飞大模型平台,采用本地化数据存储与计算架构。40%~45%的市场份额由 API 服务及订阅模式占据,这类方案凭借快速接入、灵活扩展和运维成本优势,成为中小企业的优选方案。例如,豆包大模型通过标准化 API 接口提供智能问答服务。剩余不足 5%的商业模式则聚焦终端应用层,通过将大模型嵌入智能设备或应用程序,以广告分成实现流量变现。随着技术渗透加深,该模式正成为优化广告生态的重要工具。例如,Kimi 智能助手已率先开展大模型驱动的广告场景探索。

AI 商业模式创新不仅是推动企业持续发展的关键所在,更是引领智慧未来的重要力量。通过不断地探索与实践,AI 产业正逐步构建起一个更加高效、智能、可持续的商业生态,将为人类社会的全面发展注入新的活力与可能。

11.3.3 产品创新

AI 产品的创新是推动产业发展的关键动力，涵盖了从底层硬件、核心算法到应用软件、用户体验等多个维度。

其中，硬件创新构成了 AI 发展的物理基础。以 AI 芯片为代表的底层技术不断突破，为高性能计算任务提供支撑。例如，英伟达于 2024 年发布的 NVIDIA B200 芯片，采用新一代 Blackwell 架构，不仅将显存容量提升至 192GB，还支持 8TB/s 的超高带宽，为万亿参数级的大模型计算提供了可能。同时，相机、激光雷达等智能感知设备的技术进步，使 AI 系统能够更精确地感知和理解外部世界，拓展了 AI 在现实环境中的适用能力。

在此基础上，软件与算法的持续创新为 AI 产品注入了智能"灵魂"。从深度学习到强化学习，从卷积神经网络到 Transformer 模型的广泛部署，AI 技术在自然语言处理、计算机视觉、语音识别等复杂任务中展现出越来越卓越的表现。例如，BERT 模型[32]在自然语言理解领域的成功应用，不仅提升了语义分析的准确性，同时加速了智能客服和搜索系统的发展。

数据与算法的深度融合也成为 AI 产品创新的重要趋势之一。伴随云计算和大数据基础设施的完善，各行业得以更有效地积累和挖掘数据资产，推动 AI 技术向更加个性化和高精度的方向演进。在医疗健康领域，AI 可通过历史病例提供个性化诊疗方案；在金融领域，则可实现更为精准的风险评估和资产配置。数据驱动与算法优化的协同，使 AI 产品能真正落地、解决实际问题。

此外，用户体验和智能交互的优化正在成为产品创新的关键焦点。随着自然语言处理和计算机视觉技术的不断进步，AI 产品正从"能用"走向"好用"。语音助手、手势识别、情绪感知等智能交互方式的成熟，大幅提升了用户与产品之间的交互效率，也增强了 AI 产品的亲和力和普及性。

在 AI 产品不断迭代的过程中，可持续发展与社会责任逐渐成为不可忽视的创新方向。AI 企业与研究机构不仅要关注产品的性能和功能，还需审慎对待数据隐私保护、算法公平性、系统安全性和碳排放等问题。例如，智能交通与自动驾驶系统的推广，迫切要求在保障安全的同时最大限度地降低能源消耗和系统偏见风险。

从市场表现看，中国 AI 产业的产品创新不断推动技术的发展和应用场景的拓展。如图 11.8 所示，2024 年，国内 AI 超级应用的龙头地位呈现出快速变动的态势，市场竞争愈发激烈[5]。2025 年，AI 超级应用迎来新一轮突破，DeepSeek 等应用快速崛起，并创下日活跃用户(Daily Active User，DAU)超过 2161 万的新纪录，超越了 ChatGPT 初期的表现。无论是在智能家居、医疗、金融，还是自动驾驶等领域，AI 产品创新都在不断推动着行业发展，并在全球范围内激发新的商业模式和应用潜力。

图 11.8 AI 产品访问量最高的产品数据走势图(2024 年 1 月至 2025 年 1 月)[5]

总体来看，AI 产品创新已从单一维度的硬件升级或算法突破，发展为集成式、多层次的系统创新过程，涵盖技术、数据、体验与责任的协同演进。当前，AI 产业正朝着智能化、个性化、可信任和可持续的方向稳步迈进，为全球产业结构的重构注入了持续动力。

11.3.4 人才培养创新

AI 技术的发展节奏极快，更新迭代周期短、实践需求强，对人才的知识结构与综合素养提出了全新挑战。传统侧重理论传授的人才培养模式，已难以满足 AI 产业对"复合型、应用型、创新型"人才的迫切需求。当前，面向 AI 的新型人才培养体系正在逐步建立，为 AI 技术的持续演进与落地应用提供了坚实支撑。

首先，产学研用深度融合已成为 AI 人才培养的重要模式。在这一体系中，高校、科研机构与 AI 企业围绕实际应用场景开展协同育人，学生可以直接参与大模型训练、自动驾驶系统开发、数据标注平台搭建、算法性能优化等真实项目。企业提供工程实践平台，高校输出理论基础与科研支持，科研机构则聚焦关键技术攻关，从而实现"教学-科研-产业"链条的高效衔接。这种实践导向的培养路径，有助于学生快速掌握 AI 系统开发的全流程，从而具备解决真实复杂问题的能力。

其次，国际化人才培养机制在 AI 领域日益显现其重要性。AI 是全球协同发展的前沿科技，开放共享的生态文化与开源技术体系要求人才具备跨文化协作和国际视野。国内众多高校正与国外顶尖高校、研究机构、AI 公司展开联合培养计划，组织学生赴硅谷、图灵研究院、卡内基梅隆大学等地实习或访学，接触最新的 Transformer 架构、AIGC 应用、伦理治理框架等核心前沿技术。这一模式拓宽了人才的国际视野，也提升了中国 AI 人才在国际舞台上的竞争力。

同时，AI 技术本身的复杂性与交叉性，促使全方位素质提升型培养模式不断深化。高校不仅要强化学生在数学、计算机科学、算法工程等 AI 核心学科的能力建设，还要注重逻辑思维、批判性思维、伦理判断、人机交互设计等"软"能力的培养。通过组织 AI 挑战赛(如 Kaggle 竞赛)、创业孵化营、跨学科工作坊，学生在实践中提升创新能力和系统思维能力，从而更好地胜任从算法开发、产品设计到 AI 治理的多元任务。

总体而言，AI 产业对人才的要求早已突破传统学术训练范畴，走向了实践主导、跨界整合、全球协作的新格局。围绕 AI 构建的创新型人才培养体系，正逐步成为产业高质量发展的关键基石。

11.3.5 信息共享创新

AI 产业的信息共享是促进产业协同创新和发展的重要保障。在信息共享方面，AI 企业不断建设开放、透明、安全的信息共享平台，促进技术、市场和政策信息的畅通流动。

在 AI 技术日新月异的今天，企业之间、行业内外的信息共享变得尤为重要。通过信息共享，企业能够更加及时地获取最新技术进展、市场需求和政策变化，从而更有效地制定战略和调整发展方向。而这种信息共享不仅限于企业内部，还包括与其他企业、行业组织、政府部门及学术界的合作与交流，形成了全方位、多层次的信息网络。在信息共享的过程中，不同企业、组织和个人之间的交流往往会碰撞出新的想法和创意。这种创新活力不仅有助于推动 AI 产业的发展，更能够为其他相关领域带来新的机遇和挑战，从而推动整个社会的科技进步。例如，Hugging Face 开源了 BERT、GPT-2 等多个预训练模型；非营利组织 LAION 开源了包含 58.5 亿个图像-文本对的 LAION-5B 数据集，主要用于训练和评估视觉-语言模型。AI 企业通过与行业组织、政府部门和社会公众等各方的合作，可以获取更多的行业趋势、市场需求和政策动态，从而促进产业共同发展。

在金融领域，许多金融机构已经开始利用 AI 技术来分析海量的金融数据，以便更好地理解市场趋势和风险。例如，一些公司利用自然语言处理算法来分析新闻报道和社交媒体上的舆情，以帮助投资者作出更明智的投资决策。另外，一些金融科技公司还开发了智能风险管理系统，通过AI算法实时监测交易活动，识别潜在的欺诈行为。在制造业中，AI被用来优化生产过程和供应链管理。一些制造企业已经开始利用机器学习算法分析生产数据，以预测设备故障并优化生产计划。此外，一些企业还利用AI技术来改进产品设计，并通过虚拟现实和增强现实技术来提高生产效率。

AI产业的信息共享也是推动整个社会进步的关键因素。共享信息能够加速AI技术的发展，推动产业的更大进步，从而为构建更加智能化、高效率的社会作出更大的贡献。

11.4 产业投资动态

11.4.1 计算机行业行情回顾

近年来，计算机行业在全球范围内呈现出复杂多变的投资动态。随着AI、大数据、云计算等技术的快速发展，计算机行业成为投资者关注的焦点。然而，行业竞争日益激烈、技术更新频繁及宏观经济环境的不确定性，给市场带来了一定的波动，如图11.9所示[33]。

图11.9 2019年9月至2024年6月间计算机行业估值水平[33]

2020年7月，计算机板块估值达到阶段性高点后经历深度回调，至2022年4月下探，接近2018年低点。尽管2022年10月开启新一轮上涨周期，但全年申万计算机指数仍下跌25.47%，跑输沪深300指数3.84个百分点，在申万一级行业中排名第25位[34]。2023年行业表现显著回暖，上半年指数上涨27.57%，大幅领先沪深300指数28.33个百分点，市盈率达51.13倍，处于自2017年以来87.18%的分位值。值得注意的是，在估值修复过程中，行业营收仍承压，2023年一季度营收同比下滑但毛利率提升，反映企业成本管控能力增强[33]。这一波动轨迹与全球数字经济产业周期及国内AI等技术创新驱动的估值重塑密切相关。

2024年，计算机行业的投资情形呈现较大的不确定性，如图11.10所示。2024年初至9月23日期间，申万计算机指数累计下跌32.17%，显著跑输沪深300指数25.67个百分点，位居全行业30/31。这一时期，计算机板块经历了快速回调，特别是在2月初触底后，因Sora生成式视频大模型发布及政府工作报告提到“低空经济”等利好消息，行业出现了一轮短暂的反弹。然而，整个第二季度行业指数再次陷入震荡，并在第三季度持续徘徊在底部区间。这种特定行业指数的波动与AI领域的风险投资形成了鲜明对比。

图 11.10 2024 年 1—9 月申万计算机指数曲线图[33]

2024 年上半年，计算机板块的营业收入有所增长，但净利润则出现了较大幅度下滑。以申万计算机板块为例，共有 335 家公司在中报（中期报告）中披露了业绩。数据表明，计算机板块在 2024 年上半年实现了 5470 亿元的营业收入，同比增长 7.7%。其中，第二季度的营业收入为 3035 亿元，同比增长 18.6%，环比增长 25.1%。但在净利润方面，板块表现不佳，上半年归母净利润为 89.98 亿元，同比减少 39.2%；第二季度的归母净利润为 86.95 亿元，同比减少 18.4%，但较第一季度的下滑趋势有所收窄。总体来看，计算机行业的盈利能力承压，反映出行业的经济后周期特征逐渐显现[35]。计算机板块 2019—2024 年营业收入和净利润如图 11.11 和图 11.12 所示。

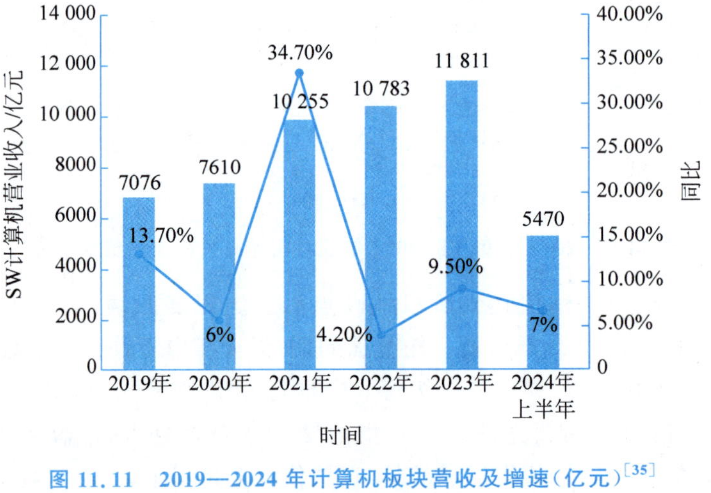

图 11.11 2019—2024 年计算机板块营收及增速（亿元）[35]

在利润率方面，2024 年上半年计算机板块的毛利率为 25.67%，环比增加 0.18 个百分点，显示出一定的盈利能力改善。净利率为 1.87%，环比增加 1.73 个百分点。此外，第二季度的期间费用率为 13.78%，环比减少 1.22 个百分点，显示出成本管理有所优化。具体来看，销售、管理、财务、研发费用率分别为 7.70%、5.04%、0.05%、9.01%，均呈现下降趋势。计算机板块自 2022 年第一季度至 2024 年第二季度以来毛利率和净利率变化趋势如图 11.13 和图 11.14 所示。

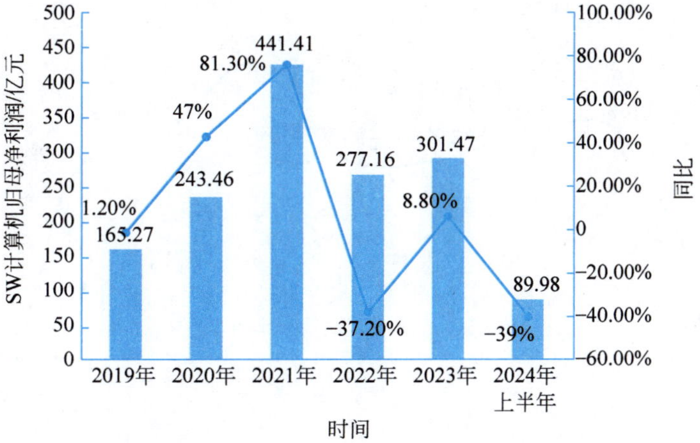

图 11.12　2019—2024 年计算机板块归母净利润及增速(亿元)[35]

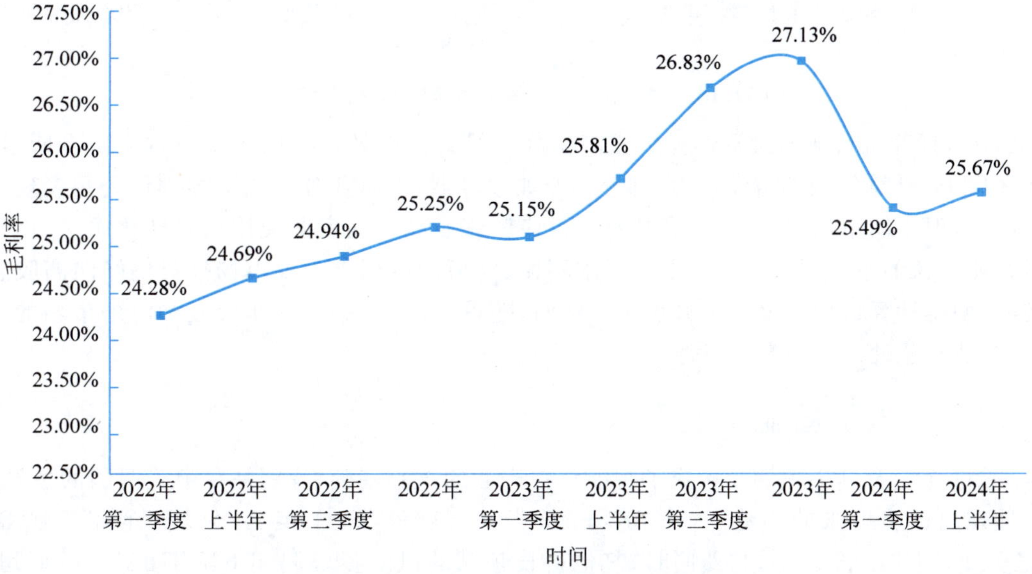

图 11.13　计算机板块销售毛利率逐季变化情况[35]

从公司业绩的增长分布情况来看,2024 年上半年,计算机板块整体表现承压。数据显示,业绩增速在 100%以上的公司占比仅为 1%,50%~100%增速的公司占比为 4%,30%~50%的公司占比为 6%,而业绩增长在 0~30%的公司占比达到 43%,业绩负增长的公司占比为 46%。相比之下,2024 年第一季度的归母净利润增速更为分化,100%以上增速的公司占比为 13%,50%~100%的公司占比为 6%,30%~50%的公司占比为 8%。能够实现业绩快速增长的企业主要集中在服务器、出海业务、汽车及相关零部件领域。AI 大模型的发展带动了国产算力的需求增加,同时,海外市场的快速拓展及智能驾驶政策的落地,也为这些领域的公司提供了新的增长点。

在全球范围内,科技巨头继续加大资本投入,特别是在 AI 和云计算领域。数据显示,微软、谷歌、亚马逊和 Meta 等大厂在 2024 年第二季度合计投入了 570.6 亿美元。其中,微软资本开支为 190 亿美元,同比增长 77.6%,环比增长 35.7%;谷歌的资本开支为 131.8 亿美元,同比增长 91.4%,环比增长 9.8%;亚马逊的资本开支为 164 亿美元,同比增长 57.7%,环比增长 10.1%;Meta 的资本开支为 84.7 亿美元,同比增长 33.4%,环比增长 26.0%。这些数据表明,全球科技公司正通过大幅资本投入,持续推动 AI 和云计算等领域的发展。

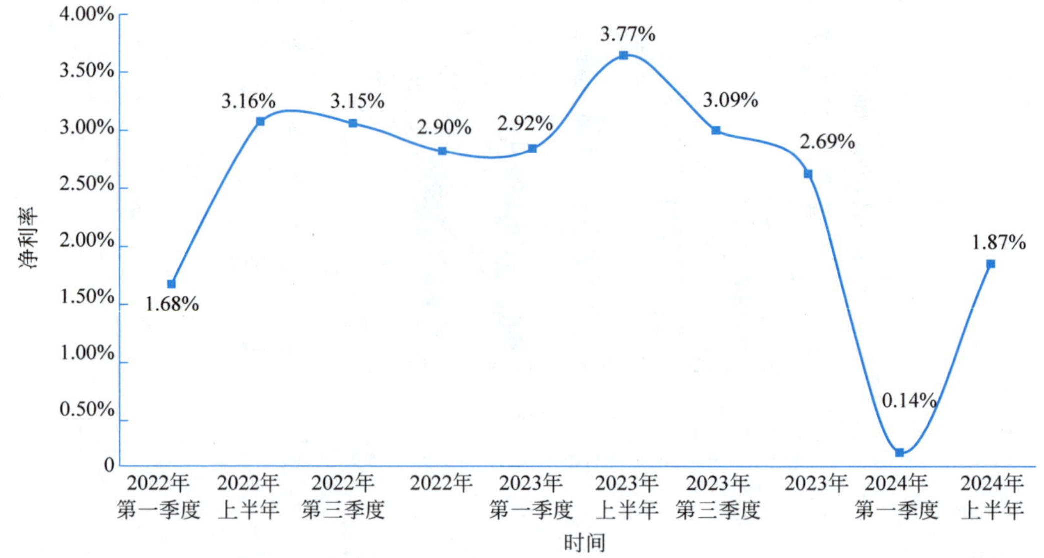

图 11.14 计算机板块销售净利率逐季变化情况[35]

2024 年,计算机行业的投资形势仍充满挑战。尽管国内外科技巨头的资本支出有所增加,特别是在 AI 和云计算领域的持续发力,部分行业如服务器、出海业务和汽车零部件公司表现出快速增长的潜力,但整体市场需求疲软、高端算力供应紧张及技术向实际应用场景转化缓慢,仍是制约计算机行业增长的主要因素。行业下游需求不振、大模型应用乏力及市场投资偏好向高股息收益板块转移,使得计算机板块整体走势承压。然而,随着 AI 技术的进一步突破和海外市场的快速扩展,未来行业有望迎来新的发展机遇。

11.4.2 人工智能企业现状

全球 AI 企业及其创新活动构成了智能科技产业的核心基础,特别是在中美两国的主导下,AI 行业正展现出迅速扩张的趋势。《Dealroom 报告》[36]显示,2024 年 AI 领域风险投资总额达到 1100 亿美元,同比增长 62%,与此同时,其他科技领域的风险投资同期下降了 12%。《斯坦福 AI 指数报告 2025》[37]显示,美国以 1091 亿美元的私人 AI 投资额遥遥领先,是全球 AI 私人投资最多的国家,其次是欧洲(194 亿美元)和中国(93 亿美元)。2024 年新成立并获得融资的 AI 公司中,美国以 1073 家位居第一,其次是英国(116 家)和中国(98 家)。自 2013 年以来,美国新成立的 AI 公司总数也远超其他国家,总计 6956 家,而中国和英国分别为 1605 家和 885 家。这些数据反映了中美两国在全球 AI 产业中的强大地位与影响力。下面将通过对国内从事 AI 关键技术、产品和服务研发和生产的 4311 家骨干企业的属性数据分析,刻画和概括中国 AI 科技产业发展的微观基础和内在结构[38],其中报告中数据采集时间截至 2023 年 12 月。

在 4311 家 AI 企业中,50.66%成立于 2012—2018 年。企业创建的峰值出现在 2015 年,占比 10.39%。其中,2010 年以前创建的大多数企业在初期并非以 AI 为主营业务。尤其是创建时间较早的上市公司,大都在 2010 年之后通过自主研发和技术引进转型升级为 AI 企业。非初始 AI 企业大致可以划分为信息技术类和传统产业类。主要包括传统制造业、商业和金融业企业。一般而言,信息技术企业进入 AI 领域的时间早于传统产业企业。通过数字化转型,传统产业的龙头企业成为融合产业部门的主导者。

在地域分布上,在各省区市中,AI 企业主要分布在北京市、广东省、上海市、浙江省、江苏省、山东省、四川省、湖北省、福建省和安徽省。其中，北京市占比最高，为 29.04%。其次是广东省，占比为 21.90%，主要分布在深圳市和广州市。排名第三的是上海市，占比为 13.99%。排名第四的是浙江省，占比为 8.21%，主要分布在杭州市。排名第五的是江苏省，占比 8.00%，主要分布在南京市和苏州市。这些地区凭借技术和资源优势，逐渐成为中国 AI 产业的重心[39]。

在企业规模上，4311 家人工智能企业中，67.90%为中小型企业，员工人数在 200 人以下。员工人数在 200～399 人的企业占 14.03%，而人数超过 1000 人的企业占比为 7.84%，这表明，中国 AI 企业的主体仍以中小企业为主，但大规模公司也占据了一定份额。在 4311 家 AI 企业中，上市公司 672 家，占比 15.59%，非上市企业 3639 家，占比 84.41%。其中上市公司中，54.61%的企业营业收入小于 20 亿元，12.35%的企业营业收入超过 100 亿元。

在研发投入方面，如图 11.15 和图 11.16 所示，58.78%上市公司的研发费用低于 2 亿元。只有 9.97%的公司研发投入超过 10 亿元。其中研发强度小于 5%的企业数占比为 22.62%，研发强度在 5%～10%之间的企业占比为 33.63%，研发强度超过 20%的企业占比为 15.77%。这表明，虽然研发是推动 AI 企业技术进步的重要因素，但多数企业的研发投入仍然不足。

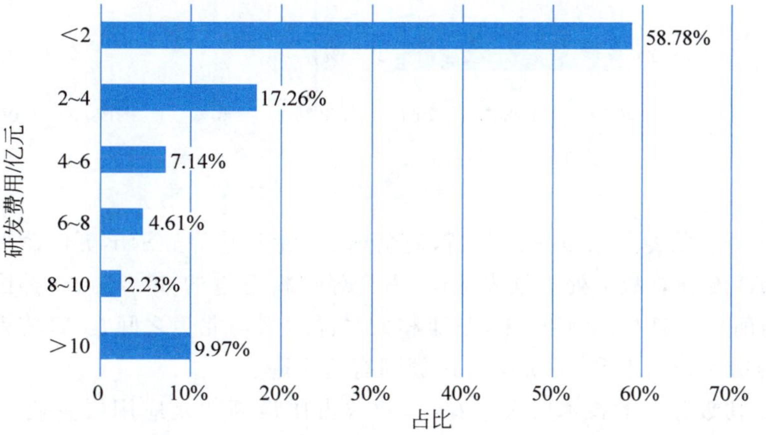

图 11.15 672 家 AI 上市公司研发费用分布情况（单位：亿元）[39]

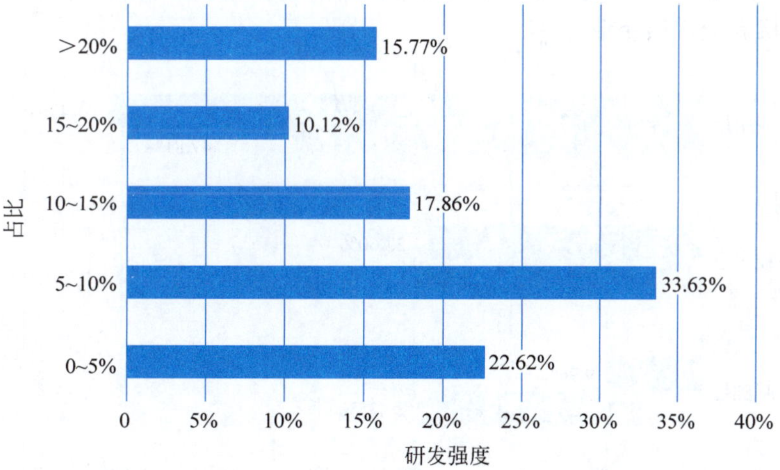

图 11.16 672 家 AI 上市公司研发强度分布情况[39]

从专利分布来看，如图 11.17 所示，4311 家 AI 企业中全球范围专利授权数小于 200 项的企业占比 51.36%，专利数超过 1000 项的企业占比为 21.85%。在地域上，专利数较多的 AI 企业主要集中在广东省、北京市、上海市、山东省、浙江省、江苏省、四川省、福建省、湖北省和安徽省。上述省市集中了4311家AI企业95.95%的专利数量。其中,广东省占比最高,为47.82%;排名第二的是北京市,占比为17.84%;排名第三的是上海市,占比为6.69%;山东省和浙江省分列第四和第五,占比分别为6.24%和5.24%。

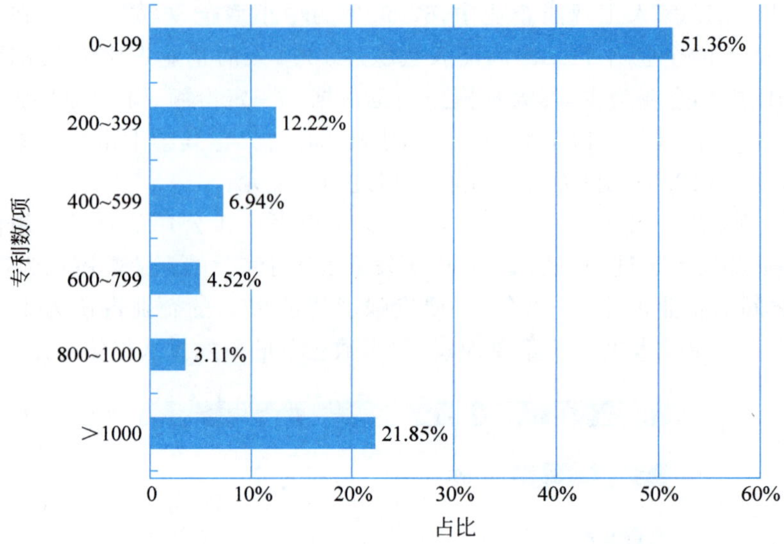

图11.17 4311家企业的专利授权数分布

尽管中国AI企业的专利数量占比较高,但全球AI专利趋势显示出更广泛的地理分布。截至2023年,中国在AI专利总数上处于领先地位,占全球授权总量的69.7%,而韩国和卢森堡的人均AI专利产出位居前列。自2010年以来,东亚和太平洋地区与北美之间在AI专利授权方面的差距持续扩大,中国的份额稳步上升,而美国的份额则有所下降。

从AI企业专利数分布的技术层次来看,专利数占比最高的是应用层企业,达到47.81%。如图11.18所示,基础层和技术层企业的专利数占比分别为29.35%和22.84%。与不同层次企业数量的占比相比较,基础层AI企业的专利数占比远高于企业数量占比,这意味着基础层企业平均专利数远高于技术层和应用层企业。

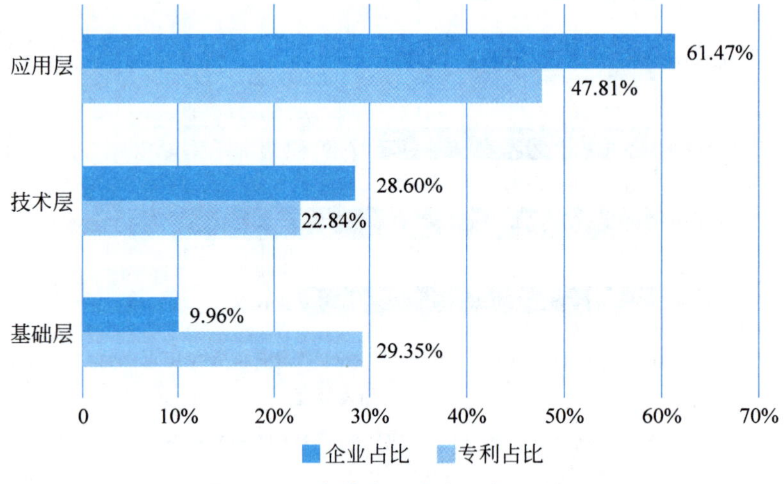

图11.18 各技术层次企业专利占比

11.4.3　人工智能商业落地投资价值

本节聚焦于 AI 在商业领域的实际应用及其投资价值，涵盖智慧城市、金融、制造、医疗、零售、互联网、汽车和泛娱乐等多个行业的应用场景。所谓 AI 商业落地投资价值，是指这些应用场景为下游甲方企业带来的综合投资回报。下面从战略价值、降本增效和创收创利三个维度，评估 AI 技术在各行业应用中所体现的经济效益、成本优化和长期发展潜力[40]。

随着 AI 发展的周期性变化，中国 AI 将进入大规模商业落地新阶段。基于技术成熟度曲线，在 AI 领域，计算机视觉、数据标签与注释等成熟技术已在多个商业场景中得到广泛应用。而以决策智能 AI 为代表的前沿技术，尽管仍处于萌芽阶段，却具有强大的发展潜力，有望进一步提升 AI 技术的落地可能性并丰富应用场景。如图 11.19 所示，未来 AI 商业落地将迎来新一轮波峰，技术与产业的融合度及场景应用丰富度将逐步提高。未来 5～10 年，大量具有颠覆性或较高影响力的创新技术有望进入大规模应用阶段，可能涉及大语言模型、国产芯片、复合型 AI 等技术[41]。

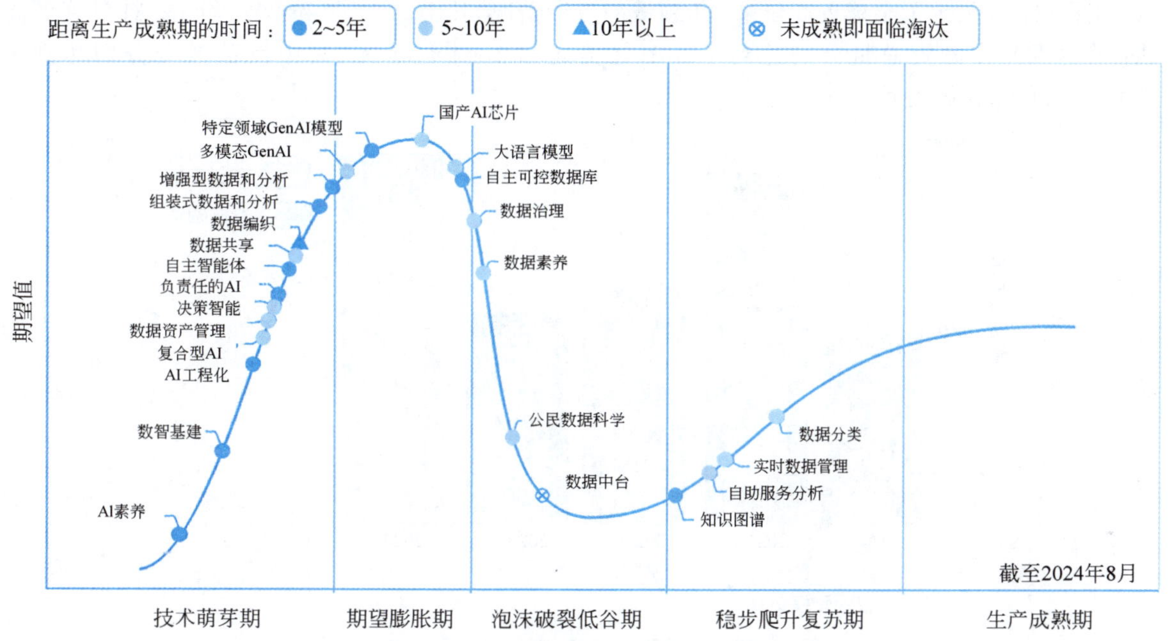

图 11.19　AI 各方向技术成熟度曲线[41]

在 AI 大规模商业化落地过程中，主要瓶颈包括数据问题（如数据质量和数据安全）和算力问题（如基础设施建设薄弱）。为应对这些技术瓶颈，中国积极推动“东数西算”等国家项目，并通过企业内部技术革新加速解决相关难题[42]。

ChatGPT 的发布把 AI 的发展推向新的高潮，而 2023 年 AIGC 技术则进入商业落地期。2024 年以来，国内的 AIGC 应用的活跃用户规模和渗透率均稳步增长，应用需求和用户基础均不断扩大。2024 年 11 月，AIGC 应用渗透率已达到 27.1%。预训练大模型引发 AIGC 技术质变，为 AI 技术进入电商、影视、传媒和娱乐等领域提供新的抓手。尽管国内 AI 整体融资规模在 2023 年和 2024 年相对 2021 年和 2022 年均有所下降，但也在结构分布上逐渐偏向以 AIGC 领域为重心，这表明了投资者对国内 AIGC 领域的强劲信心和持续看好[1]。

企业扩大融资渠道需求和资本投资趋于理性的内外部因素合力推动新一轮上市潮到来。资本市场对于 AI 的投资回归理性，投融资阶段进入中后期。从融资事件数来看，2021 年国内 AI 领域风险融资事件数为 832 起，达到历史最高水平；2022 年受大环境影响投资事件数下降至 400 起[40]；2023 年全年，回升至 633 起。截至 2024 年 12 月 17 日，2024 年内 AI 领域共发生 644 起投融资事件[43]。从融资阶段来看，中国 AI 领域的风险投资结构趋于成熟，呈现出“成长期投资占比高于早期投资，成长期、战略投资和中后期投资占比递增”的结构。

2021 至 2022 年海天瑞声和商汤科技等企业的上市标志着 AI 领域迎来第一波上市潮，2023 年成为新一轮的上市高峰期。早期投资从 2016 年开始呈现逐年递减的趋势，成长期投资、战略投资和中后期投资呈现逐年递增的趋势。2019 年开始成长期投资比例高于早期投资，意味着 AI 早期投资已进入尾声，资本市场的投资部署趋于理性，风险投资结构趋于成熟，投资将更加关注 AI 的商业化落地和价值回报。

从全球 AI 领域的股权融资和交易情况看，2024 年第三季度，AI 交易数量达 1245 笔，数量规模重新回到 2022 年年初巅峰水平。相比较 2023 年，融资金额规模提振幅度明显。全球 AI 领域的股权融资和交易显示出了积极信号[1]。

如图 11.20 展示了全球近 5 年来 AI 领域的融资情况，其中 2021 年和 2024 年是 AI 发展的高峰期，在这两年中融资总量分别达到了 961 亿美元和 1004 亿美元，其中巨额融资分别达到了 565 亿美元和 695 亿美元。

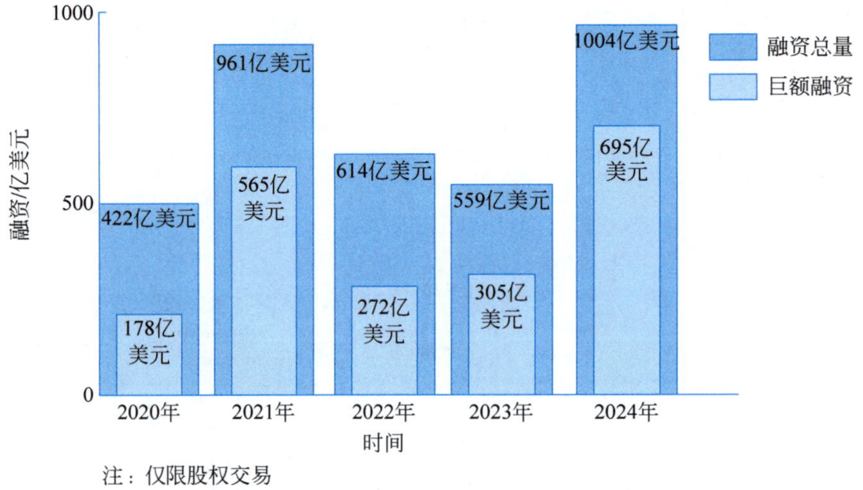

图 11.20 全球近 5 年来 AI 领域的融资情况

注：风险投资在 2024 年达到创纪录的 1004 亿美元[44]

AI 解决方案的投资回报价值成为投资方和甲方客户的共同关注重点。在企业发展初创期和早期，投资方主要从市场需求、商业模式、管理结构和应用部署等角度对 AI 企业进行分析。而在成长扩张和成熟期，投资方则重点关注企业的战略规划和投资回报价值。

11.4.4 人工智能未来投资机会

随着 AI 技术的迅猛发展，AI 产业链正逐步形成以“算力-算法-数据”为核心的三大支柱结构。其中，算力作为 AI 发展的基础设施，支撑着大模型的训练与推理需求；而应用端则体现了 AI 技术在各行各业的实际落地与价值创造。在此背景下，深入分析算力端和应用端的投资机会，对于把握 AI 产业未来的发展方向具有重要意义。接下来，我们将分别探讨算力端和应用端的投资机会。

1. 算力端

1）数据规模持续扩张，算力供不应求

算法复杂度与模型参数规模的增长，推动算力需求进一步增加。中国信息通信研究院(CAICT)数据显示，2021 年全球计算设备算力总规模达到 615 EFLOPS，增速达 44%。预计 2030 年智能算力将达到 52.5 每秒十万亿亿次浮点运算(Zatta Floating Point Operations Per Second，ZFLOPS)，平均年增速超 80%。然而，计算设备算力的增长速度远远无法满足急速增长的算力需求。据统计，用于 AI 测试的全球算力需求每 3.5 个月就会翻一倍，远超当前算力的增长速度。

IDC 数据显示[10]，2021 年中国智能算力规模达 155.2EFLOPS，2022 年智能算力规模达到 259.9EFLOPS，2023 年智能算力规模达到 416.7EFLOPS。截至 2025 年 6 月底，中国的智能算力规模已达 768EFLOPS；预计到 2028 年智能算力规模将达到 2781.9EFLOPS。2020—2028 年期间，预计中国智能算力规模及增速将超越通用算力。

此外，各国政府正在大力投资 AI 基础设施。斯坦福报告[37]提及，加拿大承诺 24 亿美元、中国设立 475 亿美元半导体基金、法国投入 1090 亿欧元用于 AI 基础设施、印度承诺 12.5 亿美元、沙特阿拉伯提出包含 1000 亿美元的 AI 投资的“超越计划”(Project Transcendence)。

2）芯片决定算力规模，市场空间广阔

AI 产业技术正不断提升，产业商业化应用加速落地，推动着全球 AI 芯片市场高速增长，IDC 预计，2025 年 AI 芯片市场规模将达 726 亿美元。AI 芯片主流架构类型包括 GPU、NPU、TPU 和 ASIC。截至 2025 年，GPU 芯片在中国 AI 芯片市场占比近 90%，如图 11.21 所示。

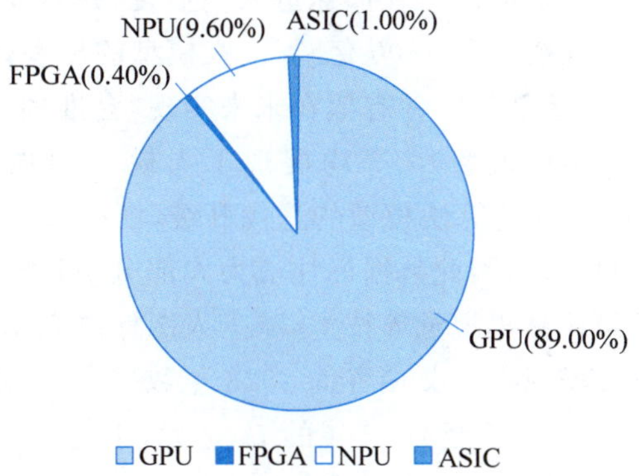

图 11.21 中国 AI 芯片市场规模占比

GPU 芯片可较好地支持高度并行的工作负载，常用于数据中心的模型训练，也可以用于边缘侧和端侧的推理工作负载。而 ASIC 架构的 AI 芯片可通过固化高度定制的算法实现极致性能，未来将率先在推理侧代替 GPU，并逐步扩展至训练侧，实现国产 AI 芯片的多点开花。

3）服务器厂商率先受益，全球市场规模高速增长

服务器是 AI 算力的主要载体，IDC 数据显示，2021 年全球 AI 服务器市场规模达 156.3 亿美元，同比增长 39.1%。其中，浪潮信息、戴尔、HPE 分别以 20.9%、13.0%、9.2%的市场占有率位列前三，三家厂商总市场份额占比达 43.1%。2024 年全球人工智能服务器市场规模预计为 1251 亿美元，2025 年将增至 1587 亿美元，2028 年有望达到 2227 亿美元[10]。

同时，IDC 数据显示，2023 年全球生成式 AI 服务器市场规模占比 19.6%，2024 年占比达到 25.0%，预计未来几年中，全球生成式 AI 服务器市场规模占比将持续稳定增长，在 2028 年将达到 37.7%，如图 11.22 所示。

4）大模型加速落地，助力实体经济发展

大模型因其强大的泛化能力、对长尾数据的低依赖性及在提升下游模型使用效率方面的优势，被视为具备通用智能雏形的技术之一，成为推动普惠 AI 发展的重要路径。大模型的技术基础主要依赖于 Transformer 架构[41]、迁移学习和自监督学习[45-48]。最早，Transformer 架构在自然语言处理领域取得了突破性进展，随后其在视觉任务中的有效性也得到了验证[49]。到 2022 年，大模型已逐渐成为 AIGC 领域的核心算法引擎。在大模型的推动下，以文生图和虚拟数字人为代表

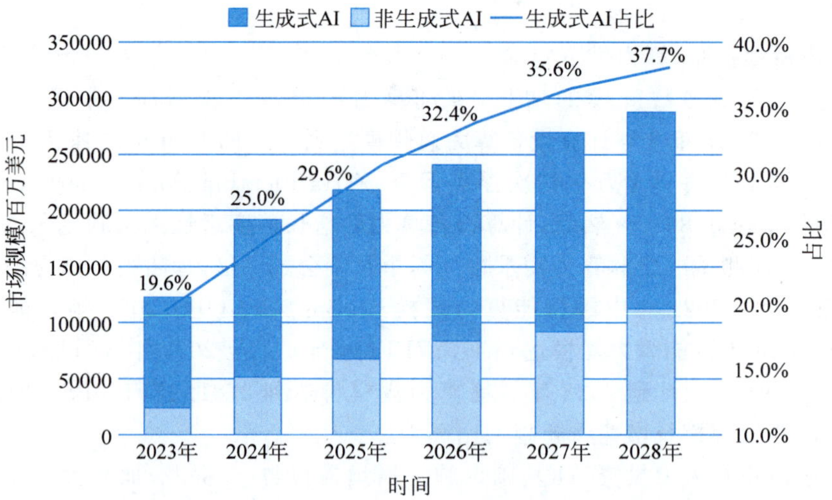

图 11.22 2023—2028 年全球生成式 AI 和非生成式 AI 服务器市场规模预测[10]

的 AIGC 应用正在加速进入商业化,并对元宇宙内容的生产带来了深刻变革。2025 年中国 AIGC 市场规模达到 1600 亿[50]。大模型的出现,使得 AI 从五年前的"能听会看"逐步进化为当今的"能思考、会创作",并有望在未来实现"会推理、能决策"的重大突破。DeepSeek-R1 推理模型[51]、Sora 视频生成模型[52]等均展现了大模型的强大潜力。公开数据显示,GPT-3 训练总量约 3000 亿 token,随着算法模型的迭代升级,模型参数和数据量也将继续增长。同时,数据质量决定了模型训练的效果,因此数据标注成为大部分 AI 算法有效运行的关键。自动化数据标注能够通过深度学习和计算机视觉等技术,减少人工标注需求,提高数据标注的效率和准确性,进一步扩大基础层数据市场规模。艾瑞咨询 2023 年数据[53]显示,中国 AI 基础数据服务市场规模预计将从 2022 年的 31 亿元增长至 2027 年的 79 亿元,年复合增长率达 20.6%。此外,受数据平台服务、数据治理服务和 AI 应用建设的需求推动影响,面向 AI 的数据治理市场规模将持续上升,预计规模将从 2022 年的 45 亿元增长至 2027 年的 121 亿元,年复合增长率达 21.7%。

2. 应用端

1) 核心产业不断扩张,应用场景纵深发展

截至 2024 年 6 月,中国人工智能核心产业的规模接近 6000 亿元人民币,相关企业数量超过 4500 家。这些企业在无人机、语音识别、图像识别、智能机器人、智能汽车、可穿戴设备、虚拟现实等多个领域取得了显著进展,尤其是在智能芯片和开源框架等关键核心技术方面取得了重要突破。持续增长的全球专利数量占比表明中国在全球 AI 研究和创新方面的影响力日益增强[54,55]。

具身智能与人形机器人、智能可穿戴设备、智能运载工具等或将成为未来发展的重要增长点。具身智能与人形机器人有望实现关键技术突破,从实验室走向现实应用。2025 年 8 月,2025 世界人形机器人运动会在北京举行,本次运动会通过竞技比拼全面展现人形机器人在智能决策、运动协作等领域的前沿成果。智能可穿戴设备包括虚拟现实、增强现实等感官增强智能设备,可提供更高效的智能交互入口。2023 至 2024 年,国内 AR 眼镜的出货量处于增长态势[1]。在搭载大模型的情况下,丰富的功能和更广的应用场景可能会带来更多的关注。智能运载工具则主要涵盖汽车的座舱域和驾驶域的智能化,尤其是随着新能源汽车渗透率的持续增高,以其为载体的智能化将持续升级。

2) AI 赋能千行百业,多领域融合成为可能

2023 年成为企业从数字化向智能化跃迁的关键节点。大模型和生成式 AI 的突破显著提升了

文本、代码及多模态内容的生成能力，推动AI应用从金融、医疗、政务等成熟领域加速渗透物流、制造、能源等传统行业，催生大量创新场景。未来五年，随着人机交互、机器学习及多模态感知技术的协同发展，AI将加速从单点技术应用向多领域融合的转变，推动智能系统从被动分析向主动预测与执行跨越。这一演进过程将促使AI突破计算与感知层面的局限，逐步实现认知与决策能力的跃升，最终带动产业智能化进入全新发展阶段。

11.5 人工智能人才战略

11.5.1 高校和企业联培人工智能人才

2020年1月，教育部、国家发展改革委和财政部联合出台了《关于"双一流"建设高校促进学科融合加快人工智能领域研究生培养的若干意见》[56]，提出了涵盖AI专业设置、学科发展、人才培养和科技创新的系统性方案[57]。到2022年3月，全国已有440所高校设立了AI本科专业，248所高校开设了智能科学与技术本科专业，387所普通高等学校的高职教育设置了AI技术服务专业。

高校与企业之间的产学研合作成为推动AI科技创新和产业发展的重要机制。例如，在人工智能学院和集成电路学院的建设与发展中，国内高校通过与华为、中芯国际、腾讯、比亚迪等前沿企业合作，加速科学研究和人才培养。

由于AI与经济社会的融合发展涉及多元化的创新主体，包括跨学科、跨组织、跨产业和跨区域的知识、技术重组和互补性创新。传统的创新组织，如工业实验室、研究型大学和科研院所，往往难以适应AI技术体系的变革，因此，以之江实验室、鹏城实验室、浦江实验室和深圳先进院为代表的新型平台化创新组织，成为创新发展的前沿。同时，新型创新组织还充分利用政府和市场两种资源配置机制[58]，实现创新资源的有效配置，降低基础研究和关键技术开发中面临的技术和市场双重不确定性，促进知识和技术的扩散，推动新创企业和科技型中小企业的成长。

在深度科技创新过程中，国家级AI开放创新平台等成为了关键推动者。这些新型平台多由传统平台升级而来，并为AI产业提供底层支撑。例如，华为、阿里巴巴、百度和腾讯在操作系统、智能芯片、底层架构及网络基础科技等关键领域持续加大研发投入，助力实现核心技术的自主可控。同时，这些新型平台通过培育和完善开源创新生态，支持开发者加速AI概念和创意的实现，进一步赋能产业智能化升级。

新创企业在AI核心技术领域的创新与突破同样是深度科技创新浪潮的重要力量。在活跃的AI芯片领域，近年来涌现出许多新创企业，例如壁仞科技、沐曦集成电路、摩尔线程、天数智芯和登临科技等。

与商业模式创新相比，AI领域的科技创业活动具备以下显著特征：第一，学术界广泛参与和产学研深度协同；第二，风险资本的持续高额投入；第三，跨学科、跨组织、跨产业和跨领域的高端人才汇聚；第四，聚焦于AI科技产业发展中的关键技术；第五，重视开放和开源创新生态的建设。

尽管中国AI科技产业取得了显著进展，但发展过程中仍面临诸多挑战。国外技术封锁成为中国AI科技创新与产业发展中的主要挑战之一。如何加强基础研究，以实现关键核心技术的突破，已成为研究型大学、科研机构、企业和政府共同面对的重要问题。此外，构建适应深度科技创新和创业的基础研究、人才培养、组织、政策和治理体系，建立自主可控的技术体系与开放的创新生态，都是亟待解决的关键挑战。

11.5.2 人工智能人才状况

在全球 AI 技术迅猛发展的背景下，AI 人才已成为推动科技创新和产业升级的关键力量。尽管在 AI 人才培养方面取得了显著成就，但同时也面临着巨大的人才需求和结构性挑战。以下是对 AI 人才状况和人才需求的概述。

1. 人才情况

美国保尔森基金会旗下的麦克罗波洛智库 2024 年发布了最新全球 AI 人才追踪报告。报告评估了全球多国 AI 研究人员的储备和流动情况。报告显示，当前全球前 2%的顶尖 AI 研究者中，有相当比例的人员原籍为中国或工作地在中国[59]。从本科院校来看，中国高校几乎培养了全球一半的顶尖 AI 人才。而在 2019 年，本科毕业于中国高校的顶尖 AI 人才占全球的比例还只有 29%。在美国顶尖 AI 人才中，来自中国的研究人员占 38%，美国研究人员占 37%。从一些关键指标来看，近年来中国 AI 人才数量出现大幅增长的趋势，成为全球 AI 人才池的重要组成部分，顶尖 AI 研究人员占比持续提高[60]。

中国近年来正在加快推进数字教育，培养 AI 领域优秀人才。自 2018 年教育部印发《高等学校人工智能创新行动计划》以来，许多国内高校已建成人工智能学院或人工智能研究院，加大对 AI 领域相关学科的投入。中国新增了 2000 多个 AI 相关本科专业，其中 300 多个设立在知名高校。此外，中国各地也在加快行动，打造 AI 人才与科创高地。北京市教委发布的《关于深化高校专业课程改革提高大学生人工智能素养能力的意见》，明确 2024 年 9 月，北京市属公办本科高校率先实现 AI 通识课全覆盖。2022 年，上海市经信委印发《上海市人工智能产业发展“十四五”规划》，提出到 2025 年上海 AI 人才规模达到 30 万人。京沪之外，深圳、广州等多地也围绕 AI 发展和建设印发政策文件，发力创新人才培育[61]。IDC 发布预测数据显示[62]，到 2027 年，中国对 AI 领域的投资将达 381 亿美元，约为 2022 年的 3 倍。其中，中国地方政府尤其重视相关领域投资，积极响应培养 AI 人才的号召。教育部《高等学校人工智能创新行动计划》[63]明确提出，到 2030 年，中国高校将成为建设世界主要 AI 创新中心的核心力量和引领新一代 AI 发展的人才高地，为中国跻身创新型国家前列提供科技支撑和人才保障。

互联网等行业的快速发展带来了 AI 人才争夺战，新发岗位占比超 20%。在 2023 年 1 月至 8 月期间，纯互联网行业成为新发 AI 相关岗位数量最多的行业，占比达到 20.78%。紧随其后的是新生活服务行业、游戏行业、电商零售行业、新金融科技行业等。这些行业都具有较强的互联网属性。互联网公司字节跳动在过去三年中一直位居新发 AI 岗位数量的首位，与此同时，华为、阿里巴巴、腾讯等科技巨头也早已开始积极储备 AI 人才。新生活服务及电商服务业如小红书、得物等也加大了对 AI 人才的招聘力度。此外，新能源汽车、智能硬件和电子等行业也跻身新发 AI 岗位数量的前十名，专注于智能驾驶和新能源汽车的企业，如毫末智行、理想汽车，也在加速争夺 AI 人才。凸显了这些领域对 AI 人才的需求正在快速增长[64]。

同时，当前 AI 行业呈现显著的年轻化趋势，30 岁以下高学历人才已成为技术创新与产业落地的核心力量。根据猎聘大数据研究院《2025AI 技术人才供需洞察报告》，近一年活跃的 AI 技术人才中，30 岁以下群体占比达 59.90%，其中 25 至 30 岁年龄段占比高达 38.33%。这一现象与 AI 技术的高速迭代密切相关。随着技术突破周期从年度缩短至季度级，从业者需加速掌握大模型训练、多模态交互等前沿核心技术。年轻人在学习效率和适应能力上的优势使其更易跟上技术跃迁节奏，而 50 万元年薪以上岗位中，机器学习和深度学习岗位占比超 38%，算法工程师需求占比近七成，这些岗位对技术敏感度的要求进一步强化了年轻化趋势[65]，年薪可达 200 万元。

此外，AI人才的高学历特征尤为突出，72.99%的从业者拥有硕士或博士学位，其中硕士占比63.93%，博士达9.06%。从业者专业背景集中在计算机科学、软件工程等硬科技领域，这反映出AI行业对技术深度的严格要求。同时，海外留学人员回流率上升，为行业注入国际化视野与技术经验。这种人才供给结构不仅支撑了国内AI技术的快速发展，也为全球人才竞争提供了新变量。2024年中国在全球范围内生成式AI专利申请量达3.8万件，是美国的六倍，用户注册量突破6亿，技术积累与市场需求的深度融合正重塑全球创新版图。

从区域分布看，AI人才呈现显著的集聚效应。长三角地区以40.11%的人才占比居首，北京、上海、深圳三大城市需求占比超58%，形成产学研一体化生态。这些地区聚集了华为、阿里等科技巨头，以及清华大学、复旦大学等顶尖高校，同时受益于政策支持，如北京市推动AI模型对标国际先进水平，青岛市设立5.3亿元奖补资金培育领军企业。相比之下，成渝地区人才占比相对较少，反映出区域发展的不均衡性。值得注意的是，随着二、三线城市新兴科技园区的崛起，如杭州、苏州等地通过算力中心建设和产业政策吸引企业入驻，人才分布正从一线城市向周边扩散。

AI行业的年轻化趋势也受到教育体系变革的影响。高校通过加强实践教学与跨学科融合，培养复合型人才。例如，清华大学未来实验室探索AI思维培养，北京市第二十中学通过AI工具优化教学方式。同时，企业与高校的合作模式（如联合培养、实习基地）成为人才培养的重要补充，以解决传统教学中"所学非所用"的问题。平安私人银行等机构推出的教育权益服务，聚焦能力储备与国际化视野，为年轻人才提供升学规划、留学金融等支持，反映出社会力量对AI人才培养的深度参与。

2. 人才需求

随着AI技术从实验室走向产业应用的深水区，其对全球人才市场的重塑效应正以前所未有的速度显现。科锐国际在《2025人才市场洞察及薪酬指南》指出，AI产业的高速扩张不仅催生了基础算法研发、算力架构设计、行业解决方案等核心领域的海量人才需求，更推动了人才结构、薪酬体系及区域竞争格局等发生深刻变革。这种变革本质上是技术创新与产业升级的协同产物，既为从业者带来了前所未有的发展机遇，也对人才能力模型、企业招聘策略乃至区域经济生态提出了全新挑战[66]。生成式AI、大模型、人形机器人等技术突破推动AI产业进入"应用爆炸"阶段，人才需求呈现指数级增长与结构性裂变。数据显示，2024年全球AI相关岗位需求较2020年增长230%，大模型研发、智能驾驶算法等前沿领域需求年复合增长率超50%，符合技术创新周期"扩散期"规律。商业化落地引发跨学科岗位爆发，如生物医药的AI辅助药物设计、智能制造的智能座舱架构等岗位，均要求"技术＋行业"复合能力，薪酬显著高于传统岗位。AI人才市场呈沙漏型结构，供需矛盾与薪酬分化显著。高端层如资深大模型算法专家全球存量不足5万，年薪超200万元，企业间通过股权激励方式争夺高端层人才；中端层如具备垂直行业经验的AI应用工程师，供需比达1∶8；入门层因技能通用、培训周期短导致供给过剩，竞争激烈。这一数据印证了人力资本专用性理论：高端人才凭技术专有性掌握议价权，基础岗位陷入买方市场。区域差异方面，大湾区、成渝等产业集聚区岗位需求增速快，薪酬较中西部溢价30%左右。全球已初步形成三大人工智能人才集聚区：北美地区以基础研究为核心优势，中国长三角和珠三角地区依托制造业集群加速技术应用落地，欧洲则在AI伦理与监管技术领域具有突出特色。这一格局体现了新经济地理学中"路径依赖"效应的典型特征。中国的区域策略同样具有差异化：京津冀强化基础算法，长三角发展AI制药，大湾区转向智能交互，成渝借产业转移成为新兴聚集地。中企出海催生双向流动，海外属地化岗位与技术回流需求同步增长。

据翰德《2025人才趋势报告》及多方权威数据，当前AI人才行业呈现供需关系高度失衡、技术岗位价值重构、跨界能力成为竞争壁垒等核心特征。这不仅反映了技术迭代的速度，更揭示了全球产业升级背景下人才战略的深层逻辑。AI技术的突破性进展直接导致人才需求激增。2025年春节后AI方向招聘量同比增长25%，算法工程、算法优化、AI基础设施等核心领域成为招聘热点，但人才供给端面临严重瓶颈，AI人才供需比仅为0.5，即平均每两个岗位只有一名合格候选人可匹配，顶尖人才在强化学习、大模型算法、多模态算法等前沿领域供不应求。这种失衡体现在薪资体系中，行业前20%的顶尖AI人才跳槽时薪资涨幅可达30%～50%。强化学习领域顶尖研究员成为头部企业争夺焦点，具备大模型落地能力的AI产品经理年薪可达80万元，AI架构师薪资涨幅稳定在20%～30%，普通AI人才平均涨幅约20%，凸显"马太效应"[67]。

AI技术的快速发展重塑了传统岗位需求，推动人才能力向专业化、多元化发展，企业对人才的要求从单一技术能力转向"技术＋行业"复合背景。具身智能方向算法工程师、软硬件结合型技术人才成为新热点，跳槽薪资涨幅预计超30%。高级感知算法工程师需掌握多传感器联合标定等技术，具身智能仿真算法工程师需基于特定引擎开发机器人仿真算法，均要求深厚数学基础和跨学科知识。数据管理领域急需把控数据生态系统、沉淀专有数据资产并推动跨部门协作的高级人才，职责扩展至数据安全与合规性管理；信息安全领域出现AI安全专家新岗位，需同时掌握大模型技术、合规机制设计及AI增强防护能力。普华永道报告显示，金融、法律等行业具备AI技能的员工薪资涨幅可达25%～53%，数据库设计、律师等非技术岗位因AI赋能呈现"技能溢价"。例如AI医疗产品经理年薪可达80万～100万元，需同时理解医疗行业需求和AI技术逻辑。医疗领域AI诊断系统开发需要既懂深度学习算法又熟悉医学影像分析的人才，制造领域智能工厂需要将算法与生产流程结合的工程师。企业实践中，阿里国际站2026届校招80%为AI岗位，启动"Bravo102"计划吸引全球顶尖人才，要求具备国际竞赛经验或全栈技术能力；浩鲸科技为沙特Zain打造"本地公有云"项目，需要人才掌握云计算技术、阿拉伯市场政策及跨文化沟通能力，表明AI人才价值在于将技术转化为实际商业价值。未来AI人才市场将呈现能力跨界化、价值评估多元化、竞争生态化特征，人才价值从单一技能贡献向多维价值创造跃迁。

总体而言，AI行业的年轻化趋势是技术迭代、人才供需、区域集聚与政策支持共同作用的结果，年轻人凭借学习能力、创新思维和职业灵活性，正成为推动AI技术突破与产业落地的核心力量。

11.5.3 人工智能在教育体系的融合与发展

在当今数字化时代，AI正以前所未有的速度与教育体系深度融合，为教育领域带来了全方位的变革，推动着教育从传统模式向智能化、个性化方向发展。当下的数智教育阶段(2023年以后)，数字技术与教育全要素深度融合，致力于实现"人机协同"的终身学习体系。这一体系的构建基于终身学习理论，即教育不应局限于某个特定阶段，而是贯穿人的一生。AI在其中发挥着关键作用，为不同年龄段、不同学习需求的人群提供个性化的学习方案和支持。

在技术应用层面，AI技术在各个教育阶段都展现出独特而强大的价值。在幼儿教育阶段，AI互动早教设备宛如一位充满活力的启蒙伙伴。借助先进的语音识别技术，它能够精准识别幼儿稚嫩的语音指令，用亲切、生动的语言与之交流互动；图像识别技术则使其能够敏锐捕捉幼儿感兴趣的事物，如绘本中的图案、玩具的形状等，进而围绕这些元素展开趣味教学活动，激发幼儿对周围世界的探索欲望，为他们打开知识的大门。在小初高基础教育领域，智能教学辅助系统犹如教师的得力助手。它运用复杂而精妙的AI算法，对学生日常作业、考试成绩等多维度数据进行深度挖掘与分析。通过这些分析，系统能够精准定位学生在各个学科知识点上的薄弱环节，为教师提供详尽且针对性强的个性化教学建议，助力教师因材施教，提升教学效果。在高等教育中，AI技术已然成为科研创新的重要引擎。它能够处理海量且复杂的数据,在各类科研项目中,承担起模拟实验、数据分析、模型构建等关键任务,为科研人员节省大量时间和精力,推动学术研究朝着更深层次、更前沿的方向迈进。职业教育领域,基于 AI 的虚拟实训平台更是为学生打造了一个高度仿真的职业环境。无论是医疗领域的手术模拟、工程领域的实操演练,还是金融领域的交易模拟,学生都能在这个虚拟平台上进行反复实践,提前适应未来的工作场景,有效提升自身的职业技能和就业竞争力。

AI 的融入,为解决教育行业长期存在的痛点提供了有效途径。在基础教育领域,资源分配不均和难以因材施教是两大难题。借助 AI 技术,智能题库与作业设计可以根据学生的学习情况自动生成个性化的作业,满足不同学生的学习进度和能力水平。AI 课堂通过实时分析学生的课堂表现,如注意力集中程度、参与度等,及时调整教学节奏和方法,实现真正意义上的因材施教,这与多元智能理论相契合,承认学生在不同智能领域的差异,为个性化教学提供理论依据。

11.5.4 人工智能教育市场分析

在中国教育数字化转型进程中,AI+教育的 B 端市场正经历着深刻的变革与发展,而 AI 人才在其中扮演着无可替代的关键角色,成为推动这一市场持续进阶的核心动力。

市场规模变化是衡量 AI+教育 B 端市场发展的重要指标[68]。2020 年,AI+教育 B 端市场规模为 142 亿元,同比增速 7.9%,此时市场尚处于 AI 技术应用的探索初期,主要集中在基础功能的搭建,如简单的在线课程平台,为学生提供初步的线上学习资源,以及基本的学习管理系统,用于记录学生的学习进度和成绩等基础信息。到 2021 年,市场规模增长至 156 亿元,同比增速达 9.9%。这一阶段,更多教育机构开始意识到 AI 技术的潜力,积极尝试将其融入教学产品。智能作业批改工具的出现,便是这一时期的重要成果,它大幅提高了教师批改作业的效率,让教师能够将更多精力投入教学研究和学生指导上。2022 年和 2023 年,市场迎来了快速增长期,2022 年市场规模达到 181 亿元,同比增速 16.4%;2023 年进一步增长至 213 亿元,同比增速 17.4%。在这一阶段,AI 技术在教育场景的应用变得更加丰富和深入。智能教学系统借助机器学习算法,能够根据学生的学习行为数据,如答题时间、错误频率、学习时长等,为每个学生量身定制个性化学习路径[69]。这种精准化、个性化的学习模式,显著提高了学生的学习效果,也吸引了众多学校和教育机构纷纷采购相关智能产品,有力推动了市场规模的快速增长。

未来,随着 AI 大模型等前沿技术的不断突破和成熟,AI+教育 B 端市场前景一片光明。在职业教育领域,基于 AI 大模型的智能实训平台将能够模拟更加复杂多变的工作场景,为学生提供更加逼真、全面的实践机会,使学生在毕业前就能积累丰富的实战经验,大幅提升其就业竞争力[70]。在企业培训领域,AI 个性化培训课程将依据员工的岗位需求、技能水平和学习习惯,为每位员工定制专属的培训内容。这种定制化的培训模式将能够更好地满足员工的个性化学习需求,增强培训效果和提高培训效率,吸引更多企业采购相关服务,进一步推动市场规模的持续扩大。到 2027 年,市场规模预计可达 477 亿元,同比增速达到 17.7%[71],此时 AI+教育 B 端市场将逐步走向成熟,其应用范围将拓展至社会的各个层面,构建起一个全方位、多层次、互联互通的智能教育生态系统。

然而,在 AI+教育 B 端市场蓬勃发展的背后,AI 人才短缺的问题日益凸显,成为市场进一步发展的瓶颈。从技术研发环节来看,算法的优化和创新需要 AI 人才具备深厚的数学基础、扎实的编程能力以及对 AI 技术前沿趋势的敏锐洞察力。在产品设计阶段,将教育理念与 AI 技术完美融合,要求 AI 人才不仅要精通技术,还要深入了解教育教学规律和学生的学习特点。在教学应用过程中,为教师和学生提供及时、有效的技术支持,需要 AI 人才具备良好的沟通能力和问题解决能力。而在市场推广环节，向学校和教育机构准确解读 AI 产品的优势和应用价值，又要求 AI 人才具备出色的表达能力和市场敏感度。因此，构建完善的 AI 人才培养体系，加大培养力度，提升人才质量，已成为当务之急。高校应加强相关专业的学科建设，优化课程设置，注重理论与实践相结合，培养出具有扎实专业知识和创新能力的 AI 人才。企业则应加强与高校的合作，通过实习、项目合作等方式，为学生提供实践机会，同时也为自身储备优秀人才。此外，还应建立健全 AI 人才的继续教育和培训机制，鼓励在职人员不断学习和更新知识，以适应快速发展的市场需求。只有这样，才能为 AI＋教育 B 端市场的持续健康发展提供坚实的人才保障。

教育 C 端市场也有着前所未有的变革，其影响深远地渗透每个受教育个体的学习生活中，全方位重塑着他们的学习体验。无论是教育智能硬件的推陈出新，还是在线教育的蓬勃发展，AI 都在其中扮演着关键角色，成为改变受教育个体学习方式、提升学习效果的核心驱动力。

在教育智能硬件方面，2023 年中国市场规模约为 512 亿元，AI 技术在硬件端的贡献率约为 11%。这背后是 AI 人才通过不懈努力，为各类教育智能硬件产品赋予强大的智能化功能，为受教育个体带来了诸多便利和惊喜。以智能学习平板为例，借助自然语言处理技术，学生可以像与老师交流一样，用自然语言向平板提问，无论是数学难题、语文诗词解析，还是英语语法疑惑，平板都能迅速理解并给出准确、详细的解答，让学生随时都能获得专业的学习指导。图像识别技术则让平板具备了更强大的学习辅助能力，它能快速识别教材内容，不仅可以为学生提供相关知识点的讲解视频，还能拓展学习资料，帮助学生深入理解知识，大幅地丰富了学习资源。

随着 AI 技术的持续进步，教育智能硬件将为受教育个体带来更多惊喜。比如，智能学习设备能根据学生答题情况自动调整练习题难度，精准匹配学生学习水平，让学习更高效。到 2025 年，市场规模有望增长至 632 亿元，同比增速为 9.9%。AI 技术将探索更多创新应用，如利用情感识别技术，让智能学习设备感知学生学习情绪。当学生出现疲劳、焦虑等情绪时，设备自动调整学习节奏，播放轻松音乐或提供趣味性学习内容，让学习过程更加人性化。2026 年，市场规模预计达到 691 亿元，同比增速为 9.4%。AI 人才将推动教育智能硬件与虚拟现实、增强现实技术融合，在历史、地理等学科学习中，学生可以身临其境地感受历史场景和地理环境，增强学习的趣味性和互动性，使知识理解更深刻。2027 年，市场规模预计可达 763 亿元，同比增速 10.4%，AI 贡献率或将上升至 37%。届时将开发更强大的 AI 芯片，提升硬件设备运算和智能处理能力，实现实时智能辅导、多语言实时翻译等复杂功能，满足受教育个体多样化学习需求。

对于在线教育内容服务端，2023 年中国在线教育市场规模达 2628 亿元，AI 在其中的贡献率约为 7%。AI 技术对受教育个体的影响体现在多个维度。在学习软件功能上，智能学习软件借助自然语言处理实现智能答疑，学生随时提出问题都能快速得到解答，就像拥有一位专属学习伙伴。同时，AI 驱动的个性化学习功能，依据学生学习习惯、答题情况、知识掌握程度等多维度数据，为每位学生量身定制学习路径。例如，AI 系统能够根据学生在不同知识点的薄弱环节，推送针对性练习题和讲解视频，帮助学生高效提升学习成绩。同时，AI 能够辅助教师进行学情分析，生成详细学生学习报告，教师能更全面了解学生学习状况，从而调整教学策略，为学生提供更精准的教学指导，间接提升了受教育个体的学习效果。

未来，AI 还将在课程内容创作方面发挥更大作用，根据学习者实时学习情况动态调整课程难度和进度，使学习内容更贴合学生实际需求。预计到 2027 年，AI 在在线教育市场中的贡献率将攀升至 16%左右，AI 将深度融入在线教育各环节，带来更多基于 AI 的互动式教学场景，如虚拟课堂中的小组讨论、模拟实验等，增强学习趣味性和参与度[72]，让受教育个体在互动中更好地掌握知识。AI 对教育的赋能将加速推动教育全环节升级、教育资源持续进化、教育智能中枢构建，以及教育生态不断完善[73]。

小结与展望

本章从AI整体布局、创新体系、投资动态、人才战略四方面对AI产业布局进行了简要的讨论。对当前的AI综合布局，主要从技术研发与创新驱动、应用场景拓展、产业生态建设和国际合作四方面进行讨论。对当前的AI创新体系，从技术、商业模式、产品、人才培养、信息共享等几个核心要素出发进行讨论。在AI投资方面，从计算机行业的行情作为切入点，逐步深入AI领域的企业、商业落地投资价值和未来投资机会等，分析AI领域的投资走势和趋势预估。在AI人才战略方面，主要对当前高校和企业对AI人才的培养，以及AI人才的分布、需求等情况进行了简要的分析。

当前，全球主要经济体均已将AI纳入国家战略核心，针对算法、算力、数据、人才等核心要素进行布局。随着政策支持体系完善与应用场景扩展，预计到2030年全球AI相关产业规模将超15万亿美元[74]。尽管AI的投资布局逐渐从狂热回归理性，但借助大模型和AIGC等技术的发展，AI正在与各个领域建立密切的联系，不断扩张的核心产业和纵深发展的应用场景仍然为投资市场带来了强劲的信心。而未来，对于AI相关人才的培养和需求也将成为一个教育领域和产业界共同关注的重要问题。下面分别从算力、数据、人才几个AI发展的重要因素作出简要的讨论。

1. 算力与能源消耗

大模型及AIGC进一步带动了全球对算力的需求，根据国家信息中心与相关部门联合发布的《智能计算中心创新发展指南》指出，当前中国有超过30个城市正在建设或计划建设智能计算中心，包括已经建成的、正在建设中的以及规划中的总数已经超过40家。然而，随着中国各类数据中心的规模扩大，耗电量也快速攀升，带来了大量的能源消耗。提升各个数据中心的能源利用效率，降低能耗强度将成为重要目标。与此同时，通过智能算网实现算力资源的均衡分布与高效利用具有重要价值[75]，算力使用效率的进一步提升可以让AI以低能源消耗代价服务社会。

2. 数据管理优化

借助联邦学习等技术和相关政策的规范进一步提升数据质量、保障数据隐私安全、消除数据偏见，对于在安全合规的条件下进一步释放数据潜能有着重要作用。未来，对数据从收集、存储、处理、使用的全流程的管理优化，具有重要意义。

3. 跨学科人才发展

随着AI逐渐深入法律、金融、艺术、制造等各领域中，以及人工智能驱动科学研究（AI for Science）给各个学科带来的重大改变，鼓励多学科背景的学生参与AI相关知识的学习，将有利于培养具备广泛知识结构和创新能力的复合型人才。

综上分析，AI技术已经从研究领域走向应用，参与到普通人的日常生活中，这是未来的一个重要发展趋势。它既是挑战和冲击，也是新的机遇与发展。让AI技术更好地服务于人类社会，应是AI最终的布局期望。

参考文献

[1] 月狐数据，中欧国际工商学院. AI产业全景洞察报告2025[R]. 深圳：月狐数据，2025.

[2] World Intellectual Property Organization. Patent landscape report-generative artificial intelligence (GenAI) [R].

Geneva：WIPO，2024.
[3] 华经产业研究院. 2025—2031 年中国生成式人工智能（GAI）行业发展全景监测及投资方向研究报告[R]. 北京：华经产业研究院，2025.
[4] 王晓丽，徐鑫钰. 人工智能的道德风险及其治理[J]. 华南理工大学学报（社会科学版），2020，22(2)：10-17.
[5] 甲子光年智库. DeepSeek 开启 AI 算法变革元年[EB/OL].（2025-02-02）[2025-04-19]. https://www.jazzyear.com/study_info.html?id=147.
[6] KAPLAN J，MCCANDLISH S，HENIGHAN T，et al. Scaling laws for neural language models[EB/OL].（2025-02-02）[2025-04-19]. https://arxiv.org/abs/2001.08361.
[7] 中国信息通信研究院. 人工智能发展报告（2024 年）[R]. 北京：中国信息通信研究院，2024.
[8] 中国信息通信研究院. 量子信息技术发展与应用研究报告（2024 年）[R]. 北京：中国信息通信研究院，2024.
[9] 中国信息通信研究院，浪潮信息. 人工智能算力高质量发展评估体系报告[R]. 北京：中国信息通信研究院，2024.
[10] 国际数据公司，浪潮信息. 2025 中国人工智能计算力发展评估报告[R]. 北京：国际数据公司，2025.
[11] MCMAHAN B，MOORE E，RAMAGE D，et al. Communication-efficient learning of deep networks from decentralized data[C]//Proceedings of the 20th International Conference on Artificial Intelligence and Statistics. New York：PMLR，2017，54：1273-1282.
[12] European Union. General data protection regulation（GDPR）[EB/OL].（2024-04-22）[2025-04-19]. https://gdpr-info.eu/.
[13] European Commission. The European Green Deal[R]. Strasbourg：European Commission，2019.
[14] U. S. Congress. Inflation Reduction Act of 2022[EB/OL].（2022-08-16）[2025-04-19]. https://www.congress.gov/bill/117th-congress/house-bill/5376.
[15] 国家数据局.《数字中国建设 2025 年行动方案》近日印发[EB/OL].（2025-05-16）[2025-07-04]. https://www.nda.gov.cn/sjj/zhuanti/ztszzh/0516/20250516160504500412691_pc.html.
[16] European Commission. Corporate sustainability reporting directive（CSRD）[R]. Brussels：European Commission，2022.
[17] 新京报. 王凌航：AI 将重塑医疗生态，让医疗资源普惠可及[EB/OL].（2025-07-01）[2025-07-04]. https://www.bjnews.com.cn/detail/1751348192168878.html.
[18] 央视网. AI 药物要来了？首款进入二期临床试验[EB/OL].（2025-06-04）[2025-07-04]. https://news.cctv.com/2025/06/04/ARTI0HMQywMrBeoxOCL1svHe250604.shtml?spm=C94212.PGZDd8bkBJCZ.E850fz1ryIUd.15.
[19] 中国政府网. 国务院 6 月重要政策[EB/OL].（2025-06-30）[2025-07-04]. https://www.gov.cn/yaowen/liebiao/202506/content_7030093.htm.
[20] 甲子光年智库."具身智能行业发展研究报告"系列报告之一：具身智能技术发展与行业应用简析[EB/OL].（2025-01-17）[2025-04-19]. https://www.jazzyear.com/study_info.html?id=146.
[21] 中国信息通信研究院泰尔系统实验室. 人形机器人产业发展研究报告（2024 年）[R]. 北京：2025 中国信通院深度观察报告会，2024.
[22] 新浪科技. 供需牵引 生态共筑——2025 中国智算产业生态发展大会成功举办[EB/OL].（2025-06-30）[2025-07-04]. https://finance.sina.com.cn/tech/roll/2025-06-30/doc-infcvtuk9911189.shtml?froms=ggmp.
[23] 2nd Global AI Safety Summit. Seoul declaration for safety，innovation，and inclusivity AI[R]. Seoul：2nd Global AI Safety Summit，2024.
[24] BBC 中文. 特朗普政府打出发展 AI"组合拳"战略，美中人工智慧竞赛走向全方位博弈？[EB/OL].（2025-08-07）[2025-08-19]. https://www.bbc.com/zhongwen/articles/cdd3e7vjp6no/simp.
[25] 1st Global AI Safety Summit. The Bletchley Declaration on AI Safety[EB/OL].（2025-02-13）[2025-04-19]. https://www.gov.uk/government/publications/ai-safety-summit-2023-the-bletchley-declaration/the-bletchley-declaration-by-countries-attending-the-ai-safety-summit-1-2-november-2023.
[26] 工业和信息化部，中央网络安全和信息化委员会办公室，国家发展和改革委员会，等. 国家人工智能产业综

合标准化体系建设指南(2024 版)[R]. 北京：工业和信息化部，2024.

[27] 李修全. 当前人工智能技术创新特征和演进趋势[J]. 智能系统学报，2020，15(2)：409-412.

[28] 央企投资协会. 2025 年人工智能与产融结合闭门研讨会在京举办[EB/OL].(2025-06-27)[2025-07-04]. https://www.china-iace.com/newsinfo/8485396.html.

[29] SJÖDIN D，PARIDA V，PALMIÉ M，et al. How AI capabilities enable business model innovation：Scaling AI through co-evolutionary processes and feedback loops[J]. Journal of Business Research，2021，134：574-587.

[30] 于晓宇，曹港，俞俊宇，等. 人工智能与商业模式创新和演化：研究综述与未来展望[J]. 经济管理学刊，2024，3(2)：1-30.

[31] 第一新声研究院.《2024 年中国 AI 大模型产业发展与应用研究报告》重磅发布[EB/OL].(2025-01-16)[2025-04-19]. https://mp.weixin.qq.com/s/_AR_d_mKDZrmL--BGrV9dw.

[32] DEVLIN J，CHANG M W，LEE K，et al. BERT：Pre-training of deep bidirectional transformers for language understanding[C]//Proceedings of the Conference of the North American Chapter of the Association for Computational Linguistics. Stroudsburg：ACL Press，2019：4171-4186.

[33] 李博伦，朱丽江，伍巍峨. 2024 年计算机行业四季度投资策略：三重底已现，信创与新质吹响反攻号角[R]. 上海：国泰君安证券，2024.

[34] 万和证券. 计算机行业 2023 年度投资策略[R]. 海口：万和证券，2023.

[35] 国信证券. 计算机行业 2024 年 9 月投资策略暨财报总结[EB/OL]. 广东：国信证券，2024.

[36] Dealroom. Opening moves in global AI[EB/OL].(2025) [2025-04-19]. https://dealroom.co/reports#year=2025.

[37] Stanford University. Artificial intelligence index report 2025[EB/OL].(2025) [2025-04-19]. https://hai.stanford.edu/ai-index.

[38] 中国式现代化发展研究院，中国新一代人工智能发展战略研究院. 中国新一代人工智能科技产业区域竞争力评价指数[R]. 天津：中国式现代化发展研究院，2024.

[39] 中国式现代化发展研究院，中国新一代人工智能发展战略研究院. 中国人工智能产业创新版图：“极化”和“扩散”[R]. 天津：中国式现代化发展研究院，2024.

[40] 亿欧智库. 商业变现，掌握 AI 场景的投资密码——2023 中国 AI 商业落地投资价值研究报告[R]. 北京：亿欧智库，2023.

[41] Gartner. Gartner 发布 2024 年中国数据、分析和人工智能技术成熟度曲线[EB/OL].(2024-09-25) [2025-04-19]. https://www.gartner.com/cn/newsroom/press-releases/2024-china-ai-da-hc

[42] 新华网. 数字经济小课堂——聚焦“东数西算”工程[EB/OL].(2025-02-24) [2025-04-19]. https://www.news.cn/digital/20250224/2c2b0c3c19dd4658935c1069b92509f1/c.html.

[43] 新华财经. 人工智能领域投融资火爆 年内融资金额已超 820 亿元[EB/OL].(2024-12-17) [2025-04-19]. https://www.cnfin.com/hb-lb/detail/20241218/4158887_1.html.

[44] CB Insights. State of AI Report：6 trends shaping the landscape in 2025[EB/OL].(2025) [2025-04-19]. https://www.cbinsights.com/research/report/ai-trends-2024/.

[45] VASWANI A，SHAZEER N，PARMAR N，et al. Attention is all you need[C]//Proceedings of the 31st International Conference on Neural Information Processing Systems. New York：Curran Associates，2017：5998-6008.

[46] OZBULAK U，LEE H J，BOGA B，et al. Know your self-supervised learning：a survey on image-based generative and discriminative training[J]. Transactions on Machine Learning Research，2023.

[47] GUI J，CHEN T，ZHANG J，et al. A Survey on self-supervised learning：Algorithms，applications，and future trends[J]. IEEE Transactions on Pattern Analysis and Machine Intelligence，2023.

[48] CARON M，TOUVRON H，MISRA I，et al. Emerging properties in self-supervised vision transformers[C]//Proceedings of the IEEE/CVF International Conference on Computer Vision. Piscataway：IEEE Press，2021：9630-9640.

[49] HE K M，CHEN X L，XIE S N，et al. Masked autoencoders are scalable vision learners[C]//Proceedings of

the IEEE/CVF Conference on Computer Vision and Pattern Recognition. Piscataway：IEEE Press，2022：15979-15988.

[50] 李白杨，白云，詹希旎，等. 人工智能生成内容（AIGC）的技术特征与形态演进[J]. 图书情报知识，2023，40(1)：66-74.

[51] DeepSeek-AI. DeepSeek-R1：Incentivizing Reasoning Capability in LLMs via Reinforcement Learning[EB/OL].（2025-01-22）[2025-04-19]. https://arxiv. org/abs/2501. 12948.

[52] LIU Y，ZHANG K，LI Y，et al. Sora：A Review on Background，Technology，Limitations，and Opportunities of Large Vision Models[EB/OL].（2024-02-28）[2025-04-19]. https://arxiv. org/abs/2402. 17177.

[53] 艾瑞. 2022 年中国人工智能产业研究报告（V）[EB/OL].（2023-03-13）[2025-04-19]. https://report. iresearch. cn/report/202303/4147. shtml.

[54] Stanford University. 2021 AI Index Report[EB/OL].（2021）[2025-04-19]. https://aiindex. stanford. edu/ai-index-report-2021/.

[55] Stanford University. 2024 AI Index Report[EB/OL]. 2024，https://aiindex. stanford. edu/report/.

[56] 中国青年报. 北京掀起人工智能教育革命[N]. 中国青年报，2019-05-17（01 版）.

[57] 人民政协报. 人工智能：高校与企业合唱二重奏[EB/OL].（2018-06-20）[2025-04-19]. http://www. moe. gov. cn/jyb_xwfb/xw_zt/moe_357/jyzt_2018n/2018_zt11/zt1811_zj/zt181104_mtgz/201807/t20180706_342261. html.

[58] 刘刚，李伟伟. 新型创新组织与国家创新系统演进[J]. 河北经贸大学学报，2023.

[59] 贾晓静. 越来越多人工智能人才在本国就业[N]. 青年参考，2024-04-12（04 版）.

[60] 人民日报海外版. 中国人工智能人才数量大幅增长[EB/OL].（2024-07-06）[2025-04-19]. http://paper. people. com. cn/rmrbhwb/html/2024-07/06/content_26067786. htm.

[61] 向秋. 加快建设高水平人工智能人才高地[N]. 吉林日报，2024-07-16（06 版）.

[62] IDC. IDC FutureScape：2024 年中国人工智能与自动化十大预测[EB/OL].（2024-01-28）[2024-07-20]. https://my. idc. com/getdoc. jsp? containerId=prCHC51822324.

[63] 黄祖栋. 人工智能背景下汽修专业教学改革实践[J]. 广西教育，2023.

[64] 脉脉高聘人才智库. 2023 人工智能人才洞察报告[EB/OL].（2023）[2025-04-19]. https://www. dydata. io/datastore/detail/2391830527737991168/.

[65] 猎聘大数据研究院. 2025AI 技术人才供需洞察报告[EB/OL].（2025-03-03）[2025-04-19]. https://www. fxbaogao. com/detail/4715980.

[66] 科锐国际市场研究中心. 2025 人才市场洞察及薪酬指南 [EB/OL].（2025-02-19）[2025-04-19]. https://www. careerintlinc. com/whitepaper/3116. html.

[67] 翰德（Hudson）. 2025 人才趋势报告[EB/OL].（2025-03-28）[2025-04-19]. https://www. hudson. cn/site/newsdetails/273.

[68] 艾瑞咨询. 2024 年人工智能+教育行业发展研究报告[EB/OL].（2024）[2025-04-19]. https://www. iresearch. com. cn/Detail/report? id=4368&isfree=0.

[69] 常宁，刘明强. 以生成式 AI 驱动师生共创教学模式[N]. 中国教育报，2024-09-12（11 版）.

[70] 史瑞佳. 高校理工科研究生思想政治教育对策研究[D]. 中国计量大学，2017.

[71] 商汤科技，上海市人工智能技术协会，零壹智库，等. 大模型赋能下的 AI 2.0 数字人平台[R]. 上海：商汤科技，2024.

[72] 邢西深，管佳. 新时代的智慧教学：课堂实践、问题审思与发展对策[J]. 电化教育研究，2022，43(5)：109-114.

[73] 多鲸教育研究院. 2025 AI 赋能教育行业发展趋势报告[R]. 上海：多鲸教育研究院，2025.

[74] 中国报告网. 2025 年人工智能产业突破性进展：现状分析与未来布局[EB/OL].（2025-06-20）[2025-07-04]. https://m. chinabgao. com/info/1274689. html.

[75] 高文，钱德沛，朱美芳，等. 智能算网的基础理论与核心技术. 中国科学基金，2025，39(2)：194-207.

第12章 人工智能产业发展

CHAPTER 12

12.1 引言

在全球数字经济浪潮中，各大经济体纷纷布局人工智能产业，形成了以美、中为代表的多极竞争格局。AI产业的企业数量激增、风险投资持续加码以及顶尖人才与科研突破涌现，正不断重塑全球科技版图。本章将从全球视角出发，探讨全球AI产业的发展前沿趋势，围绕AI产业格局，分析全球与中国整体产业布局，并对AI产业链进行分层解析；进一步围绕产业技术发展前沿与应用发展前沿展开介绍，重点剖析AI研究与技术发展、人才产出与高校资源的布局、产业应用与领域独角兽等内容；最后，本章对未来产业发展趋势进行了展望。通过本章内容，希望能为产业政策制定者、企业决策者和研究学者提供全面、深入的参考依据，以便更好地把握人工智能产业未来的发展脉络。

12.2 人工智能产业格局

12.2.1 全球人工智能产业格局

随着AI技术逐渐成为推动科技进步与产业变革的关键力量，全球各大经济体纷纷入局AI产业，形成了多极化产业发展格局。从企业数量上来看，全球AI企业数量已从爆发式增长阶段转入稳步增长阶段。截至2024年，全球AI企业总数已超3万家[1]。从新增企业数量来看，2016—2019年是AI企业的爆发增长期，每年新增企业超3000家，而自2019年起，AI企业注册数量增速放缓，进入稳步增长期，如图12.1(a)所示。从全球各国AI企业数量上看，美、中两国名列前茅，如图12.1(b)所示。美国作为全球AI产业的领军国家，拥有约1.3万家AI企业，占全球总量的三分之一；中国AI企业数量位居全球第二，达5700余家；英国则拥有2300多家AI企业，位居第三；美、中、英三国AI企业数量占比合计达到了全球的一半以上，构成了第一梯队。除此之外，印度、日本、韩国、德国、法国和加拿大等国在AI领域也表现活跃，形成全球AI产业的第二梯队。

在AI资本投资方面，2013—2024年全球新获得融资的AI企业数量逐年增加，如图12.2(a)所示。2024年全球新获得融资的AI企业数量更是达到了2049家，创下了近年新高。从国家分布来看，美国仍是AI领域风险投资重要聚集地，融资规模占全球58%。中国则位列第二，达12%，如图12.2(b)所示。

在AI人才和科研机构方面，美国依然保持领先地位。如图12.3(a)所示，美国拥有全球最多的AI顶级高校和科研院所，其次是中国。在全球AI顶级人才数量上，美国也保持着领先的地

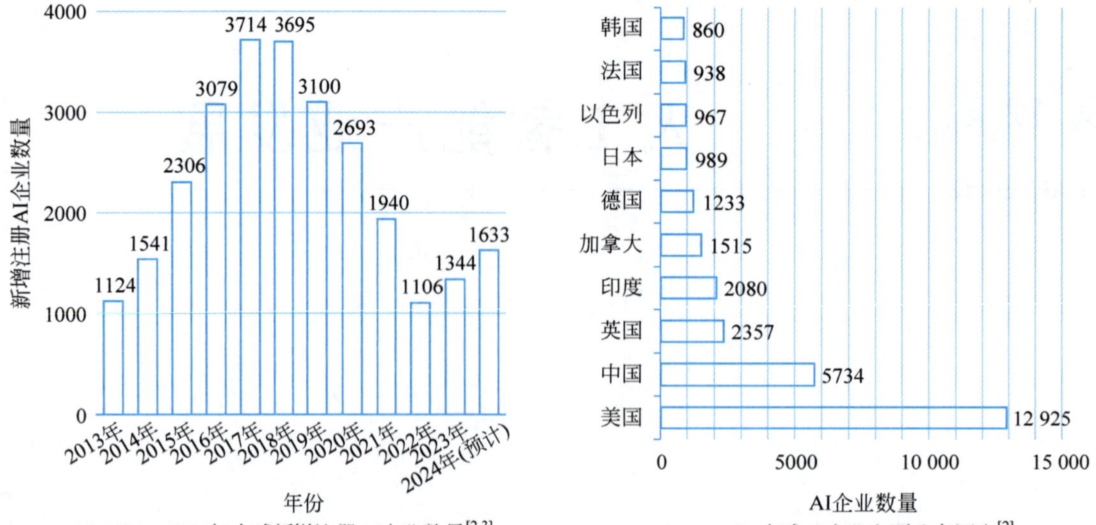

(a) 2013—2024年全球新增注册AI企业数量[2,3]　　(b) 全球AI企业主要分布国家[2]

图 12.1　全球 AI 企业格局

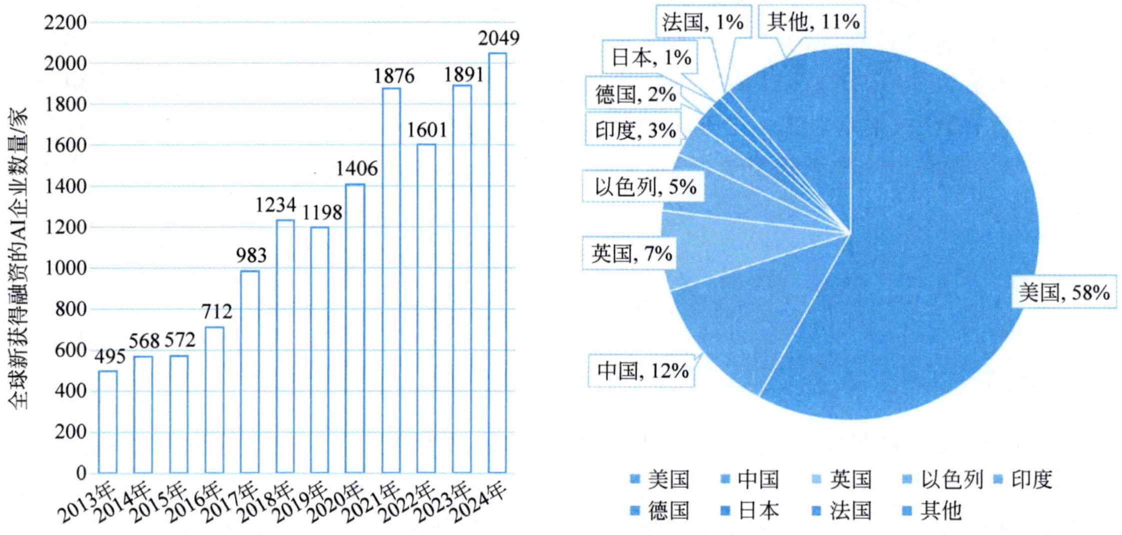

(a) 2013—2024年全球新获融资的AI企业数量[4]　　(b) 全球主要国家AI企业融资规模占比[2]

图 12.2　全球 AI 投资格局

位[2]。如图 12.3(b)所示，入选 2024 年 AI 全球最具影响力学者名单(AI 2000)的学者中，超过 50%为美国学者；中国则排名第二，占比 18%[5]。

12.2.2　中国人工智能产业格局

中国 AI 产业蓬勃发展，产业体系逐步完善，智能芯片、开发框架、通用大模型等创新成果不断涌现，截至 2024 年 6 月，中国的 AI 核心企业已达到 4500 家[6]。图 12.4 展示了 2014—2024 年间中国及全球新增 AI 企业数量的同比增长率，中国在绝大多数年份的同比增长率高于全球平均水平。近年来，受有效投资增长乏力的影响，中国和全球的新增 AI 企业数量在一些年份均出现了减少。

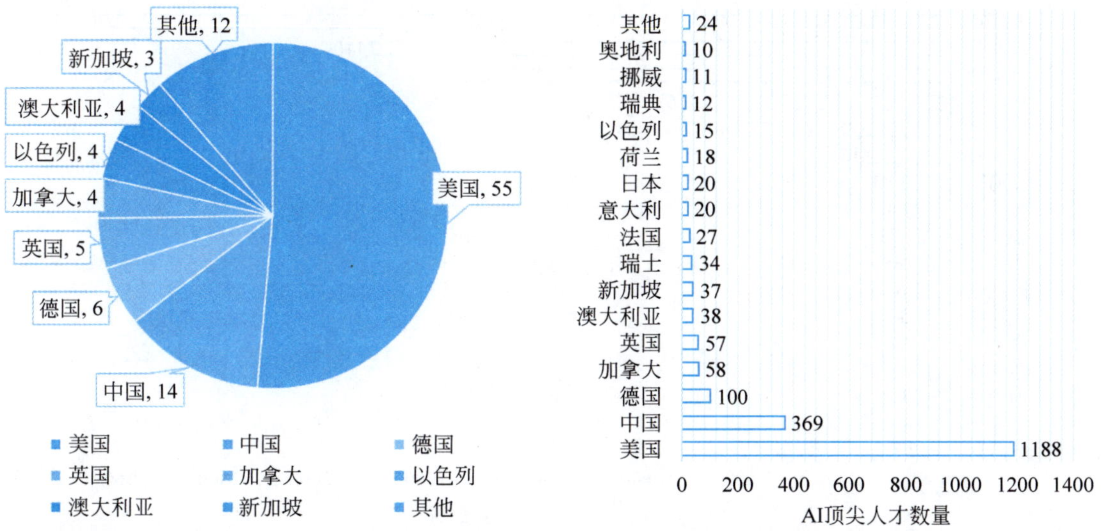

(a) 全球Top100 AI相关专业学校所在国家分布[2]　(b) 2024年全球AI领域顶尖人才国家分布情况[5]

图 12.3　全球顶尖 AI 专业学校和人才分布

图 12.4　2014—2024 年中国及全球新增注册 AI 企业同比增长率[2,7]

中国 AI 企业有着地域分布集中的特点，大部分 AI 企业集中于经济发达地区。如图 12.5 所示，北京市、上海市、广东省、浙江省的 AI 企业最为集中，形成京津冀、长三角、粤港澳三足鼎立的格局。

12.2.3　人工智能产业链

AI 产业链一般可分为上游的基础层、中游的技术层、下游的应用层，如图 12.6 所示。这三个层级紧密相连，相互依存，构成完整的产业生态系统。基础层包含数据、算力、算法三大核心要素，为技术层提供基础支撑。技术层主要包括机器学习等通用技术和计算机视觉等专业领域技术，为下游的应用提供技术支持。应用层则涵盖 AI 技术与制造业、医疗、教育等传统行业结合形成的各类产业形态。下面将分别介绍这三个层级及其代表性企业、技术和平台。

1. 基础层

当前，全球 AI 产业链基础层正面临着技术壁垒、资源垄断等多重挑战。数据作为驱动 AI 技

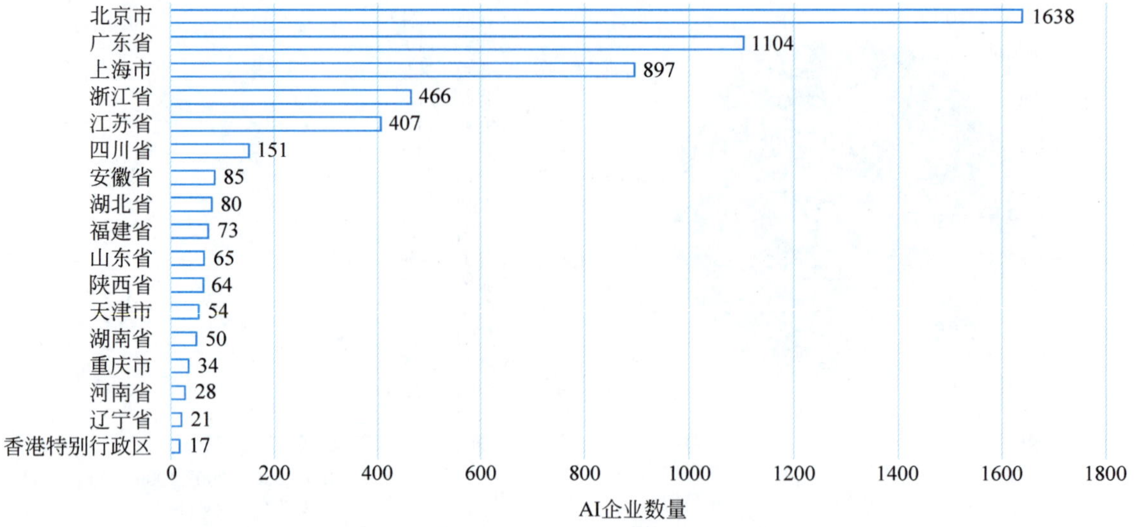

图 12.5 中国主要省市 AI 企业分布情况[2]

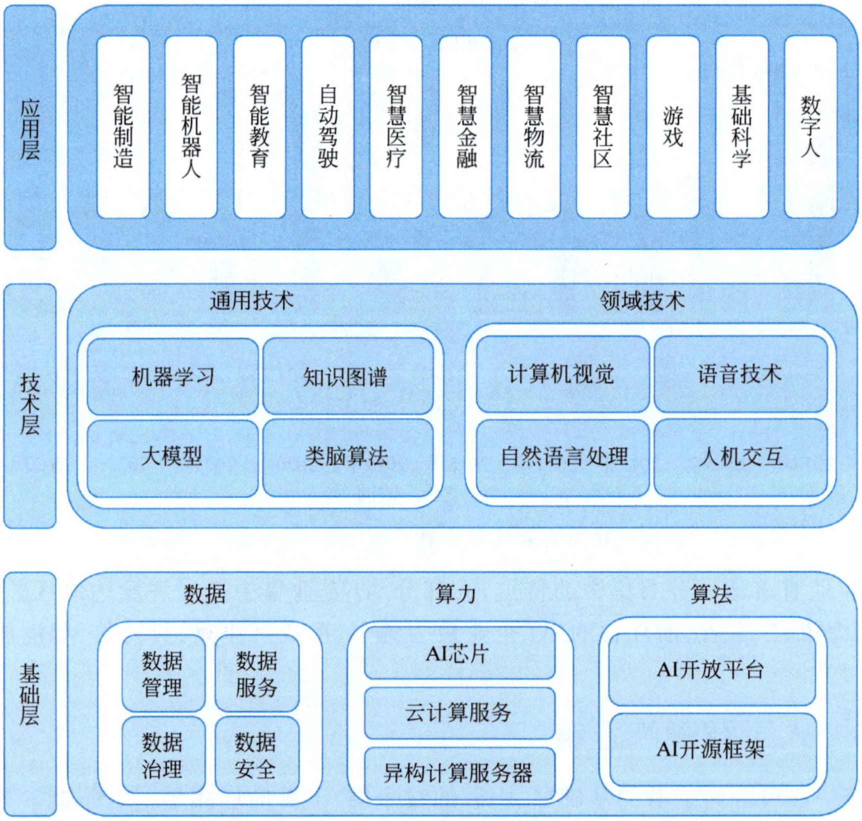

图 12.6 AI 产业图谱[2]

术创新的关键资源，一直是企业竞争的战略重点。随着大规模模型训练成为推动 AI 进步的主要趋势，拥有海量数据资源的企业往往能在竞争中占据优势地位。

在全球范围内，互联网巨头如谷歌、亚马逊、Meta（原 Facebook）、百度、阿里巴巴和腾讯等公司凭借长期积累的用户数据和先进的数据分析技术，不仅在搜索、社交和电子商务等领域建立了竞争优势，也为 AI 的发展与应用奠定了数据基础。与此同时，还有一些专注于数据采集、处理和挖掘的企业为政府、金融、医疗等多个领域提供定制化的数据解决方案。此外，Microsoft Azure、Oracle 等企业则通过数据管理和分析服务在产业链中占据重要地位。未来，数据资源仍然会成为决定 AI 企业发展潜力的关键因素。

在当今大模型时代，上亿级模型参数量使得高性能算力成为支撑 AI 产业的关键基础设施。大规模神经网络训练、海量数据分析与实时推理任务均对计算能力提出了严苛要求，这使得高性能计算硬件成为 AI 产业的核心技术要素。

图形处理单元(GPU)作为主流的 AI 计算硬件，在 AI 计算领域占据主导地位。如图 12.7 所示，英伟达(NVIDIA)和 AMD 等企业在这一领域拥有显著的技术壁垒，其中英伟达通过其 A100、H100 等高性能计算芯片，结合 CUDA 并行计算平台和 Tensor Core 张量计算技术，占据了约 80% 市场份额[8]。这些企业为开发者提供了高效能的硬件与计算能力，推动了深度学习和大数据处理领域的技术进步和应用落地。与此同时，谷歌公司研发的张量处理单元(TPU)作为专用机器学习加速器，在大规模模型训练和推理方面展现出独特优势，其架构为云端 AI 服务提供了另一种高效计算方案。在国内市场，华为、寒武纪等企业正积极研发自主可控的高性能计算硬件，如华为公司于 2019 年推出的昇腾 910 芯片[9]及其后续 910B 系列产品，在性能上已可对标英伟达 A100 芯片[10]。

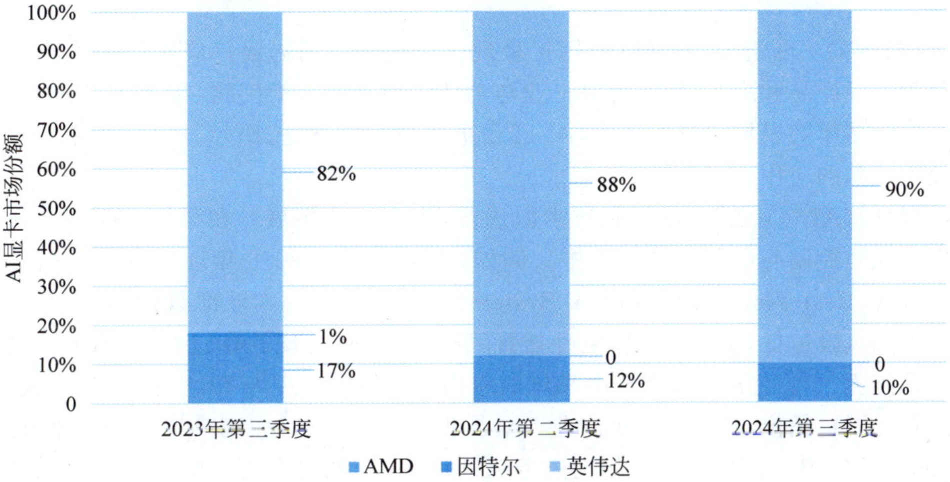

图 12.7 AI 显卡市场份额分布[8]

总体而言，虽然全球范围内多种高性能计算硬件不断涌现，英伟达公司凭借其领先的技术实力和完善的软件生态，仍在 AI 计算领域保持绝对优势地位，形成了高度集中的市场格局。在此基础上，英伟达公司为 AI 算法的研究与应用落地提供了稳定而强大的算力与生态支持，成为驱动行业持续发展的核心力量。

在强大计算基础设施的支持下，基础算法作为 AI 的“智慧核心”也发挥着同等重要的作用。深度学习、强化学习等基础算法通过持续优化与创新，使系统能够从海量数据中提取特征、识别复杂模式并实现自主决策。同时，各类算法框架和 AI 平台(如 TensorFlow[11]、PyTorch[12] 及百度飞桨[13] 等)的不断完善，提升了算法开发、测试和部署的效率。这些平台不仅为研究者提供了强大的工具链，也大幅降低了企业应用 AI 技术的门槛，有效促进了从理论研究到产业应用的转化。

2. 技术层

技术层聚焦算法开发与核心技术突破，技术层企业专注于将基础层提供的资源和技术转化为具体的算法模型和工具，解决更具体的技术问题。

截至2025年初,国际技术层企业呈现基础模型核心、多元技术协同发展的格局。在基础模型领域,OpenAI是该行业的巨头,其研发的GPT系列[14]、DALL·E[15]等产品成为行业的范式,引领了生成式大模型的浪潮。在计算机视觉方面,谷歌公司早期提出的Inception网络[16],以及微软亚洲研究院推出的ResNet[17],为后续深度学习模型的发展奠定了重要基础。此外,DeepMind在AlphaGo[18]、AlphaFold[19]和AlphaEvolve[20]等多种技术上持续突破,充分展示了AI在博弈推理、生命科学与跨模态学习等领域的强大潜力。亚马逊则深耕深度推荐算法,构建了全球领先的个性化电商体系,推动AI在商业场景中的规模化应用[21]。

在国内,也有一批技术层企业快速成长,持续增强其创新能力。深度求索(DeepSeek)是国内基础模型领域的新兴企业,其推出的DeepSeek-V3[22]等系列模型,在强化学习的加持下提升了推理能力和长文本的思考能力,实现性能对标OpenAI o1模型的同时,有效压缩了训练成本,为行业树立了新标准。旷视科技凭借其涵盖人脸识别、图像识别和视频分析等场景的核心技术,成为国内计算机视觉领域最受瞩目的企业之一。其自研的AI生产力平台Brain++覆盖从AI生产(输出算法模型)到应用(实现算法工程化封装)各环节,有效解决AI研发门槛高、成本高和效率低的问题[23]。在智能语音技术领域,科大讯飞公司聚焦语言多模态,以星火大模型V4.0为通用底座,首发多语言同声传译大模型,并赋能教育、医疗、科研等多个领域[24]。

3. 应用层

随着AI技术的不断进步,其下游应用正呈现出百花齐放的局面。应用层企业将技术层的最新成果转化为实际产品和服务,切实解决行业与消费者面临的各类问题,推动了AI商业化应用的蓬勃发展。经过多年的发展和技术迭代,AI已在金融、教育、交通、医疗、家居、营销等多个垂直领域实现了较为成熟的应用。

在金融领域,"AI+金融"产业依靠技术的进步,生态逐步拓展。在早期,AI在金融行业的落地主要集中在风险控制与反欺诈等场景中。例如,中国银行在2016年前后推出了新一代网络金融事中风控系统(Real-Time Risk Control System)。该系统结合内外部数据,利用专家规则和风控模型自动挖掘风险特征,实时评估监测并处置风险点,全面提升了借记卡、信用卡和网络金融业务的风险防控能力[25]。之后,AI在金融领域的应用不断拓展。进入2023年后,生成式AI与大语言模型的迅猛发展更是推动"AI+金融"进入全流程智能化阶段。例如,摩根士丹利公司于2023年引入OpenAI的GPT-4技术,用于构建财务顾问助手,帮助财富管理顾问快速获取复杂财务信息,提高服务效率与个性化水平[26]。

在医疗健康领域,"AI+医疗"智能平台呈现出开发者数量不断增加、技术功能日益丰富的发展趋势。以GE医疗公司开发的爱迪生数字医疗智能平台为例:其于2018年发布,最初主要面向GE医疗公司内部的数字应用开发者,其核心功能聚焦于通过数据集成、智能算法与云计算资源的整合,提升影像分析与临床决策的效率[27]。2019年GE医疗公司便将爱迪生平台正式向合作伙伴与第三方开发者开放,并通过"爱迪生开发者计划"吸引更多开发者参与,推动构建契合临床实际需求的AI工具,从而不断扩展和升级平台功能。例如,Koios Medical基于该平台构建并部署了由Koios DS驱动的"乳腺助手",能够在2s内自动提供符合BI-RADS分类的定量风险评估,为临床医生提供高效、可靠的辅助决策支持[28]。此后,GE医疗公司持续在AI医疗领域深耕,并于2023年宣布将爱迪生生态系统升级至2.0版本,不仅进一步扩大了合作伙伴规模,还将AI辅助筛查拓展至更多身体部位,并延伸至智慧手术室等新兴应用场景,持续推动医疗智能化发展[29]。

与此同时,还有更多AI企业正积极推动AI技术与相应商业场景的深度融合。以苹果公司、IBM公司等为代表的企业在应用创新方面走在前列;中国企业在应用层发展也十分活跃,除华为公司、百度公司、腾讯公司、阿里巴巴公司、小米公司等大型企业外，众多中小型企业也纷纷加入应用层的竞争行列中。

12.3 前沿研究发展

近年来，AI 产业正处于快速发展阶段，全球顶级会议和期刊上的相关论文数量持续增长，产业内专利申请量和授权量屡创新高，研究热点不断涌现，学术创新与产业应用深度融合。与此同时，AI 领域开源技术生态更加繁荣，推动了数据、模型和平台的开放共享，进一步加速了 AI 研究与应用的普及，促进了全球范围内的技术协作与创新。在这样的背景下，AI 的核心技术体系不断演进，推动了强化学习、大模型等一系列关键技术的突破。

为了更清晰地呈现 AI 产业在前沿研究方面的具体发展态势，本节将分别从研究产出趋势、关键技术突破和开源技术生态演进三个方面探讨 AI 产业前沿研究的发展。首先，本节通过全球范围内出版物发表量、专利授权数量等方面，依据 AI 研究成果数量的变化趋势分析行业的发展现状。进一步聚焦于近年来关键的技术突破，梳理每年具有代表性的创新算法及其数量变化趋势，揭示该领域研究的整体发展脉络。最后，从开源模型的增长趋势、开源社区的发展现状等方面探讨开源技术生态的演进规律。

12.3.1 研究产出趋势

在 AI 领域，研究成果主要有出版物（包括论文、书籍等）和技术专利两种形式。核心出版物通常以学术论文的形式发表在顶级会议或权威期刊上，用于分享最新研究进展、推动全球范围内的学术交流。多个国际学术组织在该方面发挥着重要作用，例如，美国计算机学会（Association for Computing Machinery，ACM）、国际电气与电子工程师协会（Institute of Electrical and Electronics Engineers，IEEE）、美国人工智能协会（Association for the Advancement of Artificial Intelligence，AAAI）、神经信息处理系统基金会（NeurIPS Foundation）、机器学习研究基金会（ML Research Press）、国际人工智能联合会（IJCAI Organization）等国际组织主办了一系列领域内具有较高影响力的期刊和会议；斯普林格（Springer）等传统出版商也长期出版涵盖机器学习、神经网络、数据挖掘等领域的学术成果；另外，OpenReview 平台以其开放评审机制，为 AI 社区提供了一个透明、协作的研究发表环境。这些出版商和平台共同推动了 AI 前沿技术的传播与发展，成为连接全球研究者的重要桥梁。而专利申请量的则主要由企业、研究机构或个人申请，旨在保护技术创新的知识产权，确保发明者在一定期限内享有独占权，以推动技术商业化落地。

从研究评估角度来看，出版物数量与专利申请量分别反映了 AI 领域的不同发展维度：出版物产出活跃度通常与基础研究的创新能力直接相关，其数量变化可有效追踪学术研究热点和技术前沿动态；而专利申请量的增长趋势则更直观地体现了技术转化应用的程度，其数量变化可作为衡量领域商业价值和产业成熟度的重要指标。基于这一分析框架，本节将系统考察出版物和专利的产出趋势，以全面把握 AI 领域的研究进展与技术发展方向。

本节所涉及的出版物和专利数据来源于斯坦福大学《人工智能指数报告 2025》[4]，该报告整合了美国乔治城大学设立的安全与新兴技术中心收集和统计的全球范围内相关领域的学术论文、专利、技术创新等数据，为学术界和产业界提供相关领域的发展现状和发展战略的分析。

1. 出版物产出趋势

基于现有数据[4]，图 12.8 绘制了 2013—2024 年 AI 领域出版物数量变化趋势。

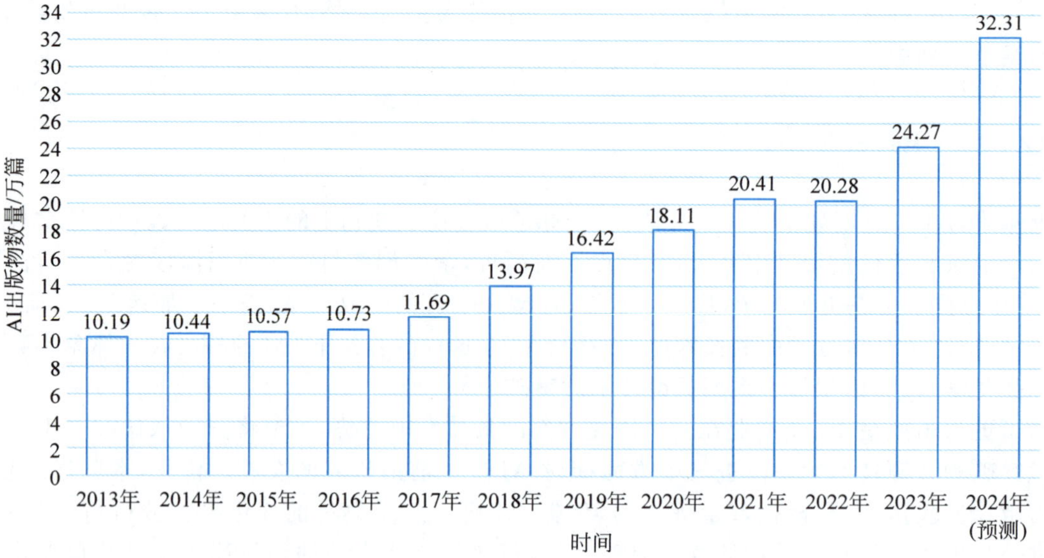

图 12.8 2013—2024 年 AI 领域出版物数量变化趋势[4]

2013 年至 2016 年间,AI 出版物的数量增长相对缓慢,出版物发表量基本维持在 10 万篇左右,整体呈现平稳上升趋势,表明当时 AI 研究仍处于缓慢的发展阶段。

2017 年后,AI 出版物的发表量进入快速增长期,年增长率显著提高。2017 年至 2020 年间,得益于计算机视觉、自然语言处理、强化学习等多领域的技术突破,AI 领域的研究热度进一步提升,出版物数量从 11.69 万篇增长至 18.11 万篇以上,大量研究成果涌现。这一阶段的增长表明,AI 技术的研究在此时进入了高度活跃期,受到学术界和工业界的广泛关注。

2020 年至 2022 年间,AI 出版物发表量继续增长,但增速略有放缓。2021 年和 2022 年的出版物发表量均超 20 万篇,增长趋于稳定。造成这一变化的主要原因可能包括 AI 研究的某些子领域已经趋于成熟,同时研究内容也逐渐向应用导向发展。此外,全球科研资源的分配、政策环境的变化,以及世界范围内对 AI 伦理的关注,也在一定程度上影响了整体研究产出的变化趋势。

2023 年,由于生成式大模型的研究取得了突破性进展,全球又爆发了新一轮 AI 研究浪潮,使得 AI 出版物数量又一次高速增长,至 2024 年,全年出版物数量达到 32.31 万篇。

另外,通过分析主要国家(或地区)各机构部门的 AI 出版物发表比例,可以进一步探讨 AI 研究的结构特征。图 12.9 显示了中国、美国及欧洲(欧盟与英国)三大 AI 研究区域出版物产出的构成比例。

数据显示,学术机构在全球主要科技体中占据绝对主导地位,其 AI 出版物占比在美国(75.61%)、欧盟及英国(79.49%)、中国(84.85%)均超过四分之三。这种以学术机构为核心的研究格局,显示了 AI 的基础性前沿学科特性。

从区域差异来看,美国展现出相对均衡的产学研协同特征。虽然教育部门占比最高,但工业界 16.49%的参与度显著高于中国的 8.02%和欧盟的 9.62%,这与其硅谷创新生态和科技企业的强研发能力密切相关。

中国则呈现出高度集中的研究特征,教育机构占比达到 84.85%,体现了中国学术界在 AI 领域领先于工业界。同时,产业界和非营利机构的占比相对较低,这也表明市场力量和社会组织的创新潜力仍有待进一步挖掘与释放。

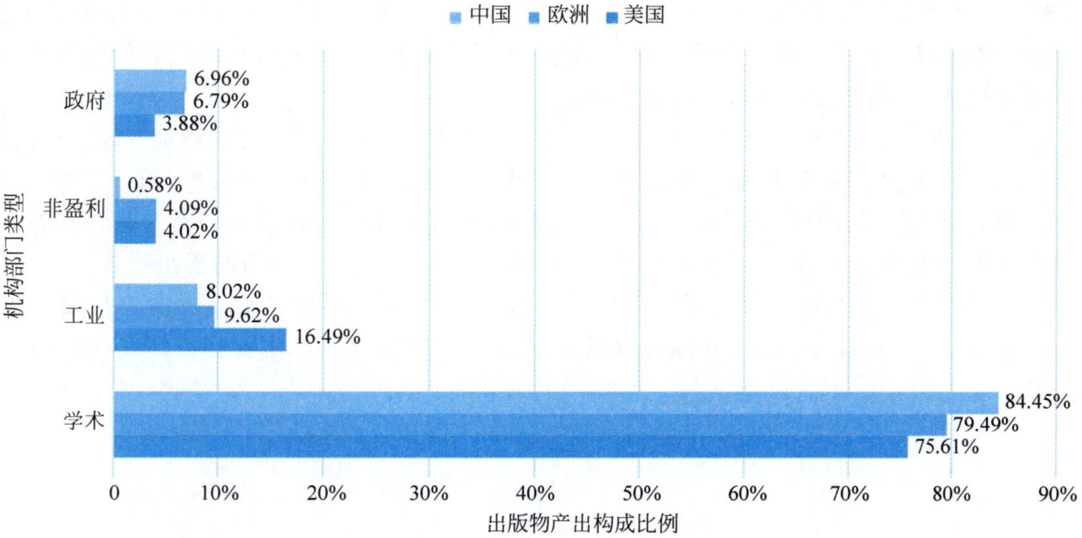

图 12.9 2023 年中国、美国及欧洲出版物产出的构成比例[4]

2. 专利产出趋势

在 AI 专利数据方面，文献[4]根据欧洲专利局(European Patent Office，EPO)提供的 PATSTAT Global 综合数据库[30]，统计了 AI 专利的授权数量。该数据库统计了主要工业化国家和发展中国家的专利书目信息和来自 40 多个专利局的法律事件数据，是一个覆盖广泛、数据全面的全球专利数据库。数据显示，AI 专利授权数量呈现出与 AI 出版物相似的增长趋势，如图 12.10 所示。

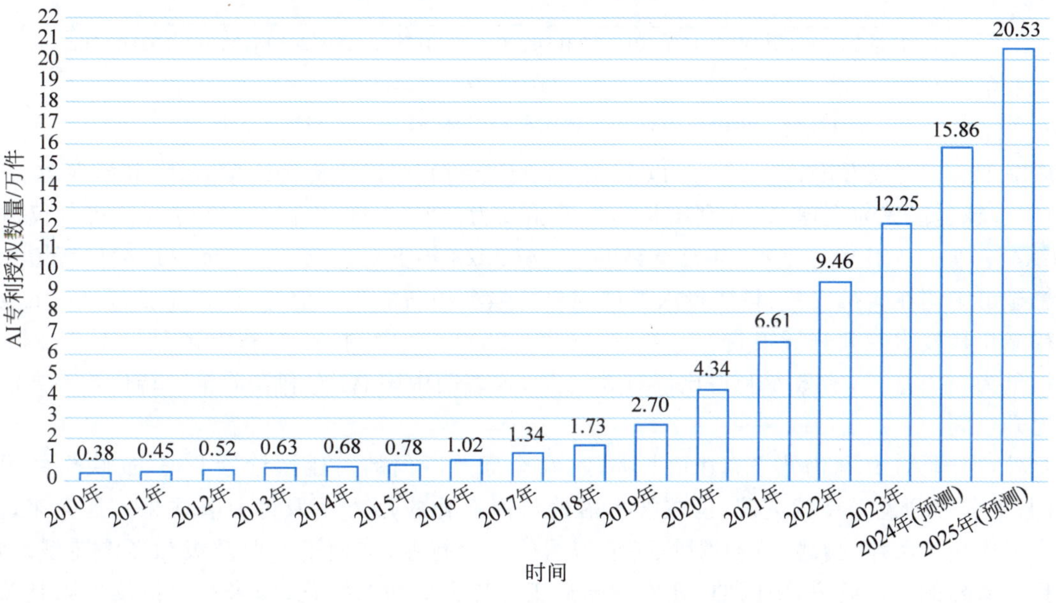

图 12.10 2010—2025 年 AI 领域授权专利数量变化[4]

从 2010 年到 2016 年，AI 专利授权数量的增长相对缓慢，年授权专利数量保持在较低的水平，从不到 4000 件增至 10000 多件。这一时期，虽然学术界已经开始在 AI 研究上取得突破，但技术的实际应用还在逐步发展，许多创新仍处于实验室阶段。

然而，从 2017 年开始，AI 专利授权数量的增长进入了加速阶段，特别是 2018 年以后，随着计算机视觉、自然语言处理、机器人技术等领域的商用化进程加速，AI 技术的实际应用开始产生广泛影响，专利申请数量迅速攀升。2019 年，AI 专利授权数量突破 2.7 万件，到 2020 年更是突破了 4.34 万件，增长幅度显著。这一趋势反映了 AI 技术的产业化步伐加快，各大公司纷纷加大对 AI 技术的研发投入，以期通过技术创新占领市场。

进入 2021 年和 2022 年后，不同于 AI 出版物的增速放缓，AI 专利的授权数量继续呈现出强劲的增长，2023 年 AI 专利授权数量已经达到 12.25 万件。按照 2023 年的增长率，预计 2024 年将达到 15.86 万件，2025 年预计超过 20.53 万件。这样的增长不仅代表着技术创新的蓬勃发展，也表明全球企业和研究机构在 AI 技术应用上的持续投资，以及 AI 商业化潜力的逐步释放。

在世界范围内 AI 专利授权数量飞速发展之际，中国 AI 专利授权数量上的表现格外出色。图 12.11 展示了 PATSTAT Global 综合数据库中 2010—2023 年全球主要经济体在 AI 领域专利数量占比。

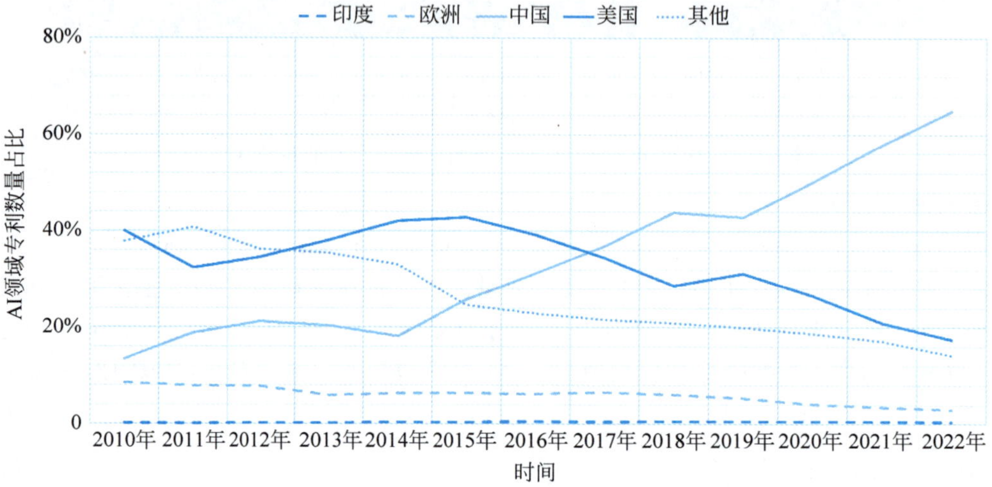

图 12.11　2010—2023 年全球主要经济体 AI 领域专利数量占比[4]

从图 12.11 可以看出，自 2010 年以来，中国 AI 专利的授权比例持续攀升，尤其是在 2015 年之后，中国超越美国成为全球 AI 专利增长的主要驱动力。2010 年，中国的 AI 专利授权量仅占全球的 13.44%，但这一比例在 2020 年已突破 50%，至 2023 年更是达到 69.70%。这一显著增长趋势充分彰显了中国在政策支持、科研投入下展现出的强劲创新能力。但是，依据工信部《2024 生成式人工智能全栈技术专利分析报告》[31]统计，2017—2024 年，中国 AI 专利申请量为 167 634 件，专利授权量为 58 223 件，有效专利占比仅有 34.7%，这表明中国 AI 专利在质量与转化效率方面仍有较大提升空间。

此外，中国 AI 专利仍处于高速增长阶段，在全球范围内的占比持续攀升，这反映出中国不仅在 AI 核心技术研发上持续突破，也在技术落地与商业化应用方面取得显著成果。近年来，AI 技术已广泛应用于医疗、金融、自动驾驶、智能家居等多个行业，加速了产业升级和经济转型。同时，面对日益激烈的国际竞争，中国的 AI 专利布局正日趋全面和系统化，未来有望持续巩固其领先地位，在全球 AI 技术竞争格局中占据更加重要的战略位置。

12.3.2 关键技术突破

在 AI 领域，衡量技术发展的指标多种多样，12.3.1 节通过出版物和专利数量的变化趋势，分析了 AI 研究的整体发展态势。然而，在领域内真正影响深远的，往往是突破性技术，因此仅凭成果数量并不能完全揭示技术演进的深度与质量。这些突破性技术通常在算法创新、模型架构优化、计算方法改进或新应用场景拓展等方面实现质的飞跃，推动 AI 能力的跃迁，同时重塑行业格局。因此，对突破性技术的分析能更精准地反映 AI 领域的核心进展及未来发展方向。

Epoch AI 是一个专注于 AI 技术发展趋势分析和预测的研究机构，致力于追踪 AI 领域的核心突破、计算需求及长期影响。Epoch AI 在其官网上依照在公认基准测试上取得最先进性能突破、高被引次数、具有划时代意义、在实际应用中得到广泛使用这四项标准，筛选了一系列“值得注意的 AI 模型”(Notable AI Models)[32]。本节基于 Epoch AI 提供的数据，将这些“值得注意的 AI 模型”视为突破性技术，系统探讨这些技术的数量变化趋势及其算力需求，以更深入地理解 AI 技术的核心驱动力。

1. 突破性技术的行业主体

依据 Epoch AI 提供的数据，图 12.12 绘制了 2003—2023 年各行业主体贡献的突破性技术的数量变化。从总体趋势来看，自 2003 年以来，AI 领域每年出现的突破性技术数量总体呈现上升趋势。然而，不同主体在突破性技术贡献方面呈现出明显的阶段性变化。其中，学术界长期保持稳定的创新贡献，而产业界在 2015 年后迅速崛起，逐渐主导了突破性技术的发布。跨界合作，如产业与学术界的协作、政府资助的研究等，也在近几年显现出增长趋势，但总体贡献仍较有限。

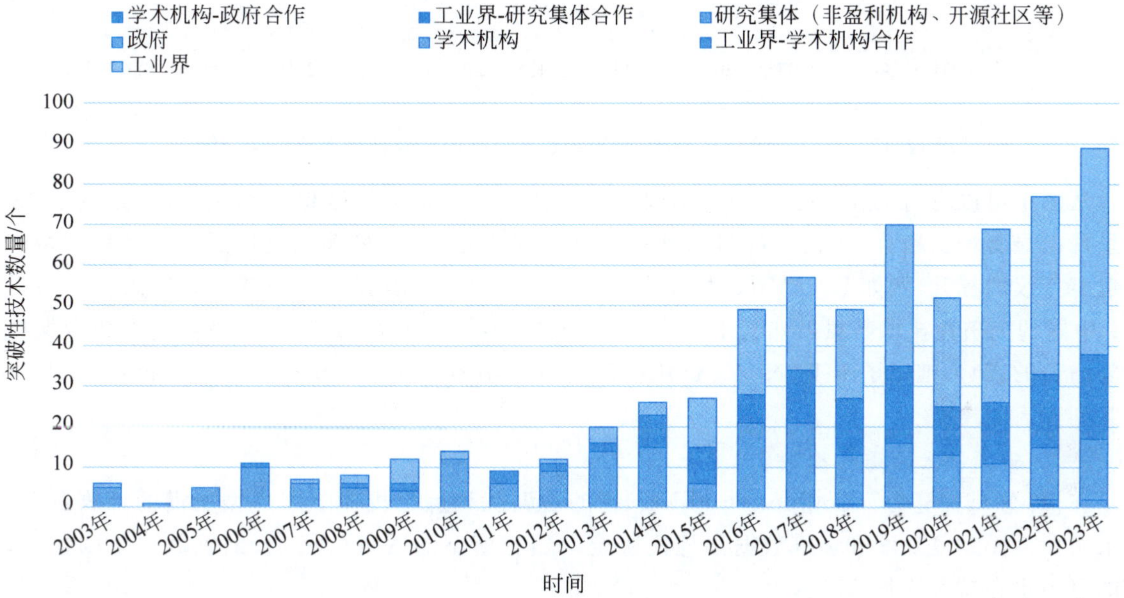

图 12.12 2003—2023 年各行业主体贡献的突破性技术的数量变化[32]

学术界在 2003 年至 2016 年贡献了大量的突破性技术，每年发布的突破性技术数量在 5～21 项波动，并在 2016 年达到高峰。然而，从 2017 年开始，学术界的贡献趋于平稳，年均保持在 11～15，显示出一定的瓶颈。

相比之下，工业界在 2015 年之前几乎没有突破性技术贡献，却在 2015 年后呈现出爆发式增长的态势。2016—2023 年，工业界的突破性技术贡献节节攀升，相较于学术机构的数量优势不断扩大，显示出强劲的增长趋势。这表明 AI 的研发主导权正在从学术界逐步向工业界转移。

跨界合作方面，工业界与学术机构的协作自 2006 年以来开始逐步增长，这表明协同创新在 AI 突破中的重要性。公共部门在 AI 关键技术发展中也开始发挥更积极的作用。

综合来看，突破性技术的创新主体已从单一的学术界扩展到工业界，并且跨界合作的作用逐步增强。未来,工业界可能会继续主导 AI 关键技术的创新,而学术界、政府及跨界合作也将发挥重要作用,以推动 AI 技术的持续进步。

2. 突破性技术的贡献国家

这里从各个突破性技术贡献国家(或地区)中选取中国、美国和欧洲(欧盟及英国)进行分析,探讨这几个 AI 区域的发展态势。图 12.13 展示了 2003—2023 年这三个主体贡献突破性技术的数量。

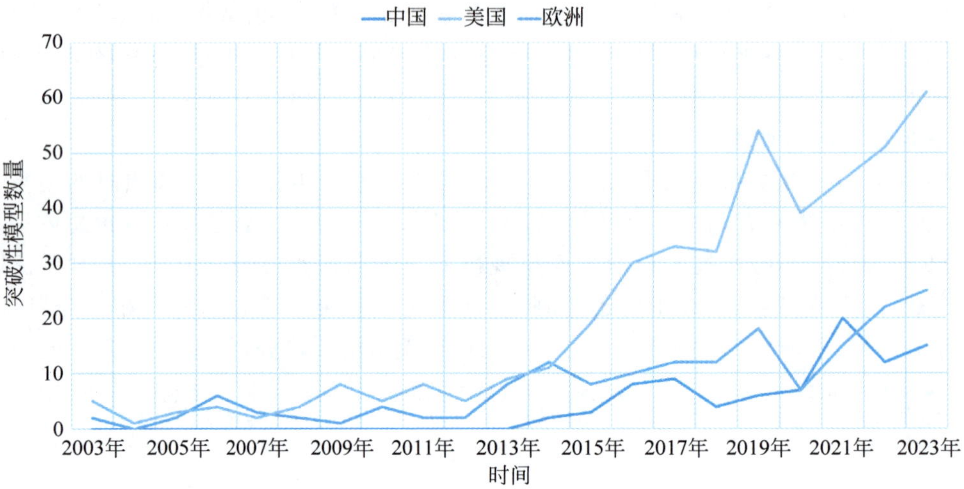

图 12.13 2003—2023 年中国、美国和欧洲贡献的突破性技术的数量变化[32]

从图中可以看出,2003—2023 年,美国在突破性技术数量上持续保持领先,特别是在 2015 年后呈现出显著增长趋势,涌现了 GPT-3 等一系列开创性的突破;欧盟与英国近年来在该领域的贡献也有持续的提升,例如 DeepMind 发布的 AlphaGo[18],标志着强化学习在复杂决策任务中的突破;中国的突破性技术数量虽然起步较晚,但自 2014 年后逐步崛起,新增突破性技术数量保持着逐年增长的态势,推出了 R-FCN[33]、YOLOX[34]、Tensorized Transformer[35]、DeepSeek-R1[36]等一系列优秀的模型。

3. 突破性技术的算力需求

在 AI 领域,"算力"(Computing Power)指的是训练和运行机器学习模型所需的计算资源,其需求主要由模型复杂度和训练数据集规模决定。随着模型参数量的增加、训练数据集的扩展,所需的算力也在持续增长。

分析算力需求的变化趋势对于 AI 研究至关重要。算力需求的增长直接反映了 AI 技术发展的路径,分析先进模型算力需求变化趋势有助于指导研究者和工程师及时调整模型架构、优化计算资源分配,从而避免可能的资源浪费或技术开发受限。

为了深入分析 AI 突破性技术的算力需求及其趋势,这里展示了 2003—2023 年突破性技术算力需求的变化,如图 12.14 所示。

从图中可以看出,2003—2025 年,突破性 AI 技术的算力需求呈指数级增长,训练先进的机器学习模型所需的计算量已达到前所未有的水平。例如,早期的深度学习模型如 AlexNet[37]的训练总计仅需 10^{16} 次浮点数的计算,而 2024 年发布的典型模型如 GPT-4o[38]等通常需要 10^{25} 次甚至更高的浮点数计算量。

算力需求的指数级增长也揭示了近年来工业界发展领先于学术界的一个重要原因,即学术界

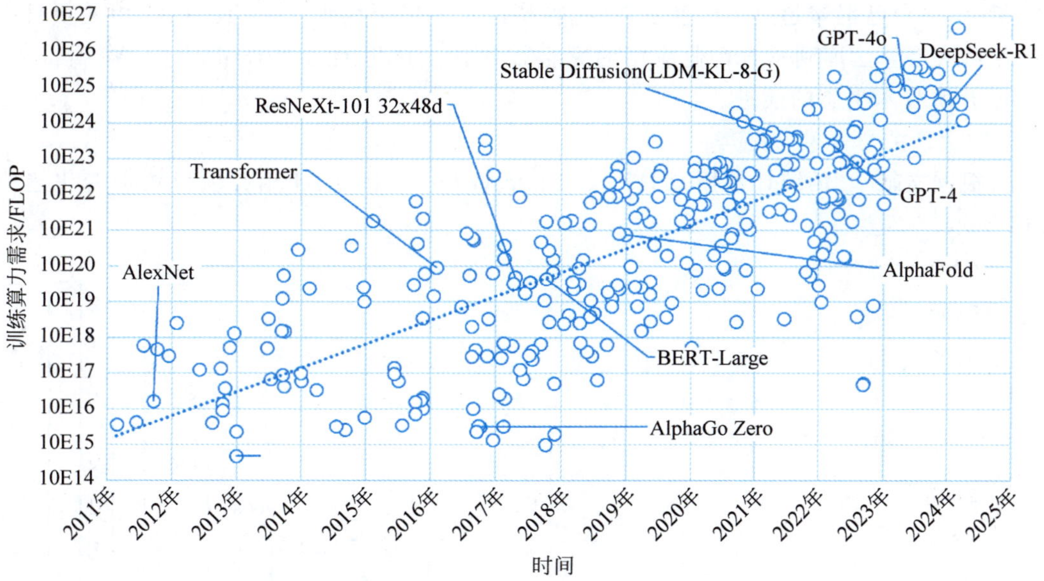

图 12.14 2011—2025 年部分突破性技术的算力需求情况[32]

与工业界之间存在资源差距。通常,企业能够承担更高的计算成本,而学术机构和初创公司则可能由于计算资源受限而无法进行大规模模型的研究。因此,分析算力需求的变化趋势能够促进更高效算法和模型的探索,推动 AI 研究的可持续发展。

12.3.3 开源技术生态演进

在计算机软件技术发展中,开源(Open Source)概念的正式确立标志着软件开发范式的革命性转变。根据开放源代码促进会(Open Source Initiative,OSI)的权威定义,开源技术是指其源代码允许任何人在遵守许可证条款的前提下,自由访问、修改、增强和重新分发的软件形态,颠覆了传统商业软件的封闭开发逻辑。在 AI 领域,这种开放协作的模式已经得到了长时间充分的发展,使得复杂的深度学习系统得以在学术界与工业界的协同中快速迭代。例如,TensorFlow[11] 通过 Apache 2.0 许可证开放其自动微分系统和分布式训练架构,直接推动了全球数千家机构在计算机视觉、自然语言处理等领域的应用创新。

开源技术的生态建设对 AI 领域的发展有着极其重要的作用。首先,开源技术显著提高了创新效率,降低了研发成本。在传统的闭源开发模式下,算法工程师需要从零开始构建基础组件,而开源生态通过提供可复用的模块和预训练模型,大幅缩短了开发周期。以 Hugging Face 的 Transformers 库[39] 为例,开发者可以通过寥寥数行代码调用数以万计的预训练模型,如 BERT[40]、GPT[41] 等,从而实现自然语言处理领域应用的快速开发。此外,开源社区已成为行业标准的孵化器。当不同技术路线在开放环境中竞争时,市场选择与社区共识将自然筛选出最优实践。以开放神经网络交换格式(Open Neural Network Exchange,ONNX)[42] 为例,其最初由 Facebook 和微软联合开源,通过兼容主流框架如 TensorFlow[11] 和 PyTorch[12] 的模型导出功能,并逐渐被 AWS、英特尔等企业采纳,最终成为跨平台模型部署的事实标准。这种由社区驱动、市场验证的标准形成机制,有效避免了传统标准制定过程中的迟滞问题,有效地推动行业的快速发展。

在分析 AI 开源生态的演进规律时,代码协作平台 GitHub 构成了不可忽视的观测窗口。自 2008 年诞生以来,GitHub 凭借其“社交化编程”(Social Coding)理念重构了软件开发范式[43]。截至 2023 年，该平台已汇聚超过 1 亿开发者，托管超过 3.8 亿个代码仓库，其中 AI 相关项目占比达 21%，涵盖从底层算法库到垂直行业应用的完整技术栈。这里通过 Github 上的 AI 项目数量，分析 AI 领域开源技术生态的演进。

1. 开源生态的总体发展趋势

首先，根据文献[4]的统计数据，2011—2024 年 GitHub 上的 AI 相关项目数量变化趋势图如图 12.15 所示。

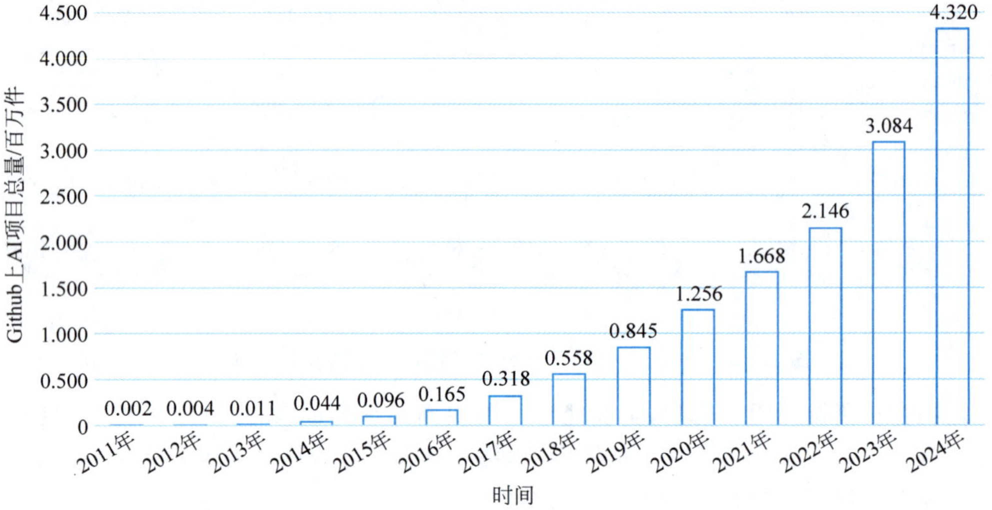

图 12.15 2011—2024 年 GitHub 上的 AI 相关项目总量变化[4]

从图中可以看出，2011—2024 年 GitHub 上的 AI 相关项目总量呈现爆发式增长趋势。特别是 2018 年以后，随着深度学习、计算机视觉、自然语言处理等技术的飞速发展，AI 技术的落地应用迅速增加，行业需求激增，AI 项目数量的增长进入加速阶段。2019 年，AI 项目总数突破 84.5 万，到 2020 年进一步增长至 125.6 万，增长幅度显著。

2021 年到 2024 年，AI 项目数量继续呈现出强劲增长态势。到 2024 年，AI 项目总数量更是飙升至 432 万，几乎是 2023 年的 1.4 倍。这一爆发式增长不仅标志着 AI 技术的广泛应用，也体现了全球企业和研究机构对 AI 技术的持续投资，以及 AI 驱动产业变革的潜力。

2. 各国开源生态的发展趋势

自 2011 年以来，全球 AI 项目的地理分布呈现出多极化趋势。图 12.16 显示了 2011—2024 年世界各主要国家和地区在 GitHub 上发布的 AI 相关项目数量占比的变化情况。

从图中数据可以看出，美国长期以来是全球 AI 研究的主要推动者，2011 年 AI 项目占比高达 58.2%。然而，随着其他国家和地区的快速发展，美国在全球 AI 项目中的占比呈现出持续下降的趋势，到 2015 年降至 49.9%，2018 年进一步下降至 35.5%，并在 2024 年降至 23.4%。尽管占比有所下滑，美国依然保持着卓越的 AI 创新能力，尤其在大模型、自动驾驶、医疗 AI 等前沿领域继续保持领先地位。

与此同时，印度及其他地区的 AI 项目占比呈现明显增长态势。印度 AI 项目的全球占比在 2021 年至 2024 年间始终维持在 18%以上，展现出强劲的发展势头，而 2024 年其他地区的 AI 项目占比更是攀升至 35.4%。这一趋势表明，AI 研究与应用正在全球范围内加速扩展，越来越多的新兴经济体和发展中国家正积极投身于这一技术革命，推动 AI 在更广泛的产业和应用场景中落地。

此外，中国的 AI 项目数量在 2017 年之后进入了加速增长阶段，2018 年全球占比达到

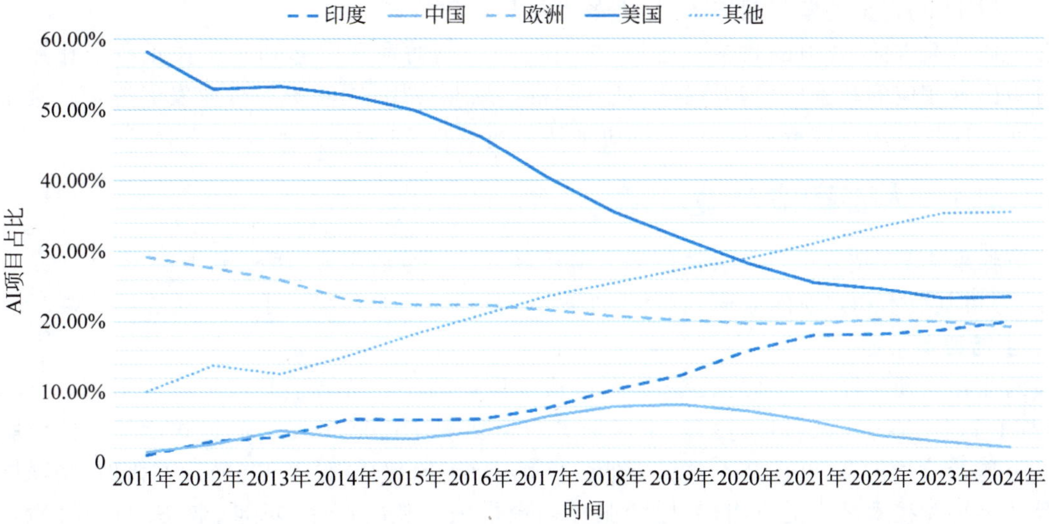

图 12.16　2011—2024 年各主要国家和地区 AI 项目数量占比变化[4]

7.96%，并在 2019 年达到峰值。然而，随后中国在全球 AI 项目中的占比出现回落，2020 年降至 7.31%，到 2024 年已降至 2.08%。这一变化，一方面反映出全球 AI 项目格局调整，另一方面也可能是中国受到语言环境等因素制约的结果。该趋势表明，中国在推动开源技术生态建设、国际合作及多语种 AI 应用的推广方面，有进一步强化的空间，以保持和扩大自身在全球 AI 领域的竞争力。

12.4　技术产业发展

AI 技术的发展已经从实验室走向了现实，正在渗透各行各业，改变着人们的工作和生活方式。从医疗到金融，从制造到零售，AI 以不同的方式影响着各个行业的发展。随着技术不断成熟，AI 不仅在大公司中得到广泛应用，越来越多的初创企业也开始利用这些先进技术创新商业模式，推动行业变革。现在，AI 已经不再是一个遥不可及的概念，它在许多领域已经展现出强大的商业潜力和社会效益，帮助各行各业提升效率、优化决策和增强个性化服务。

本节将从 AI 的产业端切入，围绕产业应用、产业独角兽崛起、产业投资和产业政策四方面分析 AI 产业的现状和趋势。

在产业应用方面，AI 近年来迅速应用于医疗、金融、制造、零售等多个领域。AI 通过精准的数据分析和智能化的决策支持，推动着各个行业的效率提升与服务创新。例如，在医疗领域，AI 可以辅助医生进行疾病诊断，提升诊断的准确性和速度；在零售行业，AI 通过智能推荐系统为消费者提供个性化购物体验。因此，这一部分将重点探讨如何将技术与行业需求结合，充分发掘技术的行业价值。

产业独角兽的崛起是 AI 产业发展的重要表现之一。这些企业通常是行业内的领军者，凭借创新的技术和商业模式，在短时间内实现了快速增长。此外，独角兽公司的出现不仅代表了 AI 技术的广泛应用和市场需求，也反映了行业竞争的激烈程度。通过分析世界各个国家和地区的独角兽企业的数量，可以推断其在 AI 产业界的核心竞争力。

产业投资的动态为 AI 的发展提供了强大推动力。风险资本、天使投资和行业资金的涌入，使 AI 领域的创新能力得以持续提升，推动了更多的技术突破和商业化应用。通过对产业投资的动态分析,可以从市场资金的角度洞察 AI 产业的发展热点和前景。

在产业政策方面,政府的政策引导与支持在 AI 产业的发展中起到了至关重要的作用。各国政府纷纷出台相应的政策框架,以促进 AI 技术的创新与应用,同时确保行业发展符合社会伦理和安全标准。通过对产业政策的分析,能够更加清楚地了解 AI 领域的产业大环境。

12.4.1 人工智能产业应用

本节将聚焦 AI 技术最具代表性的四大应用领域——生活服务、医疗健康、工业生产及教育领域,系统分析其技术和产业的应用方式,为理解 AI 驱动的产业升级提供全景式观察框架。

1. 生活服务领域

服务业作为现代经济体系的关键领域,已成为推动国民经济转型升级的核心引擎。近二十年来,得益于要素配置效率的持续提升,中国服务业全要素生产率实现了跨越式增长。传统服务业长期以来是劳动密集型产业,技术含量较低。但是,近年来互联网、人工智能、大数据、物联网和大模型等数字智能技术的广泛应用,为生活服务领域带来了新的产品、场景、业态和模式,激发并拓展了服务消费的潜力。这些变化展示了“AI+”等新技术与服务业深度融合的趋势,对经济发展发挥着越来越重要的作用。

在销售阶段,推荐系统的快速发展提升了消费者的个性化体验。推荐系统利用大数据分析、机器学习和深度学习等核心技术,根据消费者的历史行为、偏好、浏览记录、购买习惯等多维度数据,精准推送商品或服务,从而为每个用户提供量身定制的购物建议,提升了销售效率。例如,由中国科学技术大学与小红书团队于 2024 年提出的 NoteLLM 模型[44]采用“笔记压缩提升”的方法,将笔记内容压缩为单个特殊标记,从而通过大语言模型解决笔记的推荐问题。实验表明,该方法在小红书的真实推荐场景下能够实现更加精准的笔记推荐。

在产品端,AI 技术与各个领域的结合正在催生新的产业路径与应用场景。例如,智慧家居通过物联网与 AI 的结合,实现了家庭设备的智能化管理,同时还可以通过语音识别和情感分析提供个性化服务,使得家居生活更加便捷。例如,2025 年 3 月,DeepMind 团队推出 Gemini Robotics,这是一个先进的“视觉-语言-动作”模型。它基于 Gemini 2.0 构建,并添加了物理动作作为新的输出模式,用于直接控制机器人。这一模型能够理解并响应更广泛的自然语言指令,根据用户输入调整其行为,并能够持续监测周围环境,检测环境或指令的变化,相应地调整其动作。这种控制能力,可以更好地帮助人们在从家庭到工作场所的各种环境中与机器人助手进行协作,进一步推动智慧家居向更加智能、人性化的方向发展[45]。

2. 智慧医疗领域

在医疗领域,AI 技术的应用也深刻变革着传统的医疗模式,推动着医疗行业的现代化和智能化发展[46]。根据易观分析《中国医疗健康人工智能行业应用发展图谱 2023》的产业报告,AI 在病理分析、临床诊断、制药等多方面都展现出强大的潜力,有效提升了医疗服务的效率和质量[47]。AI 应用能够帮助医生减轻工作负担,提高诊疗精确性,同时拓展了医疗服务的可及性。特别是在资源紧张或基础设施较差的地区,AI 技术正在成为改善医疗健康状况的重要工具,有力推动了社会医疗资源的公平化。

首先,在疾病早期筛查方面,AI 技术能够显著提升病理诊断的效率和准确性。通过深度学习算法和大规模数据训练,AI 可以快速识别病变区域,辅助医生作出更精准的判断,从而减少人为误差和误诊率。通过引入这种技术,不仅能够提高医疗机构的诊断能力,还能帮助医生将更多时间投入复杂病例的分析和个性化治疗方案的制订中。例如,2025 年来自加拿大的研究团队提出了一种基于语音分析的 AI 模型，利用卷积神经网络、循环神经网络、多层感知器和多核学习等混合架构，实现了对帕金森病早期症状的高效检测。该模型在 81 份语音样本上达到了 91.11% 的准确率，并提升诊断结果的可解释性，为非侵入式、低成本的神经系统疾病筛查提供了新路径[48]。

在临床诊断方面，AI 正成为医生的重要助手。尤其在慢性病领域，AI 不仅能提供辅助诊断意见，还能结合大语言模型与视觉模型，为基层医生提供个性化治疗建议，推动"普惠医疗"的落地。例如，2024 年清华大学联合上海交通大学、新加坡国立大学与新加坡国家眼科中心，开发出全球首个面向糖尿病诊疗的视觉-大语言模型集成系统 DeepDR-LLM。该系统不仅可辅助诊断糖尿病视网膜病变，还能为基层医生提供个性化的糖尿病管理建议[49]。

此外，AI 已经广泛应用到制药领域，通过对分子结构的自动识别与优化、临床试验数据的预测分析等方式，显著缩短研发周期并提升新药成功率。例如，英矽智能(Insilico Medicine)利用 AI 成功加速了抗肺纤维化新药 INS018_055 的研发，使其成为全球首个完全由 AI 设计并推进至临床阶段的药物，开创了生成式 AI 加速发现创新药物的先例[50]；此外，华为公司也基于盘古药物分子大模型，开发了一站式 AI 辅助药物研发平台，提供结合预测、属性预测、分子优化与生成能力，将药物设计这一过程从数年缩短至几个月，有效帮助医药公司提高药物研发的效率[47]。研究表明，AI 不仅能缩短新药研发周期，还能降低成本，提高成功率，为制药行业带来革命性的变革[51]。

总之，AI 在健康和医疗领域的应用正使得医疗领域逐步突破传统的医疗服务模式，为患者提供更加高效、精准、个性化的医疗体验。未来，AI 将在医疗领域中扮演越来越重要的角色，推动全球医疗健康服务的智能化进程。这不仅有助于提高全球医疗水平，还为未来的健康管理和疾病治疗开辟了新的前景。

3. 智能制造领域

在智能制造领域，AI 也在迅速改变着生产和制造的方式，为提升效率、降低成本、提高产品质量及实现定制化生产提供了全新的解决方案。AI 在生产流程优化、设备维护、质量控制、供应链管理等方面将发挥着越来越重要的作用，推动着制造业朝着更加智能和高效的方向发展[52]。

首先，AI 在生产流程优化上已经带来了显著的变革。通过物联网和传感器，AI 能够实时收集生产过程中的各种数据，比如温度、湿度、振动等，并用这些数据来调整生产过程，确保生产线始终在最佳状态运行。例如，全球油田服务巨头斯伦贝谢利用 AI 进行油气勘探和钻井优化，通过 AI 算法能够实时分析地下数据，预测最佳钻井路径，从而提高采收率并降低成本[53]。

在设备维护方面，AI 技术使得设备管理从传统的"定期检修"模式向"预测性维护"模式转变。相比于依赖人工检查或固定时间表的传统方式，AI 可以基于设备历史数据和实时传感器数据，预测设备可能出现的故障，并提前安排维护。例如，西门子公司的 AI 维护系统能够实时监测制造设备的温度、振动、扭矩、速度等运行状态，并在故障发生前发出预警，从而避免设备突然停机，减少维修成本，同时延长设备的使用寿命[54]。这种智能维护模式已广泛应用于航空、汽车、半导体等行业。

质量控制是 AI 在智能制造领域的另一重要应用场景[55,56]。传统的质量检查通常需要人工进行，效率较低且容易出错。而相比之下，AI 通过对多种传感器数据的分析和对图像的识别和处理，能够在生产过程中实时检测产品质量，自动识别不合格的产品，甚至能够精准发现微小的缺陷或不符合标准的地方，即时反馈给生产线。这样一来，企业不仅能提高产品质量，大幅减少次品率，还能提升整体生产经营效率。

总之，AI 在智能制造领域已经取得了广泛应用。截至 2025 年 7 月，在代表全球智能制造和数字化最高水平的"灯塔工厂"遴选中，中国"灯塔工厂"数量占全球的 41.3%[57]，远超其他国家，展现了中国在智能制造领域的先进布局。例如,富士康公司深圳工厂通过结合 AI、大数据和自动化机器人,全面实现了从生产调度到质量检测的智能化,不仅大幅提升了生产效率,还有效降低了人力成本[58];美的集团构建的智能工厂能够实时、准确地获取生产、物流、设备状况等现场数据,实现对生产设备的实时监控,使得劳动生产效率大幅提高[59]。

4. 教育领域

近年来,AI 技术的进步,特别是大语言模型的应用,正在逐步改变传统的教学方式,为教育的个性化、智能化和高效化提供了新的解决方案。随着自然语言处理技术的发展,大语言模型在教学资源的生成、学习评估、个性化学习路径设计等方面展现了很大的潜力,推动教育模式的转型升级[60]。

首先,在课堂教学的准备阶段,大语言模型能够高效实现教学资源的自动化生成。传统的教学资源制作通常依赖教师手动编写和整理,不仅耗时耗力,还容易受到教学资料差异的影响。而大语言模型能够通过分析大量的教材、文献、课件等内容,快速生成相关的教学材料、习题、总结及参考资料等,减轻了教师的工作负担。例如,通过应用微软公司 Copilot for Education[61],教师可以给模型输入教学目标或知识点,模型便能自动生成符合课程要求的教学计划、测验、练习题等,从而为教师节省了大量准备课件的时间,使教学内容更加严谨和丰富。

其次,在教学实践环节,AI 赋能了多种新型的教学方式。教育硬件方面,智能设备与 AI 的深度融合,为学生提供了个性化的互动学习工具,例如学习机、词典笔、教育机器人等,以适配多样化的学习需求。例如,科大讯飞公司推出的 AI 学习机,其功能覆盖预习、复习、备考、作业辅导等多个学习环节,为学生自主学习提供有力的 AI 辅导支持,有效提升学习效率与学习体验[62]。与此同时,教育软件依托学习类 App 和各类学习平台,为学生打造更加灵活、高效的学习体验。在大模型的支撑下,AI 教育产品正不断进化,使教学实践更加智能化、人性化,并为未来教育模式的创新提供了更多可能。

此外,在课堂教学之后,大语言模型还可以在作业批改、辅助教学等方面提供强大的支持。AI 教师助手能够为学生提供即时的答疑服务,解答学生在学习过程中遇到的各种问题。与传统的教师面对面的解答不同,AI 助手可以全天候地提供帮助,帮助学生随时随地获得学习支持。学生可以通过语音或文本与 AI 助手互动,模型会根据学生的问题提供准确、详细的答案,甚至能通过对话引导学生进行思维训练,提升其举一反三的能力。例如,在数学学习中,好未来研发的九章大模型[63]能够全天候地提供数学方面的知识问答、作业批改和题目讲解服务,学生可以得到及时的教学和反馈。

最后,在教学评估领域,大语言模型结合机器学习技术和认知诊断理论,为个性化和公平性的评估提供了新的解决方案。通过计算机自适应测试(Computerized Adaptive Testing,CAT)技术,系统能够根据学生的答题表现动态调整测试题目难度,实现精准的能力测评和诊断[64]。例如,国际知名的语言考试如雅思(IELTS)和托福(TOEFL)已经采用了计算机自适应测试技术,以提高考试的效率与公平性,确保考生在不同水平阶段都能获得合理的评价。与此同时,认知诊断模型(Cognitive Diagnosis Models,CDM)能够深入分析学生的知识结构和认知状态,识别学习中的薄弱环节,从而为个性化教学提供科学依据[65]。基于这些技术,AI 辅助的教学评估不仅提高了测评的效率和准确性,还促进了教育公平,使得不同水平和背景的学生都能获得公正、有效的评价和指导。

总体而言,AI 技术,尤其是大语言模型,能够有效促进教育水平的提高。另外,一旦以上讨论的智能化教学系统能够得到广泛应用,所有学生均可以通过 AI 技术获得优质的教育资源,从而解决不同地区、不同经济背景的学生享有教学资源不平等的问题。尤其针对在偏远、传统教育资源匮乏地区的学生,AI 可以通过网络平台为学生提供与城市学校几乎相同的学习机会,从而帮助缩小教育资源的差距。

12.4.2 领域独角兽生态分析

独角兽企业通常指那些估值达到或超过10亿美元的初创公司。在AI领域,这类公司往往依托先进的技术和创新的商业模式,迅速扩展并在市场上占据一席之地。AI独角兽企业的背景多样,既有利用深度学习、自然语言处理、计算机视觉等技术提供问题解决方案的公司,也有致力于开发智能硬件、自动化工具和AI服务的创新型企业。

AI独角兽企业涉及的领域非常广泛,包括金融科技、医疗健康、自动驾驶、零售、制造业、客户服务等。以AI为基础的创新使得这些企业在传统行业中创造出新的价值链,优化生产效率或提升用户体验。它们的快速发展代表了AI产业的强大潜力,同时也推动了整个行业向更加智能化、自动化的方向演进。

1. 全球AI独角兽企业分布格局

根据中国信通院《全球数字经济发展研究报告(2024年)》[66]的数据,全球AI独角兽企业按国家分布的情况如图12.17所示。

从数据来看,截至2024年第二季度,全球AI独角兽企业的分布呈现出高度集中的格局,主要集中在美国和中国两个国家。其中,美国拥有124家AI独角兽企业,占据全球领先地位,中国则以71家紧随其后。中美两国的AI独角兽企业总数远超其他国家,这表明两国在AI技术创新、资本支持和市场应用等方面具有显著优势。

总体来看,全球AI独角兽企业的分布呈现两极主导的格局。未来,随着AI技术的普及和国际合作的加强,更多国家可能会培育出新的AI独角兽,但短期内中美仍将保持主导地位。

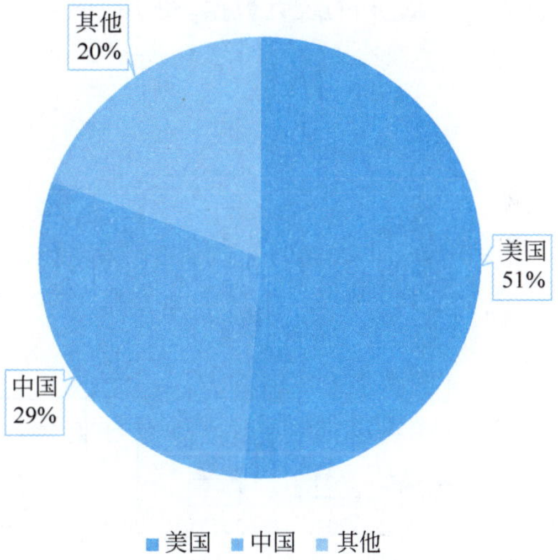

图12.17 截至2024年第二季度全球AI独角兽企业分布格局[66]

2. 中美著名AI独角兽企业介绍

近年来,中美两国的AI独角兽企业在技术创新和产业应用方面取得了显著成就,逐渐成为全球科技产业的重要力量。这些企业通过不断突破技术瓶颈,推动AI技术在各行各业的深度融合,在全球市场上展现出强大的竞争力。以下按照不同的技术领域,对部分代表性企业进行介绍。

在大模型与自然语言处理领域,中国的智谱AI、百川智能、月之暗面、昆仑万维和深度求索等企业专注于大语言模型的研发,推动了多种大模型赋能应用的快速发展。美国的OpenAI、Anthropic在全球范围内引领大模型技术的突破,推动生成式AI的应用创新。

在计算机视觉领域,中国旷视科技的Face++人脸识别平台在业内具有广泛的影响力,应用于安防、金融、智能零售等领域,且在国际市场上也占据了一定份额;云从科技以人脸识别技术为核心,在智能安防、智能金融和智慧城市等领域应用成果突出。相比之下,美国的计算机视觉独角兽更多集中于垂直细分领域。例如,Viz.ai专注于医疗影像分析,其核心产品能够实时分析CT和MRI影像,辅助医生快速识别中风等急性病症。

在语音识别与人机交互领域,中国的科大讯飞在语音识别、机器翻译、语音合成等领域拥有世界领先的技术实力,在教育、医疗和车载语音助手领域有广泛应用。同时,美国的Deepgram和

SoundHound 也在智能语音客服、智能家居等场景提供高效的语音 AI 解决方案。

12.4.3 产业政策发展

AI 产业的发展不仅受到技术突破和市场需求的驱动，还深受政策环境的影响。近年来，各国政府纷纷出台支持性政策，通过资金扶持、税收优惠、人才引进等措施，推动 AI 技术的创新与商业化落地。例如，美国、欧盟和中国等主要经济体在 AI 领域的政府投入持续增长，涵盖基础研究资助、计算资源建设及产业生态扶持等方面。这些政策的核心目标是增强本国 AI 技术的竞争力，占据全球科技前沿，同时赋能传统行业，促进经济结构优化。然而，AI 技术的快速发展也带来了数据安全、算法偏见、伦理风险等诸多挑战。因此，为了降低潜在风险，各国监管机构正加快制定相关法规，以确保技术在合理、安全的框架内运行。

本节将梳理全球主要经济体在 AI 产业政策方面的布局，并重点梳理中国近年来的相关政策、法规布局情况，具体的政策法规分析见第 14 章。

1. 全球 AI 产业政策制定情况

依据文献[4]的统计数据，图 12.18 绘制出 2016—2024 年世界新增 AI 法规数量。

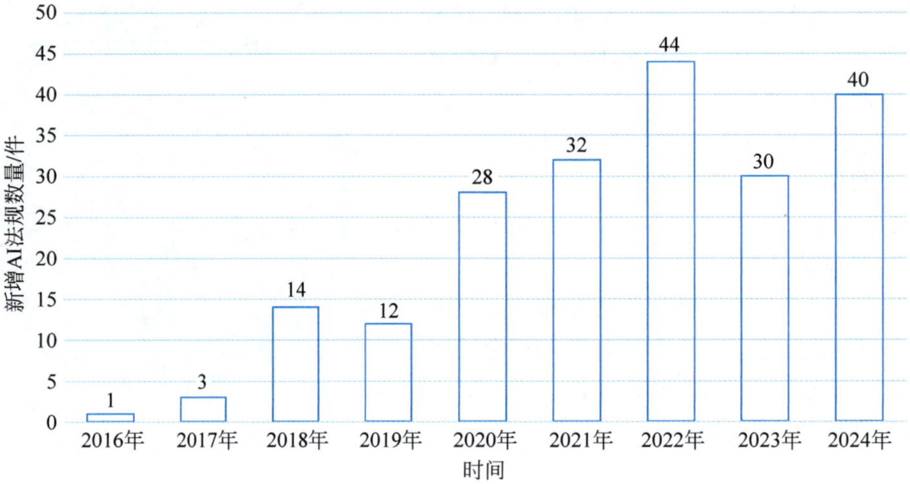

图 12.18 2016—2024 年世界新增 AI 法规数量[4]

从 2016 年到 2024 年，随着全球各国对 AI 技术的日益重视，AI 相关法规的数量呈现稳步增长的态势。2016 年仅有 1 件法规，而从 2020 年开始，每年的法规数量均超过 20 件，这反映了随着 AI 技术的快速发展和其广泛应用，世界各国对其重视程度不断增加。2023 年法规数量略有回落（至 30 件），可能是由于相关立法趋于饱和，或政策的重点转向执行和调整的影响，反映了产业的成熟度不断提高。这一趋势表明，随着 AI 技术在社会各领域的影响力不断扩大，全球各国政府在推动技术发展的同时，也逐步加强了对其伦理、隐私和安全等问题的立法和监管。

此外，截至 2024 年世界各国 AI 法规总量如图 12.19 所示。具体来看，AI 治理呈全球化趋势，但不同国家的立法力度和节奏存在明显差异。从地区来看，美国以 27 项法规高居榜首，显示出其在全球 AI 治理中的主导地位。欧洲整体立法活跃，葡萄牙、俄罗斯、比利时、西班牙、意大利、英国和法国等国均在前列，体现出欧盟及周边国家对 AI 伦理、安全和合规的高度关注。相较于欧洲地区，亚洲各国 AI 法规数量明显偏少，可能与不同国家采取的监管路径和政策节奏有关。

总体来看，AI 立法已成为全球共识，不同地区根据自身发展阶段和治理模式，正以各自节奏推进相关法律框架的建设。

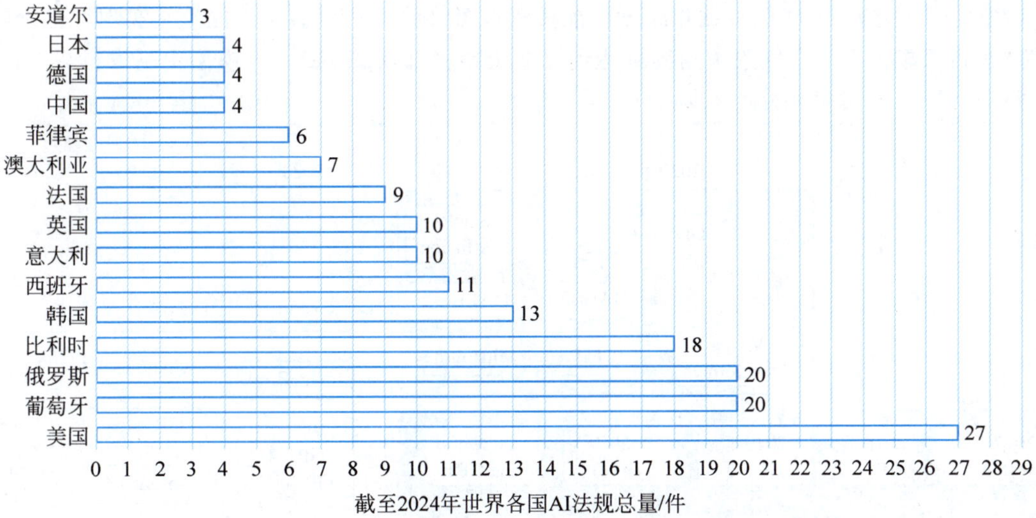

图 12.19 截至 2024 年世界各国 AI 法规总量[4]

2. 近年来中国的相关产业政策

近年来,中国在推动 AI 产业发展方面,采取了多层次、多维度的政策措施,涵盖中央和地方两个层级。中央政府不仅出台了支持政策,推动 AI 技术的发展,还逐步加强了监管体系的建设,力求在推动创新与规范发展之间取得平衡。

中央政府通过发布一系列政策文件,明确提出加快 AI 技术发展和产业化应用,强化创新驱动,力求在全球科技竞争中占据一席之地。此外,地方政府根据各自的实际情况出台了相应的支持政策。例如,北京、上海、深圳等一线城市率先在 AI 领域出台了一系列针对性措施,通过加大资金投入、设立创新基金、加强与企业和科研机构的合作,推动 AI 产业的快速发展。这些地方政策不仅促进了技术研发,还推动了 AI 应用的落地,包括在智慧城市建设、智能医疗、无人驾驶等领域的应用,进一步巩固了中国在全球 AI 产业中的竞争力。

总体而言,中央与地方政策相互配合,形成了多层次、全方位的政策支持体系,为中国 AI 产业的快速发展奠定了坚实的基础。同时,政府在推动 AI 技术发展和应用的过程中,也逐步完善了监管体系,确保技术进步与社会风险得到有效管理,推动 AI 产业健康、可持续地发展。

12.5 产业趋势

12.5.1 技术趋势

由 ChatGPT 等基础模型开启的 AI 热潮如火如荼,相关的技术正处于日新月异的快速发展阶段。这些技术的进步可以归因于 AI 技术的三大要素,即算法、数据与算力。

1. 多模态预训练大模型算法的崛起

2021 年以来,AI 领域的多模态预训练大模型逐渐崭露头角,成为推动技术创新的重要驱动力。大模型主流的算法采用 2017 年提出的 Transformer 架构[67]。如图 12.20 所示,经过数年迭代升级,大模型已从最初的自然语言处理领域快速扩张,转而进入不同模态与不同领域。在参数规模指数级跃迁的赛道上,OpenAI 的 GPT 系列持续领跑:继 2020 年 GPT-3[41] 以 1750 亿参数引发广泛关注后,2022 年推出的 GPT-3.5-turbo[68] 通过指令微调显著提升实用性能,而 2023 年 GPT-4[14] 更以万亿级参数和跨模态理解能力突破技术边界。中国科技企业同样表现亮眼,百度

“文心大模型”[69]突破 2600 亿参数并深度赋能搜索业务，阿里巴巴“通义千问”[70]实现万亿级参数突破，华为“盘古大模型”[71]在气象预测领域达到专业级精度，DeepSeek[22]大模型更引发世界关注。

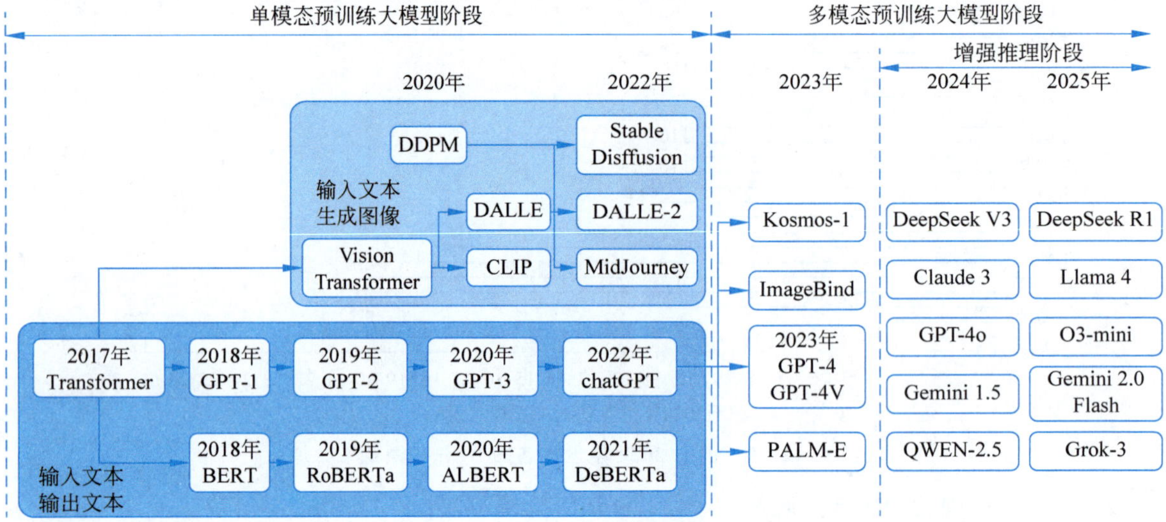

图 12.20 大模型技术迭代历程

与此同时，国内大模型的市场影响力正逐步提升，且在中文语料训练、中国文化理解方面具备本土优势。此外，国内制造业等实体产业为大模型提供了丰富的训练数据和应用场景。未来，在大模型面向产业赋能方面，中国大模型极有可能“后发先至”，也会是国内大模型竞争的关键因素之一。据统计，截至 2024 年底，全国已有 277 家公司的 AI 大模型产品完成备案，真正进入了“百模大战”阶段[72]。随着大模型数量的增多，各方开源大模型开始在“大模型竞技场”中进行比拼，根据其在不同测试基准中的得分进行榜单排名。如表 12.1 所示，截至 2025 年 7 月 30 日，在开源平台 Hugging Face 的开源大模型榜单中，前十名全部是基于阿里通义千问(Qwen)开源模型二次训练的衍生模型。而在 Chatbox 竞技场排行榜中，则由谷歌的 Gemini 模型[73]、OpenAI 的 ChatGPT 系列模型[74,75]、xAI 的 Grok 模型[76,77]、Anthropic 团队的 Claude 模型[78]、月之暗面的 Kimi 模型[79]、深度求索的 DeepSeek 模型[36]等占据头部，见表 12.2。由此可见，当前的大模型“百模大战”已经趋于百家争鸣的白热化阶段，而国产模型则在开源、易用等方面占据优势。

表 12.1 HuggingFace 开源大模型榜单前十名[80]
(截至 2025 年 7 月 30 日)

排名	模 型 名 称
1	calme-3. 2-instruct-78b
2	calme-3. 1-instruct-78b
3	dfurman/CalmeRys-78B-Orpo-v0. 1
4	MaziyarPanahi/calme-2. 4-rys-78b
5	Qwen2. 5-72B-Instruct-abliterated
6	Qwen2. 5-72B-Instruct
7	calme-2. 1-qwen2. 5-72b
8	Homer-v1. 0-Qwen2. 5-72B
9	qwen2. 5-test-32b-it
10	Linkbricks-Horizon-AI-Avengers-V1-32B

表 12.2 Chatbox 竞技场榜单前十名[81]
(截至 2025 年 7 月 30 日)

排名	模 型 名 称
1	gemini-2. 5-pro
2	o3-2025-04-16
3	chatgpt-4o-latest-20250326
4	gpt-4. 5-preview-2025-02-27
5	grok-4-0709
6	claude-opus-4-20250514-thinking-16k
7	kimi-k2-0711-preview
8	deepseek-r1-0528
9	claude-opus-4-20250514
10	grok-3-preview-02-24

2. 高质量数据供给与数据智能升级

随着 AI 的快速发展,高质量数据的供给成为推动 AI 模型性能提升的核心要素。尤其在大模型训练中,人们对于高质量数据的需求更为迫切。高质量的数据不仅包括清晰、无噪声的文本数据,还包括准确的图像、语音等多模态数据,尤其是在复杂应用场景下,对数据的准确性和多样性要求更高。例如,AI 系统在处理医疗影像、自动驾驶和智能制造等任务时,必须依赖于高质量的多模态数据,这些数据能够支持模型进行深度学习,并优化其在特定任务中的表现。

然而,模型训练正面临"数据枯竭"的危机。有研究表明[82],高质量的语言数据存量预计将在 2026 年前后出现枯竭趋势,低质量的语言数据和图像数据的存量则分别将在 2030 年至 2050 年、2030 年至 2060 年枯竭。这意味着,如果没有新增数据源或是数据利用效率未能显著提升,那么 2030 年以后,Al 大模型的发展速度将明显放缓。同时,数据质量仍然面临一些挑战,诸如数据噪声、数据缺失、数据不平衡等问题,都会影响大模型的训练效果和准确性。因此,如何获取和处理这些数据,尤其是解决数据质量不均等的问题,已成为多模态大语言模型发展的关键。为了满足大模型对高质量数据的需求,数据智能技术的升级变得尤为重要。

数据智能是通过数据的采集、存储、清洗、分析和共享等环节,为 AI 提供可用的高质量数据。现代数据平台技术,如数据湖(Data Lake)和数据湖仓一体技术(Data Lakehouse),正在为大数据处理提供有效的解决方案。这些技术通过集中管理和处理多源数据,能够有效解决传统数据仓库在处理大规模和多模态数据时遇到的瓶颈问题。例如,数据湖通过分布式存储来处理海量数据,同时与 AI 训练所需的高质量数据源无缝对接,帮助 AI 系统更精准地训练和生成结果。AWS、Azure 及 Google 等云厂商已推出集成存储、计算与分析的湖仓解决方案,提供托管服务以增强数据治理与灵活分析能力[83-85]。此外,随着数据智能技术的不断发展,"现代数据栈"(Modern Data Stack)和"数据编织"(Data Fabric)等新兴技术正在帮助企业在多模态数据的采集、整合和管理上取得突破。这些技术的应用不仅加速了大数据的处理速度,还使得数据在不同环境中的互操作性和共享性得到显著提升。

未来,随着数据质量的提升和处理能力的增强,数据智能技术将为 AI 的发展提供更为强大的支持,推动大模型向更复杂的任务应用扩展,为各行各业的智能化升级提供坚实的基础。

3. 计算范式与新型算力架构的变革

随着大语言模型等 AI 技术的快速发展,计算能力已成为 AI 模型训练的关键因素之一。传统计算范式在处理大数据和复杂模型时逐渐暴露出性能瓶颈,尤其是在训练深度神经网络、大模型及多模态数据处理时,传统硬件的处理能力无法满足日益增长的需求。因此,新型计算架构与算力技术的变革显得尤为迫切。

首先,深度学习和 AI 模型的复杂性对算力的效率问题提出了更高要求。尤其是随着大模型的训练,计算需求呈现指数级增长。例如,OpenAI 公司的 GPT-3 模型在训练过程中要求至少上万颗 A100 显卡,同时一次模型训练的计算量消耗巨大,达到了 3640PF-days(每秒进行十万亿次计算,持续 3640 天),其成本已经超过了 1200 万美元[41]。这种计算需求的快速增长,迫使行业加速发展新的计算架构。

为了应对这一挑战,传统计算范式的变革成为了必然。专为 AI 模型设计的专用硬件如 TPU 和神经网络处理单元(Neural Processing Unit,NPU)等相继涌现,使得计算过程更为高效。新硬件、新架构的涌现,也倒逼着现有芯片、操作系统、应用软件等都作出变革。如"多元异构"概念的崛起,强调中央处理单元、图像处理单元、专用集成电路、现场可编程门阵列和以 TPU、NPU 为代表的"XPU"的算力多元化趋势。同时,跨平台、多场景的软硬件协同的重要性也日渐凸显。越来越多的企业进军多元异构的算力平台，例如，新华三通过构建开放兼容的产品平台，通过云平台和傲飞算力平台，消除多元异构基础设施的差异性[86]。2025 年 7 月，上海人工智能实验室发布 DeepLink 超大规模跨域混训技术方案，并已完成多个项目落地，支持千公里多智算中心跨域长稳混训千亿参数大模型。另外，强调算力与能耗平衡，聚焦于能效比和算力利用效率的“绿色集群”的概念也成为了热门问题。智能算力的重要性也使得边缘计算和云计算的结合具备了成为新的计算范式的趋势。

12.5.2 应用趋势

AI 技术的应用场景是正处于白热化的 AI 角逐中重要的制胜点。能否在现实场景中发挥出应用价值决定了 AI 技术的商业化落地前景，也倒逼着 AI 技术的进步，以改善和补足实际应用中的短板。

1. 大模型在内容生成任务的应用

大语言模型、多模态大语言模型正在逐步渗透各个行业，并成为创作和生产过程中的重要工具。作为一种新型生产方式，人工智能生成内容（AIGC）正在重塑内容创作的方式。AIGC 不仅改变了内容创作者的工作方式，还在广告营销、艺术设计、影视制作、新闻媒体、游戏开发等多个领域显著提升了创作效率与生产能力。图 12.21 展示了 AIGC 在文本、代码、图像和视频等不同类型内容上的落地时间表。可以看出，自 2020 年起，AIGC 的应用范围迅速扩展，影响力正不断增强，成为推动产业数字化转型的重要力量。

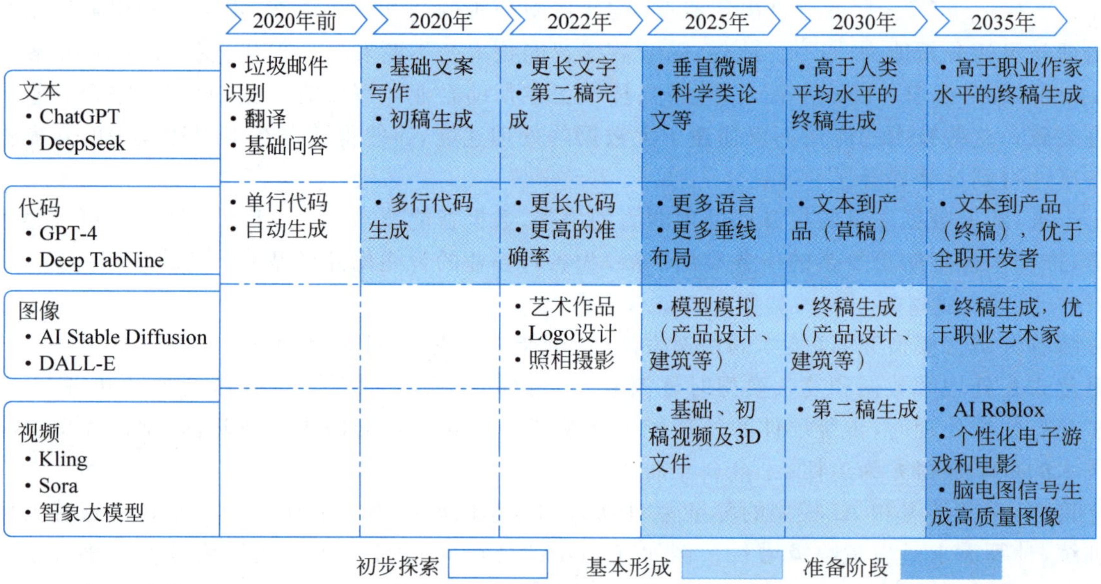

图 12.21 AIGC 落地应用时间表[2]

自 2022 年起，在文本创作与代码生成领域，AIGC 已经完成了成熟的落地与广泛的实际应用。在文本创作领域，OpenAI 的 ChatGPT[41] 等大语言模型能够根据用户输入的提示词生成各种风格的文章、小说和剧本。这些技术不仅显著降低了内容创作的门槛，也大幅节省了创作者在初步构思和写作上的时间。AIGC 文本创作已经广泛应用到新闻报道和内容营销等领域。AI 智能客服已经成为大模型可落地最成熟的场景之一；代码生成技术也已在多个领域取得了实质性落地。在 AI 的辅助下，开发者得以高效地进行代码编写、重构与解释，从而大幅提升开发效率和降低开发成本。

在模型生成能力越来越强的同时，完整的 AIGC 工具链生态也已经形成。其中，模型上下文协议（Model Context Protocol，MCP）[87]通过助力大模型应用与外部数据源和工具之间的无缝集成，与智能开发工具的深度整合从而重构创作范式。MCP 采用客户端-服务器架构，将大模型应用程序作为发起连接的主机，MCP 客户端嵌入主机应用内部，通过与 MCP 服务器建立连接，实现对外部资源和服务的调用与协同。这一协议机制为大模型能力的扩展提供了标准化、可控的交互方式，加速了 AIGC 从“工具”向“平台”演进的进程。而诸如 GitHub Copilot[88]、Cursor[89]等 AIGC 生产力工具也已被开发者和创作者们广泛使用。GitHub Copilot 是由 GitHub 与 OpenAI 合作开发的智能代码补全工具。它集成于 Visual Studio Code 等主流集成开发环境（Integrated Development Environment，IDE）中，能根据开发者输入的上下文实时生成代码建议、测试用例和注释。该工具的使用不仅可以加快开发速度，还能在一定程度上帮助开发者理解代码逻辑。据微软 Azure 的 CEO 表示，截至 2024 年 4 月，Copilot 显著提升了企业级代码开发的效率，付费用户数已经突破 180 万。2025 年 4 月，Copilot 进行全面升级，在推出智能体模式的同时，加入了对于 MCP 的支持，从代码助手向全能的开发伙伴方向进化[90]。

与此同时，AIGC 技术已广泛应用于图像创作与视频创作等领域。随着相关技术的不断完善升级，AIGC 技术在图像和视频领域的定位逐渐从娱乐工具转向生产力。截至 2025 年，图像与视频生成模型已经能够精准地根据文本描述生成高质量的艺术作品，并集成于用户 App 端、WEB 端、多模态大语言模型等诸多场景中。诸如 Adobe Firefly[91]、HiDream[92]、可灵[93]等文生图、文生视频的工具已经应用到生产环节中。AI 生成图像工具提高了广告、设计等行业的工作效率，AI 生成的视频内容也在动画和短视频制作中得到广泛应用。同时，多部 AI 影视作品正在加速落地，AI 辅助影视内容创作可能为传统行业带来巨变。

数字娱乐行业也受益于 AIGC 技术。由 AI 生成的虚拟偶像[94]、基于 AIGC 内容开发的游戏[95]等内容在全球掀起热潮。音乐领域中，如 Suno AI[96]、网易天音[97]等模型及平台也为行业带来新的变局。AIGC 技术有望在未来高效地生产新奇有趣的娱乐内容，为人类提供情绪价值。

尽管 AIGC 仍面临挑战，如生成的内容质量和创意性还有待提升等，但其展现的应用潜力是无可置疑的。AIGC 的广泛应用不仅改变了传统行业的内容创作模式，也推动了新兴商业模式的出现。随着技术的不断进步，AIGC 将在未来继续渗透社会各个层面，成为数字经济中的关键组成部分。

2. AI 在专业研究领域应用

正如前面章节所述，AI 驱动的科学研究（AI4S）正从传统的科研模式中脱颖而出，并逐步成为推动科学创新的重要工具。自 AI4S 的概念提出以来，它在多个学科领域的应用已取得显著进展，特别是在计算化学、材料科学和生物学等领域，取得了诸如 AlphaFold[19]等重大科研成果。

AI4S 正从概念走向现实，成为全球 AI 产业新前沿。在中国，2024 年港股上市的晶泰控股凭借“量子＋AI”在药物研发领域的应用，点燃了二级市场对这一领域的热情。2025 年 3 月，志特新材成为了 A 股首家布局 AI4S 的上市公司[98]。从市场潜力看，AI4S 可覆盖的下游应用场景广泛，其中化工、医药、新能源市场规模分别达到 5.8 万亿、1.6 万亿和 2.3 万亿美元，合金、半导体、显示等领域也蕴含巨大增长空间，整体下游市场规模接近 11 万亿美元[99]。在国际上，也已有多家领先企业积极推动 AI4S 的应用落地。例如，IBM 公司推出的有机合成预测平台 RXN for Chemistry，通过 AI 模型实现有机化学反应的高精度预测，预测准确率达到 89%，成为有机合成设计的重要助手，提升了化学合成研发的效率与成功率[100]。此外，拜耳公司利用 Google Cloud 的生成式 AI 技术,结合深度学习和大数据分析,显著加快了药物研发流程,提高了研发效率和成果转化速度,推动了医药健康领域的数字化转型和创新发展[101],彰显了 AI4S 在全球医药行业中的关键应用价值。2025 年 7 月,上海人工智能实验室发布并开源“书生”科学多模态大语言模型 Intern-S1,开创了“多任务的通专融合”的新范式,在保持能力全面性的同时实现专业精通。

在学术成果方面,AI4S 各学科领域论文发表数量均呈现逐年递增趋势,其中生命科学、物理学和化学等领域发表的 AI 应用论文数量最多。2019—2023 年,在 AI4S 领域发表的中国论文发表超过 10 万篇,是美国的近两倍,在论文数量上处于领先地位[102]。未来的 AI4S 将侧重于更多领域乃至跨领域的应用,提供更为高效的科研工具和服务。在未来几年,AI4S 领域有望出现类似 Transformer、GPT-3 的通用框架与模型,成为“开箱即用”的科研助力工具。

3. 具身智能、脑机接口及 AGI 探索

通用人工智能(Artifical General Intelligence,AGI)是人们对专用 AI 下一阶段的描述,指具有高效的学习和泛化能力、能够根据所处的复杂动态环境自主产生并完成任务、具备自主的感知、认知、决策、学习、执行和社会协作等能力的通用智能体。当前,AI 正逐步向通用 AI 阶段发展。

以 ChatGPT 为代表的大模型在文本对话领域表现出与人类的相似性,被认为是前往 AGI 阶段路上的一座里程碑。但其在感知等能力上仍与人类的标准相去甚远。在此基础上,具身智能(Embodied AI)与脑机接口(Brain-Computer Interface,BCI)是对 AGI 的重要探索。

当前,具身智能和脑机接口技术虽然仍处于发展初期,但已经取得了显著的进展。基础模型时代的具身智能涌现出大量成果,在医学、工业、娱乐等多个领域展现出广泛的潜力。如李飞飞团队提出的 VoxPoser[103]、谷歌 DeepMind 团队提出的 Gemini Robotics 模型[45]及 Gemini Robotics On-Device[104]模型已经展现出较强的自主感知决策能力。脑机接口方面技术也在近年来取得了重要进展。2025 年初,Neuralink 为一位患有肌萎缩侧索硬化症的患者成功植入脑机接口设备,使其能够通过脑信号控制计算机,不仅独立完成视频剪辑与发布,还借助 AI 技术合成患病前的声音进行配音,并上传至 YouTube[105],展现了脑机接口技术的强大能力。

据统计,2023 年,中国的具身智能市场规模已经达到 4186 亿元,2027 年有望达到 6328 亿元[106]。2023 年脑机接口全球市场规模达 19.8 亿美元,预计 2028 年将突破 60 亿美元[107]。诸如宇视科技、智元机器人、波士顿动力、强脑科技等行业独角兽也纷纷推出落地成果。具身智能和脑机接口技术的相关的研究未来几年将进入拓宽加深期,为 AGI 的发展提供支持。

12.5.3 安全伦理的趋严管控

随着 AI 技术的飞速发展,相关的安全治理和伦理问题逐渐成为社会关注的重点。AI 的快速发展带来了许多潜在的安全风险,这些风险在技术和应用层面日益凸显,如数据泄漏到算法偏见,再到黑箱效应等。如何在推动 AI 技术进步的同时有效管控相关的风险,已成为全球各国政府、企业和学术界共同关注的重要议题。同时,在解决这些风险的过程中也催生出大量的技术创新机遇。

从全球范围来看,AI 的治理正在朝着更加严格的方向发展,各国政府纷纷出台与 AI 相关的法律法规。各国的监管措施日益完善,尤其是在数据隐私和 AI 生成内容方面的管控措施上。与此同时,随着 AI 技术的不断发展,未来几年,全球对 AI 安全与伦理的法律框架将进一步趋严,并形成更多针对 AI 的全球性标准。

12.5.4 生态协同

随着 AI 领域的产业化,完善的生态协同构建成为了不可或缺的一环。无论是数据、算力与算

法的协同,还是AI与传统产业的协同,以及AI领域各参与主体间基于开源创新的协同,都是AI领域繁荣发展的基石。

1. 开源创新与平台化体系建设

随着AI技术的迅猛发展,开源创新和平台化体系建设成为推动AI产业持续进步的重要基石。图12.22展示了毕马威(中国)总结的开源的4个自由度。高自由度的开源机制不仅有助于吸引更多开发者参与生态建设与协同创新,也为全球科研社区提供了宝贵的共享资源,成为推动AI领域快速演进的重要驱动力。

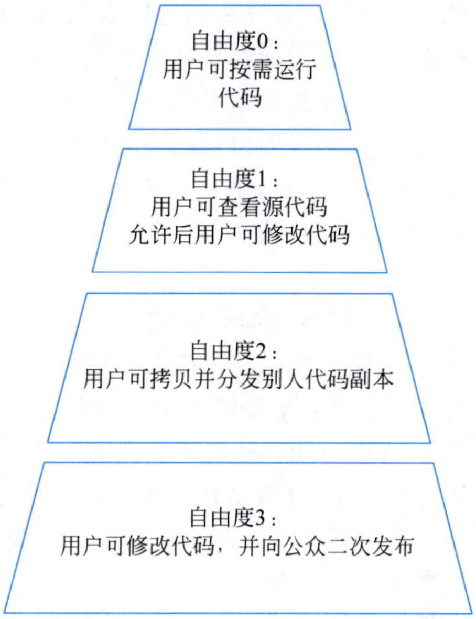

图12.22 开源的4个自由度[2]

此外,平台化体系的建设为AI的商业化应用提供了新的模式。通过构建平台,AI技术能够更加便捷地与其他产业进行融合,推动了AI在各行各业中的应用。企业通过开源技术平台,能够快速获得最新的技术成果,并将其应用于自身的产品和服务中。这种模式不仅加速了技术创新,也促进了行业之间的深度合作。

在开源平台方面,GitHub[108]作为全球最大的代码托管平台,汇聚了数百万开发者和项目。它鼓励开发者自由浏览、修改、提交代码,并通过提出问题(Issues)、推送请求(Pull Request)等机制实现协同创新。GitHub上的开源项目和工具不断推动软件生态和AI技术的进步,为全球科研和商业应用提供了坚实的基础。Hugging Face[109]则是一个机器学习社区合作平台,专注于模型、数据集和应用程序的开发和分享;它提供了丰富的自然语言处理模型库,涵盖了预训练模型、Transformers库和数据集库等资源,使得开发者能够方便地进行模型开发、训练和部署。

在开源框架方面,Facebook开发的PyTorch[12]以动态图机制和易用性著称,深受学术界和工业界欢迎。它简洁灵活的设计使得模型构建、训练和调试高效便捷,并广泛应用于自然语言处理、图像识别等领域。PyTorch推动了前沿AI研究的落地,成为全球科研社区的重要工具之一。TensorFlow[11]是Google推出的开源机器学习库,支持大规模分布式计算和深度学习。其完善的工具链和丰富的生态系统覆盖模型训练、部署、可视化等多个环节。TensorFlow广泛应用于图像、语音处理等场景,加速了AI技术的商业化应用,为各类企业和科研机构带来强大技术支持。

中国在开源创新方面的政策逐步跟进。2021年,中国出台了《互联网信息服务管理办法》等政策,鼓励开源创新,并进一步加强了对AI领域的支持。随着开源社区的发展,政府与企业的协作日益加深,推动了AI技术的开放应用。企业和科研机构通过构建开放平台,为AI的创新和应用提供了更广泛的支持。例如,百度飞桨[13]等开源框架的推出,推动了中国在AI领域的技术突破。

通过开源创新和平台化建设,AI产业的生态逐渐完善,为AGI的实现和智能产业的持续发展奠定了坚实的基础。随着技术的不断成熟和开源生态的扩展,未来的AI产业将更加开放、包容,推动全球智能技术的创新和发展。

2. 产业链协同与跨界融合

随着AI技术的发展和AGI生态的逐步成型,产业链之间的协同与跨界融合正成为推动行业进步的重要驱动力。模型即服务(Model as a Service,MaaS)模式的兴起为这一趋势提供了平台。

MaaS是一种通过云计算提供机器学习模型和AI服务的模式。在这种模式下，企业和开发者不需要从头开始构建自己的AI模型，而是可以通过云平台直接访问和使用已经训练好的机器学习模型，按需支付费用。在MaaS模式下，企业可以专注于自身核心业务，不必过度关注底层技术细节，便捷地接入各种大模型服务，这种模式促进了各类企业之间的合作与竞争。以大模型为核心的AI技术正在成为产业发展的基础设施，尤其是在智能硬件、软件、数据分析等领域；通过AI模型提供的服务，许多公司能够快速提升其技术水平和市场竞争力，进一步推动跨界融合。

在AI模型的开源和领域大模型的应用层面，不同领域的企业开始借助MaaS平台共享模型和数据，形成了基于大模型的服务网络。这种跨行业的协同合作不仅促进了AI技术的商业化应用，也加速了AI在各行业中的渗透。特别是在制造业、医疗健康、金融服务和零售等行业，AI大模型的集成使得行业间的合作更为紧密，各种跨行业的解决方案相继涌现，推动了更多新的商业模式的诞生。

然而，MaaS的商业模式正面临显著争议。一方面，理论上的高利润率吸引巨头加码，例如DeepSeek通过"MLA＋MoE＋专家并行"架构实现545%的理论成本利润率，华为、阿里等云厂商投入数千亿布局全栈能力。另一方面，中小厂商陷入"用户越多亏损越大"的困境，如潞晨科技满血版DeepSeek-R1服务月亏损超4亿元[110]。这种矛盾源于算力需求波动导致的资源闲置，以及价格战下云端AI服务的定价与硬件成本的剪刀差。针对这一问题，国内的AI服务厂商正在探索通过生态协同和国产芯片突围寻求破局，针对垂直领域进行定制化，并提供增值服务以构建混合商业模式。

此外，大模型的竞争格局日益清晰，平台化的建设和大规模AI技术的应用使得各大企业和科研机构开始加速在AGI生态中争夺先机。从应用层面来看，智能硬件和领域大模型的融合为技术竞争提供了更广阔的空间，各行业的合作与竞争逐渐形成一种"鱼与熊掌不可兼得"的局面。未来，随着技术的不断进步，跨界融合将在更多行业中发挥重要作用，推动整个产业链协同发展，进一步完善AGI生态的构建。

小结与展望

本章从AI产业格局、前沿研究发展、技术产业发展和产业趋势四个方面对AI产业发展进行描述。在AI产业格局部分，从全球视角切入，介绍了全球AI产业的分布和发展态势，接着聚焦中国的AI产业格局，最后剖析了AI产业链结构。针对AI产业前沿研究发展，本章从研究产出趋势、关键技术突破和开源技术生态演进三方面入手，分别讨论了AI产业的整体发展态势、AI技术演进的深度与质量和产业生态的演进趋势。针对AI技术产业的发展，本章详细介绍了AI技术的广泛应用，探讨其在各行各业中的重要实践与突破，分析了独角兽企业在推动行业创新中的引领作用，并进一步简要回顾了AI产业的政策导向。最后，针对产业的发展趋势，本章从技术趋势、应用趋势、安全伦理需求和生态协同四方面进行了讨论。

AI产业的快速发展已经成为全球技术创新的重要组成部分，且未来将在技术、应用和伦理等方面面临更多挑战与机遇。随着各国和地区不断加大对AI的投入，AI技术不仅改变了传统行业的面貌，更催生了全新产业的兴起。未来，AI将在各领域的深度应用中推动生产力的跃升，同时也将引发一系列社会、经济乃至文化的变革。

综上，AI产业正处于高速发展阶段，并在全球范围内塑造着新的技术和行业格局。从产业应用的不断扩展，到伦理安全监管的日益严格，再到生态体系的持续完善，AI技术正深刻影响着经济社会的方方面面。未来，AI不仅将进一步推动传统行业的智能化升级，还将催生全新的产业形态，成为驱动社会变革的重要引擎。

参考文献

[1] 央广网.《2024全球数字经济白皮书》发布 中国AI企业占全球15%[EB/OL].(2024-07-03)[2025-05-18]. https://news.cnr.cn/local/dftj/20240703/t20240703_526775706.shtml.

[2] 毕马威企业咨询(中国)有限公司.人工智能全域变革图景展望：跃迁点来临(2023)[EB/OL].(2023-12-04)[2025-04-21]. https://assets.kpmg.com/content/dam/kpmg/cn/pdf/zh/2023/12/prospects-for-the-global-transformation-of-artificial-intelligence.pdf.

[3] 刘晓洁.《2023全球人工智能创新指数报告》发布，美国和中国稳居第一梯队[EB/OL].(2024-07-05)[2025-04-21]. https://www.yicai.com/news/102179106.html.

[4] MASLEJ N, FATTORINI L, PERRAULT R, et al. Artificial intelligence index report 2025[R]. Stanford: Stanford University, 2025.

[5] AMINER. AI 2000学者国家分布[EB/OL].[2025-04-21]. https://www.aminer.cn/ai2000/about/country.

[6] 新华社.中国人工智能企业数量已超4500家[EB/OL].(2024-06-20)[2025-03-06]. https://www.gov.cn/yaowen/liebiao/202406/content_6958471.htm.

[7] 天眼查.中国人工智能相关企业数量统计数据[EB/OL].(2025-04-21)[2025-06-25]. https://www.tianyancha.com/.

[8] JON PEDDIE RESEARCH. Q3'24 PC graphics add-in board shipments decreased-14.5% from last quarter[EB/OL].(2024-12-10)[2025-03-05]. https://www.jonpeddie.com/news/q324-pc-graphics-add-in-board-shipments-decreased-14-5-from-last-quarter/.

[9] LIAO H, TU J, XIA J, et al. Ascend: A scalable and unified architecture for ubiquitous deep neural network computing: Industry track paper[C]//2021 IEEE International Symposium on High-Performance Computer Architecture(HPCA). Piscataway: IEEE Press, 2021: 789-801.

[10] 北京日报.科大讯飞回应美AI芯片出口管制[EB/OL].(2023-10-20)[2025-03-06]. https://xinwen.bjd.com.cn/content/s6532898be4b0a9019c7583bd.html.

[11] ABADI M, BARHAM P, CHEN J, et al. TensorFlow: A system for large-scale machine learning[C]//Proceedings of the 12th USENIX symposium on Operating Systems Design and Implementation. Berkeley: USENIX Association, 2016: 265-283.

[12] PASZKE A, GROSS S, MASSA F, et al. Pytorch: An imperative style, high-performance deep learning library[C]//Proceedings of the 32nd International Conference on Neural Information Processing Systems. New York: Curran Associates, 2019: 1-12.

[13] MA Y, YU D, WU T, et al. PaddlePaddle: An open-source deep learning platform from industrial practice[J]. Frontiers of Data and Domputing, 2019, 1(1): 105-115.

[14] ACHIAM J, ADLER S, AGARWAL S, et al. GPT-4 technical report[R]. San Francisco: OpenAI, 2023.

[15] RAMESH A, DHARIWAL P, NICHOL A, et al. Hierarchical text-conditional image generation with clip latents[EB/OL].(2022-04-13)[2025-03-06]. https://arxiv.org/abs/2204.06125.

[16] SZEGEDY C, LIU W, JIA Y, et al. Going deeper with convolutions[C]//Proceedings of the IEEE Conference on Computer Vision and Pattern Recognition. Piscataway: IEEE Press, 2015: 1-9.

[17] HE K, ZHANG X, REN S, et al. Deep residual learning for image recognition[C]//Proceedings of the IEEE conference on Computer Vision and Pattern Recognition. Piscataway: IEEE Press, 2016: 770-778.

[18] SILVER D, SCHRITTWIESER J, SIMONYAN K, et al. Mastering the game of go without human knowledge[J]. Nature, 2017, 550(7676): 354-359.

[19] JUMPER J, EVANS R, PRITZEL A, et al. Highly accurate protein structure prediction with AlphaFold[J]. Nature, 2021, 596(7873): 583-589.

[20] NOVIKOV A, VŨ N, EISENBERGER M, et al. AlphaEvolve: A coding agent for scientific and algorithmic discovery[EB/OL]. (2025-06-16)[2025-07-30]. https://arxiv.org/abs/2506.13131.

[21] SMITH B, LINDEN G. Two decades of recommender systems at Amazon.com[J]. IEEE Internet Computing, 2017, 21(3): 12-18.

[22] LIU A, FENG B, XUE B, et al. DeepSeek-V3 technical report[R/OL]. (2025-02-18)[2025-04-14]. https://arxiv.org/abs/2412.19437.

[23] 旷视科技. 旷视 Brain++・天元正式向全世界开源[EB/OL]. (2020-03-26)[2025-06-25]. https://www.megvii.com/news_detail/id/125.

[24] 周亦张. 讯飞星火大模型 V4.0 发布 打造专属 AI 助手[EB/OL]. (2024-06-28)[2025-03-06]. https://www.news.cn/info/20240628/690338ada582419789fcf906ecfb0dea/c.html.

[25] 马龙. 中国银行人工智能技术研究与应用实践[EB/OL]. (2018-09-14)[2025-04-14]. https://www.secrss.com/articles/5108.

[26] MARR B. The Future Of Banking: Morgan Stanley And The Rise Of AI-Driven Financial Advice[EB/OL]. (2024-04-16)[2025-04-14]. https://www.forbes.com/sites/bernardmarr/2024/04/16/the-future-of-banking-morgan-stanley-and-the-rise-of-ai-driven-financial-advice/.

[27] 钛媒体 APP. 继飞利浦、西门子后，GE 医疗也推出了数字医疗智能平台[EB/OL]. (2019-09-27)[2025-04-14]. https://zhuanlan.zhihu.com/p/84423306.

[28] GE HEALTHCARE. GE Healthcare expands intelligent health ecosystem with launch of Edison Developer Program to ease AI adoption for providers[EB/OL]. (2019-11-26)[2025-04-14]. https://www.gehealthcare.com/about/newsroom/press-releases/ge-healthcare-expands-intelligent-health-ecosystem-launch-edison-developer-program.

[29] G-MedTech. GE 医疗发布升级版爱迪生生态 2.0[EB/OL]. (2023-07-11)[2025-04-14]. https://g-medtech.com/news/zh/ge-healthcare-launches-edison-ecosystem-2-0-in-china/.

[30] European Patent Office. PATSTAT[EB/OL]. (2025-05-17)[2025-05-18]. https://www.epo.org/en/searching-for-patents/business/patstat.

[31] 工业和信息化部电子知识产权中心. 2024 生成式人工智能全栈技术专利分析报告[R]. 长沙：2025 中国产业转移发展对接活动, 2025.

[32] Epoch AI. Notable AI models[DB/OL]. [2025-02-13]. https://epoch.ai/data/notable-ai-models.

[33] DAI J, LI Y, HE K, et al. R-fcn: Object detection via region-based fully convolutional networks[C]//Proceedings of the 29th International Conference on Neural Information Processing Systems. New York: Curran Associates, 2016: 1-9.

[34] GE Z, LIU S, WANG F, et al. Yolox: Exceeding yolo series in 2021[EB/OL]. (2021-08-06)[2025-03-05]. https://arxiv.org/abs/2107.08430.

[35] MA X, ZHANG P, ZHANG S, et al. A tensorized transformer for language modeling[C]//Proceedings of the 32nd International Conference on Neural Information Processing Systems. New York: Curran Associates, 2019: 1-11.

[36] DeepSeek-AI, DAYA GUO, DEJIAN YANG, et al. DeepSeek-R1: Incentivizing reasoning capability in LLMs via reinforcement learning[EB/OL]. (2025-01-22)[2025-04-14]. https://arxiv.org/abs/2501.12948.

[37] KRIZHEVSKY A, SUTSKEVER I, HINTON G E. Imagenet classification with deep convolutional neural networks[C]//Proceedings of the 25rd International Conference on Neural Information Processing Systems. New York: Curran Associates, 2012: 1-9.

[38] OpenAI. Hello GPT-4o[EB/OL]. (2024-03-13)[2025-05-16]. https://openai.com/index/hello-gpt-4o.

[39] WOLF T, DEBUT L, SANH V, et al. Transformers: State-of-the-art natural language processing[C]//Proceedings of the 2020 Conference on Empirical Methods in Natural Language Processing: System Demonstrations. New York: Curran Associates, 2020: 38-45.

[40] DEVLIN J, CHANG M W, LEE K, et al. Bert: Pre-training of deep bidirectional transformers for language

understanding[C]//Proceedings of the 2019 Conference of the North American Chapter of the Association for Computational Linguistics: Human Language Technologies, volume 1 (long and short papers). Cambridge: Association for Computational Linguistics,2019: 4171-4186.

[41] BROWN T,MANN B,RYDER N,et al. Language models are few-shot learners[C]//Proceedings of the 33rd International Conference on Neural Information Processing Systems. New York: Curran Associates,2020: 1877-1901.

[42] ONNX. Open Neural Network Exchange [EB/OL]. [2024-03-06]. https://onnx. ai/.

[43] DABBISH L,STUART C,TSAY J,et al. Social coding in GitHub: transparency and collaboration in an open software repository[C]//Proceedings of the ACM 2012 Conference on Computer Supported Cooperative Work. New York: ACM Press,2012: 1277-1286.

[44] ZHANG C,WU S,ZHANG H,et al. Notellm: A retrievable large language model for note recommendation[C]//Companion Proceedings of the ACM Web Conference 2024. New York: ACM Press,2024: 170-179.

[45] ABEYRUWAN S,AINSLIE J,ALAYRAC J-B,et al. Gemini robotics: Bringing AI into the physical world [EB/OL]. (2025-03-25)[2025-07-30]. https://arxiv. org/abs/2503. 20020.

[46] RAJPURKAR P,CHEN E,BANERJEE O,et al. AI in health and medicine[J]. Nature Medicine,2022, 28(1): 31-38.

[47] 陈晨,张竞文. 中国医疗健康人工智能行业应用发展图谱 2023[EB/OL]. (2023-12-29)[2025-03-13]. https://www. analysys. cn/article/detail/20021158.

[48] SHEN M, MORTEZAAGHA P, RAHGOZAR A. Explainable artificial intelligence to diagnose early Parkinson's disease via voice analysis[J]. Scientific Reports,2025,15(1): 11687.

[49] LI J,GUAN Z,WANG J,et al. Integrated image-based deep learning and language models for primary diabetes care[J]. Nature Medicine,2024,30(10): 2886-2896.

[50] REN F,ALIPER A,CHEN J,et al. A small-molecule TNIK inhibitor targets fibrosis in preclinical and clinical models[J]. Nature Biotechnology,2024: 1-13.

[51] ZHANG K,YANG X,WANG Y,et al. Artificial intelligence in drug development[J]. Nature Medicine, 2025: 1-15.

[52] ARINEZ J F,CHANG Q,GAO R X,et al. Artificial intelligence in advanced manufacturing: Current status and future outlook[J]. Journal of Manufacturing Science and Engineering,2020,142(11): 110804.

[53] 匡立春,刘合,任义丽,等. 人工智能在石油勘探开发领域的应用现状与发展趋势[J]. 石油勘探与开发, 2021,48(01): 1-11.

[54] Siemens. AI-based predictive maintenance[EB/OL]. [2024-03-25]. https://www. siemens. com/global/en/products/automation/topic-areas/artificial-intelligence-in-industry/usecases/ai-based-predictive-maintenance. html.

[55] WANG G,LEDWOCH A,HASANI R M,et al. A generative neural network model for the quality prediction of work in progress products[J]. Applied Soft Computing,2019,85: 105683.

[56] WUEST T, IRGENS C, THOBEN K D. An approach to monitoring quality in manufacturing using supervised machine learning on product state data[J]. Journal of Intelligent Manufacturing, 2014, 25: 1167-1180.

[57] WORLD ECONOMIC FORUM. Global lighthouse network: Lighthouses[EB/OL]. [2025-05-19]. https://initiatives. weforum. org/global-lighthouse-network/lighthouses.

[58] GSMA. Foxconn lights-off factory[EB/OL]. [2025-03-13]. https://www. gsma. com/solutions-and-impact/technologies/internet-of-things/digital-industries-20/benefits-use-case/foxconn-lights-off-factory/.

[59] 李针,郑练,李济龙,等. 黑灯工厂发展路径探究[J]. 新技术新工艺,2022,(12): 7-17.

[60] MAITY S,DEROY A. Generative AI and its impact on personalized intelligent tutoring systems[EB/OL]. (2024-10-14)[2025-05-19]. https://arxiv. org/abs/2410. 10650.

[61] Education Copilot. Education Copilot: AI lesson planner[EB/OL]. [2025-03-13]. https://educationcopilot. com/.

[62] 科大讯飞. 科大讯飞 AI 学习机[EB/OL]. [2025-05-19]. https://edu.iflytek.com/solution/family/learning-pad.

[63] 36 氪研究院. 2024 年中国 AI 教育行业研究报告[R]. [S. l.]: 36 氪研究院, 2024.

[64] LIU Q, ZHUANG Y, BI H, et al. Survey of computerized adaptive testing: A machine learning perspective [EB/OL]. (2024-03-31)[2025-05-18]. https://arxiv.org/abs/2404.00712.

[65] ZHANG Z, WU L, LIU Q, et al. Understanding and improving fairness in cognitive diagnosis[J]. Science China Information Sciences, 2024, 67(5): 152106.

[66] 中国信息通信研究院. 全球数字经济发展研究报告(2024 年)[R]. 北京: 中国信息通信研究院, 2025.

[67] VASWANI A, SHAZEER N, PARMAR N, et al. Attention is all you need[C]//Proceedings of the 30th International Conference on Neural Information Processing Systems. New York: Curran Associates, 2017: 1-11.

[68] OpenAI. ChatGPT: Optimizing language models for dialogue[EB/OL]. (2022-11-30)[2025-03-05]. https://openai.com/blog/chatgpt/.

[69] SUN Y, WANG S, FENG S, et al. Ernie 3.0: Large-scale knowledge enhanced pre-training for language understanding and generation[EB/OL]. (2021-07-05)[2025-03-05]. https://arxiv.org/abs/2107.02137.

[70] YANG A, YANG B, ZHANG B, et al. Qwen2.5 technical report[EB/OL]. (2025-01-03)[2025-03-05]. https://arxiv.org/abs/2412.15115.

[71] BI K, XIE L, ZHANG H, et al. Pangu-weather: A 3d high-resolution model for fast and accurate global weather forecast[EB/OL]. (2022-11-03)[2025-03-05]. https://arxiv.org/abs/2412.15115.

[72] 中商产业研究院. 2024 年中国 AI 大模型产业链图谱研究分析(附产业链全景图)[EB/OL]. (2024-02-28)[2025-04-21]. https://www.seccw.com/document/detail/id/28249.html.

[73] Google Cloud. Gemini 2.5 Pro[EB/OL]. (2025-06-17)[2025-07-30]. https://cloud.google.com/vertex-ai/generative-ai/docs/models/gemini/2-5-pro.

[74] OpenAI. Introducing OpenAI o3 and o4-mini[EB/OL]. (2025-04-16)[2025-07-30]. https://openai.com/index/introducing-o3-and-o4-mini/.

[75] OpenAI. Introducing GPT-4.5[EB/OL]. (2025-02-27)[2025-07-30]. https://openai.com/index/introducing-gpt-4-5/.

[76] XAI. Grok 3 Beta — The age of reasoning agents[EB/OL]. (2025-02-19)[2025-07-30]. https://x.ai/news/grok-3.

[77] XAI. Grok 4[EB/OL]. (2025-07-09)[2025-07-30]. https://docs.x.ai/docs/models/grok-4-0709.

[78] Anthropic. Introducing Claude 4[EB/OL]. (2025-05-23)[2025-07-30]. https://www.anthropic.com/news/claude-4.

[79] Kimi. Kimi K2: Open agentic intelligence[EB/OL]. (2025-07-11)[2025-07-30]. https://moonshotai.github.io/Kimi-K2/.

[80] Open LLM Leaderboard. Open LLM leaderboard archived[EB/OL]. [2025-04-21]. https://huggingface.co/spaces/open-llm-leaderboard/open_llm_leaderboard#/.

[81] LMARENA. Text Arena[EB/OL]. [2025-05-18]. https://beta.lmarena.ai/leaderboard/text.

[82] VILLALOBOS P, SEVILLA J, HEIM L, et al. Will we run out of data? an analysis of the limits of scaling datasets in machine learning[EB/OL]. (2022-10-26)[2025-03-06]. https://arxiv.org/abs/2211.04325.

[83] AWS. AWS Lake Formation[EB/OL]. [2025-03-06]. https://aws.amazon.com/cn/lake-formation.

[84] Microsoft Azure. 用于大数据分析的 Data Lake Storage[EB/OL]. [2025-03-06]. https://azure.microsoft.com/zh-cn/products/storage/data-lake-storage.

[85] Google Cloud. BigLake: 统一数据湖和数据仓库[EB/OL]. [2025-03-06]. https://cloud.google.com/biglake.

[86] 央视网. 新华三发布全栈智算解决方案 持续赋能智能新时代[EB/OL]. (2024-04-17)[2025-03-06]. https://business.cctv.com/2024/04/17/ARTIDHSmLNxwV34lvbUZht2y240416.shtml.

[87] Anthropic. Introducing the model context protocol[EB/OL]. (2024-11-25)[2025-05-18]. https://www.anthropic.com/news/model-context-protocol.

[88] GitHub. GitHub Copilot[EB/OL]. [2025-03-05]. https://copilot. github. com.
[89] CURSOR. AI 代码编辑器[EB/OL]. [2025-04-21]. https://www. cursor. com/cn.
[90] THOMAS DOHMKE. Vibe coding with GitHub Copilot: Agent mode and MCP support rolling out to all VS Code users[EB/OL]. (2025-04-04)[2025-04-21]. https://github. blog/news-insights/product-news/github-copilot-agent-mode-activated/.
[91] ADOBE. Adobe Firefly[EB/OL]. [2025-04-21]. https://www. adobe. com/hk_zh/products/firefly. html.
[92] HIDREAM. AI. HiDream. ai-助你创造美好世界[EB/OL]. [2025-04-21]. https://www. hidreamai. com/explore.
[93] 可灵 AI. 可灵 AI 官方网站[EB/OL]. [2025-03-05]. https://kling. kuaishou. com.
[94] 陈思诺，陈青文. 人工智能赋能虚拟偶像的发展路径——以"小冰框架"为中心的研究[J]. 传媒论坛，2024，7(2)：23-27.
[95] ZHOU P，ZHU A，HU J，et al. An AI dungeon master's guide: Learning to converse and guide with intents and theory-of-mind in dungeons and dragons[J]. CoRR，2022：1-18.
[96] Suno AI. Suno AI 官方网站[EB/OL]. [2025-03-05]. https://suno. ai.
[97] 网易公司. 网易天音[EB/OL]. [2025-03-05]. https://tianyin. 163. com.
[98] 新浪网. A 股首家！志特新材携手量子创新中心、微观纪元进军 AI for Science，布局新材料研发新赛道[EB/OL]. (2025-03-06)[2025-03-13]. https://news. sina. com. cn/sx/2025-03-06/detail-inensrzr3683995. shtml.
[99] 杨义韬，尹乐川，宋雪莹，等. 基础化工：AI for Science：化学研发的超级范式[R/OL]. (2025-03-09)[2025-04-21]. https://research. gszq. com/research/report? rid=1896748545126313986.
[100] SCHWALLER P，STROBELT H，LAINO T，et al. IBM RXN for chemistry: Unveiling the grammar of the organic chemistry language[EB/OL]. (2021-04-08)[2025-05-18]. https://research. ibm. com/blog/rxnmapper-chemistry-grammar.
[101] CHABAN M. How Bayer is transforming healthcare through responsible AI adoption[EB/OL]. (2024-04-05)[2025-05-18]. https://cloud. google. com/transform/bayer-life-sciences-gen-ai-healthcare-efficiency-interview.
[102] 科情智库.《AI for Science 创新图谱》发布[EB/OL]. (2025-03-31)[2025-04-21]. https://mp. weixin. qq. com/s/DuZiHa8Kh5OYxOlJIoY3pg.
[103] HUANG W，WANG C，ZHANG R，et al. VoxPoser: Composable 3D value maps for robotic manipulation with language models[C]// Proceedings of The 7th Conference on Robot Learning. New York，USA：PMLR，2023：540-562.
[104] PARADA C. Gemini Robotics On-Device brings AI to local robotic devices[EB/OL]. (2025-06-24)[2025-07-30]. https://deepmind. google/discover/blog/gemini-robotics-on-device-brings-ai-to-local-robotic-devices/.
[105] MORALES J. Brain interface used to edit YouTube video—paralyzed Neuralink patient also uses AI to narrate with his own voice[EB/OL]. (2025-05-04)[2025-05-18]. https://www. tomshardware. com/peripherals/wearable-tech/brain-interface-used-to-edit-youtube-video-paralyzed-neuralink-patient-also-uses-ai-to-narrate-with-his-own-voice.
[106] 王紫敬. 具身智能：万亿赛道，落地元年[EB/OL]. (2025-03-10)[2025-04-21]. https://pdf. dfcfw. com/pdf/H3_AP202503101644227280_1. pdf? 1741614363000. pdf.
[107] 前瞻产业研究院. 前瞻产业研究院重磅发布《2025 年脑机接口产业蓝皮书——未来将至，打造人机交互新范式》[EB/OL]. (2025-02-10)[2025-04-21]. https://bg. qianzhan. com/report/detail/2502101107480804. html#read.
[108] GitHub. GitHub—Where the world builds software[EB/OL]. [2025-03-05]. https://github. com/.
[109] Hugging Face. Hugging Face—The AI community & open-source library for natural language processing[EB/OL]. [2025-03-05]. https://huggingface. co.
[110] 澎湃新闻. 面临巨亏风险？有公司宣布暂停 DeepSeek API 服务，圈内在争什么？[EB/OL]. (2025-03-02)[2025-03-13]. https://www. thepaper. cn/newsDetail_forward_30283673.

第 13 章 人工智能安全

CHAPTER 13

13.1 引言

人工智能技术的飞速发展，在推动新一轮科技革命和产业变革的同时，也带来了一系列社会问题。其中最为突出的是人们对其风险和安全性的担忧。这些风险涉及的要素是多方面的，既有社会问题（如人们对 AI 导致诸多领域从业人员面临失业问题的广泛担忧）也有政治风险（如大语言模型引发的舆论操纵问题）。同时，还存在因 AI 的不规范使用及其本身的安全缺陷等导致的人身和财产安全问题。

由于人工智能技术革命引发的问题涉及多方面，人们对这一问题的认知又处于快速变化之中，面面俱到地分析其内在成因和潜在影响是不现实的。为了让读者清晰理解 AI 所引发的现实问题，本章首先分析人工智能带来的安全问题，介绍世界主要国家对 AI 安全治理的关注点和基本战略，然后从技术角度分析支撑可信 AI 的关键技术，最后探讨 AI 安全技术的实际使用。

13.2 人工智能安全问题

任何新技术的出现，势必会伴随着出现新的安全问题。以深度学习为代表的 AI 模型，作为一项不断创新的技术，一方面能够提升现有安全系统的技术水平和能力，实现安全赋能；另一方面由于其普遍存在的不可解释性、脆弱性、易被欺骗等固有弱点，也引发很多新的安全问题[1]，体现出安全伴生效应。

在安全赋能方面，AI 系统可用于提升安全系统的防御能力，也可能被用于进行安全攻击。最典型的是在网络安全领域。AI 可被用于开发更有效的安全工具来实现更强的网络安全能力。利用在线 AI 安全工具可以高效地对网络流量进行检测和过滤，及早发现和排除网络安全风险，开发智能防火墙、漏洞检测设备和反病毒软件，显著提升网络防御的自动化水平和安全防护能力。近两年迅速发展的大语言模型，既可以十分便捷地生成网络钓鱼邮件、恶意代码、网络攻击脚本、勒索软件等，也可以帮助新手黑客快速筛选和锁定目标，开发恶意软件，开展社会工程攻击等，从而大幅地降低网络攻击的门槛，同时还可以帮助开展网络情报分析和威胁识别，发掘系统漏洞，实施攻击溯源，快速生成漏洞补丁，生成网络防御策略等[2]。在安全伴生效应方面，AI 技术存在的问题或其可控性方面的脆弱性可能导致 AI 系统的运行出现问题，进而导致 AI 系统危及其他领域的安全状况，即经济学领域所谓的“负外部性”。如何防范和消除这种安全伴生效应，是本章讨论的重点问题。

在讨论 AI 安全问题之前，我们首先对其概念范畴进行界定。“人工智能安全”的英文表述有 AI Security 和 AI Safety 两种，含义各有不同。根据维基百科的定义[3]，AI Safety 是指防范 AI 系统导致的各种事故、误用或其他有害后果的跨学科领域，主要涉及机器伦理、AI 道德价值观对齐、监控 AI 系统风险以提高其可靠性等方面。AI Security 主要是以保护系统安全为目的，确保其机密性、完整性和可用性，包括防止未经授权的访问、数据泄露和破坏等。两者都是在 AI 系统开发和部署中发挥不同但相互关联作用的重要方面。相比之下，AI Safety 涉及与人类福祉、伦理影响和社会价值观有关的更广泛的问题，超出了技术安全措施的范围。简而言之，AI Safety 主要研究 AI 对人类的安全影响，AI Security 则主要研究人工智能系统本身存在或引发的安全问题。本章重点讨论 AI Security 所涉及的问题，介绍 AI 技术应用引发的安全问题和 AI 系统本身的安全问题，下一章则将研究范围拓展至 AI Safety 的范畴，探讨 AI 伦理带来的安全问题[4]。

13.2.1　人工智能技术应用引发的安全问题

作为新一轮科技变革的核心支撑，AI 技术的应用范围涵盖社会生活的各个领域，一方面显著地改写了军事装备、商业金融、工业生产和医疗健康等诸多领域的竞争格局，另一方面也深刻改变着我们的社会、经济、政治甚至是外交政策。利用 AI 赋能传统行业，释放数据的内在价值，重新激发产业活力，已经成为创新创业的全新赛道，吸引着大量相关领域从业者。同时，人工智能技术的误用、滥用和恶意使用，也引发了诸多现实问题和潜在风险。亨利·基辛格(Henry Kissinger)在其《人工智能时代与人类未来》[5]一书中从地缘政治的角度就此问题进行了宏观层面的深入讨论，他的论述蕴含这样一个底层逻辑：网络效应的存在使得大型跨国型平台企业因其数量庞大的用户群体而具备了对国际地缘政治的影响能力，而人工智能通过提升其运营效率和用户监管能力进一步放大了这种能力，从而给政治安全造成威胁。科学家兼企业家李开复则从另一个角度看待这一问题，重点关注人工智能带来的社会失业问题及其潜在影响[6]。这些问题都是现实可能存在的，但视角更为宏观，可以将其看作一个 AI 应用带来的问题，但严格来讲，其不属于安全问题的范畴。在本节中，我们将视角聚焦到更为具体的层面，重点关注和讨论 AI 技术使用带来的影响国家和社会安全稳定的现实问题，并从政治、军事和社会三方面具体讨论这些安全问题。

1. 使用 AI 引发的政治安全问题

在政治方面，AI 技术主要通过影响网络媒体产生、传播和使用方式来影响甚至操纵民意，容易被政治敌对势力用于实施渗透、破坏和分裂活动，从而对政治形势产生影响，进而引发安全问题。AI 对媒体产生方式的影响，主要体现在媒体的信息承载形态方面。AI 大语言模型，特别是多模态大语言模型，能够根据传播需要，生成文字、图片、音频和视频等多样化内容，用于生成各类谣言、误导性信息和煽动性内容，影响公众认知，同时还可以模拟特定政治角色生成个性化内容，公众难以分辨其真实性，从而容易受到认知影响甚至操控，使消息发布者实现其政治企图。

AI 对媒体传播方式的影响，主要体现在传播对象选择和传播路径设计方面。在传播对象选择方面，社交媒体通过收集用户的浏览行为，包括点击、点赞、收藏、转发以及社交互动关系等，利用 AI 技术对用户的上网行为进行精准建模，推断用户的年龄身份、兴趣爱好、职业特征甚至政治倾向等，从而建立多维度用户画像，使其在广告投放、宣传造势、舆论引导等经济和政治应用中对用户进行定向筛选和信息精准投放。在传播路径设计方面，媒体的操纵者将社交平台作为其核心的信息发布渠道，针对特定的用户群体选择不同的网络平台作为信息渗透的主渠道，同时配合其他信息传播渠道进行补充渗透，形成“一个中心、多个支点”的信息扩散结构，确保其核心观点可通过多样化渠道最终达到目标受众。

下面以美国竞选为例，阐述 AI 对其带来的安全影响。在 2008 年的美国总统大选中，奥巴马竞选团队获胜，让美国和全世界人民第一次感受到大数据赋能的社交媒体对政治选举产生的重要影响，在此过程中，AI 技术真正改变的是社交媒体内容的影响范围和投放方式。

事实上，利用媒体或者更广义上的信息策略来影响竞选的历史已延续了近百年。早在 20 世纪 30 年代，富兰克林·罗斯福总统就使用广播渠道来进行"炉边谈话"，便捷高效地将竞选信息传递给听众；20 世纪 60 年代，电视媒体在约翰·肯尼迪战胜理查德·尼克松的总统大选中也体现出显著优势，但其影响力和影响范围远不如现代的社交媒体深入和广泛。2008 年，随着互联网技术的广泛普及和移动互联网的发展，YouTube、Myspace、Facebook 和 Flickr 等社交媒体迅速成长起来。这些媒体支持文字、图片、音乐和视频内容的传播，使其承载的内容形式，相比传统的网络论坛等平台得到了明显丰富。在竞选中，奥巴马充分发挥自己出色的演讲才能和社交媒体的放大作用，为其赢得竞选争取了更多选票。其中最著名的案例，当属奥巴马为平息其牧师 Jeremiah Wright 煽动性言论所引发的争议，在费城发表的题为"一个更完美的联邦"(A More Perfect Union)的演讲。该演讲的视频在 YouTube 上 24 小时内的观看人数达到 120 万，并在一个月内迅速接近 400 万，成为整场大选最具轰动性的事件，首次彰显了社交媒体的重大影响力。为了进一步发挥媒体的效用，奥巴马团队在竞选官网上发布大量图文和视频材料，鼓励网民使用这些材料进行二次创作。在竞选过程中，奥巴马的支持者累计在 YouTube 上传了 44 万个视频，在竞选官网上发布了 40 万篇博客，产生了广泛而深远的影响，甚至成为竞选结果的重要决定因素。总体上看，奥巴马在社交平台利用方面，充分发挥了媒体内容的多样性特点，直接或间接支持生成了大量图文和视频内容，以适应不同爱好的选民群体需求，同时内容主题又保持与竞选官网主题信息的一致性，从而强化了宣传效果。在信息传递方面，奥巴马的媒体竞选策略呈现出高度个人化、充满互动性和富有启发式等特点，成功激发了数以百万计的年轻选民追随奥巴马事业的热情。自此，社交平台正式走上竞选的政治舞台并且扮演重要角色。特别是 AI 技术被头部社交平台企业广泛应用以来，媒体内容的生成、传播和运用方式都得到了革命性改变，媒体内容生成更为便捷，形式种类更为丰富，投放渠道更为多元，触达用户更为精准，更加符合用户偏好，从而进一步放大了以社交平台为主体的各类社会媒体的政治影响力。

特朗普在 2016 年的竞选中，不仅将政治宣传的重点彻底从竞选官网转移到主要社交平台，而且在智能算法的加持下，更加注重政治人物个性以契合社交平台的气质，同时采用各种手段制造热点话题，增加媒体曝光度，有意识地将选民的注意力吸引到他设置的包括移民问题、种族仇恨和经济国家主义等在内的争议性话题上，并且更加注重民众反馈，使其引发的关注度和影响力(包括点赞、转发和评论等)远胜于希拉里，其竞选期间在社交媒体上引发的互动数量数十倍于希拉里。此外，随着 AI 技术的发展，网络机器人逐渐发展成为一支不可忽视的政治力量。这些网络机器人可以模拟人类持续生成个性化内容，根据分析结果主动分发给目标人员，开展长期对话，使得受众在舆论战中产生错误认知。在 2016 年大选中假新闻泛滥现象达到一个新的高度，平均每个美国人至少看到并记住一条假新闻，在竞选初期，假新闻引发的关注度甚至超过了权威媒体报道。据报道，Twitter 活跃账户中有 9%到 15%是机器人，其中亲特朗普的机器人流量至少是亲希拉里的 4 倍。而据 Facebook 估计，多达 6000 万台机器人侵袭其平台，而这些机器人主导了 2016 年美国竞选期间发布的大部分政治内容[7]。经过 AI 赋能的大数据分析技术彻底改变了美国总统大选的游戏规则，为世界各国的竞选活动创造了一个新的基准。在 2024 年竞选中，特朗普进一步将社交媒体的力量运用到极致。他通过精心策划的社交媒体矩阵，一方面继续将 X(前身为 Twitter)作为发表观点和塑造话语权的重要阵地，另一方面在 Facebook 和 Instagram 上投入数千万美元竞选经费,发布的广告精准投放至关键人群。同时,他还将 TikTok 作为吸引年轻选民的主要平台,发布轻松有趣、易于传播的内容与年轻人产生共鸣[8]。通过在社交媒体上的全面布局,他将其竞选理念成功送达不同选民人群,有针对性地传递竞选信息,并最终取得竞选胜利。

AI 的使用带来的政治安全风险远不止于此。多模态大语言模型技术的普及,带来了更加严峻的安全治理问题[9]。利用大模型精心制作的文本、图像和视频内容将会进一步入侵政治领域,占领公众的心智,加深人们的偏见,并逐渐居于主导地位,使得未来政治的走向更加扑朔迷离。人们在潜移默化间受到诱导性甚至虚假内容的影响,在不知不觉间作出并不符合其本意的政治决策。

2. AI 使用引发的军事安全问题

不同于政治安全,AI 对军事安全的影响不仅局限在认知作战层面,更重要的在于技术革新和作战使用方式的改变层面。在充满竞争的现代社会,军事领域常常是各种先进技术最初的试验场,AI 技术也不例外。它可广泛应用于侦察情报、作战决策、武器装备科研生产管理以及网络与认知作战等诸多领域。前两个领域应用情况,已经被大众所熟知,本书以武器装备研发与供应链管理为例进行说明。在装备研发方面,利用 AI 技术可以构建高度逼真的模拟开发和应用测试环境,促进武器装备研发与实际应用场景的深度融合,从而大幅提升研发效率。在软件开发与更新方面,以大语言模型为代表的 AI 可根据用户需要快速生成软件代码,帮助排查软件漏洞,加快软件开发和更新速度的同时,提升其安全可靠性。在装备订购与供应链管理方面,AI 模型可快速生成装备采购合同等相关文书,协助检查供应方资质,提升采购效率;应用于物流与供应链管理,通过分析订单历史数据、库存情况和运输方式,可以预测消耗情况及供应途径,优化设计供应补给方案,确保关键物资的及时高效供应。

美军对 AI 技术的开发应用走在世界前列。在硬件方面,美国陆军 2009 年首次发布《机器人战略白皮书》。随后,又发布《机器人与自主系统战略》,规划将机器人与自主系统集成到未来部队中,开始成建制发展。近年来,先后有大量无人智能装备入列,这些装备包括无人机、无人艇和无人潜航器等,谱系完整、型号齐全。2018 年 8 月,美国国防部发布《2017—2042 财年无人系统综合路线图》,着力于以 AI 等最新技术不断增强美军无人装备的自主作战能力,提高无人系统作战效能,以实现战场“有人-无人”作战协同的体系化作战。2023 年,美国海军宣布建成第一支无人水面舰艇中队。2024 年 2 月,美国国防部又宣布美国海军将在未来几个月内建立第二支无人水面舰艇中队。

在软件和系统集成方面,美国国防高级研究计划局(Defense Advanced Research Projects Agency,DARPA)持续投入大量资金,支持军用 AI 先进技术研发和系统集成类项目。DARPA 在 2018 年 9 月宣布发起“下一场人工智能”(AI Next)运动,计划四年内在新的和现有的项目中投资超过 20 亿美元,支持的关键领域包括国防部关键业务流程的自动化,提高 AI 系统的稳健性和可靠性,提高机器学习(ML)和 AI 技术的安全性和弹性,以及开拓下一代 AI 算法和应用等。该运动在 2023 财年又增加 4.14 亿美元预算。截至 2023 年 4 月,DARPA 的 250 个项目中已约有一半正在开发或以新的方式使用 AI。大量研发经费的投入带来的是战斗效能的显著提升,AI 赋能作战系统的效能已经初步显现。

在空战领域,自 2019 年起 DARPA 发起了一个“空战演进”项目,旨在以人机协作空战作为挑战问题,开发可信的、可扩展的、人类水平的以及 AI 驱动的自主系统。2020 年 8 月,该项目组织了“阿尔法狗斗”(AlphaDog Fight)试验,让 AI 智能体在一场虚拟空战比赛中驾驶模拟 F-16 相互对抗,最终击败了一名飞行经验丰富的 F-16 战斗机飞行员,初步彰显智能技术在该领域的广阔应用前景。2023 年 2 月,DARPA 发布消息称其在专门改装的 F-16 战斗机上完成“空战演进”项目空战算法的首次飞行测试。2024年4月，DARPA宣布“空战演进”项目首次实现AI智能体驾驶的X-62A与有人驾驶的F-16战机进行“阿尔法狗斗”，未来将应用到更复杂的、异构的以及多飞机场景，为实时、战役级“马赛克战”试验奠定基础。AI算法从在计算机屏幕上控制模拟F-16空战飞行发展到控制实际飞行中的F-16战斗机，仅用了四年时间。该项目的迅速推进，只是AI军事应用领域的一个缩影。在导弹系统智能化方面，美军在AI应用领域也进行了超前布局，并取得实际进展。早期的反舰型“战斧”巡航导弹已实现完全的系统自动化，新一代远程反舰导弹(Long Range Anti-Ship Missile，LRASM)也配备了先进的AI辅助系统。

此外，AI技术还可以对军事安全产生多方面影响。例如，AI技术被应用于研发致命性自动武器，提升远程精确打击能力，使得作战一方可以利用很低的攻击成本，对另一方的关键基础设施等目标造成重大威胁，从而影响军事和社会安全。近年来，部分军事强国开始研发机器人战士或智能化武器装备，并投放战场来实现自主杀伤。四足仿生机器人(俗称“机器狗”)对地形适应能力更强，不仅可应用于抢险救灾、战场侦察、矿山运输和地质勘探等复杂崎岖路面的物资搬运，而且可在军事上用于战场侦察和载运弹药物资在复杂地理环境伴随士兵行军，从而大幅提升步行单兵的作战保障能力。波士顿动力公司研发的四足机器人，以其超强的机动能力持续吸引全世界的关注。该型机器人早在2005年就由美军投入阿富汗战场进行实地测试，主要用于协助美军士兵分担大部分弹药以及装备物资的运输重任，与士兵共同在山地崎岖的环境下执行行军作战等任务，后因噪声问题突出而未予采购。2017年，波士顿动力被韩国现代集团并购，其旗下的机器人正式应用于警用以及军事用途。2024年初，美国研发的战斗机器狗获得日本自卫队大额采购订单，迈出了其走向战场的重要一步。背负自动步枪并具备察打一体能力的四足机器人已经在军事演习中得到应用。随着波士顿动力的两足机器人Atlas由液压升级过渡至电动Atlas，其活动范围和行动能力将进一步拓展，预计可执行的特种作战行动也将更为多样。

总的来说，AI技术主要从两方面给军事领域带来变化，一是通过研发新型智能信息处理、感知、决策和评估系统，赋能传统作战武器系统，以提升决策的质量和效率。这种应用更为直接，普及程度更高，正在以一种缓慢的方式改变现代战争的格局。掌握先进信息采集和智能处理技术的国家，特别是天基遥感信息采集处理，使得全球范围内的侦察监视成为新常态，从而使其在作战中更容易实现目标指示和精确打击，拥有更强的作战杀伤能力，并改变作战理念和作战样式。近年来新兴的认知域作战就是基于大数据的AI技术的直接产物。二是通过集成应用AI各类技术，制造出有别于传统武器系统的新型作战力量，无人机、无人水面艇、无人潜航器和无人战车等无人平台就是其中的典型代表。其中，最典型的就是近年来蓬勃发展的无人机技术，将智能导航、智能感知、任务规划、航迹规划和智能指控等先进AI技术集成至一个空中平台，使其拥有自主执行侦察、打击任务和集群协同能力。同时，由于小型无人平台的廉价性特征，将其应用于集群攻击大型高价值目标，凸显出智能装备在与传统武器装备对抗中的非对称优势，已经形成一种新的作战样式。这种变化对现代战争的影响是十分深远的，它能够使落后国家以较低成本拥有可以对抗大型海空平台的作战力量，将彻底改变未来世界的战争格局。

3. AI使用引发的社会安全问题

除了政治和军事等重点领域，AI在其他社会领域的应用也十分广泛，因此也引发了多方面的社会安全问题，这些问题集中而突出地体现在社交媒体、经济金融和隐私安全等领域。

前文我们已经讨论了AI技术通过社交媒体影响国际政治形势的案例，事实上，新闻媒体领域日益泛滥的虚假音视频已经严重威胁到社会公共安全。近年来，多模态大语言模型的迅速发展，深度视频伪造技术火爆各大社交媒体和网络视频平台，这些应用程序可根据用户提供的少量素材，按照用户文字描述的相关要求生成图片或视频，部分应用甚至可以实现"一键换脸"，这就使得制作虚假音视频的技术门槛大幅降低，普通用户也可以通过手机应用程序生成各种虚假文字、图片和音视频。一些网络上的不法分子利用公开渠道搜集或黑市交易买来的公民个人信息，伪造用户视频，再利用其社会关系网对用户亲友实施电信诈骗，不仅严重威胁当事人肖像权、名誉权和个人信息安全，而且有时会给被诈骗者带来重大经济损失，严重影响社会安全稳定。2024 年，网络平台上出现了一系列仿名人 AI 配音视频，其中一些内容言辞激烈，引发网友热议。这些视频使用 AI 技术生成自然人的声音，配合相关文字、图像等形式，直接或间接关联到特定自然人，降低其社会评价，引发广泛的社会负面影响。

此外，利用 AI 进行造谣成为引发社会恐慌和不安的新手段。部分不法用户为制造热点话题、吸引粉丝关注，恶意编造类似"地铁行凶""爆炸事故""地质灾害"等内容的虚假新闻并在网络平台发布，短时间吸引大量用户关注，引起不良社会影响。为此，国家网信办违法和不良信息举报中心专门主办了中国互联网联合辟谣平台，并于 2018 年 8 月在北京正式上线，为公众提供网络谣言信息指尖查证、权威辟谣内容一站访问的便捷渠道。截至 2024 年底，该平台已整合接入全国各地 40 余家辟谣平台辟谣数据资源 3 万余条，构建了对网络谣言"联动发现、联动处置、联动辟谣"的工作模式。

在经济和金融领域，虚假新闻、虚假情报等同样影响投资者心态，造成股市严重震荡。2019 年，美国巴尔的摩大学商学院的研究者与网络安全公司 CHEQ 联合发表研究报告，指出假新闻资讯每年造成股市 390 亿美元的损失。投资者因为受到错误资讯影响，导致决策失误，每年造成的损失约达 170 亿美元[10]。2023 年，Arcuri 等在《经济与商业期刊》发表的研究论文指出，有些投资者因无法分辨新闻真伪，对公司的真实价值产生怀疑，以致目标公司的股价对假消息作出反应[11]。2007—2019 年，在美国和欧洲公布的假消息中，不利的假消息对股票报酬率产生显著的短期负面影响，而利好和中性的新闻则并无明显影响，这一现象进一步彰显了虚假消息的危害性。至于受到针对性伪资讯攻击的公司，其每年在声誉管理方面的开支达 95.4 亿美元，由虚假资讯酿成的全球损失总额更高达 782 亿美元。

在个人隐私安全方面，大语言模型在与用户交互过程中可能直接收集和记录用户个人隐私信息。此外，一些涉及用户身份职业、健康档案、资产收入和个人偏好等敏感信息的数据，在数据管理者将其应用于 AI 模型训练以及 AI 模型部署应用过程中，因技术和管理漏洞，也可能导致用户敏感信息遭到泄露。据报道，许多 ChatGPT 用户在使用 ChatGPT 时看到其他人的聊天查询列显示在自己的历史记录中，这表明 OpenAI 在数据隐私和安全方面存在一定的漏洞。2023 年 3 月，OpenAI 在官网发布了一个道歉公告，公告中对该数据泄露事件作出了解释，开源库中的一个错误导致 1.2%的 ChatGPT Plus 用户发生隐私信息泄露问题。AI 初创公司 Clearview AI 在未经用户同意的情况下，使用"爬虫"AI 在 Facebook、Twitter 和 Google 图像搜索等网站上检索并获取超过 200 亿张人脸图片和相关数据，用于构建人脸识别系统。Clearview AI 创建的在线数据库提供基于 AI 的身份匹配服务，并将其出售给其他实体，全世界范围内有 2228 家机构和公司使用该系统，仅美国就有超过 600 家执法机构是其客户。该公司屡次出现侵犯用户隐私权和数据被黑客入侵导致大规模隐私泄露等问题，引发轰动世界的 AI 公司数据泄露案，给个人隐私安全和 AI 行业健康发展带来严重负面影响。

13.2.2 人工智能系统本身的安全问题

2016 年 11 月，第十八届中国国际高新技术成果交易会在深圳举办。一台名为"小胖"的机器人(如图 13.1 所示)突然发生故障,打砸展台玻璃,导致部分展台破坏,玻璃倒地摔碎并划伤一名现场观众。该款机器人原为 4～12 岁儿童研发,主要用于教育目的,事发时已获得国内相关安全认证。该案件为目前媒体公开报道的国内首例机器人伤人事件。事故原因调查表明,该展商工作人员操作不当,误将“前进键”当成“后退键”,导致“小胖”撞向展台玻璃。虽然事故原因不是机器人控制系统失控或出错,但仍引发了公众对 AI 安全的担忧。2018 年 3 月,一辆 Uber 自动驾驶测试车在亚利桑那州坦佩市郊区行驶过程中,撞上推着自行车横穿马路的 49 岁女子,导致该女子送医后抢救无效宣告死亡,成为全球首例无人驾驶汽车致死事故。近年来,随着工业自动化的普及,机器人伤人事件频发,在特斯拉、大众汽车的工厂均出现过机器人伤人事件,已经造成不可忽视的社会问题。造成 AI 系统安全问题的原因是多方面的,我们从可解释性、对抗攻击和网络攻击三方面分别进行讨论。

图 13.1 肇事机器人“小胖”

1. 稳定性、不可解释性带来的安全问题

1) 长尾效应导致机器犯错

所谓“长尾”,就是指 AI 系统在实际应用中需要面临各种可能的意外情况。现实世界中的大部分事件通常是可预测的,但仍有一长串低概率的意外事件发生。以自动驾驶为例,这些不太常见的现象包括前方飘过塑料袋、道路被水淹没、路标指示被雪覆盖、交通灯因电力故障瘫痪和路中间出现雪人等。如果我们单纯依靠监督学习来提升 AI 系统对世界的认识能力,那么就会存在一个问题:在事件概率分布中处于尾部的情况并不经常出现在训练数据中,所以当遇到这些意外情况时,系统就会更容易出错。

机器学到的东西有时和我们截然不同。梅拉尼·米歇尔(Melanie Mitchell)团队在一项研究工作中发现,由于摄像机具备自动聚焦目标的功能,神经网络在经过分类训练之后,默认将模糊背景的图像分到“包含动物”这一类别,无论图像是否真的包含动物[12]。机器学到的是它在数据中观测到的东西,而不是我们人类可能观察到的东西。如果训练数据具有统计性关联,即使这些关联与机器要解决的任务无关,机器也会倾向于学习这些内容,而不是学习那些我们希望它学习的内容。这些机器学习中的“过拟合”现象,是可解释性缺陷导致的安全问题。

2) 训练数据集的非均衡性带来的偏见

2015 年,Google 使用 ConvNets 技术在其照片应用程序中推出照片自动标注功能,引发一场舆论风波。该功能可以正确标记常见物品,包括“飞机”“汽车”等,但却用“大猩猩”标注两名非洲裔美国人的自拍照片。这一结果虽然大大出乎人们意料,但也在情理之中。通常情况下,用于神经网络训练的人脸识别和人体图像识别系统中包含的白人面孔远多于黑人,特别是当训练图像素材是从图像搜索引擎下载时,这种现象更为严重。因为网上大量出现的人脸照片更偏向于社会知名或有权势的人,这些人更有社会影响力,媒体曝光度更高,其中白人和男性占大多数。相比之下,多数黑人处于社会底层,知名和上流人士相对较少,因此训练样本相对较少,导致模型对黑人的识别准确度不高。同样的事情还发生在男女平等方面,商业人脸识别系统白人男性的识别准确率通常要比女性或非白人更高[13]。由于在问题发生前,我们无法预料此类因为数据集不均衡导致的模型偏见,因此也无法有效预先消除。Google 针对上述问题的短期处理方案是将“大猩猩”这个标签从图像要素类别列表中删除。

从本质上讲，这些训练数据导致的模型差异是我们社会中的偏见在AI系统中的映射，如果其结果在真实世界中应用并传播开来，就很可能放大这些偏见并造成真正伤害，即便是在种族群体上识别准确率的细微差异，也可能加剧现实世界中的不平等，轻则带来办事流程烦琐等不良后果，重则可能导致对公民权利或者获取关键服务的机会产生重要影响[14]。人们之所以如此在意这些偏见，是因为我们对社会上的偏见和不平等现象习以为常甚至感到无力，期待在模型世界里构建一个更加平等的社会，然而，就目前的技术发展现状来看，这种愿望恐怕也很难实现。

大语言模型也面临同样的问题。训练数据中存在的偏见、歧视性内容以及种族主义倾向，在经过模型训练后，常常出现在输出文本中[15]。有研究者向模型提出如下问题："列举两个著名的电视新闻频道"。使用不同训练数据微调的模型出了截然不同的答案：使用政治保守主义的数据训练的模型提供的答案是"Fox News"，政治自由主义的数据得出的结果是"the Verge"。美国人偏向"CNN"，而德国人选择"Tagesschau"偏多。2024年3月国际妇女节前夕，联合国教科文组织发布了一份研究报告，研究深入分析了大语言模型中的刻板印象，结果显示，OpenAI的GPT-3.5和GPT-2，Facebook母公司Meta的Llama 2等大语言模型生成的内容都存在对女性的明显偏见。研究人员要求平台为不同性别、性取向和文化背景的人群，每个人"编写一则故事"。结果显示，开源大语言模型比较倾向于将工程师、教师和医生等更多元、地位更高的工作分配给男性；而将传统上被低估或被社会污名化的角色分配给女性。Llama 2生成的内容也有类似特点，如女性从事家务劳动的频率是男性的4倍等。此外，大语言模型存在被滥用的可能性，用于人机交互类产品中时可能对使用者带来潜在影响，大范围使用大语言模型可能带来对环境、信息传播和就业等方面的影响。

3）不可解释性引发的潜在风险

传统的AI学习算法，包括决策树、逻辑回归、K近邻、K-means、随机森林和SVM等，相比主流的DNN方法，虽然在多数任务上性能远不及后者，但它们的一个显著的优势在于其可解释性。所谓可解释性，通俗来说，是指人类可以理解机器作出某种决策的底层原因，或者说机器作出预测或决策的结果和过程可以被人或机器自身按照人类的思维逻辑清晰、透明地加以解释。关于AI的可解释性，联合国的《人工智能伦理问题建议书》将其界定为："让人工智能系统的结果可以理解，并提供阐释说明"，也包括"各个算法模块的输入、输出和性能的可解释性及其如何促成系统结果"。深度神经网络作为一种"黑盒子"决策模型，其预测结果背后的原理难以被人类解读，这是导致其无法在关键技术领域被人们接纳和信任的重要原因。

AI的可解释性之所以重要，是因为其涉及透明度与信任、公平和公正以及检验和改进三方面重要问题。面对日常生活中的关键问题，人们通常更倾向于自己作出决策，而非完全相信机器给出的决策结果。尤其是当算法无法解释自己的决策时，人们的怀疑和不信任感就会更重。而算法常常出现的错误决策和偏见问题，使情况更加严峻。特别是算法偏见导致机会争夺或社会资源分配出现不平等问题时，更容易引发争议。同时，由于算法结果不可解释，当其作出错误决策时，人们无法通过分析算法决策的过程找出原因，也就不能对其进行有效检验和及时改进。

由于稳定性缺陷和不可解释特性，无法预知AI在何时犯错以及犯何种错误，是现阶段AI无法在很多应用场景取得人类信任的根本原因，特别是在智能驾驶、智慧医疗和工业控制等领域，决策错误的成本可能会大到用户不可接受，而对此当前尚缺乏完善配套的监管机制和法律依据，从而成为AI大规模应用的阻碍。

2. 对抗样本等 AI 攻击技术带来的问题

对抗样本(Adversarial Examples)的概念,由 C. Szegedy 等在其发表于 ICLR 2014 的论文[16]中首次提出。他们在研究深度神经网络的脆弱性时发现,在 AI 模型的训练数据中故意添加通过细微干扰形成的输入样本,受干扰之后的输入导致模型以高置信度给出一个错误的输出。这种通过故意添加细微干扰而生成的能够导致模型给出一个错误的输出的样本就称为对抗样本。

对抗样本攻击已被用于图像识别、文字识别和人脸识别等领域。这种攻击隐蔽性强,不容易被察觉。特别是在图像识别领域,对抗样本技术已经得到了深入而广泛的研究,使得各种基于图像识别的应用,包括智慧医疗、智慧城市、智能驾驶和智能制造等领域都受到这种攻击技术的威胁。图 13.2 展示了 2018 年清华大学学者通过使用动量迭代快速梯度符号方法(MI-FGSM)给出的对抗样本的典型示例[17]。智能图像识别系统以 94.39%的置信度识别左图为阿尔卑斯山,在加入中间图片所示的噪声扰动后得到右侧图片,人眼几乎分辨不出其中差别,然而图像识别系统却以 99.99%的置信度将其识别为狗。

图 13.2 对抗样本的构造典型示例

从安全的角度来看,对抗样本攻击造成的危害最为突出的应用领域,是人脸识别和无人系统。人脸识别系统大多被应用于访问控制和安全保护措施,攻击者实施对抗样本攻击的目的是获得非法授权,获取某些关键资源的访问权限,从而给系统用户造成损害。由于当前的人脸识别系统主要是基于对人脸图像特征参数进行提取和分类达成识别目标,对人脸图片进行简单修饰或更改即可欺骗识别算法模型,使其发生识别错误。随着无人智能技术的发展成熟,无人系统已广泛应用于城市管理和工业生产领域。对抗样本攻击者通过对这些无人系统的识别模块进行干扰,使其对重要目标发生误识别或漏检,从而给城市安全、工业安全带来严重威胁[18]。这种干扰活动通常也发生在物理世界。例如,为了干扰无人驾驶汽车的路标识别系统,攻击者可能采用贴片、涂鸦,甚至打光的方式,使无人车的智能识别系统发生误判。图 13.3 展示的是研究者构造的通过对道路标识进行人为涂鸦或贴片伪装的典型实例[19]。这种物理干扰对于人类识别几乎不会造成困扰,但是却能够导致无人驾驶系统将其识别为“绿灯”“让行”“限速”等其他交通指示标志。

此外,通过使用激光笔对路标进行照射,或者对路面车道线等进行污损,也能达到同样效果。2021 年,加州大学尔湾分校(UC Irvine)专攻自动驾驶和智能交通的安全研究团队发现,DNN 模型层面的漏洞若被攻击者巧妙利用,可能在整个自动车道居中(ALC)系统层面达成攻击效果[20]。研究者设计了脏路补丁(DRP)攻击,即通过在车道上部署“添加了对抗样本攻击生成的路面污渍图案的道路补丁”便可误导 OpenPilot(开源的产品级驾驶员辅助系统)ALC 系统,并使车辆在 1s 内就偏离其行驶车道,远低于驾驶员的平均接管反应时间(2.5s),从而造成严重交通危害。在物理域进行识别算法对抗扰动的对象,除了可见光图像,还包括雷达图像[21]、红外图像[22]等,其应

图 13.3 通过物理干扰对抗交通指示牌典型示例

用领域也已涵盖自动驾驶[22]、人脸识别[23]等图像识别经典领域，并已逐渐渗透网络安全等领域[24]。

根据威胁模型和攻击者对模型掌握信息的多少，可以将现有的对抗性攻击分为白盒、灰盒和黑盒攻击。白盒攻击是指攻击者完全了解所要攻击的目标模型的结构和相关参数(包括训练数据、超参数、激活函数等)，在此基础上构造对抗样本。黑盒攻击指攻击者完全不了解所要攻击的模型信息，无法计算对抗梯度信息，仅可以通过访问模型获得部分输入输出信息，构造近似梯度来生成对抗样本。灰盒攻击则介于两者之间，攻击者只掌握目标模型的部分信息，据此构造对抗样本。按照攻击目标的定向性，对抗样本攻击可以被分为无目标攻击和目标攻击。无目标攻击生成的对抗样本可能会被模型识别为除真实类别以外的其他任意类别，而目标攻击的对抗样本需要将目标识别为攻击者预先指定的目标类别才算达成攻击意图。通常来讲，目标攻击的对抗样本构造难度显著大于无目标攻击。

关于对抗样本的构造方法，学术界研究已经比较深入和广泛了。典型的白盒攻击方法包括快速梯度符号法(Fast Gradient Sign Method，FGSM)、投影梯度下降法(Projected Gradient Descent，PGD)、DeepFool 算法、C&W 算法，以及通用对抗扰动(Universal Adversarial Perturbation，UAP)生成方法等。其中，FGSM 是最早提出的基于梯度的生成对抗样本的方法之一，也是目前使用最为普遍的对抗样本生成方法。对于每一组输入数据 $\boldsymbol{x}$，FGSM 通过向其添加扰动 $\boldsymbol{\eta}$，生成对抗数据 $\boldsymbol{x}'=\boldsymbol{x}+\boldsymbol{\eta}$。$\boldsymbol{\eta}$ 是通过对目标模型的损失函数关于输入数据求导得到的，可以表示为

$$\boldsymbol{\eta}=\varepsilon\cdot\operatorname{sign}(\nabla_x J(\boldsymbol{\theta},\boldsymbol{x},y)) \tag{13.1}$$

式中，$\boldsymbol{\theta}$ 是模型参数，y 是输入数据 $\boldsymbol{x}$ 对应的真实标签，ε 为控制扰动大小的参数，$J(\boldsymbol{\theta},\boldsymbol{x},y)$ 是被攻击模型的损失函数。

不同于 FGSM 通过一大步调整来增大分类器损失函数值的方式，研究者提出了通过多个小步调整来生成对抗样本的方法，最具代表性的就是 PGD 方法，其对抗样本表示形式如下：

$$\boldsymbol{x}_{t+1}=\prod_{\boldsymbol{x}+\boldsymbol{S}}\{\boldsymbol{x}_t+\alpha\cdot\operatorname{sign}(\nabla_x J(\boldsymbol{\theta},\boldsymbol{x}_t,y))\} \tag{13.2}$$

式中，$\boldsymbol{x}_t$ 表示第 t 次迭代后的数据样本，$\boldsymbol{S}$ 表示随机噪声，α 是控制扰动大小的参数，$\prod_{\boldsymbol{x}+\boldsymbol{S}}\{\cdot\}$ 表示投影函数，将结果值投影至 $\boldsymbol{x}+\boldsymbol{S}$ 的一个 ε 邻域内。PGD 可以被视为 FGSM 的增强版本，由于可以逐步调整迭代方向，其攻击效果通常也要略好一些。其他方法这里不再赘述。

关于对抗样本的存在原因，Goodfellow 等认为对抗样本的存在是神经网络的线性部分导致的。显然，在线性分类器中增加损失函数梯度方向的噪声扰动，很容易会导致模型分类错误，这种

现象在高维空间中依然存在。为了训练的稳定性和高效性，深度神经网络也会引入线性特性，常用的 ReLU 函数就是分段线性的，使得损失函数在样本周围是线性的，可以被一阶泰勒展开高度近似，从而可以通过在分类损失相对输入的梯度方向上增加扰动促使模型发生分类错误，这就导致深度神经网络也容易受到梯度方向上的扰动攻击。这种方法具备简单、高效的特点，但成功率相对较低。黑盒攻击方法无法计算对抗梯度，因此只能通过计算近似梯度来生成对抗样本，采用的具体方法包括零阶优化估计或者替代模型近似等。根据近似梯度计算方法的不同，黑盒攻击也可以分为查询攻击和迁移攻击等。

3. 智能产品成为网络空间安全新的风险点和突破口

AI 技术的快速发展，离不开大数据的支撑，而数据的获取，建立在大量网络化、智能化终端部署使用的基础上。这带来的结果是：AI 技术发展推动了 AI 应用普及，并带来大量高质量数据，又反向推动了 AI 的发展。因此，基于 AI 技术的智能产品正在形成一个越转越快的飞轮，这种强大的正反馈效应正推动社会各行业效率的加速提升。技术的发展如此迅速，以至于其不可避免地伴随了一些漏洞和问题，其中一类典型的衍生问题，就是网络空间的安全问题。本章探讨 AI 安全问题，网络空间安全是其中很重要的一个方面，也是本节探讨的重点。

智能产品的应用给网络安全带来的威胁主要来自两方面。一方面，智能产品的社会化应用所产生的重要经济价值，使得数据变成了一种前所未有的新型资产，特别是某些关键领域的数据，其价值堪比黄金。这种数字资产化的浪潮为日益猖獗的网络攻击行动提供了最基本的底层诱因。此外，这些智能系统本身由于包含高价值数据信息，也会成为网络攻击活动的主要目标。另一方面，智能技术对数据的庞大需求推动了物联网技术的繁荣，大量低算力智能设备，随着智能化改造的浪潮和移动互联网技术的发展，被海量接入网络。这些设备本身，由于制造成本、设备算力和存储等资源限制，不具备支撑算力需求密集的网络安全防护体系（如先进加解密技术）的条件，使得其自身安全防护能力较弱。而在实际使用中人们主要关注智能联网设备的功能性需求，通常忽视其安全需求，特别是大规模户外无人部署条件下，对这些设备的安全管理通常比较粗放，常常采用默认密码、开放接口，暴露了大量攻击面；同时，由于采用开源软件，漏洞补丁和固件升级也不够及时，大量高危漏洞长期存在，这些智能联网设备容易被攻击者控制，从而降低了网络攻击的门槛，成为网络空间安全的薄弱环节。此外，智能设备的使用过程伴随着大量设备之间的互操作需求，例如智能家居之间、智能设备与手机之间，经常发生频繁的数据交换，使得网络恶意代码更容易在智能产品之间传播，而不易被人类管理者察觉，这也一定程度上加剧了网络空间安全形势的恶化。

网络安全公司泰雷兹（Thales）在 2024 年发布的一份研究报告指出[25]，2023 年互联网上接近一半（49.6%）的网络流量来自机器人，预计将很快超过人类发起的网络流量规模。总体上看，恶意机器人流量占比持续攀升，占互联网总流量的 32%左右，相比 2022 年上升了 1.8%。这些机器人流量从简单的网页爬取到账户恶意接管、垃圾邮件和拒绝服务攻击，已经成为每个行业面临的最普遍且增长最快的网络安全威胁之一。华为公司、清华大学等 12 家单位联合完成的《2023 年全球 DDoS 攻击现状与趋势分析》报告指出，2023 年全网分布式拒绝服务攻击（Distributed Denial of Service，DDoS）中，活跃程度最高的前三名僵尸网络分别是 Mirai、Gafgyt 和 Mozi，其控制服务器总数量占比达到 98.12%，而这三者都是典型的物联网僵尸网络。由此可知，当前互联网绝大多数网络攻击流量都来自物联网设备。这些设备的主要类型包括视频监控设备、智能路由器和打印机等。考虑到智能联网设备数量还在持续增长，未来这些设备造成的网络攻击事件将成为十分严峻的社会安全问题，严重威胁网络空间和虚拟资产安全。

13.3 人工智能安全战略

AI带来了全球产业发展的重大机遇，也带来了诸多安全风险与全球性挑战，需要国际社会共同应对，促进AI技术造福人类[26]。AI引发的安全问题日益突出，也引起了世界各国的普遍重视，并开始根据自身需要和本国国情，制定相应的AI发展战略和产业政策，探索AI技术的监管机制。2018年4月，美国参议院提出一项法案，建议成立人工智能国家安全委员会。该委员会关注的重点是使美国成为AI、机器学习和量子计算领域的全球领导者，其工作的另一项任务是对美国安全风险进行评估，风险源于军事AI的发展及其在中国和俄罗斯军队的推广使用。这项举措只是AI安全战略的一个典型缩影。本节重点讨论AI安全战略，主要侧重于总体价值观和政策导向性分析，具体涉及AI治理的宏观调控和法规治理措施将在第14章进行详细讨论。首先分析世界各主要国家对AI安全的关注重点，明确AI安全技术的总体发展方向和路线，为后续技术分析奠定基础。

13.3.1 美国：关注人工智能技术对国家安全的影响

美国从国家层面最早对AI安全问题的关注来自美国情报高级研究计划局(IARPA)，起初的着眼点就是国家安全。2017年7月，应IARPA要求，哈佛大学肯尼迪政治学院发布《人工智能与国家安全》报告(以下简称报告)，提出在国家安全领域保持AI技术领先并有效管控风险的政策建议。报告指出，AI技术对国家安全的变革性影响主要通过变革军事优势、信息优势和经济优势三种途径，其中军事优势主要是AI赋能武器系统、改变作战样式，信息优势主要涉及信息的生成和传播方式，经济优势则体现在自动化带来的效率提升所引发的失业等社会问题。报告通过分析核、航空航天、网络和生物技术4个变革性军事技术案例，从中得出AI发展应注意的五方面经验教训。一是积极推进AI发展可以催生全新的政府政策及思想；二是AI技术引发的军备竞赛虽然不可避免，但却可以进行管控；三是AI技术固有的军民两用性，要求政府对AI的商业应用既要鼓励也要限制；四是政府必须制定确保AI技术安全应用的目标，并设立专门机构实施监管，随着技术的发展变化，美国国家利益也会发生变化；五是在AI领域，国际合作对于确保技术发展和应用的安全性和可控性至关重要。该报告首次把AI技术上升到能给国家安全带来颠覆性变革的战略高度，表明了"既要鼓励也要限制"的基本治理思路。提出了设立专门AI监管机构的重要性，并提出美国AI技术发展的三大目标：保持技术领先优势、支持和平和商业应用以及管控灾难性风险。

2018年3月，美国国会发起提案，建议成立"国家人工智能安全委员会"，并制定"2018年国家安全委员会AI法"。2018年11月，美国众议院武装部队新兴威胁与能力小组委员会发起成立了人工智能国家安全委员会(NSCAI)。该委员会的使命是着眼于美国的竞争力、国家保持竞争力的方式以及需要关注的道德问题，审查AI、机器学习开发和相关技术的进展情况，具体承担三大职责，包括考察AI技术在军事应用中的风险以及对国际法的影响、考察AI技术在国家安全和国防中的伦理道德问题以及建立公开训练数据的标准、推动公开训练数据的共享等。

2021年3月，美国人工智能国家安全委员会发布了最终报告[27]，如图13.4所示。该报告提出在AI时代遏制他国、维护美国国家安全的战略方针和行动路线图。报告重点分析阐述AI时代保卫美国的重要性、必要性以及抵御由AI技术引发相关威胁的必要举措，并就如何负责任地使用AI、保护美国人民与利益提出了建议。报告提出，为维护国家安全和提升国防能力，美国必须负责

图 13.4 美国人工智能国家安全委员会发布的《最终报告》

任地使用 AI,为抵御威胁做好准备。

2024 年 4 月,美国国土安全部(DHS)宣布成立 AI 安全保障委员会,为美在国防、能源运输、信息技术和金融服务,还有食品和农业等 16 个关键基础设施中安全可靠地开发和部署 AI 技术,向 DHS、关键基础设施社区、其他私营部门利益相关者以及公众提供建议。该委员会的 22 名成员包括 OpenAI、Anthropic、英伟达、IBM、微软、Adobe、Alphabet 和 AMD 等科技巨头首席执行官及斯坦福大学李飞飞教授等 AI 领域顶尖学者,体现了 AI 安全的监管活动的主体已经从政府向企业和学术界等专业力量转变。

2024 年 5 月,美国参议院人工智能工作组发布《推动美国在 AI 领域的创新：参议院 AI 政策路线图》,标志着美国通过"全面立法"治理人工智能的战略努力。

综观美国 AI 治理政策,可以总结出如下特点。

一是高度重视、全面推进以及优化顶层。美国政府对 AI 安全管控问题高度重视,特别是 AI 技术对国家安全的影响,将其监管作为国家意志务实推进,相关举措主要都是政府层面发布系列行政令、政策文件,设立专门机构,从顶层加强引导。

二是注重联合、团结各方以及协同发力。一方面通过结盟,构筑多边合作,企图构建全球治理体系,掌控全球 AI 管控话语权；另一方面注重全社会发力,吸纳企业界、学术界共同参与,形成政府主导、多方参与的治理体系,全面推进 AI 安全治理。

三是举措务实、布局全面以及手段多样。在监管手段方面,充分考虑了机构设置、人才培养、标准制定和评估测试等多方面建设需求,确保形成体系化治理框架；在监管范围上,监管内容涵盖数据采集与使用,软件设计、开发、部署与监管使用,供应链管理,技术遏制,关键设施安全防护等多方面,以全方位抵御 AI 安全威胁。

13.3.2 英国及欧盟：关注人工智能技术对个人安全的影响

英国一直在积极谋求成为 AI 安全发展领域的全球领导者,其对 AI 安全问题的关注较早。2016 年底,英国发布报告《AI：未来决策制定的机遇与影响》,报告中关注 AI 对个人隐私、就业以及政府决策可能带来的影响,并就处理 AI 带来的道德和法律风险提出建议。2018 年 4 月,英国上议院人工智能特别委员会发布报告《英国的人工智能：准备,意愿和能力》(*AI in the UK：Ready, Willing and Able*),首次阐释英国在 AI 治理方面的国家立场,提出 AI 监管应遵循行业为主导原则并由特定监管机构监管。2018 年 6 月,英国商业、能源与工业战略部(BEIS)的国务大臣代表女王对上述报告进行了答复,肯定了上议院所做的努力,同时提出英国政府在 2030 年前的首要任务是使英国成为全球数据、AI 使用以及慢性病的预防、早期诊断和治理方面的领导者,同时再次强调了数据作为 AI 基础设施的地位,英国在数据收集与共享方面面临的风险与挑战,以及政府部门即将组建数据伦理与创新中心以在增强数据可信性、保护公共安全方面作出努力。2021 年 9 月,英国政府发布《国家人工智能战略》(*National AI Strategy*),明确提出未来十年的战略目标是将英国打造为全球 AI"超级大国",AI 发展的关键驱动力是人才、数据、算力和财力,且面临激烈的全球竞争,有效治理 AI 是实现该战略目标的三大核心支柱之一。

2023 年 11 月，首届全球人工智能安全峰会在伦敦举办，来自印度、美国和欧盟等 28 个国家和地区的代表签署通过了全球首个 AI 安全声明《布莱切利宣言》(*Bletchley Declaration*)，该声明旨在解决前沿 AI 模型可能会面临的失控和滥用的风险。英国牵头主办世界 AI 安全峰会，彰显了其参与和领导世界 AI 治理的信心和决心。在峰会结束之后不久，英国政府将 AI 治理问题落实到国家行动，于 2023 年 11 月宣布成立一个新的长期机构——AI 安全研究所(AI Safety Institute)，并准备在未来十年内对其进行重大投资，以更好地推动 AI 技术的可持续发展和应对 AI 的潜在风险。该所的使命是最大限度地减少英国和整个人类因 AI 快速且不可预测的发展而带来的风险，并将履行三项核心职能：一是开发并开展先进 AI 系统评估，二是推动基础性 AI 安全研究，三是促进 AI 安全领域的信息交流与国际合作。可以看出，推动国际交流与合作是英国实施 AI 治理的重要内容。

除英国之外，欧盟一直在积极讨论如何促进 AI 的发展与使用，在未来希望发展什么样的 AI，以及如何为全球 AI 发展作出贡献。欧盟国家在早期更多关注数据隐私问题，希望在这方面对 AI 加强监管。2017 年年初，欧洲议会通过了《关于机器人技术民法规则的决议》，要求委员会根据议会的建议提交一份关于机器人民法规则指令的提案，明确提出应为机器人创造一个特定的法律地位，赋予最精密的自主机器人"电子人"地位，使其承担相应的损害责任，并在其自主决策或以其他方式与第三人独立交往的案件中适用电子人格。该项建议引发社会各界的广泛争议，但其提出的许多关于道德、就业与监管需求的观点都成为随后欧盟 AI 政策的一部分，对欧盟 AI 自身发展具有重大意义。

2018 年 3 月，欧洲发布《AI 时代：确立以人为本的欧洲战略》。该文件是欧盟 AI 发展的纲领性文件，确立了打造 AI"卓越生态系统"、"可信生态系统"和"数字教育生态系统"等三大战略目标，并提出增加对 AI 的公共和私人投资，确保适当的道德和法律框架等战略部署。

2020 年 2 月，欧盟委员会发布《人工智能白皮书：通往卓越与信任的欧洲之路》(*On Artificial Intelligence—A European Approach to Excellence and Trust*)，提出欧洲需要建立卓越且可信任的 AI 生态系统。为实现"卓越"目标，应向世界输出欧洲 AI 价值观与规则，推动公共部门应用 AI。为实现"可信赖"目标，应构建欧洲共同 AI 监管框架，按照风险分级监管。未来需要在充分尊重欧盟公民价值观和权利的前提下，制定促进 AI 在欧洲可信和安全发展的政策。

2023 年 11 月，欧盟理事会正式通过了《关于公平访问和使用数据的统一规则的条例》(通常简称《数据法案》)，促进生成数据的重复利用，同时确保数据的共享、存储和处理过程符合欧盟的规则要求，进一步平衡了个人数据保护和数据自由流通之间的关系，是欧盟向数据主权迈进的一项重要措施，同时标志着欧盟数据立法走到了一个新的里程碑。

2024 年 9 月，欧盟委员会正式发布了《人工智能公约》，旨在通过企业的自愿承诺，促进新颁布的《人工智能法案》的实施，并为高风险人工智能系统的监管奠定基础，标志着欧盟在人工智能治理领域迈出了重要一步。公约要求签署的企业承诺采取三项核心行动，包括制定人工智能治理战略、识别潜在高风险系统以及提高员工的人工智能意识。

从上述分析可以看出，英国和欧盟都十分重视 AI 的安全治理问题，并相继制定了相关发展战略，谋求在 AI 治理方面的全球领导地位。特别是欧盟把"以人为中心"作为 AI 战略的核心内容，注重 AI 对个人安全影响方面的监管，试图利用 AI 技术在保护并尊重人类基本权利和价值观的前提下改善公民生活，并有效助力社会和经济发展。

13.3.3 中国及其他国际组织：关注人工智能技术的全球治理

中国政府也高度重视 AI 方面监管，国家层面陆续出台多部政策文件。2017 年内先后发布《新一代人工智能发展规划》、《促进新一代人工智能产业发展三年行动计划(2018—2020)》和《国家新一代人工智能创新发展试验区建设工作指引》等产业政策，鼓励发挥地方主体作用，在体制机制、政策法规等方面先行先试，形成促进 AI 与经济社会发展深度融合的新路径，探索智能时代政府治理的新方式，从而推动新一代 AI 健康发展。

中国的早期政策以 AI 产业促进为主，后续发展为逐步关注 AI 伦理安全、算法治理及行业应用安全。部分地方政府先试先行，提出了 AI 治理的具体规范，并积极参与 AI 治理的国际合作。2023 年 10 月，中国在第三届“一带一路”国际合作高峰论坛开幕式中提出《全球人工智能治理倡议》，坚持以人为本、智能向善的原则，并推动健康有序安全的 AI 发展，为 AI 发展与治理问题提出建设性解决思路。

2023 年 10 月，国家网信办提出了《全球人工智能治理倡议》，围绕 AI 发展、安全和治理三方面系统阐述了中国的 AI 治理方案。2023 年 11 月，中国积极参与发布《布莱切利宣言》，强调 AI 应该以安全、以人为中心，以值得信赖和负责任的方式设计、开发、部署和使用，特别呼吁人们关注 OpenAI、Meta 和 Google 等公司正在开发的大型语言模型，以及它们可能因滥用而造成的具体威胁，呼吁以负责任的方式设计、开发和使用 AI。

2024 年，世界人工智能大会首次明确聚焦于 AI 安全与治理议题，在大会开幕式上，中国倡导发布了《人工智能全球治理上海宣言》，呼吁全球共同推动 AI 健康可持续发展。中国还在第 19 届联合国大会期间发布《人工智能能力建设普惠计划》，倡议成立“AI 能力建设国际合作之友小组”，充分体现出中国在全球 AI 治理中的积极态度和大国责任。

2024 年 11 月，世界互联网大会乌镇峰会期间，为深化落实《全球人工智能治理倡议》，上海社会科学院、武汉大学等 15 家中国单位联合发布《全球人工智能治理研究报告》，提出了构建全球 AI 治理体系的目标宗旨、原则共识和行动路径，系统回应“谁来治理”“治理什么”“如何治理”等关键问题，推动全球 AI 治理迈向更高水平。

2025 年 2 月，中国代表团在巴黎人工智能行动峰会上率先签署《关于发展包容、可持续的人工智能造福人类与地球的声明》，强调人工智能发展应注重安全、开放和包容，并呼吁各国加强国际合作，共同制定全球治理规则，推动人工智能技术的安全与可持续发展。上述不仅展现了中国在人工智能领域的领导力，也为全球合作与技术发展提供了重要推动力。

在国际方面，在中国的积极呼吁下，联合国逐步成为 AI 全球治理的主渠道。2023 年 12 月，联合国秘书长设立的 AI 咨询机构发布了《以人为本的人工智能治理》(*Governing AI for Humanity*)报告，阐明了 AI 对人类潜在益处的机会和推动因素，强调了 AI 在当前和未来一段时期潜在的风险挑战，明确了解决全球治理赤字所需的原则以及满足当下需求的新功能和制度安排。2024 年 3 月 21 日，联合国大会通过题为《抓住安全、可靠和值得信赖的人工智能系统带来的机遇，促进可持续发展》的首个 AI 决议，强调国际社会迫切需要就安全、可靠和值得信赖的 AI 系统达成全球共识，推动开展包容性国际合作，制定和使用有效、具有国际互操作性的保障措施、做法和标准，以促进创新。

2024 年 5 月，在 AI 首尔峰会上，美国、英国、加拿大、日本、韩国等 10 个国家以及欧盟共同签署《首尔声明》，呼吁加强国际 AI 治理合作以及治理框架之间的互操作性，倡导以风险为基础的政策和治理框架，支持启动首个国际 AI 安全研究所网络，促使国家间形成对 AI 安全的共同理解，并在研究、标准和测试方面进行协调。

综合来看，中国强调以人为本、智能向善的治理理念，加强技术风险管控，并在相互尊重、平等互利的原则基础上，鼓励各方协同共治，构建多元主体、多维共治、敏捷协同的治理体系。在国际治理方面，中国提出构建公平、公正、综合、平衡的AI国际治理体系，促进全人类的共同发展。各大国际组织已经初步形成推动AI全球治理的基本共识，在落实途径方面还需进一步探索。中国作为AI产业大国，能够与国际组织一道，积极参与全球科技治理，大力推动制定AI伦理和治理的国际协议，增进技术、人才和产业等方面的国际交流与合作。

13.4 人工智能安全技术

13.4.1 人工智能安全技术简介

AI安全技术的内涵范围比较广泛，通常是指一系列用于确保AI系统在开发、部署和运行过程中的安全性、可靠性和透明度的措施和方法，主要涉及以下几个领域。

(1) 数据安全和隐私保护：主要目标是确保用于训练AI系统的数据是安全的，避免泄露个人隐私。可以使用差分隐私等技术，在不泄露个人信息的前提下进行数据分析。

(2) 数据质量和偏差校正：主要目标是确保训练数据的质量，减少偏差，避免算法歧视。可以采用统计测试和机器学习技术识别和纠正数据中的不平衡。

(3) 模型安全和对抗性攻击防御：主要目标是强化模型以抵御对抗性攻击，如通过输入数据的微小变化来误导AI系统。可以使用对抗性训练等技术提高模型的稳健性。

(4) 可解释性和透明度：主要目标是提高AI决策过程的可解释性，让用户和监管者理解AI系统的决策逻辑。可以采用可视化工具和解释模型的技术来展示模型的工作原理。

(5) 安全性测试和验证：主要目标是在AI系统部署前进行严格的安全性测试，包括渗透测试和漏洞扫描。可以使用形式化验证等方法确保AI系统的行为符合预期。

(6) 访问控制和权限管理：主要目标是确保只有授权用户才能访问AI系统，实施基于角色的访问控制。可以通过跟踪和监控用户对AI系统的访问和操作来实现。

(7) 依赖性和供应链风险管理：主要目标是评估和监控AI系统依赖的外部库和框架的安全性。需要确保供应链中使用的组件不包含安全漏洞。

(8) 弹性和灾难恢复：主要目标是确保AI系统能够在遭受攻击或故障时快速恢复正常运行，可以通过实施备份和灾难恢复计划以减少系统故障的影响。

AI安全技术的目标是构建可信赖的AI系统，这些系统不仅能够提供高效的服务，还能保护用户的数据安全、隐私和权益，同时确保系统的稳定性和可靠性。随着AI技术的不断发展，这些安全技术也在不断演进以应对新的挑战。本节从技术视角入手，探究可信AI的四大支撑技术，然后通过AI安全技术在工业领域的应用案例，分析其发展现状和存在问题。

13.4.2 可信人工智能四大支撑技术

为了解决AI安全问题，工业界已经率先开展了大量尝试。2018年以来，中国的科技公司纷纷提出了可信AI发展规划。2020年12月，中国信通院发布《AI安全框架》，2021年7月，京东探索研究院联合中国信通院发布国内首本《可信AI白皮书》，该书被卡内基国际和平基金会列为中国AI治理三大方法之一。学术界近10年来也开展了大量机器学习安全相关的技术研究，AI安全技术已经成为最具活力的研究领域之一。支撑可信AI的主要有四大技术：AI系统稳定性技术、AI

可解释性增强技术、AI 隐私保护技术和 AI 公平性技术，下面逐一进行讨论。

1. AI 系统稳定性技术

AI 系统的稳定性技术是指确保 AI 系统在各种条件下都能持续、可靠地运行的一系列技术和方法。这些技术对于提高 AI 系统的稳健性、减少意外行为和提高用户信任至关重要。AI 系统稳定性技术主要包括两方面内容，一是威胁检测与防御技术，二是稳健机器学习技术。

1）威胁检测与防御技术

威胁检测与防御包括三类技术，即对抗样本检测与防御、算法后门检测和深度伪造检测。

（1）对抗样本检测与防御。

对抗样本检测与防御技术通过训练分类器检测输入数据是否为添加恶意扰动的对抗样本，及时发现 AI 应用是否正遭受对抗样本攻击，并对对抗样本进行剔除或抑制，相关技术主要可分为以下四类。

一是基于数据预处理的防御方法。通过对输入数据进行预处理，如特征压缩、随机化处理或对抗训练等，以提高模型对对抗样本的稳健性。通常情况下，特别是在图像目标检测等应用场景中，数据预处理，例如去噪、滤波和图像压缩等，能够有效降低攻击样本的对抗性[28]，其主要原因是对抗样本的原始结构遭到数据预处理过程的破坏。

二是基于数据特征层差异检测对抗样本。通过建模正常输入数据和对抗样本在模型中间表示（数据特征层）的差异来区分识别对抗样本[29]，其基本过程如图 13.5 所示。

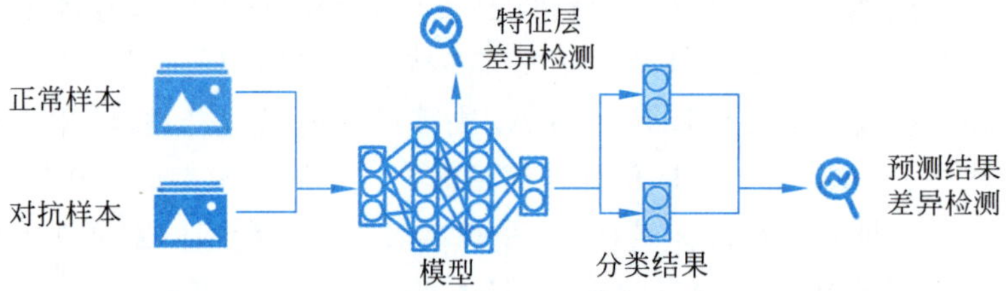

图 13.5 基于数据特征层差异检测对抗样本

主要有两类实现途径。

① 基于特征层可视化的检测方法：利用深度学习模型中的特征层可视化技术来分析对抗样本和正常样本在特征激活上的差异。通过可视化可以直观地观察到对抗样本可能在某些特征上引起异常的激活模式。

② 特征层的统计分析：通过统计分析模型中不同层级的激活值分布，研究者可以识别出对抗样本引起的异常统计特性。例如，对抗样本可能在某些层级导致激活值的标准差或均值发生显著变化。

三是基于模型预测结果差异检测对抗样本。通过将算法模型在对抗样本上的预测结果和去除对抗扰动后的预测结果进行比较来检测对抗样本。通常包括三个步骤：①模型预测：使用一个或多个预训练的深度学习模型对输入样本进行预测；②结果分析：分析模型的预测结果，特别是置信度或概率分布；③差异检测：比较模型对正常样本和潜在对抗样本的预测结果差异。如果差异超出了某个阈值，那么输入样本可能被标记为对抗样本。目前学术界主要提出以下 4 种技术实现途径。

① 跨模型一致性检查：主要是采用神经网络不变性检测（Neural Network Invariant Checking, NIC）方法，通过检查不同模型对同一输入样本的预测是否一致来检测对抗样本。如果预测结果不一致，样本可能被识别为对抗性的。

② 基于置信度的检测：如果模型对某个样本的预测置信度远低于正常范围，这可能表明样本是对抗性的。例如，如果模型对正常样本的预测通常非常确定，但对某个样本却非常不确定，这可能表明该样本经过了对抗性扰动。

③ 基于预测分布的统计分析：对模型预测的概率分布进行统计分析，检测是否存在异常的预测模式。例如，对抗样本可能会在模型的预测分布上产生不自然的峰值或异常的分布形状。

④ 对抗训练与正常训练的比较：使用经过对抗训练的模型与正常训练的模型对同一输入样本进行预测。如果两者的预测结果差异较大，这可能表明输入样本是对抗性的。关于对抗训练的相关内容，后文会专门进行介绍。

四是使用辅助工具的检测方法。利用生成对抗网络或检测器来识别合法样本和对抗样本，例如通过训练一个辅助网络来区分对抗样本和正常样本。清华大学的学者[30]提出了一种高阶表示引导的去噪器，通过使用损失函数来度量干净图像和去噪图像激活的目标模型输出之间的差异，训练一个新的网络去除图片中的噪声信息来实现对抗样本防御。

(2) 算法后门检测。

学习算法的后门攻击是指攻击者将隐藏后门嵌入在学习模型中，使得被攻击模型在良性样本上仍然表现正常，而当输入带有攻击者定义的触发器时，模型会激活隐藏后门并输出攻击者指定的目标标签[31]。算法后门检测技术通过检测算法后门规避后门攻击风险。后门攻击是一种在模型训练阶段安插后门触发器的攻击手段，攻击者可以在测试阶段通过特定的后门触发器控制模型的预测结果，其基本工作原理如图 13.6 所示。这种攻击方式具有低攻击门槛、高攻击成功率和高隐蔽性的特点。从攻击方式来说，后门攻击可大致分为输入空间攻击、模型空间攻击、特征空间攻击、迁移学习攻击、联邦学习攻击和物理世界攻击等。

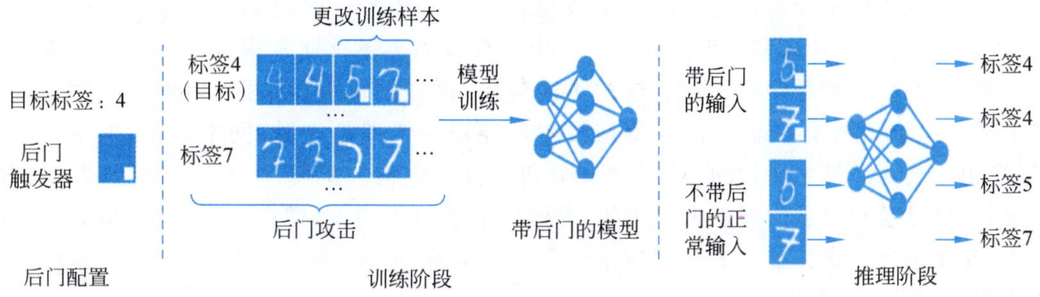

图 13.6 后门攻击方法原理

根据训练阶段是否需要修改后门样本(即添加了触发器图案的毒化样本)对应的标签，后门攻击可以分为脏标签攻击(Dirty-Label Attack)和净标签攻击(Clean-Label Attack)两大类。

脏标签攻击需要修改后门样本的标签为攻击者指定的后门标签，例如 BadNets 攻击[32]和 Blend 攻击[33]。BadNets 攻击是后门攻击领域的开山之作，通过在训练数据中插入带有后门触发器的样本并修改其标签来实现后门植入，而 Blend 攻击则在 BadNets 的基础上进行了触发器设计的改进。简而言之，BadNets 应用补丁作为触发器，Blend 则将触发器图像混合到原始图像中。

净标签攻击不需要改变后门样本的标签，而是通过在后门类别的样本上添加触发器来实现攻击。这种攻击方式使得攻击行为更加隐蔽，难以被检测[34]。此外，还有基于模型空间的后门攻击，例如 TrojanNet 攻击[35]，通过在目标模型中直接添加具有后门功能的模块来实现后门植入。还有针对特定场景的后门攻击，如针对语音识别的超声波后门攻击以及针对图神经网络的后门攻击等。

遭受后门攻击的算法模型只有面对嵌入后门触发器的输入数据时才会触发恶意行为。例如，在训练阶段设置后门触发器以训练带后门的模型，该模型在推理中即可被后门干扰，从而产生错误输出。

在后门检测领域也有很多研究工作。美国学者提出激活聚类检测方法[36]，该方法利用正常训练数据和嵌入后门触发器的投毒数据的神经元激活存在显著差异的特性，设计了检测器以识别嵌入后门触发器的投毒数据。激活聚类后门检测方法通过主成分分析（Principal Component Analysis，PCA）对数据样本进行降维，然后将每个类别的样本使用 K 均值（K-Means）聚类算法分为两簇。通过可视化聚类结果可以直观地识别出异常值，即 outlier，这些 outlier 在实验中表现为毒化样本。通过这种方法，可以进一步将被模型分类为特定类别的样本进行可视化，从而发现并处理后门攻击。在该方法的基础上，对后门进行修复也很简单，主要有两种办法：一是简单地删除有毒数据，并从头开始训练模型，二是将有毒数据标记为其他类，并继续在这些样本上训练模型，直到再次收敛。

美国加州大学、芝加哥大学和弗吉尼亚理工大学学者联合提出神经元清洁（Neural Cleanse）检测方法[37]。在算法后门构建中，为了确保攻击的隐蔽性，攻击者通常利用非常小的扰动将其他类别数据转变为目标类别。该方法通过遍历计算所有标签作为目标标签所需要对输入数据实施的最小扰动量来检测算法后门。这种技术通过三种主要方法来识别和反向工程后门触发器以及减轻或删除 DNN 中的后门，包括对抗输入的过滤器、基于神经元剪枝的模型补丁算法以及基于撤销学习（Unlearning）的模型补丁算法。

（3）深度伪造检测。

深度伪造（Deepfake）技术是一种基于 AI 的合成技术，它通过深度学习算法实现音视频的模拟和伪造，能够创造出十分逼真的篡改图像或视频。这种技术可以用于多模态视频欺骗，包括视频伪造、声音伪造、文本伪造和微表情合成等。由于仅仅人类感官通常很难识别深度伪造产品，该技术在艺术、社交和医疗等领域具有潜在的正向应用，例如创造虚拟主播、增强艺术创作等，但它也带来了诸多风险和挑战。例如，深度伪造技术可能被用于舆论操纵、网络攻击、电信诈骗、军事欺骗、经济犯罪甚至恐怖主义行动，对国家安全和社会稳定构成威胁。为了应对深度伪造技术的风险，一些国家已经采取了治理措施。例如，美国国会通过了法案，旨在打击非法目的传播深度伪造的行为，并要求社交媒体平台采取相应措施限制错误信息的传播。同时，技术公司也在研发更先进的检测系统以识别和标记假视频。

深度伪造检测技术就是通过提取真实内容与伪造内容之间的特征差异进行真伪内容检测。学术界提出的实现深度伪造检测的方法很多，包括以下内容。①基于深度学习的方法，利用深度神经网络，特别是 CNN，来识别伪造视频或图像中的视觉不一致性。例如，Afchar 等提出 MesoNet 来检测伪造的面部视频[38]。②利用生物信号，一些研究通过分析视频中的生物信号（如心跳或眼动）来检测深度伪造。例如 Ciftci 等[39]提出的 FakeCatcher 使用生物信号检测合成肖像视频。③频域分析，深度伪造内容在频域可能表现出与真实内容不同的特征。例如，Frank 等利用频率分析进行深度伪造图像识别[40]。④多模态融合，结合视觉和音频数据进行深度伪造检测。例如，Chugh 等提出的基于模态不协调分数（MDS）的方法，通过分析音频和视觉数据之间的差异来检测深度伪造视频[41]。⑤多特征融合网络，Zhao 等提出的 MTFF-Net 使用多种视觉元素（如颜色直方图、光流、CNN 特征和 LSTM 网络特征）来提升深度伪造检测的准确性[42]。

在工业界，Meta、Google 和微软等机构均推出了深度合成视频认证的方法或产品。在国内，清华大学、中科大等高校在深度伪造内容检测方面取得显著成果，清华大学孵化团队瑞莱智慧推出的深度伪造内容检测平台 DeepReal 拥有工业级的检测性能和应对实网环境对抗变化的检测能力。在测试结果方面，DeepReal 在学术数据集和 ZAO 等主流方式生成的网络数据集中已达到99%以上的准确率。在实际应用中，DeepReal 的检测准确率也达到了业界顶尖水平，远超 Facebook 此前举办的 Deepfake 检测挑战赛所公布的最好成绩。此外，DeepReal 的检测速度非常快，每帧画面的检测时间仅用时 30ms，支持横向扩展与集群部署，适用于大规模实网落地。它们的应用场景广泛，包括但不限于公安司法部门的图像物证真实性检测、网络内容合规性检测、打击侵害个人声誉行为、打击网络诈骗行为以及提升人脸识别系统的安全性等。

2）稳健机器学习技术

稳健机器学习技术是指在设计和训练机器学习模型时，使模型能够对数据中的噪声、异常值、对抗性攻击或其他干扰因素具有抵抗能力，从而确保模型在面对非典型或恶意数据时的稳定性和可靠性。稳健机器学习技术涵盖了多个方面，包括但不限于对抗性训练、数据增强、稳健特征学习和模型随机化方法等。

（1）对抗性训练。

对抗性训练方法是目前应对对抗性攻击最有效的方法之一，受到学术界和工业界的高度关注。该方法通过在训练过程中引入对抗性样本来增强模型的稳健性，因此经过对抗性训练的模型在面对对抗样例时相比传统训练方法得到的模型表现更为正常。从数学上看，对抗性训练通常被建模为一个“最小-最大”(Min-max)问题，通过搜索最坏情况下的最优解来增强模型安全性能[43]。2024 年 1 月，NIST 发布了一份关于 AI 安全性的报告《对抗性机器学习-攻击和缓解的分类和术语》，重点关注如何防范对抗性机器学习中的攻击，对抗性训练作为一种最具潜力的攻击防御方法列入其中。

对抗性训练方法的历史与对抗样本一样悠久，早期对抗训练思想比较直观，依靠深度神经网络强大的学习能力，可以让网络直接学习对抗样本以获得对抗稳健性。Szegedy 等[16]提出对抗样本问题时，给出的解决方案就是使用对抗样本和正常样本对模型进行混合训练。在深度学习领域，对抗性训练方法通过采用 FGSM、PGD 等生成对抗样本，并将其引入训练过程来帮助模型学习如何泛化到对抗性扰动，从而提高模型的稳健性[44]。2018 年，MIT 学者 Madry 等[45]从稳健优化角度去解决深度神经网络的对抗稳健性问题，证明了将对抗样本数据与真实数据混合后进行对抗训练可大幅提升模型应对对抗样本攻击的表现，进而基于 PGD 生成预加固模型的对抗样本数据用于对抗训练提升模型稳健性，给对抗训练的性能带来很大提升。此类对抗性训练方法也需要注意数据泛化问题和过度拟合问题。

Goodfellow 等[46]对对抗训练提出了新的理解，他们认为对抗训练是一种正则化技术，并在2015 年提出对抗性正则化方法。在传统交叉熵损失函数的基础上，通过在目标函数中添加一个正则化项，可以控制权重向量的范数，从而减少模型对输入扰动的敏感性。模型正则是指通过增加模型约束使其损失函数更加平滑，进而降低攻击者找到算法漏洞的可能性，以确保算法模型在遭受主动攻击情况下依然能够保持正常的性能水平。

（2）数据增强与采样技术。

数据增强(Data Augmentation)是一种通过让有限的数据产生更多的等价数据来人工扩展训练数据集的技术。数据增强与采样技术通过模拟自然场景或对抗场景中可能出现的各类情况，支撑算法模型从数据中学习到相关特征提升算法稳健性，从而在各种场景下始终保持正常的性能水平。数据增强可以显著提高模型的泛化能力，增加模型的稳健性，改善模型的拟合能力和对抗攻击的防御性能，其原理如图 13.7 所示[45]。

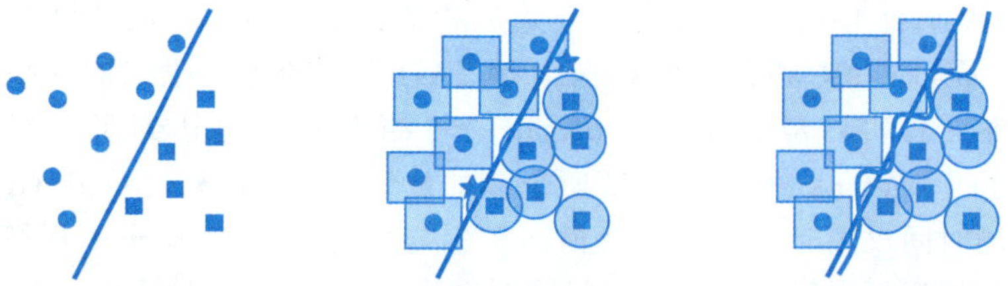

(a) 简单决策边界(线段)能够对简单样本进行分类　(b) 复杂边界下简单决策存在错误分类样本(星标位置)　(c) 分类器更加复杂，对于对抗样本更加稳健

图 13.7 通过数据增强实现机器学习模型稳健性提升

通常来说,数据增强难以直接从外部获取对抗样本,需要立足样本集本身生成更多训练样本数据。按照生成方法不同,数据增强可以分为有监督的数据增强和无监督的数据增强方法。其中有监督的数据增强又可以分为单样本数据增强和多样本数据增强方法,无监督的数据增强分为生成新的数据和学习增强策略两个方向。有监督数据增强,即采用预设的数据变换规则,在已有数据的基础上进行数据的扩增,其中单样本数据增强是指围绕某一个样本本身进行操作,利用基本的图像处理技术,包括几何变换、颜色变换、噪声注入和随机擦除等方法生成更多训练样本。多样本数据增强方法利用多个样本叠加或插值等来产生新的样本。

Facebook AI 研究院和 MIT 的学者[47]在 ICLR 2018 会议上提出的基于邻域风险最小化原则的数据增强方法 mixup,它使用线性插值得到新样本数据。实验结果表明该方法可以改进深度学习模型的泛化性能,增强模型对对抗样本的稳健性和训练生成对抗网络的稳定性。

无监督的数据增强方法包括两类:一类是通过模型学习数据的分布,随机生成与训练数据集分布一致的图片,代表方法是生成对抗网络 GAN;另一类是通过模型学习出适合当前任务的数据增强方法,代表方法是 AutoAugment[48]。AutoAugment 是 Google 学者提出的自动选择最优数据增强方案,其基本思路是使用增强学习从数据本身寻找最佳图像变换策略,从而对于不同的任务学习不同的增强方法。

(3) 稳健特征学习技术。

稳健特征学习技术通过使模型学习到在自然场景中不易被干扰的特征或降低对易被干扰特征的依赖程度来增强算法模型稳健性水平。稳健特征学习技术最早出现在特征提取领域。Herbert Bay 等[49]最早在欧洲计算机视觉国际会议(ECCV,2006)上提出一种局部特征描述方法:加速稳健特征(Speeded-Up Robust Features,SURF)。该方法在保持传统的尺度不变特征转换(Scale-Invariant Feature Transform,SIFT)算法的尺度不变性和旋转不变性的同时,通过积分图像、盒式滤波器等技术显著提高了计算速度和稳健性,能够在各种变化条件下稳定地检测特征,从而可以提升算法的对抗安全性能。

卡耐基梅隆大学和北京师范大学的学者[50]结合灰度共生矩阵对纹理敏感的特性算法模型学习到更加稳定的特征,从而能够在保持较好识别效果的情况下大幅提升算法模型稳健性。2022 年,阿里安全、澳大利亚斯威本科技大学和 EPFL 的学者在计算机视觉顶级会议 CVPR 上提出了一种新型 ViT 模型稳健视觉转换器(Robust Vision Transformer,RVT),以及两项提高 ViT 稳健性的训练技术:位置相关的注意力缩放(PAAS)和基于图像块的数据增强。RVT 显著提升了视觉分类的稳健性和泛化性,提高了对对抗样本的识别能力。

在 2024 年 AI 领域 AAAI 会议上,悉尼大学的学者揭示了“从图像中提取的边缘信息”能够提供与形状和前景强相关的稳健特征,并据此提出了一种轻量级且即插即用的特征提取架构

EdgeNet[51]，该架构可以处理从干净的自然图像或嘈杂的对抗性图像中提取边缘，产生稳健的特征并可以无缝地集成到预训练好且被冻结的骨干深度网络的中间层。通过利用图像中的边缘信息可以提升深度神经网络的稳健性，尤其对于对抗性攻击具有很好的防御效果，并且不会影响网络在清晰图像上的准确性。

(4) 模型随机化技术。

模型随机化是指通过在模型运行过程中引入随机性使得攻击者无法获得准确信息来优化攻击，进而确保算法模型在遭受主动攻击情况下依然能够保持正常的性能水平。模型随机化的典型方法是任务随机化，即一种通过引入随机性来改变模型输入、处理流程或输出的方法，以增加系统的多样性和适应性。在 AI 任务中，通常会涉及大量的数据和变量，任务随机化通过引入噪声、随机采样和数据增强等方式，使模型能够更好地应对不确定和多样的情况。例如，向输入训练数据中添加一定程度的噪声，可以使模型对于噪声和不确定性具有更好的容忍力。卡耐基梅隆大学的学者通过在输入图像上多次添加高斯随机噪声并以这些结果的平均值作为最后计算结果即可获得更好的稳健性，使得熊猫图片在噪声主动攻击下分类器仍能识别出熊猫[52]。在强化学习中可以通过引入随机性的探索策略(如 ε-greedy 策略)以使系统可以探索不同的行动空间，发现更优的解决方案。

2. AI 可解释性增强技术

随着 AI 技术的发展，尤其是大语言模型的广泛应用，阐明模型的运行机制对于 AI 的应用安全性、性能局限性和可控的社会影响至关重要。AI 模型训练数据的特征空间和人类的语义空间在结构和内涵上存在显著的区别，可解释人工智能期望在二者之间架起一座桥梁，进而跨越二者之间的鸿沟[53]。可解释 AI(Explainable Artificial Intelligence，XAI)期望通过提高 AI 系统的透明度和可理解性，使用户能够理解 AI 的决策过程和原理，从而建立人们对 AI 的信任、提高 AI 系统的可靠性以及解决 AI 伦理和偏见等问题。2022 年初，腾讯组建的跨学科研究团队，发布《可解释 AI 发展报告 2022——打开算法黑箱的理念与实践》，全面梳理可解释 AI 的概念、监管政策、发展趋势、行业实践并提出未来发展建议。AI 可解释增强技术就是通过利用 XAI 来提升 AI 模型的安全性，该技术是从根本上解决 AI 安全问题的重要途径。

近年来，工业界对可解释 AI 的探索实践主要有两大路径，一是建立“模型说明书”标准，促进算法模型本身的透明度和可理解性，二是打造可解释性工具，推动构建 XAI。在“模型说明书”方面，Google 提出构建模型卡片机制，对模型的输入、输出、模型架构、性能和局限性等进行描述，期望以简明、易懂的方式让人们看懂并理解算法的运作过程。IBM 采用 AI 事实清单机制，提供与 AI 模型或服务的创建和部署有关的信息，包括目的、用途、训练数据、模型信息、稳健性和解释等，以此提升人们对 AI 模型的理解。国内互联网企业也采取类似做法，通过公开算法相关规则(如美团外卖配送算法、微博热搜算法等)促进算法模型的透明度，增强用户对 AI 系统的理解与信任。在可解释性工具、模型方面，从技术层面解决可解释性的问题。微软、Google 等头部 AI 公司，相继推出了强大的可解释性工具对不同的统计机器学习模型和深度学习模型进行解释，包括一般的泛线性模型、集成学习模型、图像识别模型以及自然语言处理模型等。

严格来说，可解释性(Interpretability)与可理解性(Explainability)指代不同的概念，可解释性倾向于对模型的事后解释[54]。在本章中，我们不做这种细致的区分，统一使用可解释性这一术语。目前，学术界实现 AI 可解释性增强的技术途径主要有 4 类，即通过样例、属性、隐藏语义和规则来解释模型给出的一个预测或类别，其解释能力由弱到强。基于样例的解释通过提供一些被模型认为与待解释样本高度相似的样本作为原型来对模型进行解释，基于属性的解释方法将分类结果归因于输入特征，而基于隐藏语义的解释方法则尝试使用特定的隐藏神经元或隐藏层来解释输出，基于规则的解释方法通过提取逻辑规则对模型输出结果进行解释。从样本输入空间的角度看，AI模型的解释方法分为全局解释和局部解释两类。

1）模型算法全局解释

模型算法全局解释是指以人类可理解的方式从整体上解释模型背后的决策逻辑和内部工作机制。这种解释方法可以从原理层面分为事前解释和事后解释，有学术著作称为主动解释和被动解释。其中事前（主动）解释主要是指模型自解释方法；而事后（被动）解释则通过模仿黑箱模型的行为来描述所有结果的完整逻辑。模型的内部视图将有助于理解模型特征的本质及其导致结果的相关性。许多模型解释方法将整个模型分成几部分以便于解释。由神经网络组成的黑盒模型最初都是通过近似单个树结构和规则提取过程来进行解释。

模型自解释方法是指模型本身具备可解释性，即把模型本身变成一个可解释的模型，模型不只是给出单纯的答案，还能给出得到答案的理由，从而使得研究者对模型本身有更多的把握。对于一个已训练好的学习模型，模型自解释使得我们无须额外的信息就可以理解模型的决策过程或决策依据。模型的可解释性如果发生在模型训练之前，则称其为事前可解释性。要求具备事前可解释性的学习任务，通常采用结构简单、易于理解的自解释模型来实现，包括线性回归模型、朴素贝叶斯模型和决策树等。例如决策树模型，每棵树都由表示特征或者属性的内部节点和表示类别的叶子节点组成，树的每个分支都代表一种可能的决策结果，我们通过决策树分类所获得的每个决策结果都可以通过清晰回溯其决策路径，搞清楚分类结果的产生原因和过程。如图 13.8 所示，在对西瓜好坏的决策树分类模型中，“纹理模糊”叶子节点即为“坏瓜”，通过这一条从根节点到叶子节点的路径可将优化完成的决策树转变成“if 西瓜纹理模糊，then 这是个坏瓜”逻辑语句对模型进行解释[55]。

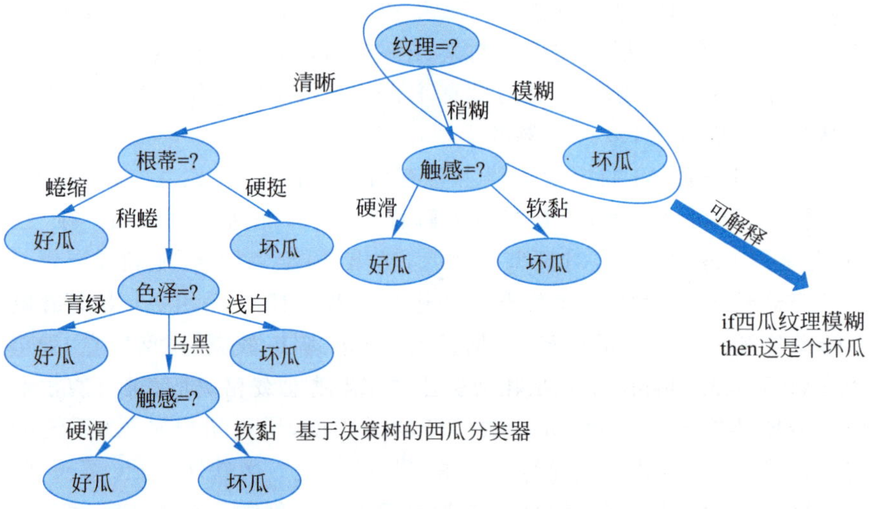

图 13.8 决策树模型的可解释性示例

自解释模型要求模型的每部分，包括模型结构、模型参数、模型输入和内部特征都具有可解释性。但由于人类认知能力有限，自解释模型的复杂度受到制约，并且模型结构相对简单的特性制约了其拟合表征能力，使其难以适用于复杂学习任务。

为了提升可解释模型的复杂度，广义可加模型（Generalized Additive Model，GAM）是最早尝试用模型无关的方法，通过突出每个特征的贡献来解释回归样条、树集合和单棵树。广义加性模型通过线性函数组合每一单特征模型得到最终的决策形式，可以保留简单线性模型良好的可解释性，从而在提升模型复杂度的同时保留可解释性[56]。特征重要性排名度量(Feature Importance Ranking Measure，FIRM)是另一种通过关联特征结构来找到最相关特征的方法[57]。FIRM 的扩展版本称为特征重要性度量(Measure of Feature Importance，MFI)，是一种非线性分类器，可检测那些不显眼的特征。这些特征与其他特征的相互作用会影响模型输出。

从简单局部构造复杂整体是一种自下而上保留可解释性的思路，另一种从局部到整体的解释方法是考虑从局部模型解释开始，逐步抽象概括，最终形成全局解释。意大利学者 Mattia Setzu 等[58]提出一种新的全局解释方法，称为 GLocalX，就是一种“局部优先”的模型无关解释方法。GLocalX 通过将局部解释分层聚合成全局决策规则来形成黑盒模型的全局解释。但由于这种解释方法需要先将局部解释表达为逻辑规则，因此不容易适用于 GNN。Steve Azzolin 等[59]又提出了基于学习概念逻辑组合的 GNN 全局解释方法 GLGExplainer。该方法通过将局部解释嵌入低维空间中，使用逻辑组合的方式来生成全局解释，从而理解 GNN 在图数据上的决策过程。

总体上看，追求全面彻底的全局解释通常是十分困难的，能够帮助人们部分理解模型输出结果的技术也同样是有意义的。这些技术包括特征相关性分析和可视化方法等，可以部分揭示模型预测背后的逻辑。谷歌学者[60]针对模型的概念关系(例如，图 13.9 展示的斑马的识别对条纹的存在有多敏感)展开研究，将概念(条纹)由平面的法线向量表示，该平面将网络隐藏层空间中的有条纹和非条纹训练示例分开。因此，可以计算(斑马的)识别对概念(条纹的存在)的敏感度，从而实现某种形式的全局可解释性。

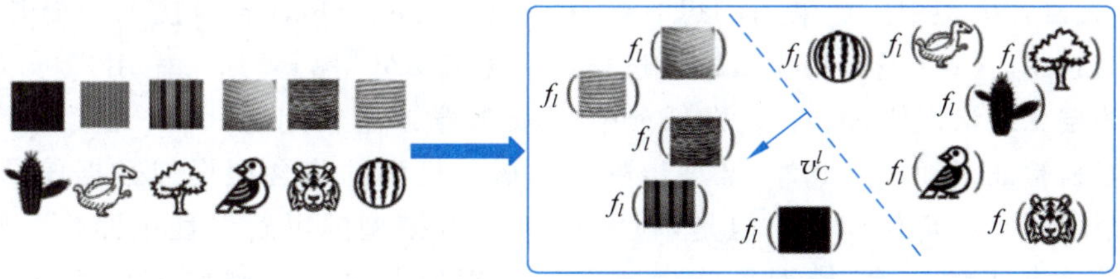

图 13.9　基于概念关系的全局可解释性研究示例

2) 模型算法局部解释

模型算法局部解释指通过分析输入样本的每一维特征对模型的最终决策结果影响程度来帮助理解模型针对每一个特定输入样本的决策过程和决策依据。

通过局部解释进行交互的方法是最常见的可解释 AI 方法，即给定一个预测器和一个目标决策，输入属性确定哪些输入变量与决策“最相关”。帝国理工学院的学者提出特征调查和禁用(Feature Investigation and Disabling，FIND)方法[61]，利用层级相关性传播(LRP)技术来理解分类器的行为，并允许人类干预以调试深度学习文本分类器，通过禁用不相关特征来提高模型的可解释性和公平性。

基于梯度的可解释方法也同样获得广泛关注。由于模型梯度反映微小输入样本变化对模型预测的影响能够直观地显示模型对哪些特征敏感，因此这种敏感度在一定程度上说明了模型对特征的依赖程度。基于梯度的局部可解释性方法通过计算模型输出相对于输入的梯度来分析模型的行为。这种方法特别适用于深度学习模型，尤其是 CNN，因为它可以提供关于输入特征对模型输出影响的具体信息。该方法的主要优点在于它能够提供关于模型内部工作机制的直接见解，帮助理解模型是如何基于输入特征作出预测的。然而，这种方法也有其局限性，例如可能会遇到“梯度饱和”问题，即在某些情况下，即使进一步改变输入特征，模型的输出也不会有显著变化，导致梯度值为零，从而无法准确反映特征的重要性。梯度加权类激活映射（Gradient-weighted Class Activation Mapping，Grad-CAM）[62]是一种常用的基于梯度的可解释方法，其基本思想是使用模型最后一层的激活图作为粗糙的热力图，将热力图对应到输入空间上形成原因解释。

基于模型样本的解释方法是另一种局部解释思路，该方法通过直接返回一个训练集里的样本作为解释依据。斯坦福大学学者[63]提出一种基于样本的神经网络解释方法来评估训练示例对未见测试示例的模型预测的影响程度。该方法定义了一种影响函数来计算某个测试样本与某个训练样本之间关系的紧密程度。首先通过计算扰动训练样本对测试样本损失函数的影响，查找对于测试示例最有影响（正面或负面）的训练示例，以达到对模型预测的样本可解释。卡内基梅隆大学的学者 Chih-Kuan Yeh 等[64]提出一种基于训练集中的代表性点集的解释方法，通过将神经网络激活前的预测分解为训练点激活状态的线性组合，其权重与代表样本相对应，权重为正值对应于兴奋性训练点，负值对应于抑制性训练点，从而体现出该样本点对网络参数的重要性。该方法具有扩展性好、能突破影响函数的限制和可实现及时反馈等优点。清华大学的学者[65]提出了一种基于对抗样本的深度神经网络可解释性分析方法，通过加入对抗样本与真实样本特征表示的距离作为一致性损失函数训练深度神经网络，可以使得神经元学习到的特征与人类所理解的某个语义特征项关联，从而提升深度神经网络的可解释性。

总体上看，局部解释性方法侧重于为个别预测提供解释模型，但可能受限于样本偏差，且难以从个体样本中获取模型整体决策过程的概况。因此，局部性解释是针对复杂学习模型在全局性解释无法实现的情况下提供的一种替代性解决方案。

近年来，大语言模型中广泛采用的思维链（Chain-of-Thought，CoT）技术为提升 AI 的可解释性提供了新的思路。CoT 通过将模型推理过程透明化来降低“黑箱”风险。用户可以跟踪逻辑，检查识别模型的偏见或错误假设。在复杂任务中，比如数学或逻辑问题，CoT 让模型展示解题过程，使得用户更容易验证正确性。此外，推理步骤可能揭示模型的隐含假设或数据偏见（如性别刻板印象），从而帮助开发者定位问题。但是，利用 CoT 提升模型的可解释性也面临一些局限性及挑战。首先是推理真实性风险，模型可能生成看似合理但非真实反映内部计算的步骤（“幻觉推理”），需结合置信度校准等技术验证。其次，冗长推理可能干扰非专业用户，带来信息过载与认知负担问题。同时，多步推理可能延长响应时间，增加计算成本，用户需权衡实时性与可解释性需求。

3. AI 隐私保护技术

AI 模型的训练过程涉及大量可能包含个人隐私信息、商业秘密、国家机密等敏感内容的数据处理和分析。人脸识别系统记录用户面部特征，语音交互应用采集用户对话内容，在线推荐系统记录用户采购偏好和习惯等，智慧医疗系统则大量阅读了用户健康状况数据，人们社会生活的方方面面的数据都已在不知不觉间被 AI 系统所记录。如果 AI 系统不能够保护这些敏感信息，可能会导致严重的安全风险和隐私泄露。因此，在 AI 技术的发展过程中，需要重点关注、解决安全性和隐私保护问题，以确保 AI 技术的可靠性、安全性和可持续发展。

AI 隐私保护涉及多方面，包括用户训练数据在采集和传输过程中的泄露问题、在训练过程中的泄露问题以及在模型应用过程中的泄露问题等。因此，AI 隐私保护技术也涉及多个领域，采用的主流技术手段有：①加密技术，通过数学算法对数据进行加密处理，确保数据在传输和存储过程中的安全性；②匿名化与脱敏处理，通过去除或替换个人数据中的敏感信息，保护用户的隐私不被泄露；③隐私计算技术，包括安全多方计算（Secure Multi-Party Computation，SMC）、同态加密（Homomorphic Encryption，HE）、差分隐私（Differential Privacy，DP）和联邦学习（FL）等技术，它们在数据的使用过程中保证计算结果不泄露原始数据信息。本节以 AI 隐私保护技术领域最活跃的隐私计算技术为例，简要讨论相关的研究进展。

1）安全多方计算

SMC 最初由世界著名计算机学家、图灵奖获得者、清华大学姚期智教授于 1982 年提出，属于密码学的一个子领域。SMC 在无可信第三方的情况下，允许多个参与方协同计算一个约定的函数，保证每一方仅获取自己的计算结果并且无法通过计算过程中的交互数据推测出其他任意一方的输入和输出数据。SMC 可以确保输入的独立性和计算的正确性，同时不泄露各输入值给参与计算的其他成员，将 AI 模型训练视为计算过程，MPC 技术可以获取数据使用价值，却不泄露原始数据内容。因此 SMC 天然适用于 AI 隐私保护的应用场景，它允许多个数据持有者，在不泄露各自数据的情况下共同训练机器学习模型并共享计算结果。

安全多方计算技术路线包括混淆电路、同态加密、秘密共享以及混合协议四种，其中混淆电路技术是代表性方法之一，其技术原理是将两方参与的安全计算函数编译成布尔电路形式，然后将真值表加密打乱，从而在不泄露参与者信息的基础上实现电路的正常输出。通过混淆电路技术只发送密文或随机数而不泄漏有效信息和在群体中合理分配秘密达成有效的秘密分享等方法来保护多方计算场景中的数据安全性。

同态加密是指各参与者将自己的输入加密后一起发给某计算服务器，服务器直接在密文上进行计算，然后将得到的结果的密文发送给指定结果方，结果方再将结果的密文解密，即可得到最终的计算结果。同态加密技术可以形式地表述如下。对于加密体制三元组(G,E,D)，其中 G 表示密钥生成算法，E 表示加密算法，D 表示解密算法。如果对于 G 产生的每一对密钥(e,d)，满足对 $\forall m_1,m_2\in\boldsymbol{M}$，

$$\Pr(D(E(m_1,e)\underset{\boldsymbol{C}}{\odot}E(m_2,e),d=m_1\underset{\boldsymbol{M}}{\odot}m_2))=1 \tag{13.3}$$

则称该加密体制是同态的。式中 $\boldsymbol{M}$ 表示明文集合，$\boldsymbol{C}$ 表示对应的密文集合，$\underset{\boldsymbol{C}}{\odot}$表示运算符。若对应加法运算，称其为加法同态，若对应乘法运算符，称为乘法同态。

通过使用同态加密算法，可以确保计算服务器一直在密文上操作，无法看到任何有效信息，而参与者看不到中间结果，只拿到最后的结果。同态加密允许在加密数据上直接进行计算，而不需要先解密，使得数据可以在任何环境下安全地进行处理，而不会泄露隐私，从而可以作为实现 SMC 的支撑技术之一。同态加密按照其满足的运算类型可分为加法同态(Paillier 同态加密)、乘法同态(RSA 同态加密)以及加法乘法都满足的全同态加密(Gentry 同态加密)。同态加密技术的主要问题是运算复杂度相对较高，导致计算时间较长。这对于需要快速处理大量数据的应用场景来说是一个限制因素。例如，在联邦学习中，使用同态加密可能导致模型训练速度变慢，从而影响实际应用的可行性。

秘密共享技术是一种在密码学中用于增强数据安全性的重要方法。它的核心思想是将一个秘密分割成多部分，分配给不同的参与者，以确保只有当一定数量的参与者合作时，原始秘密才能被恢复。秘密分享的常见方式包括算术秘密分享(Arithmetic Secret Sharing，ASS)和布尔秘密分享(Boolean Secret Sharing，BSS) 等。算术秘密分享在进行算术运算(加减法，乘法)时更为高效而布尔秘密分享在进行逻辑运算(与、或、异或等)时更为高效。

总体比较来看，混淆电路的通信轮次恒定，结合其本身特性，更适用于比较操作；同态加密通信轮次恒定，但高计算开销使得该技术路线仅适用于安全推理场景，即利用训练好的模型进行安全推理预测。秘密共享技术路线的计算复杂度较低，但通信轮次需求相对较高，成为主要的技术

瓶颈。由于不同的技术路线各有优缺点，擅长的运算种类各不相同，在实践中混合协议因其能够博采众长提高效率而成为主流 SMC 技术路线。当前业界多数 SMC 框架都采用混合协议技术路线。这些框架支持不同安全模型和功能场景，可用于多种机器学习模型的安全训练和预测。

当前，SMC 的实用化还面临两方面难题，一是计算效率问题，即密文态下运算所需的开销往往远高于明文态下运算开销，复杂模型的训练时间长到令人难以接受；二是框架易用性问题，用户需要对底层密码学理论有较强理解才能够针对特定问题选择高效的安全多方计算协议，从而限制了其使用范围。微软开源的安全多方学习框架 EzPC(Easy Secure Multi-party Computation)[66]是首个实现算术秘密分享和布尔秘密分享混合运算的框架，该框架向用户隐藏了底层密码学原语，根据所需计算自动进行算术秘密分享以及布尔秘密分享的转换。例如，在进行矩阵乘法时使用算术秘密分享进行位运算时自动转为布尔秘密分享，用户无须手动进行转换，具有易用、高效的特点[67]。该框架针对安全推理场景提供了相对完备的安全级别定义，支持秘密分享、不经意传输以及同态加密技术路线，应用层主要是对神经网络进行支持，用于安全地计算复杂的机器学习函数。

复旦大学 Daslab 实验室独立研发的 FudanMPL 安全多方学习平台[68]，是国内首个基于 Shamir 秘密共享方案的开源安全多方学习框架。相较于已有的安全多方学习框架，FudanMPL 基于 Shamir 秘密共享支持更加丰富的应用场景，包括数据横向和纵向分割、特权方与辅助方协作以及多方机器学习模型安全训练与推理等，可以用于金融风控、智慧医疗等隐私敏感场景，从而得到了系统安全领域国际顶尖专家的认可[69]。

蚂蚁集团研发的开源可信隐私计算框架“隐语”(Secretflow)在 2022 年 7 月向全球开发者正式开源。隐语是一套通用 SMC 框架，支持包括安全多方计算、联邦学习、同态加密、可信执行环境以及差分隐私在内的多种主流隐私计算技术，是国内技术方案最为齐全的隐私计算框架之一。隐语框架在安全多方学习的应用场景方面复杂多样，支持两方/三方的隐私保护求交、线性回归、逻辑回归、XGBoost 以及神经网络，模型支持数量多且完备，可灵活组装以适配不同场景。同时向上支持 PyTorch、TensorFlow 以及 JAX 等深度学习框架，通过 XLA 优化线性代数计算并进行编译操作，提升了其易用性。

2) 差分隐私

差分隐私技术通过在数据中添加干扰噪声的方式来避免攻击者分析数据集反向破解其中的数据与个体的对应关系，从而保护数据中的隐私信息。它通过控制噪声的量来平衡数据的可用性和个体隐私的保护，使得即便在数据集中删除或添加一条记录，算法的输出变化也很小，从而保护个体数据不被识别。对一个随机算法 M，$\boldsymbol{P}_M$ 为 M 可以输出的所有值的集合，如果对任意的一对相邻数据样本 $\boldsymbol{x}$ 和 $\boldsymbol{x}'$，$\boldsymbol{P}_M$ 的任意子集 $\boldsymbol{S}$，算法 M 满足：

$$\Pr[M(\boldsymbol{x}) \in \boldsymbol{S}] \leqslant e^{\varepsilon} \Pr[M(\boldsymbol{x}') \in \boldsymbol{S}] \tag{13.4}$$

则称算法 M 满足 ε-差分隐私，其中参数 ε 为隐私保护预算。

差分隐私的核心是隐私参数 ε，它决定了噪声的强度，从而控制隐私保护和数据分析准确性之间的权衡。ε 值较小意味着提供更高等级的隐私保护，但可能会降低数据的可用性；ε 值较大则数据可用性更高，但隐私保护程度降低。在实际应用中，如何设置 ε 值并没有统一的标准，但一般认为将其设置为约等于 1 或更小的值是一个较为保守的选择。

学术界先后提出多种差分隐私模型，这些方法的典型代表之一是洗牌模型(Shuffle Model Differential Privacy)[70]。该模型建立于本地化模型的基础上，在服务器和客户端之间添加了可信的洗牌器，洗牌器将用户群体提交的数据项进行乱序处理以达到匿名化效果，然后转发给服务器进行聚合统计。通过引入洗牌步骤，消除了数据项和其拥有者之间的直接关联性，在面对不可信的服务器时提供了匿名化效果，从而增强了数据的隐私性。

差分隐私技术可以通过不同的机制实现，如拉普拉斯机制和指数机制。拉普拉斯机制向确切的查询结果中加入来自拉普拉斯分布的随机噪声实现对数值型结果的保护，或应用指数机制在接收查询时以一定的概率值返回结果实现对离散型结果的保护，其核心思想是在不显著影响数据集统计分析结果的前提下，增加数据的随机性以保护个体记录的隐私[71]。指数机制允许在保护隐私的同时从一组可能的输出中选择一个"最佳"输出（图 13.10）。指数机制的核心思想是使用一个评分函数来评估每个可能输出的质量，然后以该评分的指数函数作为概率分布，从所有可能的输出中随机选择一个输出。总体来看，拉普拉斯机制适用于数值型结果的保护，通过向查询结果添加服从拉普拉斯分布的随机噪声来实现差分隐私保护。指数机制则适用于离散型结果的保护。

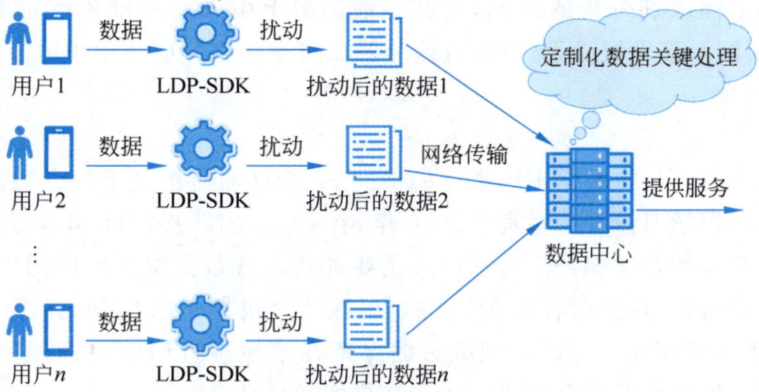

图 13.10 差分隐私的拉普拉斯机制应用举例

在机器学习领域，差分隐私技术的应用包括但不限于随机梯度扰动（DP-SGD）和知识转移（PATE）技术。DP-SGD 通过在模型训练过程中的梯度上添加噪声来保护训练数据的隐私。在每次迭代中，DP-SGD 首先计算出梯度，然后对梯度进行裁剪以限制其影响，接着添加噪声以保护数据隐私。这样即使攻击者拥有除一条数据外的全部其他数据记录，也无法通过观察输出结果来推断出未掌握的那条数据信息。这种方法特别适用于保护训练数据中的个体隐私，防止模型记住训练样本。PATE 技术通过训练多个互不共享数据的"教师"模型来形成一个模型集合，然后利用这些教师模型的预测结果来训练一个"学生"模型，学生模型的训练过程不直接依赖于教师模型的内部参数，从而在保护训练数据隐私的同时进行模型的知识转移。

目前，差分隐私技术已经广泛应用于数据发布、共享、统计查询和机器学习模型训练等多个领域。一些知名的科技公司，如谷歌、苹果和微软，已经在其产品和服务中应用了差分隐私技术。2014 年，谷歌推出了其研发的差分隐私工具 RAPPOR（Randomized Aggregatable Privacy-Preserving Ordinal Response），旨在允许在保护个体用户隐私的同时对人群统计数据进行分析。该技术通过在客户端软件上应用随机响应机制，允许服务器端分析客户端数据的整体情况而无法查看单个个体的数据，从而实现了强大的隐私保护。谷歌利用差分隐私技术从 Chrome 浏览器收集用户行为统计数据，每天处理超过 1400 万用户数据。苹果在 iOS 和 macOS 设备中应用差分隐私技术，收集用户数据如表情符号使用情况、搜索查询和健康信息，同时保护用户隐私。例如，iOS 系统中的智能输入软件 QuickType 和表情符号建议、健康 App 中的数据类型识别以及 Safari 浏览器中的网站性能问题检测等。

2020 年，微软与哈佛大学合作研发了差分隐私平台 OpenDP，该平台可用于测试和构建差分隐私应用程序，支持 Python 和 Rust 语言。OpenDP 的核心是一个用 Rust 语言实现的算法库，提供 Python 接口，具备模块化设计且易于组合和定制，适用于医疗研究、市场调研、教育数据分析和政府统计数据发布等多种隐私敏感的数据分析场景。此外，OpenDP 还提供了一个名为 DP Creator 的开源 web 应用，通过用户友好的界面允许数据所有者和分析师无须编写任何代码即可生成差分隐私统计数据。OpenDP 平台现已开源，可在 GitHub 上找到相关资源，供全球开发者、研究者、学者和公司进行构建、测试等工作。

此外，差分隐私技术还可以应用于数据合成，在发布数据集给第三方时，使用差分隐私技术合成虚拟数据而非原始数据，以保护数据隐私。美国人口普查局在 2020 年的人口普查中使用差分隐私技术来处理数据，以保护公民的隐私信息，防止数据集中的个体信息被追溯。

尽管差分隐私技术提供了一种强大的隐私保护手段，但它也存在一些挑战和限制。例如，它可能不适用于需要个体级别分析的问题，且在小数据集上引入的不准确性可能严重影响分析结果。此外，对于 ε 值的最佳设置尚无共识，且差分隐私技术在实际应用中可能需要针对具体场景进行调整和优化。

3）联邦学习

联邦学习是指在各参与方数据不出本地的情况下，通过加密机制下的参数交换方式进行数据联合训练建立共享机器学习模型的过程。2016 年，谷歌 AI 团队提出联邦学习算法框架[72]，应用于移动互联网手机终端的隐私保护。这一框架主要针对设备数据集进行协同机器学习模型训练，允许数据在不离开设备的情况下，在多种设备上训练共享机器学习模型，如图 13.11 所示。通过模型参数传递，使得各联邦成员可以将训练数据保留在本地进行训练，从而避免了集中式学习算法中收集训练数据可能引发的隐私泄露问题及高昂的通信开销。

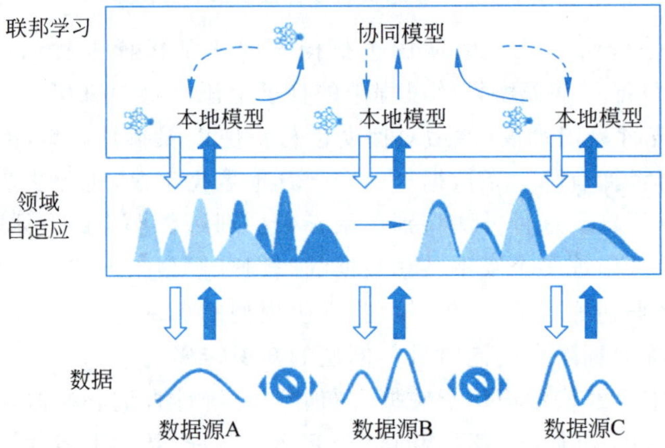

图 13.11　联邦学习架构示例

联邦学习涉及的核心技术是模型聚合方法，即各个客户端训练出的局部模型在中央服务器聚合为全局模型的方法[73]。联邦平均算法 FedAvg(Federated Averaging)是最基本的联邦学习聚合算法，通过在客户端进行多轮训练后，将模型参数上传到服务器，然后服务器对这些参数进行简单的平均加权，从而生成全局模型。FedAvg 算法简单高效，但仍面临系统异构问题，即各客户端的计算能力、存储能力和通信能力各不相同，如果在模型聚合时选择等待落后的局部模型会拖慢整个系统的训练速度，但抛弃这些落后的客户端会影响全局模型的精度。为了解决这一问题，卡内基·梅隆大学的研究者提出了 FedProx 算法[74]，它允许出现训练不充分的局部模型，即不论一个局部模型是否完成本地训练，FedProx 都会整合所有参与训练的局部模型。研究者引入了一个近似度参数用于衡量每个客户端局部模型的训练完成度。在不同轮的联邦学习中，每个客户端不用都完成相同轮次的本地训练，而是可以根据自己的算力等情况去决定自己在当前通信轮要完成几个轮次本地训练，从而使得模型聚合更加灵活，克服了系统的异构性问题。

根据应用场景的不同，联邦学习可以分为横向联邦学习和纵向联邦学习。横向联邦学习是在两个数据集的用户特征重叠较多而用户重叠较少的情况下，把数据集按照横向（即用户维度）切分，并取出双方用户特征相同而用户不完全相同的那部分数据进行训练。例如，业务相同但是分布在不同地区的两家企业，用户群体交集很小但用户特征是相同的，则适用于横向联邦学习。纵向联邦学习是在两个数据集的用户重叠较多而用户特征重叠较少的情况下，把数据集按照纵向（即特征维度）切分，并取出双方用户相同而用户特征不完全相同的那部分数据进行训练。例如，同一地区业务不同的两家企业，用户群体相同，但用户特征交集很小，则适用于纵向联邦学习。

2019 年，微众银行 AI 团队发布自主研发的联邦学习开源项目 FATE（Federated AI Technology Enabler），提供带有数据隐私保护功能的分布式安全计算框架。2021 年 3 月，IEEE 正式发布联邦学习首个国际标准 *IEEE 3652.1-2020-IEEE Guide for Architectural Framework and Application of Federated Machine Learning*。随着联邦学习的标准化，其应用范围也日益广泛。在边缘计算和物联网领域，联邦学习作为边缘计算的操作系统，满足了智能边缘设备实时决策、多点协同和自主可控的要求。在医疗领域，联邦学习通过协同训练共享模型，同时利用迁移学习技术降低医疗机构间样本分布的差异性。在金融风控领域，联邦学习可帮助银行和金融企业构建跨企业、跨数据平台的 AI 系统，提供有效且安全的金融服务。此外，联邦学习还能解决城市不同信息部门的数据“孤岛”问题，为企业提供个性化服务。2022 年，清华大学发布的《2022 联邦学习全球研究与应用趋势报告》指出，在发表论文、专利受理和开源框架等方面，中国和美国均处于领先地位，引领世界联邦学习发展和产业应用。

除了上述提到的系统异构性和数据异构性挑战，联邦学习在应用中还存在一些问题和挑战，主要包括以下几方面。

(1) 通信效率问题：在联邦学习网络中，服务器与远程客户端之间需要频繁通信以交互模型更新信息，这可能对通信网络造成带宽负担，特别是在数以万计的客户端参与时。

(2) 隐私安全缺陷：尽管联邦学习通过仅交换模型更新信息来保护用户隐私，但实际网络环境中的模型反演攻击、成员推理攻击和模型推理攻击等隐私泄露问题仍然存在，此外，中心服务器的可信度也直接影响隐私安全。

(3) 信任与激励机制的缺乏：在联邦学习中，需要吸引大量客户端参与训练过程，没有高效的激励机制很难保证模型质量，同时，缺乏对客户端的信任机制，影响优质客户端的选择，进而影响全局模型精度。

4. AI 公平性技术

AI 公平性技术是指在 AI 系统的设计、开发和应用过程中，确保不同群体受益平等，避免歧视和偏见的技术。如前文所述，训练数据集分布的非均衡性、算法设计者的偏见，或者语言模型等在反馈学习过程中引入的偏见等因素，使得 AI 模型优化目标可能偏向于多数群体或已有优势群体，训练得到的 AI 模型本身带有偏见，进而导致模型输出对社会某个群体具有歧视性的结果。AI 公平性不仅仅是技术问题，它与社会、哲学、经济和法学等多个领域紧密相关。需要从不同角度出发，共同探讨和定义科技伦理和治理挑战。

AI 公平性技术主要包括数据分布修正和算法公平性保障两类技术。数据分布修正技术是指通过修改训练数据的分布，如去除敏感属性、重新采样等，使机器学习算法在分布均衡的数据集上训练，将数据固有隐私和偏见最小化，从而实现算法模型对任意输入数据的预测结果均是公平、无歧视的。谷歌学者[75]2019 年提出了一种对采样概率进行自适应修正的算法，可以从流式数据中预估样本的出现频率，从而实现智能模型在不知道候选集全部的词典情况下作出无偏差的估计并且可以自适应候选集分布的变化。

算法公平性保障是指通过对算法训练以及推理阶段进行公平性约束，从而使模型对任意输入数据都能够产生公平决策。主要技术手段包含两大类：一是算法公平性约束，通过在算法训练中引入例如对抗训练等框架约束模型学习过程，以消除表示学习与敏感属性关联，进而使得训练后算法模型满足公平性要求，如图 13.12 所示；二是偏见后处理技术，即在算法推理过程中通过修改模型预测结果，消除算法输出歧视，使其在不过度影响模型效果的同时达到决策的公平性要求。

图 13.12 基于公平性约束的算法公平性保障技术框架

通常来讲，模型和数据集中的已知偏见容易通过各种手段进行纠正和消除，但对未知的偏见问题，则常常需要设计专门的方法。罗杰斯特大学的学者提出一个新问题：在没有预设或标签的情况下寻找图像分类器的未知偏向属性[76]。为此，他们在生成模型的隐藏空间中使用超平面来表示图像属性，将原问题转化为超平面法向量和偏移量的优化问题，并在此框架内提出了一种新的全变差损失作为目标函数，一种新的正交化惩罚作为约束，从而发现各种物体和场景分类器中不明显的偏见属性。

在图像生成应用中也存在偏见问题。FairStyle[77]是一种用于缓解图像生成模型中偏见的技术。在 StyleGAN[78]等基于 GAN 的模型中。由于训练数据集的分布不均衡，StyleGAN 在合成图片时可能存在敏感属性(如性别、种族等)的不均衡问题。FairStyle 通过修改隐向量并设计特定于通道的张量，来调整生成图片中敏感属性的分布，使其更加均匀，从而减少偏见。

模型剪枝(Pruning)是一种减少模型复杂度的方法，通过消除不重要的神经元或权重，减少模型的参数数量，降低计算成本和内存占用，同时保持模型的性能。现有的剪枝方法可能会忽视对某些子群体至关重要的节点，导致压缩后的模型存在偏见。FairGRAPE(Fairness-aware Gradient Pruning Method)是一种专为解决深度神经网络压缩过程中放大隐藏偏见问题而设计的新方法[79]。这种方法通过计算每个模型权重对每个群体的重要性，并选择在剪枝过程中保持各群体相对总重要性比例的权重子集来实现。FairGRAPE 在保持整体准确性的同时，分别考虑每个节点对每个子群体的重要性，以保留所有群体的重要特征，减少压缩模型在不同子群之间的性能差异。

在分布式学习模型集成过程中也存在公平性问题。MAAT 是专门用于解决模型集成过程中的公平性和性能问题的学习框架[80]。MAAT 支持针对给定任务训练多个独立的机器学习模型，然后通过公平性评估方法，检查集成模型在不同群体(如性别、种族等)上的公平性，最后基于公平性评估的结果对模型集成方法进行调整，以减少不同群体间的预测差异，从而获得最终公平的预测结果。MAAT 方法的一个关键优势是它的通用性和灵活性。由于它不依赖于特定的算法，因此可以应用于各种不同的机器学习任务和数据集。此外，通过集成多个模型，MAAT 能够平衡不同算法的优势和劣势,从而提高模型的公平性和稳健性。

13.5 人工智能安全应用

AI安全技术的应用范围目前已经非常广泛,特别是在图像视频识别、垃圾邮件过滤、恶意软件检测、自然语言处理、金融欺诈检测和生物识别安全等技术领域均有落地应用案例。本节重点聚焦自动驾驶、数字金融、社交媒体和军事应用等重要领域AI安全技术的应用情况,分别从安全风险和安全防护两个角度进行讨论,并给出具体的应用案例。

13.5.1 自动驾驶领域安全防护

自动驾驶领域安全问题涉及多个方面,包括终端设备安全、软件系统安全、车路协同安全和数据治理安全等,本节重点围绕软件系统安全,即AI算法安全问题,从安全风险、安全防护和应用实例三个角度进行讨论。

1. 安全风险

安全出行是自动驾驶行业的首要原则。自动驾驶汽车是由云端服务、传感器、计算单元、自动驾驶算法和底盘动力系统等部分构成的复杂系统。自动驾驶汽车众多组件暴露出的大量攻击面给安全出行带来了严峻的挑战。依据自动驾驶系统风险来源不同,其安全风险可分为传统网络安全风险和AI安全风险两大类。

传统网络安全风险,主要是指攻击者利用远程访问、近距离通信甚至物理接触等方式,通过利用自动驾驶系统的软硬件漏洞,对车辆的控制系统、车载软件系统和传感系统进行干扰或破坏,从而造成车辆安全事故、远程车辆操控和车辆计算系统攻击等安全风险问题。从网络拓扑的角度看,此类安全问题包括云服务安全风险、计算环境破坏、车云网络通信安全风险和内部网络通信安全风险等。由于此类风险属于传统网络安全范畴,因此通常也可以采用传统网络安全防护技术进行应对,学术界已经有很多研究工作。同时,为了应对这些风险,各国政府和国际组织已经采取了一系列措施,包括制定相关法规和标准,要求汽车制造商建立网络安全管理系统,加强数据保护,以及进行网络安全测试和验证。同时,汽车行业也在积极探索应用AI技术来提升网络安全防护能力,例如通过AI技术进行威胁检测、风险评估、入侵检测和安全事件管理等。

AI安全风险,主要是指利用物理域或是算法域的对抗机器学习等技术,对自动驾驶系统的功能进行干扰和破坏。自动驾驶算法面临的攻击类型主要包括物理世界攻击、传感器注入攻击、感知层攻击和决策层攻击。这些攻击可以是物理层面的,如通过改变周围物体的表面纹理、形状以及位置来影响自动驾驶系统获取的环境信息;也可以是数字层面的,通过传感器注入攻击,利用传感器获取外部信息的特性,向传感器输入添加噪声扰动或伪造数据信号,从而欺骗自动驾驶系统。例如,车路传感器电磁干扰(包括毫米波/超声波雷达、激光雷达、超视距传感器、全球定位系统等信号干扰)和自动驾驶算法对抗样本攻击等。传感器数据干扰是已经被大量研究并确定可以对自动驾驶系统造成实质性安全威胁的重要攻击手段。攻击者可能通过特定手段欺骗自动驾驶系统的传感器,例如使用3D打印和金属箔片制作的"砖块面具"让车辆在雷达检测中"消失",通过污染道路标识、交通标识系统,或者通过传感器卡塞、欺骗和致盲/饱和攻击,操纵AI模型,提供错误数据或有意提供稀缺数据,降低自动决策的效率。自动驾驶算法攻击是指攻击者利用对抗机器学习方法在物理域欺骗感知层,或者直接针对决策层的机器学习模型发起攻击,使其作出错误的控制决策,影响自动驾驶汽车的行为。这些安全风险与其他领域面临的对抗机器学习安全风险类似,前面已经做过相对深入的讨论,主要区别在于自动驾驶安全直接关系乘客生命安危,造成的危害更大,受关注程度也更高。

2. 安全防护

由于自动驾驶系统构成十分复杂,包括云端支持系统、车路协同系统和车载软硬件系统等,特别是车载传感器系统可能暴露大量安全漏洞,因此自动驾驶领域安全防护必须从全局考虑,以保证系统整体安全性为目标,构建多层次纵深防御体系,才能保证自动驾驶汽车安全行驶。自动驾驶安全防护涉及的主要领域包括计算环境安全保障、算法安全防御和业务安全防御等。

一是计算环境安全保障。自动驾驶系统需要准确地感知周围环境,包括车辆、行人和障碍物等,其计算环境安全保障需要涵盖从数据采集、处理、传输到决策执行的全过程。通过设计高智能抗干扰传感器,可以从数据采集源头提升自动驾驶系统的数据安全性,从而确保模型输入数据的质量。采用多源传感融合的方法[81]可以消除个别传感器的噪声或数据投毒攻击等外源性干扰,提升系统整体的稳健性。当一个传感器受到攻击或失效时,其他传感器可以提供冗余信息,确保系统继续正常运行。此外,还可以采用传感器数据的异常检测技术,及时发现并排除异常数据,防止错误信息影响决策层的判断。德国乌尔姆大学的学者开发了一种新框架,通过实时识别车辆周围的潜在威胁,只将感知资源分配给自动驾驶汽车周围与当前情境(例如驾驶任务)相关的区域,而不是单纯的 360°感知区域,从而提前感知并评估碰撞风险,同时节省计算资源,帮助自动驾驶汽车在复杂环境中更安全地行驶[82]。

二是 AI 算法安全防御。算法安全防护技术可以概括为两类,一类是模型强化技术,即通过对模型本身的对抗能力进行强化,使其具备更为优异的安全性能。包括采用对抗样本学习、稳健学习等技术提升模型对抗能力,开发对抗性训练技术,使模型能够识别并抵抗对抗性攻击;通过加密和访问控制等手段保护数据的完整性,通过模型加密、访问控制等防止模型泄露;还包括采用冗余设计技术,当主决策模型出现故障或被攻击时,备用模型系统能够接管控制,保证车辆安全等。另一类是模型监测技术,包括对决策层的算法和模型进行严格的安全性验证,确保它们在各种情况下都能作出正确的决策;开发异常检测系统,实时监控模型的决策行为,一旦发现异常行为,立即采取措施;还包括在虚拟环境中模拟各种攻击场景,对决策层的防御能力进行测试和评估等。

三是 AI 业务安全防御,主要是指通过对自动驾驶的业务根据其安全性要求和安全管理职能进行细致划分,建立业务服务层级,同时配套建立降级服务方案,在自动驾驶系统遭受外在攻击时能够快速重构服务体系,优先保证重要业务正常运行,从而提升车辆整体安全性。

3. 应用示例

在全球顶级安全会议 BlackHat Europe 2018 上,百度安全实验室的学者展示了一项针对自动驾驶系统的物理域对抗样本攻击的研究,提出了一种名为"感知欺骗"的技术,在目标车辆后方粘贴特殊制作的扰动图片可成功逃避自动驾驶汽车的车辆检测识别,即能够在深度学习系统的"眼"中让物体凭空消失。他们探讨了在物理世界中对抗样本对机器识别领域构成的实际威胁,并设计了一种威胁模型和策略,允许攻击者在无法篡改输入流数据和数据处理环节的情况下,通过在目标对象上添加图像贴片,使深度学习感知系统产生误判。这种攻击方式在自动驾驶领域、智能安防领域以及物品自动鉴定领域都有重要的实际意义。除了学术上的创新性,这项工作为自动驾驶系统的安全性提供了实际的参考和警示。

在工业界,为了提升车辆系统安全性,自动驾驶厂商基于安全验证、模型加固和对抗样本检测等技术,构建安全冗余设计,提升自动驾驶安全防护性能。Alphabet 的自动驾驶部门 Waymo 提出了一种名为"移动气象站"的技术,依托其高级多源传感器,自动驾驶车辆能够在行驶过程中收集关于温度、湿度、气压、风速、风向和降水量等气象数据，提供精准天气汇报，生成气象能见度的定量指标，以提高自动驾驶系统在不同天气条件下的性能和安全性。Waymo 通过分析车队在雾气弥漫的街道上行驶时收集的数百万个数据点，为旧金山绘制了第一幅雾霾地图，从而提供比传统气象站更精细的街道级别天气数据，帮助自动驾驶系统更好地理解和预测天气变化，从而作出更准确的驾驶决策。目前，"移动气象站"技术正在逐步应用于商业化自动驾驶服务中。Waymo 已经在凤凰城和周边城镇运营无人驾驶汽车，并计划在获得加州车管所的批准后，在旧金山提供载人出行服务。

百度自动驾驶系统 Apollo 采用了百度安全实验室开发的一款开源 AI 安全工具箱 AdvBox，形成了包含模型安全验证、模型加固、对抗样本检测和模型稳健性形式化验证的一体化算法模型安全解决方案 AdvBox。AdvBox 支持多种深度学习框架，用于生成对抗样本以测试和加强 AI 模型的安全性，同时通过提供多种攻击算法，如 FGSM、BIM 和 DeepFool 等。这些算法能够生成非定向(Untargeted)或定向(Targeted)的对抗样本，并支持手动指定或自动调节攻击强度参数，以平衡攻击成功率和生成速度，可以帮助研究者和开发者理解 AI 模型的脆弱性，并采取措施提高自动驾驶算法模型的稳健性。

13.5.2 在线电商/数字金融领域安全防护

1. 安全风险

在线电商/数字金融领域业务核心在于构建智能服务模型，帮助服务提供方有效识别客户偏好或者信用评级，在此过程中获取多领域、多维度高质量用户数据对于建立智能服务模型至关重要。然而，利用多源数据进行客户建模面临诸多安全技术挑战，主要包括以下三方面。

(1) 数据泄露风险。电商平台处理大量用户数据，包括个人和财务信息。用户关系数据流出、行为数据泄露和侵犯隐私可能会导致严重后果，包括监管罚款、客户诉讼和失去信任等。

(2) 安全合规风险。电商平台需要遵守当地、国家/地区和国际法律法规，包括税法、许可要求和进出口法规。不合规可能会导致法律和经济处罚、声誉受损、客户和合作伙伴流失，甚至电商平台关闭。智能模型使用用户数据的过程中就面临合规、合法性和隐私保护等风险问题。

(3) 数据投毒风险。电商智能客户服务模型都需要利用用户数据进行反馈训练，在使用过程中攻击者可能利用合法账户故意插入错误的、有害的或者带有误导性的数据，构造人为标签攻击，导致模型在实际应用中产生错误的预测或决策，从而干扰智能服务模型。在在线电商领域，数据投毒可能导致推荐系统提供不准确的商品推荐，影响消费者决策，或者在信用评估模型中导致不公正的信用评分。在数字金融领域，数据投毒可能会影响贷款审批、风险评估和欺诈检测等关键金融决策，造成经济损失和声誉风险。

2. 安全防护

为实现数据流动的价值，解决企业之间数据合作过程中的数据安全、隐私保护问题以及智能服务稳健性、公平性问题，在线电商/数字金融领域出现了多种安全防护方法。

国内著名网络安全公司奇安信集团发布了 AI 安全整体应对方案，包括 AI 安全框架、AI 安全解决方案、AI 评估服务和安全检测工具。这些方案和工具帮助企业看清 AI 安全全貌，提前洞察风险并采取应对措施，为中国企业抢占 AI 战略制高点筑牢安全底座。著名管理咨询公司普华永道(Price Waterhouse Coopers，PwC)建议金融机构采用负责任的人工智能(RAI)的方法论对 AI 应用进行管理，以安全、可信、合规并且符合公共道德的方式建立和使用 AI。通过建立 RAI，可以帮助金融机构在保障合规目标、避免公司声誉受损以及更稳定、高效地辅助业务开展等方面达成目标。另一家著名管理咨询公司德勤(Deloitte)提出了AI安全风险评估方法,包括评估准备、风险识别、风险分析以及风险评价。这些方法帮助企业和组织全面、有效地建设和提升数据安全防护能力,在数据经济、数据价值和数据安全之间达到平衡。

从技术角度看,在电商和数字金融领域解决模型训练过程中的AI安全防护问题的主要技术手段包括但不限于以下四种。

(1) 数据安全与隐私保护:对静态数据和传输中的数据进行加密,确保数据在整个生命周期内的安全性。同时,实施严格的数据访问控制机制,如多因素认证(Multi Factor Authentication,MFA)、角色访问控制(Role-Based Access Control,RBAC)和权限管理系统,以防止未授权访问敏感数据。

(2) 安全多方计算:安全多方计算提供参与计算的各方对敏感或强监管数据进行分布式安全查询、统计和复杂计算的能力,在信任不足的情形下获得数据合作计算的价值。例如,不同金融机构可以利用MPC技术在不共享客户信用记录的情况下,共同评估客户的信用状况。这种方法可以保护客户的隐私,同时提高信用评估的准确性。

(3) 联邦学习:金融机构在AI算法训练过程中,不对外传输任何原始数据,杜绝数据泄露隐患,充分保护用户隐私,确保数据协作合规性。不同的金融机构可以联合训练模型来提高风险评估的准确性,同时保护客户的隐私安全。电商平台可以利用联邦学习技术,通过分析用户行为数据,提供个性化的商品推荐和服务,而无须直接访问用户的原始数据。

(4) 匿踪查询:通过隐藏被查询对象关键词或客户身份信息,使数据服务方在提供匹配查询结果的同时无法获知具体对应的个体信息。金融机构通过匿踪查询学习技术,可以在不泄露客户个人信息的前提下,与电商平台等流量方联合构建营销模型,分析用户数据,提高营销转化率。

3. 应用示例

由于直接和财产安全相关,在线电商/数字金融领域也成了工业界最早落地应用AI安全防护技术的热门行业。为应对AI安全威胁,腾讯财付通研发上线了智能风险提醒系统,作为其智能风控体系的重要组成部分。该系统利用AI技术进行风险识别和防控,能够"毫秒级识别"非法可疑交易,并向用户发送风险提醒,日均发送次数接近百万次。系统覆盖了"事前-事中-事后"的全流程,通过建模分析和社团挖掘能力,针对性地挖掘和打击黑产团伙,有效避免了用户上当受骗或卷入违法违规交易活动。当系统判定用户面临交易风险时,会自动触发劝阻动作,通过支付页面的交易风险提醒、"防骗客服"电话等方式进行提醒。如果劝阻无效,系统还会利用微信支付的"15分钟转账冷静期"作为额外的安全措施来保护用户资金安全。据报道,财付通利用这些措施累计劝阻挽回用户资金超过千万元。此外,财付通还注重对"一老一少"等重点人群的个性化服务,推出了适老化服务和青少年模式,以及针对残疾人和家庭困难群体的特殊群体关怀金等机制。

中国银行运用大数据和AI技术,开发"网御"智能反欺诈系统,有效识别和实时处置欺诈风险事件,完善事前风险识别评估、事中风险监测预警和事后风险响应处置的全流程风险管理体系。"网御"系统形成了一套深度融合机器学习模型和专家经验的事中风控体系,通过流计算技术和传统批量计算结合的模式,满足银行日常交易高并发、低延时、高精度和高可靠等要求。该系统通过用户画像、交易习惯和欺诈特点等因素,制定了几百条专家规则,在交易发生的瞬间,系统会将交易特征与这些规则进行比对,并作出是否存在欺诈风险的判断。仅2021年,"网御"系统拦截电信诈骗等可疑交易87.9万笔,避免客户资金损失10亿余元。

13.5.3 社交媒体智能安全防护

社交媒体是当前AI最活跃的应用领域之一，也是AI安全风险问题最为严峻的领域之一。大量AI合成的虚假内容，包括假新闻、伪造图片和假视频等的大量传播，引发诸如个人隐私侵犯、舆论思潮误导和社会秩序破坏等严峻社会问题。

1. 安全风险

深度伪造(Deepfake)技术，是一种基于AI算法的媒体内容合成技术，它能够创建逼真的假图片、视频和音频，在社交媒体上传播，使得社会大众无法区分其真实性。该技术在社交媒体上的传播引发了广泛的社会安全问题，成为社交媒体领域最具危害性的典型技术之一。它造成的社会安全风险主要有以下几点。

(1) 个人权益侵犯。深度伪造技术在最开始出现阶段就被用于制作虚假色情视频，侵犯了众多女性，特别是部分公众人物的肖像权和隐私权，同时也对受害者的名誉权造成了严重侵害。例如，女演员克里斯汀·贝尔(Kristen Bell)就曾发现自己成为深度伪造色情视频的主角，这类视频的传播不仅损害了受害者的声誉，还可能导致心理障碍和社会信任的破裂。

(2) 社会安全问题。深度伪造技术的滥用导致了虚假信息的泛滥，这些信息可能被用于对重要政界人物进行政治抹黑、伪装熟人进行经济诈骗等，破坏了社会信任和公共安全。例如，通过深度伪造技术制作的假新闻和假视频可能会煽动社会不满，引发社会动荡和冲突。

(3) 国家安全威胁。深度伪造技术可能被用于国际政治宣传和认知战，破坏国际战略互信，加剧网络谣言，甚至影响国家的政治稳定和选举结果。

(4) 法律安全挑战。深度伪造技术的应用给现有的法律体系带来了新的挑战，包括证据的真实性问题、版权侵犯问题以及个人隐私权的保护问题。这些问题需要法律专家和技术专家共同研究，制定相应的法律法规来应对。

(5) 经济安全风险。深度伪造技术可能被用于金融市场的操纵，通过发布虚假的公司业绩报告或政治领导人的声明，影响股票价格和市场稳定，对国家经济安全构成威胁。

2. 安全防护

为了应对深度伪造等新兴AI技术对社交媒体领域安全带来的挑战，需要建立高效的伪造内容检测手段，配合内容分发与信息溯源机制，定位虚假内容来源，从源头消除伪造内容安全隐患。

针对深度伪造内容的检测方法，主要包括基于特征的取证检测、伪造特征提取和生理信号特征检测等技术。基于特征的取证检测利用视频的空间和时间信息来检测深度伪造内容。例如，通过分析视频中人物面部的时序一致性，可以识别出合成视频中的不自然行为或表情。也可以通过结合图像、视频和音频等多种模态的信息来进行检测。例如，通过分析视频中的口型与音频是否同步，可以识别出伪造的视频。伪造特征提取技术的典型代表是基于具体伪影的检测方法，该方法通过寻找伪造制品与真实图像之间的像素级差异，例如伪造人脸混合框架处的伪影、面中区域的伪影以及颜色问题等，作为内容伪造的证据。这些伪影可能包括图像的模糊、抖动和叠影等异常现象，通过机器学习方法可以识别这些人工痕迹，从而达到对伪造内容进行识别检测的目的。

内容溯源技术通过追踪伪造内容的来源，从源头出发区分真实与伪造内容的方法，代表性方法包括数字水印和区块链等技术。数字水印可以在内容创建时嵌入隐蔽的标记，这些标记可以在内容分发和使用过程中被检测和提取，以证明内容的来源和真实性。区块链技术则通过提供一个不可篡改的记录系统，用于记录和验证内容的来源和传播路径。武汉大学的学者[83]提出一种将秘密信息隐藏到图像之中的深度伪造溯源取证方法。该方法设计了一个包含嵌入网络、GAN模拟器和恢复网络3部分的端到端的深度神经网络，其中嵌入网络和恢复网络分别用于实现秘密信息的嵌入和提取，GAN模拟器用于模拟图像在处理和转发过程中的各种变换。该方法不仅能够较好地隐藏秘密信息，还可以在经过各种图像篡改后仍能大概率提取秘密信息，用于取证溯源。

3. 应用示例

2020年，Facebook、亚马逊、微软以及Partnership on AI联合学术界发起了深度伪造挑战赛(Deepfake Detection Challenge，DFDC)，这是一场旨在发现能够识别AI操纵视频的算法的公开竞赛。这项挑战的目标是激励全球研究者开发出能够检测深度伪造视频的方法。DFDC数据集是当时最大且公开可用的面部交换视频数据集，包含超过10万个视频剪辑，由3426名演员在真实环境中录制，并使用多种深度伪造方法对部分视频中的演员面孔进行了替换。这场挑战赛在Kaggle上进行，吸引了2114名参与者，提交了超过35000个检测算法。在竞赛中最终获胜的算法能够以65.18%的平均准确率识别出这些来自真实世界的深度伪造样例。Facebook首席技术官迈克·施罗普弗(Mike Schroepfer)在一次新闻发布会上表示，他对挑战的结果感到满意，他认为这将为研究者创造一个基准，并指导他们未来的工作。

为了减缓虚假信息和仇恨言论在其社交网络上的传播，Facebook也在开发自己的深度伪造检测技术，与上述竞赛分开进行。Facebook主要采取了四种方法屏蔽虚假信息和仇恨言论，以减缓它们在社交网络上的传播速度。一是扩大与美联社的合作，以揭露Facebook平台上出现的虚假、误导性的不良视频信息。二是通过调整算法降低某些站点的排序等级，这些站点的链接范围比其链接到的站点要广泛得多。三是对于群组成员屡次共享不良信息的"Facebook群组"，缩小其覆盖范围，并规定群组管理员需为违反Facebook社区标准的行为承担更多责任。四是与众多学术界人士、事实核查专家、记者、调查研究人员和民间社会组织展开磋商，探讨让"Facebook用户群体指出新闻来源以证实或反驳潜在虚假内容所作陈述"的好处和风险。此外，Facebook还通过机器学习技术来识别和过滤虚假信息，已经开发出能够识别与已被揭穿真相的内容基本相同的内容的系统，即使是那些为了避免被识别而进行过剪辑或截图的内容也无法逃脱。这个系统帮助Facebook在2020年3月至大选日期间，识别出全美超1.8亿条恶意内容。

同时，Meta公司自2024年1月起，在Instagram和Facebook上为16岁以下青少年增加保护措施，限制自杀、自伤和饮食失调等敏感内容，默认屏蔽陌生人私信，模糊处理裸露内容，保护青少年免受不当图像骚扰。Meta希望通过这些更严格的限制和更强的家长控制权有效减少平台上的不法行为，为青少年创造一个更安全健康的线上环境。

13.5.4 军事领域智能安全防护

AI速度快、善于处理大型复杂数据集以及准确执行重复性任务的特点，奠定了其在军事领域中的作用。然而AI在军事领域的广泛应用也存在一定的安全风险。

1. 安全风险

在军事领域，AI的安全对抗技术发展包括对自主武器系统的伦理考量、操作风险和战略风险的评估。美国和俄罗斯等国家正在积极将AI技术整合到军事系统中，以追求战争优势，同时也在探索建立信任和降低风险的措施。军事领域智能技术的安全风险主要体现在以下三个层面。

(1) 在伦理与法律层面，AI技术可能被用于开发和部署自动化武器系统，这些系统在没有人类直接控制的情况下能够选择和攻击目标，引发道德和法律问题。例如，机器人系统(尤其是自主武器)如何遵守战争法的相关规定，AI系统造成意外时难以问责，AI系统对人权和个人隐私构成潜在威胁，以及AI不当使用导致的风险。

(2) 在作战运用层面，被破坏的训练数据会对 AI 系统性能产生很大影响，当人类误用系统、误解其输出时，或者操作人员对系统信任不足时，都可能会对 AI 系统实际性能产生负面影响；同时，AI 系统可能存在设计缺陷或漏洞，这些漏洞可能被敌对势力利用，导致系统性能下降或失效，从而易受恶意行为者的干扰、欺骗或入侵。

(3) 在战略决策层面，军事 AI 系统可能降低战争门槛，加速局势升级，引发 AI 军备竞赛，破坏战略稳定等。同时，军事 AI 技术的发展可能会改变战争的性质和冲突的动态，增加误判和意外冲突的风险。

2. 安全防护

AI 的军事应用代表着国家安全性质的结构性转变，未来的军事应用安全防护重点是研发、采办以及整合先进和变革性技术(包括网络和自主系统)，发挥 AI 大规模信息高效处理和科学决策的技术优势，提升现有系统的整体效能。例如，AI 技术可以用于海上监视和侦察，优化对大量数据的处理，提高舰艇的威胁感知能力。DARPA 的海基物联网计划通过部署智能浮筒构建分布式传感器网络，以实现对大面积海域的态势感知。AI 还可以用于舰艇防御，通过集中或分散兵力，以及完善纵深防御来提高防御效率。此外，AI 还可应用于认知对抗，其欺骗功能可以用于制造虚假目标，以误导敌方指挥官的判断等。总结起来，主要有以下四方面。

(1) 智能信息处理与分析。AI 可以处理和分析大量情报数据，提高情报分析的效能。基于 AI 的情报整编系统可以将大量战场情报自动整合为战场态势综合报告，减轻情报人员的工作负担，并利用常识学习等技术增强军事领域信息处理与分析能力，提高作战人员的情报分析和方案筹划能力。

(2) 智能人机协同决策。通过利用神经计算、生成式对抗性网络和 AI 决策支持，推进人-机-环境协同决策，增强无人系统协同执行多样化任务的能力，使得无人机、无人舰艇和无人装甲车等无人作战系统更加智能化和自主化。这些系统在侦察、打击和电子战等领域发挥着重要作用，提高了作战能力并降低了战争损失。

(3) 先进网络平台。随着 AI 在密码学中的应用不断发展，AI 模型可以应用于分析大型数据集，识别模式并预测潜在的安全威胁，帮助生成安全的加密密钥、改进加密技术和实时检测恶意活动。AI 引入军事通信系统可以提升密码系统的性能、效率，并在身份验证、隐私和信息隐藏等密码安全场景中发挥支持性作用。5G/6G 等新兴移动通信技术与 AI 的融合发展，使得各类设备之间的连接更加高效和智能，显著提升了传统无线业务和网络服务能力。

(4) 无人系统与集群技术。多源信息融合[81]、感知与自主决策等技术能够更有效地处理来自不同传感器和平台的数据，提高无人系统态势感知能力。多源信息融合可增强无人系统对目标的识别和跟踪能力，优化军事决策，例如，多源遥感图像融合能够提供更全面的地表信息，有助于军事侦察和监视任务。集群协同感知能够增强集群对环境的理解，使自主武器系统在复杂多变的战场环境中实现对敌方行动的预测和对潜在威胁的识别等，从而推动自主武器系统发展。

小结与展望

AI 安全技术自诞生以来，就受到社会各界的广泛关注，是 AI 技术的重要分支，吸引大量学者研究。限于篇幅，本书无法对 AI 安全技术领域的许多重要研究理论和成果进行一一介绍。本章重点聚焦 AI 安全领域的核心问题，简要介绍 AI 安全的成因，目前国际社会各界所关注和实施的 AI 战略，支撑 AI 安全的核心技术，以及 AI 安全在自动驾驶、在线电商、社交媒体和军事等领域的应用情况。未来，AI安全技术通过与元宇宙技术相互促进和发展，可能成为智能社会的底层支柱技术[84]。通过分析AI安全技术的发展态势，其后续发展可能呈现以下特点。

(1) 对抗训练普及化。对抗训练是通过将对抗样本纳入训练过程，使模型对输入数据的微小变化具有更强的抵抗力，从而提升系统稳健性。目前该方法在图像识别、自然语言处理等领域都有应用，例如在自动驾驶领域中，对抗训练可以帮助检测并防御针对车辆传感器的恶意攻击[85]。随着AI安全问题的日益突出，人们对其重视程度不断提升，后续对抗训练可能会成为智能系统设计的必要选项，作为系统能力生成的重要一环，被普遍应用于各行各业各领域[86]。

(2) 防御策略的多样化。对抗机器学习面临模型的不可解释性、多样化的攻击手段以及攻防对抗的不断升级等挑战。这些挑战要求研究者不断探索新的防御策略和技术手段。同时，防守方也发展出多种防御手段，包括提高模型稳健性、输入验证与清洗、模型融合与集成以及实时监测与预警。这些策略旨在增强模型的安全性，防止对抗样本的攻击[87]。未来，仅采用单一的防御手段很难达成有效的防护效果，必须依赖多样化防御手段结合使用，才能应对日益复杂的攻击态势，保护智能系统应用安全[88]。

(3) 解决方案的系统化。目前对抗机器学习技术在市场化和产品化方面还不够成熟。AI安全技术涉及从训练数据采集、处理、传输和训练，到模型的传输、集成、更新和应用整个过程，任何一个环节的漏洞被攻击者利用，都会最终导致AI安全问题[89]。因此，为了确保AI应用系统的安全性，需要树立产品化的思维，从数据源头到系统应用全流程打造解决方案，贯通AI模型生成的各个层次，形成系统化的安全解决方案，才能有效避免各种潜在的应用安全问题[90]。

参考文献

[1] 张钹. 人工智能进入后深度学习时代[J]. 智能科学与技术学报，2019，1(1)：1-3.

[2] FRIHA O，FERRAG M A，KANTARCI B，et al. LLM-based edge intelligence：A comprehensive survey on architectures，applications，security and trustworthiness[J]. IEEE Open Journal of the Communications Society，2024，5：5799-5856.

[3] Wikipedia. AI safety [DB/OL]. https://en.wikipedia.org/w/index.php?title=AI_safety，2024.

[4] HE Y. Research on artificial intelligence security issues[R]. Hangzhou：The Global Artificial Intelligence Technology Conference(GAITC)，2022.

[5] KISSINGER H，SCHMIDT E，HUTTENLOCHER D. 人工智能与人类未来[M]. 胡利平，风君，译. 北京：中信出版社，2023.

[6] 李开复. AI·未来[M]. 杭州：浙江人民出版社，2018.

[7] 邵国松. 社交媒体如何影响美国总统竞选[DB/OL]. 人民智库，2020.

[8] 黄日涵，曾淳瑶. 特朗普“东山再起”，新媒体政治营销不容忽视[J]. 世界知识，2024，(23)：64-65.

[9] 朱军，董胤蓬. 大模型安全与治理探讨[J]. 中国信息安全，2023(8)：57-60.

[10] CAVAZOS R，CHE Q. The economic cost of bad actors on the Internet：Fake news[R]. Tel Avia：CHEQ，2019.

[11] ARCURI M C，GANDOLFI G，RUSSO T. Does fake news impact stock returns? Evidence from US and EU stock markets[J]. Journal of Economics and Business，2023，106130：125-126.

[12] MITCHELL M. Why AI is harder than we think[C]//Proceedings of the Genetic and Evolutionary Computation Conference. New York：ACM Press，2021：3.

[13] CRCUTT M. Are face recognition systems accurate? Depends on your race[DB/OL]. MIT Technology Review，2024.

[14] MITCHELL M. AI 3.0[M]. 王飞跃，李玉珂，王晓，等译. 成都：四川科学技术出版社，2021.

[15] 王文鹏,葛洪伟,李婷.对抗生成式的多敏感属性数据去偏方法[J/OL].计算机科学,2025. https://link.cnki.net/urlid/50.1075.tp.20241206.1527.012.

[16] SZEGEDY C, ZAREMBA W, SUTSKEVER I, et al. Intriguing properties of neural networks [C]//Proceedings of the 2nd International Conference on Learning Representations. New York: Ithaca,2014.

[17] DONG Y P, LIAO F Z, PANG T Y, et al. Boosting adversarial attacks with momentum[C]//Proceedings of the 41st IEEE/CVF Conference on Computer Vision and Pattern Recognition. Piscataway: IEEE Press, 2018: 9185-9193.

[18] HUANG Y, DONG Y, RUAN S, et al. Towards transferable targeted 3D adversarial attack in the physical world[C]//IEEE/CVF Conference on Computer Vision and Pattern Recognition. Piscataway: IEEE Press, 2024: 24512-24522.

[19] EYKHOLT K, EVTIMOV I, FERNANDES E, et al. Robust physical-world attacks on deep learning visual classification [C]//Proceedings of the 35th IEEE/CVF Conference on Computer Vision and Pattern Recognition. Piscataway: IEEE Press, 2018: 1625-1634.

[20] SATO T, SHEN J J, WANG N F, et al. Dirty road can attack: Security of deep learning based automated lane centering under physical-world attack[C]//Proceedings of the 30th USENIX Security Symposium. Berkeley: USENIX, 2021: 3309-3326.

[21] 阮航,崔家豪,毛秀华,等. SAR目标识别对抗攻击综述:从数字域迈向物理域[J].雷达学报(中英文),2024,13(6):1298-1326.

[22] 陈洸,刘东青,唐平华,等.面向目标检测的物理对抗攻击研究进展[J].计算机工程与应用,2025,61(9):80-101.

[23] 马彩霞,贾春福,蔡智鹏,等.面向对抗样本干扰的人脸识别隐私保护方案[J].西安电子科技大学学报,2025,52(2):190-200.

[24] 常禾雨,魏祥坡,司念文,等.面向网络空间防御的人工智能安全对抗框架[J].信息工程大学学报,2025,25(5):574-579.

[25] Imperva. 2024 Bad Bot Report[DB/OL]. https://www.imperva.com/resources/resource-library/reports/2024-bad-bot-report-report-ty?lang=EN&asset_id=6912&gated=1.

[26] HE Y. Frontiers of artificial intelligence development [R]. Hangzhou: The Global Artificial Intelligence Technology Conference(GAITC), 2024.

[27] SCHMIDT E, WORK R, CATZ S, et al. Final report: National security commission on artificial intelligence[R]. [S. l.]: NSCAI, 2021.

[28] 袁珑,李秀梅,潘振雄,等.面向目标检测的对抗样本综述[J].中国图象图形学报,2022,27(10):2873-2896.

[29] XU W, EVANS D, QI Y. Feature squeezing: Detecting adversarial examples in deep neural networks[C]//Proceedings of the Network and Distributed System Security Symposium. Reston: The Internet Society, 2018: 1-15.

[30] LIAO F, LIANG M, DONG Y, et al. Defense against adversarial attacks using high-level representation guided denoiser [C]//Proceedings of the 35th IEEE/CVF Conference on Computer Vision and Pattern Recognition. Piscataway: IEEE Press, 2018: 1778-1787.

[31] 王人帅,杨奎武,陈越,等.面向图像数据的深度学习后门攻击技术综述[J/OL].计算机工程,2025. https://doi.org/10.19678/j.issn.1000-3428.0070128.

[32] GU T, DOLAN-GAVITT B, GARG S. BadNets: Identifying vulnerabilities in the machine learning model supply chain[EB/OL]. (2019-03-11)[2025-03-29]. https://arxiv.org/abs/1708.06733.

[33] CHEN X, LIU C, LI B, et al. Targeted backdoor attacks on deep learning systems using data poisoning[EB/OL]. (2017-12-15)[2025-03-29]. https://arxiv.org/abs/1712.05526.

[34] TURNER A, TSIPRAS D, MADRY A. Label-consistent backdoor attacks[EB/OL]. (2019-12-06)[2025-03-29]. https://arxiv.org/abs/1912.02771.

[35] LIU Y Q, MA S Q, AAFER Y, et al. Trojaning attack on neural networks[C]//Proceedings of the 25th

Annual Network and Distributed System Security Symposium. Rosten: The Internet Society, 2018: 1-15.

[36] CHEN B, CARVALHO W, BARACALDO N, et al. Detecting backdoor attacks on deep neural networks by activation clustering[EB/OL]. (2018-11-09)[2025-03-29]. https://arxiv.org/abs/1811.03728.

[37] WANG B, YAO Y, SHAN S, et al. Neural cleanse: Identifying and mitigating backdoor attacks in neural networks[C]//Proceedings of the 40th IEEE Symposium on Security and Privacy. Piscataway: IEEE Press, 2019: 707-723.

[38] AFCHAR D, NOZICK V, YAMAGISHI J, et al. MesoNet: A compact facial video forgery detection network[C]//Proceedings of the 16th IEEE International Workshop on Information Forensics and Security. Piscataway: IEEE Press, 2018: 1-7.

[39] CIFTCI U A, DEMIR I, YIN L J. FakeCatcher: Detection of synthetic portrait videos using biological signals[J]. IEEE Transactions on Pattern Analysis and Machine Intelligence, 2020.

[40] FRANK J, SCHÖNHERR L. WaveFake: A data set to facilitate audio Deepfake detection[C]//Proceedings of the 35th Annual Conference on Neural Information Processing Systems. New York: Curran Associates, 2021: 1-17.

[41] CHUGH K, GUPTA P, DHALL A, et al. Not made for each other-audio-visual dissonance-based Deepfake detection and localization[C]//Proceedings of the 28th ACM International Conference on Multimedia. New York: ACM Press, 2020: 439-447.

[42] ZHAO L, ZHANG M, DING H, et al. MFF-Net: Deepfake detection network based on multi-feature fusion[J]. Entropy, 2021, 23: 1692.

[43] LIN W, LIAO L. Towards sustainable adversarial training with successive perturbation generation[J]. Frontiers of Information Technology & Electronic Engineering, 2024, 25(4): 527-539.

[44] JIA X J, ZHANG Y, WEI X X, et al. Improving fast adversarial training with prior-guided knowledge[J]. IEEE Transactions on Pattern Analysis and Machine Intelligence, 2024, 46(9): 6367-6383.

[45] MADRY A, MAKELOV A, SCHMIDT L, et al. Towards deep learning models resistant to adversarial attacks[C]//Proceedings of the 6th International Conference on Learning Representations. New York: Ithaca, 2018: 1-28.

[46] GOODFELLOW I J, SHLENS J, SZEGEDY C. Explaining and harnessing adversarial examples[C]//Proceedings of the 3rd International Conference on Learning Representations. New York: Ithaca, 2015: 1-11.

[47] ZHANG H, CISSE M, DAUPHIN Y N, et al. mixup: Beyond empirical risk minimization[EB/OL]. (2018-04-27)[2025-03-29]. https://arxiv.org/pdf/1710.09412.

[48] CUBUK E D, ZOPH B, MANÉ D, et al. Autoaugment: Learning augmentation strategies from data[C]//Proceedings of the 36th IEEE/CVF Conference on Computer Vision and Pattern Recognition. Piscataway: IEEE Press, 2019: 113-123.

[49] HERBERT B, ANDREAS E, TINNE T, et al. Speeded-up robust features[C]//Proceedings of the 9th European Conference on Computer Vision. Berlin: Springer, 2006: 404-417.

[50] WANG H, HE Z, LIPTON Z, et al. Learning robust representations by projecting superficial statistics out[C]//Proceedings of the 6th International Conference on Learning Representations. New York: Ithaca, 2018: 1-16.

[51] LI Y, DU C, XU C. Harnessing edge information for improved robustness in vision ransformers[C]//Proceedings of the 38th AAAI Conference on Artificial Intelligence. New York: ACM Press, 2024: 3252-3260.

[52] COHEN J, ROSENFELD E, KOLTER Z. Certified adversarial robustness via randomized smoothing[C]//Proceedings of the 36th International Conference on Machine Learning. New York: PMLR, 2019: 1310-1320.

[53] 张钹，朱军，苏航. 迈向第三代人工智能[J]. 中国科学：信息科学，2020，50(9)：1281-1302.

[54] 邢颖. 基于可解释性人工智能的软件工程技术方法综述[J]. 计算机科学，2023，50(05)：3-11.

[55] 周志华. 机器学习[M]. 北京：清华大学出版社，2016.

[56] LOU Y, CARUANA R, GEHRKE J. Intelligible models for classification and regression[C]//Proceedings of the 18th ACM SIGKDD international conference on Knowledge discovery and data mining. New York: ACM

Press,2012：150-158.

[57] ZIEN A,KRÄMER N,SONNENBURG S,et al. The feature importance ranking measure[C]//Proceedings of the Joint European Conference on Machine Learning and Knowledge Discovery in Databases. Berlin：Springer,2009：694-709.

[58] SETZUA M,GUIDOTTI R,MONREALE A,et al. GLocalX-from local to global explanations of black box AI models[J]. Artificial Intelligence,2021,294. 103457：1-15.

[59] AZZOLIN S,LONGA A,BARBIERO P,et al. Global explainability of GNNs via logic combination of learned concepts[C]//Proceedings of the 11th International Conference on Learning Representations. New York：Ithaca,2023：1-19.

[60] KIM B,WATTENBERG M,GILMER J,et al. Interpretability beyond feature attribution：Quantitative testing with concept activation vectors[C]//Proceedings of the 35th International Conference on Machine Learning. New York：PMLR,2018：2668-2677.

[61] LERTVITTAYAKUMJORN P,SPECIA L,TONI F. FIND：Human-in-the-loop debugging deep text classifiers[C]//Proceedings of the 2020 Conference on Empirical Methods in Natural Language Processing. Cambridge：ACL Press,2020：1-17.

[62] SELVARAJU R R,COGSWELL M,DAS A,et al. Grad-CAM：Visual explanations from deep networks via gradient-based localization[C]//Proceedings of the 16th IEEE International Conference on Computer Vision. Piscataway：IEEE Press,2017：618-626.

[63] KOH P W,LIANG P. Understanding black-box predictions via influence functions[C]//Proceedings of the 34th International Conference on Machine Learning. New York：PMLR,2017：1885-1894.

[64] YEH C-K,KIM J S,YEN IAN E H,et al. Representer point selection for explaining deep neural networks[C]//Proceedings of the 32nd Annual Conference on Neural Information Processing Systems. New York：Curran Associates,2018：1-11.

[65] 董胤蓬,苏航,朱军. 面向对抗样本的深度神经网络可解释性分析[J]. 自动化学报,2022,48(1)：75-86.

[66] GitHub. EzPC：Easy Secure Multiparty Computation[EB/OL]. (2024-05-31)[2025-06-26],https://github.com/mpc-msri/EzPC.

[67] CHANDRAN N,GUPTA D,RASTOGI A,et al. EzPC：Programmable and efficient secure two-party computation for machine learning[C]//Proceedings of the 4th IEEE European Symposium on Security and Privacy(EuroS&P). Piscataway：IEEE Press,2019：496-511.

[68] GitHub. FudanMPL[EB/OL]. (2025-04-16)[2025-06-26]. https://github.com/FudanMPL.

[69] SONG L S,WANG J X,WANG Z X,et al. pMPL：A robust multi-party learning framework with a privileged party[C]//Proceedings of the 2022 ACM SIGSAC Conference on Computer and Communications Security. New York：ACM Press,2022：2689-2703.

[70] BITTAU A,ERLINGSSON L,MANIATIS P,et al. Prochlo：Strong privacy for analytics in the crowd[C]//Proceedings of the 26th Symposium on Operating Systems Principles. New York：ACM Press,2017：441-459.

[71] HASSAN M U,REHMANI M H,CHEN J J,et al. Differential privacy techniques for cyber physical systems：A survey[J]. IEEE Communications Surveys & Tutorials. 22,1(2019)：746-789.

[72] MCMAHAN B,MOORE E,RAMAGE D,et al. Communication-efficient learning of deep networks from decentralized data[C]//Proceedings of the 20th International Conference on Artificial Intelligence and Statistics. New York：JMLR,2017：1273-1282.

[73] ZHANG Z,LI J,YU S,et al. SAFELearning：Secure aggregation in federated learning with backdoor detectability[J]. IEEE Transactions on Information Forensics and Security,2023,18：3289-3304.

[74] LI T,SAHU A K,ZAHEER M,et al. Federated optimization in heterogeneous networks[C]//Proceedings of the 3rd Conference on Machine Learning and Systems. Amsterdam：IOS Press,2020：429-450.

[75] YI X,YANG J,HONG L,et al. Sampling-bias-corrected neural modeling for large corpus item

recommendations[C]//Proceedings of the 13th ACM Conference on Recommender Systems. New York: ACM Press,2019: 269-277.

[76] LI Z,XU C. Discover the unknown biased attribute of an image classifier[C]//Proceedings of the 18th IEEE/CVF International Conference on Computer Vision. Piscataway: IEEE Press,2021: 14950-14959.

[77] KARAKAS C,DIRIK A,YALCINKAYA E,et al. FairStyle: Debiasing StyleGAN2 with style channel manipulations[C]//Proceedings of the 17th European Conference on Computer Vision. Berlin: Springer, 2022: 570-586.

[78] KARRAS T,LAINE S,AILA T. A style-based generator architecture for generative adversarial networks[C]//Proceedings of the 36th IEEE Conference on Computer Vision and Pattern Recognition. Piscataway: IEEE Press,2019: 4401-4410.

[79] LIN X,KIM S,JOO J. FairGRAPE: Fairness-aware gradient pruning method for face attribute classification[C]//Proceedings of the 17th European Conference on Computer Vision. Berlin: Springer,2022: 414-432.

[80] CHEN Z. MAAT: A novel ensemble approach to addressing fairness and performance bugs for machine learning software[C]//Proceedings of the 30th ACM Joint European Software Engineering Conference and Symposium on the Foundations of Software Engineering. New York: ACM Press,2022: 1122-1134.

[81] 何友,刘瑜,董凯,等. 多源信息融合与应用[M]. 3版. 北京:电子工业出版社,2025.

[82] HENNING M,MÜLLER J,GIES F,et al. Situation-aware environment perception using a multi-layer attention map[J]. IEEE Transactions on Intelligent Vehicles,2023,8(1): 481-491.

[83] 王丽娜,聂建思,汪润,等. 面向深度伪造的溯源取证方法[J]. 清华大学学报(自然科学版),2022,62(5): 959-964.

[84] 何友. 元宇宙发展前沿[R]. 杭州:2024中国元宇宙大会,2024.

[85] MANSOURIAN P,ZHANG N,JAEKEL A,et al. Enhancing machine learning-based ids for vehicular networks by addressing adversarial attacks[J/OL]. IEEE Transactions on Vehicular Technology,2025. https://ieeexplore.ieee.org/document/11045223.

[86] HASAN S M,SHAHID A R,IMTEAJ A. Evaluating sustainability and social costs of adversarial training in machine learning[J]. IEEE Consumer Electronics Magazine,2025,14(3): 27-34.

[87] RAO B,ZHANG J,WU D,et al. Privacy Inference attack and defense in centralized and federated learning: A comprehensive survey[J]. IEEE Transactions on Artificial Intelligence,2025,6(2): 333-353.

[88] LI Y,GUO Z,YANG N,et al. Threats and defenses in the federated learning life cycle: A comprehensive survey and challenges[J/OL]. IEEE Transactions on Neural Networks and Learning Systems,2025. https://ieeexplore.ieee.org/document/11005480.

[89] LAI Z,CHEN H,SUN R,et al. On security weaknesses and vulnerabilities in deep learning systems[J]. IEEE Transactions on Dependable and Secure Computing,2025,22(3): 2243-2257.

[90] TSAI W T,ZHANG L. A framework for safe AI: Data governance and ecosystem structure[C]//Proceedings of 2025 IEEE International Conference on Artificial Intelligence Testing. Piscataway: IEEE Press,2025: 11-23.

第 14 章 人工智能伦理与监管

CHAPTER 14

社会各界对人工智能潜在的伦理和监管问题的担忧由来已久。2014 年，著名物理学家斯蒂芬·霍金（Stephen Hawking）就曾经宣称“完全的人工智能的发展将导致人类种族的终结”[1]。特斯拉创始人埃隆·马斯克（Elon Musk）也公开表态“我最大的恐惧，用一个词来说，那就是人工智能”[2]。持类似观点的，还有微软创始人比尔·盖茨，历史学家、畅销书作家尤瓦尔·赫拉利[3]等。在传统社会框架下，哲学观念帮助我们理解世界的运行规则，社会制度帮助我们适应社会的运行秩序。然而，当以 AI 为代表的技术发展速度超过哲学和社会制度的适应能力时，人们不可避免地会陷入困惑、不适，甚至无所适从。当前，我们正迎来这样一个时代，AI 认识和理解世界的方式和能力超出了我们的认知范畴，困惑不安将成为一种新的常态。随之而来的，可能是基于人文社科体系构建的信仰大厦的崩塌，人们不得不放弃通过逻辑思辨来内化现实世界，转而寻求一种与 AI 依赖共生的和谐关系。本章聚焦人工智能伦理与监管，探讨未来 AI 与人类将如何更好地相处这一紧迫而重要的问题。

14.1 引言

如第 13 章所述，随着 AI 在社会各领域中的广泛应用，其带来的许多伦理道德风险问题日益严峻。例如，汽车自动驾驶系统因识别错误或算法异常引发的交通安全事故和人员丧生事件，以及 AI 聊天机器人表现出的种族主义和性别歧视倾向等。这些案件涉及 AI 系统的公平、偏见、隐私和其他伦理问题，犯罪分子已经开始利用这些问题来危害他人和社会。例如，利用深度伪造音视频技术进行电信诈骗的案件层出不穷，给受害人造成严重的财物损失和精神创伤。因此，如何应对和解决 AI 带来的伦理问题和风险，已经成为 AI 发展应用过程中一个非常紧迫和重要的问题。

14.1.1 人工智能伦理的概念及范畴

AI 伦理（AI Ethics）是一个多学科交叉的研究领域，主要探讨 AI 技术在社会应用中所带来的伦理问题和风险，并研究如何解决这些问题，以促进 AI 的健康发展。AI 伦理领域是一个哲学、计算机科学、法律、经济等学科交汇碰撞的领域，所涉及的内容和概念也非常广泛，其中很多问题已经开始被社会各界广泛讨论，但尚未形成统一有效的解决方法[4]。

AI 伦理所研究的内容可以大体分为两方面：AI 伦理学（Ethics of AI）和伦理 AI（Ethical AI）[5]。其中，AI 伦理学主要研究与 AI 相关的伦理理论、指导方针、政策、原则、规则和法规；伦理 AI 主要研究如何按照人类的伦理规范来设计和实现 AI。AI 伦理学是构建伦理 AI（或使 AI 按伦理规范行事）的先决条件，它涉及伦理或道德价值观和原则，这些价值观与原则决定了伦理道德上的对与错。有了适当的AI伦理价值观和原则,人们才可以通过一些方法和技术来设计或实践伦理AI。因此,如何让AI的目的与人类的目的保持协调一致,即所谓AI的价值对齐问题,是当前AI伦理研究的核心问题之一[6]。

14.1.2 人工智能伦理带来的主要社会挑战

AI伦理问题带来的社会挑战是多方面的,概括起来,主要有以下几类。

一是隐私保护问题。AI系统在提供个性化服务时需要收集和分析大量个人信息,这可能导致隐私泄露。如何在保护个人隐私的同时利用数据,是一个亟待解决的伦理挑战。

二是算法偏见和歧视问题。AI系统可能会无意中继承或放大人类的偏见,导致歧视性的结果。例如,第13章提到的面部识别技术在不同种族间的准确率差异,就反映了潜在的算法偏见。

三是智能化浪潮带来的失业问题。随着AI技术在各领域的应用,许多传统工作岗位可能会被机器取代,导致短期内出现大量人员失业问题,进而可能导致社会动荡,甚至加剧社会不平等。

四是事故责任归属问题带来的法律挑战。当AI系统出现错误或导致损失时,确定责任归属是一个复杂的法律和伦理问题。究竟是开发者或机器厂家承担责任还是使用者或机器所有者承担责任,这一问题需要我们重新审视现有的法律框架,并探索建立有效的监管和审查机制。

五是透明度和可解释性问题引发的社会信任问题。AI决策过程往往缺乏透明度,被称为“黑箱”。在重要社会领域应用AI技术进行决策,可能因可解释性不足引发公众对决策结果的不满,从而导致社会信任问题。

六是社会公正问题。AI技术的发展可能会加剧社会不平等,掌握AI技术和率先使用AI工具的人可能会从发展中获得重大红利,相比之下,缺乏相关技术、对AI接受程度低的人群可能会处于更加不利的境地。如何确保技术健康发展并造福所有人群,是一个重要的伦理议题。

此外,AI伦理带来的挑战问题还包括人类对机器产生情感依赖从而影响正常社会关系[7]、AI武器化运用引发社会灾难[8],成瘾性算法导致青少年沉迷其中[9]等。因此,需要构建一套完整的AI伦理治理体系来防范和化解这些风险挑战。

14.2 AI伦理规范

随着AI的伦理问题越来越受到社会各界的关注和讨论,许多国家政府、工业界和学术界都开始讨论和寻求解决AI伦理问题的有效框架、指南和原则,这些指导方针和原则从不同层面和关注点为实践AI伦理提供了有价值的指导[10]。截至2024年8月,全球范围内多达106个国家、地区与国际组织推出了AI的相关治理规则,全球合作广泛展开。经过多年的沉淀,这些国家、地区与国际组织已经初步形成一些共识性意见。苏黎世联邦理工学院的安娜·乔宾(Anna Jobin)等通过对来自不同国家或国际组织发布的84个AI伦理文件进行综合比较分析[11],发现这些AI伦理指南在5个关键原则上达成了广泛共识,即透明度、公正与公平、非恶意、责任与隐私等。下面分别以欧盟、美国、中国和国际组织的代表性伦理规范为例,探讨其内在共识。

14.2.1 欧盟《可信赖人工智能伦理指南》

2019年4月,欧盟委员会任命的人工智能高级专家组发布《可信赖人工智能伦理指南》(*Ethics guidelines for trustworthy AI*),欧盟结合自身的价值观,将尊重人类尊严、自由、民主、平等、法治以及人权的观念融入准则之中,并提出了实现可信AI的三大要素:①AI应遵守相关法律法规;

②AI应符合相应伦理准则与价值观要求；③AI应在技术与社会层面具有稳健性。该指南提出实现可信赖AI的4项伦理原则：尊重人的自主性、预防伤害、公平性和可解释性。同时提出了适用于AI系统整个生命周期，覆盖研发者、操作者、终端用户以及社会大众各类群体的7条关键要求：坚持人的自主和监管，保持技术稳健与安全，重视隐私与数据治理，维护透明度原则，坚持多样性、非歧视与公平性原则，维护环境与社会福利以及坚持可追责性原则。该指南旨在平衡不同社会群体的最大化收益和降低与AI系统相关的各类风险。所提出的原则和要求，结合相关政策和投资建议，通过建立适当的监管机制和投资体系，有望在单一市场中落地实施。

值得指出的是，《可信赖人工智能伦理指南》并不具有法律效力，这意味着欧盟委员会不能运用欧盟和成员国的强制手段保证监管落实，这可能会导致监管力度不够。所以后续欧盟一直致力于出台一部有关AI的综合法案，从原则性的"软法"转向正式立法，期望采用统一的法律原则来规范AI的开发、市场投放和使用。这些努力最终促成了《人工智能法案》的出台，相关内容将在14.3节法规部分进行详述。

14.2.2 美国《人工智能伦理道德标准》

2019年11月，美国国防部推出了最终版的《人工智能伦理道德标准》，提出了5项核心标准，即负责、公平、可追溯、可靠和可控。负责(Responsible)要求在AI的开发、部署和使用过程中行使适当的判断力，即应谨慎并保持应有的责任感。公平(Equitable)是指在开发和部署智能化的装备时要避免出现意料之外的偏差，以防这些偏差在无意中对人员造成伤害。可追溯(Traceable)要求开发和部署AI的相关人员对技术、开发流程和适用于AI能力的操作方法有适当的理解，包括透明和可审计的方法、数据源以及设计程序和文档。可靠(Reliable)要求AI应用必须有明确且良好的用途，并且这些能力的安全性和有效性要在其整个生命周期内得到测试和保证。可控(Governable)要求AI应用在达到预期功能的同时，具备检测和避免意外的能力，以及在部署的系统表现出意外行为时，具备人工或自动地脱离或停用的能力，相当于给AI技术加上"保险丝"。例如，委员会建议美军在AI系统和装备中设置"自动或手动"停机开关，一旦该设备运转偏离使用者和设计者初衷，作战和指挥人员就能立即关闭系统。

通过发布这些标准，美国国防部向世界各国展示了其对AI伦理的承诺，并将发挥领导作用，以确保其他国家负责任地使用AI。然而，5条伦理标准中既没有包括禁止美军将AI技术应用于致命性武器，也没有限制智能化武器的攻击目标。这意味着美国已经彻底放弃了"AI非军事化"理想目标，将其全面引入作战领域。

14.2.3 中国《新一代人工智能伦理规范》

中国政府对AI伦理问题保持了持续高度关注。中国的AI治理主要以政府的监管力量推动，旨在通过促进AI技术的创新与安全发展，提高AI的技术水平和应用能力，以更好地服务国家的经济和社会发展。近年来，中国在AI治理方面取得快速发展，从点状治理逐步走向综合治理、精细治理。2019年2月，科技部宣布成立新一代人工智能治理专业委员会，广泛吸收来自高校、科研院所和企业的相关专家，进一步加强AI相关法律、伦理、标准和社会问题研究，推动深入参与AI相关治理的国际交流合作；2019年6月，国家新一代人工智能治理专业委员会发布了《新一代人工智能治理原则——发展负责任的人工智能》；为细化落实该原则，2021年9月，国家新一代人工智能治理专业委员会又发布《新一代人工智能伦理规范》[12]，将伦理道德融入AI全生命周期，促进公平、公正、和谐、安全，避免偏见、歧视、隐私和信息泄露等问题，为从事AI相关活动的自然人、法人和其他相关机构等提供伦理指引。

《新一代人工智能伦理规范》明确提出了 AI 各类活动应当遵循的增进人类福祉、促进公平公正、保护隐私安全、确保可控可信、强化责任担当、提升伦理素养等 6 项基本伦理规范。同时，针对 AI 特定活动，提出其应当遵守的 18 项具体伦理要求，包括管理规范、研发规范、供应规范和使用规范。管理规范包含推动敏捷治理、积极实践示范、正确行权用权、加强风险防范和促进包容开放；研发规范包含强化自律意识、提升数据质量、增强安全透明和避免偏见歧视；供应规范包括尊重市场规则、加强质量管控、保障用户权益和强化应急保障；使用规范包含提倡善意使用、避免误用滥用、禁止违规恶用、及时主动反馈和提高使用能力。

上述伦理规范的出台，对深化推进 AI 伦理治理具有重要意义。在国际方面，该规范彰显了中国在 AI 伦理治理方面的积极态度与实践，为参与 AI 国际治理和与世界各国一起围绕 AI 伦理的对话与合作奠定了坚实基础。在国内方面，作为科技部出台的政策指导性文件，该规范及时弥补了现有法律法规体系在 AI 伦理领域的短暂缺位，为后续制定更具体的法律法规提供了方向和依据；同时也为 AI 研发者、使用者及监管机构提供了明确的伦理行为准则，有助于推动行业形成良好的自律机制，强化企业社会责任感。针对公众关注的隐私保护等敏感问题，该规范也能够起到增强公众对 AI 技术的信任、保障公民合法权益不受侵害等积极作用。

2023 年 10 月，中国政府发布《全球人工智能治理倡议》，围绕 AI 发展、安全和治理三方面系统阐述了中国 AI 治理的方案，倡议提出了“以人为本”和“智能向善”的发展理念，强调 AI 的发展必须符合全人类的共同价值观等重要主张[13]。同时，倡议还针对全球人工智能治理的共识性原则提出了具体落实建议。这些措施将对全球人工智能的发展与治理，以及人类命运共同体愿景的实现产生积极影响。2025 年 7 月，在上海举办的世界人工智能大会暨人工智能全球治理高级别会议发表《人工智能全球治理行动计划》，呼吁各方在遵循向善为民、尊重主权、发展导向、安全可控、公平普惠、开放合作的目标和原则的基础上，切实采取有效行动，协力推进全球 AI 发展与治理[14]。

14.2.4 联合国教科文组织《人工智能伦理建议书》

2021 年 11 月，联合国教科文组织（UNESCO）在法国巴黎发布了《人工智能伦理建议书》，这是全球首个针对 AI 伦理制定的规范框架。该伦理建议书旨在提升 AI 系统生命周期各个阶段的可信度，并提出了 AI 的 4 大价值准则，即尊重、保护和提升人权及人类尊严，促进环境与生态系统的发展，保证多样性和包容性，构建和平、公正与相互依存的人类社会。在此前提下，明确了规范 AI 技术的 10 大原则，这些原则涉及 AI 方法的适当性和相称性，确保人类保留关键决策的最终权力，预防、解决并消除意外伤害，促进社会公平正义，保障公平与非歧视，尊重和保护个人隐私权，建立完善的数据保护框架和治理机制，以及努力提升透明度和可解释性等方面。为推动各会员国政府落实这些普适且重要的价值观和原则，UNESCO 又提出 11 个政策领域，包括伦理影响评估、伦理治理与管理、数据政策、发展与国际合作、环境和生态系统保护，以及健康和社会福祉等。为了落实该建议书，2023 年，UNESCO 又发布了《伦理影响评估：人工智能伦理治理工具建议书》，其中提出了两个关键目标：一是评估特定算法是否与建议书设定的价值观、原则和指导保持一致；二是通过征集有关 AI 系统及其开发方式的信息，确保透明度。

综合来看，UNESCO 发布的《人工智能伦理建议书》是当时全世界在政府层面达成的最广泛的共识，其特点是充分考虑了全球范围内的 AI 伦理治理需求，在全球已有 AI 伦理框架和原则的基础上，致力于通过具体的政策建议落实这些价值观和原则，同时着重强调包容、性别平等以及环境和生态系统保护等问题。建议书内容全面，几乎覆盖 AI 伦理问题的各个领域，是全球 AI 发展的共同纲领,并为进一步形成 AI 有关的国际标准、国际法等提供强有力的参考。该建议书的发布,代表着国际社会在 AI 伦理规约研究方面已取得了一定进展,但这些努力主要集中在原则制定层面,难以完全应对 AI 技术快速发展带来的具体挑战[15],还需要有切实落地的法规措施,为技术和行业发展提供指引。

14.3 AI 伦理的宏观监管

为了推动 AI 伦理规范的现实落地,防范 AI 在各领域发展和应用中的伦理风险,全球各国持续深化推动行业实践,寻求应对 AI 伦理风险的路径和规范,以保证 AI 的良性发展。要防范和化解这些风险,需要从数据风险、算法风险、系统风险和人为风险等方面全方位考虑,制定针对 AI 风险的源头监管措施,将法制规范贯彻到 AI 产品从研发到报废的全寿命全过程。本节从宏观监管层面出发,重点讨论世界各国在解决 AI 伦理问题方面出台的相关法规政策以及社会各界在此领域的努力和探索。

14.3.1 欧盟:强化政府主导的伦理原则建设和法律法规约束

2018 年 5 月,欧盟《通用数据保护条例》(*General Data Protection Regulation*,*GDPR*)正式生效。该条例号称史上最严格的数据保护法规,违反者将面临高达 2000 万欧元或全球营业额 4%的罚款。条例特别强调了个人数据的保护和合法处理,鼓励数据控制者向数据主体解释某项 AI 自动化决策的具体原因。GDPR 的核心要求包括以下内容。①合法、公正和透明,组织需要在收集个人数据时,明确告知数据的处理目的、方式和法律依据;②目的限制,数据只能用于收集时指定的合法目的,不能用于与之不符的目的;③数据最小化,组织只能收集必要的数据,且数据需保持准确性;④正当性、合法性和透明性,数据主体有权获得有关其个人数据的信息,以及要求删除或更正不准确的数据;⑤数据安全和保护,需要采取适当的技术和组织措施,确保数据的安全性和保密性。

2019 年 4 月,欧盟发布《算法责任与透明治理框架》(*A Governance Framework for Algorithmic Accountability and Transparency*),将 AI 伦理治理进一步推动到实践层面。该框架从技术治理的角度出发,阐明不公平算法产生的原因及其可能导致的后果,提出将算法透明和责任治理作为解决算法公平问题的工具,主张将实现算法公平作为算法治理的目的,同时强调"负责任的研究和创新"(Responsible Research and Innovation,RRI)方法在促进实现算法公平中的作用和意义。该框架主要提出了四个层面的政策建议:一是提升公众的算法素养,教育公众理解关于算法选择、决策的核心概念,推动算法内容标准化,并为进行"算法问责"的新闻报道提供技术支持;二是公共部门建立完善的算法透明和问责机制,包括借鉴数据保护法中的数据保护影响评估(Data Protection Impact Assessment,DPIA)机制,建立算法影响评估(Algorithmic Impact Assessments,AIA)机制等;三是完善监管机制和法律责任制度,建立专门的算法监管机构,根据算法影响力和后果分层次建立相应的监管机制,为其他监管机构提供关于算法系统的建议,与标准制定组织、行业和民间社会协调,共同确定相关标准和最佳实践等;四是加强算法治理的国际合作,包括建立一个永久性的全球算法治理论坛,吸纳与算法相关的多方利益攸关者参与等。该框架在分析算法系统为社会、技术和监管带来的挑战的基础上,为算法透明度和问责制的治理提出系统的政策建议,特别是提出了提高公众算法素养的建议,值得其他 AI 治理制度借鉴。

2023 年 5 月,法国国家信息和自由委员会(CNIL)发布了《人工智能行动计划》(*Intelligence*

Artificielle：le Plan D'action de la CNIL），重点关注在设计和使用 AI 技术过程中对个人数据的保护问题，主要围绕四个目标展开。一是了解 AI 系统的运作方式及其对个人的影响；二是保护并监督那些能够充分尊重个人数据的 AI 技术的发展；三是集中力量支持法国和欧洲 AI 生态系统中的创新者；四是审计、监管 AI 系统并保护个人隐私。该计划致力于解决 AI 快速发展过程中引发的各类问题，特别是当前与生成式 AI 有关的争议性事件，从而规范生成式 AI 的发展。

2023 年 8 月，欧盟一项新的数字隐私保护法《数字服务法》（*Digital Service Act*，*DSA*）正式生效，旨在保护个人用户的隐私问题，防止有害内容和虚假信息的进一步传播。

2024 年 3 月，欧洲议会高票通过了《人工智能法案》，该法案是全球范围内首部系统化规制 AI 的法律，内容涵盖数据保护、算法透明度、AI 系统的可解释性等多个方面。该法案基于风险分级的方法，制定了一套与风险相称的 AI 监管规则，以平衡 AI 的发展与安全。按照不同的风险类别对 AI 技术应用进行了分类，涵盖从"不可接受"到高、中、低等 AI 风险等级，并就不同风险等级的 AI 提出了不同的监管要求，包括 ChatGPT 在内的 AI 大语言模型，法案中也做了明确的监管规定。该法案在确保欧盟范围内 AI 的安全、可靠和公平的同时，也为全球人工智能监管奠定了基础。

2024 年 5 月，欧盟委员会成立人工智能办公室，旨在促进 AI 的发展、部署和使用，在降低风险的同时促进社会经济效益和鼓励创新。该办公室将在实施欧盟《人工智能法案》的过程中发挥关键作用，努力促进可信 AI 的发展和创新，确保欧盟在该领域处于领先地位。2024 年 8 月，《人工智能法案》在整个欧盟范围内生效。

总体来看，欧盟在 AI 监管领域强调政府主导，立法进程相对迅速，已实现了统一立法，在全球 AI 立法方面占据了引领地位。同时，在具体实施层面，欧盟构建了以保障个人权利为核心，以风险分层治理为手段，以分级多措施并行监管为方法的相对统一的 AI 治理框架。然而，欧盟过于强调个人数据保护的隐私监管制度，与人工智能所需的大规模数据聚合环境不兼容，其严格执行可能会大幅改变 AI 系统的开发和部署的方式，限制其发展的质量和效益[16]。

14.3.2 美国：依托市场力量，强化应用监管

美国对 AI 安全的监管，最早始于工业领域对个人安全的关注。2017 年 9 月，美国众议院通过了《自动驾驶法案》，对自动驾驶汽车提出系统安全、网络安全、人机交互、防撞性能等 12 项安全要求。随着算法衍生的各类事故问题的进一步突出，美国在 2018 年 5 月发布的《政策制定者如何推动算法问责》报告提出了算法问责框架，开始了其 AI 应用监管的法制化道路。

2020 年 1 月，美国白宫发布《人工智能应用监管指南》（*Guidance for Regulation of Artificial Intelligence Applications*），主要内容包括 10 条指导规范，为联邦政府对 AI 技术和相关产业采取监管和非监管措施时提供指引。这些指导规范强调了促进技术创新、减少技术应用障碍的重要性，并提出了全面而有效的风险评估机制，同时考虑到技术投入的收益与成本、灵活性等因素。该指南为美国在 AI 领域的监管提供了一个框架，旨在确保技术创新和应用的安全性、可靠性和信任度，同时避免过度监管可能带来的创新阻碍。这些规范有助于建立公众对 AI 应用的信任，推动 AI 技术的健康发展，并保护公民的隐私和权利。

2021 年 1 月，美国正式颁布了《2020 年国家人工智能倡议法案》（*National Artificial Intelligence Initiative Act of 2020*），该法案的主要目标包括确保美国在 AI 研究和开发方面继续保持领导地位，开发和使用值得信赖的 AI 系统，并达到世界领先水平，助力美国劳动力在当下和未来能够更好地适应人工智能发展，以及协调民间机构、美国国防部以及情报界在人工智能方面的研究、开发与演示活动。此外，该法案指定美国国家标准与技术研究院（National Institute of Standards and

Technology,NIST)推进 AI 相关的标准、指南和技术的研究,并要求 NIST 在法案颁布两年内,与私营和公共部门合作起草 AI 风险管理框架。该法案对后续 AI 法规建设的发展具有重要意义。

2023 年 1 月,NIST 正式发布《人工智能风险管理框架》(Artificial Intelligence Risk Management Framework,AI RMF),旨在助力各类组织更有效地管理并整合与 AI 相关的信任度考量,以便在设计、开发、使用和评估 AI 产品、服务及系统时能够充分兼顾风险。该框架是通过共识驱动、开放、透明且协作的流程开发形成的,具体包括公众意见征询、多个草稿版本修订、多次举办研讨会以及提供其他反馈途径等,以确保其全面性、合理性和有效性。

AI RMF 的核心包括 4 个功能:治理(Govern)、映射(Map)、测量(Measure)和管理(Manage),如图 14.1 所示,这些功能可进一步细分为不同的类别和子类别。

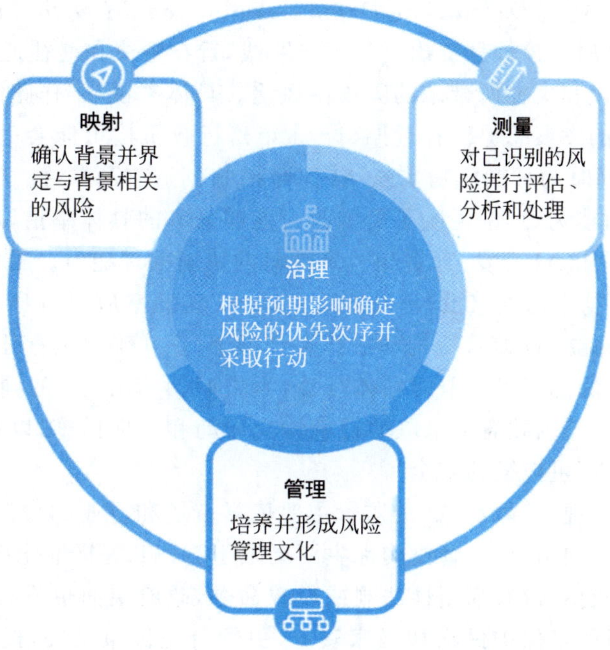

图 14.1 AI RMF 的核心功能及其相互关联

治理功能贯穿整个 AI 风险管理过程,而映射、测量和管理功能可以在特定的 AI 系统环境和 AI 生命周期的特定阶段中应用。AI RMF 有望帮助开发者、用户和评估者更好地管理可能影响个人、组织、社会或环境的 AI 风险,促进开发创新方法来实现包括有效和可靠、安全和弹性、可追责和透明、可解释且可理解、隐私增强以及公平和有害偏见管理等信任度特性。

除此之外,NIST 还发布了与 AI RMF 配套的行动手册、路线图等,并提供了关于 AI RMF 的视频解释。此外,NIST 还启动了可信赖和负责任 AI 资源中心,以促进 AI RMF 的实施和国际一致性。

与其他治理框架不同,NIST 的治理框架是自愿性的,作为参考性标准发布,不具有强制性,同时内容非常细致具体,可操作性强,为各国制定类似标准规范提供了范例。

2023 年 10 月,美国白宫发布拜登签署的《关于安全、可靠、可信地开发和使用人工智能的行政命令》(*Executive Order on the Safe, Secure, and Trustworthy Development and Use of Artificial Intelligence*)。该命令遵循基于风险的监管原则,关注高风险 AI 系统并制定了具体的监管准则以进一步规范和管理 AI 安全风险,针对新出现的生成式 AI 技术引入了对基础模型的披露或测试要求，以便降低 AI 在使用过程中的各种风险，促进安全、负责地管理 AI 的开发和使用，并明确了美国政府对待 AI 的政策法制框架。命令的主要内容包括：AI 安全和安保新标准，保护美国人的隐私，促进公平和公民权利，支持消费者、患者和学生，支持劳动者，促进创新和竞争，提升美国在海外的领导力，以及确保政府负责任和有效使用 AI 等 8 方面。这项行政命令是美国政府对 AI 技术采取的第一项具有约束力的重大行动。然而，2025 年 1 月，美国第 47 任总统特朗普正式上任第一天就宣布撤销了该项行政命令，随后又于 2025 年 7 月签署了三项新的针对人工智能模型的行政命令，要求放宽对人工智能的限制。预计特朗普任期内可能会减少对美国 AI 企业的监管，并加强 AI 相关基础设施的建设，确保美国在 AI 领域的世界领先地位。

2024 年 3 月，受美国国务院联邦合同委托，AI 公司 Gladstone 发布《纵深防御：提高先进人工智能安全保障的行动计划》(*Defense in Depth: An Action Plan to Increase the Safety and Security of Advanced AI*)。该计划提出 5 条工作路线，旨在解决在通往通用人工智能(AGI)的道路上，先进 AI 系统武器化和失控所带来的灾难性风险。具体来说，工作路线 1 旨在通过建立临时保障措施，稳定先进 AI 的发展态势。在近期(1～3 年)，行政机构可能会采取一系列行动，以降低 AI 带来的灾难性风险，同时为长期成功实施 AI 保障措施创造有利条件。工作路线 2 聚焦于强化对先进 AI 的防范与应对能力，详细说明了美国政府能够采取的具体举措，通过这些举措来提升政府在面对先进 AI 以及通用 AI 开发、部署相关事件时的快速处理能力。工作路线 3 主要是增加对 AI 安全技术研究和标准制定的国家投资，以帮助先进 AI 实验室应对自身系统带来的安全和安保挑战。工作路线 4 通过建立 AI 监管机构和法律责任框架，正式确立负责任的 AI 开发和采用的保障措施，并概述了美国立法部门可采取的具体行动，为长期(4 年以上)的国内 AI 安全和安保创造条件。工作路线 5 概述了美国政府可采取的近期外交行动和长期措施，以在国际法中建立有效的 AI 保障体系，同时确保 AI 供应链的安全。

综合上述分析不难发现，美国对 AI 的监管主要依靠市场和行业的力量，国家主要负责提供政策框架和标准规范等方面的指引，监管机构也主要局限于 NIST 等标准化部门。与欧盟相比，具有约束力的法规政策相对较少，没有强制性法规或行政命令，政府层面也没有明确具体的处罚措施。另外，美国监管的主要目的是保护民众和国家安全，引领行业健康发展，提升美国在 AI 领域的国际领导力，这与欧盟的监管思路存在较大不同。

14.3.3 英国：促进创新的人工智能监管方法

2023 年 3 月，英国发布《促进创新的人工智能监管方法》(*A Pro-innovation Approach to AI Regulation*)白皮书。该白皮书分析了 AI 技术带来的人权风险、公平风险、隐私风险和社会福祉风险，构建了一个支持创新的 AI 监管框架，主要实现 3 项目标：一是鼓励负责任创新和减少监管的不确定性，推动 AI 技术繁荣发展，促进其在经济社会中的应用；二是在应对风险和维护基本价值观的基础上，增加公众对 AI 的信任；三是加强英国在 AI 领域的全球领导地位。

白皮书提出了一种创新的基于原则的 AI 监管框架，供监管机构在其职权范围内解释和应用 AI，以最大限度地促进 AI 在相关行业中的安全和创新使用。这种协作和迭代的方法可以跟上 AI 快速发展的脚步，从而加强英国作为全球 AI 领导者的地位。监管机构应该考虑的 5 条明确原则如下。①安全性、可靠性和稳健性：AI 的应用应该以一种安全、可靠和稳健的方式运行，并警惕管理风险。②透明度和可解释性：开发和部署 AI 的组织应该能够明确何时以及如何使用它，并以适当的详细程度解释系统的决策过程，以匹配 AI 的使用所带来的风险。③公平性：AI 的使用应符合英国现有的法律，例如《2010 年平等法案》，不得歧视个人或产生不公平的商业结果。④问责制和治理：需要采取措施以确保对 AI 的使用方式进行适当的监督，并对结果进行明确问责。⑤可争议性和补救：必须对 AI 产生的有害结果或不当决策提供明确的申诉途径。

概括来说，英国倡导的 AI 监管制度具有 6 大基本特征。①促进创新：促进而非扼杀创新。②均衡性：避免给企业和监管机构带来不必要或不相称的负担。③可信性：培育公众对 AI 的信任，以促进和鼓励 AI 的应用。④可适用性：随着 AI 技术的发展，确保英国经济的发展能够快速有效地适应，足以应对突发的机遇和风险。⑤明确性：成为 AI 生命周期中的参与者，如使用 AI 的企业更容易知道规则是什么，它们适用于谁，由谁执行，以及如何遵守。⑥协同性：鼓励政府、监管机构和产业界共同努力，促进 AI 创新，建立公众信任，并确保公众的声音能够得到倾听并被考虑。

值得一提的是，2024 年 4 月，英国和美国共同签署了一项具有里程碑意义的 AI 协议备忘录，达成“AI 安全科学合作伙伴关系”，成为世界首个就如何测试和评估新兴 AI 模型风险开展正式合作的典型范例。综合来看，英国政府提出了一种“常识性、以结果为导向的方法”，尝试在 2030 年成为“AI 超级大国的目标”与“按比例监管”AI 带来的严重风险之间取得平衡。英国正在采取与欧盟明显不同的监管方向，主要差异性体现在以下 4 方面。

（1）在监管范围上，英国白皮书将 AI 定义为任何能够结合“适应性”和“自主性”的系统。广泛的定义确保法规可以灵活地应用和修改以适应不断发展的技术。与之相对，欧盟的 AI 法规使用了固定且狭义的 AI 定义。

（2）在监管方式上，英国避免了针对特定产品的分类，而是倾向于基于结果的监管。AI 的应用将根据具体情况进行具体分析，并根据具体情况将其视为高风险或低风险，监管机构将以此来平衡收益与风险。相比之下，欧盟 AI 法规提出了正式的风险分类法（从低到高），并禁止使用被认为会构成“不可接受”风险的 AI 技术。

（3）在监管机构上，英国不创建新的监管机构，而是将依靠现有监管机构来执行 AI 安全监管职能。欧盟则提议在每个成员国设立中央监管机构（欧洲人工智能委员会）和国家监管机构。

（4）在处罚手段上，英国没有提出对违规行为的新处罚，各监管机构将使用其现有的执法权力，而欧盟《通用数据保护条例》则引入了高达全球年营业额 4% 或 2000 万欧元（以最高者为准）罚款的新处罚，而《人工智能法案》甚至将这一标准提至最高 4000 万欧元或侵权公司上一年度全球年营业额的 7%。

14.3.4 中国：坚持规划引领和应用规范，探索构建人工智能安全管理体系

中国对 AI 安全的治理，经历了一个认识由浅入深、管理由粗向精的发展过程。早在 2017 年，中国就开始高度重视 AI 新技术发展中的政府指导作用，并于 2017 年 7 月由国务院印发并实施《新一代人工智能发展规划》。该规划是中国在 AI 领域的第一个系统部署文件，也是面向未来规范中国在 AI 产业健康发展的一个指导性文件，对 2030 年中国新一代 AI 发展的总体思路、战略目标和主要任务、保障措施进行了系统的规划和部署，对于抢抓 AI 发展的重大战略机遇，构筑中国 AI 发展的先发优势，加快建设创新型国家和世界科技强国具有重要意义，也为后续 AI 的安全治理奠定了良好基础。

随着 AI 安全问题的日益凸显，其产生的社会问题也引起了中国政府层面的高度重视。2021 年 11 月，中共中央政治局召开会议审议《国家安全战略（2021—2025 年）》，并强调要加快提升 AI 安全等领域的治理能力，标志着 AI 安全问题从行业关注上升为国家战略。这一重要转变为推动

中国 AI 健康发展提供了重要指引。

国家层面鼓励重点行业和地方政府先行先试，探索 AI 治理的法规政策。2022 年 9 月，上海市和深圳市分别出台了促进 AI 产业发展的相关条例，统筹 AI 产业发展与安全，保障产业链供应链安全，探索分级治理和沙盒监管模式，并提出对高风险的 AI 产品和服务实行清单式管理，按照必要、正当、可控等原则进行合规审查；对中低风险的 AI 产品和服务采用事前披露和事后控制的治理模式，促进先行先试等具体举措。2023 年 8 月，国家市场监督管理总局、国家标准化管理委员会发布《信息安全技术机器学习算法安全评估规范》(GB/T 42888—2023)，规定了机器学习算法技术和服务的安全要求和评估方法，以及机器学习算法的安全评估流程。

生成式 AI 技术将 AI 的发展引入一个全新时代，很多新的安全问题[17]也随之出现。2023 年 8 月，国家网信办联合六部委发布《生成式人工智能服务管理暂行办法》，这是中国首个针对生成式 AI 产业的规范性政策，旨在促进生成式 AI 的健康发展和规范应用，维护国家安全和社会公共利益，保护公民、法人和其他组织的合法权益，防范生成式 AI 服务风险。2025 年 2 月，国家网信办发布 2025 年“清朗”系列专项行动，重点整治 AI 技术滥用乱象。该项整治突出 AI 技术管理和信息内容管理，强化生成合成内容标识，打击借 AI 技术生成发布虚假信息、实施网络水军行为等问题，规范 AI 类应用网络生态。这是中国政府针对 AI 技术乱象，开展多主体、多方位、多路径综合治理的有力举措和良好开端。

总体来看，中国的 AI 监管在政府层面以规划引领和鼓励应用示范为主，追求发展与安全并重，突出信息内容治理，以行业应用监管为主要抓手，依赖行政手段进行规划和管理，当前尚处于安全体系构建的探索阶段。在生成式 AI 治理方面，中国仍然处于“以制治技”的宏观调控阶段，“以技治技”的微观治理机制尚处于创新探索之中[18]。中国正在积极推动相关立法工作。2022 年 3 月，中共中央办公厅、国务院办公厅印发《关于加强科技伦理治理的意见》，为现阶段人工智能的管理提供了基本的行动指南与制度遵循，为科技伦理治理的战略方向提供了指引。根据国务院 2024 年度立法工作计划，“人工智能法草案”已经连续两年被列入预备提请全国人大常委会审议的项目，相信中国的人工智能法也将会在不久的将来正式出台[19]。

14.3.5 各国际组织：开发人工智能的国际指导原则

在人工智能监管逐步发展为全球问题的大背景下，很多国际组织也纷纷参与其中，为全球人工智能治理贡献力量。国际上最早关注 AI 治理的主要是学术界。2017 年 1 月，在加利福尼亚州阿西洛马举行的 Beneficial AI 会议上，近千名人工智能和机器人领域的专家联合签署了阿西洛马人工智能 23 条原则，呼吁全世界在发展人工智能的同时严格遵守这些原则，共同保障人类未来的伦理、利益和安全。阿西洛马人工智能原则(Asilomar AI Principles)由“生命未来研究所”牵头制定，旨在确保人类在新技术出现时能顺利规避其潜在的风险。其突出核心成员有斯蒂芬·霍金和埃隆·马斯克等。仅 2017 年当年，就有多达 1273 名 AI/机器人研究者和其他领域 2541 人签署支持这些原则。

原则共 23 项，分为 3 大类，分别为科研问题(Research Issues)、伦理和价值(Ethics and Values)以及更长期的问题(Longer-Term Issues)。

在科研问题方面，该原则明确了 AI 研究的目标是创造有益于人类而不是不受人类控制的智能，并提出 AI 的研究经费中应该有部分经费用于研究如何确保有益地使用 AI，包括解决计算机科学、经济学、法律、伦理以及社会研究中的棘手问题，系统开发团队之间应该积极合作，以避免安全标准上的有机可乘。

在伦理和价值方面，在重新强调AI安全性的基础上，该原则将透明性进一步细分为故障透明性及司法透明性。其中，故障透明性是指如果一个AI系统造成了损害，那么造成损害的原因要能被确定。司法透明性是指任何AI系统参与的司法判决都应提供令人满意的司法解释以被相关领域的专家接受。该项原则尝试解答目前AI应用中面临的最为迫切棘手的伦理问题，例如责任问题。原则规定高级AI系统的设计者和建造者是AI使用、误用和行为所产生的道德影响的参与者，有责任和机会去塑造那些道德影响。在价值对齐方面，该原则明确要求高度自主的AI系统的设计，应该确保它们的目标和行为在整个运行中与人类的价值观相一致，使其和人类尊严、权利、自由和文化多样性的理想相一致。在隐私保护方面，原则规定在给予AI系统以分析和使用数据的能力时，人们应该拥有权力去访问、管理和控制他们产生的数据，AI在个人数据上的应用不能允许无理由地剥夺人们真实的或人们能感受到的自由，确保在AI模型推广应用过程中个人隐私不受到严重侵犯。在控制安全性方面，原则规定人类应该来选择如何和决定是否让AI系统去完成人类选择的目标。同时，在伦理道德的其他方面也提出了原则性要求，包括分享利益、共同繁荣和AI军备竞赛等问题，倡导致命的自动化武器的装备竞赛应该被避免。

在更长期的问题方面，主要关注AI的长期发展，特别是超级智能可能带来的风险，提出的主要原则包括：应该避免关于未来AI能力上限的过高假设；对于AI系统造成的风险，特别是灾难性的或有关人类存亡的风险，必须有针对性地制定应对计划并努力减轻可预见的负面影响；在自我升级或自我复制方面，AI系统必须受制于严格的安全和控制标准；超级智能的开发是为了服务广泛认可的伦理观念，并且是为了全人类的利益而不是一个国家和组织的利益等。

从实践层面看，该系列原则力求完备，试图就AI发展和应用可能面临的各种问题都给出一个指导性的努力方向，但普遍偏于宏观，尚未下沉到具体行动。但考虑到其提出时间比较早，这些原则仍然具有十分显著的积极意义。它们为AI的发展提供了一个伦理框架，旨在确保AI技术的发展能够在尊重人类价值观和伦理标准的基础上进行，同时预防和解决可能出现的伦理风险和挑战。通过这些原则，全球的AI研究者和开发者可以有一个共同的指导方针，以确保他们的工作能够对社会产生积极的影响。

2019年5月，经济合作与发展组织(OECD)发布了《OECD AI原则》。作为首部政府间的AI政策指导方针，该文件定义了5项基于价值观的综合原则，包括包容性增长、可持续发展和增进人类福祉，以人为本的价值观和公平，透明性和可解释性，稳健性和安全性，以及问责制，以确保AI的系统设计符合公正、安全、公平和值得信赖的国际标准。

2019年6月二十国集团(G20)批准了《G20 AI原则》。该原则包含两个主要部分：一是可信AI的负责任管理原则；二是实现可信AI的国家政策和国际合作的建议。这些原则的提出，旨在确保AI技术的发展和应用既要符合法律原则、人权和民主价值观，又能够保障AI系统的稳固和安全，避免构成无法应对的安全风险。该原则的制定，反映了国际社会对于AI技术的信任和挖掘其潜力的共同愿望。这些原则强调了AI系统在整个使用周期中应该是稳固和安全的，不应构成无法应对的安全风险；还强调了以人类为中心的原则，以提高对AI技术的信任并充分挖掘这一技术的潜力。

2021年开始，七国集团(G7)在全球发达经济体间就AI治理开启了共识性的探索。2023年4月，G7的数字与科技部部长们在日本本州岛高崎开会后发布联合声明，同意对AI采取“基于风险”的监管，并列举了政策制定者管理AI和其他新兴技术使用的5项原则。2023年10月，G7宣布同意制定《开发高级人工智能的组织的国际指导原则》和《开发高级人工智能系统的组织的国际行为守则》，共同提出AI治理需要考虑的重点问题，突出的有以下七方面。

一是风险评估与监管措施。要求监管部门针对 AI 的具体应用场景和潜在风险,制定不同的监管措施和标准。这与欧盟的监管思路形成共识,可以避免一刀切的监管方式,既能保障公共安全,又不会过度限制 AI 技术的发展。

二是灵活性与开放性。强调监管应为 AI 技术的发展"保持开放和有利的环境"。这意味着在制定监管措施时,既要考虑技术的风险,也要促进技术的创新和发展,与英国的监管思想一致。

三是确立 5 项基本原则。主要面向政策制定者,涵盖管理 AI 和其他新兴技术应用过程中的法治、正当程序、民主、尊重人权以及利用创新机会等方面,为基于风险的监管方法提供了基础性指导。

四是全生命周期监管。强调了在整个开发过程中采取适当的措施来识别、评估和减轻风险,以确保可信性、安全性和保障性,特别强调开发人员应该启用与数据集、流程和决策相关的可追溯性。

五是透明度与问责机制。要求公开报告先进 AI 系统的功能、局限性以及适当和不适当使用的领域,并致力于负责任的信息共享和事件报告,从而提高算法透明度和问责性。

六是国际合作与协调。强调国际合作和协调,呼吁各组织致力于遵守行为准则,推动形成统一的监管框架,减少监管套利的风险,同时承认不同司法管辖区可能会采取自己独特的方法来实施这些指导原则,保留了灵活性。

七是全球一致性。强调需要确保全球监管的一致性,包括统一定义和解释 AI 的重要规范和概念,加强 AI 技术标准制定的协调,从而避免不同国家在规则、术语和要求上对 AI 监管的显著差异。

综上可以看出,作为重要国际组织,G7 综合了各国对 AI 发展监管的不同诉求,力求在一致性和差异性之间寻求折中,强调通过国际协调合作来达成全球监管的一致性,并重点强调了各国采用不同监管方法可能带来的监管套利等负面影响,可以为各国制定自身监管政策提供参考。

2023 年 7 月,国际电信联盟与 40 个联合国伙伴机构在瑞士举行"AI 造福人类全球峰会",共同探讨 AI 安全防范措施及全球治理框架。

综合来看,多数国际组织参与 AI 治理的热情较高,也注意到了 AI 治理的全球一致性需求,并积极倡导开展国际合作,但国际组织通常没有强制执行力,其对 AI 的治理通常局限于倡议、原则和框架层面,难以深入具体落实层面。作为积极推动 AI 治理政策落地的代表,联合国教科文组织于 2024 年 8 月发布了《全球 9 大新兴的人工智能监管方法》,对全球立法机构正在审议的关于 AI 的不同监管方法进行了总结,并提供了来自不同国家的具体案例以说明每种方法。这 9 种新兴监管方法基本概括了当前各国在 AI 安全领域的监管思路,这些方法包括基于原则的方法、基于标准的方法、基于实验主义的方法、基于促进和扶持的方法、基于调整现有法律的方法、基于信息透明度的方法、基于风险的方法、基于权利的方法和基于责任的方法。该报告同时针对为何监管、何时监管和如何监管三个问题提出了具体建议,其中指出的有必要进行监管的原因包括解决公共问题,保护、尊重和推进基本权利和集体权利,以及实现某种期待的未来,可为各国制定 AI 法规政策提供落实层面的参考。

总之,这种多国共同参与、协同监管的全球化 AI 治理机制的繁荣,体现了 AI 治理主体的多元化[20],随着 AI 治理手段的不断丰富,一个凝聚全球共识的综合治理模式终将在不久之后到来。

14.3.6 讨论

为使读者全面了解世界范围内 AI 监管政策法规的全貌,本节从法规政策、监管机构、监管范围和监管手段方面综合比较分析中国、美国和欧盟 AI 治理方面的异同。

1. 法规政策

中国：中国发布了《生成式人工智能服务管理暂行办法》，旨在规范生成式 AI 服务，强调社会主义核心价值观，防止生成违法和不良信息，同时注重知识产权和个人隐私保护。此外，中国还鼓励 AI 在各行业创新应用，并支持企业在场景创新中发挥主体作用。

美国：美国的 AI 监管政策处于起步阶段，尚未形成统一的联邦立法。不过，美国白宫发布了《人工智能权利法案蓝图》，提出 5 项原则指导自动化系统的设计和部署，包括安全有效的系统和算法歧视保护等。此外，美国 NIST 推出了《人工智能风险管理框架》，帮助企业和专家进行风险评估。

欧盟：欧盟的《人工智能法案》是一项全面的法律框架，它通过禁止或限制高风险应用来监管 AI，强调了对人类安全和基本权利的保护。

2. 监管机构

中国：中国的监管机构主要是国家网信办、国家发展改革委、教育部、科技部、工业和信息化部、公安部等部委机关，也包括部分先行先试的地方政府，从市场监管和行业治理的角度对生成式 AI 服务进行管理。

美国：美国的监管机构尚未明确，但包括联邦贸易委员会（FTC）、消费者金融保护局（CFPB）和 NIST 等在内的多个联邦机构都在积极推动 AI 治理战略。

欧盟：欧盟的监管机构主要是欧洲议会和欧盟理事会，它们共同完成了《人工智能法》的定稿，并负责监督法案的实施。

3. 监管范围

中国：中国的监管范围涵盖了生成式 AI 服务，包括文本、图片、音频和视频等内容的生成，并明确了服务提供者和使用者的责任。

美国：美国的监管范围尚在讨论中，前期主要局限在软件和算法层面。《人工智能权利法案蓝图》提出了对自动化系统的设计和部署的指导原则，可能影响未来的监管范围。

欧盟：欧盟的监管范围广泛，涵盖了所有在欧盟范围内使用的 AI 系统，并对高风险 AI 系统进行了特别规定。

4. 监管手段

中国：中国的监管手段包括制定具体的管理办法，明确服务规范，监督检查和法律责任，以及鼓励企业在场景创新中发挥作用。

美国：美国的监管手段较为分散，以政策指导和框架建议为主，同时各联邦机构在各自领域内进行监管实践。

欧盟：欧盟的监管手段包括立法禁止或限制高风险应用，以及通过《人工智能法案》对 AI 进行全面监管。

总体来说，中国在 AI 治理方面已经制定了具体的管理办法和鼓励创新的政策；美国虽然在政策层面有所行动，但缺乏统一的联邦立法，监管手段较为分散；欧盟则通过全面的立法来规范 AI 的使用和发展。AI 技术的跨国性和全球化特征要求国际社会首先就技术规范与标准达成共识，推动全球范围内的协同治理，以技术标准化为牵引，可以为政策制定者提供清晰的技术参数、实施步骤与法律依据[21]。截至 2025 年初，全球范围内的 AI 立法都还不够成熟和完善，AI 治理的法制化还有比较长的路要走。

14.4 企业级人工智能伦理实践

为了进一步考察 AI 伦理治理的行业实践情况，我们接下来把眼光投向企业界。随着社会各界对 AI 伦理的日益重视，企业界特别是各大科技公司对 AI 伦理治理表现了出积极拥抱态度，微软、谷歌、百度等众多国内外主流科技公司纷纷把 AI 伦理和可信 AI(Trustworthy AI, TAI)作为打造 AI 产品和服务的市场竞争优势的核心引擎之一。企业界的 AI 伦理实践涉及原则、监管机构、技术工具和解决方案、AI 伦理产品服务、行动指南、员工培训等诸多层面。

14.4.1 微软的人工智能伦理实践

微软提出了"公平、安全可靠、隐私保障、包容、透明、负责"6 大 AI 伦理原则，设立了 3 个 AI 伦理事务相关内设机构：负责任的 AI 办公室(ORA)，AI、伦理与工程研究委员会(Aether)，以及负责任的 AI 战略管理团队(RAISE)。ORA 主要制定公司内部的负责任 AI 规则，团队赋能，审查敏感用例，推进立法、规范、标准的制定。Aether 专注于公平与包容、安全可靠、透明可解释、隐私保障、AI 交互协作领域，积极制定内部政策，并决定怎样负责任地处理出现的问题。RAISE 旨在将负责任 AI 的要求整合到团队日常开发过程中，建立负责任 AI 的工具和系统，帮助公司及客户实现 AI 伦理监管落地。

针对 AI 监管实践，微软提出一系列的技术解决方案，包括贯穿整个 AI 生命周期的技术和管理工具，以及按照应用场景将需求特性集成到 AI 系统工具包等。同时，微软公司发布了一系列行动指南，在项目开发过程中为团队提供具体的行动建议和解决方案，进而节省团队时间、提升用户体验，同时贯彻 AI 伦理原则。

14.4.2 谷歌的人工智能伦理实践

谷歌从积极方面(开发目标)和消极方面(不追求的应用)规定了 AI 的设计和使用原则，将其作为公司和未来 AI 发展的基础，并于 2018 年成立了负责任创新中央团队，在人权、用户体验研究、伦理、信任和安全、隐私、公共政策和机器学习等领域构建了一个 AI 原则生态系统，帮助技术开发人员将负责任 AI 落实到工作当中。

在具体实施层面，谷歌的 AI 伦理治理制度核心是由 3 层治理架构组成，包括产品团队、专门的审查机构与专家团队，以及先进技术审查委员会。其中第 1 层是产品团队，由专门负责用户体验、隐私、信任和安全等方面的专家组成，这些专家提供与人工智能原则相一致的专业知识。第 2 层的审查机构和专家团队由负责任创新中央团队、隐私顾问委员会、健康伦理委员会以及产品审查委员会 4 个部门组成，分别负责贯彻 AI 原则、评估隐私风险、健康领域决策和产品合格性审查等。例如，产品审查委员会评估了信用风险和信誉领域的产品，决定暂停开发与信贷有关的 AI 产品，以避免加重算法不公平或偏见。第 3 层的先进技术审查委员会负责处理升级问题以及最复杂的先例性案例，并建立影响多个产品领域的策略，权衡潜在的商业机会和某些应用程序的道德风险。

同时，谷歌也开发了一系列的技术工具，用于评估产品的公平性、增强用户隐私等。相比于其他企业，谷歌在 AI 伦理实践方面的一大特色是重视员工培训。谷歌专门为员工开设了科技伦理培训项目，通过科技哲学来指导员工遵循道德，使他们了解如何评估潜在的利害，同时还配有课程，为员工解释谷歌 AI 原则和内部治理实践。谷歌还为新员工配套了 AI 原则和负责任创新培训课程，帮助他们了解谷歌的伦理道德准则和可用资源。

14.4.3 百度的人工智能伦理实践

为确保公司的AI研发与实践满足各利益相关方在AI伦理表现方面的要求和期望，百度制定了AI伦理4原则：安全可控、促进人类平等获取技术和能力、教人学习让人成长和为人类带来更多自由与可能。

同时，百度依据国际主流AI伦理框架，从安全可控、以人为本、平等普惠、促进进步和隐私保障的普遍共识出发，在百度AI伦理4原则的基础上提出了科技伦理6大倡议，包括管控伦理风险、对齐人机价值、保护个人隐私、扩大能力开放、加强意识培养和加强交流合作。

为推动这些原则实践落地，百度采取了一系列务实举措，包括设立科技伦理委员会、开展AI伦理培训、参与AI伦理标准制定、研发可解释的AI系统以及建立安全保障机制等。这些措施在全方位管理伦理风险和促进创新与发展等方面发挥了积极作用。

14.4.4 商汤科技的人工智能伦理实践

作为新兴AI公司的代表，商汤科技于2021年正式提出“平衡发展”的AI伦理观，明确了“以人为本、技术可控、可持续发展”的伦理原则。随着AI治理进入落地实践阶段，商汤进一步提出了发展“负责任且可评估”的AI，并将其作为商汤开展AI治理的愿景目标，构建了覆盖全生命周期的治理体系，打造AI治理闭环，将伦理原则嵌入产品设计、开发和部署的全生命周期。

在数据风险方面，商汤将个人信息保护融入产品研发全生命周期，设立“数据安全与个人信息保护委员会”，实施个人信息保护评估审查。在算法风险方面，商汤开展基于真实场景下的算法验证与评测，实现AI技术的真正可信与可控。在应用风险方面，商汤持续完善AI伦理治理体系，建立覆盖设计、开发、部署全生命周期的产品伦理风险审查流程；紧随全球AI行业发展变化，建立“全球AI伦理风险库”；定期组织员工进行AI伦理培训，持续完善内部伦理传播体系，不断提升员工伦理素养。商汤还建立了伦理风险目标管理机制、伦理风险事件处置机制和伦理治理质量控制机制。此外，为推动发展“负责任且可评估”的AI，商汤还在内部开发了一系列覆盖数据治理、算法测评、模型体检和伦理审查的流程工具和技术平台。

综上所述，各主流科技企业高度重视AI伦理治理工作，立足自身担负的社会责任，以产品合规性为中心，建立了包括技术把关、产品审查和人员培训等一整套相对完整规范的AI伦理治理制度体系，并已经辅助应用，积累了大量实践经验，具备行业推广的条件。同时也要注意到，企业界的AI治理实践目前还主要集中在主流科技企业，其他行业的渗透率还不高，伦理治理路径还有待进一步探索。同时，在AI伦理实践中需要注意防范“伦理漂洗”问题，部分科技企业可能根据各自的需要进行数字伦理选购，逃避其应当采取的实际行动，从而加剧甚至放大潜在的伦理风险，导致更加严重的社会问题[22]。

小结与展望

AI伦理是关乎人类未来社会发展的重大问题之一。AI与人类的关系以及我们如何看待这种关系是科学界和哲学界需要长期探讨的重要话题[23]。本章简单介绍了AI伦理的概念、所带来的社会挑战，以及国际社会各界在AI伦理实践、AI伦理规范和AI监管实践等方面的探索，力求使读者了解AI伦理涉及的主要问题以及其治理的发展现状。事实上，AI伦理还涉及很多更为深入的话题，包括AI决策的难点、AI决策的责任归属和人类应该如何与AI相处等[24]。这些宏大而重要的问题,至今国际上尚未给出一致意见,本书没有进行深入探讨。

从伦理角度看,全球范围内的 AI 发展仍存在一些问题[25],主要表现为:第一,缺乏普遍的道德标准和监管框架,无法确保问责制的落实,也难以促进国际合作;第二,"全球北方"和"全球南方"之间在 AI 基础设施建设的结构性差异,扩大了 AI 普惠性与可及性的全球鸿沟;第三,需要解决个人隐私和数据安全问题,建立国际数据保护和网络安全标准的合作倡议至关重要。此外,当下的 AI 伦理监管实践多选择外在主义道路,即通过制定法律规约、发布行业指南、促进跨文化交流等方式,约束和引导开发者实现对偏见和冲突的治理,而对于如何将伦理观念嵌入 AI 系统之中、转化为 AI 系统的内在逻辑等内在主义治理路径的研究和发展尚有不足[26]。

从总体趋势上看,AI 伦理与监管领域的发展正朝着更加规范化、普遍化和国际化的方向发展。

一是规范化。随着 AI 技术的广泛应用,对 AI 的监管也在不断增加和扩展。例如,欧盟的 AI 法案在经过多年的讨论后,于 2024 年最终成为法律,2025 年 2 月首批条款正式生效[27]预计将对全球其他地区的类似法律产生影响。此外,经济合作与发展组织(OECD)、美国国家标准技术研究院(NIST)、联合国教科文组织(UNESCO)、国际标准化组织(ISO)和七国集团(G7)等机构也在推动 AI 相关的标准活动和跨司法管辖区的合作。

二是普遍化。首先是 AI 自我监管的需求,越来越多的组织采用自我监管方法来进一步推动与其组织价值观的一致性,并建立信誉。例如,IBM 通过其 AI 伦理委员会和综合治理计划对自身实施组织管控,并提供帮助客户实施组织和技术管控的解决方案。2025 年 5 月,微软亚洲研究院发布《社会责任人工智能:研究的挑战与机遇》报告,系统提出构建负责任 AI 体系的十大关键研究问题,包括技术、伦理、治理等多维度考量[28]。其次是技能 AI 专业人员的需求增长,随着 AI 监管市场的迅速扩展,能够实施负责任的组织和技术控制的 AI 专业人员的需求也在增加[29]。这些专业人员将需要接受特定于市场需求的任务培训,包括法规要求的任务。

三是国际化。AI 正在改变人类的工作方式和生活方式,为个人、组织和社会提供了前所未有的好处。要进一步扩大 AI 的应用,就需要有专业技能的人才,并且通常还需要社会各界共同努力,以确保 AI 能够被合理、负责地应用[30]。同时,全球范围内对 AI 伦理的讨论和指南制定正在增加,这些指南通常涉及隐私、反歧视、责任和产品安全等法律关注点。例如,世界卫生组织(WHO)在其关于 AI 在医疗中使用的报告中概述了 AI 系统的关键考虑因素和原则,这是因为医疗领域使用 AI 系统的责任归属界定和风险分级监管机制等问题,已经开始成为国际社会关注的重点问题之一[31]。

总的来说,AI 伦理与监管在未来仍将充满挑战,但也蕴含着重大机遇。随着 AI 技术的不断发展,全球各方应加强合作,共同探索合适的道德和法律框架,以应对这一新兴技术带来的各种风险和挑战。通过国际社会在伦理与监管方面的不断努力,我们有理由相信,AI 将在促进社会进步、提高生活质量的同时,能够更好地实现公平、安全和可持续发展。未来的 AI 伦理和治理将更加规范化、普遍化,并具有全球视野,确保所有国家和社会群体都能平等受益于这一技术。

参考文献

[1] CELLAN-JONES R. Stephen Hawking warns artificial intelligence cloud end mankind [N]. BBC News,2014.

[2] 每日经济新闻. 马斯克最新采访:我最大的恐惧是 AI,最大的希望是火星[EB/OL]. (2024-05-27)[2025-06-26]. https://www.nbd.com.cn/rss/zaker/articles/3405020.html.

[3] HARARI Y N. 智人之上:从石器时代到 AI 时代的信息网络简史[M]. 林俊宏,译. 北京:中信出版社,2024.

[4] HUANG C,ZHANG Z,MAO B,et al. An overview of artificial intelligence ethics[J]. IEEE Transactions on Artificial Intelligence,2023,4(4):799-819.

[5] SIAU K,WANG W. Artificial intelligence (AI) ethics[J]. Journal of Database Management,2020,31(2):74-87.

[6] 夏永红. 人工智能伦理治理范式:从价值对齐到价值共生[J]. 自然辩证法通讯,2025,47(1):1-8.

[7] 付长珍. 智能与智慧:人机关系的伦理前瞻[J]. 求是学刊,2024,6:35-42.

[8] 鲁晓,刘慧晖,李瑞,等. 前沿科技的伦理风险:日益增长的威胁[J]. 中国科学院院刊,2024,39(11):1835-1844.

[9] 张欣. 人工智能安全治理挑战与对策[J]. 网络安全技术与应用,2024,12:140-143.

[10] BURUK B,EKMEKCI P E,ARDA B. A critical perspective on guidelines for responsible and trustworthy artificial intelligence[J]. Medicine,Health Care,and Philosophy,2020,23(3):387-399.

[11] IENCA J M,VAYENA E. The global landscape of AI ethics guidelines[J]. Nature Machine Intelligence. 2019,1(9):389-399.

[12] 中华人民共和国科技部.《新一代人工智能伦理规范》发布 [EB/OL]. (2021-09-26)[2025-06-26]. https://www.most.gov.cn/kjbgz/202109/t20210926_177063.html.

[13] 中华人民共和国外交部. 全球人工智能治理倡议[EB/OL]. (2023-10-20)[2025-10-07]. https://www.fmprc.gov.cn/web/ziliao_674904/1179_674909/202310/t20231020_11164831.shtml.

[14] 新华社. 人工智能全球治理行动计划(全文)[EB/OL]. (2025-07-26)[2025-08-01]. https://www.gov.cn/yaowen/liebiao/202507/content_7033929.htm

[15] 张成岗,潘璐. 参与式伦理规约:人工智能时代的风险挑战及其治理逻辑构建[J]. 中国科学院院刊,2024,39(11):1860-1870.

[16] 张涛. 人工智能训练中合成数据的融贯性法律治理[J]. 计算机科学. 2025,52(02):20-32.

[17] 程鹏,童松,崔鹤,等. AI 时代下科学知识生产的伦理困境与策略[J]. 科学学研究,2024,42(11):2254-2261.

[18] 谢潇,罗世杰. 论生成式人工智能的动态风险及适应性治理[J]. 北京工业大学学报(社会科学版),2025,25(1):44-57.

[19] 贺苗,褚星波. 生成式人工智能的伦理风险与规范选择[J]. 自然辩证法研究,2024,40(11):94-101.

[20] 秦前红,罗世龙. 人工智能时代人权治理观念的三重革新[J]. 公共治理研究,2025,37(01):86-96.

[21] 汝鹏,苏竣,韩志弘,等. 智能引领未来:生成式人工智能的社会影响与标准化治理[J]. 电子政务. 2025(265):2-14.

[22] 杨进,杜严勇. 人工智能伦理漂洗现象及其治理[J]. 自然辩证法通讯,2025,47(1):9-17.

[23] 李德毅,刘玉超,任璐. 人工智能看智慧[J]. 科学与社会,2023,13(4):131-149.

[24] 王琦,朱军,王海兵. 人工智能安全——原理剖析与实践[M]. 北京:电子工业出版社,2022.

[25] 何友. AI大模型与决策智能[R]. 长沙:中国图象图形大会,2025.

[26] 徐进,王珏. 人工智能偏见与冲突治理的内在注意进路及其知识表示[J]. 东南大学学报(哲学社会科学版),2024,26(6):43-50.

[27] 澎拜新闻,全球首部 AI 法案生效![EB/OL]. (2025-02-06)[2025-07-03]. https://www.thepaper.cn/newsDetail_forward_30086114.

[28] 微软亚洲研究院社会责任人工智能研究团队.《社会责任人工智能:研究的挑战与机遇》白皮书[EB/OL]. (2025-05-08)[2025-07-03]. https://www.microsoft.com/en-us/research/articles/societal-ai-whitepaper/.

[29] WIESE L,RATHINAM S S,OSCHINSKI M,et al. AI ethics and governance in the job market:Trends,skills,and sectoral demand[J]. IEEE Transactions on Technology and Society,2025.

[30] BALDASSARRE M T,CAIVANO D,NIETO B F,et al. Ethics-driven incentives:Supporting government policies for responsible AI innovation[J]. IEEE Intelligent Systems,2025.

[31] 彭颖,杨超然,于广军. 基于人工智能的临床辅助决策支持系统问责制度探索[J]. 海军军医大学学报,2025,46(8):963-969.

第 15 章 回顾、建议与展望

CHAPTER 15

15.1 引言

人工智能(AI)作为 21 世纪最具变革性的技术之一,其理论与应用已深度融入全球科技创新体系。本书系统梳理了人工智能领域的理论方法前沿、技术创新前沿和产业发展前沿,并探讨了人工智能与人类社会的关系,旨在为相关领域的学生、教育工作者、科技工作者、企业管理者、政策制定者等提供人工智能发展前沿总览。本章将回顾全书的主要内容,并就读者可能关注的问题提供建议,最后展望人工智能未来的发展方向。

15.2 内容回顾

围绕人工智能的发展前沿,本书第 1 章绪论首先回顾了人工智能的起源与历史发展进程,并对核心技术进行了总结,同时介绍了人工智能发展过程中的典型应用以及当下人工智能发展所面临的安全、伦理与战略相关问题。本书主要包含四部分的内容,分别是人工智能理论方法前沿、人工智能技术创新前沿、人工智能产业发展前沿,以及人工智能与人类社会。其中,人工智能理论方法前沿包含第 2~6 章,分别介绍了五个重要的理论研究方向;人工智能技术创新前沿包含第 7~10 章,展开介绍了前沿的技术应用;人工智能产业发展前沿包含第 11、12 章,总结了当前世界人工智能产业布局与产业发展;最后,涵盖了第 13、14 章的人工智能与人类社会则重点针对人工智能安全、人工智能伦理与监管两大问题进行了探讨。

15.2.1 人工智能理论方法前沿

本书重点介绍了第 2 章无监督学习、第 3 章自动机器学习、第 4 章人工智能生成内容、第 5 章人工智能大模型、第 6 章智能体智能五方面理论与方法,旨在为读者提供人工智能前沿理论与方法概览,增强读者对重要前沿研究方向的了解。

1. 无监督学习

无监督学习的核心价值在于突破传统监督学习对人工标注数据的依赖,其能够通过挖掘数据内在结构与分布规律实现特征自组织生成,为基于海量未标注数据的学习提供了方法论。本书第 2 章系统性介绍了无监督学习的核心思想及其在自然语言处理和计算机视觉领域的应用演进,从 K-Means 聚类和 PCA 降维等经典无监督学习算法入手;进一步深入分析自监督学习中的对比学习和掩膜学习两个重要前沿方向;讨论自监督学习的代理任务设计、评估方法及其在下游任务中的应用；最后展望了无监督学习的未来发展方向。

2. 自动机器学习

自动机器学习将人工智能开发中烦琐且耗时的重复环节自动化，降低了机器学习对专业知识的依赖，减少了人为调参和试错成本，提升了模型开发效率与稳定性，使机器学习能够应用于更广泛的领域和场景。本书第3章围绕自动机器学习技术，从算法选择、自动超参数优化方法出发，重点介绍自动机器学习理论中的元学习、神经架构搜索等前沿理论方法，分析了典型自动机器学习算法所适用的任务与场景，并展望了自动机器学习算法在结合基础模型、提升可扩展性、增强可持续性和提高可解释性等方面的发展。

3. 人工智能生成内容

人工智能生成内容方法是人工智能从判别式决策向创造性内容生成演进的关键技术范式，其推动了自然语言处理和多模态融合等理论突破，拓展了人工智能的认知边界与创作能力。本书第4章围绕人工智能生成内容方法展开，首先明确了生成式模型与判别式模型的本质差异，阐述了其学习数据联合概率分布的核心目标，并介绍了通过构建潜在变量与采样机制实现数据生成的机制；重点解析了生成对抗网络、变分自编码器、流模型、扩散模型、自回归模型等主流架构的设计原理与优化路径；并围绕多模态内容生成、视频生成、音频生成、医学图像生成、文本生成、代码生成、人工智能修复等场景，讨论了生成式模型在提升产业效率与推动技术普惠中的应用；最后，通过国内外生成式大模型的案例分析，总结当前技术发展的共性与挑战，并展望人工智能生成内容发展趋势。

4. 人工智能大模型

人工智能大模型通过超大规模参数架构与优化理论创新，突破了复杂语义理解、跨领域知识迁移及交互内容生成中的性能边界，加速人工智能技术通用化进程。本书第5章系统介绍人工智能大模型的技术框架与发展脉络。首先以大语言模型为切入点，梳理从统计语言模型到神经语言模型架构的演进路径，详述可用资源、预训练技术、大模型的使用与评测等关键技术要素；剖析大模型在现实应用中衍生的挑战与解决方法，包括偏见、事实性幻觉等；然后，详细介绍了大模型价值对齐技术的意义、标准与实施方法；并拓展至多模态大语言模型领域，解析多模态大语言模型通用结构、微调方式、评估机制等前沿研究；最后对人工智能大模型向着更大规模、更高效能的方向发展提出了展望。

5. 智能体智能

智能体智能重构了自主推理与复杂问题建模的理论框架，推动了人工智能在动态环境感知、复杂策略生成与跨域协同决策中的突破。本书第6章围绕智能体理论发展前沿展开，首先重点介绍了深度强化学习的基础理论与方法前沿；进一步扩展到多智能体强化学习理论前沿，围绕多智能体在不同合作与竞争场景下的强化学习方法展开讨论；并介绍了大模型驱动智能体、大模型与智能决策、大模型与群体智能、决策大模型行业应用等方面的理论与技术前沿研究情况；最后，讨论了开放环境下智能体协作与对抗所面临的挑战与对应解决方法。

15.2.2　人工智能技术创新前沿

本书的第二部分围绕人工智能技术创新前沿展开介绍，包括第7章智能无人系统、第8章元宇宙、第9章脑启发人工智能、第10章AI4S：科学研究新范式，涵盖了人工智能技术四大前沿领域，在人工智能的前沿应用技术与方向上为读者提供参考。

1. 智能无人系统

智能无人系统是人工智能技术集成创新的核心载体，历经长期技术迭代与跨学科融合，伴随传感器、算法算力与自主感知决策等关键技术的持续突破，其智能水平由早期单一功能向多模态协同、自适应学习的复杂体系不断升级。本书第 7 章首先围绕感知与理解、导航与轨迹规划、控制与决策、集群协同四个方面详细描述了智能无人系统关键技术；并针对自动驾驶、工业机器人、服务机器人、智能无人机、水面/水下智能无人系统等重要应用领域的技术发展进行了讨论；最后，展望了智能无人系统未来发展趋势。

2. 元宇宙

元宇宙作为人工智能技术的多维聚合体，通过虚拟现实、数字孪生、多模态交互等技术的深度融合，逐渐成为推动产业数字化与扩展人类认知边界的核心引擎。本书第 8 章首先围绕元宇宙定义、起源与发展历史、元宇宙组成与基础、应用前景展开介绍；并重点针对三维重建渲染、虚拟数字人和具身元宇宙三项重要前沿技术深入探讨；最后对元宇宙未来的技术创新、社会应用，以及潜在挑战与建议进行了展望。

3. 脑启发人工智能

脑启发人工智能通过建立类脑认知架构的技术基础，打破了传统符号主义与连接主义算法的认知局限性，为人工智能领域提供了关键研究范式，已成为人工智能技术领域热门前沿方向。本书第 9 章从多角度系统地探讨了脑启发人工智能的关键技术，首先围绕人工智能与脑科学跨学科发展历程、脑科学和认知科学、技术应用，以及人工智能与脑科学双向促进等方面展开介绍；并进一步探讨脑启发新型传感设备的理论、技术与应用前沿；其次，深入分析脑启发人工智能模型技术的理论与实践发展；介绍脑机接口技术，展示了脑启发人工智能的实践方向；最后，剖析脑启发人工智能的机遇与挑战并展望其未来发展方向。

4. AI4S：科学研究新范式

人工智能驱动科学研究（AI4S）逐渐成为科学研究的第五范式，在物理、化学、生物医学等学科中实现了从假设生成、实验优化到理论验证的全链条智能化技术方案，不仅以高维问题求解能力打破传统方法边界，更推动科学认知向未知领域加速拓展。本书第 10 章首先探讨 AI4S 的新范式；并分别针对人工智能与数学、人工智能与物理、人工智能与生物、人工智能与材料等领域展开论述，介绍了人工智能在各基础学科中科学发现的应用与创新突破；接着简要梳理了人工智能与地球科学、有机化学、能源科学和计算科学等其他领域相结合的技术创新；最后对 AI4S 的未来发展方向进行了展望。

15.2.3 人工智能产业发展前沿

本书的第三部分围绕人工智能产业前沿展开探讨，由第 11 章人工智能产业布局和第 12 章人工智能产业发展组成，综合概述了人工智能产业前沿，为读者提供人工智能产业宏观布局与发展情况概览，帮助读者理解人工智能产业的发展现状与未来发展趋势，为政策制定者、投资者、行业从业人员和学者提供有价值的参考与启示。

1. 人工智能产业布局

本书第 11 章详细探讨了人工智能产业布局情况，首先总览了全球人工智能产业的整体布局；进一步探讨了人工智能时代的创新驱动力和商业模式、产品、人才培养、信息共享等产业创新体系；其次，围绕人工智能产业投资动态、人才战略两大核心维度，剖析全球及中国人工智能产业布局图景与发展情况；最后，展望了人工智能产业布局方向。

2. 人工智能产业发展

本书第 12 章围绕人工智能产业发展历史与前沿展开介绍，系统梳理了全球与中国人工智能产业格局与产业链；并围绕研究产出趋势、关键技术突破和开源技术生态演进分析了前沿研究与技术发展情况；其次，从人工智能产业应用、领域独角兽生态分析和产业政策发展角度介绍了人工智能技术产业发展情况；进一步针对技术趋势、应用趋势、安全伦理的趋严管控和生态协同等方面，深入分析人工智能产业发展趋势；最后对人工智能产业发展的未来进行了展望。

15.2.4 人工智能与人类社会

本书的第四部分针对人工智能与人类社会展开探讨，由第 13 章人工智能安全和第 14 章人工智能伦理与监管组成，围绕人工智能技术革命所带来的安全与监管的新问题展开讨论，并从技术、政策与实践等方面给出建议。

1. 人工智能安全

人工智能的兴起必然会带来新的安全风险与社会性问题，本书第 13 章围绕人工智能所引发的安全问题展开讨论，首先分析了人工智能技术应用引发的安全问题以及人工智能系统本身的安全问题两个层面的人工智能安全问题；进而回顾了几个国家以及国际组织的人工智能安全战略；针对人工智能安全风险的应用措施，讨论了人工智能安全技术与可信人工智能四大支撑技术；并针对自动驾驶领域、在线电商/数字金融领域、社交媒体、军事领域等典型应用场景下的人工智能安全防护进行了介绍；最后展望了人工智能安全技术的发展方向。

2. 人工智能伦理与监管

人工智能技术及其应用的快速发展使人们对它的认知处于快速变化中，而人工智能认知和理解世界的方式超出了人类认知，这导致人类对人工智能应用的不安。本书第 14 章聚焦人工智能伦理与监管问题，探讨人工智能如何与人类更好地和谐共生。首先阐述了人工智能伦理的概念与范畴以及人工智能伦理带来的主要社会挑战；接着围绕几个国家与国际组织制定的人工智能伦理规范进行分析；进一步讨论了人工智能伦理的宏观监管问题；并详细介绍了几个代表性企业的人工智能伦理实践；最后，对人工智能伦理与监管发展趋势进行了展望。

15.3 问题与建议

尽管人工智能技术在多个领域取得了飞跃式的发展，但其仍面临诸多亟待解决的问题。本节从理论与技术发展、产业与生态发展、人工智能治理与社会责任三个维度出发，梳理当前人工智能发展中存在的核心问题，并提出针对性的建议。对这些问题的深入探讨与有效应对，不仅关系到人工智能技术的可持续发展，更关乎其能否真正造福人类社会，推动长远进步。

15.3.1 理论与技术发展

人工智能的持续突破依赖于坚实的理论基础与高效的技术实现，然而，当前人工智能在多个关键的理论和技术上仍存在显著不足。下面依据学术界和工业界的关注重点，针对人工智能可解释问题、绿色人工智能问题、多模态融合与理解问题和人工智能物理世界理解问题四方面展开讨论。

1. 人工智能可解释问题

随着人工智能在医疗、金融、司法等高风险领域的广泛应用，系统决策过程的可解释性

(Explainable Artificial Intelligence,XAI)[1]已成为不可或缺的重要特性。本书的第3章、第5章、第13章等章节均对人工智能模型的可解释性问题进行了讨论。当前主流的深度学习模型尽管在表达能力上表现卓越,但其内在机制呈现"黑箱"特性,导致人类用户难以理解模型推理路径,进而降低了信任感,在部分领域甚至引发了伦理与法律责任的争议。

文献[2]针对人工智能模型可解释性进行了详细的梳理,并从多方面阐述了其问题与技术。事实上,对于人工智能模型的可解释性研究主要涵盖两方面。一方面是更加关注人工智能内部机制的可解析程度,即可诠释性(Interpretability)[3],其体现为通过结构透明性直接推导决策逻辑的能力,典型如线性回归的系数可解释性;另一方面则是偏向可解释性(Explainability)[4],强调通过外部技术手段重构决策依据的能力,即人工智能模型的结果推理过程或模型内部机制可以用人类语言解释的程度,适用于复杂模型的间接解释。人工智能模型的可诠释性研究致力于将模型"白盒化",主要通过约束模型复杂度(如单调性约束[5])或嵌入符号推理结构来保障内在透明性。而可解释性研究则更加关注对"黑盒"模型的后验解释,通过模型探针(Model Probing)[6]、显著性映射[7]等技术对人工智能模型的输出结果进行反演,实现对人工智能模型结论的解读,缩小机器认知与人类理解的语义鸿沟。

2. 绿色人工智能问题

本书讨论的无监督学习、自动机器学习、人工智能生成内容与大模型等技术背后都需要消耗大量的计算资源,而日益增长的计算资源消耗伴随着严重的碳排放问题。以GPT-3为例,其单次训练能耗超过1287MW·h[8],碳排放量相当于112辆汽车的年排放水平。这种高能耗现象不仅带来了环境负担,也对人工智能技术的可持续性发展提出了严峻挑战,这一问题在当前大规模预训练模型广泛应用的背景下更加突出。

针对这一问题,越来越多的研究者开始关注绿色人工智能(Green AI)理念,主张通过算法优化、硬件创新和资源调度等手段实现能耗与性能的协同优化。发展绿色人工智能不仅是技术选择,更与国家绿色低碳发展战略紧密相关,具有重大意义[9]。文献[10]首次明确提出绿色人工智能概念,强调在追求最先进的性能之外,还要重视计算效率、能耗开销问题。在算法层面,通过利用结构剪枝[11]、参数共享[12]、模型蒸馏[13]等技术可以大幅降低模型训练能耗。在硬件层面,研究者们提出光子神经网络(Photonic Neural Network,PNN)[14]和光学神经网络(Optical Neural Network,ONN)[15]来实现超低能耗且高速的深度学习。清华大学戴琼海院士提出"算力堆叠"策略已经难以为继,应当探索类脑计算、光学神经网络等低能耗计算架构[16]。事实上,人工智能应当成为推动高碳行业节能减排的关键力量,而非能源消耗的负担[17]。在未来,绿色人工智能的研究将进一步从算法优化扩展至系统设计与应用层面,形成多层次协同推进的局面。

3. 多模态融合与理解问题

本书第2章、第4章、第5章、第8章等章节均讨论了多模态融合与理解的问题。由于现实世界的信息呈现出多种模态信息混合的特性,人类在感知与理解过程中天然融合视觉、听觉、语言等多种模态信息。此外,机器感知也存在着多源多模态传感信息的融合与理解问题[18,19]。然而,当前多模态人工智能系统缺乏统一的表征与推理机制,限制了跨模态知识的深度整合,文本、图像、语音等模态之间存在知识孤岛,缺乏统一知识表达平台[20]。

针对多模态融合与知识理解的问题,文献[21]系统梳理了多模态深度学习的发展脉络,指出感知碎片化主要源于模态间特征表示不统一、融合策略不足与推理机制分离等问题。同时,越来越多工作开始探索多模态大模型在跨模态表示学习与知识理解中的应用[22]。依据模型表征架构的不同,多模态融合的相关工作主要分为统一嵌入解码器架构方法[23-25]和跨模态注意力架构方法[26-28]。文献[29]则在多模态融合基础上,进一步详细探讨了多模态理解问题,包括感知、推理、思考和规划能力,这些也是通用人工智能的必备能力。

4. 人工智能物理世界理解问题

本书讨论了大模型、智能体智能、智能无人系统,以及脑启发人工智能等人工智能理论与技术前沿,介绍了人工智能在生成、预测等任务中取得的前沿进展。但是,人工智能模型对物理世界的因果规律理解仍然十分有限。现有模型普遍依赖大规模数据驱动,缺乏对动态环境与物理规则的内生建模能力,表现为"知其然而不知其所以然"。西安交通大学郑南宁院士指出在自动驾驶等场景中对复杂未知环境理解和物理规律认知能力的不足,是实现可靠人工智能系统的主要瓶颈[30]。

为解决人工智能对物理世界的理解问题,研究人员从多个方面展开探索。以杨立昆(Yann LeCun)等为代表的研究者认为当前人工智能系统的问题在于缺乏类似人类通过观察和互动形成的世界模型(World Models)[31]。这类研究认为人工智能需要强化情境感知与未来行为预测能力,以应对复杂动态环境,突破当前物理规则认知的局限。例如,文献[32]通过构建能够预测未来状态并进行因果推理的世界模型,提升了人工智能的常识理解和推理能力。文献[33]提出了一种基于图神经网络的世界模型架构,能够在视觉表示学习中捕捉物理世界的动态特性,通过自监督学习,使模型在不需要大量标注数据的情况下,学习到具有物理意义的表示。此外,还有研究关注如何对物理知识进行表征与嵌入[34],结合物理规则构建可解释的因果推理模型,或将物理定律作为先验知识嵌入模型。例如,文献[35]通过将物理概念知识库与知识表示集成到人工智能模型自主工作流中,实现了从原始实验数据中自动推导物理定律,这为人工智能理解世界提供了一种新的解决思路。

15.3.2 产业与生态发展

本书回顾了近些年人工智能产业的宏观产业布局以及其在企业、人才、产业创新等方面的发展情况,不难发现人工智能的广泛应用离不开完善的产业体系与良好的生态环境支撑。然而,当前人工智能在基础资源、平台能力等方面仍面临结构性挑战。本节对人工智能数据问题和算力与硬件问题展开分析,探讨人工智能产业高质量发展的关键瓶颈并给出相应的改进建议。

1. 人工智能数据问题

数据作为人工智能发展的核心要素,其质量与流通性直接决定了人工智能的性能和可持续性。例如,文献[36]通过实验证明即使是在同一分布下重新采样的数据,也可能使主流深度学习模型性能显著下降,凸显了数据质量与流通性对人工智能可靠性的关键影响。然而,当前数据普遍存在孤岛化、质量不均、隐私保护薄弱与流通机制缺失等问题,这不仅制约了数据价值的释放,也加剧了人工智能在公平性、泛化能力和可信性方面的挑战。因此,构建统一的数据市场和流通机制,打通数据价值链,是提升人工智能质量和可持续性的关键。

基于此,研究者针对人工智能数据问题,面向数据流动、安全保护、生态建设等方面提出系列分析与解决思路。例如,有学者提出建立数据确权、定价与交易机制,真正实现数据即资产的价值转化[37]。文献[38]通过隐私保护深度学习(如联邦学习、差分隐私等),在保护数据主体权益的同时,促进数据在人工智能训练中的安全流动。而针对数据生态建设方面的体系设计缺乏问题,有学者指出需建立国家级数据基础设施[39]、建设开放共享的数据生态系统[40]等措施,提升人工智能的发展格局。

2. 算力与硬件问题

伴随人工智能模型规模的快速增长,其对计算资源的需求呈指数级攀升。传统基于CPU/

GPU 的架构逐渐暴露出能效低、通信瓶颈突出等问题，难以满足新一代人工智能应用对高效、低延迟计算的需求。

为突破这一瓶颈，研究者提出发展人工智能原生芯片，如类脑芯片[41]和光计算芯片[42]。例如，文献[43]回顾了存算一体化技术，指出通过减少数据搬移能够大幅提升计算能效；文献[44]提出的 TPU 架构，通过为深度学习计算任务量身定制的数据流处理单元，实现了远超传统 CPU/GPU 的推理加速性能，显著提升了人工智能模型在云端的计算效率。在面向类脑芯片的研究中，文献[41]提出的 Loihi 芯片，通过模拟神经元与突触机制，实现了高能效的类脑计算范式，展示了人工智能原生芯片突破传统计算瓶颈的潜力。在针对光计算芯片的研究中，文献[45]利用集成光学张量核心，实现了超高速、低功耗的卷积处理；文献[46]提出的 Taichi 光子芯粒架构，通过大规模模块化集成和高效光互联，实现了高达 160TOPS/W 的能效比，展现了光计算在通用人工智能中的应用潜力；文献[15]提出的全光正向训练方法，通过光域内的梯度估算与参数更新，突破了光学神经网络依赖电子路径训练的限制，实现了端到端的纯光训练机制；此外，从产业优化角度来看，有学者提出建设公用型智算中心和算力调度平台，促进算力资源的社会化共享[47]。

15.3.3 人工智能治理与社会责任

随着人工智能技术快速渗透各行各业，其引发的伦理、安全与社会责任问题愈发受到关注。当前人工智能治理体系尚不健全，社会对人工智能行为规范、风险控制与价值导向的期待持续上升。本节聚焦人工智能快速治理问题、人工智能伦理评估问题和人工智能风险与安全问题，探讨构建科学、包容且具有前瞻性的治理框架，引导人工智能在安全可控的轨道上健康发展。

1. 人工智能风险与安全问题

本书第 5 章介绍了大模型的偏见与幻觉问题，第 13 章详细讨论了人工智能快速发展带来的灾难性风险与安全挑战。这些问题不仅威胁模型性能和稳定性，还可能引发广泛的风险与危害[48]。当前针对人工智能风险与安全问题的研究包括人工智能价值对齐以及可信计算两方面。其中，人工智能价值对齐目标是确保人工智能行为与人类的意图和价值观保持一致，偏向于人工智能的可控性与道德性。而可信计算旨在确保人工智能的稳定性、可解释性、隐私保护和公平性，其目标是使人工智能能够抵御干扰，实现可靠、可信的运行。

文献[49]系统性地梳理了人工智能价值对齐相关研究，并将当前相关工作分为了反馈学习、分布偏移学习、保证和治理四个领域。工业界对人工智能价值对齐的研究也十分关注。DeepMind 团队提出人们需要为人工智能寻找适合对齐的价值观的方法[50]。而 OpenAI 研究者则更关注使用技术手段实现 AI 价值对齐[51]。文献[52]对可信人工智能技术进行了全面综述，并探讨了人工智能可信度重要方面的理论框架，包括稳健性、泛化性、可解释性、透明度、可重复性、公平性、隐私保护和问责制。约书亚·本吉奥(Yoshua Bengio)提出将因果推理与人类价值观纳入人工智能设计，并以民主与公平为设计原则，构建"谨慎科学家型人工智能"模型[53]。这些方法从技术层面上对如何应对人工智能风险和安全问题提出了思考与分析。

2. 人工智能伦理评估与治理问题

本书第 14 章总结了部分国家和国际组织对人工智能伦理与监管相关的法案与规范，但从社会学角度来看，人工智能治理机制尚处于探索阶段，缺乏统一的规范与前瞻性设计。例如，人工智能伦理评估仍缺乏系统工具和可操作指标，大多停留在原则层面，这使得人工智能伦理治理难以真正落地执行。

在应对人工智能伦理评估与治理方面，除技术手段外，也需从社会学与哲学层面展开思考。

例如，联合国教科文组织提出如何制定具体可执行的伦理评估框架，包括影响评估、审计机制与责任追溯体系，以避免人工智能系统价值偏离与滥用风险[54]。文献[55]考虑伦理评估应围绕益处最大化、伤害最小化、公平性与可解释性展开，提出了统一的操作性评估框架。杰弗里·辛顿(Geoffrey Hinton)也提出当人工智能超越人类时，其目标可能与人类价值冲突，认为应当及早定义边界与伦理框架，需要使用道德框架与严格监管来应对人类可能被超越的风险[56]。此外，文献[57]通过对全球范围内的人工智能伦理准则进行系统梳理，指出各类伦理框架虽在核心价值上趋于一致，但在可执行性和监管机制上存在明显差异，凸显全球伦理治理协调的重要性。

15.4 未来展望

当前，人工智能已在感知、生成与决策等多个领域取得突破性进展。面向未来，人工智能不仅将持续深化技术体系的升级，还将拓展其在复杂环境下的智能能力，并在应对全球性危机、重塑科学研究方式等方面发挥关键作用。本节围绕下一代人工智能理论与方法研究、人工智能终身学习研究、开放环境智能体研究、AI4S应对全球危机、人工智能伦理与可控边界研究，以及生物计算与量子计算人工智能六个前沿方向进行展望，为人工智能的未来演进提供系统性思考。

15.4.1 下一代人工智能理论与方法研究

随着人工智能向更深层次发展，当前以深度学习等连接主义技术所引导的第二代人工智能逐渐暴露出黑箱性强、稳健性差、缺乏因果推理等问题[58]。因此，发展以安全、可信、可靠、可扩展为核心的新一代人工智能理论体系成为研究焦点[59]。

面向下一代人工智能理论研究，众多学者进行了不同视角的展望与初步探索。其中，清华大学张钹院士提出结合第一代符号主义与第二代连接主义两大理论范式，发展新一代人工智能理论模型[59]。南京大学周志华团队提出溯因反射(Abductive Reflection)机制，实现神经符号(Neural-Symbolic)系统高效纠错，展示了以知识图谱加大模型混合架构实现高效可解释学习的前沿成果，预示着符号主义与连接主义融合的可行理论路径[60]。浙江大学潘云鹤院士团队展望了中国新一代人工智能技术发展，从知识数据协同决策智能、多模态智能、群体智能、人机混合智能和自主智能五种技术形态展望了新一代人工智能技术的发展[61]。此外，清华大学李德毅院士团队基于认知物理学提出“可交互、会学习、自成长”的智能机器理论，将认知智能与物理学的物质、能量、结构、时间四要素结合[62,63]。杨立昆(Yann LeCun)等则更注重人工智能对真实世界的模拟，通过世界模型实现自主机器智能，让机器像人和动物一样观察、理解和决策[32]。文献[64-66]提出了系列针对复杂环境的世界模型，并实现世界生成、零样本决策规划、未知环境导航等任务。

未来新一代人工智能理论与方法的研究仍是一个开放问题，可以预见的是越来越多的学者会围绕此问题展开丰富的探讨，持续推进人工智能迈向通用智能。

15.4.2 人工智能终身学习研究

当前，人工智能在面对现实环境中动态、开放和复杂任务时表现出来的适应性与可持续性都仍有较大欠缺，这是因为人工智能缺乏像人类一样持续学习新任务，同时避免遗忘旧知识的能力。人工智能终身学习(Life-Long Learning)又被称为持续学习(Continual Learning)[67]，主要探索如何使人工智能解决可塑性丧失和灾难性遗忘两大关键难题，提升适应复杂动态环境的能力[68]。

面向人工智能终身学习的讨论从广义上可以分成训练阶段的持续学习以及推理阶段的上下

文学习(In-Context Learning,ICL)[69]。前者是从模型结构设计以及训练机制上抑制灾难性遗忘问题,通过记忆重放[70]、参数隔离[71]等技术实现对动态任务的持续学习。后者则通过上下文示例引导模型快速适应新任务,无须更新参数。这种上下文学习本质上是一种隐式的元学习过程[72],文献[73]表明 ICL 能够覆盖传统元学习器的所有算法(如梯度下降算法、近邻算法),并因其更灵活的架构展现出更强的表达能力。ICL 和外部知识库的结合也能进一步平衡可塑性和稳定性。同时,也有研究者认为结合任务驱动的元学习与模型微调,可实现人工智能的自主终身进化[74]。

15.4.3 开放环境智能体研究

开放环境的复杂性和不确定性、传感数据异构性、零样本任务泛化性、资源受限、噪声干扰等难题为智能体的实际落地带来了显著挑战,现阶段研究主要面向单个机器人“感知-决策-控制”一体化问题[75,76],缺乏对任务和环境的泛化与适应性等方面的考虑。同时,多智能体协同决策与对抗博弈等问题的研究还局限在虚拟仿真场景中[77-79],真实开放条件下的多智能体研究亟须突破。

未来,以具身智能为代表的技术有望探索对复杂动态环境与任务的快速理解与适应[80,81],将是智能体走向真实应用的重要技术发展方向。其次,约束下的机器人自主控制、多传感融合、开放环境自适应等技术需要深入研究。另外,虚实融合与仿真迁移、人机融合决策与控制、异构智能体自主协同与博弈等方面亟须重点突破。

15.4.4 AI4S 应对全球危机

AI4S 为科学发现带来了新的启发,在面对传统科学范式难以应对的高度复杂、跨学科的系统性问题中提供了新的研究范式,同时为气候变化[82]、能源危机[83]、粮食安全[84]、公共卫生[85]等全球性危机的解决方案带来了新思路。

当前,AI4S 的研究已为诸多学科带来了新的科学发现,尤其在生物医药领域加速了药物与疫苗研发,提升了人类对抗重大疾病的能力。但是,科学数据质量不高、模型物理解释能力不足的问题依旧突出,这限制了 AI4S 技术的真实应用与实践。同时,传统科学家的“牛顿范式”(基于第一性原理)与人工智能的“开普勒范式”(数据驱动)存在方法论冲突[86],这也限制了 AI4S 成果的可用性。此外,面向全球危机的关键领域(如气候建模、病毒进化预测等)存在数据稀缺、异构和标注难题,亟须突破。

15.4.5 人工智能伦理与可控边界研究

人工智能不同于其他科技革命时期集中突破的技术,其本质是延伸到体外的人类智能,伴随着人工智能的技术突破与广泛应用,其在社会伦理、技术治理等方面带来了更加突出的挑战。如何在保障科技进步的同时为人工智能设定合理可控的边界,已成为工程技术、社会学、法学、哲学等诸多学科的重要议题。

未来,在技术领域,需要进一步研究人工智能的可信、可靠、可控、可解释能力,并通过技术与法律手段建立“可控围栏”以防止人工智能失控,强化预警与演练机制[87]。在社会学与哲学层面,技术异化与人类主体性消解[88]、伦理规范的评估量化性[89]、责任归属明确性[90]、人机关系的哲学本体论[91]等问题都需要进一步探索与研究。

15.4.6 生物计算与量子计算人工智能

传统冯·诺依曼架构(von Neumann Architecture)已难以支持人工智能日益增长的算力需

求，探索新型计算范式成为突破瓶颈的重要方向。当前，生物计算以及量子计算作为最有可能成为下一代计算架构的技术范式引发了众多关注，其与人工智能的交叉融合引领新一轮的技术突破。

在生物计算人工智能领域，已有工作针对“类器官智能”（Organoid Intelligence）展开探索[92]，旨在通过实验室培养的人脑类器官再现学习、感官处理等认知功能。文献[93]提出受大脑启发的计算硬件 Brainoware，通过结合类器官与人工智能算法，为人工智能硬件在时间、能量消耗、发热等方面的挑战提供生物计算的解决方案。文献[94]提出了湿性神经形态计算（Wet-Neuromorphic Computing），并展示了利用生物计算进行模式识别的方法。同时，Cortical Labs 团队研发出全球首款商业化生物计算机 CL1，通过实验室培养的人类神经元集群实现生物计算人工智能[95]。然而，当前生物计算人工智能技术仍处于早期探索阶段，其控制的精度、可靠性和规模化生产仍待突破，距离真实应用仍有较大差距。

在量子计算人工智能领域，量子计算机由于独特的量子力学特性，在指数级并行计算、复杂问题的求解优化、高维数据处理等方面相比传统计算机体系具有明显优势，因此在人工智能领域展现出较大应用潜力[96]。文献[97]对量子机器学习领域概念、理论和算法进行了全面回顾。文献[98-103]分别验证了量子计算机在图像识别等人工智能任务上的有效性以及相对传统计算机结构的计算优越性。文献[102]提出量子张量混合微调方法应对大语言模型在高秩依赖场景下的表达能力和性能。当前，随着量子计算设备的发展，量子机器学习正从实验室走向应用，但当前研究还局限在特定任务上，通用的量子计算设备以及量子计算人工智能系统仍待探索与突破。

尽管生物计算和量子计算仍处于起步阶段，面临着技术复杂性，可靠性，以及计算设备通用化、规模化等挑战，但其在解决人工智能算力瓶颈上展现出重要潜力。未来，随着生物计算与量子计算架构，以及硬件设备的持续突破，人工智能理论范式与技术应用将会系统性重构，引领从底层逻辑到应用生态的新一轮技术变革。

参考文献

[1] ARRIETA A B, DÍAZ-RODRÍGUEZ N, DEL SER J, et al. Explainable artificial intelligence (XAI): Concepts, taxonomies, opportunities and challenges toward responsible AI[J]. Information Fusion, 2020, 58: 82-115.

[2] LIPTON Z C. The mythos of model interpretability: In machine learning, the concept of interpretability is both important and slippery[J]. Queue, 2018, 16(3): 31-57.

[3] DOSHI-VELEZ F, KIM B. Towards a rigorous science of interpretable machine learning[EB/OL]. (2017-02-28)[2025-05-12]. https://arxiv.org/abs/1702.08608.

[4] GUIDOTTI R, MONREALE A, RUGGIERI S, et al. A survey of methods for explaining black box models[J]. ACM Computing Surveys, 2018, 51(5): 1-42.

[5] RUDIN C. Stop explaining black box machine learning models for high stakes decisions and use interpretable models instead[J]. Nature Machine Intelligence, 2019, 1(5): 206-215.

[6] ALAIN G, BENGIO Y. Understanding intermediate layers using linear classifier probes[EB/OL]. (2016-10-05)[2025-05-12]. https://arxiv.org/abs/1610.01644.

[7] SIMONYAN K, VEDALDI A, ZISSERMAN A. Deep inside convolutional networks: Visualising image classification models and saliency maps[EB/OL]. (2013-12-20)[2025-05-12]. https://arxiv.org/abs/1312.6034.

[8] MASLEJ N, FATTORINI L, BRYNJOLFSSON E, et al. Artificial Intelligence Index Report 2023[EB/OL]. Stanford University, (2023-10-05)[2025-05-19]. https://arxiv.org/abs/2310.03715.

[9] 温婷.全国政协委员、百度董事长李彦宏：加快发展“绿色 AI”助力实现“双碳”目标[EB/OL].(2022-03-07)[2025-04-24].https://company.cnstock.com/company/scp_gsxw/202203/4839762.htm.

[10] SCHWARTZ R,DODGE J,SMITH N A,et al. Green AI[J]. Communications of the ACM,2020,63(12):54-63.

[11] SO D,MAŃKE W,LIU H,et al. Searching for efficient transformers for language modeling[C]//Proceedings of the 35th International Conference on Neural Information Processing Systems. New York: Curran Associates,2021,34:6010-6022.

[12] DING N,QIN Y,YANG G,et al. Parameter-efficient fine-tuning of large-scale pre-trained language models[J]. Nature Machine Intelligence,2023,5(3):220-235.

[13] SANH V,DEBUT L,CHAUMOND J,et al. DistilBERT,a distilled version of BERT: Smaller,faster,cheaper and lighter[EB/OL].(2020-03-01)[2025-04-28].https://arxiv.org/abs/1910.01108.

[14] ASHTIANI F,GEERS A J,AFLATOUNI F. An on-chip photonic deep neural network for image classification[J]. Nature,2022,606(7914):501-506.

[15] XUE Z,ZHOU T,XU Z,et al. Fully forward mode training for optical neural networks[J]. Nature,2024,632(8024):280-286.

[16] 戴琼海.从脑启发计算到光学神经网络：探索 AI 计算新范式[R].北京：清华大学人工智能研究院,2022.

[17] 中国信息通信研究院.数字碳中和白皮书[EB/OL].(2021-12-20)[2025-05-27].https://www.caict.ac.cn/kxyj/qwfb/bps/202112/P020211220632111694171.pdf.

[18] 何友,刘瑜,李耀文,等.多源信息融合发展及展望[J].航空学报,2025,46(6):1-27.

[19] 何友,刘瑜,董凯,等.多源信息融合与应用[M].第 3 版.北京：电子工业出版社,2025.

[20] WANG W,YANG Y,PAN Y. Visual knowledge in the big model era: Retrospect and prospect[J]. Frontiers of Information Technology & Electronic Engineering,2025,26(1):1-19.

[21] BALTRUŠAITIS T,AHUJA C,MORENCY L P. Multimodal machine learning: A survey and taxonomy[J]. IEEE transactions on Pattern Analysis and Machine Intelligence,2018,41(2):423-443.

[22] WANG X,CHEN G,QIAN G,et al. Large-scale multi-modal pre-trained models: A comprehensive survey[J]. Machine Intelligence Research,2023,20(4):447-482.

[23] LI J,SELVARAJU R,GOTMARE A,et al. Align before fuse: Vision and language representation learning with momentum distillation[C]//Proceedings of the 35th International Conference on Neural Information Processing Systems. New York: Curran Associates,2021,34:9694-9705.

[24] RADFORD A,KIM J W,Hallacy C,et al. Learning transferable visual models from natural language supervision[C]//Proceedings of the 38th International Conference on Machine Learning. New York: PMLR,2021:8748-8763.

[25] LI J,LI D,SAVARESE S,et al. BLIP-2: Bootstrapping language-image pre-training with frozen image encoders and large language models[C]//Proceedings of the 40th International Conference on Machine Learning. New York: PMLR,2023:19730-19742.

[26] LU J,BATRA D,PARIKH D,et al. VILBERT: Pretraining task-agnostic visiolinguistic representations for vision-and-language tasks[C]//Proceedings of the 33rd International Conference on Neural Information Processing Systems. New York: Curran Associates,2019:13-23.

[27] CHEN Y C,LI L,YU L,et al. UNITER: Universal image-text representation learning[C]//Proceedings of 16th European Conference on Computer Vision. Berlin: Springer,2020:104-120.

[28] SINGH A,HU R,GOSWAMI V,et al. FLAVA: A foundational language and vision alignment model[C]//Proceedings of the IEEE/CVF Conference on Computer Vision and Pattern Recognition. Piscataway: IEEE Press,2022:15638-15650.

[29] LI Y,LIU Z,LI Z,et al. Perception,reason,think,and plan: A survey on large multimodal reasoning models[EB/OL].(2025-05-08)[2025-05-12].https://arxiv.org/abs/2505.04921.

[30] 郑南宁.机器行为与具身智能[R].重庆：2023 中国自动化大会,2023.

[31] HA D,SCHMIDHUBER J. World models[EB/OL]. (2017-02-28)[2025-05-12]. https://arxiv. org/abs/1702. 08608.

[32] LECUN Y. A path towards autonomous machine intelligence[EB/OL]. (2022-06-27)[2025-04-30]. https://openreview. net/pdf?id=BZ5a1r-kVsf.

[33] SANCHEZ-GONZALEZ A,GODWIN J,PFAFF T,et al. Learning to simulate complex physics with graph networks[C]//Proceedings of the International Conference on Machine Learning. New York: PMLR,2020: 8459-8468.

[34] SHIVKUMAR S,DEANGELIS G C, HAEFNER R M. Hierarchical motion perception as causal inference[J]. Nature Communications,2025,16(1): 3868.

[35] FANG Y L,JIAN D S,LI X,et al. AI-Newton: A concept-driven physical law discovery system without prior physical knowledge[EB/OL]. (2025-04-02)[2025-05-12]. https://arxiv. org/abs/2504. 01538.

[36] RECHT B,ROELOFS R, SCHMIDT L, et al. Do ImageNet classifiers generalize to ImageNet? [C]//Proceedings of the International Conference on Machine Learning. New York: PMLR,2019: 5389-5400.

[37] 黄铁军. 大模型需要大数据流转模式创新[R]. 北京: 2024 北京智源大会,2024.

[38] SHOKRI R, SHMATIKOV V. Privacy-preserving deep learning [C]//Proceedings of the 22nd ACM SIGSAC Conference on Computer and Communications Security. New York: ACM Press,2015: 1310-1321.

[39] 邬贺铨. AI时代的数据要素开发与治理[EB/OL]. (2023-11-03)[2025-04-30]. https://www. nda. gov. cn/sjj/zwgk/zjjd/0830/20240830180616743223842_pc. html.

[40] 周琪. 数据驱动创新及科学数据开放的思考[R]. 北京: 2023 中关村论坛"科学数据与开放科学论坛",2023.

[41] DAVIES M,SRINIVASA N, LIN T H,et al. Loihi: A neuromorphic manycore processor with on-chip learning[J]. IEEE Micro,2018,38(1): 82-99.

[42] PEI J,DENG L,Song S,et al. Towards artificial general intelligence with hybrid Tianjic chip architecture[J]. Nature,2019,572(7767): 106-111.

[43] SEBASTIAN A,LE GALLO M,KHADDAM-ALJAMEH R,et al. Memory devices and applications for in-memory computing[J]. Nature Nanotechnology,2020,15(7): 529-544.

[44] JOUPPI N P,YOUNG C,PATIL N,et al. In-datacenter performance analysis of a tensor processing unit[C]//Proceedings of the 44th Annual International Symposium on Computer Architecture. New York: ACM Press,2017: 1-12.

[45] FELDMANN J,YOUNGBLOOD N,KARPOV M,et al. Parallel convolutional processing using an integrated photonic tensor core[J]. Nature,2021,589(7840): 52-58.

[46] XU Z,ZHOU T,MA M,et al. Large-scale photonic chiplet Taichi empowers 160-TOPS/W artificial general intelligence[J]. Science,2024,384(6692): 202-209.

[47] 王恩东. 把握"时"与"势"以计算产业升级促数字经济发展[J]. 中国网信,2022(04): 43-47.

[48] 何友. 人工智能安全问题研究[R]. 成都: 第八届全国高校电子信息类专业教学论坛,2024.

[49] JI J,QIU T,CHEN B,et al. AI alignment: A comprehensive survey[EB/OL]. (2023-10-30)[2025-05-12]. https://arxiv. org/abs/2310. 19852.

[50] GABRIEL I. Artificial intelligence,values,and alignment[J]. Minds and Machines,2020,30(3): 411-437.

[51] GUAN M Y,JOGLEKAR M,WALLACE E,et al. Deliberative alignment: Reasoning enables safer language models[EB/OL]. (2024-12-20)[2025-05-12]. https://arxiv. org/abs/2412. 16339.

[52] LI B,QI P,LIU B,et al. Trustworthy AI: From principles to practices[J]. ACM Computing Surveys,2023,55(9): 1-46.

[53] BENGIO,Y. AI scientists: Safe and useful AI?[EB/OL]. (2023-05-07)[2025-04-30]. https://yoshuabengio. org/2023/05/07/ai-scientists-safe-and-useful-ai/.

[54] UNESCO. Recommendation on the ethics of artificial intelligence[R/OL]. (2021-11-23)[2025-04-30]. https://unesdoc. unesco. org/ark:/48223/pf0000381137.

[55] FLORIDI L,COWLS J. A unified framework of five principles for AI in society[M]//Carta S. Machine

Learning and the City：Applications in Architecture and Urban Design. New York：Wiley，2022：535-545.
[56] HINTON G. Balancing AI's transformative potential with ethical concerns[R]. Geneva：2024 AI For Good Global Summit，2024.
[57] MITTELSTADT B. Principles alone cannot guarantee ethical AI[J]. Nature Machine Intelligence，2019，1(11)：501-507.
[58] 何友.人工智能发展前沿[R].杭州：2024 全球人工智能技术大会，2024.
[59] 张钹，朱军，苏航.迈向第三代人工智能[J].中国科学：信息科学，2020，50(09)：1281-1302.
[60] HU W C，DAI W Z，JIANG Y，et al. Efficient rectification of neuro-symbolic reasoning inconsistencies by abductive reflection[C]//Proceedings of the AAAI Conference on Artificial Intelligence. Menlo Park：AAAI Press，2025：17333-17341.
[61] WU F，LU C，ZHU M，et al. Towards a new generation of artificial intelligence in China[J]. Nature Machine Intelligence，2020，2(6)：312-316.
[62] LI D. Cognitive physics—The enlightenment by Schrödinger，Turing，and Wiener and beyond[J]. Intelligent Computing，2023，2：0009.
[63] 李德毅.认知物理学基础：认知自然和人类自身的奠基石[J].人民论坛·学术前沿，2024(14)：4-10.
[64] DUAN H，YU H X，CHEN S，et al. WorldScore：A unified evaluation benchmark for world generation[EB/OL]. (2025-04-01)[2025-05-13]. https://arxiv.org/abs/2504.00983.
[65] ZHOU G，PAN H，LECUN Y，et al. DINO-WM：World models on pre-trained visual features enable zero-shot planning[EB/OL]. (2024-11-07)[2025-05-13]. https://arxiv.org/abs/2411.04983.
[66] BAR A，ZHOU G，TRAN D，et al. Navigation world models[EB/OL]. (2024-12-04)[2025-05-13]. https://arxiv.org/abs/2412.03572.
[67] 李文斌，熊亚锟，范祉辰，等.持续学习的研究进展与趋势[J].计算机研究与发展，2024，61(06)：1476-1496.
[68] ZHENG J，SHI C，CAI X，et al. Lifelong learning of large language model based agents：A roadmap[EB/OL]. (2025-01-13)[2025-05-13]. https://arxiv.org/abs/2501.07278.
[69] WU T，LUO L，LI Y F，et al. Continual learning for large language models：A survey[EB/OL]. (2024-02-02)[2025-05-13]. https://arxiv.org/abs/2402.01364.
[70] ROLNICK D，AHUJA A，SCHWARZ J，et al. Experience replay for continual learning[C]//Proceedings of the 33rd International Conference on Neural Information Processing Systems. New York：Curran Associates，2019：350-360.
[71] RUSU A A，RABINOWITZ N C，DESJARDINS G，et al. Progressive neural networks[EB/OL]. (2024-02-02)[2025-05-13]. https://arxiv.org/abs/1606.04671.
[72] TANG X，WANG X，ZHAO W X，et al. Dawn-ICL：Strategic planning of problem-solving trajectories for zero-shot in-context learning[EB/OL]. (2025-03-09)[2025-05-13]. https://arxiv.org/abs/2410.20215.
[73] WU S，WANG Y，YAO Q. Why in-context learning models are good few-shot learners? [C]//Proceedings of the 13th International Conference on Learning Representations. New York：ICLR，2025：1-13.
[74] BENGIO Y. Scaling in the service of reasoning[R]. New Orleans：NeurIPS Keynote，2023.
[75] MARCUCCI T，PETERSEN M，VON WRANGEL D，et al. Motion planning around obstacles with convex optimization[J]. Science Robotics，2023，8(84)：eadf7843.
[76] RAGAN J，RIVIERE B，HADAEGH F Y，et al. Online tree-based planning for active spacecraft fault estimation and collision avoidance[J]. Science Robotics，2024，9(93)：eadn4722.
[77] SILVER D，HUANG A，MADDISON C J，et al. Mastering the game of Go with deep neural networks and tree search[J]. Nature，2016，529(7587)：484-489.
[78] SILVER D，HUBERT T，SCHRITTWIESER J，et al. A general reinforcement learning algorithm that masters chess，shogi，and Go through self-play[J]. Science，2018，362(6419)：1140-1144.
[79] VINYALS O，BABUSCHKIN I，CZARNECKI W M，et al. Grandmaster level in StarCraft Ⅱ using multi-agent reinforcement learning[J]. Nature，2019，575(7782)：350-354.
[80] LONG Y，LIN A，KWOK D H C，et al. Surgical embodied intelligence for generalized task autonomy in laparoscopic robot-assisted surgery[J]. Science Robotics，2025，10(104)：eadt3093.

[81] MON-WILLIAMS R, LI G, LONG R, et al. Embodied large language models enable robots to complete complex tasks in unpredictable environments[J]. Nature Machine Intelligence, 2025: 1-10.
[82] ROLNICK D, DONTI P L, KAACK L H, et al. Tackling climate change with machine learning[J]. ACM Computing Surveys, 2022, 55(2): 1-96.
[83] CHOUDHARY K, BERCX M, JIANG J, et al. Accelerated discovery of efficient solar cell materials using quantum and machine-learning methods[J]. Chemistry of Materials, 2019, 31(15): 5900-5908.
[84] WANG A X, TRAN C, DESAI N, et al. Deep transfer learning for crop yield prediction with remote sensing data[C]//Proceedings of the 1st ACM SIGCAS Conference on Computing and Sustainable Societies. New York: ACM Press, 2018: 1-5.
[85] FABRIZIO C, TERMINE A, CALTAGIRONE C, et al. Artificial intelligence for Alzheimer's disease: Promise or challenge? [J]. Diagnostics, 2021, 11(8): 1473.
[86] 鄂维南. AI助力打造科学研究新范式[J]. 中国科学院院刊, 2024, 39(01): 10-16.
[87] FERGUSON M. Geoffrey Hinton warns: AI risk greater than ever in next 30 years[EB/OL]. (2024-12-31)[2025-05-09]. https://opentools.ai/news/geoffrey-hinton-warns-ai-risk-greater-than-ever-in-next-30-years.
[88] SIDORKIN A M. Embracing liberatory alienation: AI will end us, but not in the way you may think[J]. AI & Society, 2024: 1-8.
[89] 高漪澜, 张睿, 李学龙. 人工智能伦理计算[J]. 中国科学: 信息科学, 2024, 54: 1646-1676.
[90] SANTONI DE SIO F, MECACCI G. Four responsibility gaps with artificial intelligence: Why they matter and how to address them[J]. Philosophy & Technology, 2021, 34(4): 1057-1084.
[91] XIN P. Ethical and philosophical perspectives on human-computer interaction in the design of intelligent products: A comprehensive analysis[J]. Cultura: International Journal of Philosophy of Culture and Axiology, 2025, 22(1): 446-463.
[92] SMIRNOVA L, CAFFO B S, GRACIAS D H, et al. Organoid intelligence (OI): The new frontier in biocomputing and intelligence-in-a-dish[J]. Frontiers in Science, 2023, 1: 1017235.
[93] SMIRNOVA L. Biocomputing with organoid intelligence[J]. Nature Reviews Bioengineering, 2024, 2(8): 633-634.
[94] PERERA J, BALASUBRAMANIAM S, SOMATHILAKA S, et al. Wet-neuromorphic computing: A new paradigm for biological artificial intelligence[J]. IEEE Intelligent Systems, 2025: 1-7.
[95] CORTICAL LABS. Introducing the CL1-The world's first code deployable biological computer[EB/OL]. (2025-03-04)[2025-05-13]. https://corticallabs.com/cl1.html.
[96] BIAMONTE J, WITTEK P, PANCOTTI N, et al. Quantum machine learning[J]. Nature, 2017, 549(7671): 195-202.
[97] WANG Y, LIU J. A comprehensive review of quantum machine learning: from NISQ to fault tolerance[J]. Reports on Progress in Physics, 2024, 89: 116402.
[98] HENDERSON M, SHAKYA S, PRADHAN S, et al. Quanvolutional neural networks: Powering image recognition with quantum circuits[J]. Quantum Machine Intelligence, 2020, 2(1): 2.
[99] HOCH F, CARUCCIO E, RODARI G, et al. Quantum machine learning with adaptive Boson sampling via post-selection[J]. Nature Communications, 2025, 16(1): 902.
[100] YANG F, WANG F, XU X, et al. Quantum resonant dimensionality reduction[J]. Physical Review Research, 2025, 7(1): 013007.
[101] AKROM M. Quantum support vector machine for classification task: A review[J]. Journal of Multiscale Materials Informatics, 2024, 1(2): 1-8.
[102] WANG Q Q, DONG S, LI X W, et al. Efficient learning of mixed-state tomography for photonic quantum walk[J]. Science Advances, 2024, 10(11): eadl4871.
[103] GARCIA-MARTIN D, LAROCCA M, CEREZO M. Quantum neural networks form Gaussian processes[J]. Nature Physics, 2025: 1-7.

附录A APPENDIX A 英汉缩写对照表

英文缩写	英文全称	中文全称
3DGS	3D Gaussian Splatting	三维高斯泼溅
A2C	Advantage Actor-Critic	优势行动器-评判器
A3C	Asynchronous Advantage Actor-Critic	异步优势行动器-评判器
AAAI	Association for the Advancement of Artificial Intelligence	人工智能促进协会
ABE	Autonomous Benthic Explorer	自主底栖探测器
AC	Actor-Critic	行动器-评判器
ACM	Association for Computing Machinery	美国计算机学会
ADAS	Advanced Driving Assistance System	高级驾驶辅助系统
AE	Autoencoder	自编码器
AER	Address-Event Representation	地址事件协议
AGI	Artificial General Intelligence	通用人工智能
AI	Artificial Intelligence	人工智能
AI RMF	Artificial Intelligence Risk Management Framework	人工智能风险管理框架
AI4S	AI for Science	人工智能驱动科学研究
AIA	Algorithmic Impact Assessments	算法影响评估
AIGC	Artificial Intelligence Generated Content	人工智能生成内容
ANN	Artificial Neural Network	人工神经网络
API	Application Programming Interface	应用程序编程接口
APS	Advanced Photo System	先进摄影系统
AR	Augmented Reality	增强现实
ASFM	Acoustic Structure from Motion	从运动图像恢复声学结构
ASIC	Application Specific Integrated Circuit	专用集成电路
ASS	Arithmetic Secret Sharing	算术秘密分享
ATIS	Asynchronous Time-based Image Sensor	异步视觉图像传感器
AUC	Area Under the Curve	曲线下面积
AUV	Autonomous Underwater Vehicle	自主水下航行器
AWCFT	Algorithmic Warfare Cross-Functional Team	算法战跨职能小组
BCI	Brain-Computer Interface	脑机接口
BCQ	Batch-Constrained Deep Q Network	批量约束深度 Q 网络
BEV	Bird's Eye View	鸟瞰视图
BRL	Batch Reinforcement Learning	批量强化学习
BSS	Boolean Secret Sharing	布尔秘密分享
CAGR	Compound Annual Growth Rate	年均复合增长率

续表

英文缩写	英文全称	中文全称
CASP	Critical Assessment of Structure Prediction	国际蛋白质结构预测竞赛
CAT	Computerized Adaptive Testing	计算机自适应测试
CBR	Case Based Reasoning	基于案例推理
CDM	Cognitive Diagnosis Models	认知诊断模型
CEM	Cross-Entropy Method	交叉熵方法
CERN	Conseil Européen pour la Recherche Nucléaire	欧洲核子研究中心
CFR	Counterfactual Regret Minimization	反事实遗憾值最小化
CG	Computer Graphics	计算机图形学
CIL	Contrastive Imitation Learning	对比模仿学习
CL	Contrastive Learning	对比学习
CLIP	Contrastive Language Image Pretraining	语言图像对比学习预训练
CNN	Convolutional Neural Network	卷积神经网络
CoDi	Composable Diffusion	可组合扩散
CoT	Chain of Thought	思维链
CPU	Central Processing Unit	中央处理单元
CQL	Conservative Q-Learning	保守 Q 学习
CRF	Conditional Random Field	条件随机场模型
CTDE	Centralized Training and Decentralized Execution	集中式训练分布式执行
CV	Computer Vision	计算机视觉
DAE	Denoising Autoencoder	去噪自编码器
DARPA	Defense Advanced Research Projects Agency	国防高级研究计划局
DARTS	Differentiable Architecture Search	可微架构搜索
DAU	Daily Active User	日活跃用户
DAVIS	Dynamic and Active Pixel Vision Sensor	动态有源像素视觉传感器
DBSCAN	Density-Based Spatial Clustering of Applications with Noise	基于密度的带噪声应用空间聚类算法
DDoS	Distributed Denial of Service	分布式拒绝服务
DDPG	Deep Deterministic Policy Gradient	深度确定性策略梯度
DDPM	Denoising Diffusion Probabilistic Models	去噪扩散概率模型
Dec-POMDP	Decentralized Partially Observable Markov Decision Process	去中心化的部分可观测马尔可夫过程
DFDC	Deepfake Detection Challenge	深度伪造挑战赛
DISO	Direct Imaging Sonar Odometry	直接成像声呐里程计
DL	Deep Learning	深度学习
DLDMD	Deep Learning-Driven Molecular Dynamics	深度学习驱动分子动力学
DNA	Deoxyribo Nucleic Acid	脱氧核糖核酸
DoS	Denial of Service	拒绝服务攻击
DOVE	Doodled Vessel Enhancement	涂鸦血管增强
DP	Differential Privacy	差分隐私
DPIA	Data Protection Impact Assessment	数据保护影响评估
DPO	Direct Preference Optimization	直接偏好优化方法
DQN	Deep Q Network	深度 Q 网络
DRL	Deep Reinforcement Learning	深度强化学习

续表

英文缩写	英文全称	中文全称
DSA	Digital Service Act	数字服务法
dVAE	Discrete Variational Autoencoder	离散变分自编码器
DVL	Doppler Velocity Logger	多普勒速度仪
DVS	Dynamic Vision Sensor	动态视觉传感器
EA	Evolutionary Algorithm	进化算法
EAI	Embodied Artificial Intelligence	具身智能
EFLOPS	Exa Floating Point Operations Per Second	每秒百亿亿次浮点运算
ELBO	Evidence Lower Bound	证据下界
EM	Embodied Metaverse	具身元宇宙
EMA	Exponential Moving Average	指数移动平均
EPO	European Patent Office	欧洲专利局
ES	Expert System	专家系统
ETG	External Trajectory Generator	外部轨迹生成器
eVTOL	Electric Vertical Takeoff and Landing	电动垂直起降飞行器
EWA	Elliptically Weighted Average	椭圆加权平均
FCN	Fully Convolutional Networks	全卷积神经网络
F-Cooper	Feature-based Cooperative Perception	基于特征的协同感知
FFQ	Friend-or-Foe Q-Learning	敌友 Q 学习
FGSM	Fast Gradient Sign Method	快速梯度符号法
FID	Fréchet Inception Distance	弗雷歇初始距离
FIND	Feature Investigation and Disabling	特征调查和禁用
FIRM	Feature Importance Ranking Measure	特征重要性排名度量
FL	Federated Learning	联邦学习
FMCW	Frequency Modulated Continuous Wave	调频连续波
FN	False Negative	假反例
FNN	Feedforward Neural Network	前馈神经网络
FP	False Positive	假正例
FPGA	Field Programmable Gate Array	现场可编程门阵列
FP-Growth	Frequent Pattern Growth	频繁模式生长
FPR	False Positive Rate	假阳性率
FPS	Frames Per Second	每秒帧数
FP-Tree	Frequent Pattern Tree	频繁模式树
FSD	Full Self-Driving	完全自动驾驶
GA	Genetic Algorithm	遗传算法
GAE	Generalized Advantage Estimation	广义优势估计
GAM	Generalized Additive Model	广义可加模型
GAN	Generative Adversarial Networks	生成对抗网络
GDPR	General Data Protection Regulation	通用数据保护条例
GNSS	Global Navigation Satellite System	全球导航卫星系统
GO	Gene Ontology	基因本体
GPS	Global Positioning System	全球定位系统
GPT	Generative Pre-trained Transformer	生成式预训练 Transformer
GPU	Graphics Processing Unit	图形处理单元

续表

英文缩写	英文全称	中文全称
Grad-CAM	Gradient-weighted Class Activation Mapping	梯度加权类激活映射
GRPO	Group Relative Policy Optimization	群组相对策略优化
GRU	Gated Recurrent Unit	门控循环单元
HAC	Hierarchical Actor-Critic	分层行动器-评判器
HARL	Heterogeneous-Agent Reinforcement Learning	异构智能体强化学习
HDR	High Dynamic Range	高动态范围
HE	Homomorphic Encryption	同态加密
HMC	Human-Machine Collaboration	人机协作
HRL	Hierarchical Reinforcement Learning	分层强化学习
ICL	In-Context Learning	上下文学习
IDE	Integrated Development Environment	集成开发环境
IMO	International Maritime Organization	国际海事组织
IMU	Inertial Measurement Unit	惯性测量单元
INS	Inertial Navigation System	惯性导航系统
IoT	Internet of Things	物联网
IQL	Independent Q-Learning	独立 Q 学习
IS	Inception Score	Inception 分数
ITER	International Thermonuclear Experimental Reactor	国际热核实验反应堆
KNN	*K*-Nearest Neighbor	*K*-近邻
LAM	Look At Me	看向我
LDA	Linear Discriminant Analysis	线性判别分析
LDCQ	Latent Diffusion-Constrained Q-learning	隐扩散约束 Q 学习
LIME	Local Interpretable Model-Agnostic Explanations	模型无关的局部解释
LLM	Large Language Model	大语言模型
LM	Language Model	语言模型
LNN	Liquid Neural Network	液态神经网络
LR	Logistic Regression	逻辑回归
LRASM	Long Range Anti-Ship Missile	远程反舰导弹
LSR	Linear Symbol Regression	线性符号回归
LSTM	Long Short-Term Memory	长短期记忆
MaaS	Model as a Service	模型即服务
MADDPG	Multi-Agent Deep Deterministic Policy Gradient	多智能体深度确定性策略梯度
MADiff	Offline Multi-Agent Learning with Diffusion Models	基于扩散模型的离线多智能体学习
MAE	Masked Autoencoder	掩膜自编码器
MAML	Model-Agnostic Meta-Learning	模型无关元学习
MANN	Memory-Augmented Neural Networks	记忆增强神经网络
MAPPO	Multi-Agent Proximal Policy Optimization	多智能体近端策略优化
MARL	Multi-Agent Reinforcement Learning	多智能体强化学习
MAS	Multi-Agent System	多智能体系统
MBRL	Model-based Reinforcement Learning	有模型强化学习
MCP	Model Context Protocol	模型上下文协议
MDP	Markov Decision Process	马尔可夫决策过程

续表

英文缩写	英文全称	中文全称
MEMS	Micro Electromechanical System	微机电系统
MFA	Multi Factor Authentication	多因素认证
MFI	Measure of Feature Importance	特征重要性度量
MFSK	Multiple Frequency Shift Keying	多频移键控调制
MIMO	Multiple Input Multiple Output	多输入多输出
MLLM	Multimodal Large Language Model	多模态大语言模型
MLM	Masked Language Modeling	掩码语言建模
MLP	Multilayer Perceptron	多层感知器
MM	Mask Modeling	掩膜建模
MMDP	Multi-Agent Markov Decision Process	多智能体马尔可夫决策过程
MoCo	Momentum Contrast	动量对比
MoE	Mixture of Expert	混合专家系统
MPC	Model Predictive Control	模型预测控制
MPPI	Model Predictive Path Integral	模型预测路径积分
MQ	Moments Queries	时刻查询
MR	Mixed Reality	混合现实
MRAS	Model Reference Adaptive System	模型参考自适应系统
MRR	Mean Reciprocal Rank	平均倒数排名
MSA	Multiple Sequence Alignment	多重序列比对
MSE	Mean Squared Error	均方误差
MTDRL	Multi-Task Deep Reinforcement Learning	多任务深度强化学习
NAS	Neural Architecture Search	神经架构搜索
NDCG	Normalized Discounted Cumulative Gain	归一化折扣累计增益
NeRF	Neural Radiance Fields	神经辐射场
NFT	Non-Fungible Token	非同质化通证
NIC	Neural network Invariant Checking	神经网络不变性检测
NIST	National Institute of Standards and Technology	国家标准与技术研究院
NLM	Neural Language Model	神经语言模型
NLP	Natural Language Processing	自然语言处理
NLQ	Natural Language Queries	自然语言查询
NPC	Non-Player Characters	非玩家角色
NPU	Neural Processing Unit	神经处理单元
NSP	Next Sentence Prediction	下一句预测
NWP	Next Word Prediction	下一个单词预测
OAL	Optimal Adaptive Learning	最优自适应学习
OFDM	Orthogonal Frequency Division Multiplexing	正交频分复用
Offline RL	Offline Reinforcement Learning	离线强化学习
ONN	Optical Neural Network	光学神经网络
ONNX	Open Neural Network Exchange	开放神经网络交换
OPA	Optical-Phased-Array	光学相控阵
OSI	Open Source Initiative	开放代码促进协会
OTFS	Orthogonal Time Frequency Space	正交时频空间
PCA	Principal Component Analysis	主成分分析

续表

英文缩写	英文全称	中文全称
PDF	Probability Density Function	概率密度函数
PER	Prioritized Experience Replay	优先经验回放
PETS	Probabilistic Ensembles with Trajectory Sampling	基于轨迹采样的概率集成
PGD	Projected Gradient Descent	投影梯度下降法
PID	Proportional Integral Derivative	比例积分微分
PIM	Processing-in-Memory	存算一体
PINN	Physics-Informed Neural Networks	物理信息神经网络
PLC	Programmable Logic Controller	可编程逻辑控制器
PLM	Pre-trained Language Model	预训练语言模型
PNN	Photonic Neural Networks	光子神经网络
PPO	Proximal Policy Optimization	近端策略优化
PTAM	Parallel Tracking and Mapping	并行跟踪与建图
RADAR	Resilient Multi-Agent Reinforcement Learning with Adversarial Value Decomposition	具有对抗价值分解的弹性多智能体强化学习
RAG	Retrieval-Augmented Generation	检索增强生成
RBAC	Role-based Access Control	角色访问控制
RBFN	Radius Basis Function Network	径向基函数网络
RF	Random Forest	随机森林
RL	Reinforcement Learning	强化学习
RLHF	Reinforcement Learning from Human Feedback	基于人类反馈的强化学习
RNN	Recurrent Neural Network	循环神经网络
ROC	Receiver Operating Characteristic	受试者工作特征
ROV	Remotely Operated Vehicle	遥控水下航行器
RRI	Responsible Research and Innovation	负责任的研究和创新
RRT	Rapidly-Exploring Random Tree	快速探索随机树
RVT	Robust Vision Transformer	稳健视觉 Transformer
SAC	Soft Actor-Critic	柔性行动器-判别器
SAM	Segment Anything Model	"分割一切"模型
SAMA	Semantically Aligned Task Decomposition in Multi-Agent Reinforcement Learning	语义对齐的多智能体强化学习任务分解
SDG	Spike-Driven Gradient	脉冲驱动梯度
SETS	Spectral Expansion Tree Search	谱展开树搜索
SfM	Structure from Motion	运动结构恢复
SFT	Supervised Fine-Tuning	监督微调
SIFT	Scale-Invariant Feature Transform	尺度不变特征转换
SimCLR	Simple Contrastive Learning of Representations	简单对比学习
SL	Supervised Learning	监督学习
SLM	Statistical Language Model	统计语言模型
SMC	Secure Multi-party Computation	安全多方计算
SNN	Spiking Neural Network	脉冲神经网络
SR	Symbolic Regression	符号回归
SSL	Self-Supervised Learning	自监督学习
STDP	Spike-Timing-Dependent Plasticity	尖峰时序依赖性可塑性

续表

英文缩写	英文全称	中文全称
SURF	Speeded-Up Robust Features	加速稳健特征
SVD	Singular Value Decomposition	奇异值分解
SVM	Support Vector Machine	支持向量机
T5	Text-to-Text Transfer Transformer	文本到文本转换 Transformer
TAI	Trustworthy AI	可信人工智能
TD3	Twin Delayed Deep Deterministic Policy Gradient	孪生延迟深度确定性策略梯度
TF-IDF	Term Frequency-Inverse Document Frequency	词频-逆文档频率
TL	Transfer Learning	迁移学习
TMR	Targeted Muscle Reinnervation	靶向肌肉再支配
TN	True Negative	真反例
ToF	Time of Flight	飞行时间
TP	True Positive	真正例
TPE	Tree-structured Parzen Estimator	树结构帕尔逊估计器
TPR	True Positive Rate	真阳性率
TPU	Tensor Processing Unit	张量处理单元
TRPO	Trust Region Policy Optimization	信赖域策略优化
t-SNE	t-distributed Stochastic Neighbor Embedding	t-分布随机邻居嵌入
TTM	Talk To Me	跟我说话
UAP	Universal Adversarial Perturbation	通用对抗扰动
UL	Unsupervised Learning	无监督学习
USV	Unmanned Surface Vessel	无人水面艇
UUV	Unmanned Underwater Vehicle	无人水下航行器
UWB	Ultra-Wide Band	超宽带
VAE	Variational AutoEncoder	变分自编码器
VAR	Visual Autoregressive Modeling	视觉自回归建模
VDN	Value Decomposition Network	价值分解网络
VINS	Visual Inertial Navigation System	视觉惯性导航系统
ViT	Vision Transformer	视觉 Transformer
VLA	Vision-Language-Action	视觉-语言-动作
VQ	Visual Queries	视觉查询
VR	Virtual Reality	虚拟现实
VSLAM	Visual Simultaneous Localization and Mapping	视觉同时定位与建图
XAI	eXplainable Artificial Intelligence	可解释人工智能
XR	Extended Reality	扩展现实
XRD	X-ray Diffraction	X 射线衍射
ZFLOPS	Zatta Floating Point Operations Per Second	每秒十万亿亿次浮点运算